美国有历史价值的工程档案

美国国家公园道路工程规划设计图集

[美] 蒂莫西·戴维斯
托德·A·克罗托
克里斯托弗·H·马斯顿 编

魏 民 陈战是 张 燕 译

中国建筑工业出版社

著作权合同登记图字：01-2013-5650 号

图书在版编目（CIP）数据

美国国家公园道路工程规划设计图集／（美）戴维斯，克罗托，马斯顿编；魏民等译．—北京：中国建筑工业出版社，2016.3
ISBN 978-7-112-18854-3

Ⅰ．①美…　Ⅱ．①戴…②克…③马…④魏…　Ⅲ．①国家公园－公园道路－公路规划－美国－图集②国家公园－公园道路－道路工程－工程设计－美国－图集　Ⅳ．①TU986.4-64

中国版本图书馆 CIP 数据核字（2016）第303282号

Published by arrangement with The Johns Hopkins University Press, Baltimore, Maryland

本书由美国约翰·霍普金斯大学出版社授权我社，在全世界范围内出版、发行本书简体中文版。

责任编辑：郑淮兵　戚琳琳
责任校对：陈晶晶　刘　钰

美国国家公园道路工程规划设计图集

蒂莫西·戴维斯
［美］托德·A·克罗托　　编
克里斯托弗·H·马斯顿
魏　民　陈战是　张　燕　译

*

中国建筑工业出版社出版、发行（北京西郊百万庄）
各地新华书店、建筑书店经销
北京嘉泰利德公司制版
环球东方（北京）印务有限公司印刷

*

开本：880×1230毫米　1/8　印张：50　字数：1741千字
2016年12月第一版　2016年12月第一次印刷
定价：178.00元
ISBN 978-7-112-18854-3
(27951)

美国国家公园道路工程规划设计图集

由蒂莫西·戴维斯，托德·A·克罗托，克里斯托弗·H·马斯顿　编辑

蒂莫西·戴维斯　作卷首语，埃里克·德罗尼　作序

献给所有提供参考资料的研究员、作家、制图者、摄影师和编辑们。他们才华横溢，他们的个人努力使我们对美国风景有了更深入的了解。

目录

前言

1986年，美国国家公园管理局的首席历史建筑师兰迪·比亚拉斯问我是否有兴趣收集国家公园系统中有关桥梁的检查报告。这个提议激起了我的兴趣。接下来的几个月，我和兰迪找时间回顾了联邦高速公路管理局撰写的几百份检查报告中的一部分，这些报告的初衷是协助国家公园管理局对庞大的道路和桥梁网络加以管理。很多报告只是详细记载了简单的混凝土涵洞和普通的钢梁跨度，但也有一些报告描绘了石板贴面混凝土桥拱的美妙设计以及一些木质结构如画般的质朴风格。这些桥梁中蕴涵的艺术风格、技术含量和历史特质深深打动了我们，于是我们打算在这些基本的检查报告中增加其他更丰富的资料，按照“美国有历史价值的工程记录项目”（HAER）的标准加以编纂。HAER是国家公园管理局的一个下属机构，承担记载美国工程和工业遗产的任务。

幸运的是，我们找到了一位志同道合的赞助商约翰·金格尔斯，他是公园设施管理处与联邦属地公路办公室的协调员，主要负责监督桥梁的修复与重建。公园管理局正在筹划一项全面改进道路桥梁的计划，所以我们所做的系统性调查正好能满足该机构实践和监管的多方需求。金格尔斯看到了这次合作的好处所在，同意资助试点计划。这样一来，HAER便可以开发现实可行的方法来记录各种繁杂的美国国家公园道路和风景道，这可是个巨大的挑战。1988年夏天，我们组织了一个小小的团队，对位于华盛顿美国国会山地区的公园道路上的一些桥梁进行了调研。最开始我们的项目很不起眼，但后来却升级为“美国有历史价值的工程记录项目”有史以来最全面和激动人心的项目之一。接下来的12年间，HAER集合了年轻的建筑师、风景园林师、历史学家和工程师团队，他们共同记录了整个国家公园中的道路、桥梁和相关景点的数据。尽管这个项目一开始仅打算关注桥梁，但很快发现，只记录桥梁数据而不考虑它们的周围环境是极其没有远见的。公园管理局的风景园林师和公共道路局的工程师把道路桥梁与它们的自然背景如此精妙地融合为一体，我们要是不再检查报告中是否增加记载路边的风景及其他相关特点，那实在让人感到惭愧。这项计划进行到第三年，HAER与其兄弟机构——美国有历史价值的建筑调查项目（HABS），开始构思将资料记载的内容拓宽，同时记录工程结构和它们周边更大面积的景致。HAER公园道路和桥梁项目组尝试新的方法，记录、分析公园道路的新角色，公园道路已经成为一种复杂的文化景观，具备一系列自然、技术、感知及历史的属性。接下来的作品集用大量证据证明了这一全面而又有创新方法的价值所在。

我一直认为HAER对公园道路和桥梁的记录，可以让公园管理者和维护人员更加意识到这些古老的桥梁涵洞独一无二的特质和文化意义，意识到道路蜿蜒曲折的优雅之处以及其他与传统公园道路相关的迷人特色。详细的历史报告、诱人而又信息量丰富的图表必将说服公园道路管理者和设计者，在进行修复和重建的过程中，应该有意识地保留道路的传统结构、神韵以及其他特色。工程师和风景园林师的合作创造了这些绝妙的公园道路和风景道路，这种合作关系已经延续到联邦高速公路管理局的朋友、同事之间。本作品集及其续篇还提供了道路桥梁的历史发展信息，这足以证明这次合作的力量，也证明了只有当工程师、历史学家、公园管理者、保护主义者和风景园林师发挥集体的聪明才智时，才能使公园道路以及所有高速公路和偏僻小路与周围环境融为一体成为可能，只有这样，道路“与周围的景致才相得益彰”，才能充分展现出美国丰富的自然和历史资源。

埃里克·迪劳尼

“美国有历史价值的工程记录项目”负责人（已退休）

美国国家公园管理局

致谢

如同美国国家公园道路和风景道路本身一样，这本书反映了很长一段时间以来许多个人和联邦项目的各种技术、艰辛工作和坚定承诺。美国有历史价值的工程记录项目（HAER）的国家公园管理局（NPS）公园道路和桥梁项目是HAER首席执行官埃里克·迪劳尼和NPS首席历史建筑师兰德尔·J·比亚拉斯二人首创的，他们在1988年启动此项目。前美国有历史价值的建筑调查项目（HABS）的历史学家萨拉·艾米·利奇在HABS首席执行官保罗·道林克斯的支持下，首次在该记录中加入风景道路的部分。前HABS/HAER首席执行官罗伯特·卡布斯奇早在项目初期就给予了大力支持。他的继任者E·布莱恩·克利弗更是帮助它渡过难关，直到项目圆满完成。联邦高速公路管理局联邦属地公路办公室从始至终都在为项目的开销作担保，由于这样的鼎力相助，这项宏大的记录工作才得以完成。前联邦土地高速公路管理局局长汤姆·艾迪克很早就是该项目的热情拥护者，当然还有他的员工唐纳德·帕特里克和阿尔·伯登。现任局长阿特·汉密尔顿一如既往地支持我们。国家公园管理局设施管理处是项目的直接赞助者，它为我们支付联邦高速公路费用，提供行政方面的支持和技术指导。部门首席执行官戴尔·威尔金和现已退休的副首席执行官约翰·金格尔斯对HAER数年来的工作给予了坚定不移的承诺。NPS联邦属地公路项目组的干事卢·德洛姆和马克·哈特苏担任HAER的联络员，不断为我们提供建议和鼓励。各个公园的主管和员工为我们提供了无比珍贵的技术及管理支持，并与我们分享了公园的资源和历史知识。国家史迹名录处的历史学家琳达·麦克莱兰慷慨地与我们分享她对天际线公路和公园道路历史的其他方面所做的调查。国家公园基金会对本书的出版起了重要作用。玛乔丽·托马斯从头至尾都担任基金会与公园管理局的首席联络员。

这些图纸是经过HAER精英团队超过10年的努力完成的，他们每天工作很久，顶着巨大的压力，还要面对多变的工作环境。参与该项目的建筑师、风景园林师及其他插图画家的人数实在是太多了，我们不能一一致谢，但是负责每幅图的艺术家的名字都已在标题右边空白处或图片下面标明。在这些多年前已回到HAER的插图画家中，有三位值得我们特别感谢，就是彼得·布鲁克斯，罗伯特·哈维和艾德·鲁普亚克。在艾伦·戴里奇的带领下，国际古迹遗址理事会（ICOMOS）美国夏季交换项目的实习生几乎参与了项目的全过程，极大地丰富了图纸的内容。波兰国家历史古迹研究和文献中心的代表也通过ICOMOS项目参与到我们中来，提供了极其珍贵的风景专业文献。参与项目的历史学家同样是人数众多，不能一一列举，但是我们已在个人项目的封面页对他们作出的贡献表达了谢意。理查德·奎因、道恩·丁辛和蒂莫西·戴维斯在多个项目中发挥他们史无前例的聪明才智，完成了大量深入的调查和分析。记录文献的图片部分由4000多幅大号黑白底片和200多幅大号彩色幻灯片组成，是由HAER的摄影师杰特·洛、HABS的摄影师杰克·鲍彻和承包商布莱恩·格罗根、大卫·哈斯和威廉·福斯特完成的。HAER公园道路和桥梁项目组的历史学家贾斯汀·克里斯蒂和凯利·扬出色地整理完成了大量文献记录，准备使之进入国会图书馆；两人都为本书的前期准备工作作出了卓越贡献。美国地方中心主席乔治·F·汤普森热情地支持本书的编纂项目，并带领它从概念走向现实。

美国国家公园道路工程规划设计图集

苔原弯道，径岭路，落基山国家公园，1993 年
摄影师：布莱恩·格罗根，HAER

绘在路上

蒂莫西・戴维斯

美国国家公园道路和风景道非凡的设计成就彰显了道路工程学与风景园林学的完美结合。在偏远崎岖险地建造道路的困难，促使美国道路建造史上涌现出许多极其经典的范例，即使在最困难的区域，设计师们仍然能不畏险阻，深思熟虑，确保公园道路能够“与周围景致相得益彰”，并对周围的自然文化景观的破坏尽可能最小。国家公园管理局（NPS）通过道路设计展现公园景致，并利用优美的弯道、自然景观和极具吸引力的乡村特色，建造了闻名于世的国家公园道路系统，不仅为人们提供了参观美国最珍贵风景的途径，而且取得了非凡的社会、艺术和技术成就。

意识到美国国家公园公园道路和风景道的重要性后，“美国有历史价值的工程记录项目”（HAER）创办了一个浩大的记录项目，并将图绘编纂入此项目。自从 1969 年创办以来，HAER 收录了大范围的具有美国科技、工业遗产特征代表性的遗址和建筑。HAER 同它的伙伴项目“美国有历史价值的建筑调查项目”（HABS）一样，同为国家公园管理局文化资源部门的重要组成部分。国家公园管理局对国家公园的文化资源乃至整个国家的文化资源的保护和管理工作都有促进作用。HABS/HAER 团队对历史遗迹作了详细记录，范围从独立的建筑到工业建筑群，从居民区到广阔的文化景观。这些记录项目包含大幅图片、史

大环路，黄石国家公园，1916 年
摄影师：J·E·海恩斯；海恩斯基金会藏品，蒙大拿历史协会

料报道以及实测图。这些资料存放在国会图书馆，人们可以阅读其印刷版和电子版。随着这一项目的完成，美国国家公园道路和风景道路与金门大桥、白宫和华盛顿纪念碑一起，跻身于美国建筑工程遗产之列。

本书中的绘图清楚呈现了美国国家公园道路的独特之处，并反映出复杂的社会环境、技术、美学对它的影响。通过图文的巧妙结合，该绘图细化了各个独立工程的特点，解释了景观设计策略、建设过程和环境条件以及这些因素如何结合起来为路人塑造出独特美景的。虽然书中不能包含所有的公园，其内容涉及的范围也已十分广泛：从西部的黄石国家公园、冰川国家公园、约塞米蒂国家公园，到东部的阿卡迪亚国家公园、大烟山国家公园和马什—比林斯—洛克菲勒国家历史公园。国家公园道路和国家军事公园分别由独立的章节来介绍。最后一节描述影响 NPS 政策的两大独立项目工程：纽约布朗克斯河风景道和俄勒冈州的哥伦比亚河公路。HAER NP 公园道路和桥梁项目创作的完整图册合集需要占据大量的版面。这一纪录提供了对公园道路资源的综述以及相关的记录技巧的广泛应用。

除了为公园道路发展状况提供丰富的参考资源，本书还可以当作查询历史遗址文档的资料书。记录公园道路资料的挑战促使HAER使用大量的阐释策略和表述技巧。公园道路是不断演变的景观，涉及一系列复杂的自然特征和文化特点：从工程、建筑、风景园林到生态条件、历史发展、人类感知。仅仅通过传统的平面纸质印刷文档媒介来表达这些特征是一项艰巨的任务。本书的图绘就解决了这一问题，将传统的记录与一系列创新阐述手法相结合。而桥梁、涵洞等工程建筑通常由剖面图、立体图、轴测图等表现。其他的技术细节在施工过程的图纸以及表现工程结构各个组成部分的剖面图中可见一斑。自然系统由地图、概况、植物草图来表现。多样化的创新图表可表现不断演变的设计策略和景观开发技术。近处和远方的美丽景色在驾驶者的视野里不断变换。利用这些技巧可以更好地体现公园道路的复杂性，也可方便地记录和描述各种历史遗址和文化景观。无论是被运用于传统遗址的记录还是对文化景观快捷的分析，它们不仅仅被看作是设计蓝图，更应该被视为一种灵感的来源；在未来它们有助于人们理解这些区域的重要特征，从形式和内容上丰富了美国体验。

国家公园道路与风景道路简史

最早的国家公园道路相对落后，他们由一些私人企业家和美国陆军工程兵团建造。一些先进的道路建造者试图寻求设计方面的美感，但考虑到预算问题，以及在山地建造的难度，他们将重点放在了如何提供基本的通行系统，以便为人们提供通往西部偏远奇境的路径。原始险峻的山路被狭窄弯曲的土路取代，以便通行公共马车，这是当时的交通方式。施工队使用锄头和铲子以及马力装备在陡峭的山地修造路基。有时为了扫除路面障碍物，会用到黑火药引爆，但是施工队通常要被迫顺应地势，沿着山路陡坡蜿蜒而上，经历布满荆棘的盘山路和惊险的急转弯。满是泥土的道路崎岖不平，路表碎石满地，在沉重的公共马车和四马车队经过时，扬起一堆堆尘沙。

尽管资源匮乏，设备简陋，条件艰难，早期公园道路修建者依然取得了令人称赞的成果。在美国第一个国家公园——黄石国家公园建设中（建于 1872 年），美国陆军工程兵团完成了从火车站附近到入口的道路，修建成“大环路”，可以通往公园的主要景点。工程师们克服崎岖的峡谷、陡峭的山间隧道、困难重重的沼泽地以及温泉地段，修建、改善了将近 300 多英里的道路。这些工程基本上是在 1883–1905 年间完成的。约塞米蒂国家公园于 1864 年到 1890 年由加利福尼亚州政府建成，在这里私立收费公司提供第一条车辆道路。来自大橡树平地、科尔特维尔和马里波萨等边远地区的几家竞争公司修建了陡峭地段的山路，蜿蜒盘旋，穿越丛山到达谷底，游客可以在相对平坦的车道上游览自然景观。雷尼尔山国家公园的尼斯阔利大道，由美国陆军工程兵团于 1903 年到 1910 年间修建，他们升级了现有的收费公路，将道路延伸到“天堂谷”的亚高山草甸。工程兵团也修建了火山口湖国家公园的一部分早期道路，并在约塞米蒂 1890 年变成国家公园之时接手其道路建设。

大多数早期的公园桥梁由木头、钢建造而成，然而一些著名的桥梁是在国家公园茁壮发展的早期阶段建成的。黄石国家公园的金门高架桥横跨在猛犸温泉到间歇泉区之间的峭壁之间。首次工程是在1884年由陆军工程兵团丹·金曼中尉带头修建，摇晃的木栈桥让游客心生畏惧。在 1900 年，金曼的继任希兰·契特登长官在同一地点修建了一条更加坚固结实的高架桥，将原来桥梁底部的 24 吨的巨型石墩小心翼翼地移走（契特登的高架桥为了使机动车辆通行，1933 年重新安置了这一石墩）。他还负责了公园北入口处宏伟的大拱门桥梁，以及黄石公园大峡谷上游优美的混凝土桥梁，它们均于 1903 年完工。桥梁具有流畅的弓形构造，使用的是米兰拱桥模式（钢筋混凝土建筑的早期形式）。另一座不平凡的桥梁是位于东入口道路上的螺旋桥，于1904年完工，使通往“森林通道”的陡坡道路轻松了许多。约塞米蒂国家公园在早期虽然没有这样煞费苦心建造的桥

这篇历史文章来源于作者对公园道路和风景道路的调查结果，以及许多 HAER NPS 公园道路与桥梁项目的历史报告。每篇报告、图纸和照片都可以在国会图书馆印刷与照片部的 HABS/HAER 系列藏品中找到，也可以登录国会图书馆网站的“美国记忆”板块查询。

旧大橡树平地公路，约塞米蒂国家公园，1903 年
摄影师：J·T·博伊森；国家公园管理局历史照片藏品（NPSHPC）

糟糕的路况，黄石国家公园，1922 年
黄石国家公园

梁，但瓦乌纳廊桥也展示了其风景如画的魅力。雷尼尔山国家公园中，山体沟壑嶙峋，工程师不得不建造一些工程浩大的木栈桥，但是在 20 世纪二三十年代，为了满足机动车辆通行，这些木栈桥被坚实的钢筋混凝土桥梁所取代。

在 20 世纪初期，机动车辆的出现给公园建设者提供了新的挑战和机遇。一小部分早期驾驶者在 1900 年就已经进入约塞米蒂，然而国家公园很快就禁止汽车在公园内通行，因为汽车行驶在狭窄弯曲的马车路上会对公共安全造成威胁。后来，机动车辆俱乐部的极力游说、旅行者的利益以及使国家公园更适于美国中产阶级游览的广泛期望等因素使禁车规定仅实行了较短的时间。1907 年，雷尼尔山国家公园使机动车辆合法化，接着火山口湖在 1911 年，冰川国家公园在 1912 年，约塞米蒂和红杉国家公园在 1913 年也相继使机动车辆合法化。1915 年，黄石国家公园是最后一个取消禁车的国家公园。公共马车公司很快适应了这一状况，于是载着旅客在公园观景的华丽彩色旅行车应运而生。

公园交通运输中机动车辆的盛行一般被看作是良性发展。游客再也不需要坐在马车上经历那段沉闷、漫长、尘土飞扬的颠簸旅途，同时也大大削减了公园游览的时间和费用，汽车的普及使得游览国家公园的民众更加广泛。长距离汽车旅行是大多数中产阶级多年来所追求的，它比传统的铁路、马车、旅馆的旅行方式要便宜很多——尤其是如果人们选择便宜的小木屋或者选择越来越流行的汽车宿营地休息的话。

1916 年，国家公园管理局成立，管理公园各项事务，大力支持汽车在公园合法化这一理念。国家公园管理局的领导们认为支持汽车通行是双赢的。对国家来说，可以使更多旅行者游览公园；对公园管理局来说，更有益于公园保护和发展。这一新的机构宣称，最紧迫的任务就是要升级国家公园系统来适应驾驶者的需求。狭窄的单行道应当变成宽阔大道，去掉急转弯，坡道要缓而一致。路表应当进行修整，因为原本泥土飞扬的碎石路面仅勉强能承受住马车的重量，而机动车辆无疑又会增加很大的负担。护栏也变得更加重要，因为汽车车速较高，而且大多数人愿意选择自驾游而不是搭乘专业车辆。为了适应逐渐增长的驾驶人群，必须要增添更多的新型设施。加油站、车库、停车场、风景岔道、更多的住宿和用餐选择、更大的入口站台、交通信号系统都是必备的，不仅是新建的公园需要这些，那些很难将传统道路升

汽车旅行，雷尼尔山国家公园，20 世纪 20 年代早期
NPSHPC

级到现代标准的年代久远的公园也需要这些。

虽然国家公园管理局（NPS）旨在容纳大量涌入的自驾游客，但国家公园管理局领导依然坚信，由此带来的加速发展并不会破坏公园的自然和历史资源。道路以及相关设施的设计与周围环境相和谐，并且非常谨慎地防止大量道路工程影响公园自然环境。虽然有若干条高质量的机动车道路能通往一些重要景区，但是大多数公园的大部分区域还是禁止汽车进入的。较好的策略是，有一或两条道路连接重要景区，以便能观赏到公园风景的核心地段，而边缘地区只限步行或是马车通行。

升级公园道路系统最棘手的工作在于：需要强有力的领导、高水平的专业设计和工程师团队、长期稳定的联邦基金支持。国家公园管理局长官史蒂芬·马瑟是一位高水平而又热忱的领导，继任者贺拉斯·奥尔布赖特以及后来的诸位长官也是如此。国家公园管理局逐渐壮大的风景设计师团队提供了专业技术和美学指导，他们与美国公用道路局（BPR）的高速公路工程师进行合作。国会一开始不太愿意资助过多资金，但在1924年马瑟争取了750万美元的道路建设资金后，又在1928年获得250万美元的资金支持。“美国新政”项目组如公共工程管理局和美国民间资源保护队在20世纪30年代资助数百万美元作为紧急资金，又提供了数千名工人作为劳动力。由于大量的高质量工程都是在20世纪二三十年代完成的，因此这一时期被称为国家公园道路修建的“黄金时期”。如今旅客得以享受公园的这些景色，很大程度要归功于这一时期的道路建设。

NPS与BPR之间签署的协定在确保公园道路的美学质量和技术方面起了非常重要的作用。协定于20世纪20年代早期开始制定，1926年正式形成，NPS简要概述了整体目标、具体地址以及每项工程的美学因素。BPR工程师之后进行了详细的调查研究并制订了具体的计划。在得到

NPS 首席风景园林师　汤姆·文特（左起第二）和设计人员，1934年

NPSHPC

NPS认可之后，BPR指导了实际修建过程。NPS的人事部门负责监督各项工作与指导方针保持一致，以确保公路设计精良和施工高效。这一安排也确立了NPS以及BPR的继任机构联邦公路管理局二者的关系，被双方称赞为跨职业、跨部门合作的典范。

BPR的工程专家使得NPS能够完成一项浩大的建设工程，而这远超过了NPS自身能力范围，其中包括一些高技术难度的项目，比如冰川国家公园的向阳大道和锡安国家公园的“卡梅尔隧道”。另一方面，NPS鼓励BPR更加注意道路建设的审美方面。BPR工程师们接受了挑战，在将NPS所期望的“与周围景致相得益彰”的理念变为现实这一过程之中发挥了重大作用。NPS建立了工程建设的整体参数，准备了大部分的桥梁、护墙等相关工程的建设方法，BPR工程师们则确保了这些提议具备技术操作性，自身也提供了很多引人注目且有新意的设计方法。比如，建在悬崖边的向阳大道，虽然看上去并不那么抢眼，但却十分引人入胜。最初，NPS设计师提议了一项技术方面较简易但却非常明显的路线：沿着原始山谷的中心盘旋而上，之后由BPR工程师们改进这一设计而建成。实际上，正是这一建设，使得马瑟深信BPR是促进国家公园道路建设发展的全职伙伴。

NPS与BPR之间的合作产生了别具特色的“公园道路”美学价值，在以下的作品图集中将会详细阐述。NPS风景园林师和BPR工程师非常重视19世纪的运输道路设计技巧，并且更新升级了这些技巧，以适应机动车辆道路的需要和国家公园地理分布的多样性。整齐的公园道路，用引人注目的方式展示了公园风景。在一些特别的景点，有公路岔道便于旅客停车，以避免出现撞车现象。路边的绿化带是用来美化视线的，树木也是精心剪裁之后造出的美景。很多风景都是为了迎合游客兴趣而产生。在公园道路、风景道行车，不应沿着山脊线一直行驶，而应该去山腰之处逛一逛，或是蜿蜒前进至山顶看看不同方向的景色。在丛林地带，对道路边沿至林缘线之间距离的处理能取得多种效果，从狭窄的林木小径到绿色长廊，或是由周围丛林修剪出来或大或小的“房间”。精致的剪裁制造出了此起彼伏的丛林形状，产生了更加自然、随意的效果。与传统道路相比，这里树林、灌木、珍贵的岩层离道路更近，使得游客与周围环境进行更加亲密的接触。

很多地方的急转弯都尽力消除了，许多弯路在某种程度上修直了，目的是使机动车辆通行，但是公园道路还是比传统的高速公路迂回曲折，同时还尽量避免绵延笔直的直线道路。蜿蜒的道路更吸引人。曲线路形便于修路人员更顺应地形轮廓修建，这样就不需要那些花费高昂、不美观且对环境有破坏性的挖掘工程了。路面宽度比现在的高速公路要窄，几乎不超过22英尺（约6.7米），没有路肩，在比较完善的风景道路和频繁行车的地段有路缘。在初期

向阳大道，冰川国家公园，1932 年
摄影师：乔治·格兰特，NPSHPC

的建设中，国家公园管理局意识到若使用混凝土或柏油铺路，无法在预算内完成如此浩大的道路建设工程，于是尽量使用油砾石、碎石铺路以固定道路网格。更坚实的柏油路在一些情况下也会使用。当地岩石也尽可能地被用作公园道路铺路的碎石，这样既节省了资源和搬运费用，还有助于道路与周围环境的融合。这一策略在西南部的国家公园内效果显著，红色路面与当地的岩石相互映衬，非常和谐。

在一些不得不进行挖掘工作的地方，公园道路建设者们尽最大的努力将破坏降到最低，并将修建过程中受到损害的地方尽量恢复原状。让陡峭未经修饰的斜坡靠着新修建的道路，这在当时的高速道路建设实践中是很常见的，而 NPS 却坚持让路堤慢慢倾斜成为圆拱形，看上去很像自然而成的轮廓。绿化工程则帮助其稳定了受损路沿，使其外观更加自然。恢复植被的策略有利于优化当地植被品种在自然群落中的使用。在特别陡峭的山坡，挖掘隧道可谓是一种好方法，既不破坏视觉效果，提高了安全性，也降低了预算。挖掘隧道需要专业设备和专业技术人员，但同时省去了不太美观的山坡切面和挡土墙，并降低了岩石崩落、雪崩的危险。设计师们也可以借助隧道来引导游客的视线，比如在锡安山卡梅尔隧道，游客透过窗户欣赏动人的景色；在约塞米蒂的瓦乌纳隧道，是利用出口隧道口来呈现壮丽的景色，都取得了很好的效果。

尽量在斜坡处保护驾驶游客的想法促使 NPS 推出了一系列引人注目的护墙设计，最终这些方案被整理并作为公园标准设计方案。护墙多由当地采集的石砖构造而成，一般看上去比较崎岖不平但不乏美观，并且与其旁边岩石的色调、纹理相得益彰。NPS 粗糙的设计框架存在很大的可变性。不同大小、不同形状的岩石按不同的样式安放在一起，有看似很随意的，有规则形状的，尽量避免过于拘谨的直线造型。平顶的和雉堞状的护墙都很受欢迎。通过改变高度、宽度、形状以及雉堞的间距，可以做出更多变化。在许多地方坚实的木质护栏被大量使用，在黄石国家公园或其他地方也能发现一些石头、木材混合的设计使用。在很多南部公园，道路使用了传统的轨道分离护栏，这更多的是为了美化景观而不是出于安全考虑。对于非专业的观察者来说，微妙的风格变化并不明显，在弯弯曲曲的山路上行驶，两侧是石头或木质的护栏，一直是传统国家公园游览的经典元素。

在这一时期，NPS 的桥梁建设遵循了相同的设计理念。BPR 确保了新的桥梁在钢筋混凝土工程中使用最先进的科技，然而结构设计和外观处理仍反映出了 NPS 自然设计的理念。许多桥梁仍是粗石饰面。较长的跨度也偶尔不加雕饰，尤其那些人们可能看不到的角度。除了偏爱当地荒料石和随意的砖石形状之外，NPS 还规定必须注意确保钻孔痕迹和其他采石的痕迹是向内的，只能看到风化的岩石表面。从这时候开始，NPS桥梁倾向于线条简练、精细的拱形结构。而在阿卡迪亚国家公园，设计师创造了更加折中派的结构方式，通过风景如画的装饰来修饰粗糙的石头。过去用钢梁支撑的桥跨常常被厚厚的木材覆盖，以保持质朴的设计美感，同时与周围环境更加和谐。在威廉斯堡殖民地风景道，一些现代钢筋混凝土桥梁是通过传统的砌筑方式使用红砖覆面，使其与附近的威廉斯堡建筑融为一体。威廉斯堡隧道口也是一样的设计方式。在山区，隧道口一般保持其原本的自然风貌，在需要混凝土固定的地方，则利用毛石砌筑。在可以被看到的涵洞端墙也使用了粗石处理方式。

入口处似乎反映出使建筑与周围自然、文化环境相和谐的目的。另外，这里还可以看到盛行的多样的质朴之美，设计师所追求的是利用当地资源，突出地域性的建筑风格。在西部地区公园，大型原木结构非常流行。在西南部，比较盛行的是土砖，或是混凝土仿制土砖。在阿巴拉契亚山地区公园，乡土建筑图案被运用于很多公园建筑。入口处一般是驾驶者首先看到的建筑，但是类似的理念影响了大量旅游设施的设计，影响范围从公共厕所到喷泉到路边展摊。棕色木质图标为那一时期游客所熟知，并成为国家公园风景的标志性特征。

这些设计理念的目的在于展现公园风景，将建设所带来的消极影响最小化，确保公园发展与周围环境相协调。在公园道路建设的“黄金时期”，视觉效果、精细程度、建设的淳朴风格等因素在很大程度上塑造了国家公园在游客心中的形象。在蜿蜒的道路行车，穿越引人注目的大桥，旁边是坚固的护墙，这些都成为国家公园必不可少的体验之一。实际上，对于大多数游客来说，在公园道路行驶就是在游览国家公园。公园鼓励游客在行车途中放慢速度，欣赏周围的美景，而不是盲目地奔向下一个目的地。再者，公园道路设计师实际上也为疏通交通作了贡献，这一管理交通的方式在当时的政策计划中变得越来越流行。道路蜿蜒曲折，绿树成荫，峡谷隐约可见，植被覆盖，这些景象使游客与周围环境紧密融合，与此同时也防止了车速过快的问题。在初期公园发给旅客的传单小册子中就包含了这一观点：“公园道路仅限于休闲驾驶，如果很着急，请您选择别的路线，等您时间充裕了再回来（摘自1968年美国NPS内政部）。”

大量重要的工程都是在这一时期完成的，产生了世界上最风景绮丽的道路，形成了美国国家公园的特色。冰川国家公园的跨山公路后来改名为“向阳大道”，是这一时期最意义重大的成就之一。它不仅是高海拔公路建设的伟大典范，更是历史上NPS与BPR合作的起源。它于1933年通车，通过提供迷人的机动车辆行驶路线，完成了西部国家公园之间高速公路的最后连接。锡安山的卡梅尔隧道，于1930年建成，攻克了另一难关，使得游客可驾车从山谷底部一直到周围的边缘地带。将道路修建在隧道中，有利于防止普通的公路破坏公园的砂岩绝壁。这一复杂工程依然是国家公园系统中最长的隧道。另一相似的壮观隧道，建在约塞米蒂国家公园中，当

克里斯汀瀑布大桥，雷尼尔山国家公园，1992年
摄影师：杰特·罗威，HAER

时瓦乌纳公路在重建，主要是为了使机动车辆通行更加安全。另一较低隧道的出口则突出了约塞米蒂山谷的壮丽景色。“大橡树平地”上三条较短的隧道则是为了使机动车辆通行更安全，而不用过分担心陡峭的山坡。这两大工程都是在20世纪30年代早期完成的，这一时期同时完善了EL出口公路，从而为进入山谷提供了通道。

落基山脉国家公园的“山脊路”是另一伟大的新工程。其设计是为了替代附近的福尔河路，那条公路仅仅建了不到10年，但已经不适合机动车辆交通了。“山脊路”坡度适度，以优雅温和的曲线蜿蜒在大陆分水岭上。在最高处永久冻土地段修建则给NPS和BPR设计团队带来了巨大挑战。“将军公路”于1921年到1935年修建，驾车游客可以穿越高耸的树林，欣赏格兰特将军国家公园中红杉的壮丽景色。黄石国家公园并没有重修很多公路，地址也没有很大的变迁，但是修改了坡度和弯度，升级了桥梁，路面则使用了柏油铺路。在雷尼尔山国家公园，NPS扩宽、重铺、取直了尼斯阔利大道，并且接手了其他几条新大道的修建工作，提供了去往公园偏远地带的通道。在20世纪二三十年代，其他很多公园在公路完善方面都取得了重大进展。

除了在西部传统公园升级公路之外，NPS还尽最大努力建设其他的国家公园，尤其是在美国东部。在拉斐特国家公园（后为阿卡迪亚国家公园）1919年创建之前，密西西比河东岸并没有国家公园。直到第二次世界大战爆发，一部分东部国家公园才建立，目的是为了保护珍贵的自然和历史资源，并为激增的国家人口提供休闲、学习的场所。认识到大多数的游客都会选择乘车游览，NPS与BPR开始在新公园修建机动车辆通行道路。工程师与风景园林师结合了西部国家公园建设的经验与东部公园系统管理部门官方对游览道路设计的新方法，以满足主要大城市游客的需要。最后修建了引人注目的风景车行道，它所处的位置使数百万美国人只需一天的车程就可以到达。东部国家公园迅速增长的有利条件，使得驾车旅客能够欣赏路边如画的美景、庄重肃穆的内战战场、引人入胜的山间美景、大量的自然和历史遗址，而不用花费大量时间，也无需再承受州际高速公路遥远的征程。

阿卡迪亚国家公园是东海岸第一个国家公园，在道路建设方面起着意义重大的领军作用。约翰·戴·洛克菲勒在附近建造了避暑度假别墅，并设置了一条极具国家公园道路特色和同样设计美感的马车道路交通网络。为了维护这种神圣的马车道路交通网络，洛克菲勒资助了大量

瑞克塞克角远眺，雷尼尔山国家公园
摄影师：杰克·E·鲍彻，1960年；NPSHPC

G135. Transmountain Highway, Glacier National Park

新建成的穿山公路，又叫向阳大道，冰川国家公园，约 1933 年
老式明信片：蒂莫西·戴维斯

卡迪拉克山公路，阿卡迪亚国家公园，1995 年
摄影师：杰特·罗威，HAER

资金，邀请著名的风景园林师弗雷德里克·劳·奥姆斯特德帮助 NPS 开发了与汽车行驶互补的交通系统，以确保其景观质量。NPS 与 BPR 的合作也影响了阿卡迪亚的道路交通系统，于 1932 年建成的卡迪拉克山路则为其中典范。

谢南多厄国家公园的“天际线公路”表明 NPS 试图让东部自驾游客很容易到达，并很容易享受国家公园游览旅程。建于 1931 年至 1936 年间的“天际线公路”意在使华盛顿特区和周围地区的人们可以享受一天往返的旅程。蜿蜒盘旋的山脊路线提供了同样迷人的风景与质朴的特色，这些是西部游客认为国家公园必有的游览体验。天际线公路是公园道路与公园本身融为一体这一理念的缩影。谢南多厄国家公园拥有将近 20 万英亩的山地，但大多数游客把视线放在狭窄的、70 英里长、景色怡人的道路上。大烟山国家公园是一座更大的公园，几乎在同一时期建造，它位于阿巴拉契亚山脉南部的中心地带。“纽芳隘口路”加上其他几条公路，为公园的各色景点提供了通道。很多条石桥可为公园道路分流，最为壮观的则为纽芳隘口路的“环路”。这是一座石面螺旋桥，取代了两条危险、不美观的之字形路。

20 世纪 30 年代，风景道的修建使 NPS 深入人心。起初，它被当作是 19 世纪连接城市公园的僻静马车路，后

蓝岭山风景道，1950 年
摄影师：T·W·肯斯；美国公共道路局藏品，国家档案馆

民间资源保护队工人在建造护栏，约塞米蒂国家公园
约塞米蒂国家公园

来被纽约温彻斯特公园委员会人员改造以适应汽车时代。这些工作人员中有些最后成为 NPS 员工。NPS 认识到，风景道不仅可以起到通行作用，其本身就可以成为游览景点，其娱乐消遣的特点迎合了一天往返的游客及过夜游客的需要。“殖民地风景道”位于历史遗址詹姆斯敦、约克城、威廉斯堡、弗吉尼亚之间，NPS 将风景道的概念拓展到史无前例的规模。此后，NPS 最大限度地扩张了风景道的内涵。“蓝色山脊风景道”，沿着至阿巴拉契亚山顶峰，在天际线公路和大烟山国家公园之间，长达 469 英里；“纳齐兹遗迹风景道”，与很多道路相通，从田纳西州的纳什维尔，到密西西比州的纳齐兹，最终包括长达 400 多英里的双车道柏油路。除了以前着重强调的自然景观之外，这些风景道如今也展示了丰富的文化景观。分轨护栏、重修的木屋以及服务设施的设计都效仿当地建筑风格，融入地域文化，向城市游客展示美国的乡土特色。这两座带状公园非凡卓越，其选址、收购、设计、建造都是异常艰难的工作，“蓝岭山风景道”直到 1987 年才完成，而“纳奇兹遗迹风景道”至今仍在修建之中。

1933 年，NPS 作为一个主要的政府重组机构，接手了在华盛顿特区的一些郊区风景道的建设，这些风景道毗邻首都城市的一些其他公园和历史建筑。岩溪和波托马克风景道，连接了华盛顿西北部的岩溪公园和国家广场，于 1936 年在新政基金资助下建成。岩溪公园因其历史久远的道路、可以追溯到 20 世纪的桥梁，也得到公园管理局的珍视。“弗农山纪念公路”，沿着波托马克河，贯通华盛顿与弗农山，由 BPR 在 1928 年到 1932 年建造，但很快被合并到乔治·华盛顿纪念风景道项目中。华盛顿纪念风景道的建设目的在于保护国家首都地区波托马克河的两岸景观。在第二次世界大战之前，这一大型项目并无较大进展，直到 20 世纪 60 年代才竣工。巴尔的摩—华盛

建设人员，向阳大道，约 1932 年
冰川国家公园

顿风景道也在这一时期计划建设，直到 20 世纪 50 年代才开始发展，正是那时，它开始成为极有吸引力的通勤道路。

政府重组后，华盛顿地区的公园管理权移交给国家公园管理局，这使得 NPS 拥有了大多数国家军事公园的管理权。这些特殊保护区是为保护、纪念意义重大的战场，比如葛底斯堡、夏伊洛、维克斯堡，这些战场起初归美国陆军部管辖。其道路系统由一些特殊机构、退伍军人组织、军事托管队建设，目的在于展示历史战场面貌，体现纪念意义。桥梁、路面及相关设施的建造水平水准很高，因为这些都是有象征意义的重要遗址。公园管理局试图尽最大努力保护这些遗迹，有选择性地升级道路系统，以适应机动车辆以及增加的客流量。

在这一公园道路发展的“黄金时期”，其范围扩张及质量提高主要体现在修路技巧和遇到困难时的决心，施工团队常常在恶劣艰难的条件下工作。大多初期工作，比如土方修整、铺路、排水、桥梁工程，都由私人承包商来实施，其员工在专业修建技术和重型机器操作方面都富有经验。炸药的发明、汽油—柴油机的出现帮助他们克服了早期工程队遇到的难关。不可思议的是，更强大的技术使得 NPS 建造出了更能“与周围环境相得益彰”的道路。大量的泥土、碎石会在修路过程中移走，这样就可以建造更悠长、典雅的曲线，更缓和的台阶。美国民间资源保护队（CCC）及其前身——紧急保障工作项目组（ECW）在 1933 年到 1942 年的公园道路发展过程中起了至关重要的作用。这些劳动密集型，但技术含量相对较低的工作如土方修整、植树等为 CCC 员工提供了上千个就业机会。如果没有 CCC，NPS 就不可能完成这项伟大的路边修复项目。数千英里的护墙、护栏，加上露营地、野餐荫凉地等其他游客设施都是由 CCC 工人修建的。美国加入第二次世界大战后，CCC 工程项目和道路建设基本终止，因为人力、物力资源被转移到了国家更需要的地方。

到了 20 世纪 40 年代晚期，美国结束战争后开始振兴旅游产业，NPS 意识到自身遇到了严重问题。一方面需要新设备来适应急速增长的公园旅客，另一方面因长年的经费不足积压下来的工作已越来越窘迫。在 20 世纪 50 年代，这一问题变得更加严重，私家车的盛行、人们收入的增加、休闲时间的增多、州际公路的快速完善，使得国家公园中涌入了前所未有的游客。著名时事评论员和政客们开始谴责美国国家公园现状，并呼吁采取措施进行完善。NPS 对这一热论的回应是将启动综合性 10 年修建项目，在接下来的 10 年中，国会将出资近 10 亿美元。“66 号公路”这一项目的目的在于使国家公园管理局应对当前形势需要，并庆祝管理局 1966 年的 50 周年成立纪念日。

基于战前公园管理局推进和容纳机动车辆旅行的决心，“66 号公路”促进了道路及相关设施的综合升级，同时兴建了很多新的公园，还扩建了公园道路。虽然现有公园中并没有新增更多的道路，但是战前的道路大多数被加宽、修直、重铺，以适应更大、更多、速度更快的机动车辆。同时扩建了停车站点、露营地以及其他旅游设施，许多陈旧的桥梁被新桥梁取代，以满足现代交通的需要。黄石公园珍贵的奇滕登大桥于 1961 年被拆毁，取而代之的是一座更加坚实但相对不那么优雅的大桥。虽然为延续传统公园道路的美感而做了很多努力，许多新的桥梁和旅游设施依然非常现代，这些工程体现了“形式从属功能”的特点，是现代主义设计的典范。人力、物力资源的消耗也体现在“66 号公路”的形象建设中，因为战前那种人工凿成的朴素道路如今的建造成本十分昂贵。公路工程技术的进步使得设计、建造复杂蜿蜒的道路变得更加简单，又提高了承载高速和大型车辆的公园道路系统的安全性，增加了视觉美感。

虽然大多数旅客乐于看到这些进步，但是“66 号公路项目”依然存在很多批评者。除了反对那些现代主义美学，批评家还批判公园管理局修建了太多道路，对一些地方的“完善”实际上是破坏了其优美风景、和谐以及原始吸引力。通过给日益增多的游客提供驾车快速到达公园的途径，公园管理局似乎在鼓励这种趋势，这样的做法受到传统公园支持者的强烈反对。20 世纪 50 年代中期，越来越多的环保主义者、野生资源保护主义者开始批判公园管理局的修路做法。“66 号公路项目”中最受争议的是约塞米蒂国家公园的“泰奥加公路”的现代化修整，这条古老的石矿路自战前就已经被修理了好几次，但仍然行路困难，以致许多游客放弃了去欣赏“摩天岭”美景的机会。野生资源保护主义者将保存这条路的原始自然面貌作为防止过多客流涌入的方法，NPS 局长康德拉·沃思及其他主要官员坚持认为道路需要被加宽、重铺、修直，赋予其更多用途。但环保主义者在一些公园的抗议活动更为成功，他们阻止

过度拥挤的路况促成了 66 号公路的建设：黄石国家公园，约 1954 年
黄石国家公园

66 号公路项目，提顿国家公园，约 1960 年
NPSHPC

了乔治·华盛顿纪念风景道的扩张及一条拟建的风景道，这条风景道原计划拟沿切萨皮克和俄亥俄运河铺设，从华盛顿特区延伸到马里兰州的坎伯兰。

20 世纪 60 年代中期（一些地区可能更早），公园管理局开始重新审视道路建设政策。早期策略是通过建造主要的风景干道穿越每个公园，但随着太平洋西北地区和阿拉斯加地区新公园中的道路被限制到最低程度，这一策略被弃置了。计划已久的用适应各种天气的汽车路包围雷尼尔山的计划也被搁浅。1967 年公园管理局组织了“蓝丝带小组”，以评估国家公园的道路标准，成员包括著名风景摄影师和泰奥加公路评论家安瑟·亚当斯。小组得出的结论是应当将附加道路控制在最小数量，并制定了一系列纲领，以确保未来的提升恢复道路的项目体现出战前公园道路设计的理念。小组还建议 NPS 寻求不同的交通方式，尤其是在特别拥挤的公园，比如专线巴士、燃料汽车。1969 年国家环保政策法案增加了对大型建筑工程的环保监测严格流程的监管限制。

NPS 公园道路管理者和设计师应对不同区域的挑战，为游客密集的地区（如约塞米蒂山谷）设计了不同的道路交通系统，力图确保新项目不仅引人注目而且利于环保。BPR 现在的机构联邦公路管理局（FHWA）继续提供顶级的技术支持和设计指导。“蓝色山脊风景道”的瀑布湾高架桥是现代设计技术与传统公园理念以及更严格的生态保护意识的结合。高架桥建于 1979 年到 1983 年，是 469 英里风景道上最后修建的通道，长度为 1243 英尺。这一混凝土高架桥建在北卡罗来纳州的老爷山生态风景脆弱的斜坡之上。为了避免破坏山坡，建设者降低了每一块预制混凝土砌块原先安装的位置。非常规的入口通道被允许，只用 7 根支墩建于地面作为这一巨型建筑的支撑物。这一复杂的建筑工程加上其优雅曲线，得到了很多赞誉：技术含量高、生态环保、外形美观。纳奇兹小道风景道上的双曲拱桥，是公园道路发展过程中创新型工程的另一代表。双曲拱桥在 1994 年建成，横跨山谷、河流和高速公路。设计师使用了类似于建造灯塔的过程，高耸的结构似乎几乎不能触到地面，比田纳西州乡村景观高 1600 英尺。

NPS 和 FHWA 都在利用越来越细致的技术措施来容纳 20 世纪近几十年来不断增加和涌入公园的大量客流，公园道路社团组织也越来越认识到国家经典的公园道路和风景道路的历史重要性。文化资源管理者开始强调保护史迹道路及相关历史资源的重要性，尤其是在两次世界大战之间公园发展"黄金时期"的道路工程。他们越来越认识到公园道路一起见证了国家公园发展历史的重要时代，并且进一步反映出公路工程学和风景园林学的全面发展。对于许多公园专家和游客来说，这些公园象征着 20 世纪美国人民的生活。19 世纪的公园是为了迎合一小部分富裕的游客，他们坐着马车颠簸在尘土漫天的马路上，到了 20 世纪，国家公园则为中产阶级的自驾游客敞开了大门，他们行驶在顺畅和设计精良的风景大道上。通过协调大众意愿，遵守保护风景资源和工作尽职尽责的承诺，美国国家公园道路和风景道路取得了很高的社会、美学和科技成就，这种成就在公园发展和游憩规划的历史上是无法估量的。

美国国家公园道路与桥梁工程记录项目（实录项目）

本书叙述了美国公园道路和风景道路的历史地位和文化重要性。意识到需要记录并阐述这些不可替代的国家代表，"美国有历史价值的工程记录项目"（HAER）与当今 NPS 管理者和 FHWA 的联邦属地公路处合作了一个长年项目，就是使用大幅图片、历史综述、精确细致绘图来记录公园道路和风景道路。1988 年在致力于国家首都地区

瀑布湾高架桥，蓝色山脊风景道，1997 年
摄影师：大卫·哈斯，HAER

一个家庭正在欣赏蓝色山脊风景道的风光，约 1950 年
摄影师：阿比·罗；NPSHPC

的公园桥梁建设的试点工程之后，HAER 将其注意力转移到西部经典公园，比如黄石国家公园、约塞米蒂国家公园、冰川国家公园、雷尼尔山国家公园。这一项目的范围很快扩大到东部的公园及道路，包括国家军事公园和华盛顿地区的一些桥梁工程。HAER 坚持记录乔治·华盛顿风景道，以及洛克·克里克和波托马克公园风景道路这两条首都地区的古老道路。2002 年项目接近尾声时，已经记录了很多条公园道路和风景道路，数百座桥梁，拍摄了 4000 多张照片，制作了 476 张图纸以及 10000 多页历史叙述。尽管不能详细调查每一个公园，但是其中已经记录了最古老、最重要的公园道路系统，以及很多非常重要但鲜为人知的道路和桥梁。除此之外还记录了一些非公园管理的风景道路，使用了相同的技巧，并得到当地及州的资金支持。其中包括纽约的布朗克斯河和塔科尼克风景道、康涅狄格州的梅里特风景道、加利福尼亚州的阿罗约·塞科风景道、俄勒冈州的老哥伦比亚河公路。

许多 HAER 和 NPS 合作的公园道路和桥梁的记录都是通过 HABS/HAER 夏季实习项目完成的。这一受欢迎的项目为学生和年轻专业人士提供了实习培训机会，也为 HABS/HAER 完成了意义重大项目的记录，而这些是全职员工无精力完成的。HABS/HAER 夏季项目长期以来都是资源保护专业人士的初期培训基地，年复一年的参与者经此体验然后转向当地、州或联邦环保机构开始全职工作。这一跨学科小组筛选过程竞争十分激烈，成员包括在校学生和刚毕业学生，专业包括建筑学、风景园林学、建筑史学及相关学科，经过 12 周调查、记录每一条公路和公园道路体系。华盛顿基地的 HABS/HAER 建筑家、史学家们帮助小组熟悉景区的自然资源，帮助他们了解每条公园道路或风景道路的典型特点，明确该项目的总体目标。并在记录技巧方面构筑了大体构架。在接下来的几周，小组成员将调查公园道路体系，进行初步的测量、绘图、研究记录文献比如建设计划原稿、建设报告、历史图册等。他们需确定绘画可能用到的题材，并绘制小型的预期形象布局，这些工作由小组成员、项目领导复审，然后再进行深入研究、讨论及现场检测。

在每个夏季的某些时间段，HAER 员工会探访项目小组，为其提供更明确的方向，并改进图纸。重要的工作人员，比如文化资源主管、工程师、风景园林师都被邀请参加这些审查工作。经过与 HAER 项目领导的最后一轮商讨，最后的版本由档案级的颜料墨水印刷在聚酯

HAER 记录小组正在调查一处历史桥梁，雷尼尔山，1992 年
摄影师：托德·克罗托，HAER

薄膜纸上，长、宽分别为 36、24 英尺或者 44、33 英尺，根据内政部长关于《历史建筑记录》的指导要求而定。与 HAER 小组在之前的夏天完成的公园道路图册集的作用一样，HABS/HAER 的实地手册《历史建筑记录》（华盛顿特区：美国建筑师学会出版社，1989 年）提供了历史遗迹点勘测、记录的指导方案。记录过程极少使用计算机辅助绘图（CAD）技术，几乎所有的 NPS 公园道路和桥梁记录都是手绘的。尽管 CAD 技术日益精炼，手工绘图这一方法似乎最适合捕捉公园道路景色的细微之处，特别是详细绘图在文档记录中起着越来越重要的作用。在一些实验中，曾经尝试将历史照片扫描到聚酯薄膜纸上，展现建设过程等情况，但手绘在这方面效果更好。扫描过的照片常常产生色调、内容的反差，而手绘方式则更具创新性，更加简明清晰，绘图者可以结合多种元素，并删除多余的影响画面之处。这种手绘、手印的方式可以在大范围图绘中形成独特的风格，同时表现公园道路自身的朴素的手绘特点。不同公园的特征产生大量不同的概念主题、风景场景和结构细节。但总体来说，NPS 的 HAER 公园道路与桥梁工程展现出非凡的特色与和谐性，尤其是对这样一个需要很多能工巧匠，耗时十几年完成的工程来说非常重要。

尽管在色调、形式上有着整体相似性，但记录中的绘图随着项目的进展也在发生重大演变。早期项目专注于如桥梁、隧道、涵洞、高架桥等工程，但是随着项目的范围逐渐扩展到更广泛的层面，比如公路工程、风景设计、环保观念、生态学和文化历史等。这一转变反映了公园道路环境的复杂性以及跨学科文化景观研究对工程项目的进一步影响。桥梁的细节绘图在早期记录中占主导作用，黄石、冰川、约塞米蒂等国家公园都提供了很丰富的技术信息，但显然，要展现公园道路和风景道路复杂的空间性、时间性和试验性，就需要更新的概念策略和更具创新的绘图方式。HAER 的项目管理人员与实地小组合作，超越传统的场地规划图、剖面图、立面图，创作出描述建设过程、风景设计技巧、地形特点、历史演变过程的解释性图绘。通过加强历史道路研究的跨学科视角，有助于 NPS 公园道路与桥梁项目的范围从狭隘的技术调研层面升级到更加宏观的社会、环境、概念领域。

HAER 制图人员丹妮拉·特托正在为雷尼尔山项目绘制图纸，1992 年
摄影师：托德·克罗托，HAER

这一扩展方式的好处在接下来的几期项目中逐渐凸显，比如大烟山国家公园、雷尼尔山国家公园、阿卡迪亚国家公园等通过图纸描述多样化的主题来记录常规桥梁的做法饱受争议，因为随着时间推移，道路网络在演变，公园道路的地形特点、植被覆盖率，道路及相关工程位置以及驾驶者对路边景色的要求都在变化。

波宏诺桥，约塞米蒂国家公园，1991 年记录于 HAER
摄影师：布莱恩·葛罗根，HAER

过程图和剖面图提供了了解公园道路修建过程以及同周围自然景色相协调的方式。附页记录了已选地址的地形细节，以及路边工程，如护墙、排水系统、路标、出站口等。

随着 HAER 进一步努力建设风景道路和军事公园，这一范围广泛的记录方式越来越重要。复杂概念的议程、不同时代的历史描述、详尽细致的观点视角，赋予了这些公园道路景观无限的丰富性和复杂性。军事公园用以保护和纪念神圣的战争场景。它们包括具有历史意义和构思的景观、极具纪念意义和解说特色，还包括战争时代的历史道路和具有历史意义的线路的流通网络，所有这些元素交错重叠，错综复杂。HAER 使用图表来展现其设计策略、不同时期重要景点的比较以及对纪念性元素的描述，如路标、纪念碑、路边摊、军队行进的道路地形条件，或是其他具有历史意义的线路。风景道路设计者同样考虑到物质景观与文化价值，利用传统的景观设计技巧，使自然景观与美国殖民地、土地遗产相结合。尽管使用航拍数码地图可以详尽无遗地展示华盛顿 2.5 英里长的岩溪公园和波托马克风景道，但大多数其他风景道路和公园道路系统用这一方法难以完成，至少是昂贵无比。小组成员的替代方法是根据不同的风景区域，使用一系列混合的手法对其进行呈现，综合了场地规划图、印象派的小插图、重要细节透视图以及对有关重要植被和地理特征的描述。另外，还有一些图纸描述了重要管理政策比如风景地役权、农业租赁，这些在建立、维护风景道路和公园道路的景观特征方面起着非常重要的作用。

HAER 公园道路与桥梁项目的最后阶段包括增补国家公园、风景道路中的范例资料库，并对前期调查过的一些公园，运用增补的记录文献及随项目进展而产生的更广泛的文化景观展示手法，扩充最初的桥梁图纸。这一深层次、更广泛的调查方式在并不发达的公园比如拉森国家公园、红杉国家公园、夏威夷火山国家公园、哈雷阿卡拉国家公园中也产生了优秀的历史记录报告。落基山国家公园的绘图将山脊路和瀑布河路在坡度、宽度、弯曲度、景观设定方面作了对比；斯科茨・布拉夫国家公园试图表现该区域的象征意义以及大萧条时期道路建设工程在当地社区组织历史中的重要作用，补充使用了建造过程和工程结构中更为传统的技巧绘图。

对黄石国家公园、约塞米蒂国家公园、冰川国家公园的再度回访收益颇大。冰川国家公园小组与公园员工密切合作，专门设计了一系列图纸展现公园为记录"向阳大道"的历史及重要意义而作出的努力，最近向阳大道又被指定为"国家历史标志"，这是第一个获得此项殊荣的国家公园道路。图纸可以追溯公园交通发展的历史，展现重要的选址决定、设计方案以及影响路线的环境因素，记录建设过程，概述出当今的管理技术比如本地植被种植、除雪状况等。还有一些图纸描绘了不同护墙、旅游设施的细节，包括汽车营地设计的演变——这是国家公园景观很重要但是会被忽略的一方面。在约塞米蒂国家公园，后续团队记录了不同的护墙、入口站、风景建筑类型，同时也制作了每条公园道路的历史演变和重要特征的绘图。一系列专注于桥梁历史的绘图追述了从 19 世纪至今，桥梁在设计和技术方面的演变。黄石国家公园最后的小组也非常注重历史，记录了每一时期不同的桥梁、高架桥的演变，追述了交通实践、道路宽度构成、入口站及解释特色的变化。小组历史学家将最初的工程表述替换成对设计理念更加详尽的综述，并对前期项目中被忽视的几条辅助性道路进行了概述。

尽管从一开始记录项目的历史因素就得到普遍重视，但是随着项目的进展，这些综述从基本的技术和管理问题到公园道路在社会、文化、观念上的发展实践都变得更加丰富和全面。历史学家有时会与绘画小组分开独立工作，编写长短不同的综述，有为小型桥梁编写一到两页的简述，也有为整个公园道路系统、风景道路编写 50 页到 500 页的全面描述。为了方便起见，许多复杂的公园道路历史被拆分为发展模式回顾、单个道路演变过程叙述、重点桥梁和其他工程建筑的小型报告等部分。国家风景道的历史发展是通过补充了对单个桥梁的独立报道而进行的综合叙述。历史学家在项目的绘图方面发挥了重大作用，他们帮助提炼图像档案的内容，并为每个绘图提供文字说明。历史学家与制图人员合作进行大幅图片的初步制作工作。HABS/HAER 摄影师或专业承包商以这些建议为指导，制作出景观、工程结构、建设细节的示范性样本，而不用提供公园道路资源的全部情况（这种方式几乎不可能，至少花销巨大，因为美国公园道路和风景道路系统规模十分宏大）。

在每一项目的末尾部分，小组会为公园员工以及感兴趣的团体进行最后的介绍。事实证明，这些活动十分有价值，它们不仅为公园道路管理者提供了细节信息，更重要的是，有助于增强公园道路作为国家重要资源需要得到保护和了解的价值与意义。许多长年在公园工作的员工说这些介绍改变了他们对公园道路的看法，使他们更深刻意识到其历史意义，更加尊重道路发展对国家公园历史的贡献。公园游客以及地方媒体也观看了其中的很多介绍。如此多的公众参与加上报纸文章的评论，有利于进一步促进该项目的完成，即让人们更多地了解公园道路历史，并了解这些道路为国家公园游览体验的改变所起的作用。

HAER NPS 公园道路与桥梁项目的最终价值与美国国家公园道路和风景道路自身的意义一样广大、多面并极具历史意义。HABS/HAER 的基本任务长期以来都是建立一个美国设计档案库，同时作为资源保护专业人士的培训基地。HAER NPS 公园道路与桥梁项目在这两方面都取得了惊人的成效。数千英里的公园道路、数百座桥梁以及大范围多种类的相关工程都被记录在这一档案库中；实地小组成员之后都纷纷进入学术、私企、地方、州或联邦资源保护机构工作。HABS/HAER 记录的另一深远影响在于它已成为一种"在纸上保护资源"的方式，因为建设环境经常会受到自然灾害、人类行为及其他历史因素的威胁。这一基础性文档被证实是 HAER NPS 公园道路、桥梁项目的重大成果。HAER 所记录的一些桥梁有的已被破坏，另外一些则会被取代或移除。出于自然与文化因素考虑，有些护栏、护墙已被修整或扩展，有些路面被加宽或修直，景观布局也发生改变；出于社会、技术、环境因素的考虑，有些重要道路移址计划也已实施或提出。因为工程和景观都逐渐变旧，客流量持续增加，管理方式也在演变；同时为了适应不断变化的社会实践、技术影响力和文化因素，所以对公园道路及相关资源的改动也是不可避免。

HAER NPS 公园道路、桥梁项目组记录文献的价值是无可估量的。绘图、调查研究和图片在设计、管理和公众教育方面都有着重要作用。工程师、风景园林师、维护人员、文化资源专家都可以把这些档案作为资源保护、修复和管理工作的参考。通过呼吁公众对公园道路历史意义的重视并提供相关的基本信息，HAER 记录项目组在一些公园的管理决策方面已经产生了影响。HAER NPS 公园道路与桥梁项目组也对国家公园管理局和联邦高速公路管理局的发展有重要贡献，有助于保护其经典公园道路的特色以及在新项目中使用传统的公园道路发展技巧。

这种记录方式在描述、解释方面特别有价值，引人注目的图表和详细的历史叙述可以印刷在信息量大的出版物、展览会和路牌上。HAER 还为许多公园制作了详细的宣传手册，用通俗易懂的语言介绍了公园道路发展的历史。宣传手册里有简介，加上图片、文章、简图，版面设计简洁，在公园入口和游客中心发送给游客。迄今为止，最盛大的一次活动是 1997 年 6 月到 1998 年 3 月在华盛顿特区国家建筑博物馆举行的一次大型展览。这一展览取名为“与风景相得益彰：建设美国国家公园道路和风景道路”，通过展示历史图片、文物、HAER 的绘图和照片、珍贵的工程电影、当代录像短片，还有一些媒介工具，如计算机虚拟公园道路路线、自己动手设计公路模拟系统等。这一展览得到许多游客的高度赞扬，它使用动人

与风景相得益彰：建设美国国家公园道路和风景道路，华盛顿国家建筑博物馆举行的展览，1997 年
HAER

HAER 制作的宣传手册样本，旨在向公众宣传该研究项目
HAER

而通俗易懂的方式展示了公园道路系统的复杂性，让人们注意到公园道路在美国社会历史上广泛而深远的影响，从而获得数个国家奖项。这一展览将会成为如今图绘作品集的基础。通过把照片文件、历史资料及更广泛的历史叙述相结合的记录方式将会使公园道路历史的传播范围更加广泛。

HAER NPS 公园道路与桥梁项目对美国风景园林学、工程学、游憩管理学以及社会历史研究领域的意义重大。通过记录历史发展模式，描述重要技术、设计特点、风景特色，HAER 记录了美国公园道路和风景道路发展的历史，同时为其保护和宣传提供了坚实的基础。历史道路资源在各层次的国家公园管理工作中变得越来越重要。HAER NPS 公园道路与桥梁项目组还在公园外的历史道路保护工作中起着主导作用。正是由于最初的公园道路设计理念影响到了全国的公园，历史道路保护思潮也开始在地方、州以及整个国家萌发并兴盛起来。从更宽泛的角度来说，这一项目很大程度上促进了历史遗址记录领域的发展。通过将传统的建筑和工程描述与传达越来越复杂的社会、环境和概念因素的创新策略相结合，HAER 促进了公园道路研究领域的转变，使得风景设计成为更广泛的交叉学科研究内容。总之，HAER NPS 公园道路和桥梁项目组创立了一项持久的、引人注目的美国文化遗产重要记录，它将继续为数百万行走在美国公园道路和风景道路的游客造福。

新修复的道路，黄石国家公园，1996 年
摄影师：蒂莫西・戴维斯，HAER

国家公园道路

从缅因州蜿蜒的海岸到阿巴拉契亚山高地、落基山脉、西南部沙漠、夏威夷群岛，国家公园道路可以抵达大部分美国最壮观的景点及神圣的历史遗址。公园道路不仅仅是抵达这些异域风格观光景点的途径，由于道路周围景色秀丽、拥有迷人的淳朴风格及富有想象力的建筑工程，因此道路自身也是极受欢迎的景点。每年数百万的游客都会愉快地驾车行驶在优雅蜿蜒的公园道路上，穿越风景如画的桥梁，共享无限风光和多样文化。

由于公园道路设计的重要目标之一是掩饰人工建设的痕迹，因此许多驾车游客并不会注意到大量的艰辛工作及设计中的奇思妙想。即使是经过培训的专业人士，也常常无法意识到这些似乎简单但却异常复杂的文化景观所蕴含的巧妙设计思路和复杂的工程建设。以下的绘图展示了公园道路的建造过程，回顾了其随时间的演变过程，描绘了公园道路在不过度影响景观原貌的同时如何提供安全通往大范围自然与文化特色的路径的设计技巧。

并非每一个国家公园都囊括在这项调查记录中，但以下例子提供了丰富多样的美国公园道路景观代表图样，并展现出它们成为美国文化遗产的重要组成部分所受到的社会、技术、美学、环境因素影响。

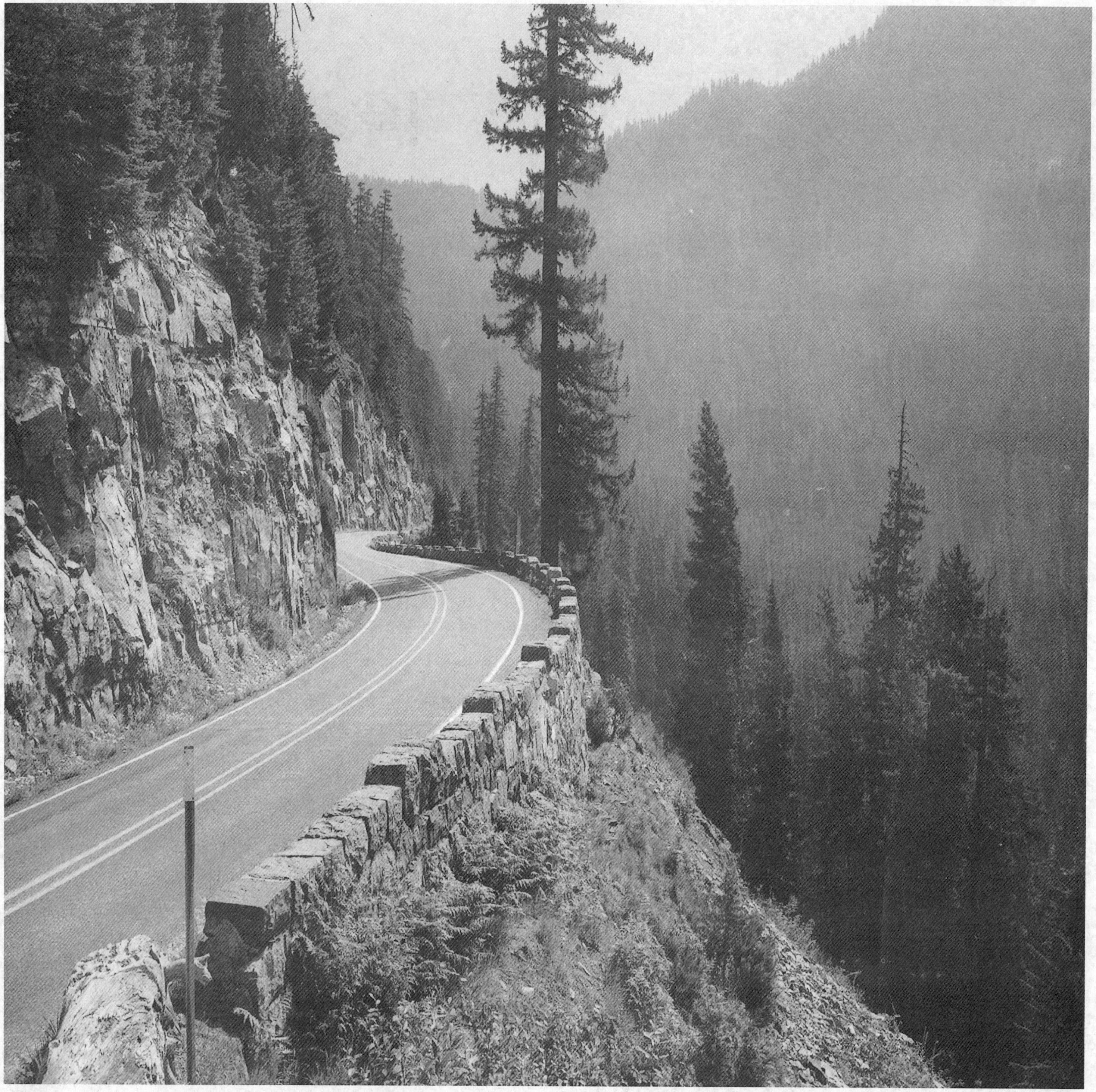

东区公路，雷尼尔山国家公园，1992 年
摄影者：杰特·罗威，HAER

国家公园道路

阿卡迪亚国家公园

道路与桥梁

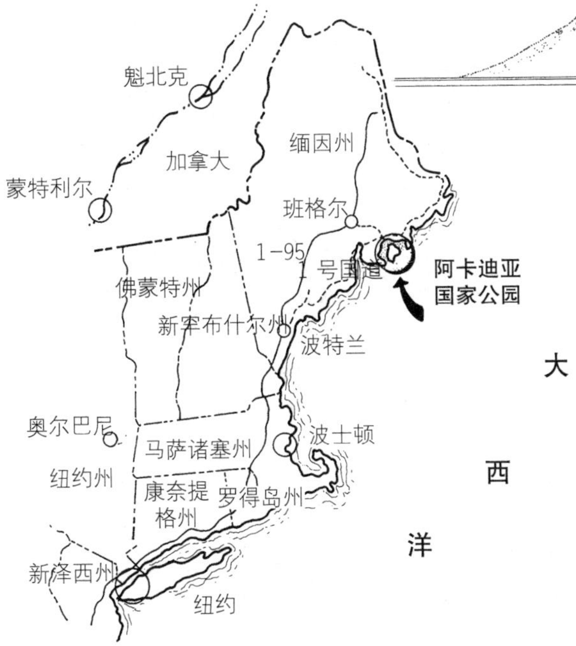

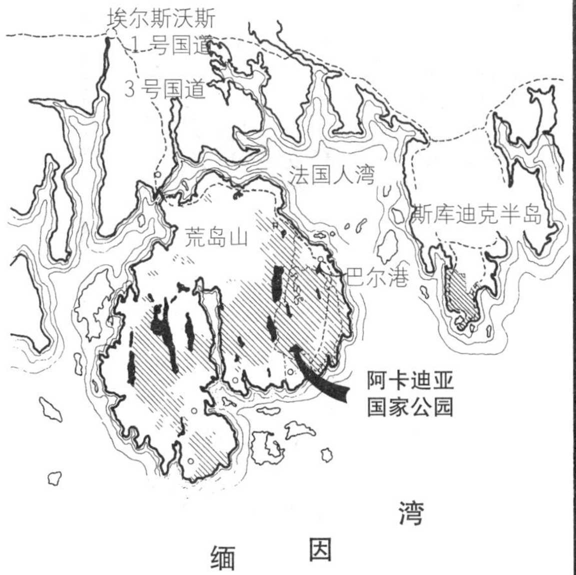

阿卡迪亚国家公园，起初位于荒岛山，七个近海岛屿的全部或部分都位于公园内，还包括伸进缅因湾的一个半岛。公园面积35000英亩，包括41英里的海岸线，这是东海岸唯一的峡湾海岸线，也是美国大西洋海岸的最高点。

阿卡迪亚国家公园的前身是西厄尔德芒茨国家纪念遗址，建于1916年7月3日。三年后，此地经整修成为国家公园，这是密西西比河以东第一个国家公园，且是美国唯一一个仅仅依靠私人土地投资的公园。起初因其为殖民地遗产，命名为拉斐特国家公园，1929年改为现名。

虽然如今的游客通常在黎明之前驾车赶到卡迪拉克山顶欣赏第一轮日出，但荒山道的路况不佳。公园建立后不久，阿布纳基族印第安人经常利用岛上各种错综的道路网打猎。1761年，白人来此定居，他们加宽道路以通行马和四轮马车。当地美国人会行至卡迪拉克山顶峰，因此在19世纪50年代他们开发了一条收费公路。早期到荒岛山定居的白人很快也修建了自己的道路，以促进经济、社会发展。早在1777年，他们就建造了粗糙的道路连接岛内的巴尔、巴斯、西南海湾地区，尽管天气恶劣时常不能通行。

19世纪后期几十年，随着机动车辆增多，越来越多的旅客可以欣赏到荒岛山的美景。一些当地居民意识到这一商机，开始修建、完善道路来吸引游客来此旅游。如在1888年，当地人修建了到达老鹰湖边的道路，促使其成为旅游景点。也有一些岛内居民对此并无太多热情。约翰·D·洛克菲勒夏天在此地避暑，他的家族靠标准石油公司赚取大量财富。他意识到大量汽车的涌入对他的田园小岛休闲生活造成威胁，为了应对城市工业化社会，他开始建造马车路。首先在他所在的海豹湾修建，到1941年，整个公园已经修建了40多英里长的马车路。

这个项目是“美国有历史价值的工程记录项目”（HAER）的一部分，这是一个长期记录美国历史上重大工程和工业成果的项目。HAER由美国内政部国家公园管理局（NPS）管理。阿卡迪亚国家公园记录项目于1994~1995年夏天进行，由HAER主编罗伯特·J·卡普施、首席建筑师埃里克·迪劳尼、NPS公园道路与风景道项目经理马克·哈索及阿卡迪亚国家公园主管保罗·赫托联合主办。HAER建筑师托德·克罗托和HAER史学家理查德·奎因对项目给予了全程监督与指导。

1994年记录项目组包括监理建筑师大卫·哈尼（耶鲁大学），风景园林技术员约瑟夫·库瑟尼维斯基（VPI）、凯特·柯蒂斯［利兹大学，英格兰/国际古迹遗址理事会（ICOMOS）］、风景园林技术员香农·巴勒斯（VPI）、史学家理查德·奎因及HAER摄影师杰特·罗威。

1995年记录项目组包括监督风景园林师（ISU）哈伦·d·格洛、风景园林技术员爱德华·鲁普亚克（PSU）、约瑟夫·库瑟尼维斯基（VPI）和建筑技术师莎拉·狄斯宾斯［加拿大魁北克蒙特利尔大学/国际古迹遗址理事会（ICOMOS）］、史学家尼尔·马赫（NYU）及HAER摄影师杰特·罗威。

修建这些马车路的时候，洛克菲勒尽力确保其外形美观。他亲自监督大部分建设过程，并雇佣风景园艺大师比阿特丽克斯·法兰德指导路边植被绿化，以遮盖建设过程留下的不美观痕迹。洛克菲勒不仅关注道路本身的美化，还非常注重道路所展示的秀丽风景。洛克菲勒希望通过马车路的合理设计使得游客可以欣赏公园草坪、沿岸溪流、山峰景色等一系列公园特色。洛克菲勒修建的16座石墩马车桥最能体现他使道路与周围自然美景相和谐的意愿。他煞费苦心，使用现有当地材料修建，使桥梁与自然景观浑然一体，同时还展现出可供欣赏的美景。

在20世纪早期，随着到荒岛山旅游的机动车辆增多，一些人开始怂恿公园官方将阿卡迪亚公园马车路对机动车开放。为了缓解这一公众压力，洛克菲勒开始建造景观汽车路，并与马车路分离开。1922年，他开始在老鹰湖的北端到约旦池塘茶坊之间修建可供机动车通行的“山路”，在接下来的30年，他又修建了类似的工程，并一直保持高标准美学要求。这次他聘请风景园林师弗雷德里克·劳·奥姆斯特德规划路线建设。尽管这些道路因其风景秀丽广受好评，但洛克菲勒在公园东部修建23英里长环形路的计划遭到当地人民的反对，他们担心这一项目将会破坏一些重要区域的自然景观。1958年，公用道路局完成了最后一部分项目，标志着洛克菲勒的计划成功施行。但当地人民的反对意见很大程度上改变了公园环路的形状。

阿卡迪亚国家公园中的马车路和汽车路在很多方面是有明显区别的。路标、道路立体交叉、两个美观的门房让如今的游客以为这两条道路系统是故意相互独立的。但马车路与汽车路拥有共同的历史。它们都是随着机动车辆的增多应运而生的，并且都受到洛克菲勒美学价值观的影响。当游客们登上阿卡迪亚山或坐在汽车前座欣赏日出时，应该将这些共同的遗产铭记于心。

HISTORIC AMERICAN ENGINEERING RECORD ME-12

SHEET 1 of 19

ACADIA NATIONAL PARK ROADS & BRIDGES

BAR HARBOR VICINITY　HANCOCK COUNTY　MAINE

DELINEATED BY: harlen d Groe, Ed Lupyak, Sarah Desbiens, Joe Korzeniewski, and Neil Maher, 1995

NATIONAL PARK SERVICE
ACADIA ROADS & BRIDGES RECORDING PROGRAM
NATIONAL PARK SERVICE
UNITED STATES DEPARTMENT OF THE INTERIOR

阿卡迪亚国家公园

地质景观

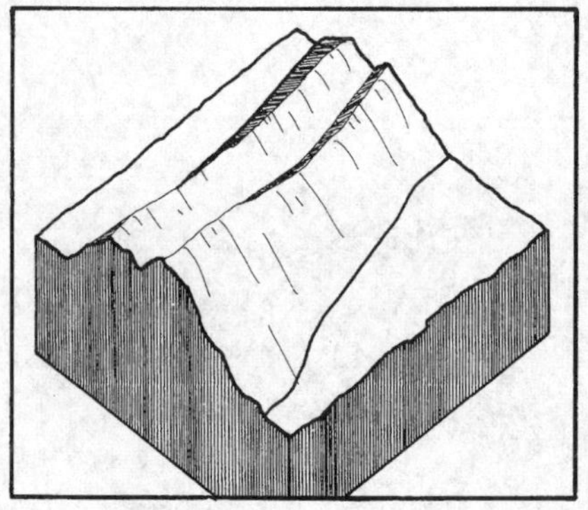

1. 山脉的形成

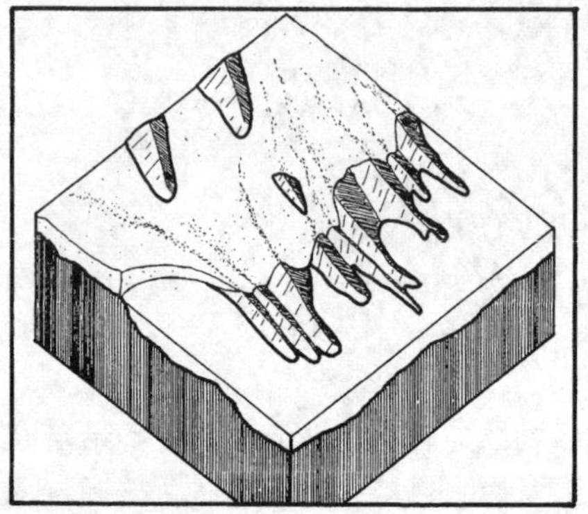

2. 冰川侵蚀

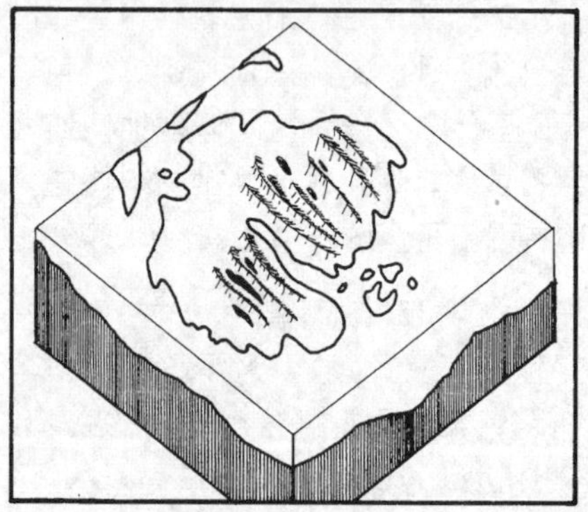

3. 如今的景观

游客如今可以在阿卡迪亚山巅观赏日出，而这些山脉早在亿万年前就已形成。它形成的第一个阶段发生在距今约 4 亿年前。一股巨大而炽热的岩浆在今天的荒岛山下向上移动，最终，内部的岩浆冲破了外层包裹着的岩石，冷却后形成由东绵延至西嶙峋的花岗石山脉。随着地质时间的推移，表层的大部分岩石被河流、雨水、风侵蚀殆尽，露出更抗侵蚀的花岗石。从此，这个东西方向的横向山脉中出现了V字形峡谷。

200 万到 300 万年前，当冰川从加拿大一带穿过新英格兰向下漂移时，荒岛山上的横向山脉起到了屏障的作用。冰盖在山脉北侧逐渐形成，最终在分水岭的低洼处涌出，在南面向下延伸形成长长的手指状冰川。冰川在分水岭处的流动冲刷出深深的峡谷，跨越横向山脉的南北两端。这些峡谷如今已被切割成一系列孤立的山峰。侵蚀活动一直在进行，直到大约 18000 年前地球温度上升阻止并逆转了这一过程，形成了如今公园中的山脉、峡谷和冰川湖。随着冰川的进一步消退，不断上升的海平面把荒岛山与大陆分离开来。

尽管在荒岛山早期地质史中，火山和冰川占主导地位，然而海洋在那之后却让阿卡迪亚形成了如今的景观。每个岬角、港湾和水湾都被海洋的力量影响过。比如，海浪对岛上悬崖的不断拍打使岩石离开原位，出现了诸如雷公洞一样的奇观。海浪也把这些岩石打磨成精致的小石子，随海水沉积到如桑德沙滩（Sand Beach）一样的海岸上。4 亿多年前，这种地质力量就不断侵蚀又造就了荒岛山上的山脉，现在同样的力量仍对阿卡迪亚公园中起着作用。

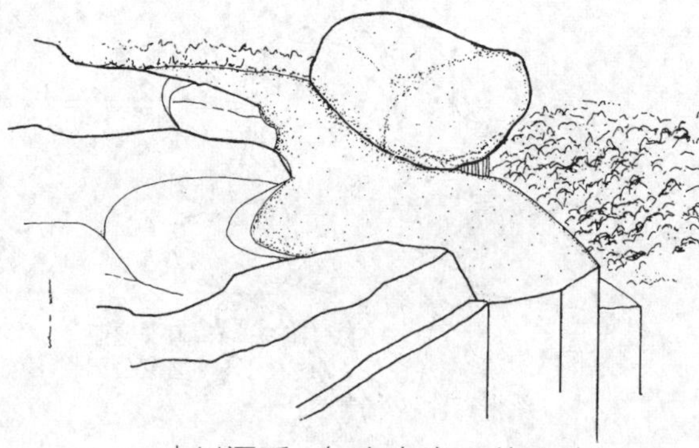

冰川漂砾，如南泡泡山的这块巨石，300 万年前由冰盖漂流到荒岛山

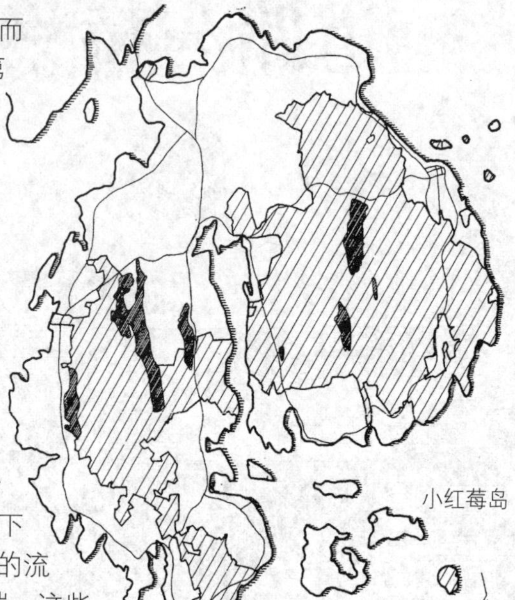

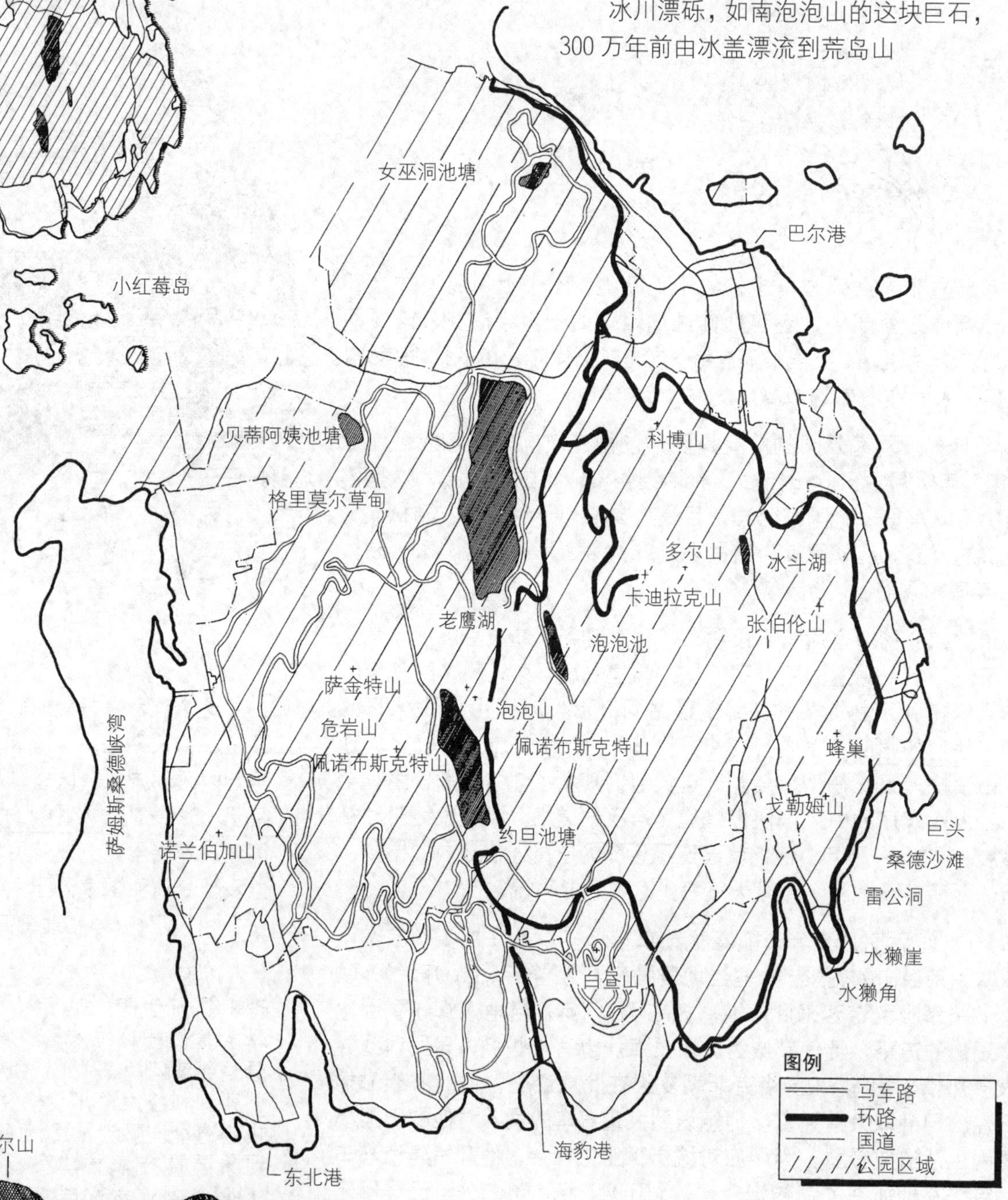
女巫洞池塘
巴尔港
小红莓岛
贝蒂阿姨池塘
格里莫尔草甸
科博山
多尔山
冰斗湖
卡迪拉克山
老鹰湖
张伯伦山
泡泡池
萨金特山
泡泡山
危岩山
佩诺布斯克特山
佩诺布斯克特山
萨姆斯桑德峡湾
蜂巢
戈勒姆山
诺兰伯加山
约旦池塘
巨头
桑德沙滩
雷公洞
水獭崖
白昼山
水獭角
海豹港
东北港
图例
马车路
环路
国道
公园区域

从小红莓岛上看到的阿卡迪亚山脉

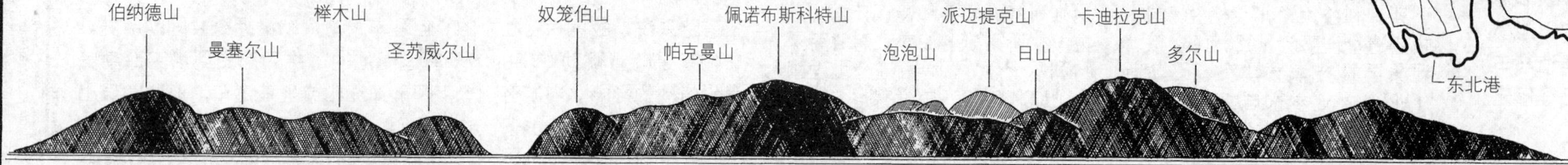
伯纳德山
曼塞尔山
榉木山
圣苏威尔山
奴笼伯山
帕克曼山
佩诺布斯科特山
泡泡山
派迈提克山
日山
卡迪拉克山
多尔山
大西洋

ACADIA NATIONAL PARK ROADS & BRIDGES
HANCOCK COUNTY
BAR HARBOR VICINITY
MAINE
SHEET 2 OF 19
HISTORIC AMERICAN ENGINEERING RECORD ME-12
DELINEATED BY: Joe Korzeniewski, 1995
NATIONAL PARK SERVICE
ACADIA ROADS & BRIDGES RECORDING PROGRAM
IF REPRODUCED, PLEASE CREDIT: HISTORIC AMERICAN ENGINEERING RECORD, NATIONAL PARK SERVICE, NAME OF DELINEATOR, DATE OF THE DRAWING

道路设计的相似性

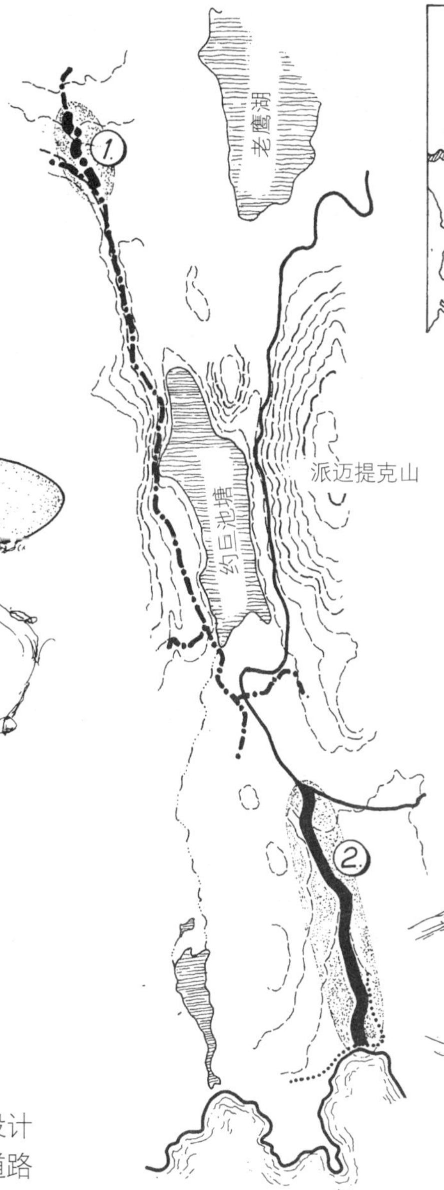

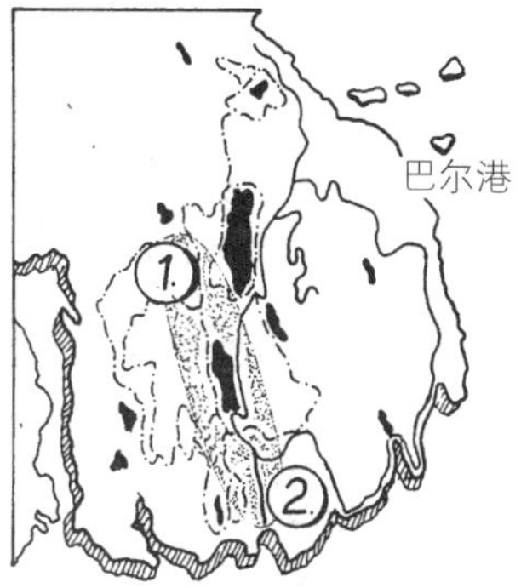

1　贝蒂阿姨池塘路

尽管马车路和汽车路体现了交通系统的区别性，但它们在设计上存在许多相同点。例如，两种系统的设计者都试图让他们的道路设计尽可能充分利用公园内的景观区，尤其沿着河道。所以就像通往贝蒂阿姨池塘的这条路一样，阿卡迪亚的马车路经常充满了密集的转弯，为的就是能多次穿越河床。

公园汽车路的设计者要保证汽车更快的速度，不得不设计许多直路，然而他们通过改造河床本身也实现了一种相似的设计。斯坦利河改道之后正好穿过斯坦利拱桥之下，大量景观池塘沿着汽车路边而建，河流的流量也因此改变。

2　斯坦利河路

洛克菲勒率先在他的马车路设计上使用了压顶石，俗称“洛克菲勒牙齿”，为了提高两种系统的一致性，同样的石制护栏也被修建在了汽车路两旁。

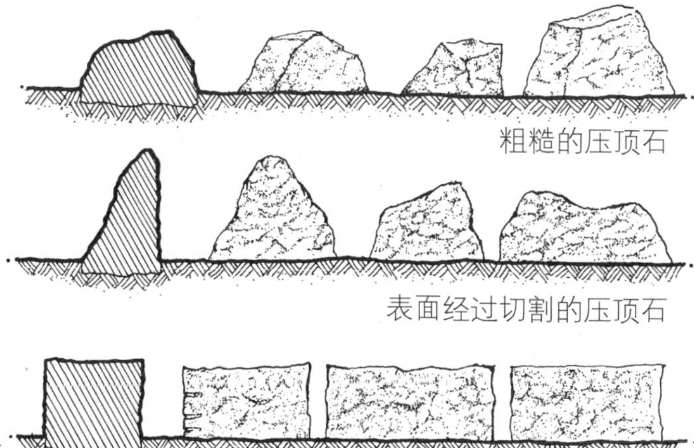

粗糙的压顶石

表面经过切割的压顶石

表面呈直线型的压顶石

1. 贝蒂阿姨池塘路小桥

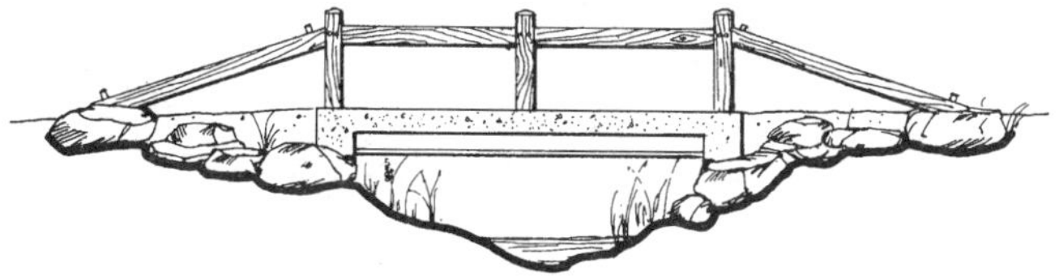

2. 斯坦利溪路桥

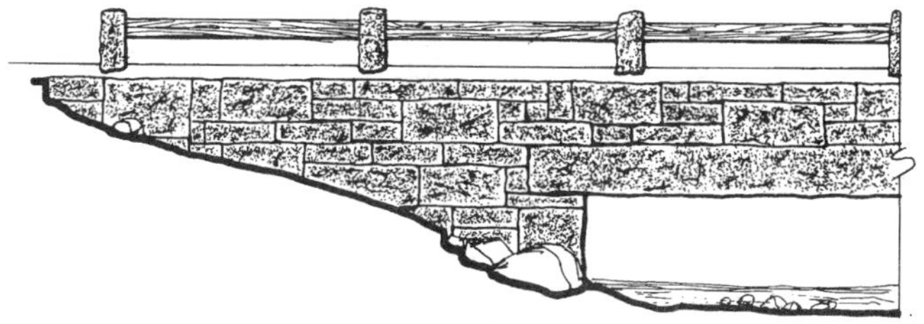

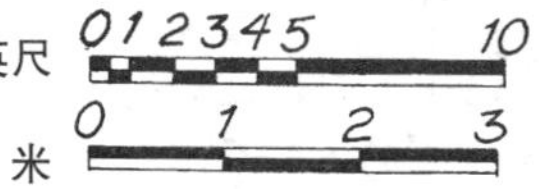

DELINEATED BY Ed Lupyak, 1995

NATIONAL PARK SERVICE
ACADIA ROADS & BRIDGES RECORDING PROGRAM
NATIONAL PARK SERVICE
UNITED STATES DEPARTMENT OF THE INTERIOR

ACADIA NATIONAL PARK ROADS & BRIDGES
BAR HARBOR VICINITY　HANCOCK COUNTY　MAINE

SHEET 3 OF 19

HISTORIC AMERICAN ENGINEERING RECORD ME-12

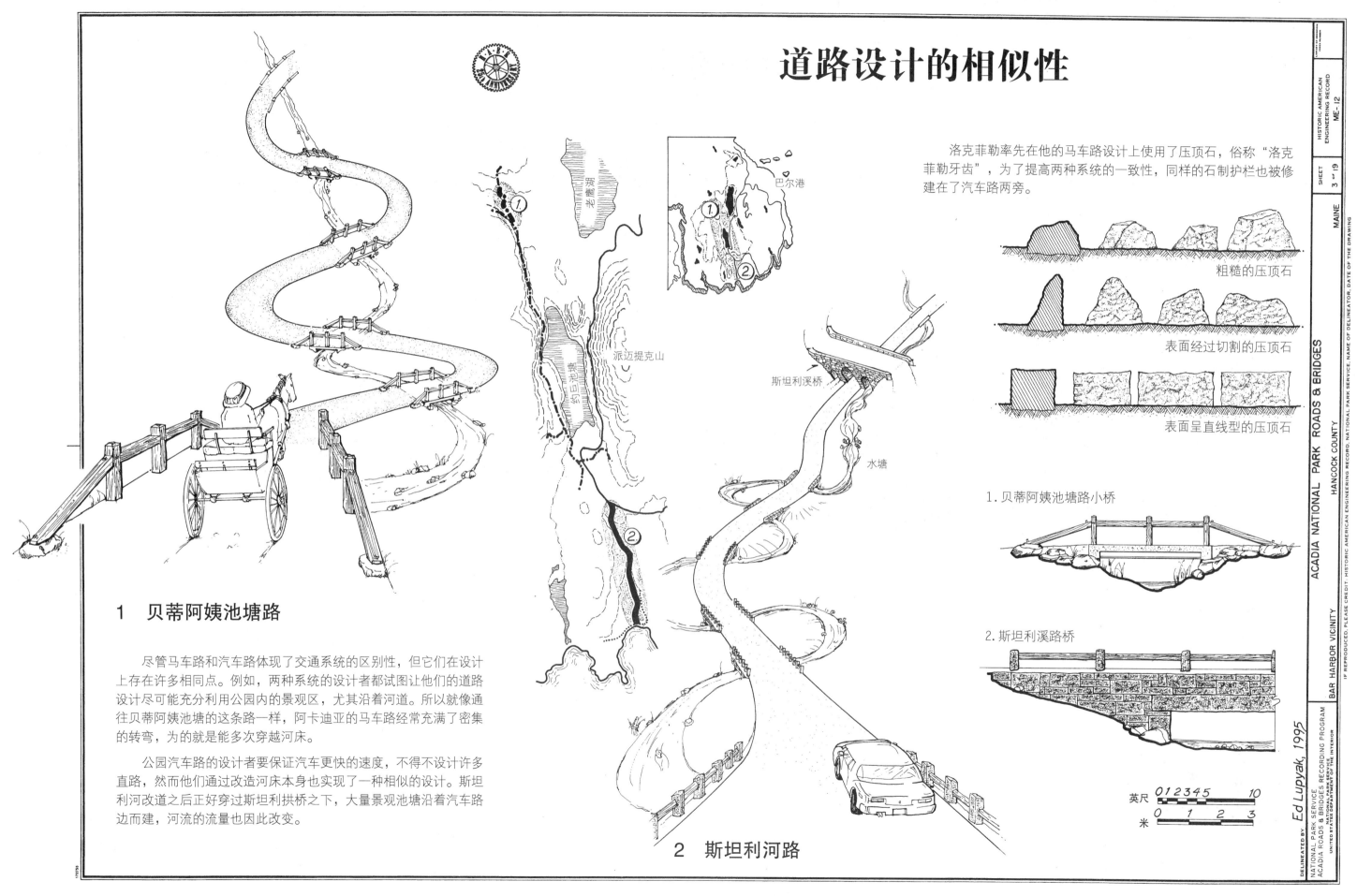

系统分离

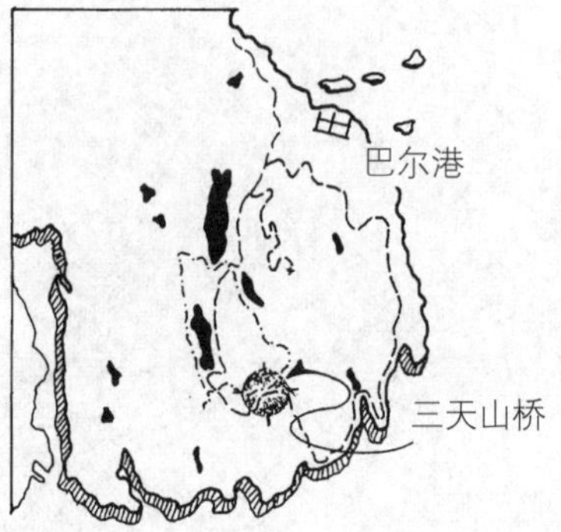

阿卡迪亚国家公园的交通网络由三个不同的系统组成，步行路、马车路和汽车路使游客能以不同方式欣赏公园景色。为了保证安全而高效的客流，也为了保护公园的自然美景，这一交通网络的设计者们尽可能地使三个系统彼此分离。在物质空间的层面上，这一目标是需要通过保证三个系统互不相交而实现的。但在有些地方，相交是不可避免的，比如在怀尔伍德驯马场附近的这个相交点，然而桥梁、地下通道和大门让远足者、马车夫、骑车者和汽车驾驶员可以绕开彼此，保证最少的接触。

阿卡迪亚的路标在三个系统中同样起着指引游客的作用，它们为游客指引方向并提供信息。由于游客以不同速度经过这些路标，所以每个系统中的路标也不尽相同。更详尽而质朴的步行路和马车路标，以及更明显的汽车路标都在心理上提醒着我们这三种系统的区别。

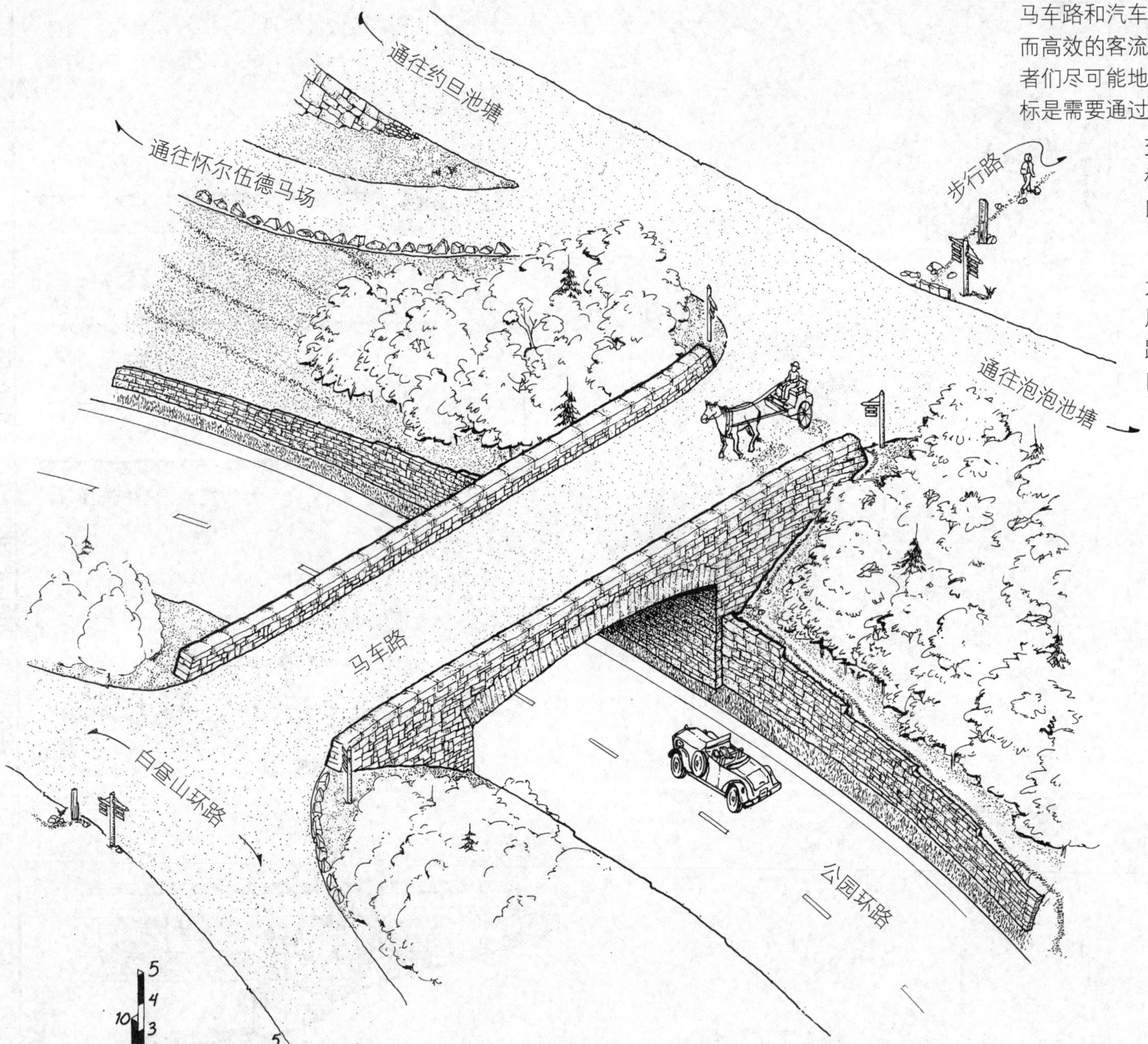

三天山桥

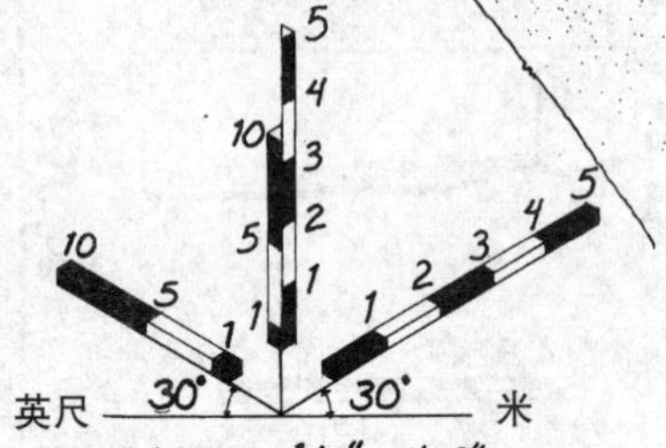

比例尺：1/8"=1'-0"

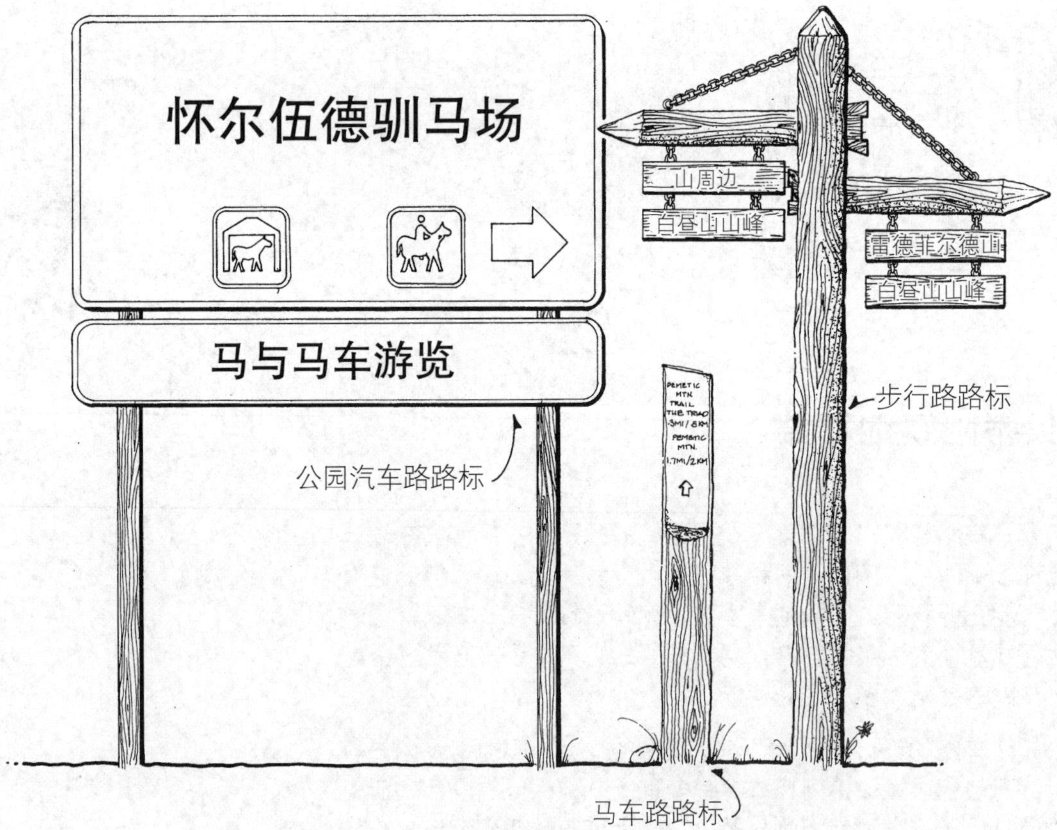

英尺 0 1 2 3

米 0 1/2 1

DELINEATED BY: Ed Lupyak, 1995

NATIONAL PARK SERVICE
ACADIA ROADS & BRIDGES RECORDING PROGRAM

ACADIA NATIONAL PARK ROADS & BRIDGES

BAR HARBOR VICINITY HANCOCK COUNTY MAINE

HISTORIC AMERICAN ENGINEERING RECORD ME-12

SHEET 4 of 19

IF REPRODUCED, PLEASE CREDIT: HISTORIC AMERICAN ENGINEERING RECORD, NATIONAL PARK SERVICE, NAME OF DELINEATOR, DATE OF THE DRAWING

立体交叉

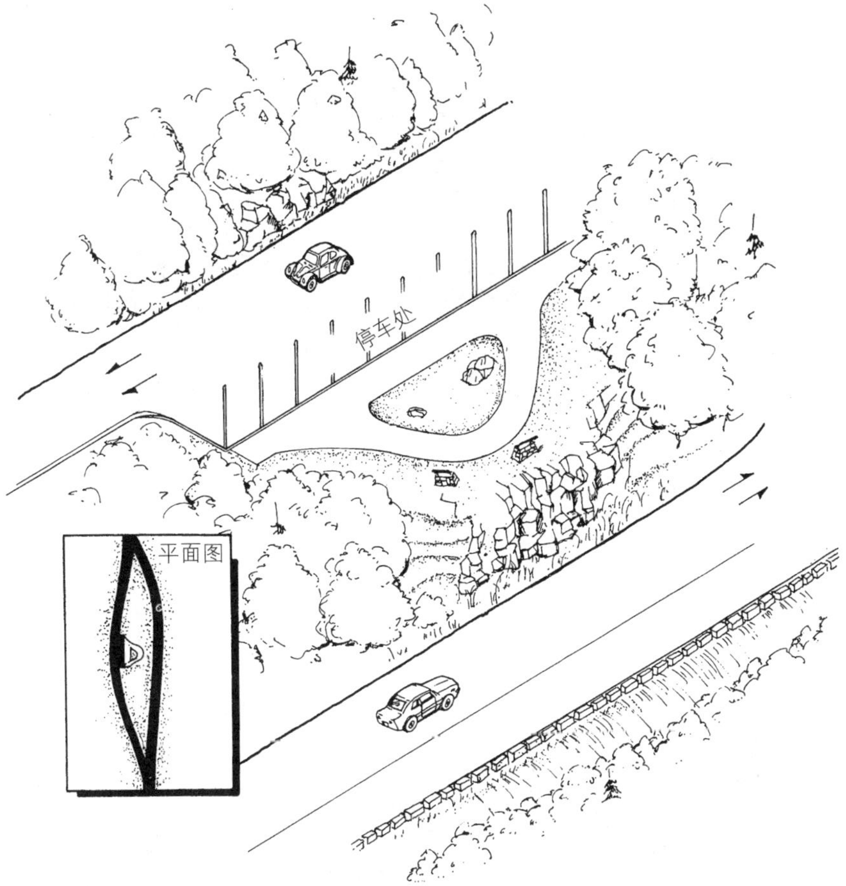

② 老鹰湖桥

阿卡迪亚马车路和汽车路的设计者们面临着很大挑战，他们既要保证交通顺畅，同时又要让汽车驾驶员、骑车者和远足者欣赏到公园的美景。为了达成这两个目标，他们经常采用立体交叉结构。该结构减少了道路的交叉，这不仅使得交通系统整体安全性增强，同时保持了系统中每个组成部分的独特性。桥梁是阿卡迪亚立体交叉结构中最常见的形式，它们能使交错的交通网络在不同层面上运行，从而保证了公园中安全不断的客流。尽管很多桥梁是用来分离互相交叉的汽车路，但建造于 1928 年的老鹰湖桥则使 233 号缅因路跨越了连接老鹰湖和女巫洞池塘的马车路。

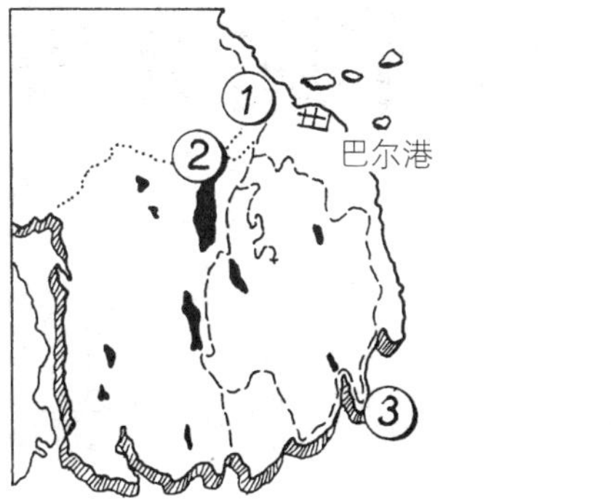

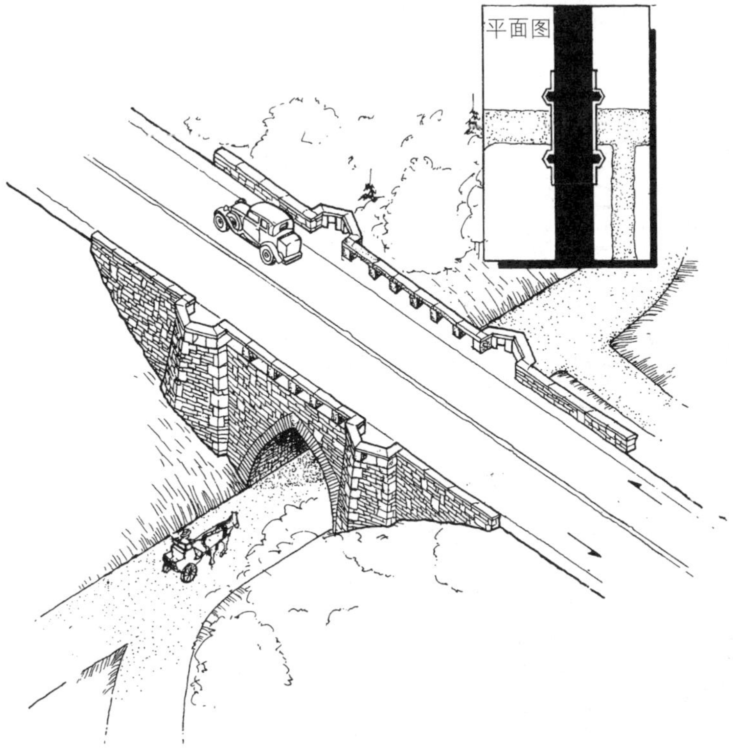

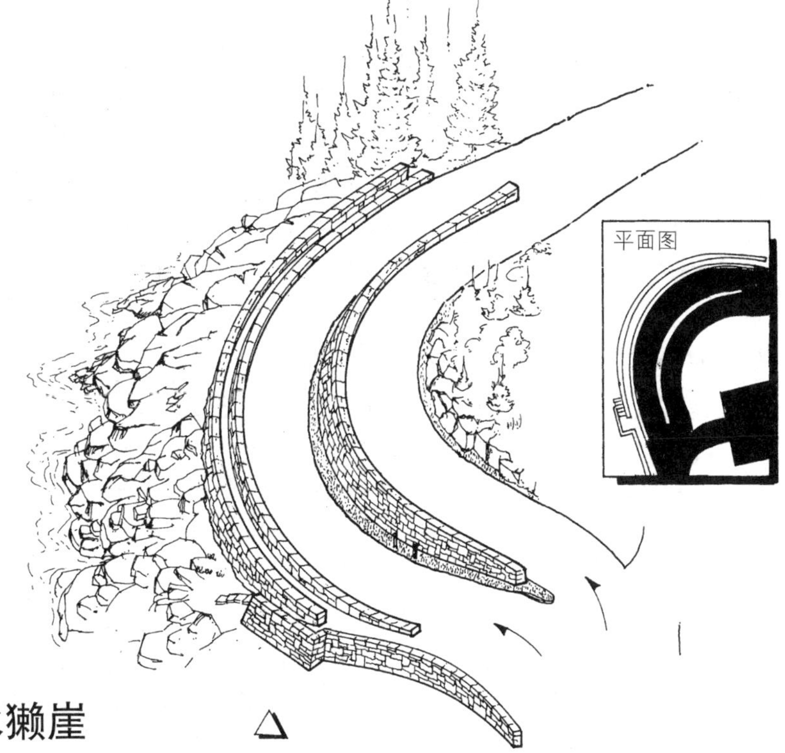

① 天堂山

天堂山路的立体交叉模式使每条车道都处在不同的层次上，这样汽车驾驶员在两个方向都能毫无阻碍地欣赏弗伦奇曼的美景。这条路位于荒岛山的东海岸，于 1963 年由美国联邦公路局建设完成。这种立体交叉式道路还在更高层车道上设有停车区和观赏区。因此，天堂山路立体交叉系统的目的是使驾车者能欣赏到更多的美景，而不是为了提升公园道路的安全和效率。

③ 水獭崖

水獭崖的立体交叉系统建造于 1936 年，由风景园林师弗雷德里克・洛・奥姆斯特德设计，目的是为相向的汽车路车道提供无障碍的海景，与天堂山路的立体交叉系统相似。然而，水獭崖还包含更低的第三层道路，使海洋路能紧邻海岸线延伸。所以，这个三层立体交叉系统能同时为远足者和驾驶员提供一览无余的海景，也成功地保持了阿卡迪亚国家公园中步行路和汽车路系统的各自的特色。

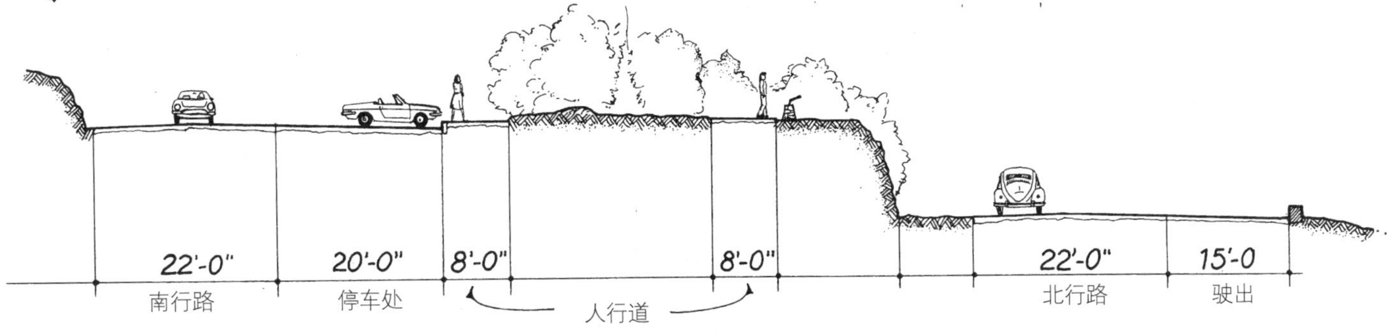

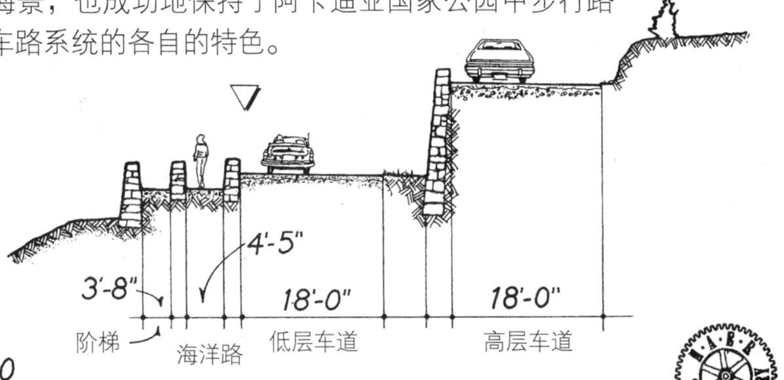

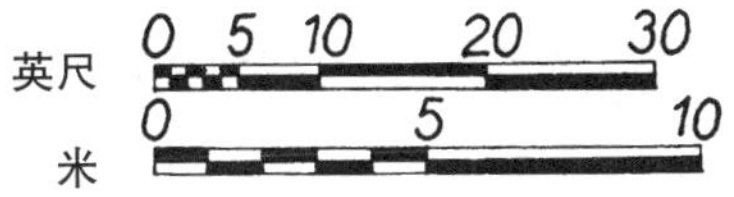

注释：水獭崖的道路方向在 20 世纪 80 年代改为单向

HISTORIC AMERICAN ENGINEERING RECORD ME-12

SHEET 5 OF 19

ACADIA NATIONAL PARK ROADS & BRIDGES
MAINE
HANCOCK COUNTY
BAR HARBOR VICINITY

DELINEATED BY: Ed Lupyak, 1995

NATIONAL PARK SERVICE
ACADIA ROADS & BRIDGES RECORDING PROGRAM
NATIONAL PARK SERVICE
UNITED STATES DEPARTMENT OF THE INTERIOR

IF REPRODUCED, PLEASE CREDIT: HISTORIC AMERICAN ENGINEERING RECORD, NATIONAL PARK SERVICE, NAME OF DELINEATOR, DATE OF THE DRAWING

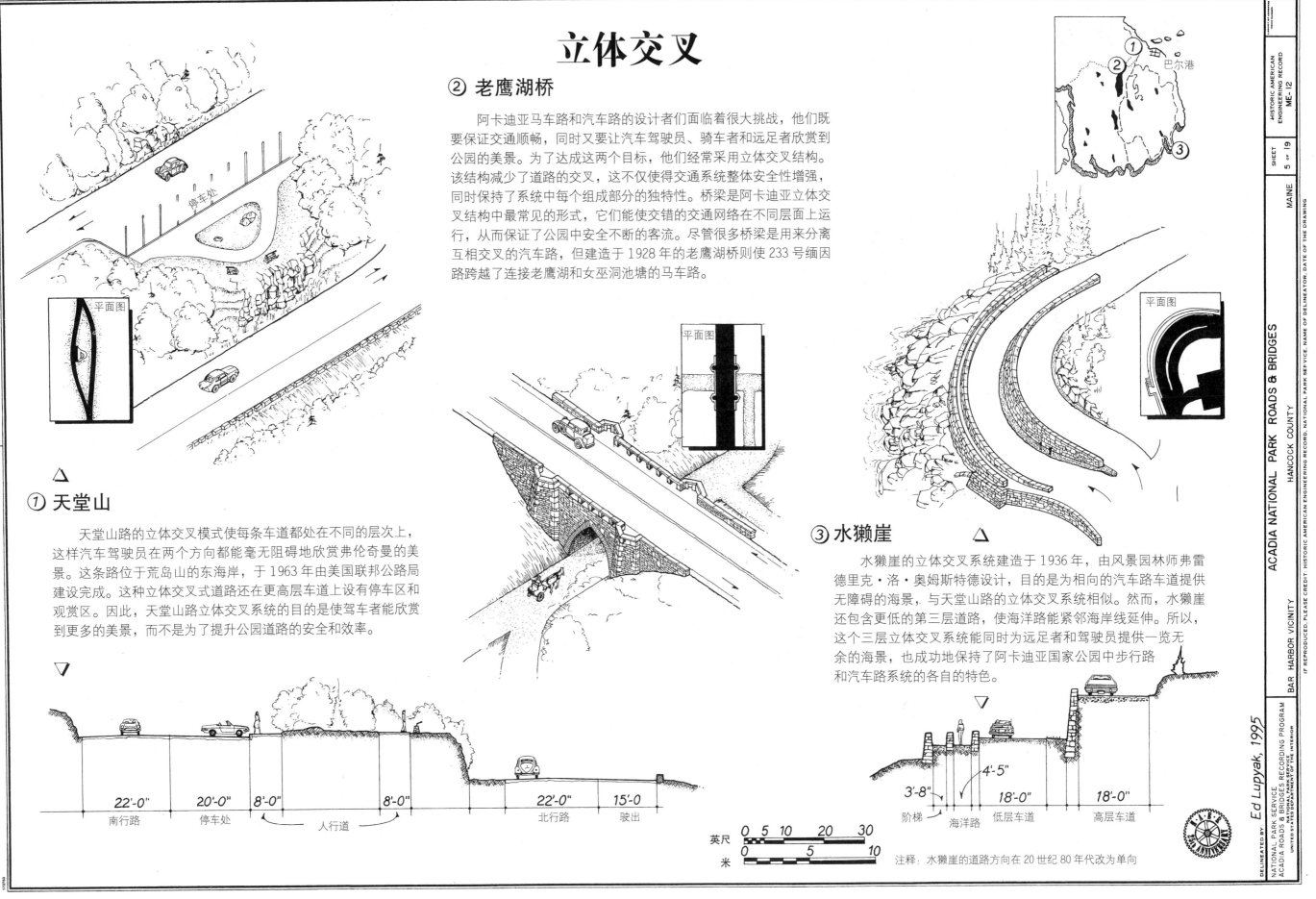

汽车路开发

A）约旦池塘 / 老鹰湖汽车路（1923-1927）：公园负责人乔治·多尔1922年计划修这条路的最初目的是要将公园内部对游客开放以及预防山火。当联邦拨款落空之后，约翰·D·洛克菲勒同意资助该项目。约旦池塘 / 老鹰湖路将老鹰湖附近的233国道与海豹港连接在一起。

B）西厄尔德芒茨汽车路（1929年设计，1940年修建）：虽然没有在此处展示出来，这部分公园环形汽车路在建设时最具争议性（详见西厄尔德芒茨泉图纸）。最初的设计是将道路沿着冰斗湖而建，而最终却环绕张伯伦山而建，把海洋大道和开博山同市中心巴尔港（位于莱奇草场大道）附近的老公园总部连接在了一起。

C）海洋大道（1929-1958）：由于海洋大道的大部分拟建路线穿过私人土地，所以这条路的建设比其他公园环形汽车路花了更长时间。因为阿卡迪亚拥有这块土地的所有权，海洋大道又附加了许多路段。海洋小径是海洋大道南部的一条路线，在大萧条期间由罗斯福总统的美国民间资源保护队工人重建（详见海洋大道图纸）。

D）斯坦利溪汽车路（1934-1936）：洛克菲勒在他自己的土地上修建斯坦利溪汽车路，而后又把它捐给了阿卡迪亚。为了保持河流与峡谷的景色，也为了缓解当地民众对这条路的反感，洛克菲勒聘请了风景园林师弗雷德里克·洛·奥姆斯特德参与设计，最终的路线六次穿过斯坦利溪上一个质朴的小桥（后由比阿特丽克斯·法兰德进一步美化）。

E）水獭角汽车路（1938-1939）：1932年，水獭崖海军电台移到了附近的斯库迪克半岛，这一决定使得公园环形汽车路得以穿越水獭角，进一步增加了长度。洛克菲勒把土地捐赠给水獭湾堤道管理部门，并确定由弗雷德里克·洛·奥姆斯特德设计。电台指挥官亚历山德罗·法布里的一座纪念碑矗立在电台之前的位置。

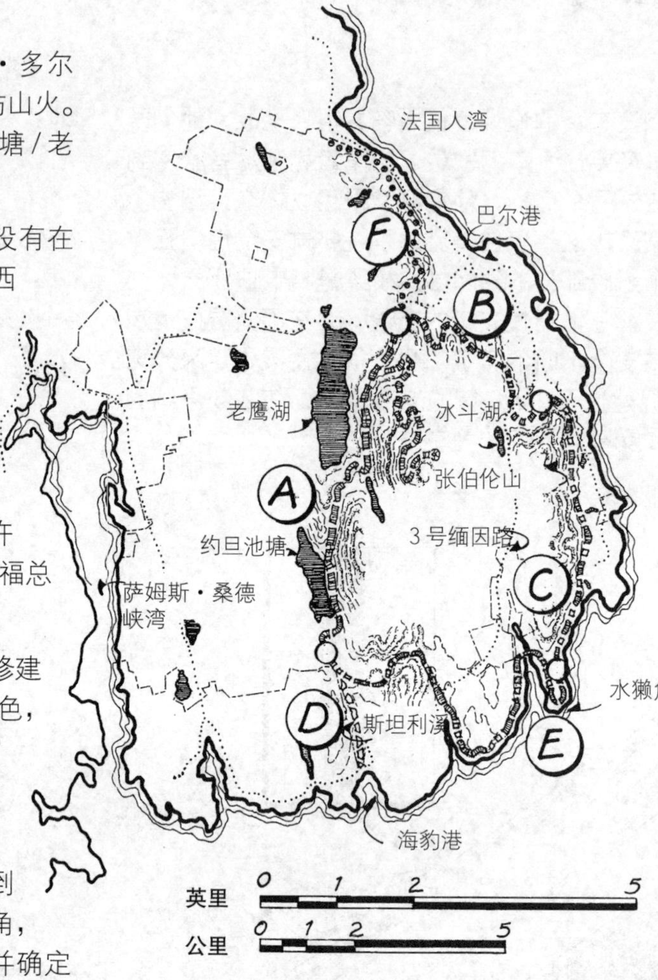

法国人湾
巴尔港
F
B
老鹰湖
冰斗湖
A
张伯伦山
约旦池塘
3号缅因路
C
萨姆斯·桑德峡湾
水獭角
D
斯坦利溪
E
海豹港
英里 0 1 2 5
公里 0 1 2 5

F）天堂山汽车路（1940—1941）：最晚竣工的公园汽车路之一。天堂山路的修建使得从3号国道进入公园的汽车司机不必受巴尔港交通拥堵之苦。虽然这条路是由美国公用道路局修建，然而土地同样是由洛克菲勒捐赠的。

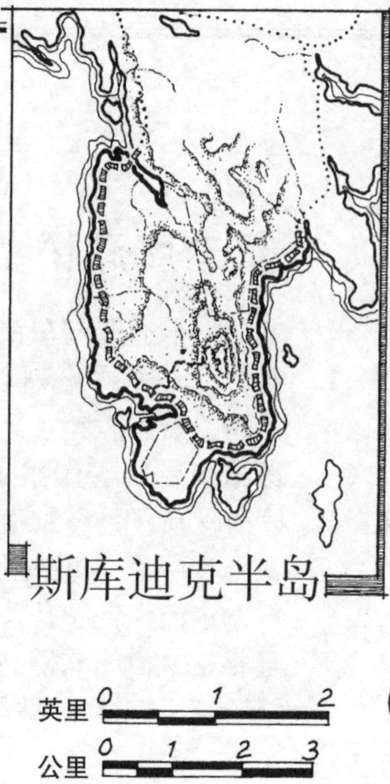

斯库迪克半岛
英里 0 1 2
公里 0 1 2 3

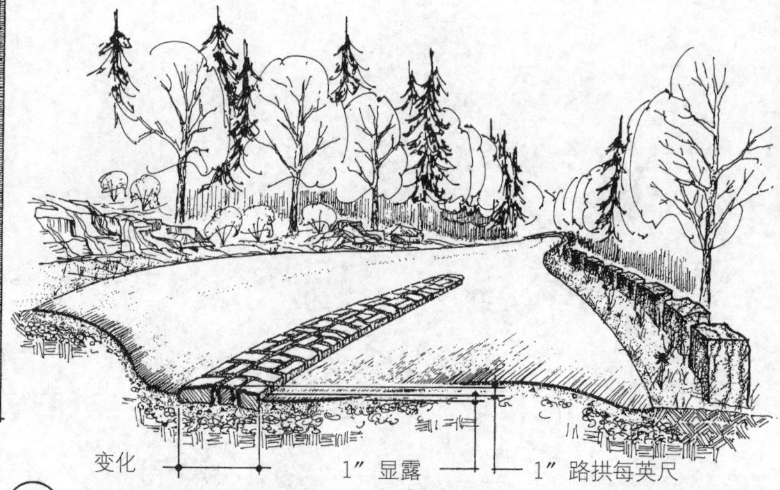

变化
1″ 显露
1″ 路拱每英尺

Ⓕ 花岗石中间带（阻车带）

观景区——天堂山

比例尺 1/2″ =1′ -0

水獭溪湾桥与堤道

Ⓔ

法布里纪念碑——花圃

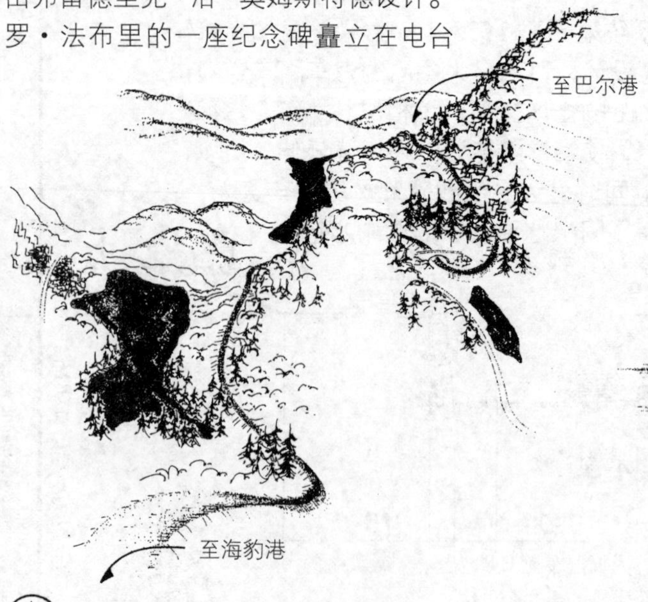

至巴尔港
至海豹港

Ⓐ 约旦池塘 / 老鹰湖路“山路”

P
RIGHT LANE

Ⓒ 有路边停靠点的海洋大道

Ⓓ 斯坦利溪路

概念图——弗雷德里克·洛·奥姆斯特德未能将之付诸实际

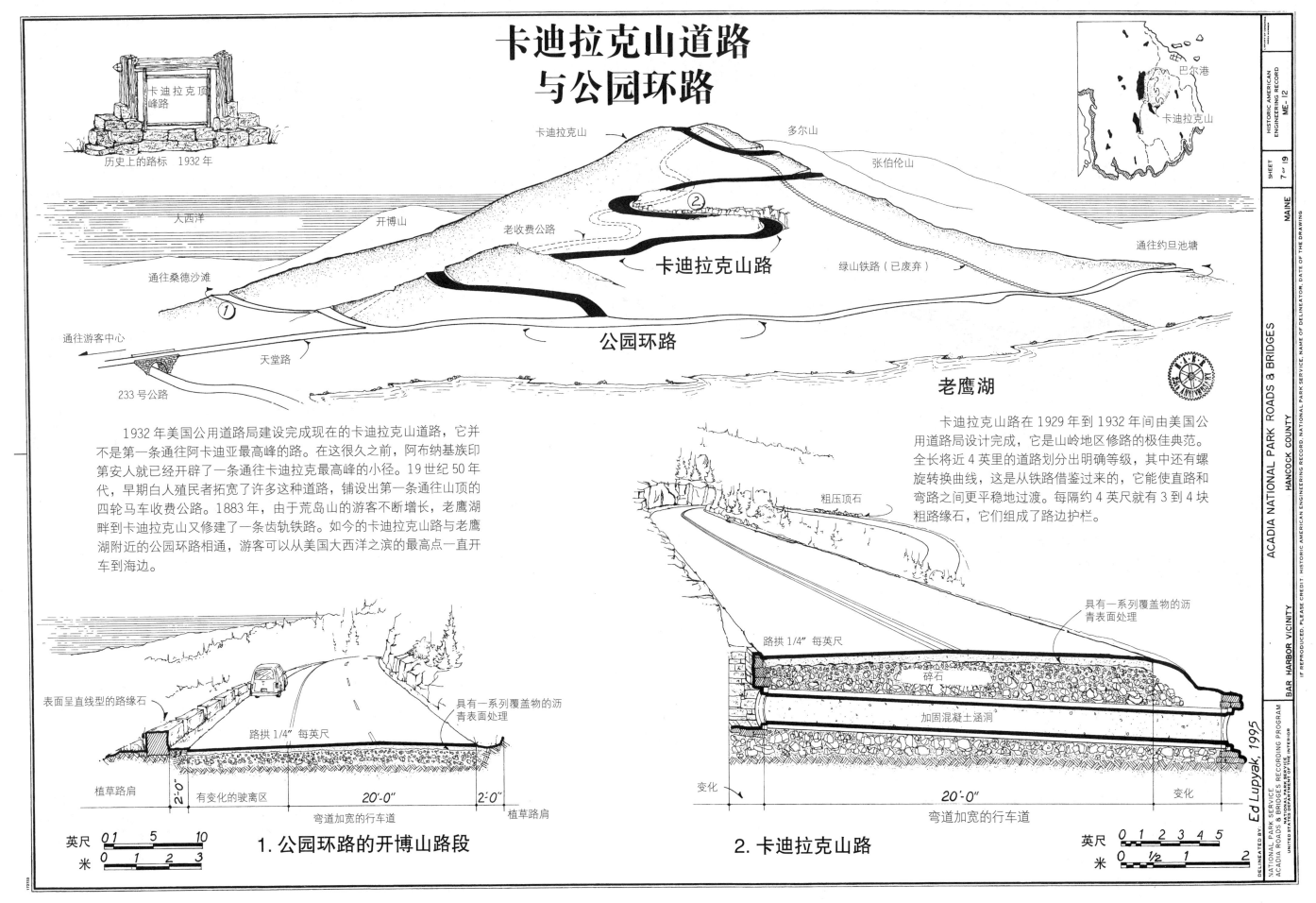

卡迪拉克山道路与公园环路

卡迪拉克顶峰路
历史上的路标　1932 年

巴尔港
卡迪拉克山

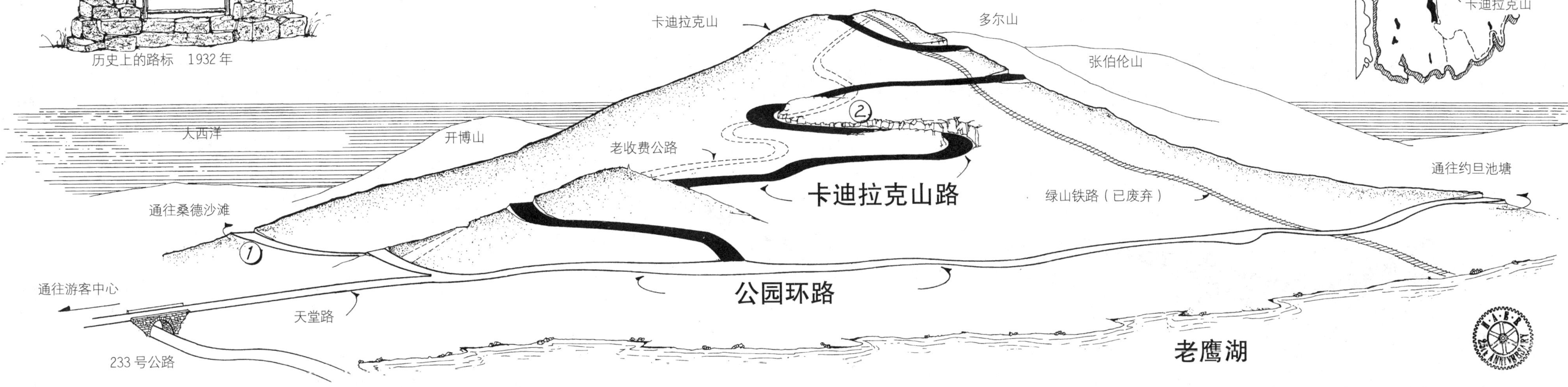

卡迪拉克山
多尔山
张伯伦山
大西洋
开博山
老收费公路
卡迪拉克山路
绿山铁路（已废弃）
通往约旦池塘
通往桑德沙滩
通往游客中心
公园环路
天堂路
233 号公路
老鹰湖

1932 年美国公用道路局建设完成现在的卡迪拉克山道路，它并不是第一条通往阿卡迪亚最高峰的路。在这很久之前，阿布纳基族印第安人就已经开辟了一条通往卡迪拉克最高峰的小径。19 世纪 50 年代，早期白人殖民者拓宽了许多这种道路，铺设出第一条通往山顶的四轮马车收费公路。1883 年，由于荒岛山的游客不断增长，老鹰湖畔到卡迪拉克山又修建了一条齿轨铁路。如今的卡迪拉克山路与老鹰湖附近的公园环路相通，游客可以从美国大西洋之滨的最高点一直开车到海边。

卡迪拉克山路在 1929 年到 1932 年间由美国公用道路局设计完成，它是山岭地区修路的极佳典范。全长将近 4 英里的道路划分出明确等级，其中还有螺旋转换曲线，这是从铁路借鉴过来的，它能使直路和弯路之间更平稳地过渡。每隔约 4 英尺就有 3 到 4 块粗路缘石，它们组成了路边护栏。

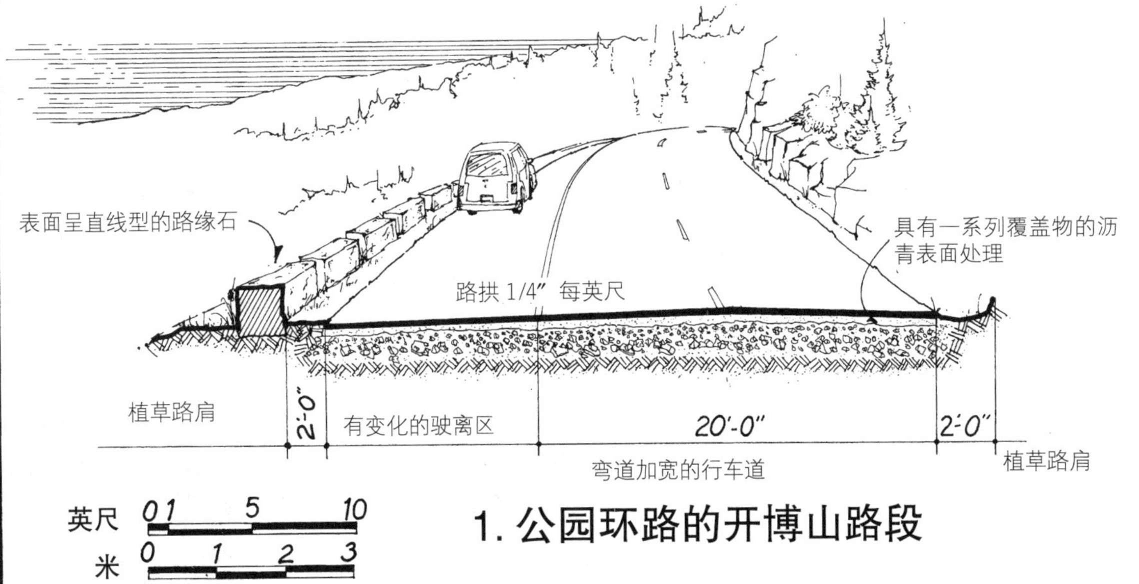

表面呈直线型的路缘石
具有一系列覆盖物的沥青表面处理
路拱 1/4″ 每英尺
植草路肩
2′-0″
有变化的驶离区
20′-0″
2′-0″
弯道加宽的行车道
植草路肩
英尺 0 1 5 10
米 0 1 2 3

1. 公园环路的开博山路段

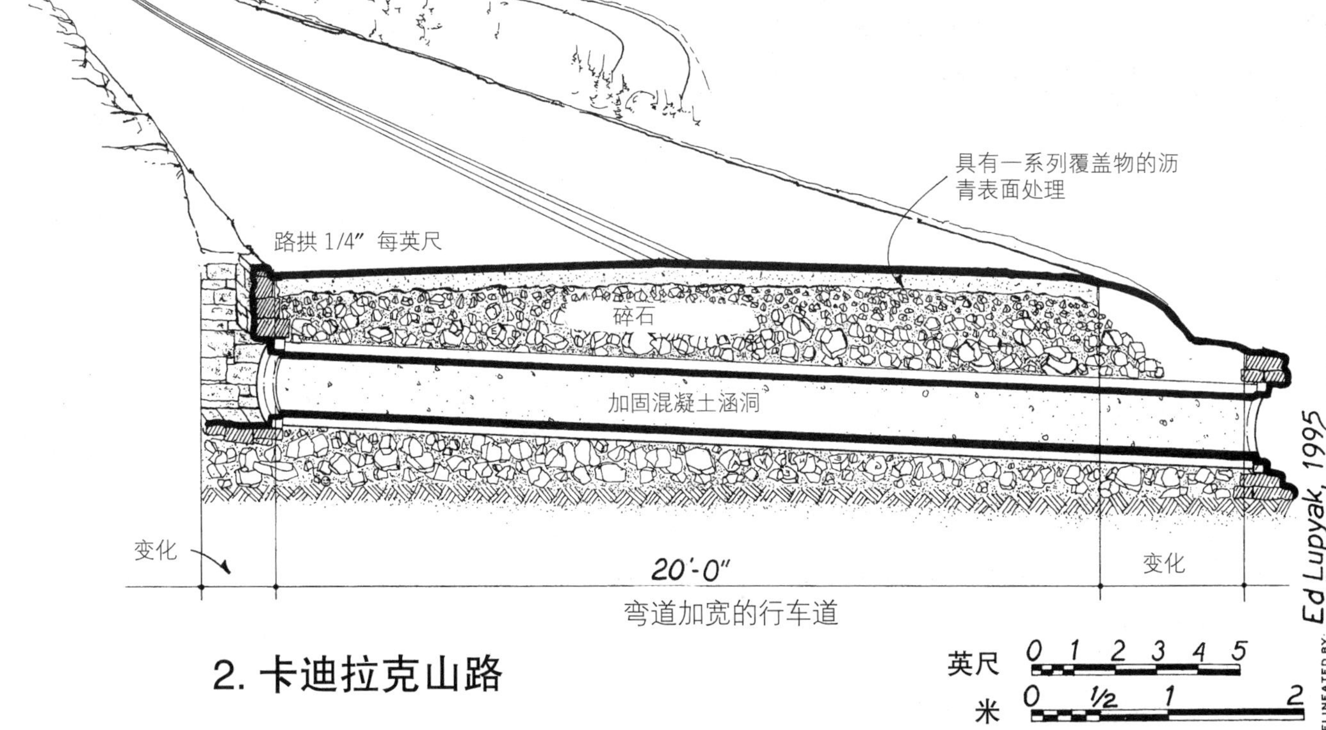

粗压顶石
具有一系列覆盖物的沥青表面处理
路拱 1/4″ 每英尺
碎石
加固混凝土涵洞
变化
20′-0″
变化
弯道加宽的行车道
英尺 0 1 2 3 4 5
米 0 1/2 1 2
Ed Lupyak, 1995

2. 卡迪拉克山路

HISTORIC AMERICAN ENGINEERING RECORD ME-12
SHEET 7 OF 19
ACADIA NATIONAL PARK ROADS & BRIDGES
BAR HARBOR VICINITY　HANCOCK COUNTY　MAINE
DELINEATED BY: NATIONAL PARK SERVICE ACADIA ROADS & BRIDGES RECORDING PROGRAM
NATIONAL PARK SERVICE UNITED STATES DEPARTMENT OF THE INTERIOR

海洋大道

海洋大道紧挨着荒山岛东海岸线，由西厄尔德芒茨泉公园入口直到水獭崖的立交路口，它是大西洋之滨最惊险的道路之一。它的设计专门为了呈现给汽车驾驶员一系列沿途景色，包括桑德沙滩、雷公洞以及水獭角的悬崖。在这条 4 英里的路上，汽车驾驶员几乎可以全程在车上欣赏海洋的景色，也可以在观景区停下车子，一览无余地眺望大海。

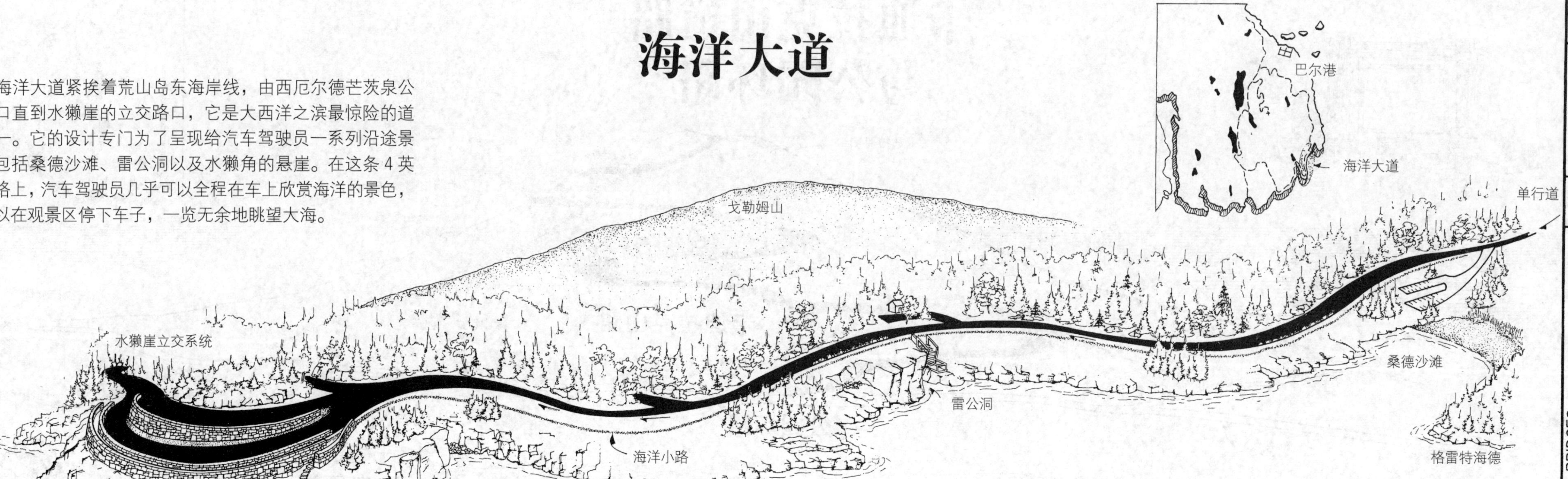

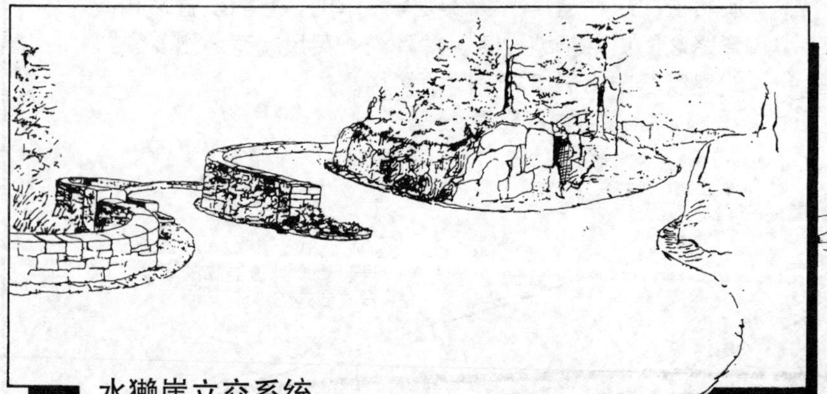

水獭崖立交系统

风景园林师弗雷德里克·洛·奥姆斯特德于 1929 年开始阿卡迪亚的汽车路设计工作，这一年约翰·D·洛克菲勒聘请他解决一桩分歧，这桩分歧与西厄尔德芒茨泉地区的道路定线更改计划有关。在那之后十几年，他不断参与设计，确保了阿卡迪亚汽车路系统的大部分美学特色。在这张 1935 年的草图中，奥姆斯特德设计出了水獭崖立交系统的结构。

海洋大道规划路线周边的土地要么属于私人，要么属于巴尔港的城镇，这使得它成为公园环路建设中最棘手问题之一。为了给项目寻求支持，约翰·D·洛克菲勒 1929 年在雷公洞附近的一个老城道路上修建了海洋大道的第一部分。这使得公园可以利用路线周边的私有土地，道路的其他部分也从此开始修建。在罗斯福总统“新政”要求之下，美国民间资源保护队工人重修了海洋小路，这是一条沿着海洋大道南部的观景小径。美国公用道路局在 1958 年修建了海洋大道的最后一段，标志着整个公园环路的建设工作的完成。

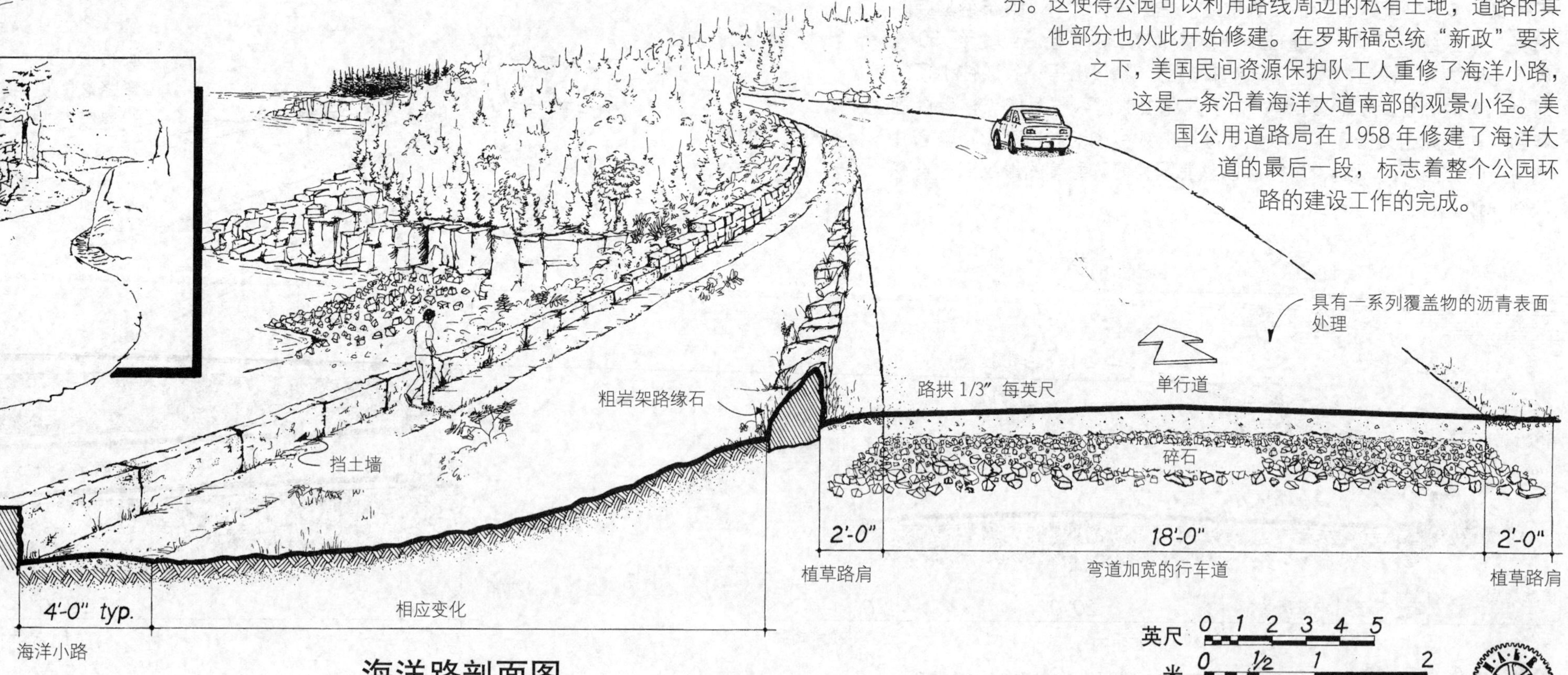

海洋路剖面图

英尺 0 1 2 3 4 5

米 0 1/2 1 2

注释：如今的海洋大道是在 1890 年修建的海洋大道基础上经过重新设计与重建形成的。

HISTORIC AMERICAN ENGINEERING RECORD ME-12

SHEET 8 OF 19

ACADIA NATIONAL PARK ROADS & BRIDGES

MAINE

HANCOCK COUNTY

BAR HARBOR VICINITY

IF REPRODUCED, PLEASE CREDIT: HISTORIC AMERICAN ENGINEERING RECORD, NATIONAL PARK SERVICE, NAME OF DELINEATOR, DATE OF THE DRAWING

DELINEATED BY: Ed Lupyak, 1995

NATIONAL PARK SERVICE
ACADIA ROADS & BRIDGES RECORDING PROGRAM
UNITED STATES DEPARTMENT OF THE INTERIOR

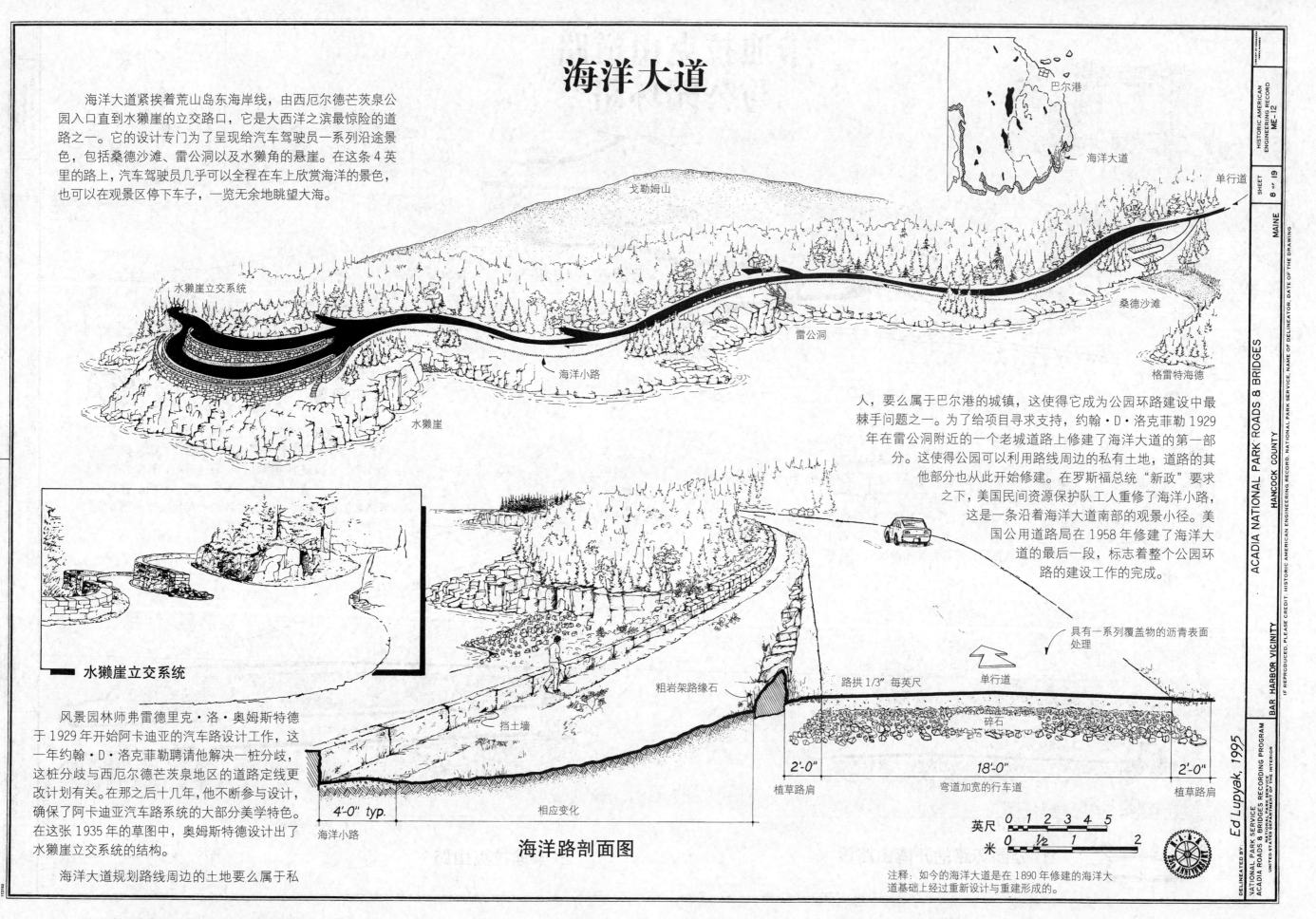

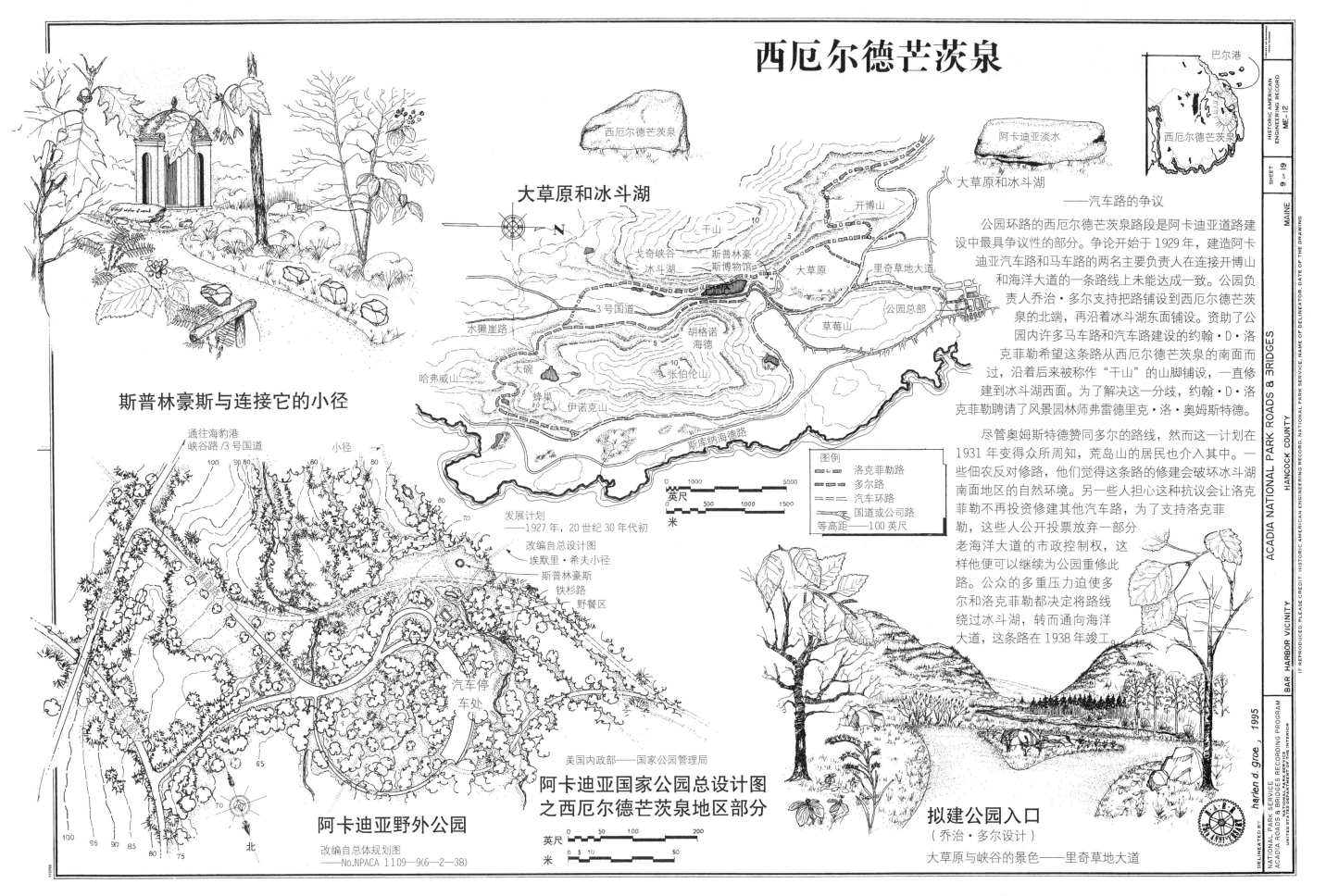

西厄尔德芒茨泉

斯普林豪斯与连接它的小径

西厄尔德芒茨泉

阿卡迪亚淡水

巴尔港
西厄尔德芒茨泉

N
开博山
干山
戈奇峡谷
斯普林豪斯博物馆
冰斗湖
大草原
里奇草地大道
3 号国道
公园总部
水獭崖路
草莓山
胡格诺海德
哈弗威山
大碗
张伯伦山
蜂巢
伊诺克山
斯库纳海德路
图例
洛克菲勒路
多尔路
汽车环路
国道或公司路
等高距——100 英尺
英尺
0 1000 5000
米
0 500 1000 1500

大草原和冰斗湖

大草原和冰斗湖

——汽车路的争议

公园环路的西厄尔德芒茨泉路段是阿卡迪亚道路建设中最具争议性的部分。争论开始于 1929 年，建造阿卡迪亚汽车路和马车路的两名主要负责人在连接开博山和海洋大道的一条路线上未能达成一致。公园负责人乔治·多尔支持把路铺设到西厄尔德芒茨泉的北端，再沿着冰斗湖东面铺设。资助了公园内许多马车路和汽车路建设的约翰·D·洛克菲勒希望这条路从西厄尔德芒茨泉的南面而过，沿着后来被称作“干山”的山脚铺设，一直修建到冰斗湖西面。为了解决这一分歧，约翰·D·洛克菲勒聘请了风景园林师弗雷德里克·洛·奥姆斯特德。

尽管奥姆斯特德赞同多尔的路线，然而这一计划在 1931 年变得众所周知，荒岛山的居民也介入其中。一些佃农反对修路，他们觉得这条路的修建会破坏冰斗湖南面地区的自然环境。另一些人担心这种抗议会让洛克菲勒不再投资修建其他汽车路，为了支持洛克菲勒，这些人公开投票放弃一部分老海洋大道的市政控制权，这样他便可以继续为公园重修此路。公众的多重压力迫使多尔和洛克菲勒都决定将路线绕过冰斗湖，转而通向海洋大道，这条路在 1938 年竣工。

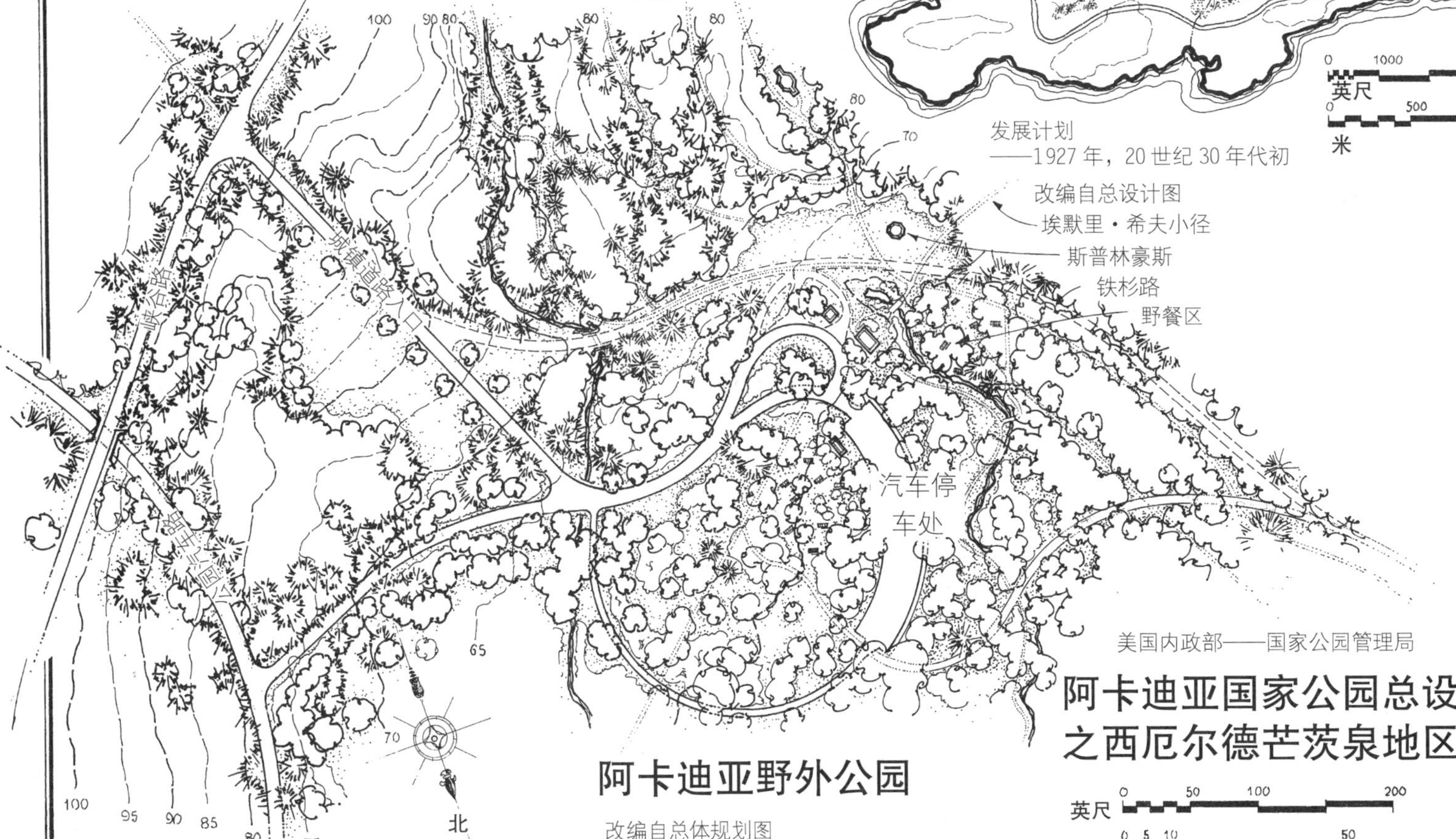
通往海豹港
峡谷路 /3 号国道
小径
发展计划
——1927 年，20 世纪 30 年代初
改编自总设计图
埃默里·希夫小径
斯普林豪斯
铁杉路
野餐区
汽车停车处
北
英尺
0 50 100 200
米
0 5 10 50

美国内政部——国家公园管理局

阿卡迪亚国家公园总设计图之西厄尔德芒茨泉地区部分

阿卡迪亚野外公园

改编自总体规划图
——No.NPACA 1109—9(6—2—38)

拟建公园入口

（乔治·多尔设计）

大草原与峡谷的景色——里奇草地大道

DELINEATED BY: harlen d. groe, 1995

NATIONAL PARK SERVICE
ACADIA ROADS & BRIDGES RECORDING PROGRAM
NATIONAL PARK SERVICE
UNITED STATES DEPARTMENT OF THE INTERIOR

BAR HARBOR VICINITY
ACADIA NATIONAL PARK ROADS & BRIDGES
HANCOCK COUNTY
MAINE

SHEET 9 of 19

HISTORIC AMERICAN ENGINEERING RECORD
ME-12

IF REPRODUCED, PLEASE CREDIT: HISTORIC AMERICAN ENGINEERING RECORD, NATIONAL PARK SERVICE, NAME OF DELINEATOR, DATE OF THE DRAWING

阿卡迪亚国家公园的桥梁

	桥梁名称	日期	HAER 编号		桥梁名称	日期	HAER 编号
1	鹅卵石桥	1917	ME-31	19	斯坦利溪桥	1933	ME-45
2	约旦河小桥	1919	ME-48a-c	20	斯坦利溪桥（斯坦利溪路）	1933	ME-24a-f
3	小港口溪桥	1919	ME-32	21	水獭湾桥和堤道	1938	ME-19
4	约旦池塘大坝桥	1920	ME-33	22	开博溪桥	1938	ME-20
5	铁杉桥	1924	ME-34	23	3 号公路桥（边远地区）	1939	ME-15
6	瀑布桥	1925	ME-35	24	鱼屋桥	1939	ME-16
7	哈德洛克溪桥	1926	ME-37	25	小猎人沙滩溪桥	1939	ME-21
8	峡谷溪桥	1926	ME-28	26	猎人沙滩溪桥	1939	ME-22
9	泡泡池塘桥	1928	ME-39	27	西厄尔德芒茨泉桥	1949	ME-14
10	老鹰湖桥	1928	ME-55	28	三天山桥	1941	ME-46
11	鹿溪桥	1929	ME-36	29	怀尔德伍德农场桥	1941	ME-47
12	鸭溪桥	1929	ME-40	30	鸭溪桥（天堂山路）	1950	ME-30
13	老鹰湖小桥	1931	ME-19a-b	31	233 号路桥（天堂山路）	1952	ME-17
14	露天剧场桥	1931	ME-41	32	新老鹰湖路桥	1952	ME-18
15	西布兰奇约旦河小桥	1931	ME-42				
16	贝蒂阿姨池塘小桥	1931	ME-50a-g				
17	崖边桥	1932	ME-43				
18	约旦池塘路桥	1932	ME-44				

阿卡迪亚国家公园拥有国家公园管理局中最多样与精巧的桥梁。自从 1917 年约翰·D·洛克菲勒建造他的第一座马车路桥以来，一份桥梁的遗产便流传下来，这些桥梁提升了公园马车路和汽车路的美感。桥拱主要是由石面加固混凝土建造，尺寸从小石板到巨大的拱形不一，横跨各种小溪、裂缝和峡谷。阿卡迪亚的桥梁展现出两种不同的设计理念；洛克菲勒与联邦政府分别投资兴建的桥梁对细节、选址和整体风格的关注度各不相同。洛克菲勒的桥梁结构高度重视细节设计，包括哥特式桥拱、古朴的砖石结构表面以及凸出的排水口和浮雕，强调了建设过程中的施工工艺。联邦政府为国家公园管理局和美国公用道路局设计的桥梁结构秉承传统，以石头为主要材料，然而细节水平却降低了。他们关注的主要是桥梁的功能和效率，外表是其次。后者建造的汽车路桥与国家公园管理局的传统桥梁跨度一致，而洛克菲勒的桥梁因为能启发雕刻的灵感而幸存下来。

11 鹿溪桥

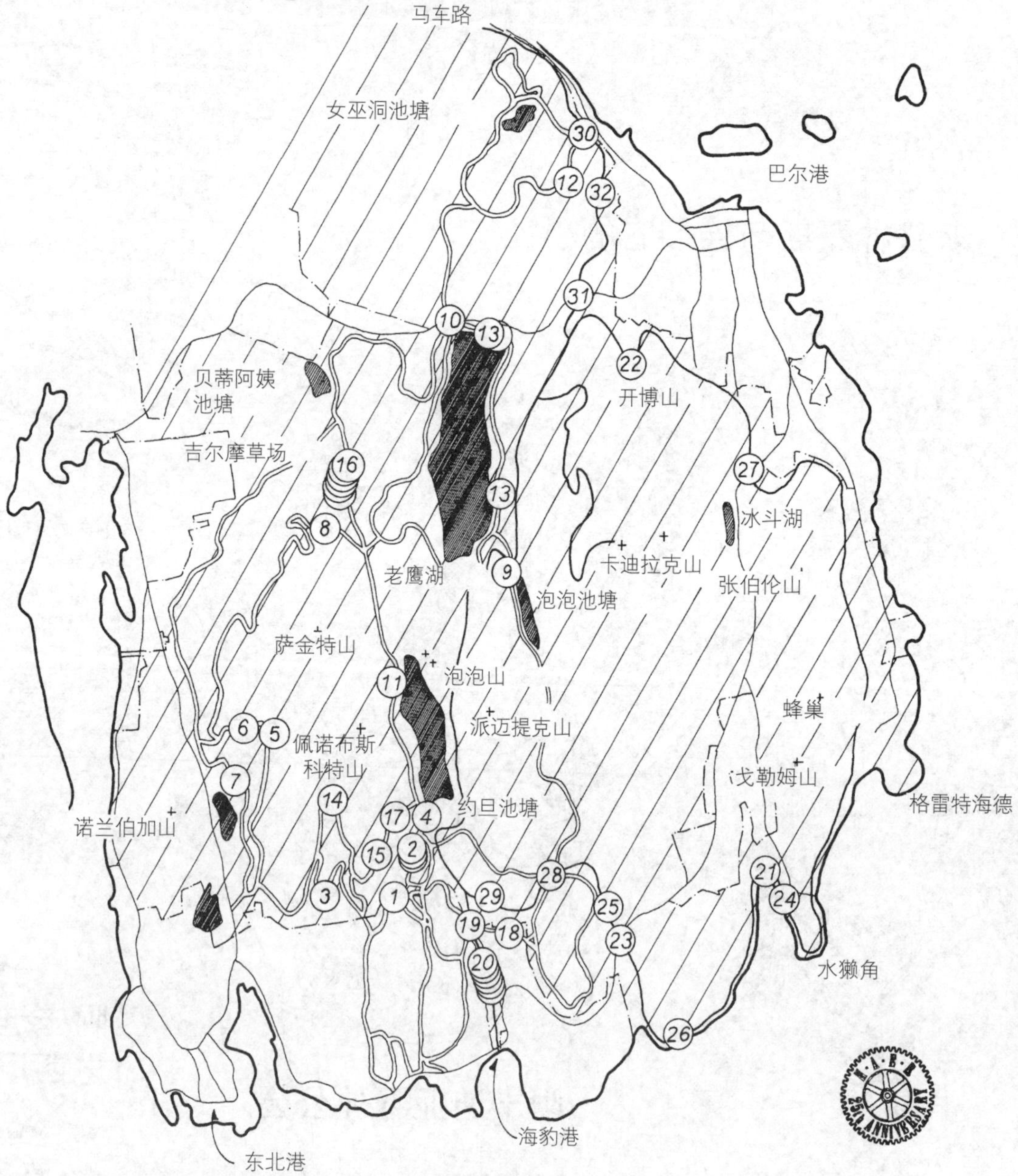

HISTORIC AMERICAN ENGINEERING RECORD ME-12

SHEET 10 OF 19

MAINE

ACADIA NATIONAL PARK ROADS & BRIDGES

HANCOCK COUNTY

BAR HARBOR VICINITY

IF REPRODUCED, PLEASE CREDIT: HISTORIC AMERICAN ENGINEERING RECORD, NATIONAL PARK SERVICE, NAME OF DELINEATOR, DATE OF THE DRAWING

DELINEATED BY: Joe Korzeniewski, 1995

NATIONAL PARK SERVICE
ACADIA ROADS & BRIDGES RECORDING PROGRAM
UNITED STATES DEPARTMENT OF THE INTERIOR

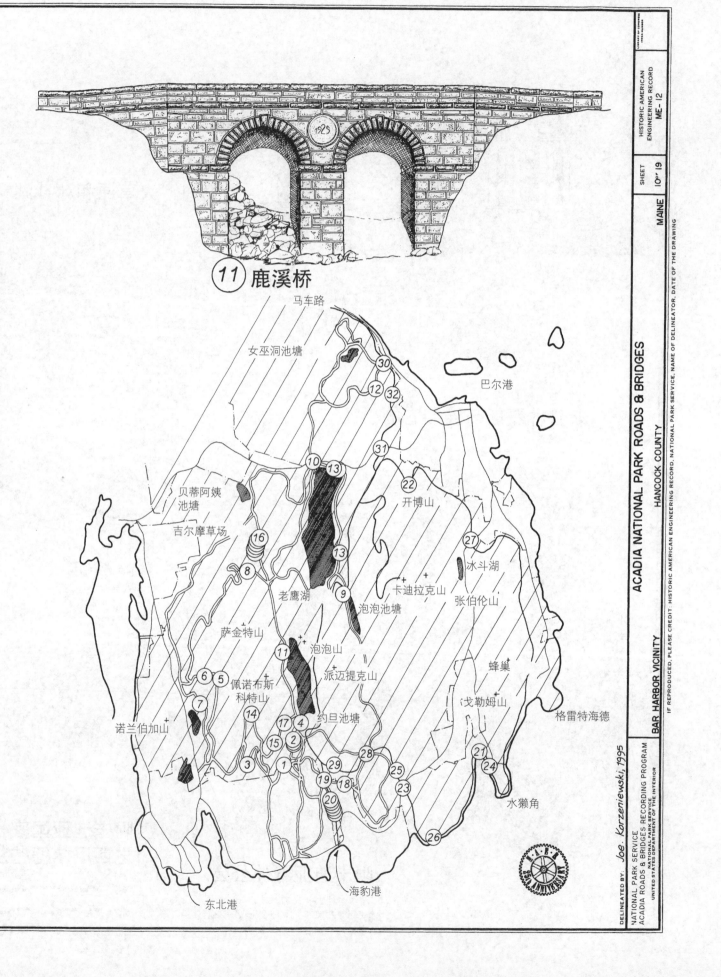

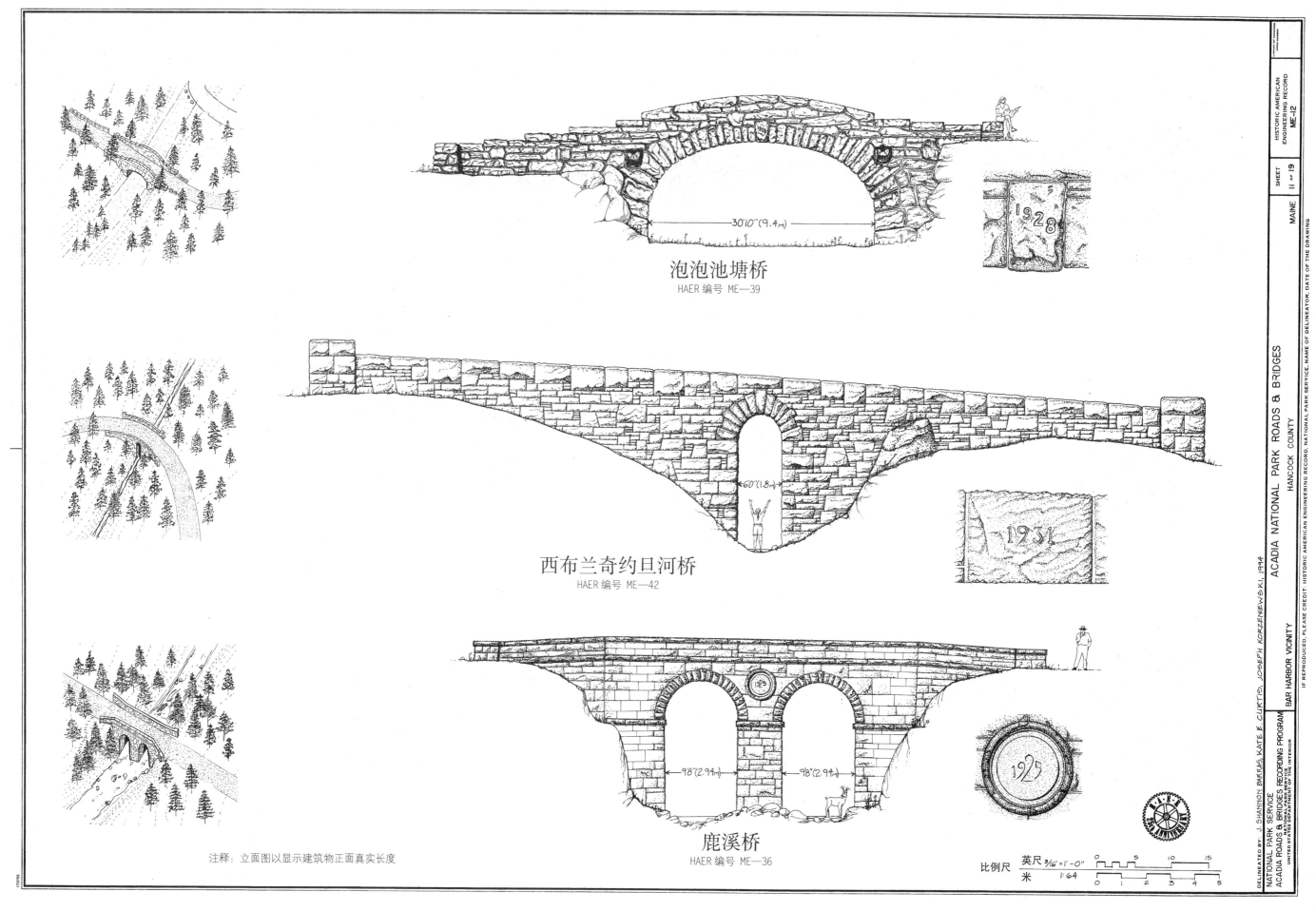

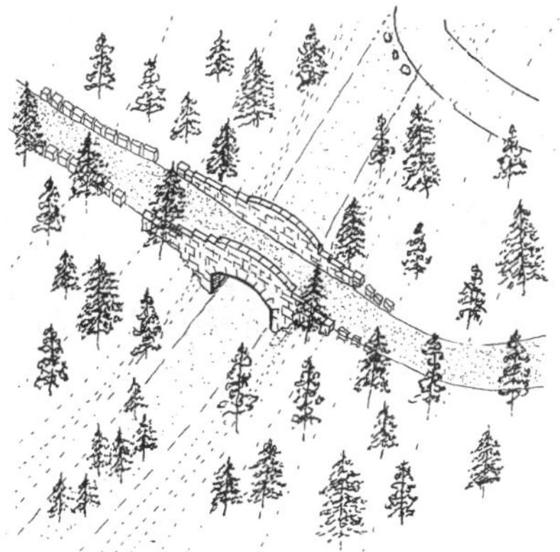

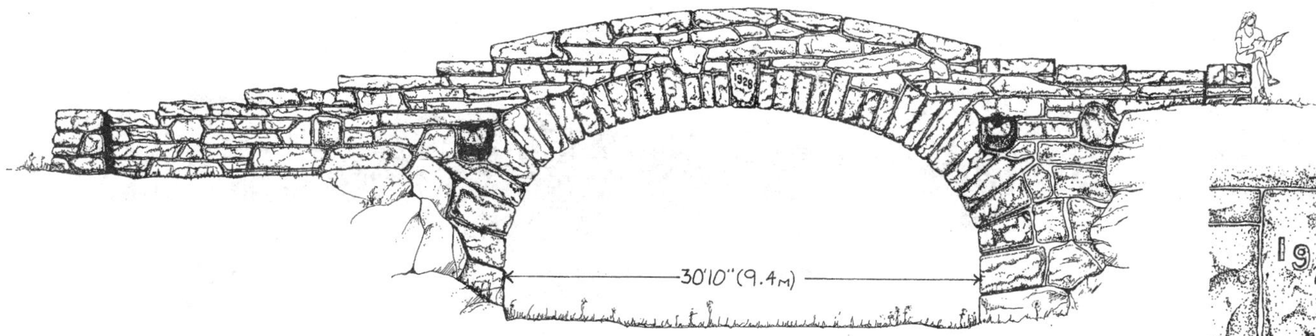

30'10"(9.4m)

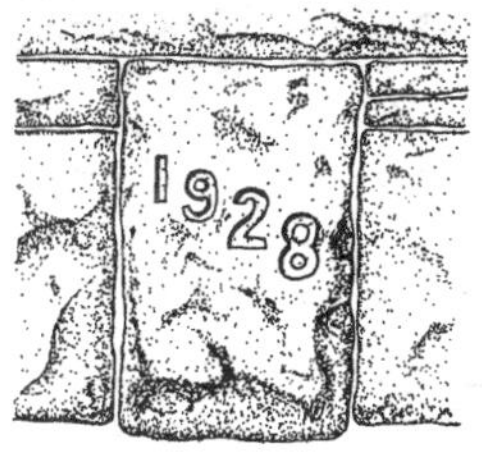

1928

泡泡池塘桥

HAER 编号 ME—39

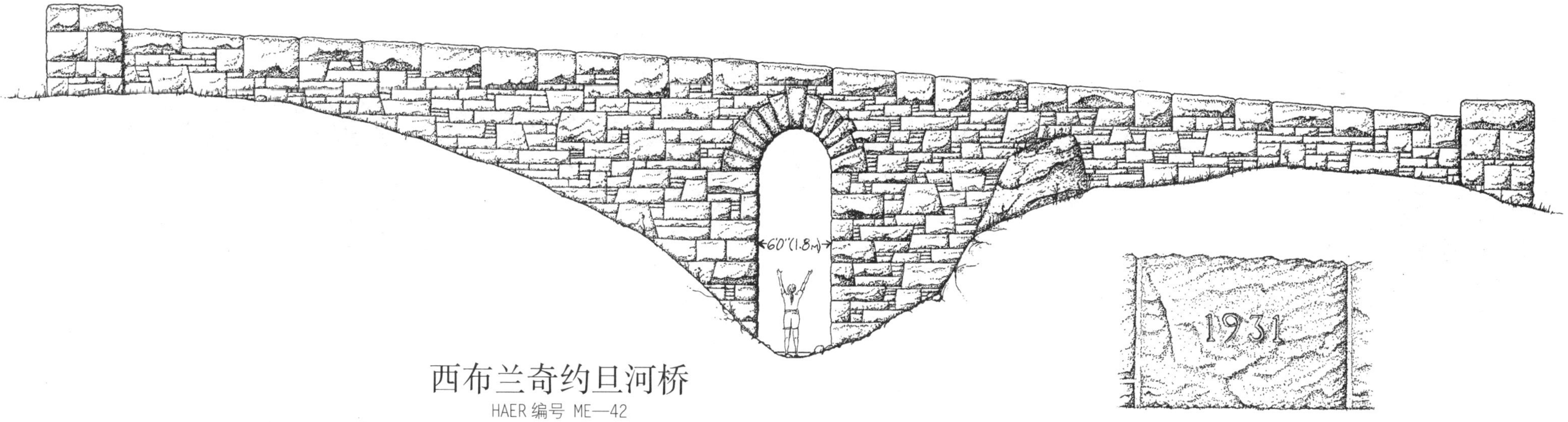

6'0"(1.8m)
1931

西布兰奇约旦河桥

HAER 编号 ME—42

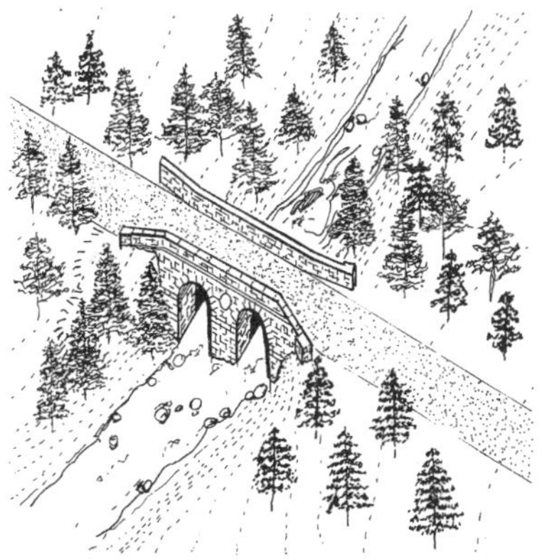

9'8"(2.94m)
9'8"(2.94m)
1925

鹿溪桥

HAER 编号 ME—36

注释：立面图以显示建筑物正面真实长度

比例尺 英尺 3/16"=1'-0" 0 5 10 15

米 1:64 0 1 2 3 4 5

DELINEATED BY: J. SHANNON BARRAS, KATE E. CURTIS, JOSEPH KORZENIEWSKI, 1994

NATIONAL PARK SERVICE

ACADIA ROADS & BRIDGES RECORDING PROGRAM

NATIONAL PARK SERVICE

UNITED STATES DEPARTMENT OF THE INTERIOR

ACADIA NATIONAL PARK ROADS & BRIDGES

BAR HARBOR VICINITY

HANCOCK COUNTY

MAINE

SHEET 11 of 19

HISTORIC AMERICAN ENGINEERING RECORD

ME-12

IF REPRODUCED, PLEASE CREDIT: HISTORIC AMERICAN ENGINEERING RECORD, NATIONAL PARK SERVICE, NAME OF DELINEATOR, DATE OF THE DRAWING

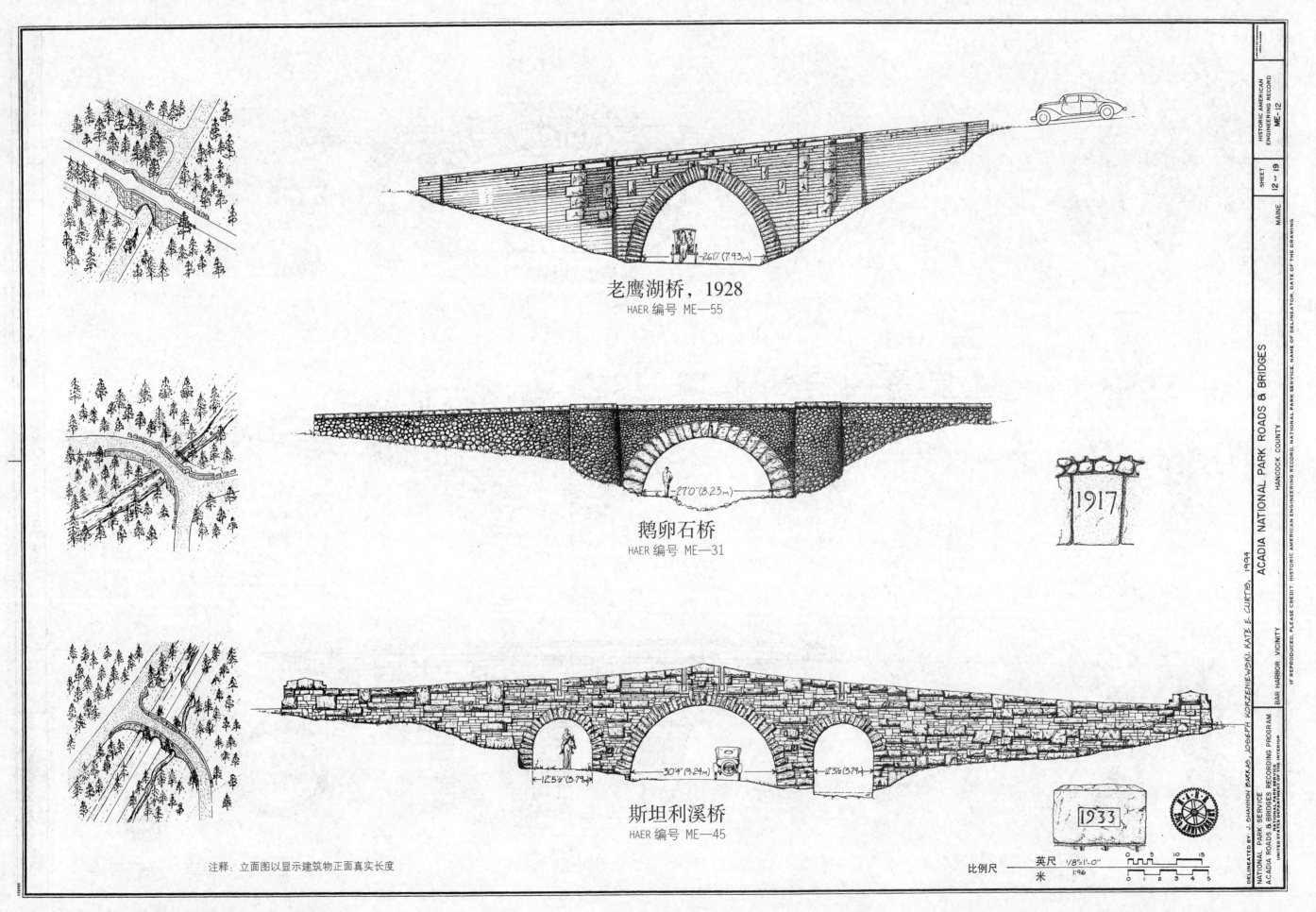

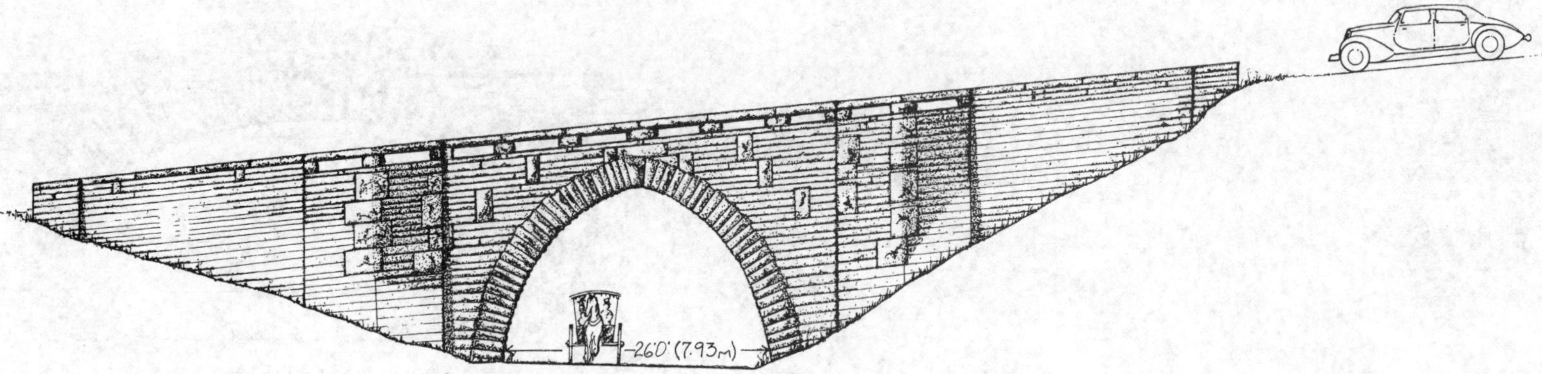
26'0" (7.93m)

老鹰湖桥，1928

HAER 编号 ME—55

27'0" (8.23m)

1917

鹅卵石桥

HAER 编号 ME—31

12'5½" (3.79m)
30'4" (9.24m)
12'5½" (3.79m)

1933

斯坦利溪桥

HAER 编号 ME—45

注释：立面图以显示建筑物正面真实长度

比例尺 英尺 1/8"=1'-0" 米 1:96

DELINEATED BY: J. SHANNON BAKKAS, JOSEPH KORZENIEWSKI, KATE E. CURTIS, 1994

NATIONAL PARK SERVICE
ACADIA ROADS & BRIDGES RECORDING PROGRAM
NATIONAL PARK SERVICE
UNITED STATES DEPARTMENT OF THE INTERIOR

ACADIA NATIONAL PARK ROADS & BRIDGES

BAR HARBOR VICINITY HANCOCK COUNTY MAINE

SHEET 12 OF 19

HISTORIC AMERICAN ENGINEERING RECORD ME-12

IF REPRODUCED, PLEASE CREDIT: HISTORIC AMERICAN ENGINEERING RECORD, NATIONAL PARK SERVICE, NAME OF DELINEATOR, DATE OF THE DRAWING

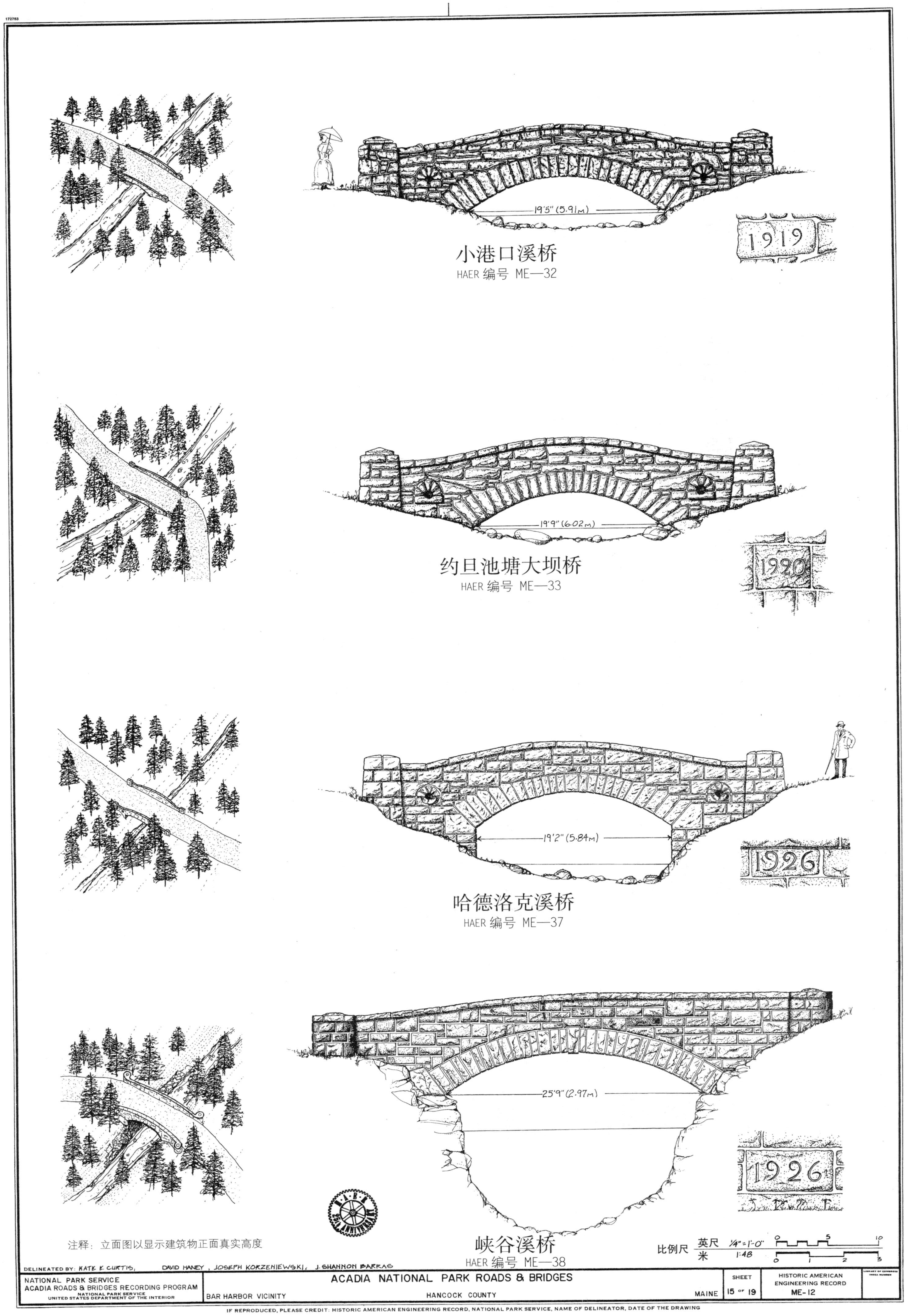
172753
19'5" (5.91m)
1919
小港口溪桥
HAER 编号 ME—32
19'9" (6.02m)
1920
约旦池塘大坝桥
HAER 编号 ME—33
19'2" (5.84m)
1926
哈德洛克溪桥
HAER 编号 ME—37
25'9" (2.97m)
1926
峡谷溪桥
HAER 编号 ME—38
注释：立面图以显示建筑物正面真实高度
比例尺 英尺 1/4"=1'-0"
米 1:48
DELINEATED BY: KATE E. CURTIS, DAVID HANEY, JOSEPH KORZENIEWSKI, J. SHANNON BARRAS
NATIONAL PARK SERVICE
ACADIA ROADS & BRIDGES RECORDING PROGRAM
NATIONAL PARK SERVICE
UNITED STATES DEPARTMENT OF THE INTERIOR
ACADIA NATIONAL PARK ROADS & BRIDGES
BAR HARBOR VICINITY
HANCOCK COUNTY
MAINE
SHEET
15 OF 19
HISTORIC AMERICAN
ENGINEERING RECORD
ME-12
IF REPRODUCED, PLEASE CREDIT: HISTORIC AMERICAN ENGINEERING RECORD, NATIONAL PARK SERVICE, NAME OF DELINEATOR, DATE OF THE DRAWING

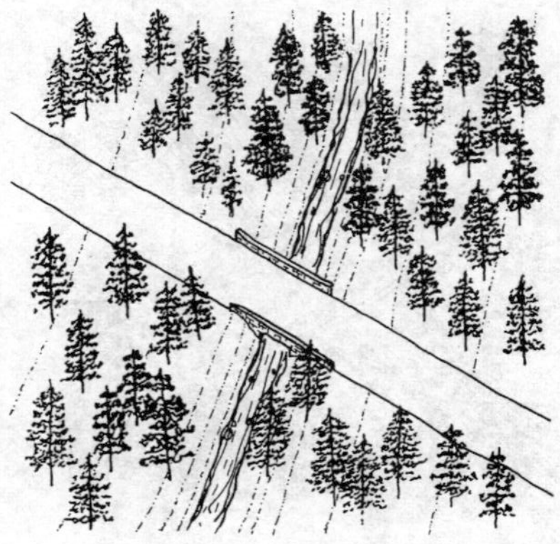

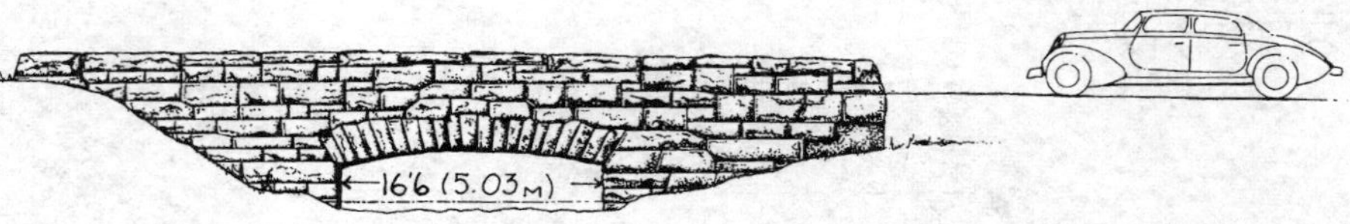

猎人沙滩溪桥 1939 年

HAER 编号 ME—22

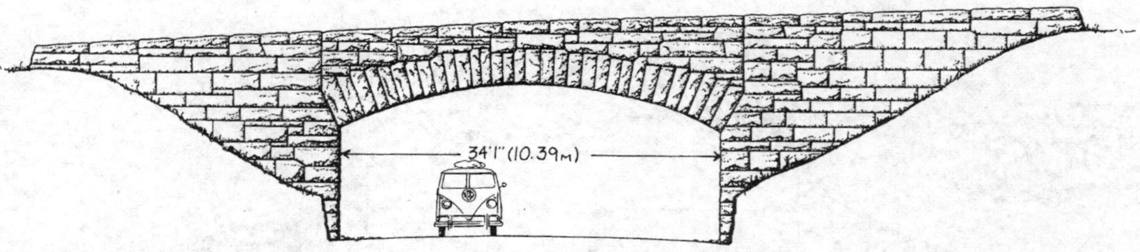

布莱克伍德桥 1940 年

HAER 编号 ME—15

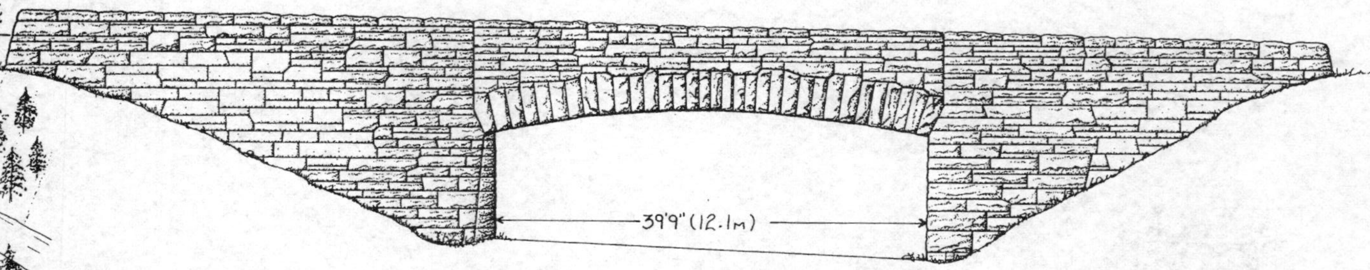

西厄尔德芒茨溪桥 1940 年

HAER 编号 ME—14

233 号公路桥（天堂山路）1952 年

HAER 编号 ME—17

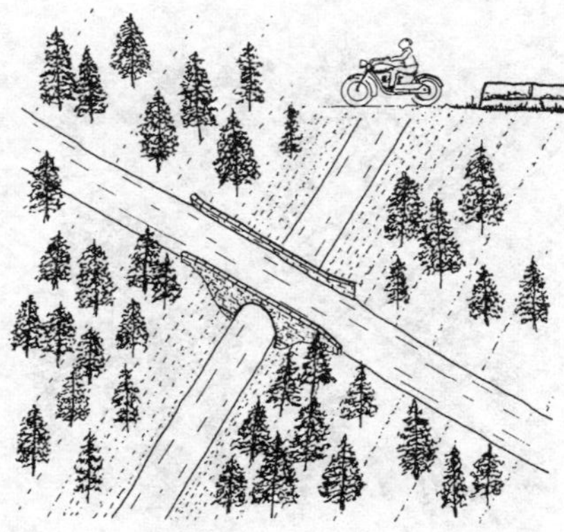

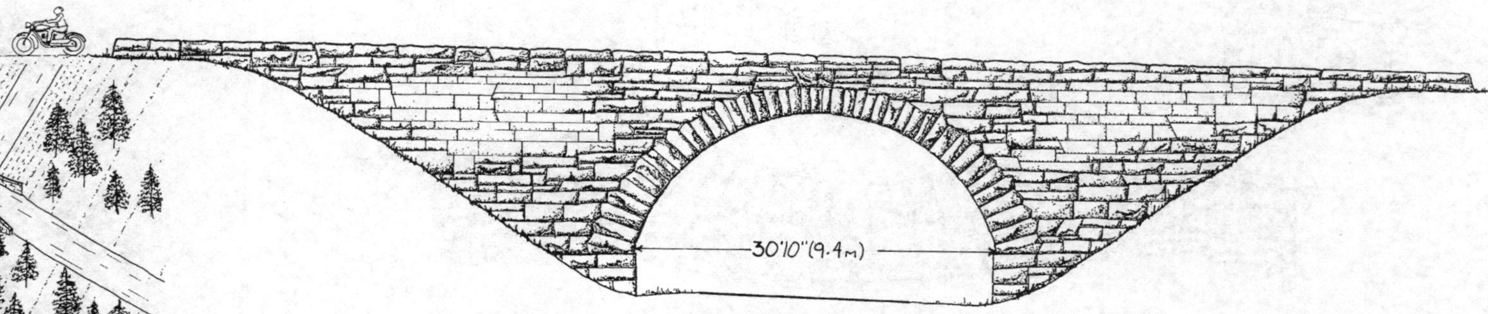

新老鹰湖路桥（天堂山路）1952 年

HAER ME—18

注释：立面图以显示建筑物正面真实高度

比例尺 英尺 1/8"=1'-0" 米 1:96

0 5 10 15

0 1 2 3 4 5

DELINEATED BY: KATE E. CURTIS, DAVID HANEY, J. SHANNON BARRAS

NATIONAL PARK SERVICE
ACADIA ROADS & BRIDGES RECORDING PROGRAM
NATIONAL PARK SERVICE
UNITED STATES DEPARTMENT OF THE INTERIOR

ACADIA NATIONAL PARK ROADS & BRIDGES

BAR HARBOR VICINITY · HANCOCK COUNTY · MAINE

SHEET 18 of 19

HISTORIC AMERICAN ENGINEERING RECORD ME-12

IF REPRODUCED, PLEASE CREDIT: HISTORIC AMERICAN ENGINEERING RECORD, NATIONAL PARK SERVICE, NAME OF DELINEATOR, DATE OF THE DRAWING

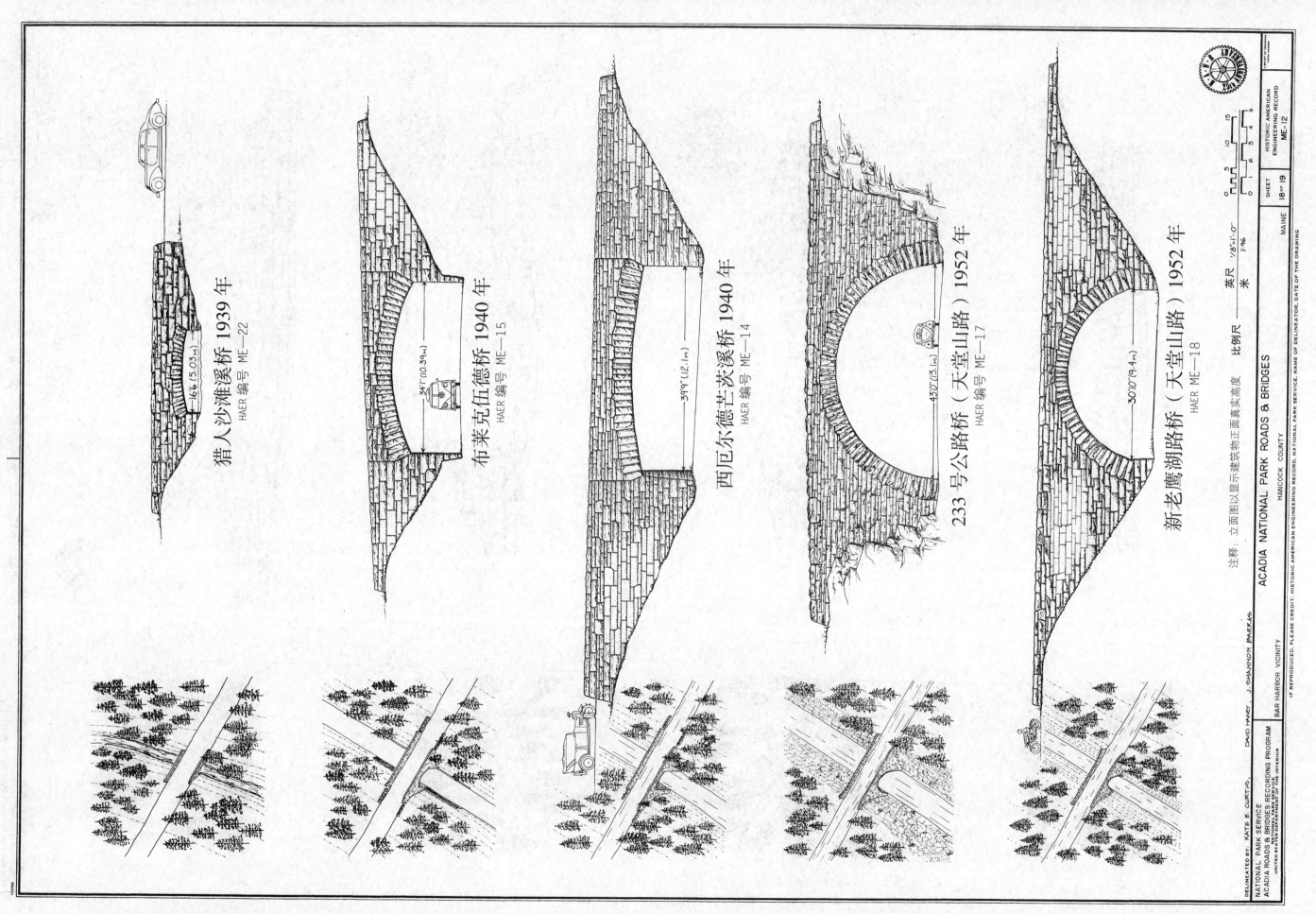

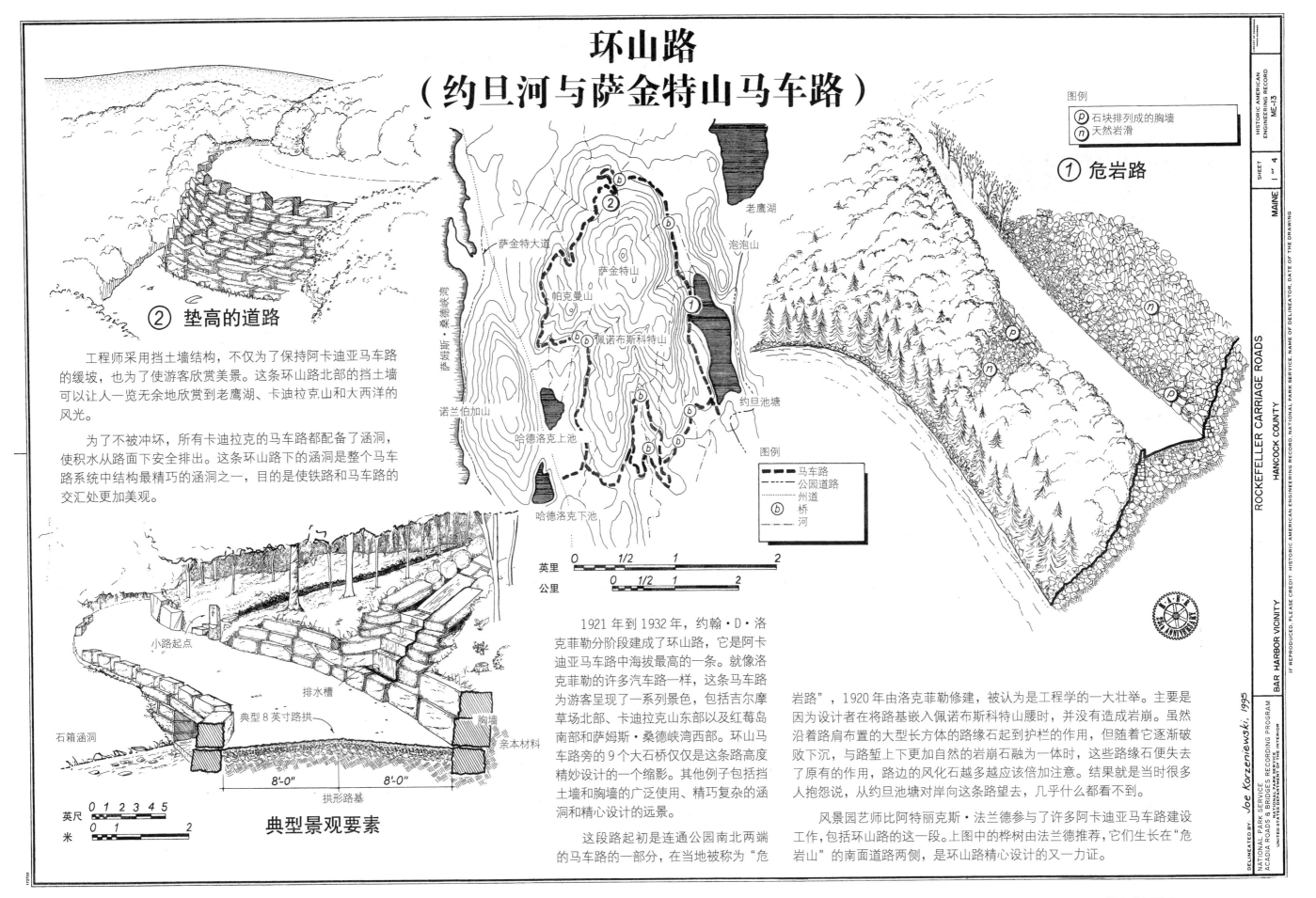

环山路
（约旦河与萨金特山马车路）

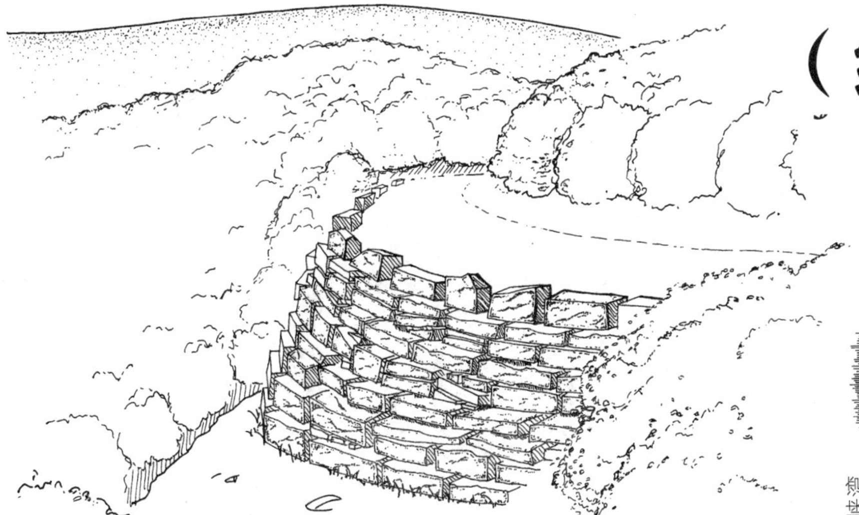

② 垫高的道路

工程师采用挡土墙结构，不仅为了保持阿卡迪亚马车路的缓坡，也为了使游客欣赏美景。这条环山路北部的挡土墙可以让人一览无余地欣赏到老鹰湖、卡迪拉克山和大西洋的风光。

为了不被冲坏，所有卡迪拉克的马车路都配备了涵洞，使积水从路面下安全排出。这条环山路下的涵洞是整个马车路系统中结构最精巧的涵洞之一，目的是使铁路和马车路的交汇处更加美观。

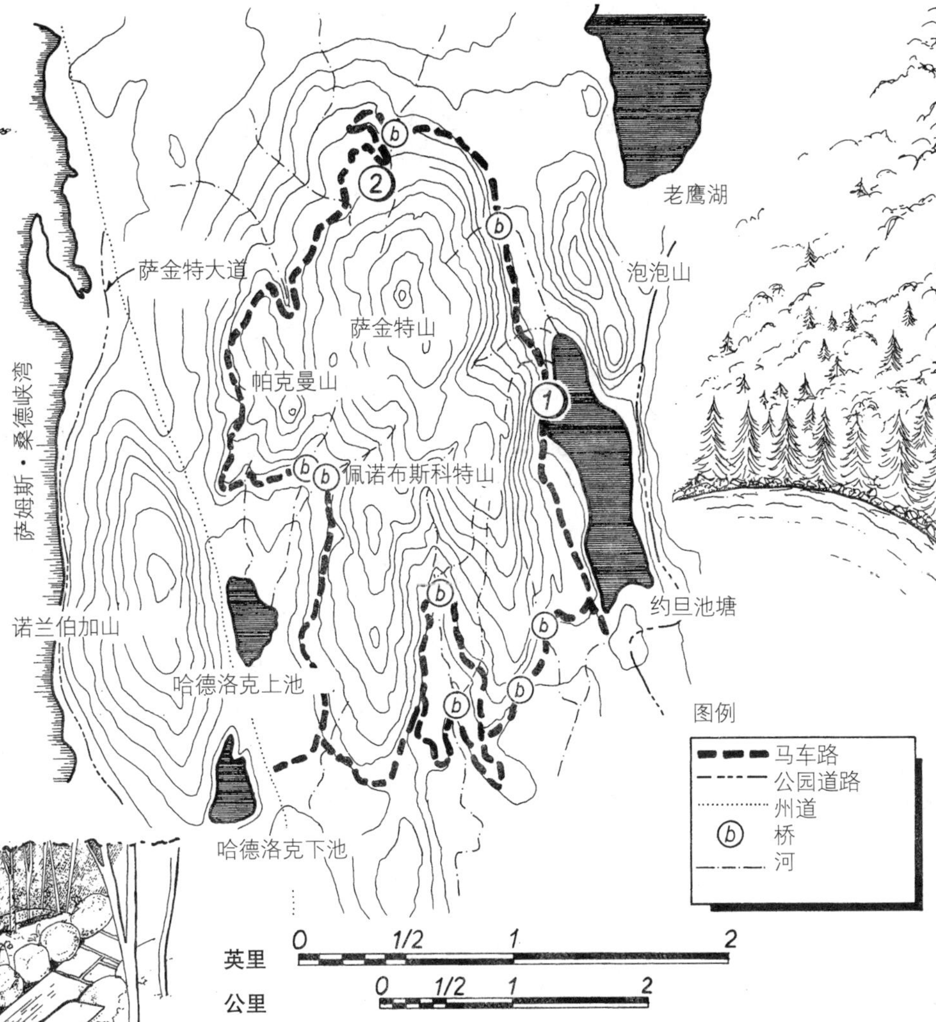

萨金特大道
老鹰湖
泡泡山
萨金特山
帕克曼山
佩诺布斯科特山
萨姆斯・桑德峡湾
约旦池塘
诺兰伯加山
哈德洛克上池
哈德洛克下池
图例
马车路
公园道路
州道
桥
河
英里
0 1/2 1 2
公里
0 1/2 1 2

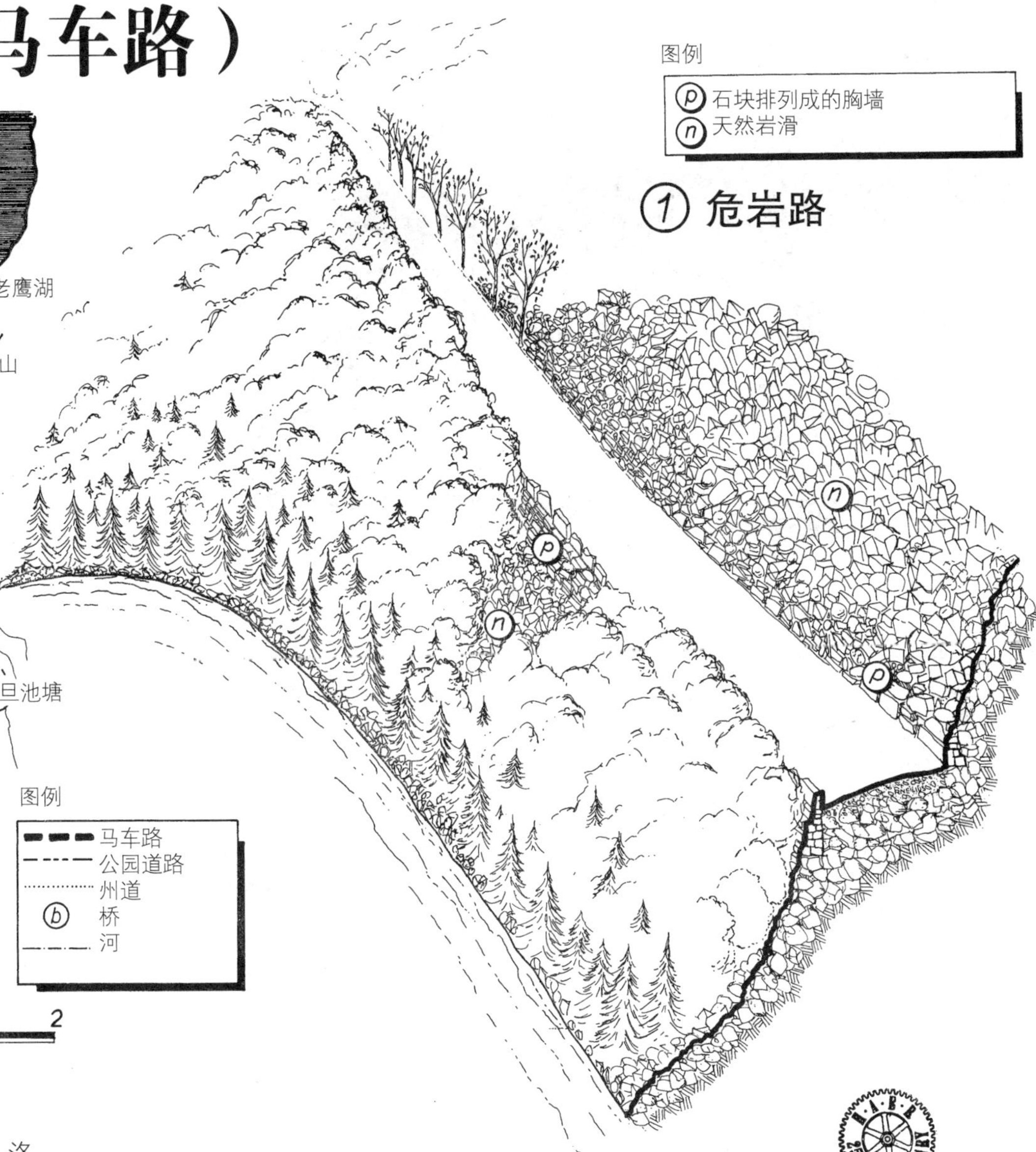

图例
p 石块排列成的胸墙
n 天然岩滑

① 危岩路

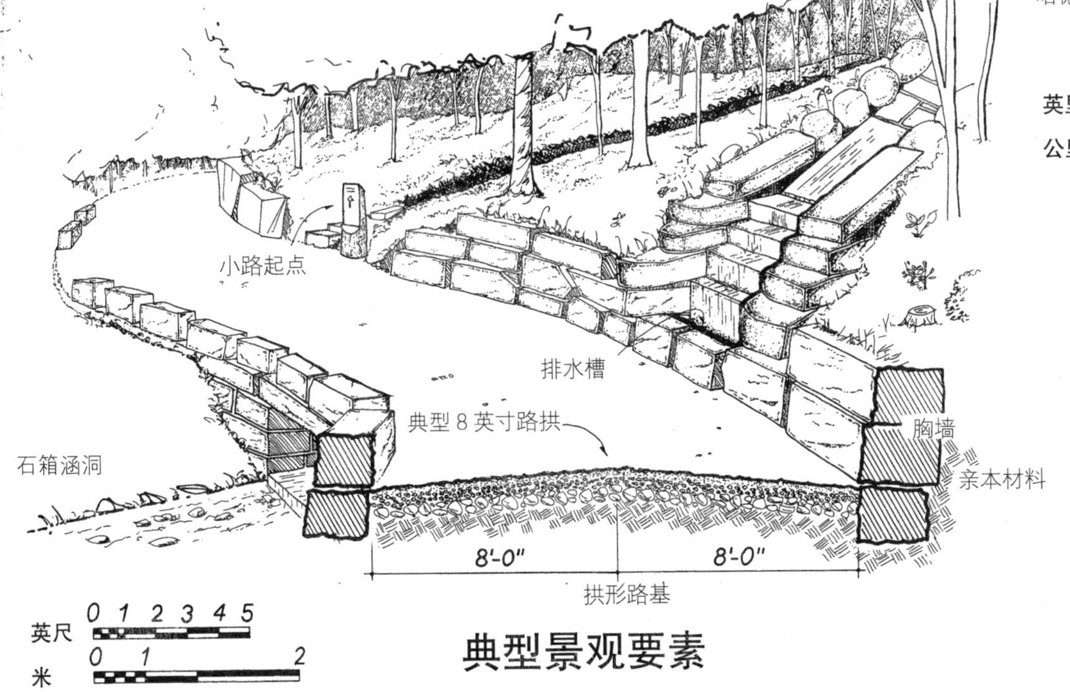

小路起点
排水槽
典型 8 英寸路拱
胸墙
亲本材料
石箱涵洞
8'-0"
8'-0"
拱形路基
英尺 0 1 2 3 4 5
米 0 1 2

典型景观要素

1921 年到 1932 年，约翰・D・洛克菲勒分阶段建成了环山路，它是阿卡迪亚马车路中海拔最高的一条。就像洛克菲勒的许多汽车路一样，这条马车路为游客呈现了一系列景色，包括吉尔摩草场北部、卡迪拉克山东部以及红莓岛南部和萨姆斯・桑德峡湾西部。环山马车路旁的 9 个大石桥仅仅是这条路高度精妙设计的一个缩影。其他例子包括挡土墙和胸墙的广泛使用、精巧复杂的涵洞和精心设计的远景。

这段路起初是连通公园南北两端的马车路的一部分，在当地被称为“危岩路”，1920 年由洛克菲勒修建，被认为是工程学的一大壮举。主要是因为设计者在将路基嵌入佩诺布斯科特山腰时，并没有造成岩崩。虽然沿着路肩布置的大型长方体的路缘石起到护栏的作用，但随着它逐渐破败下沉，与路堑上下更加自然的岩崩石融为一体时，这些路缘石便失去了原有的作用，路边的风化石越多越应该倍加注意。结果就是当时很多人抱怨说，从约旦池塘对岸向这条路望去，几乎什么都看不到。

风景园艺师比阿特丽克斯・法兰德参与了许多阿卡迪亚马车路建设工作，包括环山路的这一段。上图中的桦树由法兰德推荐，它们生长在“危岩山”的南面道路两侧，是环山路精心设计的又一力证。

HISTORIC AMERICAN ENGINEERING RECORD ME-13
SHEET 1 of 4
ROCKEFELLER CARRIAGE ROADS
MAINE HANCOCK COUNTY BAR HARBOR VICINITY
IF REPRODUCED, PLEASE CREDIT: HISTORIC AMERICAN ENGINEERING RECORD, NATIONAL PARK SERVICE, NAME OF DELINEATOR, DATE OF THE DRAWING
DELINEATED BY: Joe Korzeniewski, 1995
NATIONAL PARK SERVICE ACADIA ROADS & BRIDGES RECORDING PROGRAM
NATIONAL PARK SERVICE UNITED STATES DEPARTMENT OF THE INTERIOR

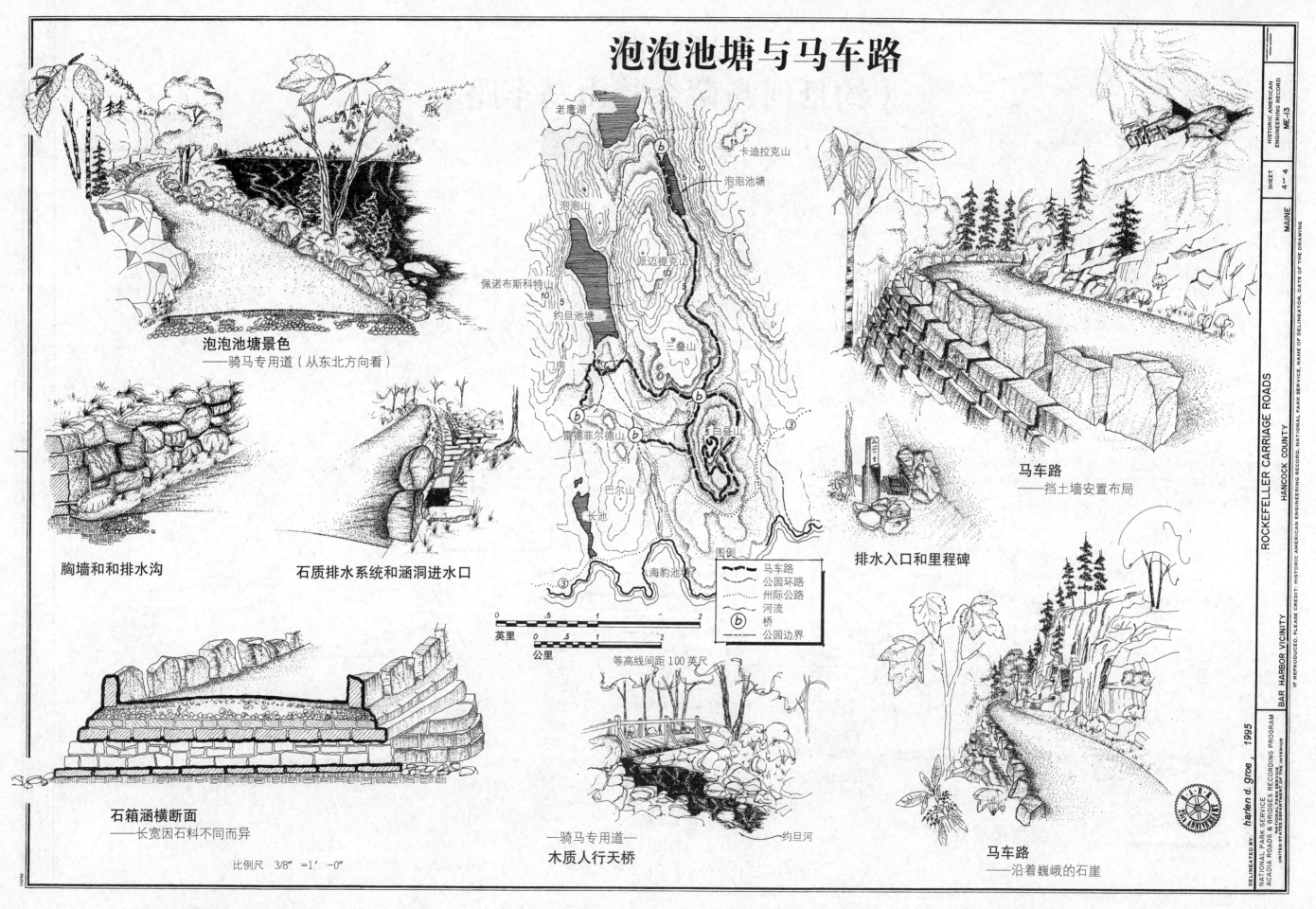

泡泡池塘与马车路

泡泡池塘景色

——骑马专用道（从东北方向看）

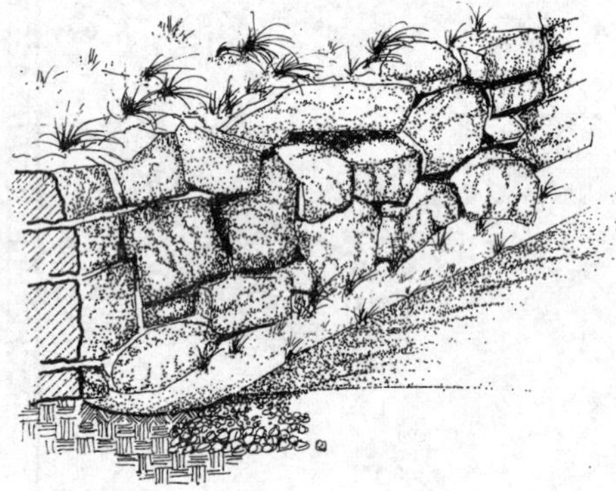

胸墙和和排水沟

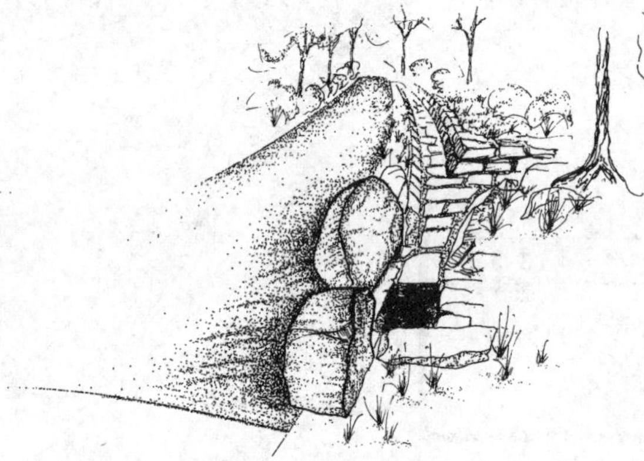

石质排水系统和涵洞进水口

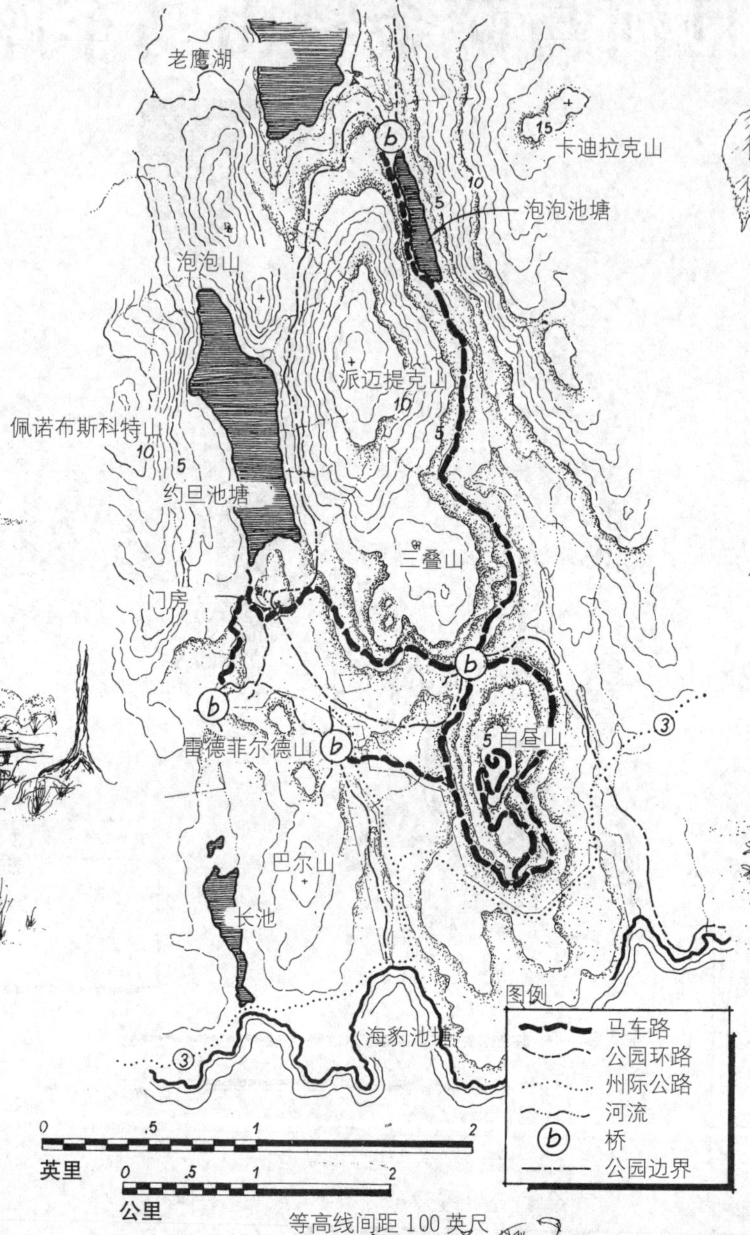
老鹰湖
卡迪拉克山
泡泡池塘
泡泡山
派迈提克山
佩诺布斯科特山
约旦池塘
三叠山
门房
白昼山
雷德菲尔德山
巴尔山
长池
海豹池塘
图例
马车路
公园环路
州际公路
河流
桥
公园边界
英里
公里
等高线间距 100 英尺

马车路

——挡土墙安置布局

排水入口和里程碑

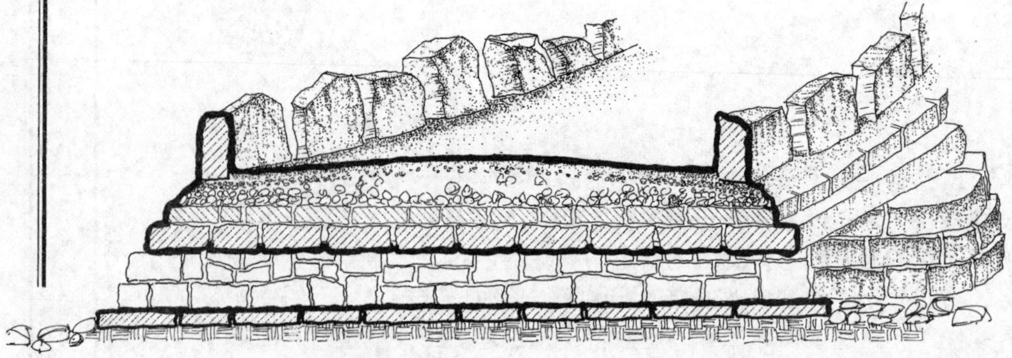

石箱涵横断面

——长宽因石料不同而异

比例尺 3/8″ =1′ −0″

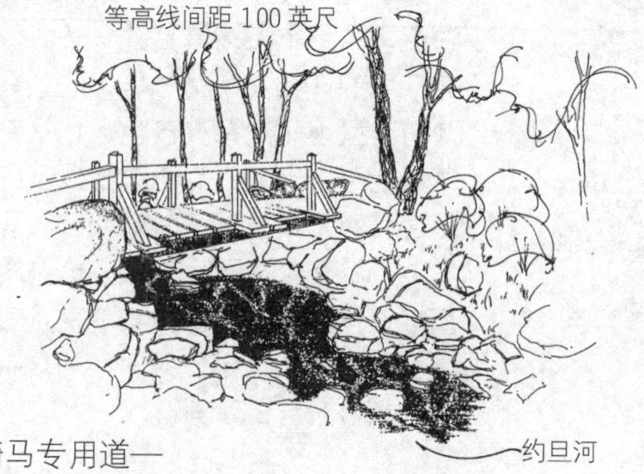
约旦河

—骑马专用道—

木质人行天桥

马车路

——沿着巍峨的石崖

HISTORIC AMERICAN ENGINEERING RECORD ME-13

SHEET 4 OF 4

ROCKEFELLER CARRIAGE ROADS

BAR HARBOR VICINITY   HANCOCK COUNTY   MAINE

DELINEATED BY: harlen d. groe, 1995

NATIONAL PARK SERVICE ACADIA ROADS & BRIDGES RECORDING PROGRAM

NATIONAL PARK SERVICE UNITED STATES DEPARTMENT OF THE INTERIOR

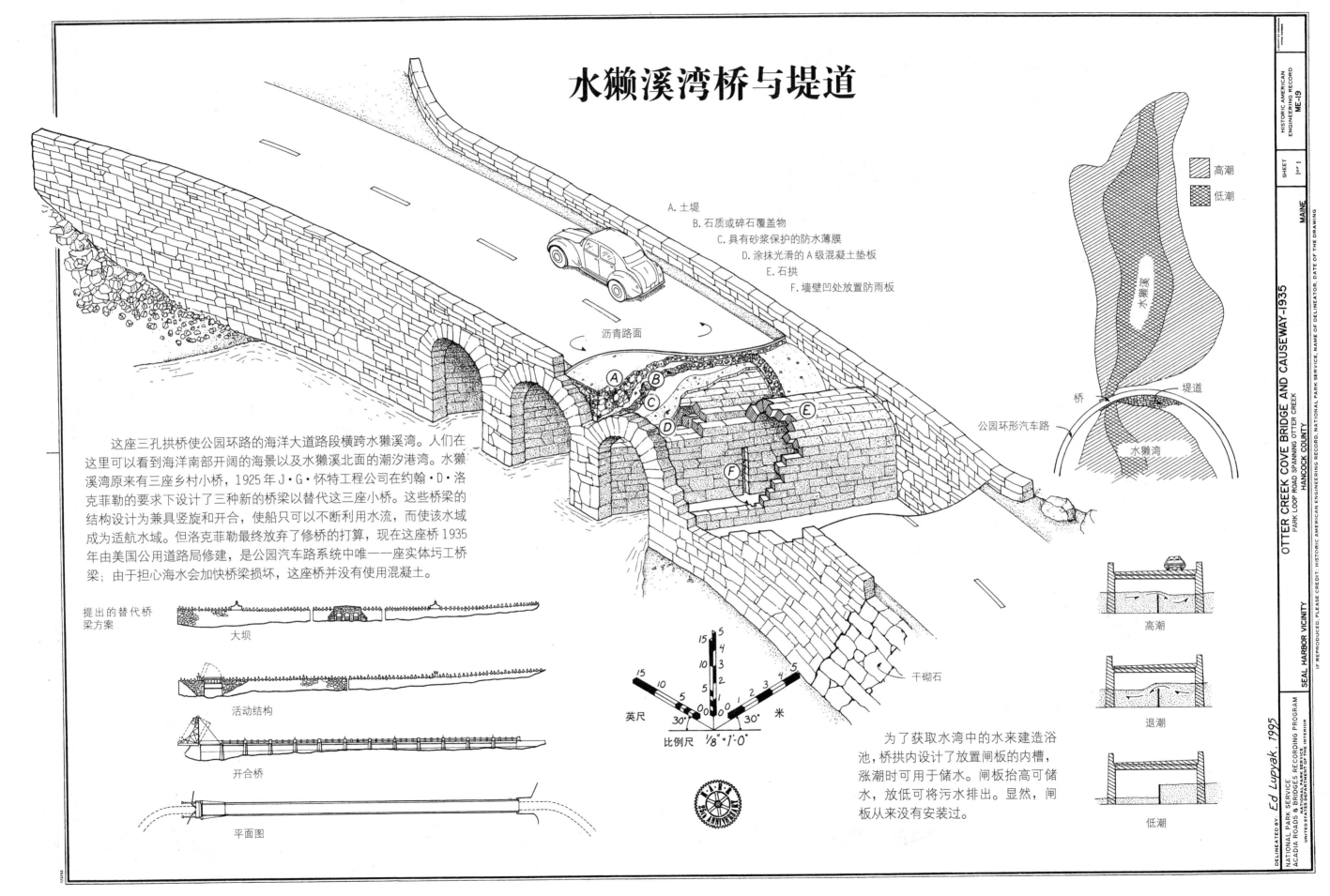

水獭溪湾桥与堤道

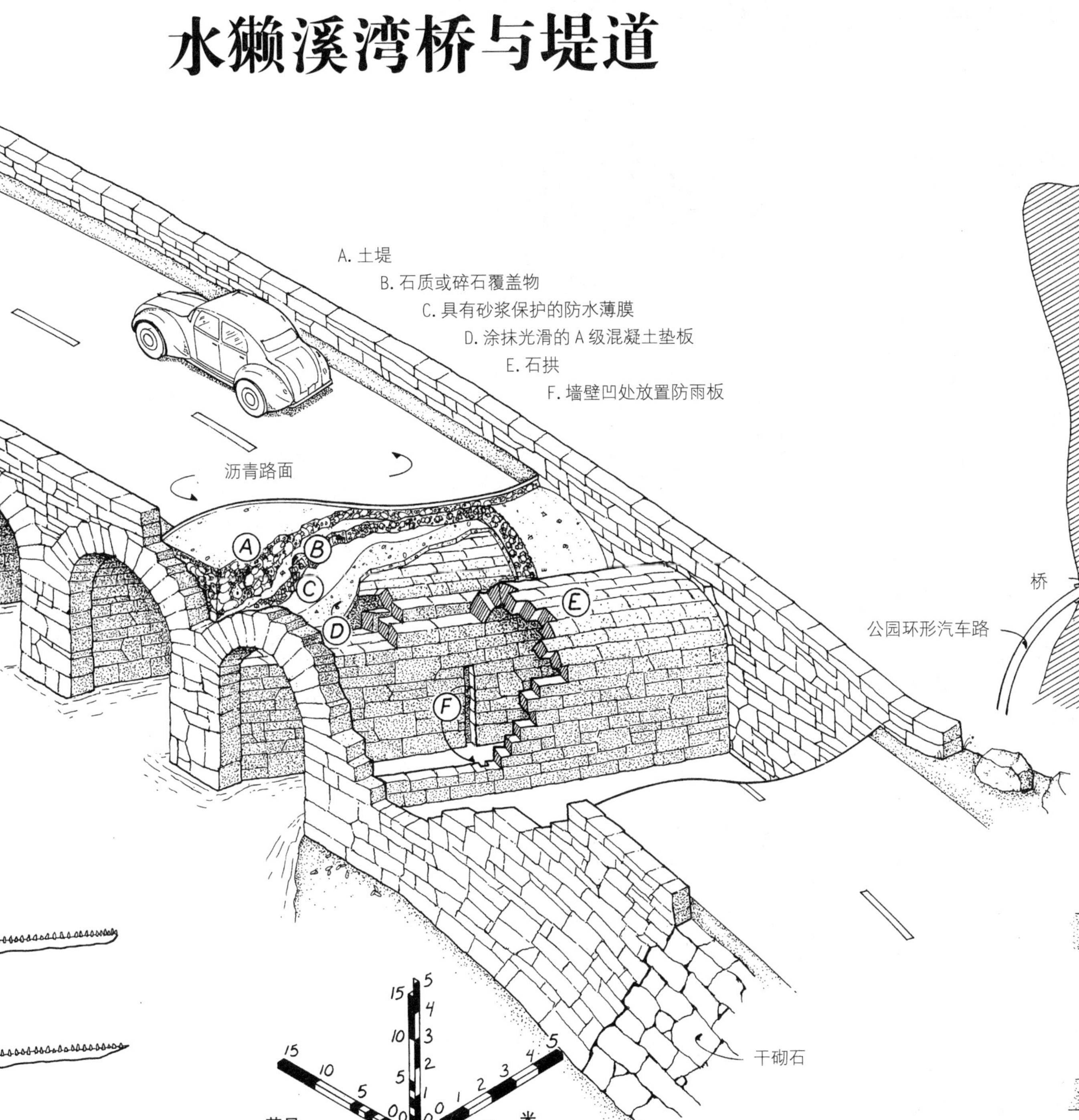
A. 土堤
B. 石质或碎石覆盖物
C. 具有砂浆保护的防水薄膜
D. 涂抹光滑的 A 级混凝土垫板
E. 石拱
F. 墙壁凹处放置防雨板
沥青路面
A
B
C
D
E
F
干砌石
英尺
米
30°
30°
比例尺 1/8" = 1'-0"

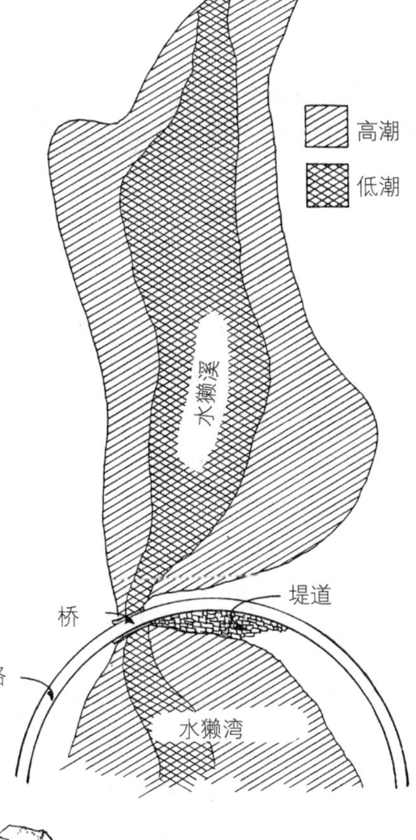
高潮
低潮
水獭溪
桥
堤道
公园环形汽车路
水獭湾

这座三孔拱桥使公园环路的海洋大道路段横跨水獭溪湾。人们在这里可以看到海洋南部开阔的海景以及水獭溪北面的潮汐港湾。水獭溪湾原来有三座乡村小桥，1925 年 J·G·怀特工程公司在约翰·D·洛克菲勒的要求下设计了三种新的桥梁以替代这三座小桥。这些桥梁的结构设计为兼具竖旋和开合，使船只可以不断利用水流，而使该水域成为适航水域。但洛克菲勒最终放弃了修桥的打算，现在这座桥 1935 年由美国公用道路局修建，是公园汽车路系统中唯一一座实体圬工桥梁；由于担心海水会加快桥梁损坏，这座桥并没有使用混凝土。

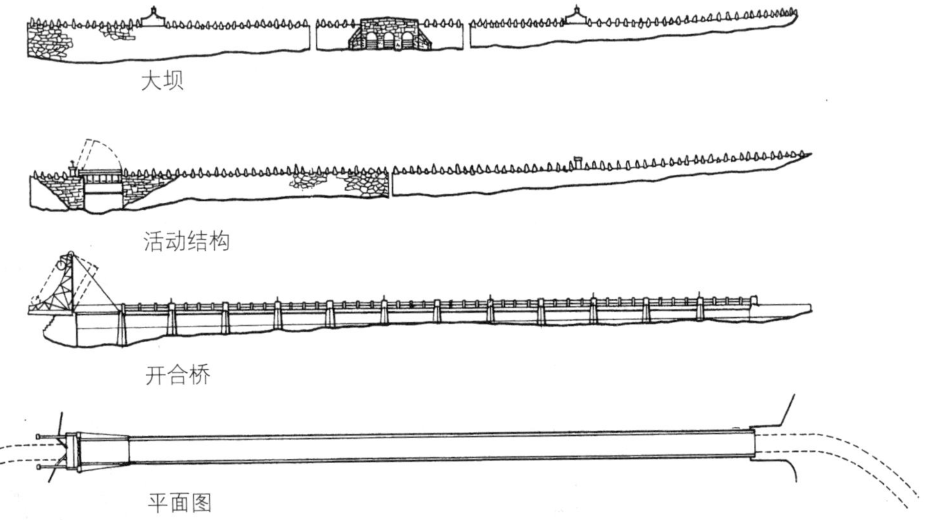
提出的替代桥梁方案
大坝
活动结构
开合桥
平面图

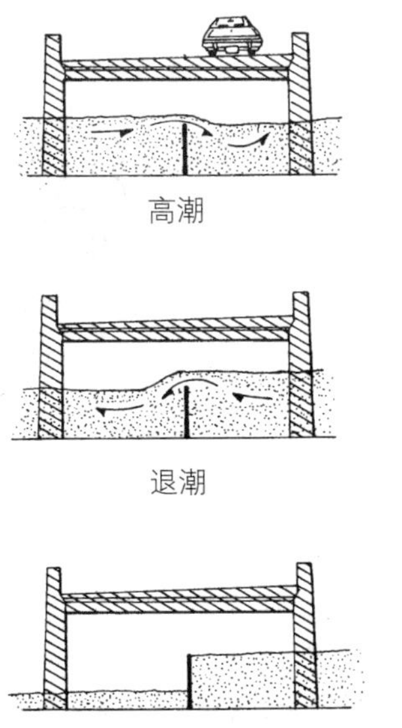
高潮
退潮
低潮

为了获取水湾中的水来建造浴池，桥拱内设计了放置闸板的内槽，涨潮时可用于储水。闸板抬高可储水，放低可将污水排出。显然，闸板从来没有安装过。

OTTER CREEK COVE BRIDGE AND CAUSEWAY-1935
PARK LOOP ROAD SPANNING OTTER CREEK
SEAL HARBOR VICINITY
HANCOCK COUNTY
MAINE

HISTORIC AMERICAN ENGINEERING RECORD
ME-19

SHEET 1 OF 1

DELINEATED BY Ed Lupyak, 1995

NATIONAL PARK SERVICE
ACADIA ROADS & BRIDGES RECORDING PROGRAM
NATIONAL PARK SERVICE
UNITED STATES DEPARTMENT OF THE INTERIOR

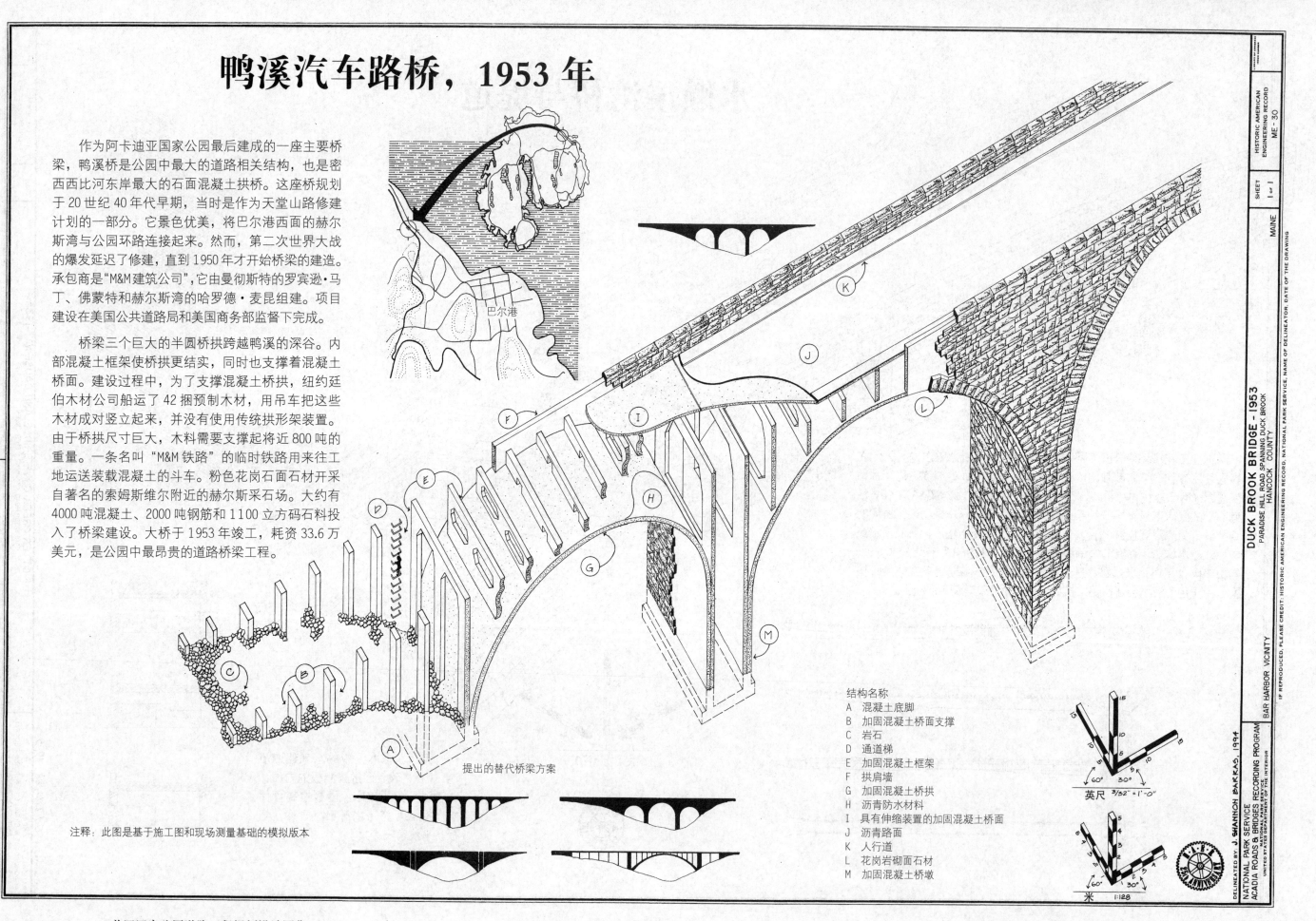

鸭溪汽车路桥，1953 年

作为阿卡迪亚国家公园最后建成的一座主要桥梁，鸭溪桥是公园中最大的道路相关结构，也是密西西比河东岸最大的石面混凝土拱桥。这座桥规划于 20 世纪 40 年代早期，当时是作为天堂山路修建计划的一部分。它景色优美，将巴尔港西面的赫尔斯湾与公园环路连接起来。然而，第二次世界大战的爆发延迟了修建，直到 1950 年才开始桥梁的建造。承包商是“M&M 建筑公司”，它由曼彻斯特的罗宾逊·马丁、佛蒙特和赫尔斯湾的哈罗德·麦昆组建。项目建设在美国公共道路局和美国商务部监督下完成。

桥梁三个巨大的半圆桥拱跨越鸭溪的深谷。内部混凝土框架使桥拱更结实，同时也支撑着混凝土桥面。建设过程中，为了支撑混凝土桥拱，纽约廷伯木材公司船运了 42 捆预制木材，用吊车把这些木材成对竖立起来，并没有使用传统拱形架装置。由于桥拱尺寸巨大，木料需要支撑起将近 800 吨的重量。一条名叫“M&M 铁路”的临时铁路用来往工地运送装载混凝土的斗车。粉色花岗石面石材开采自著名的索姆斯维尔附近的赫尔斯采石场。大约有 4000 吨混凝土、2000 吨钢筋和 1100 立方码石料投入了桥梁建设。大桥于 1953 年竣工，耗资 33.6 万美元，是公园中最昂贵的道路桥梁工程。

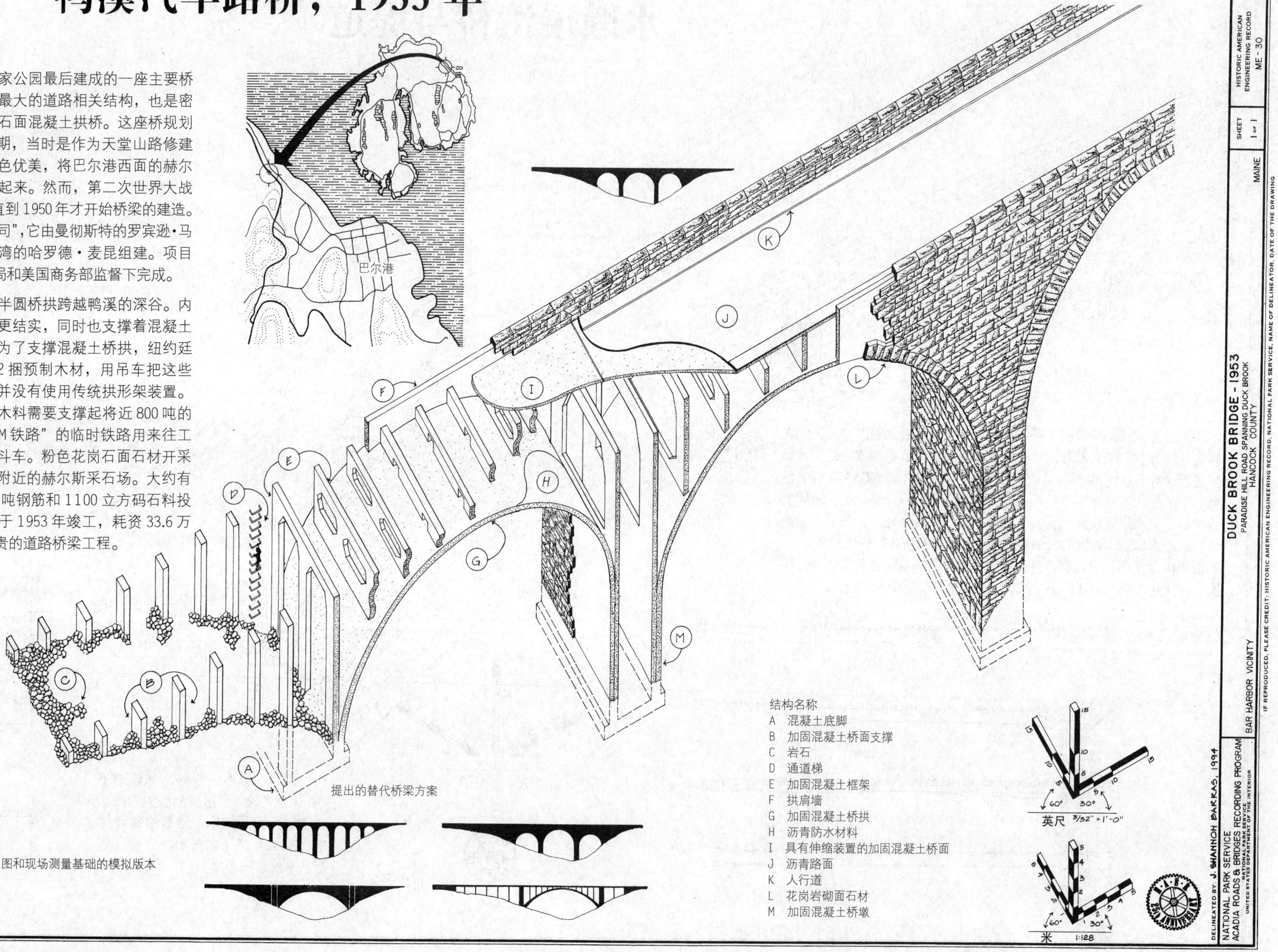
巴尔港
K
J
F
I
L
E
D
H
G
C
B
A
M
结构名称
A 混凝土底脚
B 加固混凝土桥面支撑
C 岩石
D 通道梯
E 加固混凝土框架
F 拱肩墙
G 加固混凝土桥拱
H 沥青防水材料
I 具有伸缩装置的加固混凝土桥面
J 沥青路面
K 人行道
L 花岗岩砌面石材
M 加固混凝土桥墩
英尺 3/32" = 1'-0"
米 1:128
HISTORIC AMERICAN ENGINEERING RECORD
ME-30
SHEET 1 of 1
MAINE
DUCK BROOK BRIDGE - 1953
PARADISE HILL ROAD SPANNING DUCK BROOK
HANCOCK COUNTY
BAR HARBOR VICINITY
DELINEATED BY: J. SHANNON BARKAS, 1994
NATIONAL PARK SERVICE
ACADIA ROADS & BRIDGES RECORDING PROGRAM
IF REPRODUCED, PLEASE CREDIT: HISTORIC AMERICAN ENGINEERING RECORD, NATIONAL PARK SERVICE, NAME OF DELINEATOR, DATE OF THE DRAWING

提出的替代桥梁方案

注释：此图是基于施工图和现场测量基础的模拟版本

泡泡池塘桥，1928 年

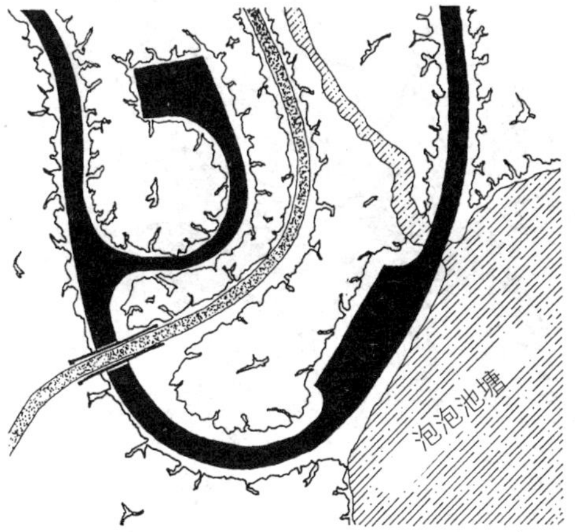

1928 年外观

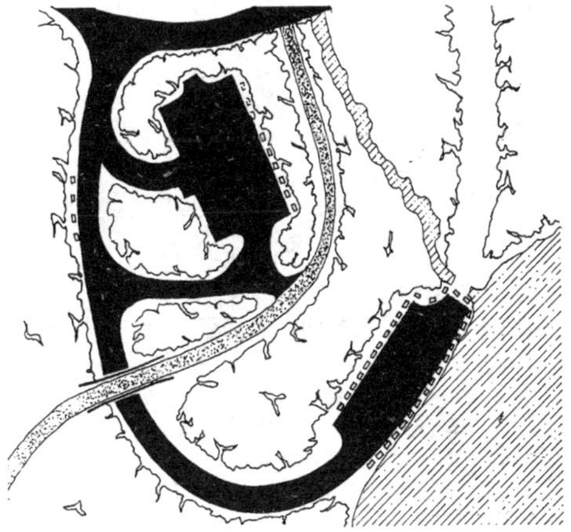

1960 年外观

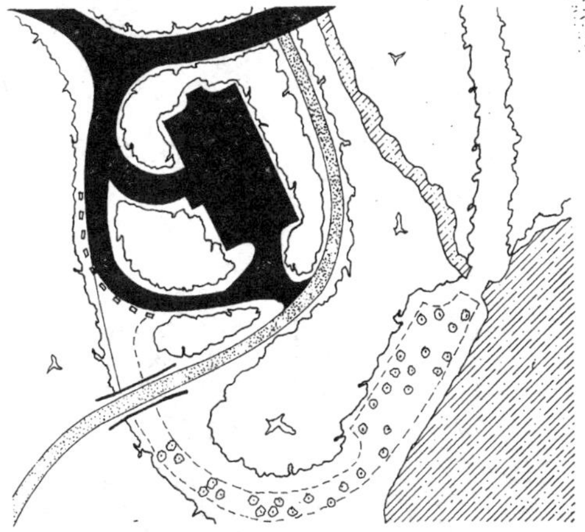

1994 年外观

场地开发

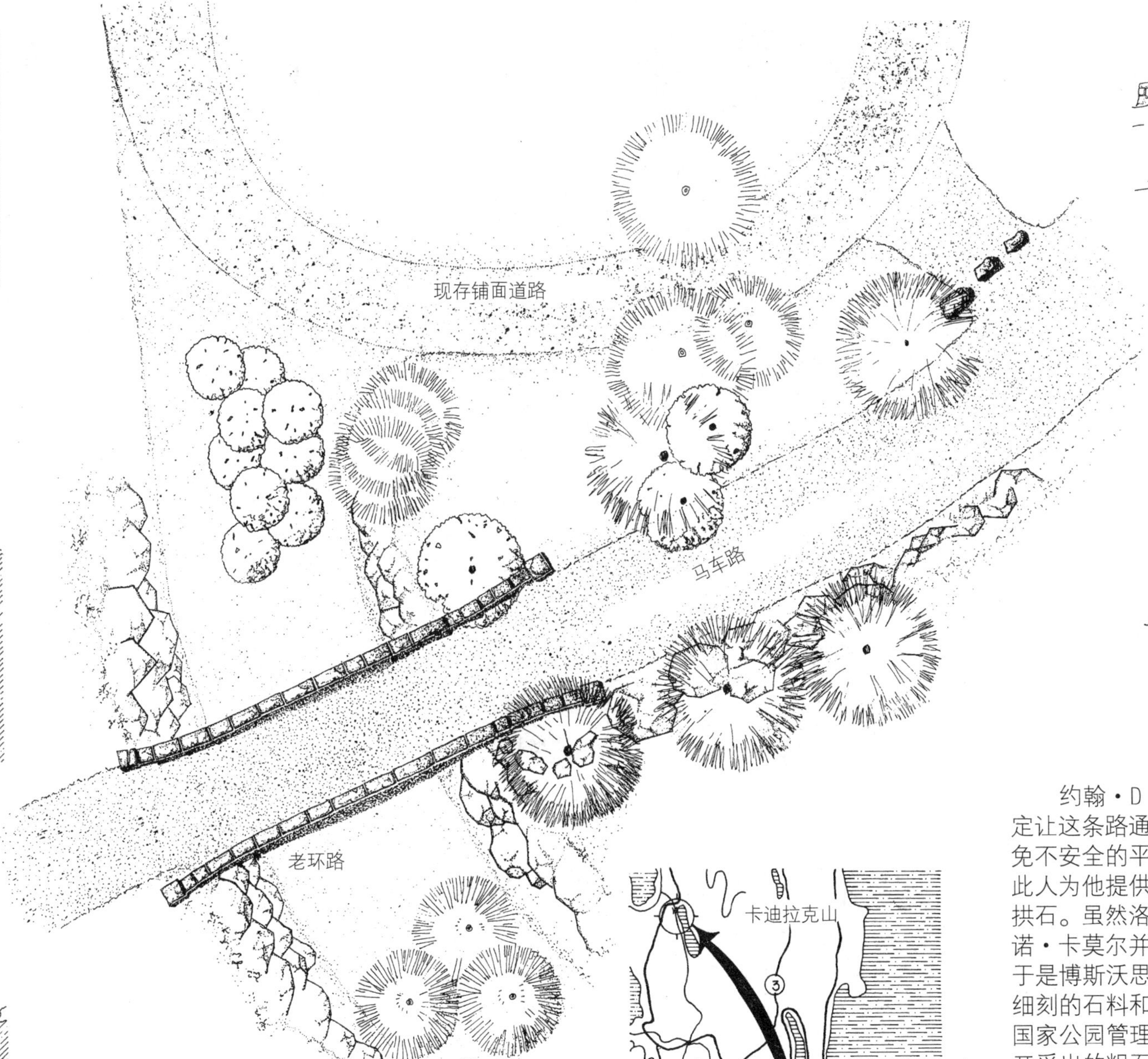

注释：此图是基于施工图和现场测量基础的模拟版本

博斯沃思最初的方案

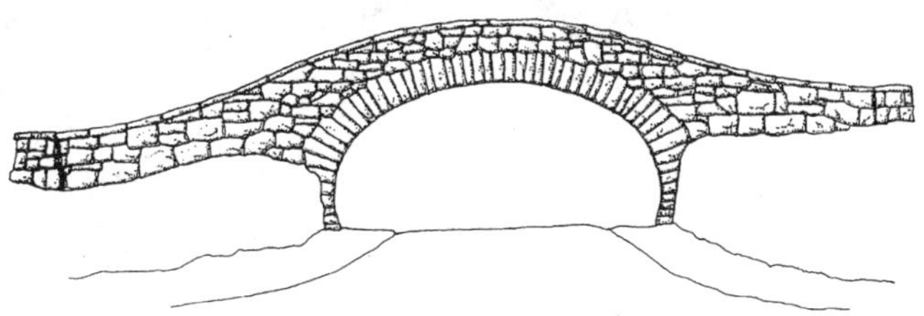

博斯沃思的修订方案

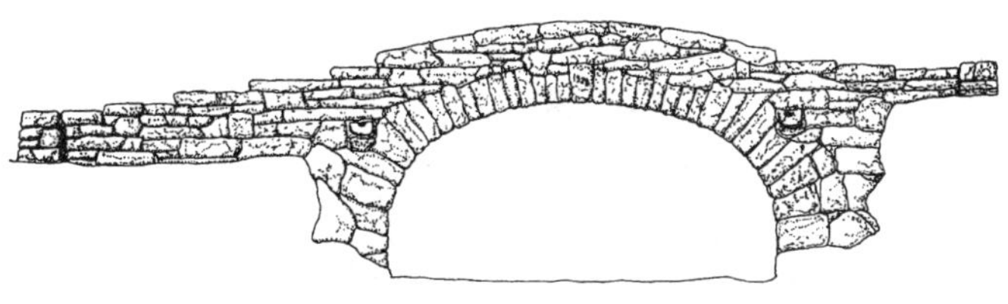

国家公园管理局的设计

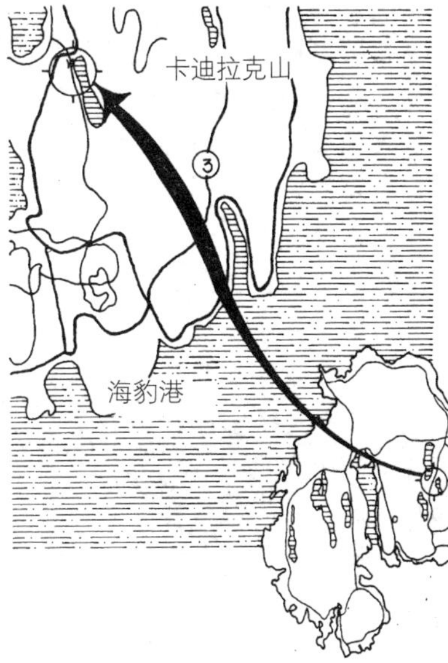

约翰·D·洛克菲勒规划新的泡泡池塘三车道马车路的时候，他决定让这条路通过桥梁跨越新的“山路”汽车路（由他出资兴建），以避免不安全的平面交叉。他求助于纽约建筑师威廉·韦尔斯·博斯沃思，此人为他提供了一份正式的多心拱桥方案，配备露天栏杆和精细切割的拱石。虽然洛克菲勒先生同意这一方案，然而国家公园管理局副局长阿诺·卡莫尔并不支持，他认为这一方案对于国家公园来说过于城市化。于是博斯沃思准备了第二套方案，他去掉了露天栏杆，但仍然保留精雕细刻的石料和整齐的拱石。这套方案也以“都市气过重”为理由被拒。国家公园管理局之后设计了一个更加“质朴”的结构，所用材料是刚刚开采出的粗石料，这使它成为唯一一条实体圬工结构的马车路。尽管有些失望，洛克菲勒先生还是同意资助这一新设计的实施。他的工程师保罗·D·辛普森设计施工图，这座桥在 1928 年由费城石匠普林格尔·博斯威克修建。桥址是在风景园艺师比阿特丽克斯·法兰德的指导下选定的，她之前就与洛克菲勒先生在马车路的其他路段合作过。

洛克菲勒先生的总设计图在 20 世纪 60 年代发生了改变，因为“山路”的一段（现在是公园环路的一段）远离该桥重新选址，以便消除一个急转弯。20 世纪 80 年代，停车区移址，桥下的那段路随之被废弃，只剩下这座桥屹立到今天。

DELINEATED BY: J. Shannon Barros, 1994

NATIONAL PARK SERVICE
ACADIA ROADS & BRIDGES RECORDING PROGRAM
NATIONAL PARK SERVICE
UNITED STATES DEPARTMENT OF THE INTERIOR

BAR HARBOR VICINITY

BUBBLE POND BRIDGE-1928
BUBBLE POND CARRIAGE ROAD SPANNING ABANDONED MOTOR ROAD
HANCOCK COUNTY

MAINE

SHEET 1 of 1

HISTORIC AMERICAN ENGINEERING RECORD
ME-39

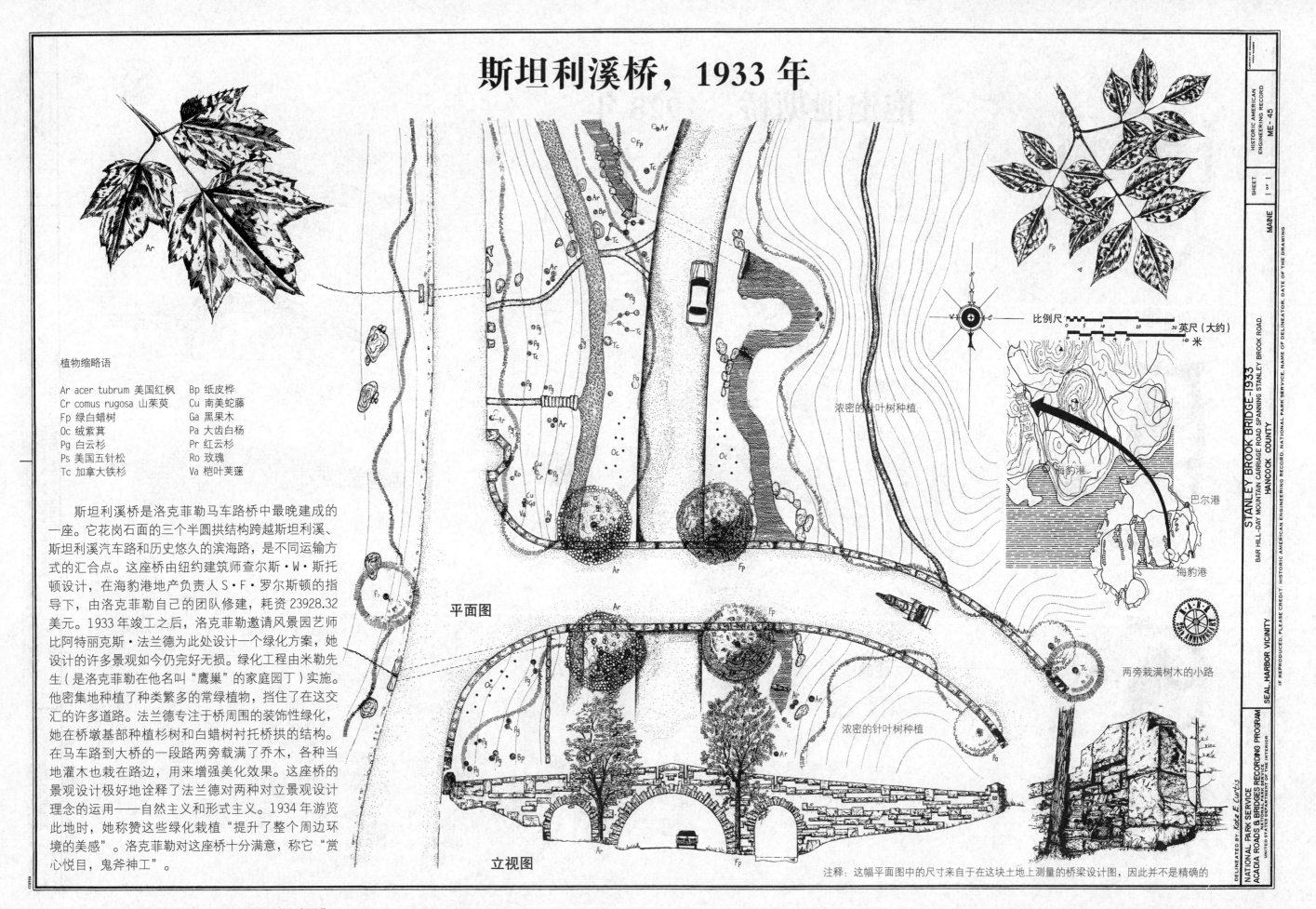

斯坦利溪桥，1933 年

Ar

植物缩略语

Ar acer tubrum 美国红枫	Bp 纸皮桦
Cr comus rugosa 山茱萸	Cu 南美蛇藤
Fp 绿白蜡树	Ga 黑果木
Oc 绒紫萁	Pa 大齿白杨
Pg 白云杉	Pr 红云杉
Ps 美国五针松	Ro 玫瑰
Tc 加拿大铁杉	Va 桤叶荚蒾

斯坦利溪桥是洛克菲勒马车路桥中最晚建成的一座。它花岗石面的三个半圆拱结构跨越斯坦利溪、斯坦利溪汽车路和历史悠久的滨海路，是不同运输方式的汇合点。这座桥由纽约建筑师查尔斯·W·斯托顿设计，在海豹港地产负责人S·F·罗尔斯顿的指导下，由洛克菲勒自己的团队修建，耗资 23928.32 美元。1933 年竣工之后，洛克菲勒邀请风景园艺师比阿特丽克斯·法兰德为此处设计一个绿化方案，她设计的许多景观如今仍完好无损。绿化工程由米勒先生（是洛克菲勒在他名叫“鹰巢”的家庭园丁）实施。他密集地种植了种类繁多的常绿植物，挡住了在这交汇的许多道路。法兰德专注于桥周围的装饰性绿化，她在桥墩基部种植杉树和白蜡树衬托桥拱的结构。在马车路到大桥的一段路两旁载满了乔木，各种当地灌木也栽在路边，用来增强美化效果。这座桥的景观设计极好地诠释了法兰德对两种对立景观设计理念的运用——自然主义和形式主义。1934 年游览此地时，她称赞这些绿化栽植“提升了整个周边环境的美感”。洛克菲勒对这座桥十分满意，称它“赏心悦目，鬼斧神工”。

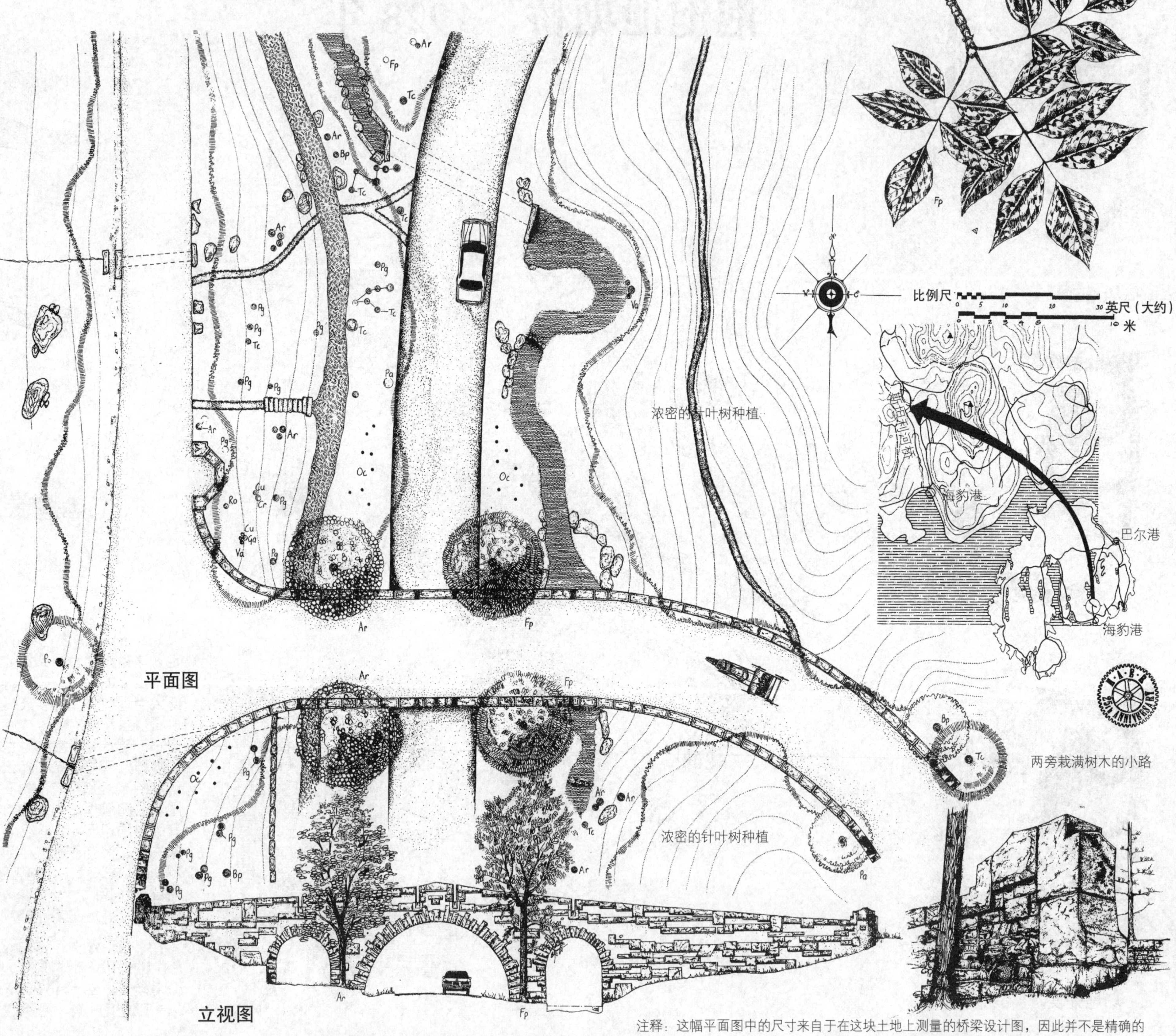
Fp
平面图
立视图
浓密的针叶树种植
浓密的针叶树种植
两旁栽满树木的小路
比例尺
英尺（大约）
米
海豹港
巴尔港
海豹港
注释：这幅平面图中的尺寸来自于在这块土地上测量的桥梁设计图，因此并不是精确的

STANLEY BROOK BRIDGE-1933
BAR HILL-DAY MOUNTAIN CARRIAGE ROAD SPANNING STANLEY BROOK ROAD
HANCOCK COUNTY MAINE
SEAL HARBOR VICINITY
NATIONAL PARK SERVICE
ACADIA ROADS & BRIDGES RECORDING PROGRAM
DELINEATED BY Kate E. Curtis
HISTORIC AMERICAN ENGINEERING RECORD ME-45
SHEET 1 OF 1
IF REPRODUCED, PLEASE CREDIT: HISTORIC AMERICAN ENGINEERING RECORD, NATIONAL PARK SERVICE, NAME OF DELINEATOR, DATE OF THE DRAWING

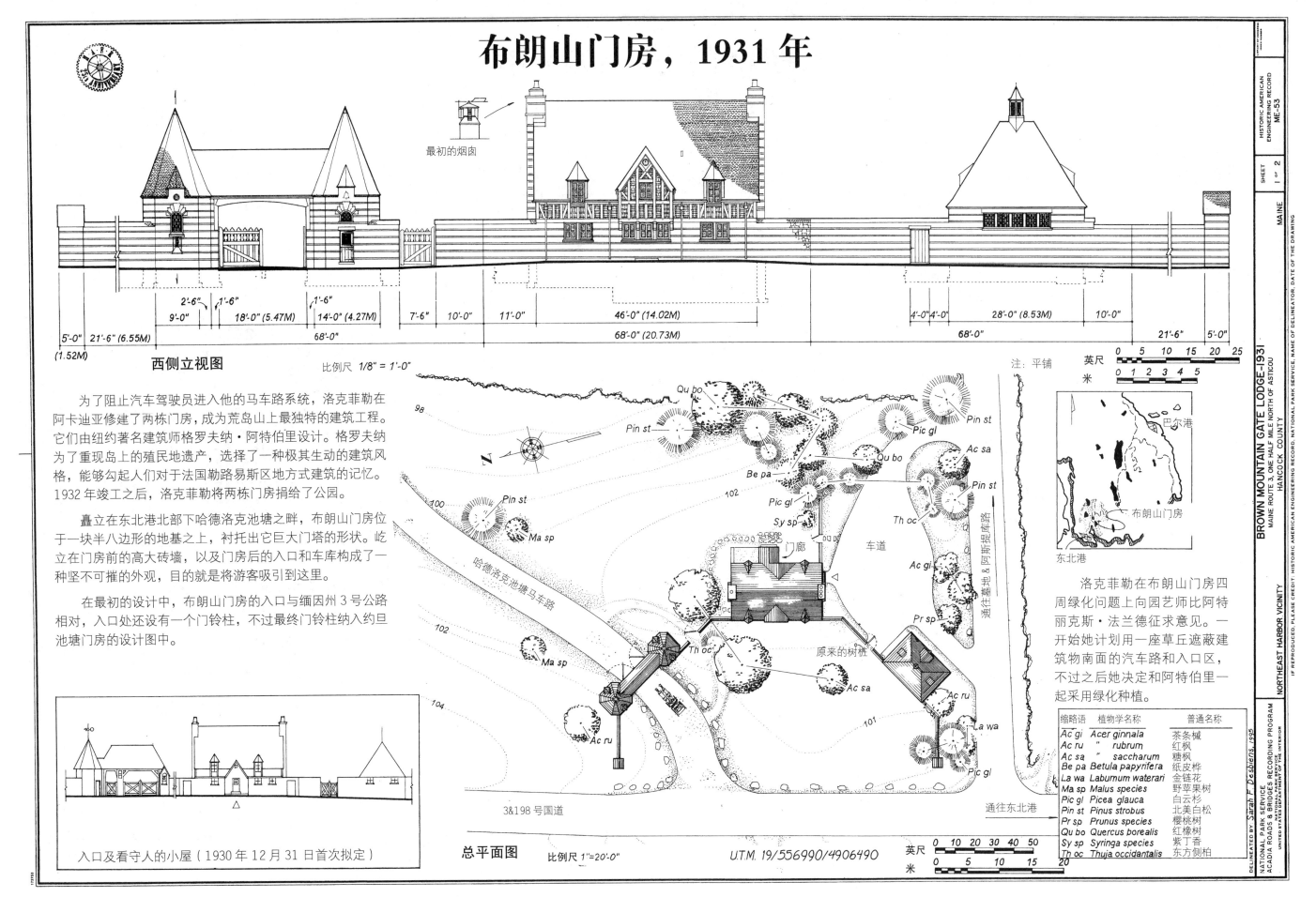

布朗山门房，1931 年

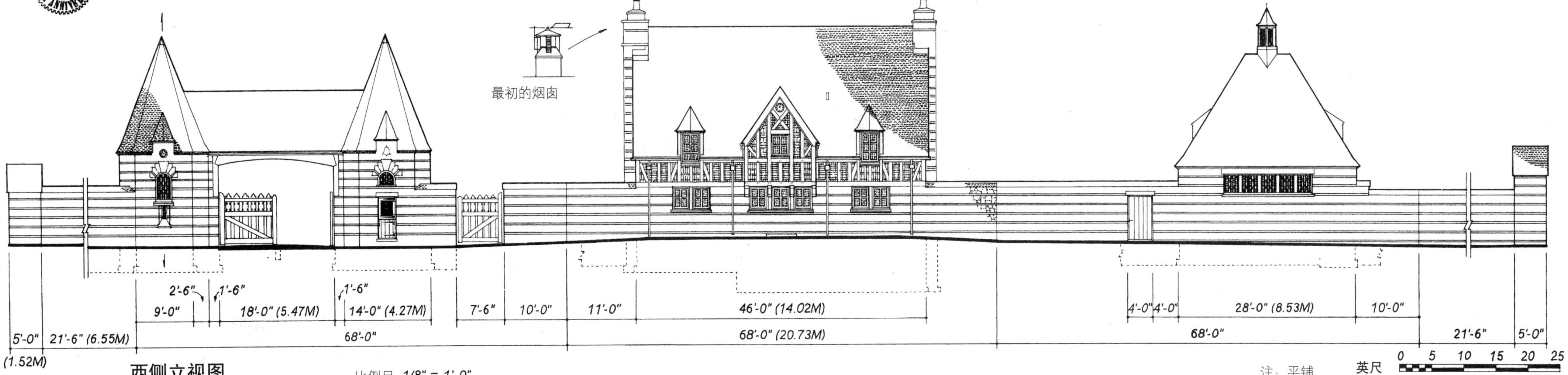

最初的烟囱
2'-6"
1'-6"
1'-6"
9'-0"
18'-0" (5.47M)
14'-0" (4.27M)
7'-6"
10'-0"
11'-0"
46'-0" (14.02M)
4'-0"
4'-0"
28'-0" (8.53M)
10'-0"
5'-0"
(1.52M)
21'-6" (6.55M)
68'-0"
68'-0" (20.73M)
68'-0"
21'-6"
5'-0"

西侧立视图　　比例尺 1/8" = 1'-0"

为了阻止汽车驾驶员进入他的马车路系统，洛克菲勒在阿卡迪亚修建了两栋门房，成为荒岛山上最独特的建筑工程。它们由纽约著名建筑师格罗夫纳·阿特伯里设计。格罗夫纳为了重现岛上的殖民地遗产，选择了一种极其生动的建筑风格，能够勾起人们对于法国勒路易斯区地方式建筑的记忆。1932 年竣工之后，洛克菲勒将两栋门房捐给了公园。

矗立在东北港北部下哈德洛克池塘之畔，布朗山门房位于一块半八边形的地基之上，衬托出它巨大门塔的形状。屹立在门房前的高大砖墙，以及门房后的入口和车库构成了一种坚不可摧的外观，目的就是将游客吸引到这里。

在最初的设计中，布朗山门房的入口与缅因州 3 号公路相对，入口处还设有一个门铃柱，不过最终门铃柱纳入约旦池塘门房的设计图中。

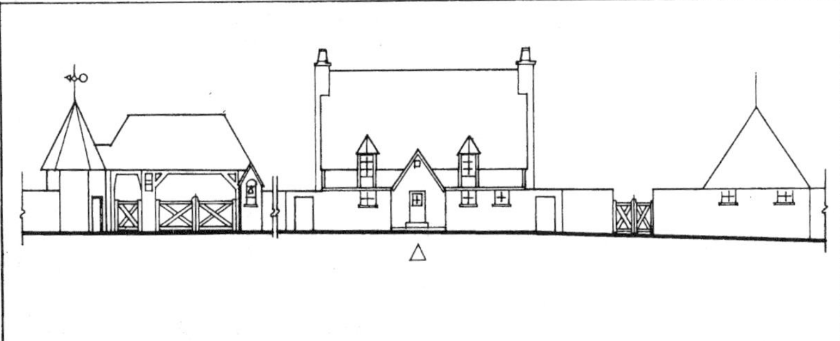

入口及看守人的小屋（1930 年 12 月 31 日首次拟定）

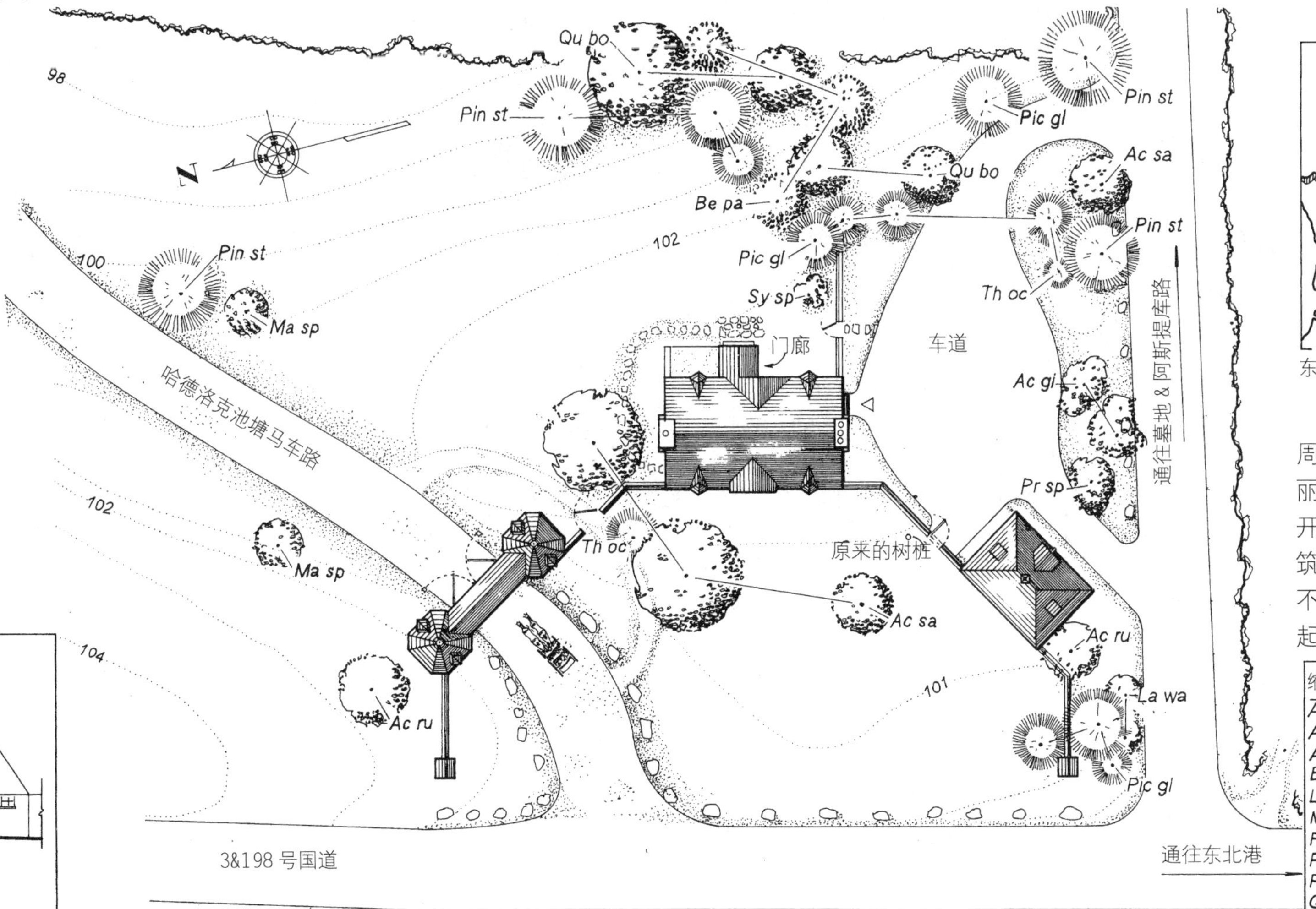

注：平铺
英尺 0 5 10 15 20 25
米 0 1 2 3 4 5
98
100
102
104
101
Qu bo
Pin st
Pic gl
Ac sa
Be pa
Sy sp
Th oc
Ma sp
Ac gi
Pr sp
Ac ru
La wa
门廊
车道
原来的树桩
哈德洛克池塘马车路
通往墓地 & 阿斯提库路
3&198 号国道
通往东北港
英尺 0 10 20 30 40 50
米 0 5 10 15 20

总平面图　　比例尺 1"=20'-0"　　UTM 19/556990/4906490

巴尔港
布朗山门房
东北港

洛克菲勒在布朗山门房四周绿化问题上向园艺师比阿特丽克斯·法兰德征求意见。一开始她计划用一座草丘遮蔽建筑物南面的汽车路和入口区，不过之后她决定和阿特伯里一起采用绿化种植。

缩略语	植物学名称	普通名称
Ac gi	Acer ginnala	茶条槭
Ac ru	" rubrum	红枫
Ac sa	" saccharum	糖枫
Be pa	Betula papyrifera	纸皮桦
La wa	Laburnum waterari	金链花
Ma sp	Malus species	野苹果树
Pic gl	Picea glauca	白云杉
Pin st	Pinus strobus	北美白松
Pr sp	Prunus species	樱桃树
Qu bo	Quercus borealis	红橡树
Sy sp	Syringa species	紫丁香
Th oc	Thuja occidentalis	东方侧柏

BROWN MOUNTAIN GATE LODGE-1931
MAINE ROUTE 3, ONE HALF MILE NORTH OF ASTICOU
HANCOCK COUNTY
NORTHEAST HARBOR VICINITY　MAINE
SHEET 1 of 2
HISTORIC AMERICAN ENGINEERING RECORD ME-53
DELINEATED BY Sarah F. Desbiens, 1995
NATIONAL PARK SERVICE
ACADIA ROADS & BRIDGES RECORDING PROGRAM
NATIONAL PARK SERVICE
UNITED STATES DEPARTMENT OF THE INTERIOR

布朗山门房，1931 年

在设计阿卡迪亚门房过程中，阿特伯里和洛克菲勒十分注重细节。例如，两间门房的许多窗户都被精雕细刻的木轴遮蔽，底层砌体表面都有条纹图案，类似于法国勒路易斯区的建筑。布朗山门房用弗吉尼亚和荷兰的手工红砖代替当地的大块花岗石，才呈现出这种外观。

两间门房之所以有如此质朴的外观，是因为所有室外装修都使用了“虫蛀”的柏木，包括柱子、横梁、支架和大门。这些木料在投入使用之前就被人为地烤焦，使之拥有一种陈旧、风化的外观。

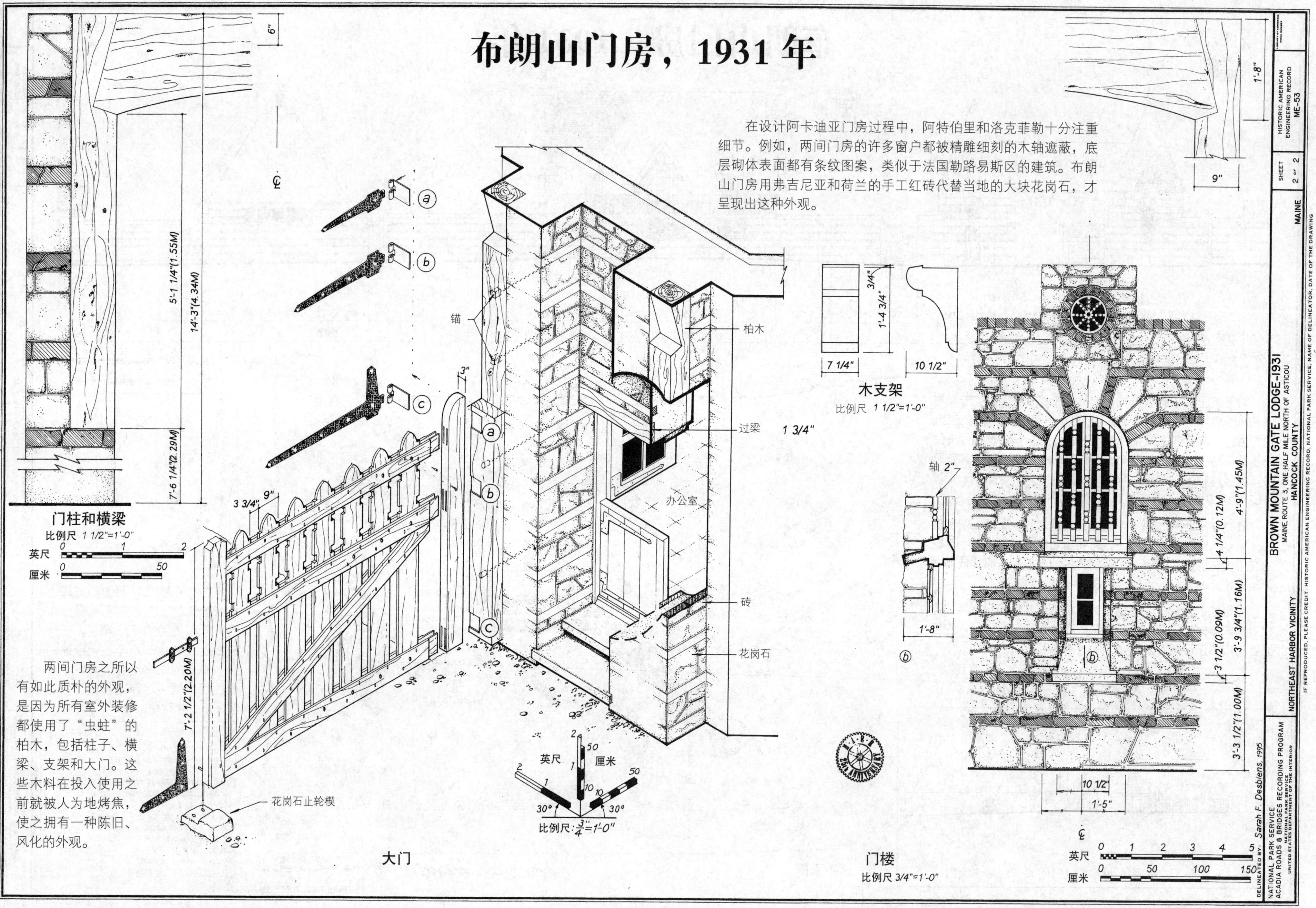

门柱和横梁
比例尺 1 1/2"=1'-0"
英尺
厘米
5'-1 1/4"(1.55M)
14'-3"(4.34M)
7'-6 1/4"(2.29M)
6"
锚
3"
9"
3 3/4"
7'-2 1/2"(2.20M)
花岗石止轮楔
大门
英尺
厘米
30°
比例尺: 3/4"=1'-0"
柏木
过梁
办公室
砖
花岗石
7 1/4"
1'-4 3/4"
3/4"
10 1/2"
木支架
比例尺 1 1/2"=1'-0"
1 3/4"
轴 2"
1'-8"
门楼
比例尺 3/4"=1'-0"
4'-9"(1.45M)
4 1/4"(0.12M)
3'-9 3/4"(1.16M)
3 1/2"(0.09M)
3'-3 1/2"(1.00M)
10 1/2"
1'-5"
1'-8"
9"
英尺
厘米
HISTORIC AMERICAN ENGINEERING RECORD
ME-53
SHEET 2 OF 2
MAINE
BROWN MOUNTAIN GATE LODGE-1931
MAINE ROUTE 3, ONE HALF MILE NORTH OF ASTICOU
HANCOCK COUNTY
NORTHEAST HARBOR VICINITY
DELINEATED BY: Sarah F. Desbiens, 1995
NATIONAL PARK SERVICE
ACADIA ROADS & BRIDGES RECORDING PROGRAM
IF REPRODUCED, PLEASE CREDIT: HISTORIC AMERICAN ENGINEERING RECORD, NATIONAL PARK SERVICE, NAME OF DELINEATOR, DATE OF THE DRAWING

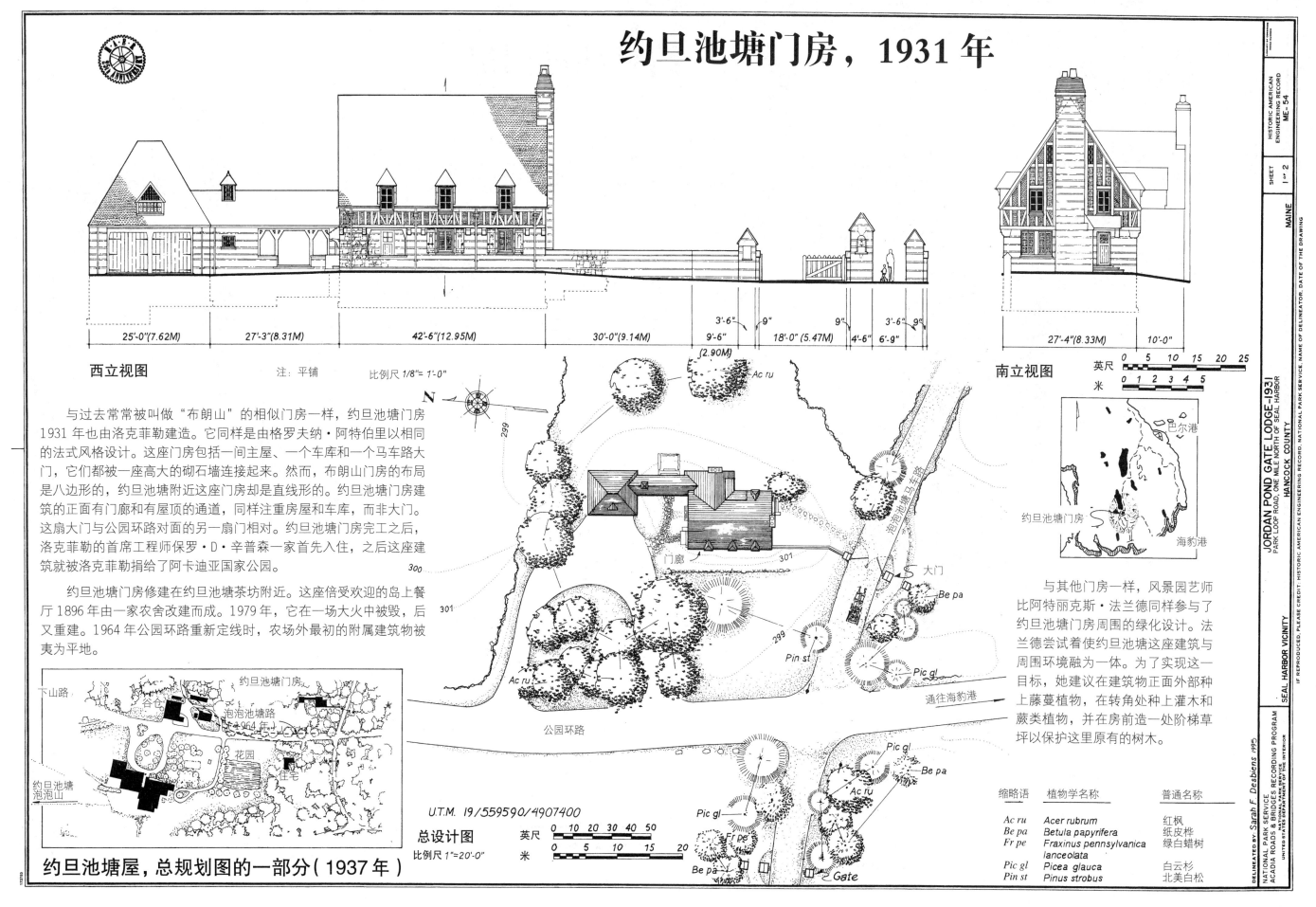

约旦池塘门房，1931 年

25'-0"(7.62M)
27'-3"(8.31M)
42'-6"(12.95M)
30'-0"(9.14M)
3'-6"
9'-6"
(2.90M)
9"
18'-0" (5.47M)
9"
4'-6"
3'-6"
6'-9"
9"

西立视图

注：平铺

比例尺 1/8"= 1'-0"

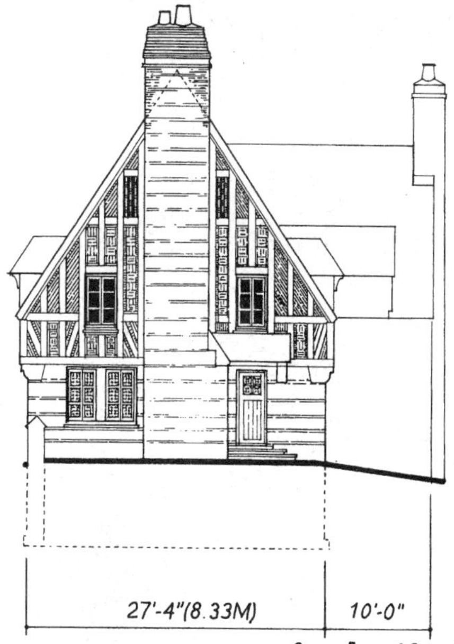

27'-4"(8.33M)
10'-0"

南立视图

英尺 0 5 10 15 20 25

米 0 1 2 3 4 5

巴尔港
约旦池塘门房
海豹港

与过去常常被叫做“布朗山”的相似门房一样，约旦池塘门房 1931 年也由洛克菲勒建造。它同样是由格罗夫纳·阿特伯里以相同的法式风格设计。这座门房包括一间主屋、一个车库和一个马车路大门，它们都被一座高大的砌石墙连接起来。然而，布朗山门房的布局是八边形的，约旦池塘附近这座门房却是直线形的。约旦池塘门房建筑的正面有门廊和有屋顶的通道，同样注重房屋和车库，而非大门。这扇大门与公园环路对面的另一扇门相对。约旦池塘门房完工之后，洛克菲勒的首席工程师保罗·D·辛普森一家首先入住，之后这座建筑就被洛克菲勒捐给了阿卡迪亚国家公园。

约旦池塘门房修建在约旦池塘茶坊附近。这座倍受欢迎的岛上餐厅 1896 年由一家农舍改建而成。1979 年，它在一场大火中被毁，后又重建。1964 年公园环路重新定线时，农场外最初的附属建筑物被夷为平地。

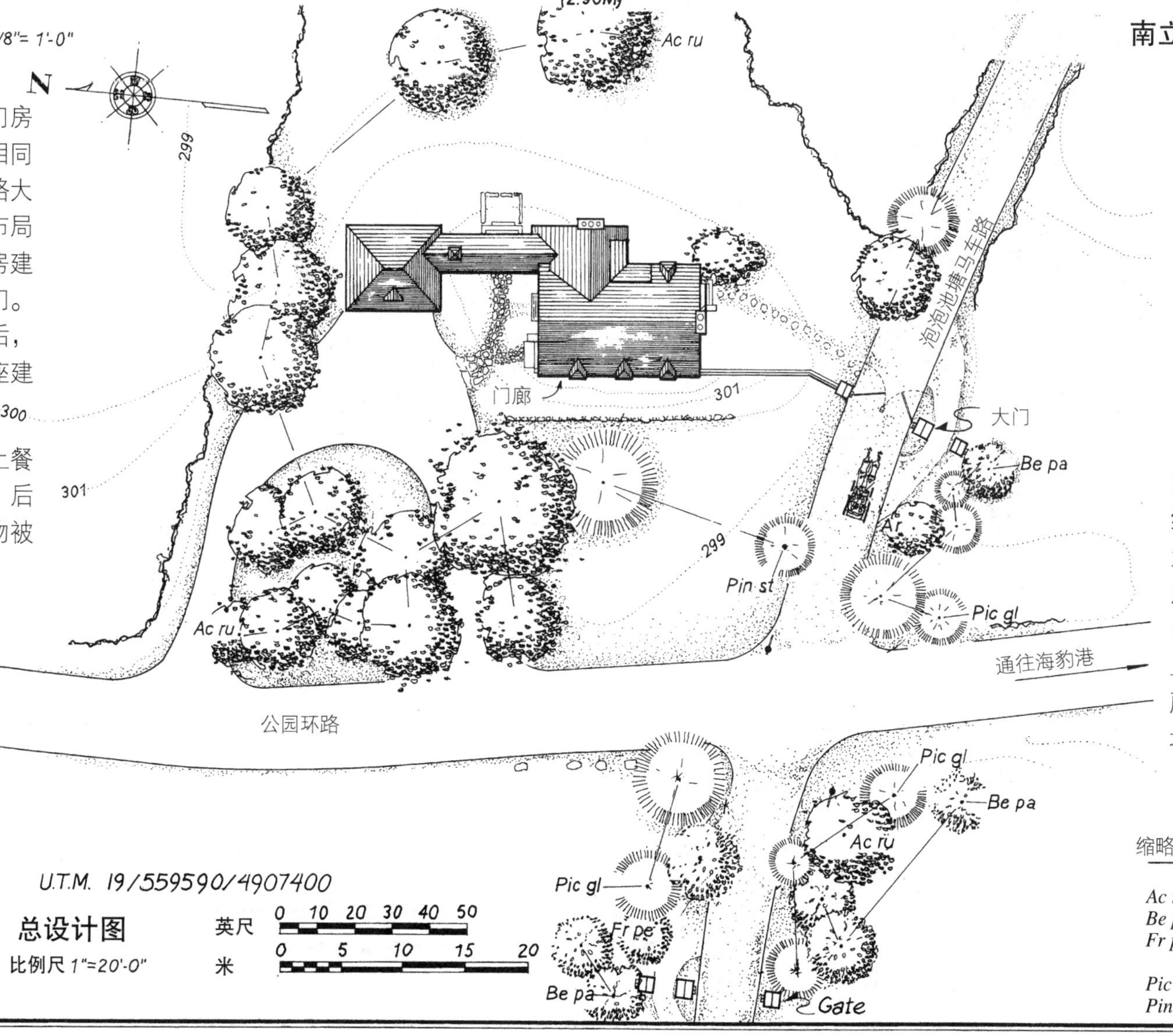

N
299
Ac ru
300
301
门廊
301
泡泡池塘马车路
大门
Be pa
299
Pin st
Pic gl
Ac ru
通往海豹港
公园环路
Pic gl
Be pa
Ac ru
Pic gl
Fr pe
Be pa
Gate

与其他门房一样，风景园艺师比阿特丽克斯·法兰德同样参与了约旦池塘门房周围的绿化设计。法兰德尝试着使约旦池塘这座建筑与周围环境融为一体。为了实现这一目标，她建议在建筑物正面外部种上藤蔓植物，在转角处种上灌木和蕨类植物，并在房前造一处阶梯草坪以保护这里原有的树木。

约旦池塘门房
下山路
谷仓
泡泡池塘路
（1964 年）
花园
住宅
约旦池塘
泡泡山

约旦池塘屋，总规划图的一部分（1937 年）

U.T.M. 19/559590/4907400

总设计图

比例尺 1"=20'-0"

英尺 0 10 20 30 40 50

米 0 5 10 15 20

缩略语	植物学名称	普通名称
Ac ru	Acer rubrum	红枫
Be pa	Betula papyrifera	纸皮桦
Fr pe	Fraxinus pennsylvanica lanceolata	绿白蜡树
Pic gl	Picea glauca	白云杉
Pin st	Pinus strobus	北美白松

JORDAN POND GATE LODGE-1931
PARK LOOP ROAD, ONE MILE NORTH OF SEAL HARBOR
HANCOCK COUNTY
MAINE

HISTORIC AMERICAN ENGINEERING RECORD ME-54

SHEET 1 OF 2

SEAL HARBOR VICINITY

DELINEATED BY: Sarah F. Desbiens 1995

NATIONAL PARK SERVICE
ACADIA ROADS & BRIDGES RECORDING PROGRAM

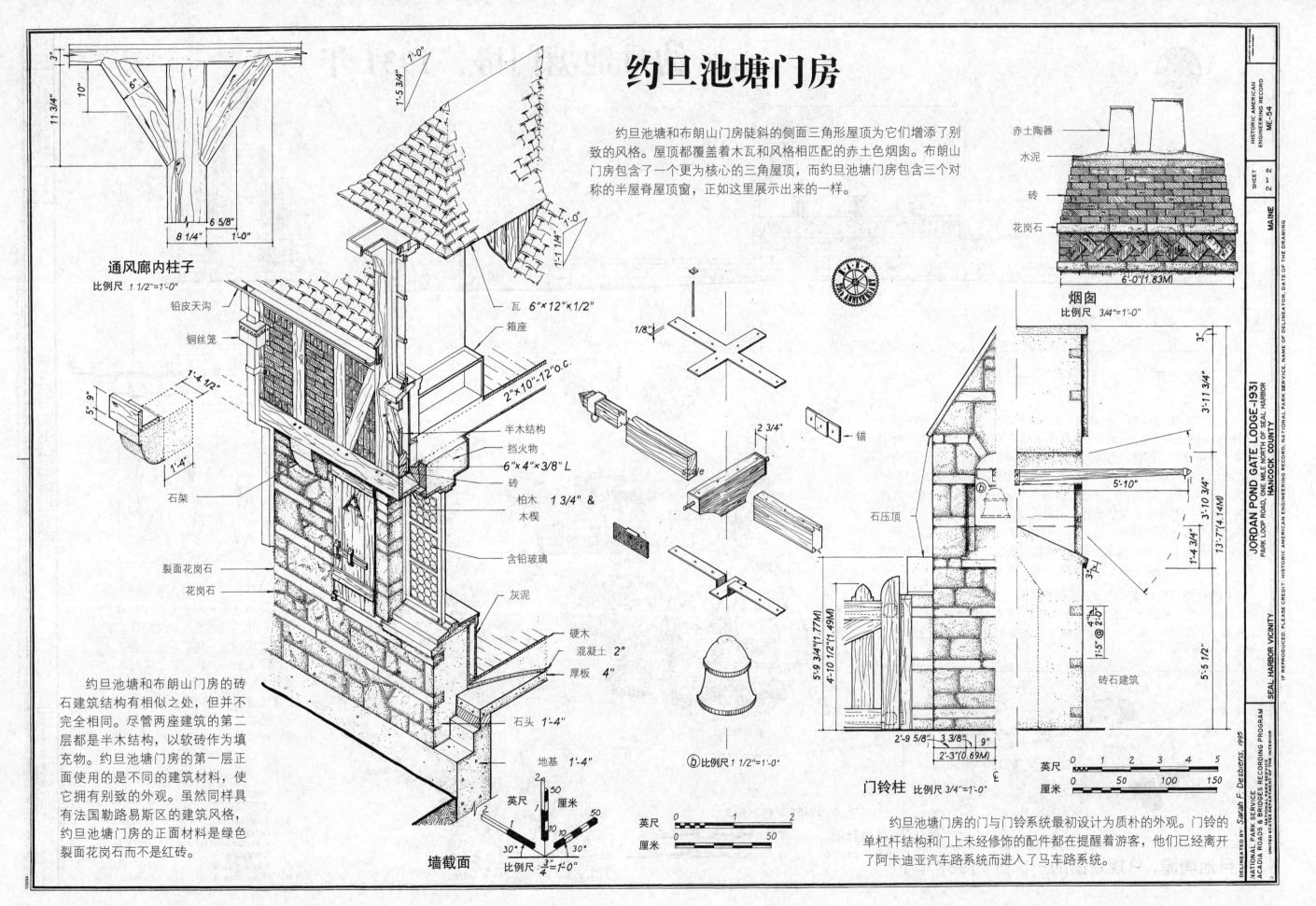

约旦池塘门房

约旦池塘和布朗山门房陡斜的侧面三角形屋顶为它们增添了别致的风格。屋顶都覆盖着木瓦和风格相匹配的赤土色烟囱。布朗山门房包含了一个更为核心的三角屋顶，而约旦池塘门房包含三个对称的半屋脊屋顶窗，正如这里展示出来的一样。

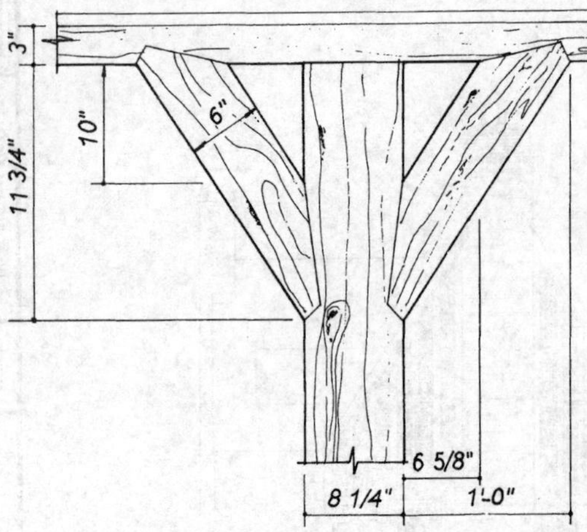

3"
10"
11 3/4"
6"
1'-5 3/4"
1'-0"
6 5/8"
8 1/4"
1'-0"

通风廊内柱子

比例尺 1 1/2"=1'-0"

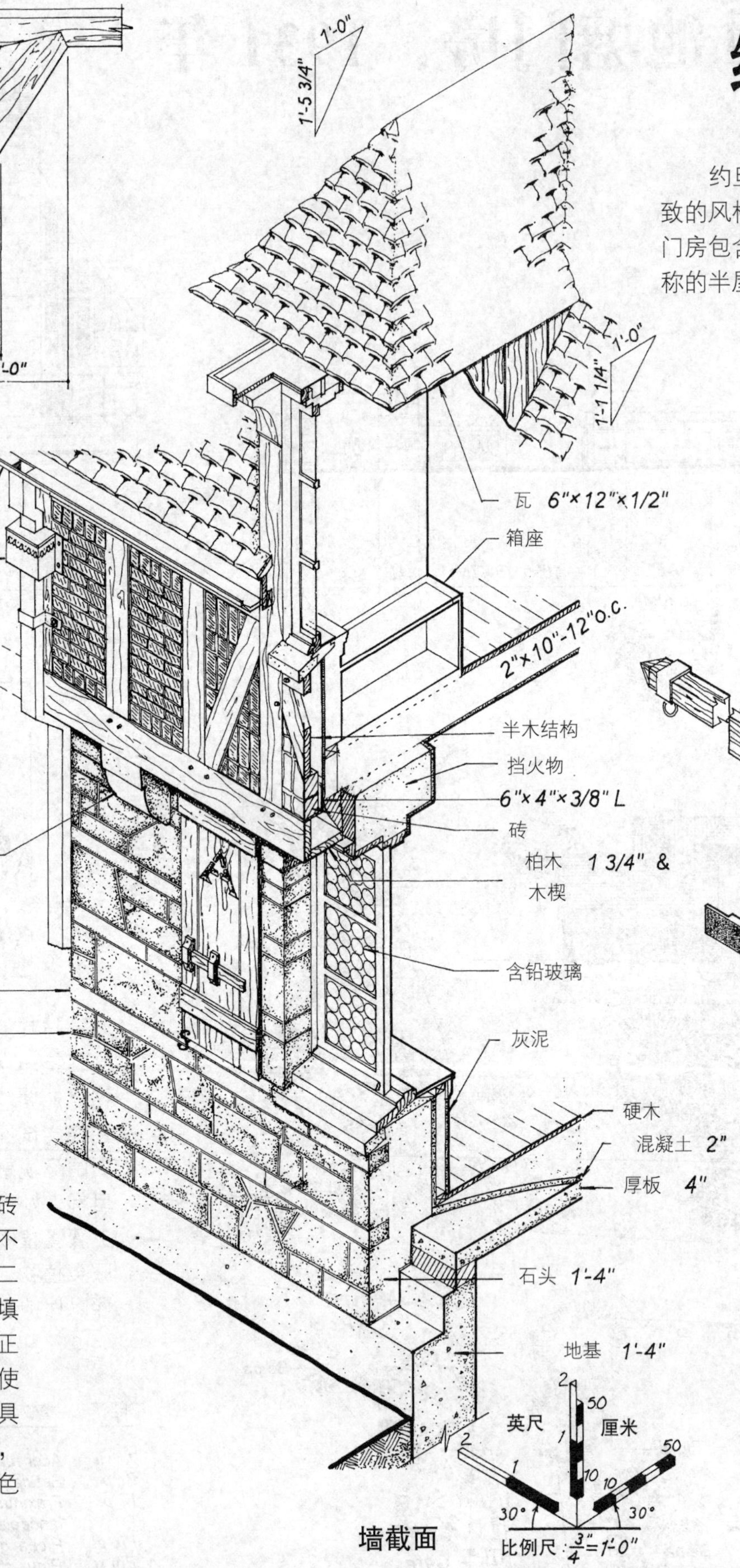

铅皮天沟
铜丝笼
1'-4 1/2"
9"
5"
1'-4"
石架
裂面花岗石
花岗石
瓦 6"×12"×1/2"
箱座
2"×10"-12"o.c.
半木结构
挡火物
6"×4"×3/8" L
砖
柏木 1 3/4" &
木楔
含铅玻璃
灰泥
硬木
混凝土 2"
厚板 4"
石头 1'-4"
地基 1'-4"
1'-0"
1'-1 1/4"
英尺
厘米
30°
30°
比例尺 3/4"=1'-0"

墙截面

约旦池塘和布朗山门房的砖石建筑结构有相似之处，但并不完全相同。尽管两座建筑的第二层都是半木结构，以软砖作为填充物。约旦池塘门房的第一层正面使用的是不同的建筑材料，使它拥有别致的外观。虽然同样具有法国勒路易斯区的建筑风格，约旦池塘门房的正面材料是绿色裂面花岗石而不是红砖。

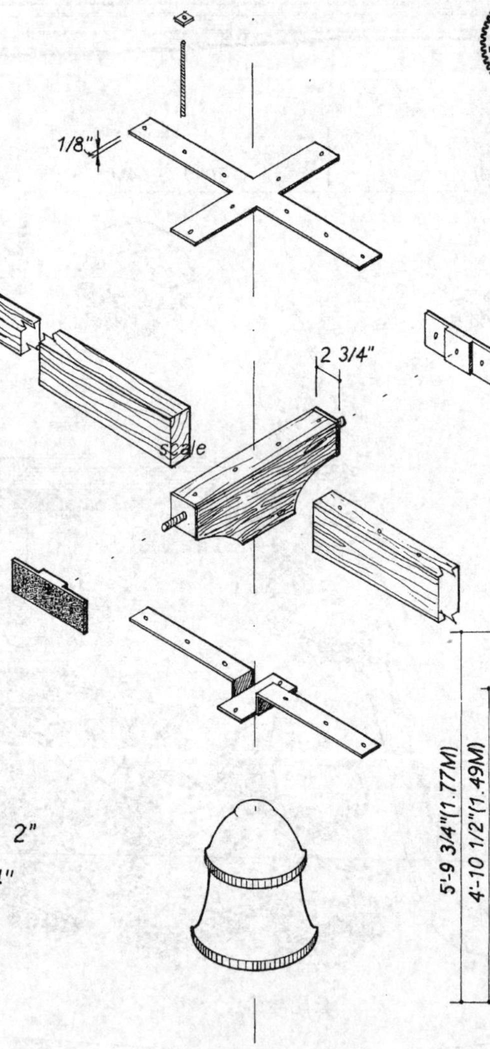

1/8"
2 3/4"
锚
scale

ⓑ比例尺 1 1/2"=1'-0"

英尺 0 1 2

厘米 0 50

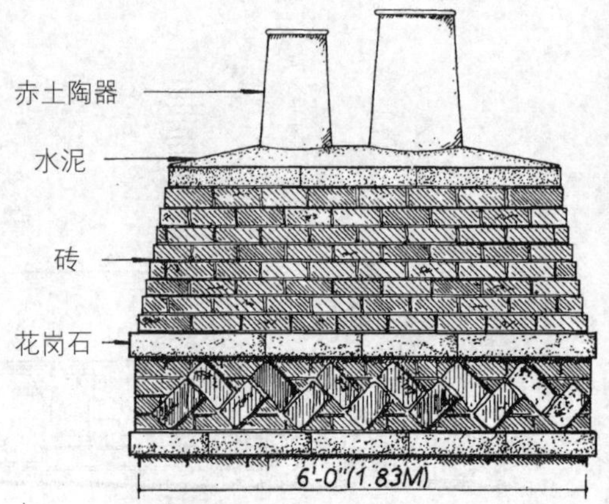

赤土陶器
水泥
砖
花岗石
6'-0"(1.83M)

烟囱

比例尺 3/4"=1'-0"

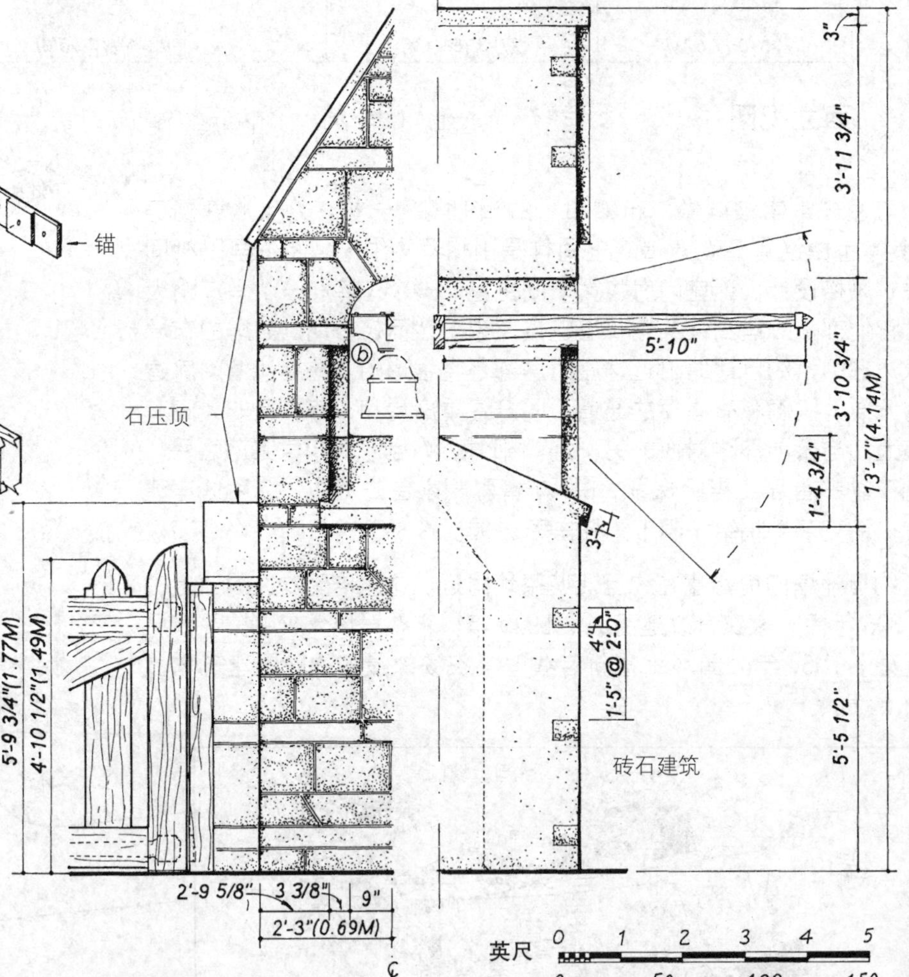

石压顶
砖石建筑
5'-10"
3"
3'-11 3/4"
3'-10 3/4"
13'-7"(4.14M)
1'-4 3/4"
3"
4"
1'-5" @ 2'-0"
5'-5 1/2"
5'-9 3/4"(1.77M)
4'-10 1/2"(1.49M)
2'-9 5/8"
3 3/8"
9"
2'-3"(0.69M)

门铃柱 比例尺 3/4"=1'-0"

英尺 0 1 2 3 4 5

厘米 0 50 100 150

约旦池塘门房的门与门铃系统最初设计为质朴的外观。门铃的单杠杆结构和门上未经修饰的配件都在提醒着游客，他们已经离开了阿卡迪亚汽车路系统而进入了马车路系统。

DELINEATED BY Sarah F. Desbiens, 1995

NATIONAL PARK SERVICE
ACADIA ROADS & BRIDGES RECORDING PROGRAM
UNITED STATES DEPARTMENT OF THE INTERIOR

SEAL HARBOR VICINITY

JORDAN POND GATE LODGE-1931
PARK LOOP ROAD, ONE MILE NORTH OF SEAL HARBOR
HANCOCK COUNTY

MAINE

SHEET 2 OF 2

HISTORIC AMERICAN ENGINEERING RECORD
ME-54

火山口湖国家公园

道路系统，1919/1933 年

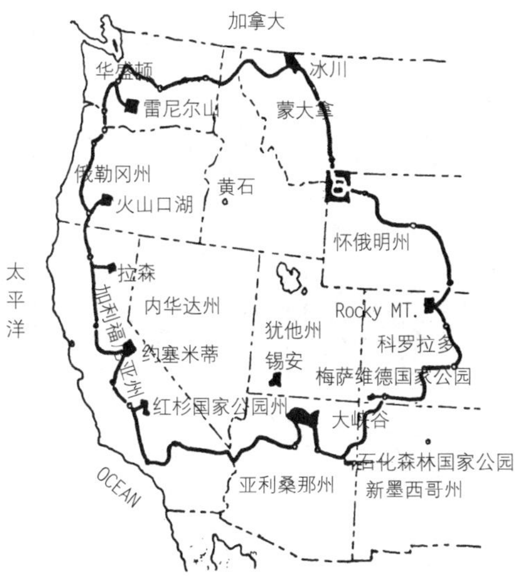

公园间公路路线，出版于 1920 年公园管理处年度报告

事实上，几千年前因剧烈的火山爆发和梅扎马火山的坍塌，火山口湖的“火山口”就形成了，这是一个很深的喷火山口。

如今，主要是公路上驾车的司机经过火山口湖，湖周围的公路融入周围荒野的天然地形之中。在国家公园系统里，环湖驾车是驾车旅途中风景最优美的路线之一，这段路线向游客展现了优美的自然风光之中形形色色的风景。

对于美洲本地人，火山口湖及其周围一带一直是一道神圣而让人心生敬畏的风景，尤其是在精神世界的求神启示方面。19 世纪的旅行者和当地居民十分着迷于湖的“精致之美”和“雄伟壮观”。威廉·G·斯蒂尔就是这些崇拜者其中的一位，他在 1885 年开始探求保护这一带的自然美景。1902 年 5 月 22 日，国会将火山口湖列为第六个美国国家公园。最初的开发计划努力让游客能够接近湖泊，而过去游客们往往因其位置偏远而难以如愿。

公园道路的中心是环绕火山口的一条风景优美的公路，在调查了公园道路系统后，美国的艾米工程师兵团（COE）于 1913 年开始修筑第一条环湖公路，这项工程为时六年。尽管有些游客觉得这条环湖公路很“简陋”，并“只有一部分让人满意”，但很快它备受司机的青睐。当我们驱车从不同的地方驶近火山口的边缘时，能够在不同的海拔、角度，或是在喀斯喀特山外的景观处，沿环湖公路欣赏壮丽的湖中美景。从 1916 年起，美国国家公园管理局担负起这个公园的责任，但与此同时 COE 继续进行筑路工程，直到 1919 年完成施工。

1928 年，两个工程同时开工，与那个改善并重建遍及整个国家公园系统的道路、林间小道和桥梁的工程一道，重新开发原来的环湖公路工程也开始了，而建设环湖公路则是其中的重中之重。道路重建工作始于 1931 年，起初由公共道路局（BPR，以下简称公路局）的合同工开展，并于 1933 年被民间资源保护队（CCC）强化，这项工程也为环湖公路设立了现代标准。自然风光的保护受到了特别关注，风景园林师梅洛·塞奇和弗兰西斯·兰格设计了一条路线，在此线路上，游客能够欣赏天然美景，并领略这里的强大力量。他们展现了一系列的多种风景，真正地丰富了司机们在火山口湖的经历。

新的环湖公路与之前的轨迹略有不同，但仍遵照着喷火山口的地形而设计。瞭望塔、观察点、停车场、倒车区，无一不是巧妙地按照公园的自然特点设计，也正是这些自然特点启发了上述种种设计。设计者利用先进的施工技术，试图使环湖公路在规模、色彩和结构上与自然环境保持和谐。如今，这个 20 世纪 30 年代的总体规划在整个道路布局中依然清晰可见，但随时间的流逝，也出现了许多增加或变更的路线。

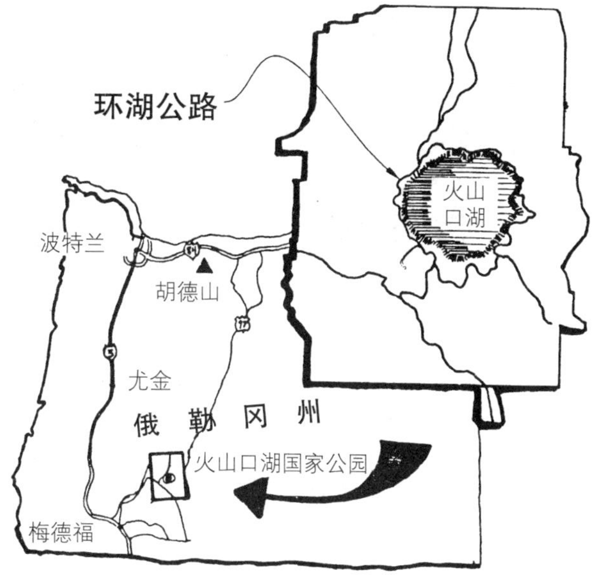

这份文献展示了火山口湖道路系统的演变和设计，其中包括林间小道、历史构造和一些小规模细节的改变。文献揭示了已融入火山口湖国家公园自然环境的人为因素。

此项目是“美国有历史价值的工程记录项目”（HEAR）的一部分。HAER 是一项长期记录美国历史上重要工程、交通、工业成果的项目。HAER 由美国内政部国家公园管理局的一个部门 HABS/ HAER 管理。该项目发起于国家公园管理局的公园道路和绿化道路项目，通过联邦土地公路基金取得赞助。

在国家公园管理局的道路和桥梁项目经理托德·克罗托以及历史学家蒂姆·戴维斯的指导下，记录组开展现场调查工作，并筹备实测图、历史报告和照片。记录组还有以下人员：现场督导和历史学家克里斯蒂安·卡尔（来自巴德研究中心）、建筑专家萨拉·雷曼（来自俄勒冈大学）、沃尔顿·斯托厄尔（佐治亚州，萨凡纳的萨凡纳艺术设计学院）以及西蒙娜·史托娃诺娃（国际纪念碑及遗址委员会/保加利亚）。大幅照片由 HAER 摄影师杰特·罗威拍摄。

整个记录团队工作积极，合作默契，并得到火山口湖国家公园文化资源部门工作人员的慷慨帮助，其中贡献最大的是历史学家史蒂夫·马克、高级木工大卫·哈里和解说主管肯特·泰勒。

DELINEATED BY: Walton D. Stowell II, 1999
NPS ROADS & BRIDGES RECORDING PROGRAM
CRATER LAKE
CRATER LAKE NATIONAL PARK ROADS – 1919/1933
CRATER LAKE NATIONAL PARK
KLAMATH COUNTY
OREGON
SHEET 1 of 10
HISTORIC AMERICAN ENGINEERING RECORD
OR-107

道路的演变

1869 年　“萨顿党”开辟了一条新的道路，这条路从湖附近的马车路到火山口湖。

1902 年　建立了火山口湖国家公园。

1903 年　美国俄勒冈州的诗人华金·米勒反对公路发展，他写了一首诗《海的沉默》，其中描述了火山口湖。

1909 年　威廉·斯蒂尔用他所获得的一笔资金，展开了有关火山口湖道路系统的首次调查。

1911 年　美国的艾米工程师兵团（COE）勘测了包括环湖路在内的整个国家公园。

1913 年　开始修筑环湖公路。

1919 年　COE（美国的艾米工程师兵团）建立了粗糙而简单的道路系统，而美国国家公园管理局负责进一步道路规划与改善。

1920 年　斯蒂尔关于在喷火山口中修筑公路和隧道的提案被美国内政部官方否决。

1923—1925 年　开始铺设路面。

1927 年　公用道路局（BPR）开始扩大公路开发。

1928 年　地质学家约翰·C·梅里亚姆和顶级 NPS（国家公园管理局）官员一道，着手计划重建道路。

1929 年　BPR（公用道路局）开展了一项调查，以勘察环湖公路做出的新调整。

1931 年　承包商建造了建筑工棚，并沿原先那条环湖车道的顺时针方向重建公路。

1933 年　民间资源保护队（CCC）增设了由温格拉斯到云霄（Cloudcap）观测站的路段。

1931 年　NPS 的首席风景园林师托马斯·文特指导工作，以完成火山口湖的第一个总规划。

1935 年　开放了八个新建的观测站，每个观测站都用天然材料建成，并展现出“乡村”风格。

1940 年　BPR（公路局）建好了喷火山口环线（32 英里）。

1932 年　修筑公路的工程从钻石湖的公路交叉路口，扩大到温格拉斯高地（道路宽度：22 英尺，双车道）。

1936 年　修筑公路的工程从云霄（Cloudcap）推进到克尔峡谷。

1956 年　关闭环湖公路的东入口，扩大湖边村停车场面积。

1940 年　新的环湖公路建造完工。

1958 年　路面从云霄（Cloudcap）铺设到了公园总部。

1972 年　火山口湖的新一期总规划批准了部分地区加宽道路。

1999 年　火山口湖道路系统写进了 HAER（全称为 Historic American Engineering Record，美国工程学历史记录）文献。

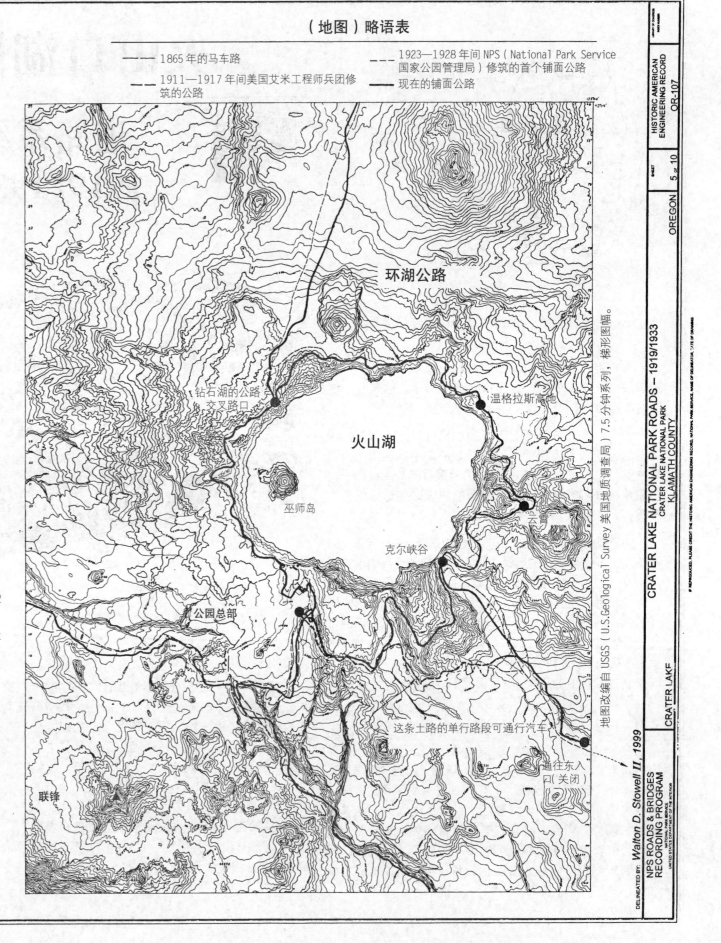

（地图）略语表

- 1865 年的马车路
- 1911—1917 年间美国艾米工程师兵团修筑的公路
- 1923—1928 年间 NPS（National Park Service 国家公园管理局）修筑的首个铺面公路
- 现在的铺面公路

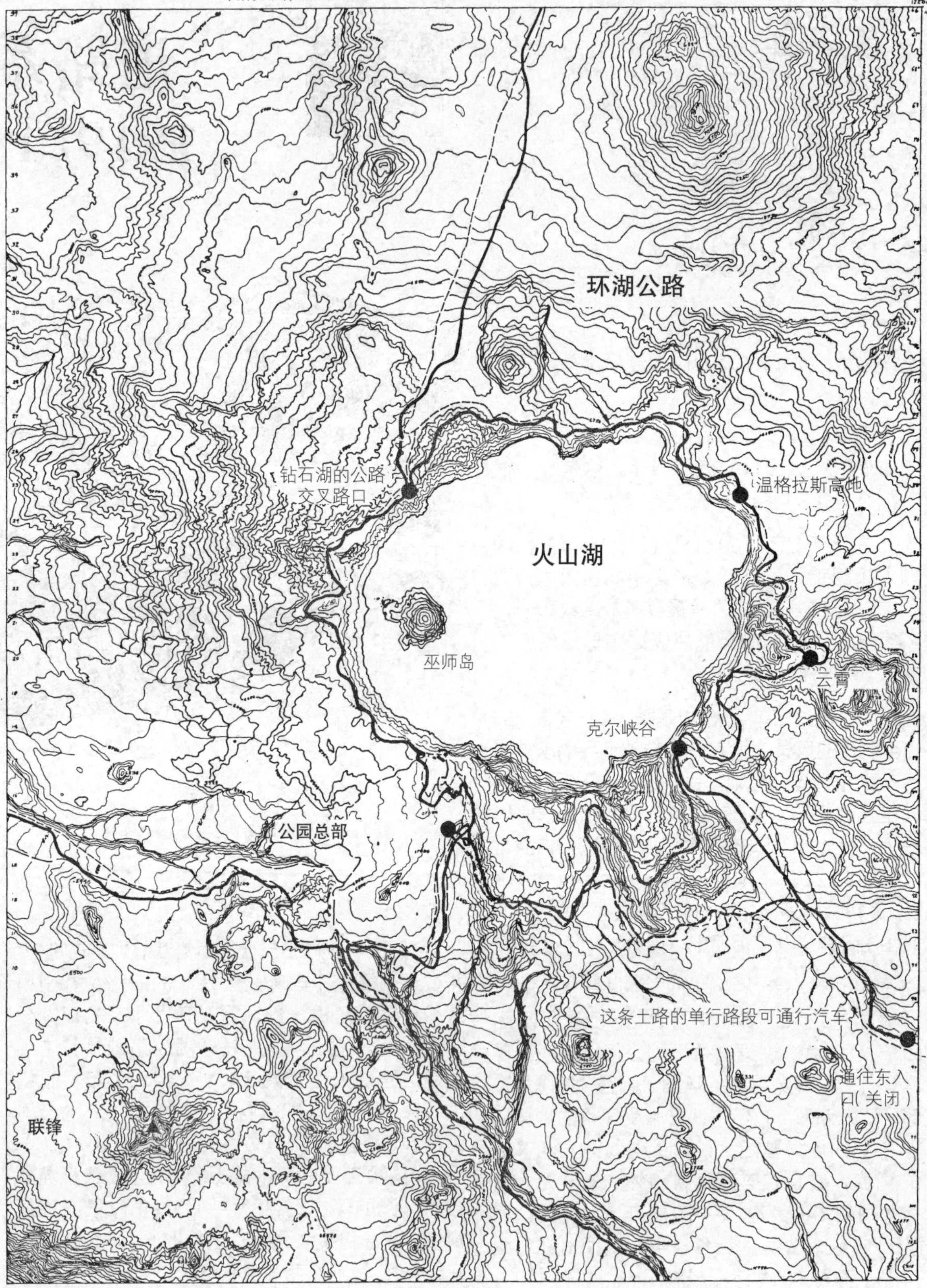

地图改编自 USGS（U.S.Geological Survey 美国地质调查局）7.5 分钟系列，梯形图幅。

DELINEATED BY: Walton D. Stowell II, 1999

NPS ROADS & BRIDGES RECORDING PROGRAM
NATIONAL PARK SERVICE
UNITED STATES DEPARTMENT OF THE INTERIOR

CRATER LAKE

CRATER LAKE NATIONAL PARK ROADS – 1919/1933
CRATER LAKE NATIONAL PARK
KLAMATH COUNTY

OREGON

SHEET 5 of 10

HISTORIC AMERICAN ENGINEERING RECORD
OR-107

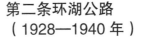

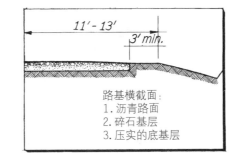

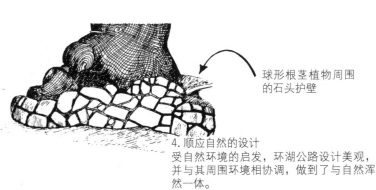

道路设计原则

第一条环湖公路（1910—1919 年）

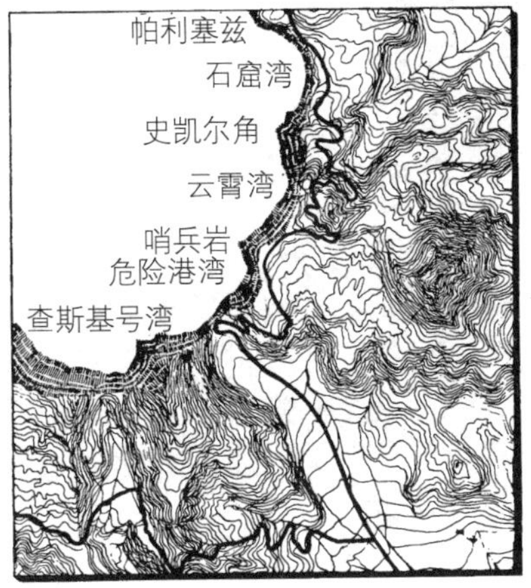
帕利塞兹
石窟湾
史凯尔角
云霄湾
哨兵岩
危险港湾
查斯基号湾

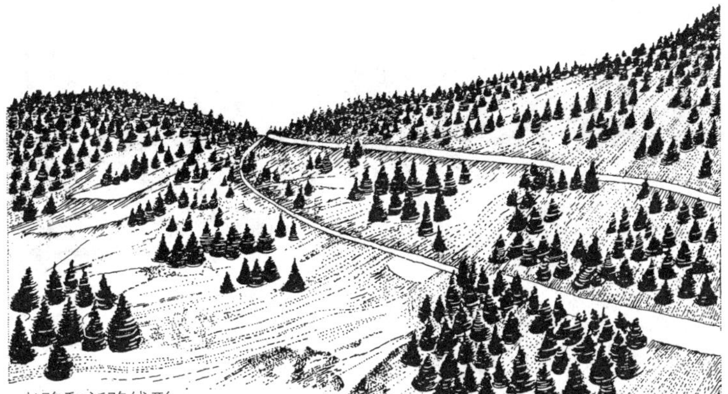

老路和新路线形
基于历史照片绘制

魔鬼脊柱
草图基于历史照片绘制

接近克尔峡谷的东段环湖公路
草图基于历史照片绘制

火山口湖周边地带的熔岩极其汹涌，加之短暂的适合施工季，所有的这些使得修筑标准宽度的环湖公路成为一项艰巨任务。

第一条环湖公路（共 35.4 英里）于 1919 年完工，这是一条很具有代表性的山路，路的某些部分遍布岩石，某些部分满是尘土，整条路几乎都是粗陋地铺设了路面。

于 1928 年开始的环湖公路的再建工作，旨在使得整个公路系统符合现代标准。这项计划与改善和重建整个国家公园体系的公路计划相辅相成。第二条环湖公路尽可能多沿用老路，这是为了方便游客在与以前类似的视角上欣赏火山口湖，也是为了减少建设成本。

为了保护自然环境的原有面貌，新路的位置经过了精挑细选，以至于除了少数几个地方，在湖中的任何一点和路上的任一点，我们都不能寻觅到公路的踪迹。此次修路过程中，我们特别关注保护风景，并将公路融合于自然风光之中。观察点、观测站、停车场也成为道路设计的一部分。修筑第二条环湖公路的工作包括爆破火山，运送岩石，挖掘土块，烧掉和清理植被，层层排列和铺设路面，修建石墙，以及在受干扰区种植原生植被。这条双车道、双向的公路平均宽度为 22 英尺。整条公路用材不尽相同，从公园总部到云霄铺设了沥青路面，从云霄到公园总部却是油面公路。第二条环湖公路全长为 32.6 英里。

第二条环湖公路（1928—1940 年）

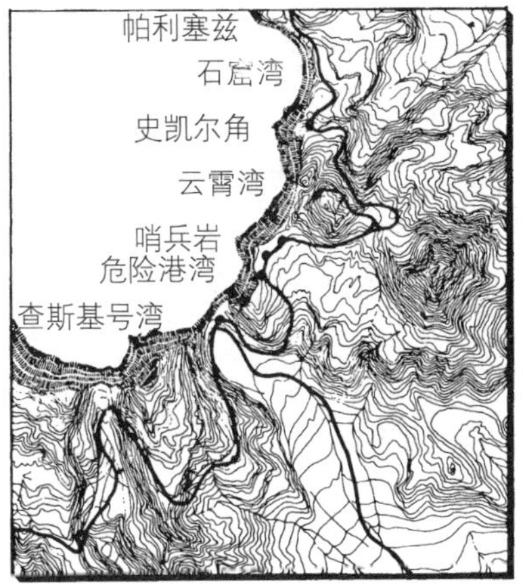
帕利塞兹
石窟湾
史凯尔角
云霄湾
哨兵岩
危险港湾
查斯基号湾

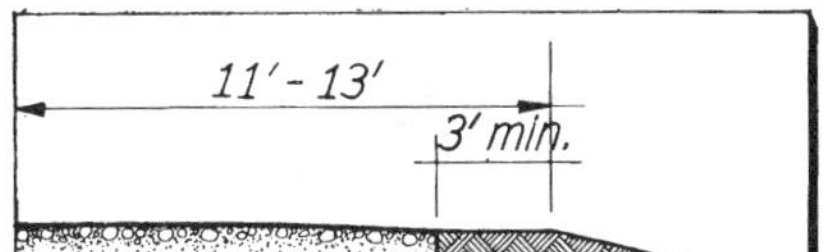
11′-13′
3′ min.

路基横截面：
1. 沥青路面
2. 碎石基层
3. 压实的底基层

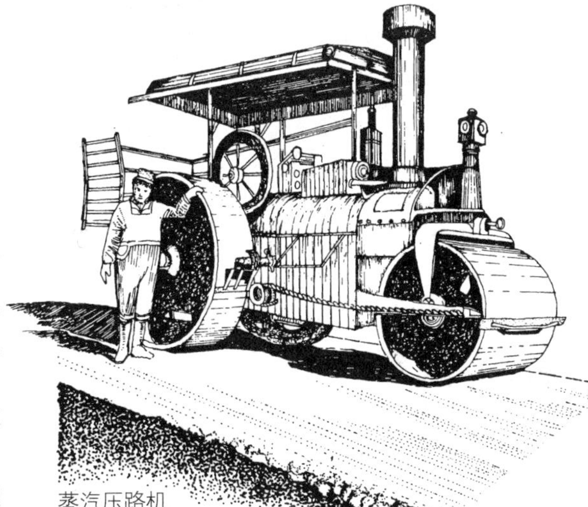

蒸汽压路机
草图基于历史照片绘制

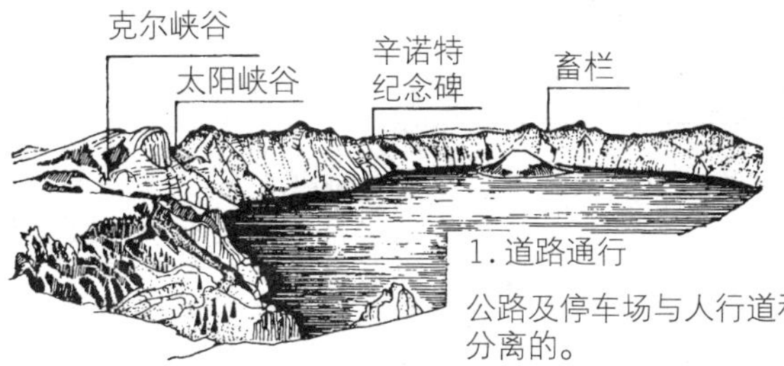
克尔峡谷
太阳峡谷
辛诺特
纪念碑
畜栏

1. 道路通行
公路及停车场与人行道和小路是分离的。

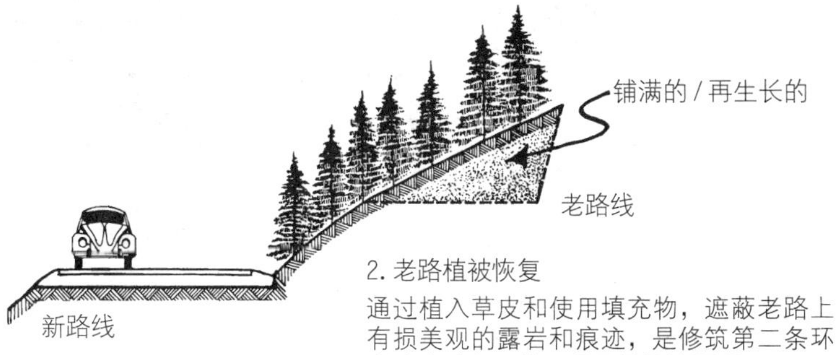
铺满的 / 再生长的
老路线
新路线

2. 老路植被恢复
通过植入草皮和使用填充物，遮蔽老路上有损美观的露岩和痕迹，是修筑第二条环湖公路时应用的一项风景设计原理。

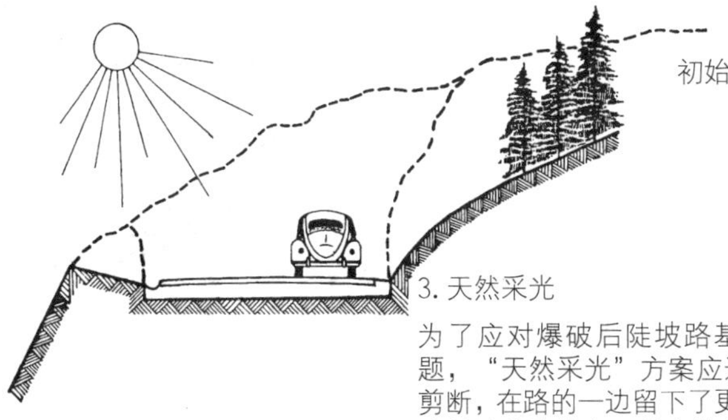
初始轮廓

3. 天然采光
为了应对爆破后陡坡路基引发的美学难题，"天然采光"方案应运而生。斜坡被剪断，在路的一边留下了更为宽阔的路肩，这就让公路给人一种宽敞的感觉。

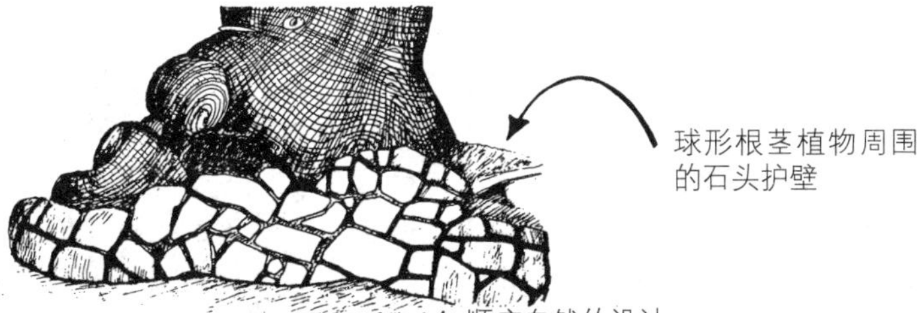
球形根茎植物周围
的石头护壁

4. 顺应自然的设计
受自然环境的启发，环湖公路设计美观，并与其周围环境相协调，做到了与自然浑然一体。

总体设计

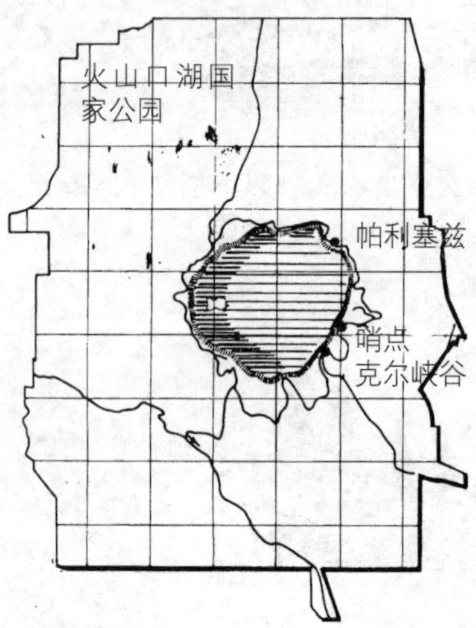

火山口湖国家公园
帕利塞兹
哨点
克尔峡谷

森蒂纳尔现貌

环湖大道及其周边辅助道路的统一性是环湖道路系统的主要特点。国家公园管理局（NPS）计划和设计部门于1936年绘制了一张施工图，这张施工图描绘了设计规模、形状和建造观察站所用的材料。这些观察站用于观景，游客可以在此下车欣赏，美丽风光一览无余。有些观察站空间很大，足以容纳50辆车，汽车总是以同一角度停放，或是恰好垂直于环湖公路。半椭圆形的驶离区与公路相连、规模较大，平均长400至500英尺，宽150至160英尺。通常情况下，用小岛的植被层分隔开停车区域和公路车道的沥青路面。而在铺砌区域，也试图分隔开人行道和机动车线路。一条约为4英尺宽、路面凸起的沥青小路位于环湖公路边缘，这条小路就是人行道。在环湖公路那一边，人行道用石头护栏围起，而在停车场那一边，用石路缘隔开。在一块高地上，公路加宽，形成了10英尺宽的一个更大的聚集地——也就是所谓的“观景平台”。此地有很多并不起眼的特点，这些小细节巧妙地丰富了美丽的建筑景观。其中的大多数——包括饮用水、路标和解说牌、防护栏——都由产自当地的石头和木材建成，它们的形式十分质朴，能够自然地融于周边环境之中。各种元素与环湖公路系统保持一种和谐关系，是这里的一大显著特征。

森蒂纳尔阶梯
基于历史照片绘制

帕利塞兹解说牌

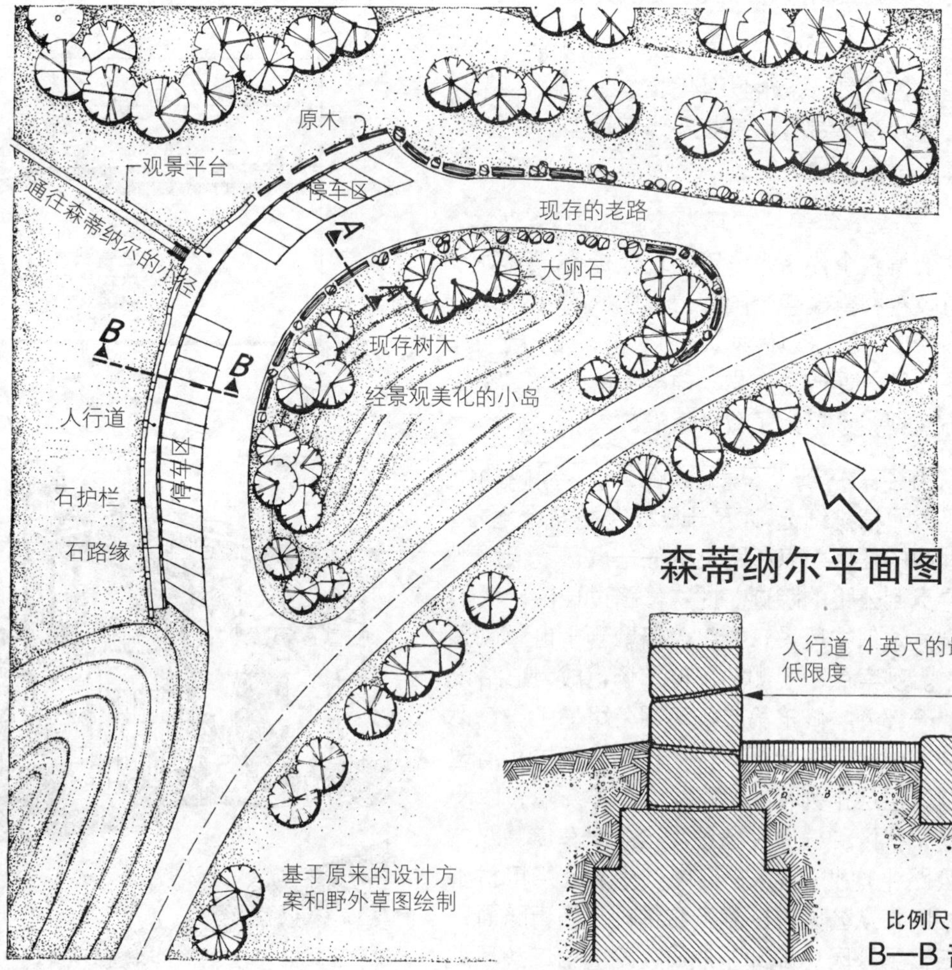

原木
观景平台
停车区
现存的老路
通往森蒂纳尔的小路
A
大卵石
现存树木
B
B
经景观美化的小岛
人行道
石护栏
停车区
石路缘

森蒂纳尔平面图

基于原来的设计方案和野外草图绘制

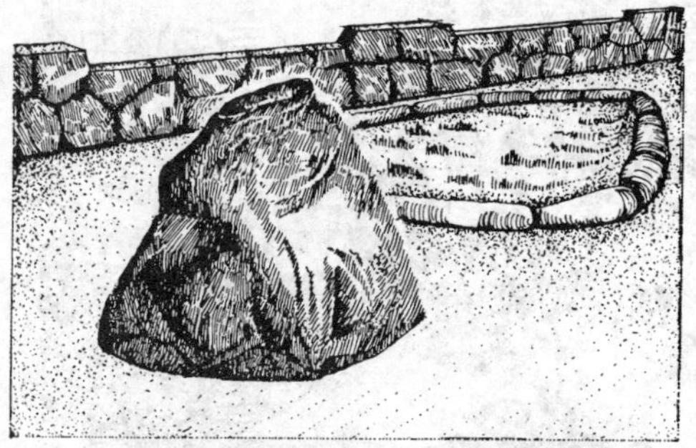

源自克尔峡谷的可饮用泉水

原木直径——最小1英尺6英寸，最大2英尺6英寸

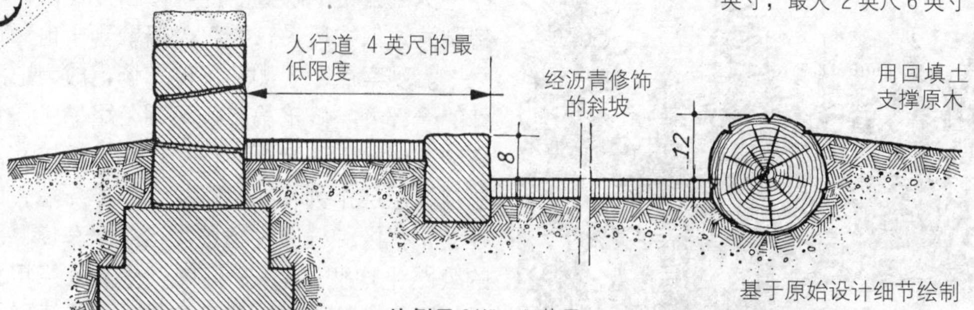

人行道 4英尺的最低限度
经沥青修饰的斜坡
8
12
用回填土支撑原木

比例尺 3/4" =1 英尺

B—B 剖面

基于原始设计细节绘制

比例尺 3/4" =1 英尺

A—A 剖面

DELINEATED BY Simona Stoyanova, 1999
NATIONAL PARK SERVICE ROADS & BRIDGES RECORDING PROGRAM
NATIONAL PARK SERVICE
UNITED STATES DEPARTMENT OF THE INTERIOR
CRATER LAKE
Crater Lake National Park Roads – 1919/1933
CRATER LAKE NATIONAL PARK
KLAMATH COUNTY
OREGON
SHEET 7 of 10
HISTORIC AMERICAN ENGINEERING RECORD
OR-107
IF REPRODUCED, PLEASE CREDIT: HISTORIC AMERICAN ENGINEERING RECORD, NATIONAL PARK SERVICE, NAME OF DELINEATOR, DATE OF THE DRAWING

方位特征

北入口标志

北入口检录亭

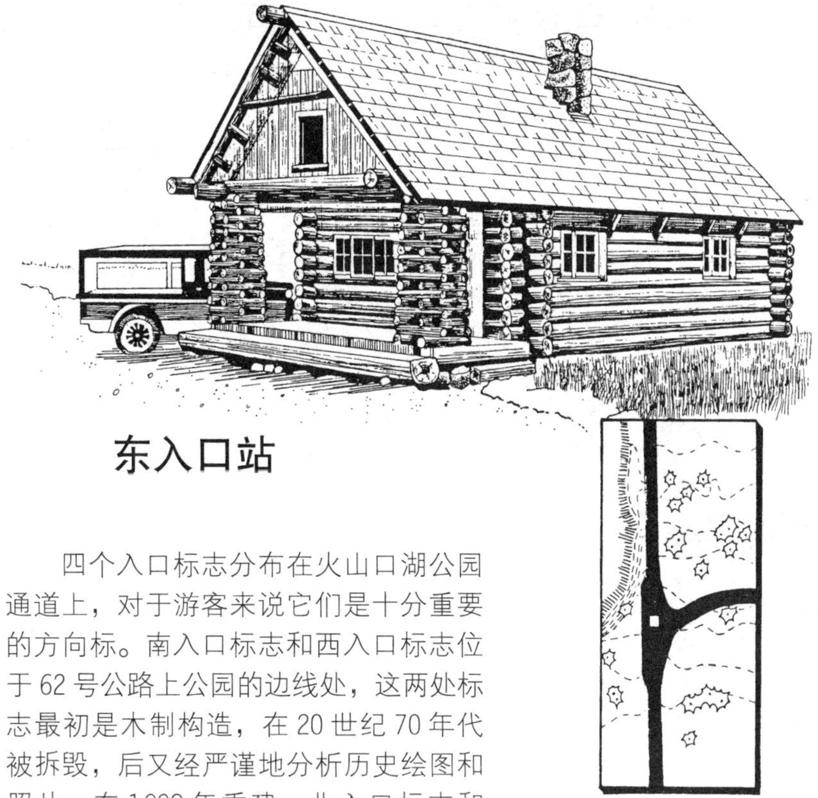

东入口站

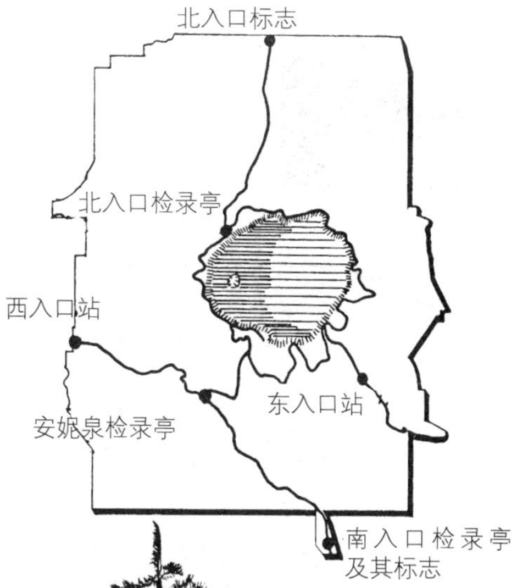

南入口标志

20世纪20和30年代，游客都是从以下五个入口进入火山口湖国家公园的：安妮泉入口、东入口、南入口、北入口和西入口。1925年，其中两个公园入口的旁边建起了木制的大门。南入口站和西入口站十分接近入口标志，它们都在62号公路上。1951年，南检录区和西检录区，与安妮泉入口一起合并为南部检录区。北入口站起初位于钻石湖路和环湖路的交叉路口，然而在1956年，当局废弃了这一入口，并在火山口湖的北部边线重新设置了北入口站。走232号公路的游客可以从东入口进入公园，但随后这个方向的通道被关闭，东站也很快被拆毁。

四个入口标志分布在火山口湖公园通道上，对于游客来说它们是十分重要的方向标。南入口标志和西入口标志位于62号公路上公园的边线处，这两处标志最初是木制构造，在20世纪70年代被拆毁，后又经严谨地分析历史绘图和照片，在1998年重建。北入口标志和东入口标志为基本的砖石建筑。北入口标志的位置很接近138号公路和钻石湖路的交叉路口，它在1970年被拆毁，在2000年得以重建。而虽然在1994年换了牌子，顶峰公路上东入口的原有标志却保存完好。

西入口站

草图和参考图源自历史资料。

安妮泉检录亭

南入口检录亭

HISTORIC AMERICAN ENGINEERING RECORD
OR-107
OREGON
9 of 10
CRATER LAKE NATIONAL PARK ROADS – 1919/1933
CRATER LAKE NATIONAL PARK
KLAMATH COUNTY
CRATER LAKE
NPS ROADS & BRIDGES RECORDING PROGRAM
DELINEATED BY: Sarah Lehman, 1999

历史桥梁与渠道

安妮泉大桥，1927 年

古德拜溪大桥，1929 年

过去几十年里，几座桥横跨安妮湾和古德拜溪。1910 年至 1920 年间，美国艾米工程师兵团建起了第一座跨河大桥。国家公园管理局于 1927 年在安妮湾，以及于 1929 年在古德拜溪总共建设了三座洛奇波尔松木结构大桥，这是那个时期典型公园设计的一部分。

安妮湾大桥长 78 英尺，而古德拜溪大桥长足足 240 英尺。桥的栏杆由栏杆柱和圆形的柱子组成，桥面由二乘六式的叠层桥面构成。这几座桥都在 1942 年 4 月垮塌。于是两条河流上的线路要变更，线路重新建设在 14 年前修筑的危险窄道上，也就是说今天看到的这座桥建于 20 世纪 50 年代。

维代亚瀑布路堤

1938 年和 1939 年的施工季期间，接近维代亚瀑布的公路改线，位置变得更高。此次并不是设计一座桥，使游客得以穿越瀑布，而是修筑了一个大路堤，这个路堤覆盖了瀑布大约五分之二的水平距离。路堤上已经重新种植了些树木，那些以前在老路基上清晰可见的塑造痕迹也消失不见。

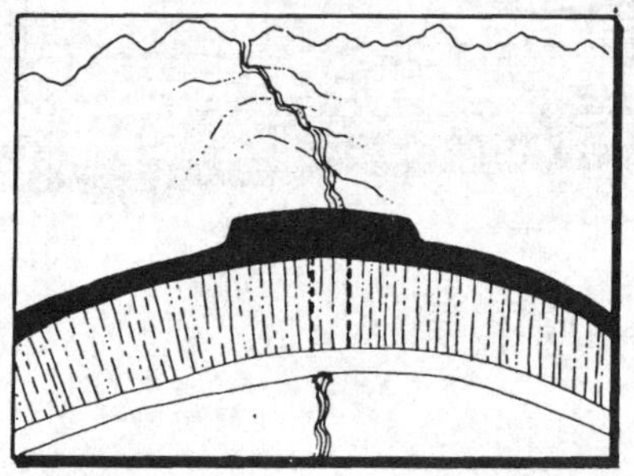

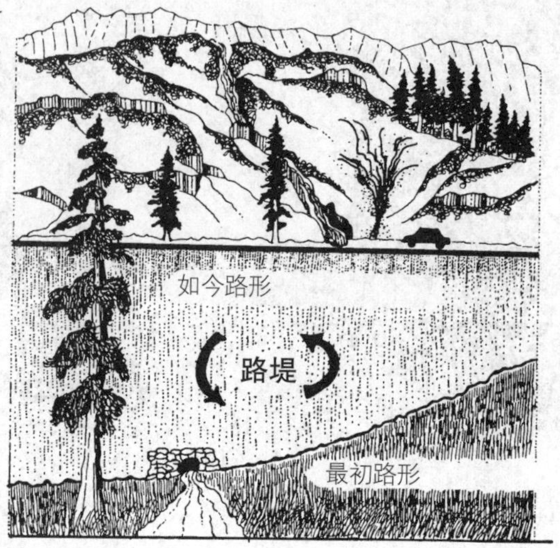

马赛克水道

环湖大道周围只存在几条马赛克水道。这些水道靠近东部环湖公路的维代亚瀑布，也都严格地遵循了顺应自然的设计原理。修筑水道的凿石工程都顺应裸露岩石的天然位置进行。

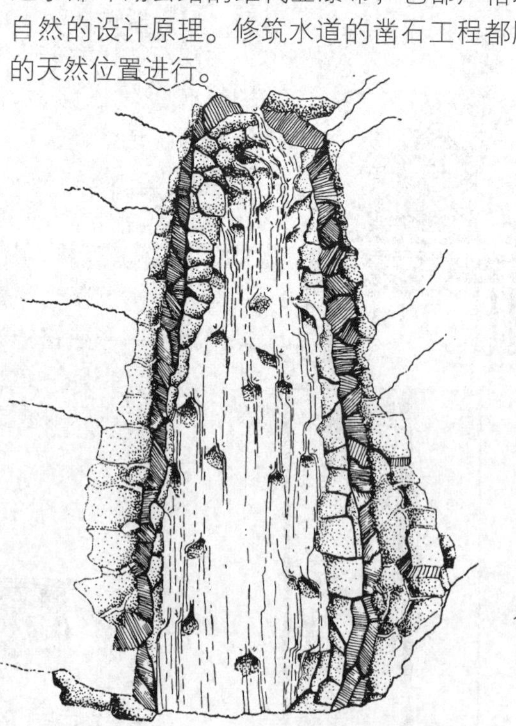

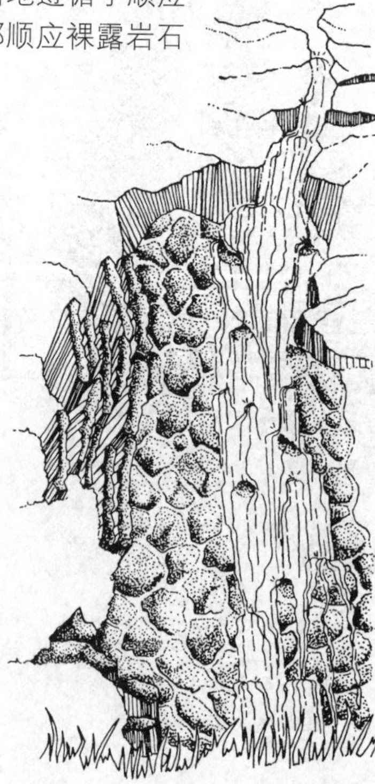

典型涵洞

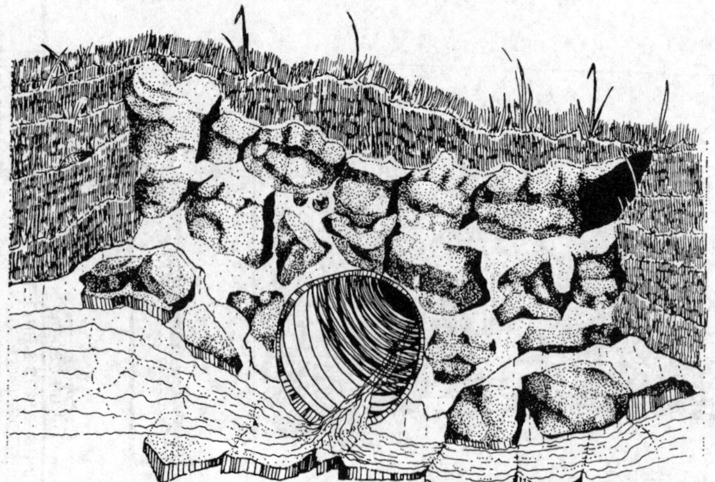

平直的石头涵洞是环湖大道基本的排水系统，其特征显著。这些涵洞以不引人注目的材料修筑而成，它们能够很好地隐于现存的风景之中。涵洞排水的不同可以通过改变金属管的方向来实现，正如图画中展现的两个例子。

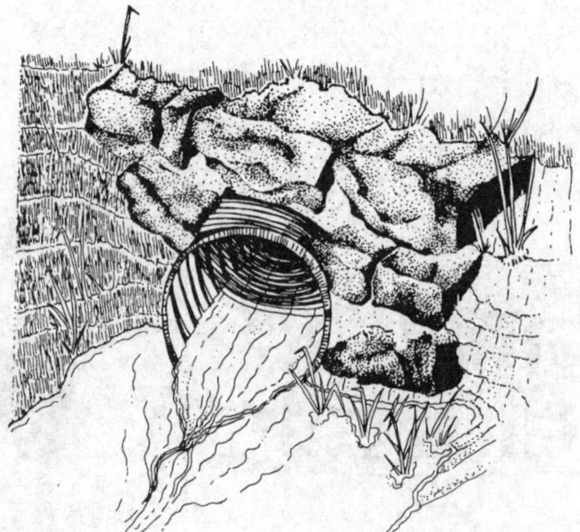

HISTORIC AMERICAN ENGINEERING RECORD
OR-107

SHEET 10 of 10

OREGON

Crater Lake National Park Roads - 1919/1933
CRATER LAKE NATIONAL PARK
KLAMATH COUNTY

CRATER LAKE

NATIONAL PARK SERVICE ROADS & BRIDGES RECORDING PROGRAM
UNITED STATES DEPARTMENT OF THE INTERIOR

DELINEATED BY: Sarah Lehman 1999

IF REPRODUCED, PLEASE CREDIT: HISTORIC AMERICAN ENGINEERING RECORD, NATIONAL PARK SERVICE, NAME OF DELINEATOR, DATE OF THE DRAWING

古德拜溪大桥，1954 年

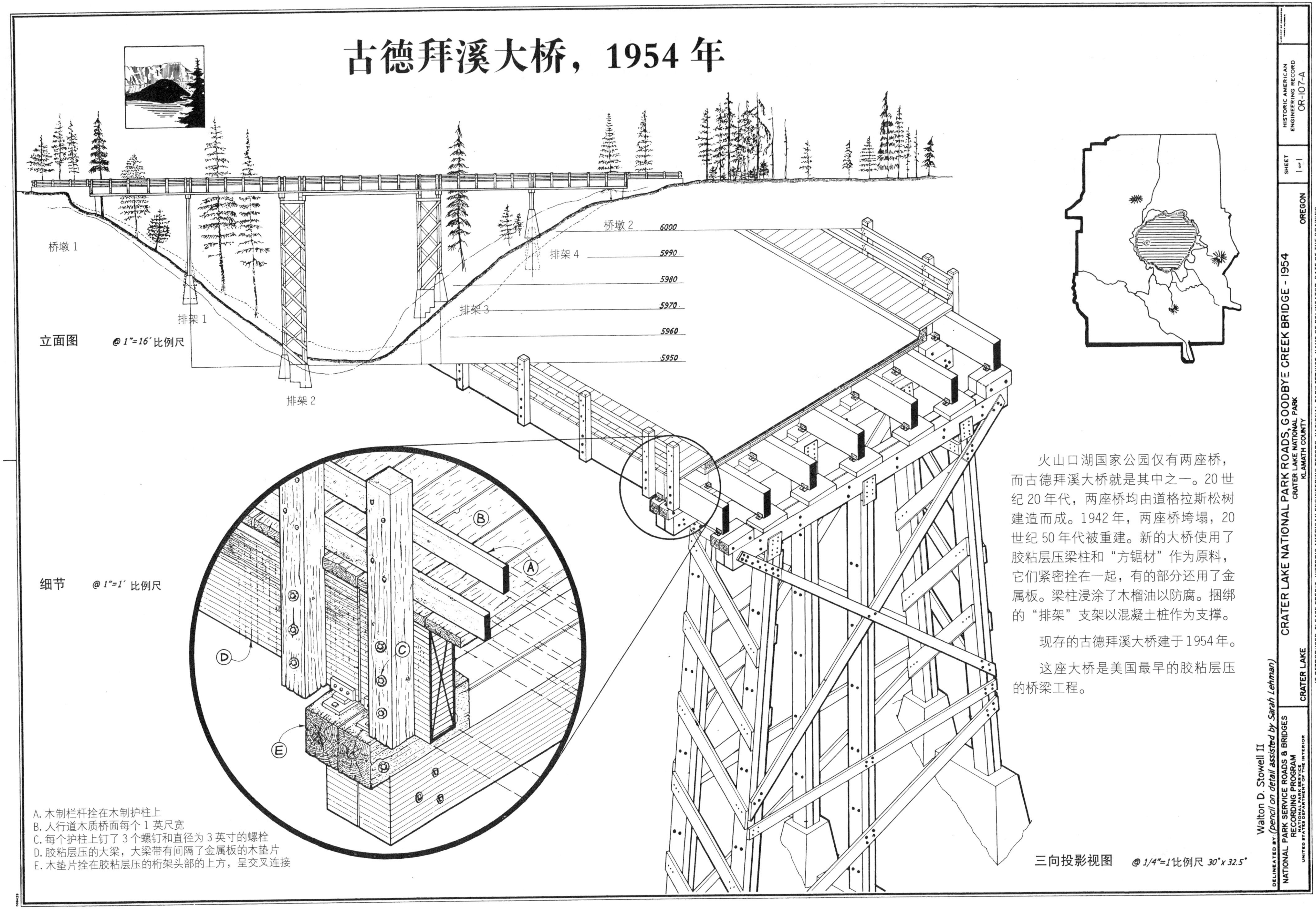
桥墩 1
桥墩 2
排架 1
排架 2
排架 3
排架 4
6000
5990
5980
5970
5960
5950
立面图 @ 1"=16′ 比例尺
细节 @ 1"=1′ 比例尺
A
B
C
D
E
A. 木制栏杆拴在木制护柱上
B. 人行道木质桥面每个 1 英尺宽
C. 每个护柱上钉了 3 个螺钉和直径为 3 英寸的螺栓
D. 胶粘层压的大梁，大梁带有间隔了金属板的木垫片
E. 木垫片拴在胶粘层压的桁架头部的上方，呈交叉连接
三向投影视图 @ 1/4"=1′比例尺 30"x 32.5"
HISTORIC AMERICAN ENGINEERING RECORD
OR-107-A
SHEET 1 of 1
OREGON
CRATER LAKE NATIONAL PARK ROADS, GOODBYE CREEK BRIDGE - 1954
CRATER LAKE NATIONAL PARK
KLAMATH COUNTY
CRATER LAKE
NATIONAL PARK SERVICE ROADS & BRIDGES RECORDING PROGRAM
NATIONAL PARK SERVICE
UNITED STATES DEPARTMENT OF THE INTERIOR
DELINEATED BY: Walton D. Stowell II
(pencil on detail assisted by Sarah Lehman)
IF REPRODUCED, PLEASE CREDIT: HISTORIC AMERICAN ENGINEERING RECORD, NATIONAL PARK SERVICE, NAME OF DELINEATOR, DATE OF THE DRAWING

火山口湖国家公园仅有两座桥，而古德拜溪大桥就是其中之一。20 世纪 20 年代，两座桥均由道格拉斯松树建造而成。1942 年，两座桥垮塌，20 世纪 50 年代被重建。新的大桥使用了胶粘层压梁柱和“方锯材”作为原料，它们紧密拴在一起，有的部分还用了金属板。梁柱浸涂了木榴油以防腐。捆绑的“排架”支架以混凝土桩作为支撑。

现存的古德拜溪大桥建于 1954 年。

这座大桥是美国最早的胶粘层压的桥梁工程。

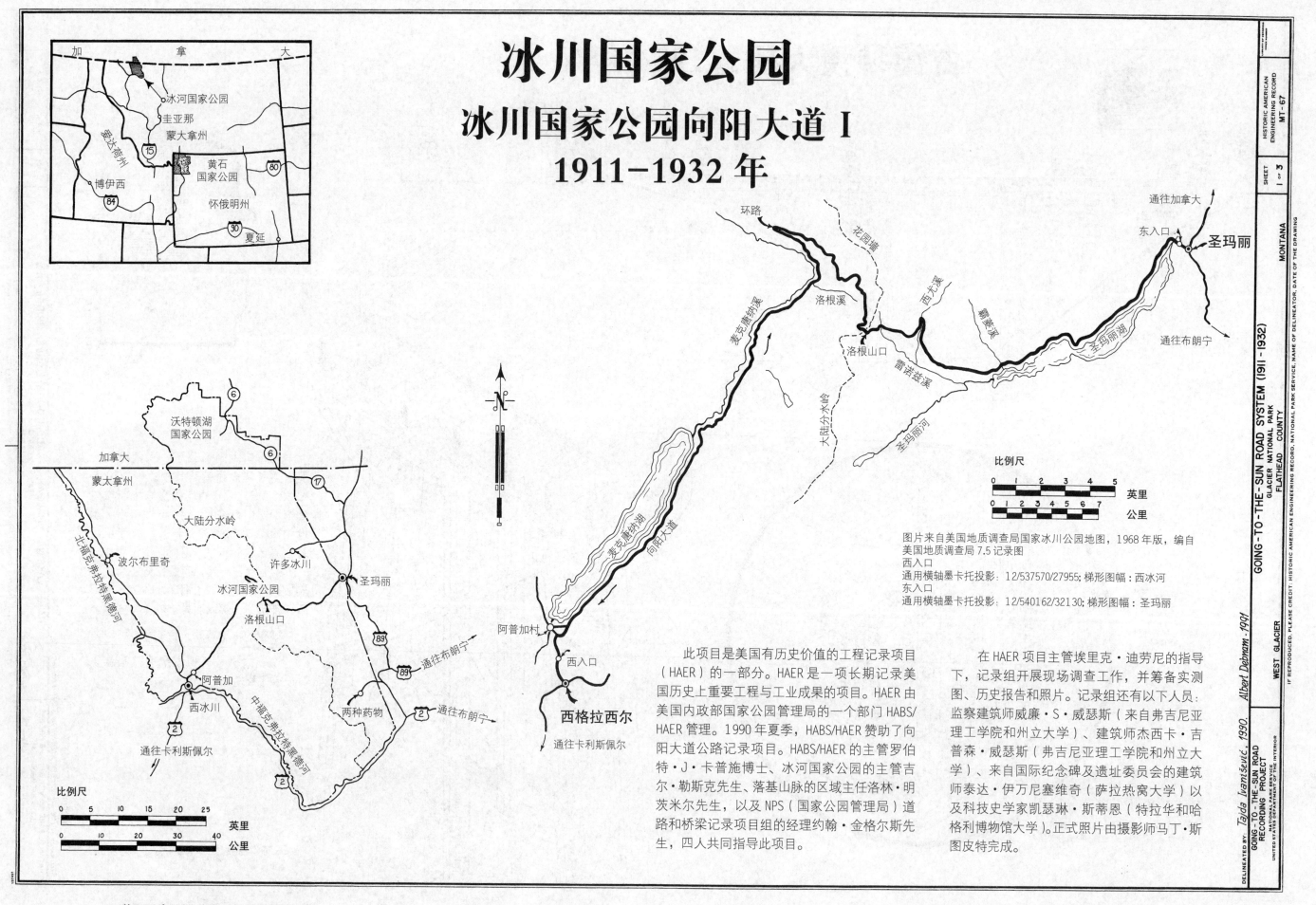

冰川国家公园

冰川国家公园向阳大道 I

1911–1932 年

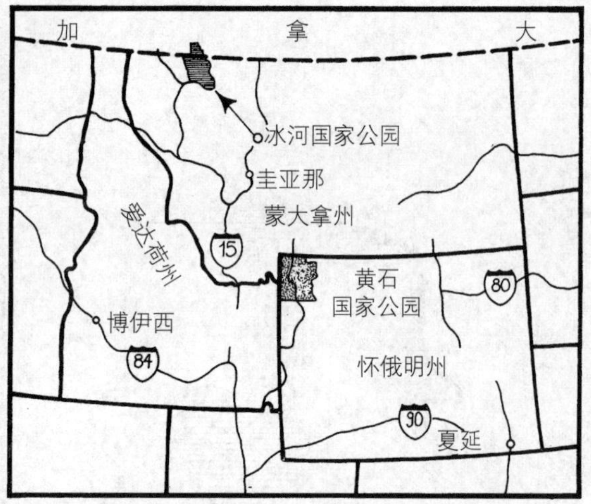

加
拿
大
冰河国家公园
圭亚那
蒙大拿州
爱达荷州
15
黄石
国家公园
80
博伊西
84
怀俄明州
30
夏延

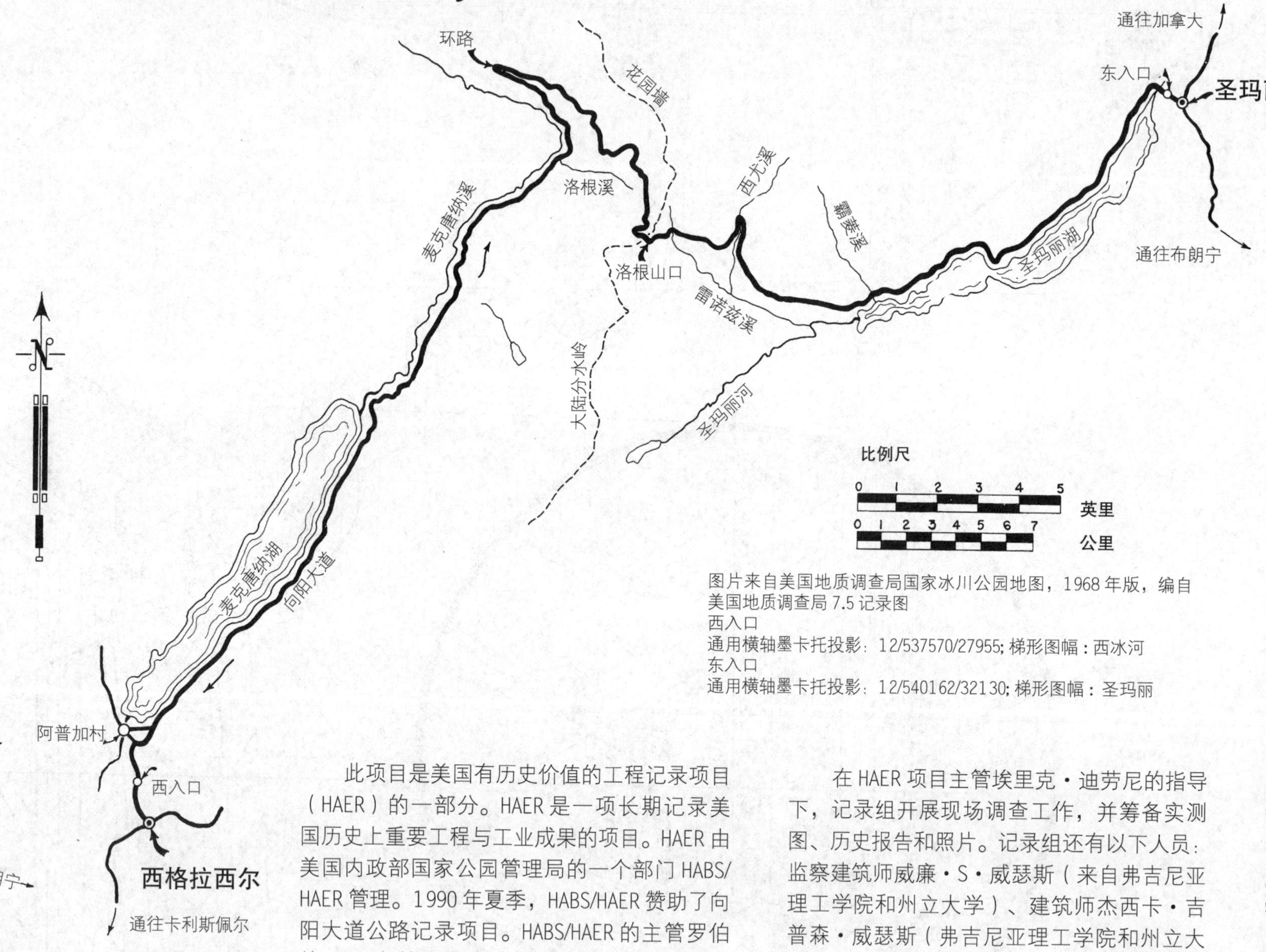

环路
花园墙
洛根溪
西尤溪
麦克唐纳溪
洛根山口
霸菱溪
雷诺兹溪
圣玛丽湖
大陆分水岭
圣玛丽河
通往加拿大
东入口
圣玛丽
通往布朗宁
比例尺
0 1 2 3 4 5
英里
0 1 2 3 4 5 6 7
公里
麦克唐纳湖
向阳大道
阿普加村
西入口
西格拉西尔
通往卡利斯佩尔

图片来自美国地质调查局国家冰川公园地图，1968 年版，编自美国地质调查局 7.5 记录图

西入口

通用横轴墨卡托投影：12/537570/27955；梯形图幅：西冰河

东入口

通用横轴墨卡托投影：12/540162/32130；梯形图幅：圣玛丽

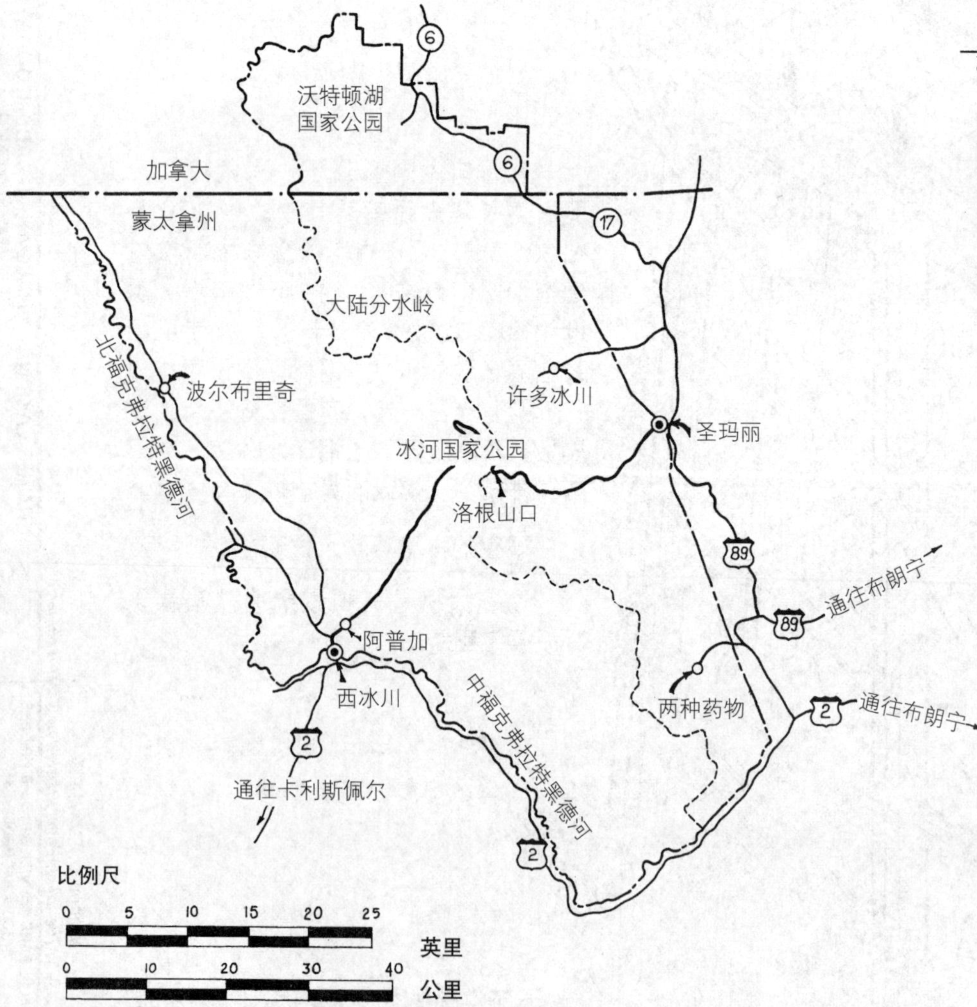

6
沃特顿湖
国家公园
加拿大
蒙太拿州
6
17
大陆分水岭
北福克弗拉特黑德河
波尔布里奇
许多冰川
圣玛丽
冰河国家公园
洛根山口
89
通往布朗宁
89
阿普加
西冰川
2
中福克弗拉特黑德河
两种药物
2
通往布朗宁
通往卡利斯佩尔
2
比例尺
0 5 10 15 20 25
英里
0 10 20 30 40
公里

此项目是美国有历史价值的工程记录项目（HAER）的一部分。HAER 是一项长期记录美国历史上重要工程与工业成果的项目。HAER 由美国内政部国家公园管理局的一个部门 HABS/HAER 管理。1990 年夏季，HABS/HAER 赞助了向阳大道公路记录项目。HABS/HAER 的主管罗伯特·J·卡普施博士、冰河国家公园的主管吉尔·勒斯克先生、落基山脉的区域主任洛林·明茨米尔先生，以及 NPS（国家公园管理局）道路和桥梁记录项目组的经理约翰·金格尔斯先生，四人共同指导此项目。

在 HAER 项目主管埃里克·迪劳尼的指导下，记录组开展现场调查工作，并筹备实测图、历史报告和照片。记录组还有以下人员：监察建筑师威廉·S·威瑟斯（来自弗吉尼亚理工学院和州立大学）、建筑师杰西卡·吉普森·威瑟斯（弗吉尼亚理工学院和州立大学）、来自国际纪念碑及遗址委员会的建筑师泰达·伊万尼塞维奇（萨拉热窝大学）以及科技史学家凯瑟琳·斯蒂恩（特拉华和哈格利博物馆大学）。正式照片由摄影师马丁·斯图皮特完成。

DELINEATED BY: Tajda Ivanišević, 1990. Albert Debnam, 1991

GOING-TO-THE-SUN ROAD RECORDING PROJECT

NATIONAL PARK SERVICE
UNITED STATES DEPARTMENT OF THE INTERIOR

WEST GLACIER

GOING-TO-THE-SUN ROAD SYSTEM (1911-1932)
GLACIER NATIONAL PARK
FLATHEAD COUNTY
MONTANA

SHEET 1 of 3

HISTORIC AMERICAN ENGINEERING RECORD
MT-67

IF REPRODUCED, PLEASE CREDIT: HISTORIC AMERICAN ENGINEERING RECORD, NATIONAL PARK SERVICE, NAME OF DELINEATOR, DATE OF THE DRAWING

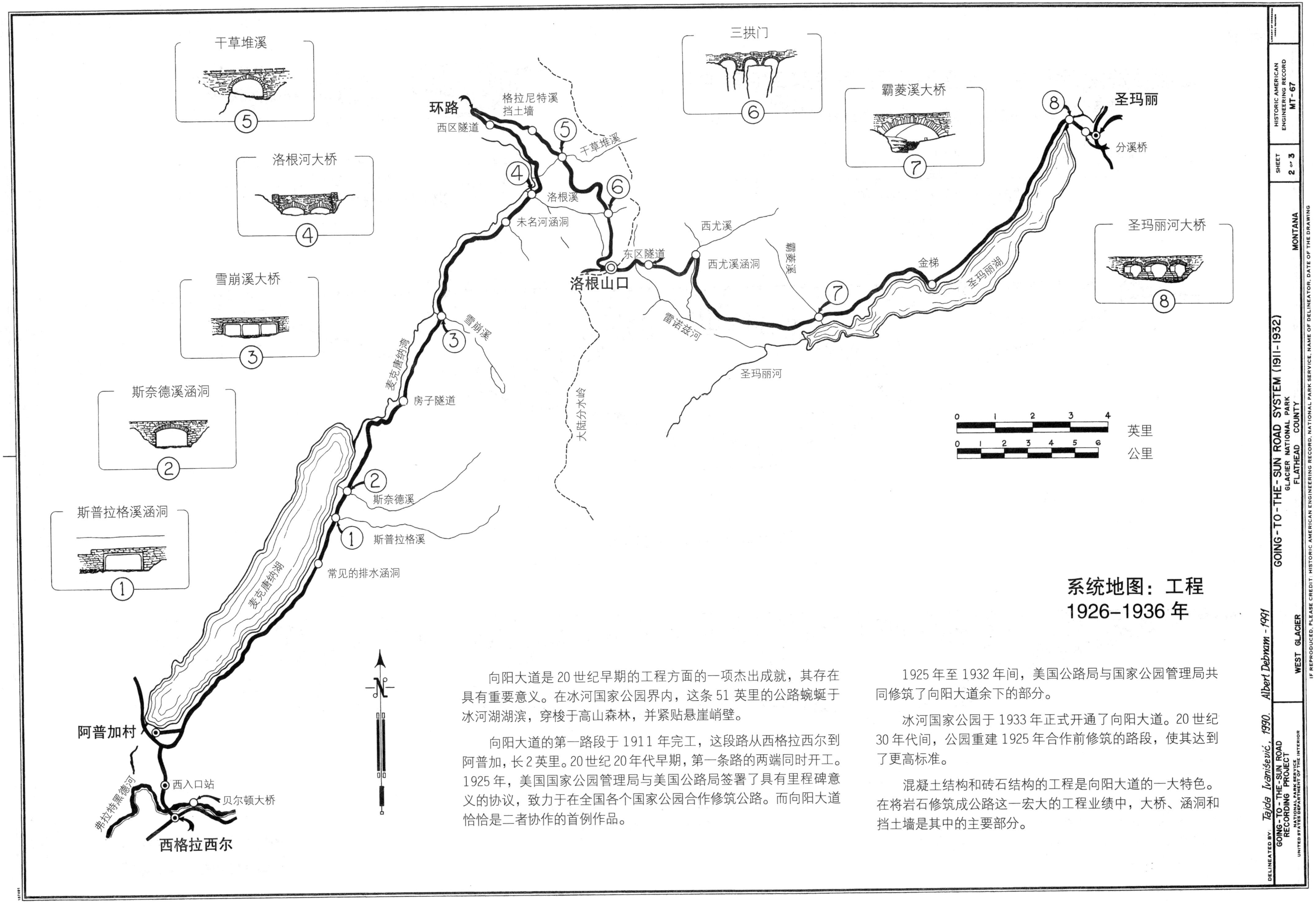
干草堆溪
5
洛根河大桥
4
雪崩溪大桥
3
斯奈德溪涵洞
2
斯普拉格溪涵洞
1
三拱门
6
霸菱溪大桥
7
圣玛丽河大桥
8
环路
西区隧道
格拉尼特溪
挡土墙
干草堆溪
洛根溪
未名河涵洞
东区隧道
洛根山口
西尤溪
西尤溪涵洞
霸菱溪
雷诺兹河
圣玛丽河
大陆分水岭
金梯
圣玛丽湖
圣玛丽
分溪桥
雪崩溪
麦克唐纳湾
房子隧道
斯奈德溪
斯普拉格溪
常见的排水涵洞
麦克唐纳湖
阿普加村
西入口站
贝尔顿大桥
弗拉特黑德河
西格拉西尔
英里
公里
系统地图：工程
1926–1936 年
DELINEATED BY: Tajda Ivanišević, 1990 Albert Debram - 1991
GOING-TO-THE-SUN ROAD SYSTEM (1911-1932)
GLACIER NATIONAL PARK
FLATHEAD COUNTY
MONTANA
WEST GLACIER
HISTORIC AMERICAN ENGINEERING RECORD
MT-67
SHEET 2 OF 3

向阳大道是 20 世纪早期的工程方面的一项杰出成就，其存在具有重要意义。在冰河国家公园界内，这条 51 英里的公路蜿蜒于冰河湖湖滨，穿梭于高山森林，并紧贴悬崖峭壁。

向阳大道的第一路段于 1911 年完工，这段路从西格拉西尔到阿普加，长 2 英里。20 世纪 20 年代早期，第一条路的两端同时开工。1925 年，美国国家公园管理局与美国公路局签署了具有里程碑意义的协议，致力于在全国各个国家公园合作修筑公路。而向阳大道恰恰是二者协作的首例作品。

1925 年至 1932 年间，美国公路局与国家公园管理局共同修筑了向阳大道余下的部分。

冰河国家公园于 1933 年正式开通了向阳大道。20 世纪 30 年代间，公园重建 1925 年合作前修筑的路段，使其达到了更高标准。

混凝土结构和砖石结构的工程是向阳大道的一大特色。在将岩石修筑成公路这一宏大的工程业绩中，大桥、涵洞和挡土墙是其中的主要部分。

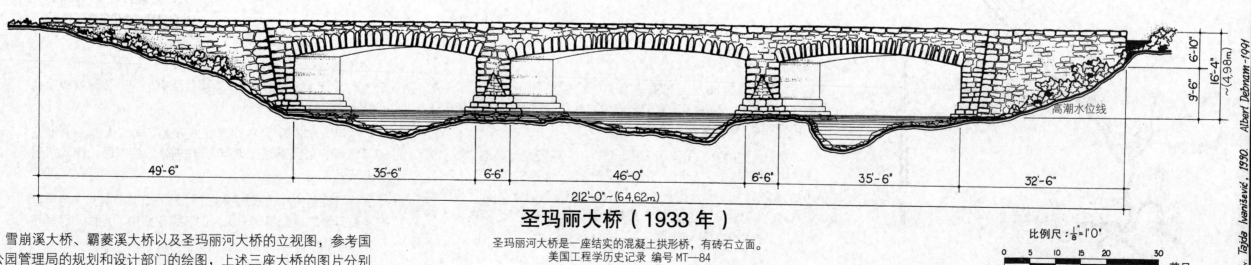

桥梁

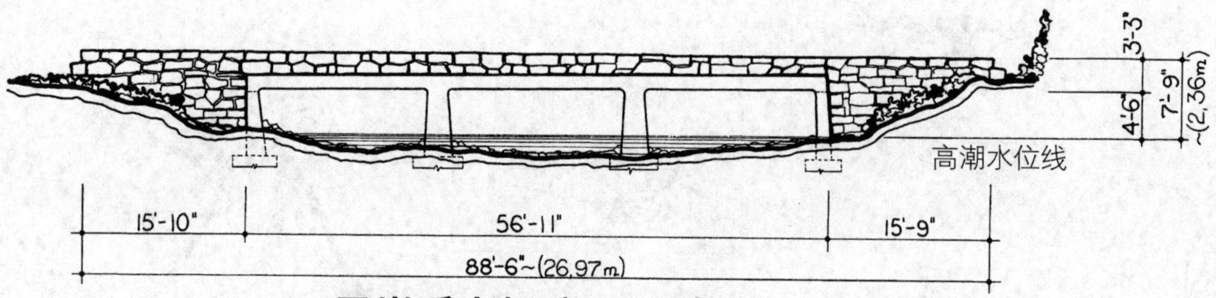

3'-3"
4'-6"
7'-9"
~(2,36m)
高潮水位线
15'-10"
56'-11"
15'-9"
88'-6"~(26,97m)

雪崩溪大桥（1935 年）

雪崩溪大桥是一座结实的混凝土石板桥，其两边带有砖石护栏。
美国工程学历史记录 编号 MT—73

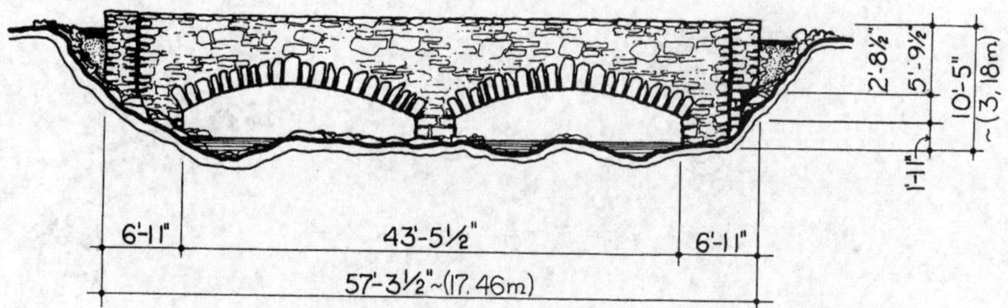

2'-8½"
5'-9½"
10'-5"
~(3,18m)
1'-1"
6'-11"
43'-5½"
6'-11"
57'-3½"~(17.46m)

洛根河大桥（1926 年）

洛根河大桥是一座混凝土石板桥，有砖石拱形立面。
美国工程学历史记录 编号 MT—75

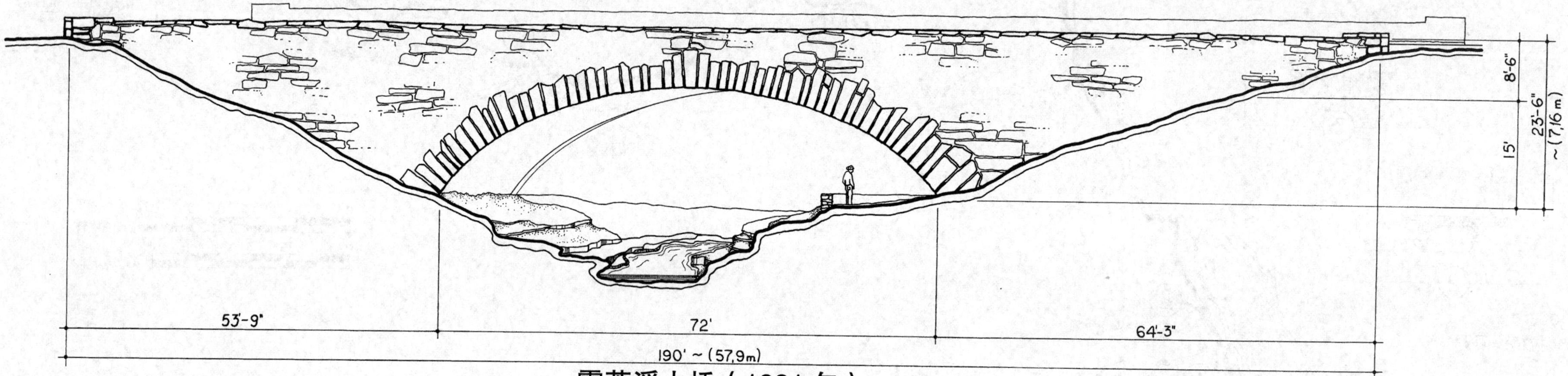

8'-6"
15'
23'-6"
~(7,16m)
53'-9"
72'
64'-3"
190' ~ (57,9m)

霸菱溪大桥（1931 年）

霸菱溪大桥是一座 72 英尺宽的结实的混凝土拱形桥，有石质立面。
美国工程学历史记录 编号 MT—82

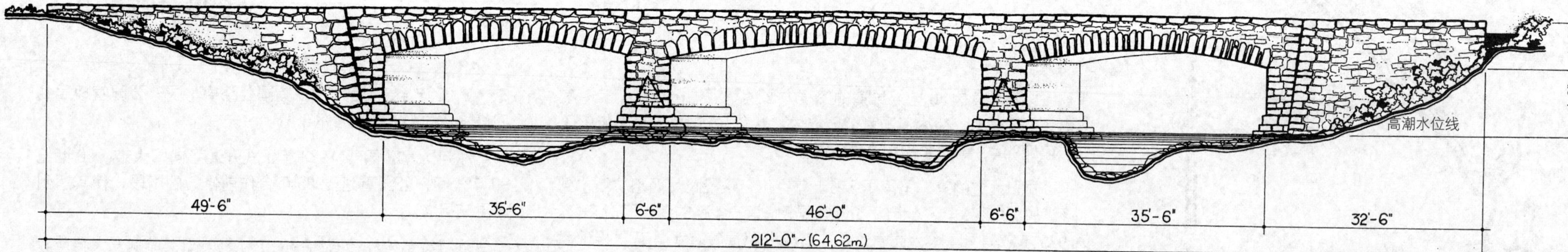

6'-10"
9'-6"
16'-4"
~(4,98m)
高潮水位线
49'-6"
35'-6"
6'-6"
46'-0"
6'-6"
35'-6"
32'-6"
212'-0"~(64,62m)

圣玛丽大桥（1933 年）

圣玛丽河大桥是一座结实的混凝土拱形桥，有砖石立面。
美国工程学历史记录 编号 MT—84

比例尺：1/8"=1'0"

0 5 10 15 20 30 英尺

0 1 2 3 4 5 10 米

雪崩溪大桥、霸菱溪大桥以及圣玛丽河大桥的立视图，参考国家公园管理局的规划和设计部门的绘图，上述三座大桥的图片分别来源于 P.G. 534、R.G. 264—A 和 R.G. 429—A。

GOING-TO-THE-SUN ROAD SYSTEM BRIDGES (1926-1936)
GLACIER NATIONAL PARK
FLATHEAD COUNTY
MONTANA
WEST GLACIER
DELINEATED BY Tajda Ivanišević, 1990 Albert Debnam-1991
GOING-TO-THE-SUN ROAD RECORDING PROJECT
NATIONAL PARK SERVICE
UNITED STATES DEPARTMENT OF THE INTERIOR
IF REPRODUCED, PLEASE CREDIT: HISTORIC AMERICAN ENGINEERING RECORD, NATIONAL PARK SERVICE, NAME OF DELINEATOR, DATE OF THE DRAWING
SHEET 1 of 1
HISTORIC AMERICAN ENGINEERING RECORD
MT-67A

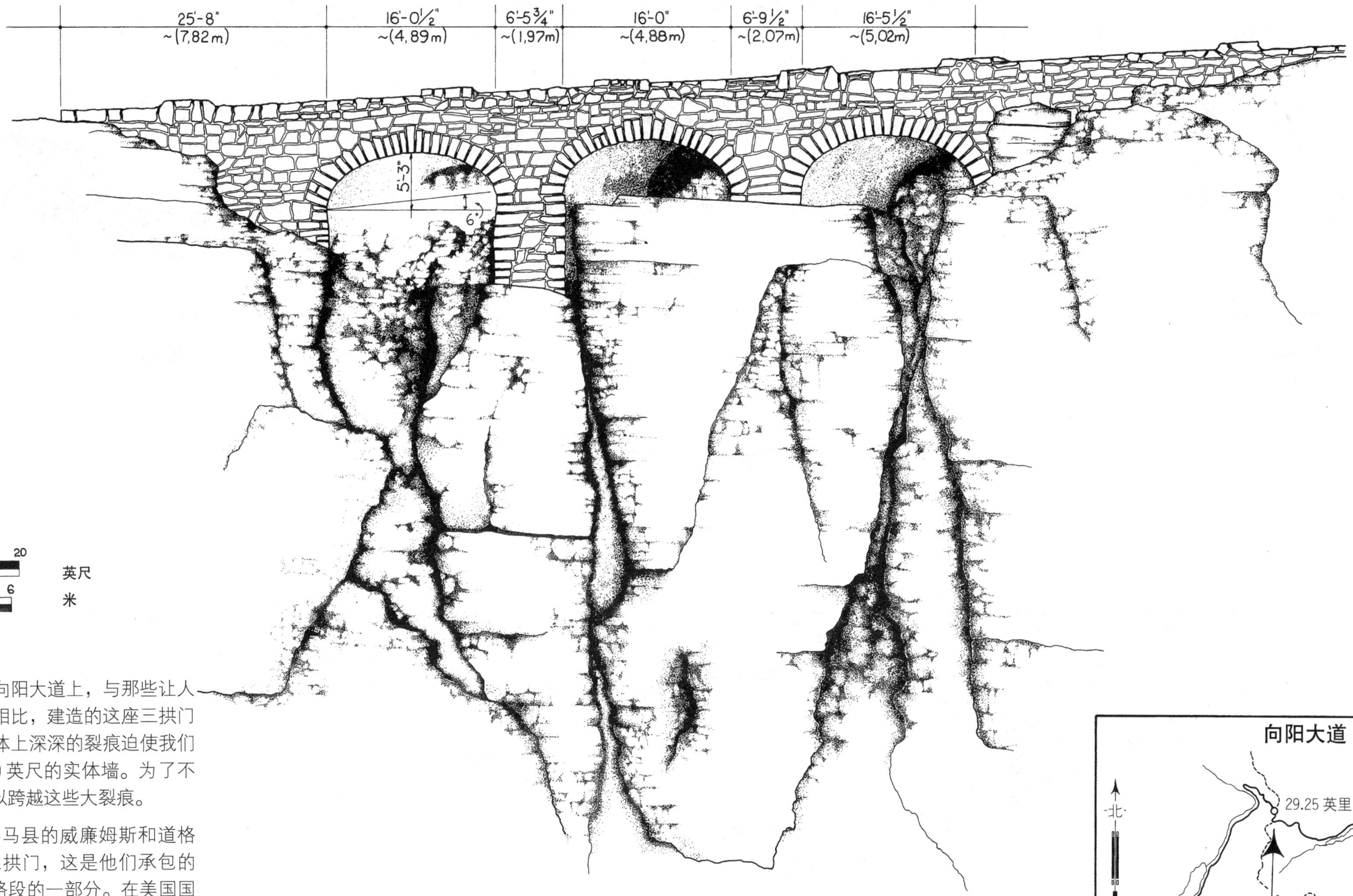

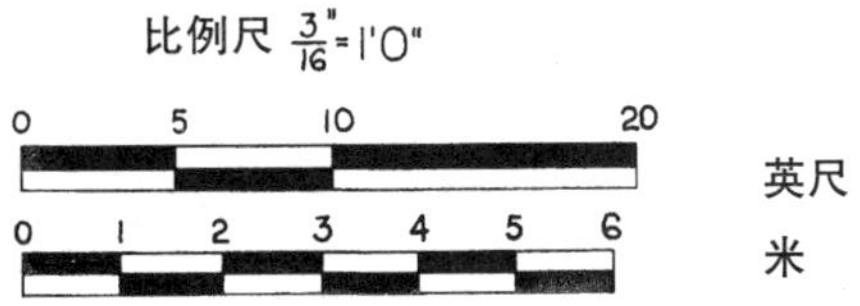

在冰河国家公园的向阳大道上，与那些让人心生不适的大型挡土墙相比，建造的这座三拱门可以说是另辟蹊径。山体上深深的裂痕迫使我们要建立一个深度超出 20 英尺的实体墙。为了不过度填充，建起三拱门以跨越这些大裂痕。

位于华盛顿州塔科马县的威廉姆斯和道格拉斯建筑公司修建了三拱门，这是他们承包的向阳大道 12 英里长的路段的一部分。在美国国家公园管理局和公路局的双双支持下，承包商就地修改了国家公园管理局原先的设计。

承包商在建设最西边拱门的时候犯了个错误，起拱线和水平路面之间差了六个百分点的坡度。但在之后的两个拱门建设中，他们改正了这个错误，这两个拱门保持了水平的起拱线。

三重拱门，约 1927 年

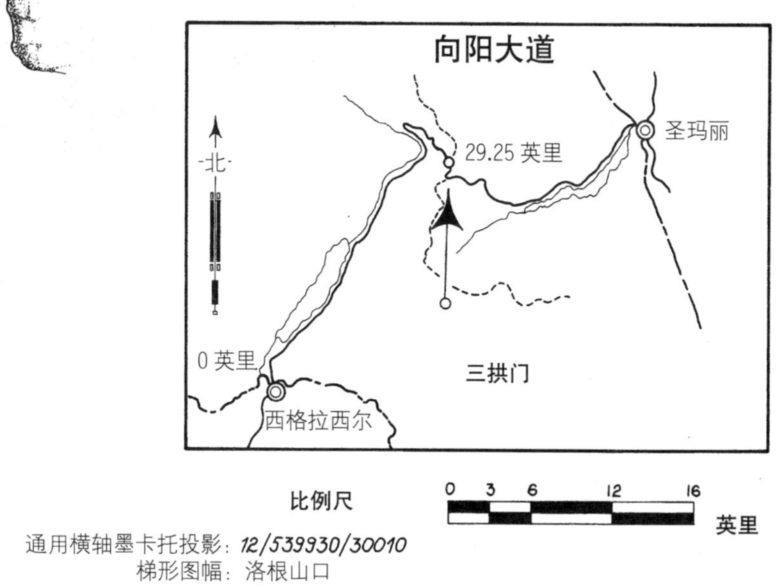

DELINEATED BY: William Withers, 1990. Albert Debnam · 1991

GOING-TO-THE-SUN ROAD RECORDING PROJECT
NATIONAL PARK SERVICE
UNITED STATES DEPARTMENT OF THE INTERIOR

GOING-TO-THE-SUN ROAD: TRIPLE ARCHES (ca. 1927)
29 MILES EAST OF WEST GLACIER IN GLACIER NATIONAL PARK
WEST GLACIER FLATHEAD COUNTY MONTANA

SHEET 1 OF 1

HISTORIC AMERICAN ENGINEERING RECORD
MT-79

IF REPRODUCED, PLEASE CREDIT: HISTORIC AMERICAN ENGINEERING RECORD, NATIONAL PARK SERVICE, NAME OF DELINEATOR, DATE OF THE DRAWING

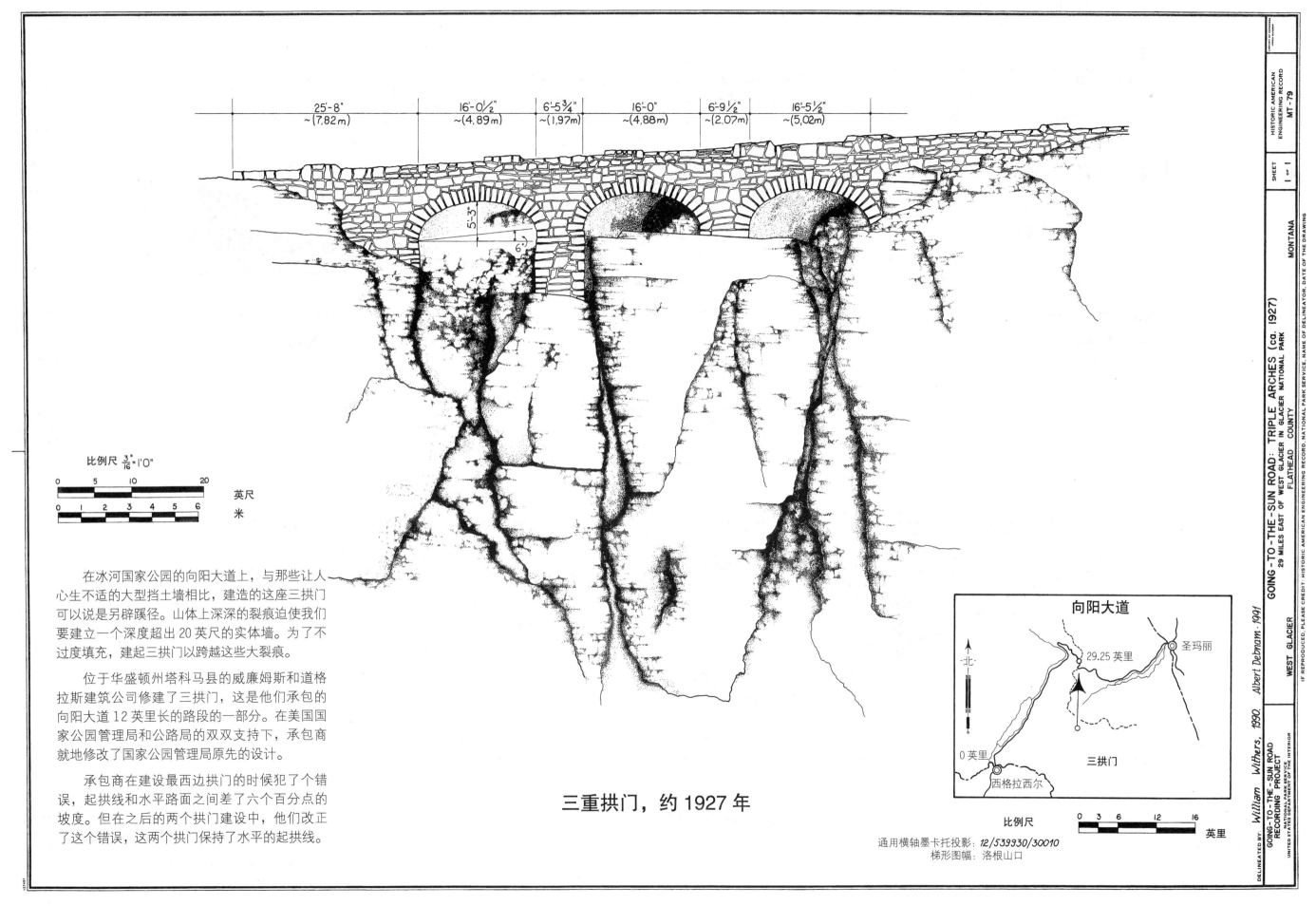

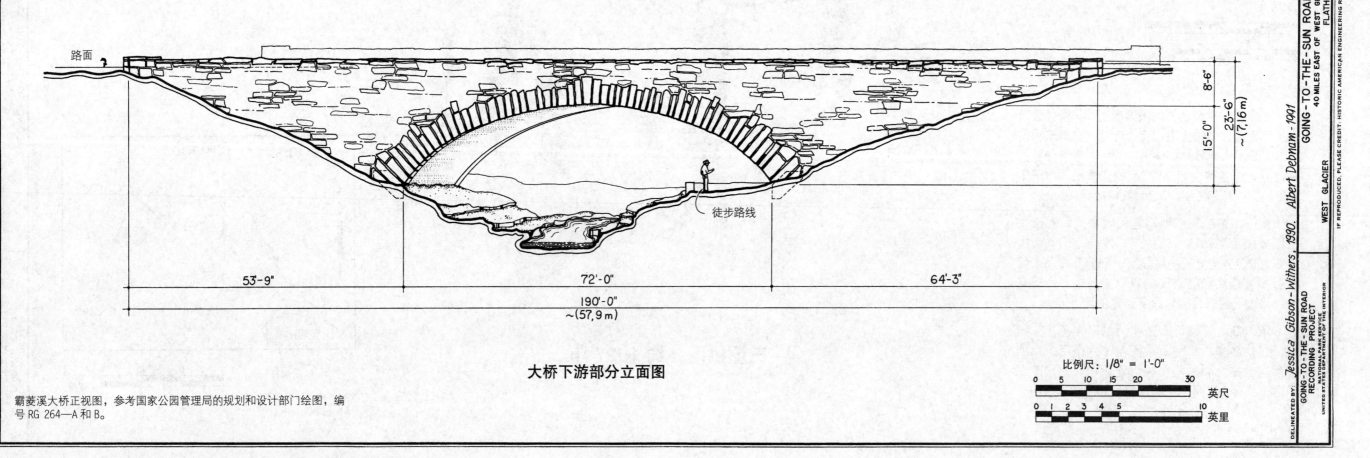

位置图

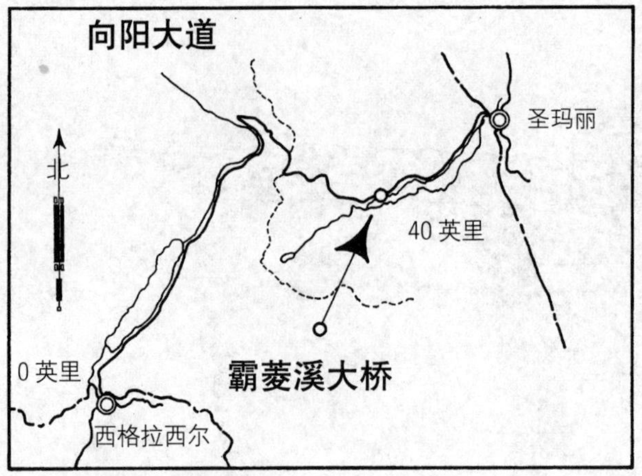
向阳大道
圣玛丽
北
40 英里
0 英里
霸菱溪大桥
西格拉西尔

比例尺 1" = 6 MILES

0 3 6 12 18 英里

0 5 10 15 25 公里

通用横轴墨卡托投影：12/539470/30899

梯形图幅：旭日东升点

霸菱溪大桥是一座 72 英尺宽的结实的混凝土拱形桥，有石质立面。A.R·格思里和俄勒冈的波特兰公司于 1931 年建了这座大桥，是 4.5 英里工程合同的一部分，这个合同是向阳大道上最后的枢纽之一。

在力图保持道路沿线不显得格格不入，而能够融入自然环境方面，国家公园管理局的风景园林部门在设计和规范向阳大道沿线建筑上起了很大作用。在风景园林师的建议下，霸菱溪大桥与其他大桥不同，它设计得又高又长，这是为了降低对自然景观的破坏，也使得现有的从太阳裂谷大峡谷到霸菱溪瀑布的徒步旅行路线得以保存，车辆行人可以在大桥下通行。

区域地图

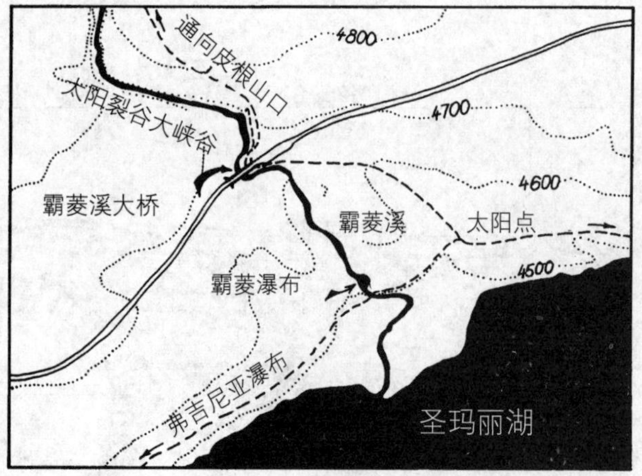
通向皮根山口
4800
太阳裂谷大峡谷
4700
4600
霸菱溪大桥
霸菱溪
太阳点
4500
霸菱瀑布
弗吉尼亚瀑布
圣玛丽湖
N

比例尺：1" = 200'

0 200 400 600 英尺

0 50 100 150 英里

霸菱溪大桥，1931 年

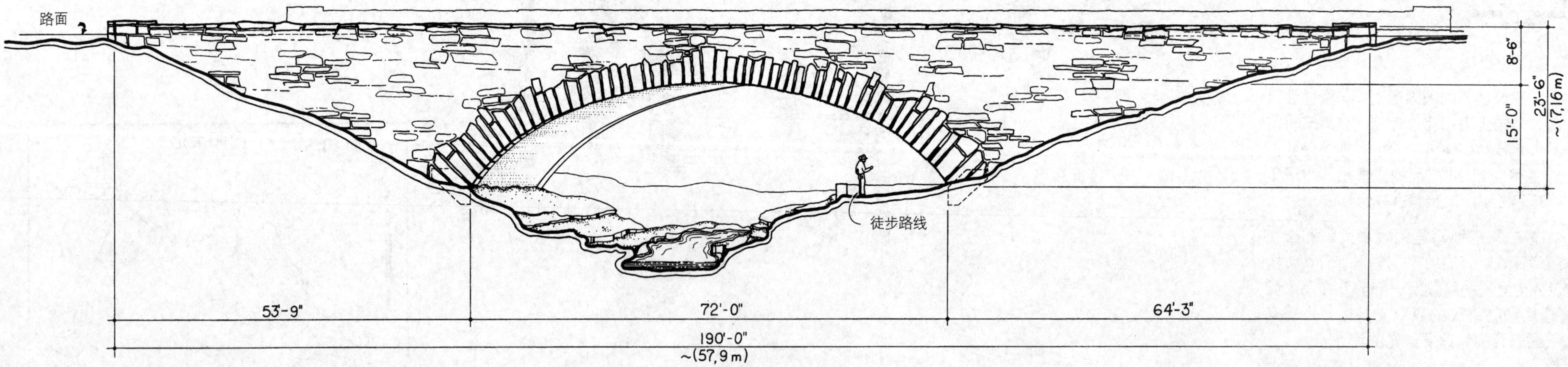
路面
徒步路线
8'-6"
15'-0"
23'-6"
~(7,16 m)
53'-9"
72'-0"
64'-3"
190'-0"
~(57,9 m)

大桥下游部分立面图

比例尺：1/8" = 1'-0"

0 5 10 15 20 30 英尺

0 1 2 3 4 5 10 英里

霸菱溪大桥正视图，参考国家公园管理局的规划和设计部门绘图，编号 RG 264—A 和 B。

DELINEATED BY: Jessica Gibson-Withers, 1990. Albert Debnam-1991

GOING-TO-THE-SUN ROAD RECORDING PROJECT
NATIONAL PARK SERVICE
UNITED STATES DEPARTMENT OF THE INTERIOR

GOING-TO-THE-SUN ROAD: BARING CREEK BRIDGE (1931)
40 MILES EAST OF WEST GLACIER IN GLACIER NATIONAL PARK
WEST GLACIER FLATHEAD COUNTY MONTANA

SHEET 1 OF 3

HISTORIC AMERICAN ENGINEERING RECORD
MT-82

IF REPRODUCED, PLEASE CREDIT: HISTORIC AMERICAN ENGINEERING RECORD, NATIONAL PARK SERVICE, NAME OF DELINEATOR, DATE OF THE DRAWING

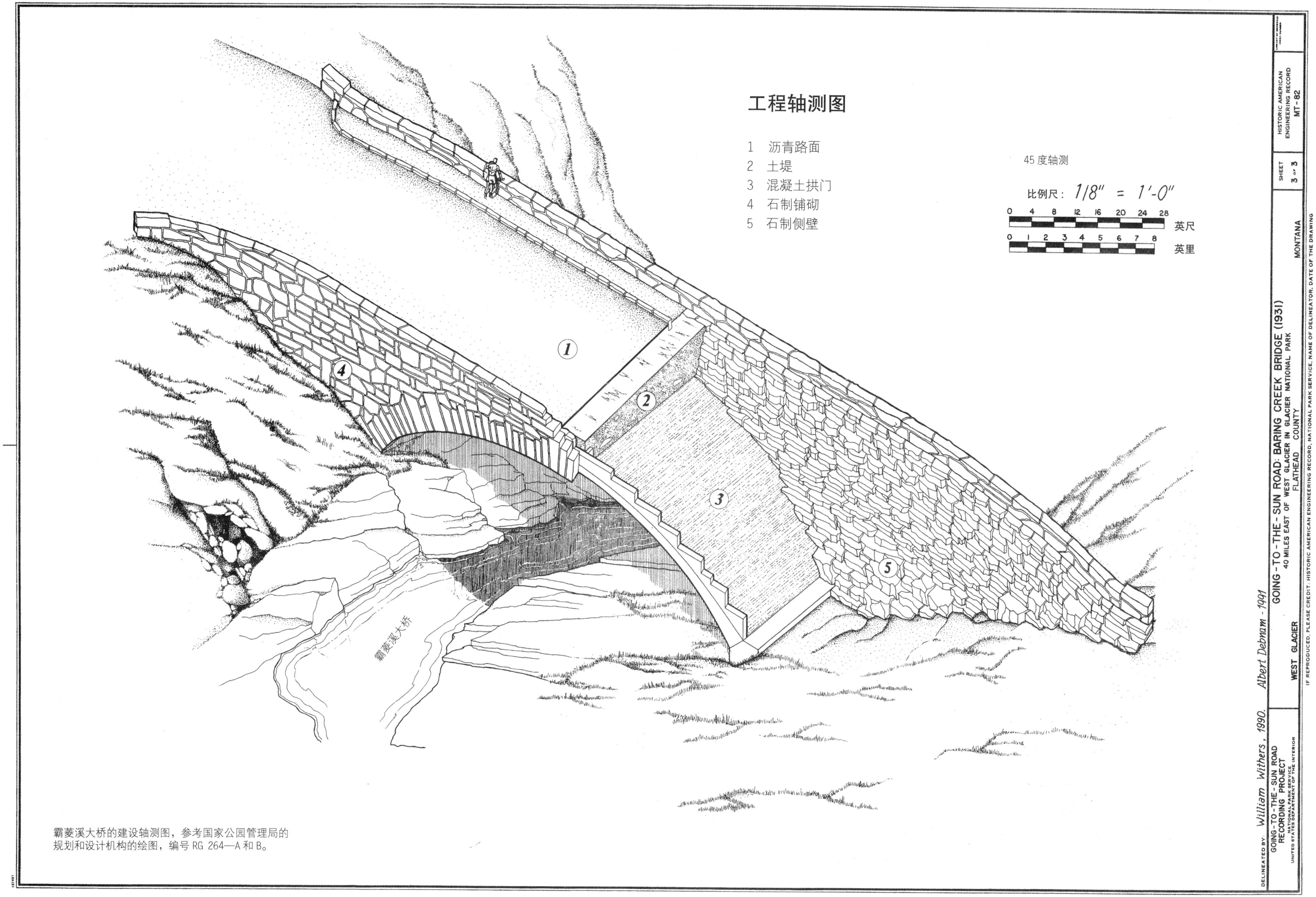
工程轴测图
1 沥青路面
2 土堤
3 混凝土拱门
4 石制铺砌
5 石制侧壁
45 度轴测
比例尺：1/8" = 1'-0"
0 4 8 12 16 20 24 28
英尺
0 1 2 3 4 5 6 7 8
英里
霸菱溪大桥
HISTORIC AMERICAN ENGINEERING RECORD
MT-82
SHEET 3 of 3
GOING-TO-THE-SUN ROAD: BARING CREEK BRIDGE (1931)
40 MILES EAST OF WEST GLACIER IN GLACIER NATIONAL PARK
FLATHEAD COUNTY
WEST GLACIER
MONTANA
DELINEATED BY: William Withers, 1990. Albert Debnam - 1991
GOING-TO-THE-SUN ROAD RECORDING PROJECT
NATIONAL PARK SERVICE
UNITED STATES DEPARTMENT OF THE INTERIOR
IF REPRODUCED, PLEASE CREDIT: HISTORIC AMERICAN ENGINEERING RECORD, NATIONAL PARK SERVICE, NAME OF DELINEATOR, DATE OF THE DRAWING

霸菱溪大桥的建设轴测图，参考国家公园管理局的规划和设计机构的绘图，编号 RG 264—A 和 B。

冰川国家公园向阳大道 Ⅱ

向阳大道是美国国家公园的道路建设史上一个里程碑。这条壮观的 51 英里长的路线穿过冰川国家公园的中心，被誉为世界上风景最宜人、应用技术最先进的山路之一。

1910 年，国会宣布成立冰川国家公园，那个时候，公园的东西区之间不存在任何一条公路。而之后 10 年间，驾车旅游业蓬勃发展，这让公路修建工作成为当务之急，因为在当时很多驾车前往的人们受到限制，他们迫不得已只能绕很长一段路，或是在公园周边靠北方大铁路托运车辆。为了改变这种情形，让游客能够领略冰川国家公园中心区域的美景，国家公园管理局（NPS）官员开始仔细规划甄选几条路线。其中一条线路是由公园管理局的首席工程师乔治·古德温提出的，这条路沿麦克唐纳湖的东边走，与麦克唐纳溪保持水平，有大约 8 英里长，之后迅速攀升至洛根山口，此段通过一系列的之字形坡路攀至这个陡峭的幽静山谷。NPS 的风景园林师托马斯·文特却反对这条线路，他认为如此多的之字形坡路将损害公园最美丽风景。文特建议放弃古德温提出的复杂线路，他提出修筑一条较长的也更为优美的弧线道路，这段路的转弯长达 2 英里，一直延伸至西部，之后转变方向，当逐渐攀升至洛根山口时，这条路横贯了一系列以花园墙著称的崎岖悬崖。文特深知，修筑这样一条路代价很大，但他仍坚持这样做物有所值。相对而言，这条花园墙公路设计有更为平缓的坡路和最小的曲度，修筑完成之后更利于汽车行驶，也更容易保养和维修，这条路最大限度地保留和向游客展示了风光宜人的洛根河谷。

冰川国家公园道路记录项目于 2000 年夏季开始进行，此项目是 HAER 的一部分。HAER 是一项长期记录美国历史上重要工程与工业成果的项目。HAER 由 HABS/HAER 管理，这是美国内政部国家公园管理局的一个部门。美国运输部的联邦属地公路局（阿尔特·汉密尔顿是管理者）通过国家公园管理局的公园道路和风景道路项目基金（卢·德洛姆任经理）赞助了向阳大道公路记录项目，同时冰川国家公园(兰迪·琼斯任监理）和国家公园管理局在蒙大拿州立大学（巴里·苏拉姆担任经理）开展的合作项目，也共同赞助了这个项目。

国家公园管理局负责人史蒂芬·马瑟赞同文特的提案，他指派美国公路局的工程师弗兰克·基特里奇来确定修这样一条路的可行性。基特里奇在实际操作和美学领域都十分支持文特的选择。马瑟对基特里奇的那份详细深入的报告印象深刻，在他的领导下，国家公园管理局和公路局(现在的联邦公路管理局)正式建立了伙伴式的合作关系，时至今日，二者间仍以伙伴关系掌控着公园的道路建设工作。国家公园管理局的风景园林师指导公路的基本选线和设计，同时联邦公路的工程师提供专业技术知识，并监督着建设施工。

向阳大道的修筑工作是一项史诗般的工程。有难度的技术挑战、恶劣的工作条件以及严重的资金短缺将道路施工期拖延了几十年。公路较低的部分于 20 世纪 20 年代中期就已经完工，但时至 1933 年 7 月 15 日，向阳大道才正式开放。护墙的建设工作之后又进行了几年，直到 1952 年，整条公路才完全铺好了路面。保留公路沿途的景观特色和历史完整性是一个持续的挑战。

在公园道路发展史上，向阳大道堪称浓墨重彩的一笔，它引人注目的美丽和重要性使其获得了众多赞誉。美国土木工程师协会在 1985 年将其赞为国家土木工程的里程碑——这是美国公园公路首次获得如此赞誉。

在国家公园管理局的道路和桥梁项目经理托德·克罗托，以及历史学家蒂姆·戴维斯的共同指导下，记录组开展实地勘测工作，筹备实测图、历史报告等工作也陆续展开。记录组还有以下人员：现场督导布兰迪·达布斯(来自蒙大拿州立大学)、建筑师阿林·斯特里特(来自田纳西大学)、爱思特·沃格尔(美国/国际纪念碑及遗址委员会，匈牙利)、卢卡斯·迪普伊和内森·容克特（蒙大拿州立大学）、克里斯托弗·博尔特（华盛顿大学），以及风景园林师玛格达琳娜·M·利萨乌斯嘉（美国/国际纪念碑及遗址委员会，波兰）。

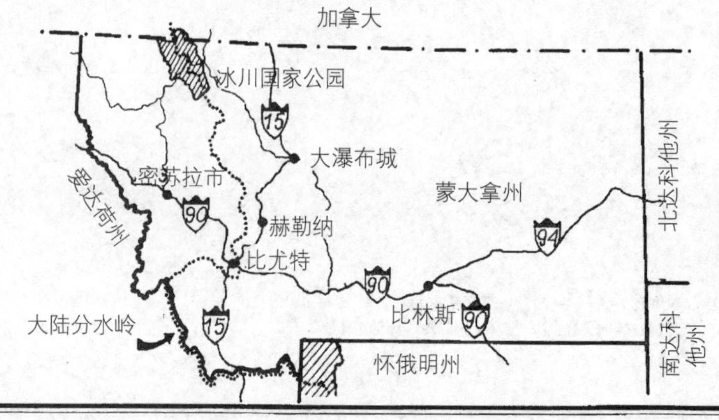

DELINEATED BY: Brandy Dubs & Magdalena M. Lisowska, 2000
NPS PARK ROADS RECORDING PROGRAM
NATIONAL PARK SERVICE
UNITED STATES DEPARTMENT OF THE INTERIOR
ADDENDUM TO GOING-TO-THE-SUN ROAD - 1933
GLACIER NATIONAL PARK
FLATHEAD COUNTY
WEST GLACIER VICINITY
MONTANA
SHEET 1 of 14
HISTORIC AMERICAN ENGINEERING RECORD
MT-67
IF REPRODUCED, PLEASE CREDIT: HISTORIC AMERICAN ENGINEERING RECORD, NATIONAL PARK SERVICE, NAME OF DELINEATOR, DATE OF THE DRAWING

交通历史

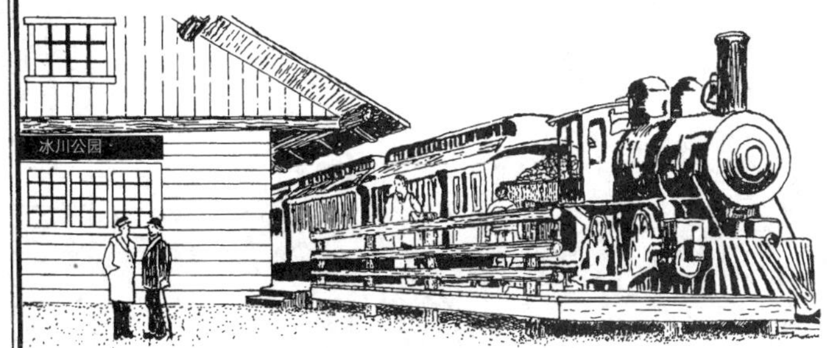

1891 年—大北方铁路公司建好了从米德韦尔（东冰河）到贝尔顿（西冰河）的轨道，这促使人们纷纷前往西冰河居住和观光。

1893 年—大北方铁路公司把通往太平洋海岸的主干道建成，这样冰河地区就位于横贯大陆的铁路线之上，这大大方便了可能来此游玩的潜在游客和农场主。

1895 年—早期进入这一带的运输道路从贝尔顿延伸到麦克唐纳湖西边的山脚下，这是一条简朴的道路。1911 年，一段起伏的路段建成，由东冰河站延伸至圣玛丽。到了 1912 年，早期的马车道建成，此线路经由圣玛丽，从东冰河公园延伸到冰河群。

1895 年—麦克唐纳湖上首次开展了客船服务，使用 40 英尺的蒸汽船通行。因为缺少道路，只能通过麦克唐纳湖和圣玛丽湖湖面上的船只进行往来，客船服务成为其运输系统的一部分，直到向阳大道开通。

1915 年—许多有马鞍装备的小组织组成了公园乘用马公司。在此时期，除了步行，这是进入冰河国家公园广袤偏僻野地的唯一交通方式。乘用马公司一直运营到 1942 年，那时一个季度可接纳约 10000 名游客。

1891—1933 年

在早期，游客通过不同形式的交通工具进入冰川地区游玩。大多数游客乘火车而来，之后，四轮货车、马车，最终是公共汽车，这些车会将他们从火车站载到那些离公园边界很近的旅馆。因为没有合适的公路，麦克唐纳湖和圣玛丽湖湖边的汽艇会提供运输和食宿。从各个旅馆开始，只有通过步行或骑马才能够到达公园里辽阔的偏远地区。

1914 年，冰川公园运输公司购置了首个汽车队，这个车队的车都是怀特汽车公司生产的，包括 6 辆可乘 7 人的客运观光汽车，10 辆可乘 10 人的公交车，以及一辆半吨重的货运汽车。这些汽车迅速取代了过去通往冰川群小屋的阶段性运输服务，并成为在公园内及其周边地区的陆路交通的主要形式，直到 1936 年，这些车才被代替。

1933—2000 年

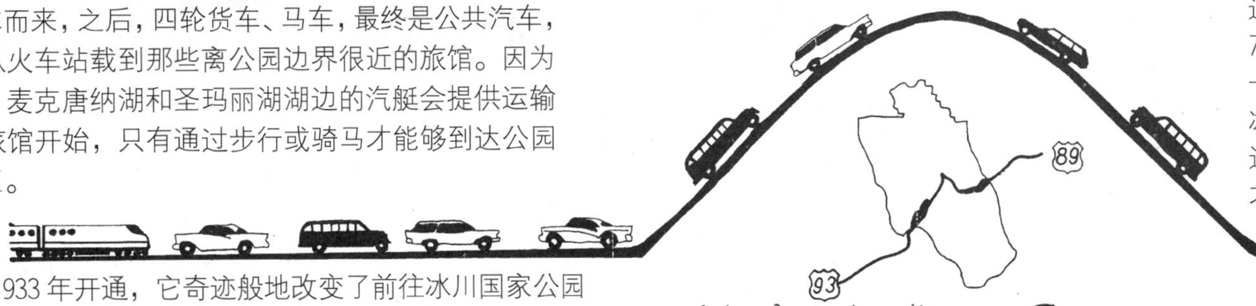

向阳大道于 1933 年开通，它奇迹般地改变了前往冰川国家公园的游客的旅行经历。向阳大道给了人们全新的视角，既改变了人们所看到的，也让人们对于可以怎样欣赏公园美景有了新的理解。向阳大道不仅通向各处偏远地区，在洛根山口之上连接了公园的东西部分，这使得机动交通成为游览美景的首要方式。游客可以在特别许可的敞篷大巴上游览，也可以在自己的车里陶醉于美景之中。这一新的便捷交通掀起了来公园游览的热潮，1932 年还是 53202 人次的观光记录，而在向阳大道的通车之际，它便吸引了 76615 人次的游客。如今，向阳大道每个季度都运载 200 万游客。虽然大多数游客会选择自驾游，有导游带领的旅行仍持续至今。

在 1936 年至 1939 年间，运输公司从怀特汽车公司重新购置了新车，新公交车取代了老化了的 1914 年的那支队伍。冰河公园运输公司在 1949 年的驾驶指南上这样写道："这些定制观光巴士完全符合在冰河公园观光的要求，本公司认为没有什么重要因素表明汽车已经过时，因为如果需要额外的公共汽车，游客也会预定现行的车型。"向阳大道上六十多年如一日的交通运输服务，让这些红色公交车成为了冰川国家公园游历的象征。

如今，向阳大道每个季度都运载 200 万游客。冰川公园股份有限公司仍然会提供景区引导性的巴士观光，尽管大多数游客选择了自驾游。

DELINEATED BY: Lucas Dupuis 2000

NPS PARK ROADS RECORDING PROGRAM
NATIONAL PARK SERVICE
UNITED STATES DEPARTMENT OF THE INTERIOR

ADDENDUM TO GOING-TO-THE-SUN ROAD - 1933
GLACIER NATIONAL PARK
WEST GLACIER VICINITY　FLATHEAD COUNTY　MONTANA

SHEET 2 OF 14

HISTORIC AMERICAN ENGINEERING RECORD
MT-67

IF REPRODUCED, PLEASE CREDIT: HISTORIC AMERICAN ENGINEERING RECORD, NATIONAL PARK SERVICE, NAME OF DELINEATOR, DATE OF THE DRAWING

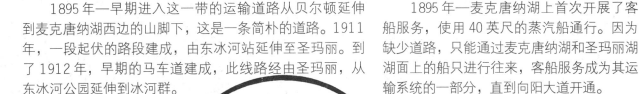

路线选择

为向阳大道选择合适的路线是一个重大决定。国家公园管理局（NPS）希望修筑一条公路联通公园的东西部，能够使汽车接近深入公园腹地欣赏美景。理想情况中的公路将“与周围景致相得益彰”，使乘车而来的游客得以一览公园的雄奇壮观之景，这条路也必须保证对自然环境最小的破坏。当时，公园管理局反复斟酌两条线路。

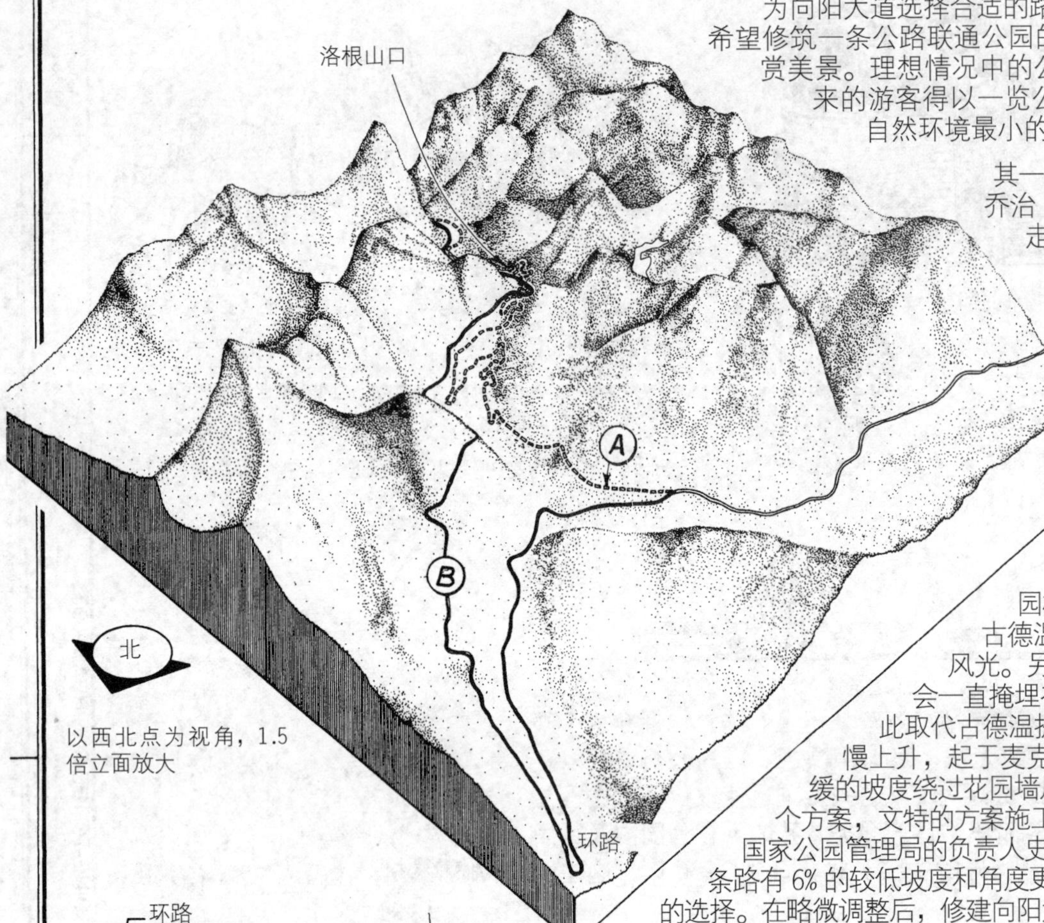

以西北点为视角，1.5倍立面放大

其一，就是1918年国家公园管理局的首席工程师乔治·古德温提出的路线。这条路顺着麦克唐纳湾走，之后一直到洛根河谷，在峡谷处公路向右转，并一路攀至洛根山口，此路利用一组之字坡路到达山口的最高点，这一边的坡路有15个之多。同时，另一组之字坡路沿洛根山口东侧降下，一直到圣玛丽湖的源头。若按这条路线修筑，会有8%的最大坡度和一段50英尺长的小半径急转弯道。而这项提议的优点，就在于相对来说更容易修筑，其建造成本也较低。古德温坚信，修筑许多之字坡路将会被视为人类征服自然的有力证据。然而，国家公园管理局的风景园林师托马斯·文特对此路线提出异议，他认为古德温提议的之字坡路将严重破坏洛根河谷的自然风光。另外，他还指出，北向的峡谷地段到了夏天也会一直掩埋在大雪之下。文特建议修一条较长的坡路，以此取代古德温提出的众多之字坡路组合。他的这条长路会缓慢上升，起于麦克唐纳湾，之后立刻变为反方向，并以一个平缓的坡度绕过花园墙风景如画的峭壁，最终通往洛根山口。较前一个方案，文特的方案施工难度更大，花费也更多，但他仍坚持此路线物有所值。按照设计，花园墙路段将与周围峭壁融为一体，在此可以看到峡谷之下的旖旎风光。国家公园管理局的负责人史蒂芬·马瑟更为支持文特的方案。1924年，马瑟指派美国公路局的工程师弗兰克·基特里奇确定修这样一条路的可行性。较其他路线，这条路有6%的较低坡度和角度更宽的曲线，修筑完成之后更利于汽车行驶，也更容易保养和维修。基特里奇比较了这两个提案，他在实际操作和美学领域都更加支持文特的选择。在略微调整后，修建向阳大道采用了文特和基特里奇的方案。

“向阳大道的路线，应该既让人们得以接近壮丽美景，又体现出展示其宜人风光的巨大价值。”

托马斯·文特，1925年

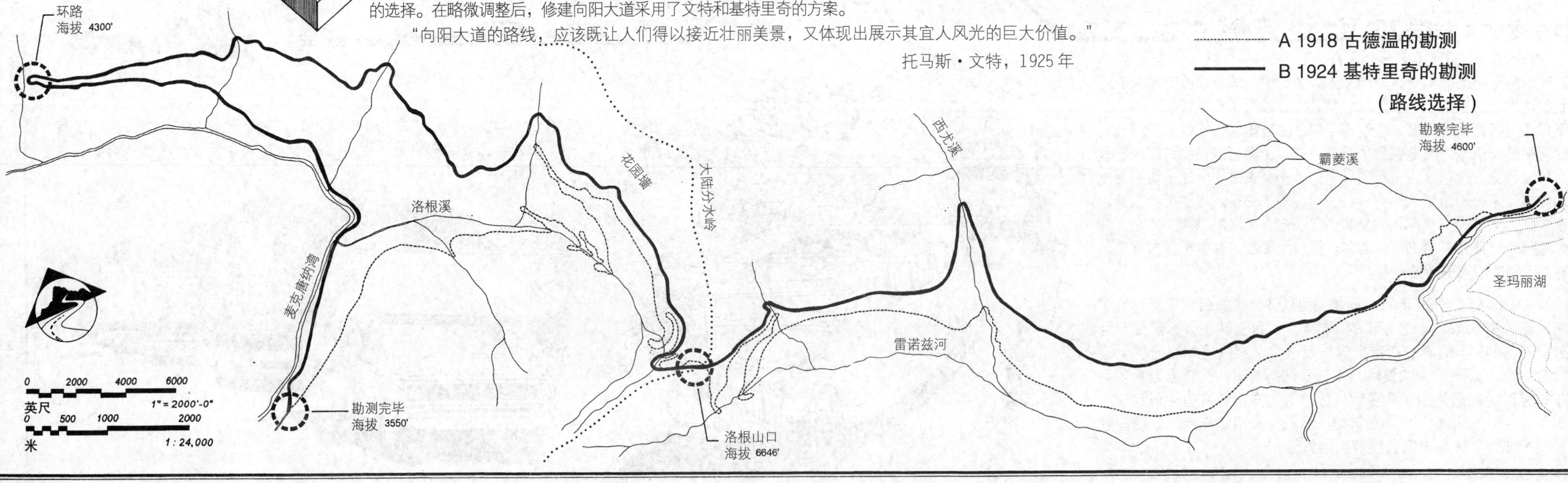

ADDENDUM TO GOING-TO-THE-SUN ROAD - 1933
GLACIER NATIONAL PARK
FLATHEAD COUNTY
MONTANA
WEST GLACIER VICINITY
HISTORIC AMERICAN ENGINEERING RECORD
MT-67
SHEET 3 of 14
DELINEATED BY: Arin Streeter, 2000
NPS PARK ROADS RECORDING PROGRAM
NATIONAL PARK SERVICE
UNITED STATES DEPARTMENT OF THE INTERIOR
IF REPRODUCED, PLEASE CREDIT: HISTORIC AMERICAN ENGINEERING RECORD, NATIONAL PARK SERVICE, NAME OF DELINEATOR, DATE OF THE DRAWING

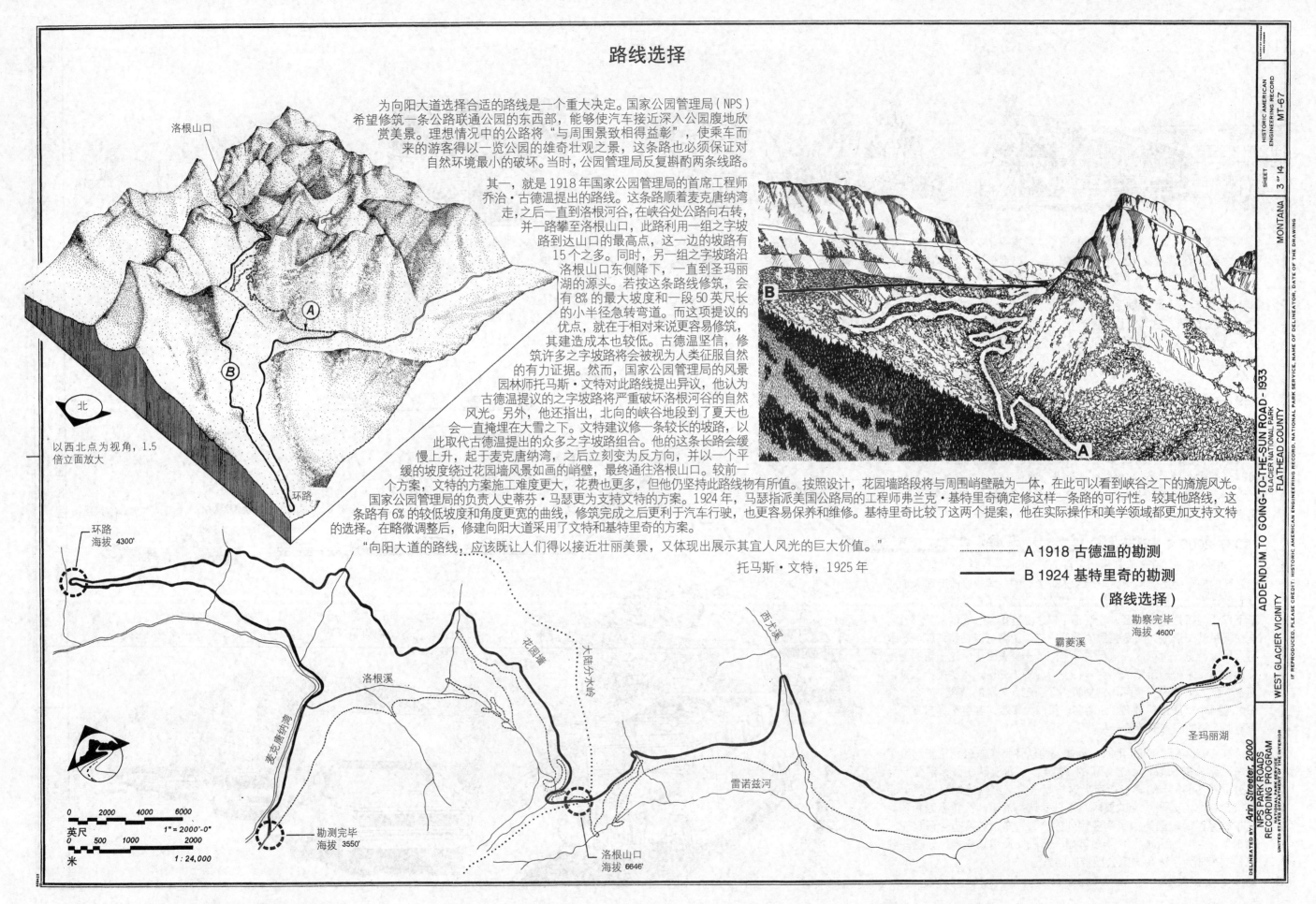

修筑向阳大道是一项艰巨的任务。从最初的勘测到最终的路面铺设和景观美化，工作人员不得不与此地陡峭而危险的地形、恶劣的山区气候以及短暂的施工季做斗争。细致的设计标准和严格的规范让施工更为复杂，这些严格的标准和规范旨在将公路的消极影响降至最低。在开展工程的早期，长期的资金短缺也限制了工程进度。然而，在道路完工时，向阳大道却被广为赞扬，人们称之为工程界的典范、艺术上的杰作以及建造业一大力作。

1911 年夏：威廉·洛根监理从贝尔顿到麦克唐纳湖之间的路段。1921 年夏：国家公园管理局的劳工清理了麦克唐纳湖的东段线路的路面。1921 年至 1922 年 8 月 15 日：至冰河旅馆的 10 英里长的路段完工（始于麦克唐纳湖小屋）。1922 年 6 月至 1924 年 7 月 20 日：从麦克唐纳湖小屋至雪崩溪的路段完工。1924 年：一条 8 英里长的路段完工，此路段起始于合同中的钢铁桥的末端，终点为太阳点东边 2 英里处。1925 年：雪崩溪至洛根河间的路段完工。1925 年至 1928 年 10 月：向阳大道西段的最后的 10 英里路完工，这段路从洛根河至洛根山口。1931 年至 1932 年：向阳大道东段终于完工。1933 年 7 月 15 日：在洛根山口举办了十分正式的仪式，以此庆祝向阳大道全线建成。

道路建设

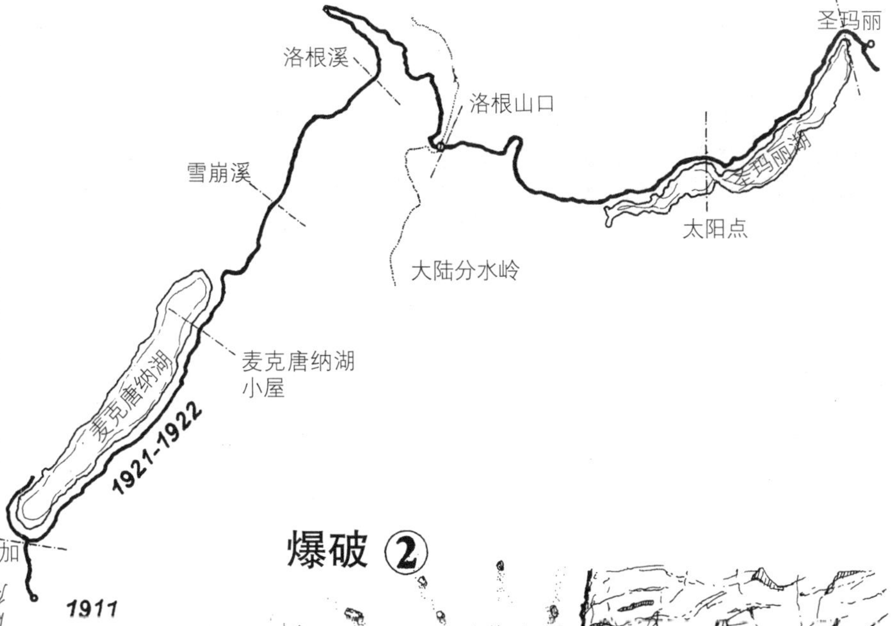

1）制定路线的勘测员不得不在危险的悬崖上测量，他们必须小心避过那些疏松的岩石和其他危险。首次定位测量始于 1924 年 9 月，到了 11 月初勘测员完成了这次测量，那时他们只能在齐腰深的大雪里跋涉。

2）许多地段需要爆破，这些地方有坚硬的岩石。花园墙一带尤是如此，在那里筑路的台阶需要嵌入悬崖之中。工作人员采取了一些小规模的爆破，以免破坏景观。

3）使用蒸汽挖土机以及其他的重型设备才能清理爆破后遗留的物体。爆破后的废墟会被分类，有些会充当填充物，有些会用于建设挡土墙。为避免破坏周边土地，禁止“在路边倾泻土壤”或是将废弃材料填埋在路面下。

4）修筑大型挡土墙以及在悬崖外设台阶以加固不稳固的地段。许多挡土墙顶端覆以美观的有锯齿的石制护墙。当有必要确保驾车旅行的安全性和舒适性，就会增设这类护墙。很多富有经验的石匠被雇佣来建设挡土墙，但是其中很少有人能够满足要求。

5）石质路基上会铺上一层碎石。由于冰川中出现了石灰岩，在铺设过程中没有要求用到胶粘剂。在需要时，会有履带拖拉机来掘沟或土方修整。

6）1933 年至 1950 年间，向阳大道多次修缮和重铺路面，最终于 1952 年完成了路面的铺设工作。

勘测 ①

爆破 ②

清理路面 / 分类整理 ③

挡土墙 ④

土方修整 / 铺设路面 ⑤

经修饰的路面 ⑥

HISTORIC AMERICAN ENGINEERING RECORD MT-67

SHEET 4 OF 14

MONTANA

ADDENDUM TO GOING-TO-THE-SUN ROAD - 1933
GLACIER NATIONAL PARK
FLATHEAD COUNTY

WEST GLACIER VICINITY

NPS PARK ROADS RECORDING PROGRAM
NATIONAL PARK SERVICE
UNITED STATES DEPARTMENT OF THE INTERIOR

DELINEATED BY: Nathan Junkert 2000

IF REPRODUCED, PLEASE CREDIT: HISTORIC AMERICAN ENGINEERING RECORD, NATIONAL PARK SERVICE, NAME OF DELINEATOR, DATE OF THE DRAWING

远景设计

驾车游览向阳大道的游客可以切实享受到精心设计的一系列宜人风光和壮美风景。道路设计者运用了许多尖端技术，以此展示大道沿途的自然风光，并给游客留下一段难以忘怀的自驾游经历。向阳大道所在的位置与很多特殊因素紧密相关，这些因素包括湖泊、山脉、悬崖和溪流，也包括了周边植被的改变，以及选线和坡度的细微变化，所有的这些综合起来造成一种持续变化的演进过程，这形成了很好的视觉效果和环境感知效果。

远景图

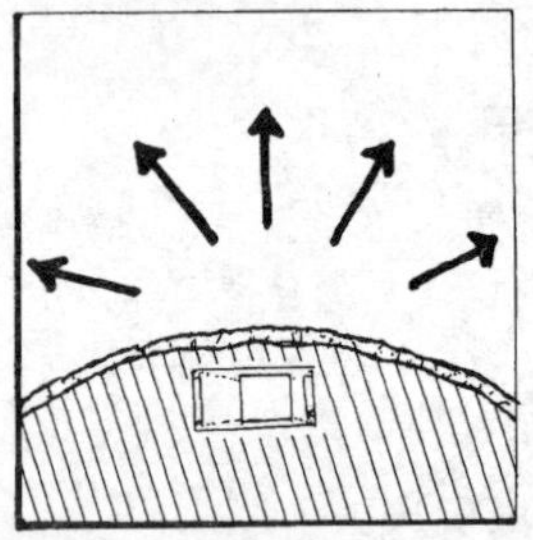

在向阳大道的很多位置，游客都能够拥有一个极为广泛的视角来欣赏远处的景观。很多并不大的驶离区就特意建在这些位置，这样游客就可以在此停下车来，一览悠长美景。

纵向视图

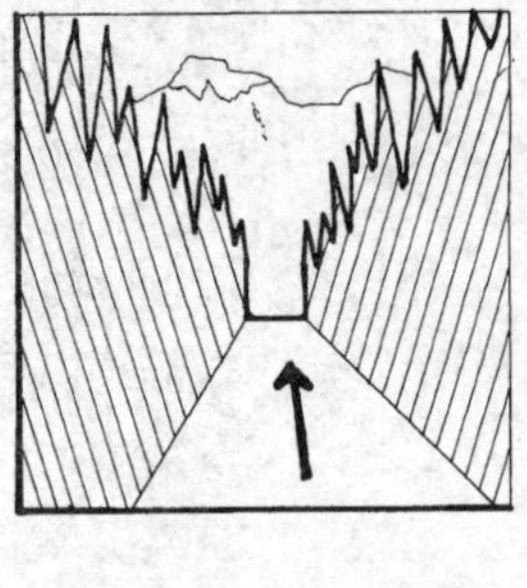

设计者运用相对而言长且直的公路选线构成了这种指向性视角，以此来吸引游客的注意力，并给他们充足的时间来欣赏壮观的景色。道路设计者使用此种技巧，来突出一些地段的显著特征，比如在花园墙和杰克逊冰川等地。

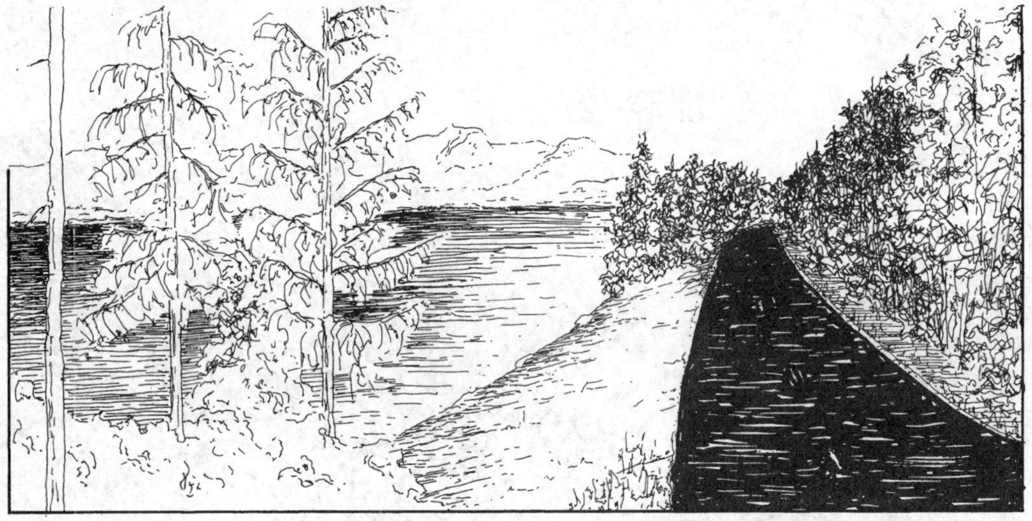

风景规划

麦克唐纳湖

内景

漏景

框景

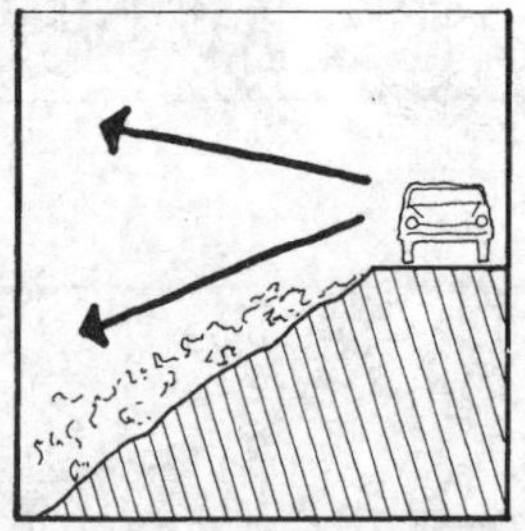

林冠截景

规划路边植被来增强视觉效果，早已成为一种标准的景观设计技术。通过对植物选择性的修剪，可以增强现有景观的美感，也可以展现那些被厚厚的植物层遮挡住的精妙美景。公园里多处景观都带有一种浑然天成之美，似乎丝毫未加修饰，但事实上，这都是公园道路设计者精心设计后的结果。冰川国家公园已形成了风景规划的指导性原则，利用这些原则可以有效地去除无用的植物，丰富观光客的游园体验。其中，包括了以下四种方法：其一，修剪掉路边的下部树枝和灌木，让游客看到森林深处；其二，选择性修剪下部的树枝和灌木，让游客可以透过位置稍下的植被看到背景处风光，创造过滤式风景；其三，被称为窄窗或是"法式琢景"，即游客在树木之间欣赏风景，得到了选择性的视角；第四种方法叫做"林冠截景"，即除去所有的阻挡物，形成完全开放的视角。景观规划经常用于公路的弯道和岔道处，在这些地方，驾车而来的游客有更好的机会来欣赏那些精心设计的风景。

岩架

选线

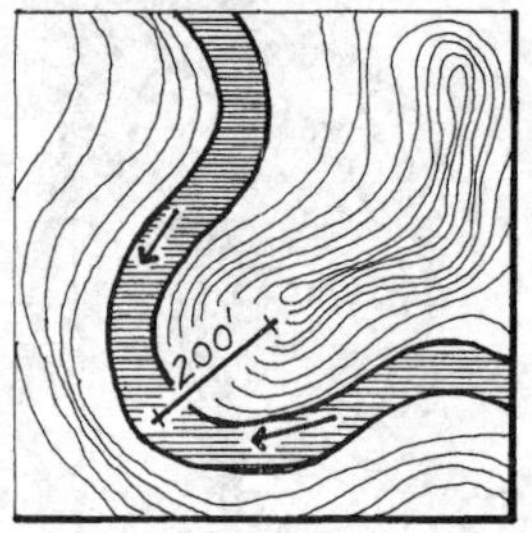

公路上，弯道和水平路的变化，就会产生不同的景观效果。向阳大道崎岖的地形使得这里必须修筑许多短而紧密的弯道。而这些曲线也恰恰表明，设计者希望顺应山体的本来轮廓，尽量少修筑难看的山路。而这些急转弯会让游客拥有一份无与伦比的驾车游览体验，由于公路似乎总是在转角处消失，游客便会留在此地，凝视着那些在稀薄空气中的陡峭悬崖。

坡度

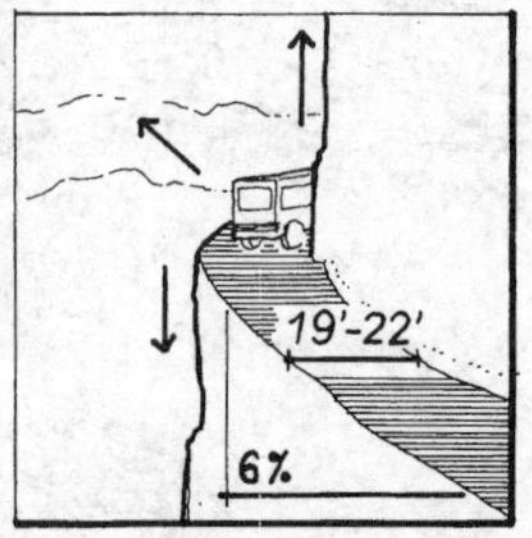

公路上垂直定线和周边地形的水平线的改变，也会对驾车游览体验造成一定影响。花园墙以及园内其他的悬崖峭壁、那些急转而下的峭壁、6% 的陡峭坡度，再加上狭窄的公路，这一切都更使游客觉得自己暴露在外。当游客看向下面深深的山谷时，低低的石质围栏保护着他们，让他们可以看向那让人眩晕的悬崖深处。

DELINEATED BY: *Brandy Dubs, 2000*

NPS PARK ROADS RECORDING PROGRAM
NATIONAL PARK SERVICE
UNITED STATES DEPARTMENT OF THE INTERIOR

ADDENDUM TO GOING-TO-THE-SUN ROAD - 1933
GLACIER NATIONAL PARK
FLATHEAD COUNTY
WEST GLACIER VICINITY
MONTANA

SHEET 5 OF 14

HISTORIC AMERICAN ENGINEERING RECORD
MT-67

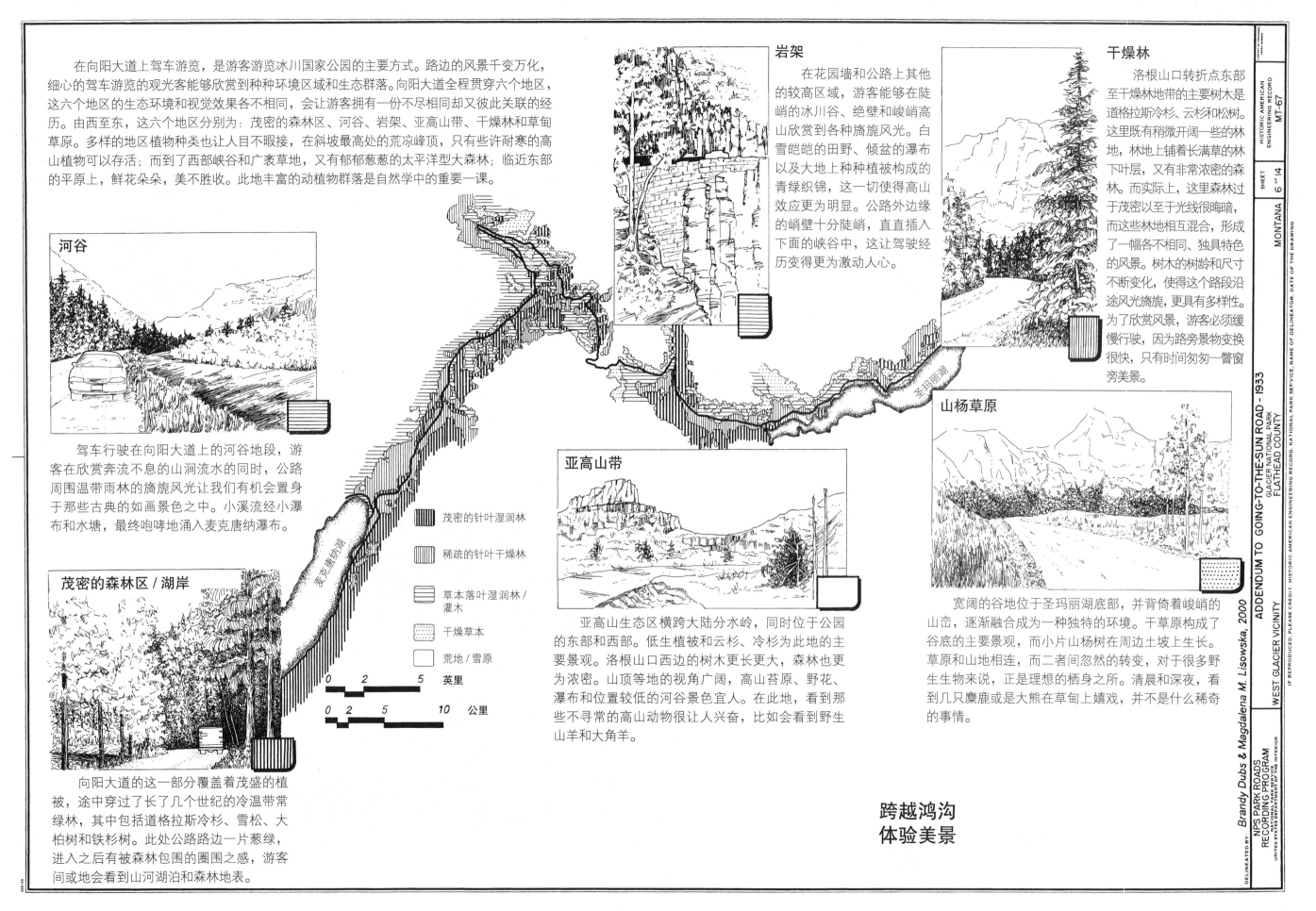

在向阳大道上驾车游览，是游客游览冰川国家公园的主要方式。路边的风景千变万化，细心的驾车游览的观光客能够欣赏到种种环境区域和生态群落。向阳大道全程贯穿六个地区，这六个地区的生态环境和视觉效果各不相同，会让游客拥有一份不尽相同却又彼此关联的经历。由西至东，这六个地区分别为：茂密的森林区、河谷、岩架、亚高山带、干燥林和草甸草原。多样的地区植物种类也让人目不暇接，在斜坡最高处的荒凉峰顶，只有些许耐寒的高山植物可以存活；而到了西部峡谷和广袤草地，又有郁郁葱葱的太平洋型大森林；临近东部的平原上，鲜花朵朵，美不胜收。此地丰富的动植物群落是自然学中的重要一课。

河谷

驾车行驶在向阳大道上的河谷地段，游客在欣赏奔流不息的山涧流水的同时，公路周围温带雨林的旖旎风光让我们有机会置身于那些古典的如画景色之中。小溪流经小瀑布和水塘，最终咆哮地涌入麦克唐纳瀑布。

茂密的森林区 / 湖岸

向阳大道的这一部分覆盖着茂盛的植被，途中穿过了长了几个世纪的冷温带常绿林，其中包括道格拉斯冷杉、雪松、大柏树和铁杉树。此处公路路边一片葱绿，进入之后有被森林包围的圈围之感，游客间或地会看到山河湖泊和森林地表。

麦克唐纳湖
圣玛丽湖
茂密的针叶湿润林
稀疏的针叶干燥林
草本落叶湿润林 / 灌木
干燥草本
荒地 / 雪原
0 2 5 英里
0 2 5 10 公里

岩架

在花园墙和公路上其他的较高区域，游客能够在陡峭的冰川谷、绝壁和峻峭高山欣赏到各种旖旎风光。白雪皑皑的田野、倾盆的瀑布以及大地上种种植被构成的青绿织锦，这一切使得高山效应更为明显。公路外边缘的峭壁十分陡峭，直直插入下面的峡谷中，这让驾驶经历变得更为激动人心。

干燥林

洛根山口转折点东部至干燥林地带的主要树木是道格拉斯冷杉、云杉和松树。这里既有稍微开阔一些的林地，林地上铺着长满草的林下叶层，又有非常浓密的森林。而实际上，这里森林过于茂密以至于光线很晦暗，而这些林地相互混合，形成了一幅各不相同、独具特色的风景。树木的树龄和尺寸不断变化，使得这个路段沿途风光旖旎，更具有多样性。为了欣赏风景，游客必须缓慢行驶，因为路旁景物变换很快，只有时间匆匆一瞥窗旁美景。

亚高山带

亚高山生态区横跨大陆分水岭，同时位于公园的东部和西部。低生植被和云杉、冷杉为此地的主要景观。洛根山口西边的树木更长更大，森林也更为浓密。山顶等地的视角广阔，高山苔原、野花、瀑布和位置较低的河谷景色宜人。在此地，看到那些不寻常的高山动物很让人兴奋，比如会看到野生山羊和大角羊。

山杨草原

宽阔的谷地位于圣玛丽湖底部，并背倚着峻峭的山峦，逐渐融合成为一种独特的环境。干草原构成了谷底的主要景观，而小片山杨树在周边土坡上生长。草原和山地相连，而二者间忽然的转变，对于很多野生生物来说，正是理想的栖身之所。清晨和深夜，看到几只麋鹿或是大熊在草甸上嬉戏，并不是什么稀奇的事情。

跨越鸿沟
体验美景

DELINEATED BY Brandy Dubs & Magdalena M. Lisowska, 2000

NPS PARK ROADS RECORDING PROGRAM
NATIONAL PARK SERVICE
UNITED STATES DEPARTMENT OF THE INTERIOR

ADDENDUM TO GOING-TO-THE-SUN ROAD - 1933
GLACIER NATIONAL PARK
FLATHEAD COUNTY
WEST GLACIER VICINITY
MONTANA

SHEET 6 of 14

HISTORIC AMERICAN ENGINEERING RECORD
MT-67

IF REPRODUCED, PLEASE CREDIT: HISTORIC AMERICAN ENGINEERING RECORD, NATIONAL PARK SERVICE, NAME OF DELINEATOR, DATE OF THE DRAWING

为什么建隧道？

东隧道一竣工图

隧道方案

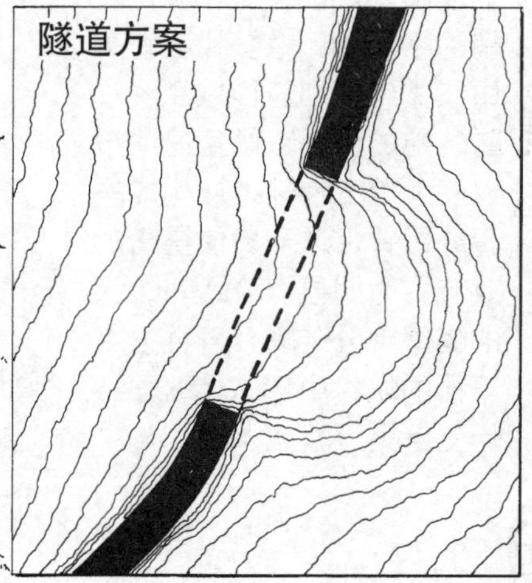

就近通道方案

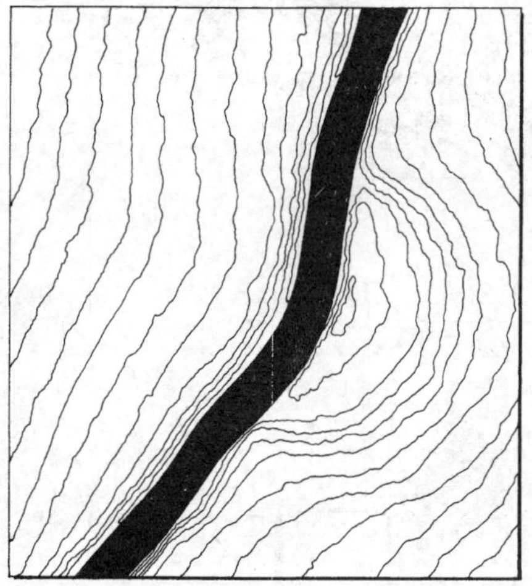

清除工作台方案

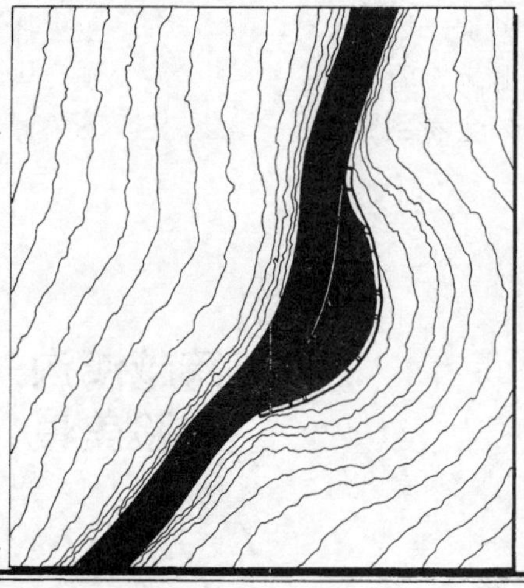

“工程竣工后，公路上不应该留下太多的人工痕迹，而应该主要显示出大自然的鬼斧神工。”

托马斯·文特，1925 年

在修筑公路遇到陡坡时，公路设计者有以下几个选择。最简单的方法是清理掉水平工作台来腾出地方修路，但如此建设，一是挖掘的范围太广，二是十分有损外观。而且，后面的陡峭岩壁也很不稳定，驾车游览的游客将陷入危险之中，路面维修也会成为一大难题。另外一种解决方法是在岩石间开挖一条狭窄的通道，这样山坡外部的风景仍可以继续吸引游客，也能够降低挖掘成本。尽管相对来说，有时候修筑隧道是一件复杂的事，但建设隧道带来的消极作用却是最低的，它能够最小限度地破坏脆弱的生态系统和山区旖旎风光。修筑隧道可以防止公路上山岩滚落，这也大大减少了驾驶危险和维修问题。

如左边图示，东隧道贯穿了坚固的岩石，它的出口成为山间美景的图框。西隧道在更为陡峭、断裂也更多的悬崖处打通，这让峭壁流出的汩汩水流成了问题，却也使行人的窗户朝向了侧面。这一点很难得，让西隧道成为了公路沿途的主要停车场。

西隧道通道

（从汽车上看）

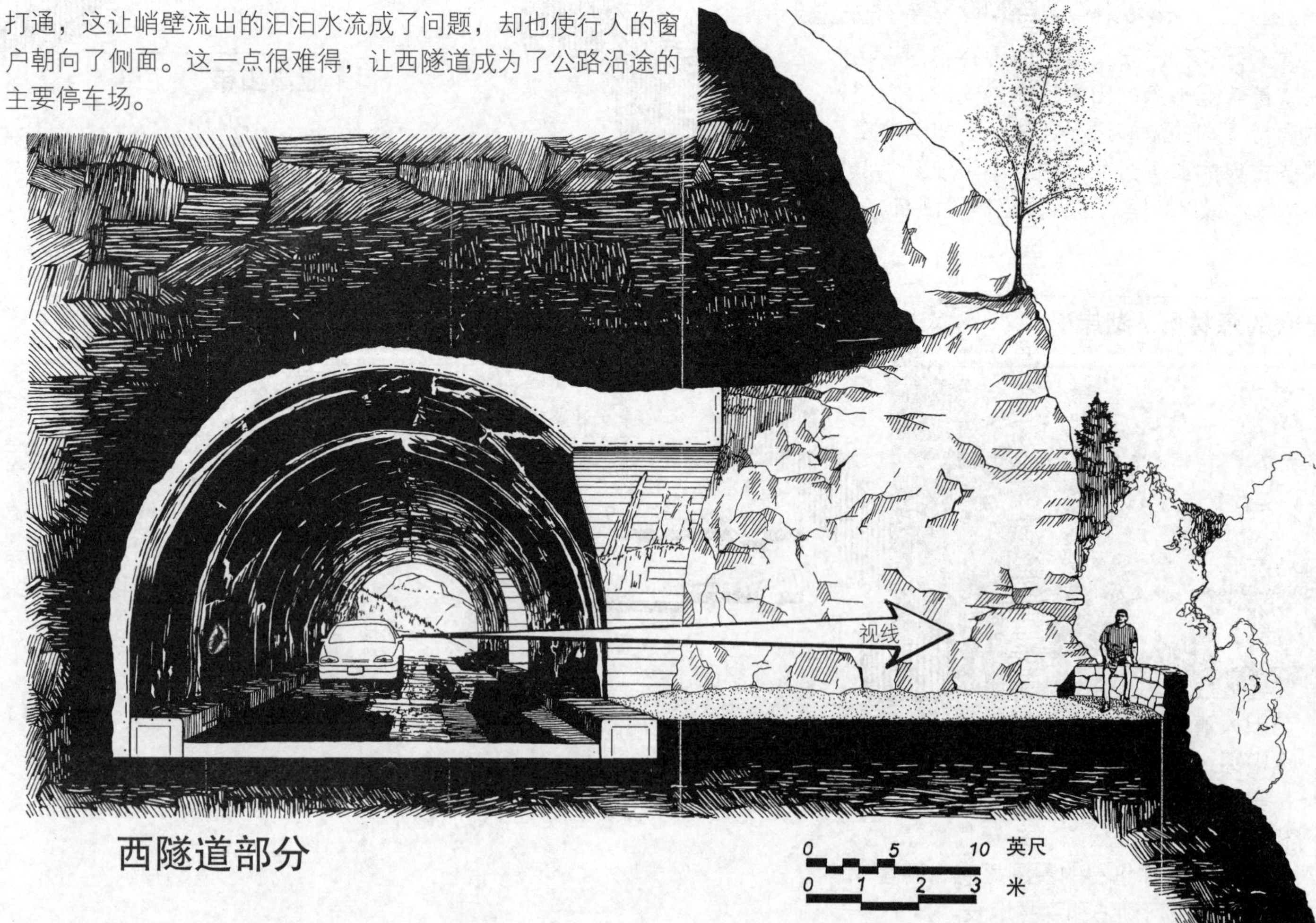

西隧道部分

DELINEATED BY: Christopher A. Boldt, 2000

NPS PARK ROADS RECORDING PROGRAM
NATIONAL PARK SERVICE
UNITED STATES DEPARTMENT OF THE INTERIOR

ADDENDUM TO GOING-TO-THE-SUN ROAD - 1933
GLACIER NATIONAL PARK
WEST GLACIER VICINITY FLATHEAD COUNTY MONTANA

SHEET 8 OF 14

HISTORIC AMERICAN ENGINEERING RECORD MT-67

IF REPRODUCED, PLEASE CREDIT: HISTORIC AMERICAN ENGINEERING RECORD, NATIONAL PARK SERVICE, NAME OF DELINEATOR, DATE OF THE DRAWING

护栏与护墙

固定护栏

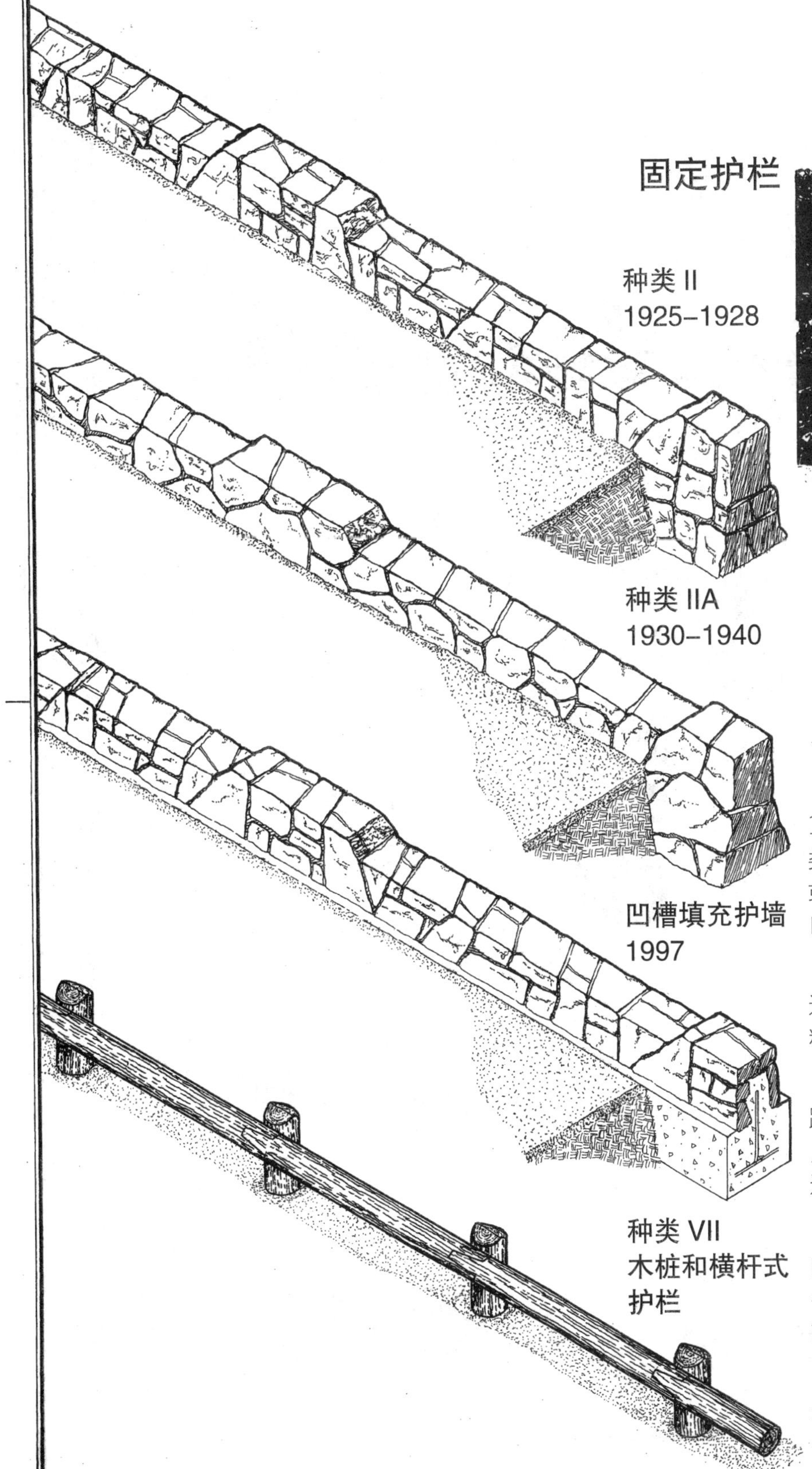

种类 II
1925–1928

种类 IIA
1930–1940

凹槽填充护墙
1997

种类 VII
木桩和横杆式护栏

Ⅱ类护墙是具有小圆齿的石质护墙，这种护墙较为特殊，只有按照1925年至1928年间威廉姆斯和道格拉斯合同建设的工程，才修筑了这类护墙。这种护墙的墙体具有以下特点：墙体由不规则的碎石镶嵌而成，或是一种网状墙体图案，顶层石块由横向、纵向的填料相接合，而开垛口处由较大石块组成。

ⅡA类护墙也是具有小圆齿的石质护墙，建于1930年至1940年间，这种护墙的墙体由不分层的方块状粗糙毛石构成，顶层只是横向涂有填料接合石块。

混凝土结构的凹槽填充护墙是更为现代的建筑结构，它逐渐取代了路边曾经建设的护墙。最初，这种结构被称作“填充式凹槽”，因为使用了公园里聚集起来的石块建造墙体，墙的外表层是加了钢筋的混凝土，这种护墙是以前的Ⅱ类护墙和ⅡA类护墙的衍生物。

Ⅶ类护墙的木桩和横杆式护栏，是国家公园管理局在冰川公园设计的标准护栏结构。起初，在路边建立这种护栏，是为了保证游客不会沿着公路驾车驶入未开发地带，这种护栏也能起到为游客指引方向以及保护公园旅游资源的作用。曾经这类护栏是作为护轨来施工修建的。

因为雪崩频频对护墙造成破坏，向阳大道的部分路段上修筑了可移动的护栏，这些护栏每年冬天会被拆下。木质护栏也是国家公园管理局早期设计的标准护栏结构，但之后事实证明它起不到多大作用，最终在1968年，被现在仍在使用的、以木材和钢材建成的护轨所取代。

可移动护栏

木质护栏
1925–1968

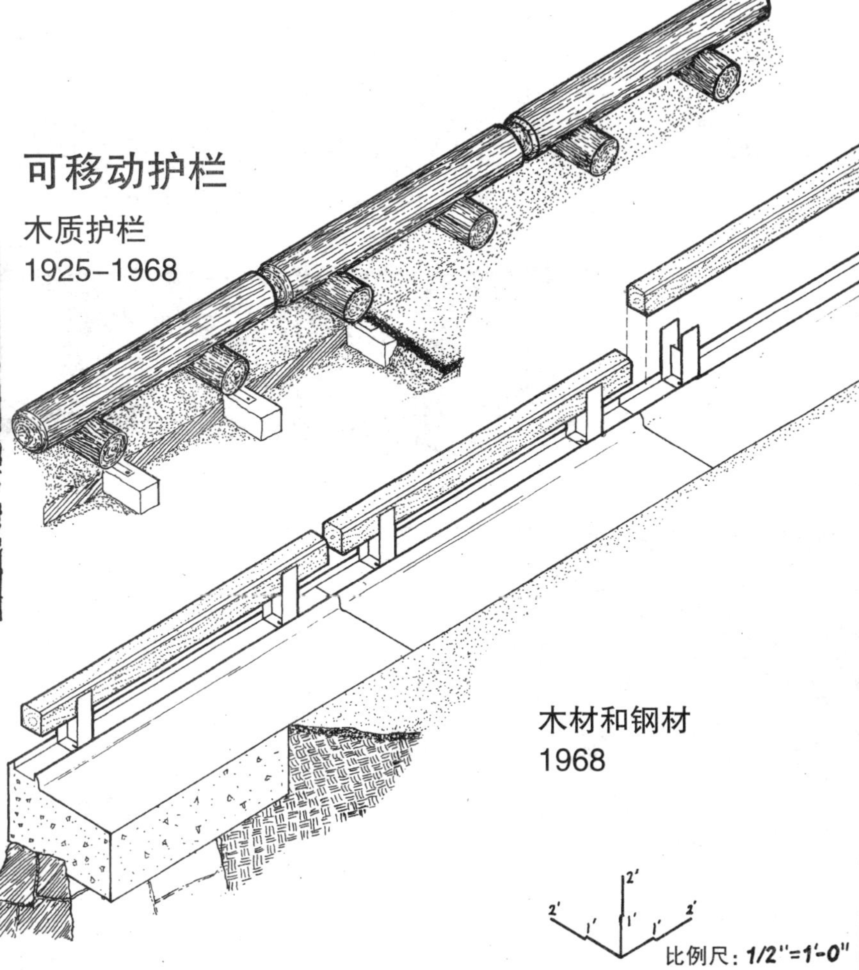

木材和钢材
1968

挡土墙

以前，向阳大道上的挡土墙由石质材料建成，和护墙一样，建造挡土墙的石块也来源于距施工地点很近的地区，这样能够保证工程与周围风景相融合。而现在在建的挡土墙，往往是表面铺有石块的混凝土结构。

石质材料

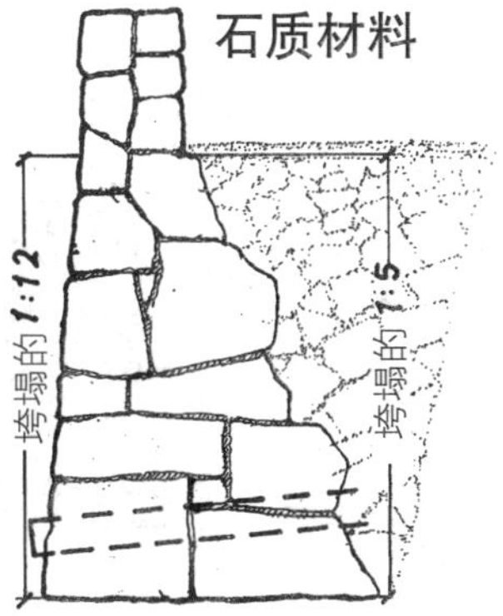

表面铺有石块的混凝土结构

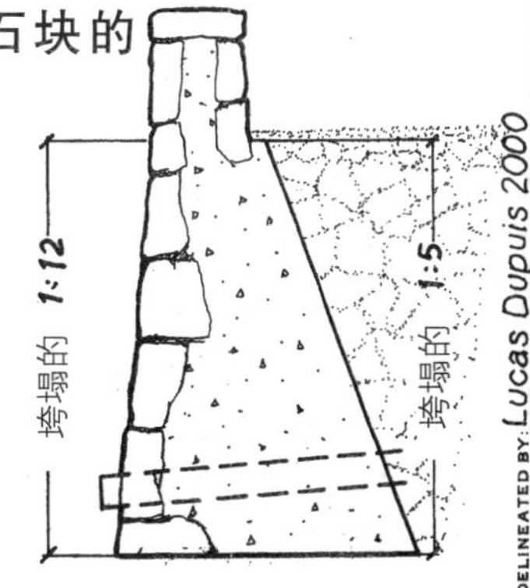

HISTORIC AMERICAN ENGINEERING RECORD
MT-67

SHEET 9 OF 14

ADDENDUM TO GOING-TO-THE-SUN ROAD - 1933
GLACIER NATIONAL PARK
FLATHEAD COUNTY
WEST GLACIER VICINITY
MONTANA

DELINEATED BY: Lucas Dupuis 2000

NPS PARK ROADS RECORDING PROGRAM
NATIONAL PARK SERVICE
UNITED STATES DEPARTMENT OF THE INTERIOR

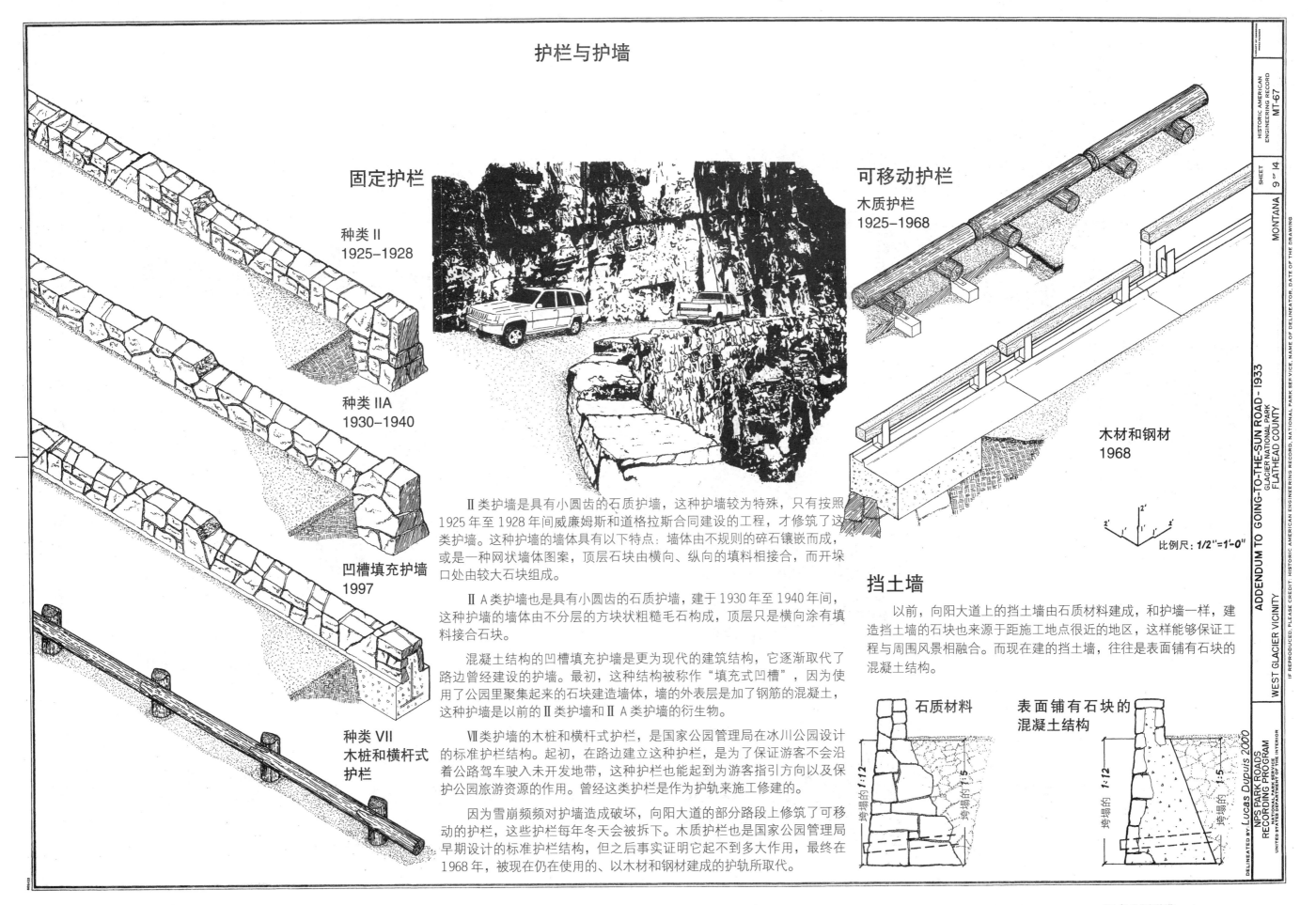

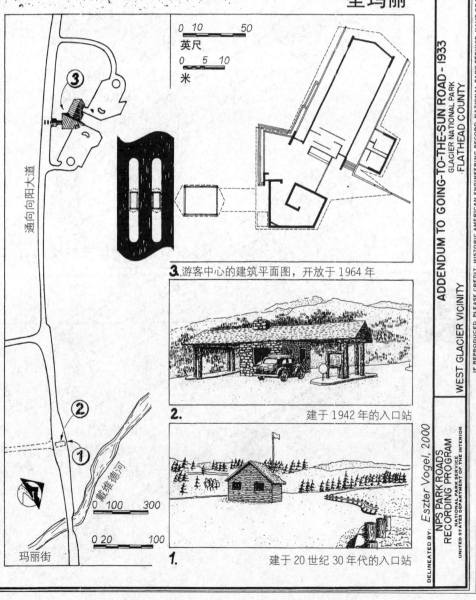

公园入口

西冰川
West Entrance

西冰川

圣玛丽

圣玛丽

GLACIER
NATIONAL
PARK

自冰川国家公园1910年建立以来，西冰川的入口变化巨大。起初，游客通过一架木桥跨越弗拉特黑德河，这架木桥建于1897年，和贝尔顿火车站离得很近，在河岸上还有一段狭窄的土路。1924年，公园管理部门进一步扩大，这个通路入口的状况也进一步改善。这边的小木屋成为了正式入口，直到1938年，公园建立了新的大桥，也重新规划了主要线路，直到那时才改变了公园的入口。1941年，在新入口处建立了一个专门通汽车的检录站。1963年，入口处进一步修缮，在原始设备“侧翼”处，另外增加了两个检录室。这样，两条行车道就可以同时检录，齐头并进，而那些前往公园的大型旅行车数量持续增加，它们的驶入也得到了保障。

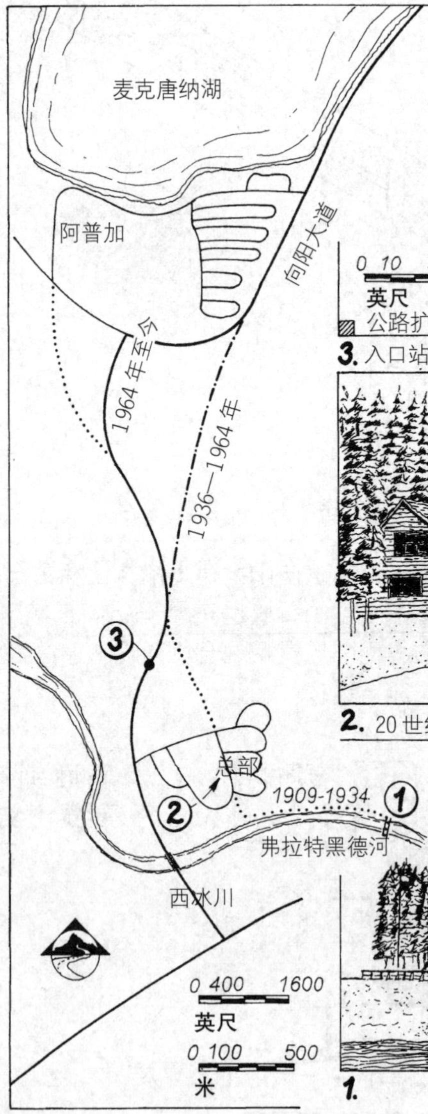
麦克唐纳湖
阿普加
向阳大道
1964年至今
1936—1964年
3
2
总部
1909-1934
1
弗拉特黑德河
西冰川
0 400 1600
英尺
0 100 500
米

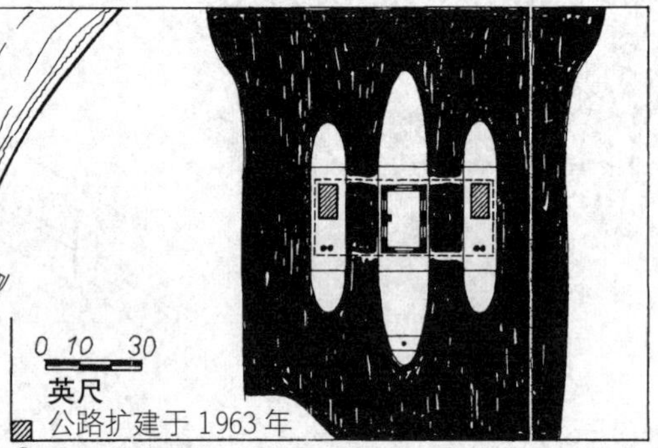
0 10 30
英尺
公路扩建于1963年

3. 入口站的建筑平面图，建于1941年

2. 20世纪30年代期间通过总部的公路

1. 建于1909年的贝尔顿大桥

GLACIER
NATIONAL
PARK

与西冰川入口相同，随着时间变换，进入公园的东入口的变化也很大。1918年这里有了第一个“检录”站，这是一个帐篷，位置临近湖泊，也接近1913年建立的公园看守人小站，但是此处并不收费。到了20世纪30年代，公园的公路选线被改变成为如今的情况，入口站结构也随之在此形成，位于现在的游客中心向南约1/2英里处。1942年6月，在之前的建筑基础上，公园的新检录站完工，新的站点沿用了西冰川站点的设计风格。这一站点一直用至1968年，直到现在我们仍在使用的检录亭（位于最主要的游客中心右侧），这是66号公路任务设计的延续部分。这个新入口站有一大目标，致力于将传统乡土美学和现代材料与艺术风格结合起来。

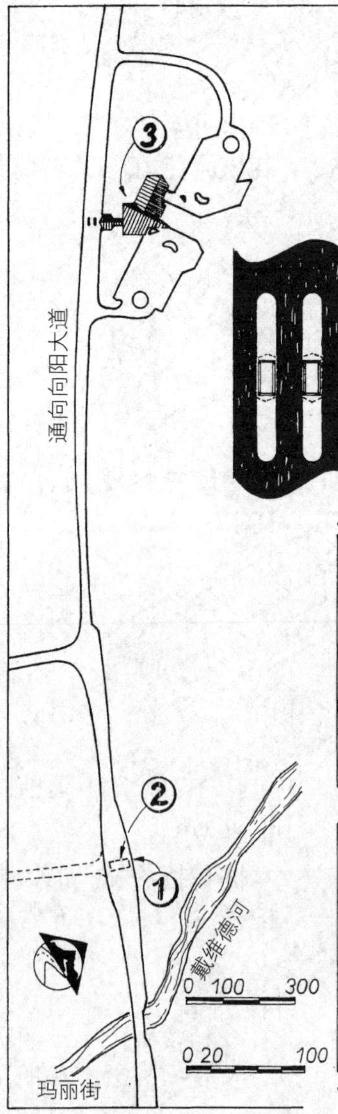
3
通向向阳大道
2
1
戴维德河
0 100 300
0 20 100
玛丽街

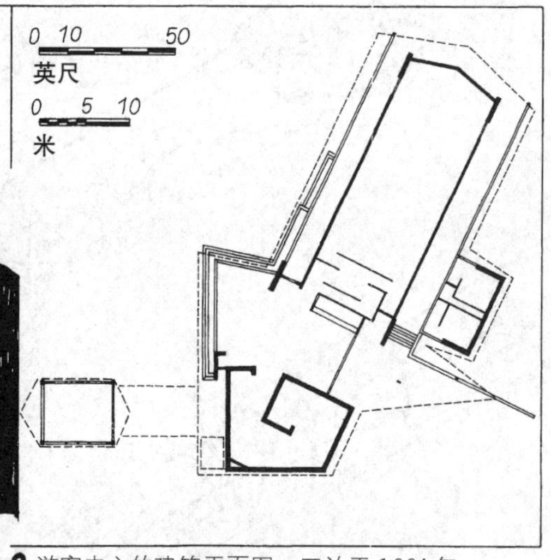
0 10 50
英尺
0 5 10
米

3. 游客中心的建筑平面图，开放于1964年

2. 建于1942年的入口站

1. 建于20世纪30年代的入口站

ADDENDUM TO GOING-TO-THE-SUN ROAD - 1933
GLACIER NATIONAL PARK
FLATHEAD COUNTY
WEST GLACIER VICINITY
MONTANA
SHEET 10 OF 14
HISTORIC AMERICAN ENGINEERING RECORD
MT-67
DELINEATED BY: Eszter Vogel, 2000
NPS PARK ROADS RECORDING PROGRAM
NATIONAL PARK SERVICE
UNITED STATES DEPARTMENT OF THE INTERIOR
IF REPRODUCED, PLEASE CREDIT: HISTORIC AMERICAN ENGINEERING RECORD, NATIONAL PARK SERVICE, NAME OF DELINEATOR, DATE OF THE DRAWING

环路

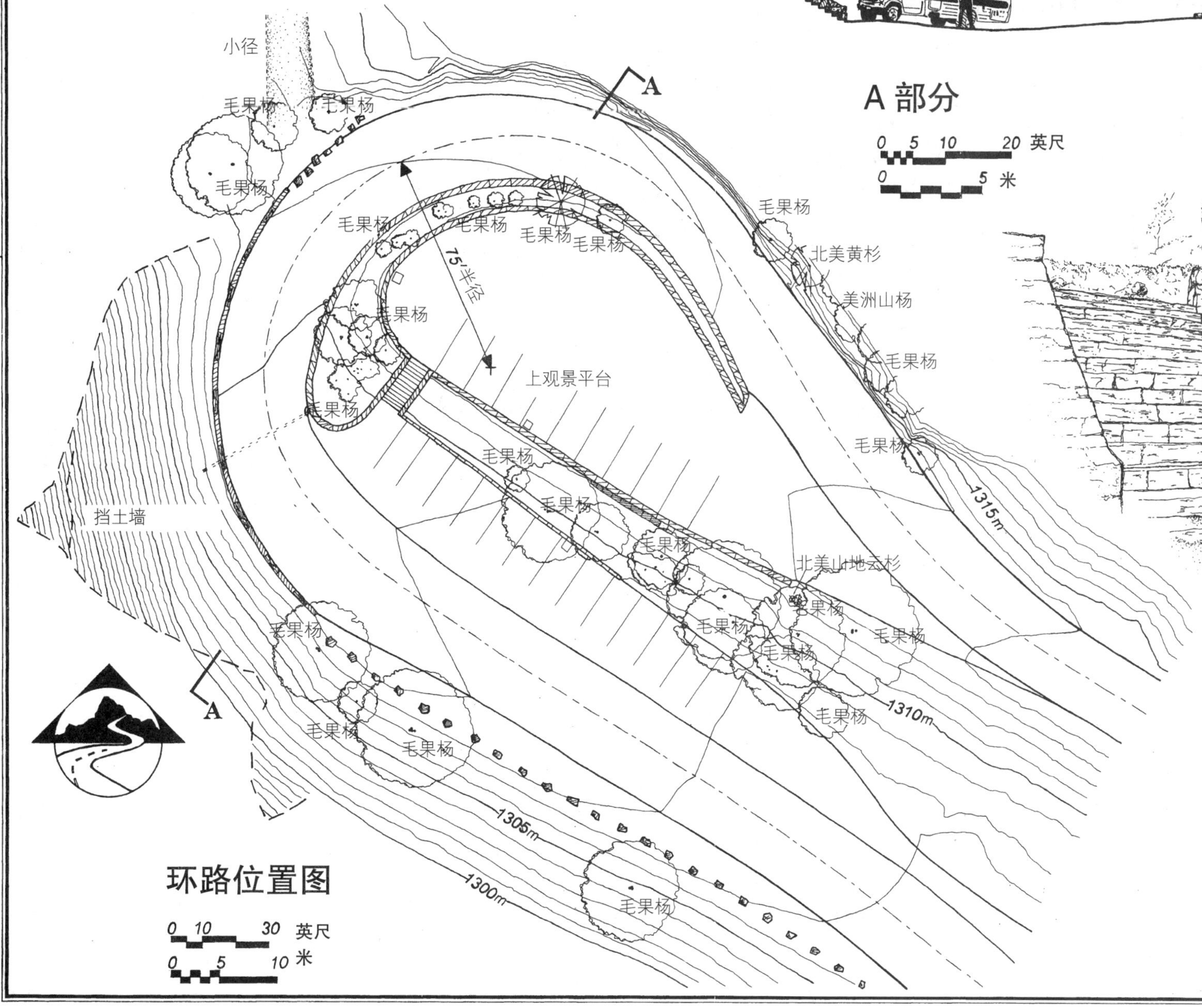

A 部分

0 5 10 20 英尺

0 5 米

环路位置图

0 10 30 英尺

0 5 10 米

向阳大道有一段沿洛根山口西侧攀升，其中有两段较长的平缓坡路，它们以一个之字急转弯道相连接。汽车行驶的方向经常在此处改变，这里被称为“环路”。向阳大道的公路设计者深知，司机将必须在此处放慢速度，以安全转过这一弯道，设计者便利用这一点，在道路起点处风景极好的地段，开发了一个停车场和观景平台。所以，在环路转换点上既能够转变方向，又能够欣赏美景。基于此，公路周围环绕着可以遮阴的大树。司机在环路上驾车时，需要在花园墙边捏把汗，因为花园墙在亚高山的地形上，那里有让人一看便会昏眩的悬崖峭壁，但也有开阔无垠的山区美景。

按照原先的设计方案，其中的元素——田园式的楼梯和石墙——将分隔的循环模式与陡坡隔开。因为有了如此多的填充物，一条长长的石制挡土墙围在这条环路低处弯道边，这个挡土墙为手工堆砌，堆砌处并没有涂抹砂浆。在随后的 2000 年，挡土墙进行了一番修复。

树木图例（2000 年版本）

毛果杨（美国黑杨）

北美黄杉（道格拉斯冷杉）

美洲山杨（颤杨）

北美山地云杉（英格曼云杉）

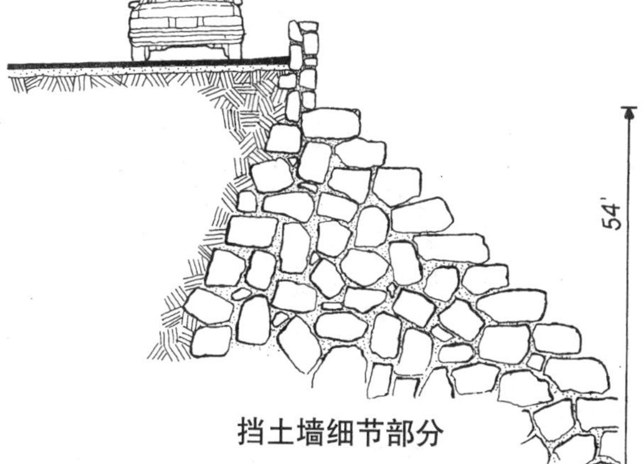

挡土墙细节部分

DELINEATED BY Christopher A. Boldt, 2000

NPS PARK ROADS RECORDING PROGRAM

NATIONAL PARK SERVICE
UNITED STATES DEPARTMENT OF THE INTERIOR

ADDENDUM TO GOING-TO-THE-SUN ROAD - 1933

GLACIER NATIONAL PARK

FLATHEAD COUNTY

WEST GLACIER VICINITY

MONTANA

SHEET 12 OF 14

HISTORIC AMERICAN ENGINEERING RECORD

MT-67

IF REPRODUCED, PLEASE CREDIT: HISTORIC AMERICAN ENGINEERING RECORD, NATIONAL PARK SERVICE, NAME OF DELINEATOR, DATE OF THE DRAWING

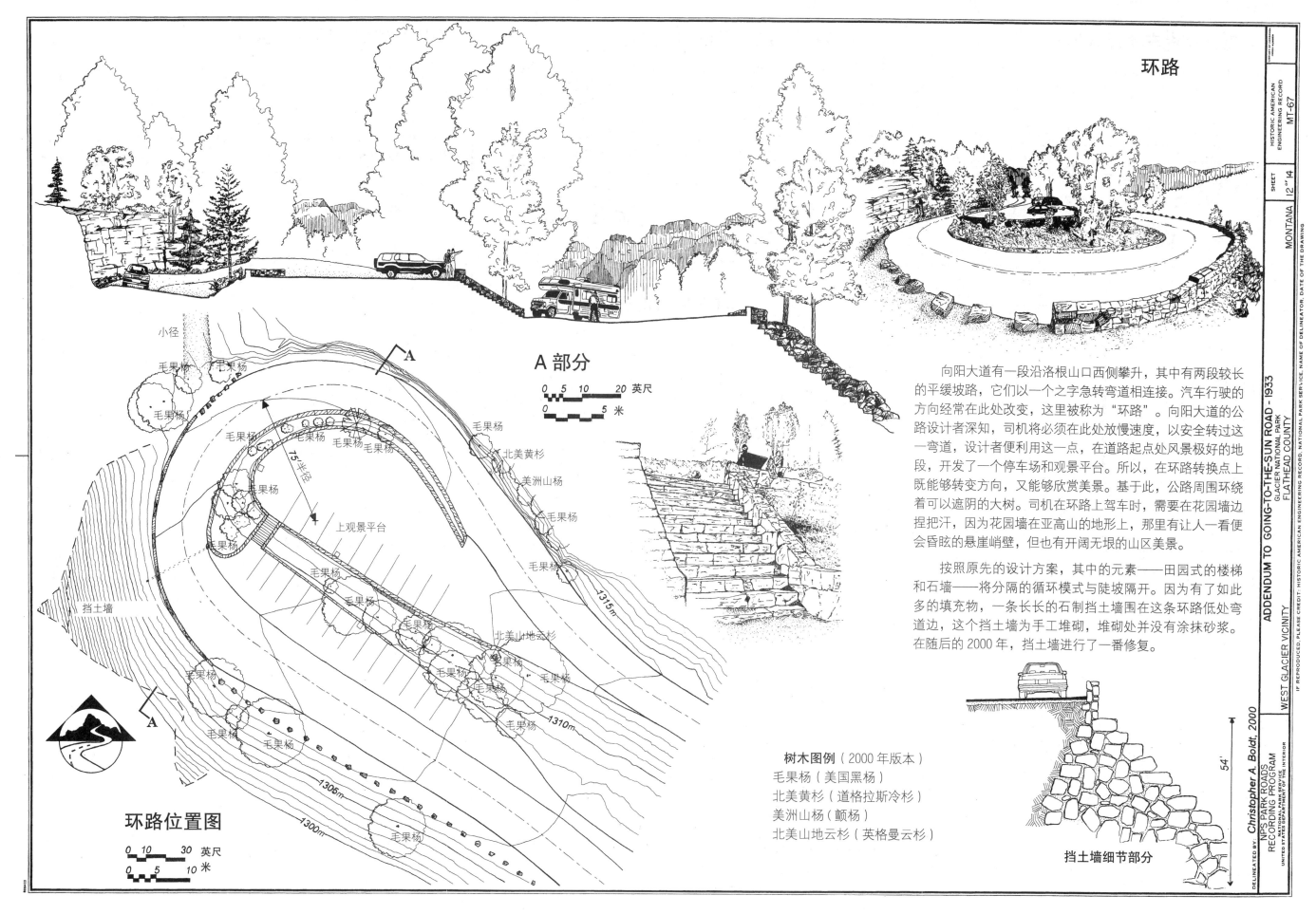

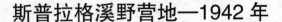

罗斯克里克汽车木屋营地—1930 年

早期前往公园的游客可以在他们所喜欢的任何地方安营扎寨，结果很多植被被破坏，这迫使冰川国家公园开始规划出一系列的野营地段。

如今，“日出点”广为人知，然而这个野营地并不是按照 1930 年的计划建设的。“日出点”的设计是圆锥形帐篷式舱室布置的典范。每个“集合单元”都由几个八角形的小屋形成，小屋环绕着中间的“集合篝火”。汽车停在一旁，位列在小木屋之间，或是绕着中间的篝火，这样车的头灯就能够打开用于晚上大家“聚集玩乐”。

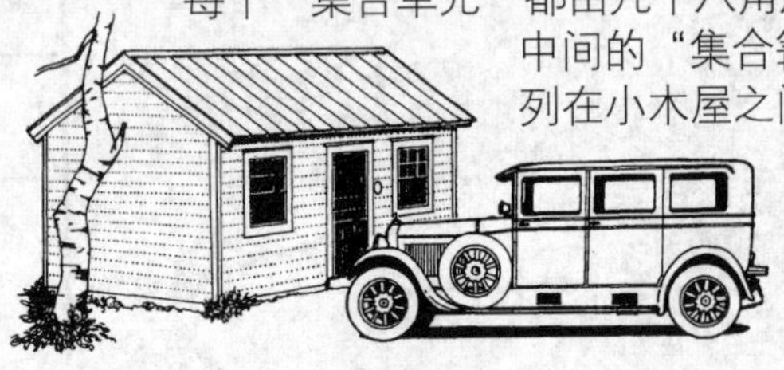

Swiftcurrent Auto Cabins

多冰川地带的“急流”汽车小屋野营地建于 1933 年，这个营地也是基于相同的设计，但是那些小木屋是设计更为简易的矩形，众多小屋的中心覆盖了植被，而不是篝火。

斯普拉格溪野营地—1942 年

设计和建设该营地是为了给一连串的汽车队伍提供营地，那些汽车接连行驶在贯彻自然主义的蜿蜒狭窄的环路上。来此野营的成员必须共同分享桌子和壁炉，而桌子和壁炉随意地摆在树木和林中的空地间，这也使来此地的游客真正有种林间野营的感受。之后，帐篷下添加了碎石垫层，这能够减少泥浆污秽的影响，也能够减小对植被层的破坏。

这里设计用途广泛，具有通用性，很容易接纳游客。只要游客自己携带帐篷驾车而来，或是开着旅行宿营车，抑或是那些带了帐篷的背包客，斯普拉格溪野营地都会欣然接纳。

圣玛丽湖野营地—1964 年

随着宿营车变得越来越大，稍早建立的那些野营地已经不足以容纳下它们。公园建立了一些新的营地，这些新的营地里，每一辆宿营车都拥有自己的行车环路。环路经过布置，每一个都设计有较大的平滑的曲线，这让大型车辆更容易操作。考虑到这些车较以前有更大的容量，与以前的营地相比，新建的这批野营地也在公园内占据了更大的位置。

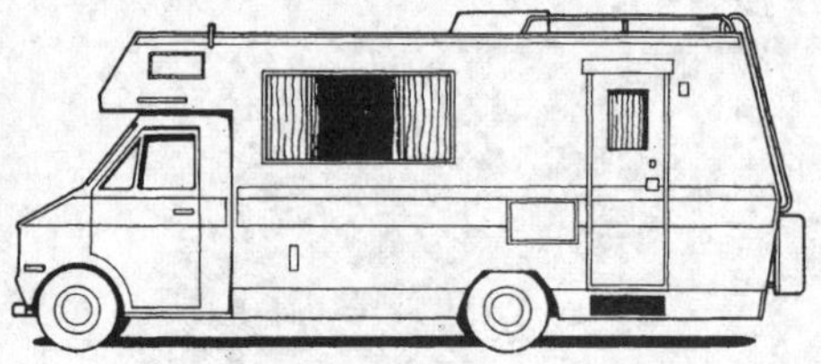

然而，人们终于意识到，即使是这些最新的营地也不足以容纳最大的宿营车，比如正在大量制造的房车，最终圣玛丽湖野营地设定了营地准入的最大车长，超过 35 英尺长的宿营车不得入内。

汽车露营地设计

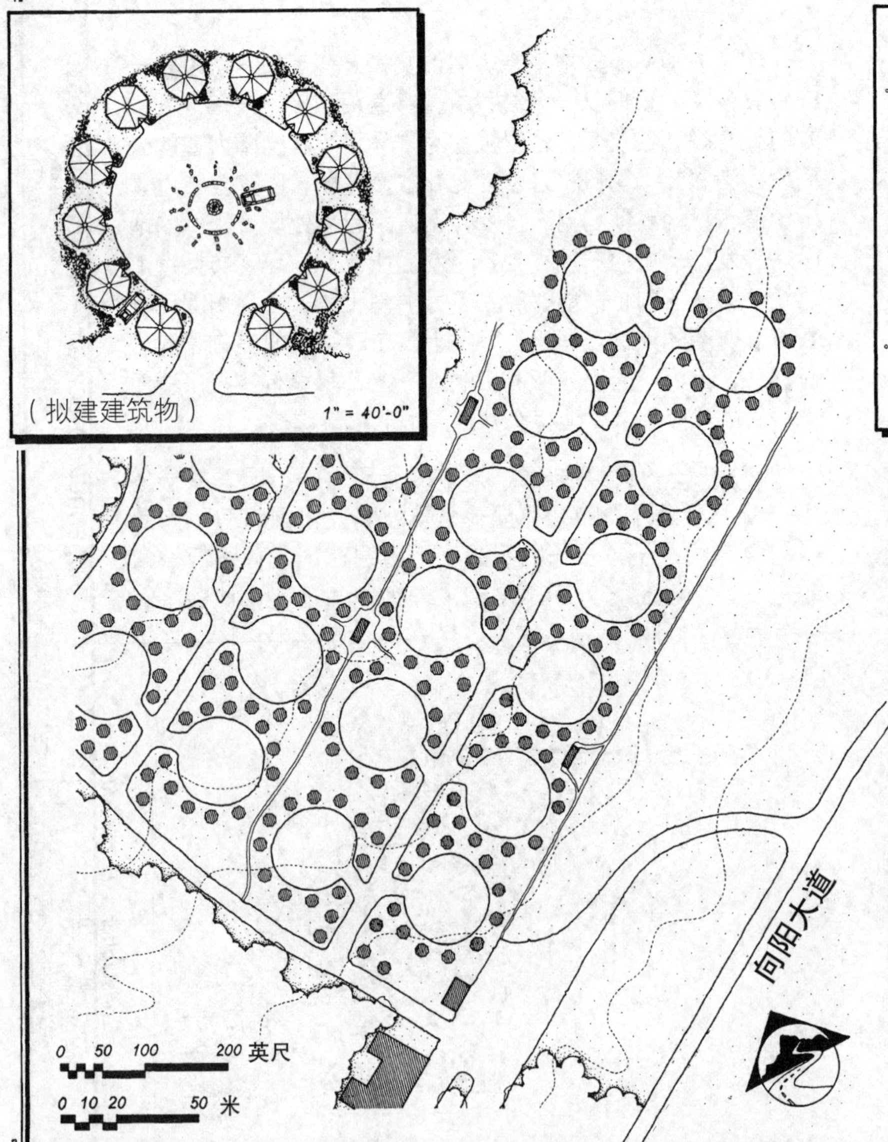

（拟建建筑物）
1" = 40'-0"
向阳大道
0 50 100 200 英尺
0 10 20 50 米

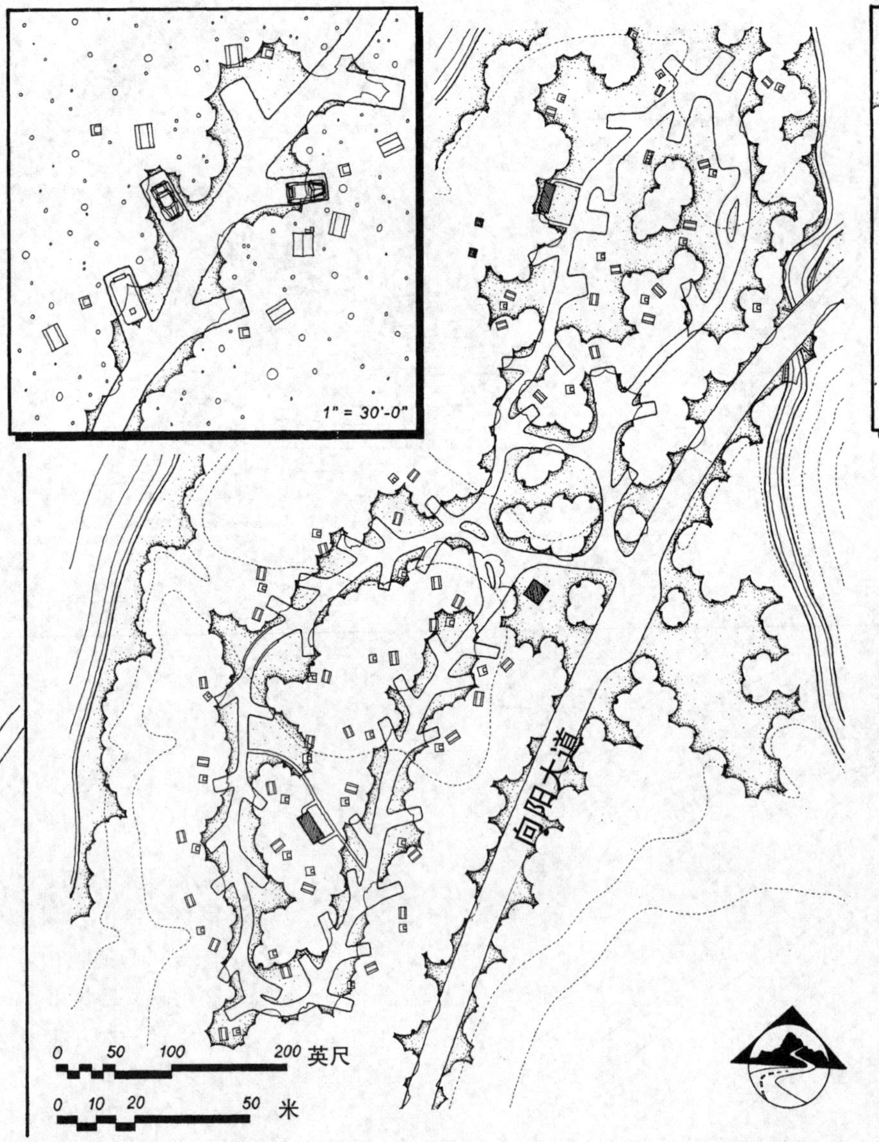

1" = 30'-0"
向阳大道
0 50 100 200 英尺
0 10 20 50 米

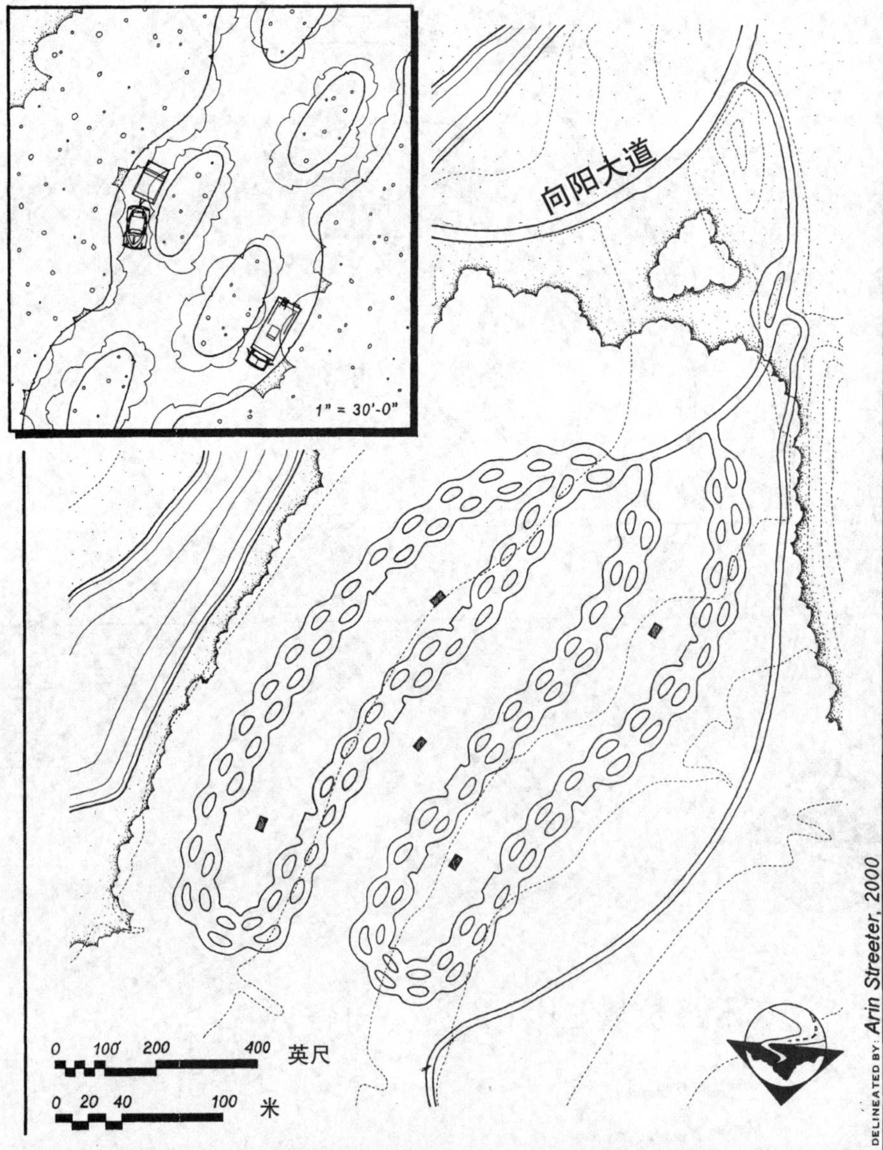

1" = 30'-0"
向阳大道
0 100 200 400 英尺
0 20 40 100 米

HISTORIC AMERICAN ENGINEERING RECORD MT-67

SHEET 13 OF 14

MONTANA

ADDENDUM TO GOING-TO-THE-SUN ROAD - 1933
GLACIER NATIONAL PARK
FLATHEAD COUNTY
WEST GLACIER VICINITY

IF REPRODUCED, PLEASE CREDIT: HISTORIC AMERICAN ENGINEERING RECORD, NATIONAL PARK SERVICE, NAME OF DELINEATOR, DATE OF THE DRAWING

DELINEATED BY Arin Streeter, 2000

NPS PARK ROADS RECORDING PROGRAM
NATIONAL PARK SERVICE
UNITED STATES DEPARTMENT OF THE INTERIOR

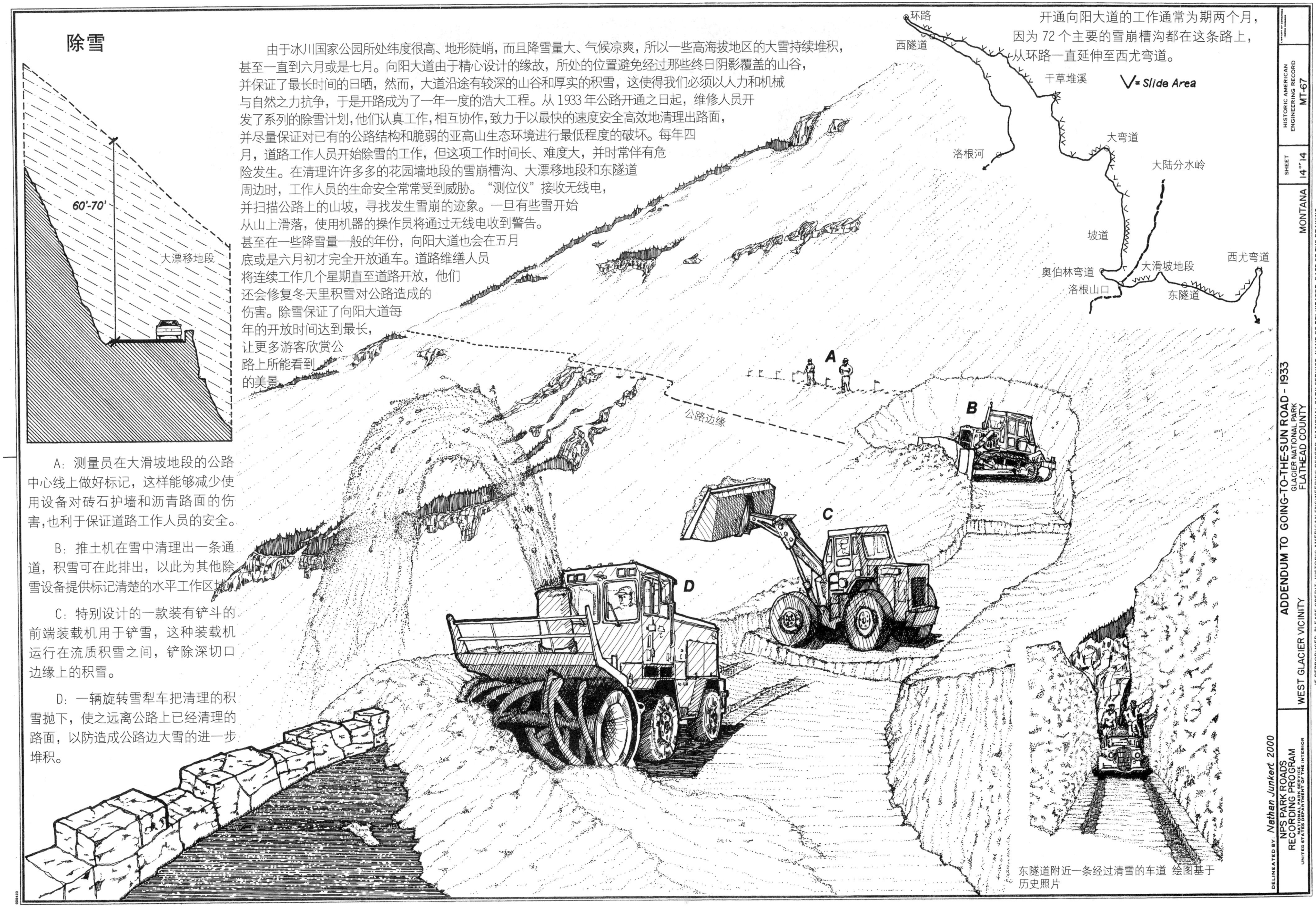
60'-70'
大漂移地段
A
B
C
D
公路边缘
环路
西隧道
干草堆溪
V= Slide Area
洛根河
大弯道
大陆分水岭
坡道
奥伯林弯道
大滑坡地段
西尤弯道
洛根山口
东隧道
ADDENDUM TO GOING-TO-THE-SUN ROAD - 1933
GLACIER NATIONAL PARK
FLATHEAD COUNTY
WEST GLACIER VICINITY
MONTANA
SHEET 14 OF 14
HISTORIC AMERICAN ENGINEERING RECORD
MT-67
DELINEATED BY: Nathan Junkert 2000
NPS PARK ROADS RECORDING PROGRAM
NATIONAL PARK SERVICE
UNITED STATES DEPARTMENT OF THE INTERIOR
IF REPRODUCED, PLEASE CREDIT: HISTORIC AMERICAN ENGINEERING RECORD, NATIONAL PARK SERVICE, NAME OF DELINEATOR, DATE OF THE DRAWING

除雪

由于冰川国家公园所处纬度很高、地形陡峭，而且降雪量大、气候凉爽，所以一些高海拔地区的大雪持续堆积，甚至一直到六月或是七月。向阳大道由于精心设计的缘故，所处的位置避免经过那些终日阴影覆盖的山谷，并保证了最长时间的日晒，然而，大道沿途有较深的山谷和厚实的积雪，这使得我们必须以人力和机械与自然之力抗争，于是开路成为了一年一度的浩大工程。从1933年公路开通之日起，维修人员开发了系列的除雪计划，他们认真工作，相互协作，致力于以最快的速度安全高效地清理出路面，并尽量保证对已有的公路结构和脆弱的亚高山生态环境进行最低程度的破坏。每年四月，道路工作人员开始除雪的工作，但这项工作时间长、难度大，并时常伴有危险发生。在清理许许多多的花园墙地段的雪崩槽沟、大漂移地段和东隧道周边时，工作人员的生命安全常常受到威胁。“测位仪”接收无线电，并扫描公路上的山坡，寻找发生雪崩的迹象。一旦有些雪开始从山上滑落，使用机器的操作员将通过无线电收到警告。甚至在一些降雪量一般的年份，向阳大道也会在五月底或是六月初才完全开放通车。道路维缮人员将连续工作几个星期直至道路开放，他们还会修复冬天里积雪对公路造成的伤害。除雪保证了向阳大道每年的开放时间达到最长，让更多游客欣赏公路上所能看到的美景。

开通向阳大道的工作通常为期两个月，因为72个主要的雪崩槽沟都在这条路上，从环路一直延伸至西尤弯道。

A：测量员在大滑坡地段的公路中心线上做好标记，这样能够减少使用设备对砖石护墙和沥青路面的伤害，也利于保证道路工作人员的安全。

B：推土机在雪中清理出一条通道，积雪可在此排出，以此为其他除雪设备提供标记清楚的水平工作区域。

C：特别设计的一款装有铲斗的前端装载机用于铲雪，这种装载机运行在流质积雪之间，铲除深切口边缘上的积雪。

D：一辆旋转雪犁车把清理的积雪抛下，使之远离公路上已经清理的路面，以防造成公路边大雪的进一步堆积。

东隧道附近一条经过清雪的车道 绘图基于历史照片

田纳西州州旗

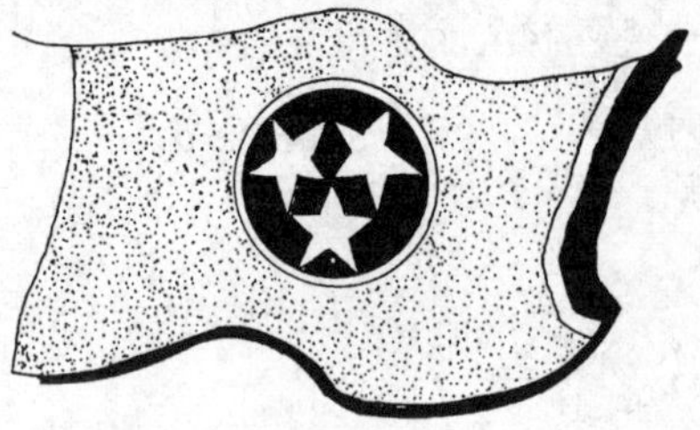

北卡罗来纳州州旗

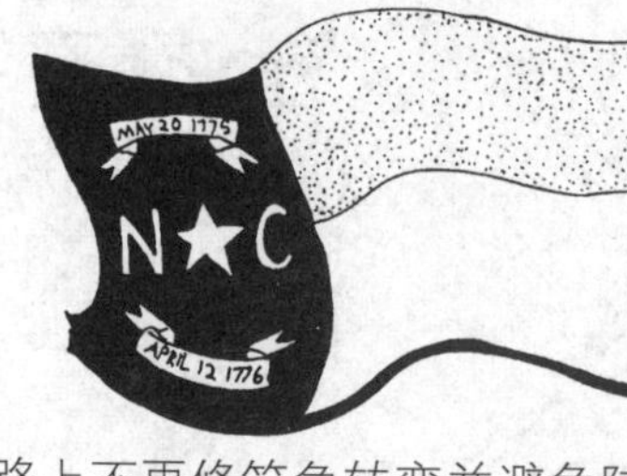

大烟山国家公园的历史与它的机动车道的发展史密切相关。在 1923 年的一次诺克斯维尔汽车俱乐部董事会会议上，威利斯·戴维斯提出建立大烟山公园，之后这项建园运动开始。这家汽车俱乐部震惊于大烟山地区的过度采伐，也迫切希望政府投资修路，他们创办了大烟山保护协会，以说服联邦政府在此建立国家公园为目标。国会终于在 1926 年正式宣布建立国家公园，得此消息后，诺克斯维尔汽车俱乐部举办了一场庆祝盛会。

大烟山国家公园的公路有很长一段历史，并不是随着建立国家公园而忽然出现的。观光客过去会驾车驶过钮芳隘口，并造成开字山凹地区交通拥堵，而在此前很长一段时间里，切罗基族的印第安人、此地的白人定居者和伐木工人就很大程度上影响了烟囱山的公路系统结构。一千多年前，切罗基族印第安人从俄亥俄河上游移至此地，为了捕猎、参与交际，甚至有时是为了开战，他们在整个山脉中开辟了较为复杂的人行小路网。今天我们使用的公路，从卡塔罗奇到公园东北部边界的路段，几乎就是沿用了切罗基族人开辟的小径。19 世纪 20 年代和 30 年代，白人定居者移民来到烟囱山，他们继续使用切罗基族人开辟的小径。白人定居者将这些小路拓宽，之后又修筑了遍及群山的马车道，马车道最终演变成了公园的大道，比如开字山凹附近的帕森支路和里奇山公路。与大烟山的定居者不同，伐木工人开发了烟囱山上更加偏僻的地区。1901 年起，包括小河流木材公司在内的许多木材公司开始在此地伐木，到 20 世纪 30 年代中期，这些公司已经砍伐了约 85% 的森林，而这片森林曾是世界上最大的、保存最完好的温带落叶林，大量的砍伐过后留下了残留的铁路路基，这些铁路路基极易转变成为公园汽车路，比如小河公路。

在联邦政府于 1934 年正式建立大烟山国家公园之后，美国国家公园管理局开始重新建设钮芳隘口公路，这是一条州际公路，贯穿于烟囱山中心的阿帕拉契山脉的鸿沟之上。尽管在 20 世纪 30 年代初期，公园管理局在公园的东部修筑了几条山路，其中包括谢南多厄河流域的天际线公路，以及阿卡迪亚地区的凯迪拉克山路，然而没有一条路像烟囱山地区的钮芳隘口公路一样面临技术挑战。

此项目是“美国有历史价值的工程记录项目”（HAER）的一部分。HAER 是一项长期记录美国历史上重要工程与工业成果的项目。HAER 由 HABS/HAER 管理，这是美国内政部国家公园管理局的一个部门。1996 年夏季，这项计划由 HAER 和大烟山国家公园（GRSMNP）（凯伦·韦德担任主管）共同主持，并由国家公园管理局的公园道路和公园大道项目（马克·哈特索伊任经理）通过联邦土地公路基金（托马斯·埃迪克任主管），支持赞助。

在国家公园管理局的道路和桥梁项目经理托德·A·克罗托和历史学家理查德·奎因的指导下，记录组开展现场调查工作，并筹备实测图、历史报告和照片。记录组还有以下人员：现场督导爱德华·鲁亚克，风景园林师马修·雷尼尔、凯伦·杨以及多洛塔·西科拉（国际纪念碑及遗址委员会实习生，波兰），该项目的历史学家迈克尔·凯莱赫尼尔·马厄负责准备历史报告。正式的大幅照片由摄影师大卫·哈斯准备。

为了公路上不再修筑急转弯并避免陡坡，国家公园管理局沿着近 30 英里的公路，修筑了环形结构的公路，以及一条隧道和几座大桥。这既是很重要的技术改变，而且在美学上也是重大进步。公园管理局在这条公路上增设了许多高地，供驾车游览的游客欣赏美景，让他们得以进一步领略公园里那些令人拍案叫绝的壮美风光；公园也通过增加广阔的景观路肩，并尽可能多地使用本地材料来建设大桥和隧道，以使得路本身更加充满趣味。由于钮芳隘口公路让人们心生自然美感，或是“田园质朴”之感，而且公路沿路也贯穿极其多样的风光，如今，钮芳隘口公路被称作乡间最好的公园道路。

虽然，和威利斯·戴维斯一样，很多的修路支持者认为，必须在大烟山国家公园建设遍布整个烟囱山地区的汽车道，然而，在 20 世纪 30 年代间，也有很多人提倡保护荒野环境，这种观点也渐渐开始左右着大烟山国家公园的公路系统的建设。这种观点在烟囱山地区逐渐盛行——美国的荒野值得我们保护。当时，罗伯特·马歇尔、本顿·麦卡伊，以及当地一位叫做哈维·布鲁姆的律师在田纳西州的诺克斯维尔见面，他们组织起来，反对在阿帕拉契山脉鸿沟修筑那几条业已提议的公路。这场运动不仅致使美国最有影响力的环境保护组织——荒野协会成立起来，也导致在烟囱山山顶建立“高架公路”的计划流产。1964 年的荒野法案的通过，同样也造成了北岸公路修筑工程的无限期搁置，北岸公路连接了布赖森城和丰塔纳大坝，沿公园的南边界线而建。

66 号任务是一项为期 10 年的工程，它旨在增加和复原公园的基础设施，在此工程进行时，改善整个国家公园道路状况的资金大大增加。在公园管理局接管了大烟山国家公园的几个修路工程时，并没有与“咆哮叉”景观小径上已完工的路段相比较。由于吸取了以前荒野保护提倡者的经验，公园管理局的公路设计者几乎将整条公路设计成了狭窄的单向公路，让它成为这样一条顺应自然地形的转折与起伏的路线。结果，这条 10 英里长的公路在荒野上的美景间奔腾，并不像公园里的其他公路，也与全国的 66 号公路工程不同。

注释：草图来源于大烟山国家公园 50 周年海报和历史图片。

HISTORIC AMERICAN ENGINEERING RECORD
TN-35
SHEET 1 OF 11
TENNESSEE
GREAT SMOKY MOUNTAINS NATIONAL PARK
ROADS & BRIDGES
SEVIER COUNTY
GATLINBURG VICINITY
DELINEATED BY Edward Lupyak, 1996
NATIONAL PARK SERVICE ROADS & BRIDGES RECORDING PROGRAM
NATIONAL PARK SERVICE
UNITED STATES DEPARTMENT OF THE INTERIOR
IF REPRODUCED, PLEASE CREDIT: HISTORIC AMERICAN ENGINEERING RECORD, NATIONAL PARK SERVICE, NAME OF DELINEATOR, DATE OF THE DRAWING

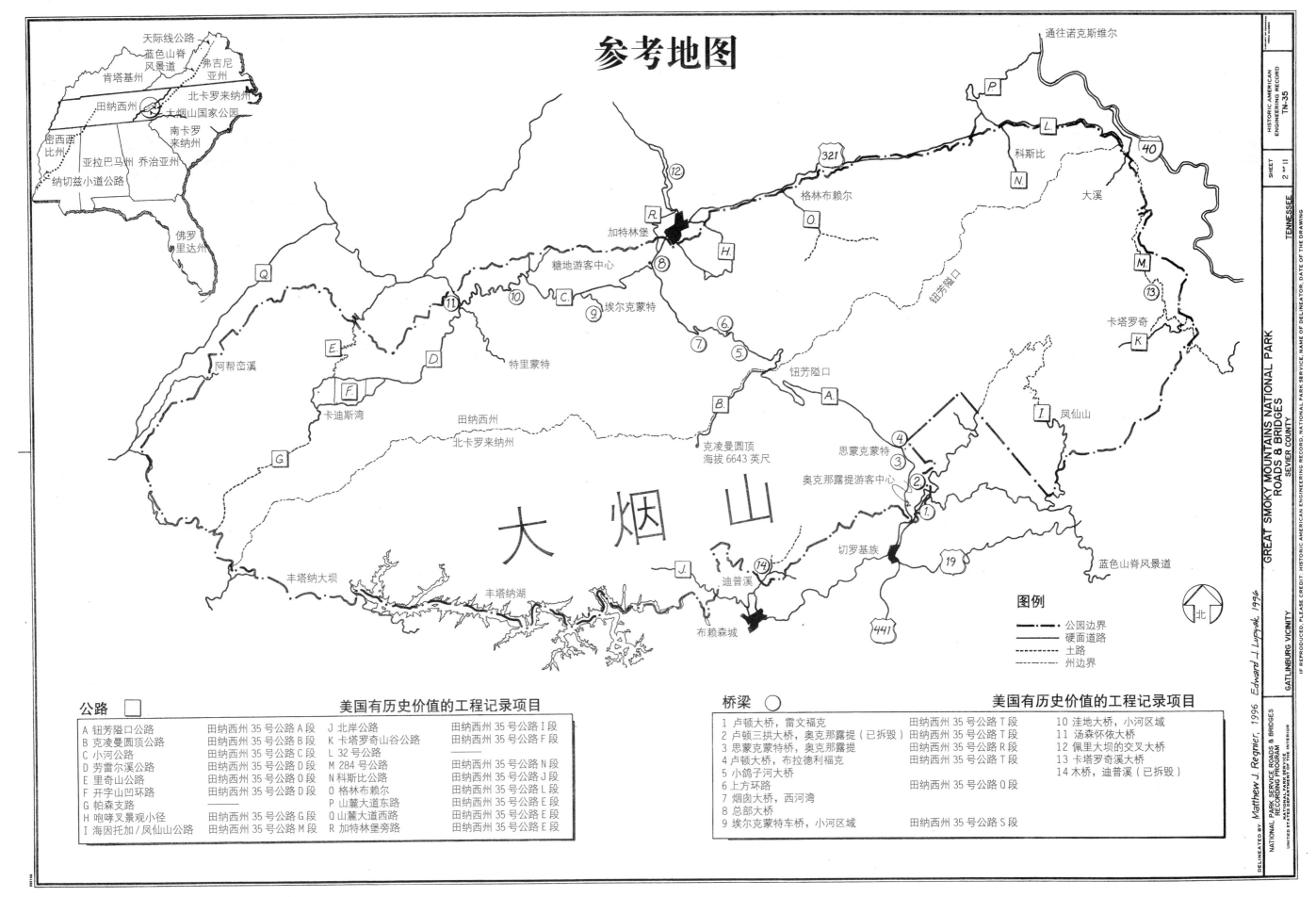

参考地图

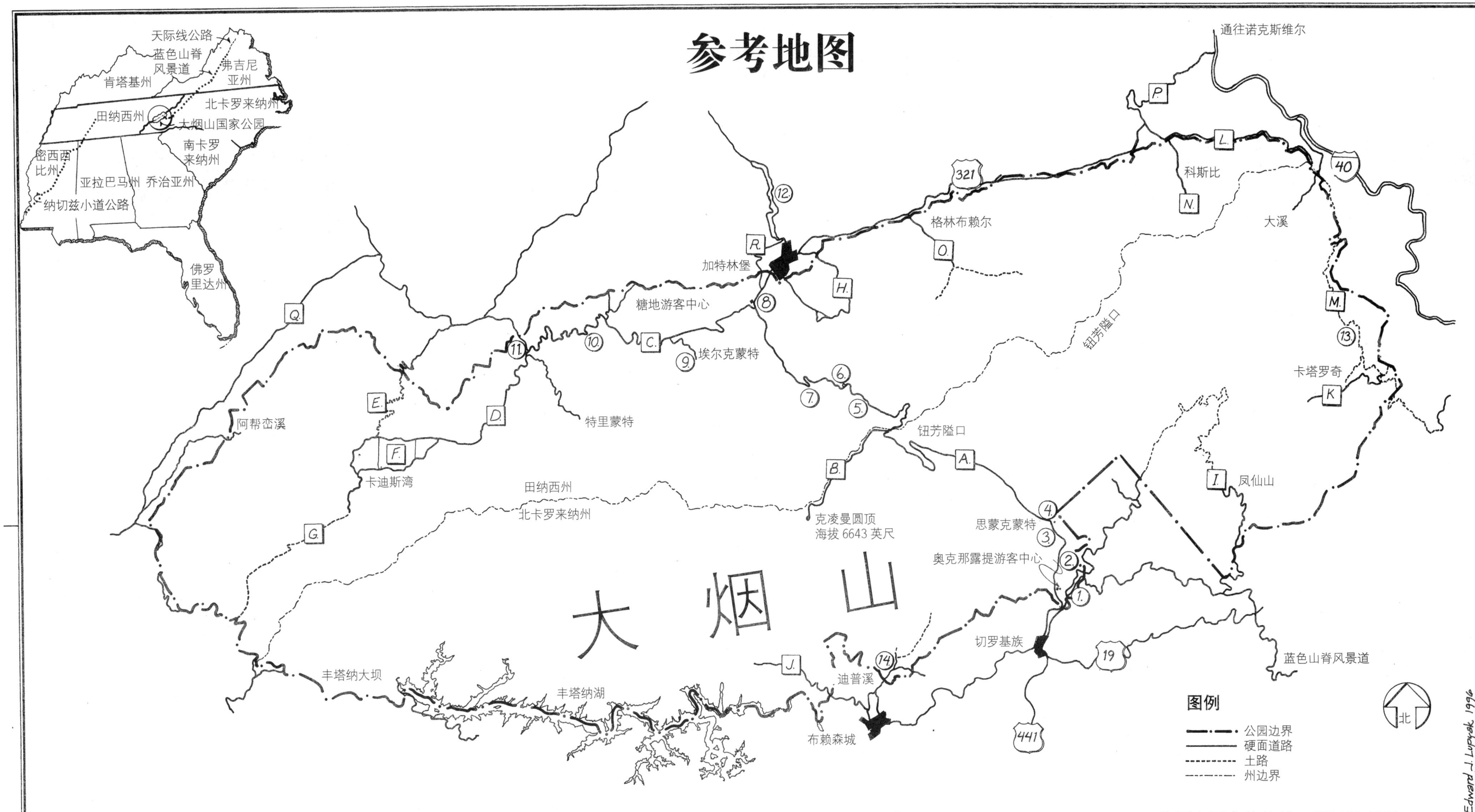

天际线公路
蓝色山脊风景道
肯塔基州
弗吉尼亚州
北卡罗来纳州
田纳西州
大烟山国家公园
南卡罗来纳州
密西西比州
亚拉巴马州
乔治亚州
纳切兹小道公路
佛罗里达州
通往诺克斯维尔
科斯比
格林布赖尔
大溪
加特林堡
糖地游客中心
埃尔克蒙特
特里蒙特
钮芳隘口
卡塔罗奇
阿帮峦溪
卡迪斯湾
田纳西州
北卡罗来纳州
凤仙山
克凌曼圆顶
海拔 6643 英尺
思蒙克蒙特
奥克那露提游客中心
大烟山
切罗基族
蓝色山脊风景道
丰塔纳大坝
丰塔纳湖
迪普溪
布赖森城
图例
公园边界
硬面道路
土路
州边界
北

公路 □　　美国有历史价值的工程记录项目

A 钮芳隘口公路　田纳西州 35 号公路 A 段
B 克凌曼圆顶公路　田纳西州 35 号公路 B 段
C 小河公路　田纳西州 35 号公路 C 段
D 劳雷尔溪公路　田纳西州 35 号公路 D 段
E 里奇山公路　田纳西州 35 号公路 O 段
F 开字山凹环路　田纳西州 35 号公路 D 段
G 帕森支路
H 咆哮叉景观小径　田纳西州 35 号公路 G 段
I 海因托加 / 凤仙山公路　田纳西州 35 号公路 M 段
J 北岸公路　田纳西州 35 号公路 I 段
K 卡塔罗奇山谷公路　田纳西州 35 号公路 F 段
L 32 号公路
M 284 号公路　田纳西州 35 号公路 N 段
N 科斯比公路　田纳西州 35 号公路 J 段
O 格林布赖尔　田纳西州 35 号公路 L 段
P 山麓大道东路　田纳西州 35 号公路 E 段
Q 山麓大道西路　田纳西州 35 号公路 E 段
R 加特林堡旁路　田纳西州 35 号公路 E 段

桥梁 ○　　美国有历史价值的工程记录项目

1 卢顿大桥，雷文福克　田纳西州 35 号公路 T 段
2 卢顿三拱大桥，奥克那露提（已拆毁）　田纳西州 35 号公路 T 段
3 思蒙克蒙特桥，奥克那露提　田纳西州 35 号公路 R 段
4 卢顿大桥，布拉德利福克　田纳西州 35 号公路 T 段
5 小鸽子河大桥
6 上方环路　田纳西州 35 号公路 Q 段
7 烟囱大桥，西河湾
8 总部大桥
9 埃尔克蒙特车桥，小河区域　田纳西州 35 号公路 S 段
10 洼地大桥，小河区域
11 汤森怀依大桥
12 佩里大坝的交叉大桥
13 卡塔罗奇溪大桥
14 木桥，迪普溪（已拆毁）

DELINEATED BY: Matthew J. Regnier, 1996　Edward J. Lupyak 1996
NATIONAL PARK SERVICE ROADS & BRIDGES RECORDING PROGRAM
GREAT SMOKY MOUNTAINS NATIONAL PARK ROADS & BRIDGES
SEVIER COUNTY
GATLINBURG VICINITY
TENNESSEE
SHEET 2 of 11
HISTORIC AMERICAN ENGINEERING RECORD TN-35

主干道演变

公元 800 年

在钮芳隘口公路建好之前的很长一段时间里，美洲的本土居民就已经开辟了复杂的人行小路网，这个网络遍及整个山脉。道路的修建过程始发于切罗基族印第安人到来之前，切罗基族是易洛魁族的一个分支，一千多年前，他们从俄亥俄河上游移至烟囱山。烟囱山两侧有两条相平行的小路，为了连接起这样两条十分重要的小路，切罗基族人直接在山中开辟出三条人行小路。卡塔罗奇小路、塔卡拉奇—东南地带小路，以及印第安隘口路三条小路，每一条都用于捕猎、与其他地区的亲人交际，甚至有时是用于交战。

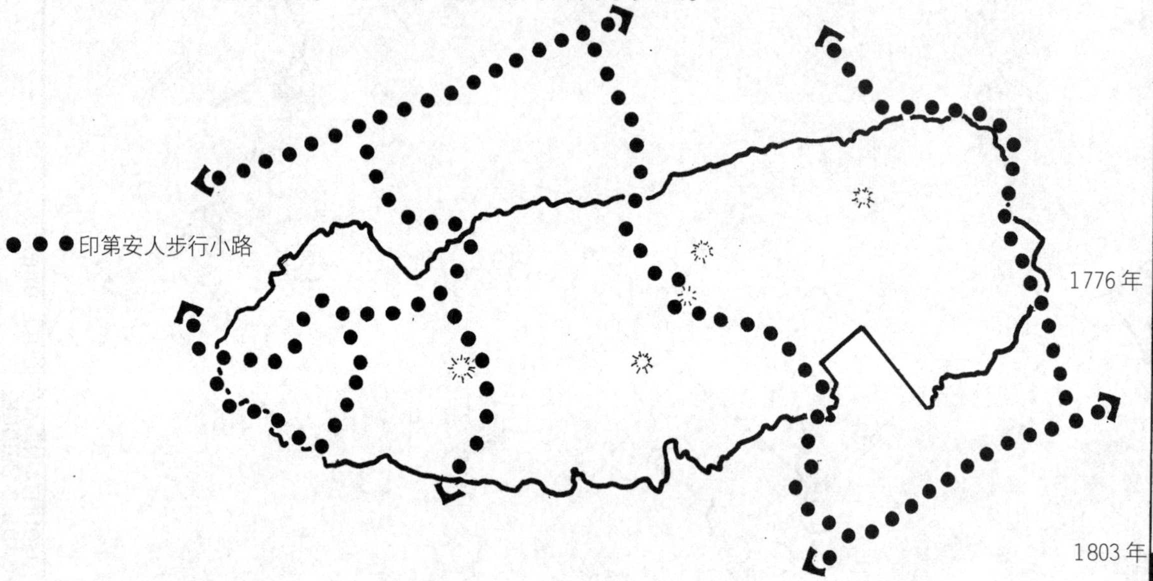

● ● ● 印第安人步行小路

1800—1900 年

像美洲本土的那些先驱者一样，早期在此定居的白人也总是在全山之间行走。19 世纪 20 年代和 30 年代，来到卡塔罗奇和开字山凹的白人定居者先是将切罗基族人开辟的小路拓宽，不久之后又修筑了遍及群山的马车道，这样就方便了邻里之间的往来，也方便了去教堂礼拜和孩子上学，运货的牛群和装货的马车也能够将货物运至遥远的市场，这些市场远至马里维尔和诺克斯维尔，甚至是更远的地方。

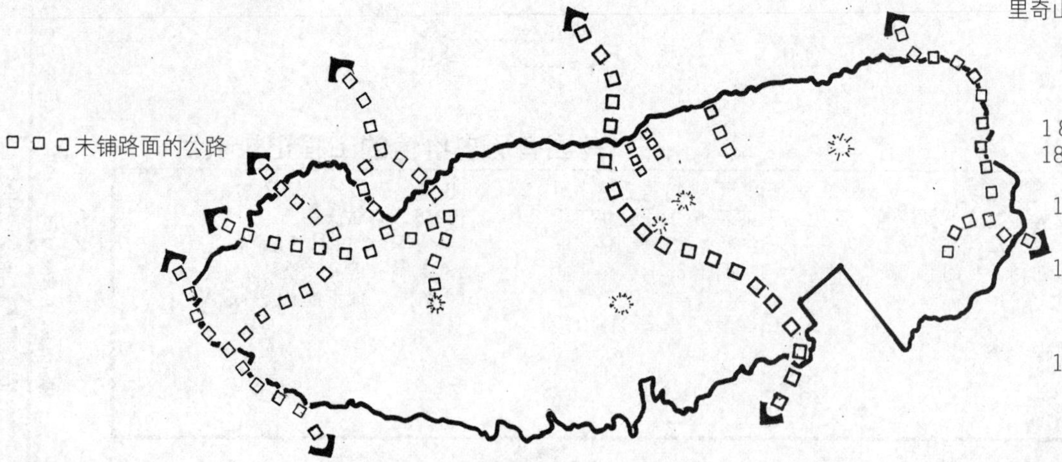

□ □ □ 未铺路面的公路

公元 800 年　切罗基族印第安人在南阿巴拉契亚山脉定居

1776 年　发表独立宣言

1787 年　通过了美国宪法

1803 年　买下路易斯安那州

1825 年　易安易运河完工

1832 年　在印第安隘口上，建立了奥克那露提收费高速公路

1836 年修筑里奇山公路

1861—1865 年　美国内战

1869 年　横跨大陆的铁路完工

1872 年　建立黄石国家公园

1890 年　南阿巴拉契亚山脉上开始了伐木工作

1900 年

1900 年

1901 年　建好第一条伐木铁路

1907 年　莱特兄弟的飞机在此首次试驾成功

1914—1918 年　第一次世界大战

1916 年　建立国家公园管理局（NPS）

1926 年　NPS（国家公园管理局）和公路局达成一致，签署合作合同

1927 年　在田纳西州修筑印第安隘口公路

1929 年　美国经济大萧条开始

1933 年　在北卡罗来纳州修筑印第安隘口公路

1934 年　建立大烟山国家公园，重建钮芳隘口公路

1939—1945 年　第二次世界大战

1944 年　山麓大道正式动工，建设丰塔纳大坝

1956—1966 年　建设 NPS（国家公园管理局）的 66 号道路任务

1996 年　NPS（国家公园管理局）的 HAER（美国工程学历史记录）项目组将其收集进历史性的公路和桥梁文献

与早期定居者不同的是，伐木工人开发了烟囱山上更加偏僻的地区。没有一个人会在那些地方清理土地、播种或是收割庄稼，所以伐木工人发现了一片世界上保存最完好的、并未加以开发的森林。1901 年起，包括小河流木材公司在内的许多木材公司开始在此地伐木，到 20 世纪 30 年代中期，这些公司已经砍伐了约 85% 的森林。利用建好的较复杂的伐木铁路系统，木材公司将伐下的这些木材从林区运到工厂，最终烟囱山的最高顶峰成了铁路的一个端点。

1900—1934 年

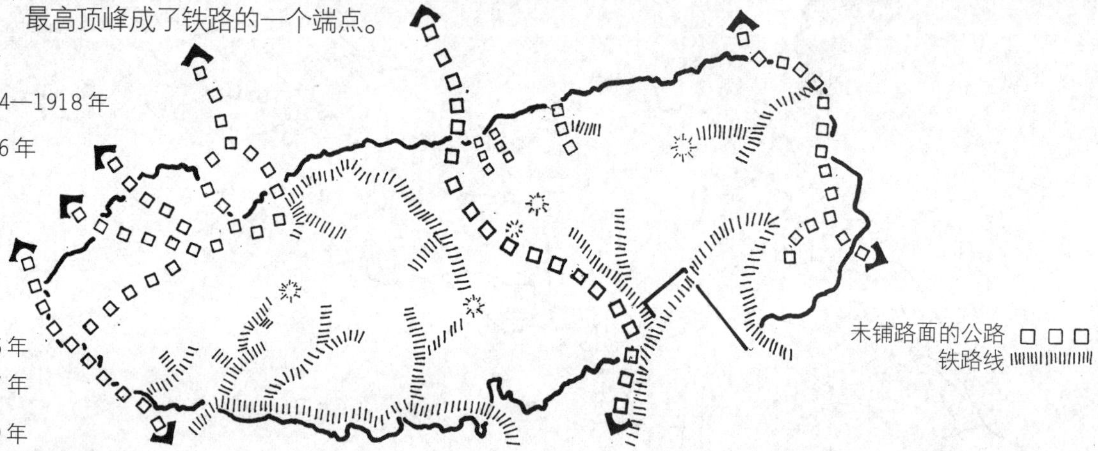

未铺路面的公路 □ □ □
铁路线

美洲本土居民修筑的人行小路、白人定居者修筑的马车道，还有伐木铁路系统无一不影响着烟囱山的道路系统。如今的钮芳隘口公路几乎完全在过去的印第安隘口路的基础上建立，小河公路也是沿已废弃的小河流木材公司的铁路路基而建。在大烟山国家公园于 1934 年建成之后，其他多方力量也开始影响公园汽车公路系统。比如，20 世纪 30 年代间，荒野环境保护者通过努力，致使在烟囱山山顶修筑“高架公路”的计划流产。在 60 年代的中期，他们又使北岸公路的工程无限期地搁置，而其原本将会连接布赖森城和丰塔纳大坝。

1934 年至今

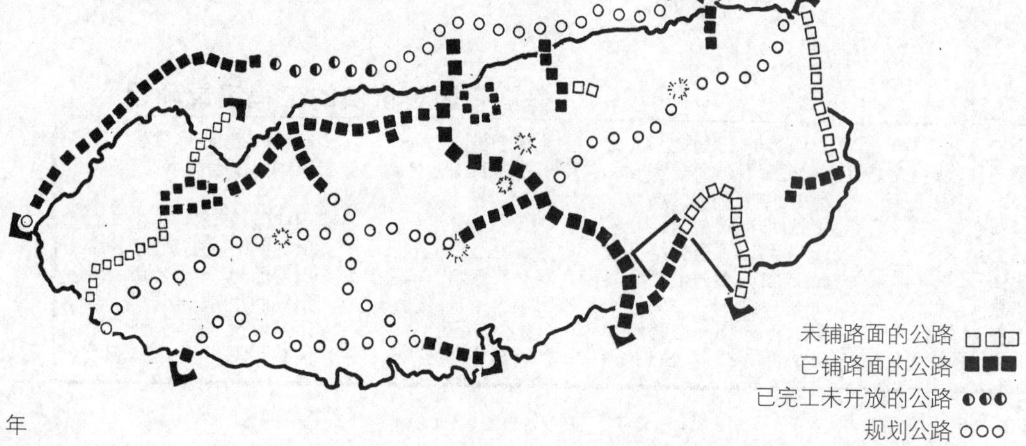

未铺路面的公路 □□□
已铺路面的公路 ■■■
已完工未开放的公路 ●●●
规划公路 ○○○

HISTORIC AMERICAN ENGINEERING RECORD TN-35

SHEET 3 OF 11

TENNESSEE

GREAT SMOKY MOUNTAINS NATIONAL PARK ROADS & BRIDGES
SEVIER COUNTY

GATLINBURG VICINITY

DELINEATED BY: Karen A. Young, 1996

NATIONAL PARK SERVICE ROADS & BRIDGES RECORDING PROGRAM
NATIONAL PARK SERVICE
UNITED STATES DEPARTMENT OF THE INTERIOR

设计原则

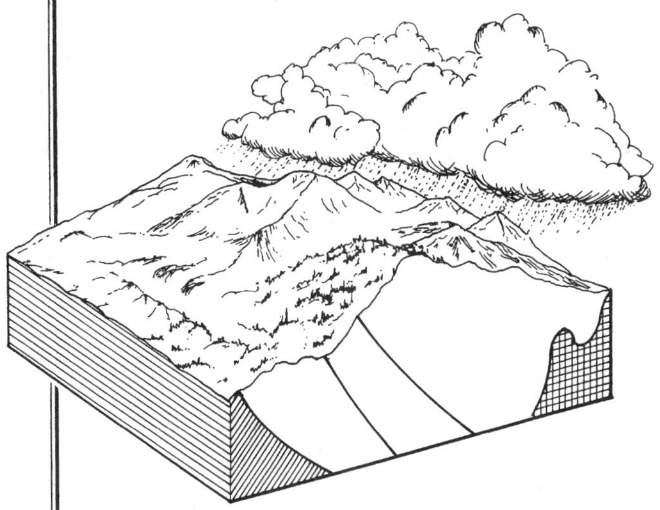

地质结构和公路建设

大烟山国家公园的地质组成主要为变质沉积岩，这种岩石包括了层岩、片岩和石英岩，还包括了板岩、页岩、砂岩以及变质粉砂岩。板岩和变质粉砂岩本身具有不稳定性，这会致使公路总是发生山石崩裂，而在这些岩石结构上筑造的路基的稳定性至关重要。比较而言，砂岩的优点是更加坚固，也更抗侵蚀，但是想在砂岩上凿出路基很难，必须动用重型机械，花费更多的时间。然而，若是开凿出砂岩，我们就能够得到完美的建设材料来修筑石墙和石桥。

大烟山历经几千年的地质变化和外界侵蚀，具有许多特点，其山峰峰顶很高，山坡陡峭，河谷幽深，小河湾的周围十分肥沃。大烟山国家公园（GSMNP）地形复杂，还有很多的地下基岩，这些都给公园的道路设计者增加了很多挑战。J・罗斯・埃金是公园的第一位管理人，他曾这样写道：在类似于公园西部地形处，国家公园管理局有大量的修路经验，而与西部比较，公园的东部山脉地质结构更久远，那些山脉“被许多集水沟切割分离”，而且“想确保山边拥有美丽的公路线路，就必须一路深挖、高填”，这样就不会在路边留下“可怕的施工痕迹”。

公路设计者尽最大努力，尽力避免留下破坏性的痕迹，因此他们修建了隧道、大桥、挡土墙和护墙。隧道将贯穿山脊，若不建隧道，公路施工后会留下难看而不稳定的公路伤痕，而且对于驾车的游客来说，转弯半径也会处于不安全的范围内（参照图2和图3）。桥梁跨越了众多公路途经的溪流河水之上。建设桥梁可以使公路保持一致的坡度，从而得到更加安全的线路。在公路和溪流很接近的地方建设护墙，能够储备填充物，并阻止水流流经、切断路基。例如把切口修得更圆、在路边重新种植植被，我们可以运用此类技巧防止外部因素对公路的侵蚀和减少可视的路面伤痕。通过运用这些方法，设计者可以在国家公园体系中，造出风景最宜人、最让人心生愉快之感的公路。

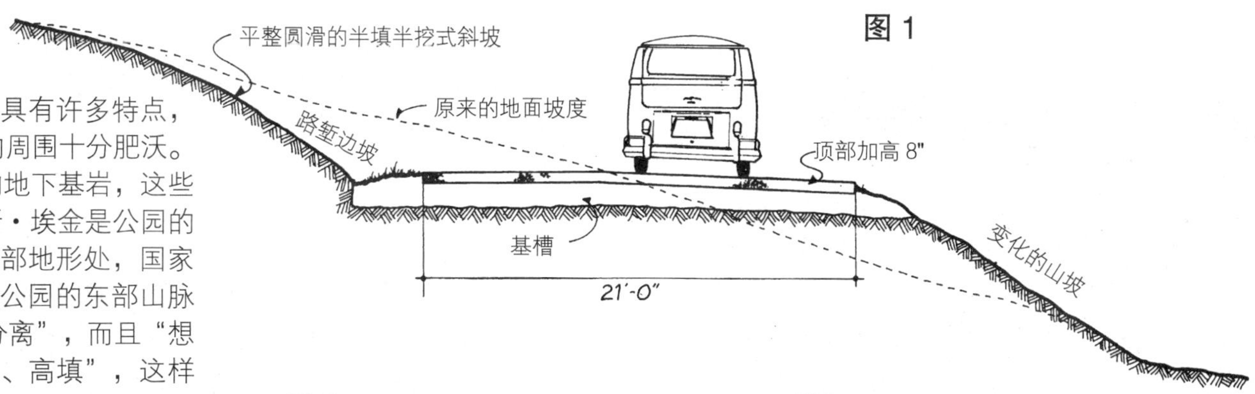

平整圆滑的半填半挖式斜坡
原来的地面坡度
路堑边坡
顶部加高 8"
基槽
21'-0"
变化的山坡

图 1

图 2

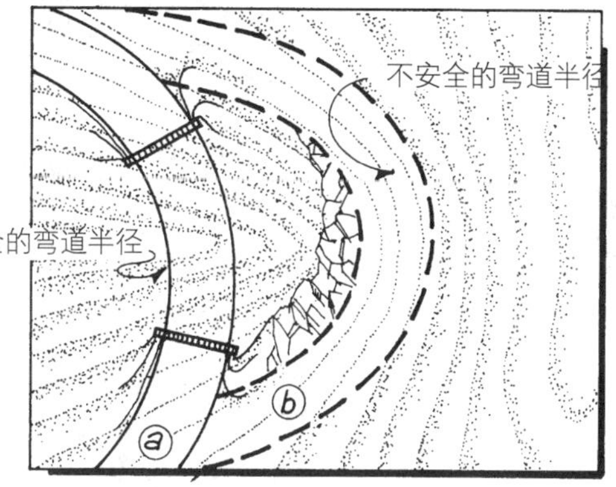

不安全的弯道半径
安全的弯道半径
a
b

图 3

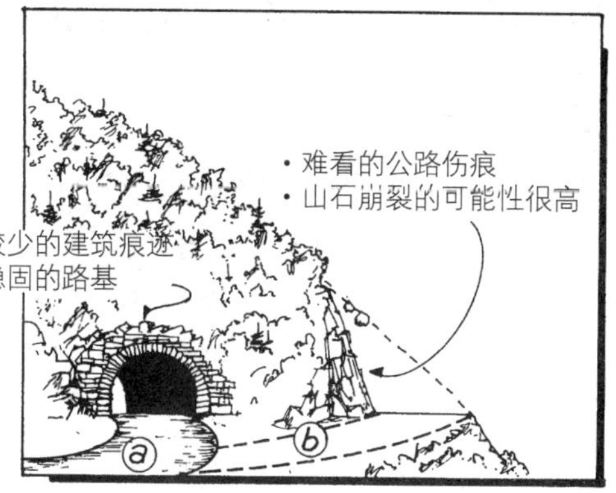

・难看的公路伤痕
・山石崩裂的可能性很高
・较少的建筑痕迹
・稳固的路基
a
b

早期的公路

在 1934 年公园建立之前，在此定居的白人已经建出了粗糙的马车道，这些马车道沿着河谷而建，或是贯穿山关隘口。早期修路的人并没有重型设备，他们只借助手工工具，并依靠人力来修路。人们将那些很大的、人们无法搬动的岩石用炸药炸飞，或是混合利用火的热量和冷水的寒冷使其碎裂。再由牛和其他的驮畜将挖出的土壤和石块拉走。这些建设技巧十分简易，使得那些大工程难以完成，比如挖掘较大的路堑、在陡峭的山坡上上下下托运施工材料，或是在溪流间修建桥梁。最终，这些定居者沿着等高线修筑了弯曲的道路。

20 世纪 30 年代和 40 年代

公园管理局于 1934 年设立大烟山国家公园，当时为了将公园对游客开放，必须进一步修缮已有的公路，并修筑新路。此时，已经出现了全新的建设工程理念、发达的科技以及更先进的工具和设备，这一切让烟囱山的公路建设和修缮工作较之以前更容易完成。当然，仍然由人和牲畜完成了大部分的工作，但是此时出现了像蒸汽挖土机和装配了柴油引擎的柴油卡车这样的新型挖土机，这些新型挖土机使施工更为高效。用混凝土代替木材和石块来建造桥梁，这会使大桥更加坚固，也容易建造。以上种种因素使得公路设计者能够不仅仅只是沿土地轮廓修筑弯路，更可以在园中建造桥梁和隧道，其公路线型更加安全、美观，总是令游客心生愉悦之感。

20 世纪 50 年代和 60 年代

二战后，来公园旅行的游客数量持续增加，联邦政府决定再一次修缮和扩建公园道路，政府制定了一项名为 66 号道路任务的计划，通过这个计划来更新公园的基础设施。而且，驾车而来的游客的汽车速度比以前更快，所以公路的定线也要改良。在这一次的公路建设期，设计者可以利用战后时期的新兴科技成果。巨型推土机取代了蒸汽挖土机，以更快的速度给路基、干填土挖出切口，并能够迅速移走挖掘出的材料。这个时期，在修建桥梁时，还可以动用移动式起重机来吊起巨大的钢梁，将之放在正确的位置。公路设计者利用了上述新兴科技，再结合此时期先进的施工技术，攻克了大烟山公园地形狭窄这一难题。

HISTORIC AMERICAN ENGINEERING RECORD TN-35
SHEET 5 OF 11
GREAT SMOKY MOUNTAINS NATIONAL PARK ROADS & BRIDGES
SEVIER COUNTY TENNESSEE
GATLINBURG VICINITY
DELINEATED BY: Edward Lupyak, 1996
NATIONAL PARK SERVICE ROADS & BRIDGES RECORDING PROGRAM
NATIONAL PARK SERVICE UNITED STATES DEPARTMENT OF THE INTERIOR

自驾体验

大烟山国家公园的公路可以给驾车而来的游客提供多样的驾驶体验。风光秀丽的景观和精心设计的风景遍及整个公园，让游客目不暇接。公路贯穿于各种地形，这使我们得以欣赏各种不同的景观，从平坦的农田、幽深的河谷、险峻的山路、陡峭的碎石之字坡路、连绵的峰巅，到富于历史与自然感觉的兴趣点，一切景观应有尽有。

1.

趣味公路——公园内有几条公路的设计旨在展现特定的自然与历史趣味。类似于卡塔罗奇路，这些公路可以让游客在车上近距离接触历史遗迹、亲近自然风光。

2.

幽深河谷——小河和劳雷尔溪公路在狭窄的峡谷壁间迂回曲折、蜿蜒而行，只能够欣赏露出的有限风景。建有护墙的道路在植被浓密或护墙较高时往往视线不佳。

3.

陡峭的之字坡路——里奇山公路和其他与之类似的碎石公路，保留下了先前的先驱者游览烟囱山的特性。这些只有一条单行道的公路依照地形，以一系列的之字坡路在山脊处盘旋而上，或者绕山脊而行。

4.

连绵的峰巅——很多公路也会依照山脊修筑，例如山麓大道，山脊处可以修平缓弯曲的线型和较为宽敞的公路。越过清理过树木的地区，远处的山峰和山谷形成的开阔景观清晰可见。

5.

翻越高山——钮芳隘口公路紧挨着山脉，公路的很大部分都是一路攀升的上坡路，沿途尽是迷人的风光，附近的山峰、山脊和山谷景色宜人。公路边有一些挡土墙，保证了公路在陡峭的山坡间的稳定，路上设置了很多驶离区，以方便游客欣赏远处风景。

6.

平坦的农田——像开字山凹地区和卡塔罗奇地区一样，很多地区仍存在先人们遗留的历史久远的农庄和他们修理好的开阔风景。开字山凹环路沿着牧场和森林的边缘地带蜿蜒而立。

GREAT SMOKY MOUNTAINS NATIONAL PARK
ROADS & BRIDGES
SEVIER COUNTY
GATLINBURG VICINITY
TENNESSEE

DELINEATED BY DOROTA SIKORA, 1996
NATIONAL PARK SERVICE ROADS & BRIDGES RECORDING PROGRAM

HISTORIC AMERICAN ENGINEERING RECORD
TN-35
SHEET 6 OF 11

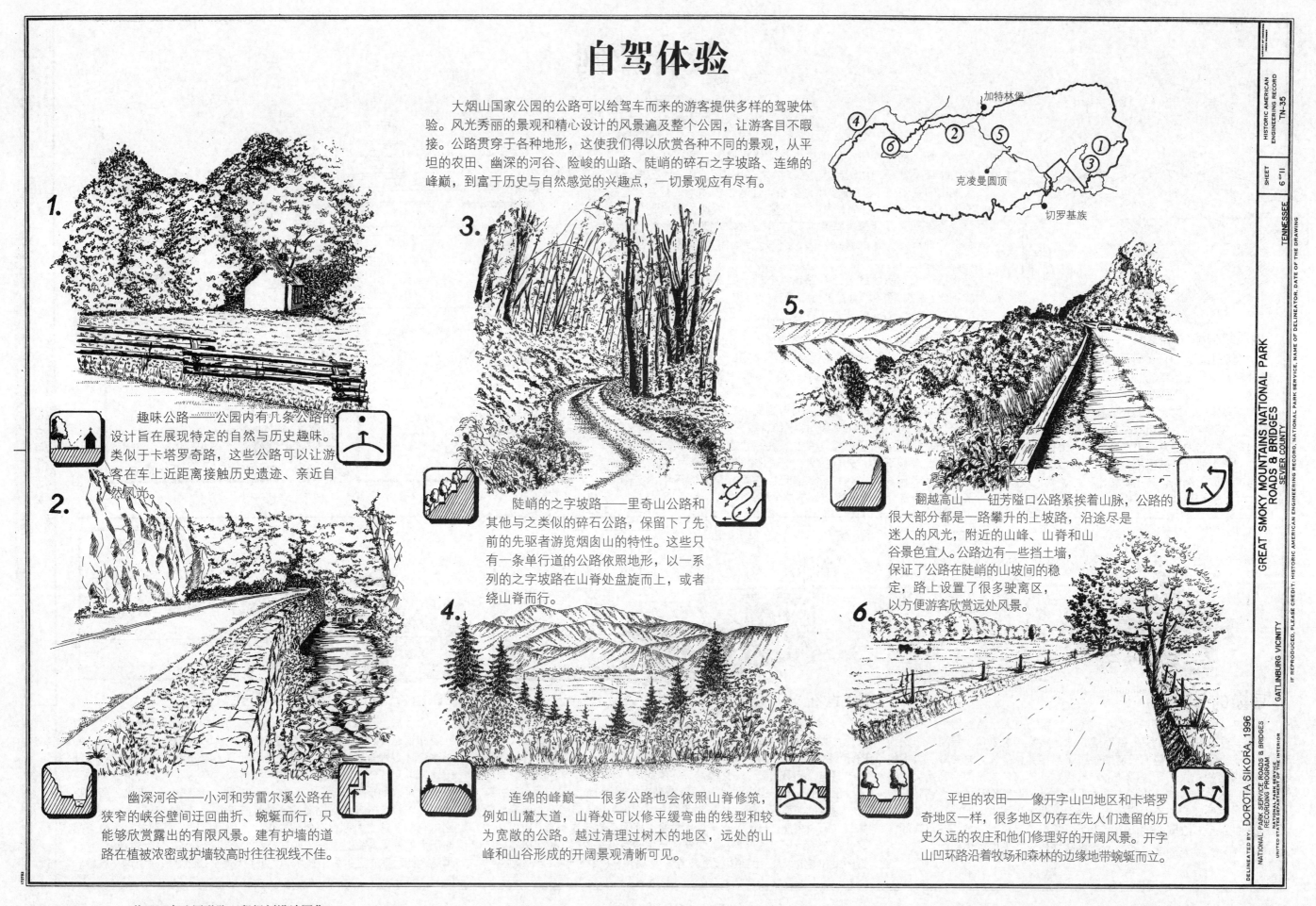

砌石工程

大烟山国家公园（GSMNP）的公路规划认真细致以便能够与周边环境相协调。此次公路的规划，遵照了自然主义和风景保护的原则，因此在建造公路及其相关工程时，尽可能地保证了将其对自然环境和公园地形的影响减至最小。秉承着不破坏地形的理念，砌石结构是公路结构不可或缺的一部分，砌石工程广泛应用于桥梁、涵洞、挡土墙等公路结构体系中。

国家公园砌石工程的设计理念使其外观上保持自然主义，或者说是保持“田园质朴之感”，这就要求我们必须使用同种颜色和特质的石块作为周边岩石，也要在切割石块时，尽量避免切出直角和笔直的线条，石块的排列和配置也要有所讲究、多加注意。然而，GSMNP（大烟山国家公园）的砌石工程并不像其他的国家公园一样，那些公园完全遵照“田园”风格，而这里存在着更多呈水平的矩形石块和基本保持水平和垂直的灰缝。加之修建大桥时，有些类似于支撑墩和束带层的装饰细节，上述那些砌石因素使大烟山国家公园的公路结构有一个更加正式的外观。虽然大烟山国家公园的公路不如其他公园道路在外观上那样具有乡土气息，但公园内的大桥、挡土墙和其他砖石工程依然能够完美地融入周边环境之中。

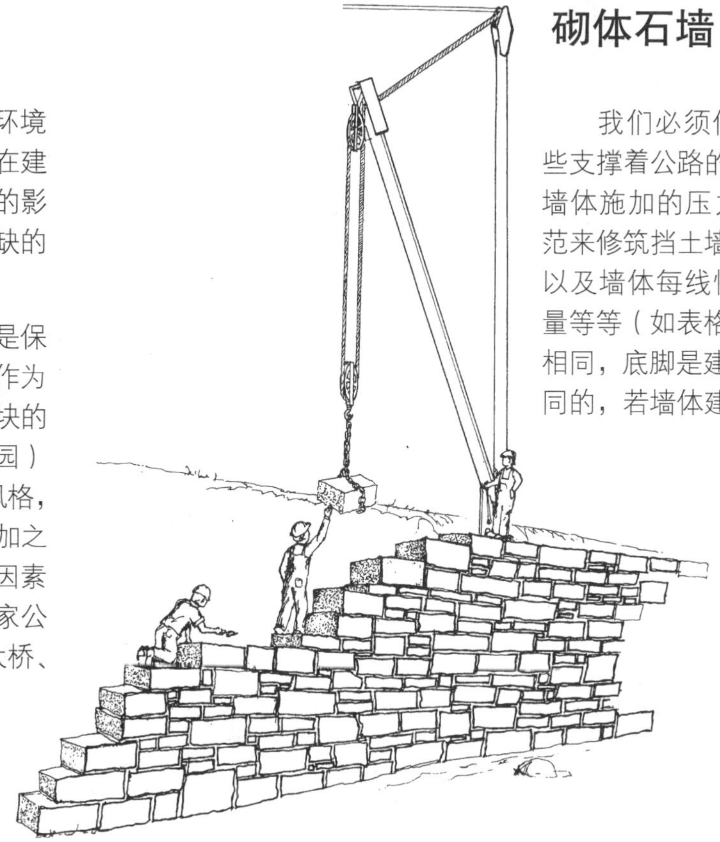

砌体石墙

我们必须修筑挡土墙，以此支持着那些支撑着公路的填充物。为了分散填充物对墙体施加的压力，往往会根据某些工程规范来修筑挡土墙，诸如高度、基石的厚度，以及墙体每线性英尺所需的石质材料的数量等等（如表格所示）。挡土墙的底脚各不相同，底脚是建在岩石上或者是土壤上是不同的，若墙体建在山坡上也会有些差异。

高度 英尺	基石 英尺	墙体每英尺所需石材 立方码
3	2'-9"	0.27
4	3'-0"	0.37
5	3'-4 1/2"	0.50
6	3'-11"	0.64
7	4'-5 1/2"	0.79
8	5'-0"	0.96
9	5'-7 1/2"	1.16
10	6'-3"	1.38
11	6'-10 1/2"	1.62
12	7'-6"	1.93
13	8'-1 1/2"	2.14
14	8'-9"	2.49
15	9'-4 1/2"	2.83
16	10'-0"	3.19
17	10'-7 1/2"	3.57
18	11'-3"	3.97
19	11'-10 1/2"	4.40
20	12'-6"	4.85

剖面图

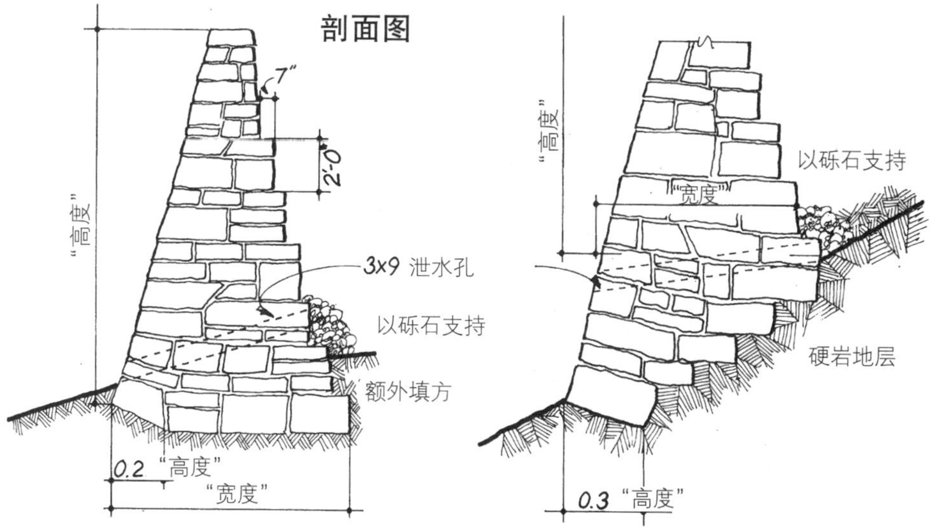

7"
2'-0"
"高度"
3x9 泄水孔
以砾石支持
额外填方
0.2 "高度"
"宽度"
"高度"
"宽度"
以砾石支持
硬岩地层
0.3 "高度"

护岸和挡土墙建于那些填充路基的地方，通常位于陡峭的山坡和河谷地段。巨大的石块被起重机或者绞车吊起、拉进合适的位置，石块或干或湿，由石匠将其层层铺设。

隧道入口

和其他公路结构一样，隧道也应该融于周边环境之中，特别是在隧道的入口处碰上山体本身就有岩石的时候，更要让隧道融入自然环境。钮芳隘口公路上的 2 号隧道，是保持砌石工程与周边自然环境相和谐的典范之作，隧道的拱圈使用了当地的岩石，每一个拱圈的石头都被切割成特殊的尺寸和形状，能够恰好被放置在业已计算好的位置。公路结构的小细节值得我们瞩目，这丰富了大烟山国家公园的驾车体验。

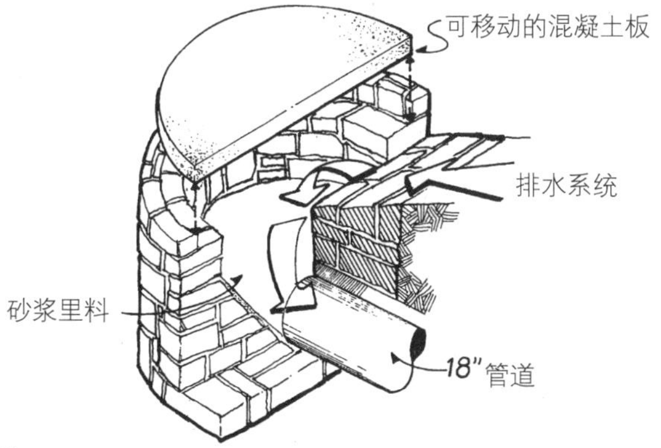

可移动的混凝土板
排水系统
砂浆里料
18" 管道

竖井式涵洞由石头筑成，这种构造并不是为了美观，而是为了使这种材质发挥出持久的耐用性。

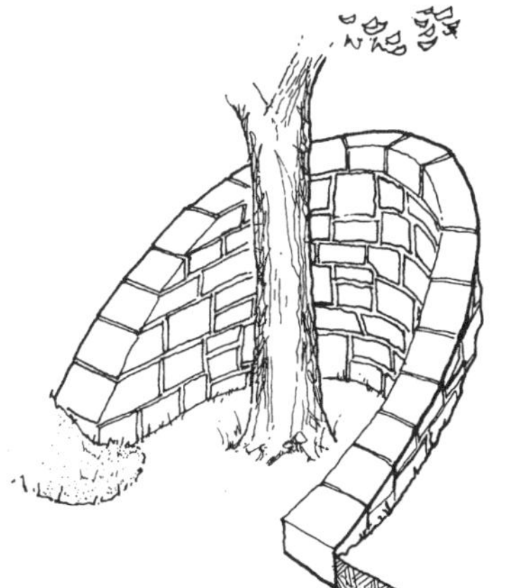

为了让刚修好的公路沿途的大树得以存活，在树边建设小石墙防护，以阻挡那些可能压倒大树的填充物。

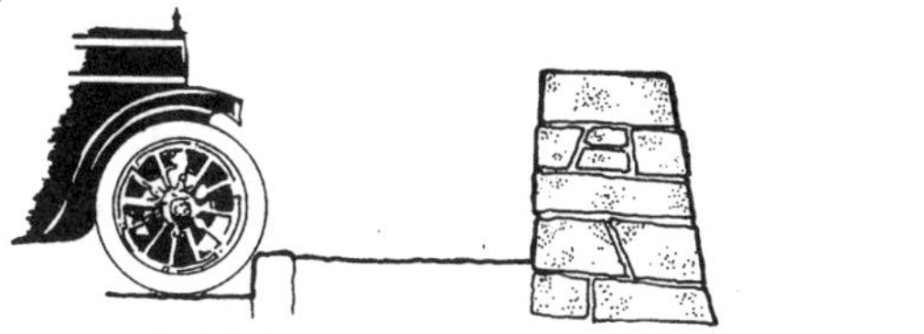

在桥边和驶离区修筑一段路缘和人行道，能够防止汽车直接撞向石制护墙。

但经过多年来的重铺路面，人行道和路缘被沥青层所覆盖，这导致护墙极易被撞坏。

DELINEATED BY: Edward Lupyak, 1996

NATIONAL PARK SERVICE ROADS & BRIDGES RECORDING PROGRAM
NATIONAL PARK SERVICE
UNITED STATES DEPARTMENT OF THE INTERIOR

GATLINBURG VICINITY

GREAT SMOKY MOUNTAINS NATIONAL PARK
ROADS & BRIDGES
SEVIER COUNTY

TENNESSEE

SHEET 7 OF 11

HISTORIC AMERICAN ENGINEERING RECORD
TN-35

路边护栏

大烟山国家公园的路边护栏既确保了乘车游客的安全，也保证了公园旅游资源的安全。对于驾车游览的游客，护栏界定了公路边界，确保汽车无法离开公路。而对于公园的旅游资源，护栏通过阻碍游客开车冲出车道，也有效地避免汽车对天然环境和历史遗迹造成破坏。大烟山国家公园用标准的公园建设方案来建造和设置护墙与护轨，这意味着必须以乡土风格建造护栏。这里最常见的路边护栏是一系列的 18″ 的砌石栏杆，由国家公园管理局精心设计。在典型的有效范围之内，只要能够保证不规则的、非正式的、并与周围景观相协调的设计标准，建设具有差异性的和有变化的护栏也很受欢迎。为了打破那些长线性广阔护栏千篇一律的情况，许多具有局部褶皱的护栏样式应运而生。从功能上来说，这些护墙要么各自独立、并不依靠其他结构，要么就从挡土墙、涵洞或是桥梁上延伸出来。公园内还有其他种种护栏，其中包括路肩上的大卵石护栏，大卵石能够让司机打消驶离铺设路面的念头。护轨是典型的绑在垂直木桩上的水平原木，而近来大多包上了钢板。在更早的时候，曾出现过这样一种护栏，它由粗糙砍劈出的木桩制成，在森林里的公路上被广泛应用，现在这种简易的木护栏大多已被新护栏所替代。

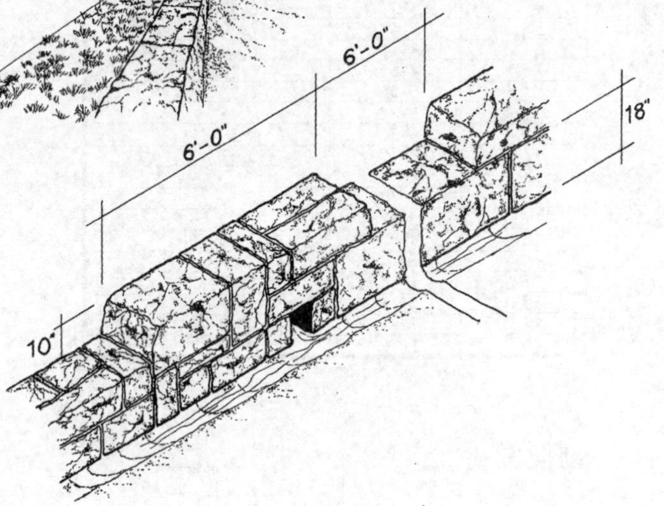

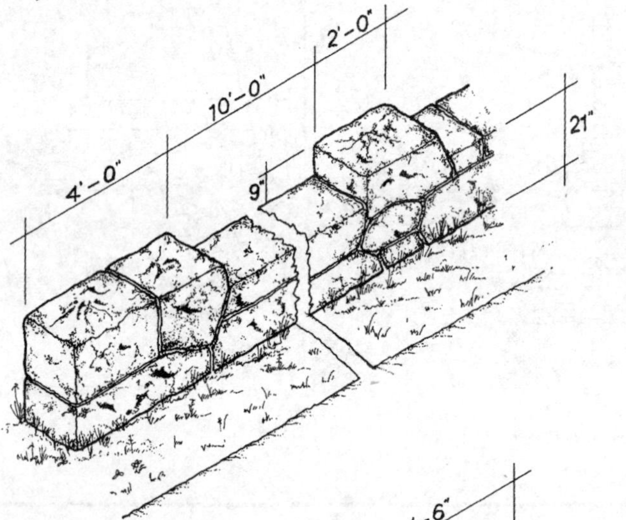

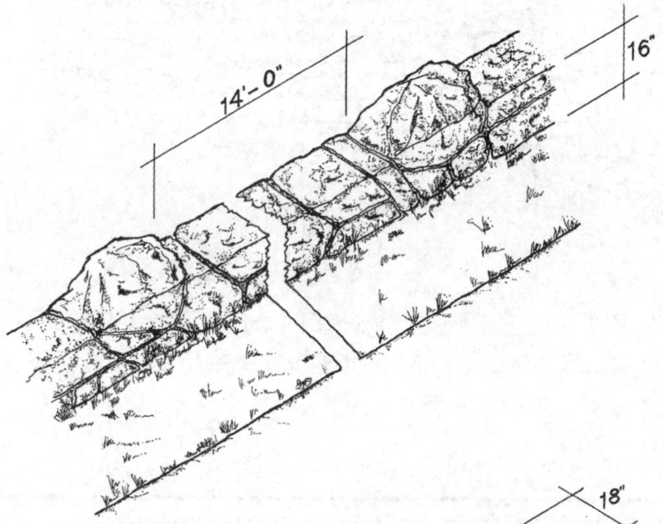

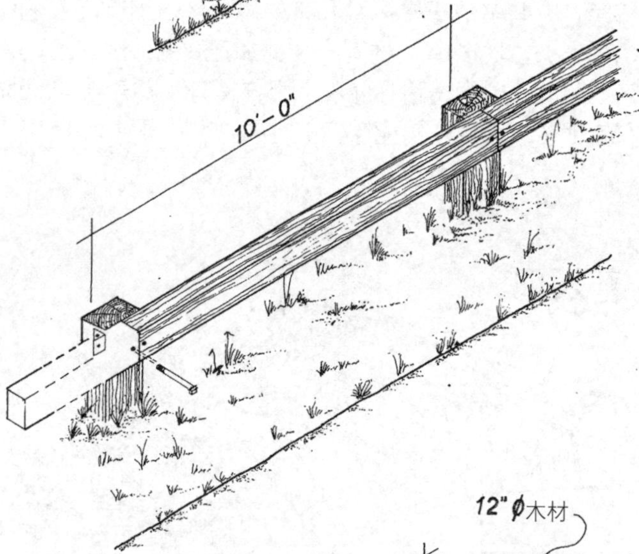

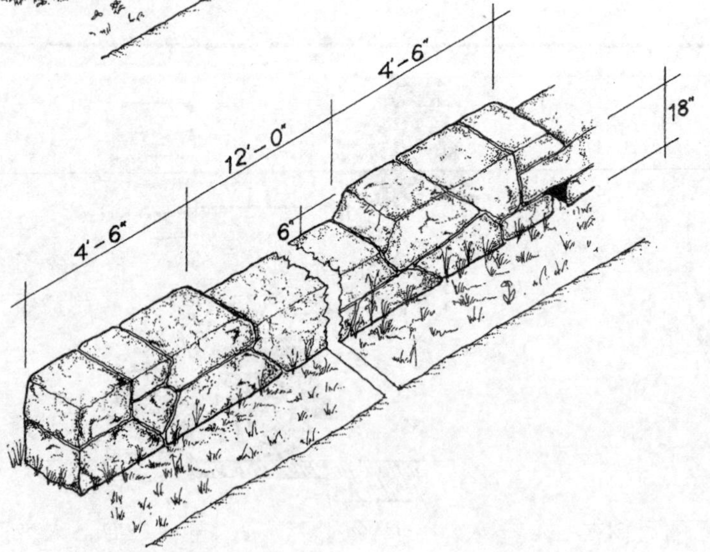

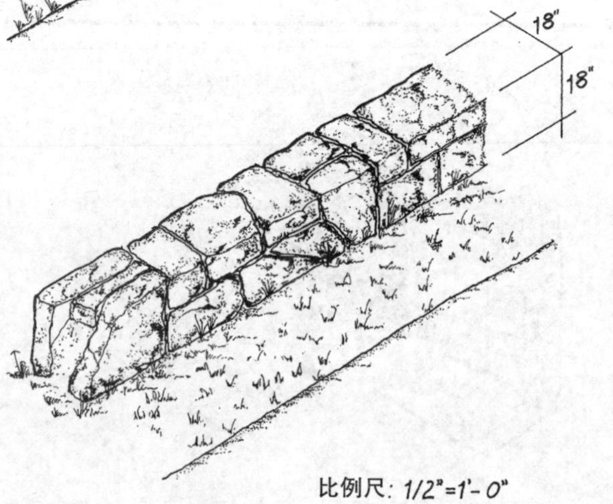

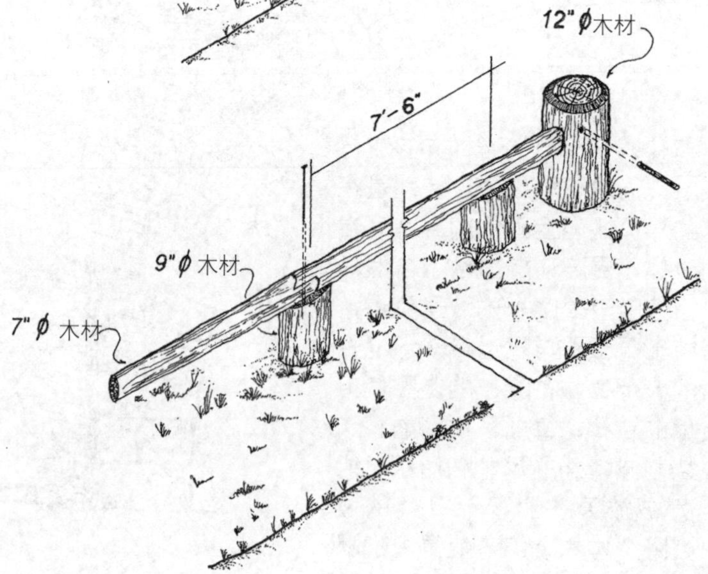

比例尺: 1/2"=1'-0"

注释：绘图参照了 1993 年大烟山国家公园全球卫星定位系统测量资料和实地拍摄图片。

DELINEATED BY: Matthew J. Regnier, 1996
NATIONAL PARK SERVICE ROADS & BRIDGES RECORDING PROGRAM
NATIONAL PARK SERVICE
UNITED STATES DEPARTMENT OF THE INTERIOR

GREAT SMOKY MOUNTAINS NATIONAL PARK
ROADS & BRIDGES
SEVIER COUNTY
GATLINBURG VICINITY
TENNESSEE

IF REPRODUCED, PLEASE CREDIT: HISTORIC AMERICAN ENGINEERING RECORD, NATIONAL PARK SERVICE, NAME OF DELINEATOR, DATE OF THE DRAWING

SHEET 8 of 11
HISTORIC AMERICAN ENGINEERING RECORD
TN-35

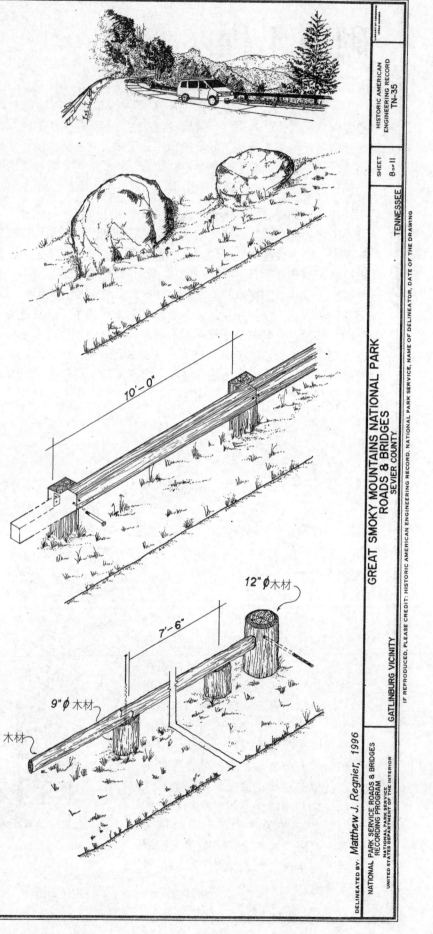

桥梁比较

注释：绘图参照了存档于 GRSMNP（大烟山国家公园）总部的原始建设文献，也参照了照片和实地测量成果。

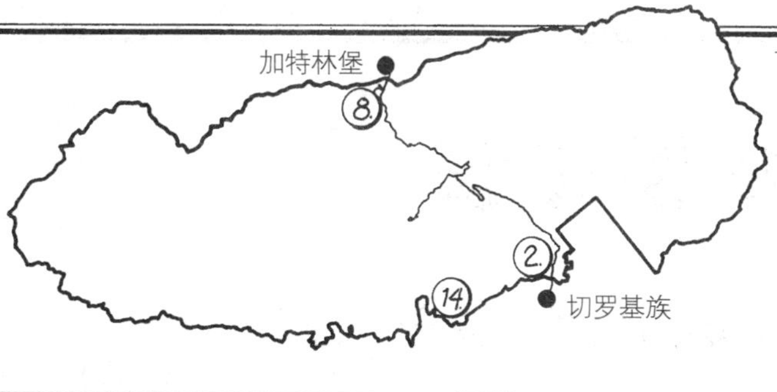

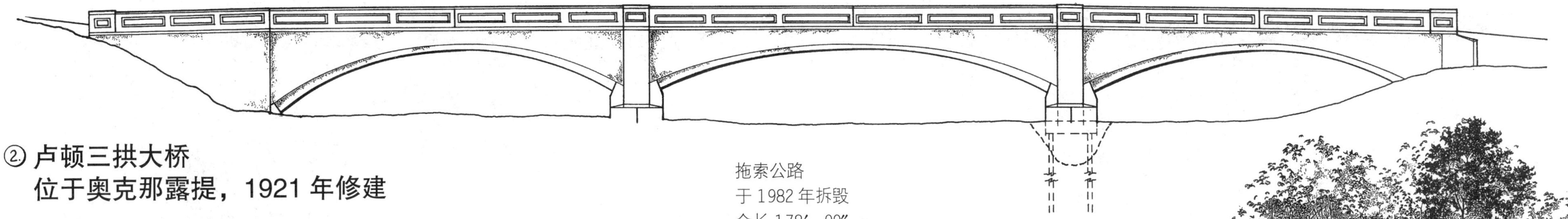

② 卢顿三拱大桥
位于奥克那露提，1921 年修建

拖索公路
于 1982 年拆毁
全长 178′ 00″

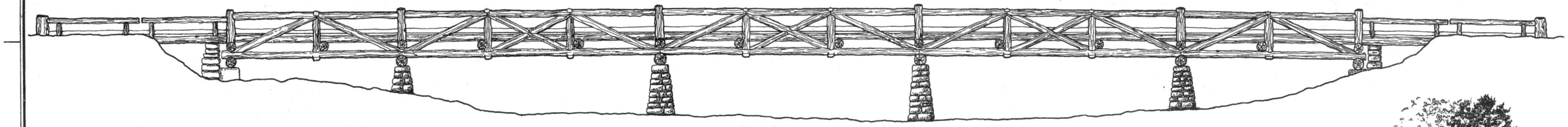

⑭ 木桥
位于迪普溪，1930 年修建

已拆毁
全长 185′ 00″

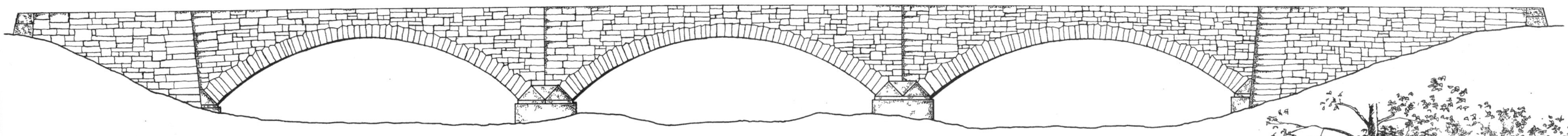

⑧总部大桥
1937 年修建

钮芳隘口公路
全长 254′ 00″

0 5 10 15 20 25
英尺
比例尺：1/8″=1′-0″
0 1 2 3 4 5
米

DELINEATED BY: Matthew J. Regnier, 1996

NATIONAL PARK SERVICE ROADS & BRIDGES RECORDING PROGRAM
NATIONAL PARK SERVICE
UNITED STATES DEPARTMENT OF THE INTERIOR

GREAT SMOKY MOUNTAINS NATIONAL PARK
ROADS & BRIDGES
SEVIER COUNTY
GATLINBURG VICINITY
TENNESSEE

SHEET 9 OF 11

HISTORIC AMERICAN ENGINEERING RECORD
TN-35

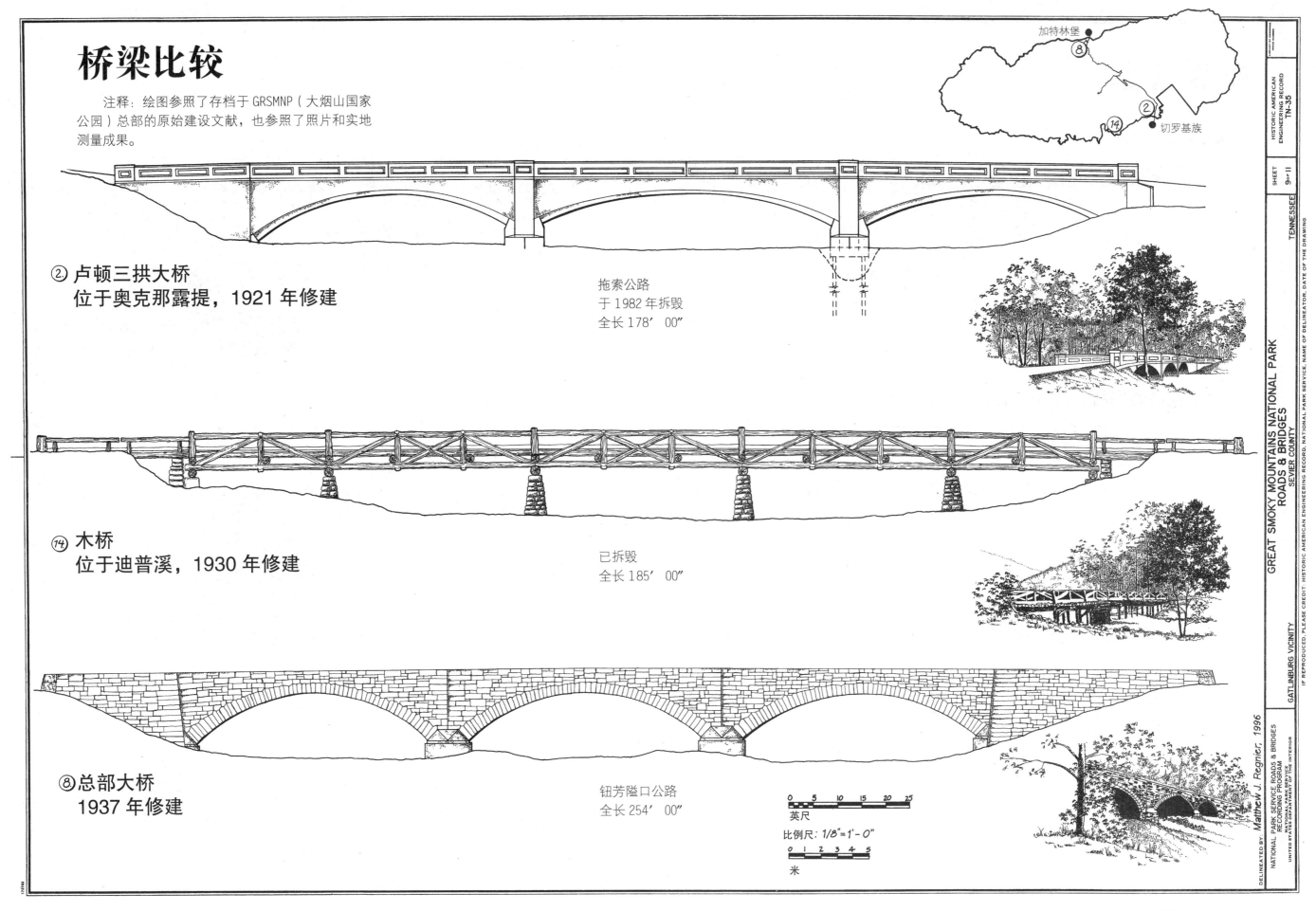

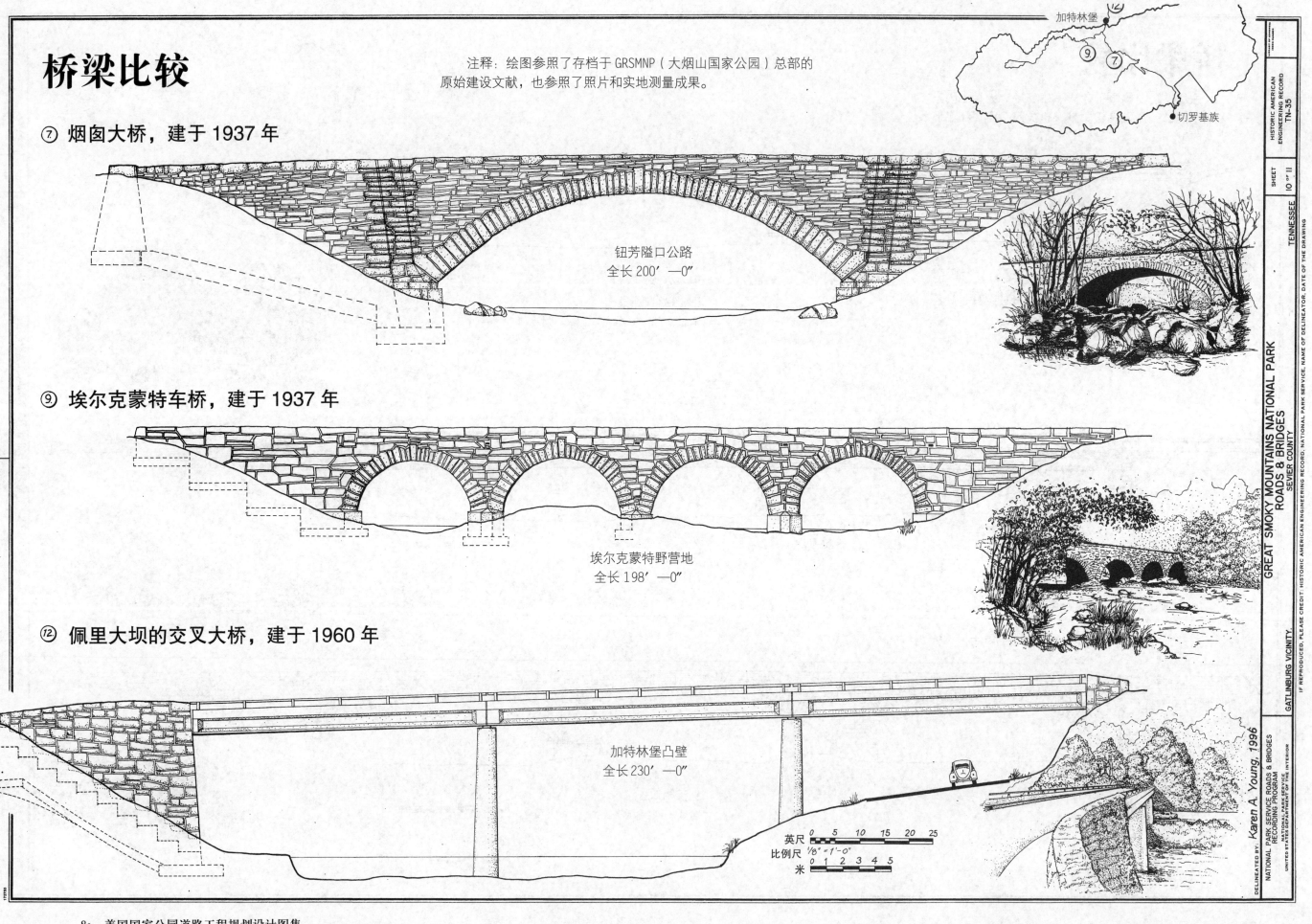

桥梁比较

注释：绘图参照了存档于 GRSMNP（大烟山国家公园）总部的原始建设文献，也参照了照片和实地测量成果。

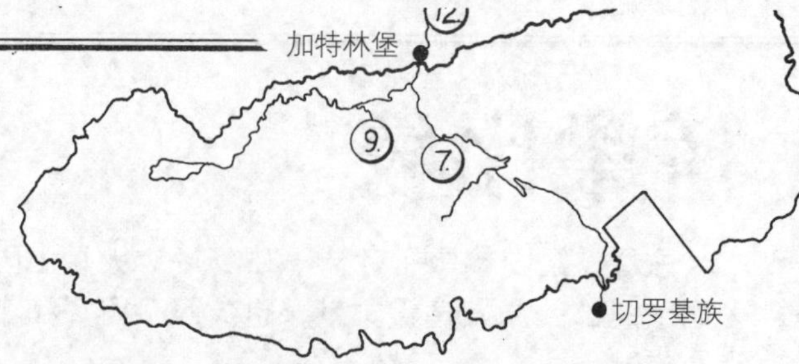
加特林堡
⑫
⑨
⑦
切罗基族

⑦ 烟囱大桥，建于 1937 年

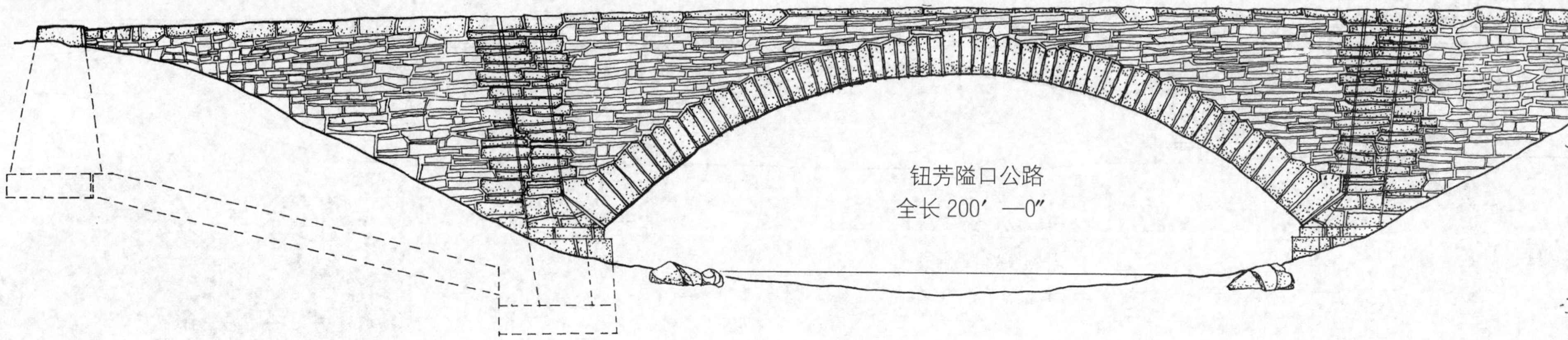
钮芳隘口公路
全长 200′ —0″

⑨ 埃尔克蒙特车桥，建于 1937 年

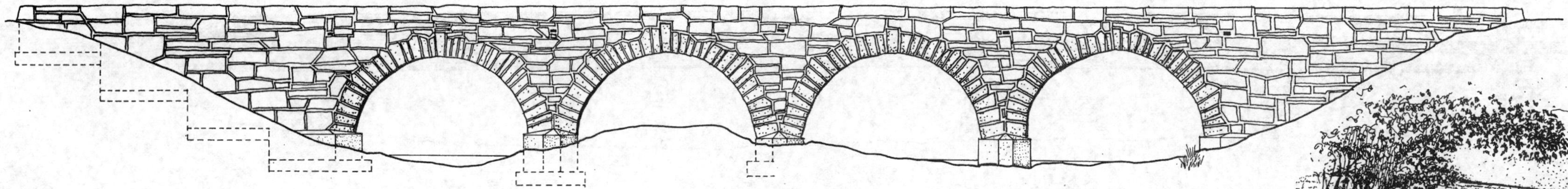
埃尔克蒙特野营地
全长 198′ —0″

⑫ 佩里大坝的交叉大桥，建于 1960 年

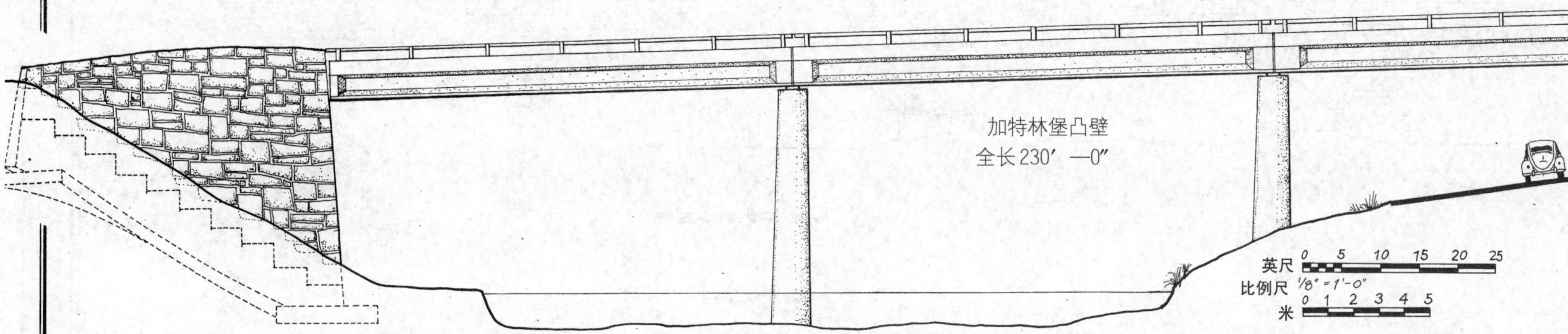
加特林堡凸壁
全长 230′ —0″
英尺 0 5 10 15 20 25
比例尺 1/8″ = 1′-0″
米 0 1 2 3 4 5

DELINEATED BY: Karen A. Young, 1996

NATIONAL PARK SERVICE ROADS & BRIDGES RECORDING PROGRAM

NATIONAL PARK SERVICE
UNITED STATES DEPARTMENT OF THE INTERIOR

GREAT SMOKY MOUNTAINS NATIONAL PARK
ROADS & BRIDGES
SEVIER COUNTY

GATLINBURG VICINITY TENNESSEE

HISTORIC AMERICAN ENGINEERING RECORD
TN-35

SHEET 10 OF 11

IF REPRODUCED, PLEASE CREDIT: HISTORIC AMERICAN ENGINEERING RECORD, NATIONAL PARK SERVICE, NAME OF DELINEATOR, DATE OF THE DRAWING

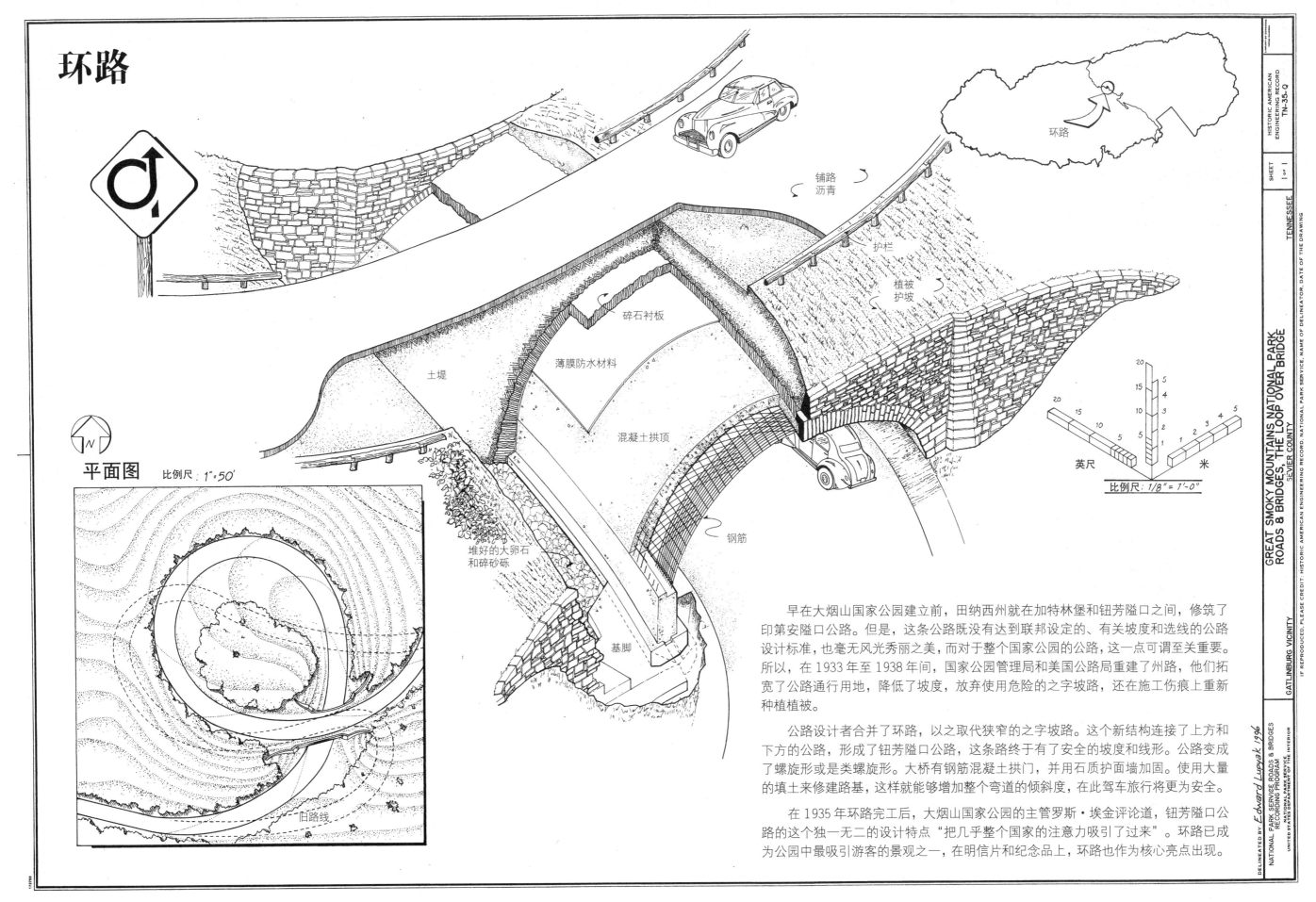

环路

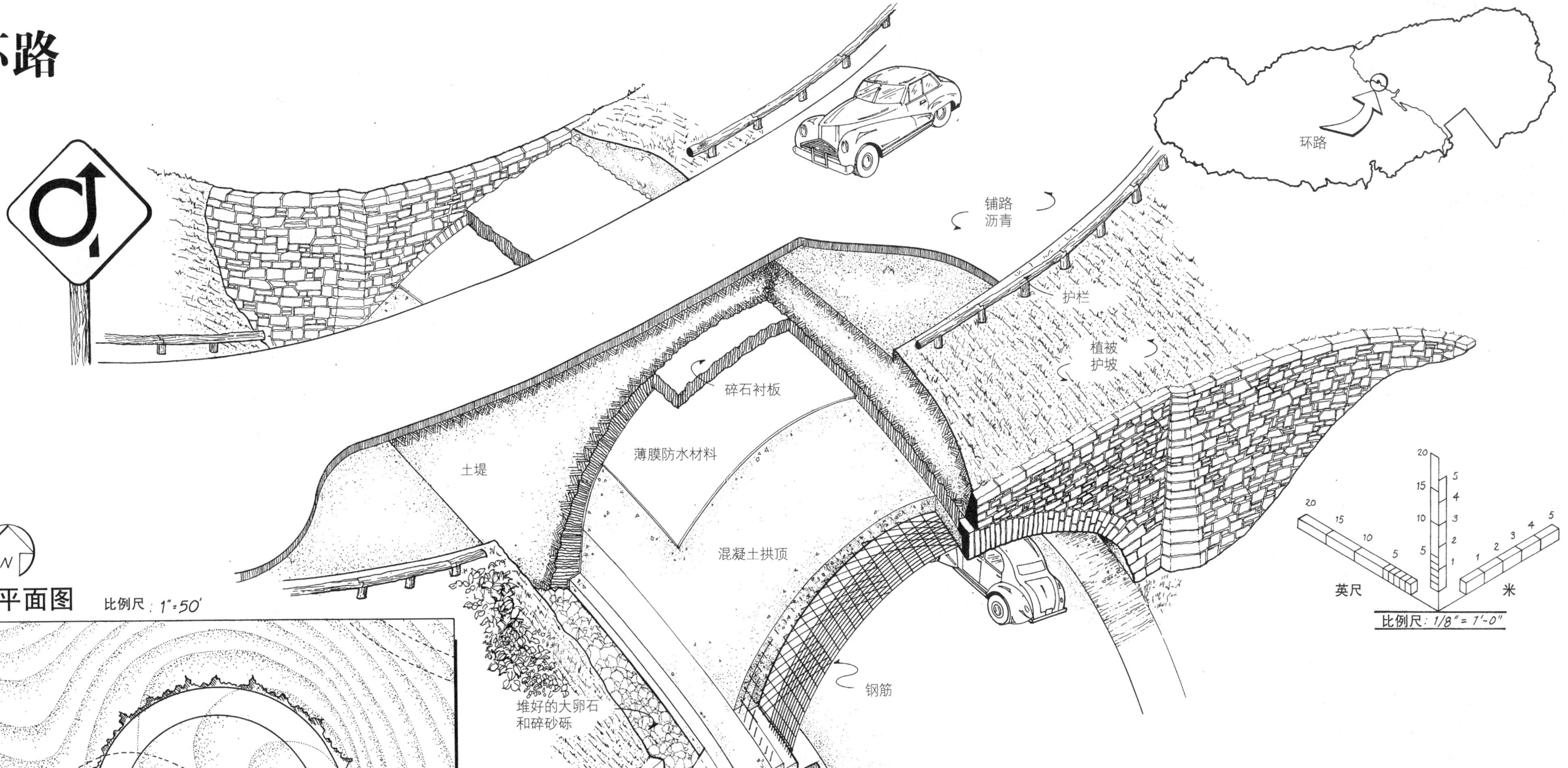

环路
铺路
沥青
护栏
植被
护坡
碎石衬板
薄膜防水材料
土堤
混凝土拱顶
堆好的大卵石
和碎砂砾
钢筋
英尺
米
比例尺：1/8" = 1'-0"

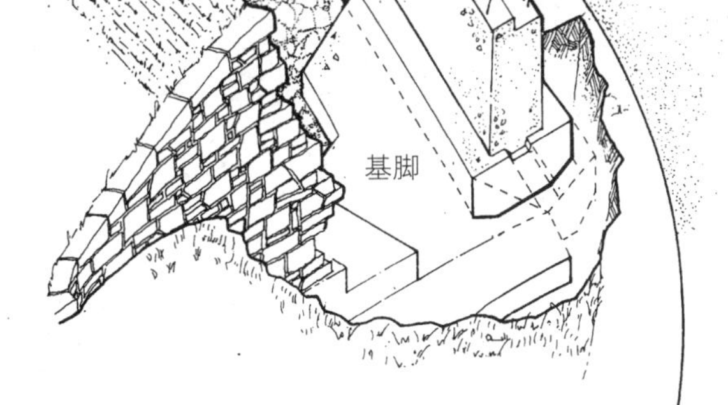

基脚

平面图 比例尺：1"=50'

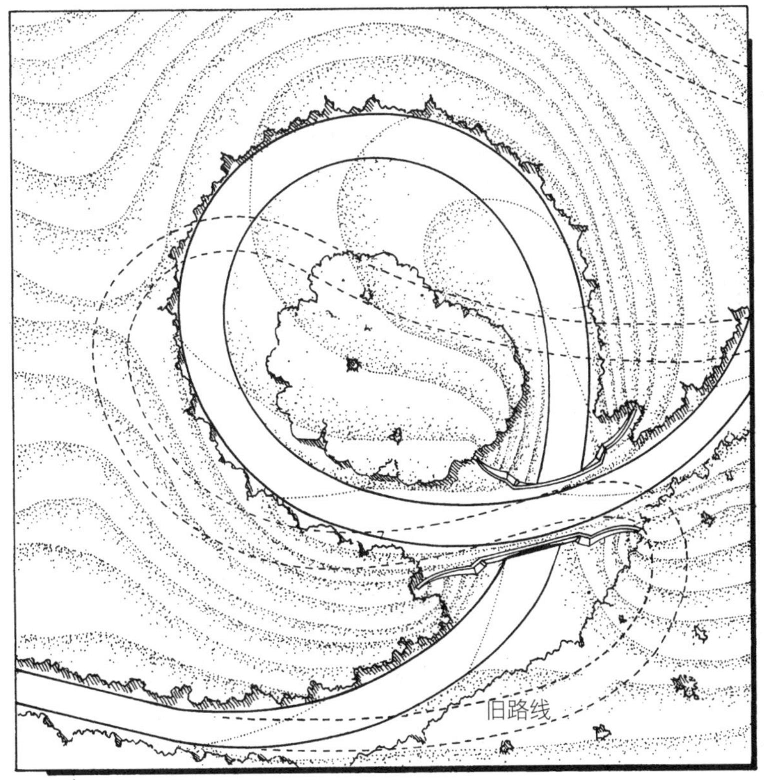

旧路线

早在大烟山国家公园建立前，田纳西州就在加特林堡和钮芳隘口之间，修筑了印第安隘口公路。但是，这条公路既没有达到联邦设定的、有关坡度和选线的公路设计标准，也毫无风光秀丽之美，而对于整个国家公园的公路，这一点可谓至关重要。所以，在 1933 年至 1938 年间，国家公园管理局和美国公路局重建了州路，他们拓宽了公路通行用地，降低了坡度，放弃使用危险的之字坡路，还在施工伤痕上重新种植植被。

公路设计者合并了环路，以之取代狭窄的之字坡路。这个新结构连接了上方和下方的公路，形成了钮芳隘口公路，这条路终于有了安全的坡度和线形。公路变成了螺旋形或是类螺旋形。大桥有钢筋混凝土拱门，并用石质护面墙加固。使用大量的填土来修建路基，这样就能够增加整个弯道的倾斜度，在此驾车旅行将更为安全。

在 1935 年环路完工后，大烟山国家公园的主管罗斯·埃金评论道，钮芳隘口公路的这个独一无二的设计特点“把几乎整个国家的注意力吸引了过来”。环路已成为公园中最吸引游客的景观之一，在明信片和纪念品上，环路也作为核心亮点出现。

DELINEATED BY Edward Lupyak 1996
NATIONAL PARK SERVICE ROADS & BRIDGES RECORDING PROGRAM
GREAT SMOKY MOUNTAINS NATIONAL PARK
ROADS & BRIDGES, THE LOOP OVER BRIDGE
SEVIER COUNTY
GATLINBURG VICINITY
TENNESSEE
SHEET 1 of 1
HISTORIC AMERICAN ENGINEERING RECORD
TN-35-Q

埃尔克蒙特汽车桥
施工细节

埃尔克蒙特汽车桥的施工始于1936年6月，由民间资源保护队（CCC）进行建设施工。大桥下有四个波纹状多层钢拱，它们都建以石质的拱圈和拱边墙。施工时，首先要建造混凝土材质的桥墩，这是拱门桥洞的基础。随后，再将拱门与螺栓钢板装配在一起。在建好钢拱之后，再修筑拱边墙。墙体达到合适的高度时，就会在拱门上覆以填土方支撑路基。首先用碎石铺设一层路基，而后铺设沥青作为路基。

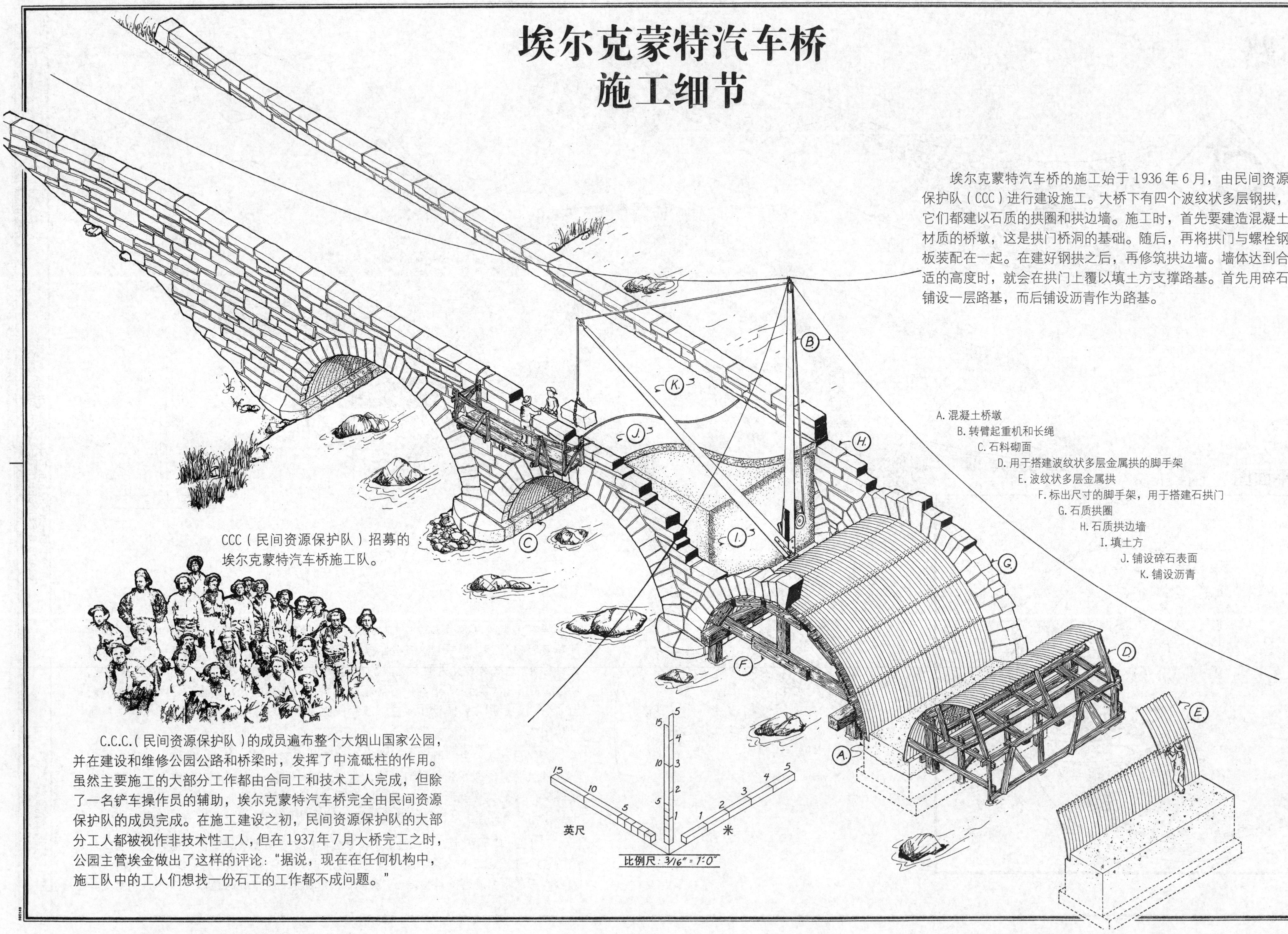

A
B
C
D
E
F
G
H
I.
J.
K.
15
10
5
1
2
3
4
5
英尺
米
比例尺: 3/16" = 1'0"
DELINEATED BY: Edward J. Lupyak, 1996
HISTORIC AMERICAN ENGINEERING RECORD
TN-35-S
SHEET 1 OF 1
TENNESSEE
GREAT SMOKY MOUNTAINS NATIONAL PARK
ROADS & BRIDGES, ELKMONT VEHICLE BRIDGE
SEVIER COUNTY
GATLINBURG VICINITY
NATIONAL PARK SERVICE ROADS & BRIDGES RECORDING PROGRAM
UNITED STATES DEPARTMENT OF THE INTERIOR
IF REPRODUCED, PLEASE CREDIT: HISTORIC AMERICAN ENGINEERING RECORD, NATIONAL PARK SERVICE, NAME OF DELINEATOR, DATE OF THE DRAWING

A. 混凝土桥墩
B. 转臂起重机和长绳
C. 石料砌面
D. 用于搭建波纹状多层金属拱的脚手架
E. 波纹状多层金属拱
F. 标出尺寸的脚手架，用于搭建石拱门
G. 石质拱圈
H. 石质拱边墙
I. 填土方
J. 铺设碎石表面
K. 铺设沥青

CCC（民间资源保护队）招募的埃尔克蒙特汽车桥施工队。

C.C.C.（民间资源保护队）的成员遍布整个大烟山国家公园，并在建设和维修公园公路和桥梁时，发挥了中流砥柱的作用。虽然主要施工的大部分工作都由合同工和技术工人完成，但除了一名铲车操作员的辅助，埃尔克蒙特汽车桥完全由民间资源保护队的成员完成。在施工建设之初，民间资源保护队的大部分工人都被视作非技术性工人，但在1937年7月大桥完工之时，公园主管埃金做出了这样的评论："据说，现在在任何机构中，施工队中的工人们想找一份石工的工作都不成问题。"

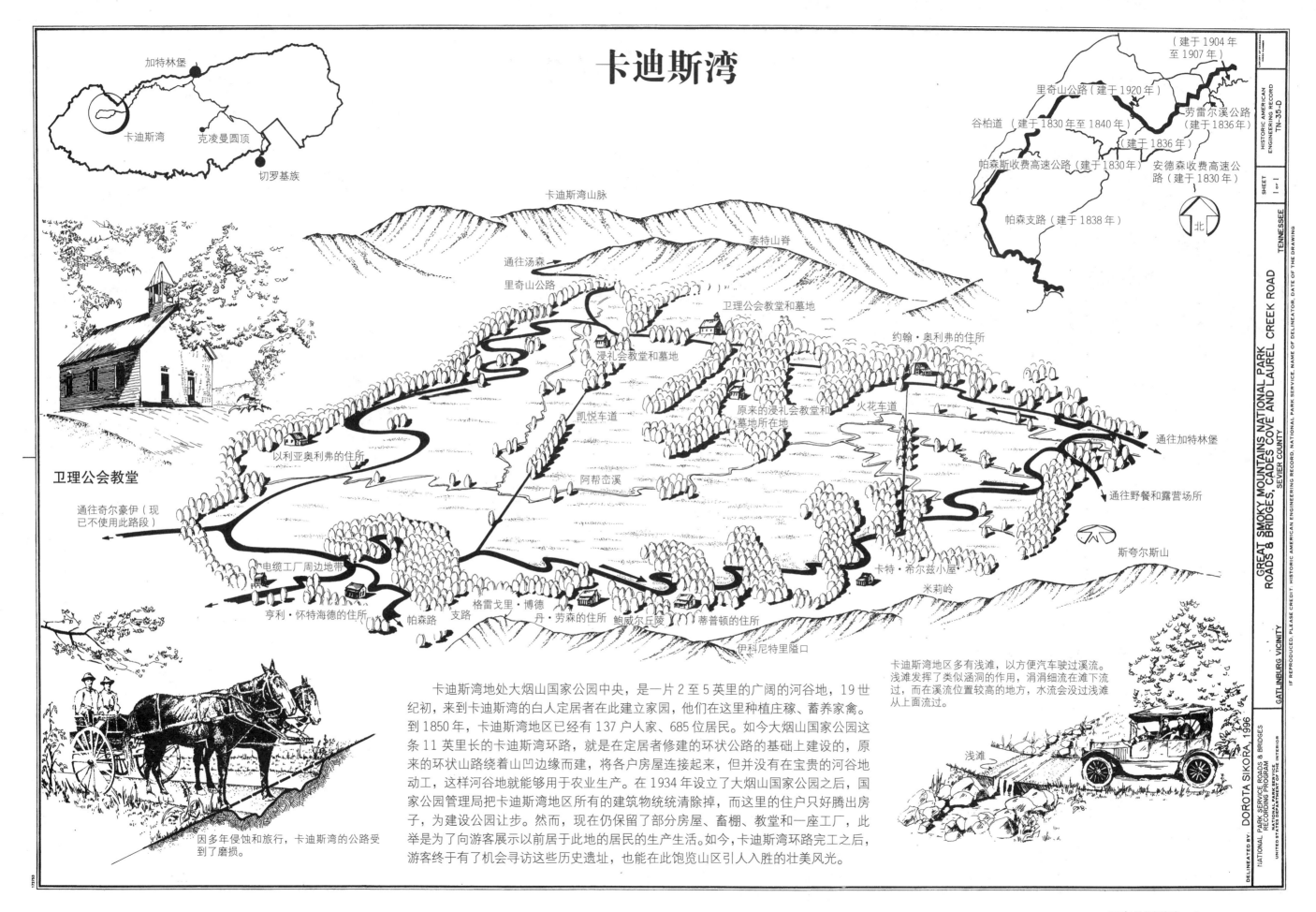

卡迪斯湾

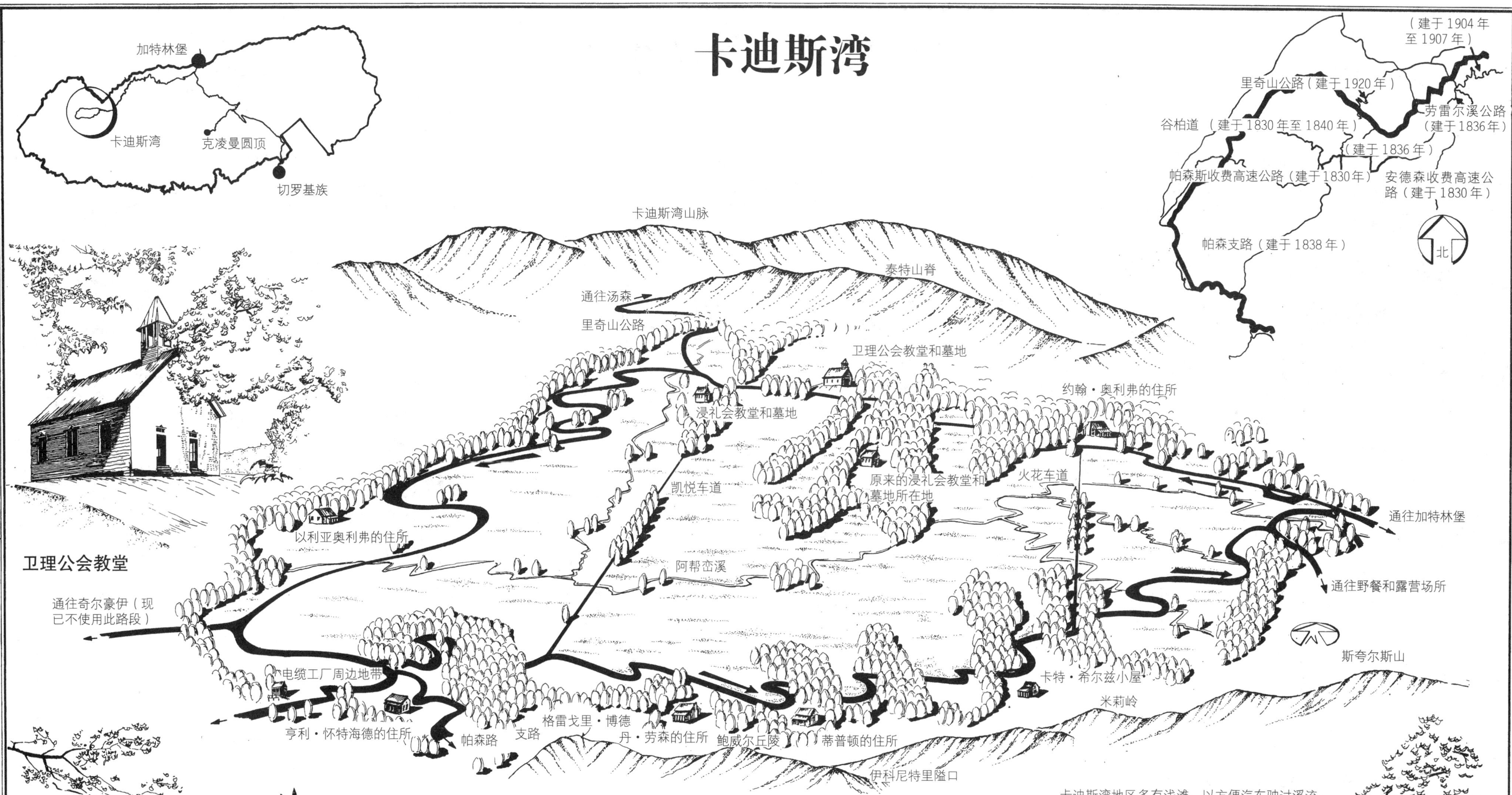
加特林堡
卡迪斯湾
克凌曼圆顶
切罗基族
（建于 1904 年
至 1907 年）
里奇山公路（建于 1920 年）
劳雷尔溪公路
（建于 1836 年）
谷柏道（建于 1830 年至 1840 年）
（建于 1836 年）
帕森斯收费高速公路（建于 1830 年）
安德森收费高速公
路（建于 1830 年）
帕森支路（建于 1838 年）
北
卡迪斯湾山脉
泰特山脊
通往汤森
里奇山公路
卫理公会教堂和墓地
浸礼会教堂和墓地
约翰·奥利弗的住所
原来的浸礼会教堂和
墓地所在地
火花车道
凯悦车道
以利亚奥利弗的住所
阿帮峦溪
通往加特林堡
通往野餐和露营场所
卫理公会教堂
通往奇尔豪伊（现
已不使用此路段）
电缆工厂周边地带
卡特·希尔兹小屋
斯夸尔斯山
米莉岭
亨利·怀特海德的住所
帕森路
支路
格雷戈里·博德
丹·劳森的住所
鲍威尔丘陵
蒂普顿的住所
伊科尼特里隘口

卡迪斯湾地处大烟山国家公园中央，是一片 2 至 5 英里的广阔的河谷地，19 世纪初，来到卡迪斯湾的白人定居者在此建立家园，他们在这里种植庄稼、蓄养家禽。到 1850 年，卡迪斯湾地区已经有 137 户人家、685 位居民。如今大烟山国家公园这条 11 英里长的卡迪斯湾环路，就是在定居者修建的环状公路的基础上建设的，原来的环状山路绕着山凹边缘而建，将各户房屋连接起来，但并没有在宝贵的河谷地动工，这样河谷地就能够用于农业生产。在 1934 年设立了大烟山国家公园之后，国家公园管理局把卡迪斯湾地区所有的建筑物统统清除掉，而这里的住户只好腾出房子，为建设公园让步。然而，现在仍保留了部分房屋、畜棚、教堂和一座工厂，此举是为了向游客展示以前居于此地的居民的生产生活。如今，卡迪斯湾环路完工之后，游客终于有了机会寻访这些历史遗址，也能在此饱览山区引人入胜的壮美风光。

因多年侵蚀和旅行，卡迪斯湾的公路受到了磨损。

卡迪斯湾地区多有浅滩，以方便汽车驶过溪流。浅滩发挥了类似涵洞的作用，涓涓细流在滩下流过，而在溪流位置较高的地方，水流会没过浅滩从上面流过。

浅滩

GREAT SMOKY MOUNTAINS NATIONAL PARK
ROADS & BRIDGES, CADES COVE AND LAUREL CREEK ROAD
SEVIER COUNTY
TENNESSEE
GATLINBURG VICINITY
DELINEATED BY DOROTA SIKORA, 1996
NATIONAL PARK SERVICE ROADS & BRIDGES RECORDING PROGRAM
NATIONAL PARK SERVICE
UNITED STATES DEPARTMENT OF THE INTERIOR
HISTORIC AMERICAN ENGINEERING RECORD
TN-35-D
SHEET 1 of 1
IF REPRODUCED, PLEASE CREDIT: HISTORIC AMERICAN ENGINEERING RECORD, NATIONAL PARK SERVICE, NAME OF DELINEATOR, DATE OF THE DRAWING

“咆哮叉”景观小径

加特林堡
321
模仿者蝾螈
阿尔弗雷德·里根住所边的工作场地
咆哮叉
14 大卵石地段
13 山间小溪
12 阿尔弗雷德·里根的住所
11 伊弗雷姆·贝尔的家
10 历史性保护区
9 定居者
8 老路
7 鹅掌楸
6 铁杉
5 格罗托瀑布小路起点
4 栗树
3 观景点
2 山凹地区硬木树
1 景观小径起点
15 千滴聚集之所
16 公园边界
黑熊
格罗托瀑布
夹竹桃杜鹃
白尾鹿
诺亚“巴德”奥格尔住所
切罗基果园路
千滴聚集之所
植被群落
2624.6'
3182.4'
1607.6'
山凹地区硬木树，长于湿地的混合硬木
松木
山凹地区硬木树，长于湿地的混合硬木
鹅掌楸
山凹地区硬木树
长于湿地的混合硬木
山凹地区硬木树
鹅掌楸，旱生橡木
鹅掌楸，松木，旱生橡木
2
编号标杆上的东金花鼠
假蜜环菌
DELINEATED BY: Karen A. Young, 1996
NATIONAL PARK SERVICE ROADS & BRIDGES RECORDING PROGRAM
NATIONAL PARK SERVICE
UNITED STATES DEPARTMENT OF THE INTERIOR
GATLINBURG VICINITY
GREAT SMOKY MOUNTAINS NATIONAL PARK
ROADS & BRIDGES, ROARING FORK MOTOR NATURE TRAIL
SEVIER COUNTY
TENNESSEE
SHEET 1 OF 1
HISTORIC AMERICAN ENGINEERING RECORD
TN-35-G
IF REPRODUCED, PLEASE CREDIT: HISTORIC AMERICAN ENGINEERING RECORD, NATIONAL PARK SERVICE, NAME OF DELINEATOR, DATE OF THE DRAWING
172753

在咆哮叉景观小径上行驶，将会是一段不同寻常的经历。来大烟山国家公园（GSMNP）旅行的游客得此机会驾车穿越南阿巴拉契亚山脉的森林景观，并路经早期白人居民在此留下的历史房屋遗迹。过去，这段单向环路是两条相互分离的公路，分别叫做切罗基果园路和咆哮叉公路，这让这里的居民能够隐藏在烟囱山边缘的山洞里。在GSMNP（大烟山国家公园）建立之后，国家公园管理局将这两条路连接起来，这就是现在的环路。

在5.5英里长的咆哮叉谷景观小径的起点处，自驾游游客可以拿到一份书册。这本小册子的章页与标杆的编号相一致，标杆位于路边，标明了自驾游过程中可以停车的区域。4号和6号标杆之间，森林持续变换，展示了林木演变的自然进程。过了8号标杆，我们就可以看到，现有的公路是如何在19世纪的咆哮叉公路的老路基上建设出来的。而在9号标杆，游客可以看到名为“千滴聚集之所”的瀑布，瀑布飞流直下，跌落在路边的岩石上，随后从公路下边穿行而过。经过最后的一个标杆，也就是16号标杆之后，游客会被告知，在结束这段“短时间的梦幻旅程”后，他们将很快“回到真实的世界”。

马什—比灵斯—洛克菲勒国家历史公园

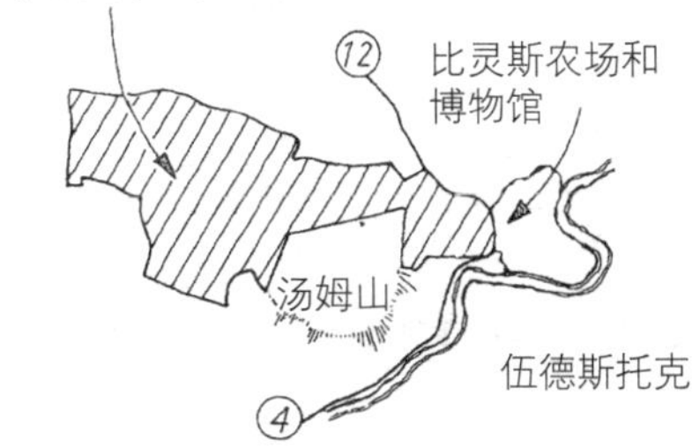

马什—比灵斯—洛克菲勒国家历史公园占地 550 英亩，穿过汤姆山的大部，位于佛蒙特州伍德斯托克村庄 1359 英尺以上。公园以三个最重要的领军人物命名——环境学家乔治·马什，商人和林学家弗莱德雷克·比灵斯，以及保护学家劳文斯·洛克菲勒。马车道路系统包括大约 10 英里的碎石道路和通往公园各景点并最终到达公园边界外的汤姆山环路。在比灵斯的要求下，马车路的大部分于 1880 年至 1895 年修建。

汤姆山道路凸显了形式与功能的完美组合。当弗莱德雷克·比灵斯 1869 年买下乔治·马什童年时期的家时，他开始建立既有吸引力又实用的道路系统。美国西部采矿业和铁路业发财之后，比灵斯决定证明土地管理与环境保护、美化提升能够统一。他的农场模型和林业发展计划致力于展示如何在佛蒙特州发展土地的同时保持它的原貌、环境稳定性和产出利益。道路系统是这个过程中至关重要的部分。比灵斯希望被景观吸引的游客也能被它的林业改进计划所影响，这是全国最早的科技林业发展计划。

比灵斯买下马什的房产后不久，他就开始扩大现有的农场道路，打造完整的交通网络，以便能够满足每天的管理活动，又能作为观光路线。比灵斯和美国最重要的风景园艺师罗伯特·毛里斯合作，一起帮助大厦施工，但是历史上并没有记载毛里斯为道路系统的建立提供任何建议。

马车路

马什—比灵斯—洛克菲勒国家历史公园道路记录项目于 2001 年夏天实施，此项目是 HAER 的一部分。HAER 是一项长期记录美国历史上重要工程与工业成果的项目。HAER 由 HABS/HAER 管理，这是美国内政部国家公园管理局的一个部门。此项目通过国家公园管理局道路项目由美国交通部的国家土地道路项目资助，并在马什—比灵斯—洛克菲勒国家历史公园与伍德斯托克公司以及比灵斯农场和博物馆共同赞助。

现场工作、测量图纸、历史性报告和照片由项目领导克里斯多夫·马斯顿和历史学家蒂姆·戴维斯负责。记录小组包括现场监管和风景园林师克里斯·格雷、景观建筑师亚伦·弗雷德曼，以及植物陈列师艾米·马克和历史学家凯蒂。正式大幅照片由戴维斯·哈斯完成。

然而，马车路展示了当时流行的景观设计理念。道路凸显了令人惊讶的景观多样性，从挪威云杉的隧道到美丽的大草原和由各种硬木组成的开放林地。奔腾的瀑布使主道路变得更加生动迷人。主道路由乡村桥梁、涵洞、石体墙和石体堤道修饰，通往周围的景区，一直到参天大树遮盖了视野。路边有一个环形湖叫作泊格。游客最多的地方是汤姆山环路，它展示了雄伟的伍德斯托克音乐节的盛况。

1890 年比灵斯去世之后，他的妻子朱莉和女儿们继续改进维护道路乃至整个地区。比灵斯的孙女玛丽·弗雷迟·洛克菲勒和她的丈夫劳文斯·洛克菲勒在 1953 年继承了全部房产。汤姆山南部顶峰转让给伍德斯托克镇。洛克菲勒家族在 1992 年把他们的家产捐给了国家公园管理局。公园于 1998 年正式对外开放。

汤姆山道路系统继续让游客体验活力四射的风景，这些风景反映了佛蒙特州早期的保护成果。道路旁边有几百年历史的树木，它们沿着夏季牧场生长。古老的糖枫生长在干草地两旁，展示了汤姆山南部山峰的壮观景色。当道路穿过田野和森林时，它们把佛蒙特州林业保护的历史和公园的三个创始人——马什、比灵斯和洛克菲勒的遗产，都悉数展示给了游客们。

DELINEATED BY Chris Gray, 2001
NPS ROADS & BRIDGES RECORDING PROGRAM
NATIONAL PARK SERVICE
UNITED STATES DEPARTMENT OF THE INTERIOR

WOODSTOCK

MARSH-BILLINGS-ROCKEFELLER CARRIAGE ROADS
MARSH-BILLINGS-ROCKEFELLER NATIONAL HISTORICAL PARK
WINDSOR COUNTY

VERMONT

SHEET 1 of 10

HISTORIC AMERICAN ENGINEERING RECORD
VT-27

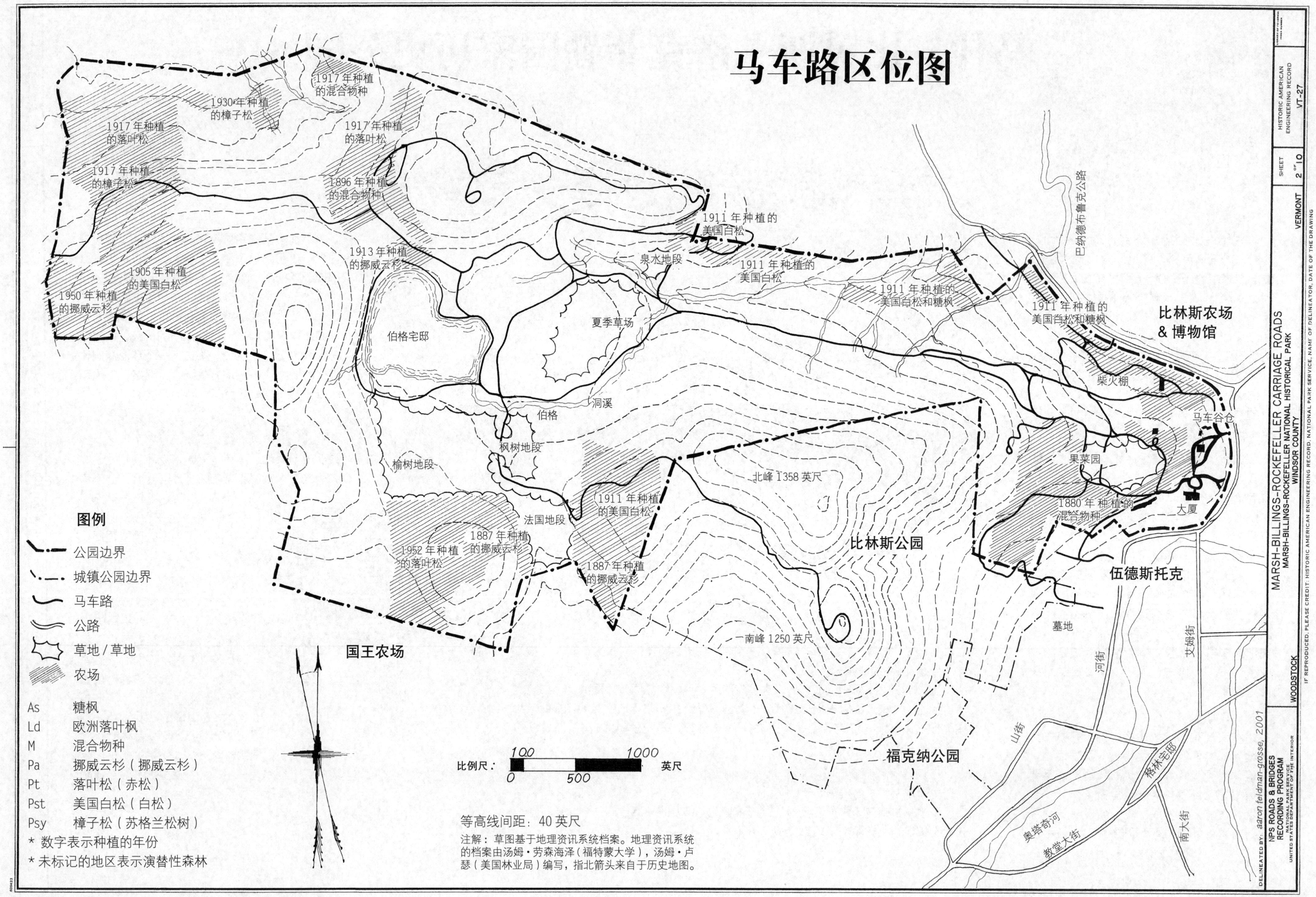
马车路区位图
1917 年种植的混合物种
1930 年种植的樟子松
1917 年种植的落叶松
1917 年种植的落叶松
1917 年种植的樟子松
1896 年种植的混合物种
1911 年种植的美国白松
1913 年种植的挪威云杉
1905 年种植的美国白松
1950 年种植的挪威云杉
泉水地段
1911 年种植的美国白松
1911 年种植的美国白松和糖枫
1911 年种植的美国白松和糖枫
巴纳德布鲁克公路
比林斯农场 & 博物馆
伯格宅邸
夏季草场
柴火棚
马车谷仓
洞溪
伯格
枫树地段
榆树地段
北峰 1358 英尺
果菜园
1880 年种植的混合物种
大厦
1911 年种植的美国白松
法国地段
1887 年种植的挪威云杉
1952 年种植的落叶松
1887 年种植的挪威云杉
比林斯公园
伍德斯托克
墓地
南峰 1250 英尺
国王农场
河街
艾姆街
山街
福克纳公园
格林宅邸
奥塔奇河
教堂大街
南大街
图例
公园边界
城镇公园边界
马车路
公路
草地 / 草地
农场
As 糖枫
Ld 欧洲落叶枫
M 混合物种
Pa 挪威云杉（挪威云杉）
Pt 落叶松（赤松）
Pst 美国白松（白松）
Psy 樟子松（苏格兰松树）
* 数字表示种植的年份
* 未标记的地区表示演替性森林
比例尺： 0 100 500 1000 英尺
等高线间距：40 英尺
注解：草图基于地理资讯系统档案。地理资讯系统的档案由汤姆·劳森海泽（福特蒙大学），汤姆·卢瑟（美国林业局）编写，指北箭头来自于历史地图。
DELINEATED BY: aaron feldman-grosse, 2001
NPS ROADS & BRIDGES RECORDING PROGRAM
NATIONAL PARK SERVICE
UNITED STATES DEPARTMENT OF THE INTERIOR
MARSH-BILLINGS-ROCKEFELLER CARRIAGE ROADS
MARSH-BILLINGS-ROCKEFELLER NATIONAL HISTORICAL PARK
WINDSOR COUNTY
WOODSTOCK
VERMONT
SHEET 2 OF 10
HISTORIC AMERICAN ENGINEERING RECORD
VT-27
IF REPRODUCED, PLEASE CREDIT: HISTORIC AMERICAN ENGINEERING RECORD, NATIONAL PARK SERVICE, NAME OF DELINEATOR, DATE OF THE DRAWING

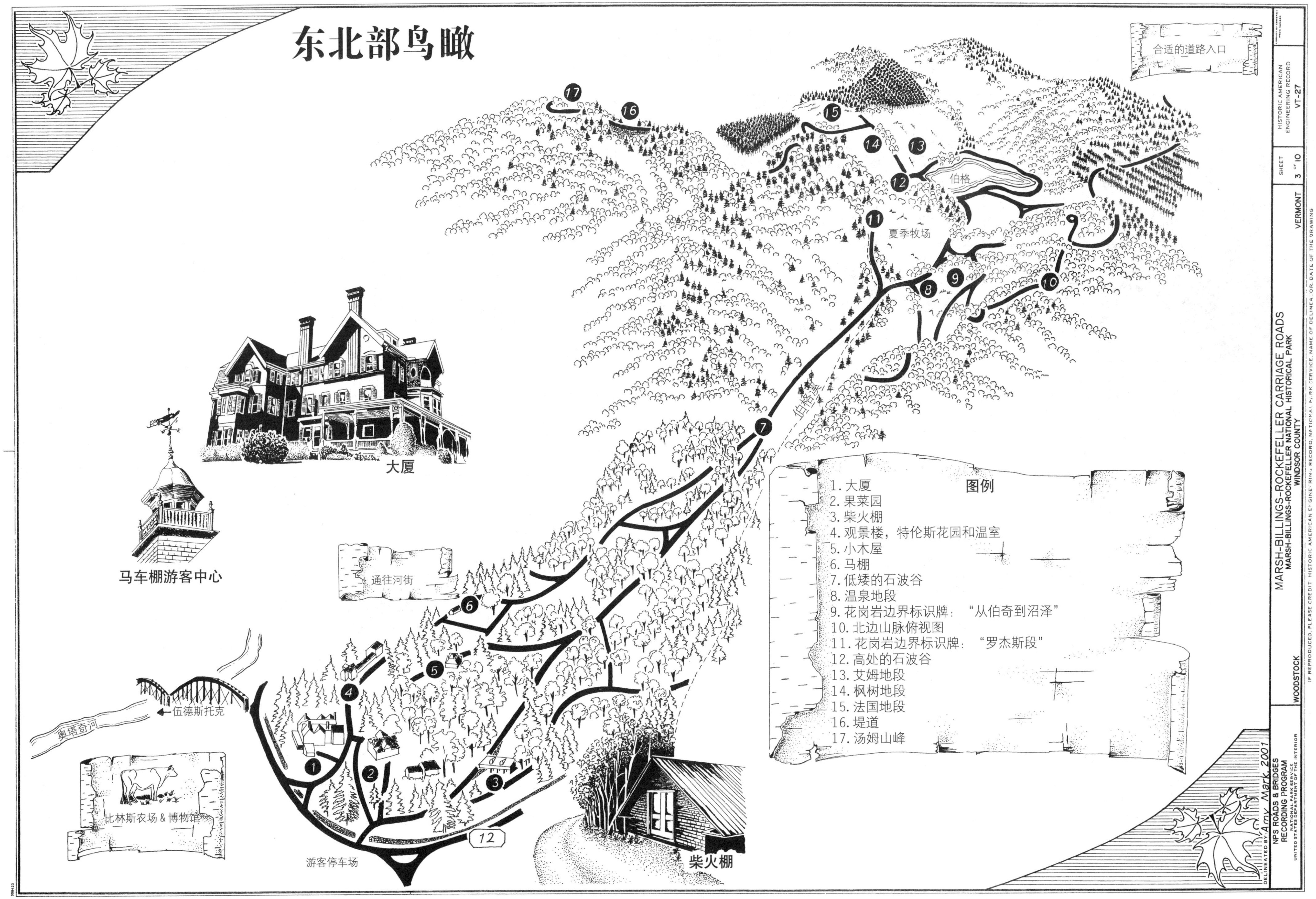
东北部鸟瞰
合适的道路入口
伯格
夏季牧场
伯格
大厦
马车棚游客中心
通往河街
伍德斯托克
奥塔奇河
比林斯农场 & 博物馆
游客停车场
12
柴火棚
图例
1. 大厦
2. 果菜园
3. 柴火棚
4. 观景楼，特伦斯花园和温室
5. 小木屋
6. 马棚
7. 低矮的石波谷
8. 温泉地段
9. 花岗岩边界标识牌：“从伯奇到沼泽”
10. 北边山脉俯视图
11. 花岗岩边界标识牌：“罗杰斯段”
12. 高处的石波谷
13. 艾姆地段
14. 枫树地段
15. 法国地段
16. 堤道
17. 汤姆山峰
HISTORIC AMERICAN ENGINEERING RECORD
VT-27
SHEET 3 OF 10
MARSH-BILLINGS-ROCKEFELLER CARRIAGE ROADS
MARSH-BILLINGS-ROCKEFELLER NATIONAL HISTORICAL PARK
WINDSOR COUNTY
VERMONT
WOODSTOCK
NPS ROADS & BRIDGES RECORDING PROGRAM
NATIONAL PARK SERVICE
UNITED STATES DEPARTMENT OF THE INTERIOR
DELINEATED BY Amy Mark 2001

恢复的景观

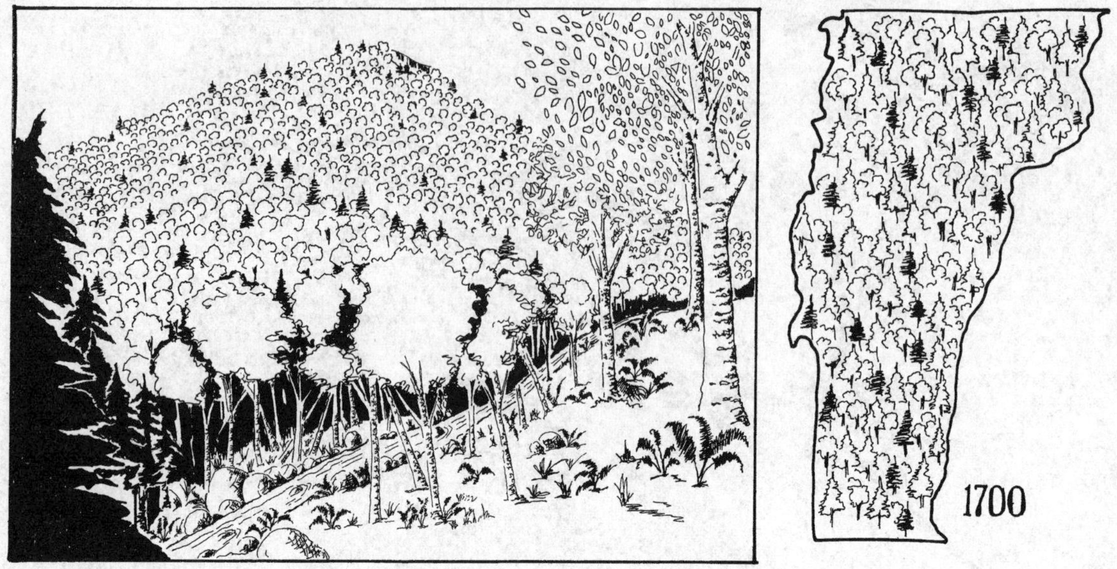
1700

欧洲人定居以前，弗特蒙州的景观就被成熟森林和复杂的硬木及常青树所覆盖，它的外形与今天的森林相似。美国土著人保存下来了一些玉米地，但是它们的作用并不显著。18世纪中期，定居者开始往这块未开发的土地上移民。伴随着他们的到来，农业生产破坏了原始森林景观。

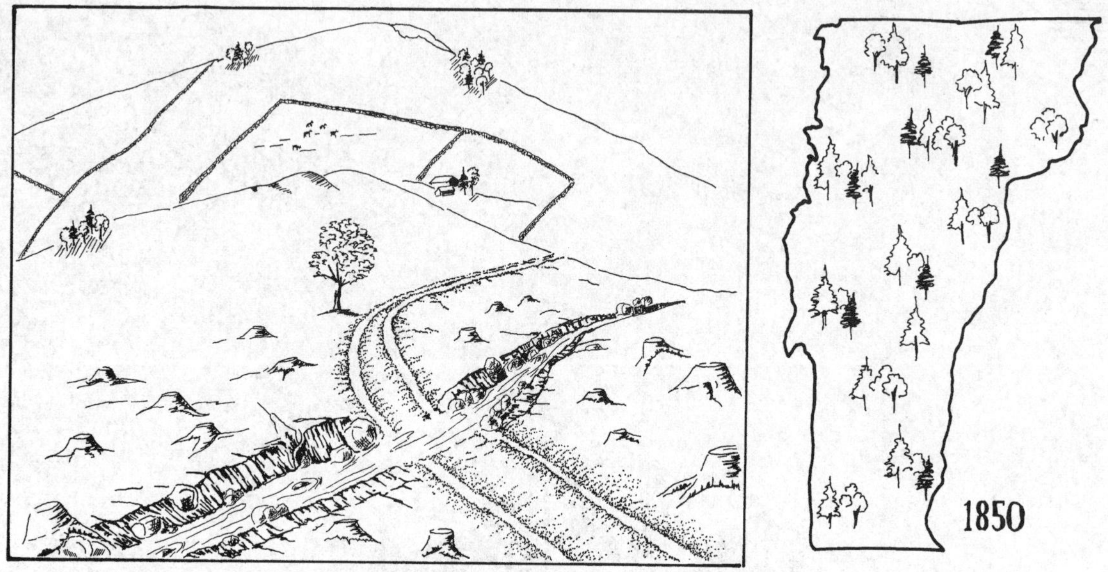
1850

为耕种土地、牧羊、放牧、施肥和获得木材，弗特蒙州的森林都被清除。小农场和村庄成为点缀的景观，由原始或者现代改进的公路连接起来。直到19世纪中期，全州接近70%的土地上的森林都消失了，生态系统受到严重威胁，但是却展现出农业发展的宁静之景。

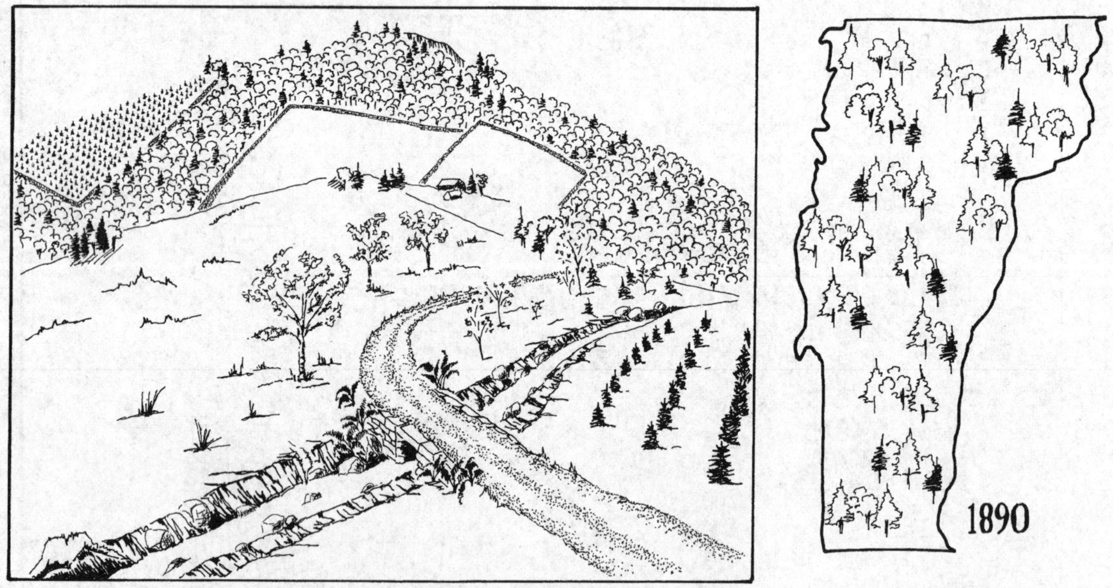
1890

直到1890年，弗特蒙州的景观开始出现转变。经济萧条，农场以惊人的速度减少，农村人口大量减少，转移到城市或者更发达的地方。自然生长的森林开始填补那些老农场和牧场。弗雷德里克·比灵斯在其他人的帮助下，重新开始在这里种植，发展森林和土地景观。

2001

随着19世纪农场继续减少和管理项目的扩大，弗特蒙州的森林回归到原始的状态。现在全州80%土地被森林覆盖。弗特蒙州的重新造林为经济发展带来了希望，但是农场的减少最终破坏了这里最珍贵的景色，那是新英格兰的传统景观和乡村生活景象。

DELINEATED BY: Amy Mark, 2001
NPS ROADS & BRIDGES RECORDING PROGRAM
NATIONAL PARK SERVICE
UNITED STATES DEPARTMENT OF THE INTERIOR
MARSH-BILLINGS-ROCKEFELLER CARRIAGE ROADS
MARSH-BILLINGS-ROCKEFELLER NATIONAL HISTORICAL PARK
WOODSTOCK WINDSOR COUNTY VERMONT
SHEET 5 OF 10
HISTORIC AMERICAN ENGINEERING RECORD
VT-27

丛林体验

马什—比灵斯—洛克菲勒国家历史公园有着四季变换的多样自然和人工景观，它们环绕着马车公路周围。这种持续变化的景观揭示了历史与生态之间的关系。由糖枫分隔的石体墙和古老的土地展示着这里的农业遗产。弗得雷克·比灵斯开拓的科学造林成就体现在汤姆山上大片精心挑选、正逐渐成熟的树种。自然森林的生长填满了很多土地，这些自然森林包括混合硬木和其他当地的物种等。

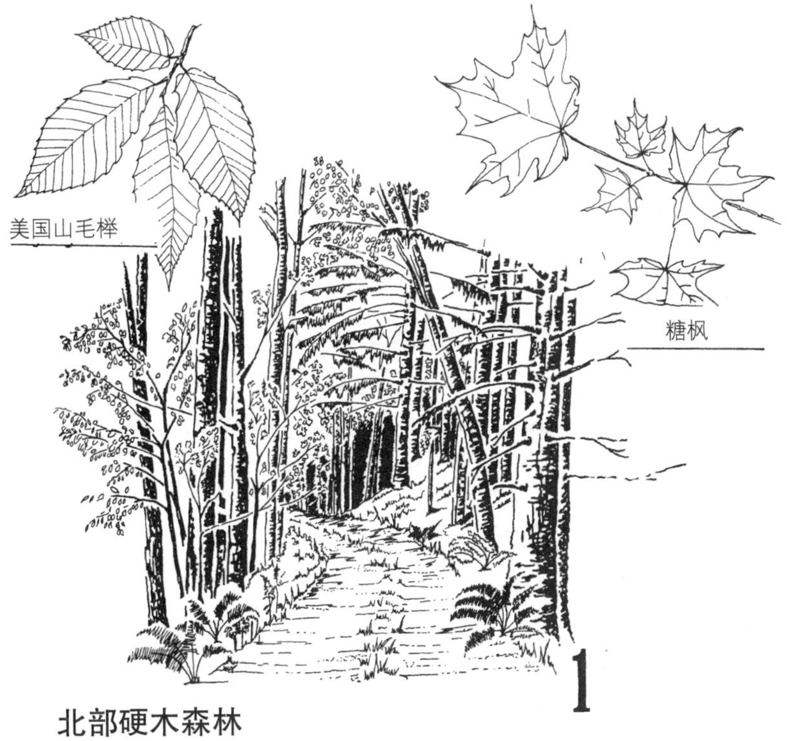

北部硬木森林

大多数马车路穿过北部硬木林区，这里有着独具特色的东部铁杉和落叶性树木，包括黄桦树、美国山毛榉、糖枫和白蜡树。在夏天，灌木和树木就会创造一大片绿色景象。

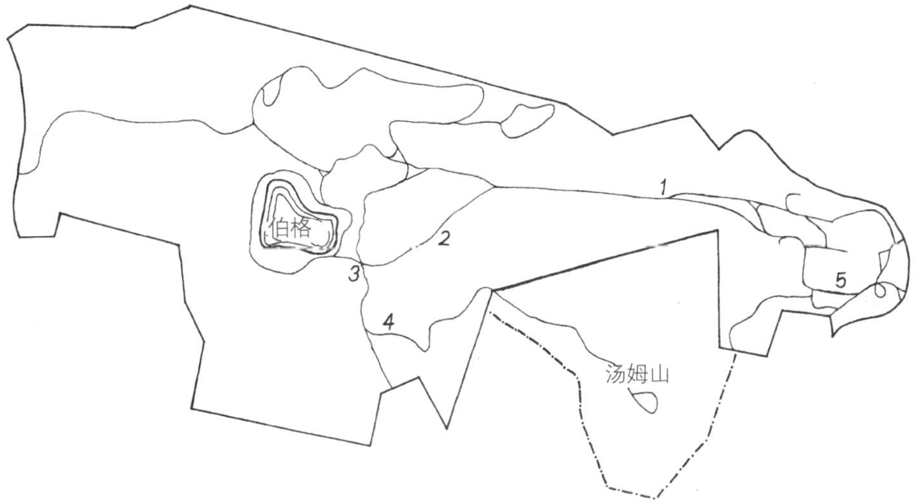

早期挪威云杉

离开大厦游览于观景台，马车路穿过大片挪威云杉和东部铁杉。风景园艺师罗伯特说这些植被最适合用来创造浪漫的景观效应。

铁杉森林

当马车路接近伯格泉时，东部铁杉就占据了整个空间。厚厚的树叶只能透过极少光线，限制了地表植物的生长，形成了更通透的林下层。

红松植被

进入去往汤姆山的道路，马车路上就展现出大片的红松景观，一直延伸到西南方。松树的茂密与干草地形成鲜明对比。秋天，深绿色的植被就会代替飘落的树叶。冬天，这些常青树就会从秃秃的硬木中显现出来。

法国木

当马车路沿着古老的土地时行进时，糖枫与马车路平行而立，它被看作从前农业生产的见证者。欧洲落叶松与东部干草地分隔开，挪威云杉与西部干草地相互分离。

MARSH-BILLINGS-ROCKEFELLER CARRIAGE ROADS
MARSH-BILLINGS-ROCKEFELLER NATIONAL HISTORICAL PARK
WINDSOR COUNTY
WOODSTOCK　VERMONT
SHEET 6 OF 10
HISTORIC AMERICAN ENGINEERING RECORD VT-27
NPS ROADS & BRIDGES RECORDING PROGRAM
NATIONAL PARK SERVICE
UNITED STATES DEPARTMENT OF THE INTERIOR
DELINEATED BY Amy Mark, 2001
IF REPRODUCED, PLEASE CREDIT HISTORIC AMERICAN ENGINEERING RECORD, NATIONAL PARK SERVICE, NAME OF DELINEATOR, DATE OF THE DRAWING

道路分析

道路类型

比例尺：0 1 5 10 英尺

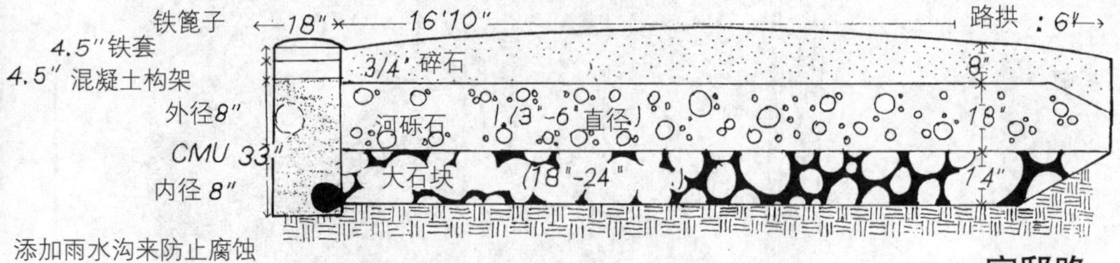

铁篦子
18″
16′10″
路拱：6″
4.5″铁套
4.5″混凝土构架
外径8″
CMU 33″
内径8″
3/4″碎石
河砾石 1(3″-6″直径)
大石块 (18″-24″)
8″
18″
14″
添加雨水沟来防止腐蚀

官邸路

公园里的大多数道路都是四种道路类型其中之一。官邸路有一个大门，它也是最完整的道路。主路构成了今天森林里交通最密集的道路，因此，它们也最需要保养。施工道路有很深的路基来支撑来往的沉重车辆。伐木道路是未改进的小路，仅仅在木材收集季节使用，现在用作通过滑雪场的道路。

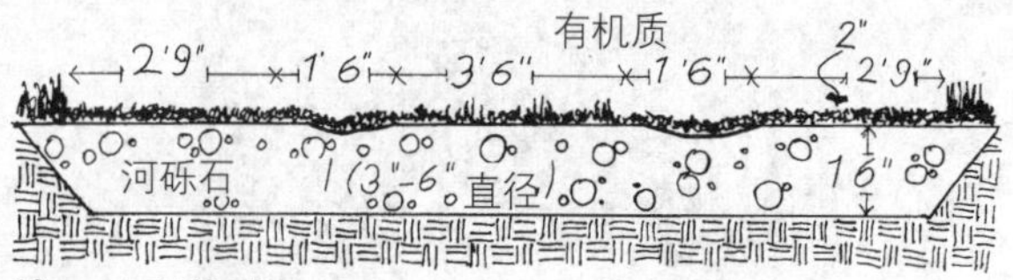

有机质
2′9″
1′6″
3′6″
1′6″
2″
2′9″
河砾石
1(3″-6″直径)
16″

施工用道路

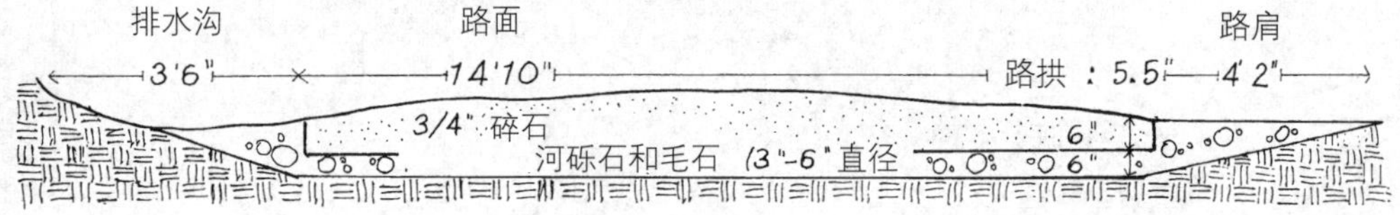

排水沟
路面
路肩
3′6″
14′10″
路拱：5.5″
4′2″
3/4″碎石
河砾石和毛石 (3″-6″直径)
6″
6″

主路

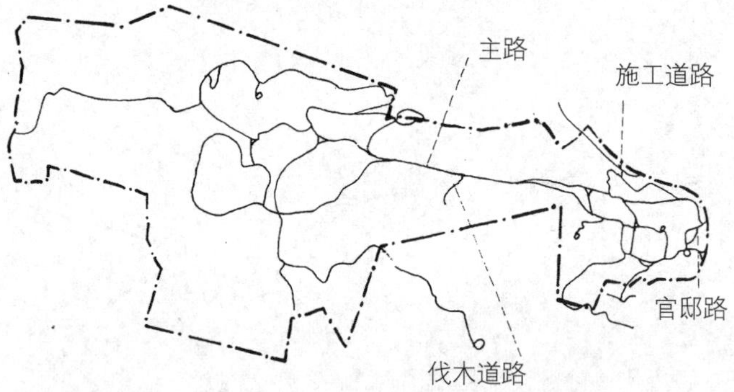

主路
施工道路
官邸路
伐木道路

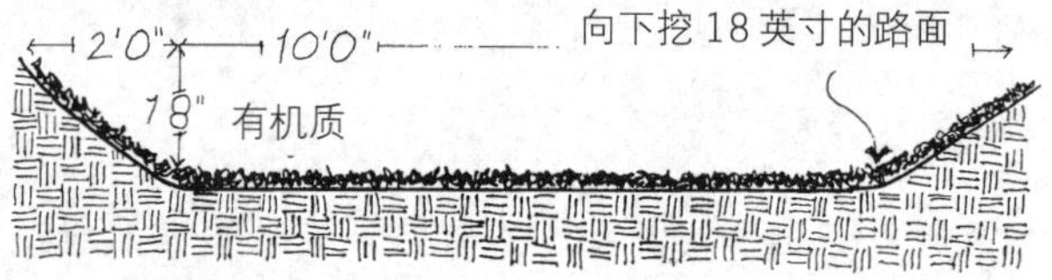

2′0″
10′0″
向下挖18英寸的路面
18″
有机质

伐木用道路

道路施工

许多马车路在弗莱德里克·比灵斯购买地产的时候就已经存在了，比灵斯仅仅是把它们连接起来。修建的公路在某种程度上是工程的一部分。这是在不同施工阶段马车路上的情景。

A. 在岩石上钻孔
B. 杜兰特郡岩石用来做路基
C. 松垮的岩石和土壤做路床
D. 在最终环节使用道路机械
E. 涵洞出口和侵蚀的沟渠
F. 支撑墙用来支撑道路
G. 箱形涵洞的建设

注释：图片来自历史记录

DELINEATED BY: aaron feldman-grosse, 2001
NPS ROADS & BRIDGES RECORDING PROGRAM
WOODSTOCK
MARSH-BILLINGS-ROCKEFELLER CARRIAGE ROADS
MARSH-BILLINGS-ROCKEFELLER NATIONAL HISTORICAL PARK
WINDSOR COUNTY
VERMONT
SHEET 10 OF 10
HISTORIC AMERICAN ENGINEERING RECORD VT-27

泊格环路

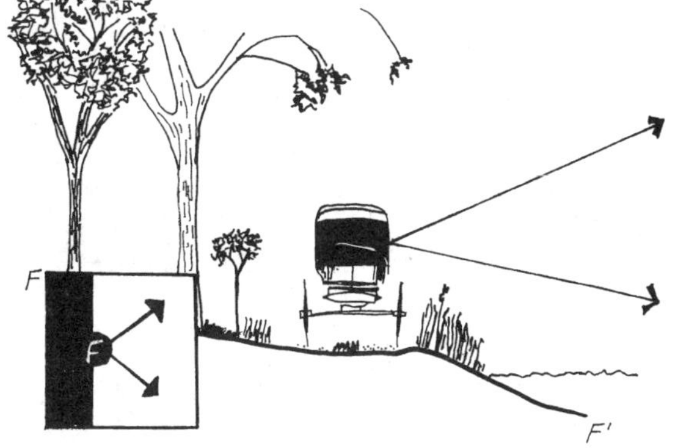

横截面

站在下面截面图的 e 点，有超过 100 英尺的树木和灌木位于道路和水域之间，形成了糖枫和黄桦树之间的环形景观。这种景观是马车路东侧的典型景观。穿过泊格西北角的交点之后，马车环路就进入 5 英尺的水池中，展现出与 f 点相似的全湖景观。

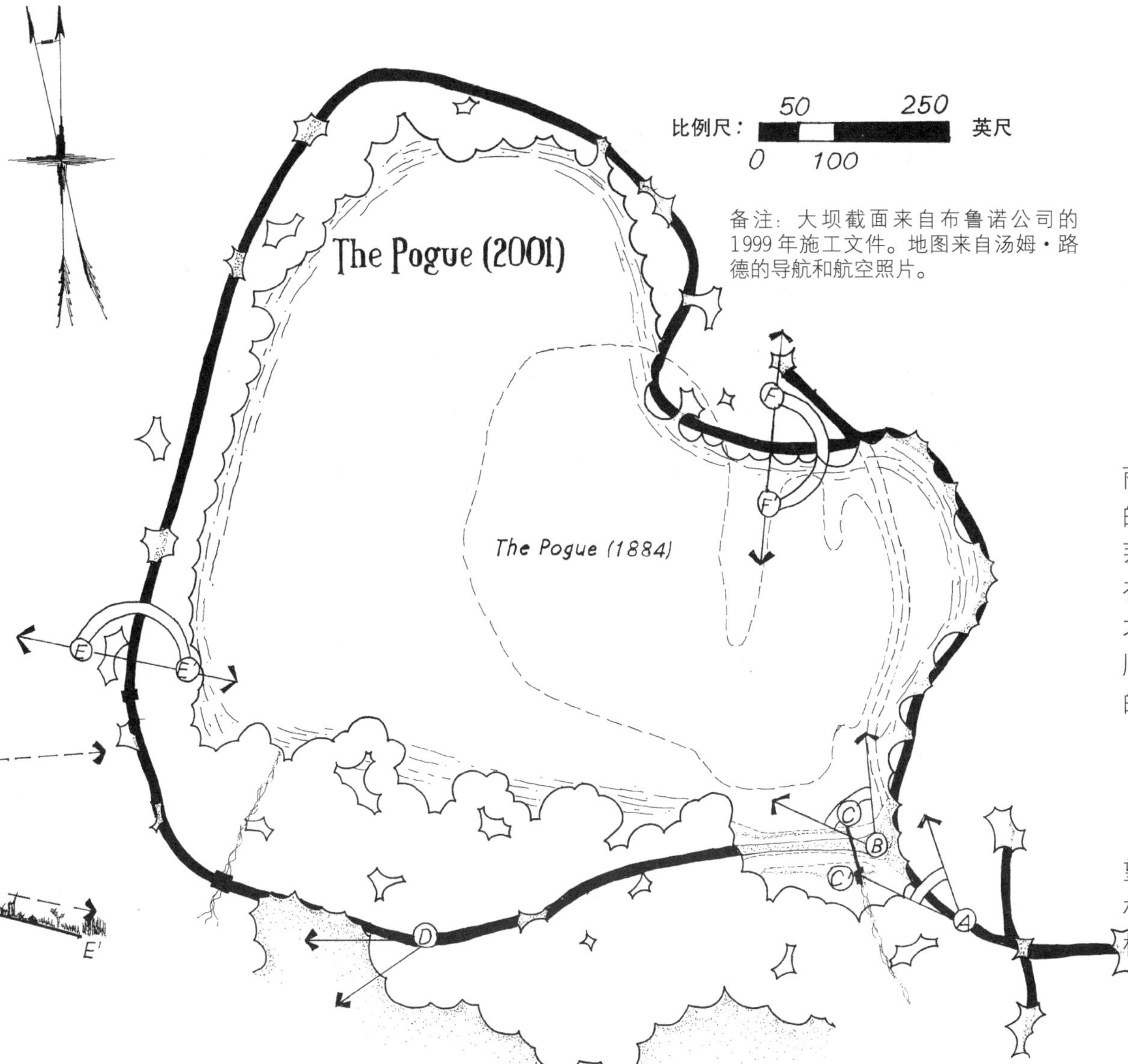

备注：大坝截面来自布鲁诺公司的 1999 年施工文件。地图来自汤姆·路德的导航和航空照片。

环路的演变

1895 年施工完成以来，泊格环路就因它的美丽景观和休闲质量而受到欢迎。泊格环路位于曾经的德纳农场的西南角，德纳农场在 1884 年曾是弗莱德雷克·比灵斯的资产。1890 年，比灵斯开始在泊格周围修建道路。然而，直到 1895 年，湖泊才扩大到 14 英亩，大小正好适合道路。这种修建顺序说明泊格环路是专为景观设计而建。设计出来的景观在人们顺时针沿湖泊旅行时就可以看到。

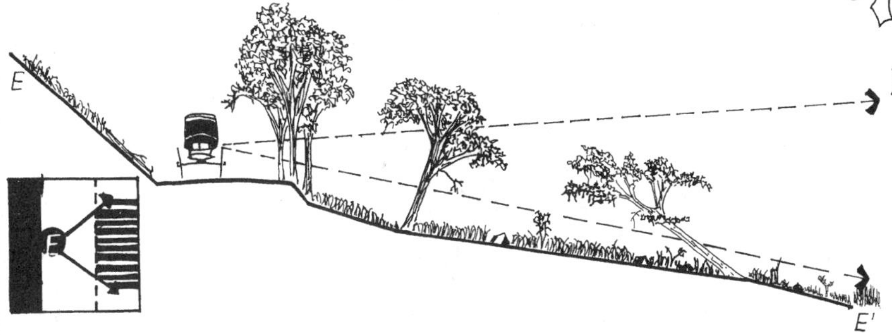

通往泊格的道路

沿着马车路进入泊格环路，人们能感受到希望和惊喜。当人们到达 a 点，就能在头顶看到森林林冠，它们遮蔽了天空。直到 b 点，人们才到达泊格环路，看到里面的水景。

榆树林

从水坝顺时针绕过环路，道路在水边改变了方向，最终完全遮住了右边。在 d 点，道路延伸出森林，进入榆树林。这个转变产生了森林的黑暗与明亮的牧场之间视觉上的强烈对比。

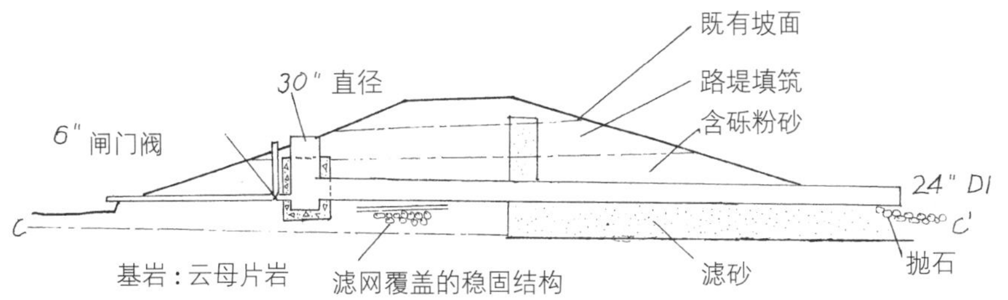

泊格大坝

1895 年，泊格环路随着大坝的修建扩大到了马车路的西南部分。但是，自从施工开始后，各种各样重复性的问题一再出现，包括一年一度的冬季漏水和全年沿河岸的大范围侵蚀问题。1991 年，为了解决这些问题，人们修建了大坝。

DELINEATED BY: aaron feldman-grosse, 2001

NPS ROADS & BRIDGES RECORDING PROGRAM
NATIONAL PARK SERVICE
UNITED STATES DEPARTMENT OF THE INTERIOR

MARSH-BILLINGS-ROCKEFELLER CARRIAGE ROADS
MARSH-BILLINGS-ROCKEFELLER NATIONAL HISTORICAL PARK
WINDSOR COUNTY

WOODSTOCK | VERMONT

SHEET 9 OF 10

HISTORIC AMERICAN ENGINEERING RECORD
VT-27

IF REPRODUCED, PLEASE CREDIT: HISTORIC AMERICAN ENGINEERING RECORD, NATIONAL PARK SERVICE, NAME OF DELINEATOR, DATE OF THE DRAWING

施工场景

汤姆山道路系统既是为交通，也是为游赏而修建。这个完整的道路网络是弗莱德里克·比林斯现代农场与森林景观的重要部分。马车路的主要部分是主要的运输路线，同时许多次要道路和临时道路使大量森林和耕种活动更加便利。

在夏天和秋天，农场工作的重点地区是低地田地和牲畜区。山顶工作包括割草、修建和保养道路以及修剪树木和清理沿路灌木。

冬天，人们从森林砍下木材，收集到柴房，然后锯成薪材。冬天泊格路会积聚冰雪，撒糖工作开始于3月初。植树工作开始于春天，通常在四月或者五月。

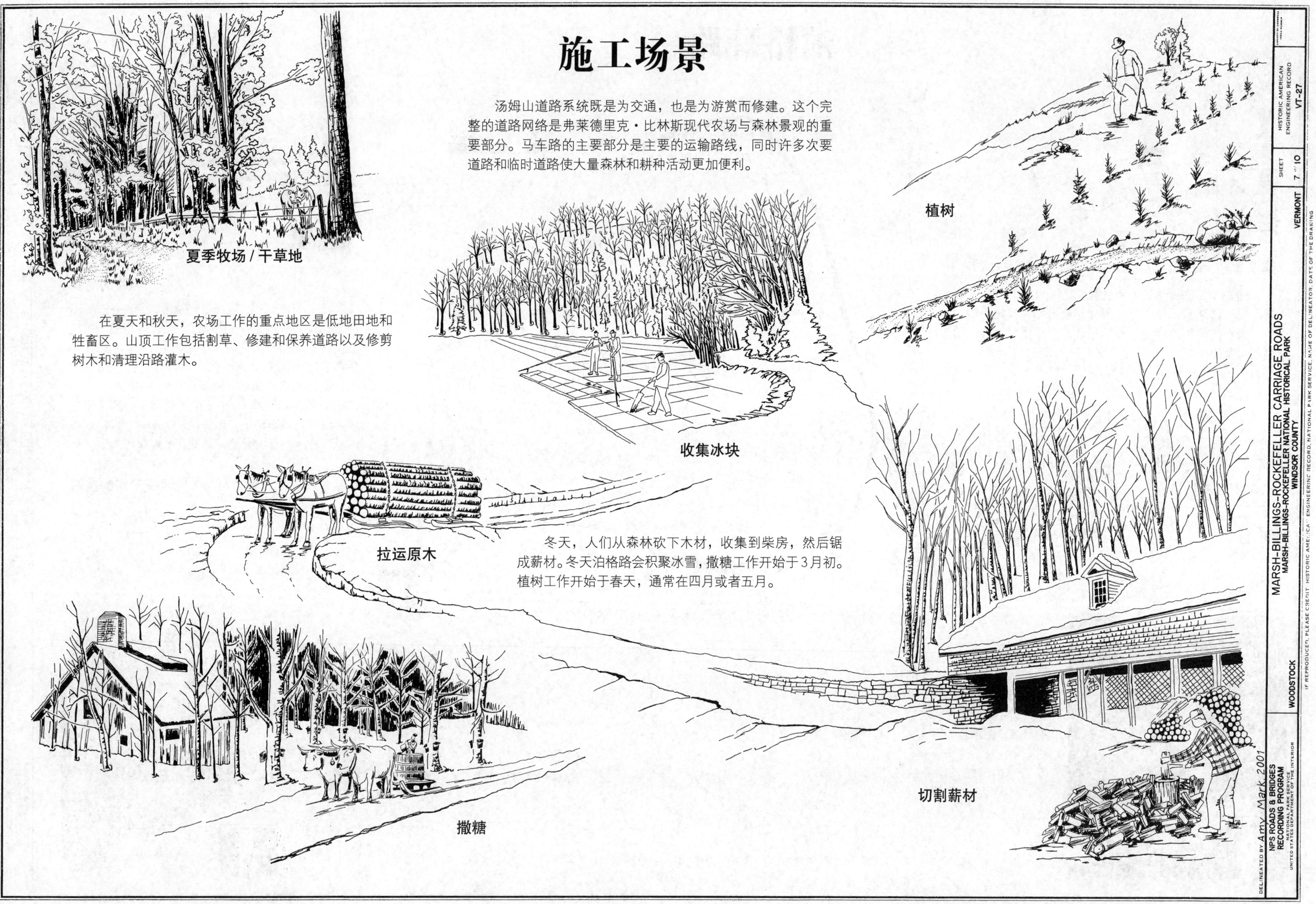

雷尼尔山国家公园

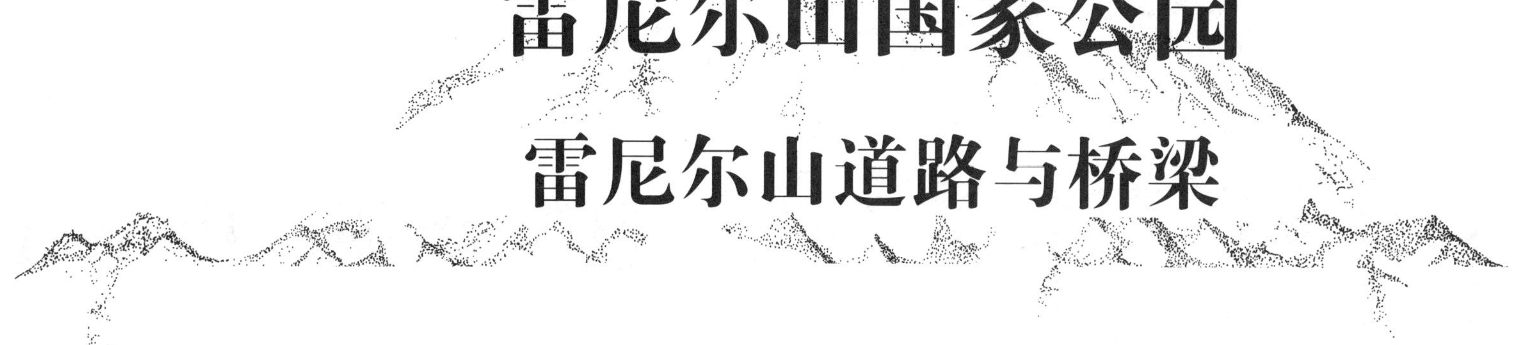

雷尼尔山道路与桥梁

土地设计

雷尼尔山是一个休眠火山，位于海平面以上 14410 英尺，山顶被大雪长期覆盖。除了山脉，国家公园也包括许多其他景观和游览胜地，比如：活动冰川、瀑布、湖泊、峡谷、古老的森林和草地。

伴随着汽车的盛行和人们欣赏美国自然美景的心愿，雷尼尔山国家公园在 1899 年 3 月 2 日建立。在国家公园早期，也就是 1916 年以前，美国陆军工程兵团设计了道路和桥梁，来与美丽的景色相协调。随着 1916 年国家公园管理局的建立，国家公园管理局的工程师和风景园林师一起继续这项工作。公园道路的设计工作在 1925 年移交给了公共道路局。

在 1920 年到 1940 年之间，乡村风格的建筑成为了公园设计标准。当地岩石、木材和其他材料被普遍用在建筑物、桥梁、挡土墙和招牌上。在这段时期，自然式栽植成为了植被恢复的标准。许多这样的工作由突发事件工作项目、民间资源保护队和一系列为失业人群提供工作的公共项目承担。

此项目是美国工程学历史记录（HEAR）的一部分。HAER 是一项长期记录美国历史上重要工程与工业成果的项目。HAER 由美国历史建筑调查处/美国工程学历史记录处（主编 E·布莱恩·克利弗）管理，这是美国内政部国家公园管理局的一个部门。在 1992 年夏天，雷尼尔山公路和桥梁记录项目由 HAER 赞助，期间罗比特博士、国家公园公路和桥梁项目经理约翰、雷尼尔山国家公园主管威廉负责领导工作。

现场工作、测量图纸、历史性报告和照片由项目领导埃里克·德罗尼负责。记录小组包括主管托德·克罗托、建筑技术师布莱恩·费斯和丹妮拉·特累托，以及风景园林师朱莉安·迪克逊。历史报告由项目历史学家理查德负责，正式大幅照片由 HAER 摄影师约翰·劳完成。

城市入口大门，来自历史照片。

有关雷尼尔山国家公园道路和桥梁的景观工作保持了这片土地敏感的自然特征。大部分设计都追求与自然融为一体，与山区的自然景色相协调。雷尼尔山的道路和桥梁没有破坏公园的自然美景，还为游客提供了安全便利的通道。没有它们，国家公园给人们留下的印象绝不同于今天。

各种桥梁横跨雷尼尔山的主要溪流和小支流，其中许多被冰川冲刷，或是在严酷的环境下逐渐衰坏而被拆除。第一座桥是木材结构，如今只有城市河悬浮桥保留了下来。许多公园桥梁看似是石砌建筑。实际上，这些拱形桥是由混凝土建成，石料很少。这也是国家公园管理局乡村风格的体现。许多裸露的混凝土结构出现之后，金属拱桥也建在飞盘溪上。甚至一些小桥梁和涵洞的设计也与山区景色相呼应。大多数公园桥梁建在道路的切线或者弯路上，从而从道路到桥梁有一个平缓的过渡。这样的设计使公园道路更加完美。

DELINEATED BY: Daniela Trettel, Todd A. Croteau, 1992

MOUNT RAINIER ROADS AND BRIDGES RECORDING PROJECT
NATIONAL PARK SERVICE
UNITED STATES DEPARTMENT OF THE INTERIOR

MOUNT RAINIER ROADS AND BRIDGES
MOUNT RAINIER NATIONAL PARK　PIERCE/LEWIS COUNTIES　WASHINGTON

SHEET 1 OF 2

HISTORIC AMERICAN ENGINEERING RECORD WA - 35

历史地图，1899-1992 年

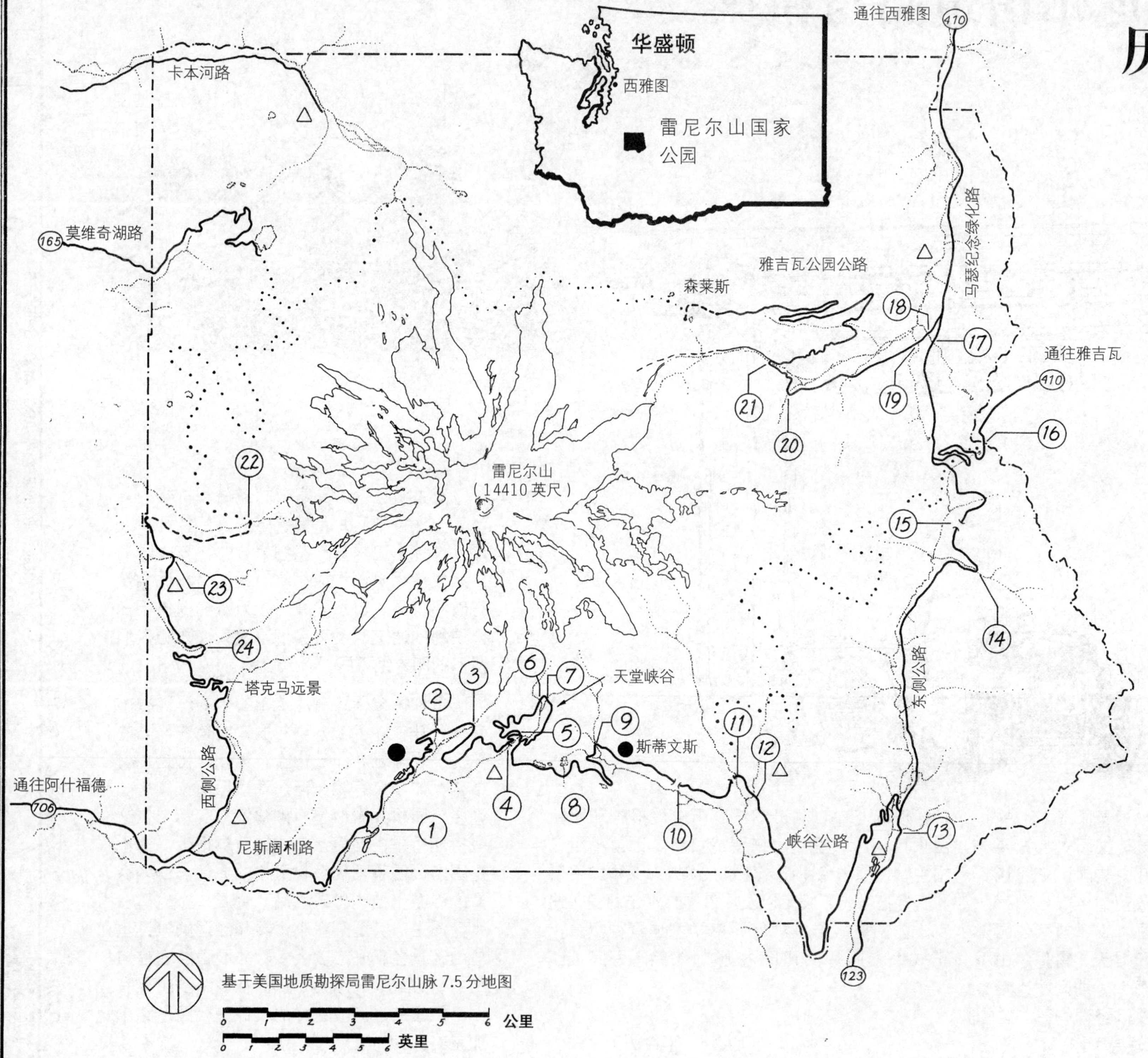

结构	美国有历史意义的工程记录项目编号
01. 尼斯阔利河悬浮桥	WA-44
02. 克里斯汀瀑布大桥	WA-48
03. 尼斯阔利冰川桥	WA-61
04. 天堂河桥——第一横道	WA-47
05. 纳拉达桥	WA-62
06. 伊迪丝溪桥	WA-46
07. 天堂河桥——第四横道	WA-45
08. 阳光溪涵洞	WA-76
09. 史蒂文溪桥	WA-58
10. 史蒂文峡谷隧道	WA-74
11. 泥叉考利茨河大桥（在箱形峡谷）	WA-60
12. 尼克尔溪桥	WA-59
13. 笑水溪桥	WA-55
14. 鹿溪桥	WA-57
15. 东部隧道	WA-75
16. 奇努克公路入口	WA-43
17. 枯枝溪桥	WA-56
18. 干溪桥	WA-49
19. 塔特溪桥	WA-50
20. 飞盘溪桥	WA-54
21. 白河桥	WA-53
22. 北普亚勒普河桥	WA-77
23. 圣安德鲁斯溪桥	WA-51
24. 南普亚勒普溪桥	WA-52

图例

- △ 施工营地
- ○ 取土坑
- ● 采石场
- □ 施工仪器
- 公园边界
- 主要道路
- 次要道路
- 废弃道路
- 拟建道路
- 河流或小溪

HISTORIC AMERICAN ENGINEERING RECORD WA-35

SHEET 2 of 2

MOUNT RAINIER ROADS AND BRIDGES

MOUNT RAINIER NATIONAL PARK

PIERCE/LEWIS COUNTIES

WASHINGTON

IF REPRODUCED, PLEASE CREDIT: HISTORIC AMERICAN ENGINEERING RECORD, NATIONAL PARK SERVICE, NAME OF DELINEATOR, DATE OF THE DRAWING

DELINEATED BY: Todd A. Croteau, 1992

MOUNT RAINIER ROADS AND BRIDGES RECORDING PROJECT
NATIONAL PARK SERVICE
UNITED STATES DEPARTMENT OF THE INTERIOR

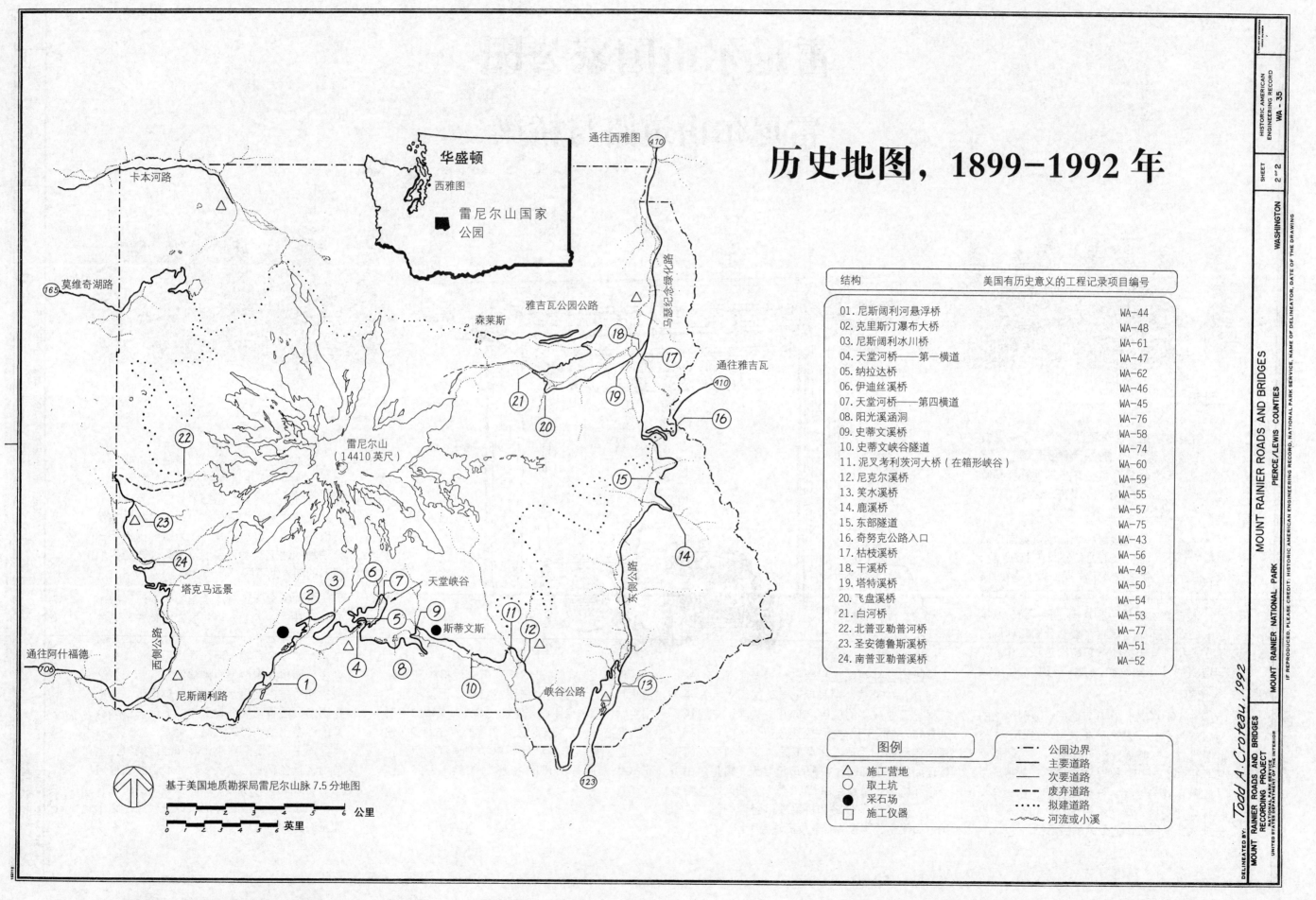

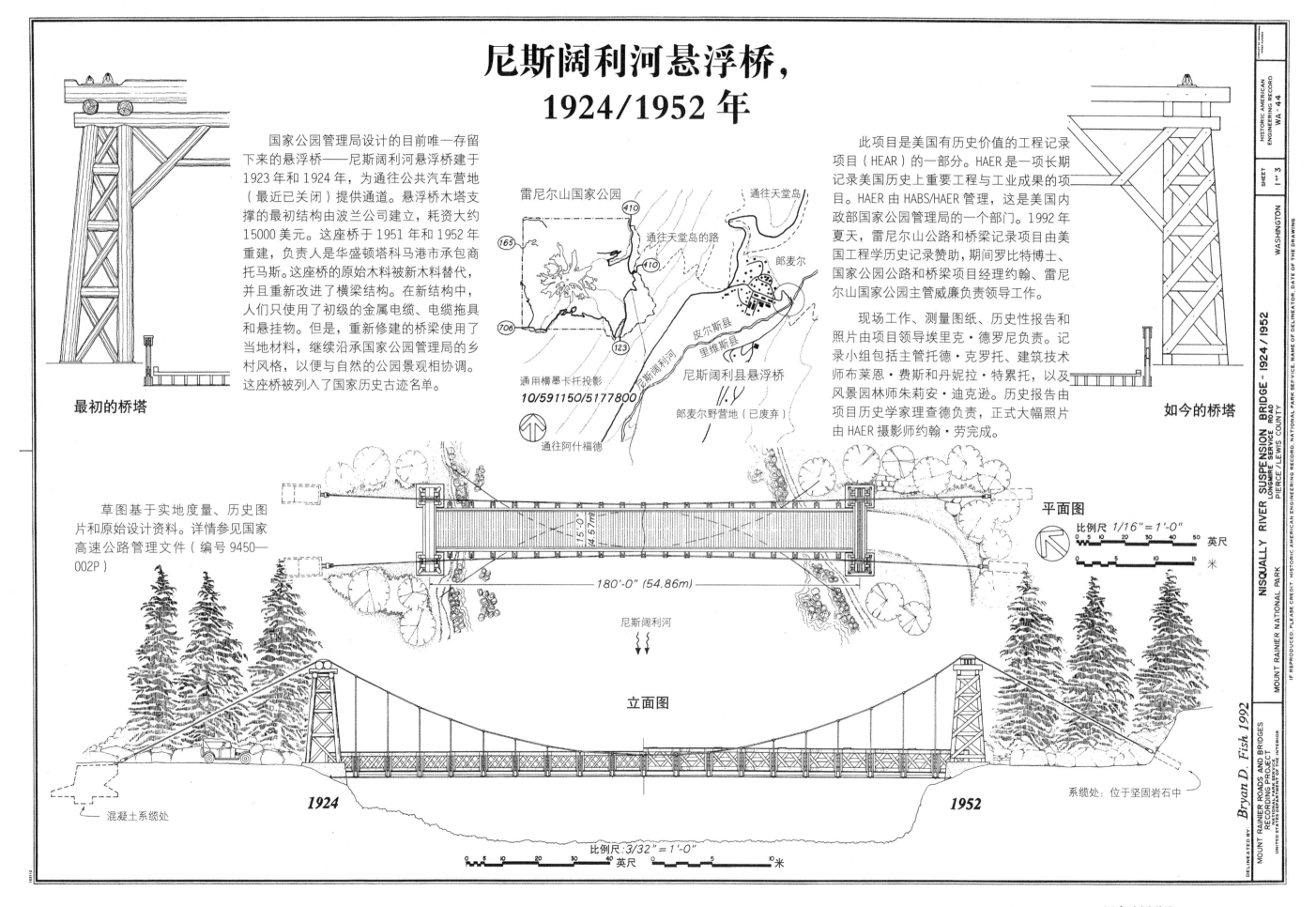

尼斯阔利河悬浮桥，1924/1952 年

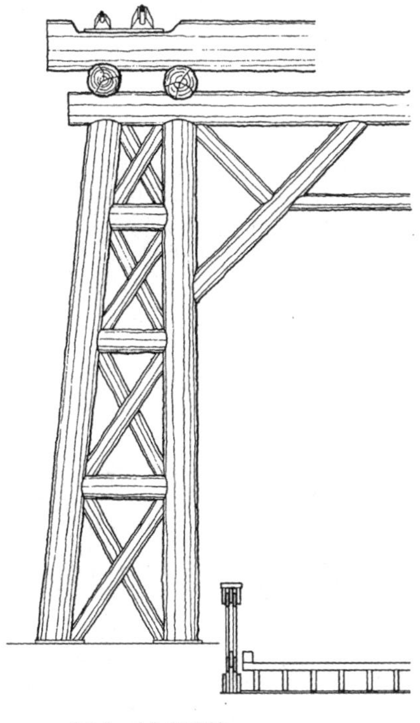

最初的桥塔

国家公园管理局设计的目前唯一存留下来的悬浮桥——尼斯阔利河悬浮桥建于1923年和1924年，为通往公共汽车营地（最近已关闭）提供通道。悬浮桥木塔支撑的最初结构由波兰公司建立，耗资大约15000美元。这座桥于1951年和1952年重建，负责人是华盛顿塔科马港市承包商托马斯。这座桥的原始木料被新木料替代，并且重新改进了横梁结构。在新结构中，人们只使用了初级的金属电缆、电缆拖具和悬挂物。但是，重新修建的桥梁使用了当地材料，继续沿承国家公园管理局的乡村风格，以便与自然的公园景观相协调。这座桥被列入了国家历史古迹名单。

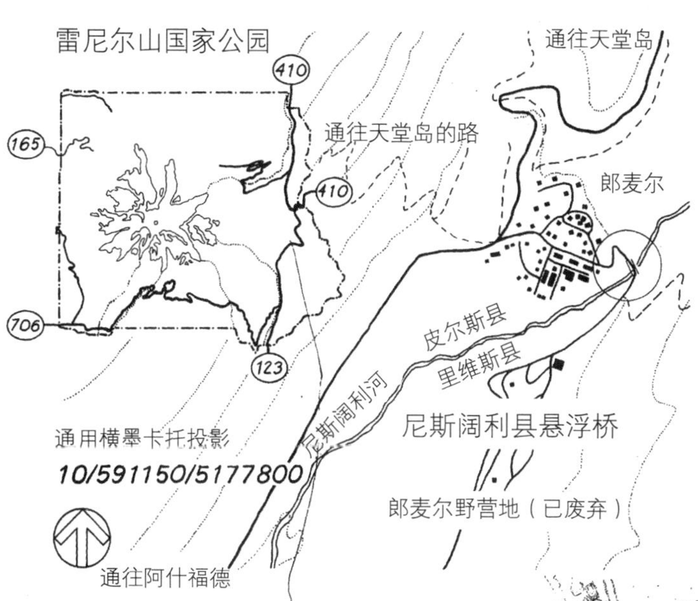

雷尼尔山国家公园
410
165
通往天堂岛的路
410
706
123
通往天堂岛
郎麦尔
皮尔斯县
里维斯县
尼斯阔利河
尼斯阔利县悬浮桥
通用横墨卡托投影
10/591150/5177800
郎麦尔野营地（已废弃）
通往阿什福德

此项目是美国有历史价值的工程记录项目（HEAR）的一部分。HAER是一项长期记录美国历史上重要工程与工业成果的项目。HAER由HABS/HAER管理，这是美国内政部国家公园管理局的一个部门。1992年夏天，雷尼尔山公路和桥梁记录项目由美国工程学历史记录赞助，期间罗比特博士、国家公园公路和桥梁项目经理约翰、雷尼尔山国家公园主管威廉负责领导工作。

现场工作、测量图纸、历史性报告和照片由项目领导埃里克·德罗尼负责。记录小组包括主管托德·克罗托、建筑技术师布莱恩·费斯和丹妮拉·特累托，以及风景园林师朱莉安·迪克逊。历史报告由项目历史学家理查德负责，正式大幅照片由HAER摄影师约翰·劳完成。

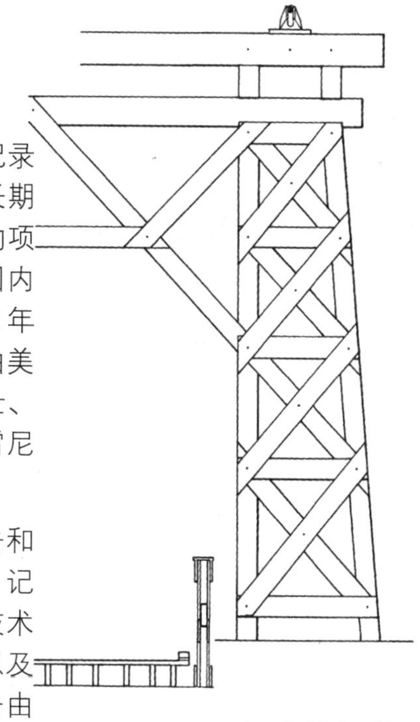

如今的桥塔

草图基于实地度量、历史图片和原始设计资料。详情参见国家高速公路管理文件（编号9450—002P）

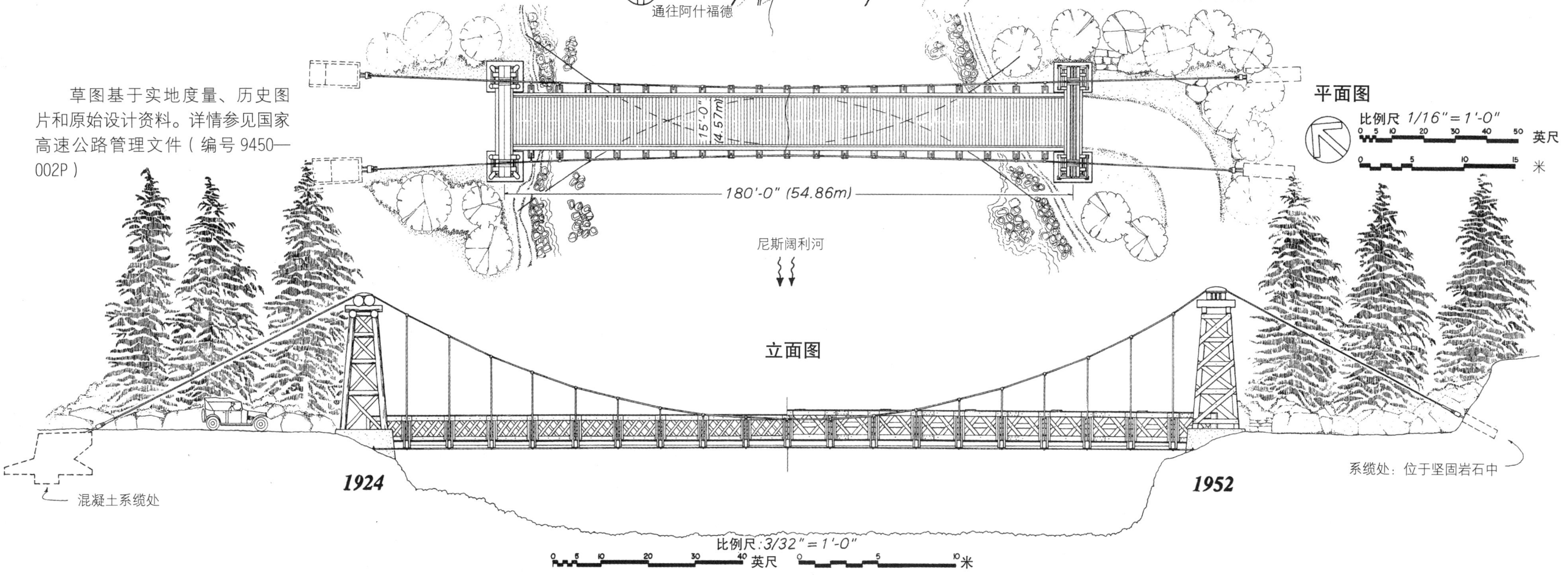

平面图
比例尺 1/16″=1′-0″
0 5 10 20 30 40 50 英尺
0 5 10 15 米
15′-0″
(4.57m)
180′-0″ (54.86m)
尼斯阔利河
立面图
1924
1952
系缆处：位于坚固岩石中
混凝土系缆处
比例尺 3/32″=1′-0″
0 5 10 20 30 40 英尺 0 5 10 米

DELINEATED BY: Bryan D. Fish 1992

MOUNT RAINIER ROADS AND BRIDGES RECORDING PROJECT
NATIONAL PARK SERVICE
UNITED STATES DEPARTMENT OF THE INTERIOR

NISQUALLY RIVER SUSPENSION BRIDGE - 1924/1952
LONGMIRE SERVICE ROAD
MOUNT RAINIER NATIONAL PARK
PIERCE/LEWIS COUNTY
WASHINGTON

SHEET 1 of 3

HISTORIC AMERICAN ENGINEERING RECORD WA-44

IF REPRODUCED, PLEASE CREDIT: HISTORIC AMERICAN ENGINEERING RECORD, NATIONAL PARK SERVICE, NAME OF DELINEATOR, DATE OF THE DRAWING

建设细节

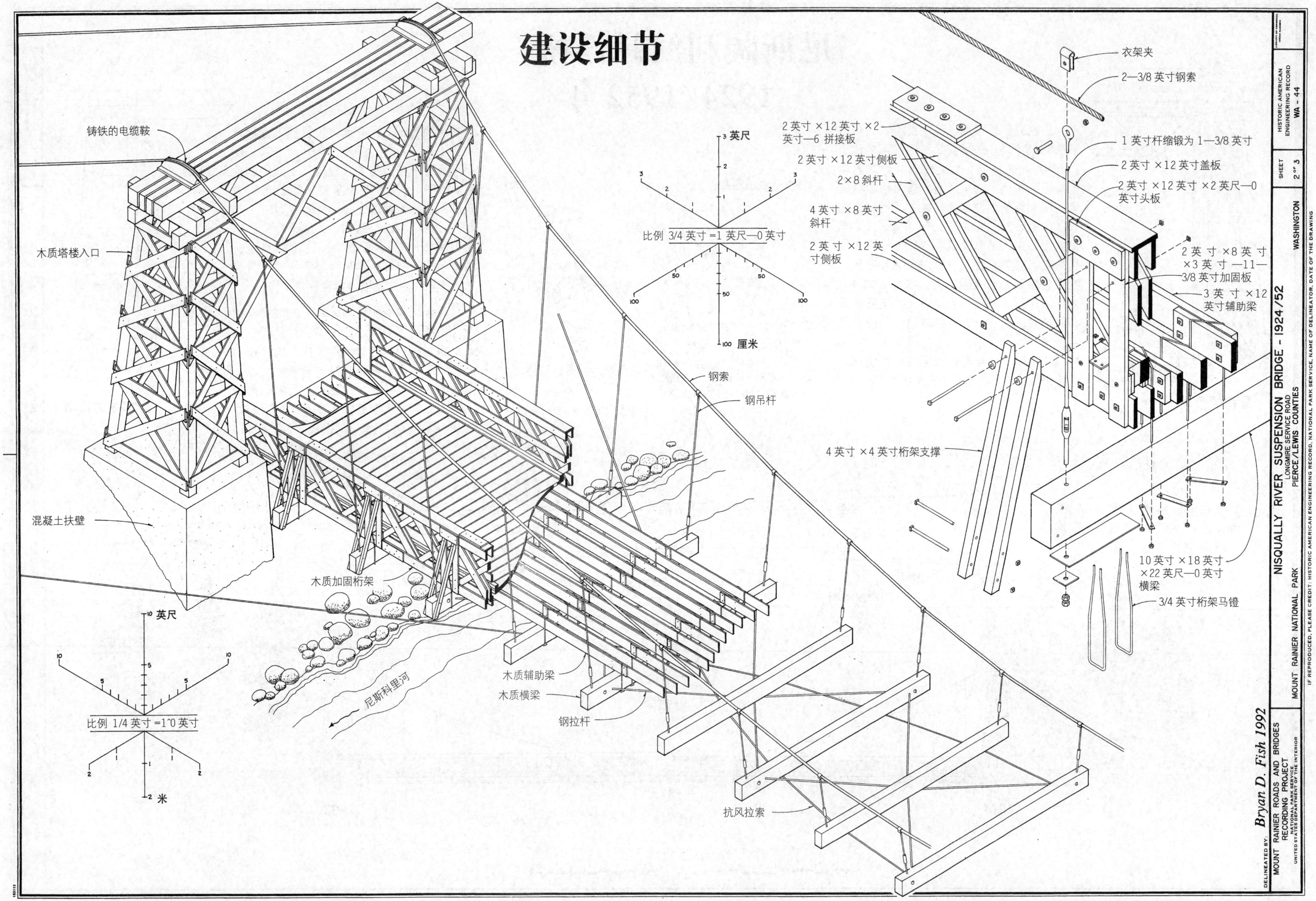
铸铁的电缆鞍
木质塔楼入口
混凝土扶壁
木质加固桁架
木质辅助梁
木质横梁
钢拉杆
钢索
钢吊杆
抗风拉索
尼斯科里河
英尺
比例 3/4 英寸 =1 英尺—0 英寸
厘米
英尺
比例 1/4 英寸 =1ˊ0 英寸
米
衣架夹
2—3/8 英寸钢索
2 英寸 ×12 英寸 ×2 英寸—6 拼接板
1 英寸杆缩锻为 1—3/8 英寸
2 英寸 ×12 英寸侧板
2 英寸 ×12 英寸盖板
2×8 斜杆
2 英寸 ×12 英寸 ×2 英尺—0 英寸头板
4 英寸 ×8 英寸斜杆
2 英寸 ×12 英寸侧板
2 英寸 ×8 英寸 ×3 英寸 —11—3/8 英寸加固板
3 英寸 ×12 英寸辅助梁
4 英寸 ×4 英寸桁架支撑
10 英寸 ×18 英寸 ×22 英尺—0 英寸横梁
3/4 英寸桁架马镫
HISTORIC AMERICAN ENGINEERING RECORD
WA - 44
SHEET 2 OF 3
WASHINGTON
NISQUALLY RIVER SUSPENSION BRIDGE - 1924/52
LONGMIRE SERVICE ROAD
PIERCE/LEWIS COUNTIES
MOUNT RAINIER NATIONAL PARK
IF REPRODUCED, PLEASE CREDIT: HISTORIC AMERICAN ENGINEERING RECORD, NATIONAL PARK SERVICE, NAME OF DELINEATOR, DATE OF THE DRAWING
DELINEATED BY: Bryan D. Fish 1992
MOUNT RAINIER ROADS AND BRIDGES RECORDING PROJECT
NATIONAL PARK SERVICE
UNITED STATES DEPARTMENT OF THE INTERIOR

结构辅助系统

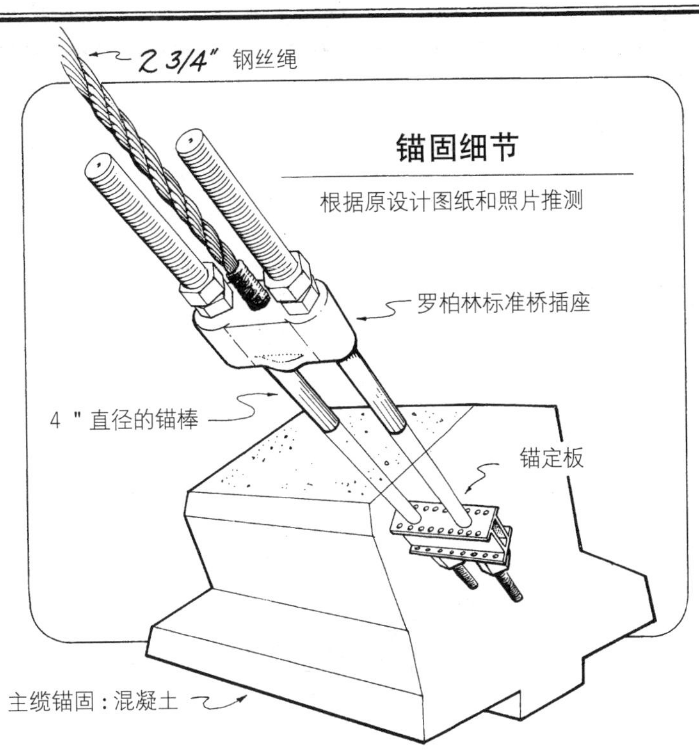
2 3/4" 钢丝绳
锚固细节
根据原设计图纸和照片推测
罗柏林标准桥插座
4 " 直径的锚棒
锚定板
主缆锚固：混凝土

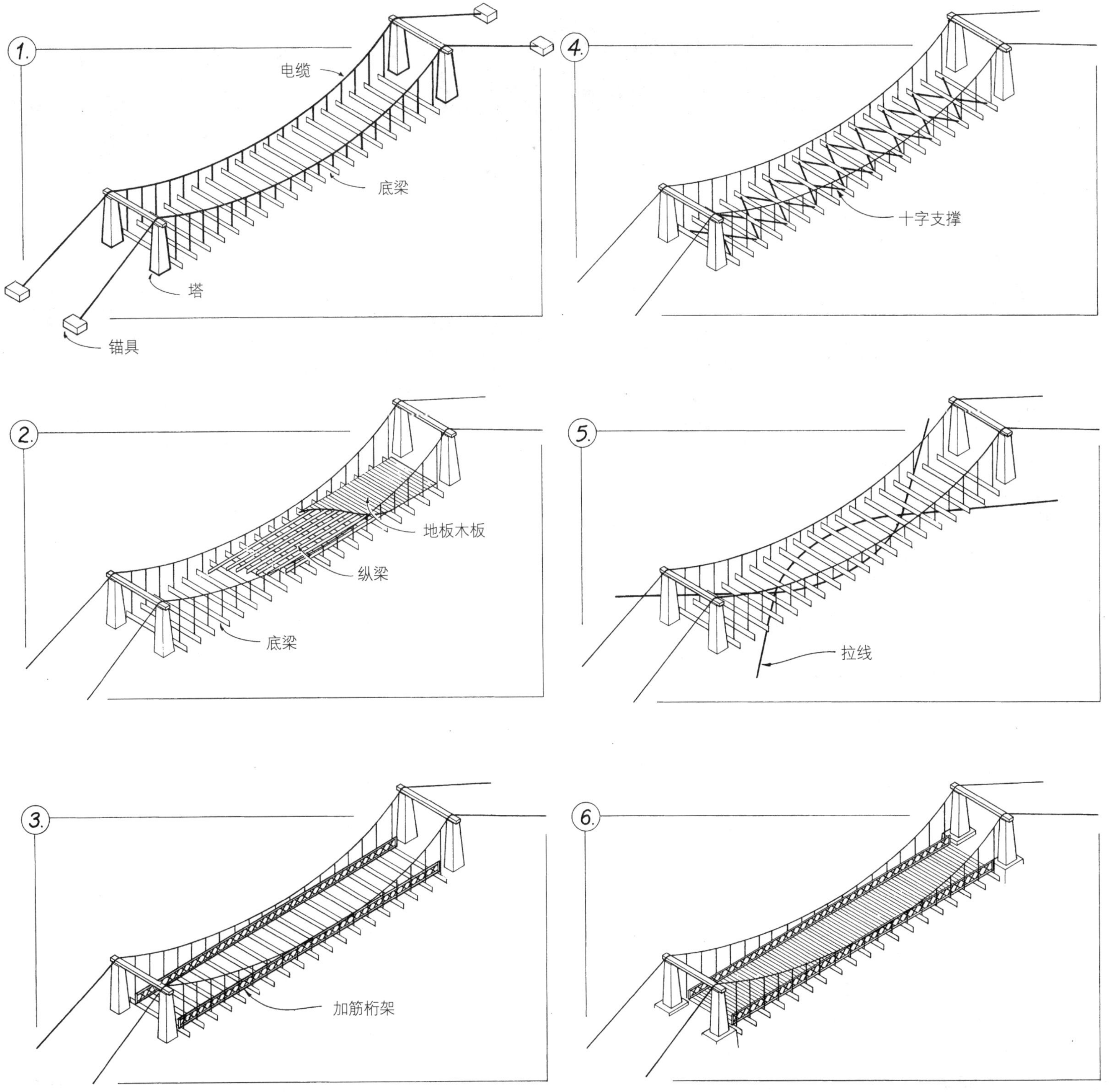
1.
电缆
底梁
塔
锚具
2.
地板木板
纵梁
底梁
3.
加筋桁架
4.
十字支撑
5.
拉线
6.

1. **电缆悬浮系统**

   金属电缆与基岩连接，来支撑木材横梁，捆绑金属杆。

2. **木制桥面体系**

   横向横梁支撑纵向竖梁，再支撑地面板材。

3. **加筋捆绑**

   加筋桥板具有更大强度，可以保持桥面外形。

4. **横向支撑**

   金属杆加固了桥面，抵消了水平力。

5. **风力拉索**

   金属电缆固定在地面横梁上，并与地面连接，防止桥梁被大风吹歪。

6. **组装的子系统**

DELINEATED BY: Bryan D. Fish 1992 / Todd A. Croteau 1993

MOUNT RAINIER ROADS AND BRIDGES RECORDING PROJECT
NATIONAL PARK SERVICE
UNITED STATES DEPARTMENT OF THE INTERIOR

NISQUALLY RIVER SUSPENSION BRIDGE - 1924/52
LONGMIRE SERVICE ROAD
PIERCE/LEWIS COUNTIES
MOUNT RAINIER NATIONAL PARK WASHINGTON

SHEET 3 of 3

HISTORIC AMERICAN ENGINEERING RECORD WA - 44

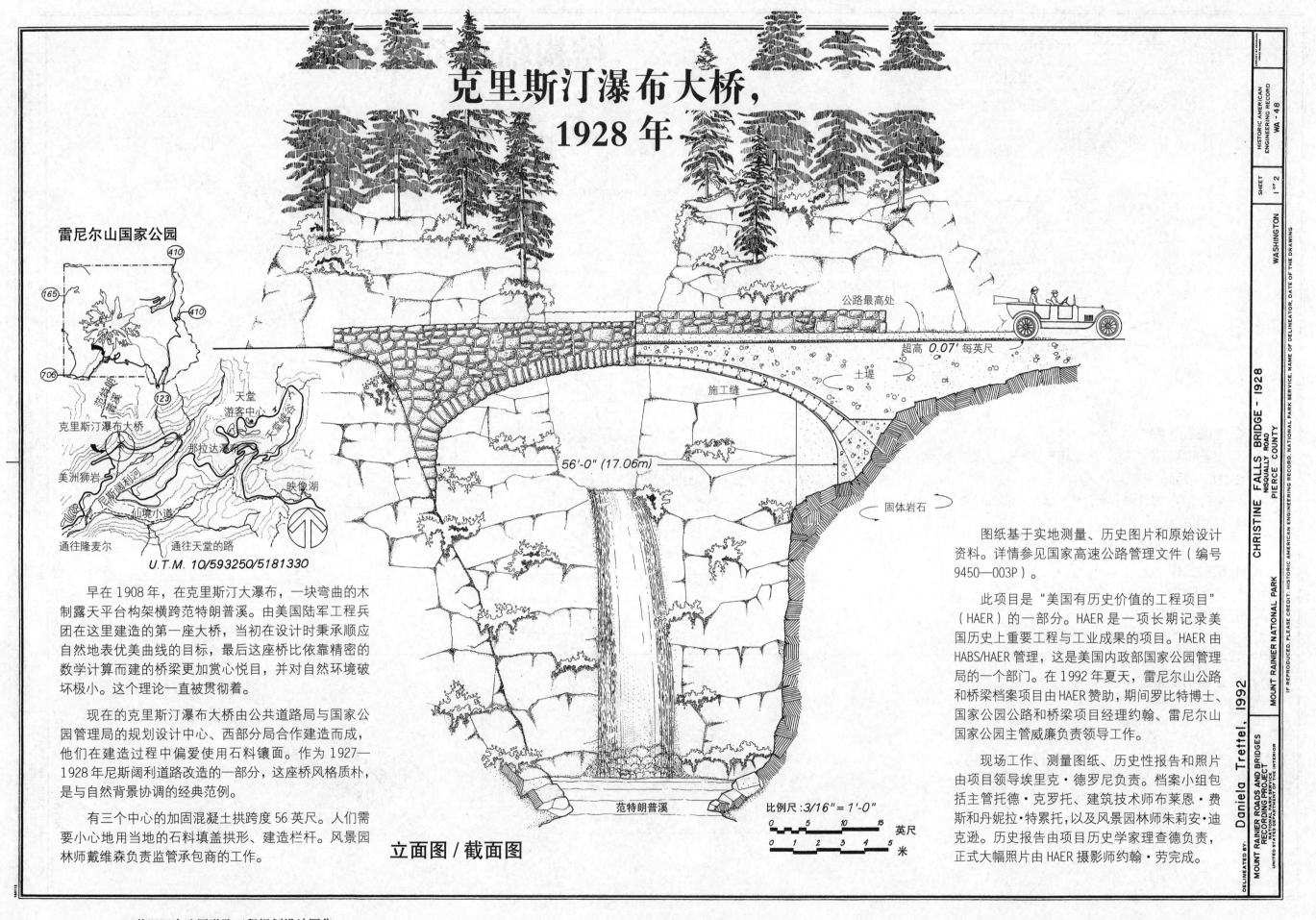

克里斯汀瀑布大桥，1928 年

雷尼尔山国家公园

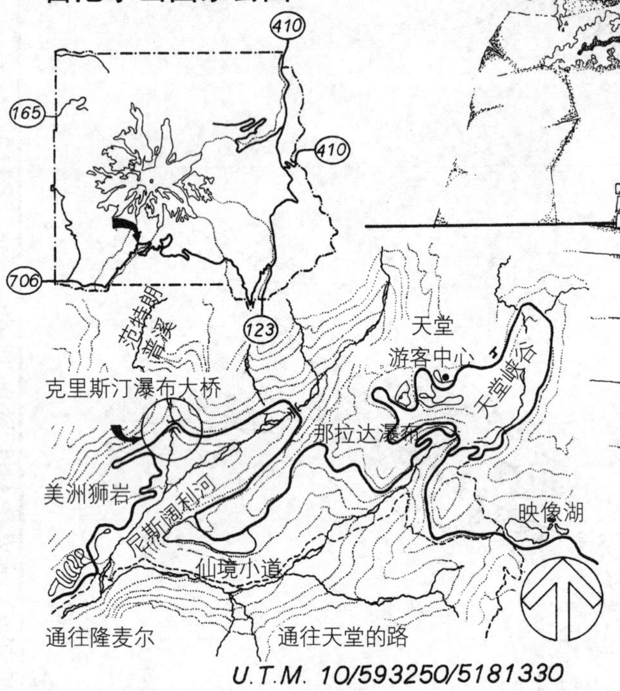
410
165
410
706
123
范特朗普溪
天堂
游客中心
天堂峡谷
克里斯汀瀑布大桥
那拉达瀑布
美洲狮岩
尼斯阔利河
映像湖
仙境小道
通往隆麦尔
通往天堂的路
U.T.M. 10/593250/5181330

早在 1908 年，在克里斯汀大瀑布，一块弯曲的木制露天平台构架横跨范特朗普溪。由美国陆军工程兵团在这里建造的第一座大桥，当初在设计时秉承顺应自然地表优美曲线的目标，最后这座桥比依靠精密的数学计算而建的桥梁更加赏心悦目，并对自然环境破坏极小。这个理论一直被贯彻着。

现在的克里斯汀瀑布大桥由公共道路局与国家公园管理局的规划设计中心、西部分局合作建造而成，他们在建造过程中偏爱使用石料镶面。作为 1927—1928 年尼斯阔利道路改造的一部分，这座桥风格质朴，是与自然背景协调的经典范例。

有三个中心的加固混凝土拱跨度 56 英尺。人们需要小心地用当地的石料填盖拱形、建造栏杆。风景园林师戴维森负责监管承包商的工作。

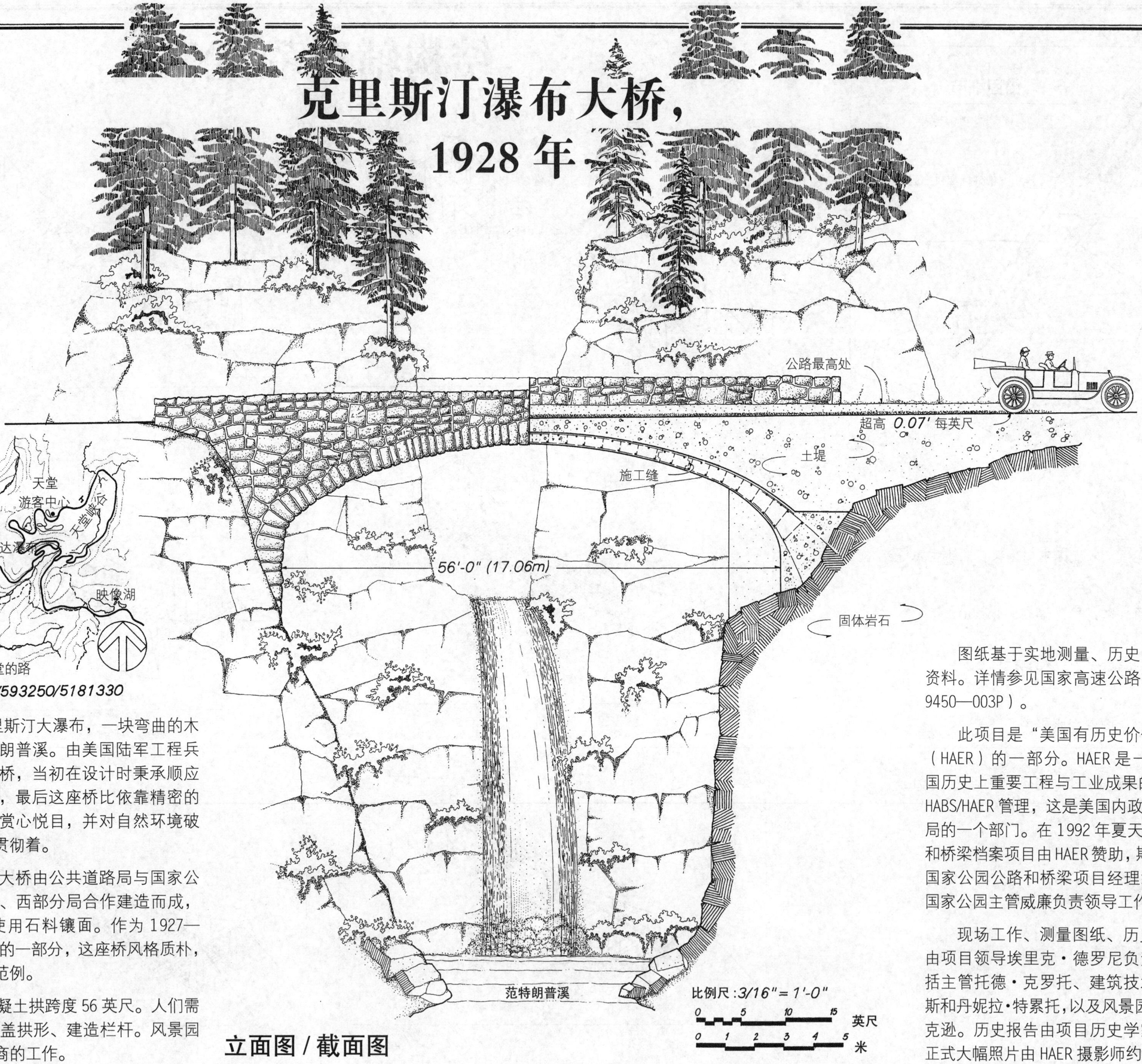
公路最高处
超高 0.07' 每英尺
土堤
施工缝
56'-0" (17.06m)
固体岩石
范特朗普溪
比例尺:3/16"=1'-0"
0 5 10 15 英尺
0 1 2 3 4 5 米

立面图 / 截面图

图纸基于实地测量、历史图片和原始设计资料。详情参见国家高速公路管理文件（编号 9450—003P）。

此项目是“美国有历史价值的工程项目”（HAER）的一部分。HAER 是一项长期记录美国历史上重要工程与工业成果的项目。HAER 由 HABS/HAER 管理，这是美国内政部国家公园管理局的一个部门。在 1992 年夏天，雷尼尔山公路和桥梁档案项目由 HAER 赞助，期间罗比特博士、国家公园公路和桥梁项目经理约翰、雷尼尔山国家公园主管威廉负责领导工作。

现场工作、测量图纸、历史性报告和照片由项目领导埃里克·德罗尼负责。档案小组包括主管托德·克罗托、建筑技术师布莱恩·费斯和丹妮拉·特累托，以及风景园林师朱莉安·迪克逊。历史报告由项目历史学家理查德负责，正式大幅照片由 HAER 摄影师约翰·劳完成。

DELINEATED BY: Daniela Trettel, 1992

MOUNT RAINIER ROADS AND BRIDGES RECORDING PROJECT
NATIONAL PARK SERVICE
UNITED STATES DEPARTMENT OF THE INTERIOR

MOUNT RAINIER NATIONAL PARK

CHRISTINE FALLS BRIDGE - 1928
NISQUALLY ROAD
PIERCE COUNTY

WASHINGTON

SHEET 1 of 2

HISTORIC AMERICAN ENGINEERING RECORD
WA-48

IF REPRODUCED, PLEASE CREDIT: HISTORIC AMERICAN ENGINEERING RECORD, NATIONAL PARK SERVICE, NAME OF DELINEATOR, DATE OF THE DRAWING

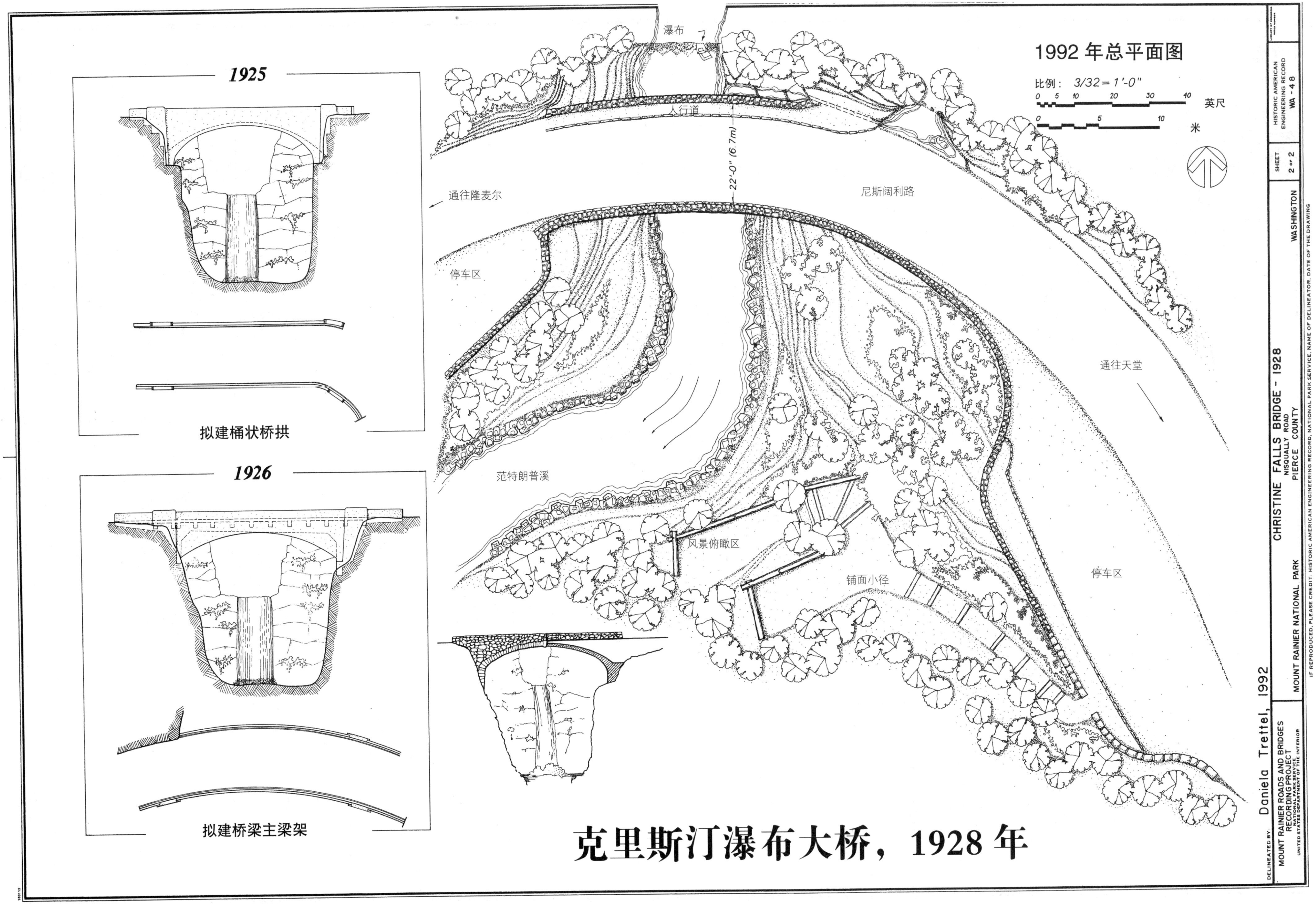
1925
拟建桶状桥拱
1926
拟建桥梁主梁架
1992 年总平面图
比例： 3/32 = 1'-0"
0 5 10 20 30 40 英尺
0 5 10 米
瀑布
人行道
22'-0" (6.7m)
通往隆麦尔
尼斯阔利路
停车区
通往天堂
范特朗普溪
风景俯瞰区
铺面小径
停车区
HISTORIC AMERICAN ENGINEERING RECORD
WA-48
SHEET 2 of 2
CHRISTINE FALLS BRIDGE - 1928
NISQUALLY ROAD
PIERCE COUNTY
WASHINGTON
MOUNT RAINIER NATIONAL PARK
DELINEATED BY:
Daniela Trettel, 1992
MOUNT RAINIER ROADS AND BRIDGES RECORDING PROJECT
NATIONAL PARK SERVICE
UNITED STATES DEPARTMENT OF THE INTERIOR
IF REPRODUCED, PLEASE CREDIT: HISTORIC AMERICAN ENGINEERING RECORD, NATIONAL PARK SERVICE, NAME OF DELINEATOR, DATE OF THE DRAWING

克里斯汀瀑布大桥，1928 年

圣安德鲁斯溪大桥，1931 年

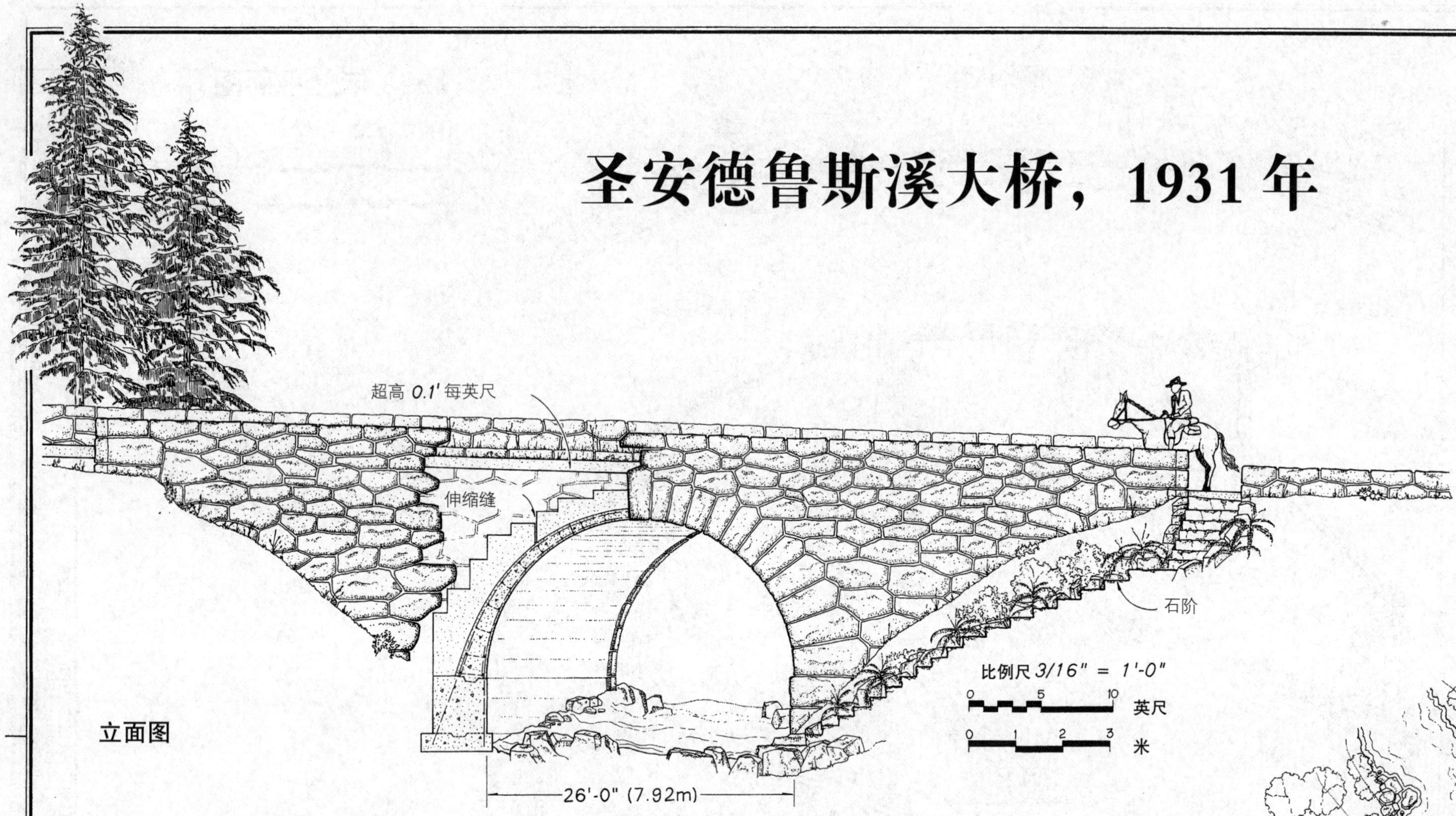

立面图

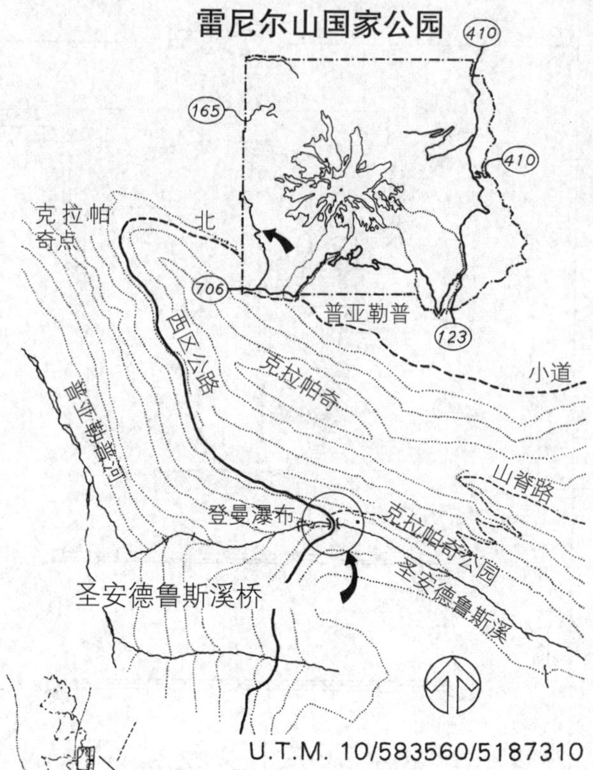

平面图

比例尺：3/32″=1′-0″

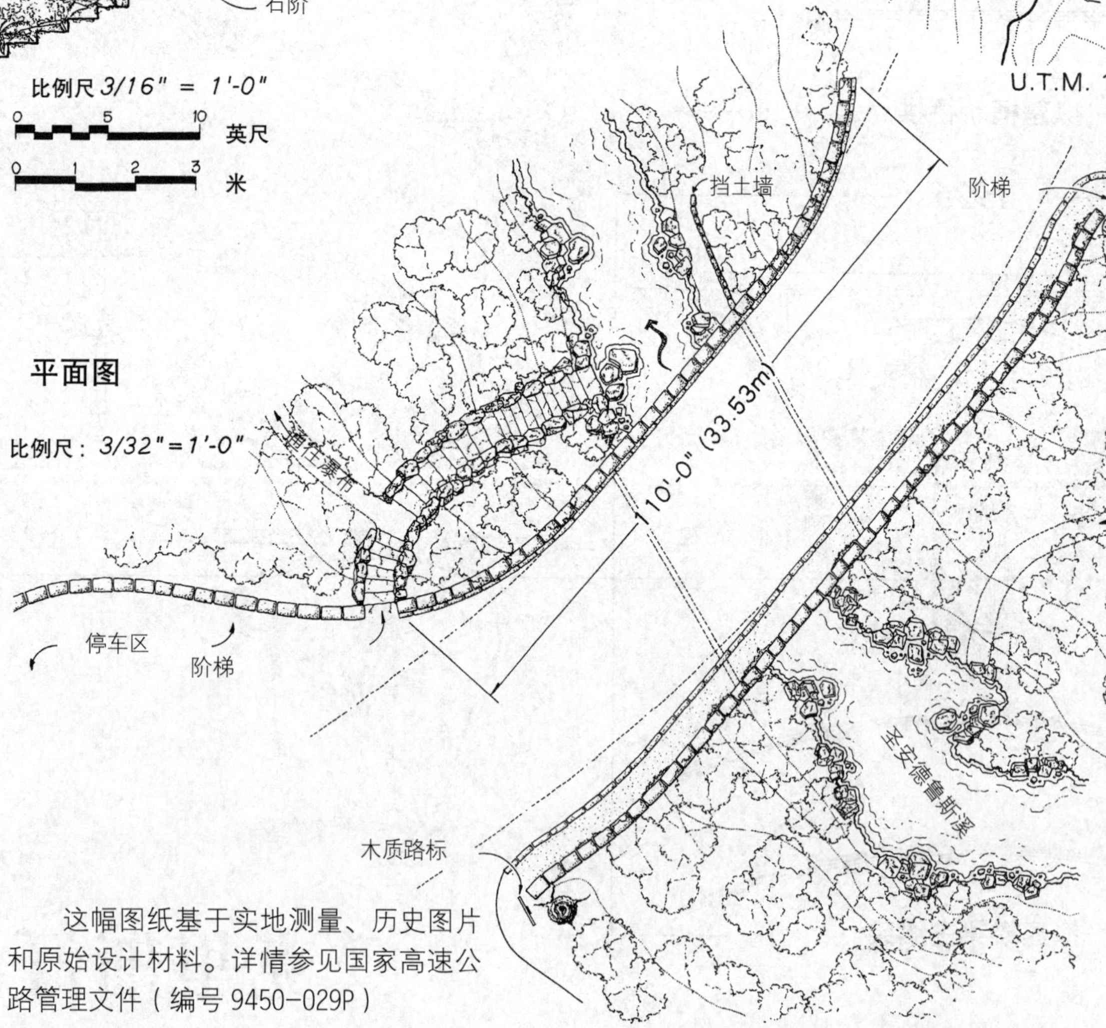

西区公路的建造是至今为止由雷尼尔山公路局负责的最宏大的工程。这项工程的最初计划是用一个两车道的砾石公路把尼斯阔利公路和卡本河入口连接起来，但是这个计划从未完全实现过。经过艰苦的八年时间，距北普亚勒普河 10 英里的一个路段终于竣工。这项工程要求建一座横跨圣安德鲁斯溪的大桥。有关这座大桥和南普亚勒普河的桥梁合同于 1930 年 7 月颁发给巴特勒的西雅图公司。这两项工程在 1931 年 8 月 17 日竣工，共耗资 41985.94 美元。

圣安德鲁斯溪桥由当地石料填满，是加固式混凝土构成的拱肩型结构。大桥是一个用大量拱石建成的 26 英尺环状拱形桥，它横跨圣安德鲁斯溪，并与公路的优美曲线相契合。公园管理局的景观工程师戴维森监管大桥的砖石和景观设计工作。他提议，为了通往小溪、登曼瀑布和附近管理员工作站，石阶应该在拱形相对应角落建造。通过利用石和乡土植物，使这座大桥的设计与自然景观相协调。

此项目是“美国有历史价值的工程记录项目”（HAER）的一部分。HAER 是一项长期记录美国历史上重要工程与工业成果的项目。HAER 由 HABS/HAER 管理，这是美国内政部国家公园管理局的一个部门。在 1992 年夏天，雷尼尔山公路和桥梁档案项目由 HAER 赞助，期间罗比特博士、国家公园公路和桥梁项目经理约翰、雷尼尔山国家公园主管威廉负责领导工作。

现场工作、测量图纸、历史性报告和照片由项目领导埃里克·德罗尼负责。记录小组包括主管托德·克罗托、建筑技术师布莱恩·费斯和丹妮拉·特累托，以及风景园林师朱莉安·迪克逊。历史报告由项目历史学家理查德负责，正式大幅照片由 HAER 摄影师约翰·劳完成。

这幅图纸基于实地测量、历史图片和原始设计材料。详情参见国家高速公路管理文件（编号 9450-029P）

Julie Ann Dickson, 1992

DELINEATED BY: MOUNT RAINIER ROADS AND BRIDGES RECORDING PROJECT
SAINT ANDREWS CREEK BRIDGE -1931
WEST SIDE ROAD
PIERCE COUNTY
MOUNT RAINIER NATIONAL PARK
WASHINGTON
SHEET 1 OF 1
HISTORIC AMERICAN ENGINEERING RECORD WA-51

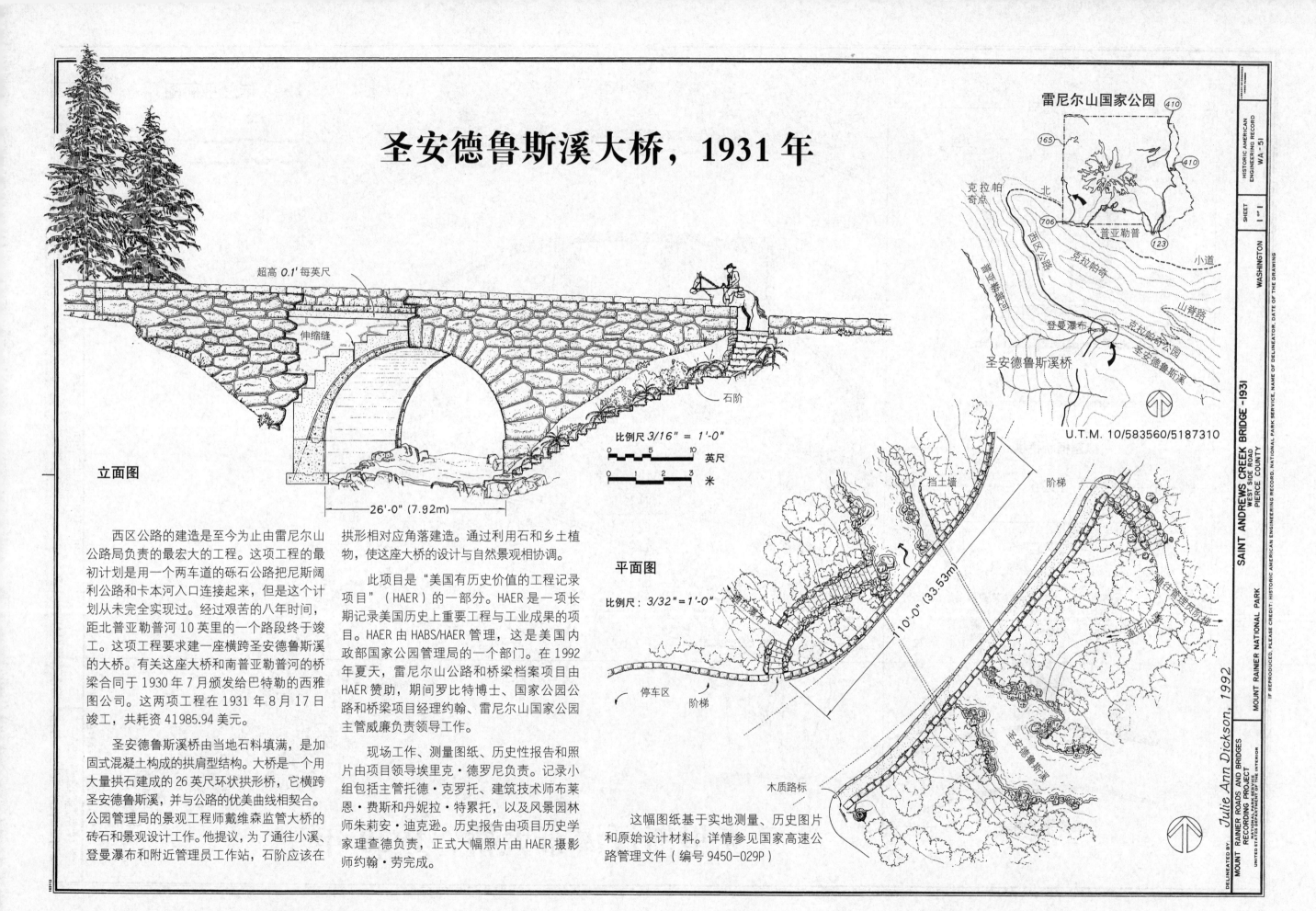

笑水溪桥，1935 年

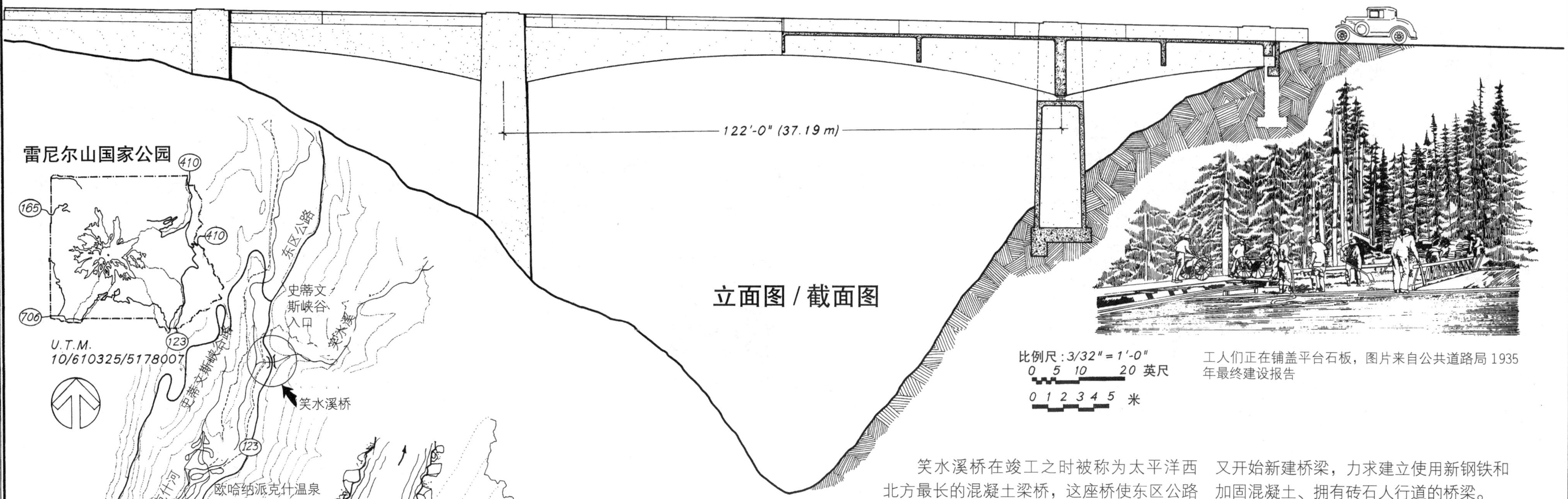
122'-0" (37.19 m)
立面图 / 截面图
雷尼尔山国家公园
410
165
706
123
东区公路
史蒂文斯峡谷入口
笑水溪
史蒂文斯峡谷路
欧哈纳派克什河
欧哈纳派克什温泉
笑水溪桥
U.T.M.
10/610325/5178007
比例尺：3/32" = 1'-0"
0 5 10 20 英尺
0 1 2 3 4 5 米
工人们正在铺盖平台石板，图片来自公共道路局 1935 年最终建设报告
DELINEATED BY: Todd Croteau, Christopher Marston, 1992
MOUNT RAINIER ROADS AND BRIDGES RECORDING PROJECT
NATIONAL PARK SERVICE
UNITED STATES DEPARTMENT OF THE INTERIOR
LAUGHINGWATER CREEK BRIDGE - 1935
EAST SIDE HIGHWAY
MOUNT RAINIER NATIONAL PARK
PIERCE COUNTY
WASHINGTON
SHEET 1 OF 1
HISTORIC AMERICAN ENGINEERING RECORD
WA - 55
IF REPRODUCED, PLEASE CREDIT: HISTORIC AMERICAN ENGINEERING RECORD, NATIONAL PARK SERVICE, NAME OF DELINEATOR, DATE OF THE DRAWING

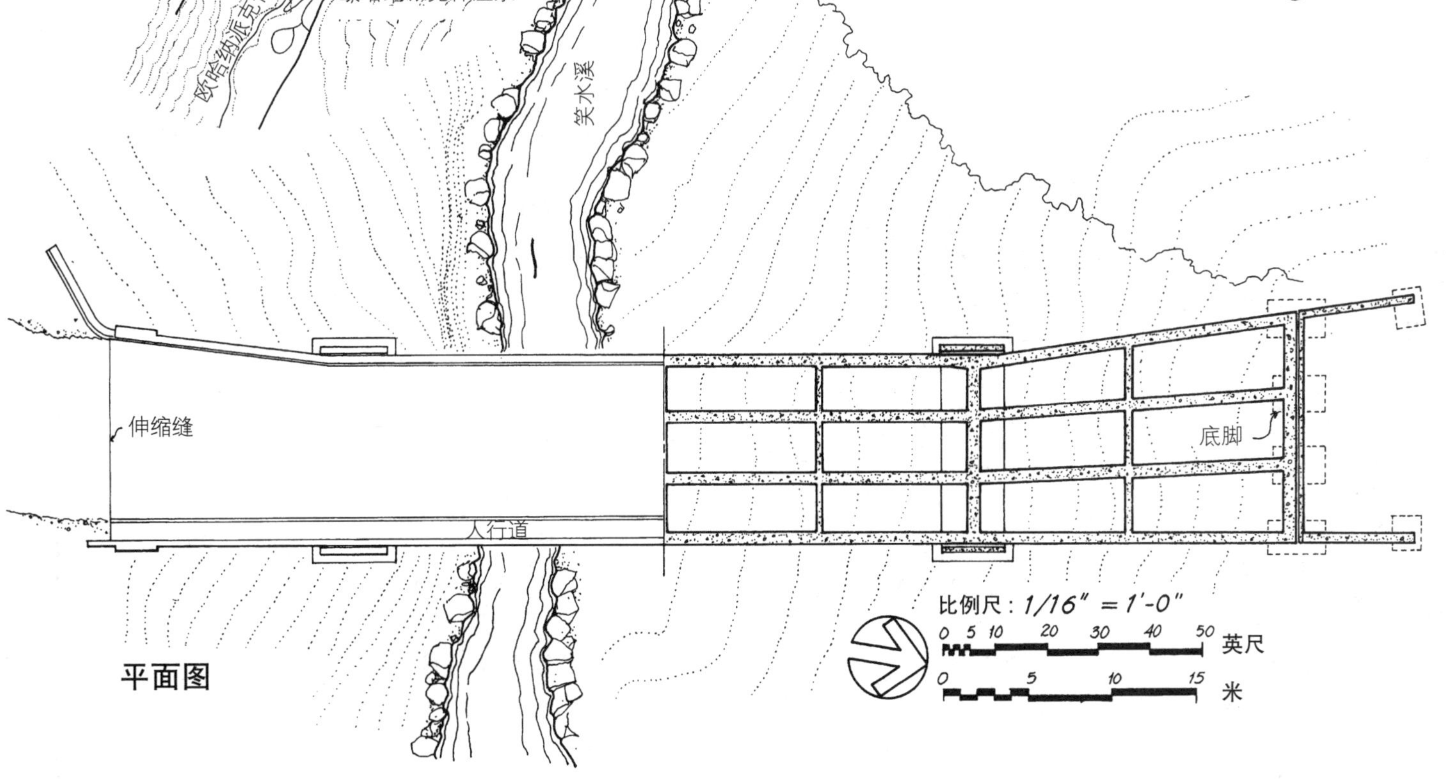
笑水溪
伸缩缝
底脚
人行道
平面图
比例尺：1/16" = 1'-0"
0 5 10 20 30 40 50 英尺
0 5 10 15 米

笑水溪桥在竣工之时被称为太平洋西北方最长的混凝土梁桥，这座桥使东区公路沿着与它同名的欧哈纳派克什溪在温泉北部 1~1/2 英里方向延伸。这座大桥的建设始于 1935 年 5 月，而这项工程由俄勒冈州波特兰市公司的乔普林和艾登负责，他们也参与了在雷尼尔山地区的其他道路建设。公司于 1935 年 10 月竣工，共耗资 54542.93 美元。

这座桥的 122 个中央拱形是公共道路局建造的最大连续混凝土梁，拱形由质量上乘的混凝土建造，这种混凝土也增加了施工难度和工作压力。为了使混凝土不那么显眼，让桥梁与周边环境融为一体，工人对混凝土进行了喷砂，然后浇上了酸和绿矾溶液。

20 世纪 50 年代中期，这座桥由于硅碱腐蚀反应加剧，导致了过量沥滤和桥面剥落。1986 年，国家公路管理人员担心这座桥梁会因愈来愈严重的钢铁剥落而最终倒塌。

因此，1993 年这座桥被拆除了，同时又开始新建桥梁，力求建立使用新钢铁和加固混凝土、拥有砖石人行道的桥梁。

此项目是“美国有历史价值的工程记录项目”（HAER）的一部分。HAER 是一项长期记录美国历史上重要工程与工业成果的项目。HAER 由 HABS/HAER 管理，这是美国内政部国家公园管理局的一个部门。在 1992 年夏天，雷尼尔山公路和桥梁档案项目由 HAER 赞助，期间罗比特博士、国家公园公路和桥梁项目经理约翰、雷尼尔山国家公园主管威廉负责领导工作。

现场工作、测量图纸、历史报告和照片由项目领导埃里克・德罗尼负责。记录小组包括主管托德・克罗托、建筑技术师布莱恩・费斯和丹妮拉・特累托，以及风景园林师朱莉安・迪克逊。历史报告由项目历史学家理查德负责，正式大幅照片由 HAER 摄影师约翰・罗威完成。

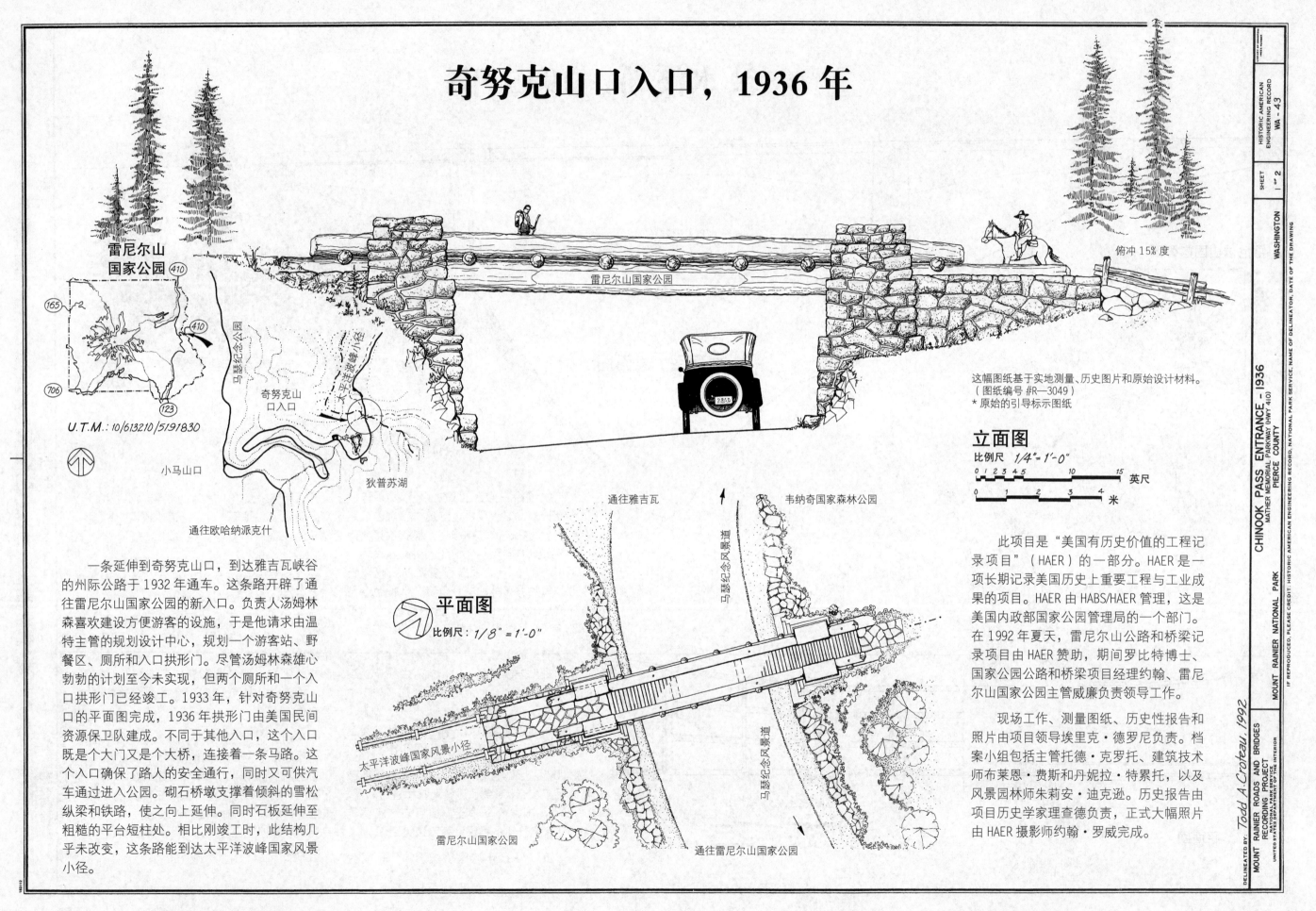

奇努克山口入口，1936 年

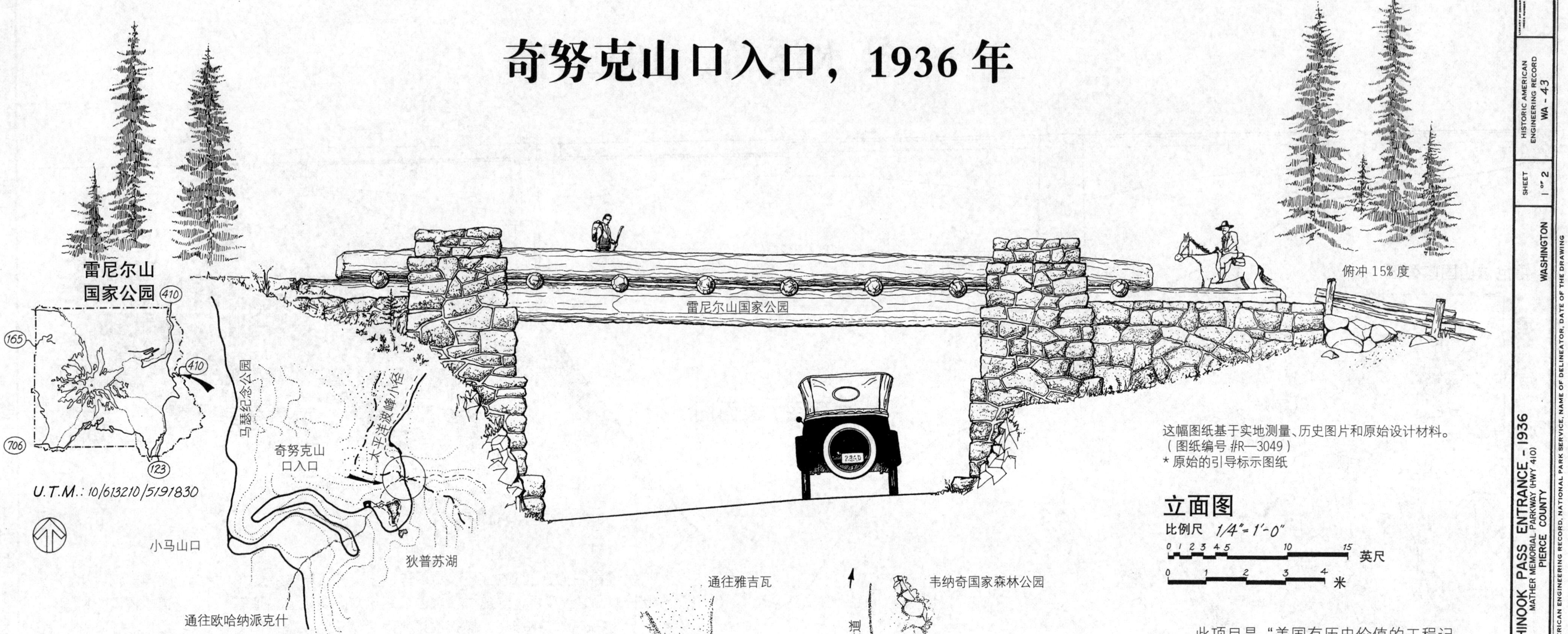
雷尼尔山
国家公园
410
165
410
706
123
U.T.M.: 10/613210/5191830
马瑟纪念公园
太平洋波峰小径
奇努克山
口入口
小马山口
狄普苏湖
通往欧哈纳派克什
雷尼尔山国家公园
俯冲 15% 度
这幅图纸基于实地测量、历史图片和原始设计材料。
（图纸编号 #R—3049）
* 原始的引导标示图纸
立面图
比例尺 1/4"=1'-0"
0 1 2 3 4 5 10 15 英尺
0 1 2 3 4 米
CHINOOK PASS ENTRANCE - 1936
MATHER MEMORIAL PARKWAY (HWY 410)
PIERCE COUNTY
WASHINGTON
HISTORIC AMERICAN ENGINEERING RECORD
WA-43
SHEET
1 of 2
MOUNT RAINIER NATIONAL PARK
MOUNT RAINIER ROADS AND BRIDGES
RECORDING PROJECT
NATIONAL PARK SERVICE
UNITED STATES DEPARTMENT OF THE INTERIOR
DELINEATED BY: Todd A. Croteau, 1992

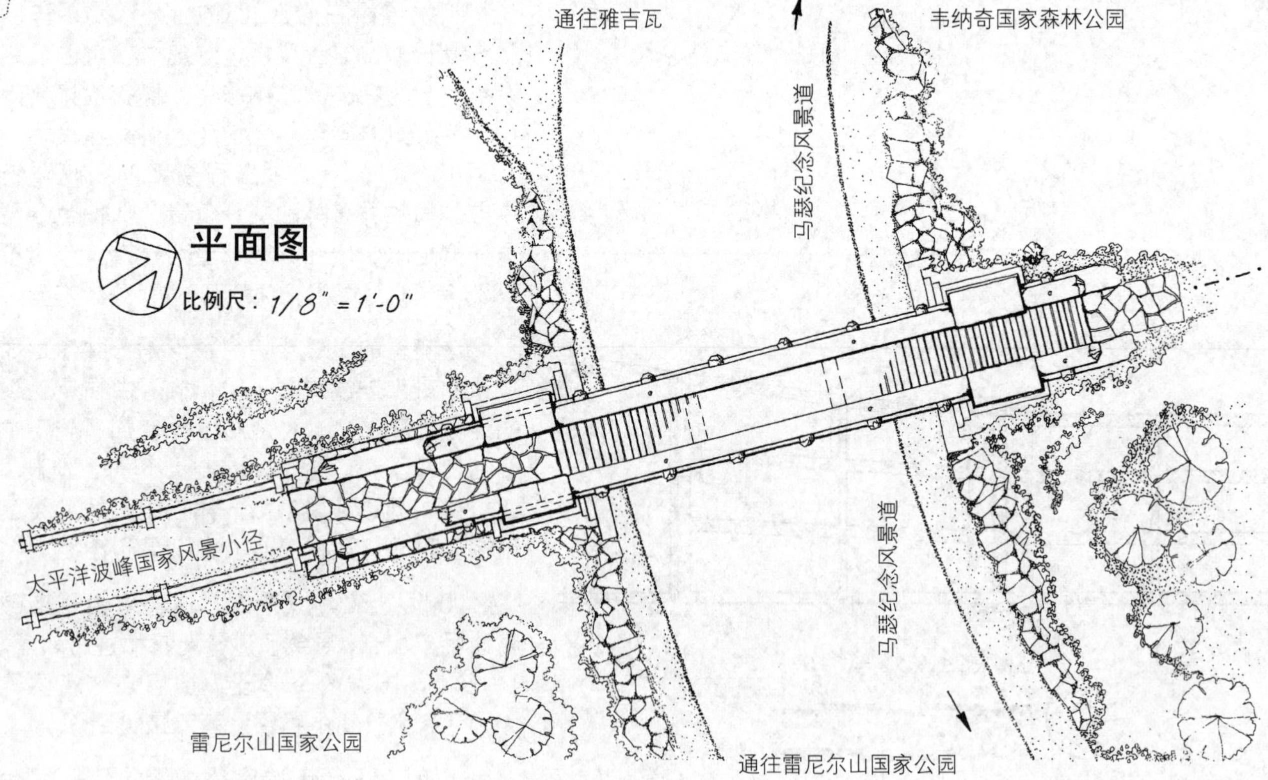
通往雅吉瓦
韦纳奇国家森林公园
马瑟纪念风景道
平面图
比例尺：1/8"=1'-0"
太平洋波峰国家风景小径
马瑟纪念风景道
雷尼尔山国家公园
通往雷尼尔山国家公园

一条延伸到奇努克山口，到达雅吉瓦峡谷的州际公路于 1932 年通车。这条路开辟了通往雷尼尔山国家公园的新入口。负责人汤姆林森喜欢建设方便游客的设施，于是他请求由温特主管的规划设计中心，规划一个游客站、野餐区、厕所和入口拱形门。尽管汤姆林森雄心勃勃的计划至今未实现，但两个厕所和一个入口拱形门已经竣工。1933 年，针对奇努克山口的平面图完成，1936 年拱形门由美国民间资源保卫队建成。不同于其他入口，这个入口既是个大门又是个大桥，连接着一条马路。这个入口确保了路人的安全通行，同时又可供汽车通过进入公园。砌石桥墩支撑着倾斜的雪松纵梁和铁路，使之向上延伸。同时石板延伸至粗糙的平台短柱处。相比刚竣工时，此结构几乎未改变，这条路能到达太平洋波峰国家风景小径。

此项目是“美国有历史价值的工程记录项目”（HAER）的一部分。HAER 是一项长期记录美国历史上重要工程与工业成果的项目。HAER 由 HABS/HAER 管理，这是美国内政部国家公园管理局的一个部门。在 1992 年夏天，雷尼尔山公路和桥梁记录项目由 HAER 赞助，期间罗比特博士、国家公园公路和桥梁项目经理约翰、雷尼尔山国家公园主管威廉负责领导工作。

现场工作、测量图纸、历史性报告和照片由项目领导埃里克·德罗尼负责。档案小组包括主管托德·克罗托、建筑技术师布莱恩·费斯和丹妮拉·特累托，以及风景园林师朱莉安·迪克逊。历史报告由项目历史学家理查德负责，正式大幅照片由 HAER 摄影师约翰·罗威完成。

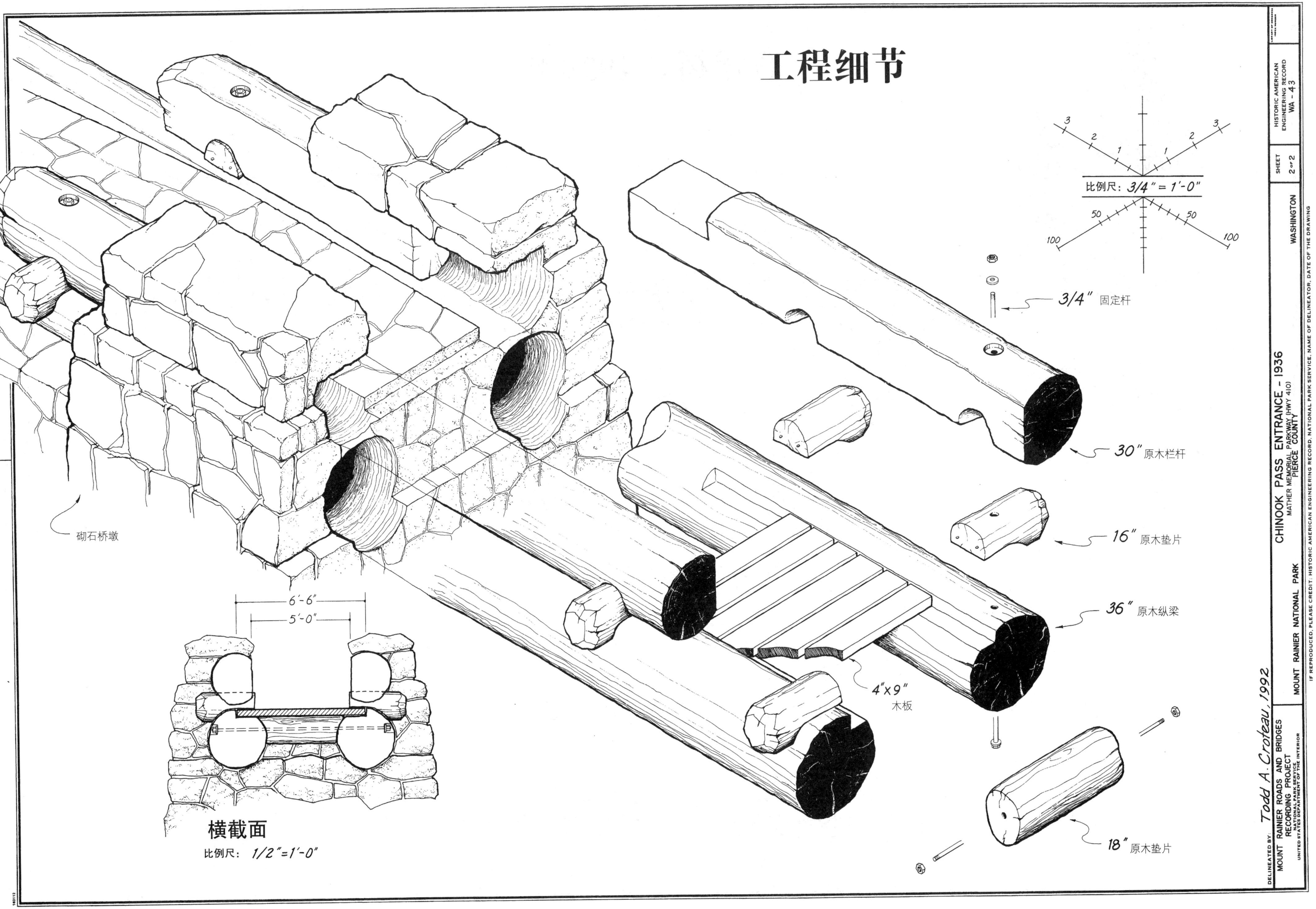
工程细节
比例尺：3/4"=1'-0"
3/4" 固定杆
30" 原木栏杆
16" 原木垫片
36" 原木纵梁
4"x9" 木板
18" 原木垫片
砌石桥墩
6'-6"
5'-0"
横截面
比例尺：1/2"=1'-0"
HISTORIC AMERICAN ENGINEERING RECORD
WA-43
SHEET 2 OF 2
WASHINGTON
CHINOOK PASS ENTRANCE - 1936
MATHER MEMORIAL PARKWAY (HWY 410)
PIERCE COUNTY
MOUNT RAINIER NATIONAL PARK
DELINEATED BY: Todd A. Croteau, 1992
MOUNT RAINIER ROADS AND BRIDGES RECORDING PROJECT
NATIONAL PARK SERVICE
UNITED STATES DEPARTMENT OF THE INTERIOR
IF REPRODUCED, PLEASE CREDIT: HISTORIC AMERICAN ENGINEERING RECORD, NATIONAL PARK SERVICE, NAME OF DELINEATOR, DATE OF THE DRAWING

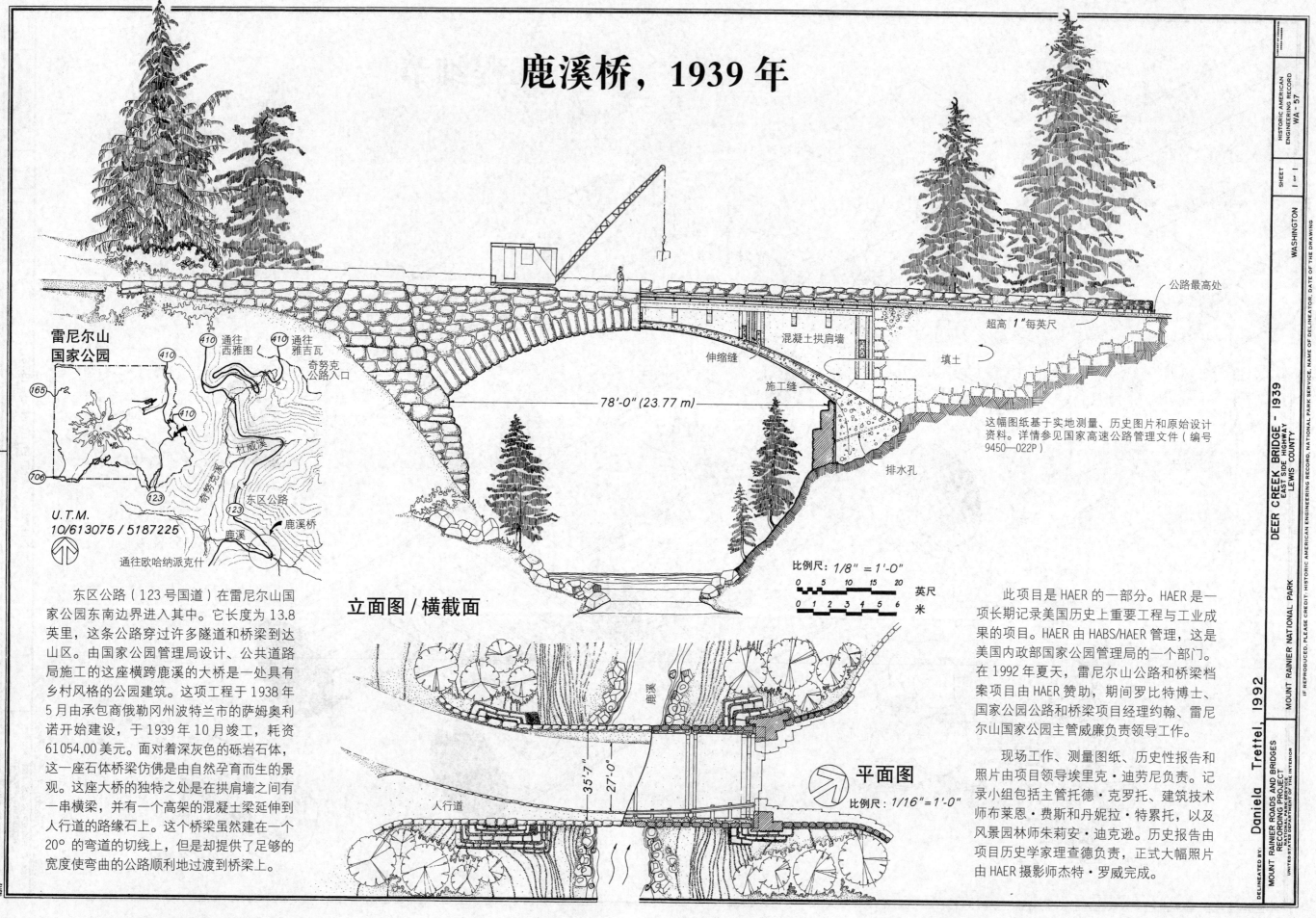

鹿溪桥，1939 年

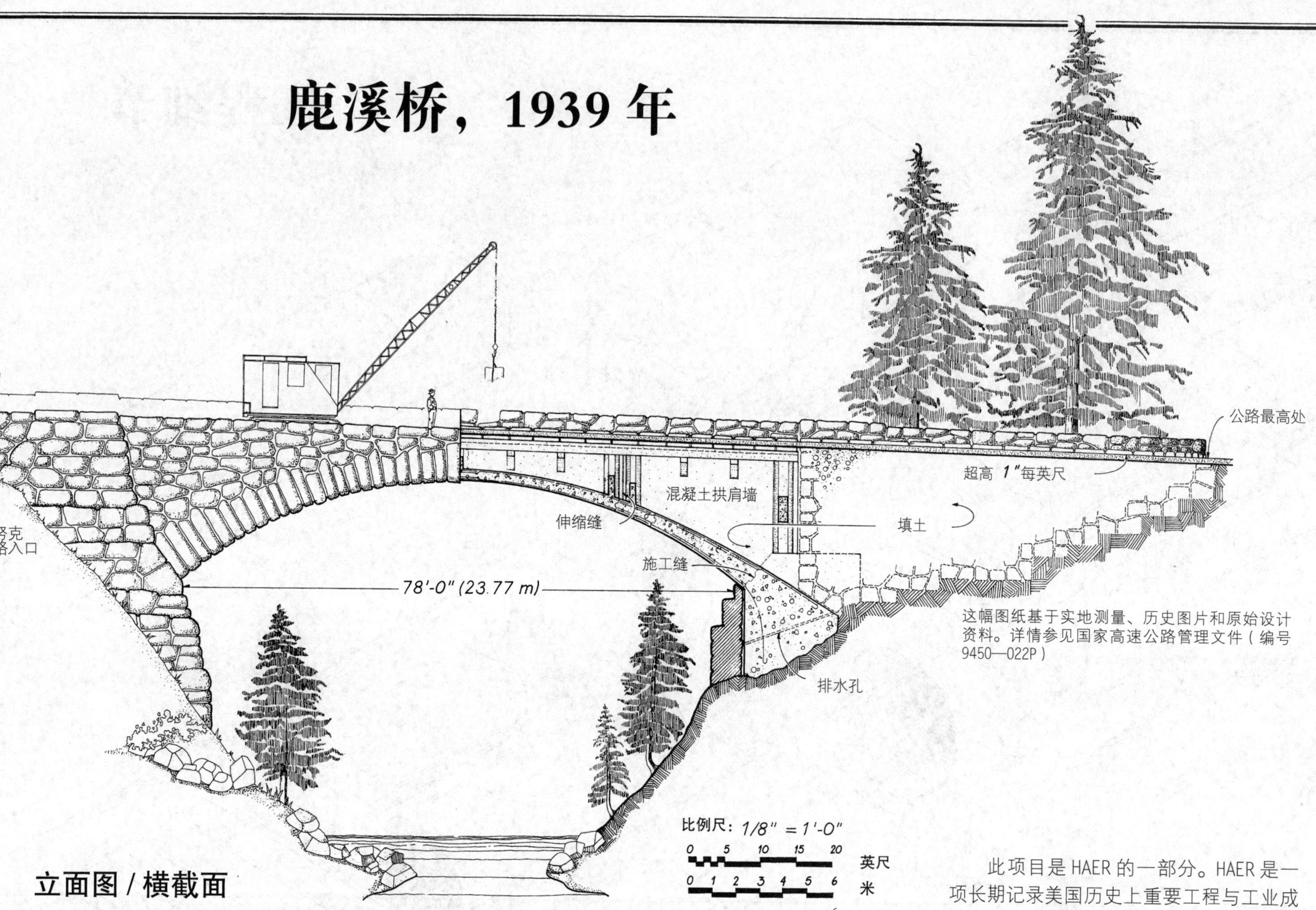

公路最高处
超高 1"每英尺
混凝土拱肩墙
伸缩缝
填土
施工缝
78'-0" (23.77 m)
排水孔
这幅图纸基于实地测量、历史图片和原始设计资料。详情参见国家高速公路管理文件（编号9450—022P）
比例尺：1/8" =1'-0"
0 5 10 15 20 英尺
0 1 2 3 4 5 6 米

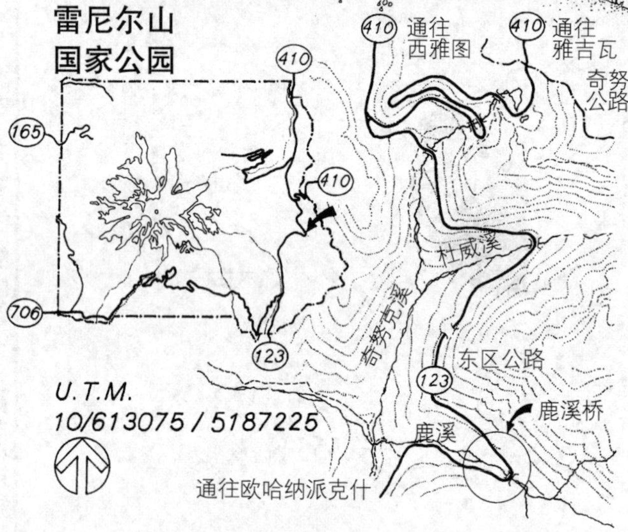

雷尼尔山
国家公园
410
通往
西雅图
410
通往
雅吉瓦
410
奇努克
公路入口
165
410
杜威溪
奇努克溪
706
123
东区公路
123
U.T.M.
10/613075 / 5187225
鹿溪
鹿溪桥
通往欧哈纳派克什

立面图 / 横截面

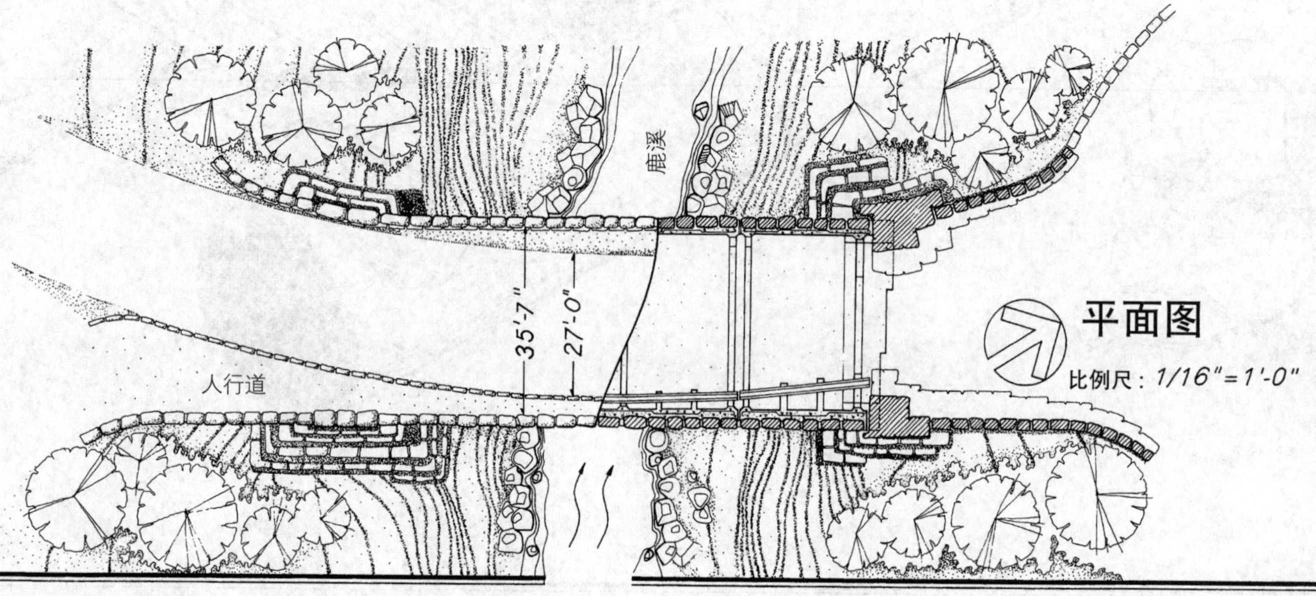

鹿溪
35'-7"
27'-0"
人行道
平面图
比例尺：1/16"=1'-0"

东区公路（123 号国道）在雷尼尔山国家公园东南边界进入其中。它长度为 13.8 英里，这条公路穿过许多隧道和桥梁到达山区。由国家公园管理局设计、公共道路局施工的这座横跨鹿溪的大桥是一处具有乡村风格的公园建筑。这项工程于 1938 年 5 月由承包商俄勒冈州波特兰市的萨姆奥利诺开始建设，于 1939 年 10 月竣工，耗资 61054.00 美元。面对着深灰色的砾岩石体，这一座石体桥梁仿佛是由自然孕育而生的景观。这座大桥的独特之处是在拱肩墙之间有一串横梁，并有一个高架的混凝土梁延伸到人行道的路缘石上。这个桥梁虽然建在一个 20° 的弯道的切线上，但是却提供了足够的宽度使弯曲的公路顺利地过渡到桥梁上。

此项目是 HAER 的一部分。HAER 是一项长期记录美国历史上重要工程与工业成果的项目。HAER 由 HABS/HAER 管理，这是美国内政部国家公园管理局的一个部门。在 1992 年夏天，雷尼尔山公路和桥梁档案项目由 HAER 赞助，期间罗比特博士、国家公园公路和桥梁项目经理约翰、雷尼尔山国家公园主管威廉负责领导工作。

现场工作、测量图纸、历史性报告和照片由项目领导埃里克·迪劳尼负责。记录小组包括主管托德·克罗托、建筑技术师布莱恩·费斯和丹妮拉·特累托，以及风景园林师朱莉安·迪克逊。历史报告由项目历史学家理查德负责，正式大幅照片由 HAER 摄影师杰特·罗威完成。

DELINEATED BY: Daniela Trettel, 1992
MOUNT RAINIER ROADS AND BRIDGES RECORDING PROJECT
NATIONAL PARK SERVICE
UNITED STATES DEPARTMENT OF THE INTERIOR
DEER CREEK BRIDGE - 1939
EAST SIDE HIGHWAY
LEWIS COUNTY
MOUNT RAINIER NATIONAL PARK
WASHINGTON
SHEET 1 OF 1
HISTORIC AMERICAN ENGINEERING RECORD
WA - 57
IF REPRODUCED, PLEASE CREDIT: HISTORIC AMERICAN ENGINEERING RECORD, NATIONAL PARK SERVICE, NAME OF DELINEATOR, DATE OF THE DRAWING

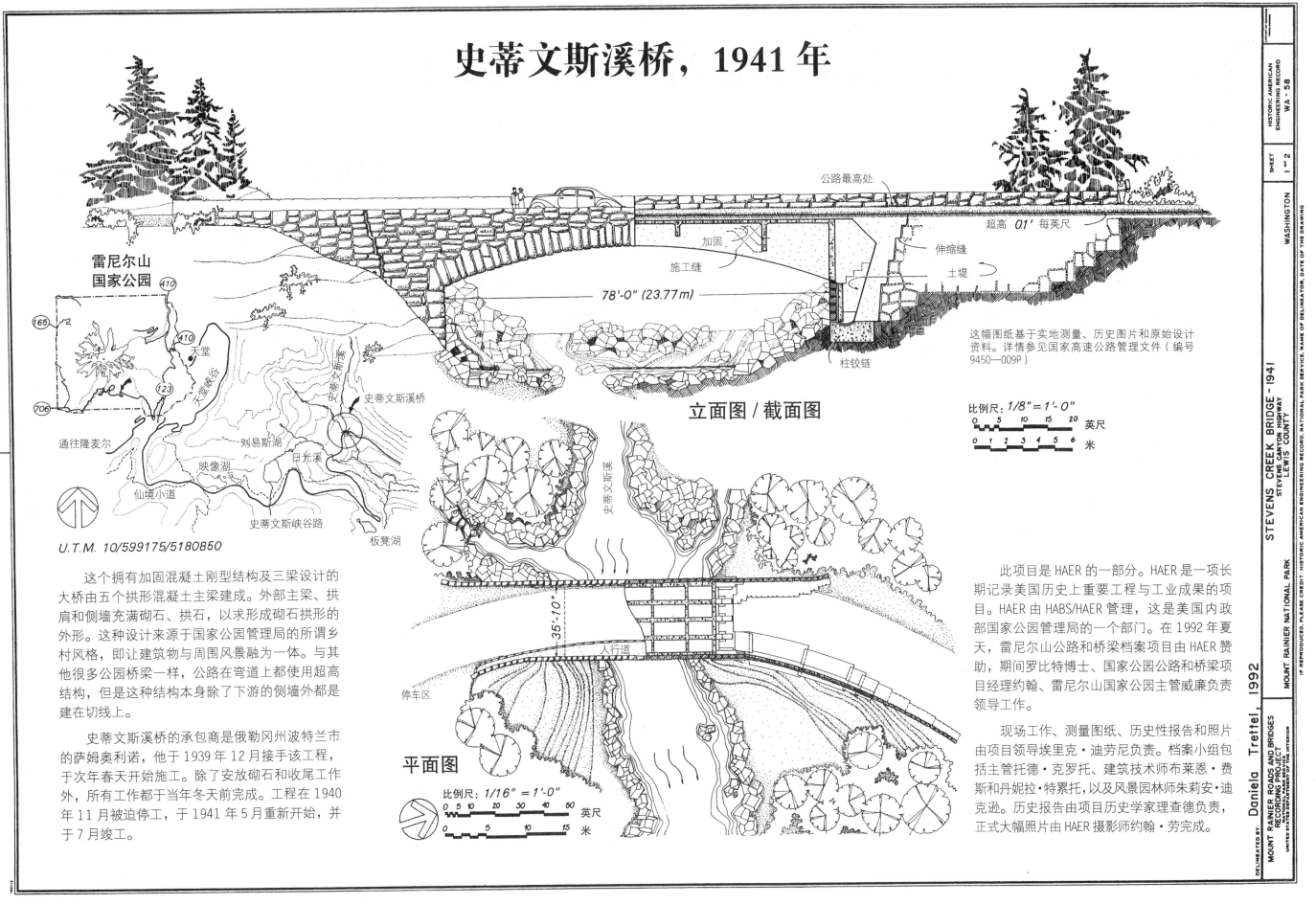

史蒂文斯溪桥，1941 年

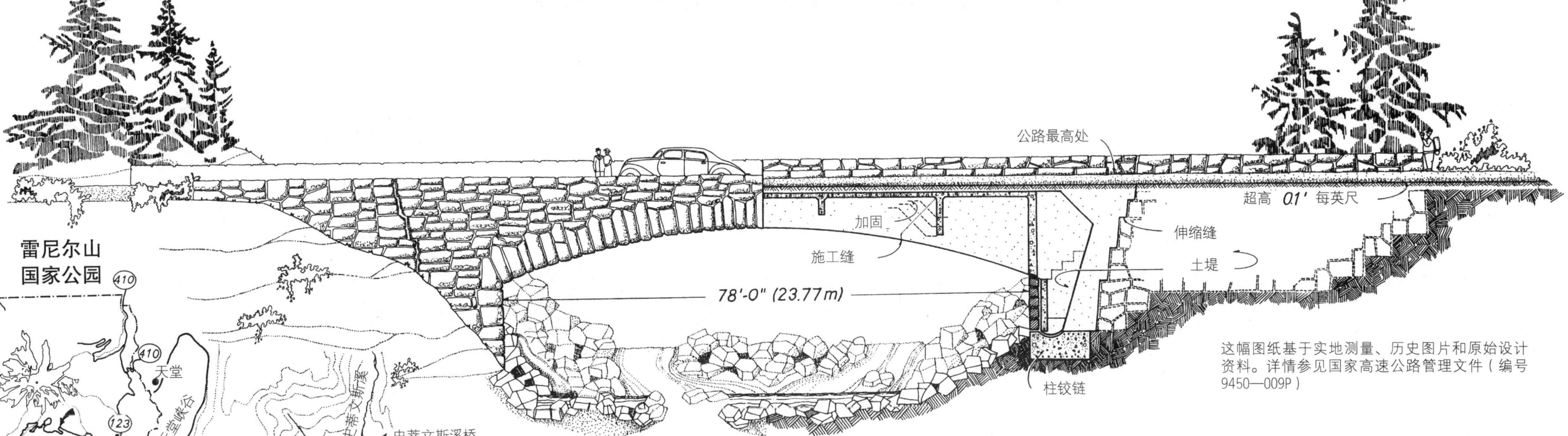

公路最高处
超高 0.1′ 每英尺
加固
施工缝
伸缩缝
土堤
78′-0″ (23.77m)
柱铰链

这幅图纸基于实地测量、历史图片和原始设计资料。详情参见国家高速公路管理文件（编号 9450—009P）

立面图 / 截面图

比例尺：1/8″ = 1′-0″
0 5 10 15 20 英尺
0 1 2 3 4 5 6 米

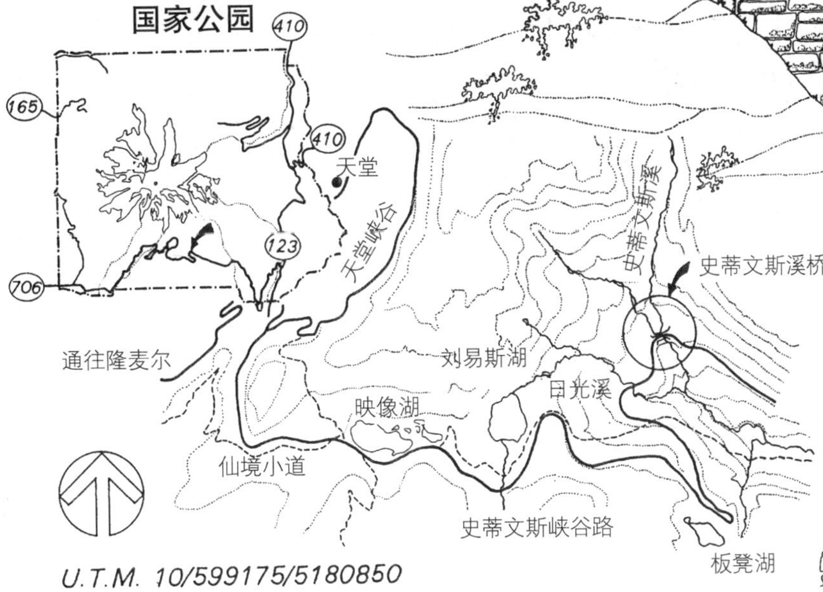

雷尼尔山
国家公园
410
165
410
天堂
天堂峡谷
123
706
史蒂文斯溪
史蒂文斯溪桥
通往隆麦尔
刘易斯湖
日光溪
映像湖
仙境小道
史蒂文斯峡谷路
板凳湖

U.T.M. 10/599175/5180850

这个拥有加固混凝土刚型结构及三梁设计的大桥由五个拱形混凝土主梁建成。外部主梁、拱肩和侧墙充满砌石、拱石，以求形成砌石拱形的外形。这种设计来源于国家公园管理局的所谓乡村风格，即让建筑物与周围风景融为一体。与其他很多公园桥梁一样，公路在弯道上都使用超高结构，但是这种结构本身除了下游的侧墙外都是建在切线上。

史蒂文斯溪桥的承包商是俄勒冈州波特兰市的萨姆奥利诺，他于 1939 年 12 月接手该工程，于次年春天开始施工。除了安放砌石和收尾工作外，所有工作都于当年冬天前完成。工程在 1940 年 11 月被迫停工，于 1941 年 5 月重新开始，并于 7 月竣工。

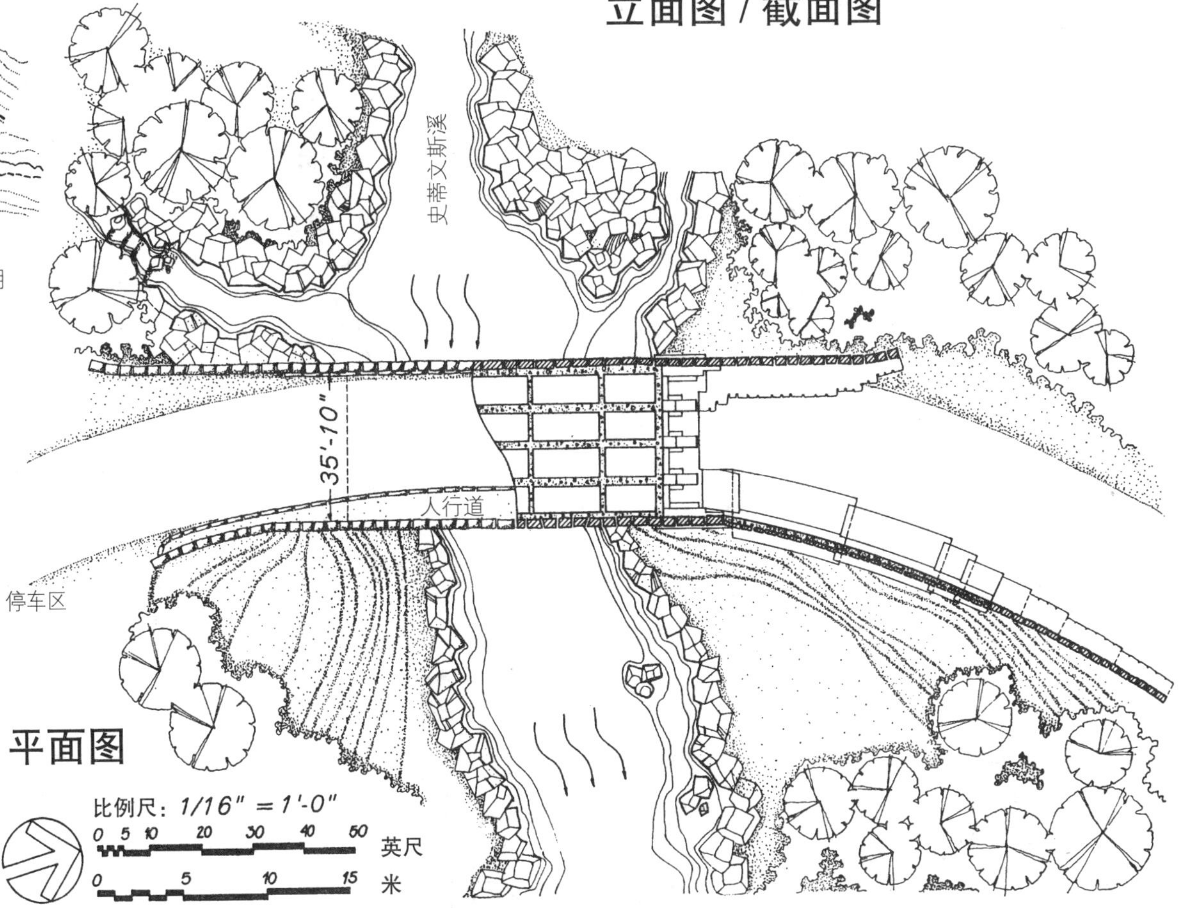

史蒂文斯溪
35′-10″
人行道
停车区

平面图

比例尺：1/16″ = 1′-0″
0 5 10 20 30 40 50 英尺
0 5 10 15 米

此项目是 HAER 的一部分。HAER 是一项长期记录美国历史上重要工程与工业成果的项目。HAER 由 HABS/HAER 管理，这是美国内政部国家公园管理局的一个部门。在 1992 年夏天，雷尼尔山公路和桥梁档案项目由 HAER 赞助，期间罗比特博士、国家公园公路和桥梁项目经理约翰、雷尼尔山国家公园主管威廉负责领导工作。

现场工作、测量图纸、历史性报告和照片由项目领导埃里克·迪劳尼负责。档案小组包括主管托德·克罗托、建筑技术师布莱恩·费斯和丹妮拉·特累托，以及风景园林师朱莉安·迪克逊。历史报告由项目历史学家理查德负责，正式大幅照片由 HAER 摄影师约翰·劳完成。

DELINEATED BY: Daniela Trettel, 1992
MOUNT RAINIER ROADS AND BRIDGES RECORDING PROJECT
NATIONAL PARK SERVICE
UNITED STATES DEPARTMENT OF THE INTERIOR
MOUNT RAINIER NATIONAL PARK
STEVENS CREEK BRIDGE - 1941
STEVENS CANYON HIGHWAY
LEWIS COUNTY
WASHINGTON
SHEET 1 of 2
HISTORIC AMERICAN ENGINEERING RECORD
WA-58

IF REPRODUCED, PLEASE CREDIT: HISTORIC AMERICAN ENGINEERING RECORD, NATIONAL PARK SERVICE, NAME OF DELINEATOR, DATE OF THE DRAWING

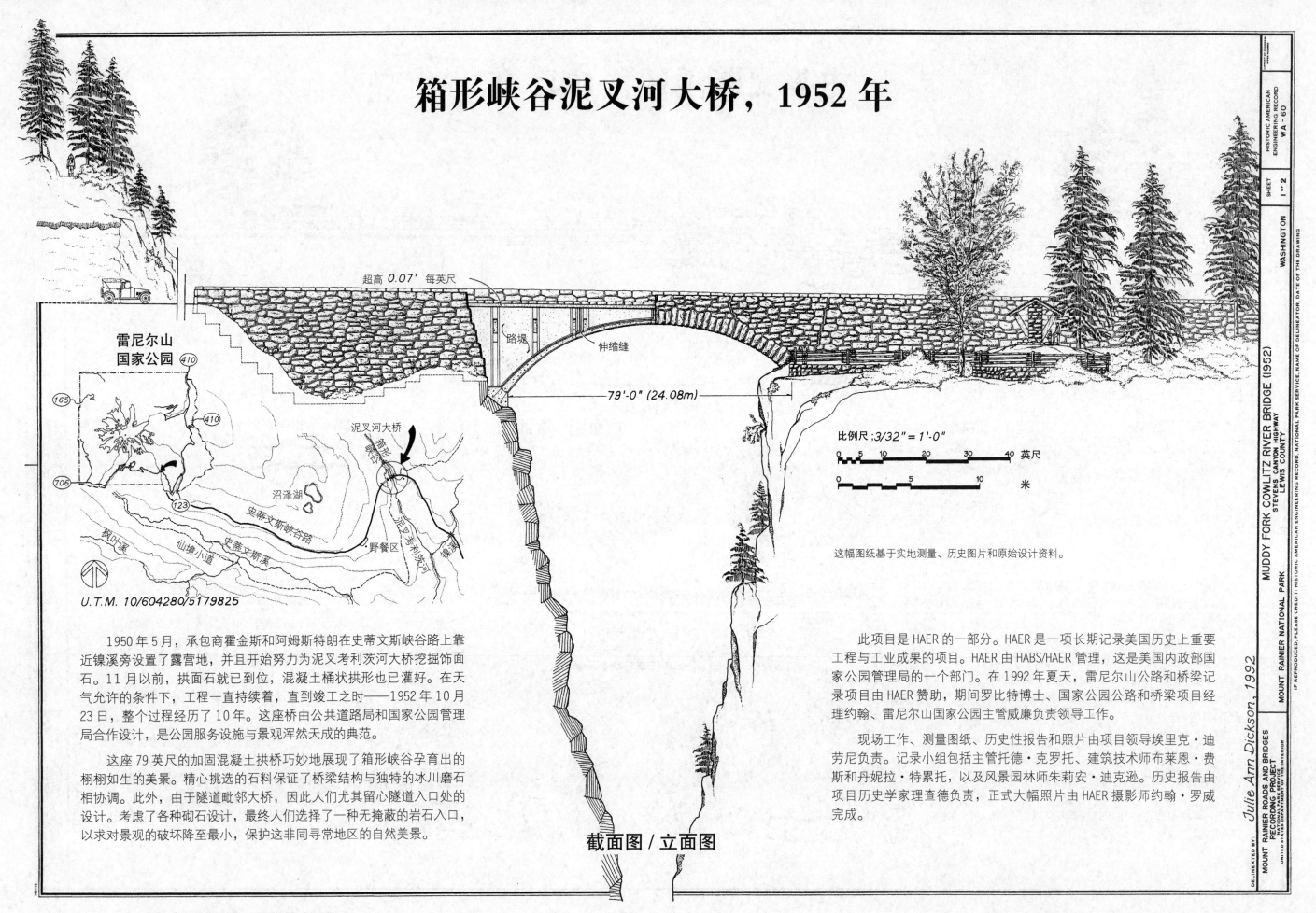

箱形峡谷泥叉河大桥，1952 年

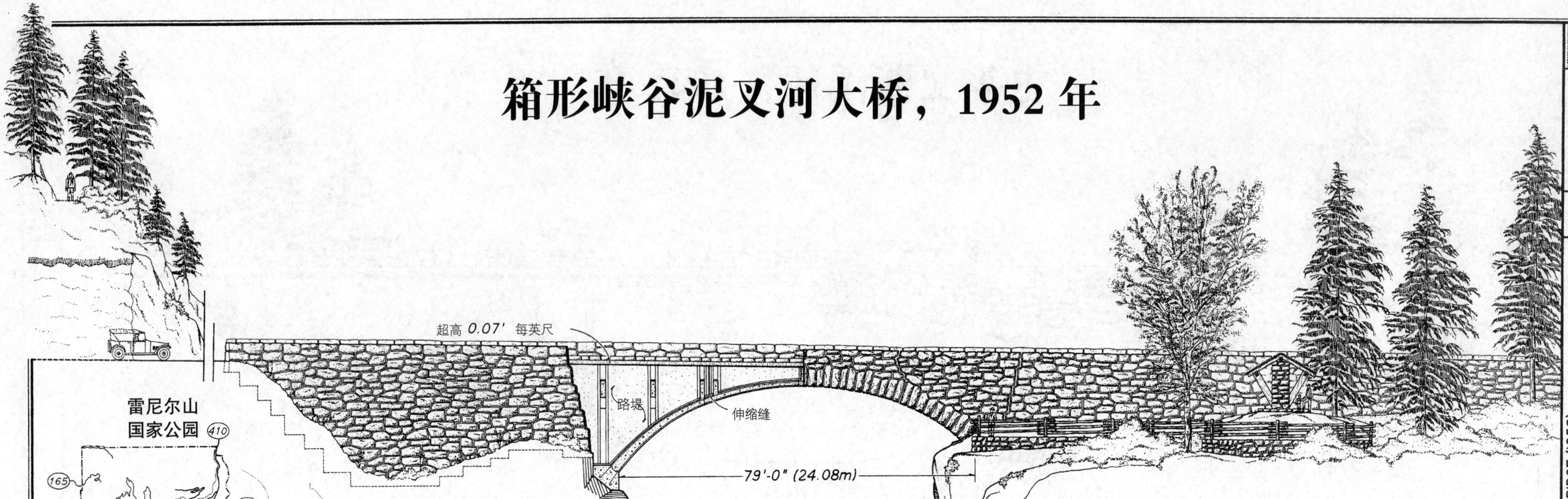
超高 0.07' 每英尺
路堤
伸缩缝
79'-0" (24.08m)

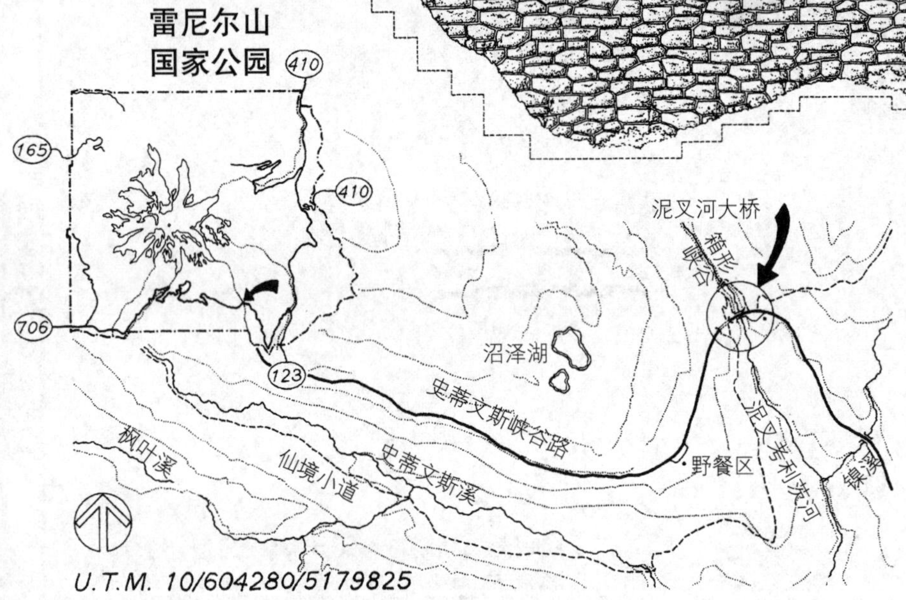
雷尼尔山
国家公园
410
165
410
706
123
泥叉河大桥
箱形峡谷
沼泽湖
史蒂文斯峡谷路
泥叉考利茨河
野餐区
枫叶溪
仙境小道
史蒂文斯溪
U.T.M. 10/604280/5179825

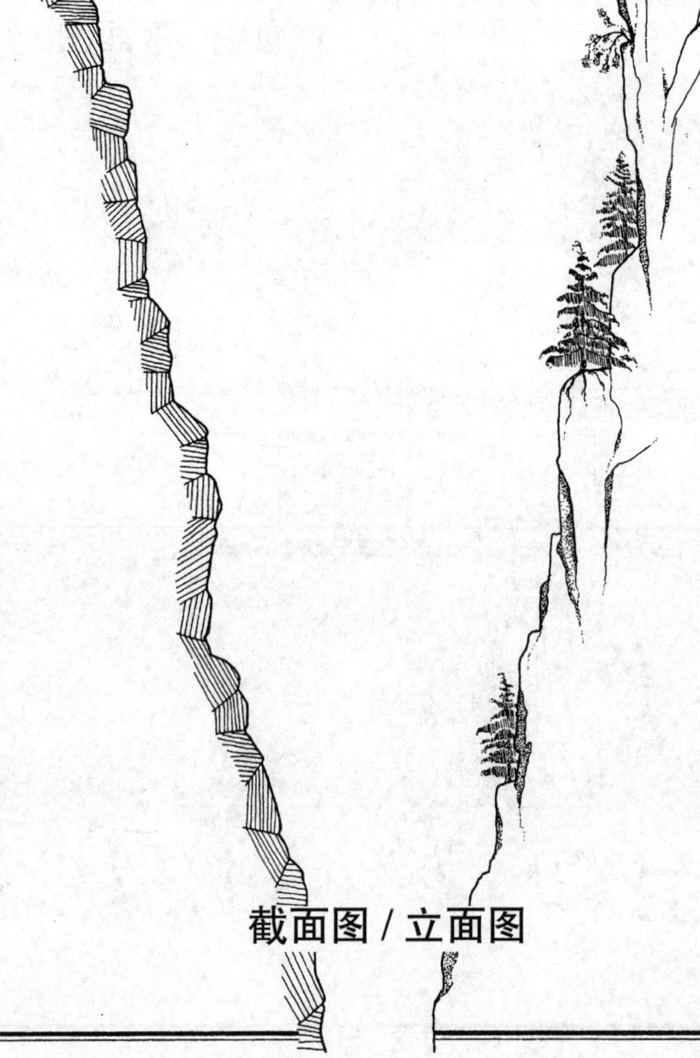

比例尺 :3/32" = 1'-0"

0 5 10 20 30 40 英尺

0 5 10 米

这幅图纸基于实地测量、历史图片和原始设计资料。

1950 年 5 月，承包商霍金斯和阿姆斯特朗在史蒂文斯峡谷路上靠近镍溪旁设置了露营地，并且开始努力为泥叉考利茨河大桥挖掘饰面石。11 月以前，拱面石就已到位，混凝土桶状拱形也已灌好。在天气允许的条件下，工程一直持续着，直到竣工之时——1952 年 10 月 23 日，整个过程经历了 10 年。这座桥由公共道路局和国家公园管理局合作设计，是公园服务设施与景观浑然天成的典范。

这座 79 英尺的加固混凝土拱桥巧妙地展现了箱形峡谷孕育出的栩栩如生的美景。精心挑选的石料保证了桥梁结构与独特的冰川磨石相协调。此外，由于隧道毗邻大桥，因此人们尤其留心隧道入口处的设计。考虑了各种砌石设计，最终人们选择了一种无掩蔽的岩石入口，以求对景观的破坏降至最小，保护这非同寻常地区的自然美景。

此项目是 HAER 的一部分。HAER 是一项长期记录美国历史上重要工程与工业成果的项目。HAER 由 HABS/HAER 管理，这是美国内政部国家公园管理局的一个部门。在 1992 年夏天，雷尼尔山公路和桥梁记录项目由 HAER 赞助，期间罗比特博士、国家公园公路和桥梁项目经理约翰、雷尼尔山国家公园主管威廉负责领导工作。

现场工作、测量图纸、历史性报告和照片由项目领导埃里克·迪劳尼负责。记录小组包括主管托德·克罗托、建筑技术师布莱恩·费斯和丹妮拉·特累托，以及风景园林师朱莉安·迪克逊。历史报告由项目历史学家理查德负责，正式大幅照片由 HAER 摄影师约翰·罗威完成。

截面图 / 立面图

HISTORIC AMERICAN ENGINEERING RECORD
WA-60
SHEET 1 OF 2
WASHINGTON
MUDDY FORK COWLITZ RIVER BRIDGE (1952)
STEVENS CANYON HIGHWAY
LEWIS COUNTY
MOUNT RAINIER NATIONAL PARK
MOUNT RAINIER ROADS AND BRIDGES RECORDING PROJECT
NATIONAL PARK SERVICE
UNITED STATES DEPARTMENT OF THE INTERIOR
DELINEATED BY:
Julie Ann Dickson, 1992
IF REPRODUCED, PLEASE CREDIT: HISTORIC AMERICAN ENGINEERING RECORD, NATIONAL PARK SERVICE, NAME OF DELINEATOR, DATE OF THE DRAWING

箱形峡谷场地规划图

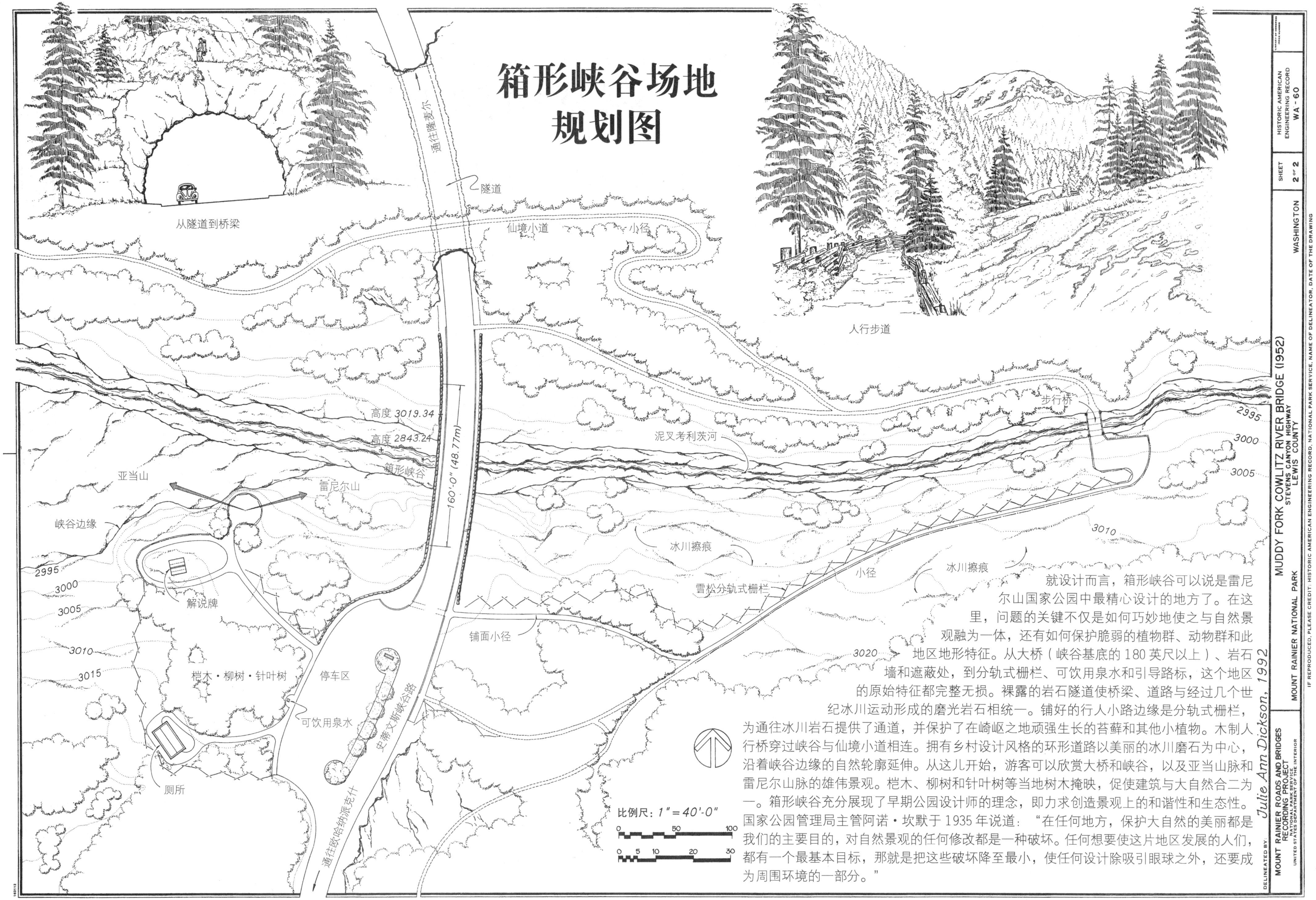

就设计而言，箱形峡谷可以说是雷尼尔山国家公园中最精心设计的地方了。在这里，问题的关键不仅是如何巧妙地使之与自然景观融为一体，还有如何保护脆弱的植物群、动物群和此地区地形特征。从大桥（峡谷基底的 180 英尺以上）、岩石墙和遮蔽处，到分轨式栅栏、可饮用泉水和引导路标，这个地区的原始特征都完整无损。裸露的岩石隧道使桥梁、道路与经过几个世纪冰川运动形成的磨光岩石相统一。铺好的行人小路边缘是分轨式栅栏，为通往冰川岩石提供了通道，并保护了在崎岖之地顽强生长的苔藓和其他小植物。木制人行桥穿过峡谷与仙境小道相连。拥有乡村设计风格的环形道路以美丽的冰川磨石为中心，沿着峡谷边缘的自然轮廓延伸。从这儿开始，游客可以欣赏大桥和峡谷，以及亚当山脉和雷尼尔山脉的雄伟景观。桤木、柳树和针叶树等当地树木掩映，促使建筑与大自然合二为一。箱形峡谷充分展现了早期公园设计师的理念，即力求创造景观上的和谐性和生态性。国家公园管理局主管阿诺・坎默于 1935 年说道：“在任何地方，保护大自然的美丽都是我们的主要目的，对自然景观的任何修改都是一种破坏。任何想要使这片地区发展的人们，都有一个最基本目标，那就是把这些破坏降至最小，使任何设计除吸引眼球之外，还要成为周围环境的一部分。”

落基山脉国家公园

道路概述

落基山脉国家公园的道路系统在雄伟的落基山脉中心为游客展现了多样的生态系统。道路经过低地草甸、白杨树林，沿着急速流淌的河流，直达亚高山带的树林，海拔超过 12000 英尺。除此之外，没有其他国家公园的道路能够穿越苔原地带，使游客拥有这样丰富多样的体验。公园道路和自然景观的微妙关系促成了公路系统与自然环境的和谐。道路呈直线形，突出了自然特征和景观，俯瞰眺望处使游客能够享受雄伟的大自然。国家公园管理局以特有的乡村风格建设诸如石栏杆墙和公路相关工程，这些工程设施与四周的环境很好地融合一起，并呈现出一道独特的风景线。不用感到吃惊，公园道路是每年吸引接近 300 万游客来到落基山国家公园的主要原因。

美国探险家都认为落基山脉是封闭的，但是当地犹特和阿拉帕霍部落里的土著居民曾在这里到处迁徙。如今这里的两条公路就是沿着他们当年的主要路线而建。

第一条穿过山川的公路是由科罗拉多、拉瑞莫和兰德州建造的落河公路，目的是为了刺激旅游业。道路于 1913 年和 1920 年施工建造，狭窄而且是单车道公路，顺着落河峡谷直到落河流域，然后向下进入通往科罗拉多河的之字形公路。这条路在早期很难有汽车通过，每年清扫路上的积雪也有危险性和难度。在它竣工后，公园开始计划建造一个替补公路。

落基山脉国家公园道路记录在 2000 年夏天开始，此项目是 HAER 的一部分。HAER 是一项长期记录美国历史上重要工程与工业成果的项目。HAER 由 HABS/HAER 管理，这是美国内政部国家公园管理局的一个部门。此项目由联邦属地公路交通局通过国家公园管理局和公园道路项目组资助，由落基山国家公园和在蒙大拿州立大学的国家公园管理局合作项目共同赞助。

现场工作、测量图纸、历史性报告和照片由项目领导托德·克罗托和项目历史学家蒂姆·戴维斯负责。档案小组包括现场主管布兰迪·达布斯（蒙大拿州立大学），建筑师艾琳·斯特里特（田纳西大学）、沃格尔、卢卡斯和纳森（蒙大拿州立大学）、克里斯多夫·博尔特（华盛顿大学），以及风景园林师马格达莱纳·利索斯卡。历史报告由项目历史学家理查德负责。

建于 1926 年和 1932 年的新山脊路通往高达几千英尺的高处，但是穿越了更开阔的铁路山脊地区。这条双车道公路精心设计，为避免破坏脆弱的高山景观。它的海拔达到 12183 英尺，被称为美国最高的公路。

私人公路在大熊湖、莉莉湖和野生盆地地区建造，早于公园建成的 1915 年。如今，他们都在公园的维护与管理之下。

落基山脉国家公园的公路系统继续为游客提供最雄伟的景观。公路穿过森林和广阔而无树木的苔原地带，这里拥有鲜艳的彩色野花和重要的野生动物。即使今天，在他们建成几十年之后，沿着这些公路游览依旧能获得令人印象深刻的体验。

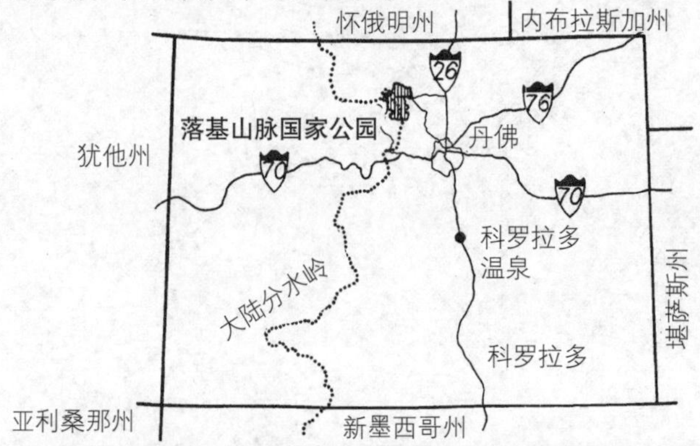

HISTORIC AMERICAN ENGINEERING RECORD CO-78

SHEET 1 OF 8

COLORADO

ROCKY MOUNTAIN NATIONAL PARK ROADS - 1920/1932

LARIMER COUNTY

ESTES PARK VICINITY

DELINEATED BY: *Magdalena M. Lisowska, 2000*

NPS PARK ROADS RECORDING PROGRAM
NATIONAL PARK SERVICE
UNITED STATES DEPARTMENT OF THE INTERIOR

IF REPRODUCED, PLEASE CREDIT: HISTORIC AMERICAN ENGINEERING RECORD, NATIONAL PARK SERVICE, NAME OF DELINEATOR, DATE OF THE DRAWING

坡度

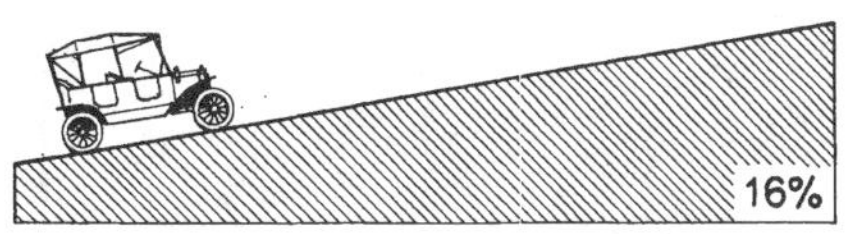

道路以陡峭的倾斜度延伸至落河流域，有时达到 16%。许多早期汽车由于无力的引擎和重力作用而不得不在斜坡上倒退。

转弯处半径

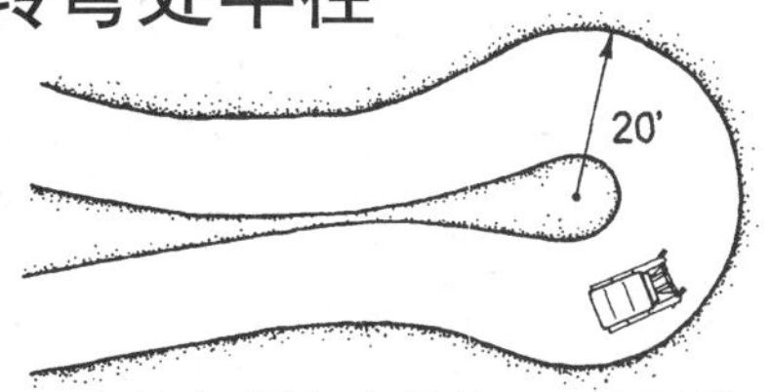

司机必须在半径为 20 英尺的弯路处转弯 16 次。有时汽车不得不来回重复以成功转弯。

道路宽度

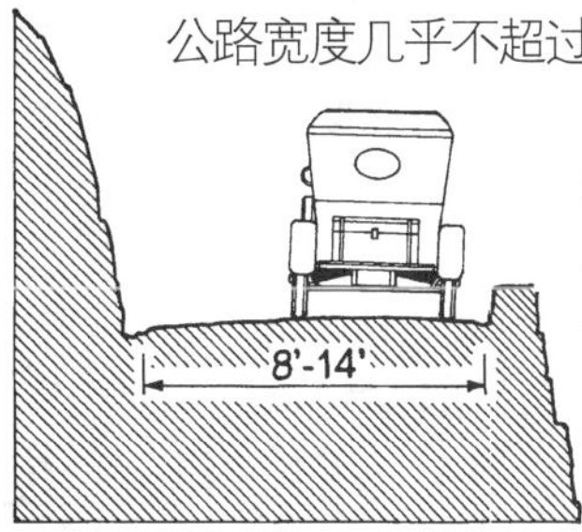

公路宽度几乎不超过 14 英尺，太窄无法使汽车安全通过。公路岔道也可以使用，只是他们之间相隔太远。

海拔

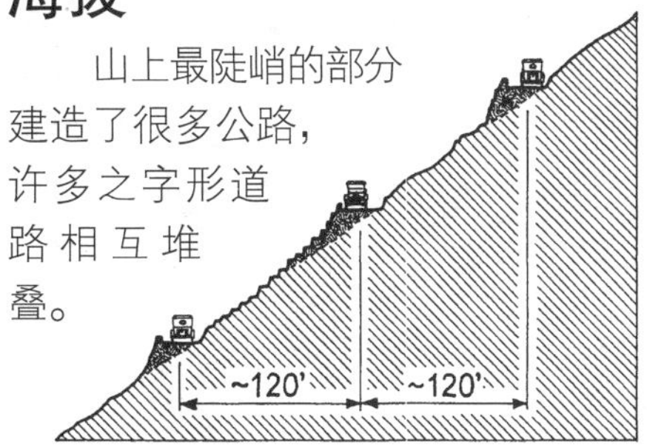

山上最陡峭的部分建造了很多公路，许多之字形道路相互堆叠。

驶离区

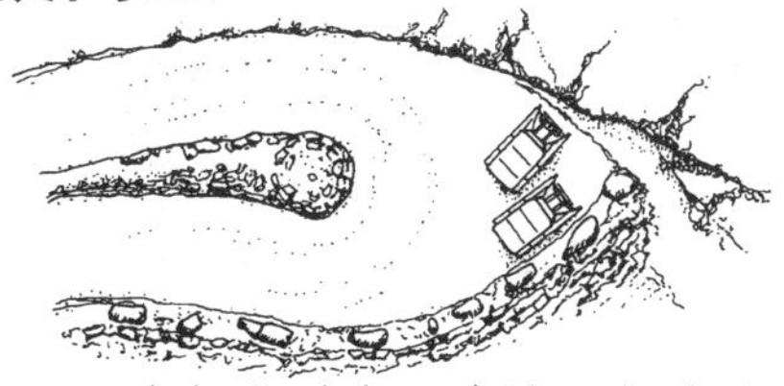

一少部分驶离区允许司机在山上停车，许多驶离区建造在转弯处，导致转弯变得更难。

落河公路，1920 年

落河公路是北科罗拉多地区穿越落基山脉的第一条道路。在落基山脉国家公园建成以前，此公路就于 1913 年在拉瑞莫和兰德州开始建造，最初建设工程由囚犯完成。囚犯的进度很慢，之后由承包商接手，于 1920 年竣工。未铺好的山区公路从马蹄公园直到陡峭的落河峡谷，通过建造一系列之字形道路，在海拔 11796 英尺的地方到达落河流域。从这里，公路继续向下沿着山脉西部到达格兰德河。除了这条线路很受欢迎之外，这条公路极难通过，汽车很难驶过斜坡和拐角，而且雪崩经常将道路埋在雪下达 40 英尺深。1932 年山脊路竣工之后，落河公路的东侧成为了单行快车道，从峡谷到落河流域。西侧则被遗弃或被山脊路替代。

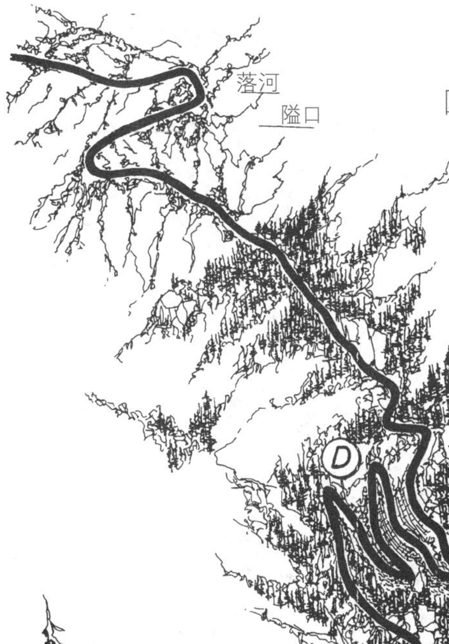

转弯处的最初的砌石工程 Ⓓ

落河流域的汽车驾驶员 Ⓒ

峡谷瀑布 Ⓐ

奇基塔溪桥 Ⓑ

DELINEATED BY *Arin Streeter, 2000*

NPS PARK ROADS RECORDING PROGRAM
UNITED STATES DEPARTMENT OF THE INTERIOR

ROCKY MOUNTAIN NATIONAL PARK ROADS - 1920/1932
ESTES PARK VICINITY
LARIMER COUNTY
COLORADO

HISTORIC AMERICAN ENGINEERING RECORD CO-78
SHEET 4 OF 8

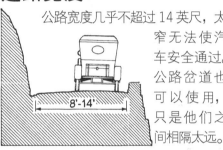

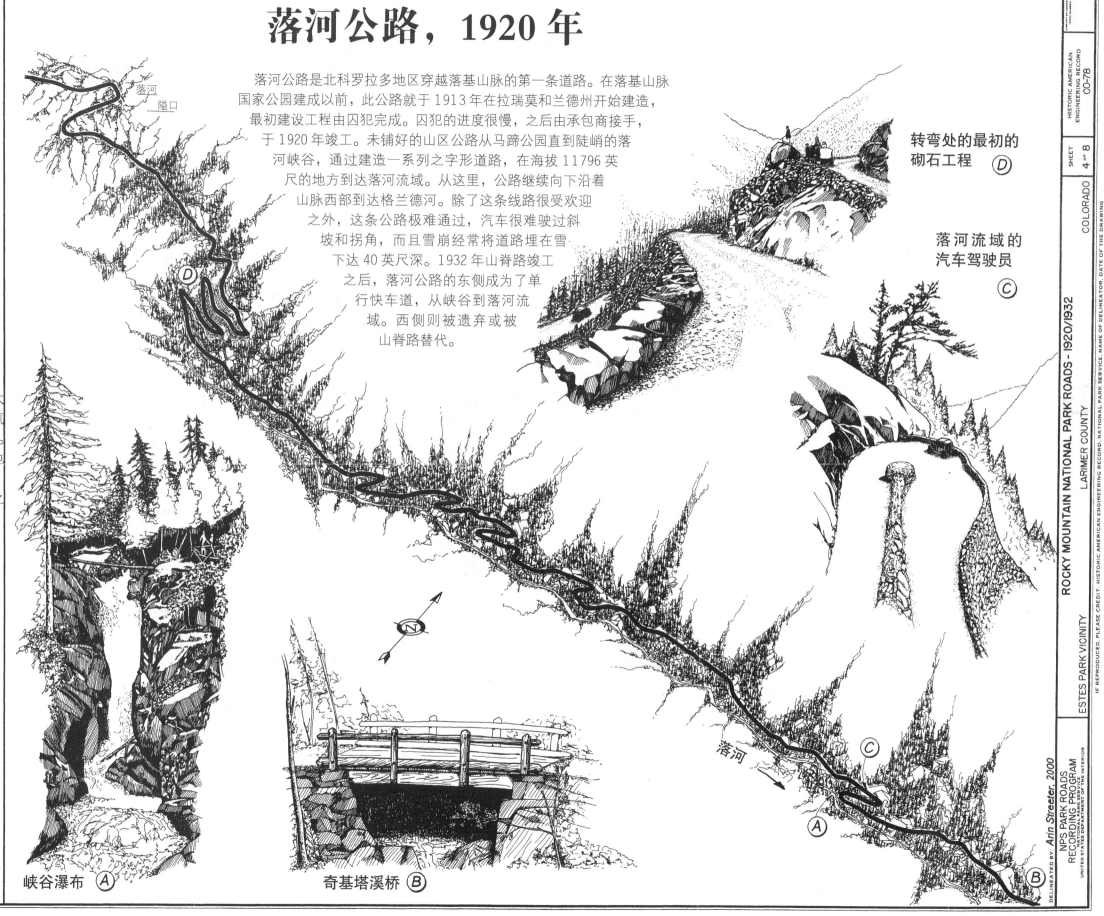

山脊路，1932 年

山脊路展现了落基山脉国家公园的雄伟景观。这是美国海拔最高的连贯高速公路，其中 8 英里位于海拔 11000 英尺的地方，海拔最高达到 12183 英尺。它邻近以前当地人穿越落基山脉的道路，因此得名“山脊路”。

山脊路是替代落河公路而建，原因是在 1920 年落河公路开通以来，不能完全承载汽车通过。山脊路拥有更平缓的坡度、更宽阔的曲线和更加多样的景观体验。这样充满阳光的地方也会降低受大雪影响的几率，也能比阴暗的、被雪覆盖的落河公路更早开放。

山脊路于 1926 年至 1932 年由国家公园管理局和公共道路局（现在为国家公路管理局）合作建设。施工人员在建造期间必须跟严酷的天气、短暂的工作时间和严格的设计标准斗争，以保证公路可以与周围景观相得益彰，在降低对自然环境影响的基础上展现出这个地区多样的景色。山脊路于 1932 年 7 月开通，为游客展现难忘的景色，提供观看野生动物和壮观高山地区的机会。

坡度

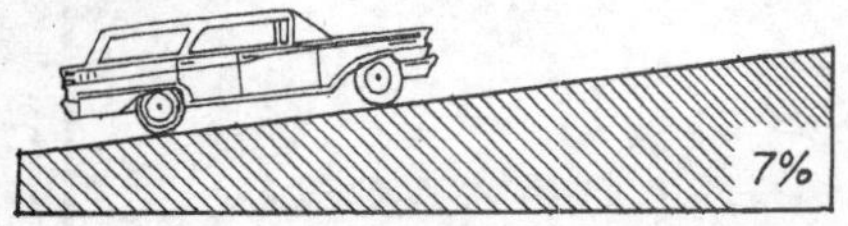
7%

公路的坡度要求不少于 5% 不超过 7%，并小于落河公路坡度的一半。

转弯处半径

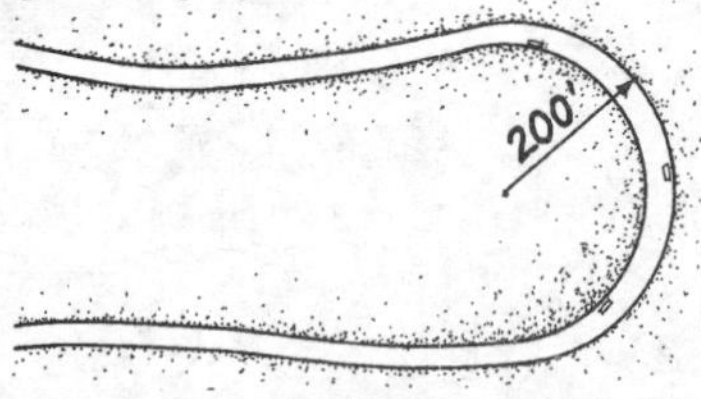
200'

开放式转弯处的最小半径为 100 英尺，封闭式为 200 英尺。许多转弯处被设计能浏览景观，但不能控制景观。

道路宽度

与单车道落河公路不同，山脊路设计成具有 22 英尺的路基，并在分割区段有 3 个沟渠的双车道。

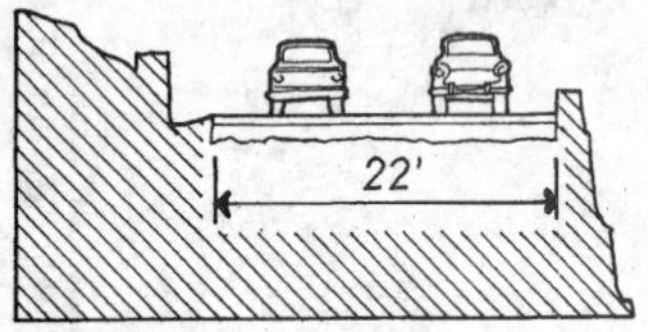
22'

海拔

公路建在山坡上，只要到达苔原地带，就使用路堤。长长的连续曲线用来增加海拔高度。

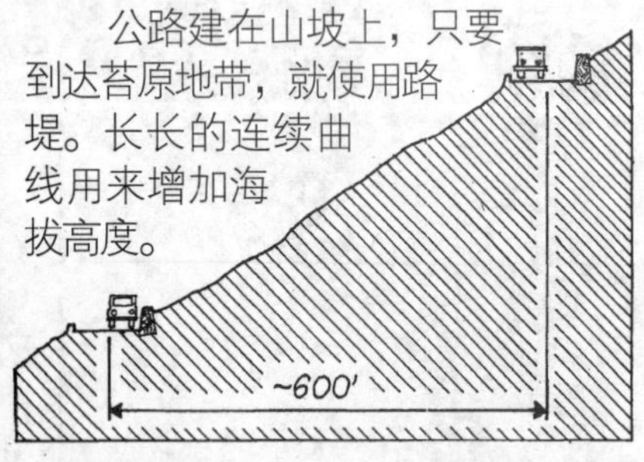
~600'

驶离区

宽敞方便的石墙驶离区经常建在主要弯道上，来给游客提供足够空间欣赏风景。

格兰德湖入口站
E
大陆分水岭
10,758'
A
最高点
12,183'

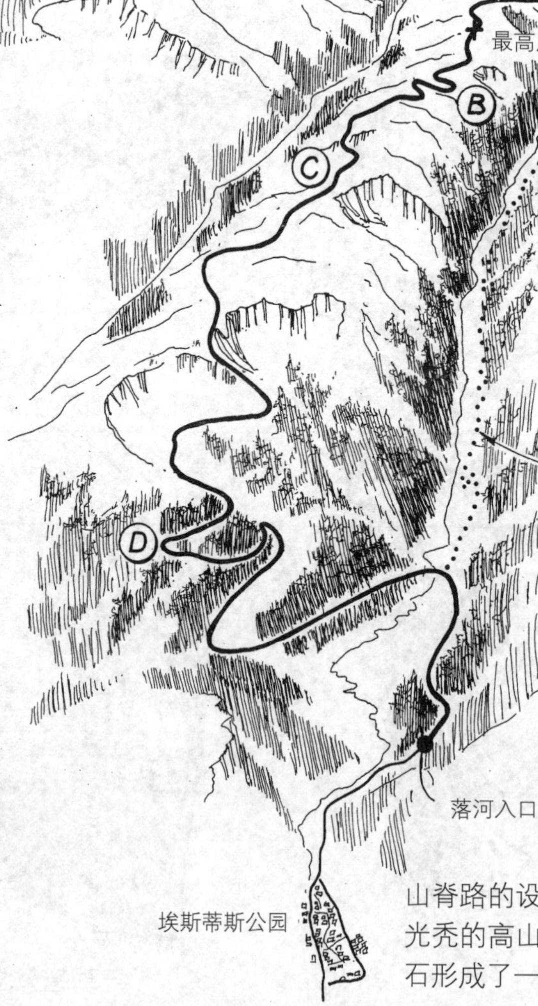
B
C
D
落河公路
落河入口站
埃斯蒂斯公园

高山区游客中心 Ⓐ

沉重的木材放在高山区游客中心的房顶上，来抵御大雪，防止在寒冷的冬天，屋顶被超过 200 英里 / 小时的大风吹走。

苔原曲线和熔岩悬崖 Ⓑ

美丽的苔原曲线是山脊路最动人之处。

卡乌尼奇公园弯道 Ⓔ

在公园西区，山脊路穿过卡乌尼奇峡谷，那里有茂盛的森林、郁郁葱葱的草甸和蜿蜒的溪流。许多小溪底部还有各种涵洞。

曼尼公园弯道 Ⓓ

山脊路是国家公园管理局最早建设可供游客下车安全观看周围景色的风景停车处的地区之一。曼尼公园的行人道于 20 世纪 60 年代增建，目的是提高安全度并提供更美妙的风景。

岩石掘进 Ⓒ

山脊路的设计者力求展现不同寻常的岩石组成——从光秃的高山苔原地带露出来的火山岩。逐渐靠近的岩石形成了一种移动的假象，与苔原环境形成对比。

HISTORIC AMERICAN ENGINEERING RECORD CO-78

SHEET 5 of 8

COLORADO

ROCKY MOUNTAIN NATIONAL PARK ROADS - 1920/1932

LARIMER COUNTY

ESTES PARK VICINITY

NPS PARK ROADS RECORDING PROGRAM
NATIONAL PARK SERVICE
UNITED STATES DEPARTMENT OF THE INTERIOR

DELINEATED BY: Brandy Dubs, 2000

IF REPRODUCED, PLEASE CREDIT: HISTORIC AMERICAN ENGINEERING RECORD, NATIONAL PARK SERVICE, NAME OF DELINEATOR, DATE OF THE DRAWING

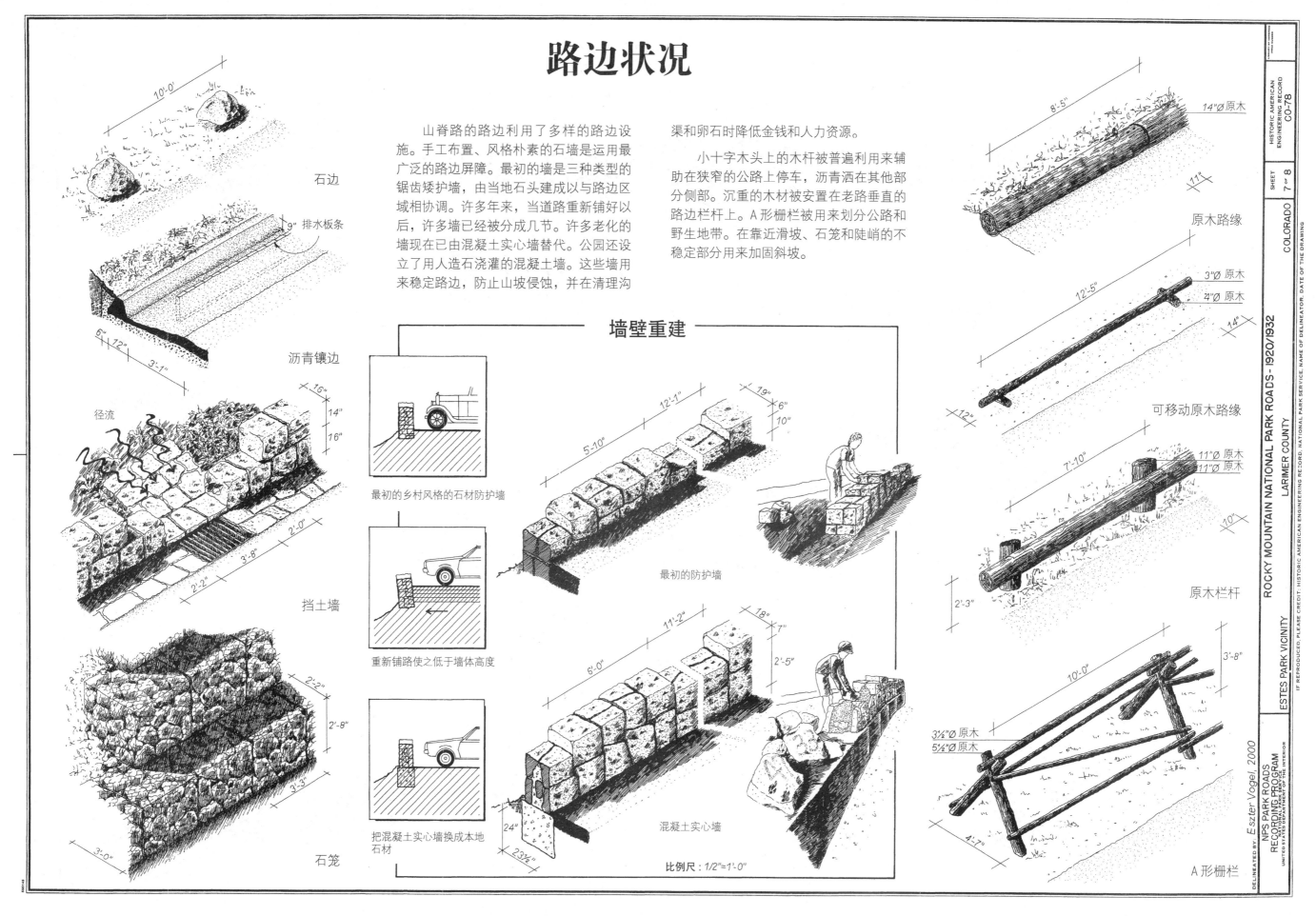

路边状况

山脊路的路边利用了多样的路边设施。手工布置、风格朴素的石墙是运用最广泛的路边屏障。最初的墙是三种类型的锯齿矮护墙，由当地石头建成以与路边区域相协调。许多年来，当道路重新铺好以后，许多墙已经被分成几节。许多老化的墙现在已由混凝土实心墙替代。公园还设立了用人造石浇灌的混凝土墙。这些墙用来稳定路边，防止山坡侵蚀，并在清理沟渠和卵石时降低金钱和人力资源。

小十字木头上的木杆被普遍利用来辅助在狭窄的公路上停车，沥青洒在其他部分侧部。沉重的木材被安置在老路垂直的路边栏杆上。A形栅栏被用来划分公路和野生地带。在靠近滑坡、石笼和陡峭的不稳定部分用来加固斜坡。

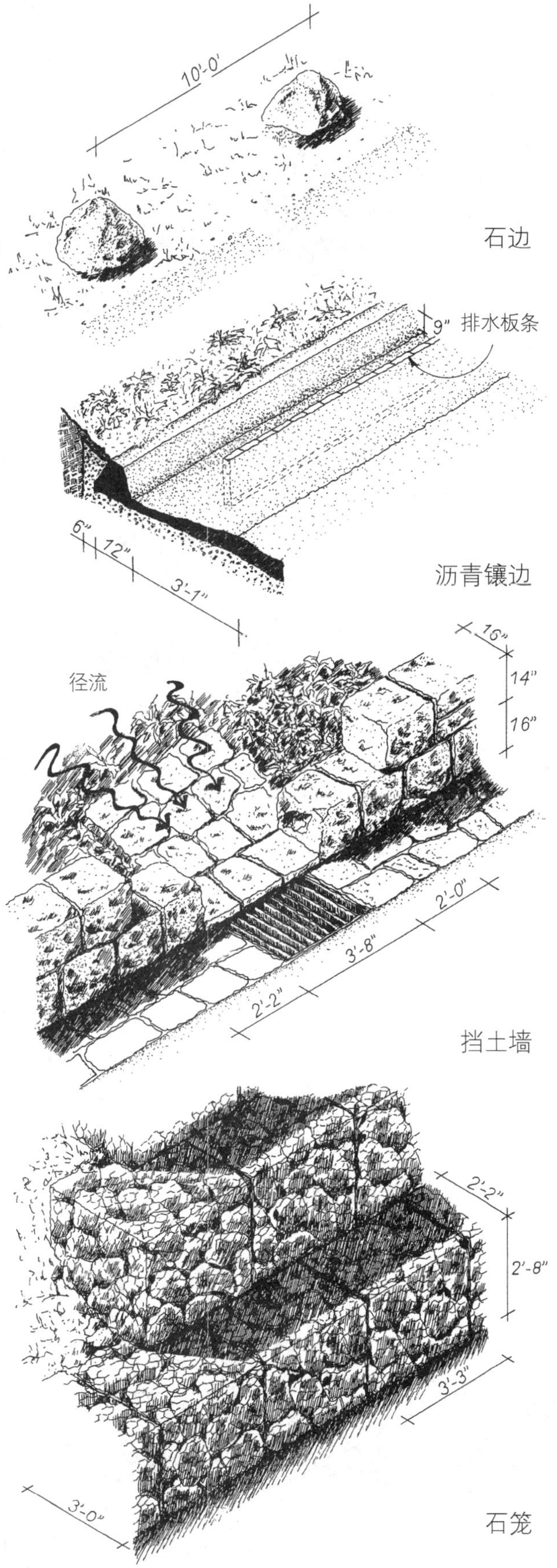

10'-0"
石边
9" 排水板条
6" 12" 3'-1"
沥青镶边
径流
16" 14" 16"
2'-0" 3'-8" 2'-2"
挡土墙
2'-2" 2'-8" 3'-3" 3'-0"
石笼

墙壁重建

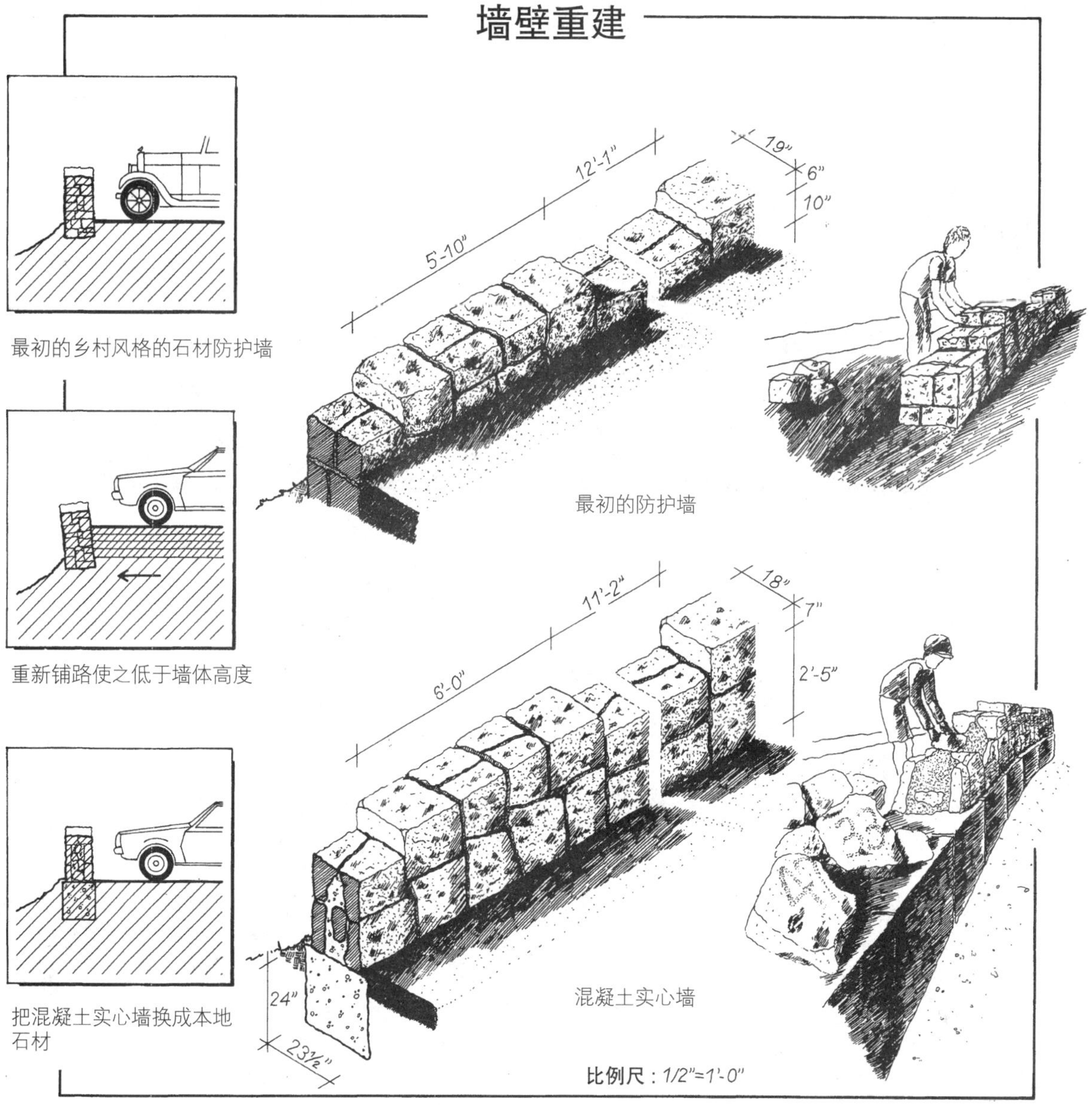

最初的乡村风格的石材防护墙
重新铺路使之低于墙体高度
把混凝土实心墙换成本地石材
5'-10" 12'-1" 19" 6" 10"
最初的防护墙
6'-0" 11'-2" 18" 7" 2'-5" 24" 23½"
混凝土实心墙

比例尺：1/2"=1'-0"

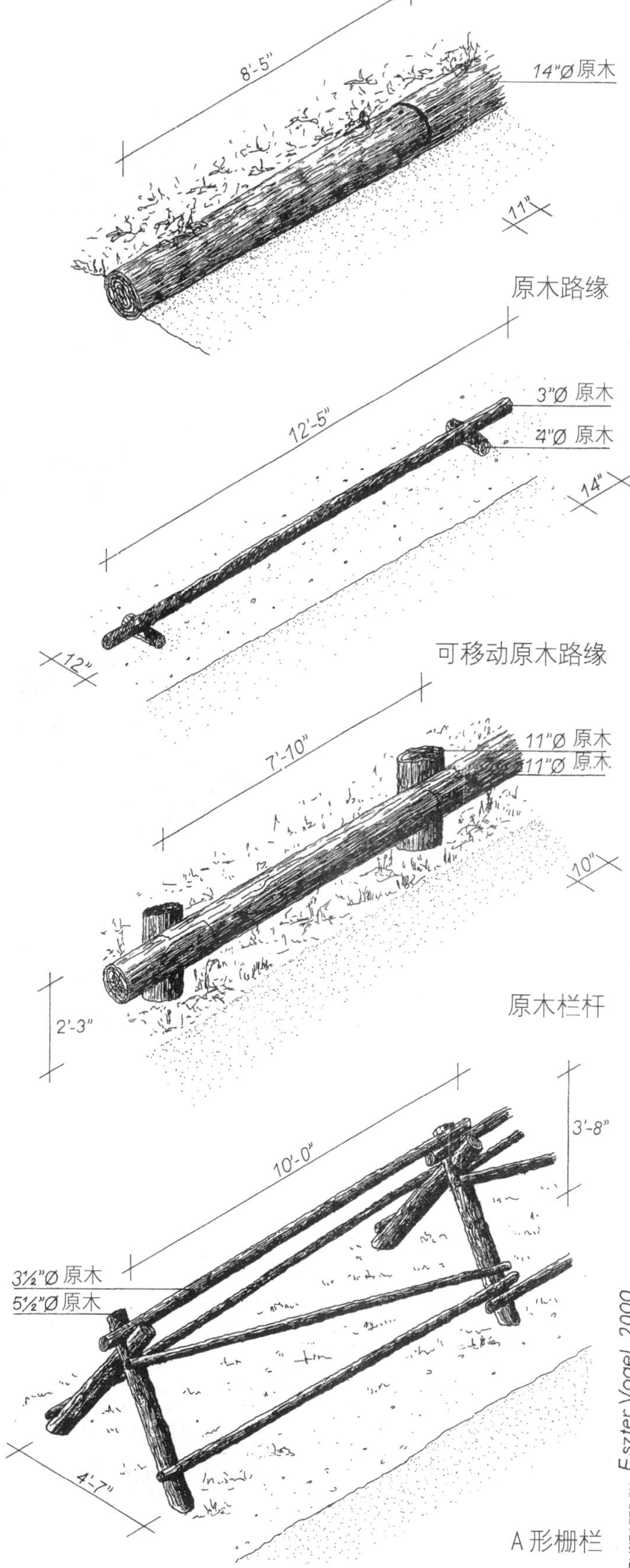

8'-5" 14"Ø 原木 11"
原木路缘
12'-5" 3"Ø 原木 4"Ø 原木 14" 12"
可移动原木路缘
7'-10" 11"Ø 原木 11"Ø 原木 10" 2'-3"
原木栏杆
10'-0" 3'-8" 3½"Ø 原木 5½"Ø 原木 4'-7"
A 形栅栏

DELINEATED BY: Eszter Vogel, 2000

NPS PARK ROADS RECORDING PROGRAM

ESTES PARK VICINITY LARIMER COUNTY

ROCKY MOUNTAIN NATIONAL PARK ROADS - 1920/1932

COLORADO

SHEET 7 OF 8

HISTORIC AMERICAN ENGINEERING RECORD CO-78

除雪

由于海拔达 12000 英尺之高，因此落基山脉国家公园的道路经常被厚厚的积雪覆盖。冬天的积雪通常超过 20 英尺厚，比被雪崩覆盖的地区还厚两倍。公路除雪是一件困难而危险的维护工作。

落河公路 1920 年竣工后，公园管理者就意识到除雪是一件必不可少的工作。这条路到达位于深而阴暗的峡谷的落河流域，这里雪崩时雪容易涌入其中，形成积雪。最初是由手工除雪，工作条件十分艰苦。寒冷的天气加上高达 200 英里 / 小时的大风造就了极其寒冷的大风天气。高海拔处的阳光容易造成雪盲和晒伤。而新一次雪崩容易覆盖刚刚清理过的地方，导致工人重复工作。人们利用炸药、火炬、煤油燃烧和电石灯做过多次试验，很快证明大型设备是有效的。1925 年，公园得到了一个特殊设计的蒸汽铲车。1931 年，除雪扶轮开始运作。然而，公路上厚厚的积雪是促使更多开阔地区修建山脊路的决定性因素。

尽管山脊路建在更开阔的地方，这里积雪覆盖的地方更少，但是这条路达到接近 1000 英尺的高处，被积雪掩埋了好多年。1932 年公路竣工前，公园才开始使用新型除雪车。即使如此，所有深于 45 英寸的积雪不得不先用炸药炸松，之后才能由机器移走。尽管现在使用大型除雪车，开通两条公园道路仍是一件巨大而昂贵的工程。虽然游客希望公园能够保持公路常年开放，但是工作人员若要在工程纪念日和 7 月 4 日落河公路开放前开通山脊路，还是面临很大挑战。

落河公路

蒸汽铲车在落河流域附近。草图基于历史照片。

手工清除道路积雪。草图基于历史照片。

游览团队从最近刚刚开放的落河公路驶来。草图基于历史图片。

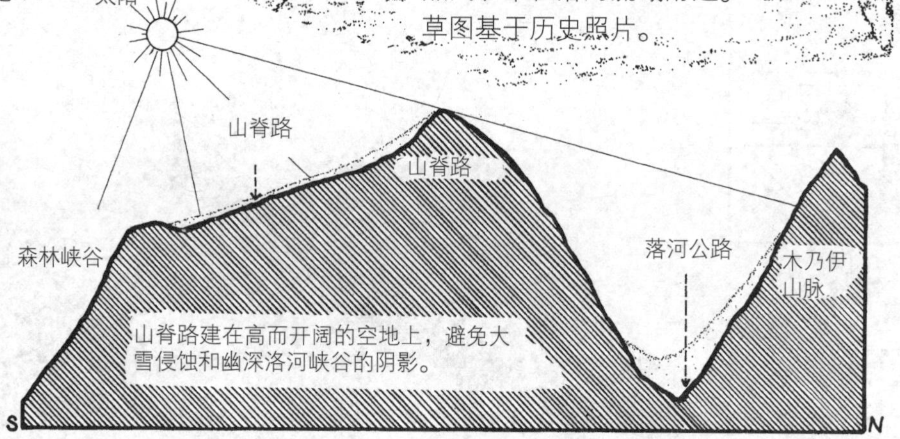

山脊路

除雪车正在工作。草图基于公园管理局照片。

除雪车和推土机在山脊路上。草图基于历史照片。

HISTORIC AMERICAN ENGINEERING RECORD CO-78
SHEET 8 OF 8
COLORADO
ROCKY MOUNTAIN NATIONAL PARK ROADS - 1920/1932
LARIMER COUNTY
ESTES PARK VICINITY
NPS PARK ROADS RECORDING PROGRAM
UNITED STATES DEPARTMENT OF THE INTERIOR
DELINEATED BY: Nathan Junkert 2000
IF REPRODUCED, PLEASE CREDIT: HISTORIC AMERICAN ENGINEERING RECORD, NATIONAL PARK SERVICE, NAME OF DELINEATOR, DATE OF THE DRAWING

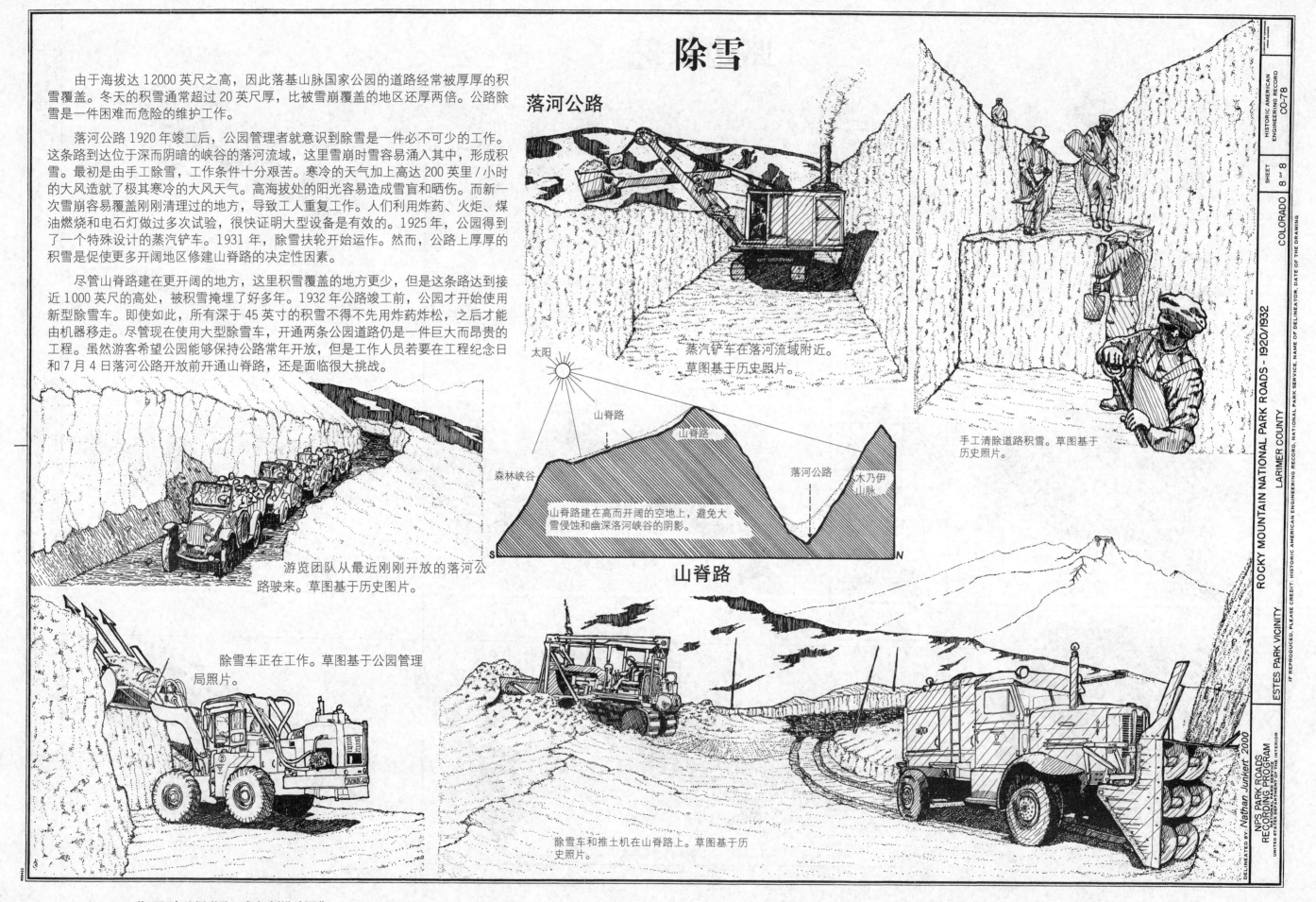

斯科茨布拉夫国家遗址

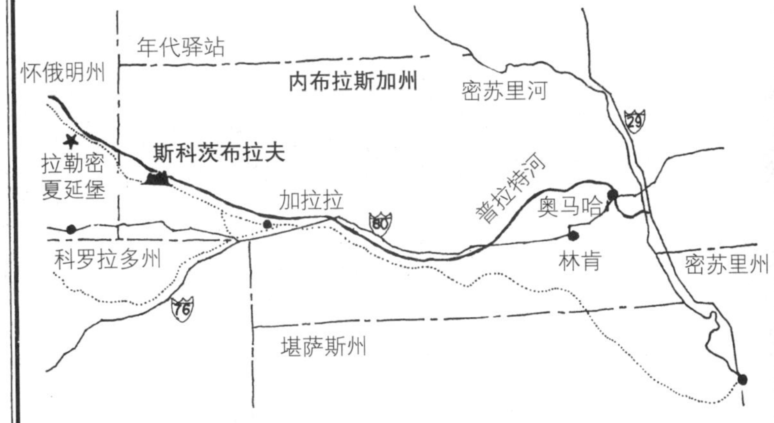

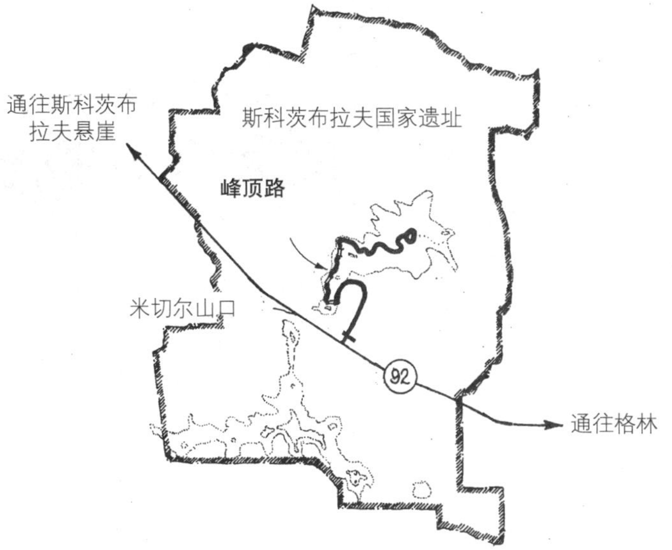

高于内布拉斯加州西部草坪的斯科茨布拉夫峰顶路是俄勒冈小道上被广泛认可的地标性建设。从大约 1841 年至 1869 年，这条从密苏里河延伸至太平洋的历史性公路被成千的移民踏过，包括传教士、淘金者和那些寻求美好未来的家庭。斯科茨布拉夫国家遗址于 1919 年建立来保护和纪念这个重要的地标，告诉人们西部迁移的历史进程。遗址地的早期吹捧者们相信从峰顶路上看到的景色可以促使游客增加对早期探索者的追忆，加强他们对美国传统价值观的信仰。

从前，去往峰顶路的通道仅限于延伸在东部的陡峭小道。1927 年，由国家和地方资助的国家公园管理局在相同地点设计了一条不太危险的弯曲小道。随着 20 世纪 20 年代驱车旅行和汽车旅游业的盛行，当地政府人员和社区领导开始向华盛顿的国家公园管理局人员请求修建一条供汽车通行的峰顶路。他们的请求于 1933 年在富兰克林・罗斯福的新政措施中得到回应。峰顶路的修建也在那一年开始，为失业的甜菜农民和其他受金融危机影响的当地工人提供了工作机会。在接下来的六年里，施工速度很大程度上取决于资金的可用度，这些资助机构包含土木工程署（CWA）、市政工程局（PWA）、民间资源保护队（CCC）。

峰顶路的修建得益于 1925 年国家公园管理局和公共道路局的内部协议，这项协议使通过国

斯科茨布拉夫峰顶路记录工作在 2000 年夏天开始，此项目是 HAER 的一部分。HAER 是一项长期记录美国历史上重要工程与工业成果的项目。HAER 由 HABS/HAER 管理，这是美国内政部国家公园管理局的一个部门。此项目由联邦属地公路交通局通过国家公园管理局和公园道路项目组资助，由落基山国家公园和在蒙大拿州立大学的国家公园管理局合作项目共同赞助。

现场工作、测量图纸、历史性报告和照片由项目领导克里斯多夫・马斯顿、项目历史学家蒂姆・戴维斯和项目经理托德・克罗托负责。记录小组包括现场主管克里斯・格里（德克萨斯大学），建筑师托德・德里亚（爱达荷大学）、蒂姆・格林斯蒂德、斯泰西・赫克曼（蒙大拿州立大学）和罗杰・米切尔，以及风景园林师克里斯汀・马格达莱纳（波尔州立大学），历史学家艾丽西亚・巴伯（德克萨斯大学奥斯汀分校）。大幅照片由大卫・哈斯拍摄。

（接左侧文字）家公园体系进行调研、施工及公路宣传更加便利。在设计峰顶路的过程中，国家公园管理局的风景园林师和公共道路局的工程师们主要关心的是保护自然景观的美丽和完整。保持景观原状是人们的目标。斯科特西部被认为是最不显眼的地方，特征是三个隧道和连续的加固混凝土板桥。高度侵蚀的砂岩组成的封闭地区在施工时带来诸多挑战。

公路的第一部分斜坡在 1933 年春天竣工。之后的施工在 12 月继续，由 200 多工人在停车区工作。1933 年 12 月，人们开始挖掘三条隧道的第一条，第三条在 1936 年竣工。铺路工作在之后的 6 月进行，1937 年 9 月 19 日，峰顶路正式对公众开放。隧道的大门是在 1939 年修建的。在之后的 50 年里，道路很少有改动，除了偶尔的滑坡清理和道路修补。1989 年，国家公路管理局在 1 号隧道和 2 号隧道的高入口处修建新大门，挖掘 2 号和 3 号之间的高挂悬崖，用喷射混凝土来稳定坡度。也是在这个时候，人们通过修补而非重铺全部路面来修理公路，加强了它作为内布拉斯加州最老的混凝土公路的历史意义。总长 1.582 英里的峰顶路构成了游客们在斯科特遗址地的主要游览体验。

DELINEATED BY: Tim Grinstead
NPS ROADS & BRIDGES RECORDING PROGRAM
NATIONAL PARK SERVICE
UNITED STATES DEPARTMENT OF THE INTERIOR

SCOTTS BLUFF SUMMIT ROAD
SCOTTS BLUFF NATIONAL MONUMENT
SCOTTS BLUFF COUNTY
GERING
NEBRASKA
SHEET 1 of 10
HISTORIC AMERICAN ENGINEERING RECORD
NE-11

历史上的迁移通道

哨兵岩
红云印度事务局，1871-1873 年
摩门教小道，1847 年
俄勒冈小道，
1850-1869 年
米切尔，1864-
1867 年
快马邮递站
驿站 & 道路牧场
米切尔小道
斯科特悬崖
罗比杜小道
圆顶石
罗比杜交易站，
1840-1851 年
俄勒冈小道，1841-1850 年
春天小马快递，
1860-1861 年
联合太平洋铁路
鹰岩
86

OREGON TRAIL
NATIONAL HISTORIC TRAIL
小马快递站，
1860—1861 年
烟囱岩

这块现在被称为斯科茨布拉夫国家遗址地的地方是几个世纪以来的移民通道。当地的美国部落例如苏族、波尼和夏延族像以前很多国家的毛皮商人一样沿着普拉特河北部前进。从 19 世纪 40 年代到 19 世纪 60 年代，成千的移民通过斯科茨布拉夫去往俄勒冈领土，加利福尼亚金矿和西部其他地区。沿着几乎相同的路线，1860 年开始的小马快递在各地运送邮件，直到跨大陆电报建立后两年，小马快递才渐渐被废弃。在完成了芝加哥、伯灵顿、昆西和联合太平洋线路后，铁路在 20 世纪的头一个 10 年到达普拉特峡谷北部。不久之后，以前的米切尔线路被更新设计成 86 号公路（现在为 92）。1937 年峰顶路的建成刺激了新一波移民风潮：游客。20 世纪末，斯科茨布拉夫国家遗址地每年迎接 150000 名游客。

毛皮商人和美国当地人通过普拉特河北部移民到水牛岛和海狸的领土。

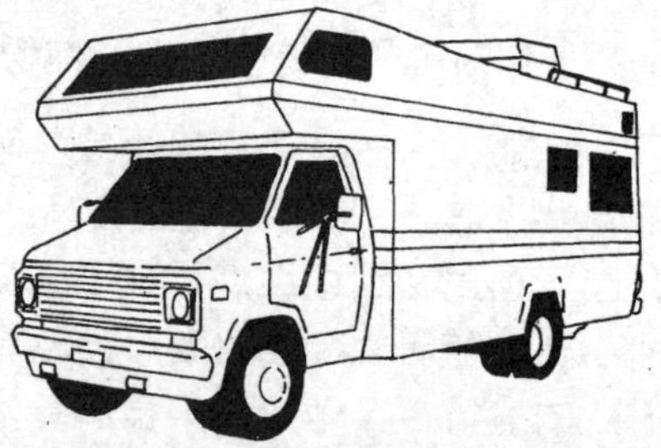

自从峰顶路于 1937 年竣工，斯科茨布拉夫的旅游业就开始发达起来。

斯科茨布拉夫是俄勒冈小道的一个纪念性地标，是到达俄勒冈、加利福尼亚和犹他州的传统路线。

从 1846—1869 年，摩门教徒先锋沿着普拉特河北部踏上俄勒冈小道。

WANTED
YOUNG SKINNY WIRY FELLOWS
not over eighteen Must be expert
riders willing to risk death daily.
Orphans preferred. WAGES $25 per
week Apply, Central Overland Ex-
press, Alta Bldg., Montgomery St.

发达的电报终结了小马快递的使用（1860—1861 年）。

1900 年，伯灵顿铁路延伸到普拉特河北部，斯科茨布拉夫小镇由此诞生。

HISTORIC AMERICAN ENGINEERING RECORD NE-11
SHEET 3 of 10
NEBRASKA
SCOTTS BLUFF SUMMIT ROAD
SCOTTS BLUFF NATIONAL MONUMENT
SCOTTS BLUFF COUNTY
GERING
NPS ROADS & BRIDGES RECORDING PROGRAM
NATIONAL PARK SERVICE
UNITED STATES DEPARTMENT OF THE INTERIOR
DELINEATED BY: Todd Delyea 2000

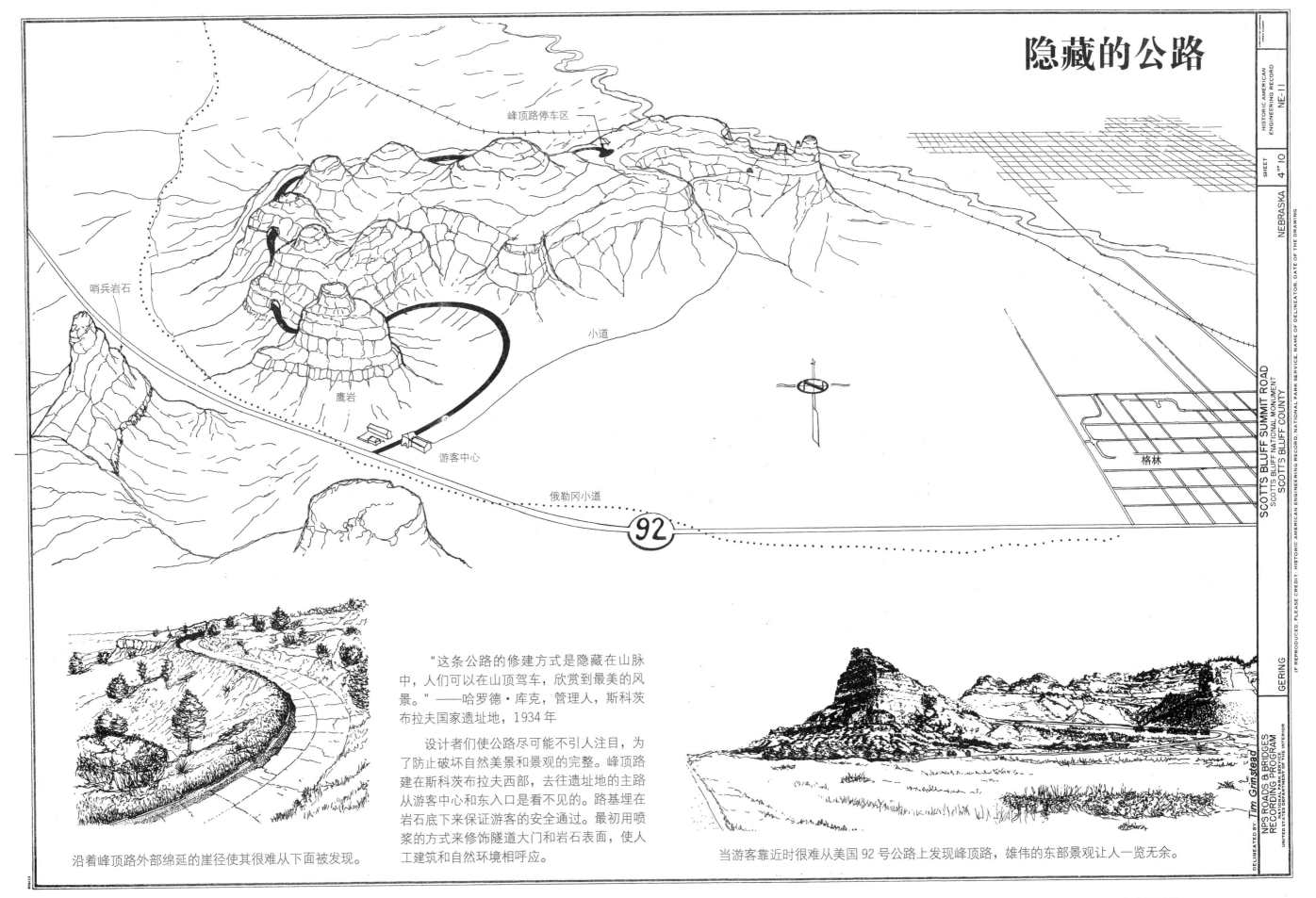

隐藏的公路

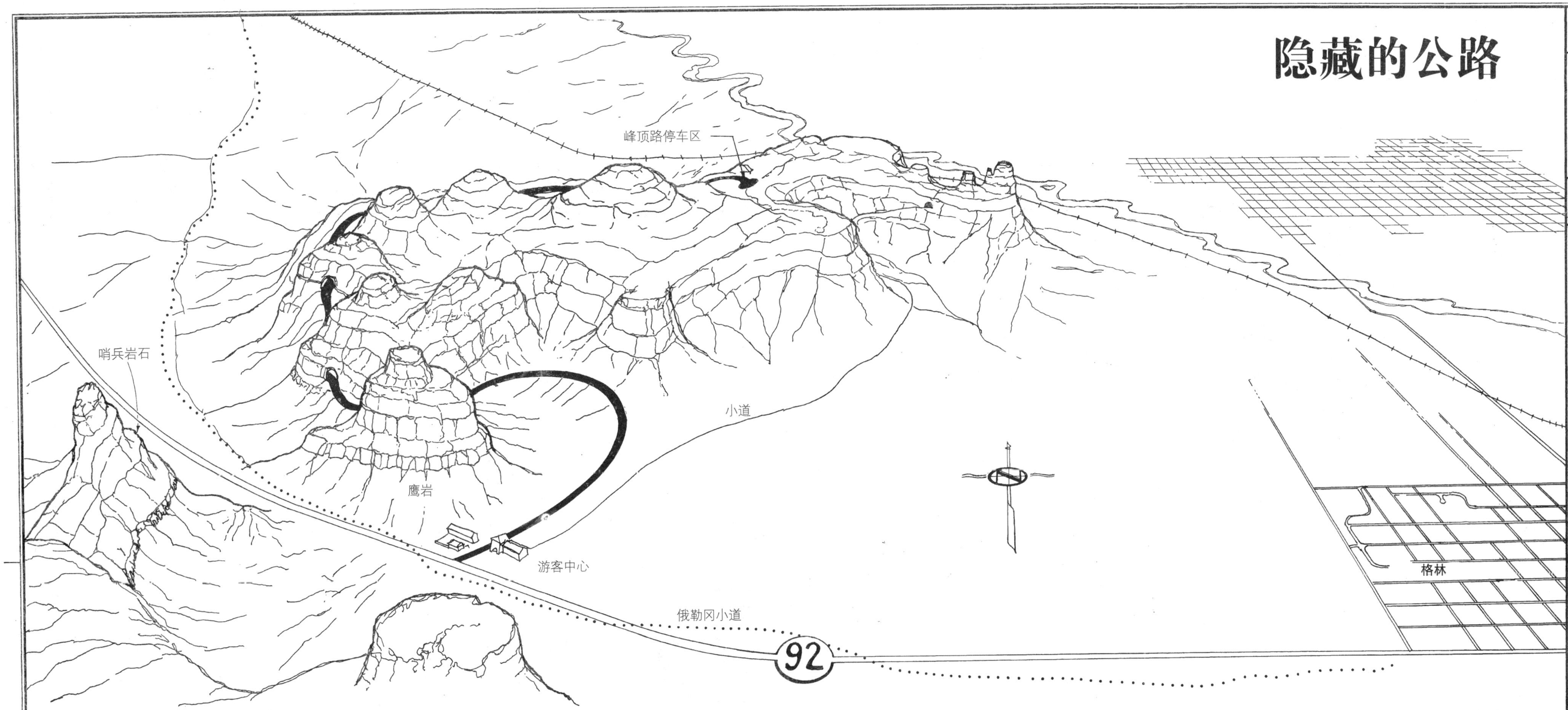
峰顶路停车区
哨兵岩石
小道
鹰岩
游客中心
俄勒冈小道
92
格林

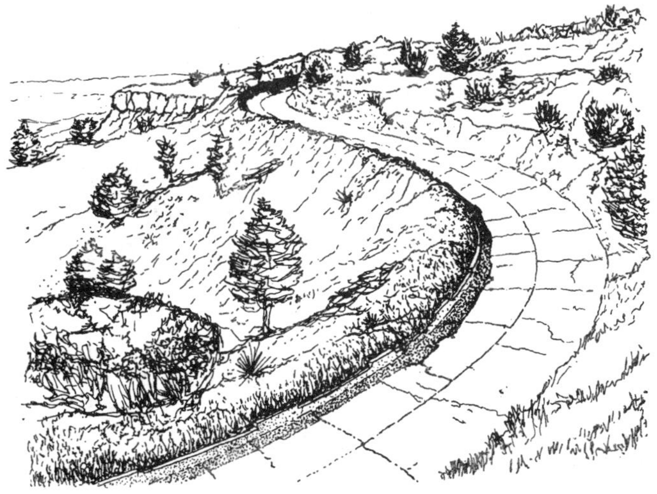

沿着峰顶路外部绵延的崖径使其很难从下面被发现。

“这条公路的修建方式是隐藏在山脉中，人们可以在山顶驾车，欣赏到最美的风景。”——哈罗德·库克，管理人，斯科茨布拉夫国家遗址地，1934 年

设计者们使公路尽可能不引人注目，为了防止破坏自然美景和景观的完整。峰顶路建在斯科茨布拉夫西部，去往遗址地的主路从游客中心和东入口是看不见的。路基埋在岩石底下来保证游客的安全通过。最初用喷浆的方式来修饰隧道大门和岩石表面，使人工建筑和自然环境相呼应。

当游客靠近时很难从美国 92 号公路上发现峰顶路，雄伟的东部景观让人一览无余。

HISTORIC AMERICAN ENGINEERING RECORD NE-11

SHEET 4 OF 10

NEBRASKA

SCOTTS BLUFF SUMMIT ROAD
SCOTTS BLUFF NATIONAL MONUMENT
SCOTTS BLUFF COUNTY

GERING

NPS ROADS & BRIDGES RECORDING PROGRAM
NATIONAL PARK SERVICE
UNITED STATES DEPARTMENT OF THE INTERIOR

DELINEATED BY: Tim Grinstead

IF REPRODUCED, PLEASE CREDIT: HISTORIC AMERICAN ENGINEERING RECORD, NATIONAL PARK SERVICE, NAME OF DELINEATOR, DATE OF THE DRAWING

岩石上筑路

陡峭而高度侵蚀的岩石为公路建造者增加了挑战。极度缺乏的器材和劳动力使传统器械的使用更加艰难。陡峭的斜坡和岩石滑坡的持续威胁急需多样的稳固技术和其他减少侵蚀的方法，防止岩石坠落伤害大量植被。

在悬崖的顶部用手工劳动来进行挖掘和土方修整，这些工作是无法用动力机器完成的。手动的挖矿滑轨用来挖掘岩石和填埋。长长的斜槽用来在公路下方倾倒多余材料。

1934 年春天一次岩石滑坡使 100 多块岩石砸在了公路上，撞碎了卡车，之后使用了喷浆技术，可一次性加固陡峭的斜坡。

新斜坡的坡度很低，铺上草皮来抵制水土流失。树木的种子和叶子用来做草皮，保持水分和提高土壤稳定性。

DELINEATED BY: Brandy Dubs, 2000

NPS ROADS & BRIDGES RECORDING PROGRAM
NATIONAL PARK SERVICE
UNITED STATES DEPARTMENT OF THE INTERIOR

GERING

SCOTTS BLUFF SUMMIT ROAD
SCOTTS BLUFF NATIONAL MONUMENT
SCOTTS BLUFF COUNTY

NEBRASKA

SHEET 5 OF 10

HISTORIC AMERICAN ENGINEERING RECORD
NE-11

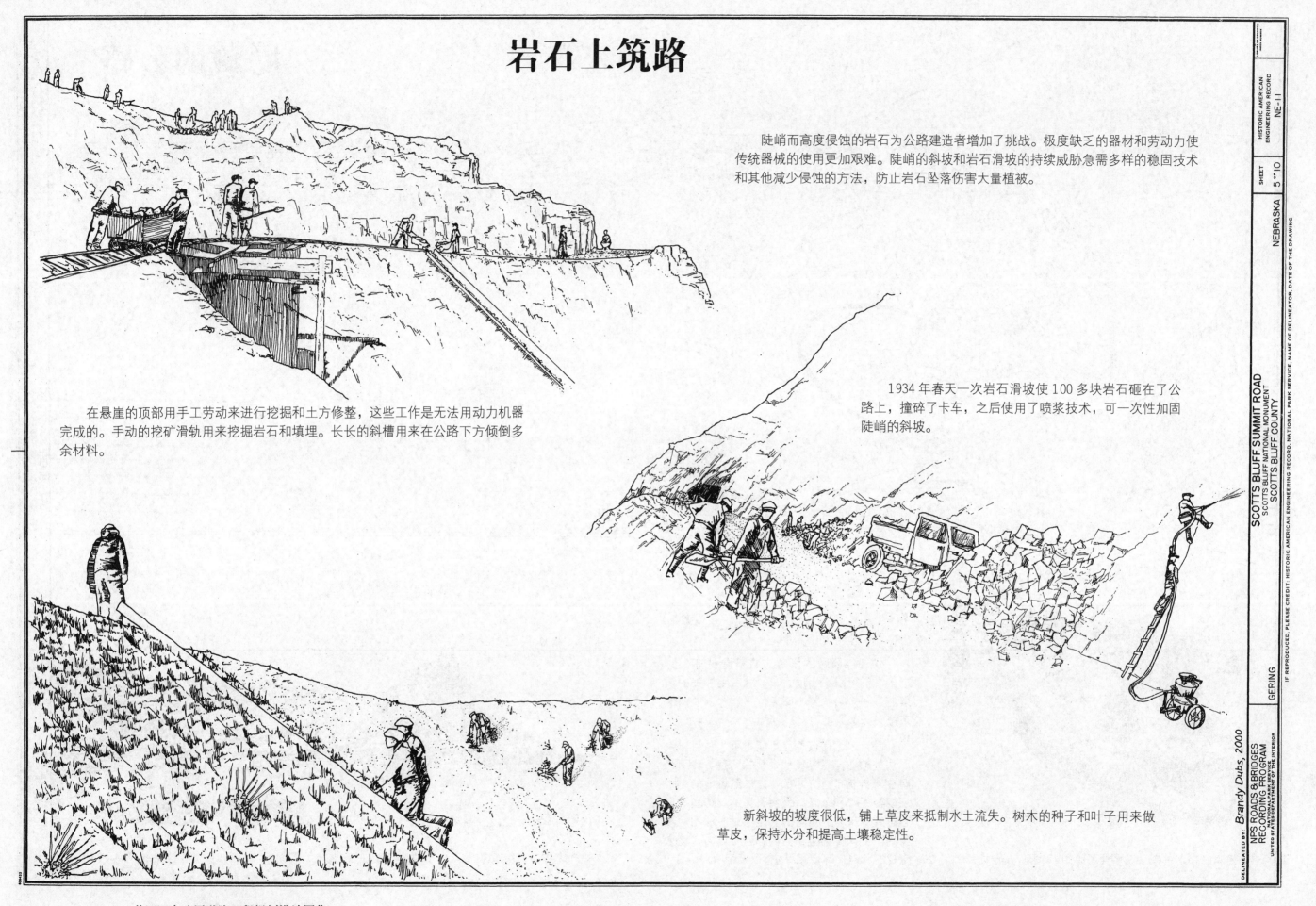

人工筑路

峰顶路停车场的改变。

人们徒手带着涵管和其他工具去峰顶路。

在 1 号隧道挖掘之时，人们正在用手倾卸卡车。

民间资源保护队（CCC）的工作实现了建设公园和培养人的双重目的。——1937 年民间资源保护队（CCC）手册

鼓励人们工作

经济危机摧毁了内布拉斯加州的农业经济，促生了人们对于就业的极度渴望。当地政治家和公园管理者在国家救济项目中获得了支持。此项目有公路建设局资助，为当地工人提供了工作的机会。1933 年开始，峰顶路的建设雇佣了很多工人，同时土木工程署（CWA）、市政工程局（PWA）、民间资源保护队（CCC）提供了很多资金。为了雇用尽可能多的工人，劳动密集型工作尽可能使用了大型器械。人力劳动的大量使用促使许多不熟练工人也参与道建设工作之中。对于公园管理局和公共道路局来说，这个目标不仅仅是修建公路，更是为人们提供工作，传授其新技术而重整经济和恢复社区活力。

民间资源保护队（CCC）参与者用镐和铁锹挖掘路下的河道。

一个手动滑轨用来运送挖土的挖掘材料。

土木工程署（CWA）的建造者收到杰灵的管理部门的救济支票。

HISTORIC AMERICAN ENGINEERING RECORD NE-11

SHEET 6 OF 10

SCOTTS BLUFF SUMMIT ROAD
SCOTTS BLUFF NATIONAL MONUMENT
SCOTTS BLUFF COUNTY
NEBRASKA

GERING

DELINEATED BY Christine Magdalenos, 2000

NPS ROADS & BRIDGES RECORDING PROGRAM
NATIONAL PARK SERVICE
UNITED STATES DEPARTMENT OF THE INTERIOR

隧道修建

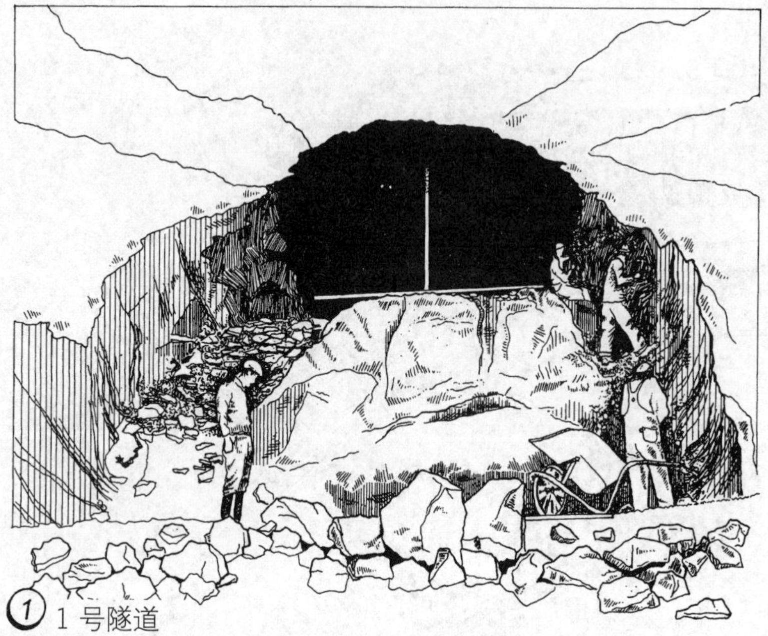

① 1 号隧道

挖掘

1. 挖掘工作开始于 1933 年，由 4 人在 1 号隧道的低入口工作。工人开始时只用手工工具例如铲子和铁锹，但是前两个隧道都足以坚固以至于能够承受炸药爆炸。

2. 3 号隧道的灰色结构不如其他结构坚固。为了在挖掘时支撑隧道顶部，开始时工程师在岩石上钻了两个小隧道，在两者之间留下一面墙。这种独特的双隧道结构使设计者将之保留，但是隧道后来才被挖掘开，两者得以连通。

③ 2 号隧道

内饰

3. 1934 年春天，人们担心持续大风会破坏新露出的岩石表面。在 1935 年 7 月，前两个新隧道用金属钢丝网做内衬。喷浆是一种高浓度混凝土，用来增加 4 英寸的内衬厚度。

4. 第三个隧道岩石的不稳定性使之急需一个 12 英尺的加固混凝土内衬。在 12 英尺 6 英寸部分以可移动形式浇注了混凝土。经测试，当金属结构可以移动时，每个部分都可获得光线。

⑤ 3 号隧道

大门

5. 1939 年 3 月，在 2 号和 3 号隧道的低入口处建立了大门。这些加固混凝土大门稳定了隧道末端，为行人提供了便利的入口。一旦工程竣工，大门就被浇上土，然后包上有颜色的喷浆来突出其特色。阴影巧妙地与岩石表面以及下方的中心建筑相呼应。

6. 考虑到滑坡的危险，国家公路管理局在 1 号隧道和 2 号隧道的高入口处设计建造了大门。在 3 号隧道的高入口，用混凝土来填埋现存隧道线的前方，这里原来从岩石表面处增加了几英尺。这项工程于 1989 年施工。

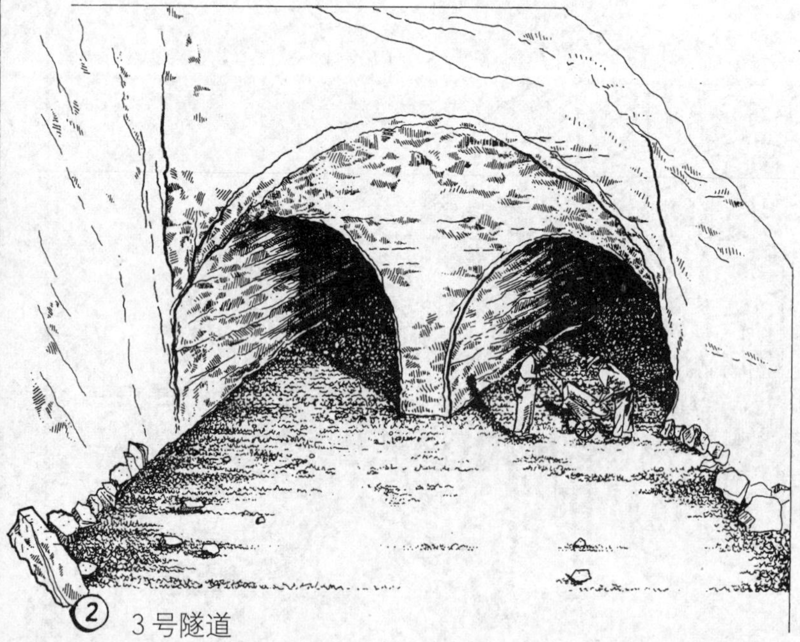

② 3 号隧道

④ 3 号隧道

⑥ 1 号隧道

DELINEATED BY Todd Delyea 2000

NPS ROADS & BRIDGES RECORDING PROGRAM
NATIONAL PARK SERVICE
UNITED STATES DEPARTMENT OF THE INTERIOR

GERING

SCOTTS BLUFF SUMMIT ROAD
SCOTTS BLUFF NATIONAL MONUMENT
SCOTTS BLUFF COUNTY

NEBRASKA

SHEET 7 OF 10

HISTORIC AMERICAN ENGINEERING RECORD
NE-11

峰顶公路路面设计

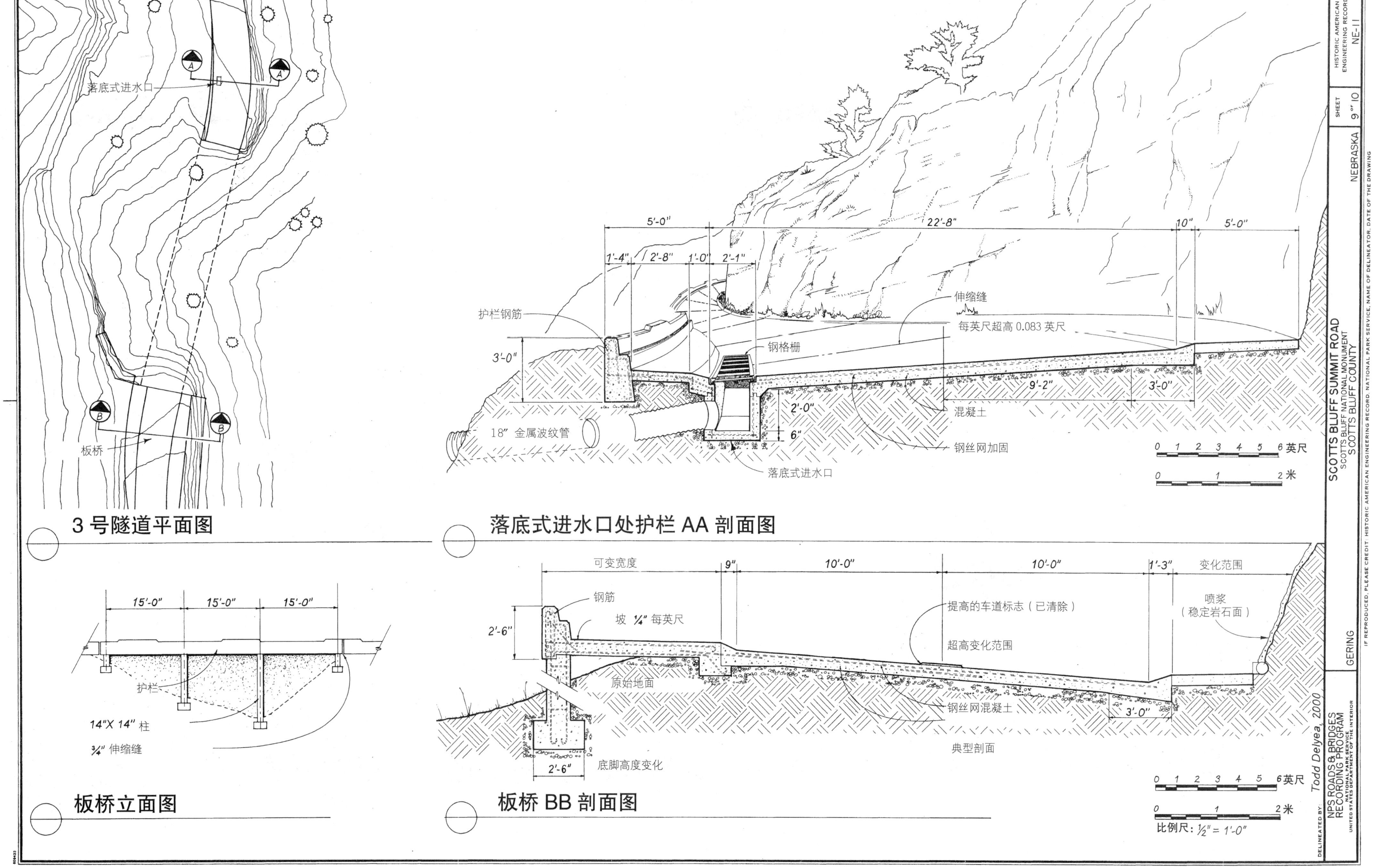
落底式进水口
板桥
3 号隧道平面图
5'-0"
22'-8"
10"
5'-0"
1'-4"
2'-8"
1'-0"
2'-1"
护栏钢筋
伸缩缝
每英尺超高 0.083 英尺
钢格栅
3'-0"
9'-2"
3'-0"
2'-0"
6"
混凝土
18" 金属波纹管
钢丝网加固
落底式进水口
0 1 2 3 4 5 6 英尺
0 1 2 米
落底式进水口处护栏 AA 剖面图
15'-0"
15'-0"
15'-0"
护栏
14"X 14" 柱
¾" 伸缩缝
板桥立面图
可变宽度
9"
10'-0"
10'-0"
1'-3"
变化范围
钢筋
坡 ¼" 每英尺
2'-6"
提高的车道标志（已清除）
超高变化范围
喷浆
（稳定岩石面）
原始地面
钢丝网混凝土
3'-0"
典型剖面
底脚高度变化
2'-6"
板桥 BB 剖面图
0 1 2 3 4 5 6 英尺
0 1 2 米
比例尺：½" = 1'-0"
HISTORIC AMERICAN ENGINEERING RECORD
NE-11
NEBRASKA
SCOTTS BLUFF SUMMIT ROAD
SCOTTS BLUFF NATIONAL MONUMENT
SCOTTS BLUFF COUNTY
GERING
DELINEATED BY: Todd Delyea, 2000
NPS ROADS & BRIDGES RECORDING PROGRAM
NATIONAL PARK SERVICE
UNITED STATES DEPARTMENT OF THE INTERIOR
IF REPRODUCED, PLEASE CREDIT: HISTORIC AMERICAN ENGINEERING RECORD, NATIONAL PARK SERVICE, NAME OF DELINEATOR, DATE OF THE DRAWING

峰顶路发展

峰顶路停车区

图纸基于实地数据、照片和历史图片。

峰顶路地图来源于内布拉斯加州 1963 年斯科茨布拉夫南部和 1948 年原始设计文件。

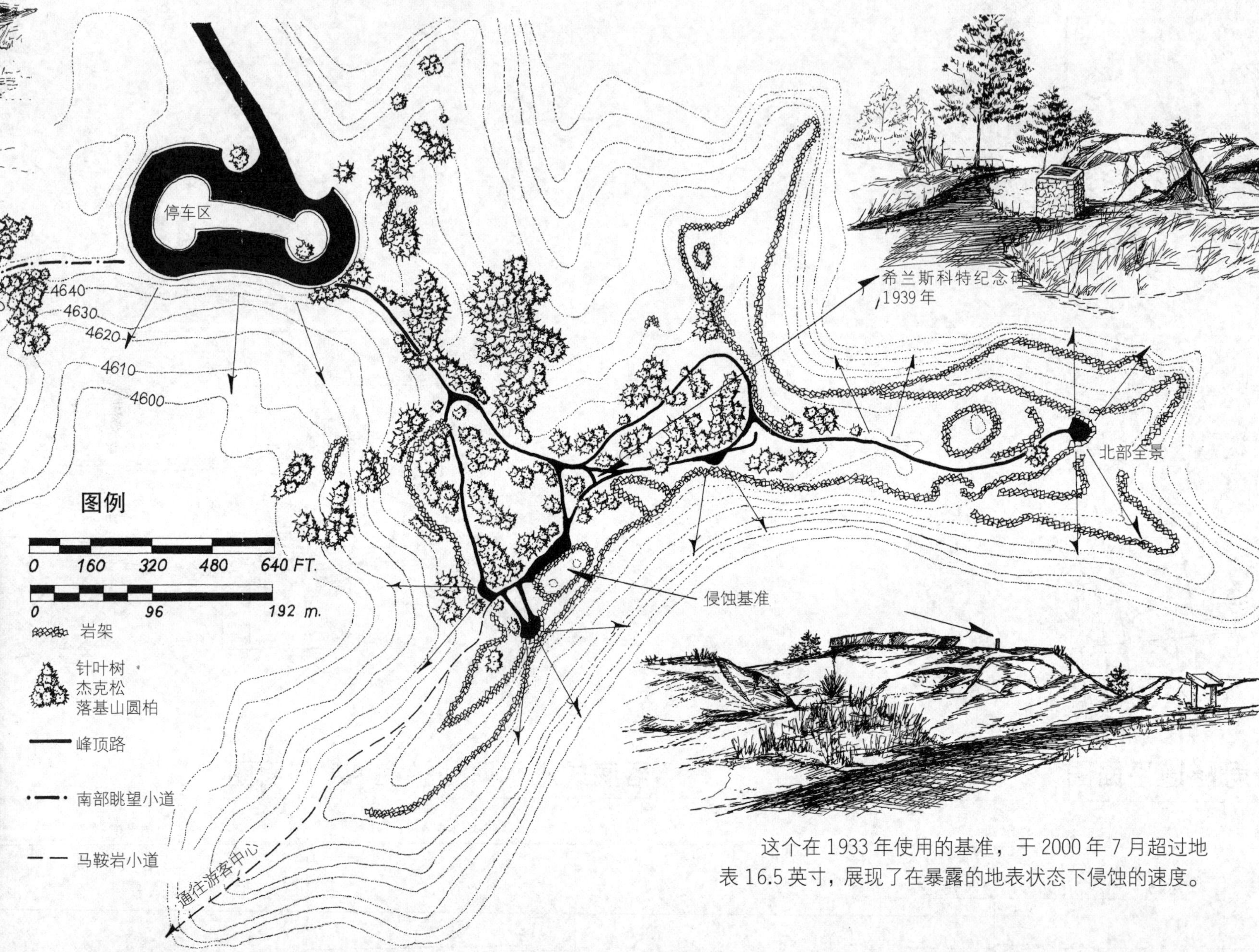

停车区
4690
4680
4670
4660
4650
4640
4630
4620
4610
4600
南部全景
北部全景
希兰斯科特纪念碑
1939 年
侵蚀基准
通往游客中心
图例
0 160 320 480 640 FT.
0 96 192 m.
岩架
针叶树
杰克松
落基山圆柏
峰顶路
南部眺望小道
马鞍岩小道

修建峰顶路的主要原因是为游客提供从高到低的全景。一般来说欣赏俄勒冈小道和其他重要地标能够激励游客的热情以及他们对美国遗产的热爱。为了体验多样的景点和峰顶路上的景色，游客就会下车去徒步探索峰顶路。从停车场 2 英尺直到全景区周围有很多历史和自然地标。许多小型纪念碑沿着铁路解释了此地的不同特征。

马鞍岩小道山洞

这个在 1933 年使用的基准，于 2000 年 7 月超过地表 16.5 英寸，展现了在暴露的地表状态下侵蚀的速度。

南部全景：

峰回路和鞍岩小道的广阔景色；1 号隧道；游客中心和用鹰岩和哨兵岩铺成的米切尔小路。

西部景观：

普拉特河北部；俄勒冈小道；内布拉斯加农场和土地。

北部全景：

普拉特河北部；联合太平洋铁路；荒原和杰灵斯科茨布拉夫小镇。

HISTORIC AMERICAN ENGINEERING RECORD NE-11

SHEET 10 OF 10

SCOTTS BLUFF SUMMIT ROAD
SCOTTS BLUFF NATIONAL MONUMENT
SCOTTS BLUFF COUNTY
NEBRASKA

GERING

DELINEATED BY: *Stacey Heckaman, 2000*

NPS ROADS & BRIDGES RECORDING PROGRAM
NATIONAL PARK SERVICE
UNITED STATES DEPARTMENT OF THE INTERIOR

红杉国家公园

将军公路桥梁，细节和景观

1890年9月25日，红杉区被命名为国家公园。公园的军事负责人很快就发现，只有两条可供马车通行的路通往公园——矿产王路和殖民工厂路。这两条陡峭的公路很窄，而且经常在冬天受到冲刷，1926年，将军路开通之前，他们一直被认作进入公园的主要路线。修建于1879年的陡峭并收费的矿产王公路将采矿社区与生命之河的山麓部分相连，为人们提供了通往公园的通道。殖民工厂路又名大林区公路，由社会主义者卡威亚人于1886年修建，来连接他们在大林区的土地和附近的工厂。这条殖民公路仅在位于大森林区8.7英里处的工厂完工。

对于公园的早期管理者来说，在红杉区修建完善公路系统已刻不容缓，因为要到达巨林区的顶峰就必须经过道路。很多年来资金一直缺乏，无法在公园里修建公路，但是最终，在1900年，公园收到了它的第一份资金，由此在1903年完成了从殖民工厂路到巨林区的道路修建。

在修建将军路以前，惠特尼能源公司路或者叫麋鹿公园路是进入公园的第三条公路。惠特尼能源公司通过与内政部的协议获得了修建权利，并允许其在公园修建水槽、沟渠等。在此项协议中，能源公司修建了沿着中央岔峡谷到医院岩石的耗资25000美元的公路。公园也开始修建巨林区以下的公路来跟医院岩石公路碰头。“史密斯斜坡”

苍山入口标志

此项目是HAER的一部分。HAER是一项长期记录美国历史上重要工程与工业成果的项目。HAER由HABS/HAER管理，这是美国内政部国家公园管理局的一个部门。红杉国家公园将军路，记录项目由HAER于1993年夏天赞助，主管是国家公园管理处道路桥梁记录项目的罗伯特·派斯克，西部地方分局的文化资源部的汤姆·马尔赫恩和红杉国家公园的托马斯·里特。

现场工作、测量图纸、历史性报告和照片由项目领导埃里克·德罗尼和项目经理托德·克罗托负责。档案小组包括主管和建筑技术师卡洛琳·吉尔南（亚利桑那州立大学），建筑技术师德文·帕金斯（耶鲁大学），以及风景园林师勒娜特·斯特罗恩和历史学家克里斯汀娜·斯拉特里（波尔州立大学）。大幅照片由摄影师布莱恩·格罗根拍摄。

（接左侧文字）始于1909年，仅仅完成了小卖部弯道的红杉营地到十一放牧点部分，未能与能源公司路在医院岩石处相连。

这条建好的道路经常需要重修，且不能够完全承载所有的机动车交通。因此在国家公园管理局主管史蒂芬·马瑟的提议下，决定修建一条新路来贯穿巨林区。调研工作于1919年完成，决定了将军路的线路。这条路将要连接现存的惠特尼能源公司路，用之字形路段穿过鹿桥与巨林区相通。最初的设计方案是在公园内修建单行道，同殖民工厂路一起作为交通路线。单行道于1921年开始修建，但是1923年前，这条路被设计成双行道。1926年将军路通往巨林区的部分竣工后，殖民工厂路被废弃。

将军路从巨林村到公园北部和格兰特将军国家公园的部分于1926年由公共道路局开始修建。国家公园管理局和公共道路局在1926年1月签订了有关在国家公园内调研、施工和道路与铁路改进的合作协议。在这个协议之下，公共道路局负责了道路的扩修，桥梁的建设，部分道路的重建和铺筑工作。将军路于1935年6月23日竣工，是连接红杉国家公园和格兰特将军国家公园的环形路。

DELINEATED BY: RENATA STACHANCZYK, 1993
GENERALS HIGHWAY RECORDING PROJECT
NATIONAL PARK SERVICE
UNITED STATES DEPARTMENT OF THE INTERIOR

SEQUOIA NATIONAL PARK | TULARE COUNTY | GENERALS HIGHWAY | CALIFORNIA

SHEET 1 of 10

HISTORIC AMERICAN ENGINEERING RECORD
CA-140

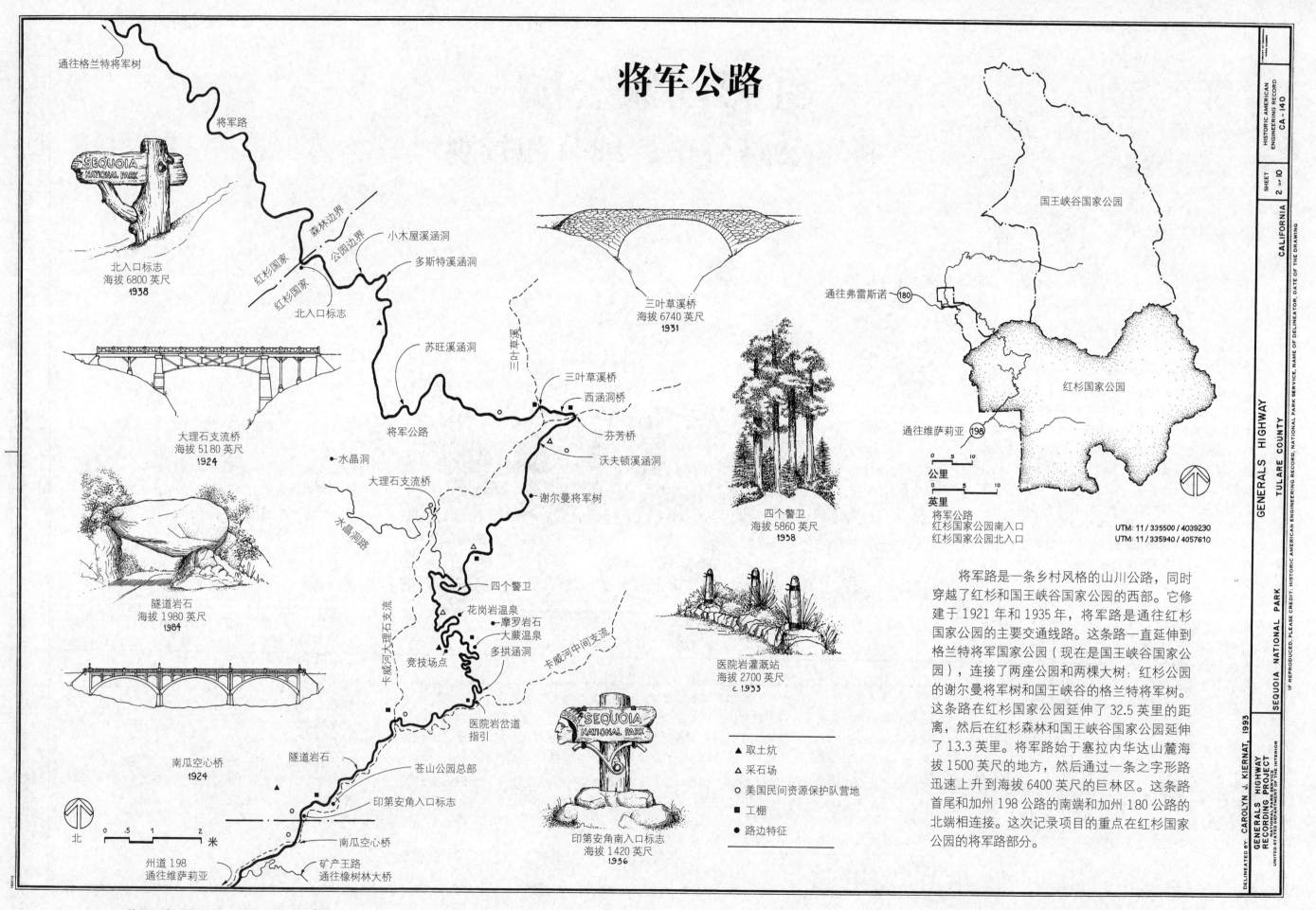

将军公路

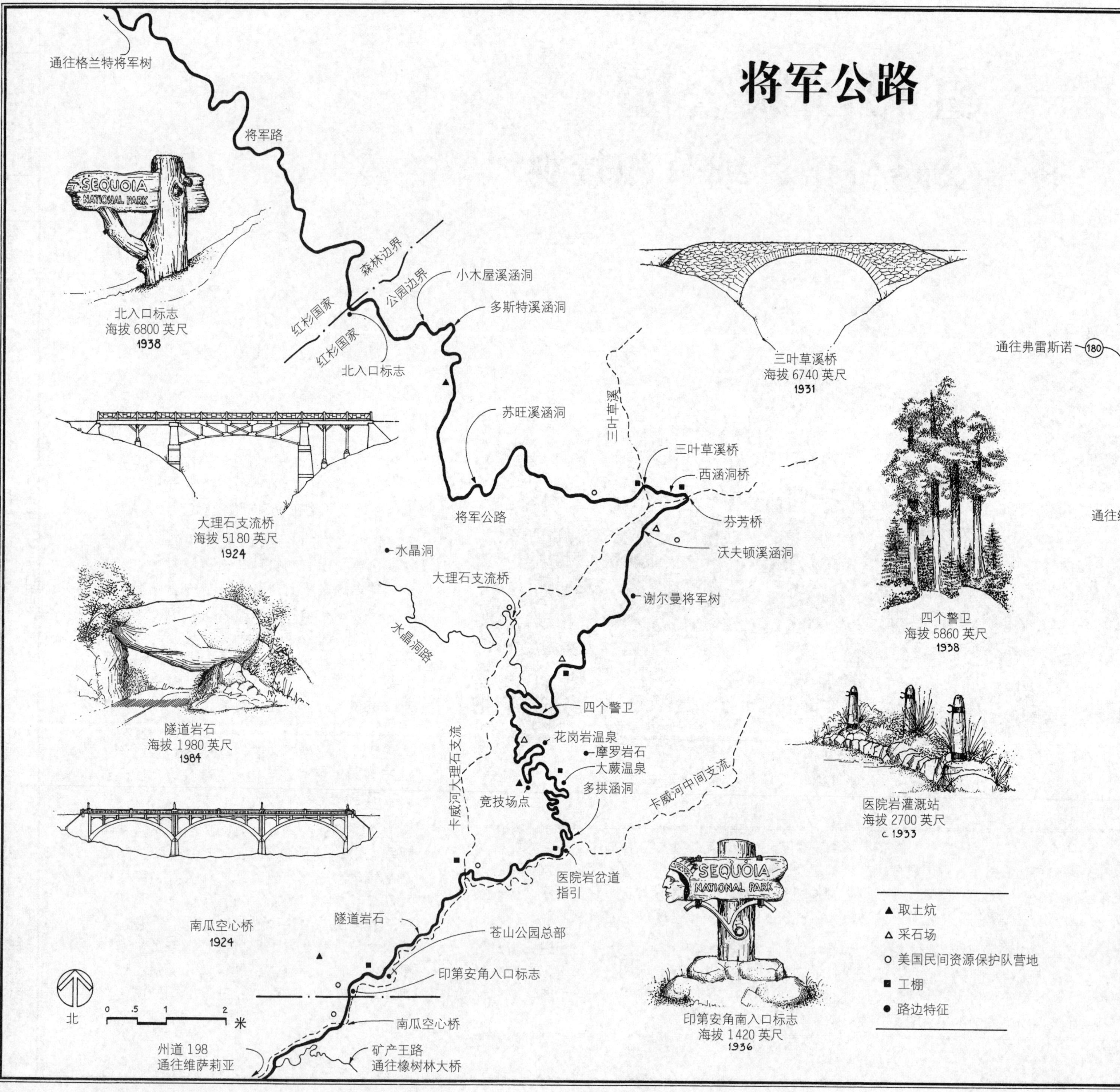

通往格兰特将军树
将军路
SEQUOIA NATIONAL PARK
北入口标志
海拔 6800 英尺
1938
森林边界
红杉国家
公园边界
红杉国家
北入口标志
小木屋溪涵洞
多斯特溪涵洞
三叶草溪桥
海拔 6740 英尺
1931
大理石支流桥
海拔 5180 英尺
1924
苏旺溪涵洞
三叶草溪
三叶草溪桥
西涵洞桥
将军公路
芬芳桥
沃夫顿溪涵洞
水晶洞
大理石支流桥
谢尔曼将军树
水晶洞路
隧道岩石
海拔 1980 英尺
1984
四个警卫
海拔 5860 英尺
1938
四个警卫
花岗岩温泉
摩罗岩石
大蕨温泉
多拱涵洞
竞技场点
卡威河大理石支流
卡威河中间支流
医院岩灌溉站
海拔 2700 英尺
c. 1933
医院岩岔道
指引
南瓜空心桥
1924
隧道岩石
苍山公园总部
印第安角入口标志
SEQUOIA NATIONAL PARK
印第安角南入口标志
海拔 1420 英尺
1936
北
0 .5 1 2 米
南瓜空心桥
州道 198
通往维萨莉亚
矿产王路
通往橡树林大桥
▲ 取土炕
△ 采石场
○ 美国民间资源保护队营地
■ 工棚
● 路边特征

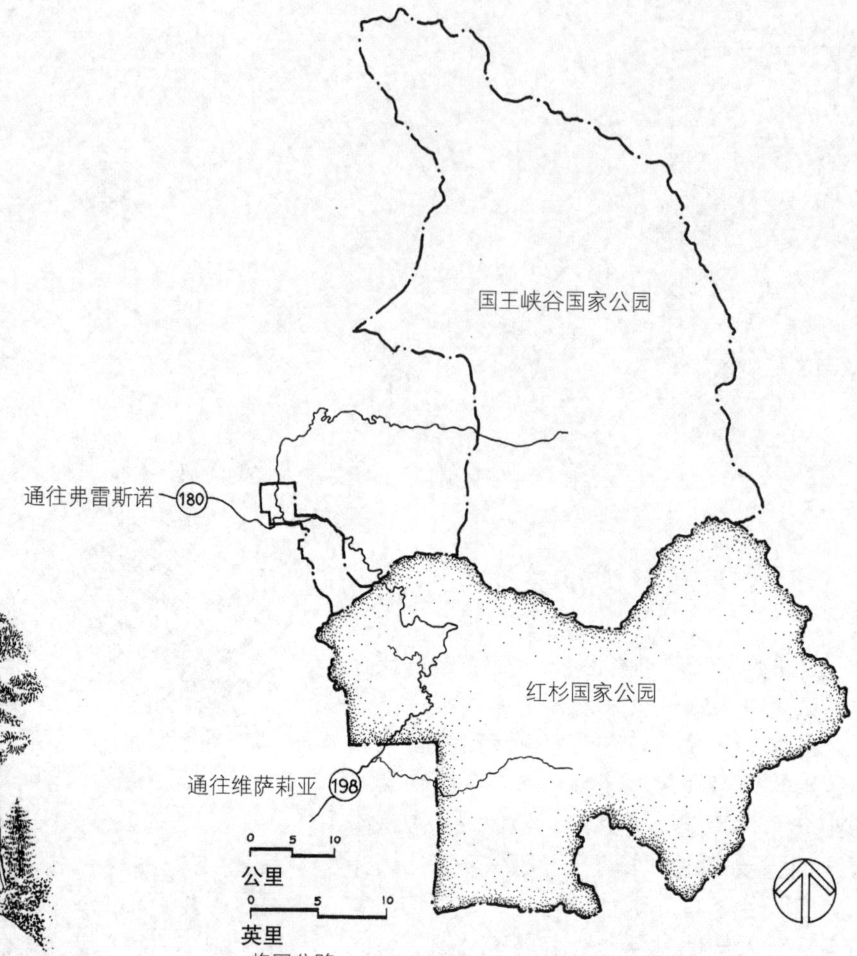

国王峡谷国家公园
通往弗雷斯诺
180
红杉国家公园
通往维萨莉亚
198
0 5 10
公里
0 5 10
英里

将军公路
红杉国家公园南入口
红杉国家公园北入口

UTM: 11 / 335500 / 4039230
UTM: 11 / 335940 / 4057610

将军路是一条乡村风格的山川公路，同时穿越了红杉和国王峡谷国家公园的西部。它修建于 1921 年和 1935 年，将军路是通往红杉国家公园的主要交通线路。这条路一直延伸到格兰特将军国家公园（现在是国王峡谷国家公园），连接了两座公园和两棵大树：红杉公园的谢尔曼将军树和国王峡谷的格兰特将军树。这条路在红杉国家公园延伸了 32.5 英里的距离，然后在红杉森林和国王峡谷国家公园延伸了 13.3 英里。将军路始于塞拉内华达山麓海拔 1500 英尺的地方，然后通过一条之字形路迅速上升到海拔 6400 英尺的巨林区。这条路首尾和加州 198 公路的南端和加州 180 公路的北端相连接。这次记录项目的重点在红杉国家公园的将军路部分。

DELINEATED BY: CAROLYN J. KIERNAT, 1993
GENERALS HIGHWAY RECORDING PROJECT
NATIONAL PARK SERVICE
UNITED STATES DEPARTMENT OF THE INTERIOR
SEQUOIA NATIONAL PARK
GENERALS HIGHWAY
TULARE COUNTY
CALIFORNIA
SHEET 2 of 10
HISTORIC AMERICAN ENGINEERING RECORD
CA-140

隧道岩石

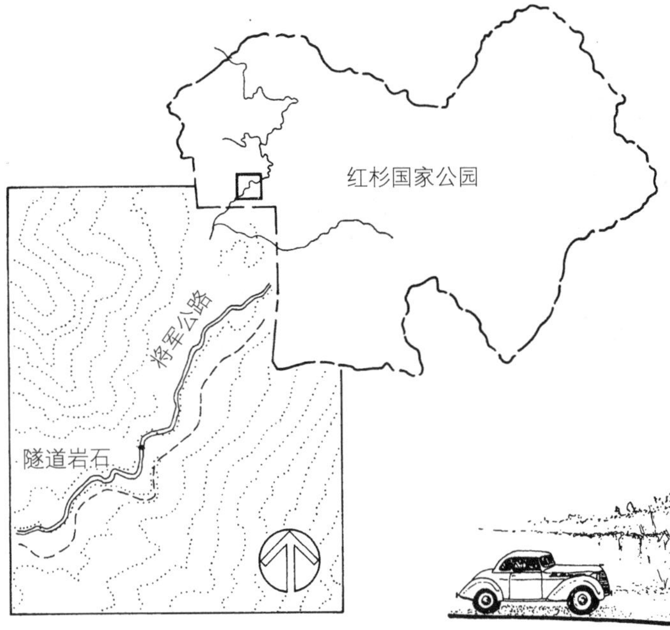

UTM: 11 / 337780 / 4040970
根据美国地质调查局 1987 年 7.5 分钟地图
巨木林梯形图幅

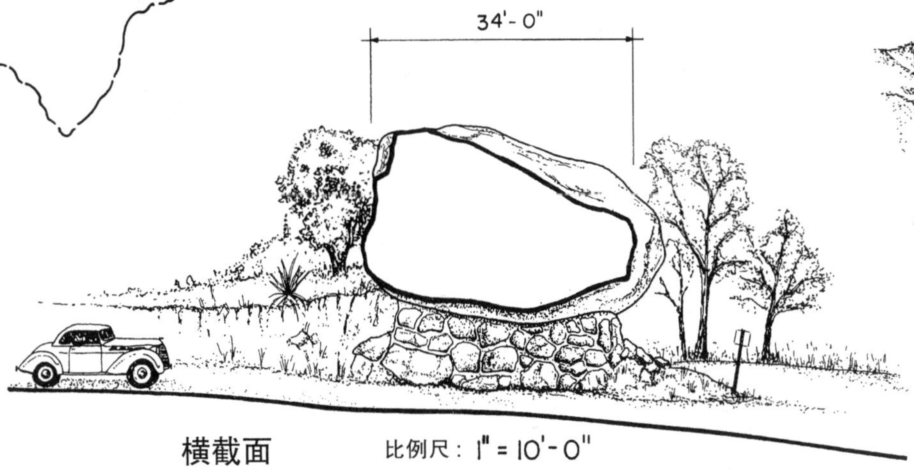

横截面　比例尺：1" = 10'-0"

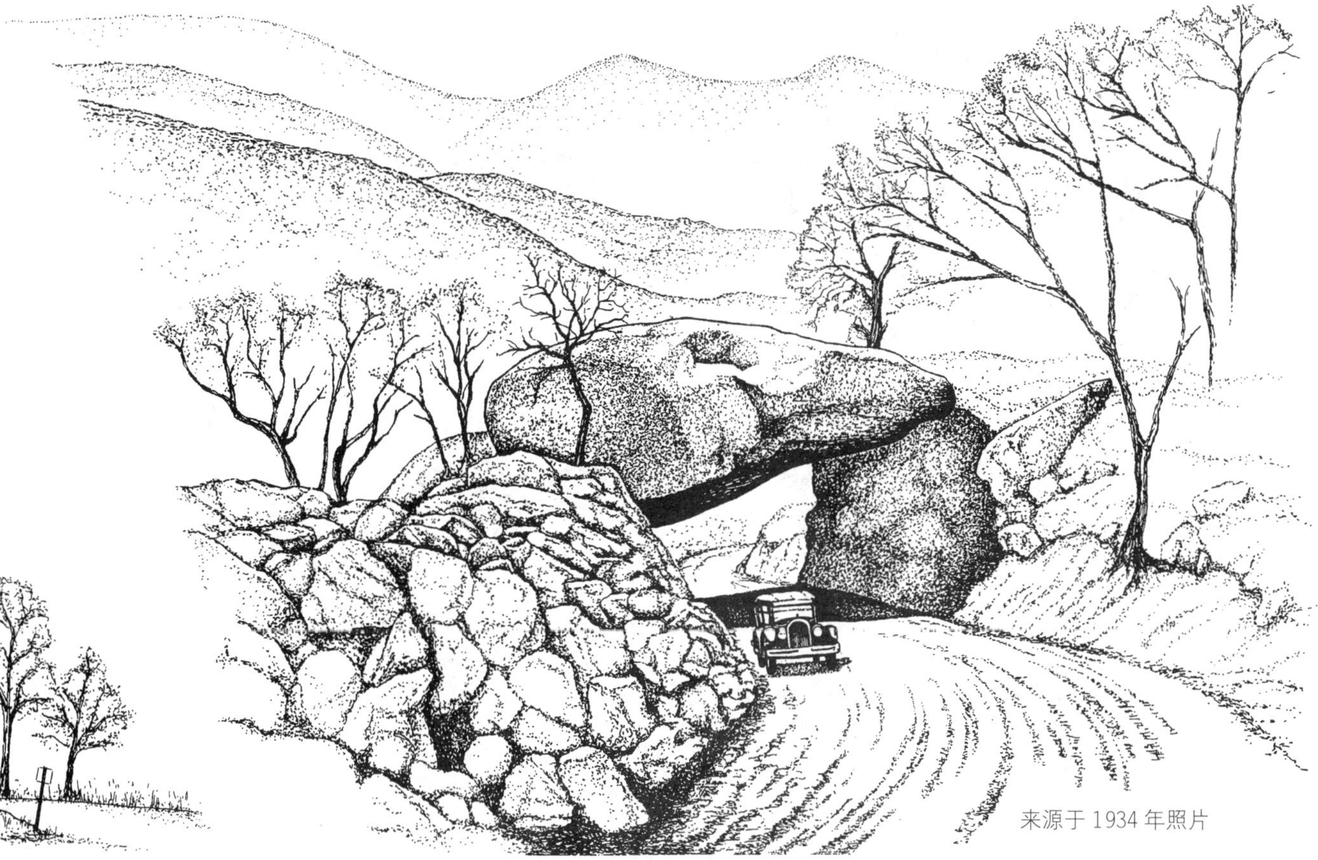

来源于 1934 年照片

1934 年，这条隧道从大量喷浆岩中挖掘而成，它位于离苍山总部大约 1 英里的将军路上。挖掘工作由民间资源保卫队完成，保证了公路与高速路呈直线排列。由惠特尼能源公司修建的最初的公路与支路相似，绕岩石直到东部。1938 年，民间资源保卫队在隧道两端都建造了支撑墙，来稳定土墙。民间资源保卫队同时也修建了通往山顶的石阶。这一页上的图纸来源于历史照片，展示了挖掘出的岩石和在修建支撑墙以前的隧道。

图纸基于实地测量、历史照片和原始设计文件。

植物列表

缩略写	植物学名	常用名
乔木		
Ac	Aesculus californica	加利福尼亚七叶树
Fd	Fraxinus dipetala	三叶梣
Uc	Umbellularia californica	加利福尼亚州月桂
Qc	Quercus chrysolepis	峡谷栎
Qd	Quercus douglasii	道格拉斯栎
Qw	Quercus wislizenii	内陆活栎
灌木		
Av	Arctostaphyllos viscida	怀特黑德常绿灌木
Ca	Ceanothus cuneatus	巴克灌木
Co	Cercis occidentalis	紫荆花
Cb	Cercocarpus betuloides	桦树叶山桃花心木
Fc	Fremontodendron californicum	加州钠磷锂铝石
La	Lupines arboreus	羽扇树
Mf	Malvastrum fremonti	菲蒙赛葵
Td	Toxicodendron diversilobum	毒葛
Yw	Yucca whipplei var. caespitosa	丝兰西班牙刺刀

总平面图
含现状种植

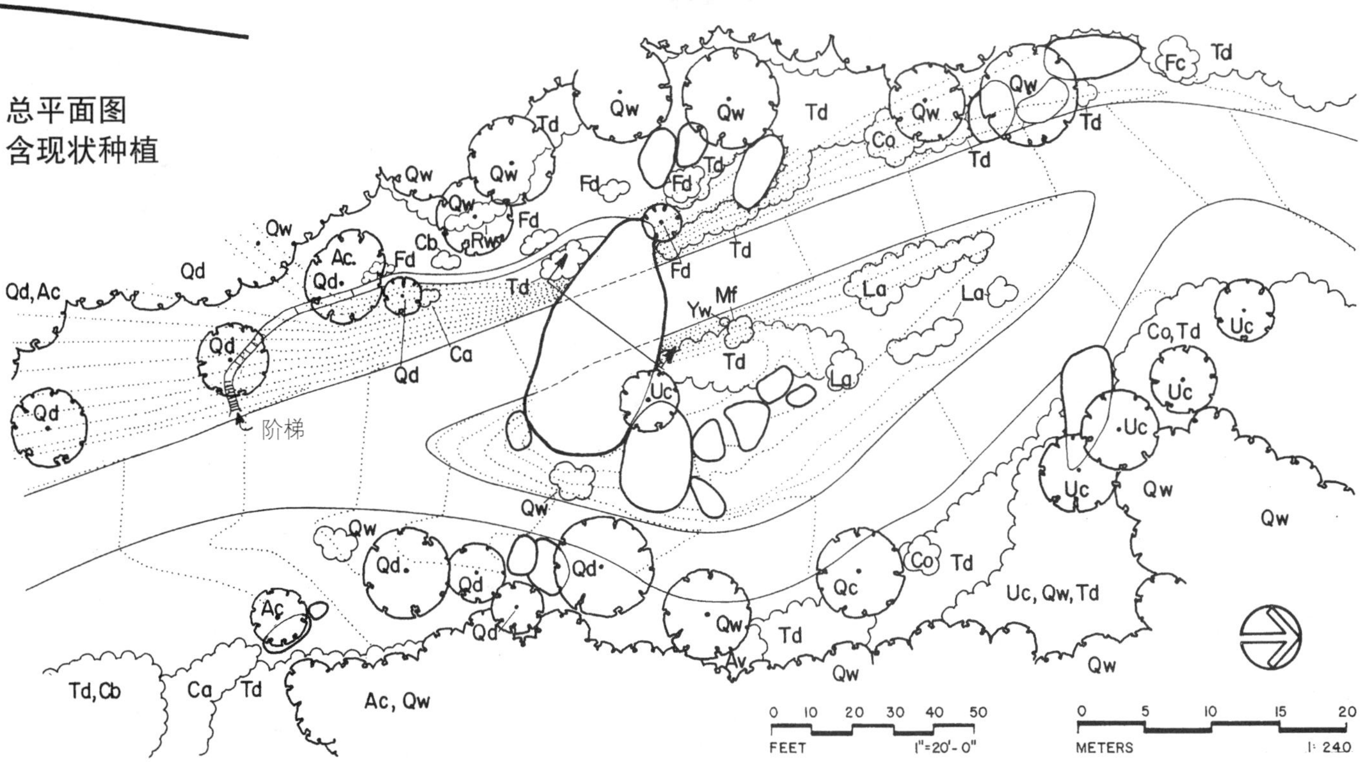

HISTORIC AMERICAN ENGINEERING RECORD CA-140
SHEET 3 OF 10
CALIFORNIA
GENERALS HIGHWAY
TULARE COUNTY
SEQUOIA NATIONAL PARK
DELINEATED BY: B. DEVON PERKINS, 1993
GENERALS HIGHWAY RECORDING PROJECT
NATIONAL PARK SERVICE
UNITED STATES DEPARTMENT OF THE INTERIOR

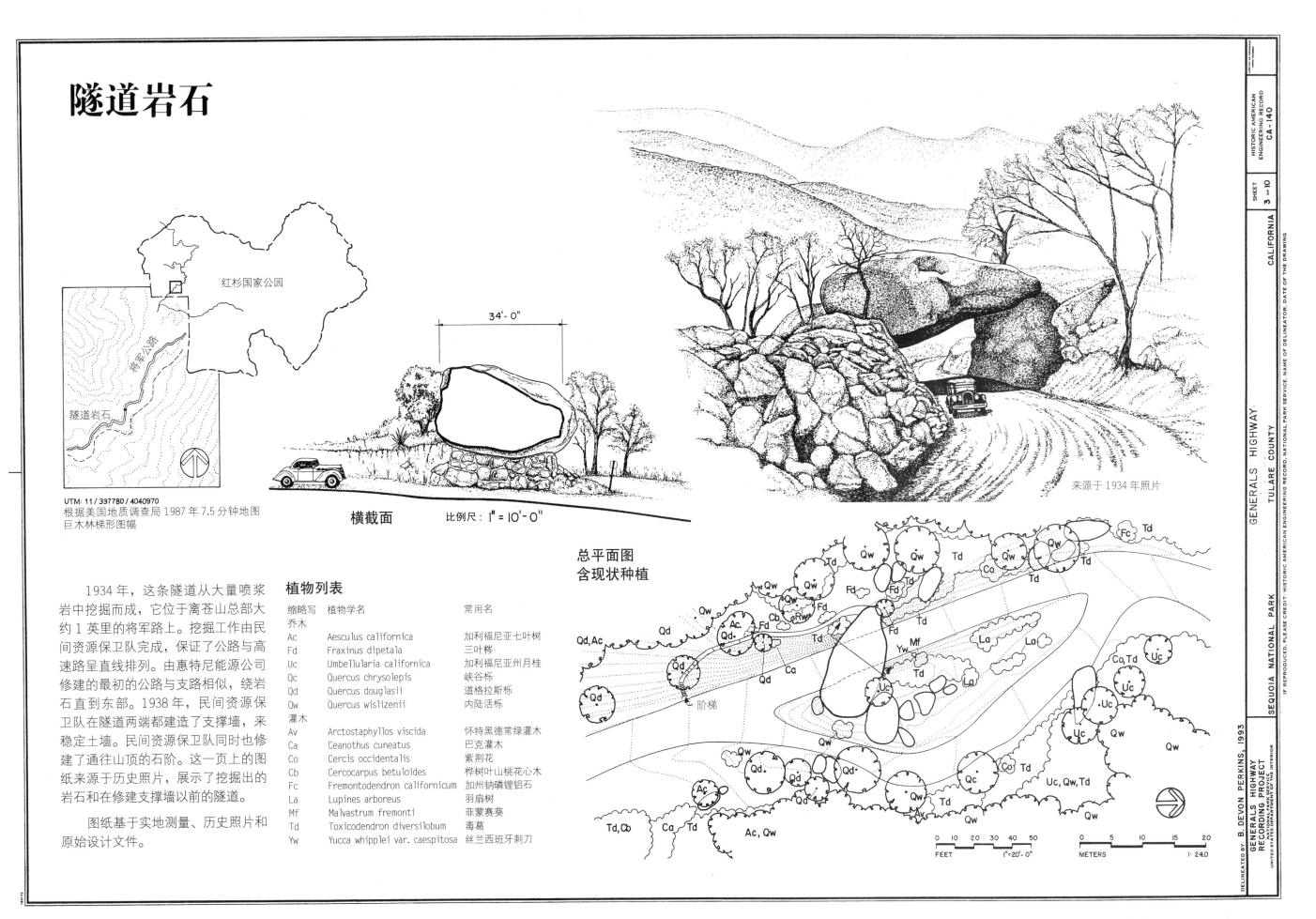

医院岩石

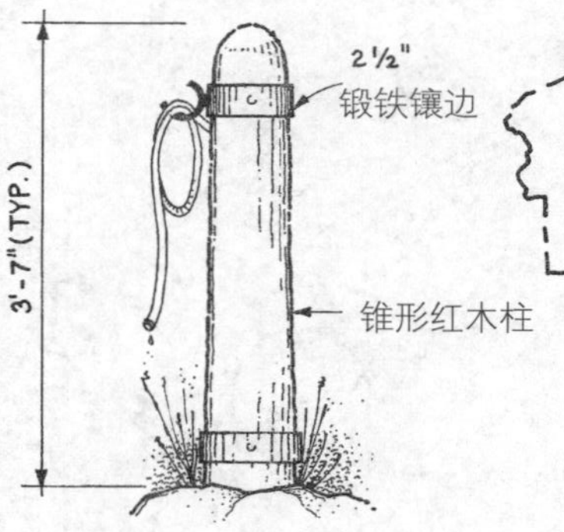
2½"
锻铁镶边
锥形红木柱
3'-7"(TYP.)

红杉国家公园

立面图 1" = 1'-0"　　U.T.M. 11/341490/4043030

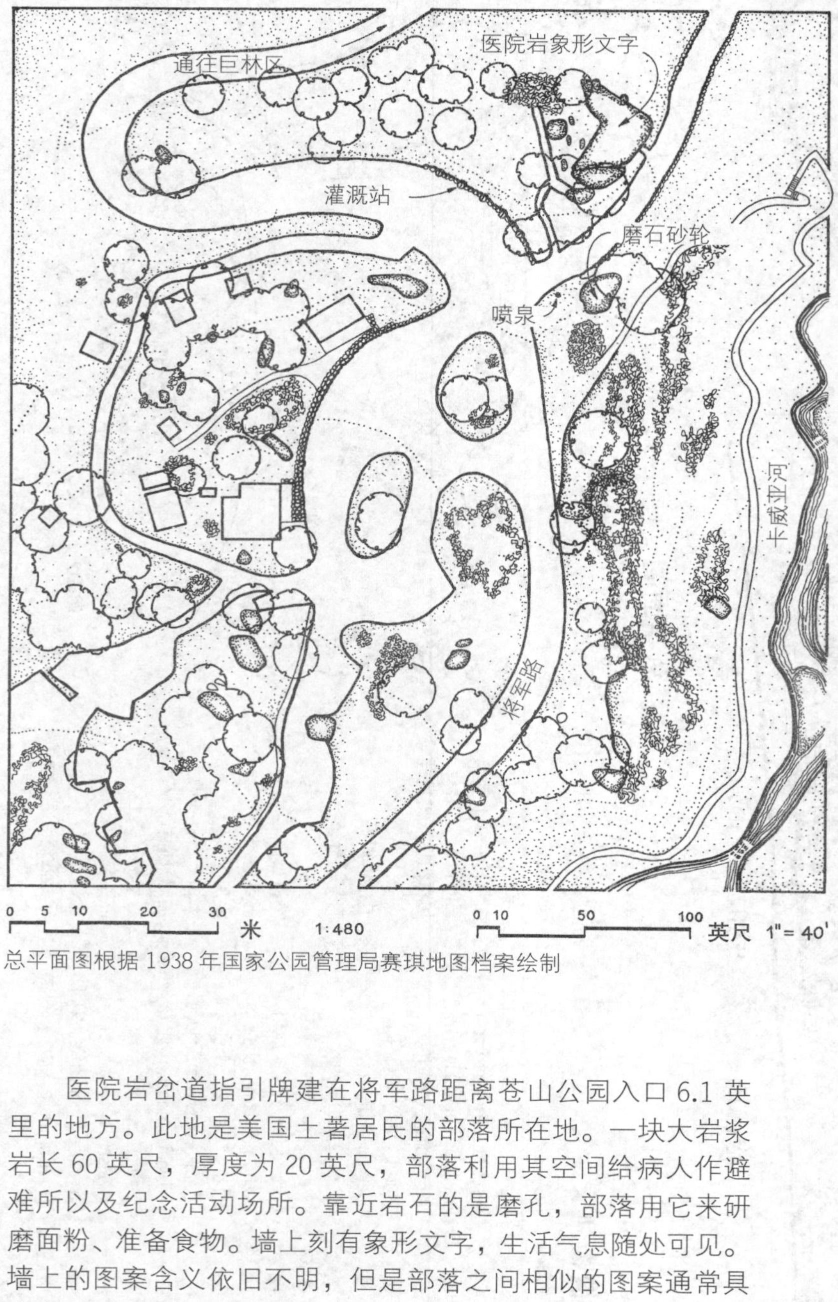
通往巨林区
医院岩象形文字
灌溉站
磨石砂轮
喷泉
将军路
卡威亚河
0 5 10 20 30 米 1:480
0 10 50 100 英尺 1" = 40'

总平面图根据 1938 年国家公园管理局赛琪地图档案绘制

灌溉站

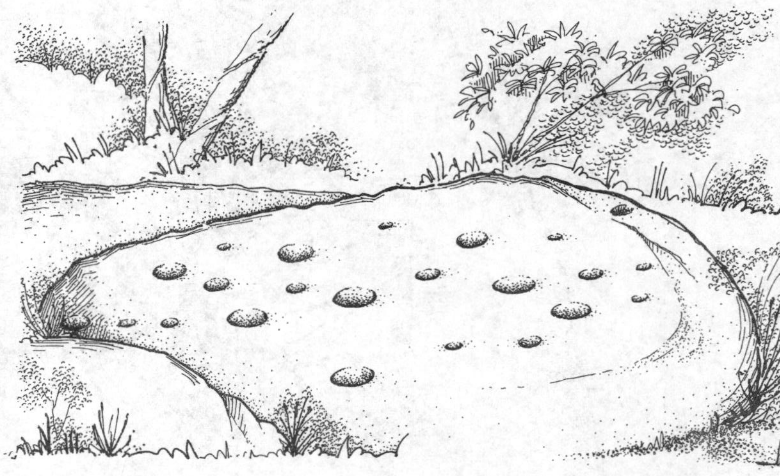

印第安磨孔

花岗岩喷泉

PICTOGRAPHS

美国土著象形文字

医院岩岔道指引牌建在将军路距离苍山公园入口 6.1 英里的地方。此地是美国土著居民的部落所在地。一块大岩浆岩长 60 英尺，厚度为 20 英尺，部落利用其空间给病人作避难所以及纪念活动场所。靠近岩石的是磨孔，部落用它来研磨面粉、准备食物。墙上刻有象形文字，生活气息随处可见。墙上的图案含义依旧不明，但是部落之间相似的图案通常具有宗教、礼制和魔法意义。

这个地方在 1837 年改名为“医院岩”，并成为早期探索家用来作为避难所和医治病人的地方。当时有些部落已经遗弃了这些村落。

此地的开发由民间资源保卫队从 1933 年 12 月到 1934 年 4 月完成。这里的工作人员建立了停车区和操场，修建了自然石阶来取代木梯通往洗车区。此外还有路边植被和温泉来凸显其特色。在今天，这个地方是国家公园建立之前早期土著人聚居地的纪念地。

DELINEATED BY: CAROLYN J. KIERNAT, 1993

GENERALS HIGHWAY RECORDING PROJECT NATIONAL PARK SERVICE UNITED STATES DEPARTMENT OF THE INTERIOR	GENERALS HIGHWAY SEQUOIA NATIONAL PARK　TULARE COUNTY　CALIFORNIA	SHEET 4 OF 10	HISTORIC AMERICAN ENGINEERING RECORD CA-140	

四个警卫

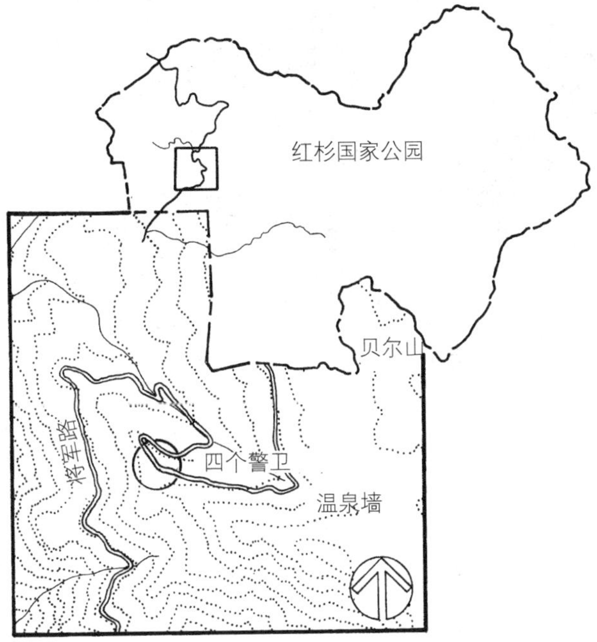
红杉国家公园
贝尔山
将军路
四个警卫
温泉墙

UTM: 11 / 340520 / 4046740
根据美国地质调查局 7.5 分地图系列
中巨林区梯形图幅绘制

四个自卫军，又称四个警卫或者入口组团，是四个紧紧长在一起的大型红杉树，位于苍山入口上 14.9 英里处，巨林村庄下的 2 英里处，与将军路相连。这四棵树由乔治・威尔士命名，他是这个地区第一条路的调查员。

公路开始被设计成树木之间的双向单车道。公路的狭窄宽度导致了交通障碍。1939 年，第二条车道在四棵树之间开始修建。这是利用自然景观为公园游客创造独特经历的最好范例。

四个警卫位于森林中高海拔处的大树中间。

来源：赛琪档案，国家公园管理局建设文件，1993 年美国有历史价值的建筑遗产项目（HABS）/ 美国工程（HAER）组实地调查

原始路线—1937 年

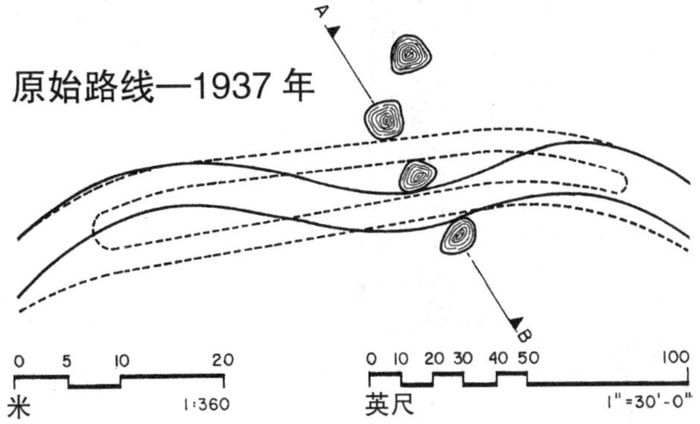
A
B
0 5 10 20
米 1:360
0 10 20 30 40 50 100
英尺 1"=30'-0"

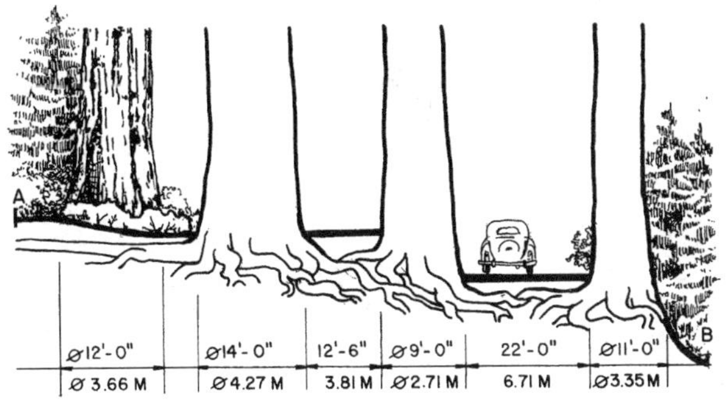
A
B
⌀12'-0"
⌀3.66 M
⌀14'-0"
⌀4.27 M
12'-6"
3.81 M
⌀9'-0"
⌀2.71 M
22'-0"
6.71 M
⌀11'-0"
⌀3.35 M

横截面—1993 年

北视图 不按比例

现有植被调查—1993 年

平面图图例

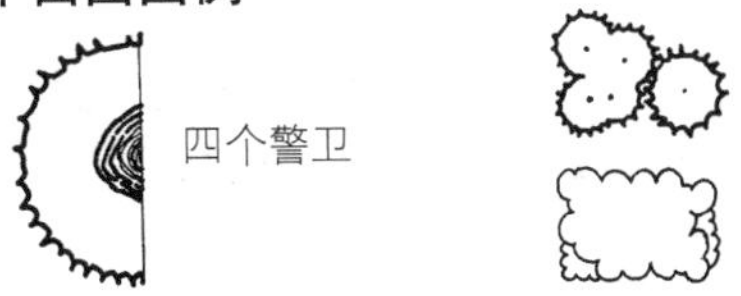
四个警卫
松树
灌木和蕨类

植物名录

缩略词	植物学名	常用名
乔木		
Ac	Abies concolor	白色冷杉
Cd	Calocedrus deccurens	雪松
Pl	Pinus lambertiana	兰伯氏松
Sg	Sequoiadendron giganteum	巨型红杉
灌木和蕨类		
Ci	Ceanothus integerrimus	鹿刷
Cn	Cornus nuttallii	太平洋山茱萸
Cc	Corylus cornuta var. calif.	加利福尼亚榛树
Pa	Pteridium aquilinum	欧洲蕨灌木
Rp	Rubus pariflorus	糙莓
Ss	Salix scoulerana	柳树

现状种植平面图—1993 年

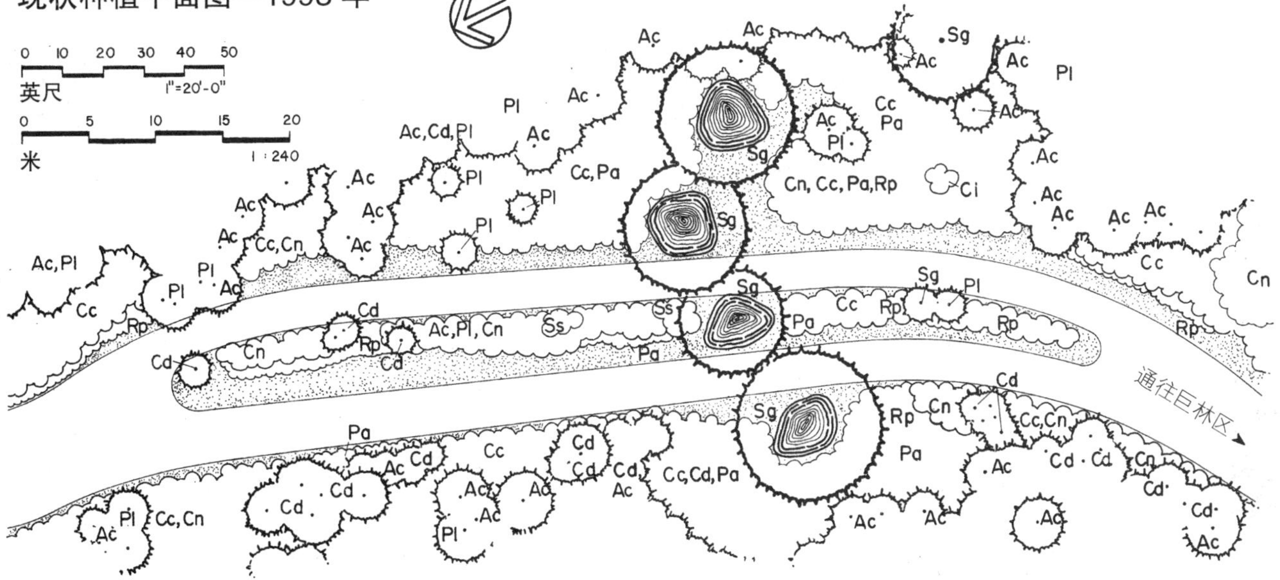
0 10 20 30 40 50
英尺 1"=20'-0"
0 5 10 15 20
米 1:240
通往巨林区

HISTORIC AMERICAN ENGINEERING RECORD CA-140
SHEET 5 OF 10
GENERALS HIGHWAY
SEQUOIA NATIONAL PARK · TULARE COUNTY · CALIFORNIA
DELINEATED BY: RENATA STACHAŃCZYK, 1993
GENERALS HIGHWAY RECORDING PROJECT
NATIONAL PARK SERVICE
UNITED STATES DEPARTMENT OF THE INTERIOR
IF REPRODUCED, PLEASE CREDIT: HISTORIC AMERICAN ENGINEERING RECORD, NATIONAL PARK SERVICE, NAME OF DELINEATOR, DATE OF THE DRAWING

砌石工程

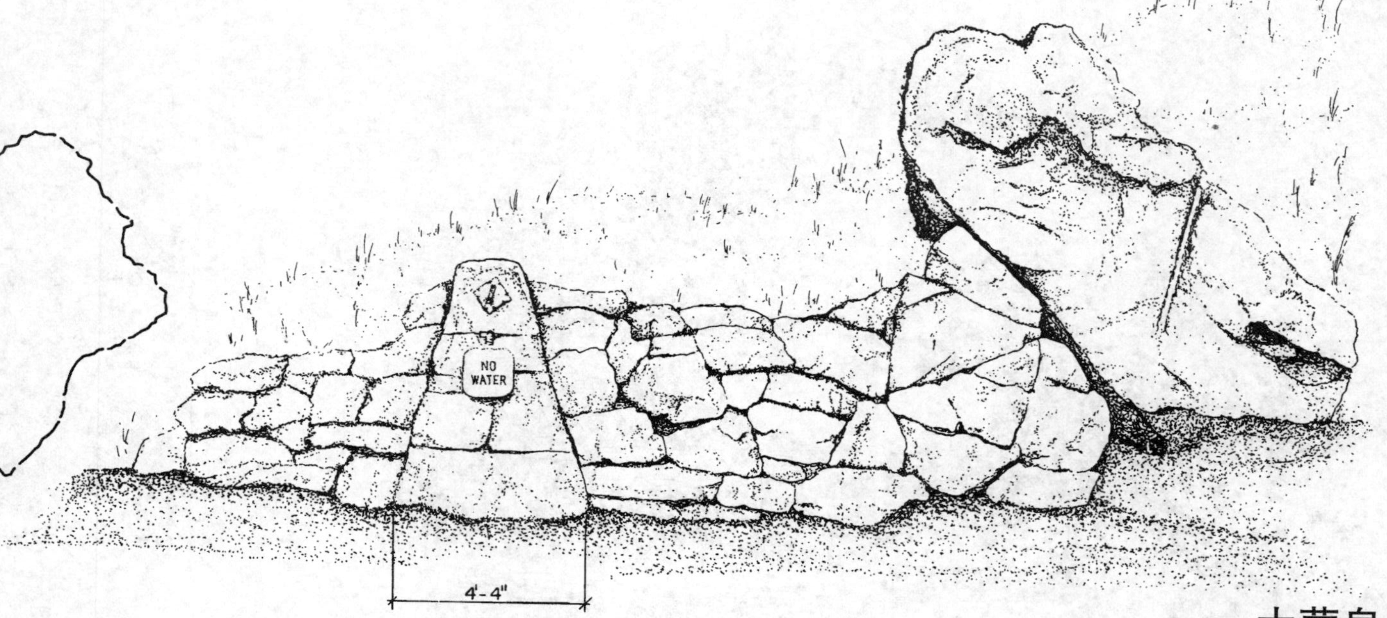

大蕨泉

将军路周围有各种各样的砌石工程，增加了公路的乡村特点。公园内的砌石工程通过使用当地片岩和岩浆岩体现出自然特色。大部分砌石工程是由民间资源保卫队在 1933 年和 1942 年之间建造的。作为新政的一部分，民间资源保卫队是政府为给失业工人提供工作的机会而设立的。10 个民间资源保卫队营地在红杉地区做出大量贡献，他们在公路旁边建设了很多砌石工程。1936 年，从公园南部到总部，人们开始修建片岩地沟和竖井式涵洞来改善公路的排水系统。同时，人们还开发了公路旁的温泉，1934 年在大蕨温泉修建了石墙和灌溉站。

苏旺溪涵洞位于三叶草溪桥和多斯特溪之间的公路上。由公共道路局在 1930 年设计，这个涵洞是个总长超过 150 英尺的名副其实的石拱。大门宽 6 英尺，高 7 英尺，拱形半径为 3 英尺。

西溪涵洞位于罗奇波尔溪桥和三叶草溪桥的公路上。它建于 1930 年和 1931 年之间，基于与公共道路局的相同协议。此结构是个混凝土板桥，跨度是 16 英尺。内墙是 9 英尺 -6 英寸高的石墙，位于上游地区。

沿着将军路有各种各样的石墙，与当地的岩石环境呼应。大多数石墙用来划分停车区和路边地区，但是每个地区有一个锯齿墙。卡威亚峡谷和之字形公路包括大多数石墙以及一些岩浆岩。巨林区使用大型岩浆岩，以更好地匹配红杉植被。在山顶，岩浆岩也是最常见的一种防卫墙。

苏旺溪涵洞

西里曼溪

竖井式涵洞 & 片岩地沟

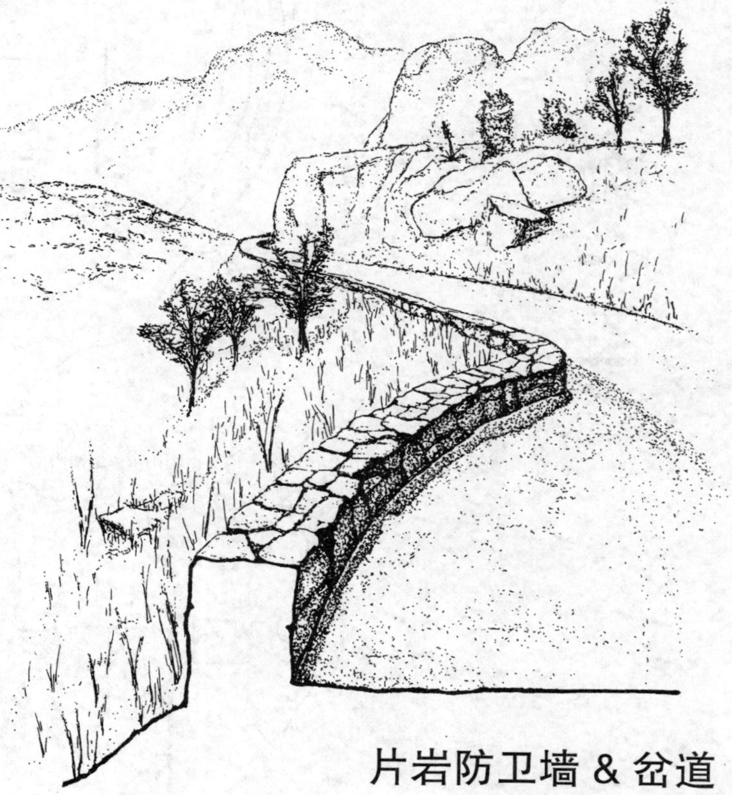

片岩防卫墙 & 岔道

DELINEATED BY: B. DEVON PERKINS, 1993

GENERALS HIGHWAY RECORDING PROJECT NATIONAL PARK SERVICE UNITED STATES DEPARTMENT OF THE INTERIOR	GENERALS HIGHWAY SEQUOIA NATIONAL PARK TULARE COUNTY CALIFORNIA	SHEET 8 OF 10	HISTORIC AMERICAN ENGINEERING RECORD CA-140	

IF REPRODUCED, PLEASE CREDIT: HISTORIC AMERICAN ENGINEERING RECORD, NATIONAL PARK SERVICE, NAME OF DELINEATOR, DATE OF THE DRAWING

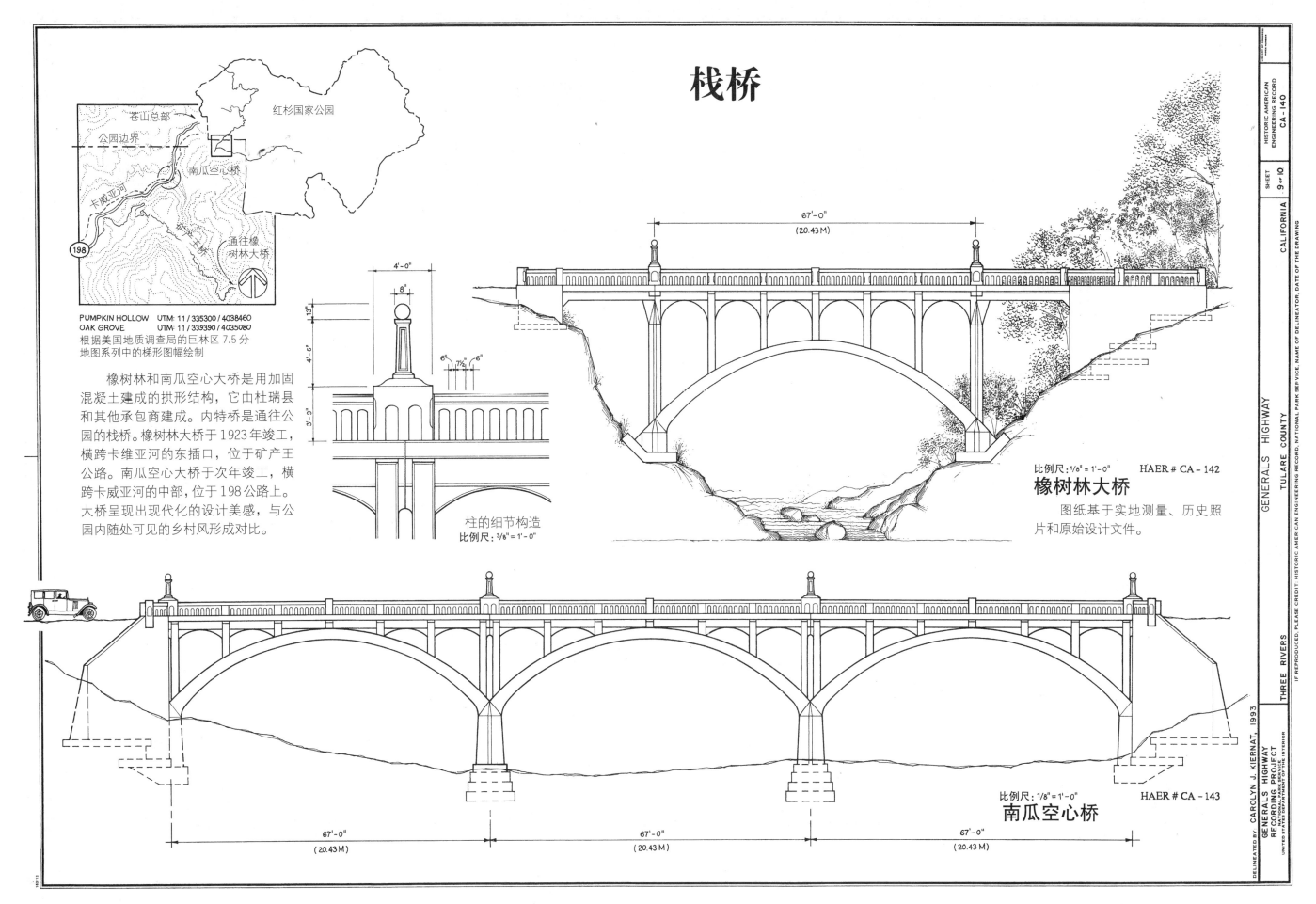

栈桥

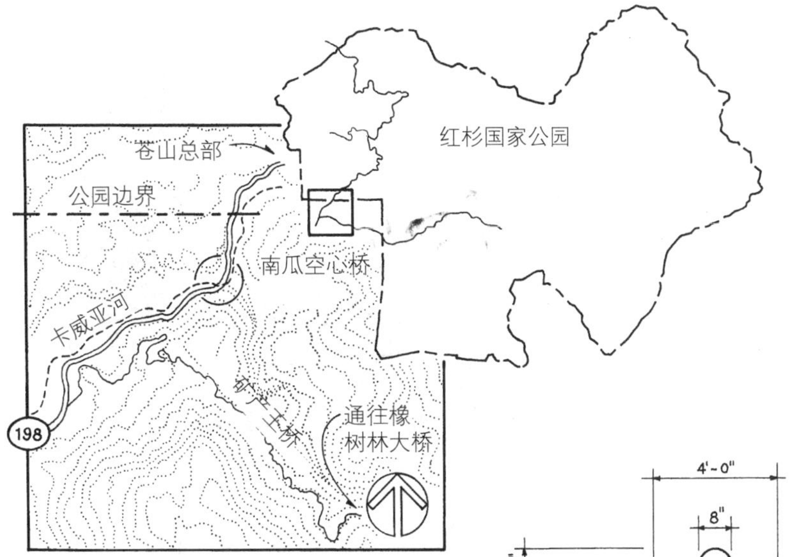

苍山总部
公园边界
红杉国家公园
南瓜空心桥
卡威亚河
矿产王桥
通往橡树林大桥
198

PUMPKIN HOLLOW UTM: 11 / 335300 / 4038460
OAK GROVE UTM: 11 / 339390 / 4035080
根据美国地质调查局的巨林区 7.5 分地图系列中的梯形图幅绘制

橡树林和南瓜空心大桥是用加固混凝土建成的拱形结构，它由杜瑞县和其他承包商建成。内特桥是通往公园的栈桥。橡树林大桥于1923年竣工，横跨卡维亚河的东插口，位于矿产王公路。南瓜空心大桥于次年竣工，横跨卡威亚河的中部，位于198公路上。大桥呈现出现代化的设计美感，与公园内随处可见的乡村风形成对比。

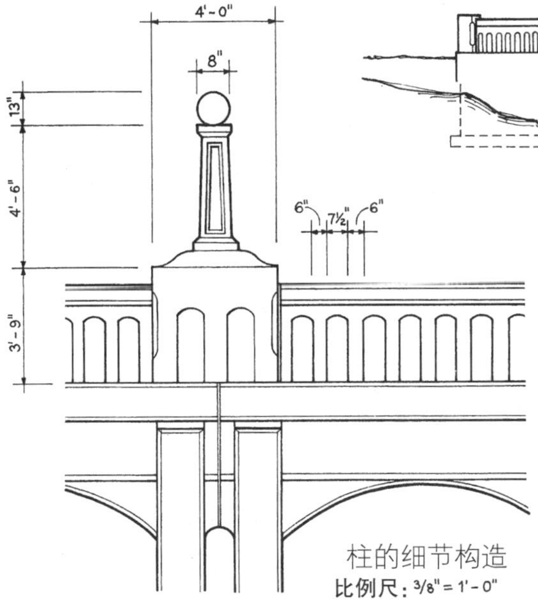

4'-0"
8"
13"
4'-6"
3'-9"
6" 7½" 6"

柱的细节构造
比例尺：3/8" = 1'-0"

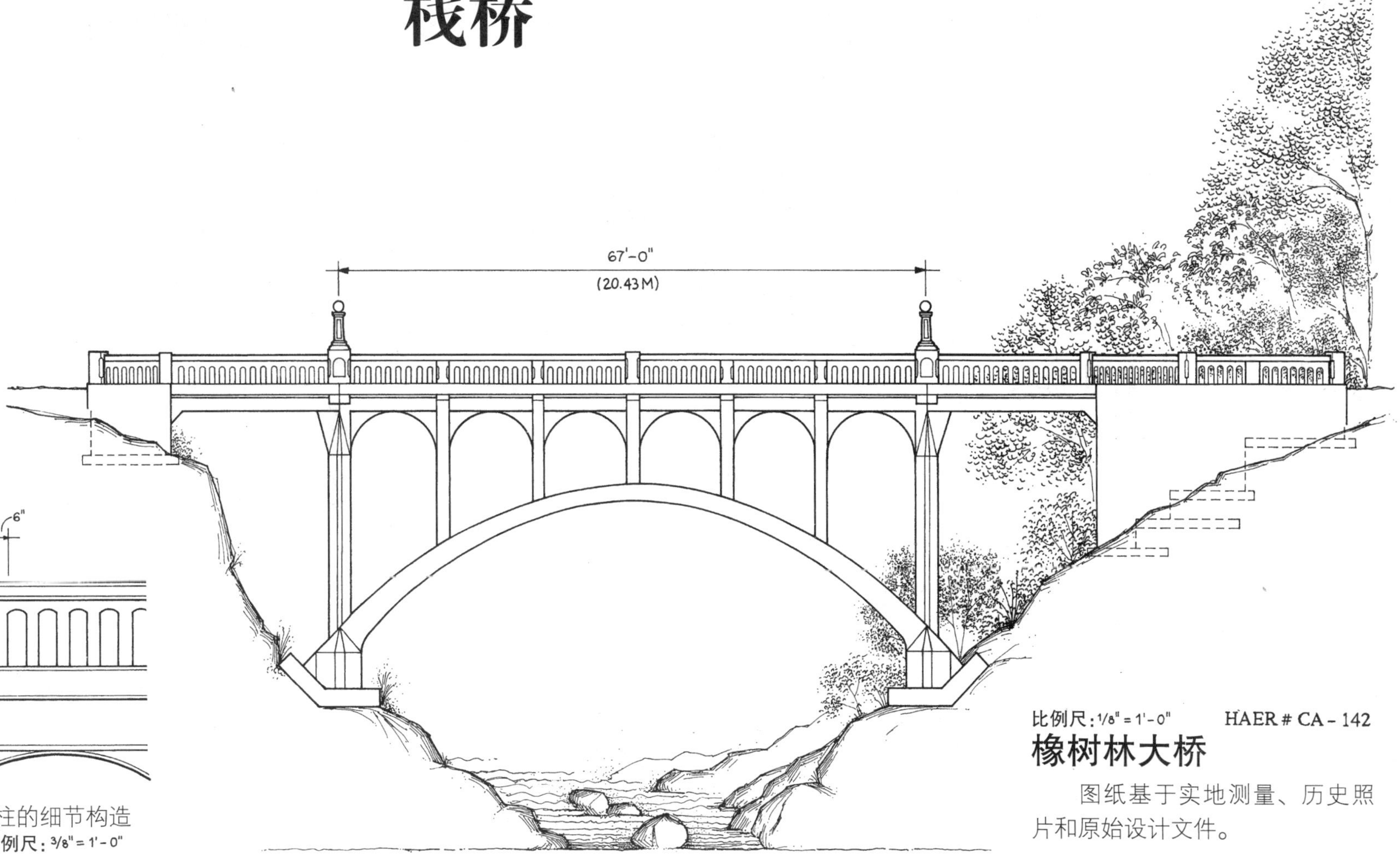

67'-0"
(20.43M)

比例尺：1/8" = 1'-0" HAER # CA - 142

橡树林大桥

图纸基于实地测量、历史照片和原始设计文件。

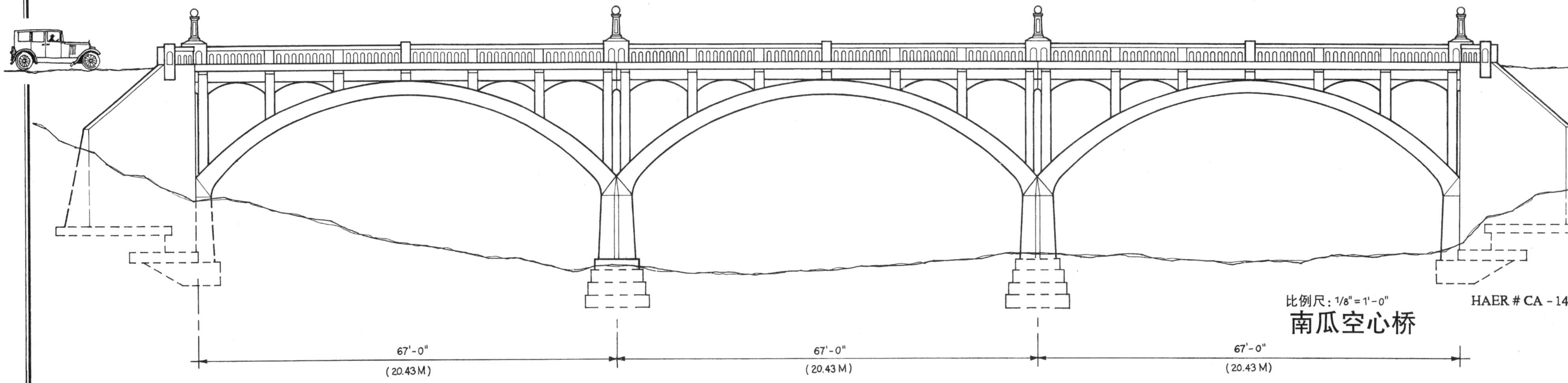

67'-0"
(20.43M)
67'-0"
(20.43M)
67'-0"
(20.43M)

比例尺：1/8" = 1'-0" HAER # CA - 143

南瓜空心桥

DELINEATED BY: CAROLYN J. KIERNAT, 1993
GENERALS HIGHWAY RECORDING PROJECT
NATIONAL PARK SERVICE
UNITED STATES DEPARTMENT OF THE INTERIOR
GENERALS HIGHWAY
THREE RIVERS TULARE COUNTY CALIFORNIA
IF REPRODUCED, PLEASE CREDIT: HISTORIC AMERICAN ENGINEERING RECORD, NATIONAL PARK SERVICE, NAME OF DELINEATOR, DATE OF THE DRAWING
SHEET 9 of 10
HISTORIC AMERICAN ENGINEERING RECORD CA-140

历史桥梁

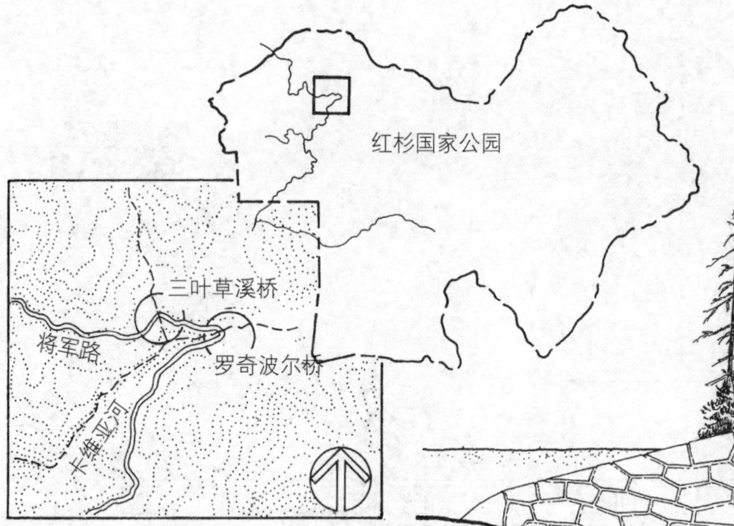

罗奇波尔　UTM: 11 / 344960 / 4052200
三叶草溪　UTM: 11 / 343820 / 4052530
根据美国地质调查局 7.5 分地图中巨林区梯形图幅绘制

三叶草和大理石叉桥建在 1930 年和 1931 年之间，是一座传统石桥，但却是单板加固混凝土拱形。两座桥在将军路上的距离仅为 8 英里，但是在结构和大小上相差很大。三叶草大桥跨度是 90 英尺，横跨喷浆基岩峡谷，而大理石叉桥跨度为他的一半——45 英尺，位于木材森林里。两座大桥都由国家公园管理局风景园林师约翰・沃斯科设计，在与公共道路局的协议下由其监管完成。

此项目是 HAER 的一部分。HAER 是一项长期记录美国历史上重要工程与工业成果的项目。HAER 由 HABS/HAER 管理，这是美国内政部国家公园管理局的一个部门。红杉国家公园将军路记录项目由 HAER 于 1993 年夏天赞助，主管是国家公园管理局道路桥梁记录项目的罗伯特・派斯克，西部地方分局的文化资源部的汤姆・马尔赫恩，和红杉国家公园的托马斯・里特。

现场工作、测量图纸、历史性报告和照片由项目领导埃里克・德罗尼和项目经理托德・克罗托负责。档案小组包括主管和建筑技术师卡洛琳・吉尔南（亚利桑那州立大学），建筑技术师德文・帕金斯（耶鲁大学），以及风景园林师勒娜特・斯特罗恩，历史学家克里斯汀娜・斯拉特里（波尔州立大学）。大幅照片由摄影师布莱恩・格罗根拍摄。

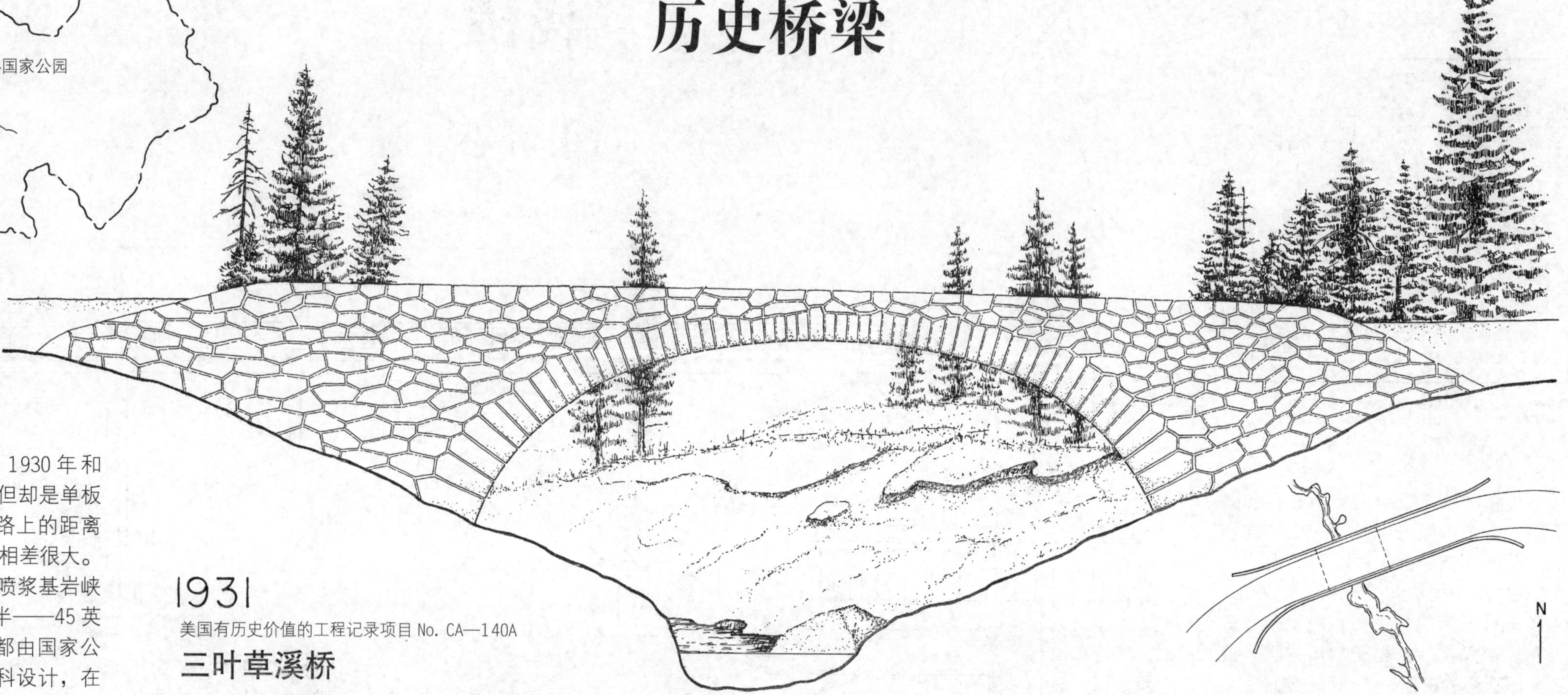

1931
美国有历史价值的工程记录项目 No. CA—140A
三叶草溪桥

25 20 15 10 5 0 10 20 30 60 90
米 1:96　1/8" = 1'-0" 英尺

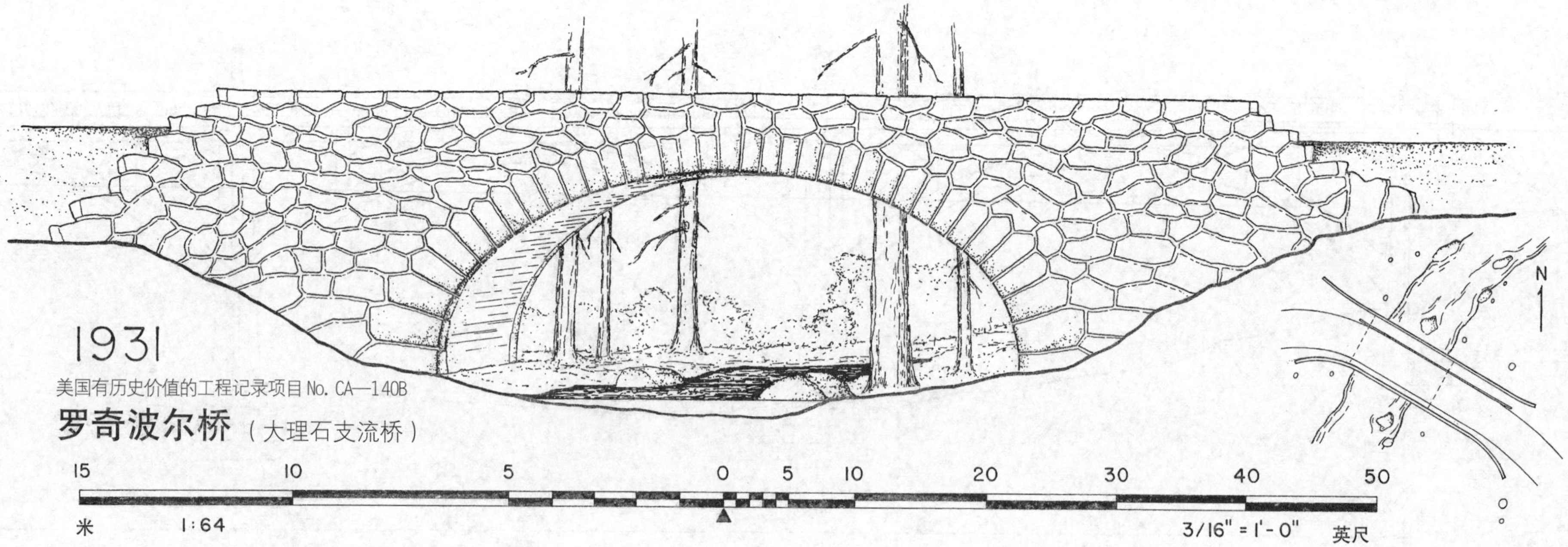

1931
美国有历史价值的工程记录项目 No. CA—140B
罗奇波尔桥（大理石支流桥）

15 10 5 0 5 10 20 30 40 50
米 1:64　3/16" = 1'-0" 英尺

DELINEATED BY: B. DEVON PERKINS, 1993
GENERALS HIGHWAY RECORDING PROJECT
NATIONAL PARK SERVICE
UNITED STATES DEPARTMENT OF THE INTERIOR
SEQUOIA NATIONAL PARK
GENERALS HIGHWAY
LODGEPOLE VICINITY
TULARE COUNTY
CALIFORNIA
SHEET 10 OF 10
HISTORIC AMERICAN ENGINEERING RECORD
CA-140
IF REPRODUCED, PLEASE CREDIT: HISTORIC AMERICAN ENGINEERING RECORD, NATIONAL PARK SERVICE, NAME OF DELINEATOR, DATE OF THE DRAWING

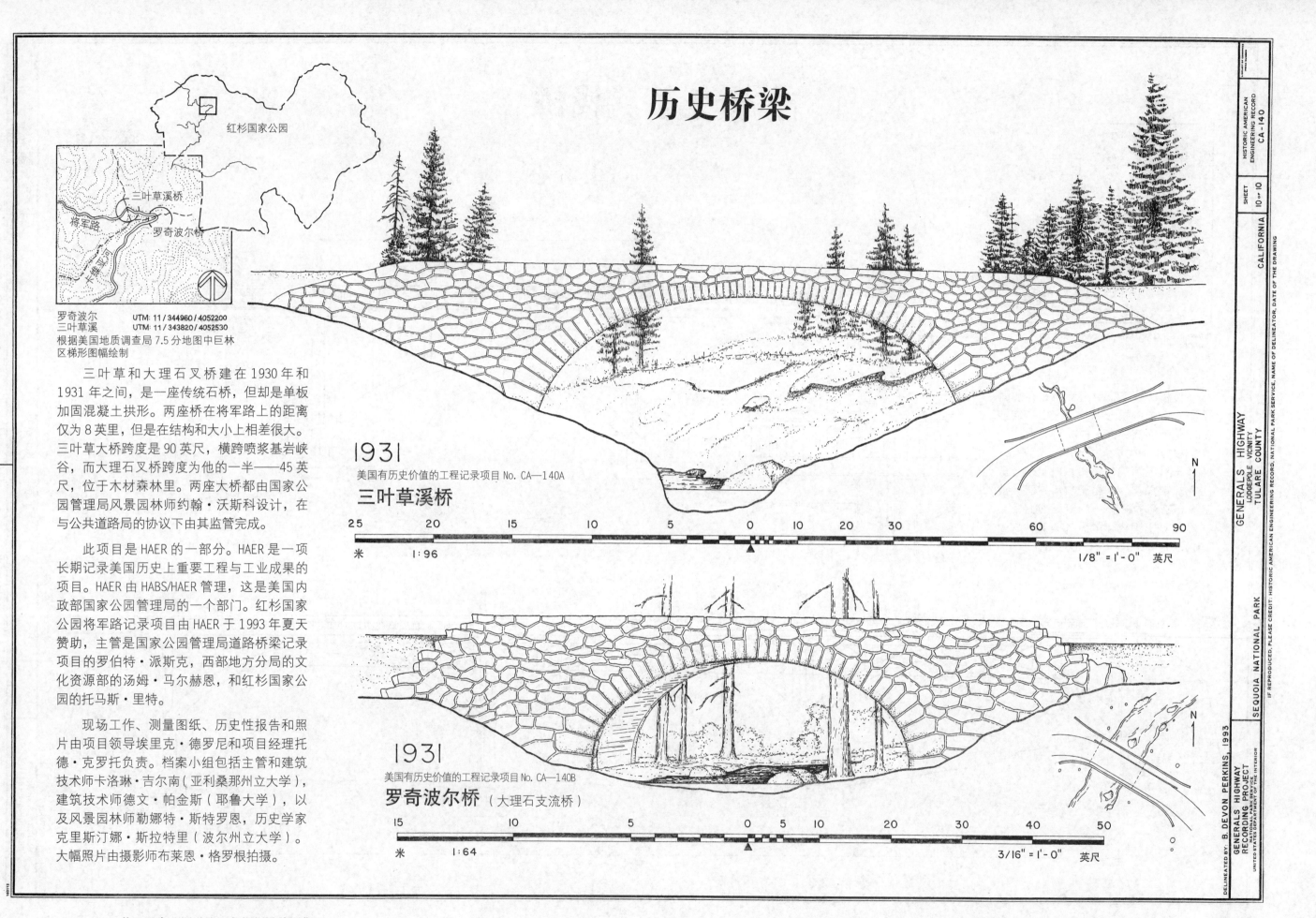

谢南多厄国家公园

天际线大道

70 英里长，宽度范围从小于 1 英里到超过 13 英里，谢南多厄国家公园跨越了弗吉尼亚州的蓝岭山。在这里，古老而狭窄的阿巴拉契亚山脉被包裹在潮湿的蓝色雾霾中，并突然上升至东部山麓地带，然后下降到西部的谢南多厄峡谷。沿着公园，天际线大道为人们展现了西部峡谷和东部高原的自然美景，海拔 2000 英尺到 3500 英尺以下。

在 20 世纪前期发生了许多社会、经济和科学动荡，谢南多厄国家公园和天际线大道拥有相似却相互分离的历史。谢南多厄河谷的出现代表了美国修建国家公园的高潮时期。在 1924 年给内政部秘书休伯特・沃尔克的报告中，南部阿巴拉契亚国家公园委员会建议将弗吉尼亚蓝岭山作为公园的首选，表明此地是离国家首都 3 小时车程和 4000 万美国人一天的车程就可到达的地方。基于委员会的建议，国会于 1925 年在土地充足的条件下正式授权公园建立。

不像西部国家公园未能得到公众的支持，谢南多厄河谷从私人或公司里征集了大量土地。由于国会资金足够资助国家公园，弗吉尼亚州政府通过募捐在十年内得到了公园最初的 176429 英亩土地。弗吉尼亚州在 1935 年 12 月将所有权交给美国联邦政府。

当谢南多厄河谷完成第一部分工作时，天际线大道是国家公园管理局在东部负责的第一条山路。景观公路的理念通过南部阿巴拉契亚国家公园体现出来，即：公园最大的特色便是顺着高耸的山脉修建天际线大道，沿着绵延的蓝岭山，俯瞰谢南多厄河谷，同时展示华盛顿纪念碑东部的山麓平原景色。

委员会承认汽车是最受欢迎的休闲工具。直到 1929 年，超过 230 万人在美国注册买车，使汽车成为当时最重要的社交和技术变化，改变了美国人度假的方式。国家、州和地方政府开始意识到，国家公园必须成为方便人们驾车的公园。

石老人下的天际线大道

"这些山脉都是为公路而存在"。1930 年秋天在靠近拉皮丹河营地的蓝岭山上，赫伯特・胡佛总统对国家公园管理局主管贺拉斯・奥尔布赖特这样说。五年之后在同一地点胡佛总统的继任者富兰克林・罗斯福在三分之二的道路竣工前就为谢南多厄题词，并大力宣传这里的公路："只有到过这里的人才能知道天际线大道给人类创造的伟大用途。"两位总统的直接参与使得天际线大道和谢南多厄国家公园的建立成为可能。

谢南多厄国家公园天际线大道道路桥梁记录项目是 HAER 的一部分。HAER 是一项长期记录美国历史上重要工程与工业成果的项目。HAER 由 HABS/HAER 管理，这是美国内政部国家公园管理局的一个部门。项目实施由国家公园管理局和洛瓦科技州立大学在合作性协议下负责。合作方包括谢南多厄国家公园主管比尔・韦德和风景园林部主席蒂莫西・凯勒。项目资金由国家土地道路办公厅（主管托马斯・爱迪克）通过国家公园管理局公园道路项目（经理马克・哈特森）提供。

SHENANDOAH NATIONAL PARK

现场工作、测量图纸、历史性报告和照片由建筑师克里斯多夫・马斯顿和历史学家理查德・昆负责。洛瓦州档案小组包括现场主管罗伯特・哈维，风景园林师哈伦，景观建筑技术师迈克尔・兰宁、克里斯多夫・西格，建筑技术师谢恩和历史学家詹姆斯・希尔。大幅照片由摄影师夏洛茨维尔的威廉・浮士德拍摄。

天际线大道是为驾车人专门设计而成。正如规划设计中心主管查尔斯・彼得逊所说："我们的设计总理念就是驾车人能够开车驶出华盛顿享受周末爬山，在夜晚之前开车回家。"

天际线大道的完工实际上比谢南多厄国家公园早 5 年。1931 年，胡佛总统批准资金资助这个工程，提供了很多能够使用手工和机器的劳动力。100 英尺的公路用地在公园是允许的，工程在公共道路局和国家公园管理局的合作协议下于 1931 年开始，这种合作关系在 1926 年建立，在西部道路项目中得到稳固。工程师们贡献技术经验，同时风景园林师们提供自然景观设计知识和最终的权威检验。国家公园管理局的设计师和工程师们改进了山路标准和纽约乡村道路标准化原则。

天际线大道由三个几乎相同的部分构成。中间部分在 1934 年开放，1936 年北部开放，之后 1939 年南部开放。

罗斯福在任期间，公园和道路再次受到总统的关注。在新政下，公共工作管理局、工作进度管理局和民间资源保卫队汇集了劳动力和资金贡献给公路进行修建、美化和改进。

作为东部山区的第一条公路，这条公路马上闻名于世。自从项目开始以来，公路就扩展到谢南多厄山脉地区。谢南多厄竣工一年后，过了两年天际线大道也随即竣工，公园风景优美的公路吸引了 100 万游客，这是第一个能做到这样的公园。

从技术上讲，这并不是严格的公园道路，天际线大道展示出公路的水准（有限制通行，非营利性的游憩交通、非营利性的改进通行权和为游憩设施提供通行）。公路的几何学设计保护了自然的同时又展现了大自然的景观价值。这条路对之后的公路设计起到了深远影响。105.5 英里的双车道公路限速每小时 35 英里，是谢南多厄国家公园最主要的交通要道。它涵盖公园 40 多个入口、67 个观景点和 40 多个路边停车区。此外还有 7 个野餐区、4 个营地、2 个游客休息区和 6 个地点提供喝水、住宿服务。阿巴拉契亚铁路在公园内部靠近天际线大道，两者在很多地方路线相互交叉。

DELINEATED BY: Robert R. Harvey, 1996

NATIONAL PARK SERVICE
ROADS & BRIDGES RECORDING PROJECT
NATIONAL PARK SERVICE
UNITED STATES DEPARTMENT OF THE INTERIOR

LURAY VICINITY

SKYLINE DRIVE
SHENANDOAH NATIONAL PARK
PAGE COUNTY

VIRGINIA

SHEET 1 OF 18

HISTORIC AMERICAN ENGINEERING RECORD
VA-119

入口站

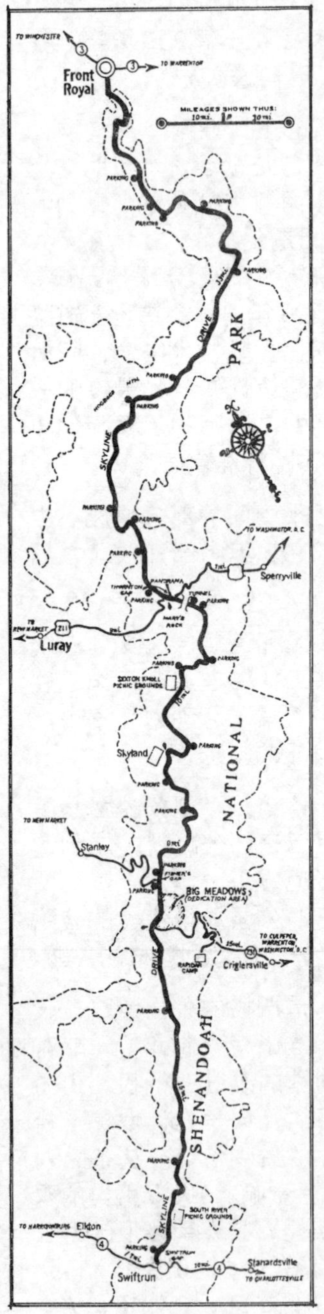

纪念地图
地图来自 1996.7.3 天际线纪念典礼

天际线大道 & 全景
穿越李公路 & 全景，1935 年

谢南多厄国家公园的天际线大道有四个入口站：汤森空地、皇家前线、岩鱼空地、快跑站。汤森空地和快跑站位于公路与两条历史路线的交叉点：李公路和斯波伍德铁路。这些公路是依旧对公众开放的机动车道路。

公园入口设施从小小的单门进化成了大大的分离入口站。在公园南部的岩鱼入口站是公园最老的入口站。它建在中心交通道上，是一个混凝土屋顶的单房结构。两个相似的建筑开始是汤森空地入口的一部分。除了允许通行、检查通行证和收费之外，还为人们提供公路现况和道路条件信息。

汤森空地——入口站
现代入口站——里程标标志 31.5

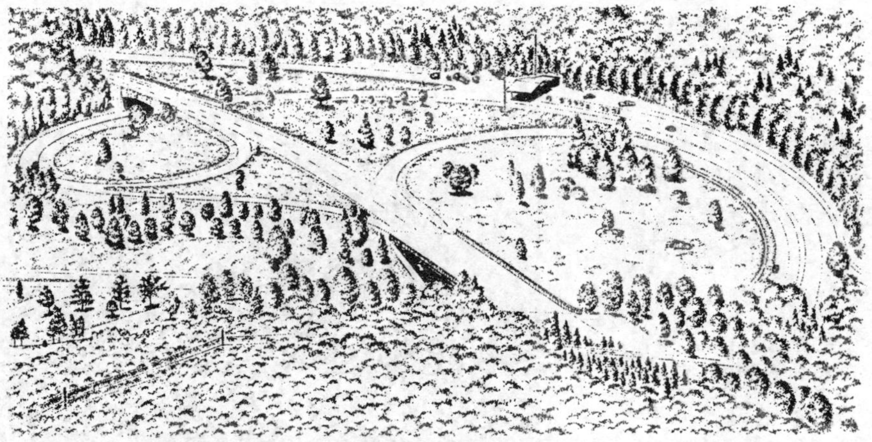

天际线大道穿过李公路
玛丽岩石景色——工作 66 时代

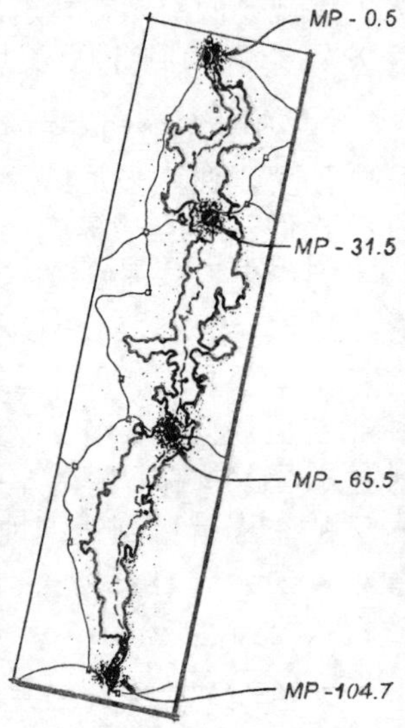

位置图

皇家前线——入口站
1974——1975 年职位任务 66—里程标志 0.5

快跑站——入口站
1974—1975 年职位任务 66——里程标志 65.5

岩鱼空地——入口站
1938—1939 年——里程标志 104.7

HISTORIC AMERICAN ENGINEERING RECORD VA-119
SHEET 6 of 18
VIRGINIA
SKYLINE DRIVE
SHENANDOAH NATIONAL PARK
PAGE COUNTY
LURAY VICINITY
NATIONAL PARK SERVICE
ROADS & BRIDGES RECORDING PROJECT
UNITED STATES DEPARTMENT OF THE INTERIOR
DELINEATED BY: Harlen d. Groe, 1996
IF REPRODUCED, PLEASE CREDIT: HISTORIC AMERICAN ENGINEERING RECORD, NATIONAL PARK SERVICE, NAME OF DELINEATOR, DATE OF THE DRAWING

道路建设

挖掘—土方修整

调查完路线、准备好设计，并得到100个通行权之后，施工队员就开始在挖掘路基及土方修整。这张摄于1934年的照片展示了土方修整的典型工作时的情景：钻孔的工人们在前线工作，安置炸药的工人在准备炸药，年轻的钻孔师站在钻孔口防止钻机倾斜。在他们身后，一个动力扶轮在倾倒卡车上工作，把废物运到远处。管道工人在坡上安放好涵洞，可控的爆炸技术把对景观的破坏程度降至最小，保护了在施工过程中使用的其他石料。

道路底基层

土方修整完成后，人们就开始准备修筑路基。由于路基支撑所有交通工具的总重，所以不能建造脆弱的路基。路基土壤保持了很高的密度、均匀度和稳定性，在路基修筑之前就已准备好。土方修整人员用动力刮刀和刀刃平地机塑造出适合道路截面的土壤结构。工人一个工作日内总共需要完成1000英尺到2500英尺的路基。图片为休斯河峡谷施工情景。

栗木支架

通过露天开采和填埋技术，公路建在山脉边缘。这种技术在西部山脉公园比如黄石国家公园的建设中得到优化，并且成为了建设公园道路的标准化技术。露天开采的岩石和土壤用于填埋，直线型公路在两者之间实现了平衡。在施工过程中对装填物的大量使用为停车区的建设提供了足够空间。在中间的填埋区利用了美国的栗木支架结构（就像1933年建在全景区附近的一样）来支撑公路和防卫墙。这个支架在1983年重建居民区计划中拆除。

最终土方修整

天际线大道的路基包括6~8英寸的碎石，其中大多数石头都来自道路挖掘工作和路边的采石场。轧机把岩石粉碎成1~1/2英寸大小，然后在路基修筑之前贮备起来。在修筑过程中，刚刚铺好的石子通过每天施工车的通行而被压的越来越结实。尽管公共道路局的施工承包商负责完成施工工作例如修整路肩、路边结构和坡度，但是大部分的工作却是由民间资源保护队完成的，以求达到国家公园管理局的标准。

干垒墙

干垒墙也就是用手工放置石块来砌筑路堤（就像摄于1935年，公园北入口附近的这张照片上的一样），这种墙体可以加固道路上陡峭的斜坡。在阶梯和斜坡表面建好之后，在挖掘过程中开采出来的石块被人工放在了斜坡上。在南部，这样的墙高达60英尺，斜坡的坡度是3/4 ：1。一个施工队包括一个领班，2个泥瓦匠和20个劳动力。这些干垒的路堤（沿着水泥防护墙）减少了挖掘数量及对景观的破坏，并保护了新种植的植被。

道路饰面

铺路工作开始于路基修筑完成之后的春天和夏天。在路边和单车道上铺好了石子。路基重新修理、清洁好后，在道路表面再铺一层石子。液体沥青与石子混合之后再重复一遍这个过程。最后一道工序是把道路压平，封固道路表面。最后，竣工的道路就部分向大众开放。铺路和入口处的建设有着相似的风格。

HISTORIC AMERICAN ENGINEERING RECORD VA-119

SHEET 7 of 18

SKYLINE DRIVE
SHENANDOAH NATIONAL PARK
PAGE COUNTY
LURAY VICINITY
VIRGINIA

DELINEATED BY
NATIONAL PARK SERVICE
ROADS & BRIDGES RECORDING PROJECT

护墙建设

中心杆建设

路边栏杆能在天际线大道的急转弯和陡峭的下坡处保护驾车人。1932年，施工开始的一年后，国家公园管理局和公共道路局的工作人员同意在道路旁边修筑栏杆，出于美化和安全因素使用木制栏杆。同时，大型栗树木在危险的地方充当路缘。石墙的建设进行缓慢，因此促成了1935年夏天临时栏杆的建设。那个冬天，民间资源保护队员在清理森林时挑选合适的栗树木材。在安装之前，中心杆用木榴油作为保护层。

除石

在1933年夏天讨论天际线大道防护墙时，国家公园管理局工程师詹姆斯说："除石是比堆石更为庞大的工作。"国家公园管理局的牵引机和卡车用来装载从采石场得到的岩石，并把岩石堆叠成墙。尽管公共道路局坚持修筑防护墙，国家公园管理局却提供了技术不熟练的劳力和完成工作所需的大型仪器。民间资源保护队员被安排到了谢南多厄河谷，从事收集岩石和美化公园工作。岩石的大小在6英寸×8英寸×12英寸到9英尺的长度范围内，用来建设路边结构。泥瓦匠们在民间资源保护队员的帮助下完成垒墙工作。

栏杆布置

临时的栏杆材料用栗树木材沿着公路布置，这种栏杆由公共道路局在诺尔野餐区的改进化设计。民间资源保护队员修建栏杆属于临时突发任务。栏杆高20英寸，包括16英寸长的顶端木材和4英尺~5英尺长的枢纽部分，两部分都安置在地下。每一面栏杆在地底下逐渐磨成锥形。直到1944年，天际线大道上的大部分栏杆都安置在了北部，占所有栏杆的一半（6%位于中央地区，少于5%位于南部）。二战之后，栏杆才逐渐由石墙替代。

石防护墙

这张1934年的照片展示了防护墙、观景点和道路施工之间的联系。在这里，动力扶轮车用来完成道路挖掘和土方修整，并在拐角周围增加观景点范围。来自民间资源保护队10号营地的卡车用来为建设收集石材。由国家公园管理局和民间资源保护队领班和工程师设计的木框结构标明了道路的位置，帮助泥瓦匠确定精确的高度和直线。

采石

当地的石头全都用在了石体建筑上，例如防卫墙、保留墙、涵洞陡壁、干法成墙和排水沟以及一些碎石路基。岩石是从在公园里采石或挖掘过程中得到的。国家公园管理处的工作人员挑选了那些自然景观稀少的地方，作为显眼的交通道路。出于植被和地形考虑，许多采石场建在远离人行道的地方。其他的建在道路沿线。大运形溪采石场为大运形溪和棕色峡谷之间的施工提供石材（65.5英里至82.9英里）。

石挡土墙

在道路的很多地方设有石头挡土墙。水泥土墙加固了道路陡峭的坡度，并且不会被人所发现。大量的石头挡土墙，例如照片上1934年新月岩石上的墙，位于停车区和观景区后方。这些栏杆与路边防护墙相似，除了它们利用的石头数量少。通常来说，栏杆距停车区3英尺，为人行道提供空间。

HISTORIC AMERICAN ENGINEERING RECORD
VA-119
SHEET 8 of 18
SKYLINE DRIVE
SHENANDOAH NATIONAL PARK
PAGE COUNTY
VIRGINIA
LURAY VICINITY
DELINEATED BY harlen d. Groe, 1996
NATIONAL PARK SERVICE
ROADS & BRIDGES/RECORDING PROJECT
NATIONAL PARK SERVICE
UNITED STATES DEPARTMENT OF THE INTERIOR
IF REPRODUCED, PLEASE CREDIT HISTORIC AMERICAN ENGINEERING RECORD, NATIONAL PARK SERVICE, NAME OF DELINEATOR, DATE OF THE DRAWING

景观技巧

斜坡加固

国家公园管理局的风景园林师把20世纪20年代设计景观花园和西部公园实践的经验用在了蓝岭山天际线大道规划建设上。他们为了把公路建设和周边环境很好地融为一体，完成了道路旁相关设施的建设。防止了道路水土流失。加固斜坡也是这个过程中最重要的一步，需要许多种木材和灌木。斜坡上也能再生长出一些自然植被。

树木收集

人们把东部白松和蓝脊冷杉等常青树和许多高于10英尺的落叶植物从人行道中清理出去，移植到了天际线大道两边。民间资源保护队员徒手把树木挖出，运到卡车上，把它们送到公园苗圃如大草地上。除了移植树木，民间资源保护队为了美化公园和控制侵蚀速度，种下了成千上万的树种。在1936年大草地苗圃建立之前，种子从外部获得。1934年12月，纽约送来了2525棵山核桃木和胡桃木。

坡度调适

在天际线大道施工开始之前，国家公园管理局基于斜坡制订了坡度调适计划。因此，斜坡变缓了，新的和旧的融合在一起。天际线大道的规格于1936年由公共道路局决定，并由国家公园管理局批准把坡度最大值由4：1（在垂直高度在3英尺或更少）改为3：2（垂直高度超过15英尺）民间资源保护队在此过程中做了大量工作，利用动力扶轮车使坡度变缓，使他们重新协调。

植物苗圃

由民间资源保护队经营的大草地为绿化提供了当地的种植材料。小型植物移植到罐头中，在最终移植前放到阴暗的地方去。不同种类的橡树、黑桃木和各种各样的松树和冷杉被移植成功，灌木包括草莓灌木、山月桂、加拿大紫衫等等。

对路面侵蚀的控制

国家公园管理局斜坡调和技术运用在天际线大道建设中，避免了路面侵蚀从而抵制再生长。在加固工作完成后，这种技术运用到其他工作中去。在路边种树也起到了防止侵蚀的功能。落叶也促进了土壤的肥力，形成有机环境，预防了侵蚀。

月桂种植

1933年春天，在天际线大道和谢南多厄河谷开始路边建设和景观自然化项目。国家公园管理局的员工监督民间资源保护队在公园和公路旁边的种植工作。葡萄树种在防护墙下。路边种了山月桂。在这些地方，树木和灌木起到了美化视觉的作用，同时展示了雄伟的景色。

HISTORIC AMERICAN ENGINEERING RECORD VA-119
SHEET 9 of 18
VIRGINIA
SKYLINE DRIVE
SHENANDOAH NATIONAL PARK
PAGE COUNTY
LURAY VICINITY
DELINEATED BY harlen d. Groe, ROBERT R. HARVEY, 1996
NATIONAL PARK SERVICE
ROADS & BRIDGES RECORDING PROJECT
NATIONAL PARK SERVICE
UNITED STATES DEPARTMENT OF THE INTERIOR
IF REPRODUCED, PLEASE CREDIT: HISTORIC AMERICAN ENGINEERING RECORD, NATIONAL PARK SERVICE, NAME OF DELINEATOR, DATE OF THE DRAWING

道路细节

1983 年，国家公路管理局为了使天际线大道达到现代安全标准而增加了一项工程。作为工程的一部分，最早的石墙被重新设计，增加了新的特色。

老防护墙

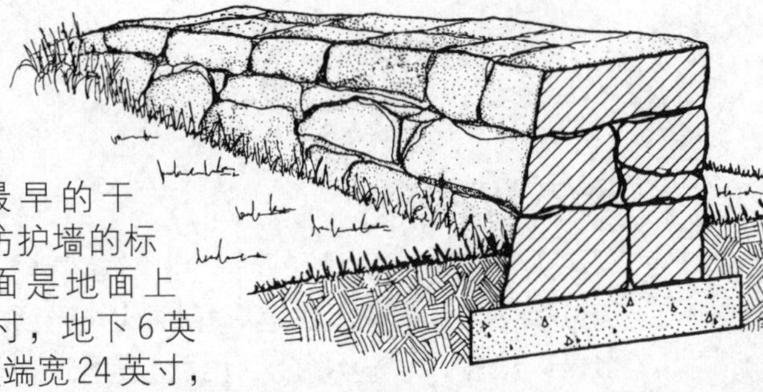

最早的干垒的防护墙的标准截面是地面上 18 英寸，地下 6 英寸。顶端宽 24 英寸，底端宽 30 英寸。墙面高于人行道 5 英尺，与地面有一个垂直面，背部比例是 3 ： 12。水平放置在地上，四块石头没有连续的拐角。人们避免使用相同大小的石头和过度使用碎片。直到 1938 年，墙体才基本建好。

AT-25 沥青表面处理
1" 热沥青混凝土路面
2" 热沥青混凝土路面
8" 碎骨料基地
双层结构
4" 骨料底基层

新防护墙

新面层

石墙利用了旧墙上的石头。为了跟旧墙在外形上保持一致，新防护墙利用了宽砂浆缝和小一点的石头。

新石体墙包括高为 39 英寸的混凝土墙（高于地面 27° ）。

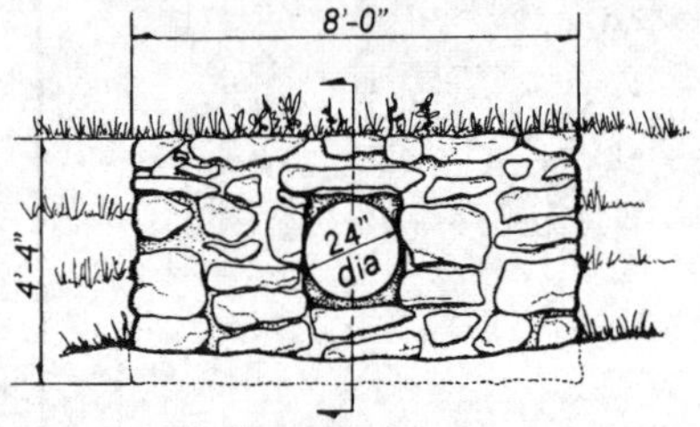

墙端立面
比例尺：3/8" = 1'-0"

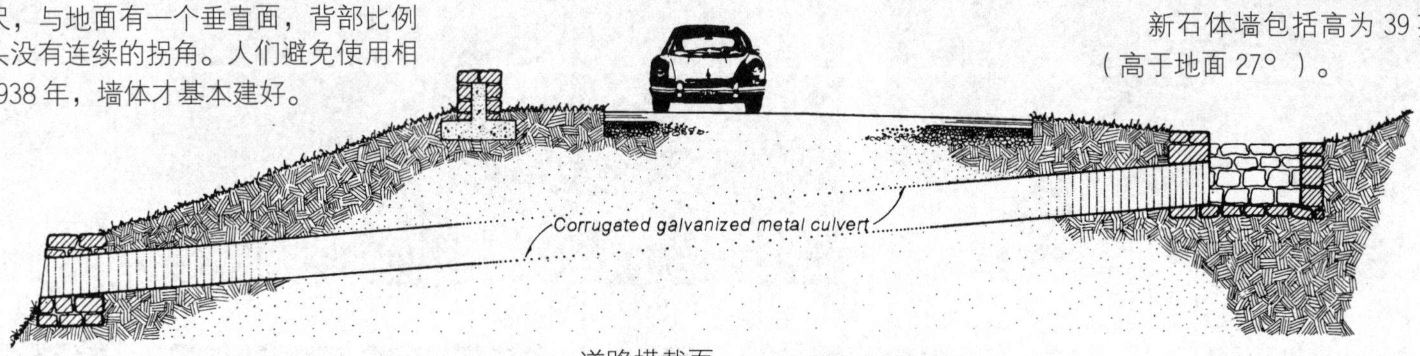

道路横截面
比例尺：1/4" = 1'-0"
英尺 0 1 2 3 4 5 10
米 1:48 0 1 2 3

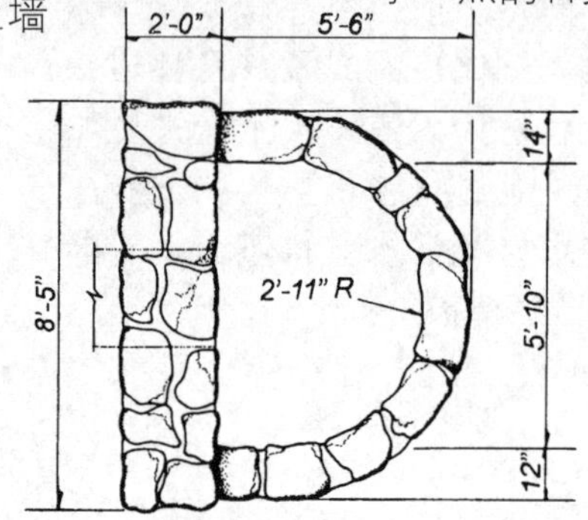

落底式进水口平面图
比例尺：3/8" = 1'-0"
英尺 0 1 2 3 4 5
米 1:32 0 1 2

排水沟的建设

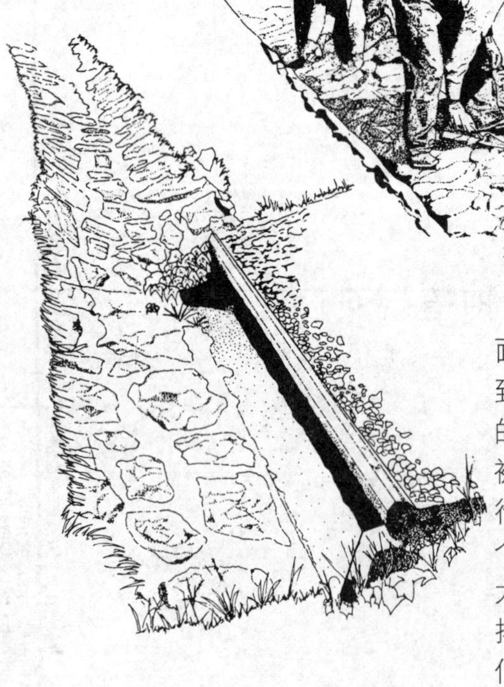

现代落底式进水口和灌浆碎石地沟

碎石地沟和排水沟将表面径流通过路边沟渠从公路到达落底式进水口。在沙砾的地基上，表面平滑的石头被放置成与排水沟中心线平行。修建一个排水沟需要两个助手和六个工人。天际线大道原来多用干碎石和沥青排水沟，更换之后与之前相似，但是主要特点是砂浆缝和现代落底式进水口。

依据国家公园管理局的合作协议，国家公共道路局于 1931 年至 1939 年期间负责监督天际线大道的建设。严格的设计和工程的精确保证了景观道路的完美施工。一条标准的公路大小是 30 英尺宽，20 英尺道路表面和 5 英尺路肩，2 英尺的沟渠（在北部，公路宽度是 34 英尺，有 5 英尺路肩和 2 英尺沟渠)涵洞是螺旋形，有很宽的半径，为安全起见还经过加高。

公路表面是双层石基，浇上了沥青，自从 1950 年开始就经过了多次重铺和重新加封。金属涵洞在土地基层提供了交叉排水系统。落底式进水口或者端墙用作管道终点。黏土放在道路沟渠之下，远离土地基层。

矩形落底式进水口

双排水出口

三种喷泉沿着公园道路上都可以看见：小型巨石泡沫、石墙内侧喷泉和堆叠岩石泡沫（1950年代替了早期木制喷泉）

温泉就像铁杉温泉里的一样，给公路提供水源。温泉里的水来自温泉箱，从路底喷出。温泉同时也为喷泉和休息站供水。

混凝土温泉箱，铁杉温泉（温泉箱的标准设置和路边水源的消毒设施）

HISTORIC AMERICAN ENGINEERING RECORD
VA-119
SHEET 10 OF 18
VIRGINIA
SKYLINE DRIVE
SHENANDOAH NATIONAL PARK
PAGE COUNTY
LURAY VICINITY
DELINEATED BY: Shane P. Wirth, 1996
NATIONAL PARK SERVICE
ROADS & BRIDGES RECORDING PROJECT
NATIONAL PARK SERVICE
UNITED STATES DEPARTMENT OF THE INTERIOR

IF REPRODUCED, PLEASE CREDIT: HISTORIC AMERICAN ENGINEERING RECORD, NATIONAL PARK SERVICE, NAME OF DELINEATOR, DATE OF THE DRAWING

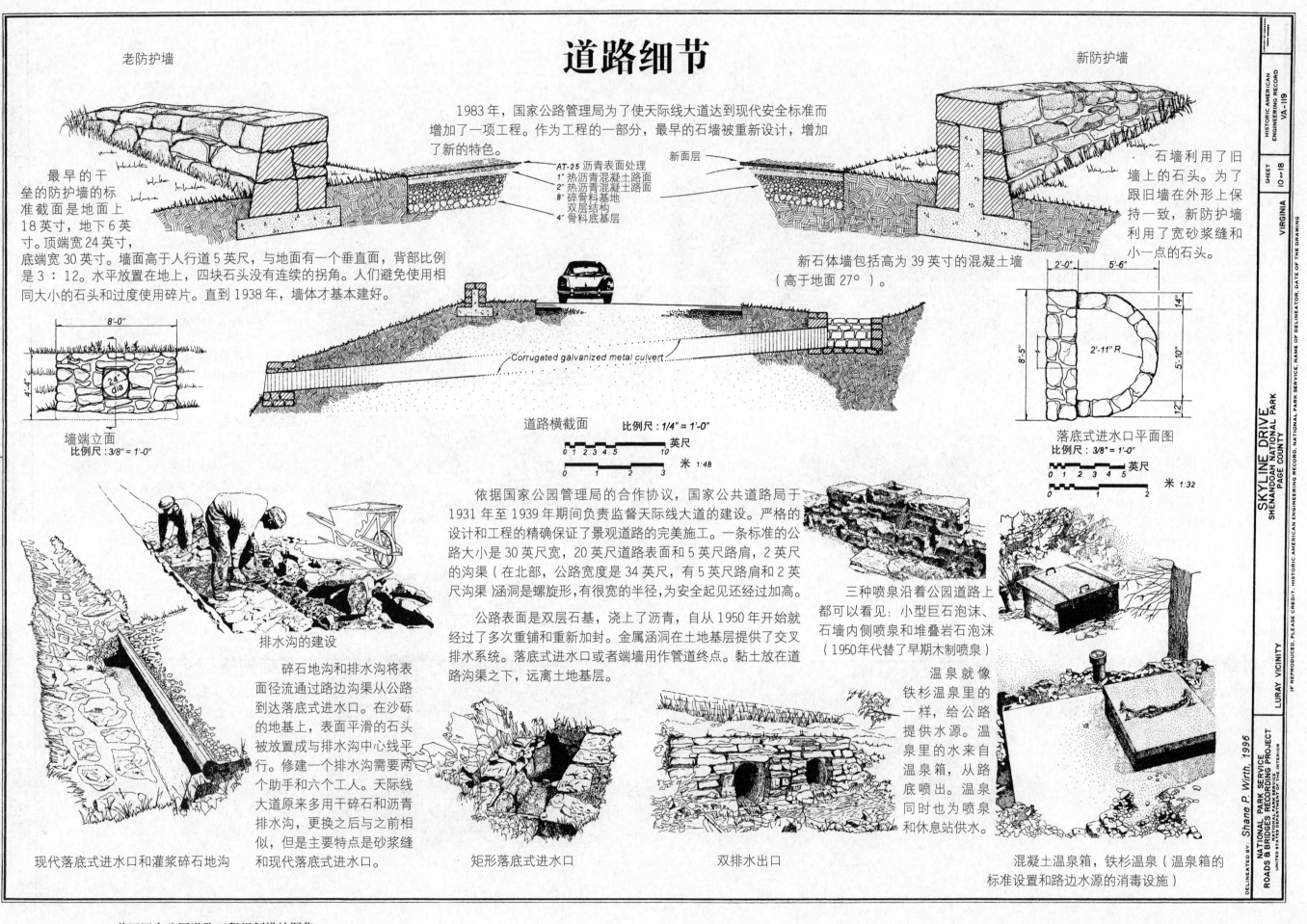

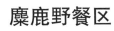

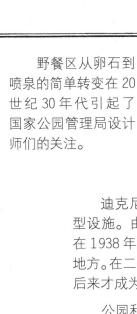

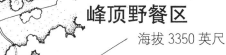

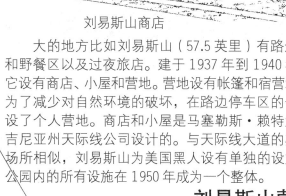

路旁野餐区

野餐区从卵石到喷泉的简单转变在20世纪30年代引起了国家公园管理局设计师们的关注。

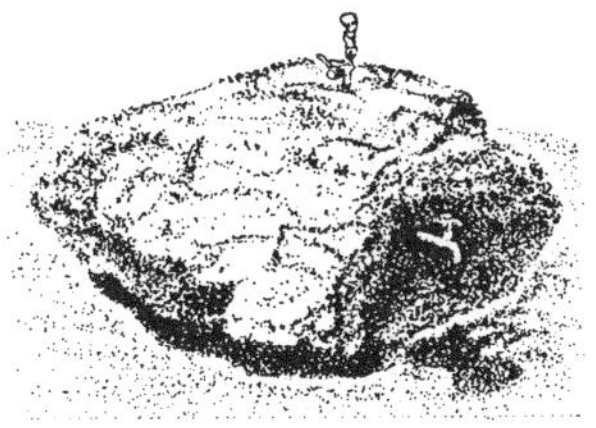

岩石喷头

迪克尼游客中心是东部国家公园的典型设施。由马塞勒斯・赖特设计，承包商在1938年建造的游客中心是供游客就餐的地方。在二战期间关闭，之后再也没有开放，后来才成为游客中心。

公园和其他设施是分离的。1938年由里士满的建筑师设计的乡村礼品店（咖啡店）是发展计划的重点。邻近的公园野餐区由民间资源保护队建在一片小空地上，从1935年设计之初它就没有改变过。它包括自然植被、曲线形的道路体系、石阶、壁炉和休息区。

迪基岭游客中心

刘易斯山商店

大的地方比如刘易斯山（57.5英里）有路边区和野餐区以及过夜旅店。建于1937年到1940年，它设有商店、小屋和营地。营地设有帐篷和宿营地。为了减少对自然环境的破坏，在路边停车区的一侧设了个人营地。商店和小屋是马塞勒斯・赖特为弗吉尼亚州天际线公司设计的。与天际线大道的其他场所相似，刘易斯山为美国黑人设有单独的设施。公园内的所有设施在1950年成为一个整体。

峰顶的游客野餐区

野餐区沿着公路而建，是对游客最具吸引力之处，它提供了吃饭、放松和赏景的好地方。

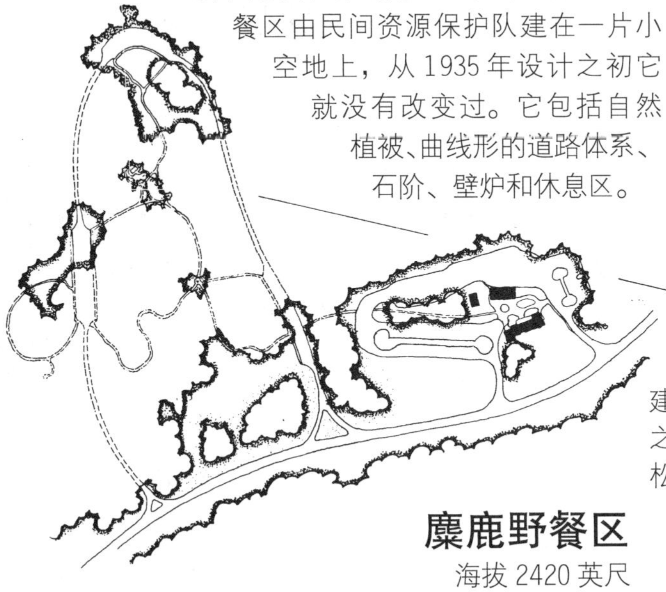

麋鹿野餐区

海拔2420英尺

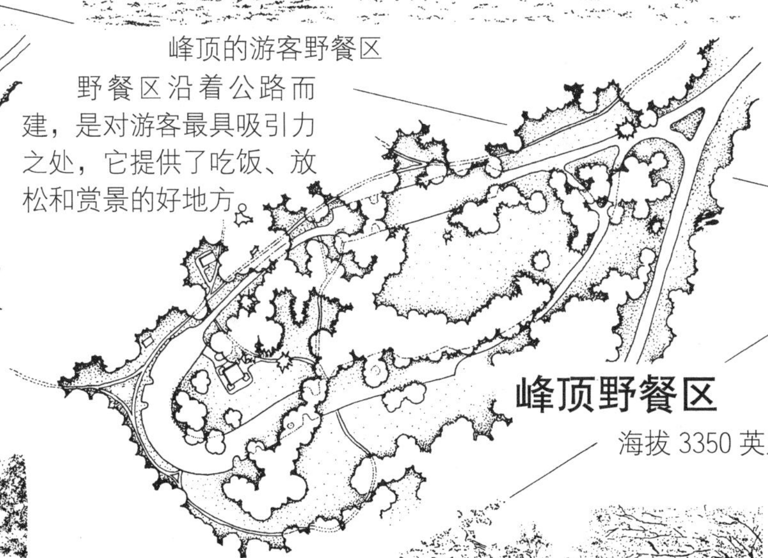

峰顶野餐区

海拔3350英尺

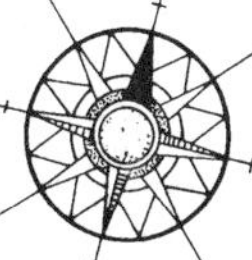

刘易斯山营地和野餐区

海拔3390英尺

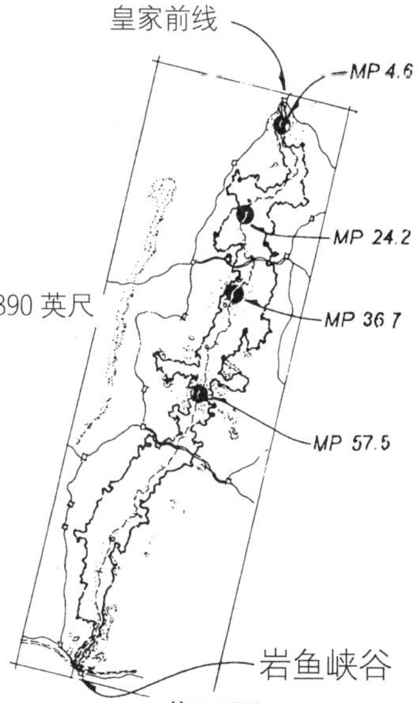
皇家前线
MP 4.6
MP 24.2
MP 36.7
MP 57.5
岩鱼峡谷

位置图

麋鹿路边区

主要地点的路边区为游客提供了加油站、礼品店、咖啡厅、厕所和野餐区等场所。

峰顶厕所

峰顶野餐区（36.7英里）由民间资源保护队根据国家公园的规划修建，凸显了对自然土地和朴素的休息设施的利用。这里设有停车区、野餐区、饮水区和厕所。其他的道路通往邻近的景点和远足线路。公园内的所有野餐区都根据相似的设计而建。

刘易斯山的小屋

DELINEATED BY: Shane P. Wirth, harlen d. Groe 1996

NATIONAL PARK SERVICE
ROADS & BRIDGES RECORDING PROJECT
NATIONAL PARK SERVICE
UNITED STATES DEPARTMENT OF THE INTERIOR

LURAY VICINITY

SKYLINE DRIVE
SHENANDOAH NATIONAL PARK
PAGE COUNTY

VIRGINIA

SHEET 11 OF 18

HISTORIC AMERICAN ENGINEERING RECORD
VA-119

IF REPRODUCED, PLEASE CREDIT: HISTORIC AMERICAN ENGINEERING RECORD, NATIONAL PARK SERVICE, NAME OF DELINEATOR, DATE OF THE DRAWING

北部地区俯瞰

牧场处俯瞰

海拔 2810 英尺

景观俯瞰区

在谢南多厄国家公园，沿着天际线大道的 69 个景观俯瞰区是公园游客们的必备体验之一。

这些有利地点给游客们提供了蓝岭山峰和山谷，以及峡谷的全景。同时，他们也提供了沿着公园铁路和阿巴拉契亚铁路短途远足的机会，他们在此可以观赏自然景观，拍照留念和阅读有趣的标牌。

国家公园管理局的风景园林师和工程师们在公路两旁的停车区使用了两种俯瞰区。这里有的地方有防护墙、解释性标牌。停车俯瞰区有大的转角和许多植物。除了可以直接停车外，还包括景观式元素例如人行道、石墙、喷泉、野餐桌和厕所。

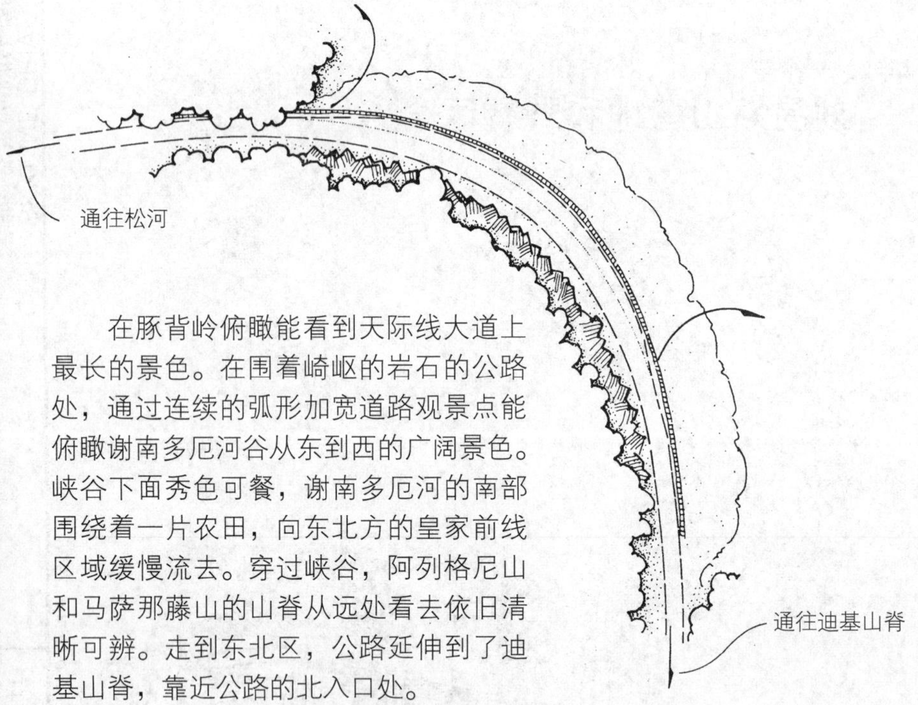

在豚背岭俯瞰能看到天际线大道上最长的景色。在围着崎岖的岩石的公路处，通过连续的弧形加宽道路观景点能俯瞰谢南多厄河谷从东到西的广阔景色。峡谷下面秀色可餐，谢南多厄河的南部围绕着一片农田，向东北方的皇家前线区域缓慢流去。穿过峡谷，阿列格尼山和马萨那藤山的山脊从远处看去依旧清晰可辨。走到东北区，公路延伸到了迪基山脊，靠近公路的北入口处。

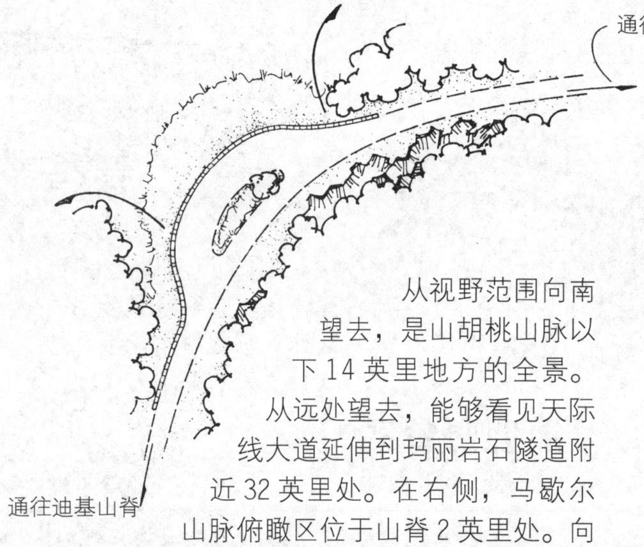

从视野范围向南望去，是山胡桃山脉以下 14 英里地方的全景。从远处望去，能够看见天际线大道延伸到玛丽岩石隧道附近 32 英里处。在右侧，马歇尔山脉俯瞰区位于山脊 2 英里处。向西更远的地方，谢南多厄峡谷、马萨那藤山和阿勒格尼山就这样消失在远方。在哈里斯山谷俯瞰区，这个地方的停车转弯区有一片草地、植物标本、混凝土墙和标牌。

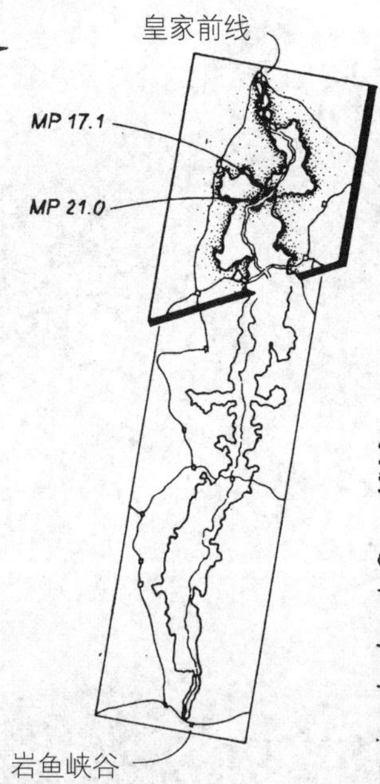

位置图

豚背岭俯瞰

海拔 3385 英尺

中心地区俯瞰

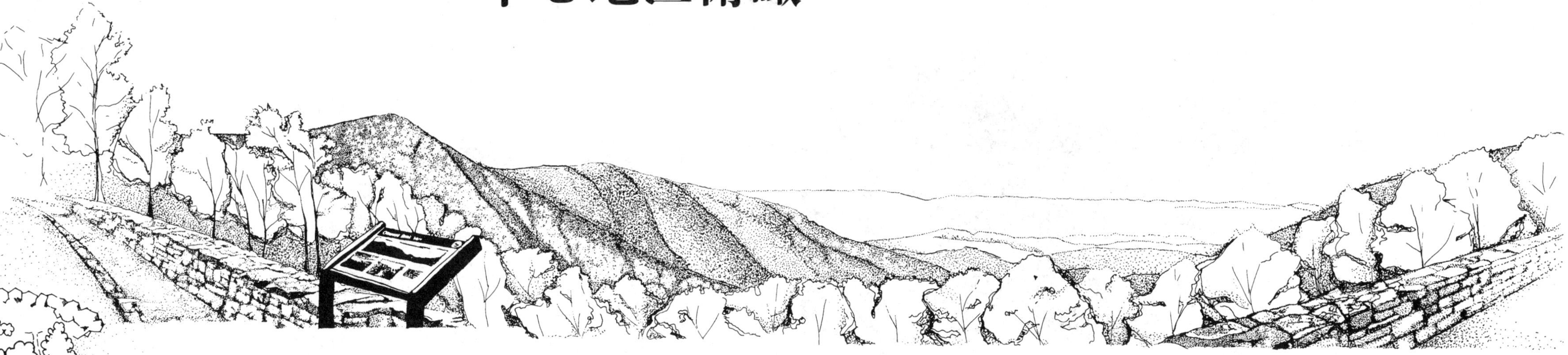

新月岩俯瞰区

里程标志 44.4

由民间资源保护队于 1934 年建造的新月岩俯瞰区，跟中央地区的大多数俯瞰区一样，是 20 世纪 30 年代国家公园道路的经典设计。它的设计利用了现有的道路表面轮廓、岩石结构和植被来建设成一个为大量游客提供类似复活节这样宗教活动的场所，或者提供远足服务。很多干垒墙和防护栏杆位于停车区上方，能够通往公路。铁路从俯瞰区一直通往南部的新月岩和北部的贝蒂岩石。

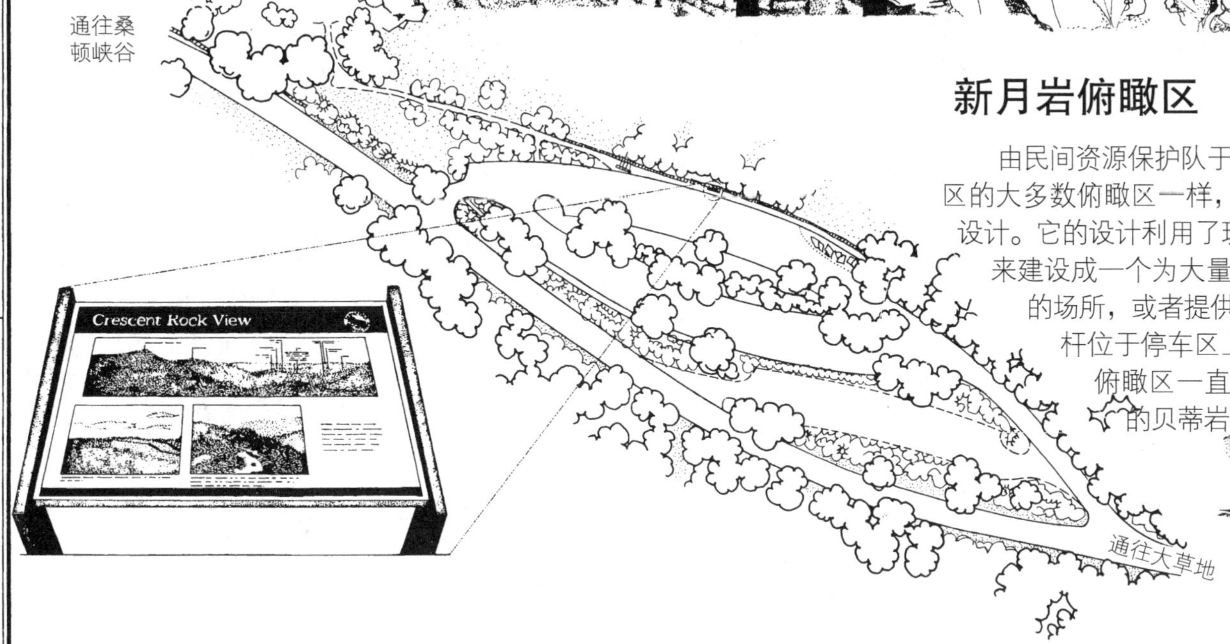

指示图

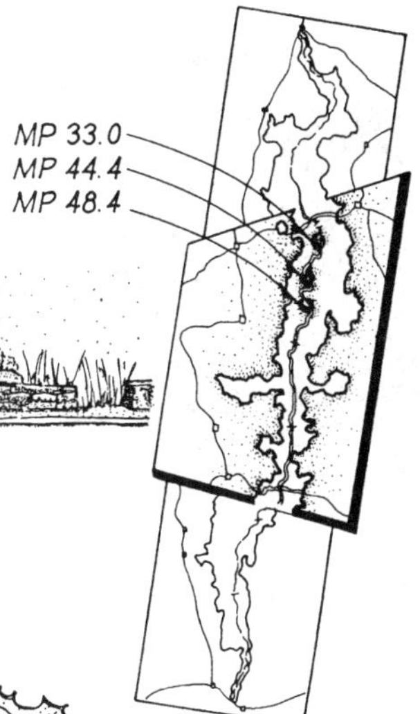

榛子山俯瞰区设计在喷浆岩周围。这片地的地基被挖掘出来然后填入岩石来修饰它突出的特征，由此构成了俯瞰区的土地。环形石墙从大圆石的两边伸出，修饰停车区和道路防护墙。左边墙的内部是喷泉和石阶，一直延伸到景观区上方。从公路上往下望去，这一切都与自然景观融合在一起，形成了一座植被岛，有本地的松树、橡树和山月桂。

公路旁的乔木丛在 48.4 到 49.2 英里之间和 58.8 到 59 英里之间，在夏天形成了绿色隧道。这些树木走廊仅代表了民间资源保护队沿着天际线大道种植的成千上万棵树的一小部分，这项工作由国家公园管理局监管。通过这些植物，公路的设计者们重塑了自然背景。当公路两旁的植物成熟之后，远处的景色都被郁郁葱葱的景观替代。这些并列的森林和街景给予了天际线大道独特的特点。

绿色隧道

里程标志 *48.4 -49 2 and 58.8 -59.*

榛子山脉全景

里程标志 *33.0*

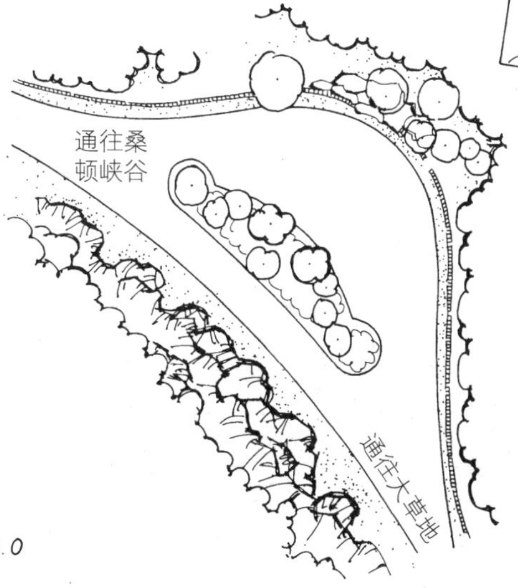

DELINEATED BY: *harlen d. Groe, Shane P. Wirth, 1996 Ryan Lundquist, 2001*

NATIONAL PARK SERVICE
ROADS & BRIDGES RECORDING PROJECT
NATIONAL PARK SERVICE
UNITED STATES DEPARTMENT OF THE INTERIOR

SKYLINE DRIVE
SHENANDOAH NATIONAL PARK
PAGE COUNTY
LURAY VICINITY
VIRGINIA

SHEET 13 of 18

HISTORIC AMERICAN ENGINEERING RECORD
VA-119

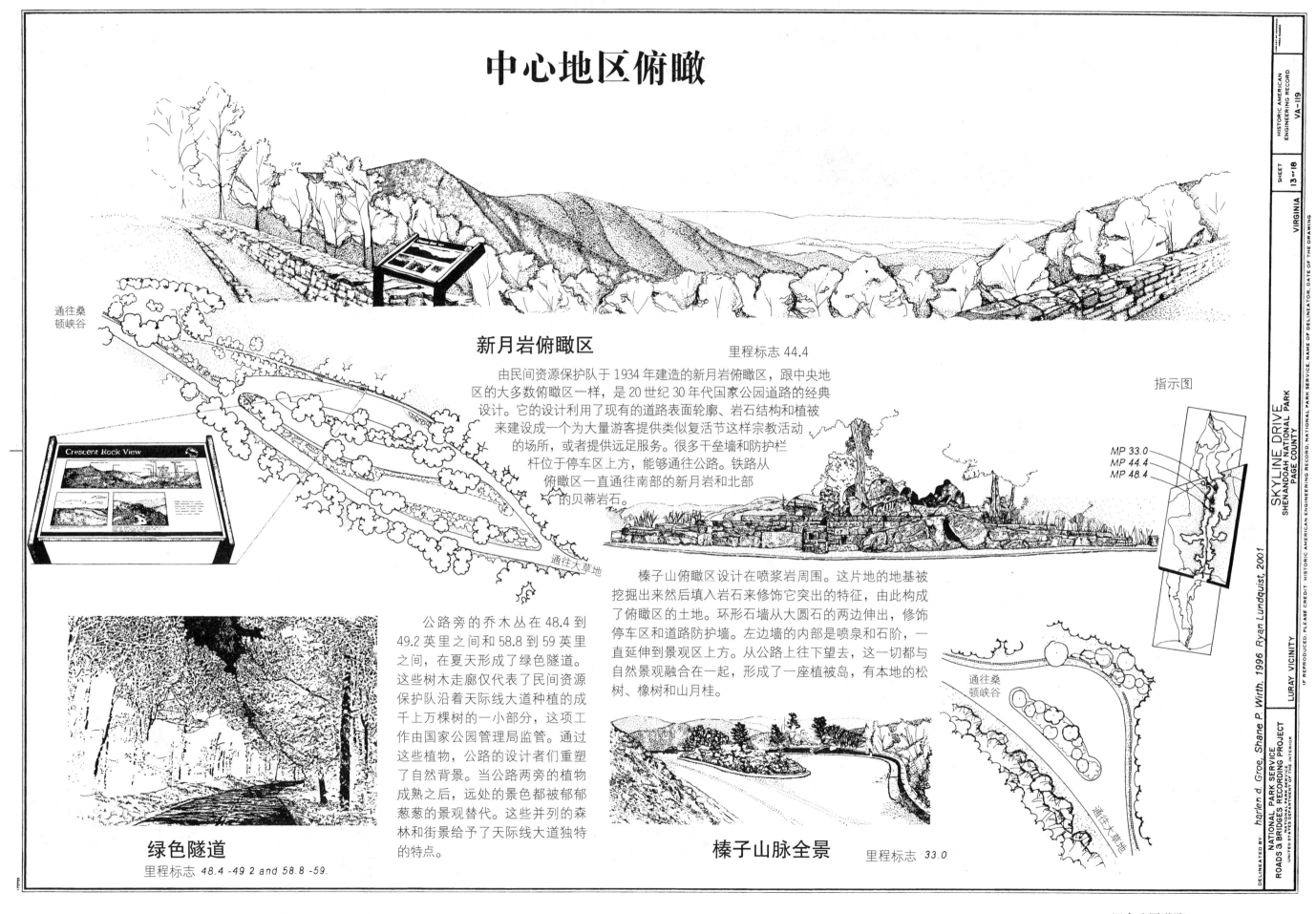

玛丽岩石隧道

位于32.4英里处的玛丽岩石隧道是天际线大道上唯一隧道。根据国家公共道路局的工程师和国家公园管理局的风景园林师说，隧道是避免过量挖掘山体所必须采取的形式，也防止在山上留下疤痕。平均每天挖15英尺，3个15岁的队员每天工作8小时，每周工作6天，在挖掘隧道时清理10799立方码的岩浆岩。为了挖出合适高度和宽度的隧道，队员开凿了40个12英尺深的洞。隧道里有电力供应。然后要把人、机器和碎石移出去。这个过程每24小时重复12次。这个610英尺长的隧道于1932年1月竣工，用时三个月多一点，花费32397.00美元。在1958年和1959年，国家公园管理局在隧道里增加了一个混凝土墙，防止冬天泉水结冰形成冰柱。修理费用是当初修建隧道时的六倍。

北入口

挖掘前在北入口上建造挡土墙

位于玛丽岩石隧道上方的入口在挖掘之前就坍塌了，但是表面材料弄好之后，1933年国家公园管理局规划设计中心就设计了正规的大门。在隧道入口处增加了斜坡加固和景观设计工程，在北入口上方有一座47英尺的墙。

玛丽岩石隧道为国家公园管理局和公共道路局提供了展示技术的机会，因为他们这是在华盛顿80英里外的东部国家公园里修筑一条和西部公园里一样壮观的山区公路。游客们十分欢迎这条东部公园中的第一条隧道——1935年的一张照片所示。在天际线南部的黑岩山下，修建更长的隧道的计划被认为耗资更大而最终放弃。

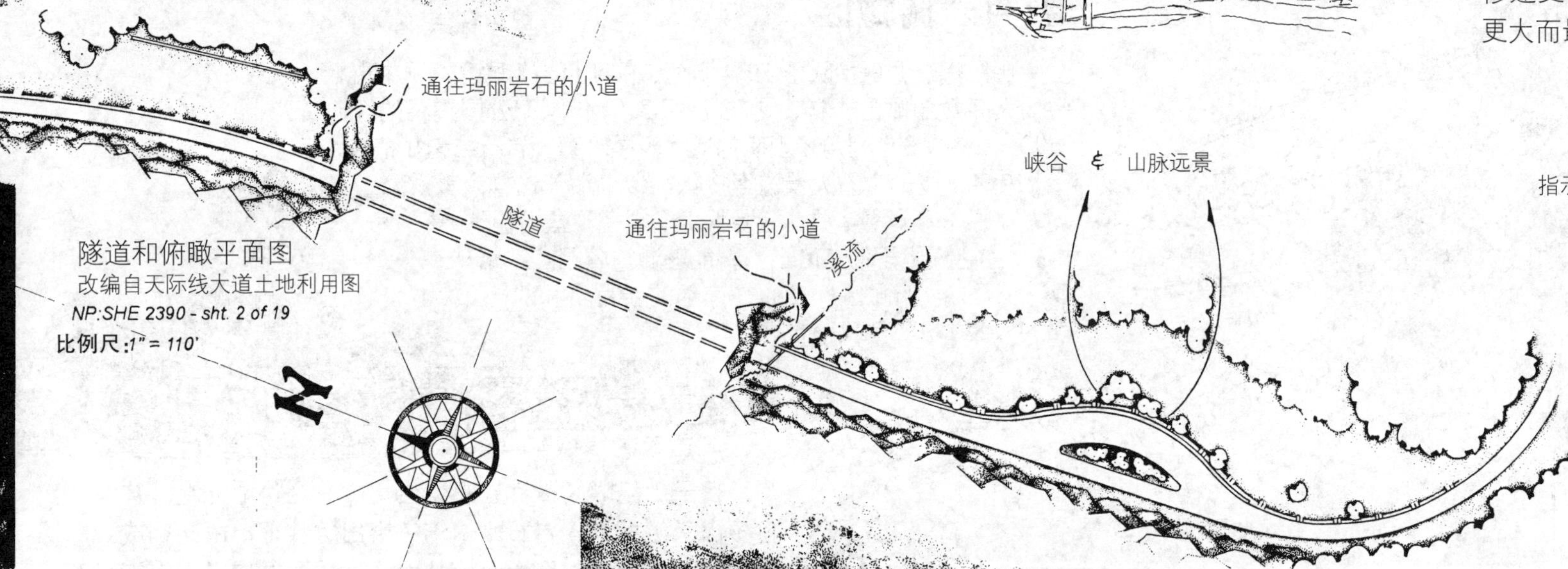

隧道和俯瞰平面图
改编自天际线大道土地利用图
NP:SHE 2390 - sht. 2 of 19
比例尺：1" = 110'

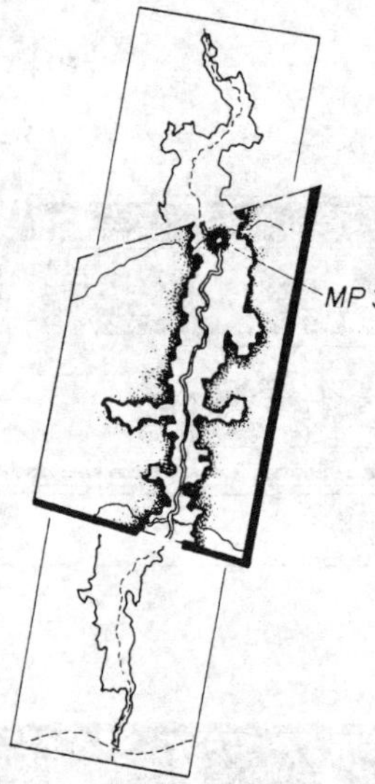

指示图

挖方岩石内部原始结构

内部冰柱

去除冰柱

南入口

俯瞰，1934

俯瞰，1996

DELINEATED BY: *Michael P. Lanning, 1996*

NATIONAL PARK SERVICE
ROADS & BRIDGES RECORDING PROJECT
UNITED STATES DEPARTMENT OF THE INTERIOR

LURAY VICINITY

SKYLINE DRIVE
SHENANDOAH NATIONAL PARK
PAGE COUNTY

VIRGINIA

SHEET 14 OF 18

HISTORIC AMERICAN ENGINEERING RECORD
VA-119

斯凯兰

斯凯兰全貌

来源于 1937 年总体规划 — *N.P. SHE. 1155*

硬汉营地

改编自目录封面 1897—8

斯凯兰从 19 世纪 80 年代晚期就开始接待游客，当时年轻的乔治·付雷曼创造了蓝岭山景区，他的父亲在煤矿有一部分财产。位于硬汉峡谷西部的小高原上，斯凯兰公园（原来在 19 世纪 90 年代叫硬汉营地）吸引了来自华盛顿和其他城市的大量游客。

斯凯兰的早期开发在盆地地区的中央娱乐城，分为两部分：一部分在高原西部，另一部分在悬崖东侧。鸟巢小屋建于 1906 年，由于弗吉尼亚州议员理查德·布雷德的建议，它展现了现代建筑风格。建筑师维克多·E·曼德来福为波洛克的新娘义迪·奈恩亨特设计了独特的艾迪龙达克风格马萨纳滕门房（1911 年）。20 世纪 20 年代中期，斯凯兰小屋又有了改进版的设计方案，叫作巨石小屋。景区里有小屋主人的印章。最著名的是乔治·H·贾德夫妇设计的花园，始建于 1911 年。

1925 年，波洛克终生宣传弗吉尼亚州的蓝岭山风景区，并在斯凯兰州立公园接待了参加国家会议的与会者，正是由于他积极的努力促使大家支持谢南多厄国家公园的创建。1930 年，弗吉尼亚州购买了斯凯兰的所有权，并在五年后将国家公园内设施转让。波洛克一直监管斯凯兰一直到 1937 年，他不情愿地将这块休闲宝地转交给公园的新所有人。然而，波洛克保留了马萨纳滕门房的终身租赁权，一直到 1949 年去世。

1930 至 1939 年之间，斯凯兰的改变影响了天际线大道（始于 1931 年）和谢南多厄国家公园（1936 年竣工）的建设，并产生了更新的公园建设标准。国家公园管理局的设计师们修建了环路，把房屋全部移除，重建了其他建筑。为容纳越来越多的游客，公园增加了餐厅和旅馆以及注册楼。如今，斯凯兰由弗吉尼亚州天际线公司（ARAMARK）管理。

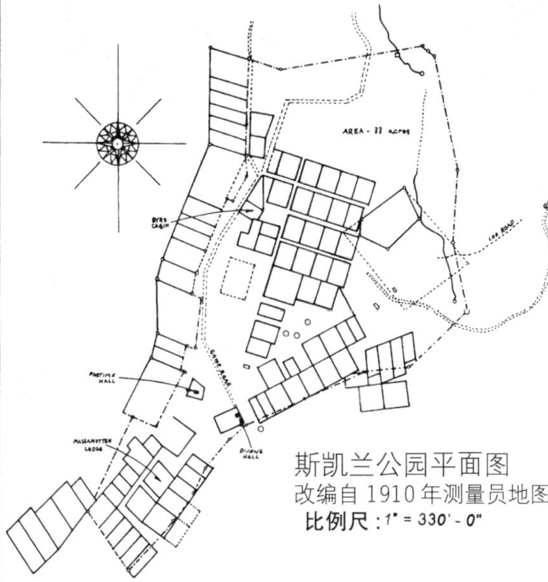

斯凯兰公园平面图

改编自 1910 年测量员地图

比例尺：1" = 330' - 0"

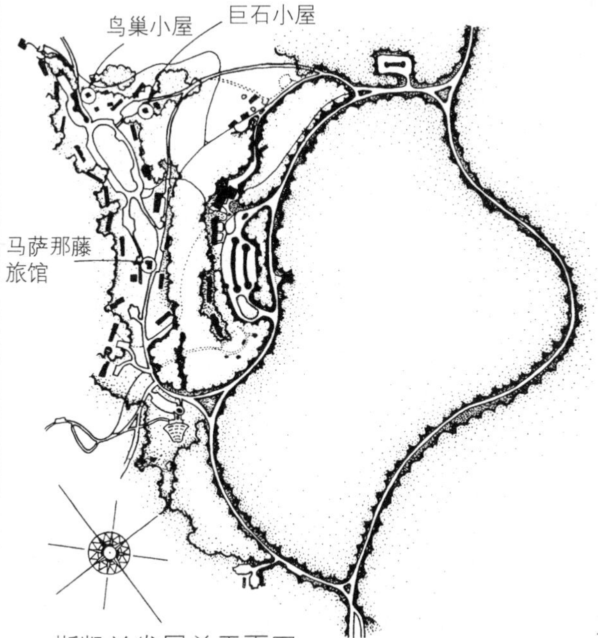

斯凯兰发展总平面图

比例尺：1" = 510' - 0" *Mile Mk 51.2*

马萨那藤旅馆 *ca 1911*

鸟巢小屋 *ca.1906*

巨石小屋 *ca 1925*

指示图

SKYLINE DRIVE
SHENANDOAH NATIONAL PARK
PAGE COUNTY
LURAY VICINITY
VIRGINIA
SHEET 15 of 18
HISTORIC AMERICAN ENGINEERING RECORD
VA-119
DELINEATED BY *Shane P. Wirth, 1996*
NATIONAL PARK SERVICE
ROADS & BRIDGES RECORDING PROJECT

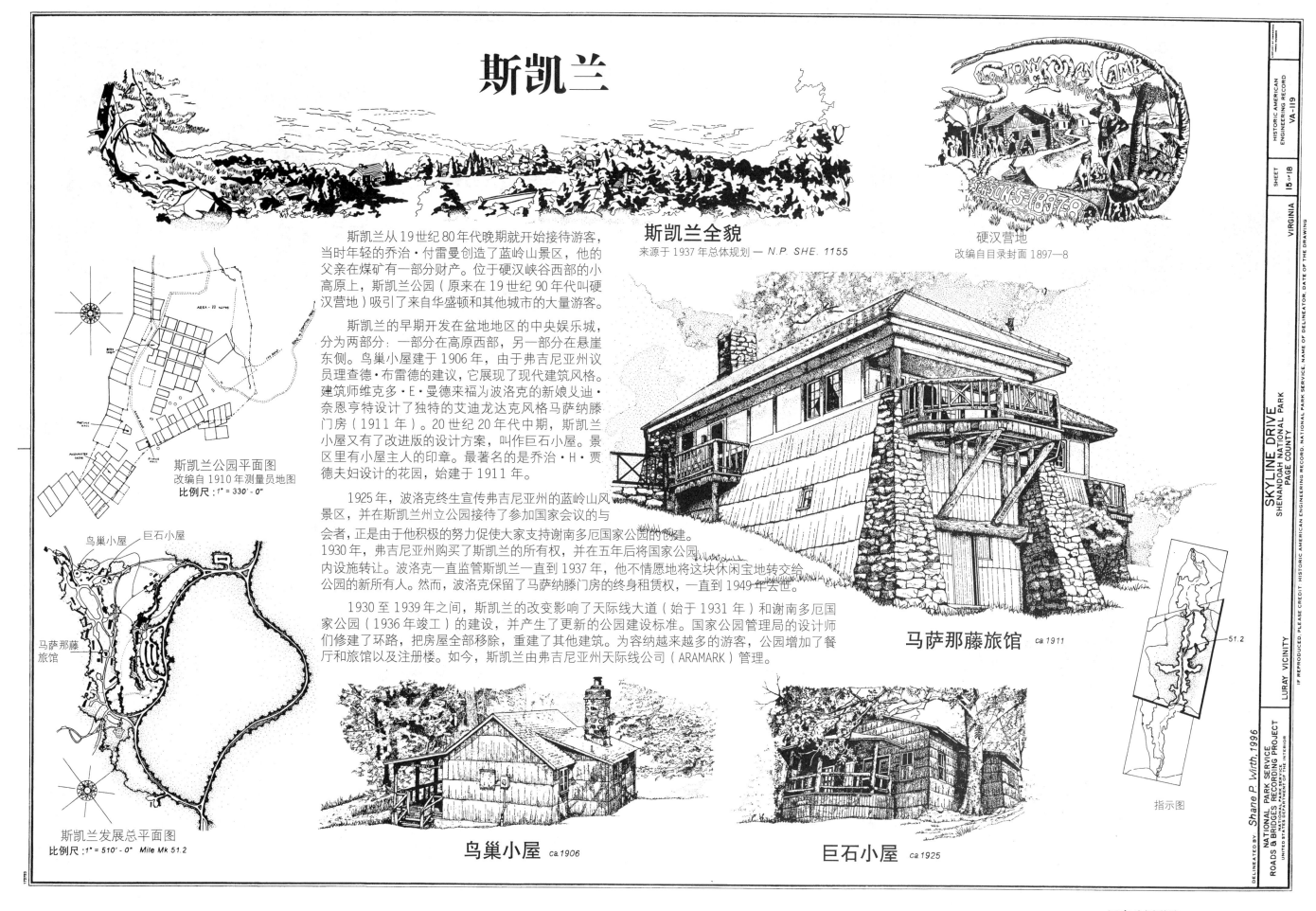

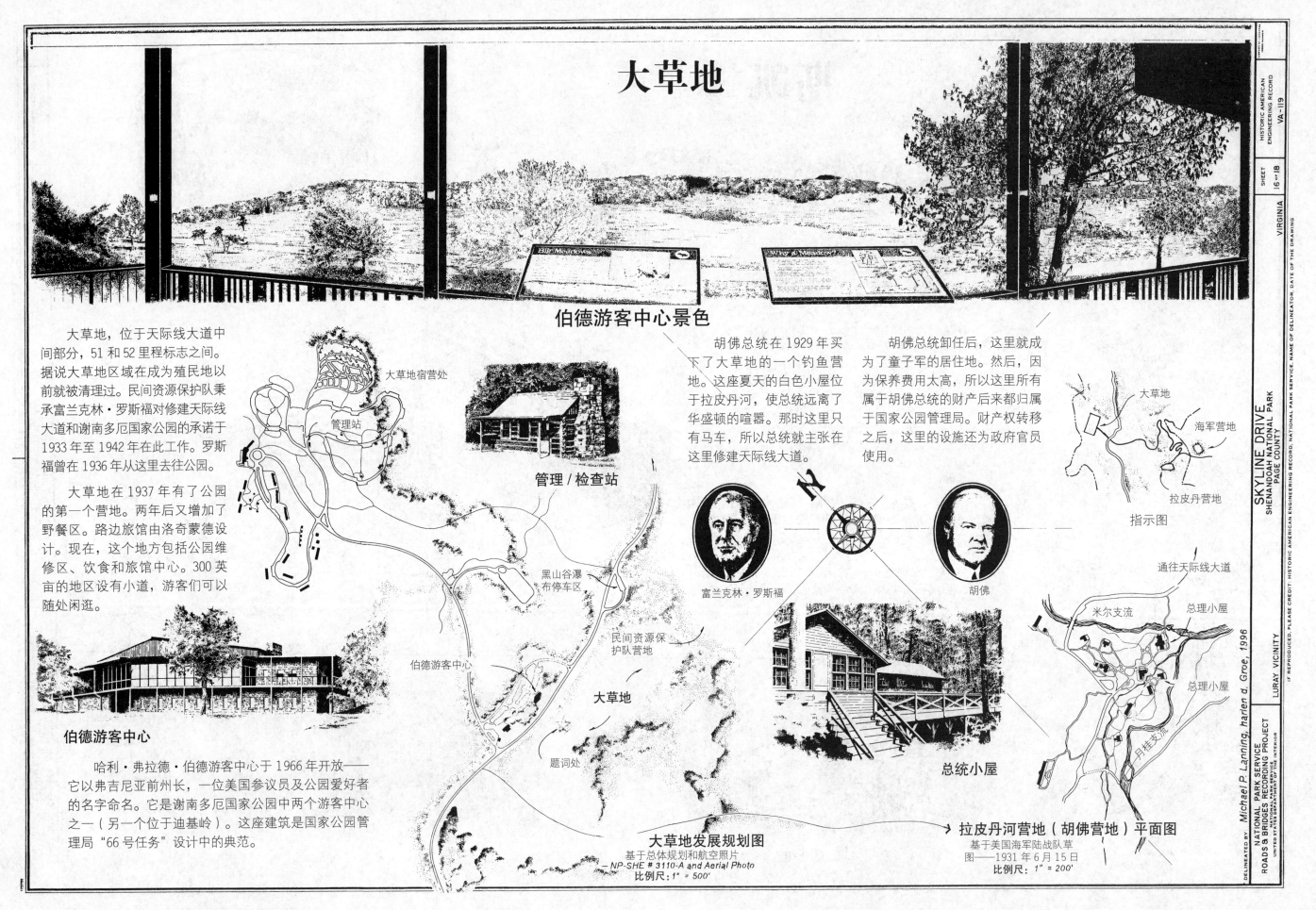

大草地

Big Meadows
Why a Meadow?

伯德游客中心景色

大草地，位于天际线大道中间部分，51 和 52 里程标志之间。据说大草地区域在成为殖民地以前就被清理过。民间资源保护队秉承富兰克林·罗斯福对修建天际线大道和谢南多厄国家公园的承诺于 1933 年至 1942 年在此工作。罗斯福曾在 1936 年从这里去往公园。

大草地在 1937 年有了公园的第一个营地。两年后又增加了野餐区。路边旅馆由洛奇蒙德设计。现在，这个地方包括公园维修区、饮食和旅馆中心。300 英亩的地区设有小道，游客们可以随处闲逛。

大草地宿营处
管理站
黑山谷瀑布停车区
民间资源保护队营地
伯德游客中心
大草地
题词处

管理 / 检查站

胡佛总统在 1929 年买下了大草地的一个钓鱼营地。这座夏天的白色小屋位于拉皮丹河，使总统远离了华盛顿的喧嚣。那时这里只有马车，所以总统就主张在这里修建天际线大道。

胡佛总统卸任后，这里就成为了童子军的居住地。然后，因为保养费用太高，所以这里所有属于胡佛总统的财产后来都归属于国家公园管理局。财产权转移之后，这里的设施还为政府官员使用。

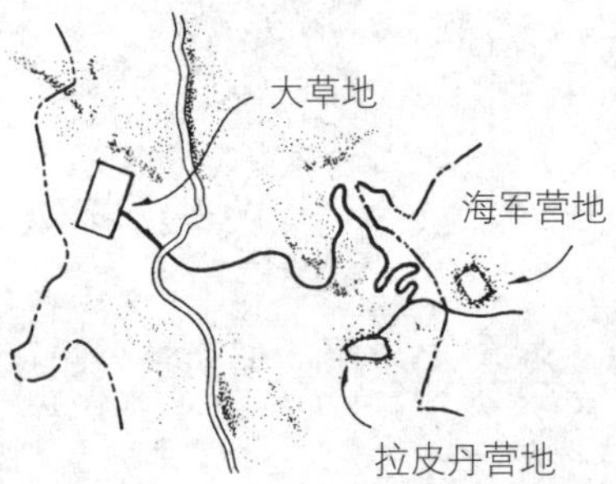

大草地
海军营地
拉皮丹营地

指示图

富兰克林·罗斯福

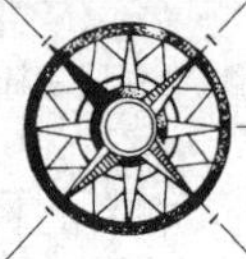

胡佛

伯德游客中心

哈利·弗拉德·伯德游客中心于 1966 年开放——它以弗吉尼亚前州长，一位美国参议员及公园爱好者的名字命名。它是谢南多厄国家公园中两个游客中心之一（另一个位于迪基岭）。这座建筑是国家公园管理局“66 号任务”设计中的典范。

总统小屋

大草地发展规划图

基于总体规划和航空照片

—NP-SHE # 3110-A and Aerial Photo

比例尺：1" = 500'

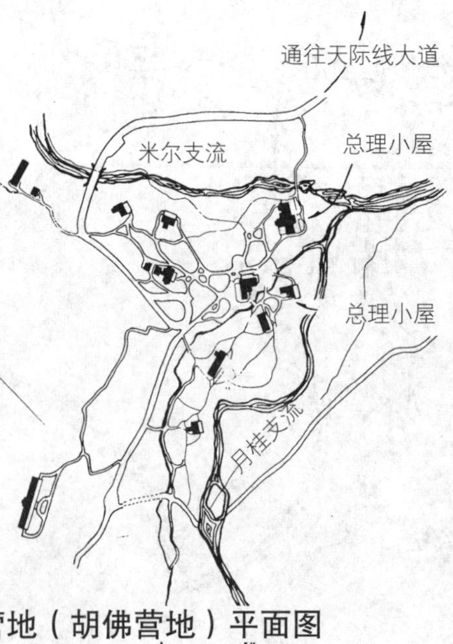

通往天际线大道
米尔支流
总理小屋
总理小屋
月桂支流

拉皮丹河营地（胡佛营地）平面图

基于美国海军陆战队草图——1931 年 6 月 15 日

比例尺：1" = 200'

HISTORIC AMERICAN ENGINEERING RECORD

VA-119

SHEET 16 of 18

VIRGINIA

SKYLINE DRIVE

SHENANDOAH NATIONAL PARK

PAGE COUNTY

LURAY VICINITY

DELINEATED BY Michael P. Lanning, harlen d. Groe, 1996

NATIONAL PARK SERVICE

ROADS & BRIDGES RECORDING PROJECT

UNITED STATES DEPARTMENT OF THE INTERIOR

IF REPRODUCED, PLEASE CREDIT: HISTORIC AMERICAN ENGINEERING RECORD, NATIONAL PARK SERVICE, NAME OF DELINEATOR, DATE OF THE DRAWING

天际线公路的自然演变

1935 年 12 月火灾观测平台

改编自照片——谢南多厄国家公园档案馆

早期游客们在经过谢南多厄国家公园新开放的天际线大道时，十分享受这里的森林景观。但对木材的长期使用大大减少了山区的森林总量。此外，这个地区的主要树木——美国栗树已在 20 世纪的第一个十年里大量减少。在早些时候，野生动物全都逃离公园，1925 年至 1941 年之间，这片土地都被烧毁。后来，通过实施一系列项目，人们开始关注这里的自然环境。

如今，接近 95% 的植被依然处于野生状态下。这些次生林需经过七年时间的自然生长、人工抚育、美化和火灾控制。公园植被成熟后，天际线下的景色改变了，荒凉的土地变成了森林的海洋。1997 年，公园启动了恢复天际线大道景观的五年计划。

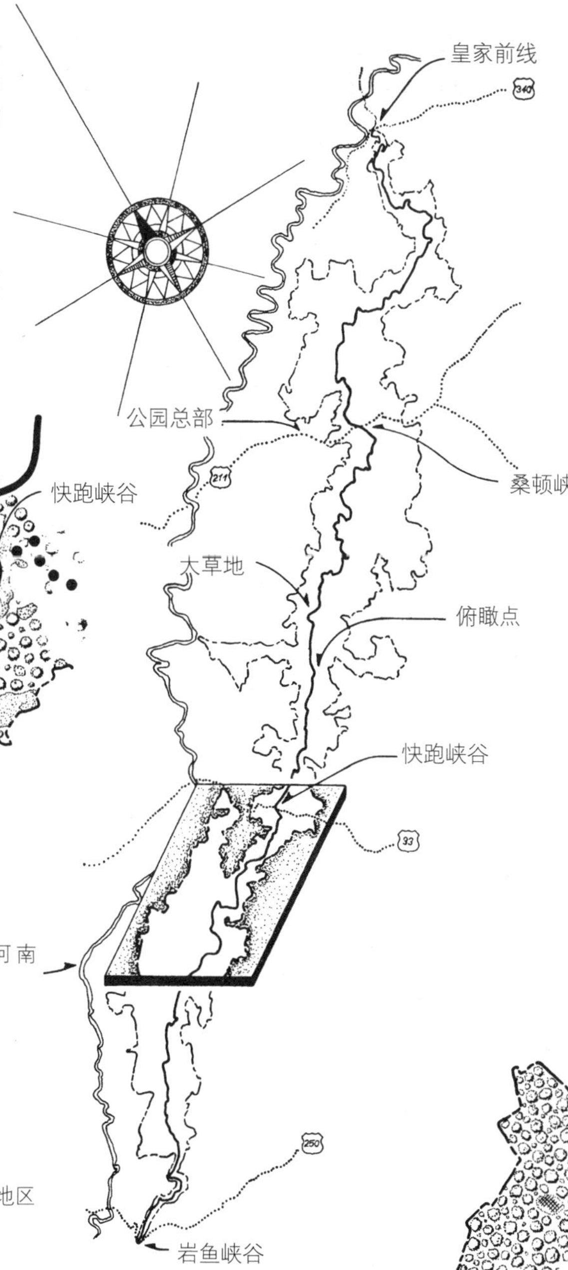

皇家前线
公园总部
桑顿峡谷
大草地
俯瞰点
快跑峡谷
谢南多厄河南支流
岩鱼峡谷

眺望平台点，1996 年 7 月

尽管天际线大道本身经历了相对小的物理变化，但是病虫害、空气污染和土地使用都改变了天际线大道的景色。植被又开始受到威胁。从公路看下去，景观随着糟糕的空气质量而变得越来越坏。俄亥俄州的工业城市带来的空气污染和密西西比峡谷产生的大风把污染都带到了谢南多厄河谷。在晴朗的天气，游客们可以从 30 英里的西部欣赏美景。在天气不好的时候，大雾把美景与游客完全隔离了。

郊区的改造和农场的改变使得公园的环境好了起来。渐渐地，房屋和工业发展取代了小型社区和农场。除了少量的现代发展的“污染”，天际线大道的景观还是令人印象深刻的。

33
快跑峡谷
常春藤溪
阁楼山发展地区

1935 年植被情况

——森林类型图，1935 年总体规划

图例 —

天际线大道　眺望处　边界

开放区域　0~40 年森林　41 年以上森林

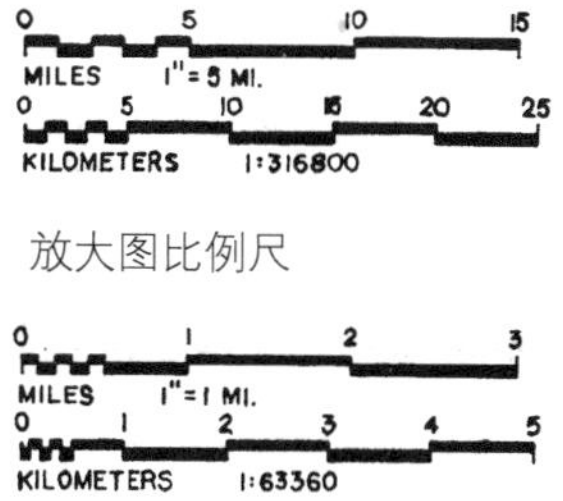

地图比例尺
MILES 1" = 5 MI.
KILOMETERS 1:316800
放大图比例尺
MILES 1" = 1 MI.
KILOMETERS 1:63360

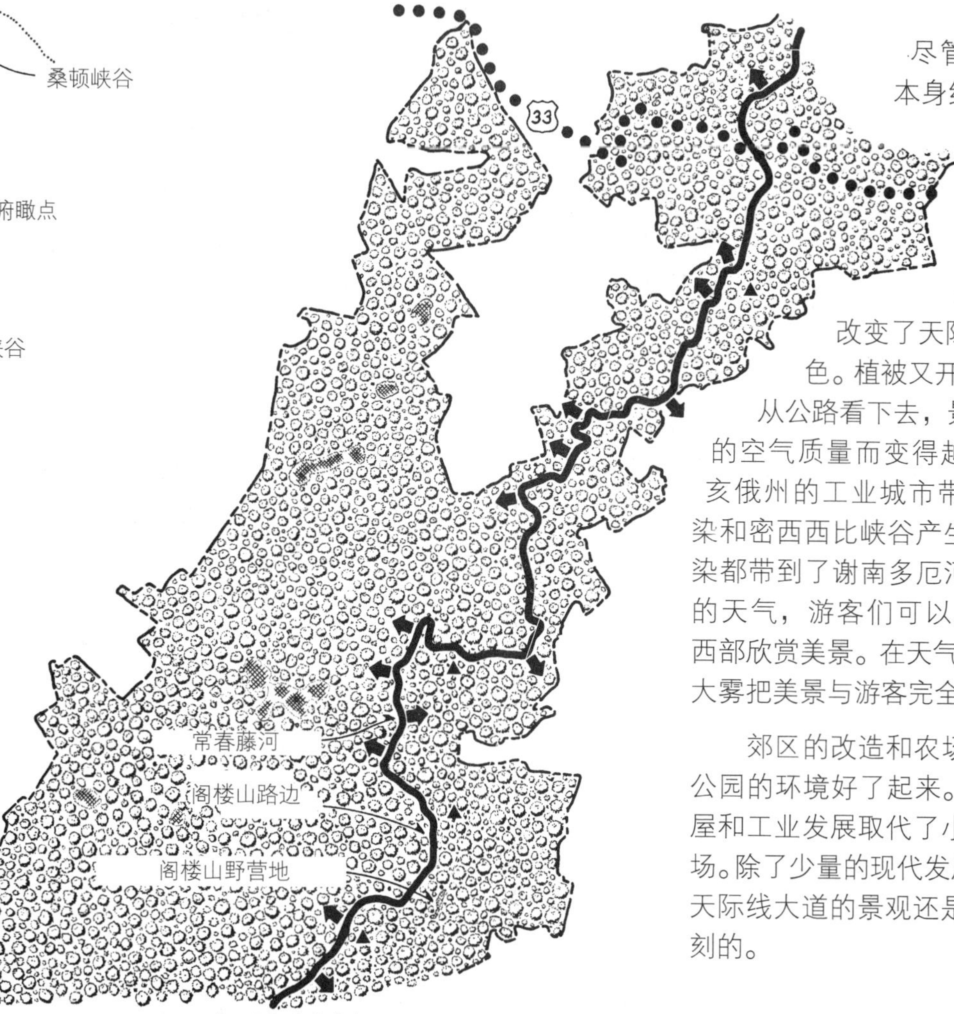

33
常春藤河
阁楼山路边
阁楼山野营地

1936 年植被情况

——谢南多厄国家公园地理信息系统数据

图例 —

天际线大道　眺望处　边界

开放区域　森林　岩石　▲ AT Shelters

HISTORIC AMERICAN ENGINEERING RECORD VA-119

SHEET 18 OF 18

VIRGINIA

SKYLINE DRIVE
SHENANDOAH NATIONAL PARK
PAGE COUNTY

LURAY VICINITY

DELINEATED BY: Christopher J. Seeger, 1996

NATIONAL PARK SERVICE
ROADS & BRIDGES RECORDING PROJECT
NATIONAL PARK SERVICE
UNITED STATES DEPARTMENT OF THE INTERIOR

黄石国家公园

黄石国家公园道路与桥梁 I

黄石国家公园的历史性桥梁在国家公园管理局风景建筑中扮演了一个重要的角色。建筑、结构与自然风景的相融合的设计理念是由美国军队工程师潘·金曼在1883年首次提出的。军队的工程师们，尤其是潘和海勒姆，负责1883年至1918年的道路和桥梁建设。创建于1916年的国家公园管理局负责1918年的公路和桥梁建设，呼吁雇佣受过训练的工程师们，他们应该拥有风景园林或者公园设计美术方面的知识。当时的政策重申了这一建设理念。1926年，领导权交到了国家公共道路局的手上。幼狐溪桥（1928年）和20世纪30年代建造的所有桥梁展现了公共道路局和国家公园管理局之间的合作与规划。

军队的作用体现在两座金属大桥上——黑曜石溪桥（1910年）和火洞溪桥（1911年）。

黄石国家公园的公路体系是该规划的完美体现，这个规划由首席设计师兰格福德于19世纪70年代想出的。在十年里，所有道路和桥梁建造者经历了相同的困难——糟糕的天气、独特的地形特征和短暂的施工季。

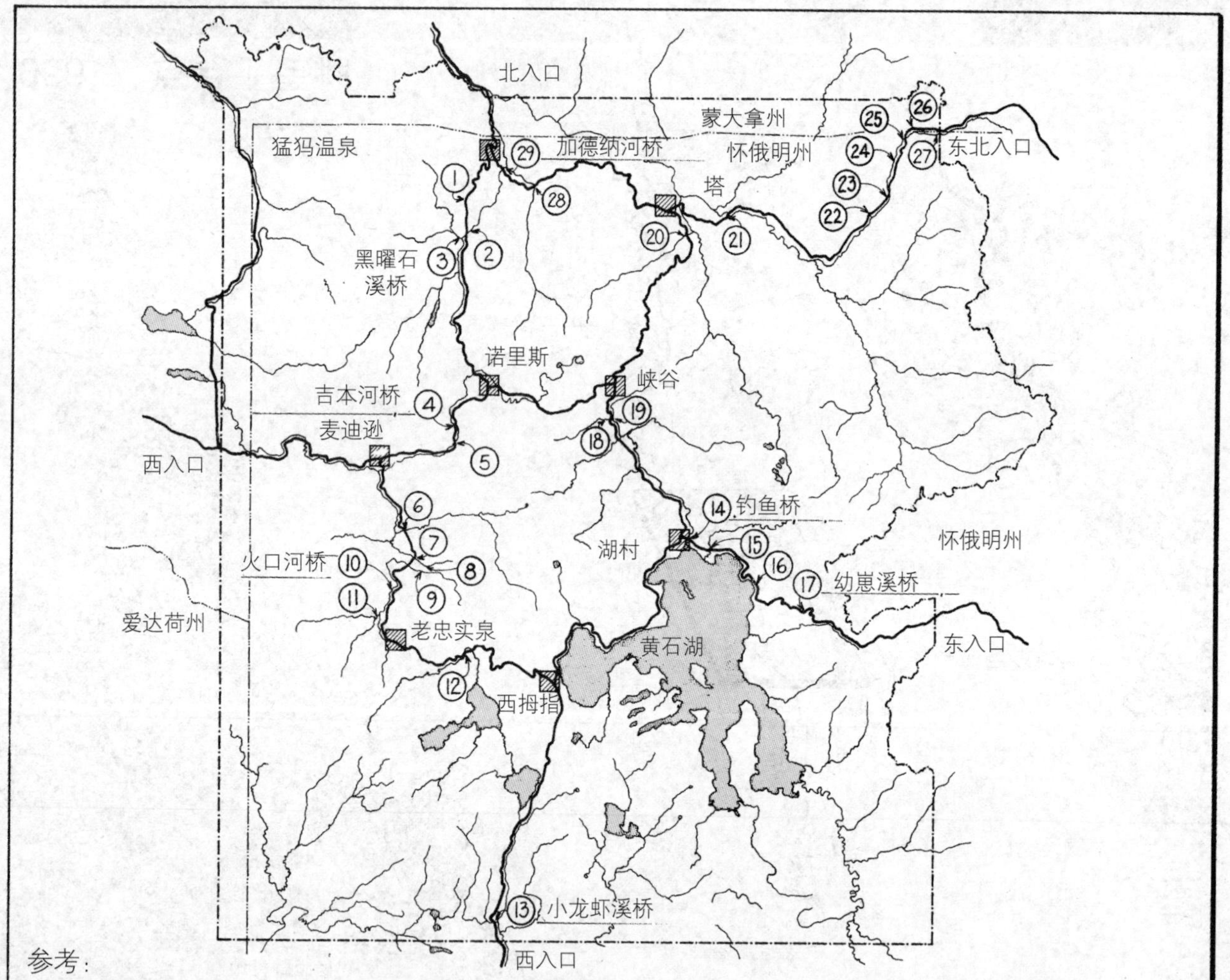

参考：

1. 金门高架桥
2. 七英里桥
3. 黑曜石溪桥
4. 吉本河2号桥 2569号地图
5. 吉本河3号桥 2691号地图
6. 内兹珀斯溪桥
7. 火口湖大道 4号桥
8. 火口湖大道 5号桥
9. 火口湖大道 2号桥
10. 火口河桥（陆军工程兵团建）
11. 火口河桥（靠近牵牛花池）
12. 伊佐湖桥
13. 小龙虾溪桥
14. 钓鱼桥
15. 鹈鹕溪桥
16. 莎草溪桥
17. 幼狐溪桥
18. 水獭溪桥
19. 水獭溪桥（野营地路）
20. 塔溪桥
21. 拉马尔溪桥
22. 小石溪桥
23. 索达巴特溪 1号桥
24. 美国联邦公路局溪桥
25. RWC溪桥
26. TLF溪桥
27. 索达巴特溪 2号桥
28. 熔岩溪桥
29. 加德纳河桥

黄石国家公园（桥梁位置）

1988年，国家公路管理局在黄石国家公园开始了一个20年的重建项目。此文件被用来作为国家公园管理局道路体系和附属环境重建文件的一部分。

此项目是HAER的一部分。HAER是一项长期记录美国历史上重要工程与工业成果的项目。HAER由HABS/HAER管理，这是美国内政部国家公园管理局的一个部门。黄石道路和桥梁记录项目由黄石国家公园赞助，负责人是罗伯特，经理是约翰，地区经理是罗琳，分部经理是罗德。HAER则由罗伯特领导。

现场工作、测量图纸、历史性报告和照片由首席建筑师艾瑞克·狄罗尼负责。记录小组包括史学家玛丽，建筑监督朱莉·皮尔森（德克萨斯科技大学），项目工程师史蒂文（弗吉尼亚州高端技术委员会），项目构思伊丽莎白·哈维和杰拉尔德·汉森，正式照片由HAER摄影师杰特·罗威完成。

DELINEATED BY: ELIZABETH A. HARVEY, LAURA E. SALARANO · 1989

YELLOWSTONE ROADS AND BRIDGES
HISTORIC AMERICAN ENGINEERING RECORD
NATIONAL PARK SERVICE
UNITED STATES DEPARTMENT OF THE INTERIOR

YELLOWSTONE N.P.

YELLOWSTONE ROADS & BRIDGES
PARK, TETON COUNTIES
TETON COUNTY
WYOMING

SHEET 1 OF 1

HISTORIC AMERICAN ENGINEERING RECORD
WY - 24

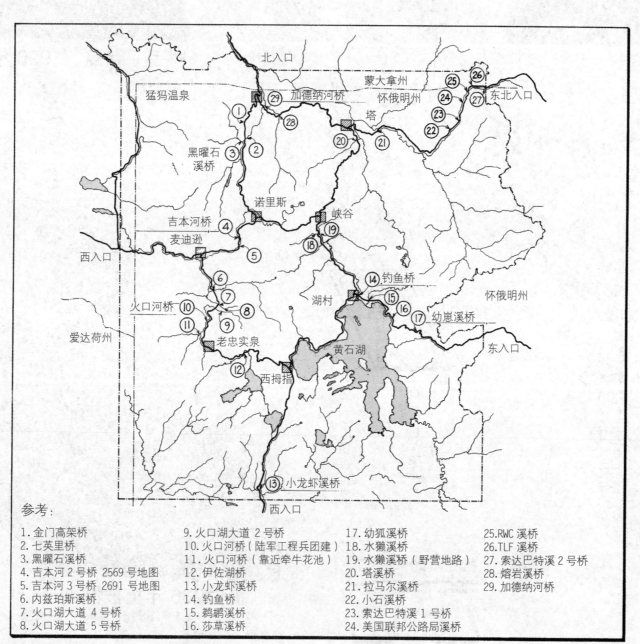

黑曜石溪桥，1910 年

印第安溪营地

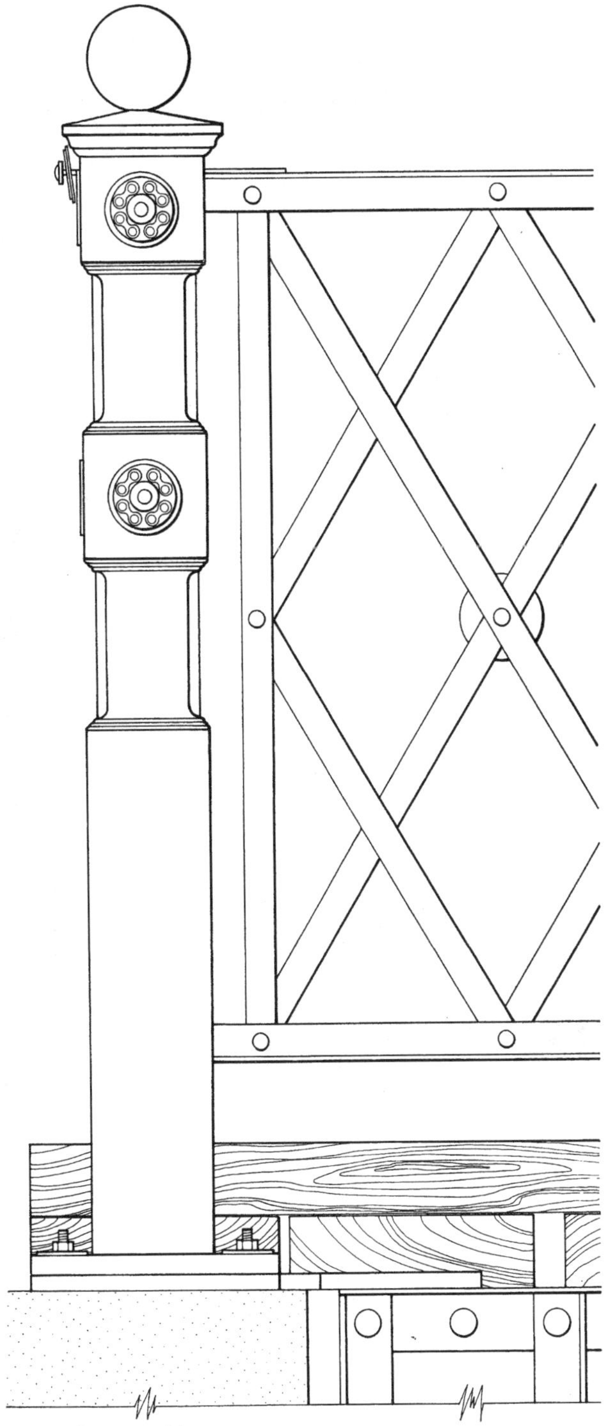

栏杆细节

比例尺：3" = 1'-0"（度量标准：1:4）

黑曜石溪桥，1910 年完工，跨越印第安溪营地，远离猛犸温泉和诺里斯之间的大型环路。桥梁由美国军队工程师建于桥梁建设第二阶段。军队工程师于 1883 年在黄石国家公园开始建设道路和桥梁，直到 1918 年国家公园管理局接管之后才停止工作。1909 年，一个军队桥梁检查人员声称："所有的木制桥梁建于道路建设早期，而所有材料均为松木。松木的使用寿命取决于海拔高度，如果没有土壤侵蚀的话，其使用年限不超过 12 至 15 年。如果受到侵蚀，则会更短。因此，公园的大部分工程已经达到了安全的极限。"

公园的前四座金属大桥建于 1901 年，之后 1903 年至 1904 年又建了九座，1910 年四座，1911 年三座。

1909 年检查报告建议把土埋大型涵洞管道换成 36 英尺的跨度的桥梁，原因是水流不足。其实在铺设涵洞管道之前，有一个木制桥建在了黑曜石溪之上。

这座桥由于美国军队工程师的参与，所以对于黄石国家公园来说显得十分重要。

此项目是 HAER 的一部分。HAER 是一项长期记录美国历史上重要工程与工业成果的项目。HAER 由 HABS/HAER 管理，这是美国内政部国家公园管理局的一个部门。黄石道路和桥梁记录项目由黄石国家公园赞助，负责人是罗伯特，经理是约翰，地区经理是罗琳，分部经理是罗德。HAER 则由罗伯特领导。

现场工作、测量图纸、历史性报告和照片由首席建筑师艾瑞克·狄罗尼负责。记录小组包括历史学家玛丽，建筑监督朱莉·皮尔森（德克萨斯科技大学），项目工程师史蒂文（弗吉尼亚州高端技术委员会），项目构思伊丽莎白·哈维和杰拉尔德·汉森，正式照片由 HAER 摄影师杰特·罗威完成。

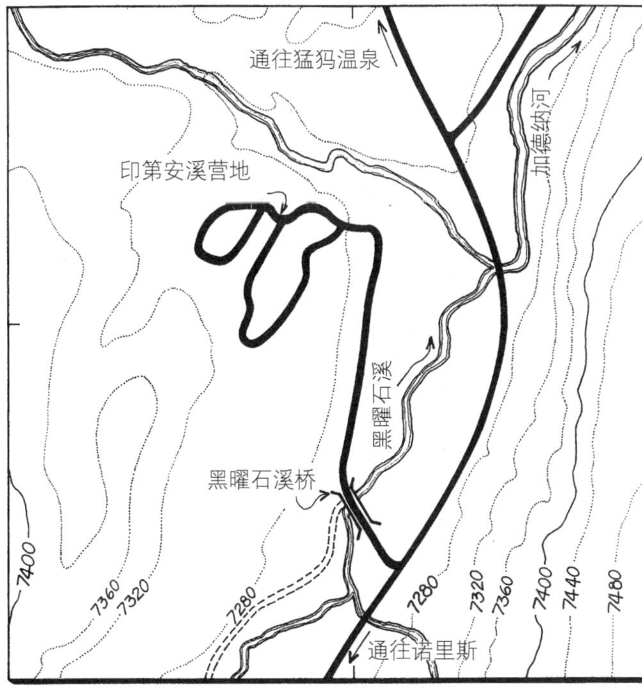

基于美国地质勘探局 7.5 分系列猛犸梯形图幅（1986 年）

U.T.M.: 12.525280.4978260

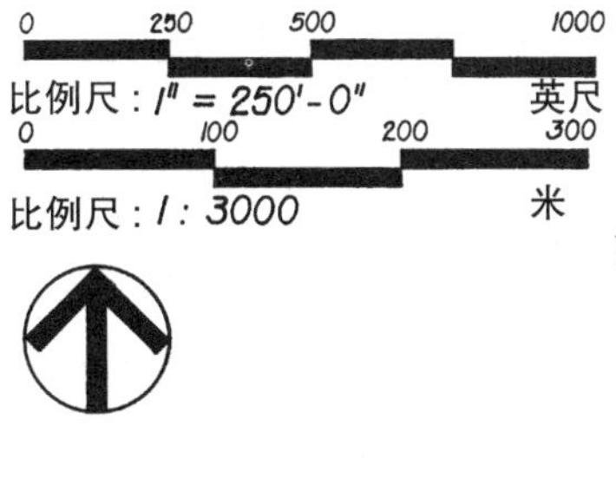

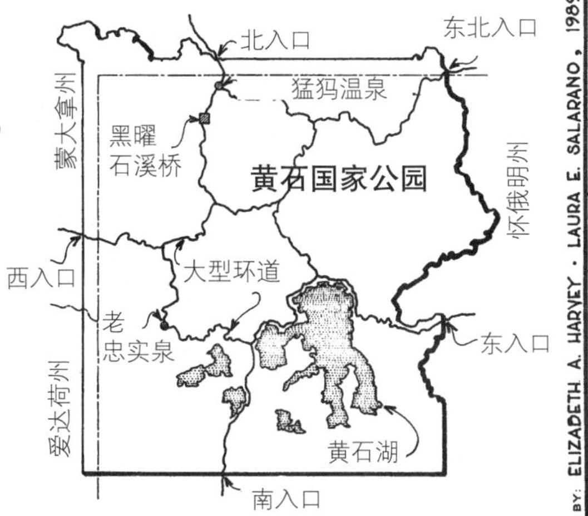

基于美国地质勘探局黄石国家公园地图 怀俄明州 - 蒙大拿州 - 爱达荷州，1961 年

HISTORIC AMERICAN ENGINEERING RECORD WY-10

SHEET 1 of 2

OBSIDIAN CREEK BRIDGE 1910

SPANNING OBSIDIAN CREEK ON INDIAN CREEK CAMPGROUND ROUND

YELLOWSTONE NATIONAL PARK PARK COUNTY WYOMING

DELINEATED BY: ELIZABETH A. HARVEY · LAURA E. SALARANO, 1989

YELLOWSTONE ROADS AND BRIDGES

HISTORIC AMERICAN ENGINEERING RECORD
NATIONAL PARK SERVICE
UNITED STATES DEPARTMENT OF THE INTERIOR

IF REPRODUCED, PLEASE CREDIT: HISTORIC AMERICAN ENGINEERING RECORD, NATIONAL PARK SERVICE, NAME OF DELINEATOR, DATE OF THE DRAWING

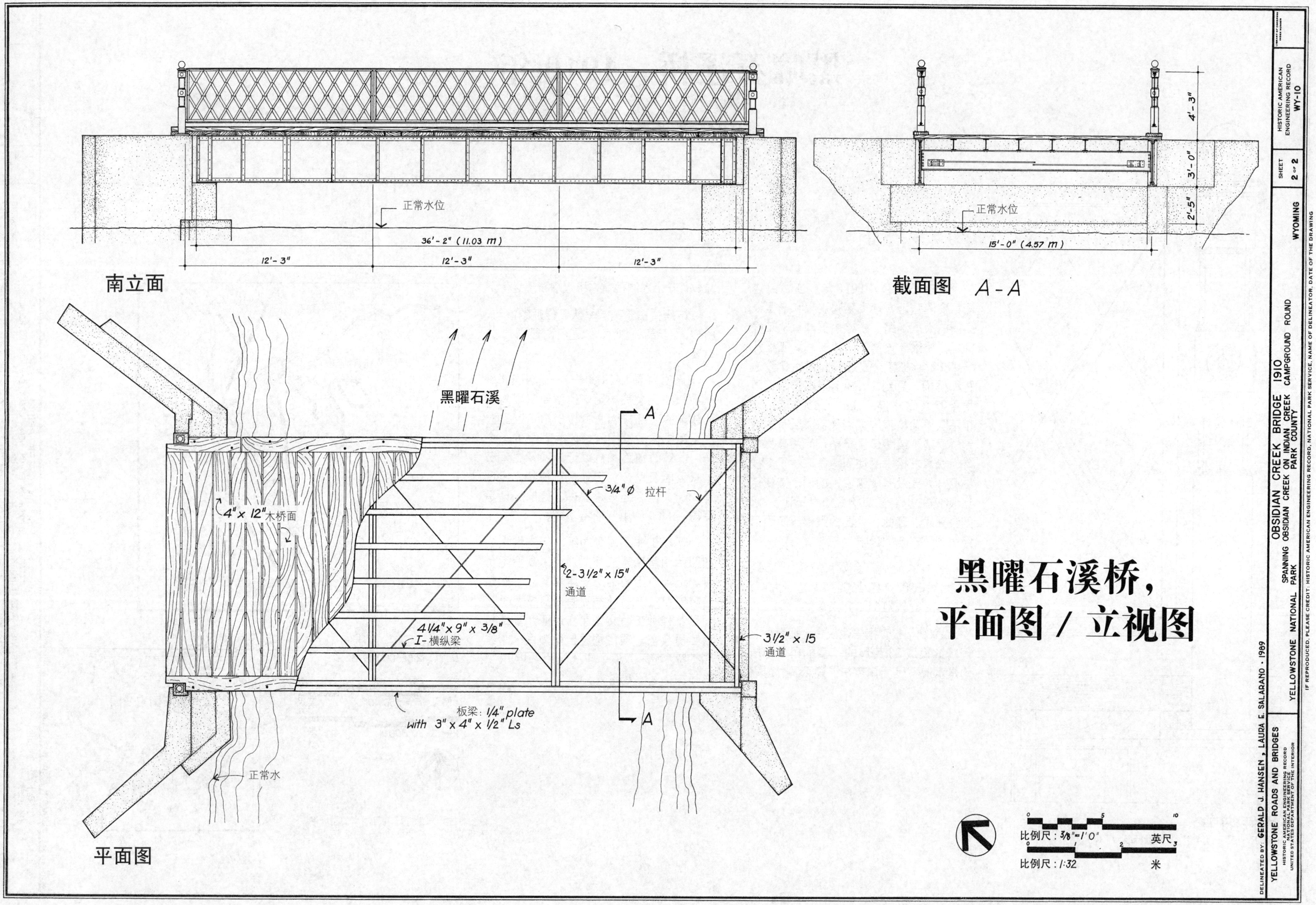

南立面
正常水位
36'-2" (11.03 m)
12'-3"
12'-3"
12'-3"
截面图 A-A
4'-3"
3'-0"
2'-5"
15'-0" (4.57 m)
黑曜石溪
A
3/4" ϕ 拉杆
4" x 12" 木桥面
2-3 1/2" x 15" 通道
4 1/4" x 9" x 3/8" I- 横纵梁
3 1/2" x 15 通道
板梁：1/4" plate with 3" x 4" x 1/2" Ls
正常水
平面图
黑曜石溪桥，
平面图 / 立视图
比例尺：3/8"=1'0" 英尺
比例尺：1:32 米
OBSIDIAN CREEK BRIDGE 1910
SPANNING OBSIDIAN CREEK ON INDIAN CREEK CAMPGROUND ROUND
YELLOWSTONE NATIONAL PARK PARK COUNTY
WYOMING
SHEET 2 of 2
HISTORIC AMERICAN ENGINEERING RECORD WY-10
DELINEATED BY: GERALD J. HANSEN, LAURA E. SALARANO · 1989
YELLOWSTONE ROADS AND BRIDGES
HISTORIC AMERICAN ENGINEERING RECORD
NATIONAL PARK SERVICE
UNITED STATES DEPARTMENT OF THE INTERIOR
IF REPRODUCED, PLEASE CREDIT: HISTORIC AMERICAN ENGINEERING RECORD, NATIONAL PARK SERVICE, NAME OF DELINEATOR, DATE OF THE DRAWING

钓鱼桥，1936 年

邻湖的黄石河

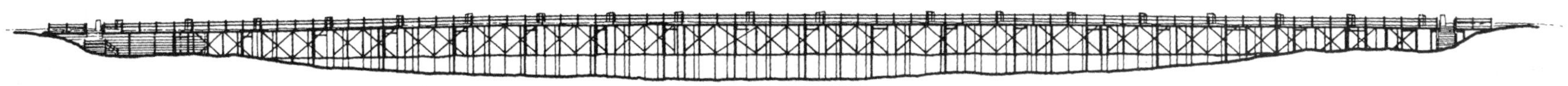

北立面图

不按比例

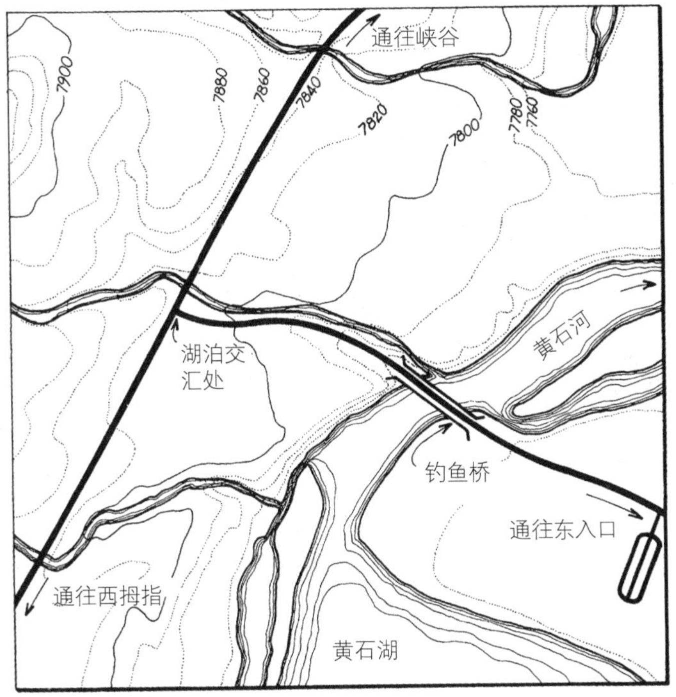

基于美国地质勘探局 7.5 分系列湖泊，怀俄明州梯形图幅（1986）

U.T.M.: 12.549080.4931970

比例尺：1" = 250'-0"　英尺

比例尺：1 : 3000　米

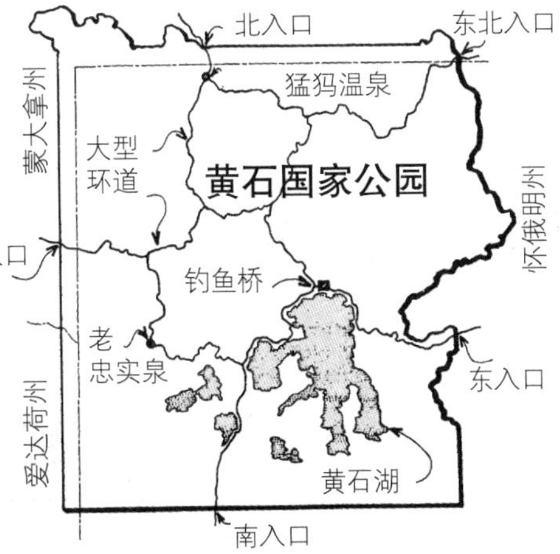

基于美国地质勘探局黄石国家公园地图

怀俄明州－蒙大拿州－爱达荷州，1961 年

位于东入口站的黄石桥跨越黄石河，在黄石湖出口的上方。桥梁取代了原有狭窄的木结构桥，那个木桥还是美国军队工程 1907 年东入口道路项目的一部分。为马车交通而设计的钓鱼桥很受欢迎，促使国家公园管理局要求建立能够安全承载各类交通工具的道路。国家公园管理局规划设计中心也要求此结构具有乡土风格。

选址调查始于 1931 年，选取的地点位于河流南部和东部的老桥梁 100 英尺以下，河流西部或北部与老桥梁 45 度角的连接处，这样会有诸多优点。如果有更大的空间或者距河流更远的话，远离频繁而不可预测的暴风雪，冰雪造成的破坏就会减弱。

钓鱼桥规划由公共道路局的地方分局设计，并采用国家公园管理局规划设计中心的建筑方案。犹他州的斯普林维尔于 1935 年 12 月 27 日接下了桥梁承包任务。桥梁施工开始于 1936 年 5 月 26 日。木制桥的材料来自太平洋海岸。奥福德港口的雪松用在弯曲部分。他们来自马什菲尔德和俄勒冈附近，由俄勒冈州港口木材保护局处理。道格拉斯冷杉帽和纵梁来自俄勒冈附近。桥梁结构被喷成棕色。桥梁有 28 英尺的跨度，总长 532 英尺。两个 5 英尺的人行道位于路边侧面 24 英尺。钓鱼桥花费 92408.09 美元，超出合同总量的 68%。桥梁具有典型乡土风格。

此项目是 HAER 的一部分。HAER 是一项长期记录美国历史上重要工程与工业成果的项目。HAER 由 HABS/HAER 管理，这是美国内政部国家公园管理局的一个部门。黄石道路和桥梁记录项目由黄石国家公园赞助，负责人是罗伯特，经理是约翰，地区经理是罗琳，分部经理是罗德。HAER 则由罗伯特领导。

现场工作、测量图纸、历史性报告和照片由首席建筑师埃里克·德罗尼负责。记录小组包括历史学家玛丽，建筑监督朱莉·皮尔森（德克萨斯科技大学），项目工程师史蒂文（弗吉尼亚州高端技术委员会），项目构思伊丽莎白·哈维和杰拉尔德·汉森，正式照片由 HAER 摄影师杰特·劳完成。

HISTORIC AMERICAN ENGINEERING RECORD WY-9

SHEET 1 of 3

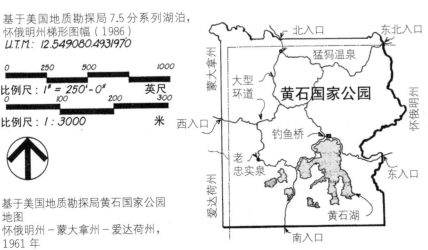

FISHING BRIDGE 1936
SPANNING YELLOWSTONE RIVER ON EAST ENTRANCE ROAD
YELLOWSTONE NATIONAL PARK　PARK COUNTY　WYOMING

DELINEATED BY: JULIE E. PEARSON · LAURA E. SALARANO · 1989

YELLOWSTONE ROADS AND BRIDGES
HISTORIC AMERICAN ENGINEERING RECORD
NATIONAL PARK SERVICE
UNITED STATES DEPARTMENT OF THE INTERIOR

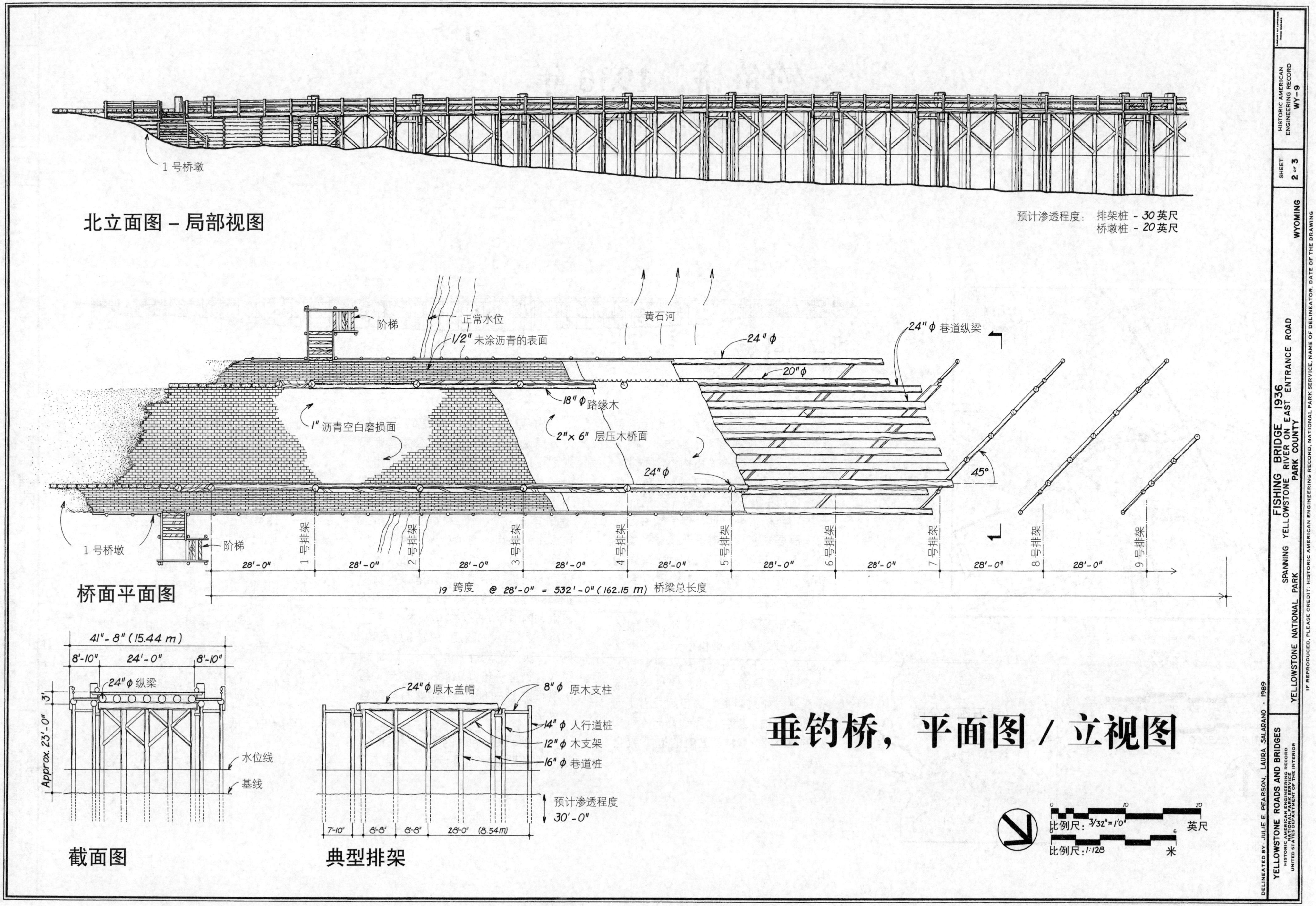
1号桥墩
北立面图 – 局部视图
预计渗透程度：排架桩 - 30英尺
桥墩桩 - 20英尺
阶梯
正常水位
1/2" 未涂沥青的表面
黄石河
24" ϕ
24" ϕ 巷道纵梁
20" ϕ
18" ϕ 路缘木
1" 沥青空白磨损面
2" x 6" 层压木桥面
24" ϕ
45°
1号桥墩
阶梯
1号排架
2号排架
3号排架
4号排架
5号排架
6号排架
7号排架
8号排架
9号排架
28'-0"
19 跨度 @ 28'-0" = 532'-0" (162.15 m) 桥梁总长度
桥面平面图
41'-8" (15.44 m)
8'-10"
24'-0"
8'-10"
24" ϕ 纵梁
3'
Approx. 23'-0"
水位线
基线
截面图
24" ϕ 原木盖帽
8" ϕ 原木支柱
14" ϕ 人行道桩
12" ϕ 木支架
16" ϕ 巷道桩
预计渗透程度
30'-0"
7'-10"
8'-8"
8'-8"
28'-0" (8.54m)
典型排架
垂钓桥，平面图 / 立视图
比例尺：3/32"=1'0"
英尺
比例尺：1:128
米
DELINEATED BY: JULIE E. PEARSON, LAURA SALARANO · 1989
YELLOWSTONE ROADS AND BRIDGES
HISTORIC AMERICAN ENGINEERING RECORD
NATIONAL PARK SERVICE
UNITED STATES DEPARTMENT OF THE INTERIOR
FISHING BRIDGE 1936
SPANNING YELLOWSTONE RIVER ON EAST ENTRANCE ROAD
YELLOWSTONE NATIONAL PARK
PARK COUNTY
WYOMING
SHEET
2 of 3
HISTORIC AMERICAN ENGINEERING RECORD
WY-9
IF REPRODUCED, PLEASE CREDIT: HISTORIC AMERICAN ENGINEERING RECORD, NATIONAL PARK SERVICE, NAME OF DELINEATOR, DATE OF THE DRAWING

垂钓桥，轴测图

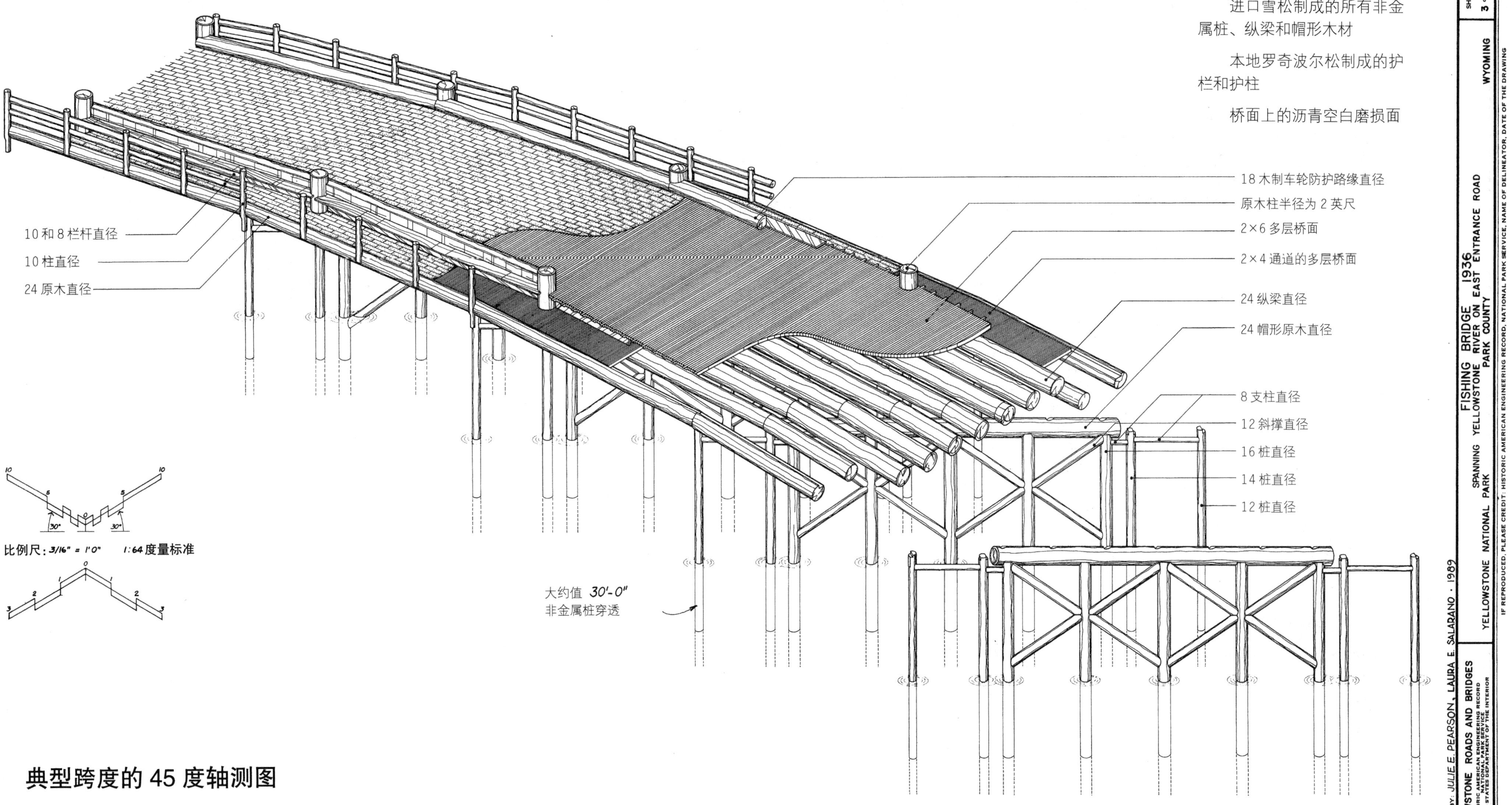

典型跨度的 45 度轴测图

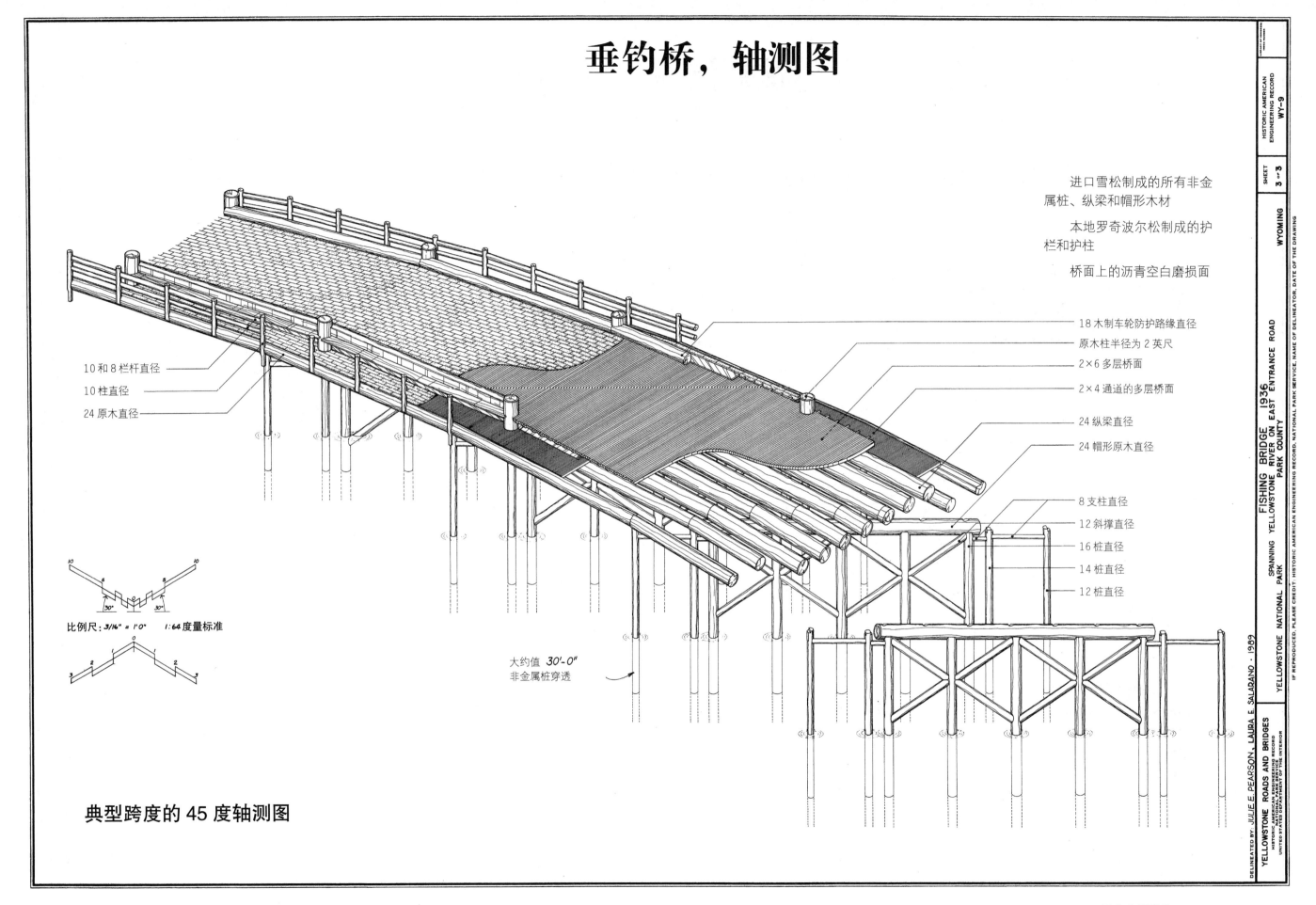

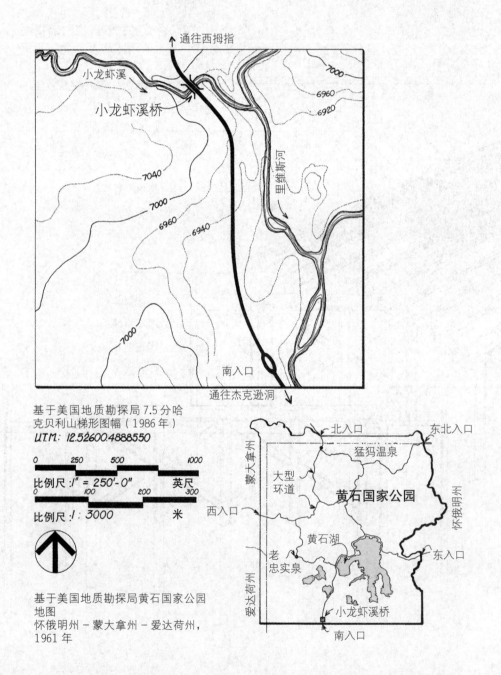

小龙虾溪桥，1936 年

南入口公路

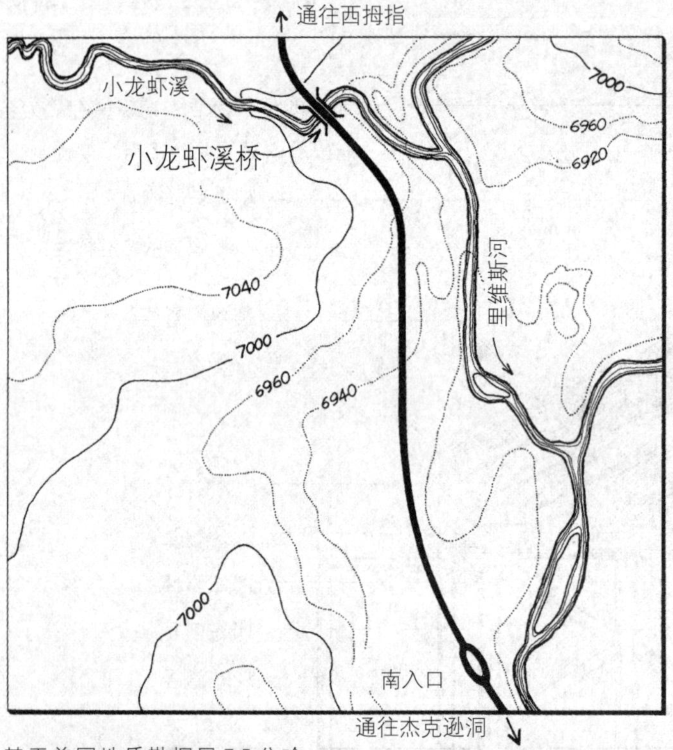

通往西拇指
小龙虾溪
小龙虾溪桥
里维斯河
7000
6960
6920
7040
7000
6960
6940
7000
南入口
通往杰克逊洞

基于美国地质勘探局 7.5 分哈克贝利山梯形图幅（1986 年）

U.T.M.: 12.526004.888550

0 250 500 1000

比例尺：1" = 250'-0" 英尺

0 100 200 300

比例尺：1：3000 米

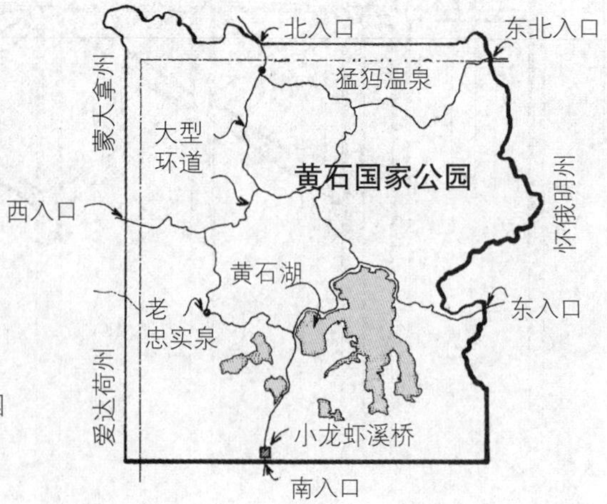

北入口
东北入口
猛犸温泉
蒙大拿州
大型环道
黄石国家公园
怀俄明州
西入口
黄石湖
东入口
老忠实泉
爱达荷州
小龙虾溪桥
南入口

基于美国地质勘探局黄石国家公园地图

怀俄明州－蒙大拿州－爱达荷州，1961 年

小龙虾溪桥位于黄石国家公园南入口的 1.5 英里处，于 1936 年完工。公共道路局在 1932 年完成了桥梁调研。经过大量调查和讨论之后，桥梁的设计和选址在 1933 年至 1934 年的冬天被最终确定。黄石国家公园风景园林师负责设计。奥拉夫・尼尔森在 1934 年 9 月 19 日获得了工程承包权。科罗拉多州丹佛市的卡尔・詹森获得了部分工程承包权，负责项目石砌工程。

由于工程类型和当地建筑材料的使用，必须在桥梁施工期进行大量的实地工作。人们使用了位于里维斯河西岸 1/4 英里处有部分黑曜石成分的火山石。1935 年的施工期，所有的混凝土都已备好，石砌的主要部分均已完工，开始建设桥拱和拱肩。

新小龙虾溪桥取代了美国陆军工程兵团建造的十分狭窄的金属桥梁。它是一座 72 英尺的混凝土拱桥，拥有石体和侧墙。国家公园管理局要求的一个细节是使用矩形石头而非五边形石头。在完工时，当地风景园林师桑福德・希尔认为这是公园里最棒的一座大桥。

此项目是 HAER 的一部分。HAER 是一项长期记录美国历史上重要工程与工业成果的项目。HAER 由 HABS/HAER 管理，这是美国内政部国家公园管理局的一个部门。黄石道路和桥梁记录项目由黄石国家公园赞助，负责人是罗伯特，经理是约翰，地区经理是罗琳，分部经理是罗德。美国工程学历史记录则由罗伯特领导。

现场工作、测量图纸、历史性报告和照片由首席建筑师埃里克・迪劳尼负责。记录小组包括历史学家玛丽，建筑监督朱莉・皮尔森（得克萨斯科技大学），项目工程师史蒂文（弗吉尼亚州高端技术委员会），项目构思伊丽莎白・哈维和杰拉尔德・汉森，正式照片由 HAER 摄影师杰特・罗威完成。

DELINEATED BY: LAURA E. SALARANO, 1989

YELLOWSTONE ROADS AND BRIDGES
HISTORIC AMERICAN ENGINEERING RECORD
NATIONAL PARK SERVICE
UNITED STATES DEPARTMENT OF THE INTERIOR

CRAWFISH CREEK BRIDGE 1936
SPANNING CRAWFISH CREEK ON SOUTH ENTRANCE ROAD
YELLOWSTONE NATIONAL PARK TETON COUNTY WYOMING

SHEET 1 OF 3

HISTORIC AMERICAN ENGINEERING RECORD
WY-26

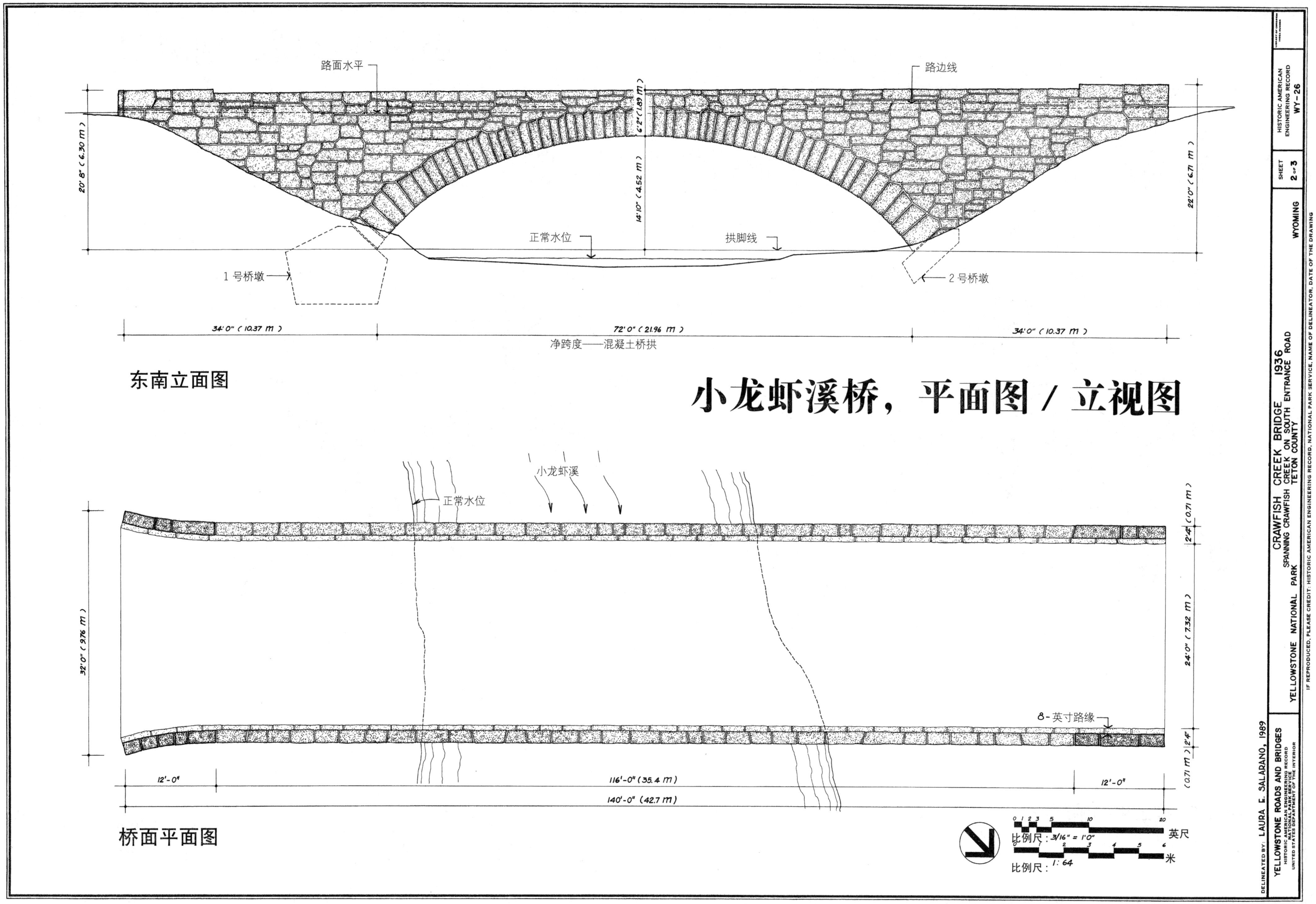
路面水平
路边线
20'8" (6.30 m)
6'2" (1.89 m)
14'10" (4.52 m)
22'0" (6.71 m)
正常水位
拱脚线
1 号桥墩
2 号桥墩
34'0" (10.37 m)
72'0" (21.96 m)
34'0" (10.37 m)
净跨度——混凝土桥拱
东南立面图
小龙虾溪桥，平面图／立视图
小龙虾溪
正常水位
2'4" (0.71 m)
24'0" (7.32 m)
32'0" (9.76 m)
8-英寸路缘
2'4" (0.71 m)
12'-0"
116'-0" (35.4 m)
12'-0"
140'-0" (42.7 m)
桥面平面图
比例尺：3/16" = 1'0"
英尺
比例尺：1:64
米
DELINEATED BY: LAURA E. SALARANO, 1989
YELLOWSTONE ROADS AND BRIDGES
UNITED STATES DEPARTMENT OF THE INTERIOR
CRAWFISH CREEK BRIDGE 1936
SPANNING CRAWFISH CREEK ON SOUTH ENTRANCE ROAD
YELLOWSTONE NATIONAL PARK
TETON COUNTY
WYOMING
SHEET 2 of 3
HISTORIC AMERICAN ENGINEERING RECORD
WY-26
IF REPRODUCED, PLEASE CREDIT: HISTORIC AMERICAN ENGINEERING RECORD, NATIONAL PARK SERVICE, NAME OF DELINEATOR, DATE OF THE DRAWING

小龙虾溪桥，轴测图

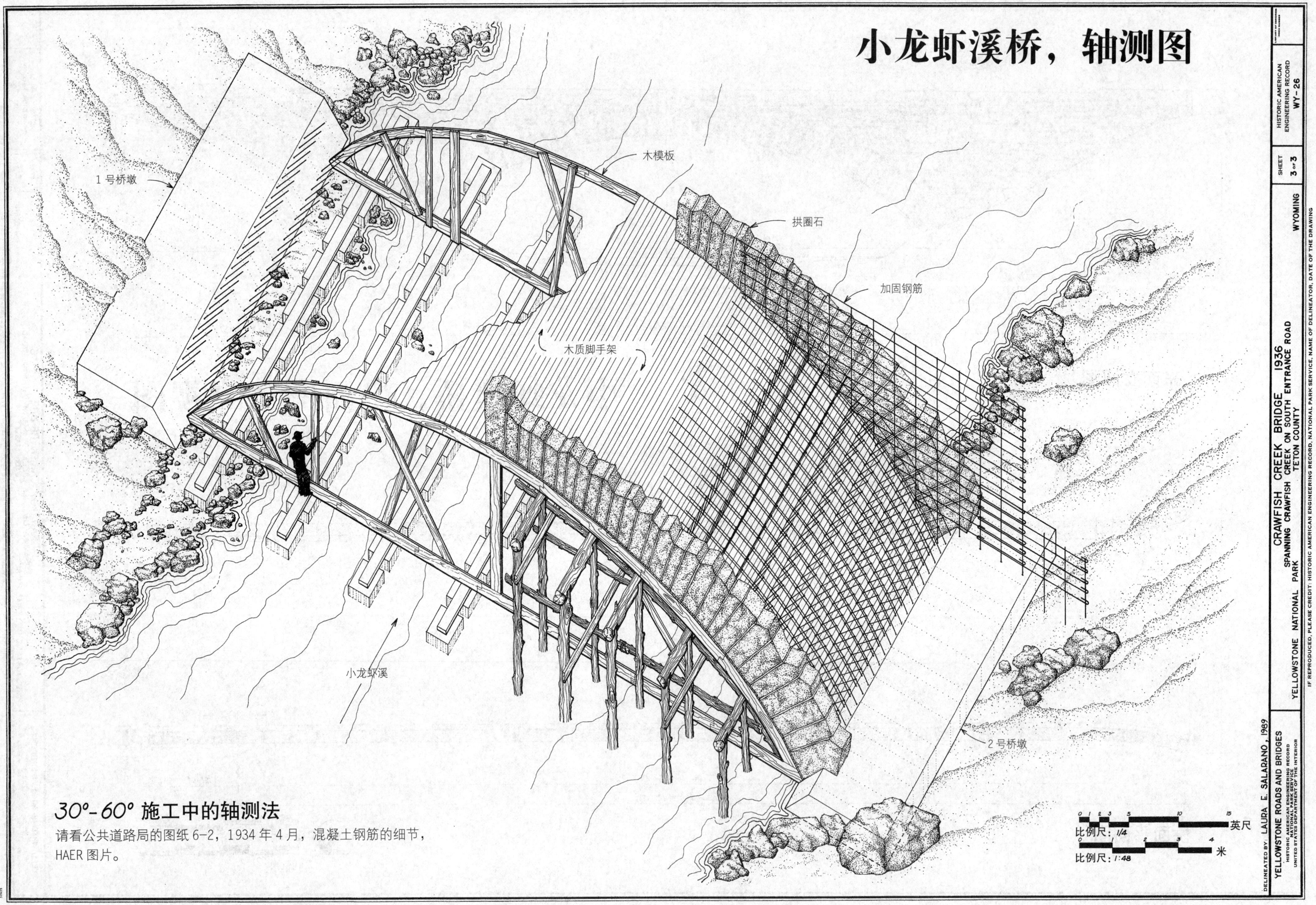

30°-60° 施工中的轴测法

请看公共道路局的图纸 6-2，1934 年 4 月，混凝土钢筋的细节，HAER 图片。

加德纳河桥，1939 年

猛犸温泉东部

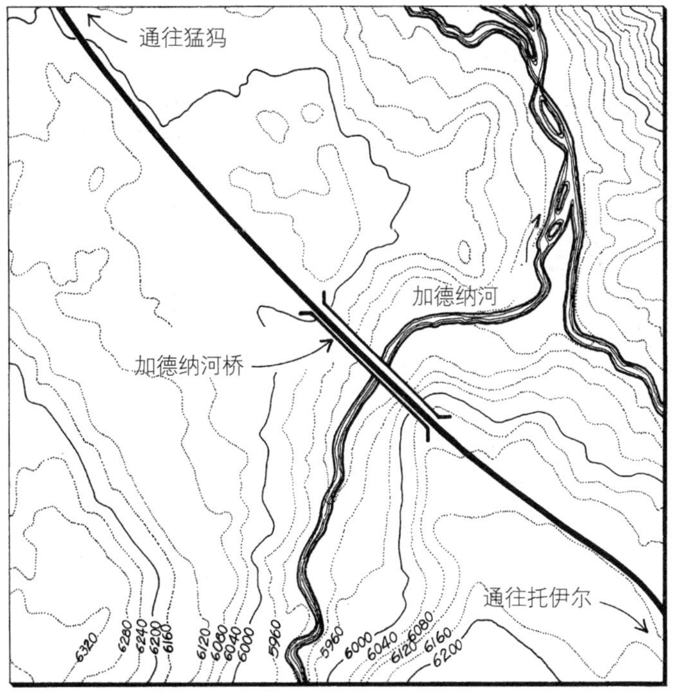

基于美国地质勘探局 7.5 分
系列猛犸梯形图幅
UTM: 12.525280.4978260

0 250 500 1000 英尺
比例尺：1" = 250'-0"
0 100 200 300 米
比例尺：1：3000

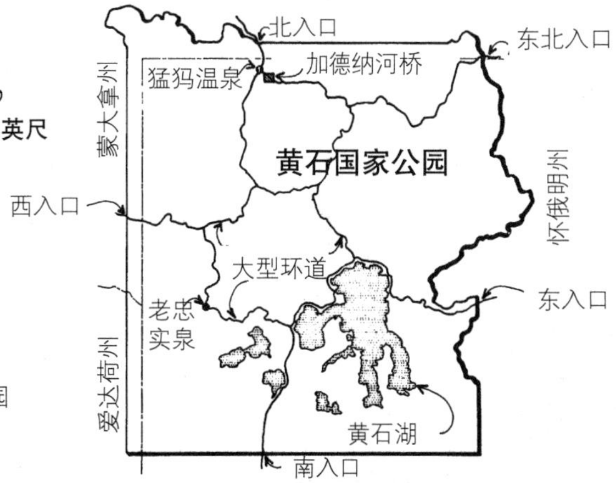

基于美国地质勘探局黄石国家公园地图
怀俄明州－蒙大拿州－爱达荷州，1961 年

加德纳河桥位于猛犸温泉和塔结之间，完工于 1939 年 11 月 14 日。第一次选址调研完成于 1930 年，但是有关选择高桥还是低桥的问题，国家公园管理局花费了很长时间讨论。直到 1937 年，才决定选择建造高桥。最终设计由 1937 年至 1938 年之间在公共道路局西部分局的高级道路桥梁工程师完成的。詹姆斯先生在 1939 年 1 月 5 日获得了工程承包权。

桥梁包括四座 184 英尺的金属大桥，有加固混凝土支撑的 U 型桥墩和金属塔。大桥有一个 24 英尺的混凝土道路。桥台由固体混凝土组成。结构总长 942 英尺。大桥的金属部分是 805 英尺。

从水线到道路，最大高度是 201 英尺。桥梁选线在一条切线上，从东到西向下的坡度是 2.106%。加固和金属型结构由俄克拉荷马州的钢铁公司设计。

由于桥梁的重要位置，加德纳河桥梁获得了广泛关注。早在 1929 年，著名的风景园林师吉尔默·克拉克在他的猛犸规划中就声明高桥是最合适的观景点。

此项目是 HAER 的一部分。HAER 是一项长期记录美国历史上重要工程与工业成果的项目。HAER 由 HABS/HAER 管理，这是美国内政部国家公园管理局的一个部门。黄石道路和桥梁记录项目由黄石国家公园赞助，负责人是罗伯特，经理是约翰，地区经理是罗琳，分部经理是罗德。美国工程档案则位于罗伯特的总领导下。

现场工作、测量图纸、历史性报告和照片由首席建筑师埃里克·迪劳尼负责。记录小组包括历史学家玛丽，建筑监督朱莉·皮尔森（德克萨斯科技大学），项目工程师史蒂文（弗吉尼亚州高端技术委员会），项目构思伊丽莎白·哈维和杰拉尔德·汉森，正式照片由 HAER 摄影师杰特·罗威完成。

DELINEATED BY: ELIZABETH A. HARVEY · LAURA E. SALADANO, 1989

YELLOWSTONE ROADS AND BRIDGES
HISTORIC AMERICAN ENGINEERING RECORD
NATIONAL PARK SERVICE
UNITED STATES DEPARTMENT OF THE INTERIOR

GARDNER RIVER BRIDGE 1939
SPANNING GARDNER RIVER ON NORTH ENTRANCE ROAD
YELLOWSTONE NATIONAL PARK PARK COUNTY WYOMING

SHEET 1 of 3

HISTORIC AMERICAN ENGINEERING RECORD
WY-7

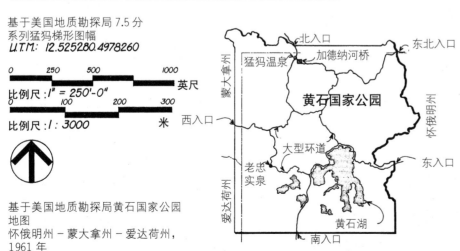

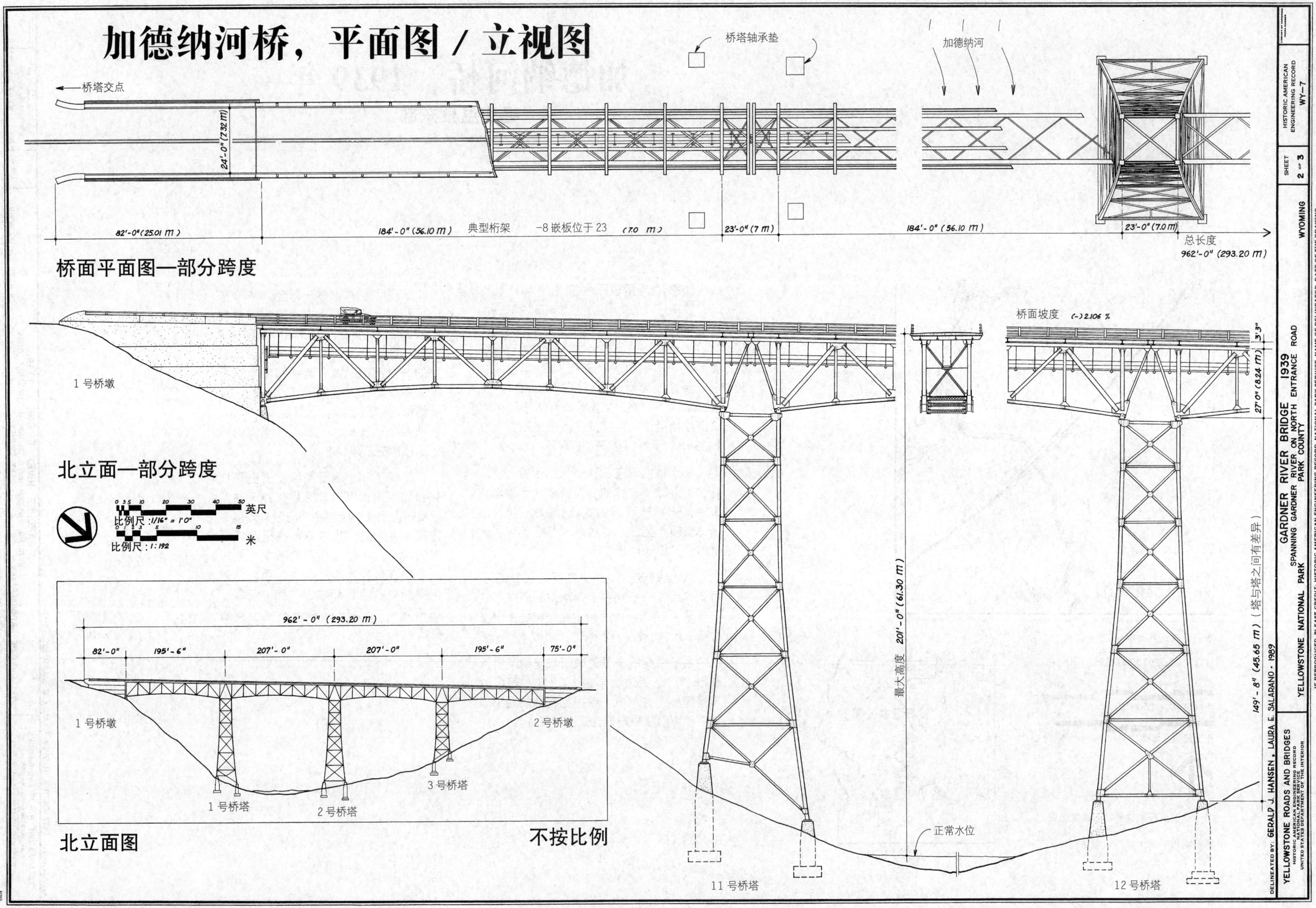
加德纳河桥，平面图 / 立视图
桥塔交点
桥塔轴承垫
加德纳河
24'-0" (7.32 m)
82'-0" (25.01 m)
184'-0" (56.10 m)
典型桁架
-8 嵌板位于 23
(7.0 m)
23'-0" (7 m)
184'-0" (56.10 m)
23'-0" (7.0 m)
总长度
962'-0" (293.20 m)
桥面平面图—部分跨度
桥面坡度 (-) 2.106 %
1 号桥墩
北立面—部分跨度
英尺
比例尺 :1/16" = 1'0"
米
比例尺 : 1:192
3'3"
27'0" (8.24 m)
最大高度 201'-0" (61.30 m)
149'-8" (45.65 m) (塔与塔之间有差异)
正常水位
11 号桥塔
12 号桥塔
962'-0" (293.20 m)
82'-0"
195'-6"
207'-0"
207'-0"
195'-6"
75'-0"
1 号桥墩
2 号桥墩
1 号桥塔
2 号桥塔
3 号桥塔
北立面图
不按比例
GARDNER RIVER BRIDGE 1939
SPANNING GARDNER RIVER ON NORTH ENTRANCE ROAD
YELLOWSTONE NATIONAL PARK
PARK COUNTY
WYOMING
DELINEATED BY: GERALD J. HANSEN , LAURA E. SALARANO - 1989
YELLOWSTONE ROADS AND BRIDGES
SHEET 2 of 3
HISTORIC AMERICAN ENGINEERING RECORD
WY-7

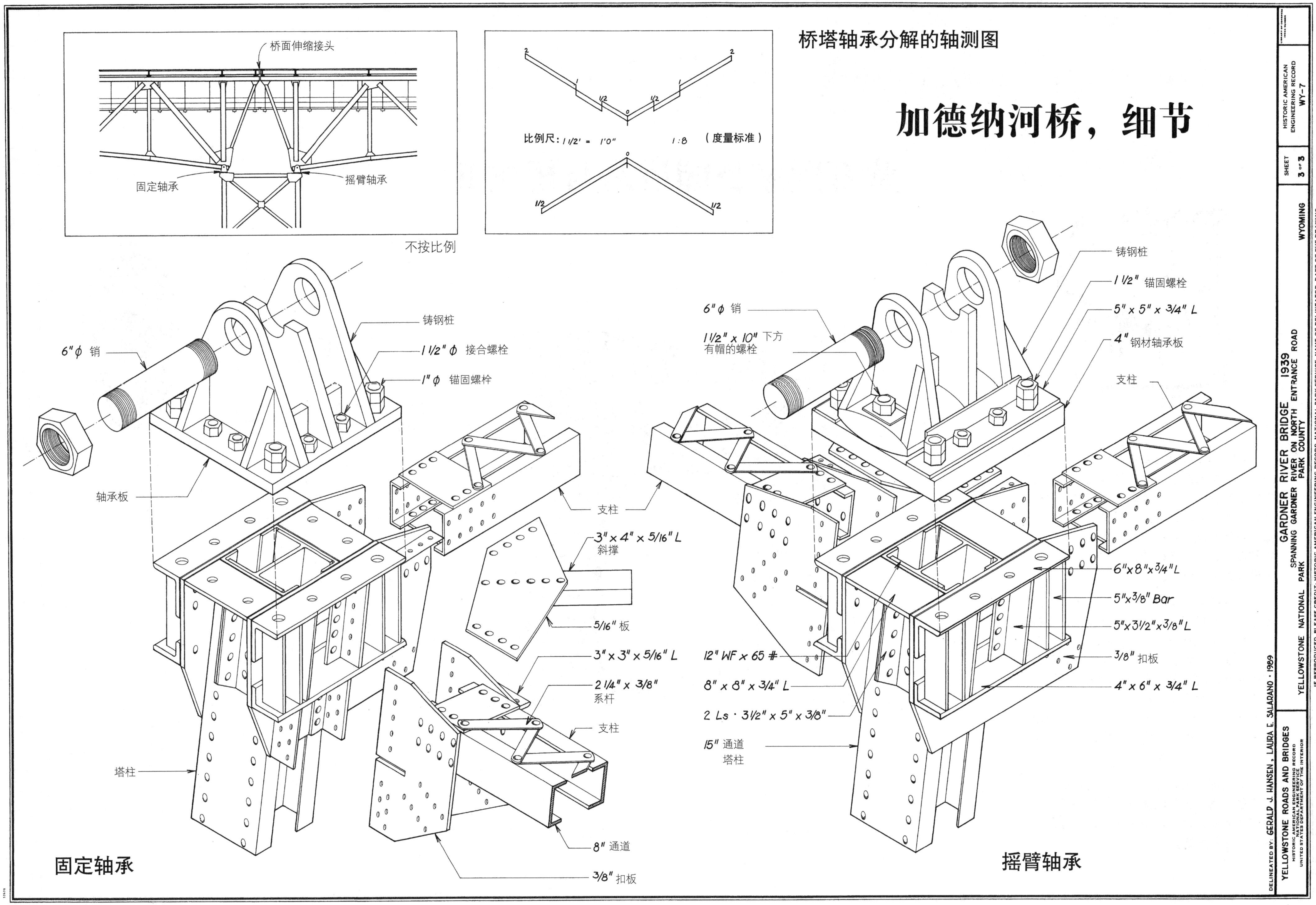

桥塔轴承分解的轴测图
加德纳河桥，细节
桥面伸缩接头
固定轴承
摇臂轴承
不按比例
比例尺：1 1/2′ = 1′0″ 1:8 （度量标准）
6″ϕ 销
铸钢桩
1 1/2″ϕ 接合螺栓
1″ϕ 锚固螺栓
轴承板
支柱
3″ x 4″ x 5/16″ L
斜撑
5/16″ 板
3″ x 3″ x 5/16″ L
2 1/4″ x 3/8″
系杆
支柱
塔柱
8″ 通道
3/8″ 扣板
固定轴承
1 1/2″ x 10″ 下方有帽的螺栓
1 1/2″ 锚固螺栓
5″ x 5″ x 3/4″ L
4″ 钢材轴承板
支柱
6″x8″x3/4″L
5″x3/8″ Bar
5″x3 1/2″x3/8″L
3/8″ 扣板
4″ x 6″ x 3/4″ L
12″ WF x 65 #
8″ x 8″ x 3/4″ L
2 Ls · 3 1/2″ x 5″ x 3/8″
15″ 通道
塔柱
摇臂轴承
HISTORIC AMERICAN ENGINEERING RECORD
WY-7
SHEET 3 of 3
GARDNER RIVER BRIDGE 1939
SPANNING GARDNER RIVER ON NORTH ENTRANCE ROAD
YELLOWSTONE NATIONAL PARK PARK COUNTY
WYOMING
DELINEATED BY: GERALD J. HANSEN, LAURA E. SALARANO · 1989
YELLOWSTONE ROADS AND BRIDGES
HISTORIC AMERICAN ENGINEERING RECORD
NATIONAL PARK SERVICE
UNITED STATES DEPARTMENT OF THE INTERIOR
IF REPRODUCED, PLEASE CREDIT: HISTORIC AMERICAN ENGINEERING RECORD, NATIONAL PARK SERVICE, NAME OF DELINEATOR, DATE OF THE DRAWING

黄石国家公园道路与桥梁Ⅱ

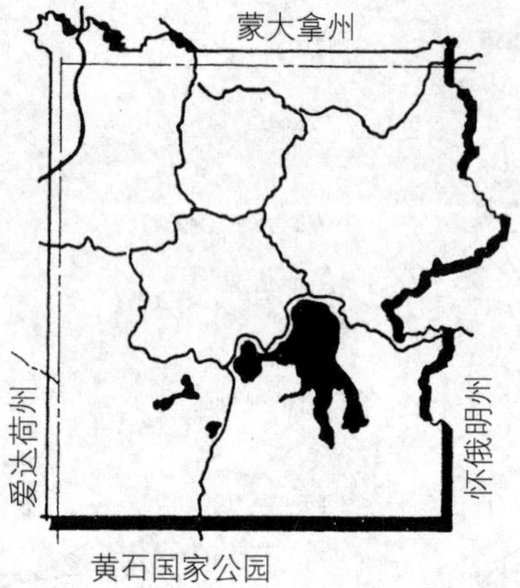

1872 年，美国国会在怀俄明州和蒙大拿州建立了黄石国家公园，目的是为保护公园中的自然美景，并为公众游憩所用。黄石国家公园作为美国第一座国家公园，包含了丰富的自然景观，其中有峡谷、河流湖泊、山谷和瀑布，以及各种野生动物。它还是世界上最大的温泉和间歇泉聚集区。

为这些自然景观提供公共通道给公园早期管理者造成了难题，他们一直致力于将公园中所有景观用一条“大环路”连接起来。公园的第一位负责人，也是美国陆军工程兵团的军官，他在 1883 年负责这条道路的建设。这期间，它提出了一种公园道路理念，即崇尚道路与景观融为一体。1918 年国家公园管理局接管公园时，其中的风景建筑师沿用了这一理念来进行道路设计。

黄石国家公园道路系统继续提供到各个景点的通道。公园的建立不但是为了留住美景供休闲娱乐所用，也是为了让子孙后代仍可见到这些美景。

加德纳的罗斯福拱形门，建于 1903 年，蒙大拿州

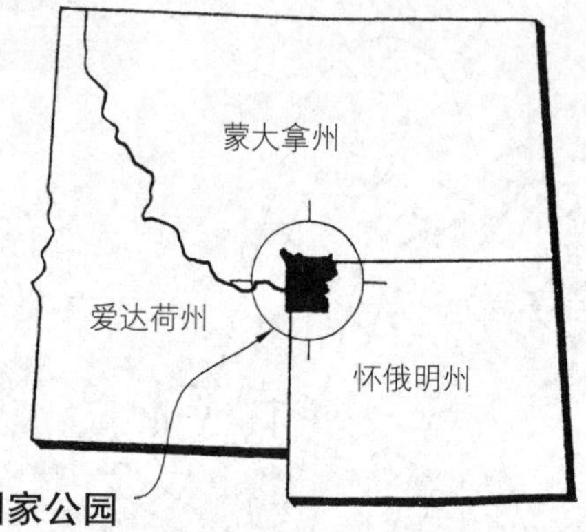

黄石道路桥梁记录项目是 HAER 的一部分。HAER 是一项长期记录美国历史上重要工程与工业成果的项目、HAER 由 HABS/HAER 管理，这是美国内政部国家公园管理局的一个部门。黄石道路和桥梁记录项目由美国建筑调查处和 HAER 在 1999 年夏天共同赞助，负责人布莱恩，由美国交通部的国家道路项目组、国家公园管理局道路与公园项目组和黄石国家公园迈克尔·菲尼监督。

现场工作、测量图纸、历史报告和照片由项目领导托德·克罗托负责，历史学家蒂姆·戴维斯。档案小组包括现场监督吉尔·帕特里夏和来自新墨西哥州大学的建筑师，历史学家是来自俄克拉荷马州立大学的南希，建筑师是来自蒙大拿州立大学的福勒斯特·惠斯曼和米切尔，以及风景园林师是来自加拿大马尼托巴大学的。正式照片由 HAER 摄影师杰特·罗威完成。

DELINEATED BY Jill Patricia Caouette, 1999, 2000

YELLOWSTONE ROADS RECORDING PROJECT
NATIONAL PARK SERVICE
UNITED STATES DEPARTMENT OF THE INTERIOR

ADDENDUM TO YELLOWSTONE NATIONAL PARK ROADS & BRIDGES
YELLOWSTONE NATIONAL PARK
PARK & TETON COUNTIES
WYOMING, MONTANA, IDAHO

SHEET 1 OF 10

HISTORIC AMERICAN ENGINEERING RECORD
WY-24

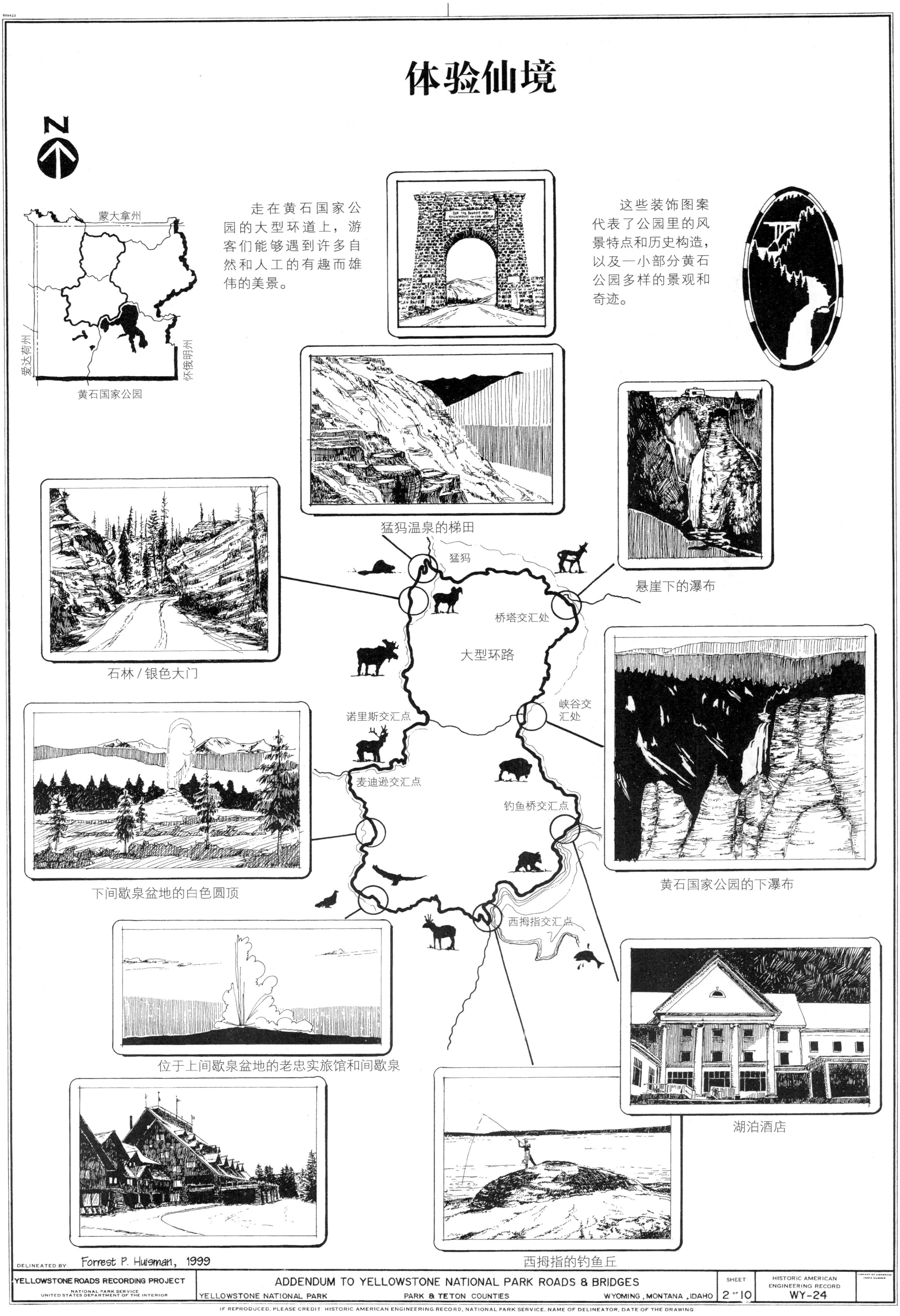
体验仙境
N
蒙大拿州
爱达荷州
怀俄明州
黄石国家公园
走在黄石国家公园的大型环道上，游客们能够遇到许多自然和人工的有趣而雄伟的美景。
这些装饰图案代表了公园里的风景特点和历史构造，以及一小部分黄石公园多样的景观和奇迹。
猛犸温泉的梯田
悬崖下的瀑布
猛犸
桥塔交汇处
大型环路
石林/银色大门
峡谷交汇处
诺里斯交汇点
麦迪逊交汇点
钓鱼桥交汇点
黄石国家公园的下瀑布
下间歇泉盆地的白色圆顶
西拇指交汇点
位于上间歇泉盆地的老忠实旅馆和间歇泉
湖泊酒店
西拇指的钓鱼丘
DELINEATED BY: Forrest P. Huisman, 1999
YELLOWSTONE ROADS RECORDING PROJECT
NATIONAL PARK SERVICE
UNITED STATES DEPARTMENT OF THE INTERIOR
ADDENDUM TO YELLOWSTONE NATIONAL PARK ROADS & BRIDGES
YELLOWSTONE NATIONAL PARK
PARK & TETON COUNTIES
WYOMING, MONTANA, IDAHO
SHEET
2 of 10
HISTORIC AMERICAN ENGINEERING RECORD
WY-24
IF REPRODUCED, PLEASE CREDIT HISTORIC AMERICAN ENGINEERING RECORD, NATIONAL PARK SERVICE, NAME OF DELINEATOR, DATE OF THE DRAWING

黄石国家公园道路演变

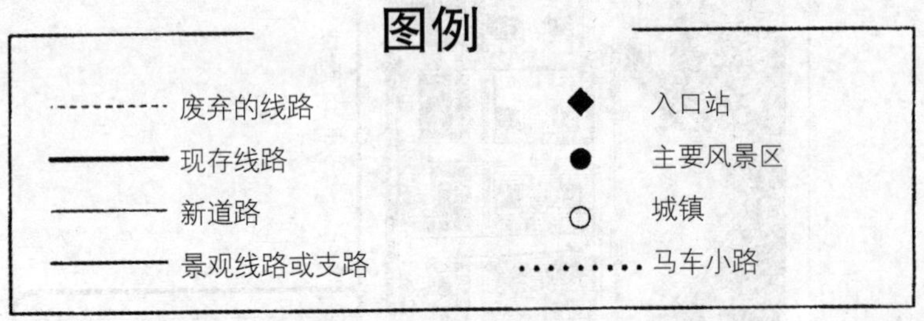

黄石国家公园的公路被设计成能连通各个景区，方便游客游览。现有的公路体系从早期的马车小径演变而来。直到1880年，许多公路得到了改善，与公园西北方的景区连接起来。1890年，美国陆军工程兵团修建了连接东西部的道路。在道路发展的前30年，黄石道路体系在不停地变化，但是直到1905年，旅馆、入口道路均位于环形道上。尽管许多小地方已被废弃或改造成了景区线路，但是大型环路保留了1905年的200个位置。

注明：这张图纸基于黄石国家公园在国会图书馆的历史地图，尤其是：1881年黄石国家公园地图；1895年黄石国家公园北部入口道路；1910年北太平洋黄石国家公园。想了解更多信息，参见HAER实地记录册。

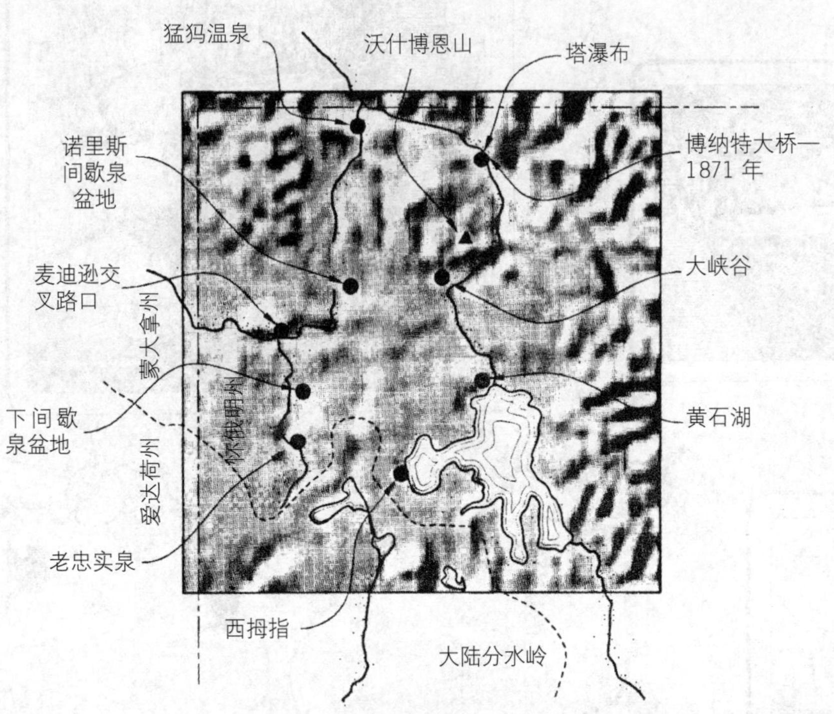

1872年公园建立

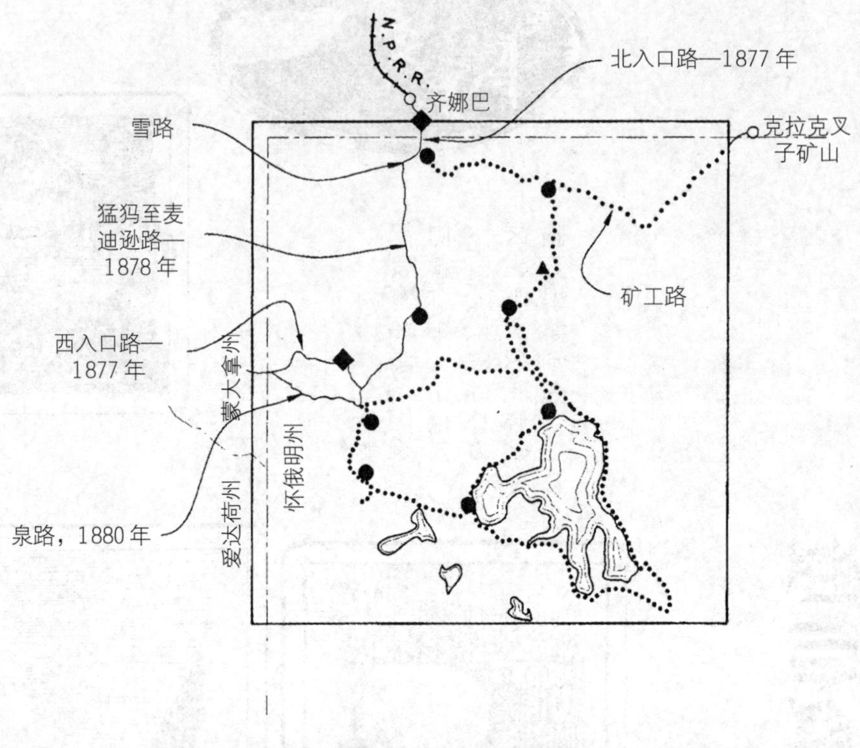

1872年至1880年

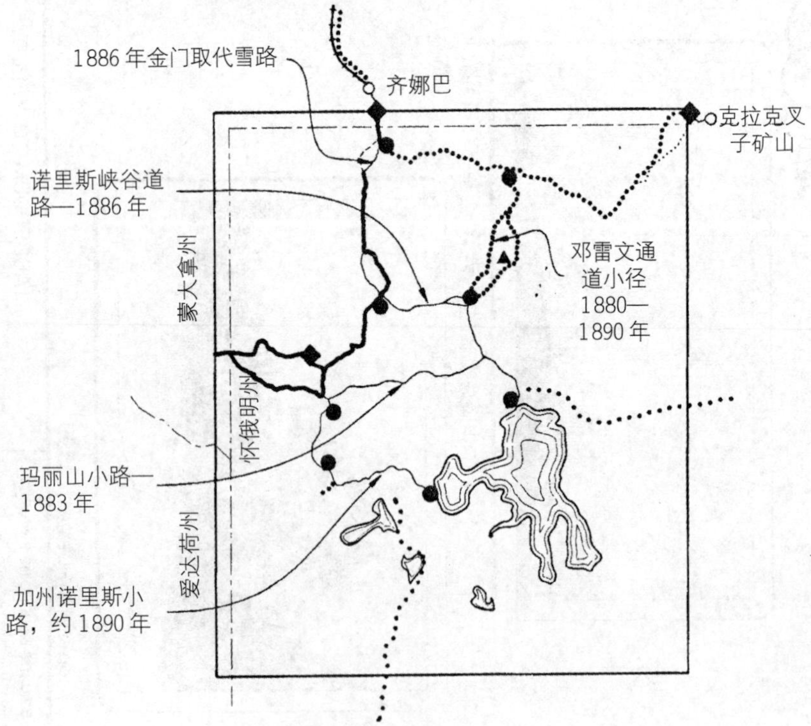

1881年至1890年

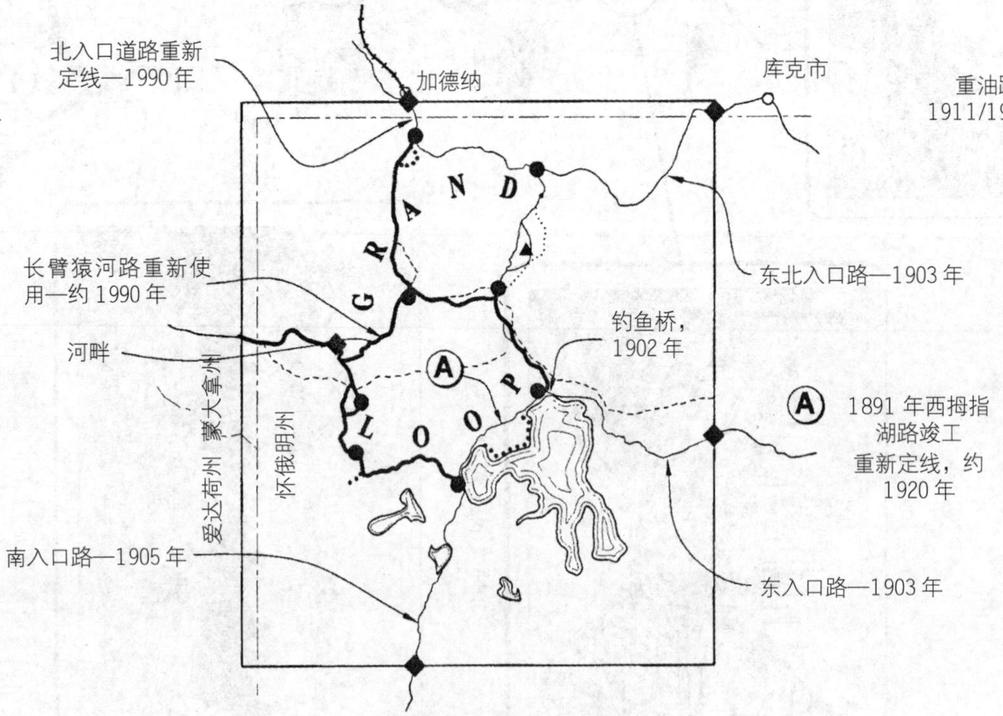

1905年大型环道竣工

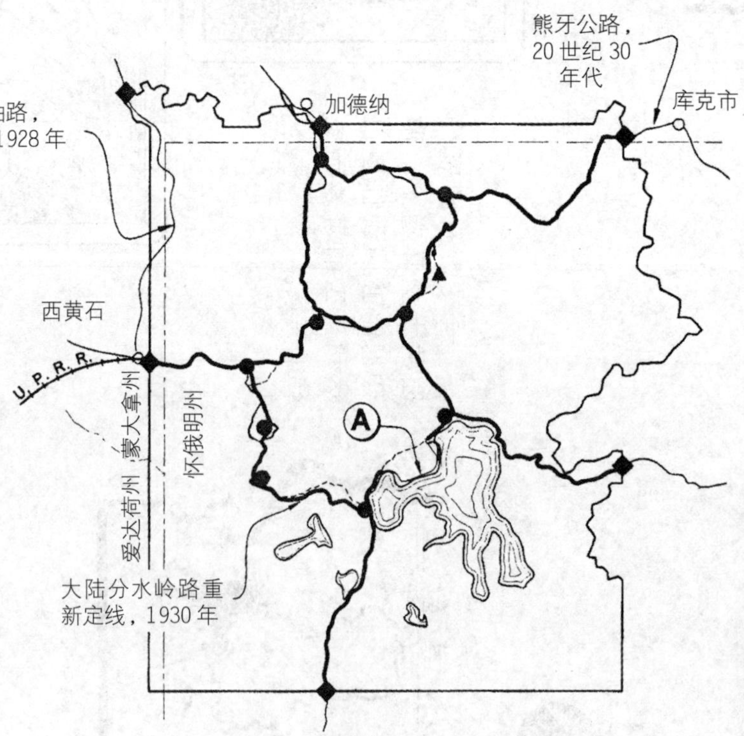

1999年铺好的路

HISTORIC AMERICAN ENGINEERING RECORD WY-24
ADDENDUM TO YELLOWSTONE NATIONAL PARK ROADS & BRIDGES
YELLOWSTONE NATIONAL PARK
PARK & TETON COUNTIES
WYOMING, MONTANA, IDAHO
3 of 10
DELINEATED BY: Forrest P. Huisman, 1999
YELLOWSTONE ROADS RECORDING PROJECT

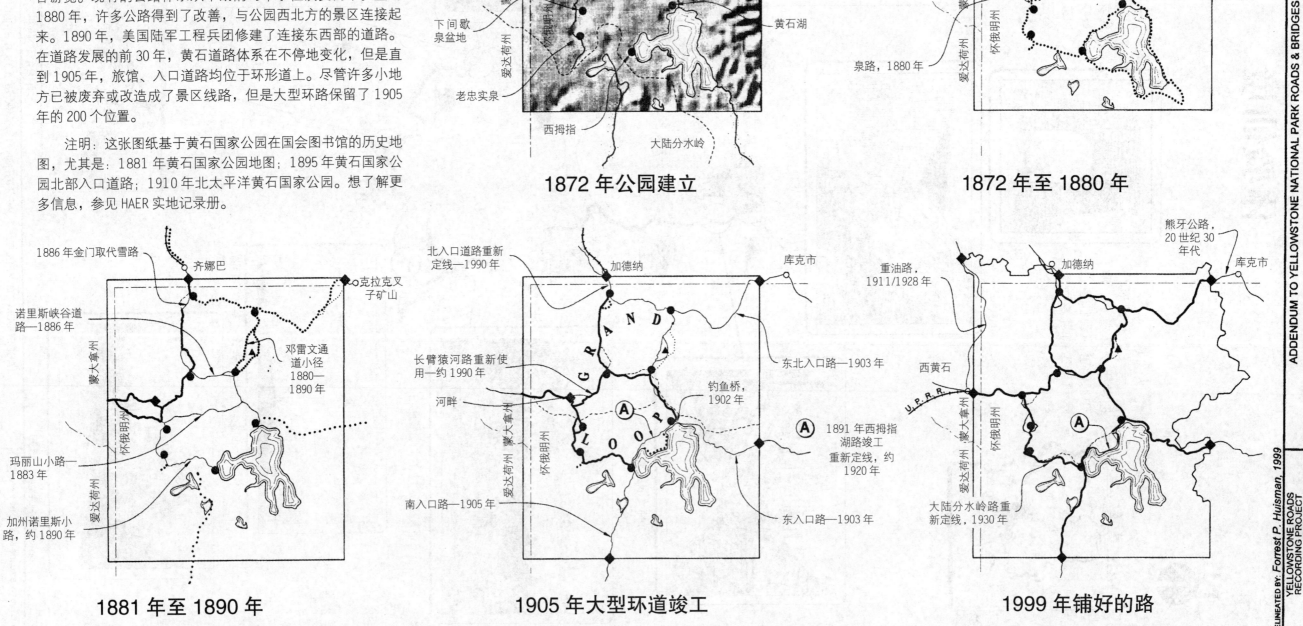

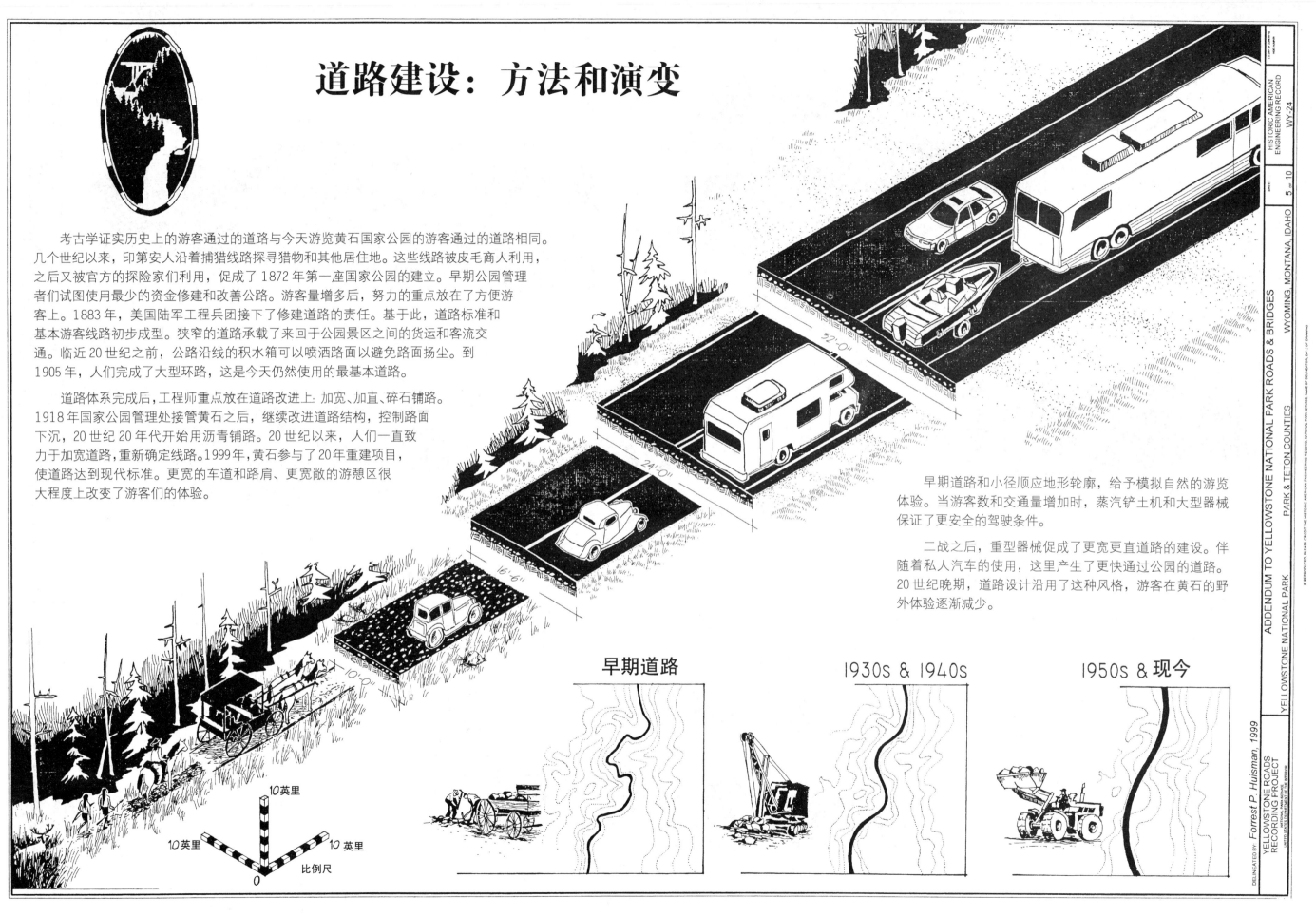

道路建设：方法和演变

考古学证实历史上的游客通过的道路与今天游览黄石国家公园的游客通过的道路相同。几个世纪以来，印第安人沿着捕猎线路探寻猎物和其他居住地。这些线路被皮毛商人利用，之后又被官方的探险家们利用，促成了 1872 年第一座国家公园的建立。早期公园管理者们试图使用最少的资金修建和改善公路。游客量增多后，努力的重点放在了方便游客上。1883 年，美国陆军工程兵团接下了修建道路的责任。基于此，道路标准和基本游客线路初步成型。狭窄的道路承载了来回于公园景区之间的货运和客流交通。临近 20 世纪之前，公路沿线的积水箱可以喷洒路面以避免路面扬尘。到 1905 年，人们完成了大型环路，这是今天仍然使用的最基本道路。

道路体系完成后，工程师重点放在道路改进上：加宽、加直、碎石铺路。1918 年国家公园管理处接管黄石之后，继续改进道路结构，控制路面下沉，20 世纪 20 年代开始用沥青铺路。20 世纪以来，人们一直致力于加宽道路，重新确定线路。1999 年，黄石参与了 20 年重建项目，使道路达到现代标准。更宽的车道和路肩、更宽敞的游憩区很大程度上改变了游客们的体验。

32'-0"
24'-0"
16'-6"
10'-0"
10英里
10英里
10英里
0
比例尺

早期道路和小径顺应地形轮廓，给予模拟自然的游览体验。当游客数和交通量增加时，蒸汽铲土机和大型器械保证了更安全的驾驶条件。

二战之后，重型器械促成了更宽更直道路的建设。伴随着私人汽车的使用，这里产生了更快通过公园的道路。20 世纪晚期，道路设计沿用了这种风格，游客在黄石的野外体验逐渐减少。

早期道路

1930s & 1940s

1950s & 现今

DELINEATED BY: *Forrest P. Huisman, 1999*

YELLOWSTONE ROADS RECORDING PROJECT
NATIONAL PARK SERVICE
UNITED STATES DEPARTMENT OF THE INTERIOR

ADDENDUM TO YELLOWSTONE NATIONAL PARK ROADS & BRIDGES
YELLOWSTONE NATIONAL PARK　PARK & TETON COUNTIES　WYOMING, MONTANA, IDAHO

SHEET 5 OF 10

HISTORIC AMERICAN ENGINEERING RECORD
WY-24

入口站

1923 年北部入口站照片

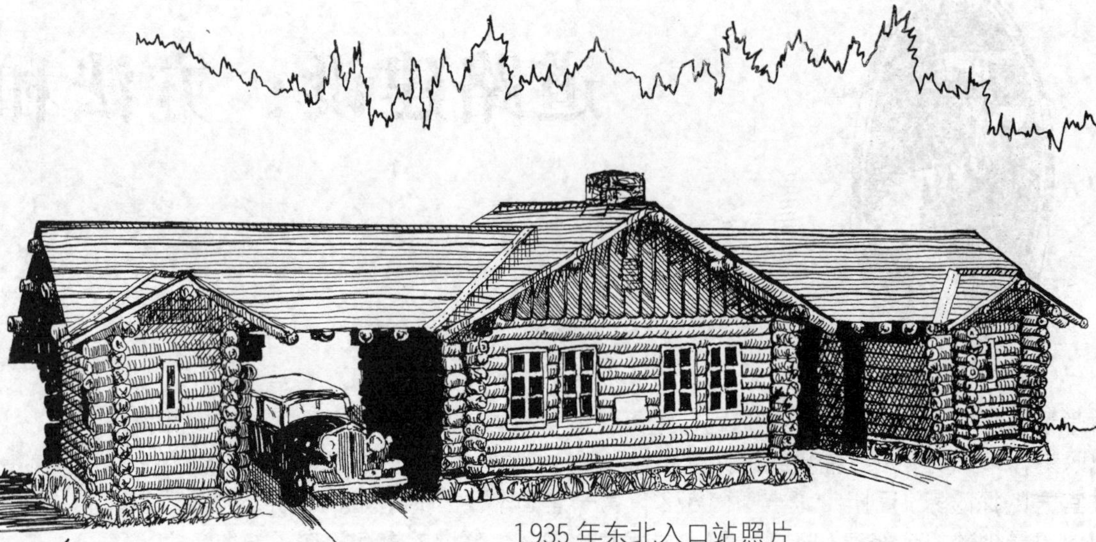

1935 年东北入口站照片

1924 年西部入口站照片

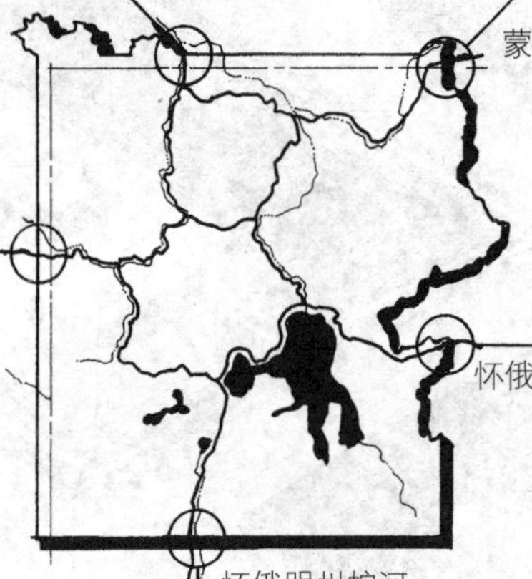

蒙大拿加德纳
蒙大拿库克市
蒙大拿西黄石
怀俄明科迪
怀俄明州蛇河

1992 年建于 1966 年的东部入口站照片

黄石国家公园有五个入口，为来自蒙大拿和怀俄明的游客提供穿越公园的路线。北部、东北部、南部、东部和西部分别是检查站。照片上是公园历史上的检查站。东北部入口站建于 1935 年，在 1987 年被认作国家的历史性地标，由于其重要的国家意义，它被国家公园管理局认定为乡土风格建筑的典型代表。

在“66 号道路项目”中发展起来的东部入口站融合了具有现代化形式和材料组合的公园风格，并在休闲设施的设计中起到了重要作用。

1935 年南部入口照片

除了公园的入口和收取费用的地方之外，入口站还有以下不为人知的作用。入口站标志着游客进入了一个独特的地带。它的设计为游客进入国家公园时提供了不一样的风景。

“这个建筑不仅是物理性边界，也是世界其他区域和这个野生区域的心灵边界。”劳拉·哈里森 1996 年说。

图纸基于历史照片。

DELINEATED BY: Jill Patricia Caouette, 1999

YELLOWSTONE ROADS RECORDING PROJECT
NATIONAL PARK SERVICE
UNITED STATES DEPARTMENT OF THE INTERIOR

ADDENDUM TO YELLOWSTONE NATIONAL PARK ROADS & BRIDGES
YELLOWSTONE NATIONAL PARK
PARK & TETON COUNTIES
WYOMING, MONTANA, IDAHO

SHEET 6 OF 10

HISTORIC AMERICAN ENGINEERING RECORD
WY-24

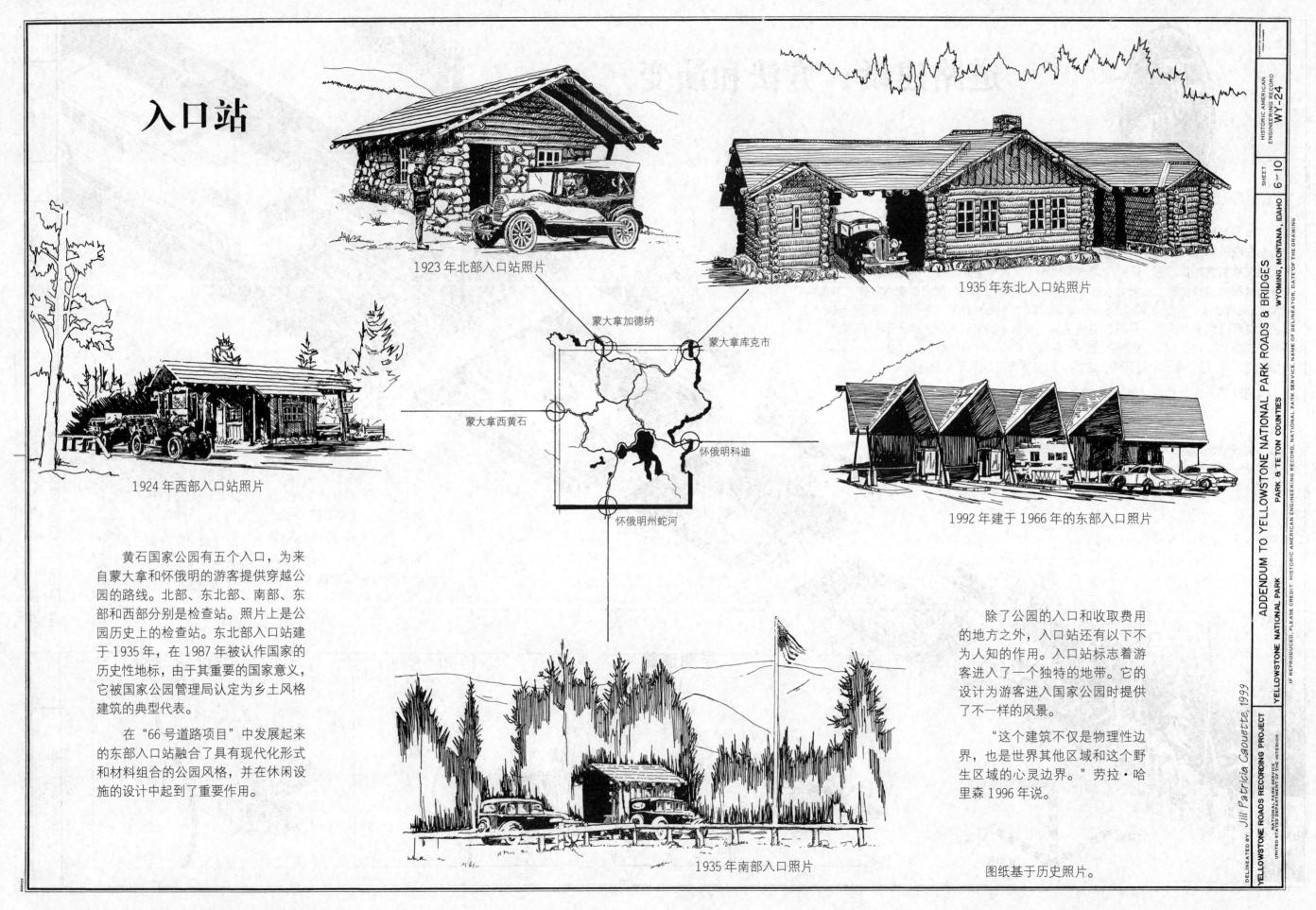

IF REPRODUCED, PLEASE CREDIT: HISTORIC AMERICAN ENGINEERING RECORD, NATIONAL PARK SERVICE, NAME OF DELINEATOR, DATE OF THE DRAWING

体验美景

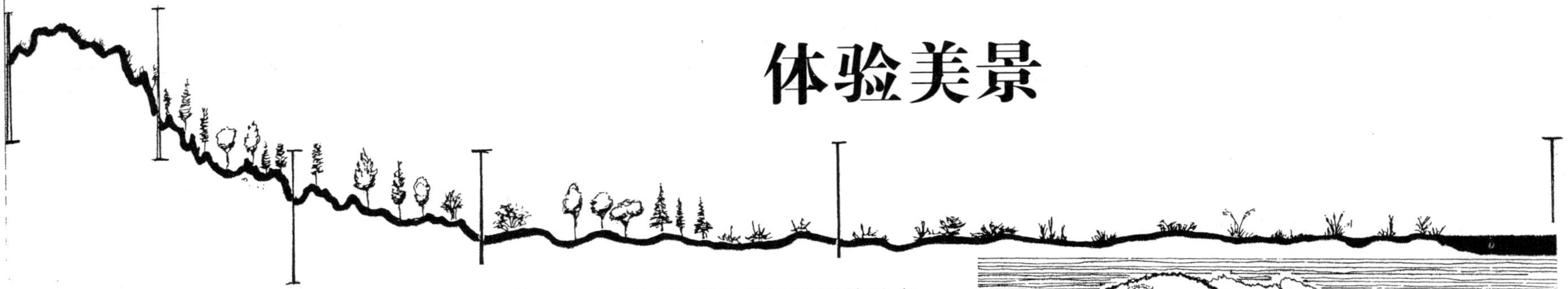

黄石国家公园的道路能让游客体验各种不同的环境差异，这些差异是由于海拔、地形和气候的不同造成的。这种多样性也造就了多样的景观。

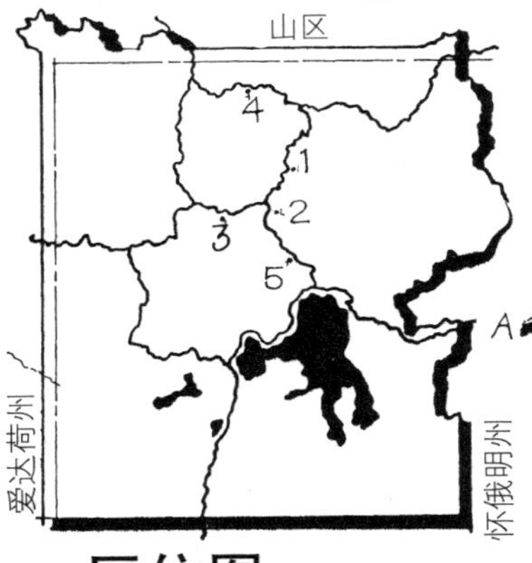

区位图

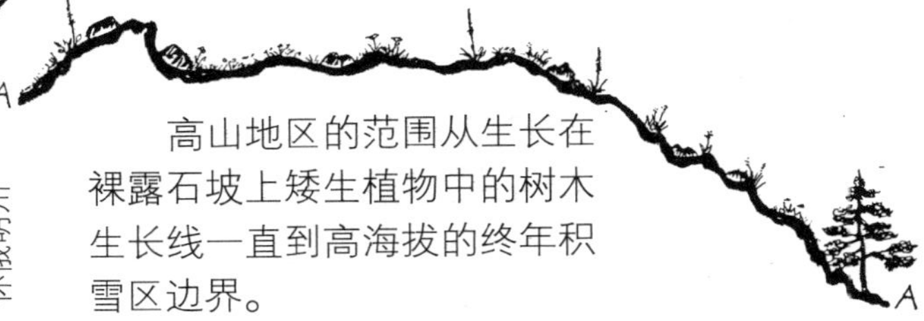

高山地区的范围从生长在裸露石坡上矮生植物中的树木生长线一直到高海拔的终年积雪区边界。

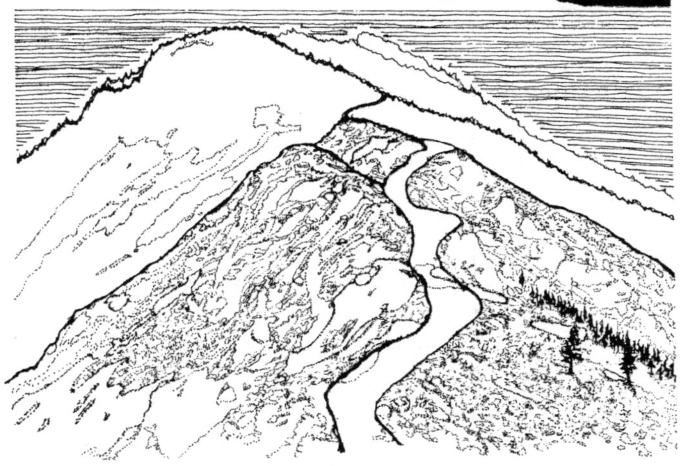

1. 高山地区：沃什本山顶峰

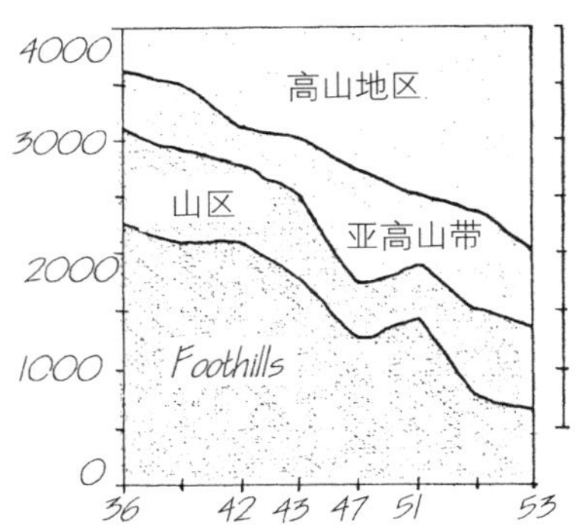

图表显示了地形中海拔与纬度的关系

亚高山带地区范围从山区边界直到树木生长线，从茂密的林区到高海拔地区饱经风吹日晒的矮小蟠木林。

2. 亚高山带地区：东入口路的处的森林隘口东侧

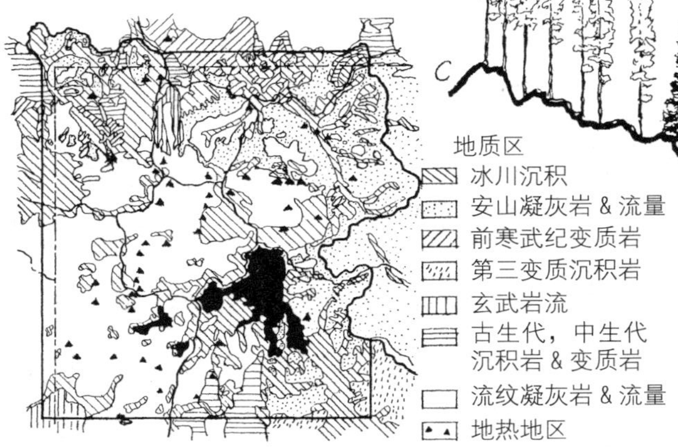

山区由灌木林地正上方密度适中的混合森林区构成

3. 山区：弗吉尼亚瀑布大道

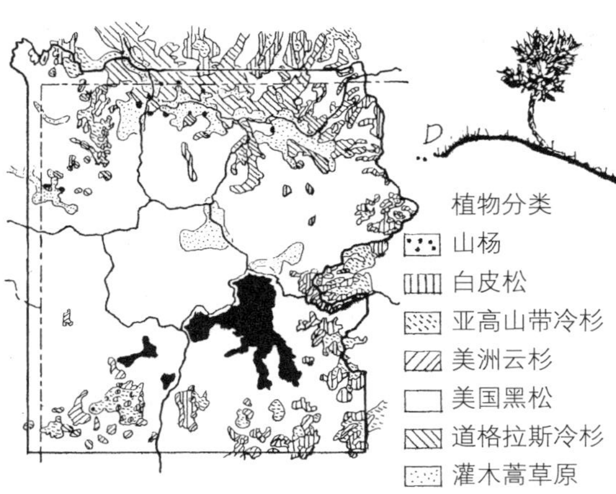

山麓丘陵地带是一处低海拔灌木林地，是大草原和山地斜坡的过渡地带

4. 山麓丘陵地带：通往陶尔路的马默斯蛙岩地区

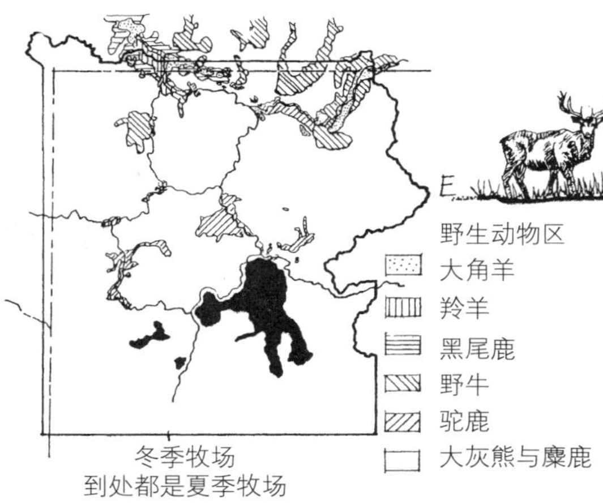

冬季牧场
到处都是夏季牧场

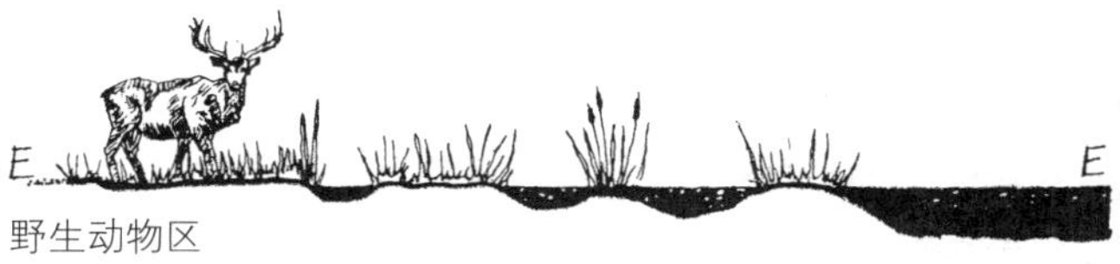

洪泛区属于低海拔地区，它能存储洪水，河流和雨水，生长了多种草甸和少许树木

5. 洪泛区：海德峡谷远眺

这些草图是根据现场照片和克肖 1998 年的一本书《落基山脉的植物》而作。

DELINEATED BY: *Meredith Mitchell, 1999; Jill Patricia Caouette, 2000*

YELLOWSTONE ROADS RECORDING PROJECT NATIONAL PARK SERVICE UNITED STATES DEPARTMENT OF THE INTERIOR	ADDENDUM TO YELLOWSTONE NATIONAL PARK ROADS & BRIDGES YELLOWSTONE NATIONAL PARK · PARK & TETON COUNTIES · WYOMING, MONTANA, IDAHO	SHEET 7 of 10	HISTORIC AMERICAN ENGINEERING RECORD WY-24	LIBRARY OF CONGRESS INDEX NUMBER

IF REPRODUCED, PLEASE CREDIT THE HISTORIC AMERICAN ENGINEERING RECORD, NATIONAL PARK SERVICE, NAME OF DELINEATOR, DATE OF DRAWING

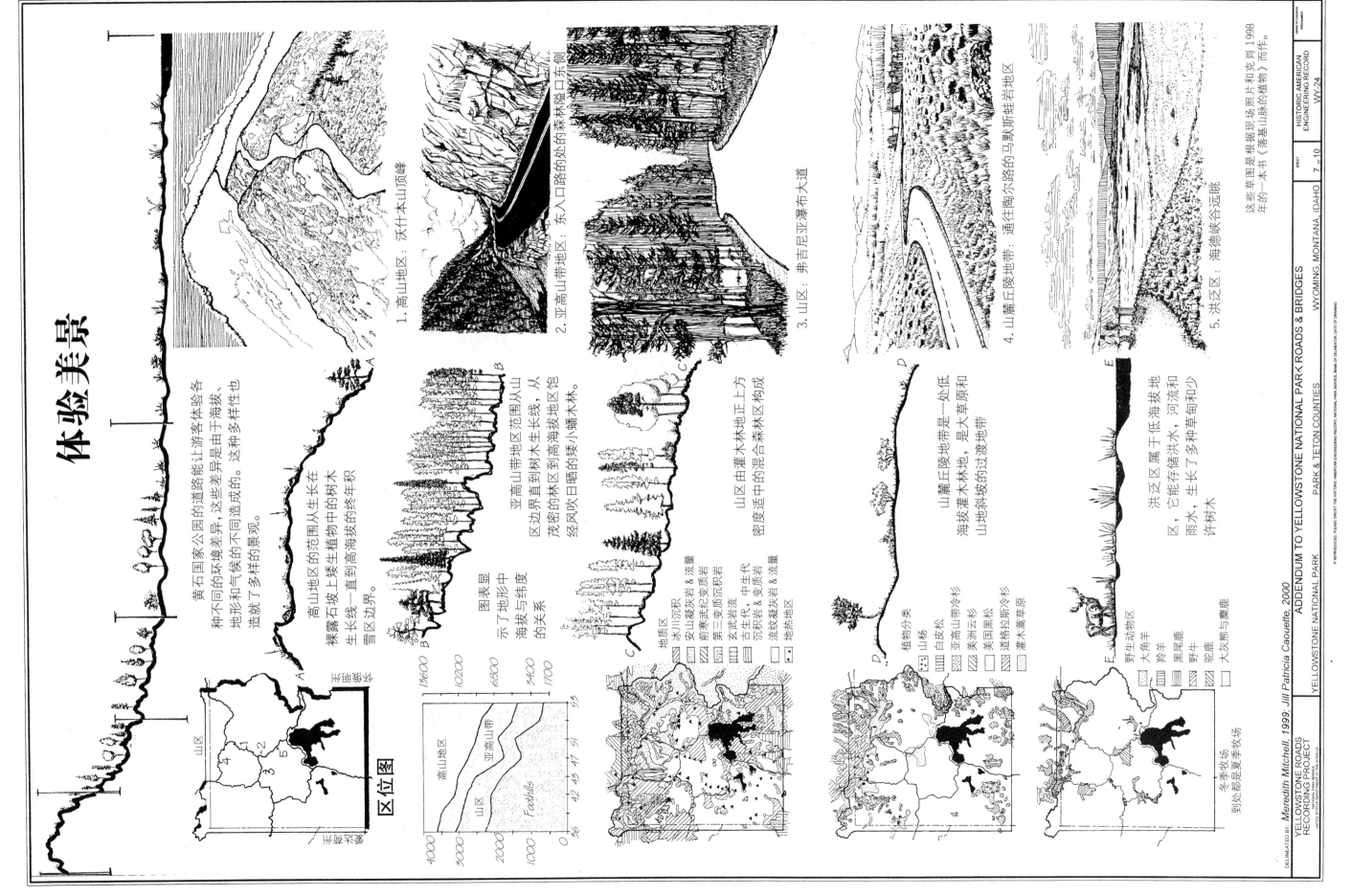

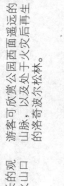

大环路的风景大道与外环道

为速度较慢的马车交通之便，黄石国家公园的许多早期旅游路线都沿着公园地形轮廓而开辟，使游客近距离欣赏此地的景观特色。随着道路不断改善，为了适应日新月异的交通技术和日益增加的交通量，急需进行道路的拓宽与修直，这样一来，有些路段的历史特色受到威胁。黄石公园选择绕过老路线，将它们保留下来作为景观环路。这种做法使公园留存了亲近自然的历史道路驾驶体验。

火口峡谷大道

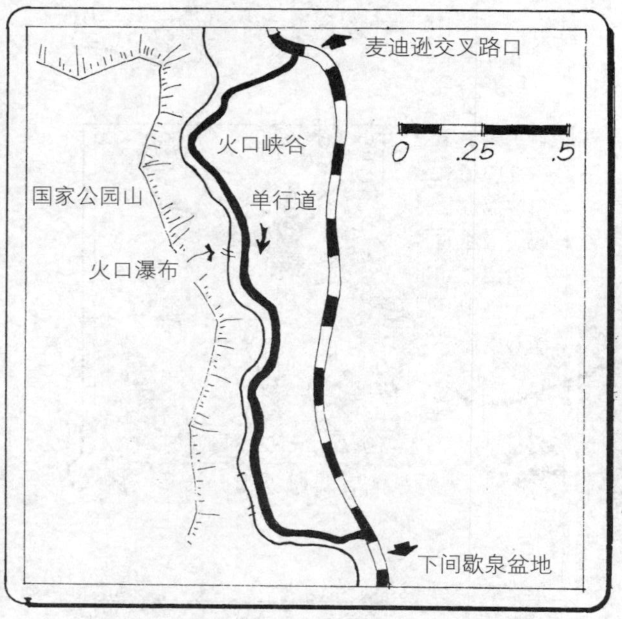

麦迪逊交叉路口
火口峡谷
国家公园山
单行道
火口瀑布
下间歇泉盆地
0 .25 .5

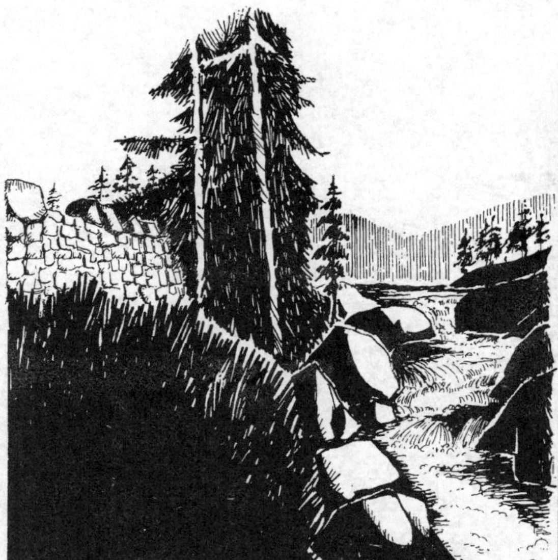

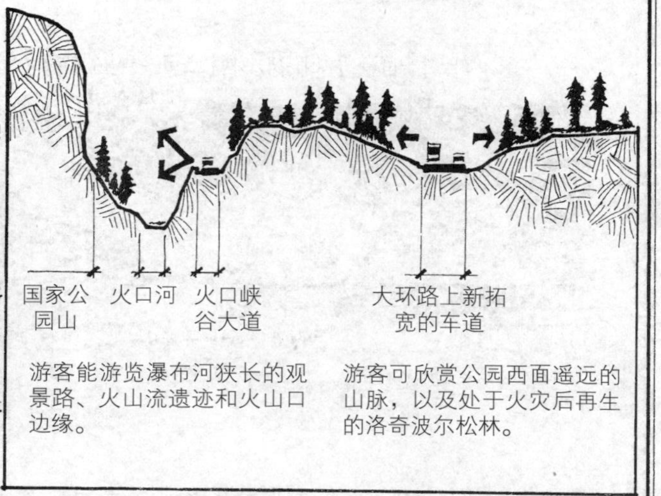

国家公园山
火口河
火口峡谷大道
大环路上新拓宽的车道

游客能游览瀑布河狭长的观景路、火山流遗迹和火山口边缘。

游客可欣赏公园西面遥远的山脉，以及处于火灾后再生的洛奇波尔松林。

在这条狭长的车道上，游览弗吉尼亚瀑布大道的游客能欣赏到幽深、风化的峡谷，如画般的瀑布倾泻而下直达谷底。

弗吉尼亚瀑布大道

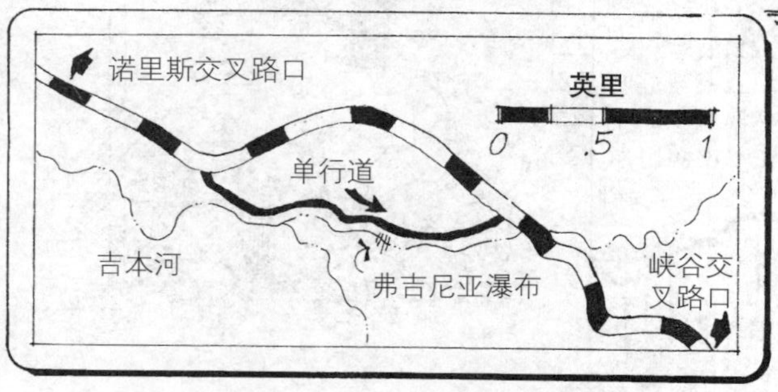

诺里斯交叉路口
英里
0 .5 1
单行道
吉本河
弗吉尼亚瀑布
峡谷交叉路口

弗吉尼亚瀑布和下面的吉本河

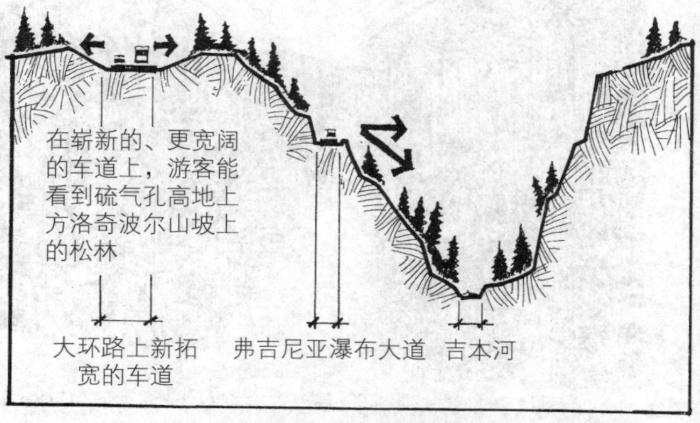

在崭新的、更宽阔的车道上，游客能看到硫气孔高地上方洛奇波尔山坡上的松林
大环路上新拓宽的车道
弗吉尼亚瀑布大道
吉本河

银门/石林大道

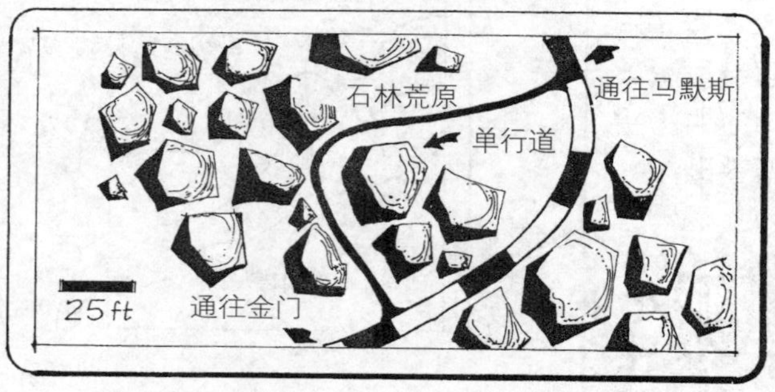

石林荒原
通往马默斯
单行道
25ft
通往金门

回首公园历史，游客在石林的游览体验从最初到现在没有丝毫改变。

“拓宽石林的道路时，一定要倍加小心，以免破坏珍贵的岩层。最好让道路右侧保持现在不规则的山形——意味着一些路段会比其他路段狭窄一些——但总好过为使道路宽度一致而毁掉这些珍贵的岩层。”

1902 海勒姆上尉
美国陆军工程兵团

火口湖大道

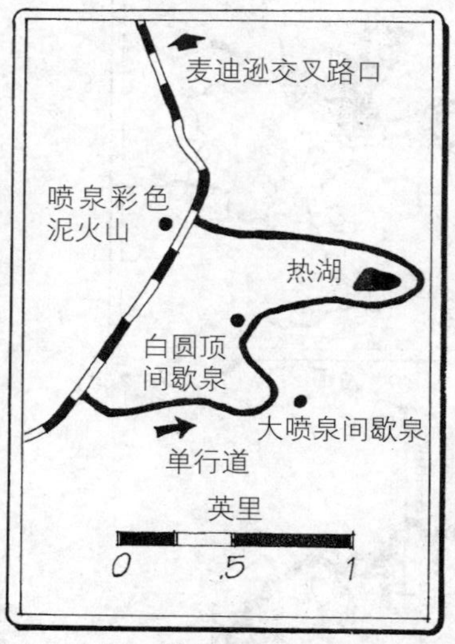

麦迪逊交叉路口
喷泉彩色泥火山
热湖
白圆顶间歇泉
大喷泉间歇泉
单行道
英里
0 .5 1

沿着这条单行环路一直驾驶到驶离处，一路上游客可以看到许多热水塘、湖泊、间歇喷泉、泉眼以及不活跃的温泉。这些水景周围散布着洛奇波尔松树和灼热白土中的稀疏绿地。

上阶梯环路大道

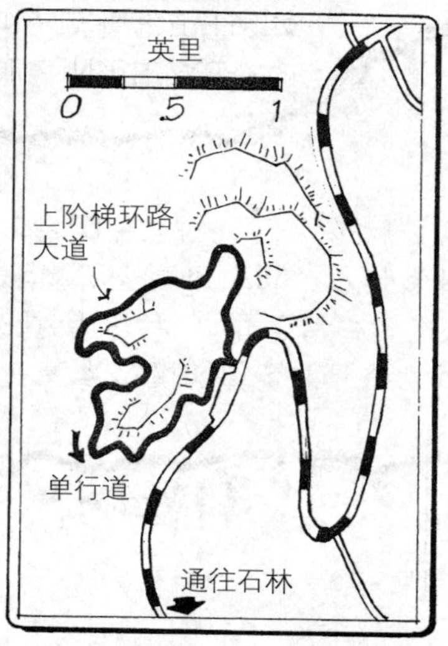

英里
0 .5 1
上阶梯环路大道
单行道
通往石林

这条铺好的单行环路将游客带离大环路，使游客亲密接触到有趣的泉水，还有几乎每个转弯处都能看到的“冒热气”地质奇观。

格尔角大道

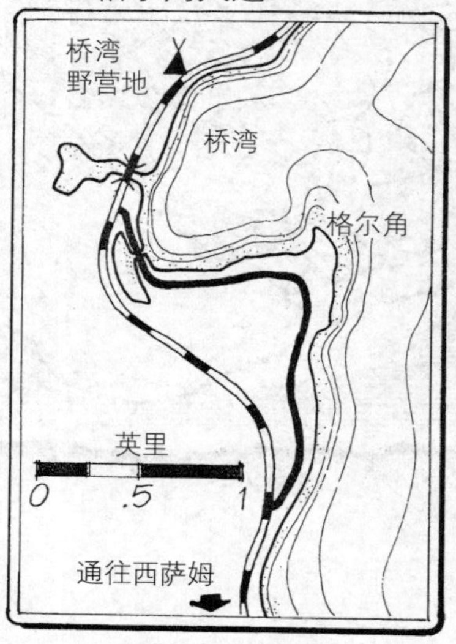

桥湾野营地
桥湾
格尔角
英里
0 .5 1
通往西萨姆

这段支路是黄石湖畔被废弃的一段高速公路。由于重建的道路更加宽阔，大多数游客都使用新路，只有寻求独特驾驶体验的游客才会使用桥湾上狭窄的碎石堤道。

DELINEATED BY Forrest P. Huisman, 1999

YELLOWSTONE ROADS RECORDING PROJECT
NATIONAL PARK SERVICE
UNITED STATES DEPARTMENT OF THE INTERIOR

ADDENDUM TO YELLOWSTONE NATIONAL PARK ROADS & BRIDGES
YELLOWSTONE NATIONAL PARK | PARK & TETON COUNTIES | WYOMING, MONTANA, IDAHO

SHEET 8 of 10

HISTORIC AMERICAN ENGINEERING RECORD
WY-24

路边状况，驶离处

黄石国家公园道路提供了许多路边停车的机会，以便让游客随时欣赏公园美景。路边的设施和停车区有便利的设施、信息及说明性路标，还有去往最近的自然历史景点的通道。

“路标是微型象征物，国家公园可以利用路标来展示其独特性及其他目的。这些路标可以是指引性的、指令性的、管理性的、警告性的或者提示性的。”

——阿尔伯特·古德，国家公园游憩设计处

插图根据 1933 年黄石国家公园总体规划图而作。详述见于黄石国家公园风景园林部的设计标准。

驼鹿沼泽路边，1950 年拍摄

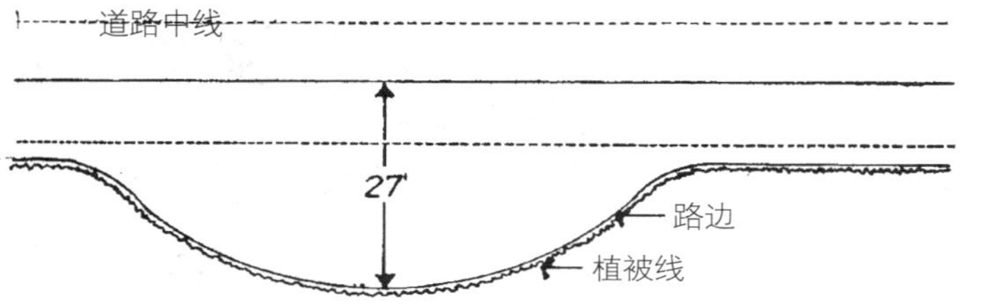

通用车辆出口

比例尺：3′ /4″ =50′

短时停车处

—2~5 分钟停车时间

—无座

—通常没有精心设计的景观

—新退车处通常有铺好的路

—无路缘

—能容纳 1~2 辆汽车

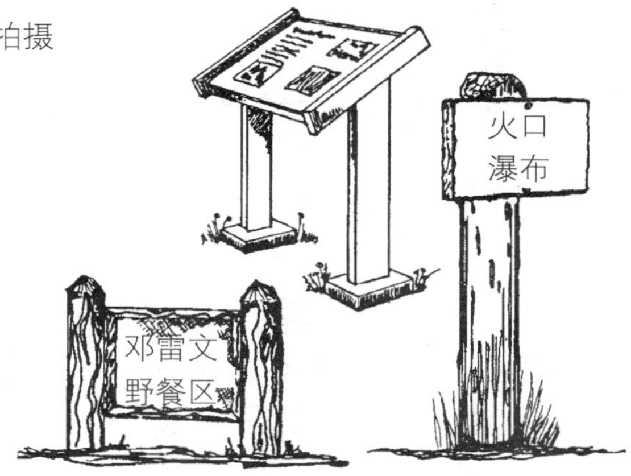

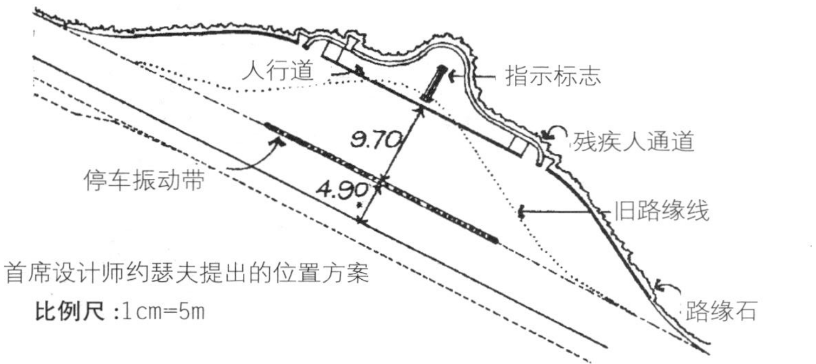

首席设计师约瑟夫提出的位置方案

比例尺：1cm=5m

浏览信息停车处

—5~8 分钟停车时间

—无座

—有某景点或历史景物的指示标志

—有路缘

—能容纳 2~3 辆汽车

说明性路边设施区

—10~15 分钟停车时间

—没有或很少的座位

—前景或远景

—大型指示路标、神龛或凉亭

—经美化或自然化

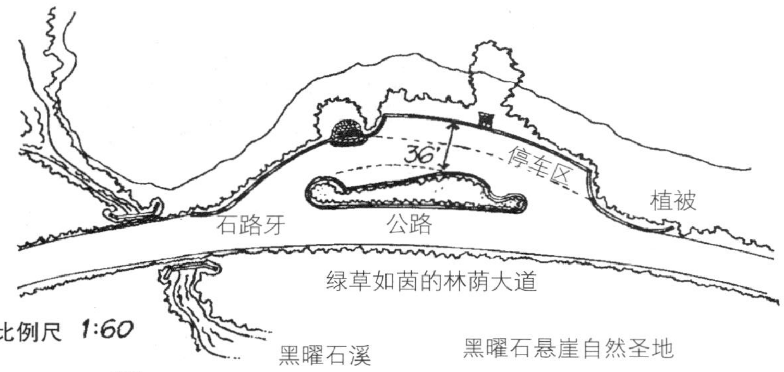

比例尺 *1:60*

野餐路边区

—15 分钟到 1 小时停车时间

—有座位、休息室及设施

—野餐桌

—显著的景观或全景

—信息牌

—有限的活动区域

—经美化或自然化

—单行道

—道路经过铺砌并有整齐的停车区

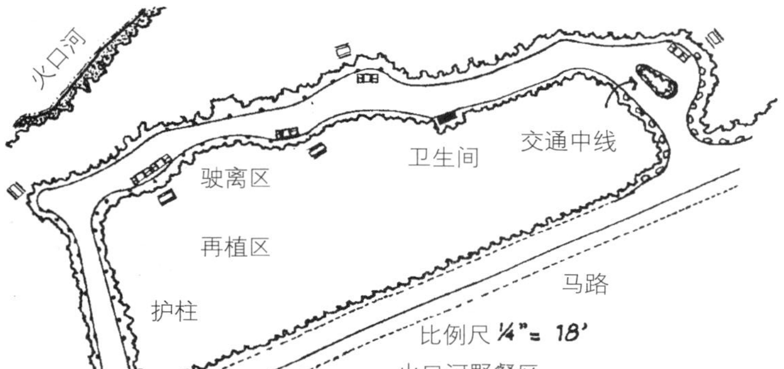

比例尺 *¼″= 18′*

火口河野餐区

5 交互式路边区

—超过 1 小时停车时间

—座位及入口区

—便利设施

—某些直景及目的地

—大型凉亭，建筑物或博物馆

—拓展活动及路口

—经美化或自然化

—地面铺砌过的停车处

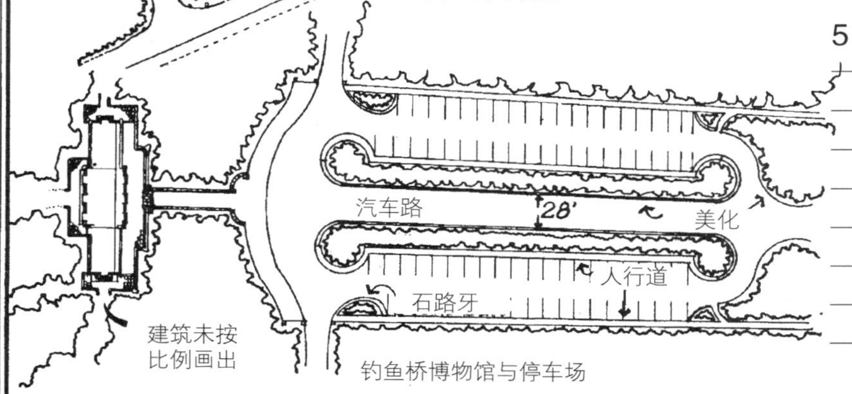

钓鱼桥博物馆与停车场

渔桥博物馆

DELINEATED BY: *Meredith Mitchell, 1999; Jill Patricia Caouette, 2000*

YELLOWSTONE ROADS RECORDING PROJECT NATIONAL PARK SERVICE UNITED STATES DEPARTMENT OF THE INTERIOR	ADDENDUM TO YELLOWSTONE NATIONAL PARK ROADS & BRIDGES YELLOWSTONE NATIONAL PARK　PARK & TETON COUNTIES　WYOMING, MONTANA, IDAHO	SHEET 9 of 10	HISTORIC AMERICAN ENGINEERING RECORD WY-24	

IF REPRODUCED, PLEASE CREDIT THE HISTORIC AMERICAN ENGINEERING RECORD, NATIONAL PARK SERVICE, NAME OF DELINEATOR, DATE OF DRAWING

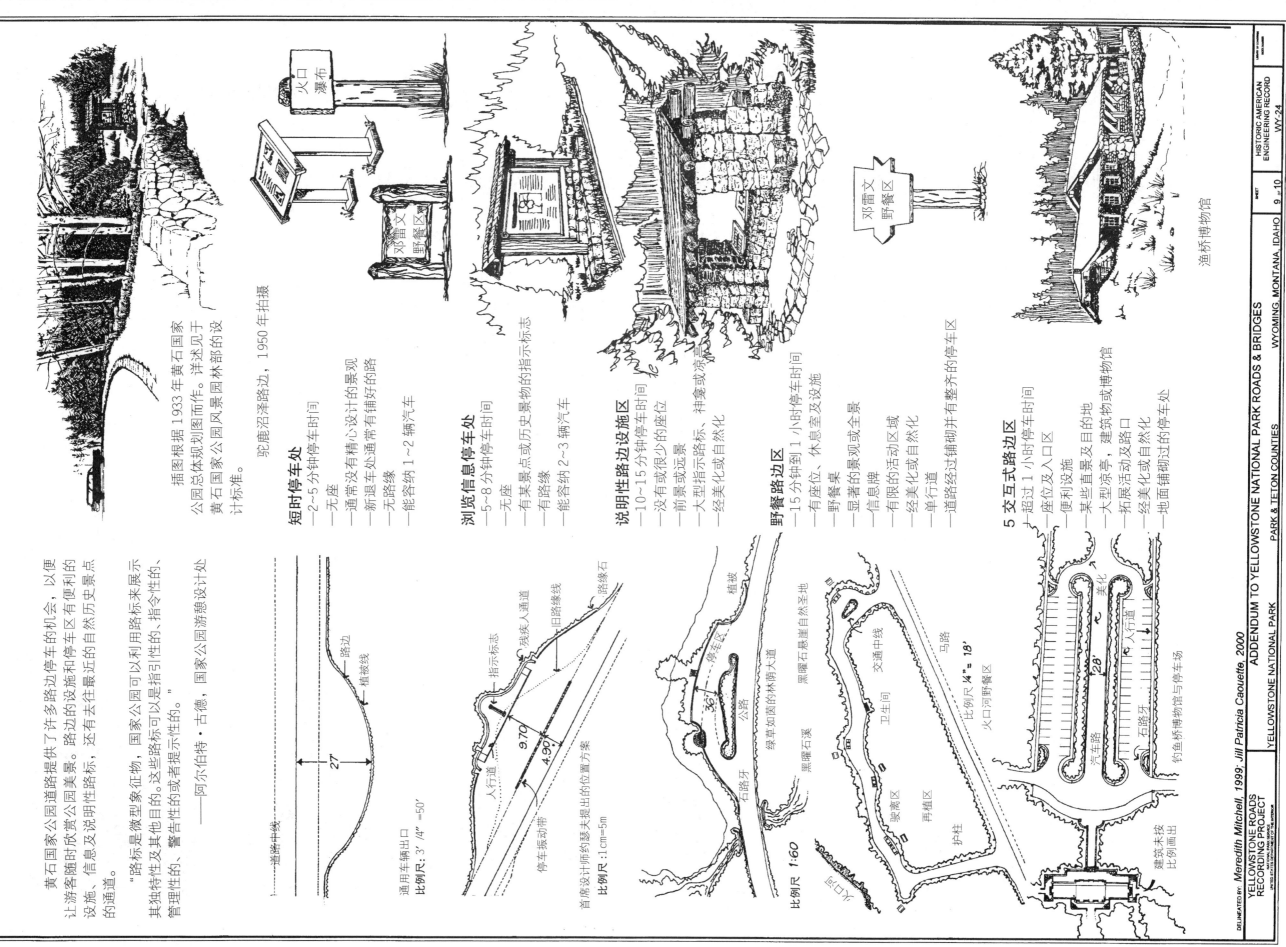

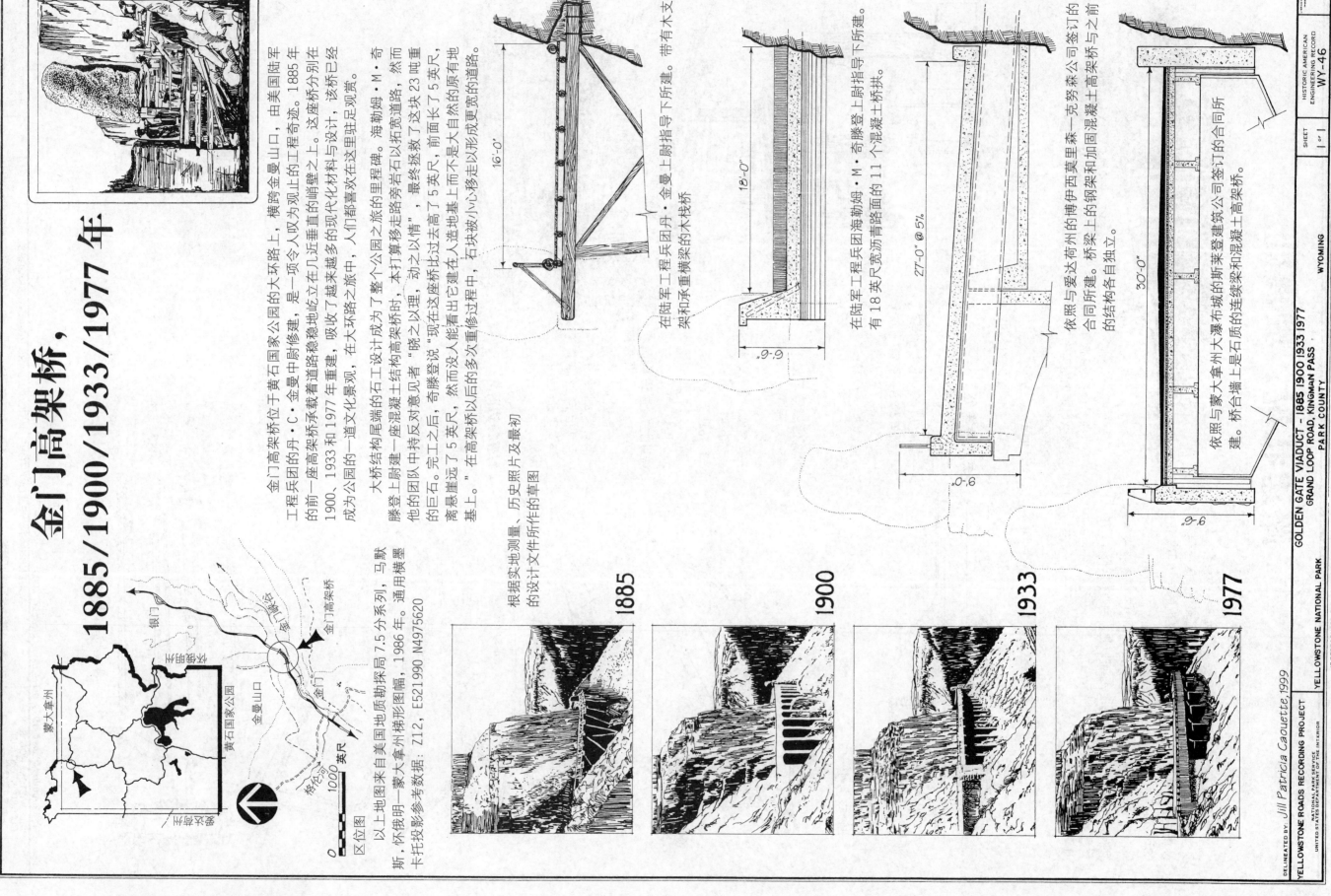

金门高架桥，1885/1900/1933/1977 年

蒙大拿州
爱达荷州
怀俄明州
黄石国家公园
银门
金曼山口
金门峡谷
格伦河
金门
金门高架桥
0
1000
英尺
区位图

以上地图来自美国地质勘探局 7.5 分系列，马默斯，怀俄明—蒙大拿州梯形图幅，1986 年。通用横墨卡托投影参考数据：Z12，E521990 N4975620

金门高架桥位于黄石国家公园的大环路上，横跨金曼山口，由美国陆军工程兵团的丹・C・金曼中尉修建，是一项令人叹为观止的工程奇迹。1885 年的前一座高架桥承载着道路稳稳地屹立在几近垂直的峭壁之上。这座桥分别在 1900、1933 和 1977 年重建，吸收了越来越多的现代化材料与设计，该桥已经成为公园的一道文化景观，在大环路之旅中，人们都喜欢在这里驻足观赏。

大桥结构尾端的石工设计成为了整个公园之旅的里程碑。海勒姆・M・奇滕登上尉建一座混凝土结构高架桥时，本打算移走路旁岩石以拓宽道路，然而他的团队中持反对意见者“晓之以理，动之以情”，最终拯救了这块 23 吨重的巨石。完工之后，奇滕登说“现在这座桥比过去高了 5 英尺，前面长了 5 英尺，离悬崖远了 5 英尺，然而没人能看出它建在人造地基上而不是大自然的原有地基上。”在高架桥以后的多次重修过程中，石块被小心移走以形成更宽的道路。

根据实地测量、历史照片及最初的设计文件所作的草图

1885

1900

1933

1977

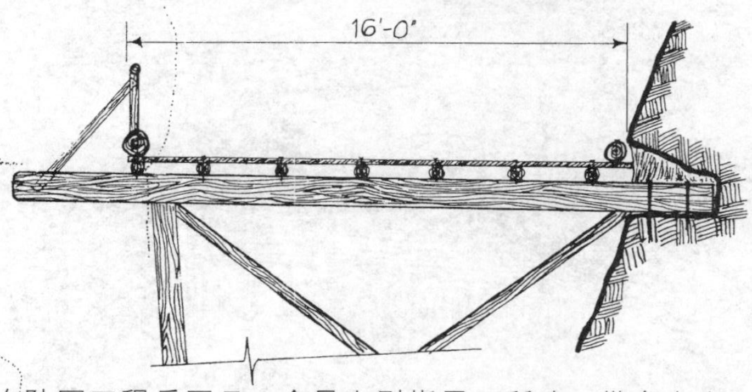
16'-0"
在陆军工程兵团丹・金曼上尉指导下所建。带有木支架和承重横梁的木栈桥

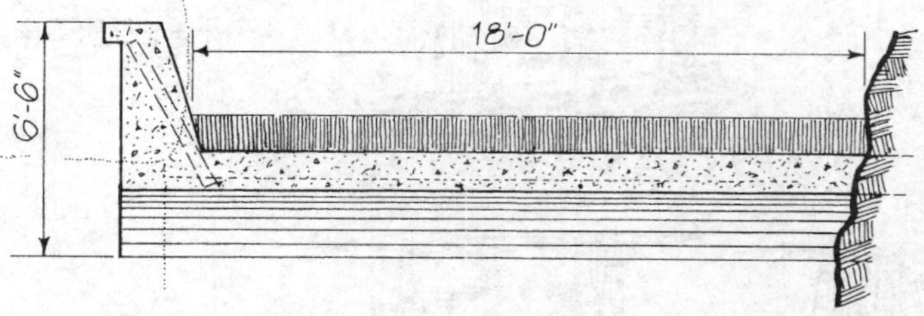
18'-0"
6'-6"
在陆军工程兵团海勒姆・M・奇滕登上尉指导下所建。有 18 英尺宽沥青路面的 11 个混凝土桥拱。

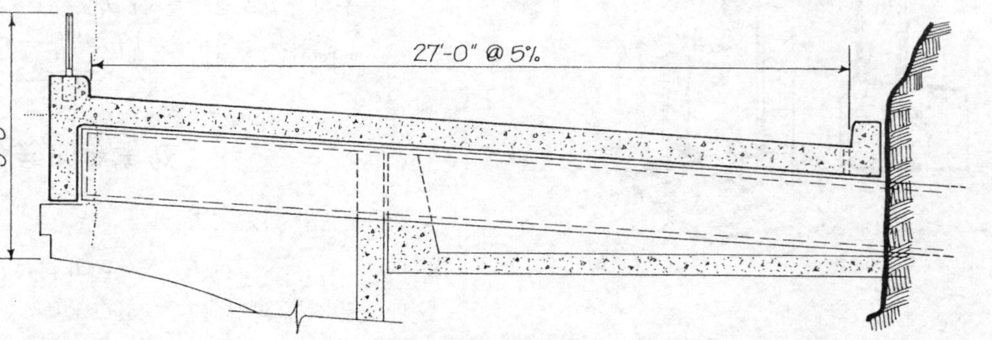
27'-0" @ 5%
9'-0"
依照与爱达荷州的博伊西莫里森—克努森公司签订的合同所建。桥梁上的钢架和加固混凝土高架桥与之前的结构各自独立。

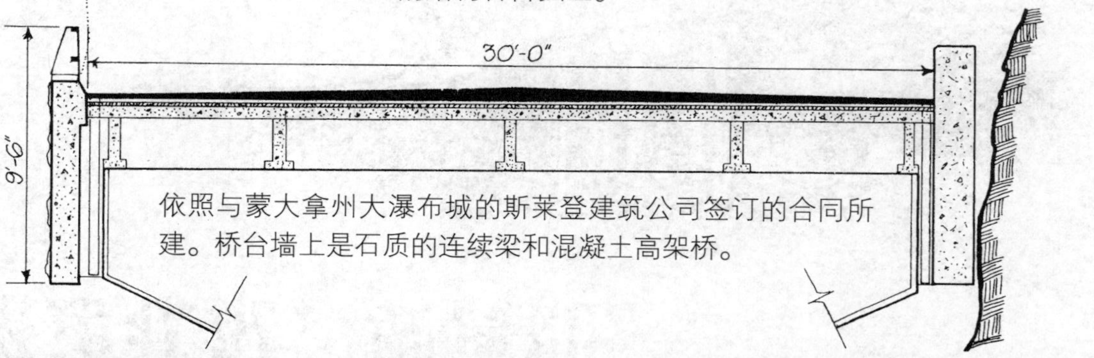
30'-0"
9'-6"
依照与蒙大拿州大瀑布城的斯莱登建筑公司签订的合同所建。桥台墙上是石质的连续梁和混凝土高架桥。

DELINEATED BY: Jill Patricia Caouette, 1999

YELLOWSTONE ROADS RECORDING PROJECT
NATIONAL PARK SERVICE
UNITED STATES DEPARTMENT OF THE INTERIOR

GOLDEN GATE VIADUCT - 1885 1900 1933 1977
GRAND LOOP ROAD, KINGMAN PASS
YELLOWSTONE NATIONAL PARK　PARK COUNTY　WYOMING

SHEET 1 of 1
HISTORIC AMERICAN ENGINEERING RECORD WY-46

IF REPRODUCED, PLEASE CREDIT: HISTORIC AMERICAN ENGINEERING RECORD, NATIONAL PARK SERVICE, NAME OF DELINEATOR, DATE OF THE DRAWING

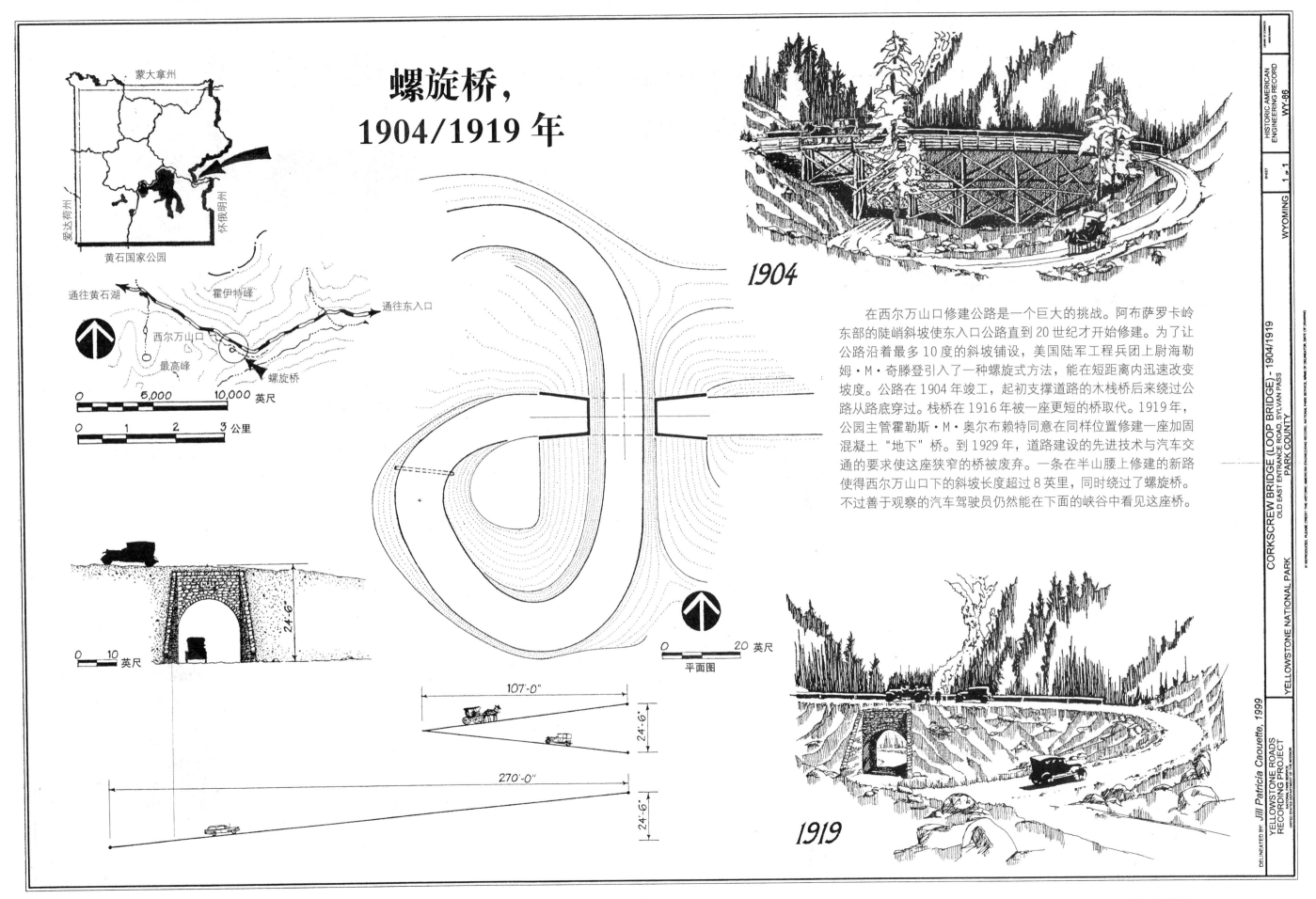

螺旋桥，1904/1919 年

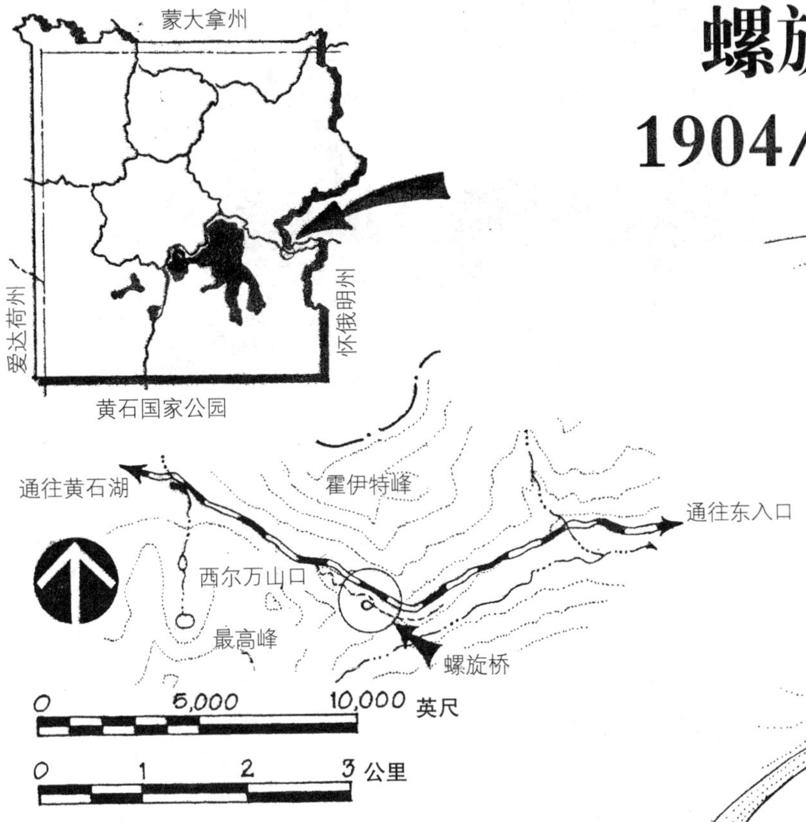
蒙大拿州
爱达荷州
怀俄明州
黄石国家公园
通往黄石湖
霍伊特峰
通往东入口
西尔万山口
最高峰
螺旋桥
0 5,000 10,000 英尺
0 1 2 3 公里

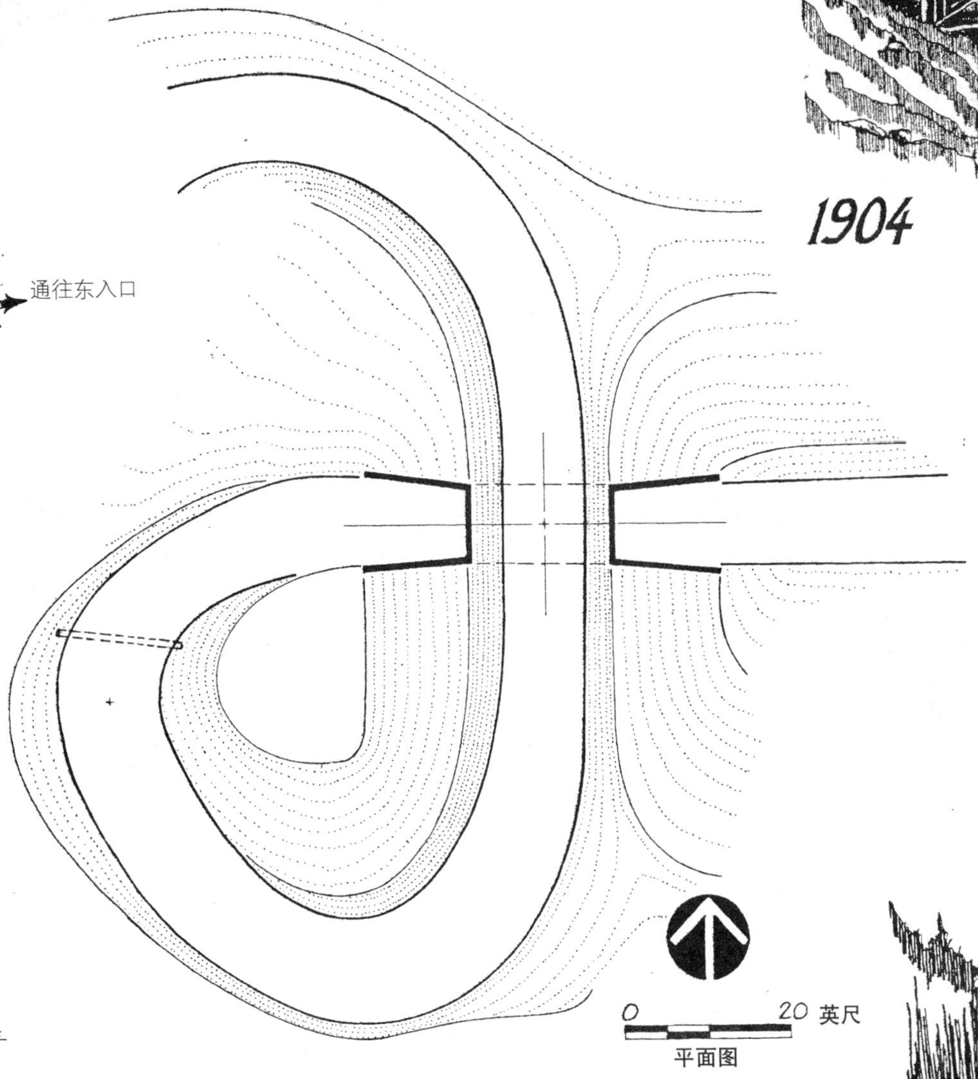
0 20 英尺
平面图

24'-6"
0 10 英尺

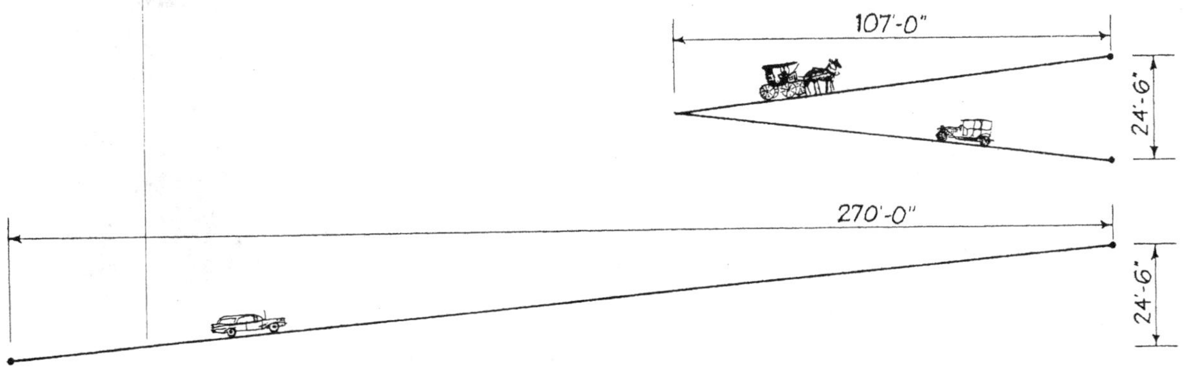
107'-0"
24'-6"
270'-0"
24'-6"

1904

在西尔万山口修建公路是一个巨大的挑战。阿布萨罗卡岭东部的陡峭斜坡使东入口公路直到 20 世纪才开始修建。为了让公路沿着最多 10 度的斜坡铺设，美国陆军工程兵团上尉海勒姆・M・奇滕登引入了一种螺旋式方法，能在短距离内迅速改变坡度。公路在 1904 年竣工，起初支撑道路的木栈桥后来绕过公路从路底穿过。栈桥在 1916 年被一座更短的桥取代。1919 年，公园主管霍勒斯・M・奥尔布赖特同意在同样位置修建一座加固混凝土“地下”桥。到 1929 年，道路建设的先进技术与汽车交通的要求使这座狭窄的桥被废弃。一条在半山腰上修建的新路使得西尔万山口下的斜坡长度超过 8 英里，同时绕过了螺旋桥。不过善于观察的汽车驾驶员仍然能在下面的峡谷中看见这座桥。

1919

HISTORIC AMERICAN ENGINEERING RECORD
WY-86
SHEET 1 of 1
WYOMING
CORKSCREW BRIDGE (LOOP BRIDGE) - 1904/1919
OLD EAST ENTRANCE ROAD, SYLVAN PASS
PARK COUNTY
YELLOWSTONE NATIONAL PARK
DELINEATED BY: Jill Patricia Caouette, 1999
YELLOWSTONE ROADS RECORDING PROJECT
NATIONAL PARK SERVICE
UNITED STATES DEPARTMENT OF THE INTERIOR

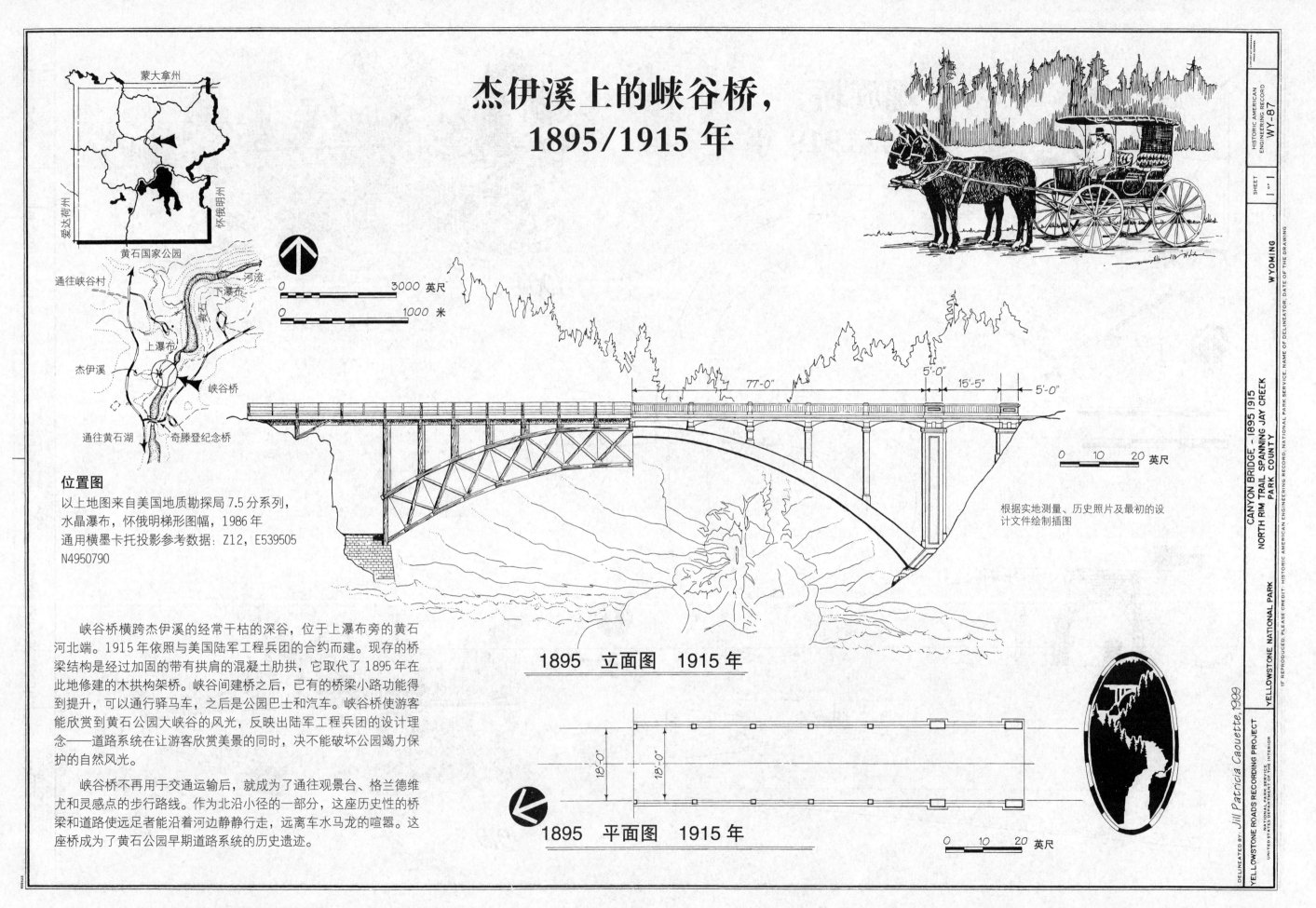

杰伊溪上的峡谷桥，1895/1915 年

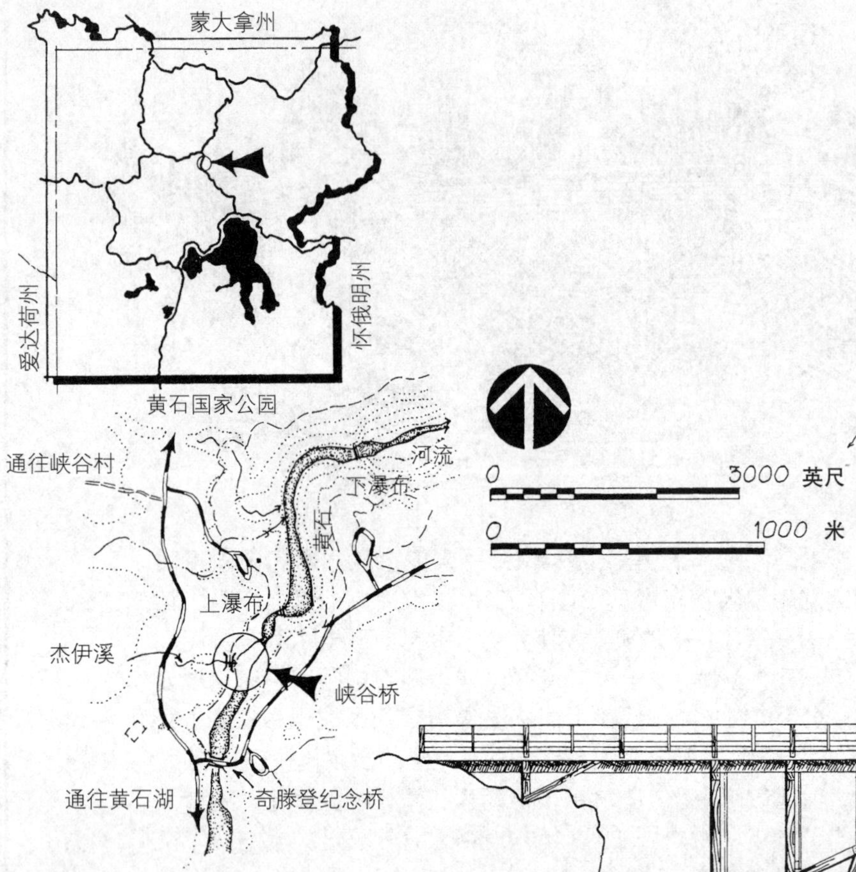
蒙大拿州
爱达荷州
怀俄明州
黄石国家公园
通往峡谷村
河流
下瀑布
黄石
上瀑布
杰伊溪
峡谷桥
通往黄石湖
奇滕登纪念桥
0 3000 英尺
0 1000 米

位置图

以上地图来自美国地质勘探局 7.5 分系列，
水晶瀑布，怀俄明梯形图幅，1986 年
通用横墨卡托投影参考数据：Z12，E539505
N4950790

77'-0"
5'-0"
15'-5"
5'-0"
0 10 20 英尺

根据实地测量、历史照片及最初的设计文件绘制插图

1895 立面图 1915 年

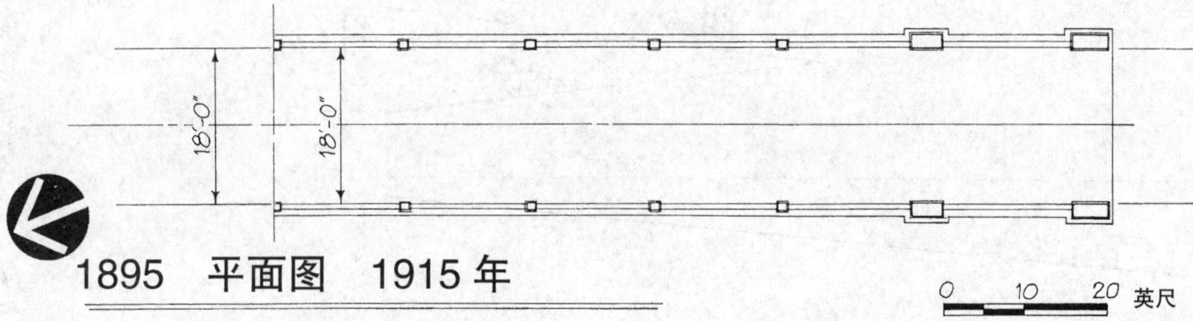
18'-0"
18'-0"
0 10 20 英尺

1895 平面图 1915 年

峡谷桥横跨杰伊溪的经常干枯的深谷，位于上瀑布旁的黄石河北端。1915 年依照与美国陆军工程兵团的合约而建。现存的桥梁结构是经过加固的带有拱肩的混凝土肋拱，它取代了 1895 年在此地修建的木拱构架桥。峡谷间建桥之后，已有的桥梁小路功能得到提升，可以通行驿马车，之后是公园巴士和汽车。峡谷桥使游客能欣赏到黄石公园大峡谷的风光，反映出陆军工程兵团的设计理念——道路系统在让游客欣赏美景的同时，决不能破坏公园竭力保护的自然风光。

峡谷桥不再用于交通运输后，就成为了通往观景台、格兰德维尤和灵感点的步行路线。作为北沿小径的一部分，这座历史性的桥梁和道路使远足者能沿着河边静静行走，远离车水马龙的喧嚣。这座桥成为了黄石公园早期道路系统的历史遗迹。

DELINEATED BY: Jill Patricia Caouette, 1999

YELLOWSTONE ROADS RECORDING PROJECT
NATIONAL PARK SERVICE
UNITED STATES DEPARTMENT OF THE INTERIOR

CANYON BRIDGE - 1895 1915
NORTH RIM TRAIL SPANNING JAY CREEK
PARK COUNTY
YELLOWSTONE NATIONAL PARK
WYOMING

IF REPRODUCED, PLEASE CREDIT: HISTORIC AMERICAN ENGINEERING RECORD, NATIONAL PARK SERVICE, NAME OF DELINEATOR, DATE OF THE DRAWING

SHEET 1 OF 1
HISTORIC AMERICAN ENGINEERING RECORD
WY-87

奇滕登纪念桥，1903/1962 年

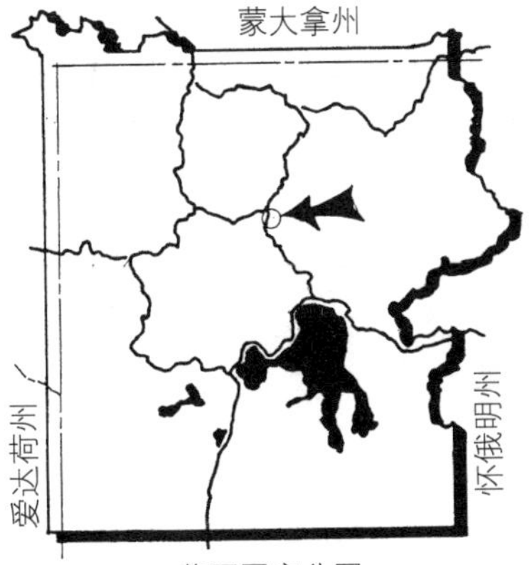

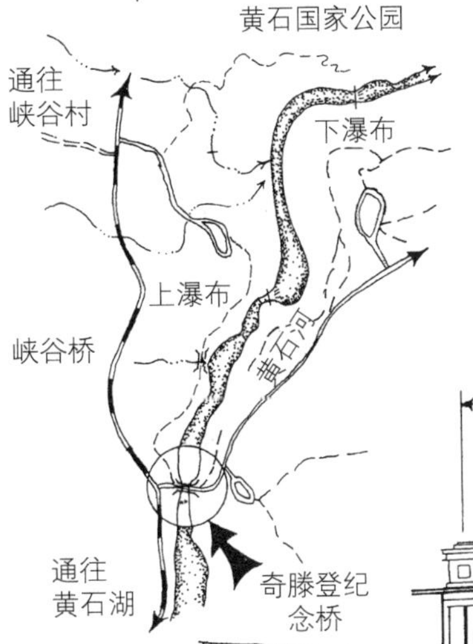

位置图

以上地图来自美国地质勘探局 7.5 分系列，水晶瀑布，怀俄明州梯形图幅，1986 年

通用横墨卡托投影参考数据：Z12，E539450 N4950435

0 3000 英尺

0 500 1000 米

“在上瀑布正上方的这段河流展现出了无数美景。我们可以不耗费巨资，仅仅在其上建一座普普通通的桥，但这些急流所呈现的诱人景致却让任何普通的桥显得与周围环境格格不入。因此我们决定建一座能够配得上这些景色的桥，最终选定了狭长的单拱桥。”

——海勒姆·M·奇滕登

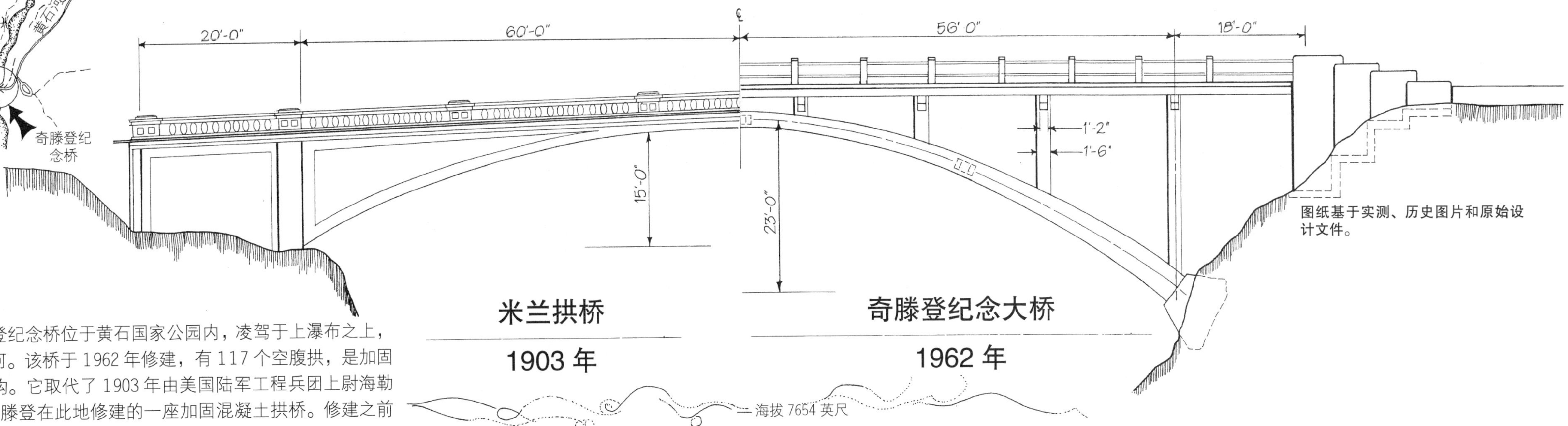

图纸基于实测、历史图片和原始设计文件。

米兰拱桥 1903 年

奇滕登纪念大桥 1962 年

奇滕登纪念桥位于黄石国家公园内，凌驾于上瀑布之上，横跨黄石河。该桥于 1962 年修建，有 117 个空腹拱，是加固混凝土结构。它取代了 1903 年由美国陆军工程兵团上尉海勒姆·M·奇滕登在此地修建的一座加固混凝土拱桥。修建之前那座桥的目的是为人们提供通往峡谷南面艺术家点的驾车通道。奇滕登采用了澳大利亚工程师约瑟夫·米兰的设计方案。奇滕登坚信，他能找到一个适当的平衡点，在开发公园使人们观赏美景的同时又尽可能不破坏公园的自然环境。他觉得大桥周围的景观是公园中最壮美的，他赞成把米兰设计的优雅的拱桥融入这美景之中。

大桥处于急流之上，这一位置使得大桥框架的构建成为建造过程中最危险的部分，因为这个过程需要浇注混凝土。框架由一个临时桥墩支撑，桥墩建在湍急的河流中央，两岸还有天然的石桥墩。在这一工程奇迹建造过程中，奇滕登指挥混凝土的浇注一次成功，以避免出现肉眼可见的裂缝。

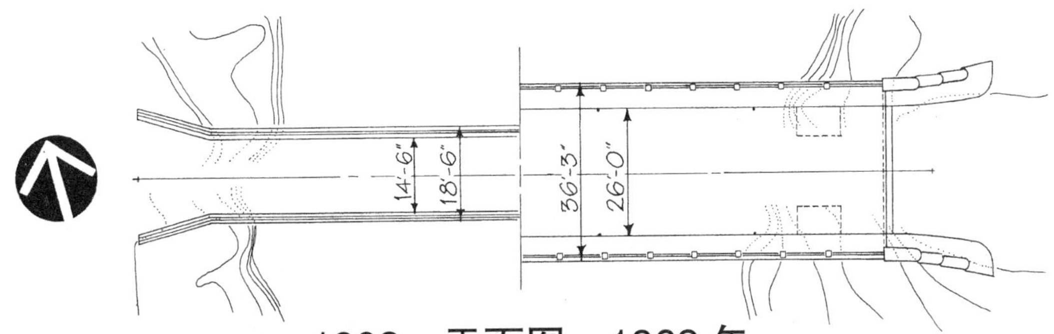

1903　平面图　1962 年

到 1960 年，米兰桥破败的桥况和狭窄的桥宽造成了人们对游客安全的极大担忧。经过慎重讨论，国家公园管理处的官员决定重修一座更宽更结实的桥。至此，米兰设计的桥可以说被废弃了。新桥是一座更加现代化的加固混凝土空腹拱桥。旧桥的拆毁和新桥的修建在 1961 年同地进行。1963 年 8 月 8 日，黄石国家公园将新桥以奇滕登的名字命名。奇滕登纪念大桥使人们欣赏到黄石公园大峡谷中上下瀑布无与伦比的美景。至今它仍是大环路中最美最受欢迎的景区之一。

DELINEATED BY: Jill Patricia Gauette, 2000

YELLOWSTONE ROADS RECORDING PROJECT
NATIONAL PARK SERVICE
UNITED STATES DEPARTMENT OF THE INTERIOR

YELLOWSTONE NATIONAL PARK

CHITTENDEN BRIDGE/CHITTENDEN MEMORIAL BRIDGE - 1903/1962
ARTISTS POINT ROAD SPANNING YELLOWSTONE RIVER
PARK COUNTY

WYOMING

SHEET 1 of 1

HISTORIC AMERICAN ENGINEERING RECORD WY-88

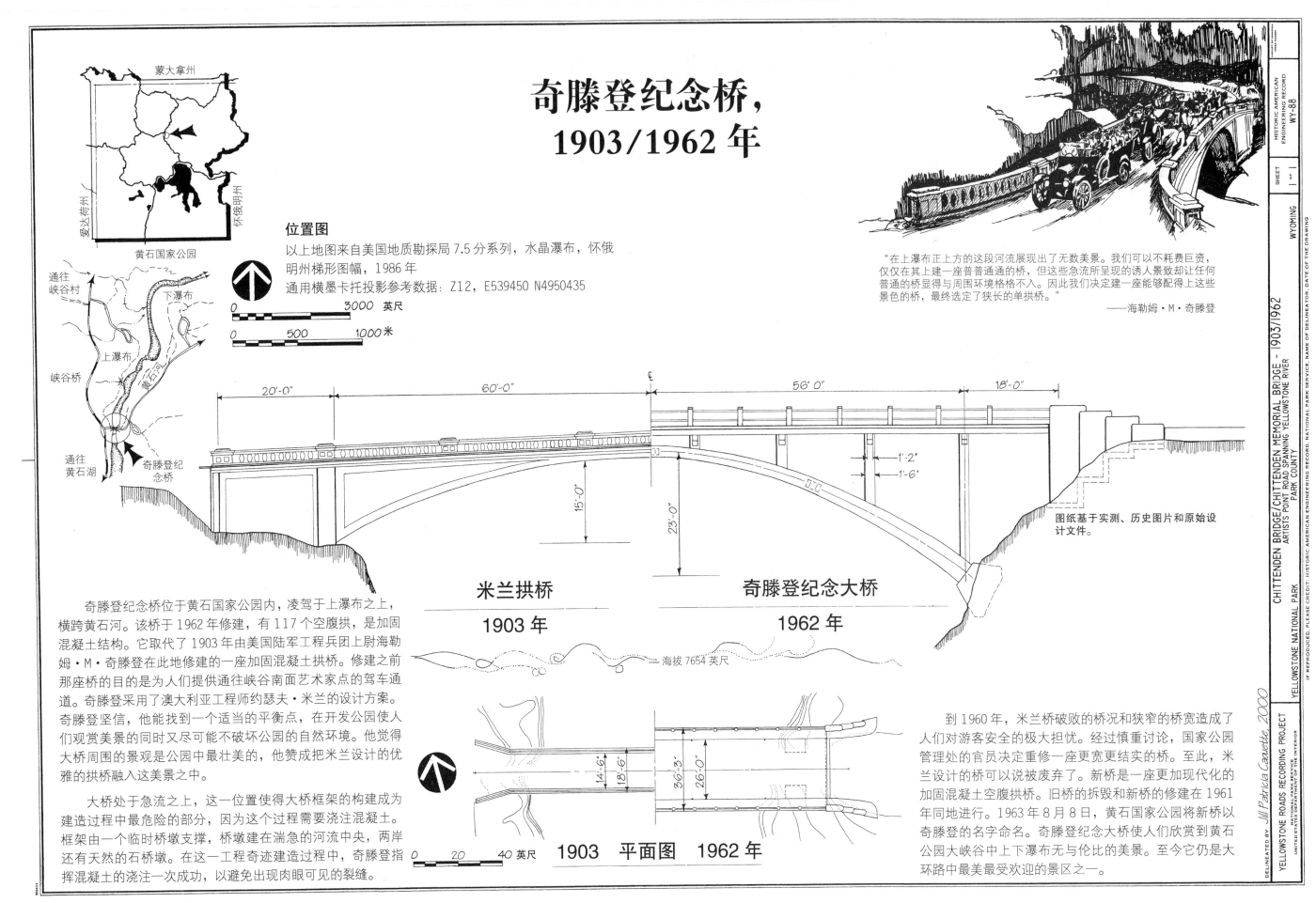

约塞米蒂国家公园

道路、桥梁 I

约塞米蒂峡谷1851年被发现后的20多年间，只有通过浮冰和崎岖小径进入峡谷。1864年，约塞米蒂峡谷和玛莉波莎水杉丛林被国会认定为自然保护区，但是还要再等十年公路才能通往这一地区。

为了从旅游业中获利，马里波萨和图奥勒米县的民众在峡谷中修建收费公路以吸引约塞米蒂边境的游客。19世纪70年代早期，从科尔特维尔、大橡树平地和马里波萨起始的私人收费公路已在建设之中，大规模的道路建设竞赛随之产生。每个社区都想最先建成道路，这样便能抢占旅游业的先机。约翰·泰勒·麦克林博士在1874年7月17日最先完成了科尔特维尔公路的建设。然而29天后，大橡树平地公路的前身，“华工营与约塞米蒂收费公路”修进峡谷，粉碎了他交通垄断的幻想。峡谷南面，阿尔伯特·亨利·沃什伯恩领导的垄断联盟正从马里波萨向大树站（今天的瓦乌纳）铺设另一条收费公路，并在1875年通入峡谷。峡谷北面，“大山脊马车路”穿越高原地区，在1833年到达泰奥加山口附近的金矿和银矿，圆满竣工。虽然“大山脊马车路”并不是为旅游业而建，它也逐渐发展成现在的泰奥加公路。这是一条接近1万英尺高的公路，成为加利福尼亚州最高的山区铺面公路。早期公路建设是当时杰出的工程学成就：所有这些早期公路都要穿越崎岖的山岭地带，完全依靠人工劳动，工具也只有镐、铁锹和“巨型”爆破火药。在谷底，约塞米蒂巨人峡谷县行政委员会零星开发了一个马车大道系统，道路间由木桥和铁桁架桥连接。

约塞米蒂于1890年成为国家公园。美国骑兵队在1914年之前一直管理公园并处理其事务。期间的1913年，他们负责监督布里达尔维尔瀑布下三座小桥的建设工作。

1900年，第一辆汽车艰难爬上陡峭的、未经完善的公路，到达峡谷。尽管这些道路于1907年被公园代理军政署废弃，汽车的时代也已接近到来。1913年，内政部长富兰克林·K·莱恩把公园大门向那些新型且即将成为主流的交通工具开放。

国家公园管理局创立于1916年，旨在保护国家最重要的自然与文化资源。第一任局长史蒂芬·T·马瑟是一个对约塞米蒂峡谷有着浓厚兴趣的加州本地人。1915年他还是内政部副部长时，马瑟和一些生意伙伴买下老泰奥加公路，并立契将其转让给公园。担任局长后，马瑟在1925年与美国公用道路局（BPR）签署了协议备忘录，其中规定BPR监督国家公园中的道路建设工作。根据组织法有关条例，NPS与BPR合作，以确保新建的约塞米蒂道路系统设计与自然背景相协调。20世纪30年代，瓦乌纳公路、大橡树平地公路和部分泰奥加公路都在BPR的监督下建设完成。为保护公园景观，公园中修建了几英里的石砌挡土墙，把道路从主要景观中隐藏起来。还修建了四条隧道以避免对花岗石悬崖的损害。四条隧道之一，1933年建成的瓦乌纳隧道，是当时西方最长的隧道。约塞米蒂峡谷中，NPS风景园林师部门与BPR合作设计了一系列“乡土风格”的桥梁。桥梁由混凝土和钢制成，表面却是花岗岩或红杉木，以便与自然背景融为一体。

第二次世界大战后，联邦公路管理局与国家公园管理局完成了老泰奥加公路的重建，使之成为一条现代公园公路。这令汽车驾驶者欢欣雀跃，却令环保主义者很失望。20世纪80年代，公园年游客访问量突破300万，公园道路正在逼近其承载能力的极限。今天，正在进行的道路改进计划和新的公园环境政策对约塞米蒂的所有道路都造成影响。美国工程学记录处作为国家公园管理局的一个部门，记录了1991年道路系统的显著特色。HAER的史料、实测图和照片将被用于评估这些历史工程的特色，这对于公园特征的描述来说十分重要。如果这些工程被毁，这份历史记录将会引导未来工程事业的全面发展。

这幅插图改编自约塞米蒂学术图书馆的几幅历史照片

这个记录项目是HAER的一部分，HAER是一个长期记录美国历史上重要工程和工业成果的项目。HAER是美国内政部治下国家公园管理局（NPS）的一个代理机构。约塞米蒂道路与桥梁项目由约塞米蒂国家公园主管迈克尔·芬利，维护与工程总负责人凯文·卡恩，NPS道路与桥梁计划经理约翰·金格尔以及HABS/HAER总负责人罗伯特·J·卡普施联合发起。

现场调查、实测图、史料及照片在首席建筑师埃里克·迪劳尼的指导下完成。记录团队包括担任现场督导的工业设计师托德·A·克罗托，建筑技师狄奥涅·德麦特拉斯、大卫·R·弗莱明和玛丽—克劳德·利索特，项目史学家理查德·H·奎因。正式现场照片由布莱恩·C·格罗根拍摄。

DELINEATED BY: DIONE M. DE MARTELAERE 1991

YOSEMITE ROADS AND BRIDGES RECORDING PROJECT
NATIONAL PARK SERVICE
UNITED STATES DEPARTMENT OF THE INTERIOR

YOSEMITE ROADS AND BRIDGES
YOSEMITE NATIONAL PARK　MARIPOSA COUNTY　CALIFORNIA

SHEET 1 OF 2

HISTORIC AMERICAN ENGINEERING RECORD
CA-117

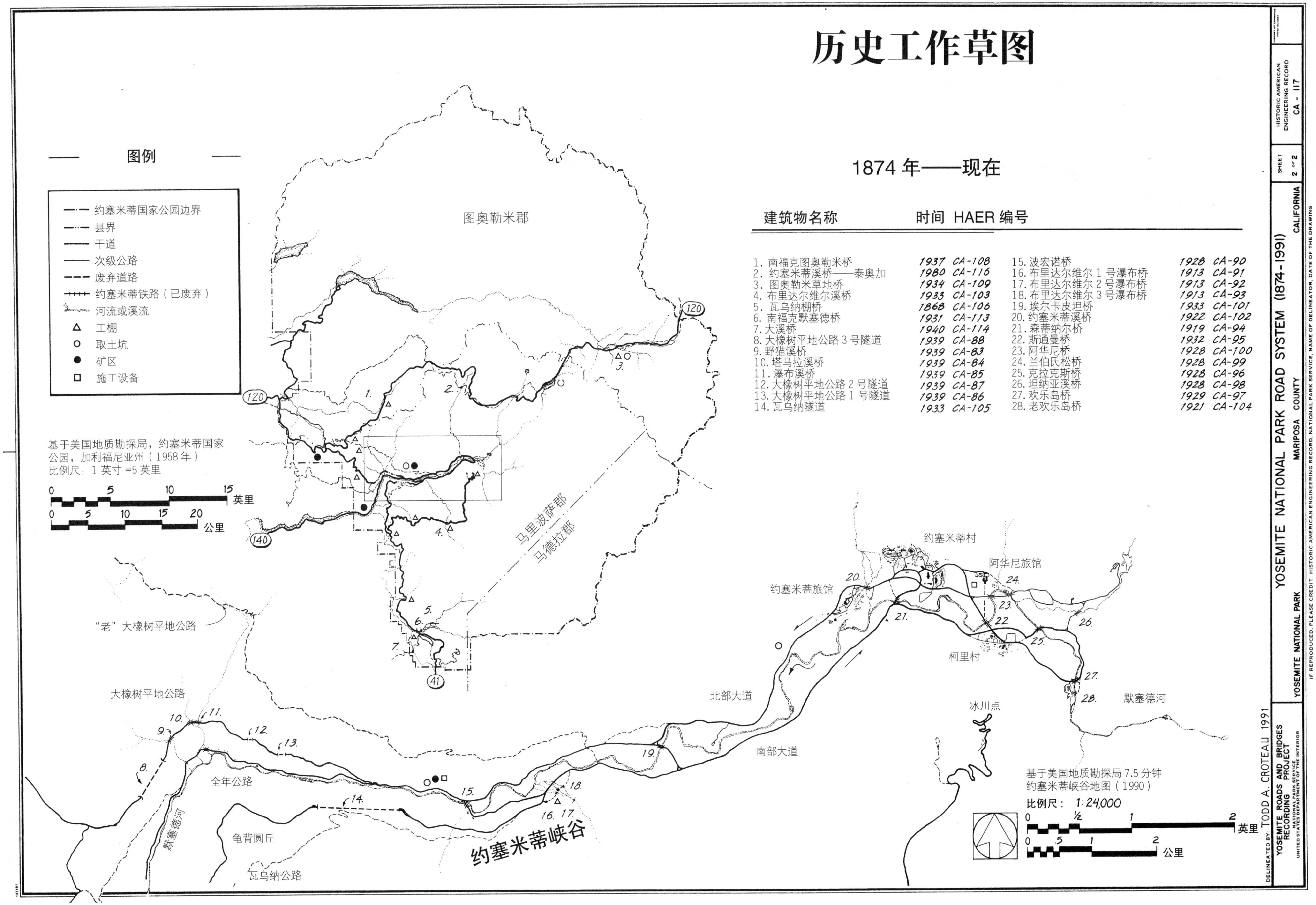
历史工作草图
1874年——现在
图例
约塞米蒂国家公园边界
县界
干道
次级公路
废弃道路
约塞米蒂铁路（已废弃）
河流或溪流
工棚
取土坑
矿区
施工设备
基于美国地质勘探局，约塞米蒂国家公园，加利福尼亚州（1958年）
比例尺：1英寸=5英里
0 5 10 15 英里
0 5 10 15 20 公里
图奥勒米郡
马里波萨郡
马德拉郡
120
140
41
"老"大橡树平地公路
大橡树平地公路
全年公路
默塞德河
龟背圆丘
瓦乌纳公路
约塞米蒂峡谷
北部大道
南部大道
约塞米蒂村
阿华尼旅馆
约塞米蒂旅馆
柯里村
冰川点
默塞德河
建筑物名称 时间 HAER编号
1. 南福克图奥勒米桥 1937 CA-108
2. 约塞米蒂溪桥——泰奥加 1980 CA-116
3. 图奥勒米草地桥 1934 CA-109
4. 布里达尔维尔溪桥 1933 CA-103
5. 瓦乌纳棚桥 1868 CA-106
6. 南福克默塞德桥 1931 CA-113
7. 大溪桥 1940 CA-114
8. 大橡树平地公路3号隧道 1939 CA-88
9. 野猫溪桥 1939 CA-83
10. 塔马拉溪桥 1939 CA-84
11. 瀑布溪桥 1939 CA-85
12. 大橡树平地公路2号隧道 1939 CA-87
13. 大橡树平地公路1号隧道 1939 CA-86
14. 瓦乌纳隧道 1933 CA-105
15. 波宏诺桥 1928 CA-90
16. 布里达尔维尔1号瀑布桥 1913 CA-91
17. 布里达尔维尔2号瀑布桥 1913 CA-92
18. 布里达尔维尔3号瀑布桥 1913 CA-93
19. 埃尔卡皮坦桥 1933 CA-101
20. 约塞米蒂溪桥 1922 CA-102
21. 森蒂纳尔桥 1919 CA-94
22. 斯通曼桥 1932 CA-95
23. 阿华尼桥 1928 CA-100
24. 兰伯氏松桥 1928 CA-99
25. 克拉克斯桥 1928 CA-96
26. 坦纳亚溪桥 1928 CA-98
27. 欢乐岛桥 1929 CA-97
28. 老欢乐岛桥 1921 CA-104
基于美国地质勘探局7.5分钟约塞米蒂峡谷地图（1990）
比例尺：1:24,000
0 ½ 1 2 英里
0 .5 1 2 公里
HISTORIC AMERICAN ENGINEERING RECORD
CA-117
SHEET 2 of 2
YOSEMITE NATIONAL PARK ROAD SYSTEM (1874-1991)
MARIPOSA COUNTY
CALIFORNIA
YOSEMITE NATIONAL PARK
DELINEATED BY TODD A. CROTEAU 1991
YOSEMITE ROADS AND BRIDGES RECORDING PROJECT
NATIONAL PARK SERVICE
UNITED STATES DEPARTMENT OF THE INTERIOR

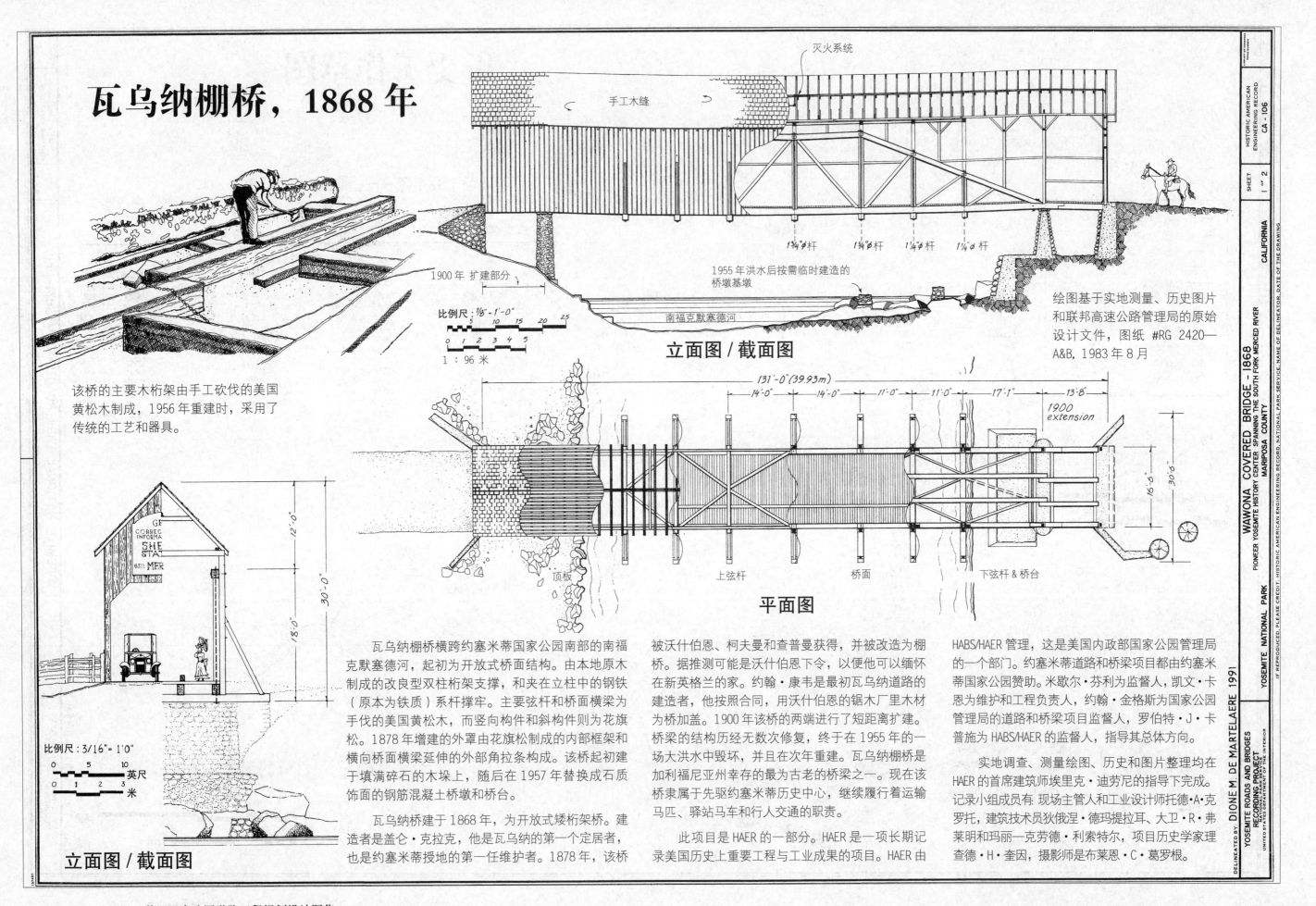

瓦乌纳棚桥，1868 年

该桥的主要木桁架由手工砍伐的美国黄松木制成，1956 年重建时，采用了传统的工艺和器具。

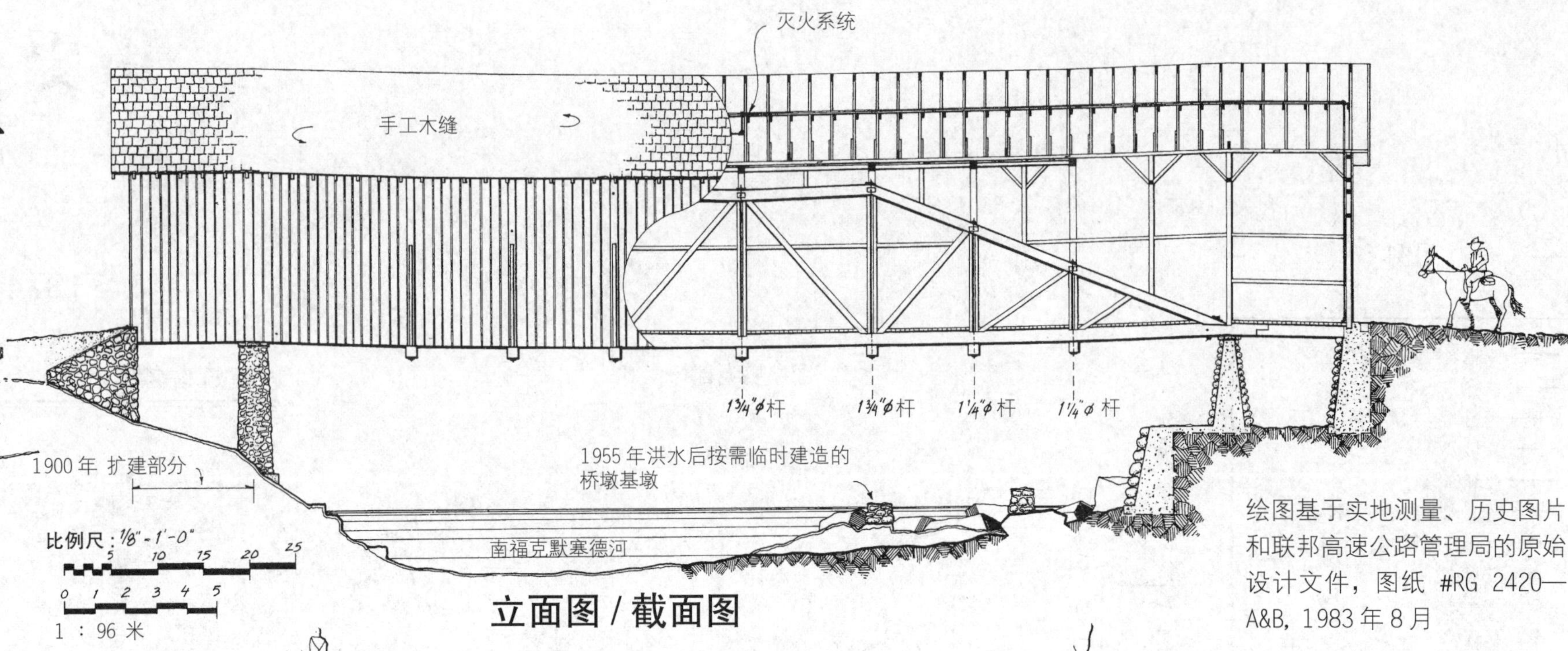

灭火系统
手工木缝
1¾"ϕ杆
1¾"ϕ杆
1¼"ϕ杆
1¼"ϕ杆
1900 年 扩建部分
1955 年洪水后按需临时建造的桥墩基墩
南福克默塞德河
比例尺：1/8"=1'-0"
1：96 米

立面图 / 截面图

绘图基于实地测量、历史图片和联邦高速公路管理局的原始设计文件，图纸 #RG 2420—A&B, 1983 年 8 月

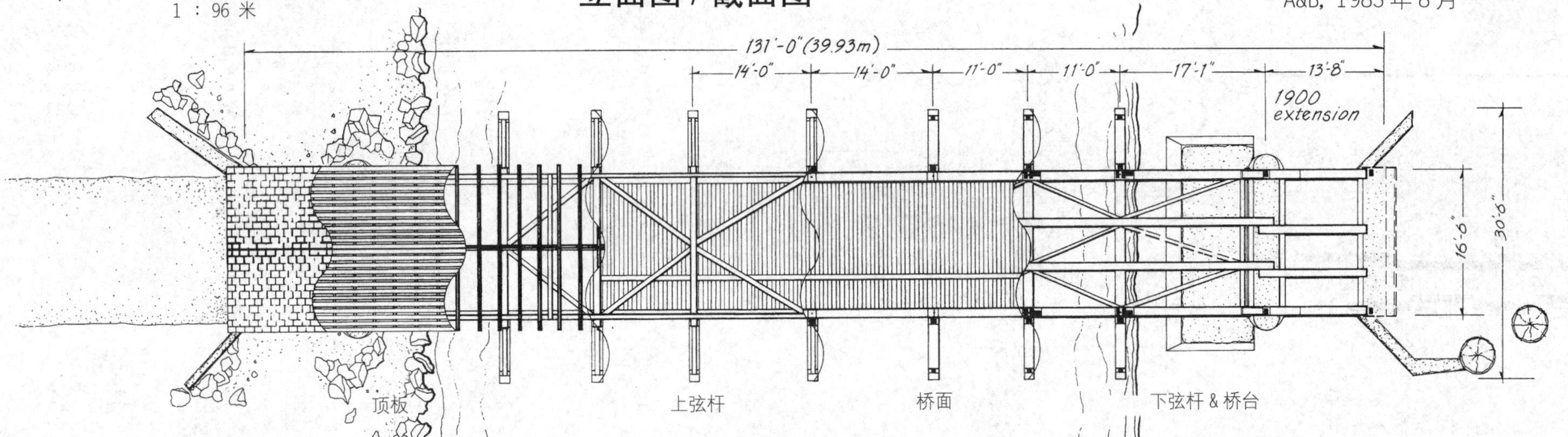

131'-0"(39.93m)
14'-0"
14'-0"
11'-0"
11'-0"
17'-1"
13'-8"
1900 extension
16'-0"
30'-0"
顶板
上弦杆
桥面
下弦杆 & 桥台

平面图

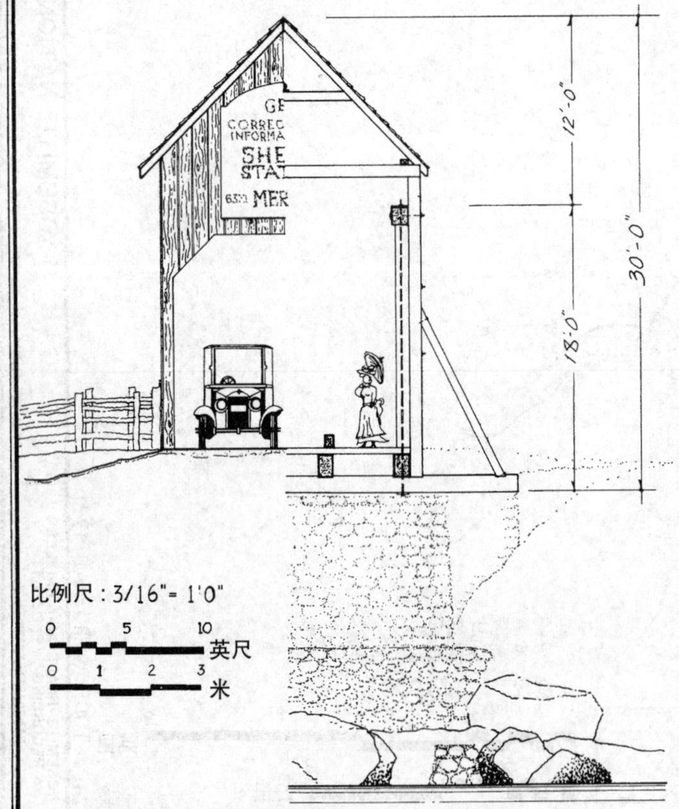

12'-0"
18'-0"
30'-0"
比例尺：3/16"= 1'0"
英尺
米

立面图 / 截面图

瓦乌纳棚桥横跨约塞米蒂国家公园南部的南福克默塞德河，起初为开放式桥面结构。由本地原木制成的改良型双柱桁架支撑，和夹在立柱中的钢铁（原本为铁质）系杆撑牢。主要弦杆和桥面横梁为手伐的美国黄松木，而竖向构件和斜构件则为花旗松。1878 年增建的外罩由花旗松制成的内部框架和横向桥面横梁延伸的外部角拉条构成。该桥起初建于填满碎石的木垛上，随后在 1957 年替换成石质饰面的钢筋混凝土桥墩和桥台。

瓦乌纳桥建于 1868 年，为开放式矮桁架桥。建造者是盖仑·克拉克，他是瓦乌纳的第一个定居者，也是约塞米蒂授地的第一任维护者。1878 年，该桥被沃什伯恩、柯夫曼和查普曼获得，并被改造为棚桥。据推测可能是沃什伯恩下令，以便他可以缅怀在新英格兰的家。约翰·康韦是最初瓦乌纳道路的建造者，他按照合同，用沃什伯恩的锯木厂里木材为桥加盖。1900 年该桥的两端进行了短距离扩建。桥梁的结构历经无数次修复，终于在 1955 年的一场大洪水中毁坏，并且在次年重建。瓦乌纳棚桥是加利福尼亚州幸存的最为古老的桥梁之一。现在该桥隶属于先驱约塞米蒂历史中心，继续履行着运输马匹、驿站马车和行人交通的职责。

此项目是 HAER 的一部分。HAER 是一项长期记录美国历史上重要工程与工业成果的项目。HAER 由 HABS/HAER 管理，这是美国内政部国家公园管理局的一个部门。约塞米蒂道路和桥梁项目都由约塞米蒂国家公园赞助。米歇尔·芬利为监督人，凯文·卡恩为维护和工程负责人，约翰·金格斯为国家公园管理局的道路和桥梁项目监督人，罗伯特·J·卡普施为 HABS/HAER 的监督人，指导其总体方向。

实地调查、测量绘图、历史和图片整理均在 HAER 的首席建筑师埃里克·迪劳尼的指导下完成。记录小组成员有：现场主管人和工业设计师托德·A·克罗托，建筑技术员狄俄涅·德玛提拉耳、大卫·R·弗莱明和玛丽—克劳德·利索特尔，项目历史学家理查德·H·奎因，摄影师是布莱恩·C·葛罗根。

DELINEATED BY: DIONE M. DE MARTELAERE 1991
YOSEMITE ROADS AND BRIDGES RECORDING PROJECT
NATIONAL PARK SERVICE
UNITED STATES DEPARTMENT OF THE INTERIOR
YOSEMITE NATIONAL PARK
WAWONA COVERED BRIDGE - 1868
PIONEER YOSEMITE HISTORY CENTER SPANNING THE SOUTH FORK MERCED RIVER
MARIPOSA COUNTY
CALIFORNIA
SHEET 1 of 2
HISTORIC AMERICAN ENGINEERING RECORD
CA-106
IF REPRODUCED, PLEASE CREDIT: HISTORIC AMERICAN ENGINEERING RECORD, NATIONAL PARK SERVICE, NAME OF DELINEATOR, DATE OF THE DRAWING

瓦乌纳棚桥，轴测图消防系统，1868 年

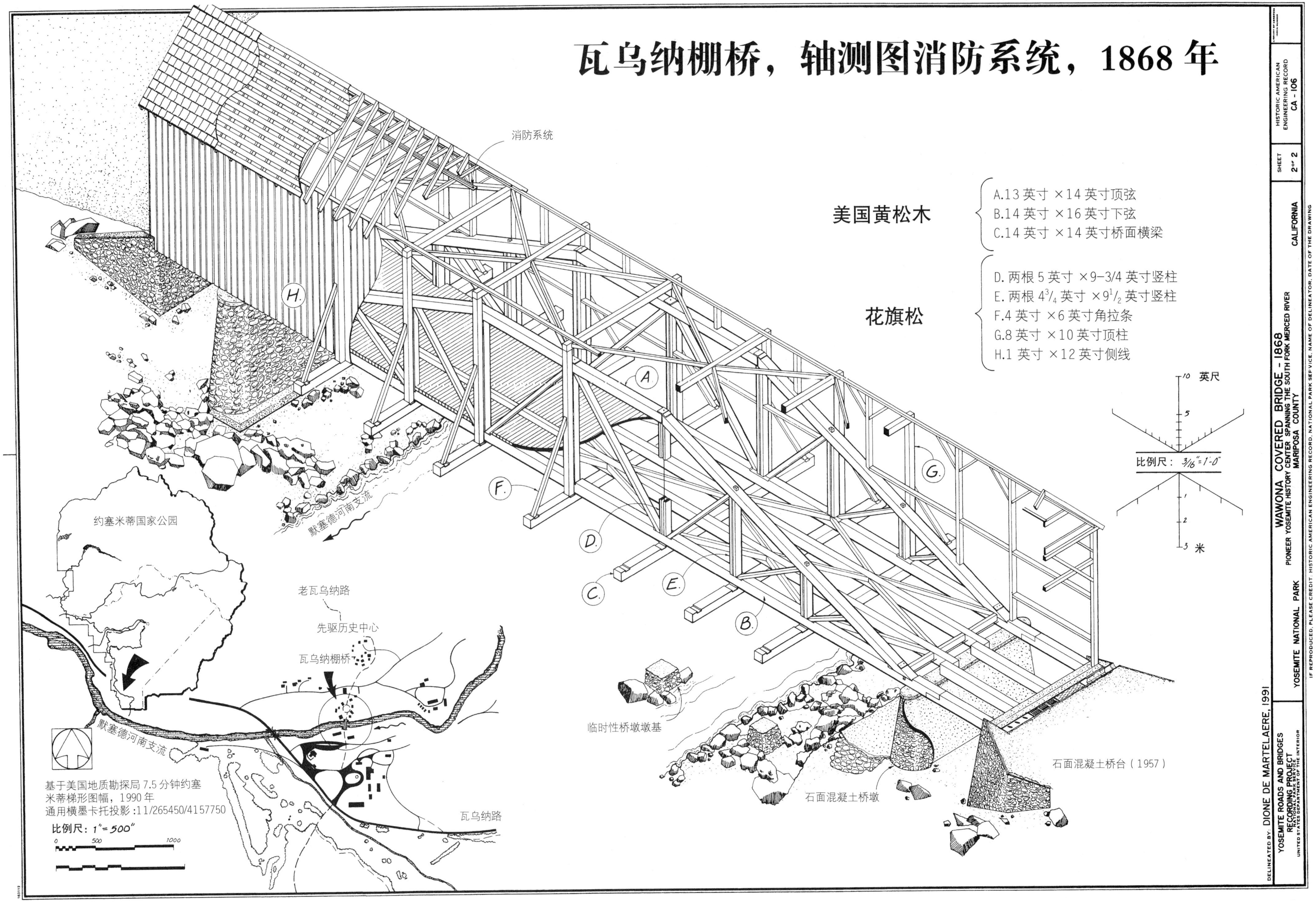

消防系统
美国黄松木
A.13 英寸 ×14 英寸顶弦
B.14 英寸 ×16 英寸下弦
C.14 英寸 ×14 英寸桥面横梁
花旗松
D.两根 5 英寸 ×9-3/4 英寸竖柱
E.两根 4³/₄ 英寸 ×9¹/₂ 英寸竖柱
F.4 英寸 ×6 英寸角拉条
G.8 英寸 ×10 英寸顶柱
H.1 英寸 ×12 英寸侧线
英尺
比例尺：3/16"=1'-0"
米
约塞米蒂国家公园
默塞德河南支流
老瓦乌纳路
先驱历史中心
瓦乌纳棚桥
默塞德河南支流
瓦乌纳路
临时性桥墩墩基
石面混凝土桥墩
石面混凝土桥台（1957）
基于美国地质勘探局 7.5 分钟约塞米蒂梯形图幅，1990 年
通用横墨卡托投影：11/265450/4157750
比例尺：1"=500'
0 500 1000
HISTORIC AMERICAN ENGINEERING RECORD
CA-106
SHEET 2 of 2
WAWONA COVERED BRIDGE - 1868
PIONEER YOSEMITE HISTORY CENTER SPANNING THE SOUTH FORK MERCED RIVER
YOSEMITE NATIONAL PARK
MARIPOSA COUNTY
CALIFORNIA
DELINEATED BY: DIONE DE MARTELAERE, 1991
YOSEMITE ROADS AND BRIDGES RECORDING PROJECT

布里达尔维尔瀑布桥，1913 年

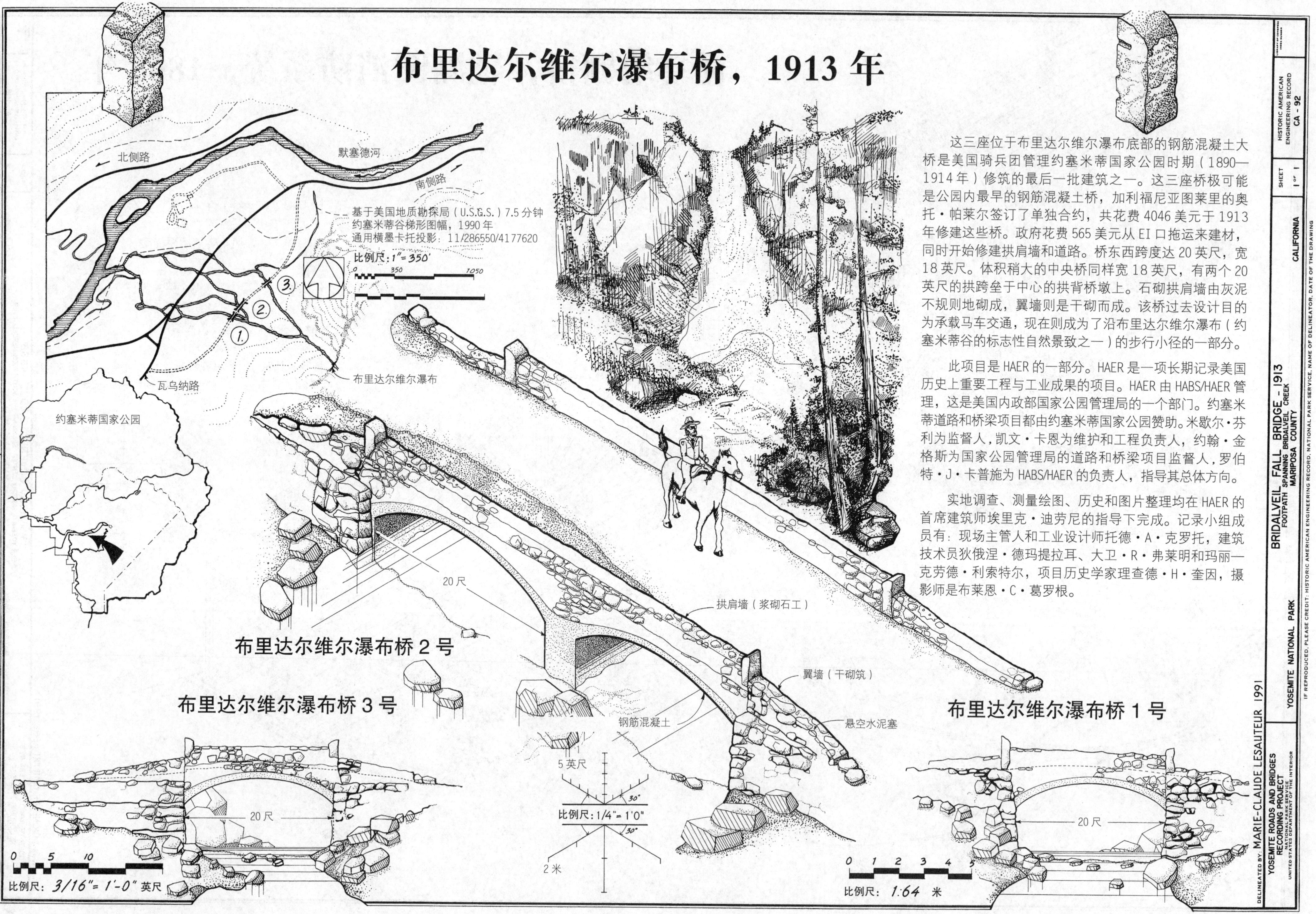

北侧路
默塞德河
南侧路
基于美国地质勘探局（U.S.G.S.）7.5 分钟
约塞米蒂谷梯形图幅，1990 年
通用横墨卡托投影：11/286550/4177620
比例尺：1"=350'
0
350
1050
1.
2.
3.
瓦乌纳路
布里达尔维尔瀑布
约塞米蒂国家公园
20 尺
拱肩墙（浆砌石工）
布里达尔维尔瀑布桥 2 号
翼墙（干砌筑）
布里达尔维尔瀑布桥 3 号
钢筋混凝土
悬空水泥塞
布里达尔维尔瀑布桥 1 号
5 英尺
30°
比例尺：1/4"= 1'0"
2 米
20 尺
0 5 10
比例尺：3/16"= 1'-0" 英尺
0 1 2 3 4 5
比例尺：1:64 米
20 尺
HISTORIC AMERICAN ENGINEERING RECORD
CA - 92
SHEET 1 OF 1
BRIDALVEIL FALL BRIDGE - 1913
FOOTPATH SPANNING BRIDALVEIL CREEK
MARIPOSA COUNTY
CALIFORNIA
YOSEMITE NATIONAL PARK
YOSEMITE ROADS AND BRIDGES RECORDING PROJECT
NATIONAL PARK SERVICE
UNITED STATES DEPARTMENT OF THE INTERIOR
DELINEATED BY: MARIE-CLAUDE LESAUTEUR 1991
IF REPRODUCED, PLEASE CREDIT: HISTORIC AMERICAN ENGINEERING RECORD, NATIONAL PARK SERVICE, NAME OF DELINEATOR, DATE OF THE DRAWING

这三座位于布里达尔维尔瀑布底部的钢筋混凝土大桥是美国骑兵团管理约塞米蒂国家公园时期（1890—1914 年）修筑的最后一批建筑之一。这三座桥极可能是公园内最早的钢筋混凝土桥，加利福尼亚图莱里的奥托·帕莱尔签订了单独合约，共花费 4046 美元于 1913 年修建这些桥。政府花费 565 美元从 EI 口拖运来建材，同时开始修建拱肩墙和道路。桥东西跨度达 20 英尺，宽 18 英尺。体积稍大的中央桥同样宽 18 英尺，有两个 20 英尺的拱跨垒于中心的拱背桥墩上。石砌拱肩墙由灰泥不规则地砌成，翼墙则是干砌而成。该桥过去设计目的为承载马车交通，现在则成为了沿布里达尔维尔瀑布（约塞米蒂谷的标志性自然景致之一）的步行小径的一部分。

此项目是 HAER 的一部分。HAER 是一项长期记录美国历史上重要工程与工业成果的项目。HAER 由 HABS/HAER 管理，这是美国内政部国家公园管理局的一个部门。约塞米蒂道路和桥梁项目都由约塞米蒂国家公园赞助。米歇尔·芬利为监督人，凯文·卡恩为维护和工程负责人，约翰·金格斯为国家公园管理局的道路和桥梁项目监督人，罗伯特·J·卡普施为 HABS/HAER 的负责人，指导其总体方向。

实地调查、测量绘图、历史和图片整理均在 HAER 的首席建筑师埃里克·迪劳尼的指导下完成。记录小组成员有：现场主管人和工业设计师托德·A·克罗托，建筑技术员狄俄涅·德玛提拉耳、大卫·R·弗莱明和玛丽—克劳德·利索特尔，项目历史学家理查德·H·奎因，摄影师是布莱恩·C·葛罗根。

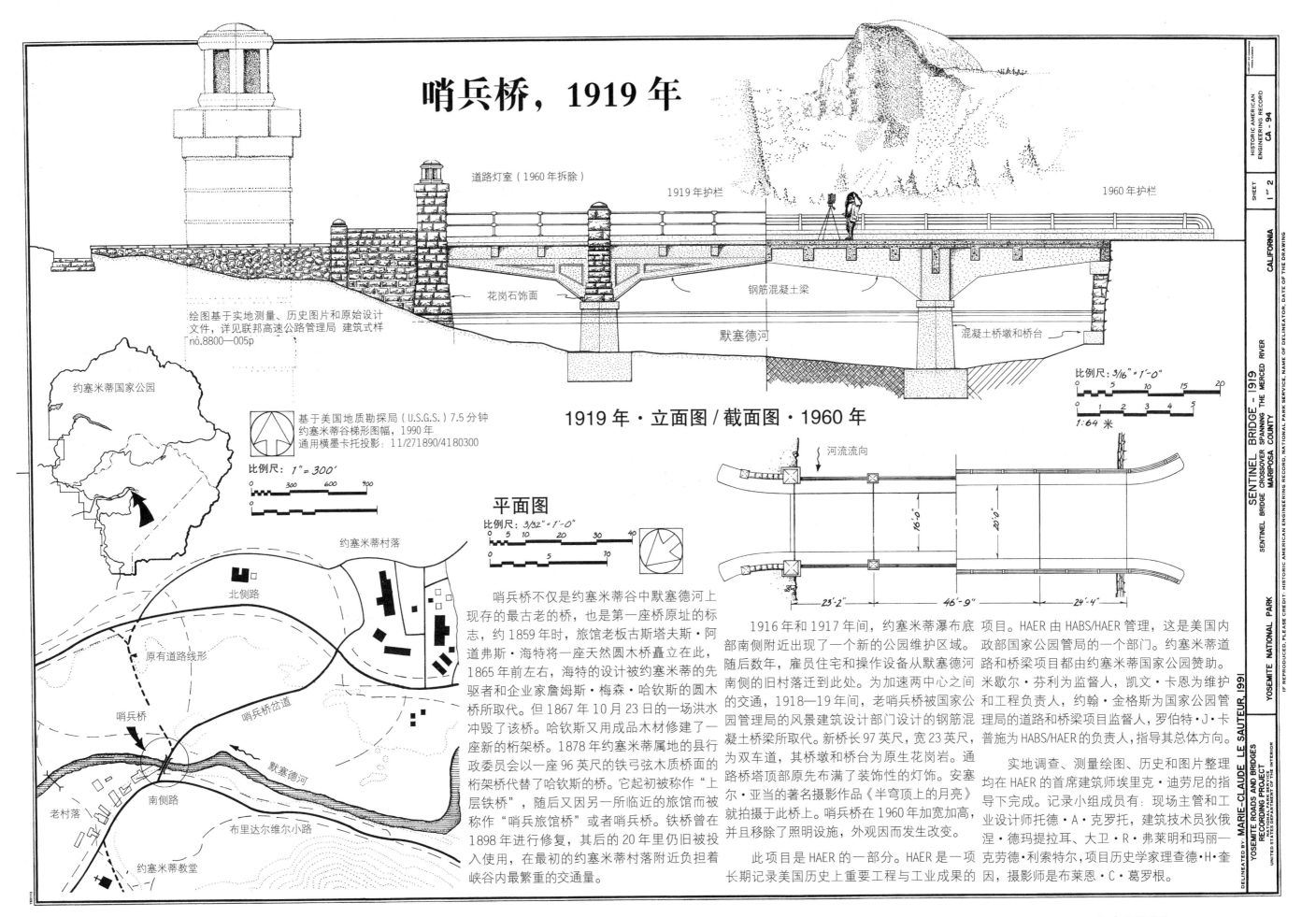

哨兵桥，1919 年

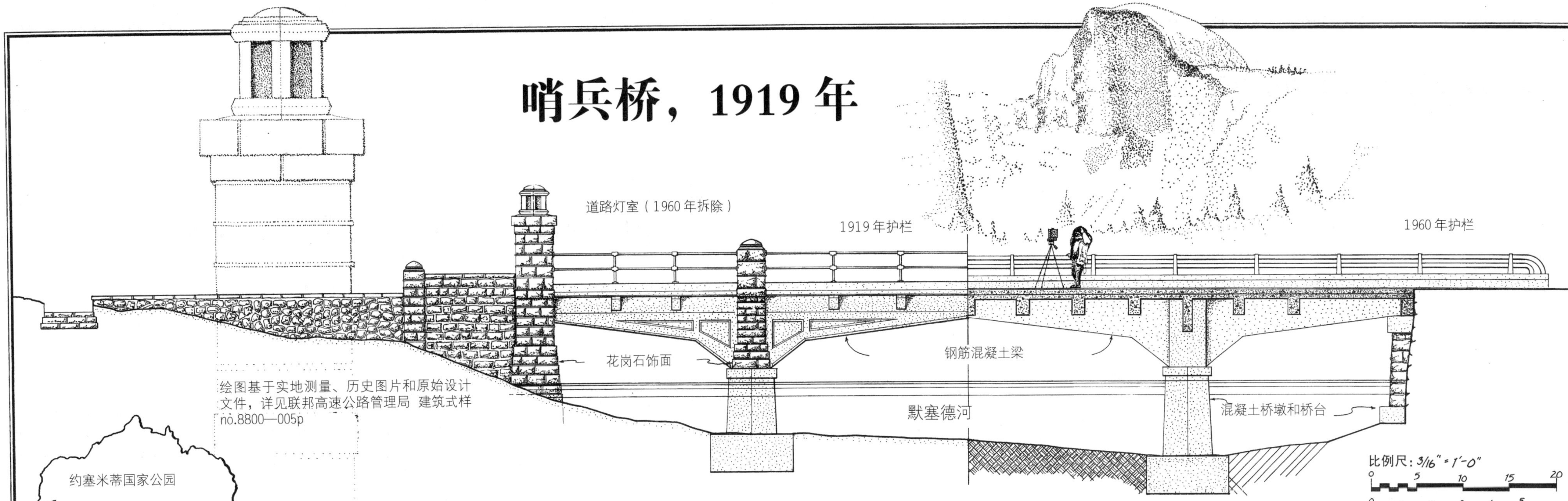
道路灯室（1960 年拆除）
1919 年护栏
1960 年护栏
花岗石饰面
钢筋混凝土梁
默塞德河
混凝土桥墩和桥台
绘图基于实地测量、历史图片和原始设计文件，详见联邦高速公路管理局 建筑式样 no.8800—005p
比例尺：3/16" = 1'-0"
1:64 米

1919 年 · 立面图 / 截面图 · 1960 年

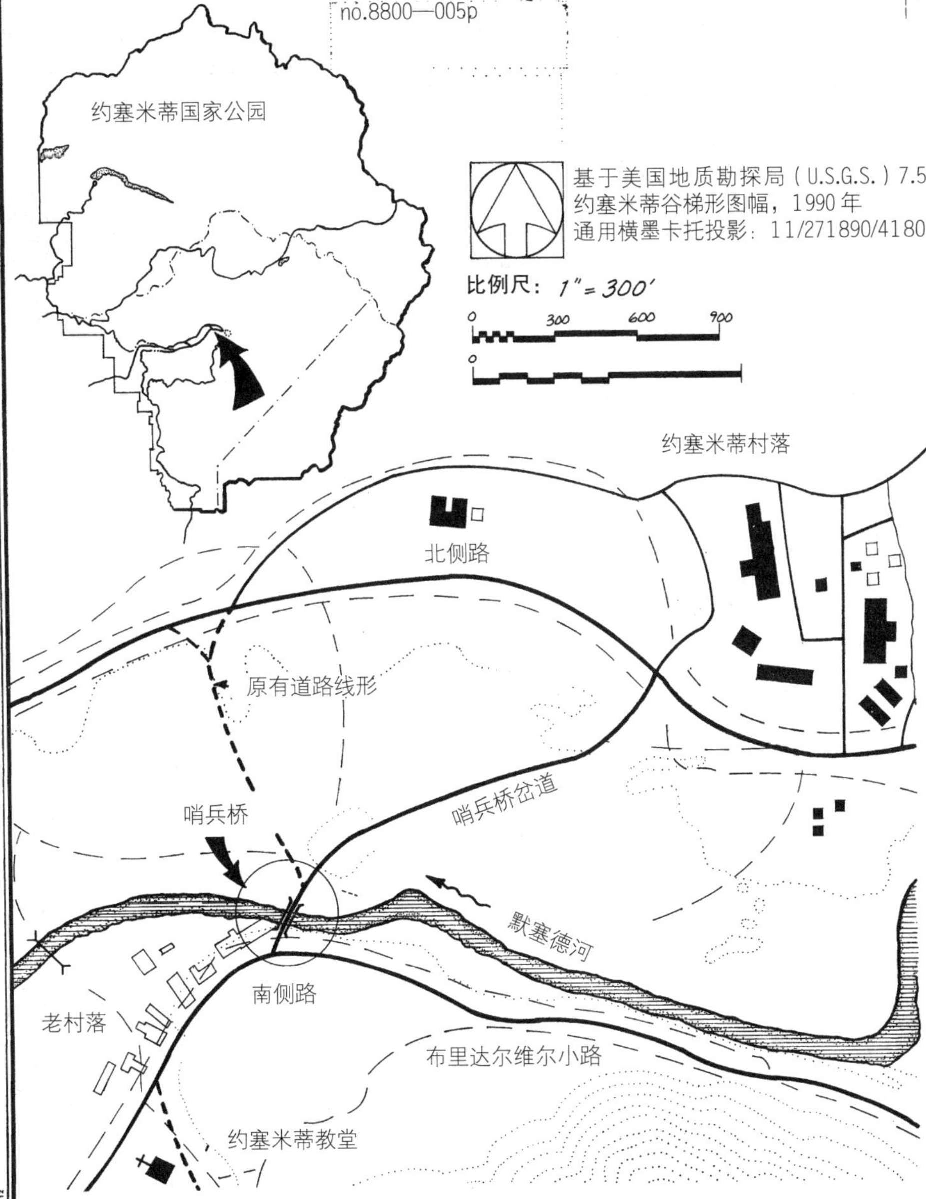
约塞米蒂国家公园
基于美国地质勘探局（U.S.G.S.）7.5 分钟约塞米蒂谷梯形图幅，1990 年
通用横墨卡托投影：11/271890/4180300
比例尺：1" = 300'
约塞米蒂村落
北侧路
原有道路线形
哨兵桥
哨兵桥岔道
默塞德河
南侧路
老村落
布里达尔维尔小路
约塞米蒂教堂

平面图

比例尺：3/32" = 1'-0"

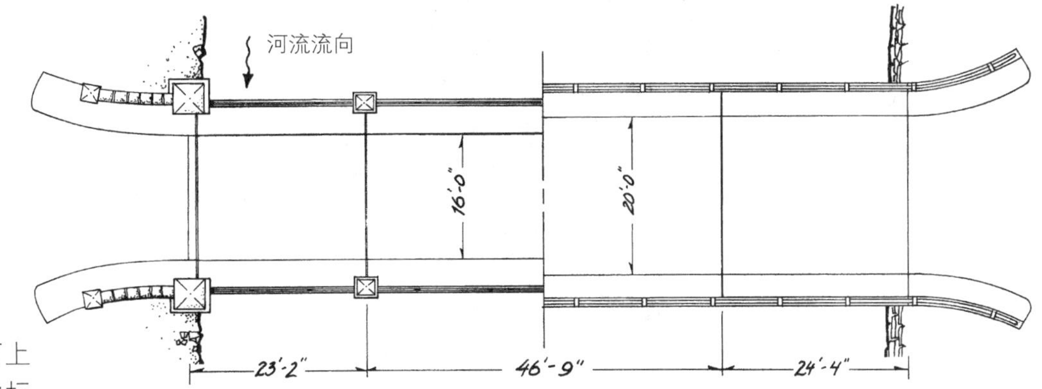
河流流向
16'-0"
20'-0"
23'-2"
46'-9"
24'-4"

哨兵桥不仅是约塞米蒂谷中默塞德河上现存的最古老的桥，也是第一座桥原址的标志，约 1859 年时，旅馆老板古斯塔夫斯·阿道弗斯·海特将一座天然圆木桥矗立在此，1865 年前左右，海特的设计被约塞米蒂的先驱者和企业家詹姆斯·梅森·哈钦斯的圆木桥所取代。但 1867 年 10 月 23 日的一场洪水冲毁了该桥。哈钦斯又用成品木材修建了一座新的桁架桥。1878 年约塞米蒂属地的县行政委员会以一座 96 英尺的铁弓弦木质桥面的桁架桥代替了哈钦斯的桥。它起初被称作“上层铁桥”，随后又因另一所临近的旅馆而被称作“哨兵旅馆桥”或者哨兵桥。铁桥曾在 1898 年进行修复，其后的 20 年里仍旧被投入使用，在最初的约塞米蒂村落附近负担着峡谷内最繁重的交通量。

1916 年和 1917 年间，约塞米蒂瀑布底部南侧附近出现了一个新的公园维护区域。随后数年，雇员住宅和操作设备从默塞德河南侧的旧村落迁到此处。为加速两中心之间的交通，1918—19 年间，老哨兵桥被国家公园管理局的风景建筑设计部门设计的钢筋混凝土桥梁所取代。新桥长 97 英尺，宽 23 英尺，为双车道，其桥墩和桥台为原生花岗岩。通路桥塔顶部原先布满了装饰性的灯饰。安塞尔·亚当的著名摄影作品《半穹顶上的月亮》就拍摄于此桥上。哨兵桥在 1960 年加宽加高，并且移除了照明设施，外观因而发生改变。

此项目是 HAER 的一部分。HAER 是一项长期记录美国历史上重要工程与工业成果的项目。HAER 由 HABS/HAER 管理，这是美国内政部国家公园管局的一个部门。约塞米蒂道路和桥梁项目都由约塞米蒂国家公园赞助。米歇尔·芬利为监督人，凯文·卡恩为维护和工程负责人，约翰·金格斯为国家公园管理局的道路和桥梁项目监督人，罗伯特·J·卡普施为 HABS/HAER 的负责人，指导其总体方向。

实地调查、测量绘图、历史和图片整理均在 HAER 的首席建筑师埃里克·迪劳尼的指导下完成。记录小组成员有：现场主管和工业设计师托德·A·克罗托，建筑技术员狄俄涅·德玛提拉耳、大卫·R·弗莱明和玛丽—克劳德·利索特尔，项目历史学家理查德·H·奎因，摄影师是布莱恩·C·葛罗根。

DELINEATED BY: MARIE-CLAUDE LE SAUTEUR, 1991
YOSEMITE ROADS AND BRIDGES RECORDING PROJECT
NATIONAL PARK SERVICE
UNITED STATES DEPARTMENT OF THE INTERIOR
SENTINEL BRIDGE - 1919
SENTINEL BRIDGE CROSSOVER SPANNING THE MERCED RIVER
YOSEMITE NATIONAL PARK
MARIPOSA COUNTY
CALIFORNIA
HISTORIC AMERICAN ENGINEERING RECORD CA - 94
SHEET 1 OF 2
IF REPRODUCED, PLEASE CREDIT: HISTORIC AMERICAN ENGINEERING RECORD, NATIONAL PARK SERVICE, NAME OF DELINEATOR, DATE OF THE DRAWING

哨兵桥建设细节

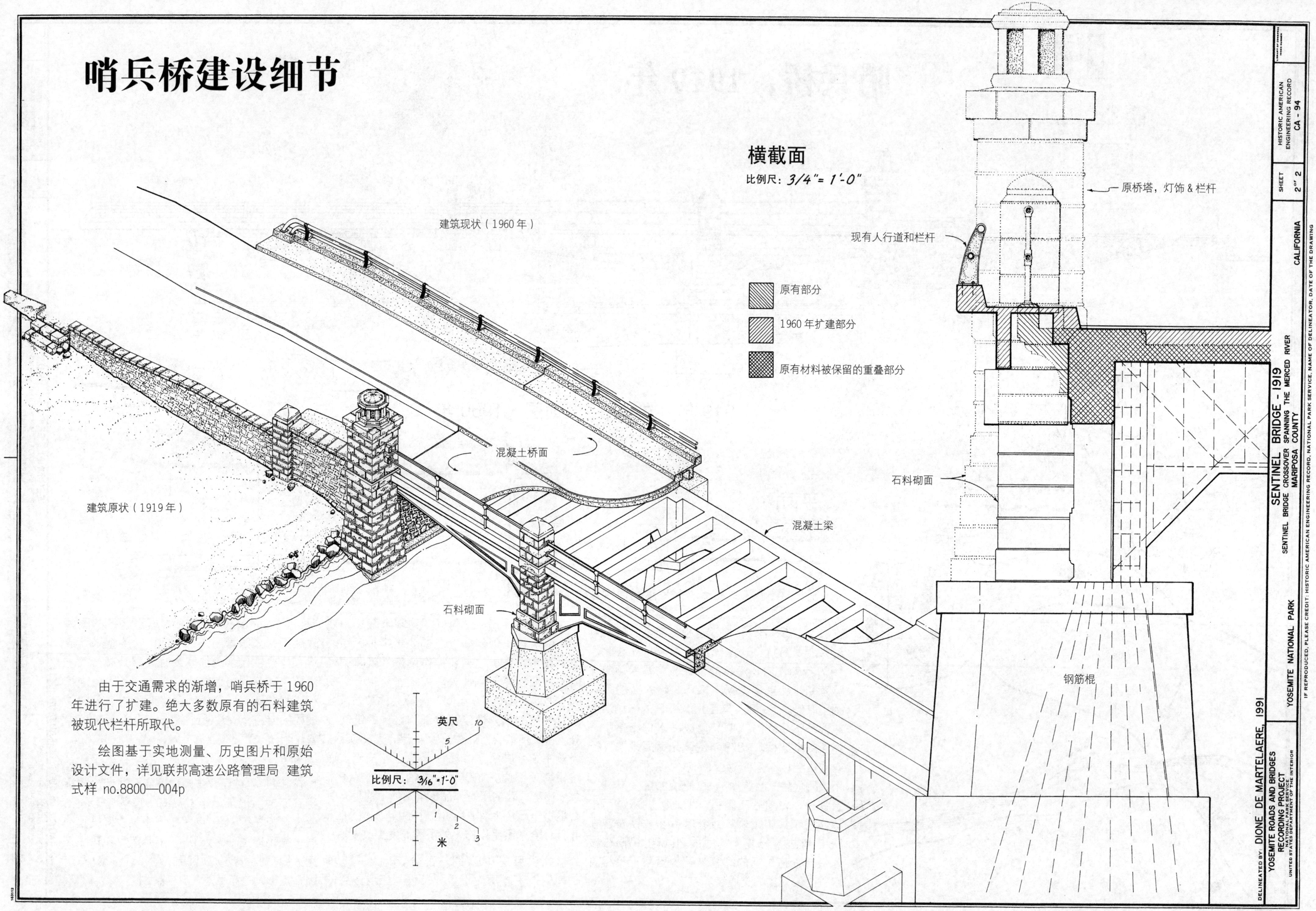
横截面
比例尺：3/4"= 1'-0"
原桥塔，灯饰 & 栏杆
现有人行道和栏杆
原有部分
1960 年扩建部分
原有材料被保留的重叠部分
建筑现状（1960 年）
混凝土桥面
建筑原状（1919 年）
石料砌面
混凝土梁
石料砌面
钢筋棍
英尺
10
5
比例尺：3/16"=1'-0"
1
2
3
米
HISTORIC AMERICAN ENGINEERING RECORD
CA - 94
SHEET
2 OF 2
SENTINEL BRIDGE - 1919
SENTINEL BRIDGE CROSSOVER SPANNING THE MERCED RIVER
MARIPOSA COUNTY
YOSEMITE NATIONAL PARK
CALIFORNIA
DELINEATED BY: DIONE DE MARTELAERE, 1991
YOSEMITE ROADS AND BRIDGES RECORDING PROJECT
NATIONAL PARK SERVICE
UNITED STATES DEPARTMENT OF THE INTERIOR
IF REPRODUCED, PLEASE CREDIT: HISTORIC AMERICAN ENGINEERING RECORD, NATIONAL PARK SERVICE, NAME OF DELINEATOR, DATE OF THE DRAWING

由于交通需求的渐增，哨兵桥于 1960 年进行了扩建。绝大多数原有的石料建筑被现代栏杆所取代。

绘图基于实地测量、历史图片和原始设计文件，详见联邦高速公路管理局 建筑式样 no.8800—004p

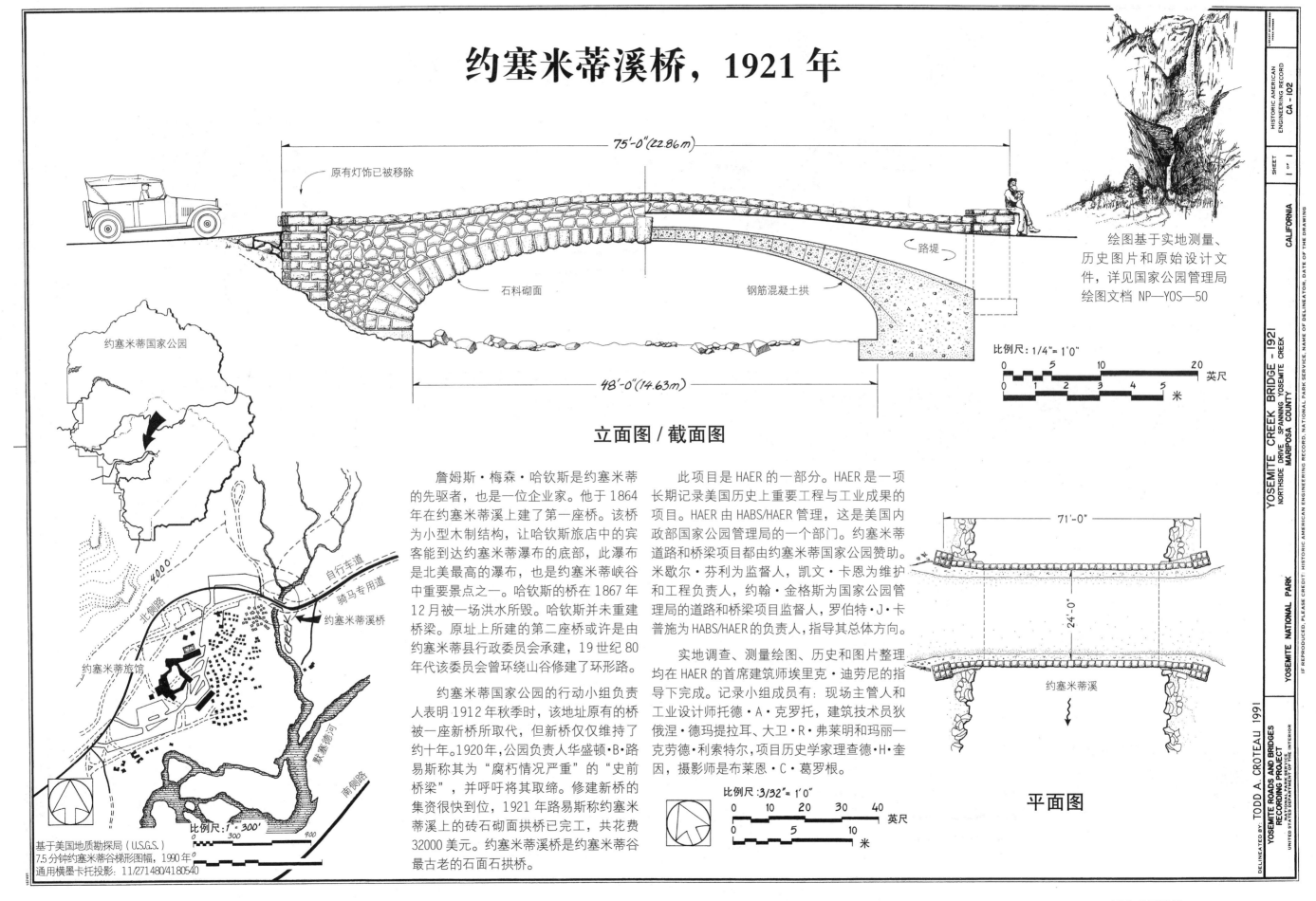

约塞米蒂溪桥，1921 年

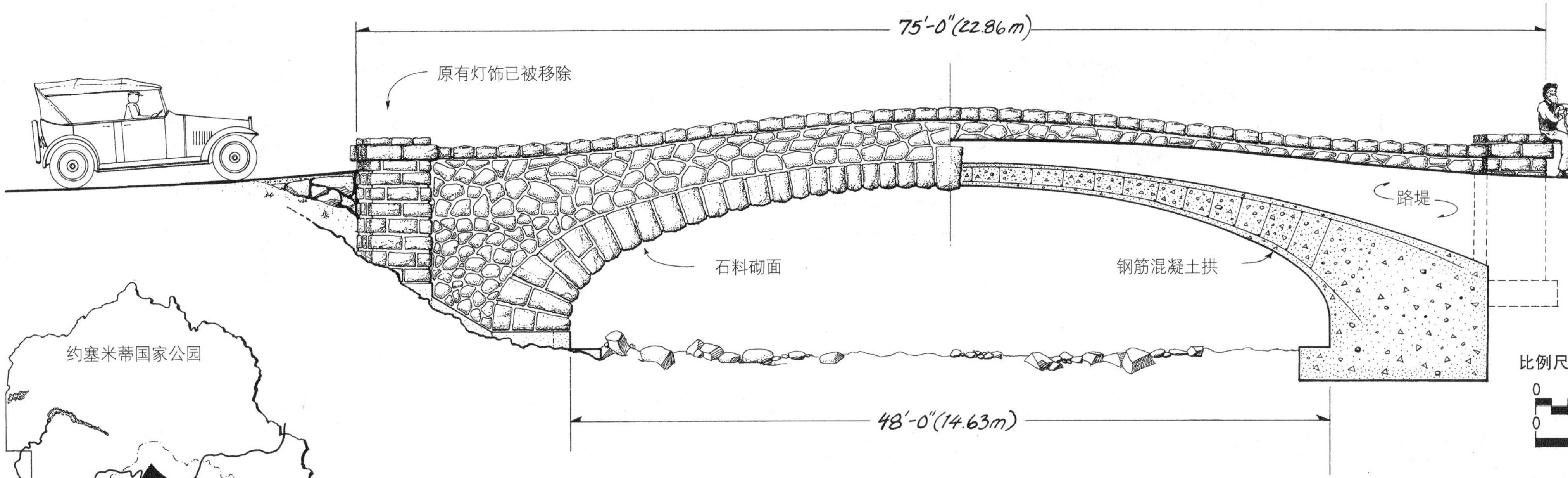
75'-0"(22.86m)
原有灯饰已被移除
路堤
石料砌面
钢筋混凝土拱
48'-0"(14.63m)

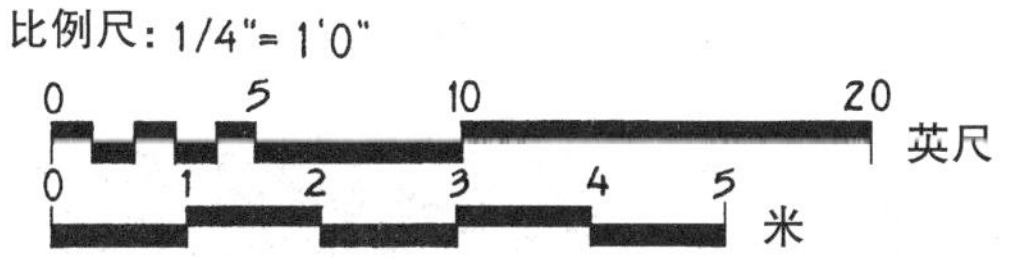
比例尺：1/4"=1'0"
0 5 10 20 英尺
0 1 2 3 4 5 米

绘图基于实地测量、历史图片和原始设计文件，详见国家公园管理局绘图文档 NP—YOS—50

立面图 / 截面图

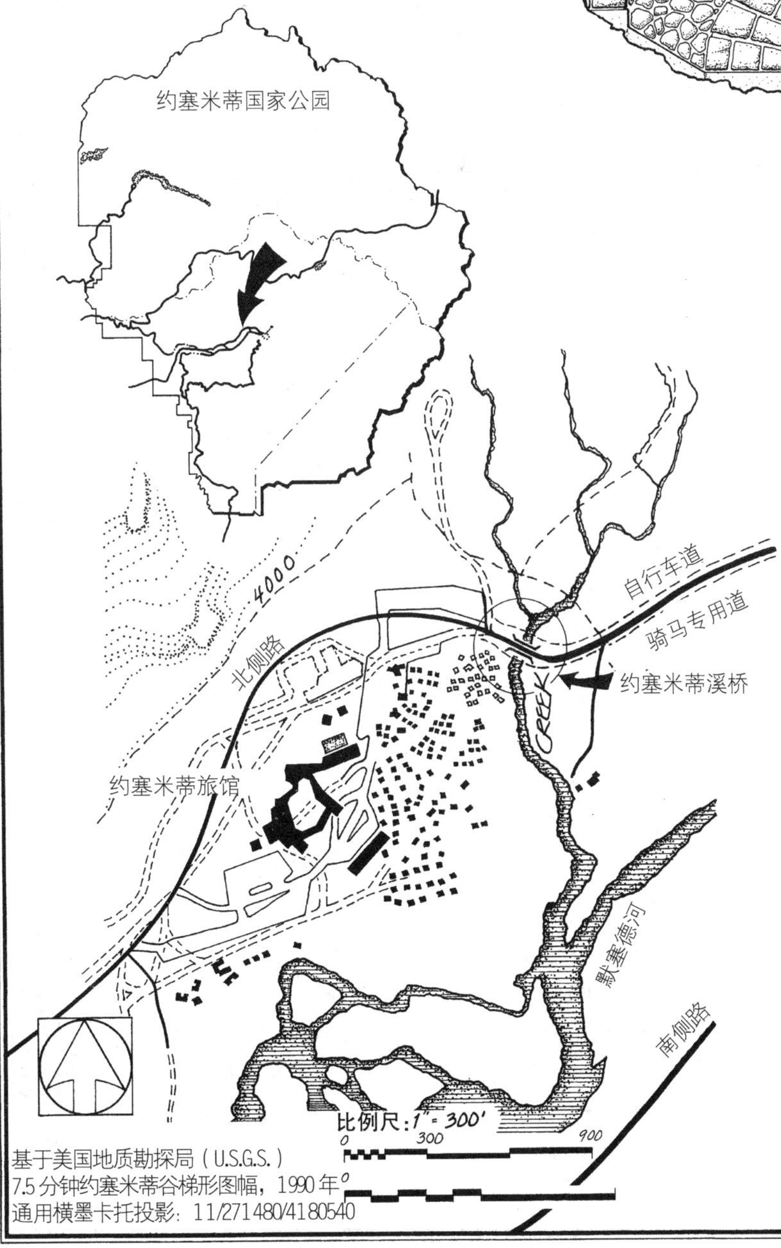
约塞米蒂国家公园
4000
北侧路
自行车道
骑马专用道
约塞米蒂溪桥
CREEK
约塞米蒂旅馆
默塞德河
南侧路
比例尺：1"=300'
0 300 900

基于美国地质勘探局（U.S.G.S.）7.5 分钟约塞米蒂谷梯形图幅，1990 年
通用横墨卡托投影：11/271480/4180540

詹姆斯·梅森·哈钦斯是约塞米蒂的先驱者，也是一位企业家。他于 1864 年在约塞米蒂溪上建了第一座桥。该桥为小型木制结构，让哈钦斯旅店中的宾客能到达约塞米蒂瀑布的底部，此瀑布是北美最高的瀑布，也是约塞米蒂峡谷中重要景点之一。哈钦斯的桥在 1867 年 12 月被一场洪水所毁。哈钦斯并未重建桥梁。原址上所建的第二座桥或许是由约塞米蒂县行政委员会承建，19 世纪 80 年代该委员会曾环绕山谷修建了环形路。

约塞米蒂国家公园的行动小组负责人表明 1912 年秋季时，该地址原有的桥被一座新桥所取代，但新桥仅仅维持了约十年。1920 年，公园负责人华盛顿·B·路易斯称其为“腐朽情况严重”的“史前桥梁”，并呼吁将其取缔。修建新桥的集资很快到位，1921 年路易斯称约塞米蒂溪上的砖石砌面拱桥已完工，共花费 32000 美元。约塞米蒂溪桥是约塞米蒂谷最古老的石面石拱桥。

此项目是 HAER 的一部分。HAER 是一项长期记录美国历史上重要工程与工业成果的项目。HAER 由 HABS/HAER 管理，这是美国内政部国家公园管理局的一个部门。约塞米蒂道路和桥梁项目都由约塞米蒂国家公园赞助。米歇尔·芬利为监督人，凯文·卡恩为维护和工程负责人，约翰·金格斯为国家公园管理局的道路和桥梁项目监督人，罗伯特·J·卡普施为 HABS/HAER 的负责人，指导其总体方向。

实地调查、测量绘图、历史和图片整理均在 HAER 的首席建筑师埃里克·迪劳尼的指导下完成。记录小组成员有：现场主管人和工业设计师托德·A·克罗托，建筑技术员狄俄涅·德玛提拉耳、大卫·R·弗莱明和玛丽—克劳德·利索特尔，项目历史学家理查德·H·奎因，摄影师是布莱恩·C·葛罗根。

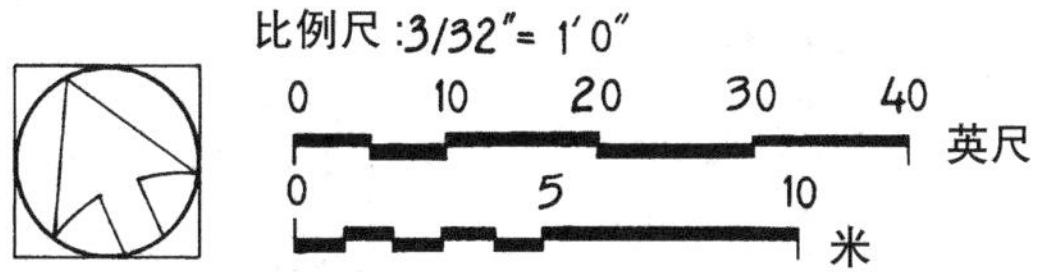
比例尺：3/32"=1'0"
0 10 20 30 40 英尺
0 5 10 米

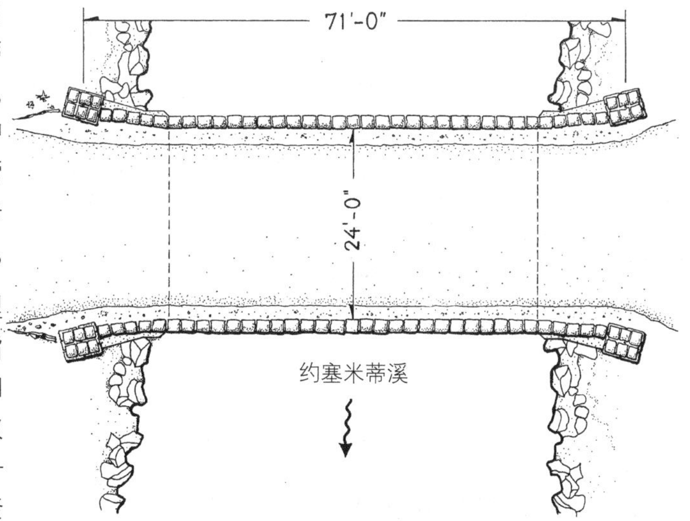
71'-0"
24'-0"
约塞米蒂溪

平面图

HISTORIC AMERICAN ENGINEERING RECORD
CA-102
SHEET 1 OF 1
CALIFORNIA
YOSEMITE CREEK BRIDGE - 1921
NORTHSIDE DRIVE SPANNING YOSEMITE CREEK
MARIPOSA COUNTY
YOSEMITE NATIONAL PARK
DELINEATED BY: TODD A. CROTEAU 1991
YOSEMITE ROADS AND BRIDGES RECORDING PROJECT
NATIONAL PARK SERVICE
UNITED STATES DEPARTMENT OF THE INTERIOR
IF REPRODUCED, PLEASE CREDIT: HISTORIC AMERICAN ENGINEERING RECORD, NATIONAL PARK SERVICE, NAME OF DELINEATOR, DATE OF THE DRAWING

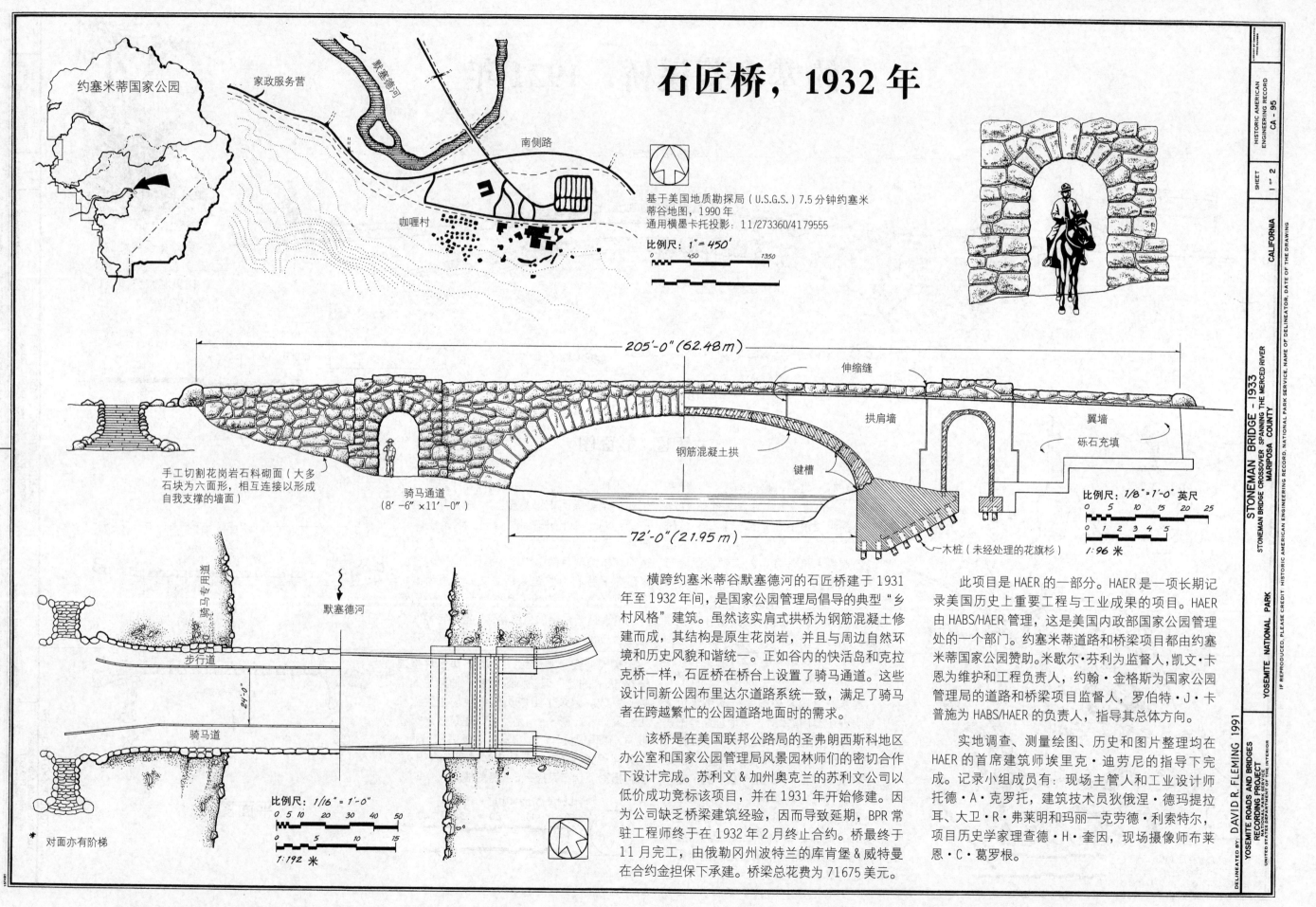

石匠桥，1932 年

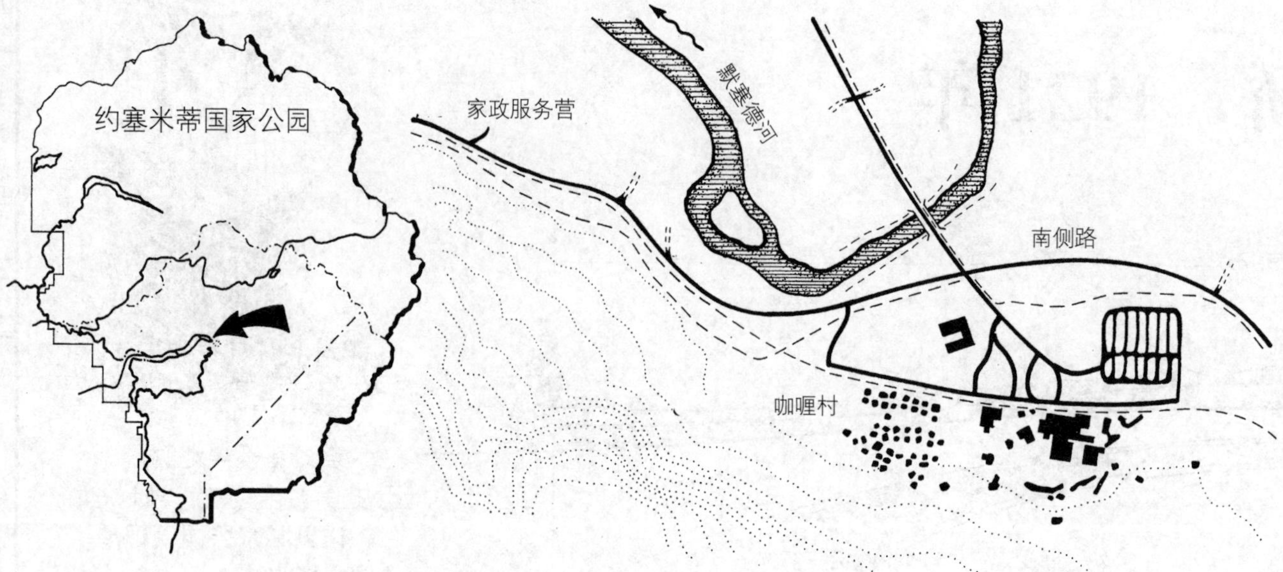

约塞米蒂国家公园
家政服务营
默塞德河
南侧路
咖喱村

基于美国地质勘探局（U.S.G.S.）7.5 分钟约塞米蒂谷地图，1990 年
通用横墨卡托投影：11/273360/4179555
比例尺：1″= 450′

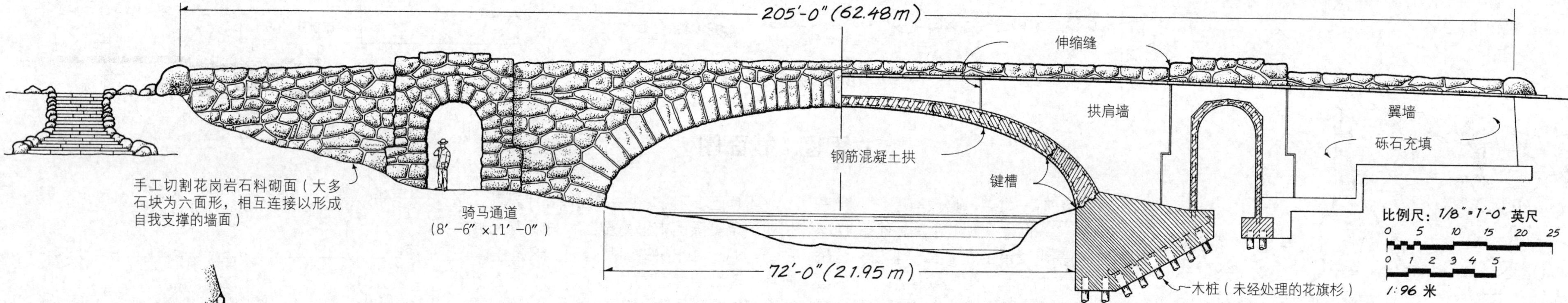

205′-0″(62.48m)
伸缩缝
拱肩墙
翼墙
砾石充填
钢筋混凝土拱
键槽
手工切割花岗岩石料砌面（大多石块为六面形，相互连接以形成自我支撑的墙面）
骑马通道
(8′-6″×11′-0″)
72′-0″(21.95m)
木桩（未经处理的花旗杉）
比例尺：1/8″= 1′-0″ 英尺
1:96 米

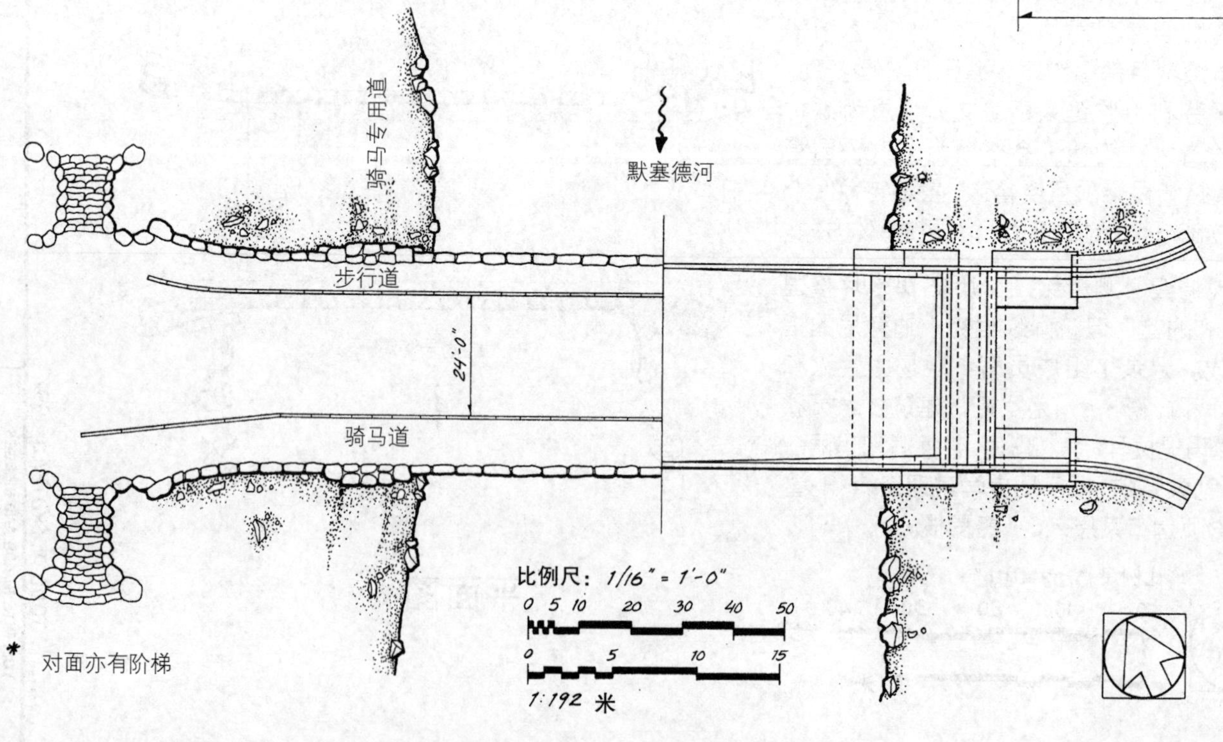

骑马专用道
默塞德河
步行道
24′-0″
骑马道
比例尺：1/16″= 1′-0″
1:192 米
对面亦有阶梯

横跨约塞米蒂谷默塞德河的石匠桥建于 1931 年至 1932 年间，是国家公园管理局倡导的典型“乡村风格”建筑。虽然该实肩式拱桥为钢筋混凝土修建而成，其结构是原生花岗岩，并且与周边自然环境和历史风貌和谐统一。正如谷内的快活岛和克拉克桥一样，石匠桥在桥台上设置了骑马通道。这些设计同新公园布里达尔道路系统一致，满足了骑马者在跨越繁忙的公园道路地面时的需求。

该桥是在美国联邦公路局的圣弗朗西斯科地区办公室和国家公园管理局风景园林师们的密切合作下设计完成。苏利文 & 加州奥克兰的苏利文公司以低价成功竞标该项目，并在 1931 年开始修建。因为公司缺乏桥梁建筑经验，因而导致延期，BPR 常驻工程师终于在 1932 年 2 月终止合约。桥最终于 11 月完工，由俄勒冈州波特兰的库肯堡 & 威特曼在合约金担保下承建。桥梁总花费为 71675 美元。

此项目是 HAER 的一部分。HAER 是一项长期记录美国历史上重要工程与工业成果的项目。HAER 由 HABS/HAER 管理，这是美国内政部国家公园管理处的一个部门。约塞米蒂道路和桥梁项目都由约塞米蒂国家公园赞助。米歇尔·芬利为监督人，凯文·卡恩为维护和工程负责人，约翰·金格斯为国家公园管理局的道路和桥梁项目监督人，罗伯特·J·卡普施为 HABS/HAER 的负责人，指导其总体方向。

实地调查、测量绘图、历史和图片整理均在 HAER 的首席建筑师埃里克·迪劳尼的指导下完成。记录小组成员有：现场主管人和工业设计师托德·A·克罗托，建筑技术员狄俄涅·德玛提拉耳、大卫·R·弗莱明和玛丽—克劳德·利索特尔，项目历史学家理查德·H·奎因，现场摄像师布莱恩·C·葛罗根。

DELINEATED BY: DAVID R. FLEMING 1991
YOSEMITE ROADS AND BRIDGES RECORDING PROJECT
NATIONAL PARK SERVICE
UNITED STATES DEPARTMENT OF THE INTERIOR

STONEMAN BRIDGE - 1933
STONEMAN BRIDGE CROSSOVER SPANNING THE MERCED RIVER
MARIPOSA COUNTY
YOSEMITE NATIONAL PARK
CALIFORNIA

HISTORIC AMERICAN ENGINEERING RECORD
CA - 95
SHEET 1 OF 2

石匠桥建设细节

拱圈石头连接

石形拱（拱石）和拱肩墙在混凝土桥跨浇注前就已建成。钢拉杆被用于固定石头和混凝土。

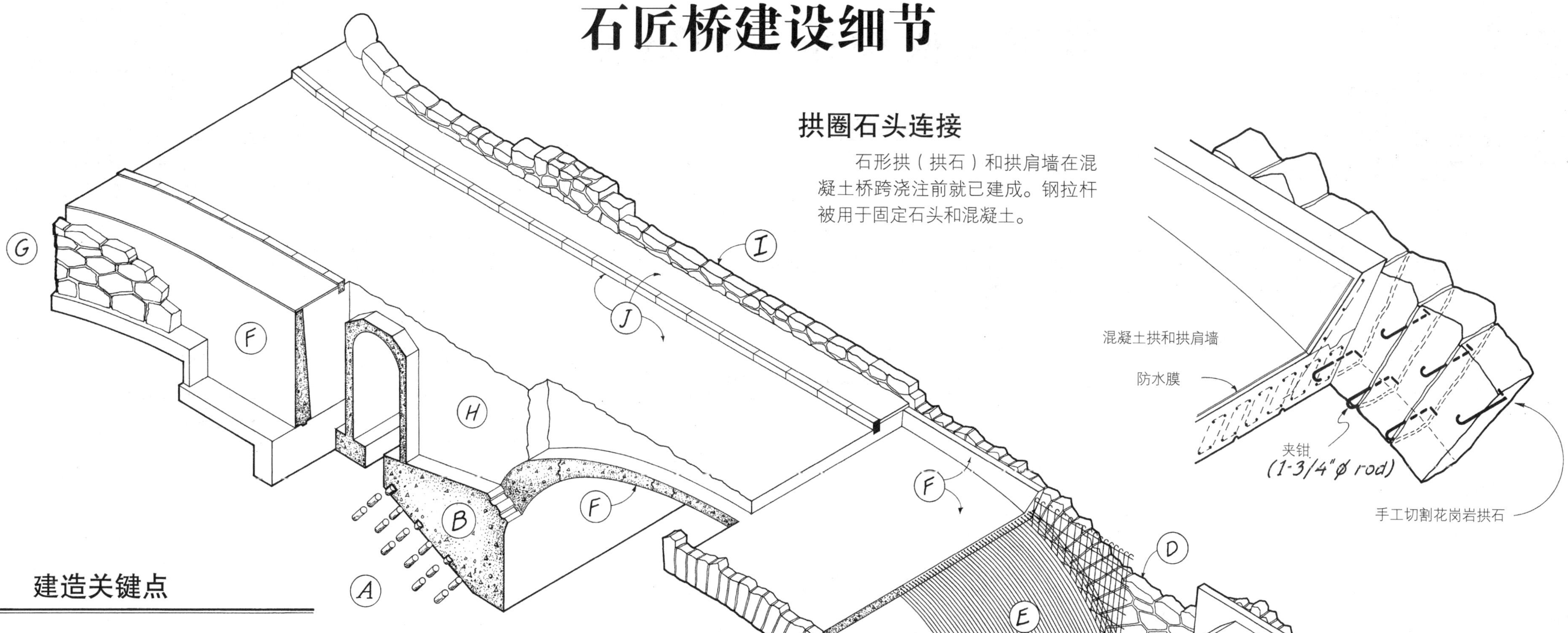

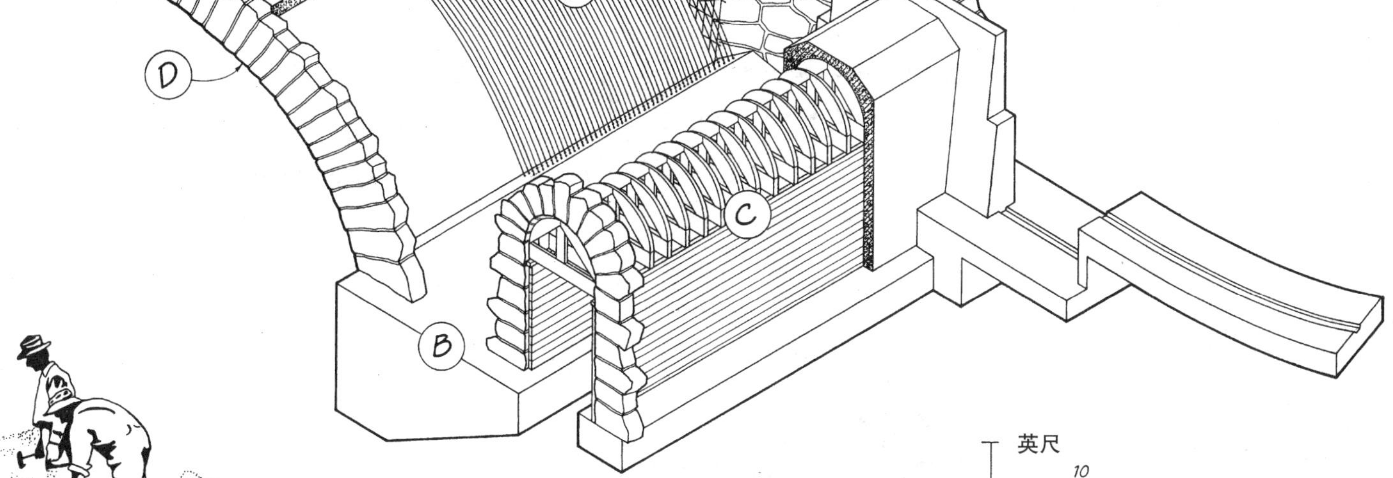

建造关键点

A. 木桩深度达到 40 英尺
B. 浇注混凝土底脚
C. 主拱和骑马通道立起木材脚手架
D. 铺上拱圈石头（拱石）和拱肩墙
E. 铺上混凝土拱和拱肩墙所用的钢筋
· 纵向的，1″ ϕ 钢筋 @8″ 厘米
· 横向的，1/2″ ϕ@2′ -0″ 厘米
· 箍环，1/2″ ϕ@2′ -0″ 厘米
F. 混凝土拱和拱肩墙浇注在石料砌面上
G. 建造翼墙
H. 填充砾石
I. 建造护墙
J. 铺沥青面，建拦石和人行道

浇注顺序

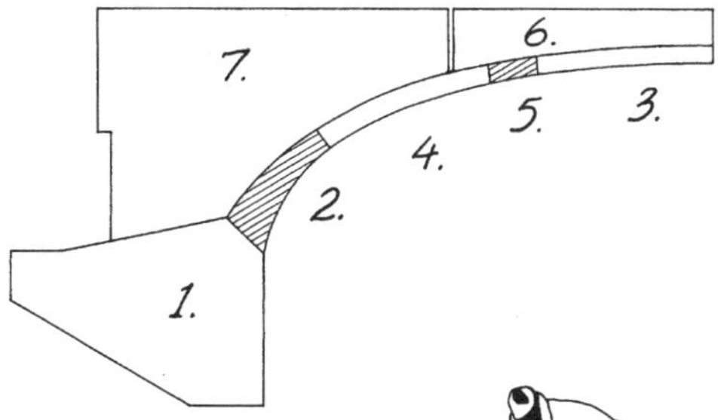

拱石依模板手工切割而成。花岗岩在公园内采得。

绘图基于实地测量、历史图片和原始设计文件，详见美国联邦公路局建筑物 no.8800—005p

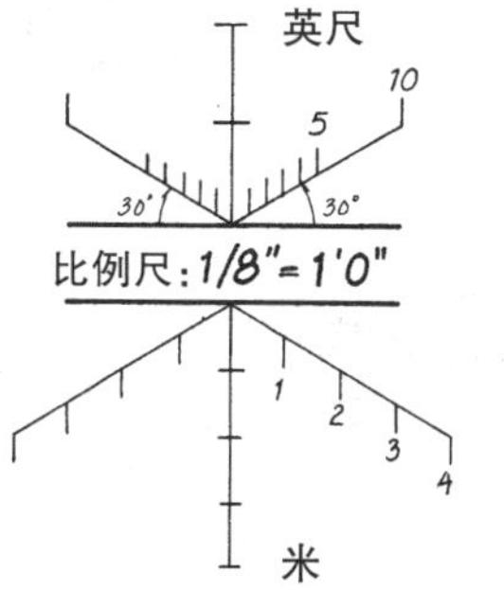

DELINEATED BY: DAVID R. FLEMING 1991

YOSEMITE ROADS AND BRIDGES RECORDING PROJECT
NATIONAL PARK SERVICE
UNITED STATES DEPARTMENT OF THE INTERIOR

STONEMAN BRIDGE - 1933
STONEMAN BRIDGE CROSSOVER SPANNING THE MERCED RIVER
YOSEMITE NATIONAL PARK　MARIPOSA COUNTY　CALIFORNIA

SHEET 2 OF 2

HISTORIC AMERICAN ENGINEERING RECORD
CA - 95

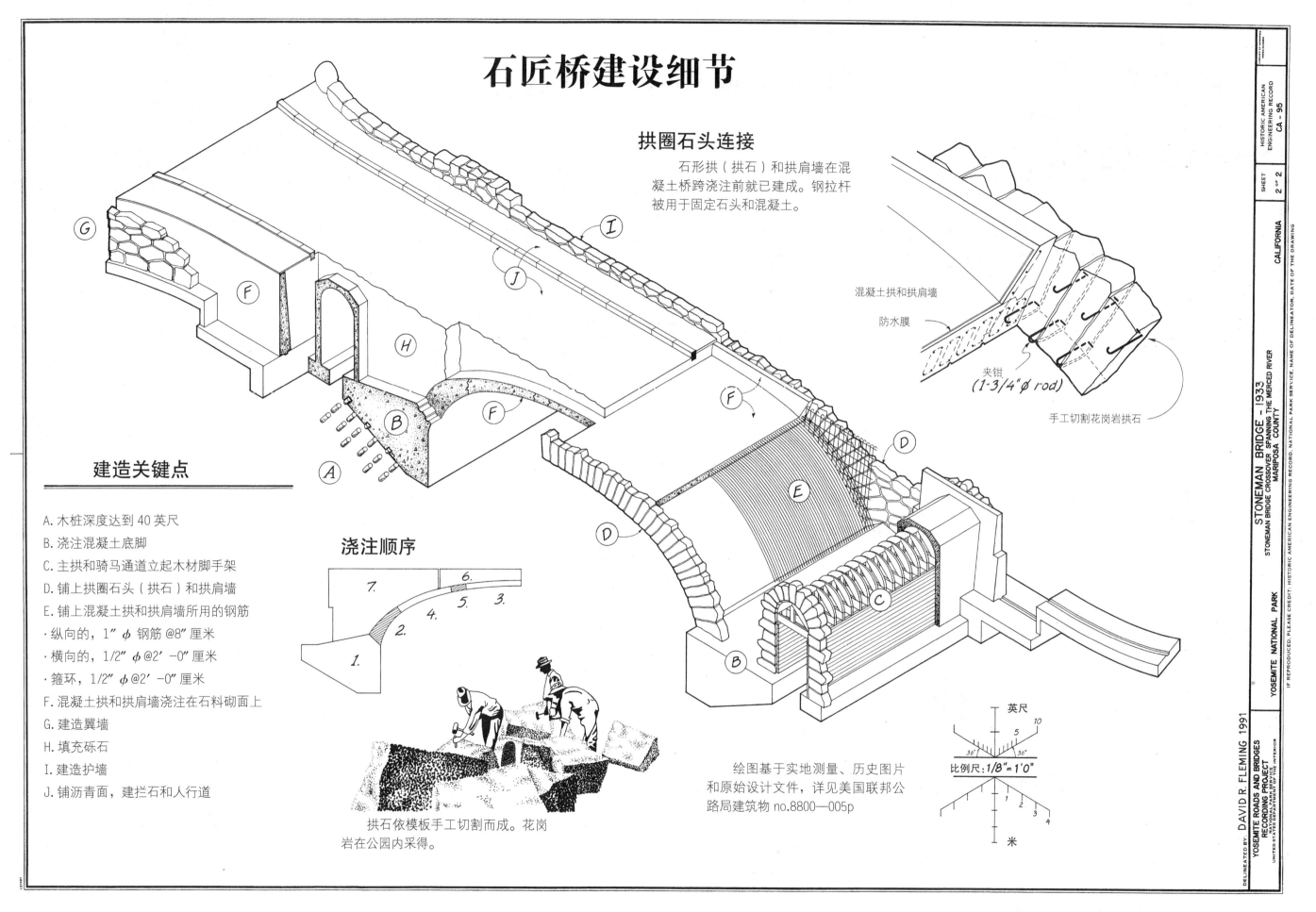

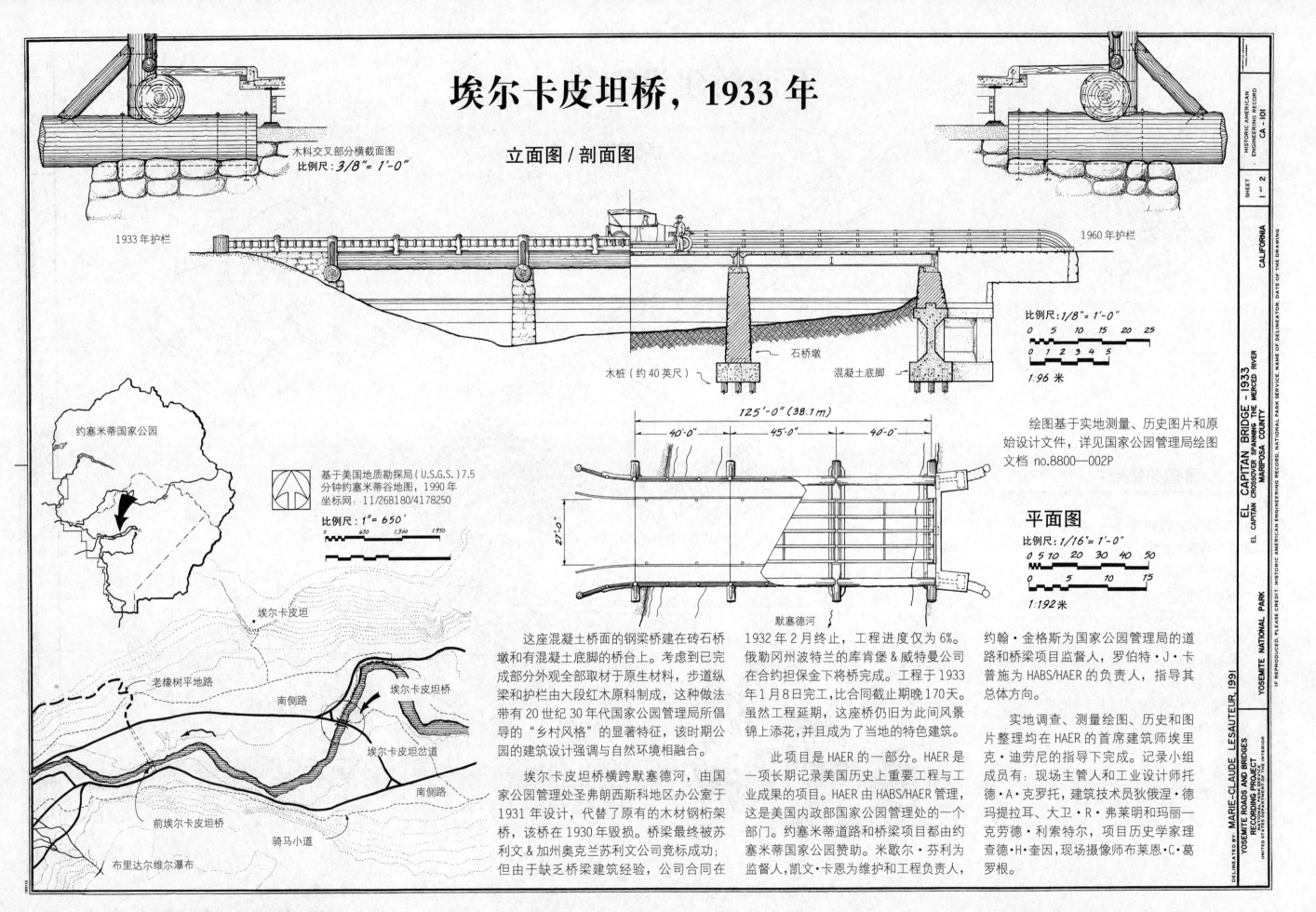

埃尔卡皮坦桥，1933 年

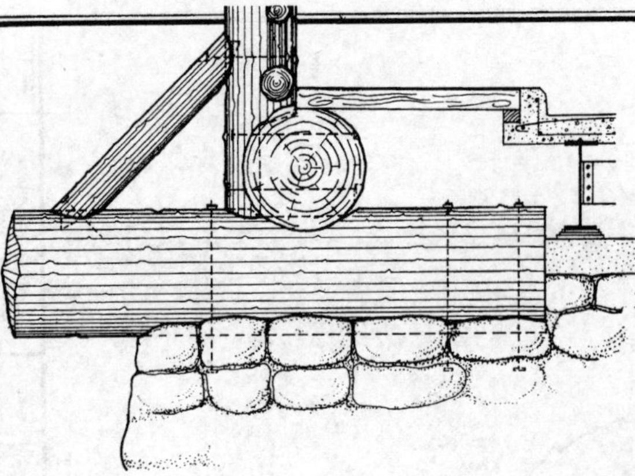
木料交叉部分横截面图
比例尺：3/8"= 1'-0"

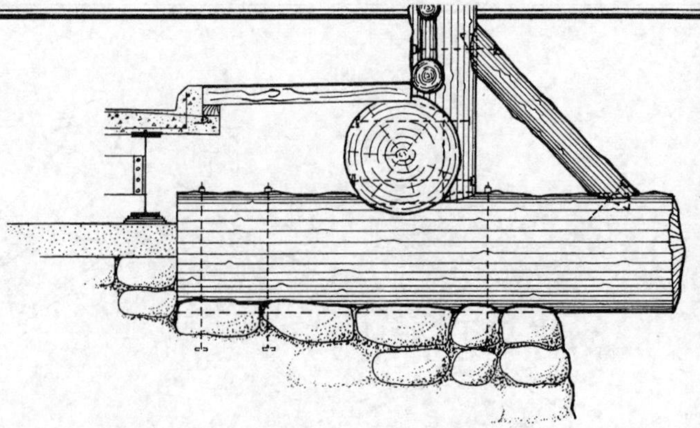

立面图 / 剖面图

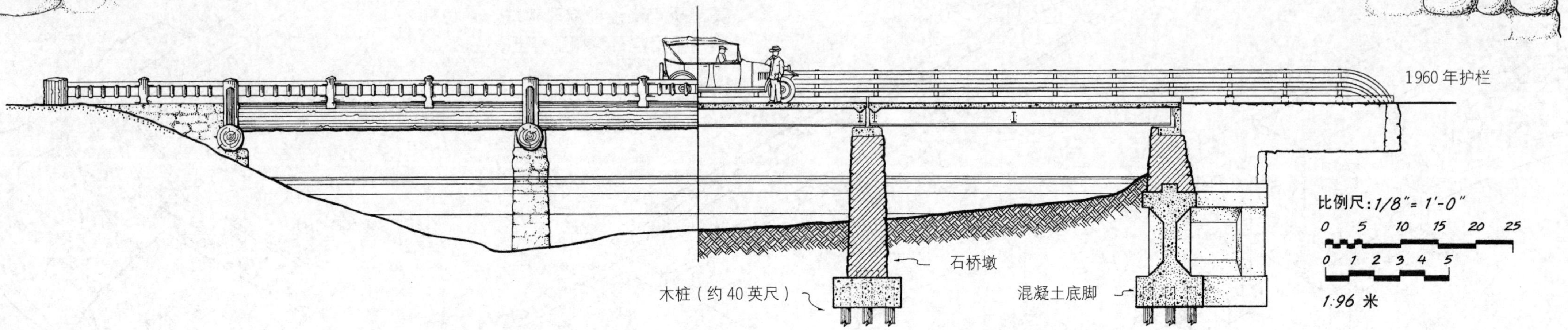
1933 年护栏
1960 年护栏
石桥墩
木桩（约 40 英尺）
混凝土底脚
比例尺：1/8"= 1'-0"
0 5 10 15 20 25
0 1 2 3 4 5
1:96 米

绘图基于实地测量、历史图片和原始设计文件，详见国家公园管理局绘图文档 no.8800—002P

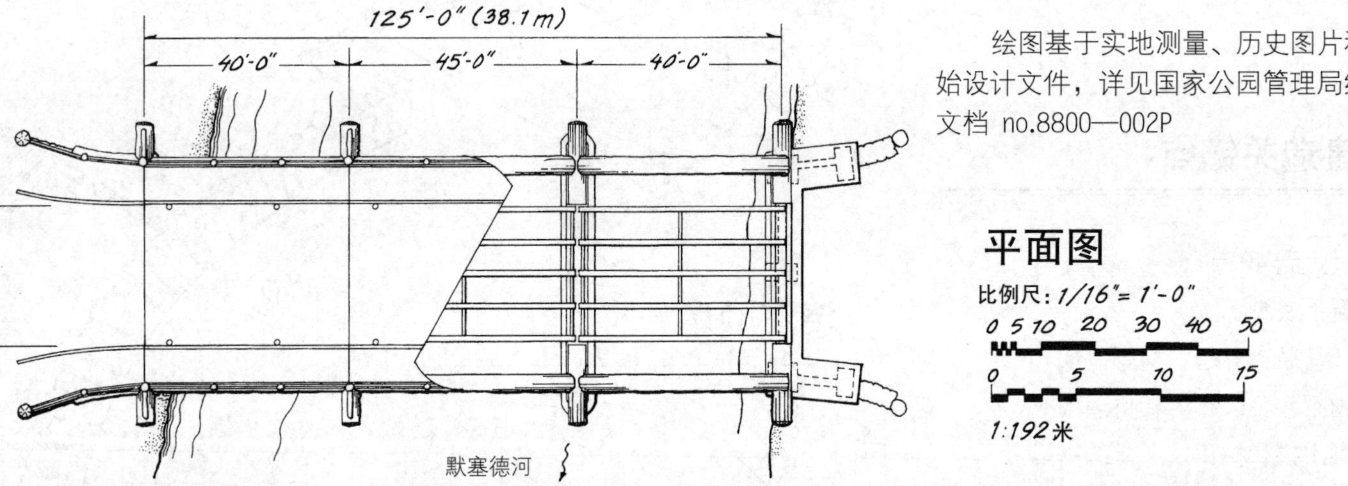
125'-0" (38.1m)
40'-0"
45'-0"
40'-0"
27'-0"
默塞德河

平面图

比例尺：1/16"= 1'-0"
0 5 10 20 30 40 50
0 5 10 15
1:192 米

约塞米蒂国家公园
基于美国地质勘探局（U.S.G.S.）7.5 分钟约塞米蒂谷地图，1990 年
坐标网：11/268180/4178250
比例尺：1"= 650'
0 650 1,300 1,950
埃尔卡皮坦
老橡树平地路
南侧路
埃尔卡皮皮坦桥
埃尔卡皮坦岔道
南侧路
前埃尔卡皮坦桥
骑马小道
布里达尔维尔瀑布

这座混凝土桥面的钢梁桥建在砖石桥墩和有混凝土底脚的桥台上。考虑到已完成部分外观全部取材于原生材料，步道纵梁和护栏由大段红木原料制成，这种做法带有 20 世纪 30 年代国家公园管理局所倡导的“乡村风格”的显著特征，该时期公园的建筑设计强调与自然环境相融合。

埃尔卡皮坦桥横跨默塞德河，由国家公园管理处圣弗朗西斯科地区办公室于 1931 年设计，代替了原有的木材钢桁架桥，该桥在 1930 年毁损。桥梁最终被苏利文 & 加州奥克兰苏利文公司竞标成功；但由于缺乏桥梁建筑经验，公司合同在 1932 年 2 月终止，工程进度仅为 6%。俄勒冈州波特兰的库肯堡 & 威特曼公司在合约担保金下将桥完成。工程于 1933 年 1 月 8 日完工，比合同截止期晚 170 天。虽然工程延期，这座桥仍旧为此间风景锦上添花，并且成为了当地的特色建筑。

此项目是 HAER 的一部分。HAER 是一项长期记录美国历史上重要工程与工业成果的项目。HAER 由 HABS/HAER 管理，这是美国内政部国家公园管理处的一个部门。约塞米蒂道路和桥梁项目都由约塞米蒂国家公园赞助。米歇尔・芬利为监督人，凯文・卡恩为维护和工程负责人，约翰・金格斯为国家公园管理局的道路和桥梁项目监督人，罗伯特・J・卡普施为 HABS/HAER 的负责人，指导其总体方向。

实地调查、测量绘图、历史和图片整理均在 HAER 的首席建筑师埃里克・迪劳尼的指导下完成。记录小组成员有：现场主管人和工业设计师托德・A・克罗托，建筑技术员狄俄涅・德玛提拉耳、大卫・R・弗莱明和玛丽—克劳德・利索特尔，项目历史学家理查德・H・奎因，现场摄像师布莱恩・C・葛罗根。

DELINEATED BY: MARIE-CLAUDE LESAUTEUR, 1991
YOSEMITE ROADS AND BRIDGES RECORDING PROJECT
NATIONAL PARK SERVICE
UNITED STATES DEPARTMENT OF THE INTERIOR
YOSEMITE NATIONAL PARK
EL CAPITAN BRIDGE - 1933
EL CAPITAN CROSSOVER SPANNING THE MERCED RIVER
MARIPOSA COUNTY
CALIFORNIA
SHEET 1 OF 2
HISTORIC AMERICAN ENGINEERING RECORD
CA - 101

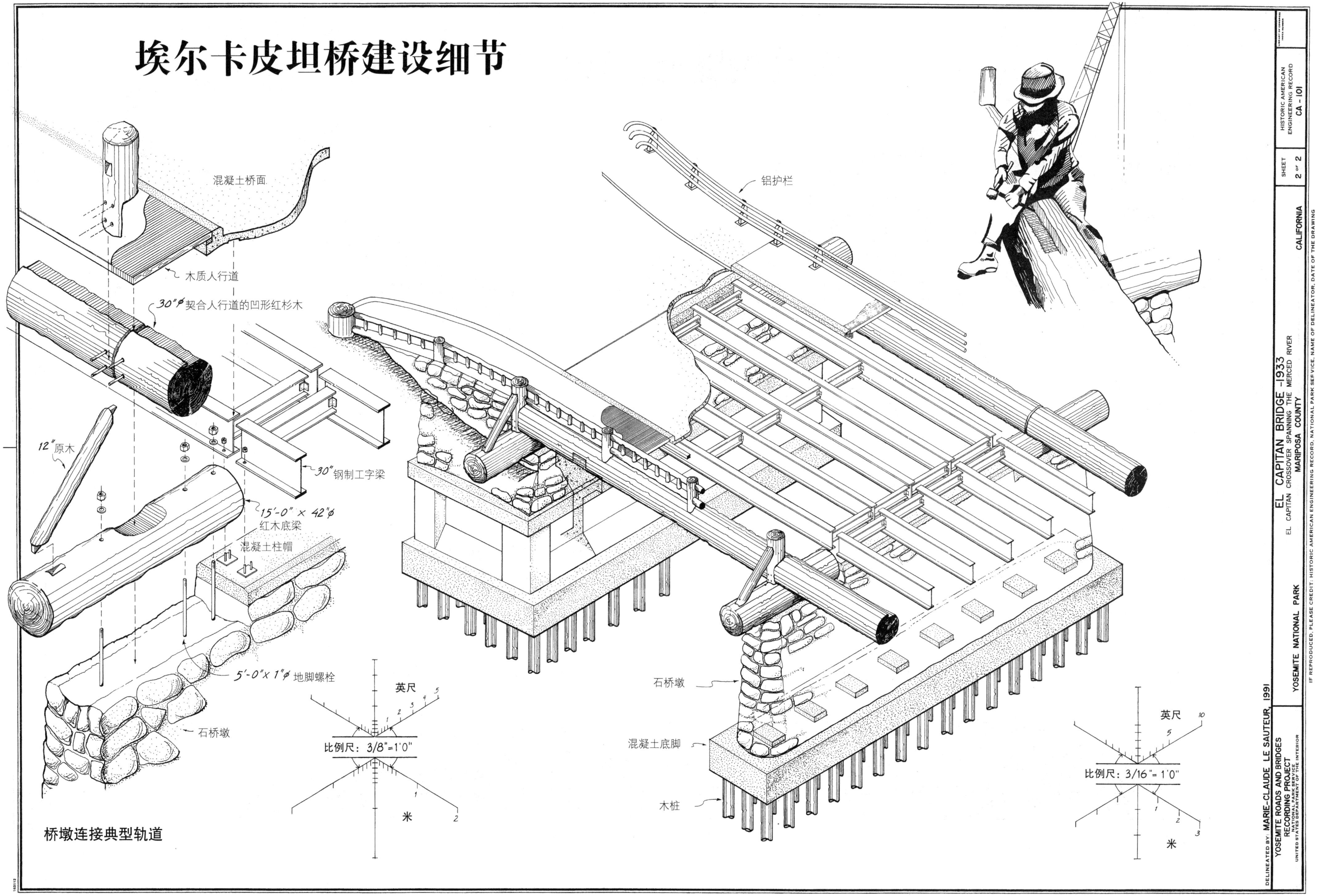
埃尔卡皮坦桥建设细节
混凝土桥面
木质人行道
30"φ契合人行道的凹形红杉木
12"原木
30"钢制工字梁
15'-0" × 42"φ
红木底梁
混凝土柱帽
5'-0"×1"φ 地脚螺栓
石桥墩
英尺
比例尺：3/8"=1'0"
米
桥墩连接典型轨道
铝护栏
石桥墩
混凝土底脚
木桩
英尺
比例尺：3/16"=1'0"
米
HISTORIC AMERICAN ENGINEERING RECORD
CA-101
SHEET 2 of 2
EL CAPITAN BRIDGE -1933
EL CAPITAN CROSSOVER SPANNING THE MERCED RIVER
MARIPOSA COUNTY
YOSEMITE NATIONAL PARK
CALIFORNIA
DELINEATED BY: MARIE-CLAUDE LE SAUTEUR 1991
YOSEMITE ROADS AND BRIDGES RECORDING PROJECT
NATIONAL PARK SERVICE
UNITED STATES DEPARTMENT OF THE INTERIOR
IF REPRODUCED, PLEASE CREDIT: HISTORIC AMERICAN ENGINEERING RECORD, NATIONAL PARK SERVICE, NAME OF DELINEATOR, DATE OF THE DRAWING

瓦乌纳隧道，1933 年

西入口

完工于 1933 年的瓦乌纳隧道是当时美国西部最长的车行交通隧道。其重要性不仅体现在先进的工程技术上，更表现在它把对约塞米蒂景观的影响降到最低限度，避免了山谷石壁的碎裂。这条长 4230 英尺的隧道穿过龟背穹丘东面坚实的花岗岩地段，连接了瓦乌纳路。道路重新定线使隧道对约塞米蒂谷景观的影响降到最小，并且为南边的游客入园提供了新的主要通道。

美国联邦公路局负责设计并监管隧道修建过程。华盛顿州西雅图市的承包商格瑞戈 & 达尔伯格承建。1931 年 1 月 30 日正式开工。隧道在坚硬的花岗岩上穿孔，除了一部分隧道因为岩石破碎而必须采用混凝土衬砌，隧道起初并未修建衬砌。爆破过程共耗费了超过 275 吨的爆破炸药和钻钢，平均每次爆破约耗费 2000 磅炸药。2 辆电池供电的机车和 20 辆自动倾卸车被用来转移挖掘的岩石。隧道于 1932 年 1 月 6 日凿通，内有三个通风平硐提供新鲜空气，使空气自然流通。除此以外，有 3 个直径为 9 英尺的通风扇安装在主平硐上来使空气流动，并经 CO 探测器驱动。当产生的 CO 超过了通风系统的排气量时，隧道底部的信号灯会熄灭，并有鸣笛警告车辆进入。

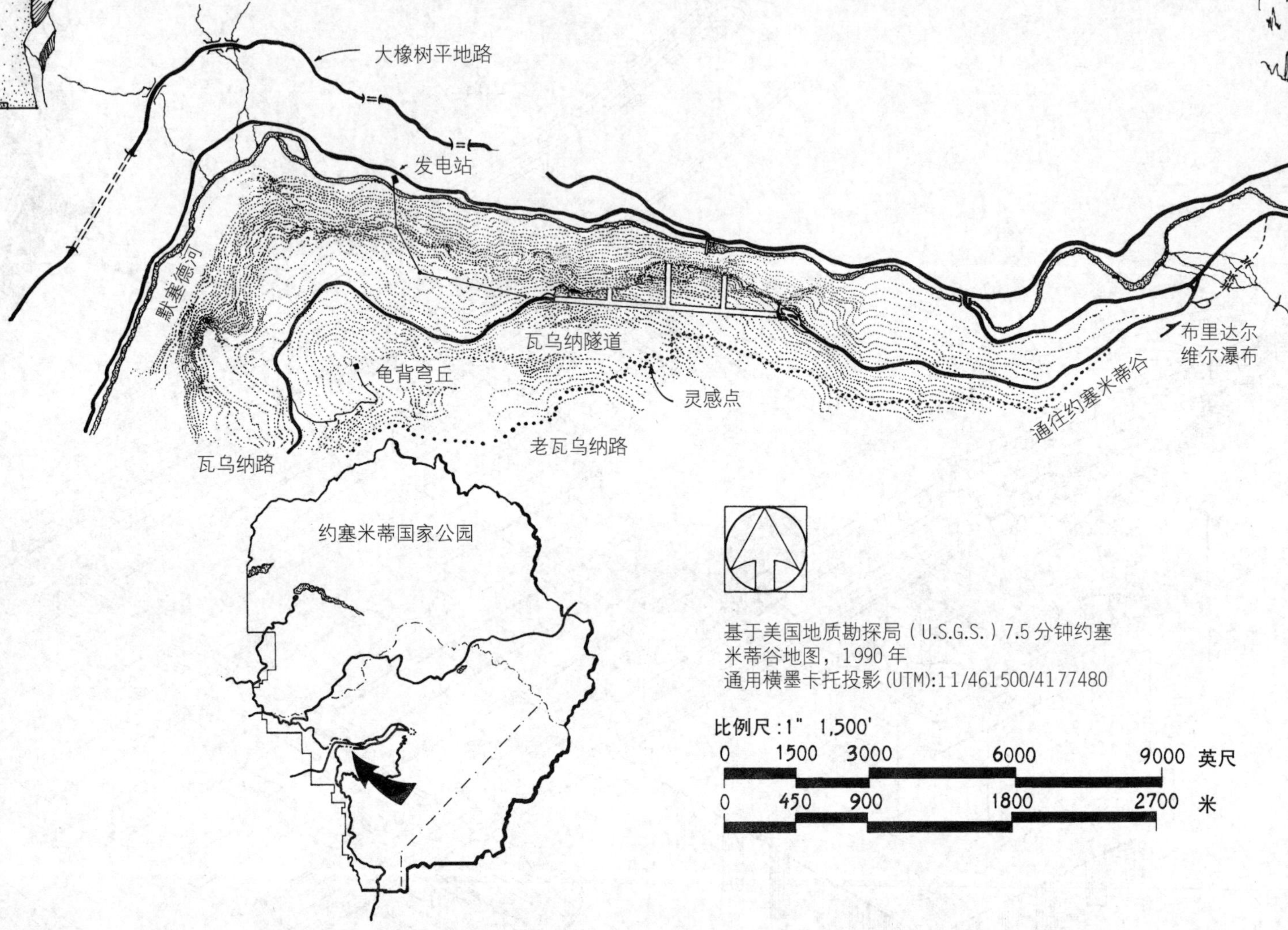

大橡树平地路
发电站
野鸡德河
瓦乌纳隧道
龟背穹丘
灵感点
老瓦乌纳路
瓦乌纳路
通往约塞米蒂谷
布里达尔
维尔瀑布
约塞米蒂国家公园
基于美国地质勘探局（U.S.G.S.）7.5 分钟约塞米蒂谷地图，1990 年
通用横墨卡托投影 (UTM):11/461500/4177480
比例尺：1" 1,500'
0 1500 3000 6000 9000 英尺
0 450 900 1800 2700 米

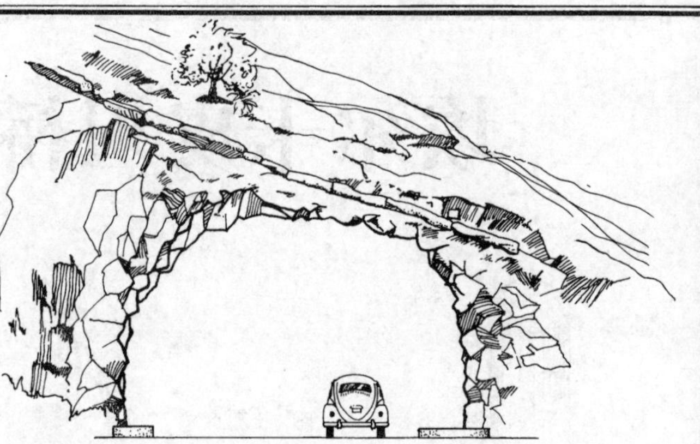

东面入口

隧道坡度为 5%，入口处为 6%，到北面的道路每 24 英尺都有 2 英寸深的横坡。隧道上最深处的岩石厚度可达 550 英尺；到岩壁最远距离达 503 英尺。为不影响整体结构，东面入口并未完工；西面入口为混凝土穹顶。

施工过程中没有发生任何一起严重的伤亡事故，1933 年 4 月 13 日格瑞戈 & 达尔伯格公司（1932 年 4 月改名 A.C. 格瑞戈公司）为完成施工，花费 690000 美元。1933 年 6 月 10 日在施工地址举行了隧道的揭幕仪式。

东面入口外修建的两条岔路为游客参观约塞米蒂谷提供了新的通道。修建在隧道钻孔爆破剩下的填料上的停车区域，现如今是约塞米蒂国家公园全景中最著名的景点之一。被称作"发现视角"，该岔路能让游客欣赏到谷内半穹顶、布里达尔维尔瀑布和埃尔卡皮坦的瑰丽景色。

此项目是 HAER 的一部分。HAER 是一项长期记录美国历史上重要工程与工业成果的项目。HAER 由 HABS/HAER 管理，这是美国内政部国家公园管理局的一个部门。约塞米蒂道路和桥梁项目都由约塞米蒂国家公园赞助。米歇尔·芬利为监督人，凯文·卡恩为维护和工程负责人，约翰·金格斯为国家公园管理局的道路和桥梁项目监督人，罗伯特·J·卡普施为 HABS/HAER 的负责人，指导其总体方向。

实地调查、测量绘图、历史和图片整理均在 HAER 的首席建筑师埃里克·迪劳尼的指导下完成。记录小组成员有：现场主管人和工业设计师托德·A·克罗托，建筑技术员狄俄涅·德玛提拉耳大卫·R·弗莱明和玛丽—克劳德·利索特尔，项目历史学家理查德·H·奎因，现场摄像师布莱恩·C·葛罗根。

长度： ***4,230ft.(1,289.3m)*** **宽度：** ***28ft.(8.4m)*** **高度：** ***19ft.(5.8m)*** **坡度：** ***5%***

主平硐
通风扇
通风口
通风口
花岗岩
发现视角（停车处让车岔道）
西入口
东入口

截面图

比例尺：1"= 200'

WAWONA TUNNEL - 1933
CALIFORNIA HIGHWAY 41 EAST OF TURTLEBACK DOME
MARIPOSA COUNTY
YOSEMITE NATIONAL PARK
CALIFORNIA

SHEET 1 of 2
HISTORIC AMERICAN ENGINEERING RECORD
CA - 105

DELINEATED BY: TODD A. CROTEAU 1991
YOSEMITE ROADS AND BRIDGES RECORDING PROJECT
UNITED STATES DEPARTMENT OF THE INTERIOR

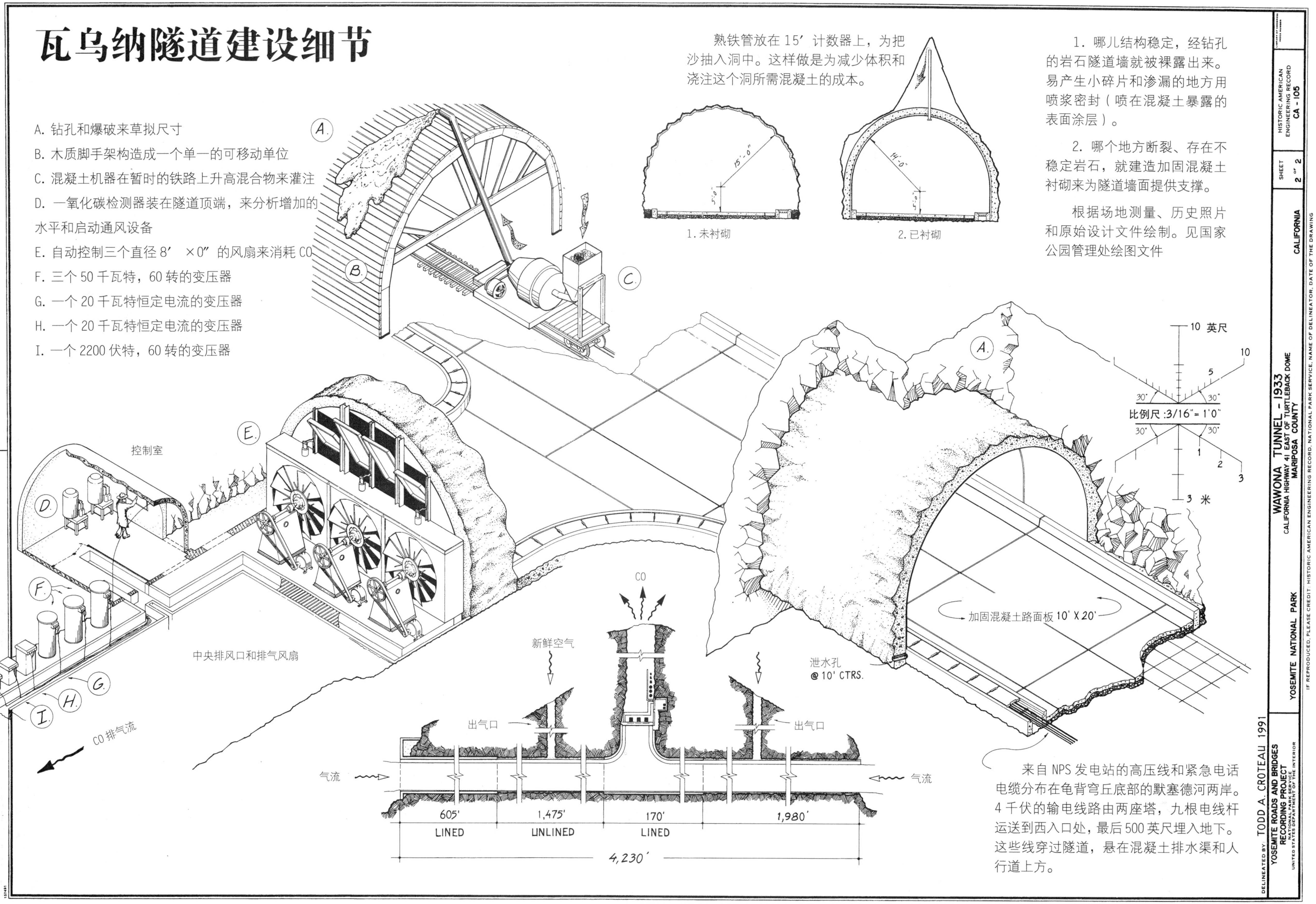
瓦乌纳隧道建设细节
A. 钻孔和爆破来草拟尺寸
B. 木质脚手架构造成一个单一的可移动单位
C. 混凝土机器在暂时的铁路上升高混合物来灌注
D. 一氧化碳检测器装在隧道顶端，来分析增加的水平和启动通风设备
E. 自动控制三个直径 8′ ×0″ 的风扇来消耗 CO
F. 三个 50 千瓦特，60 转的变压器
G. 一个 20 千瓦特恒定电流的变压器
H. 一个 20 千瓦特恒定电流的变压器
I. 一个 2200 伏特，60 转的变压器
熟铁管放在 15′ 计数器上，为把沙抽入洞中。这样做是为减少体积和浇注这个洞所需混凝土的成本。
15′-0″
14′-0″
5′-0″
1. 未衬砌
2. 已衬砌
1. 哪儿结构稳定，经钻孔的岩石隧道墙就被裸露出来。易产生小碎片和渗漏的地方用喷浆密封（喷在混凝土暴露的表面涂层）。
2. 哪个地方断裂、存在不稳定岩石，就建造加固混凝土衬砌来为隧道墙面提供支撑。
根据场地测量、历史照片和原始设计文件绘制。见国家公园管理处绘图文件
10 英尺
比例尺 :3/16″= 1′0″
3 米
控制室
中央排风口和排气风扇
CO 排气流
CO
新鲜空气
泄水孔
@ 10′ CTRS.
加固混凝土路面板 10′ X 20′
出气口
出气口
气流
气流
605′
LINED
1,475′
UNLINED
170′
LINED
1,980′
4,230′
来自 NPS 发电站的高压线和紧急电话电缆分布在龟背穹丘底部的默塞德河两岸。4 千伏的输电线路由两座塔，九根电线杆运送到西入口处，最后500 英尺埋入地下。这些线穿过隧道，悬在混凝土排水渠和人行道上方。
DELINEATED BY: TODD A. CROTEAU 1991
YOSEMITE ROADS AND BRIDGES RECORDING PROJECT
YOSEMITE NATIONAL PARK
WAWONA TUNNEL - 1933
CALIFORNIA HIGHWAY 41 EAST OF TURTLEBACK DOME
MARIPOSA COUNTY
CALIFORNIA
HISTORIC AMERICAN ENGINEERING RECORD
CA-105
SHEET 2 OF 2

叠溪桥，1939 年

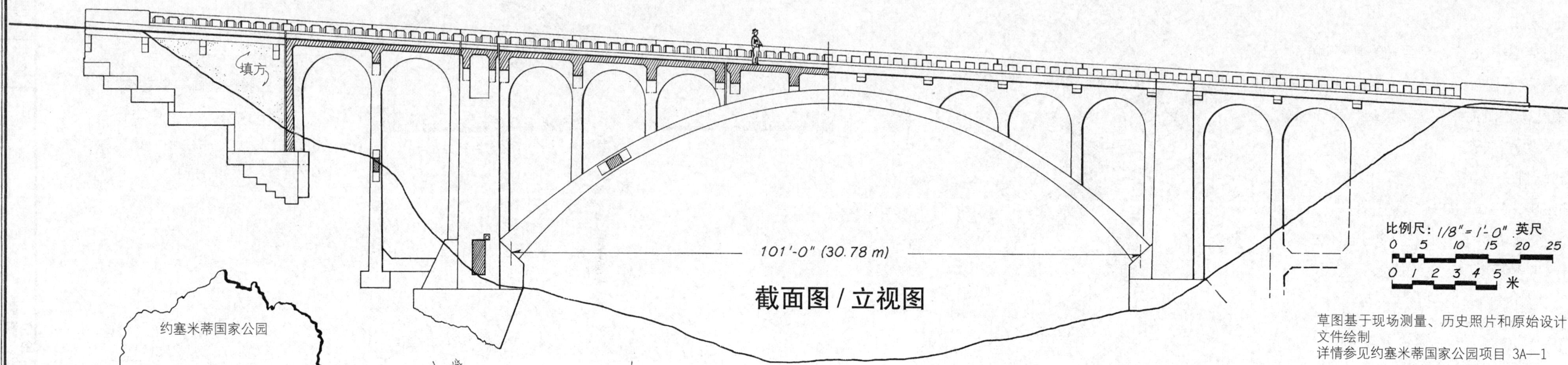
填方
101'-0" (30.78 m)
比例尺：1/8" = 1'-0" 英尺
0 5 10 15 20 25
0 1 2 3 4 5 米

截面图 / 立视图

草图基于现场测量、历史照片和原始设计文件绘制
详情参见约塞米蒂国家公园项目 3A—1

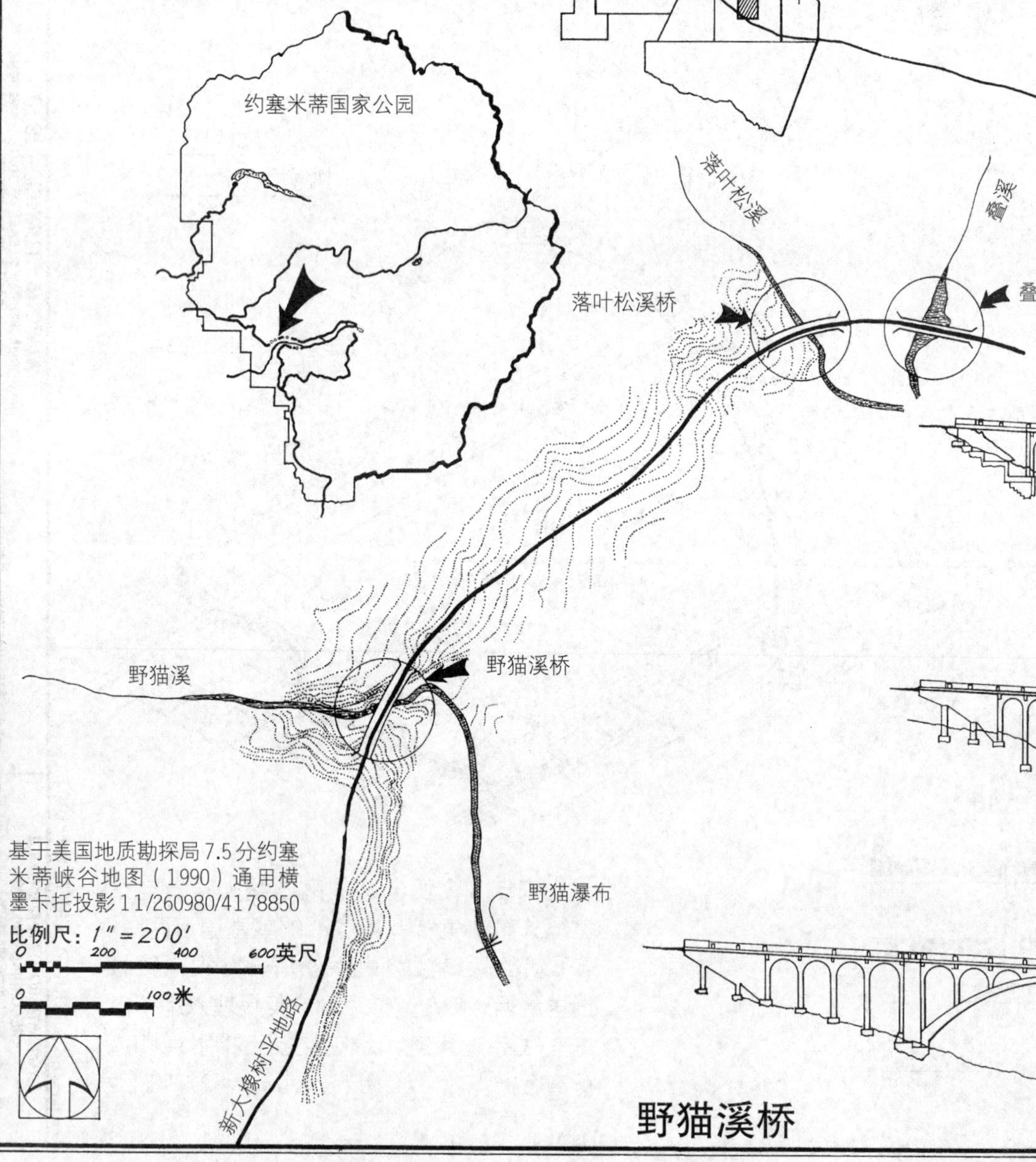
约塞米蒂国家公园
落叶松溪
叠溪
落叶松溪桥
叠溪桥
野猫溪
野猫溪桥
野猫瀑布
新大橡树平地路
基于美国地质勘探局 7.5 分约塞米蒂峡谷地图（1990）通用横墨卡托投影 11/260980/4178850
比例尺：1" = 200'
0 200 400 600 英尺
0 100 米

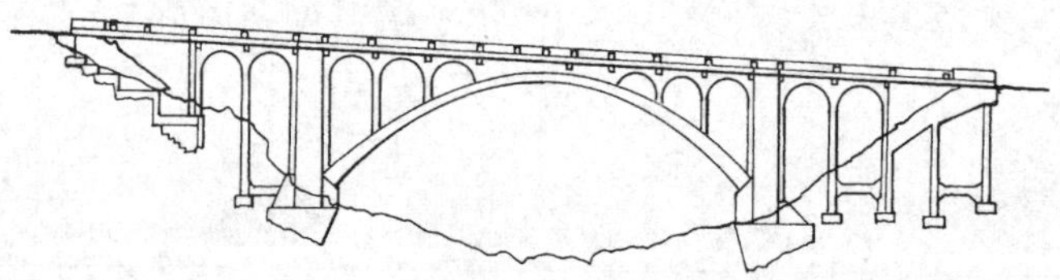

叠溪桥

HAER No. CA—85

落叶松溪桥

HAER No. CA—84

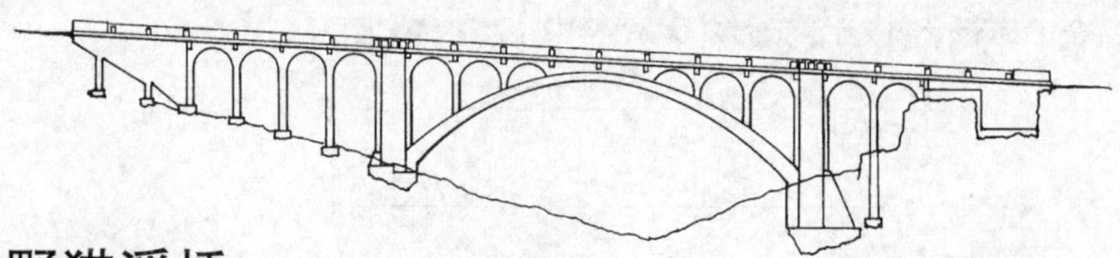

野猫溪桥

HAER NO.CA—83

这座在新大橡树平地瀑布溪之上的 1939 年桥与附近夜猫和落叶松溪上的桥梁结构相似，这座桥标志着由原始材料建造的早期公园桥的转变，这种“乡村风格”当时在国家公园管理局很流行。这种新的加固混凝土桥的特点是它优美开放的拱肩设计，而且它反映了 20 世纪 30 年代的流线型美学。

1937 年到 1938 年间，叠溪桥和附近的桥梁由旧金山地区公共道路管理办公室设计，这是一项联邦救助计划，这个计划是大萧条时期公共道路局的后续工作。建造者是加利福尼亚圣拉斐尔的约翰罗卡。建设始于 1938 年 10 月。这三座桥都是在联合合同下建造的，1939 年 10 月 21 日桥梁竣工，耗资 16182369 美元。

这三座桥、三条隧道和一系列固定的石头、矮墙是新大橡树平地主要的特点，他们建于 1935 年至 1940 年。这条新公路是约塞米蒂国家公园于 1932 年和瓦乌纳路共建的一条主要道路的部分重建项目，20 世纪 30 年代后期，项目以泰奥加路的部分重建结束。新大橡平地保留了从加利福尼亚北部到约塞米蒂峡谷的主要交通道路。

此项目是 HAER 的一部分。HAER 是一项长期记录美国历史上重要工程与工业成果的项目。HAER 由 HABS/HAER 管理，这是美国内政部国家公园管理处的一个部门。约塞米蒂道路与桥梁项目由约塞米蒂国家公园（主管迈克尔・芬利，工程主管凯文・肯恩），NPS 道路与桥梁项目（经理约翰・金格尔斯）和 HABS/HAER（主管罗伯特・卡普施）联合发起。

现场测量、实测图、史料和照片在 HAER 首席建筑师埃里克・迪劳尼指导下完成。记录小组成员包括担任现场督导的工业设计师托德・克罗托（罗德岛设计学院），建筑技师狄俄涅・弗莱明（北达科他州立大学）、玛利亚－克劳德・拉萨特（美国/国际古迹遗址理事会，麦吉尔大学），项目史学家理查德・奎因（中田纳西州立大学）。正式现场照片由布莱恩・葛罗根拍摄（悉尼学院）。

DELINEATED BY: Todd Croteau, Christopher Marston, 1991

YOSEMITE ROADS AND BRIDGES RECORDING PROJECT
NATIONAL PARK SERVICE
UNITED STATES DEPARTMENT OF THE INTERIOR

YOSEMITE NATIONAL PARK

CASCADE CREEK BRIDGE - 1939
NEW BIG OAK FLAT ROAD SPANNING CASADE CREEK
MARIPOSA COUNTY

CALIFORNIA

SHEET 1 OF 1

HISTORIC AMERICAN ENGINEERING RECORD
CA-85

IF REPRODUCED, PLEASE CREDIT: HISTORIC AMERICAN ENGINEERING RECORD, NATIONAL PARK SERVICE, NAME OF DELINEATOR, DATE OF THE DRAWING

约塞米蒂国家公园

道路、桥梁 II

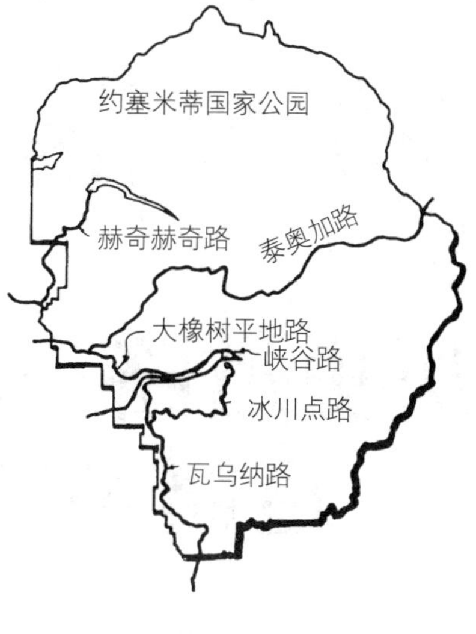

19 世纪 50 年代游客开始游览约塞米蒂峡谷，为欣赏它“非凡奇妙的风景”。这趟旅程极其艰难，因为根本没有路。早期的参观者跋涉着数英里的原始马道。他们到达的时候通常筋疲力尽，因此没能享受等待着他们的壮丽景色。

1864 年联邦政府根据约塞米蒂格兰特的指定，让托轮郡和马里波萨县的百姓修建通往峡谷的收费公路，以吸引游人去约塞米蒂。19 世纪 70 年代初，建设收费公路的公司从科尔特维尔、马里波萨和大橡平地社区中竞标成功，建成一条运货路线并从交通中获益。科尔特维尔和约塞米蒂收费关卡获得通过，并在 1874 年 6 月 17 日开始使用。中国营和约塞米蒂收费关卡不到一个月就从大橡平地到达峡谷。一年后，亨利艾伯特沃什博恩和他的父母将路从马里波萨推进到大树站和约塞米蒂峡谷。这些路很难修，只能使用手用工具和爆破粉。这三条收费公路公司为有限的游人数量竞争。大橡平地不赚不赔，但是科尔特维尔路却经历了财政灾难，只有沃什博恩团队收获了可观的回报。

收费公路的建设使驿站马车代替驯马成为约塞米蒂的主要交通工具。随着铁路服务拓展到邻区，驿站马车公司开始定期去峡谷为人民服务。这趟旅行十分艰难，因为原始公路很陡峭、狭窄又多灰尘。

1882 年，约塞米蒂峡谷北面，大雪乐山统一银矿公司建了一个运货公路用于矿石服务。大雪乐山运输公路，通常叫泰奥加公路，这条路只在矿石开采完一年内使用，之后就被废弃了。1907 年，约塞米蒂峡谷公路建成了一条线路，这条线路在公园西侧通向埃尔波特尔，还建了一个连接平台公路通往峡谷。大多数游客选择这条线路，较长的平台公路行人则较少。到 20 世纪初，这些公路归于政府控制。

在老瓦乌纳路上看到的灵感点景色

1900 年第一辆汽车进入约塞米蒂峡谷。为应对不断增加的汽车交通，公园部门于 1907 年禁止使用汽车。气愤的驾驶员们在加利福尼亚汽车协会帮助下，于 1913 年说服内部秘书处，推翻了禁令，很快汽车成为人们喜爱的交通工具。加利福尼亚州在默塞德河上建的这个改进的“全年公路”通往埃尔波特尔，司机们开始使用这条线路，连同之前的平台公路一起，无论什么季节人们都可到达峡谷。

20 世纪 30 年代，联邦政府重建主要的公园路来促进汽车旅游。国家公园管理局和公共道路局重建瓦乌纳路并且将部分大橡平地路改线来提供通往峡谷更安全、快捷的道路。道路改善包括建设四个隧道，避免给峡谷墙带来巨大伤害，以及建立全景区让司机欣赏美景。长期被忽视的奥泰加公路经过重修后再次投入使用。加利福尼亚州建造了一个连接奥泰加的路线，这条路成为了穿越大山的重要线路。20 世纪 50 年代，在国家公园管理局 66 号道路任务中，这条路部分被重修。1961 年这条新拓宽并加固的公路重新开始使用。

约塞米蒂路无论新旧都在工程成就上有重大意义，在约塞米蒂发展中扮演重要角色，也对所追求的与自然和谐统一的建设理念具有重要意义。道路相关结构建设中使用了天然材料，乡村风格的便利设施与风景相得益彰。如今在公园路上旅行比 19 世纪方便许多，但是对于游人来说，在一个美国最受欢迎国家公园的经历仍然是一次引人注目的冒险经历。

NATIONAL PARK SERVICE
Department of the Interior

DELINEATED BY Team, 2001
NPS ROADS & BRIDGES RECORDING PROGRAM
NATIONAL PARK SERVICE
UNITED STATES DEPARTMENT OF THE INTERIOR
YOSEMITE NATIONAL PARK ROADS
YOSEMITE VICINITY MARIPOSA & TUOLUMNE COUNTIES CALIFORNIA
SHEET 1 OF 19
HISTORIC AMERICAN ENGINEERING RECORD CA-117

历史道路与现今道路地图

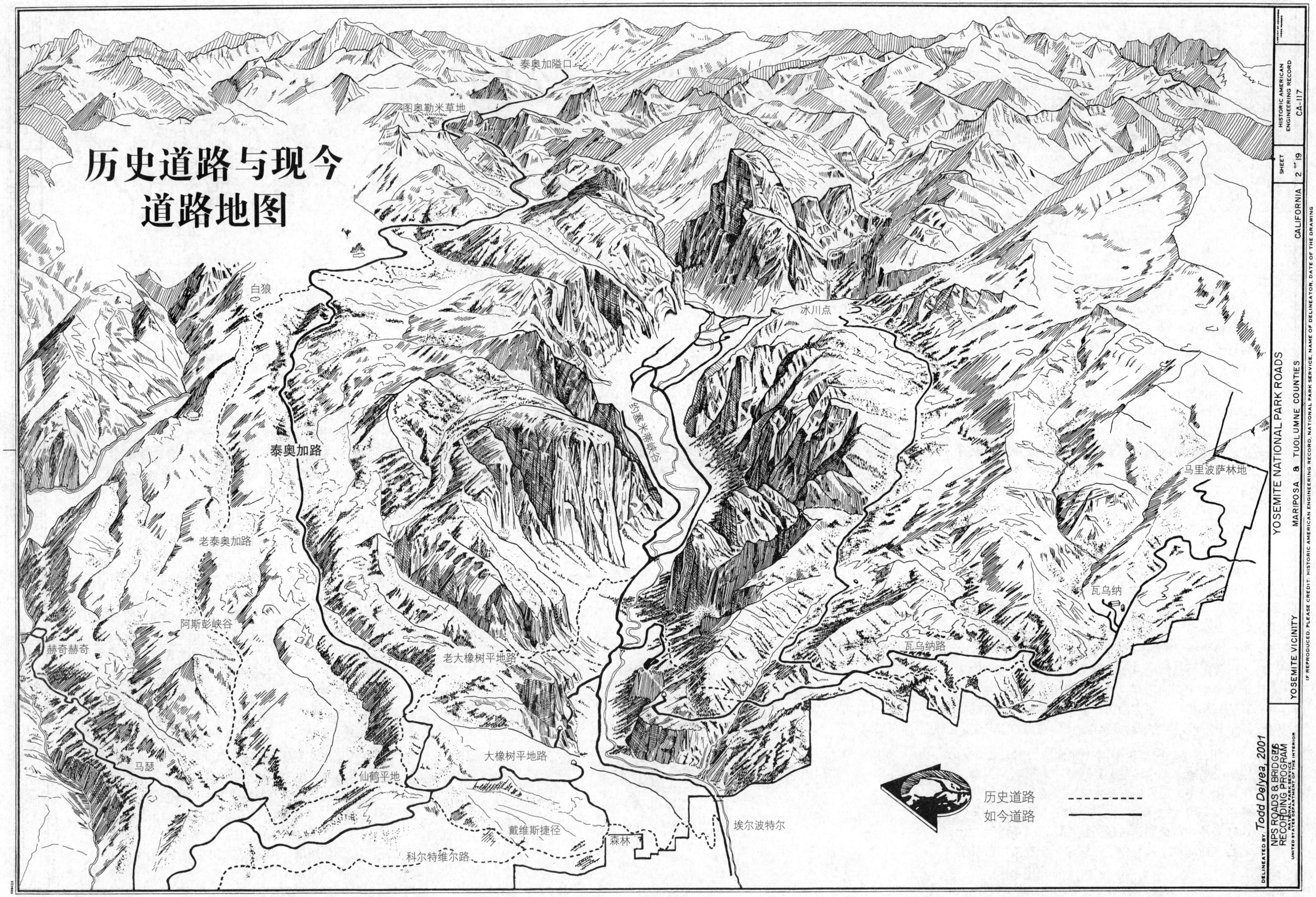
泰奥加隘口
图奥勒米草地
白狼
冰川点
约塞米蒂峡谷
泰奥加路
马里波萨林地
老泰奥加路
瓦乌纳
阿斯彭峡谷
赫奇赫奇
瓦乌纳路
老大橡树平地路
大橡树平地路
马瑟
仙鹤平地
历史道路
如今道路
埃尔波特尔
戴维斯捷径
森林
科尔特维尔路
HISTORIC AMERICAN ENGINEERING RECORD
CA-117
SHEET 2 of 19
YOSEMITE NATIONAL PARK ROADS
MARIPOSA & TUOLUMNE COUNTIES
CALIFORNIA
YOSEMITE VICINITY
IF REPRODUCED, PLEASE CREDIT: HISTORIC AMERICAN ENGINEERING RECORD, NATIONAL PARK SERVICE, NAME OF DELINEATOR, DATE OF THE DRAWING
NPS ROADS & BRIDGES RECORDING PROGRAM
NATIONAL PARK SERVICE
UNITED STATES DEPARTMENT OF THE INTERIOR
DELINEATED BY: Todd Delyea, 2001

通往峡谷道路的竞争

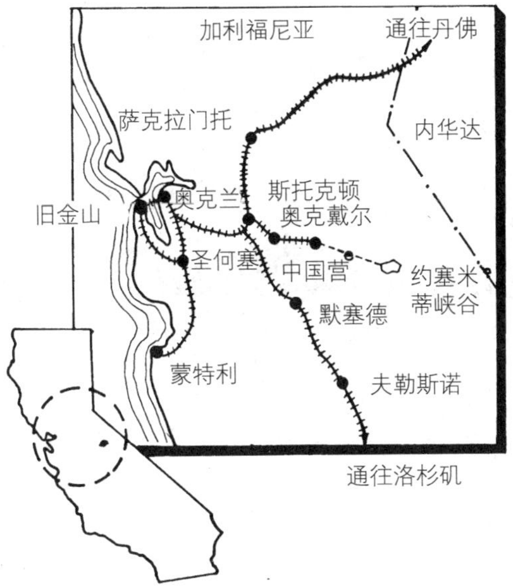
加利福尼亚
通往丹佛
萨克拉门托
内华达
旧金山
奥克兰
斯托克顿
奥克戴尔
圣何塞
中国营
约塞米
蒂峡谷
默塞德
蒙特利
夫勒斯诺
通往洛杉矶

随着约塞米蒂峡谷景观利益的增加，三家公司相互竞争，纷纷建设通往峡谷的运输道路来吸引游人，赚取他们的通行费。科尔特维尔和约塞米蒂收税道路于 1874 年 6 月竣工，与之竞争的中国营和约塞米蒂收税公路在之后一个月内竣工。第二年就可以在南面从马里波萨大树果园和约塞米蒂收费公路到达峡谷。由于北部与西部的竞争，只有瓦乌纳路获利。到 20 世纪 10 年代，这些路都被政府收购。

1875 年 7 月 22 日，柯尔特和墨菲旅馆用各种标牌、小旗和横幅庆祝瓦乌纳路的开通仪式。

从峡谷边缘一直到约塞米蒂山谷陡峭的小径，这段旅程对没经验的人来说十分危险。

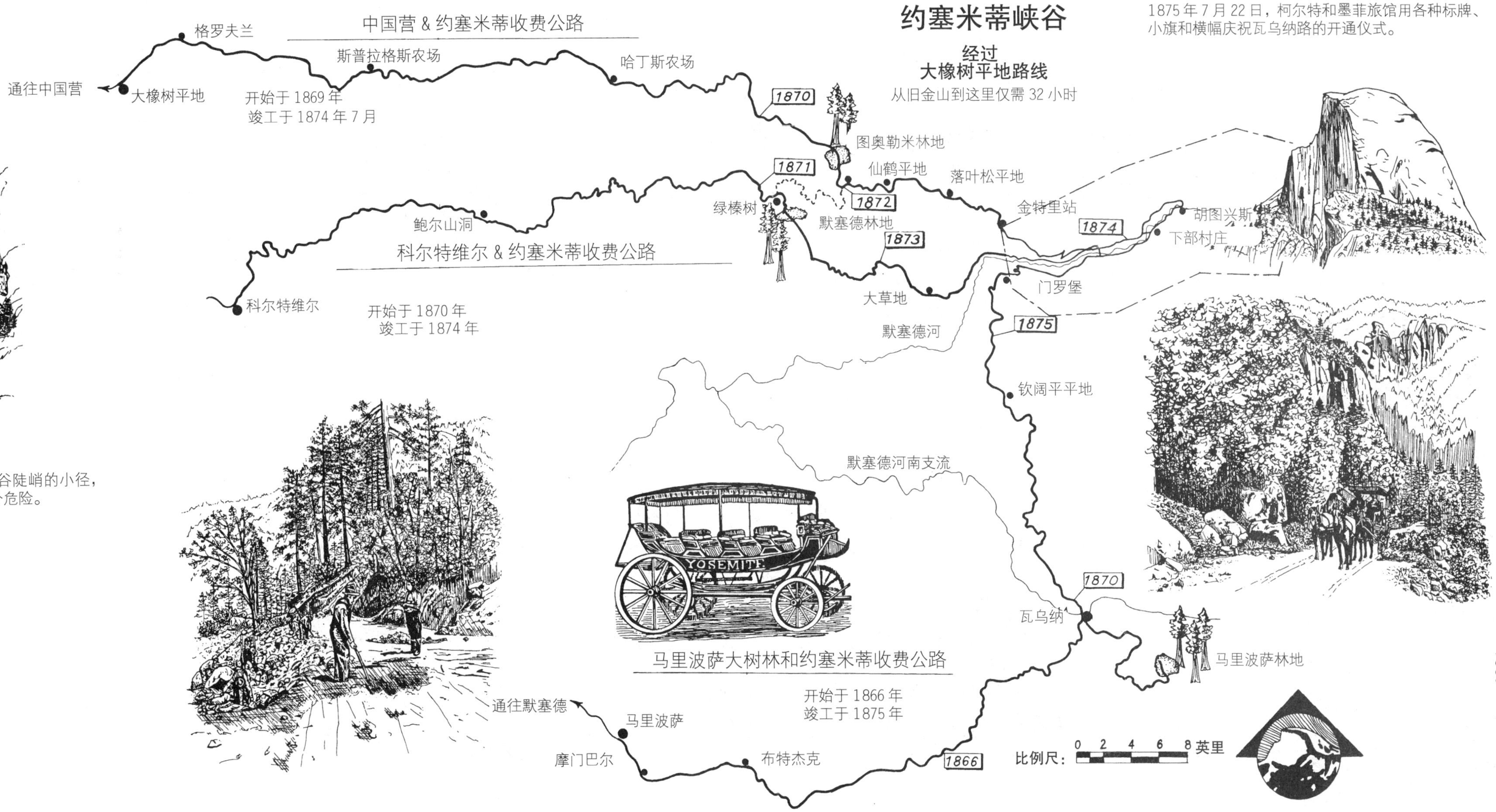
约塞米蒂峡谷
经过
大橡树平地路线
从旧金山到这里仅需 32 小时
中国营 & 约塞米蒂收费公路
格罗夫兰
斯普拉格斯农场
哈丁斯农场
通往中国营
大橡树平地
开始于 1869 年
竣工于 1874 年 7 月
1870
图奥勒米林地
1871
仙鹤平地
落叶松平地
1872
绿榛树
默塞德林地
金特里站
1874
胡图兴斯
下部村庄
1873
鲍尔山洞
科尔特维尔 & 约塞米蒂收费公路
科尔特维尔
开始于 1870 年
竣工于 1874 年
大草地
门罗堡
1875
默塞德河
钦阔平平地
默塞德河南支流
YOSEMITE
1870
瓦乌纳
马里波萨林地
马里波萨大树林和约塞米蒂收费公路
开始于 1866 年
竣工于 1875 年
通往默塞德
马里波萨
摩门巴尔
布特杰克
1866
比例尺：0 2 4 6 8 英里

HISTORIC AMERICAN ENGINEERING RECORD CA-117
SHEET 3 of 19
YOSEMITE NATIONAL PARK ROADS
MARIPOSA & TUOLUMNE COUNTIES CALIFORNIA
YOSEMITE VICINITY
NPS ROADS & BRIDGES RECORDING PROGRAM
NATIONAL PARK SERVICE
UNITED STATES DEPARTMENT OF THE INTERIOR
DELINEATED BY Ann Kero 2001

科尔特维尔路，1874 年

科尔特维尔和约塞米蒂收费公路这个第一条到达峡谷的公路由科特维尔小矿镇的投资者首先开发，1974 年由约翰泰勒麦克林博士完成。从默塞德的鲍尔洞到叠溪谷底的这段路被垄断的时间很短，从未承载过游客所期待的交通量。1913 年，这条路成为首条允许汽车通进公园的合法公路。1982 年大“曲奇”崩落后，这条路的大部分被关闭，现在这是一条远足小径。

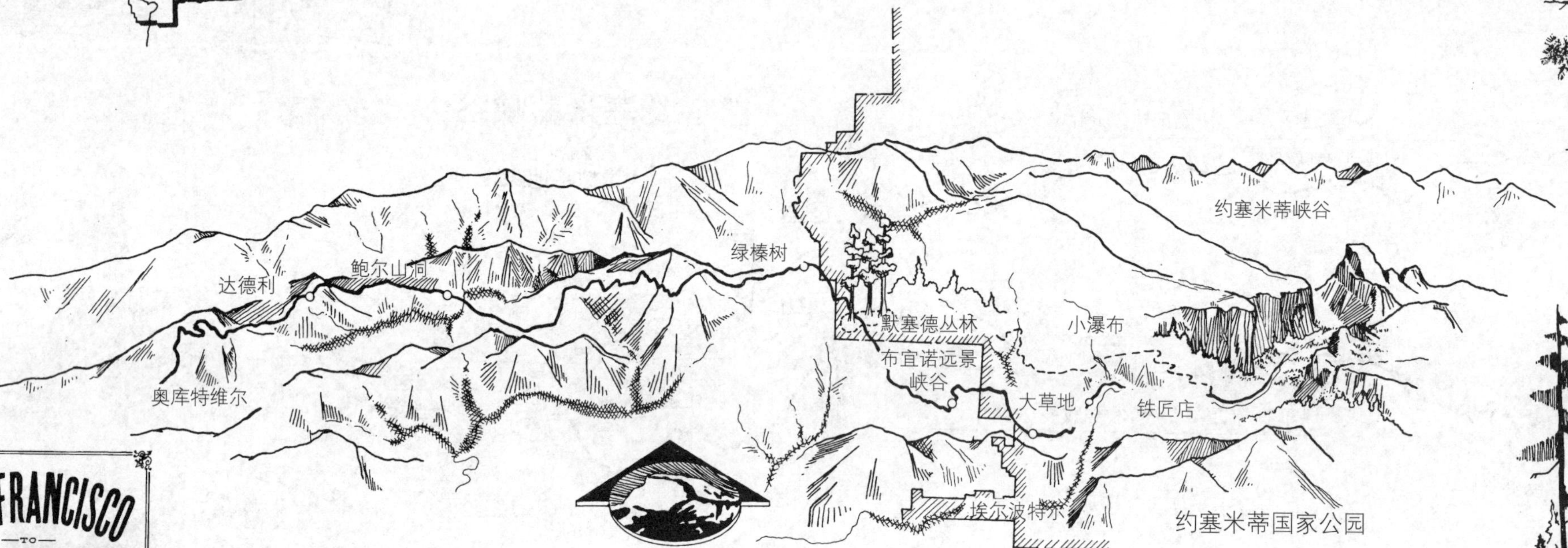

SAN FRANCISCO
—TO—
YO SEMITE
IN
36 HOURS 36
Completion of the
NEW ALL-WAGON ROAD
Via MERCED!
Snellings, Coulterville, Dudley's, Bower Cave, Hazel Green.
Merced Grove of Big Trees,
AND THE CASCADES, TO HOTEL.
Avoiding any Horseback Riding!

Commencing June 18, 1874,

Leave San Francisco via Oakland .... 7.00 A. M.
Pass Lathrop, (Lunch) .... 11.35 " "
Arrive Merced. (Dinner) .... 4.30 P. M.
Leave do .... 5.00 "
Arrive Snellings, Stop over night, (Supper) 8.00 P. M.
Leave do (Breakfast) .... 5.00 A. M.
By Washburn & McCready's Stages on "odd dates" of the Month.
Pass Dudley's, (Dinner) .... 12.00 Noon
Arrive Yo Semite Hotel, Same Evening 7.00 P. M.

RETURNING:

Leave Yo Semite, ... 5.00 A. M.
Arrive Merced Same day, (Stop over night 8.00 P. M.
Leave do ... 5.20 A. M.
Arrive San Francisco .... 12.40 P. M.
Making return trip in 32 Hours.

For Railroad Tourist TICKETS and other Information
APPLY AT
No. 3 Cor. Market & New Montgomery Sts.
SAM. MILLER,
Tourist Agent

科特维尔路直接穿过默塞德园的大树，这是最初吸引游人到约塞米蒂的地方。

绿榛树作为一个晚餐驿站在科特维尔路已经很多年了。从绿榛树开始这条路开始朝南通往默塞德园，再往西南一些的比尤纳维斯特站是第一个能看到约塞米蒂峡谷的驿站。

早期汽车开往科特维尔路最陡峭的部分，也就是它的连接点默塞德河。

约塞米蒂负责人声称，科特维尔路与公园地质历史的冲突是不可避免的。1982 年 4 月 3 日大“曲奇”崩塌后，公路封闭。

DELINEATED BY: Todd Delyea, 2001
NPS ROADS & BRIDGES RECORDING PROGRAM
NATIONAL PARK SERVICE
UNITED STATES DEPARTMENT OF THE INTERIOR
YOSEMITE NATIONAL PARK ROADS
YOSEMITE VICINITY
MARIPOSA & TUOLUMNE COUNTIES
CALIFORNIA
SHEET 4 OF 19
HISTORIC AMERICAN ENGINEERING RECORD
CA-117
IF REPRODUCED, PLEASE CREDIT: HISTORIC AMERICAN ENGINEERING RECORD, NATIONAL PARK SERVICE, NAME OF DELINEATOR, DATE OF THE DRAWING

冰川点路，1882 年

瓦乌纳路的经营业主和资深道路建设者约翰・康威一起重修了矮栗平地到冰川点的小径，在小径隆起的部分能看到约塞米蒂谷内的瑰丽景色。康威在 1882 年以 8000 美元的耗资完成了工程。20 世纪 30 年代政府对其进行重建，现如今其街景仍旧让游客流连忘返。

冰川点第一辆汽车

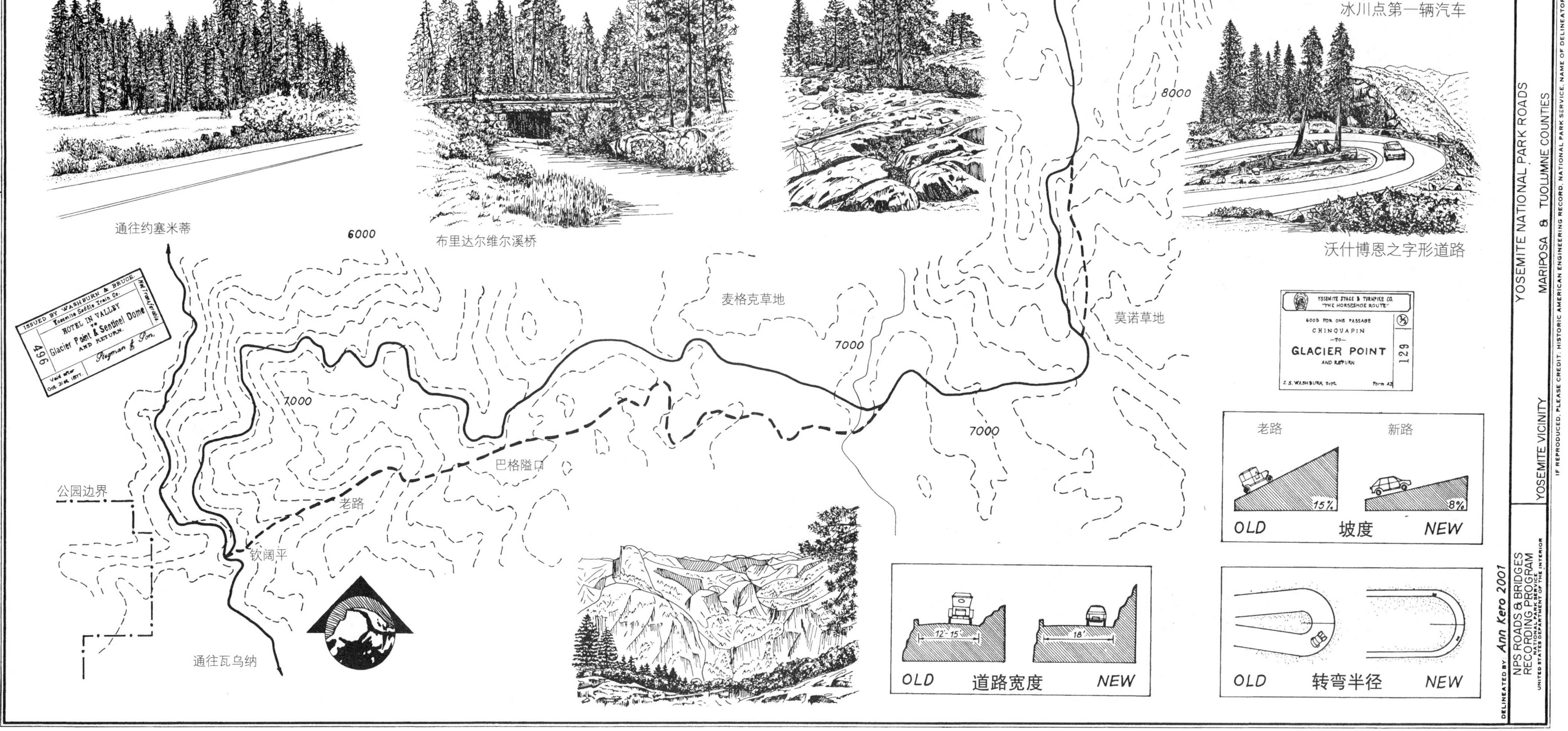

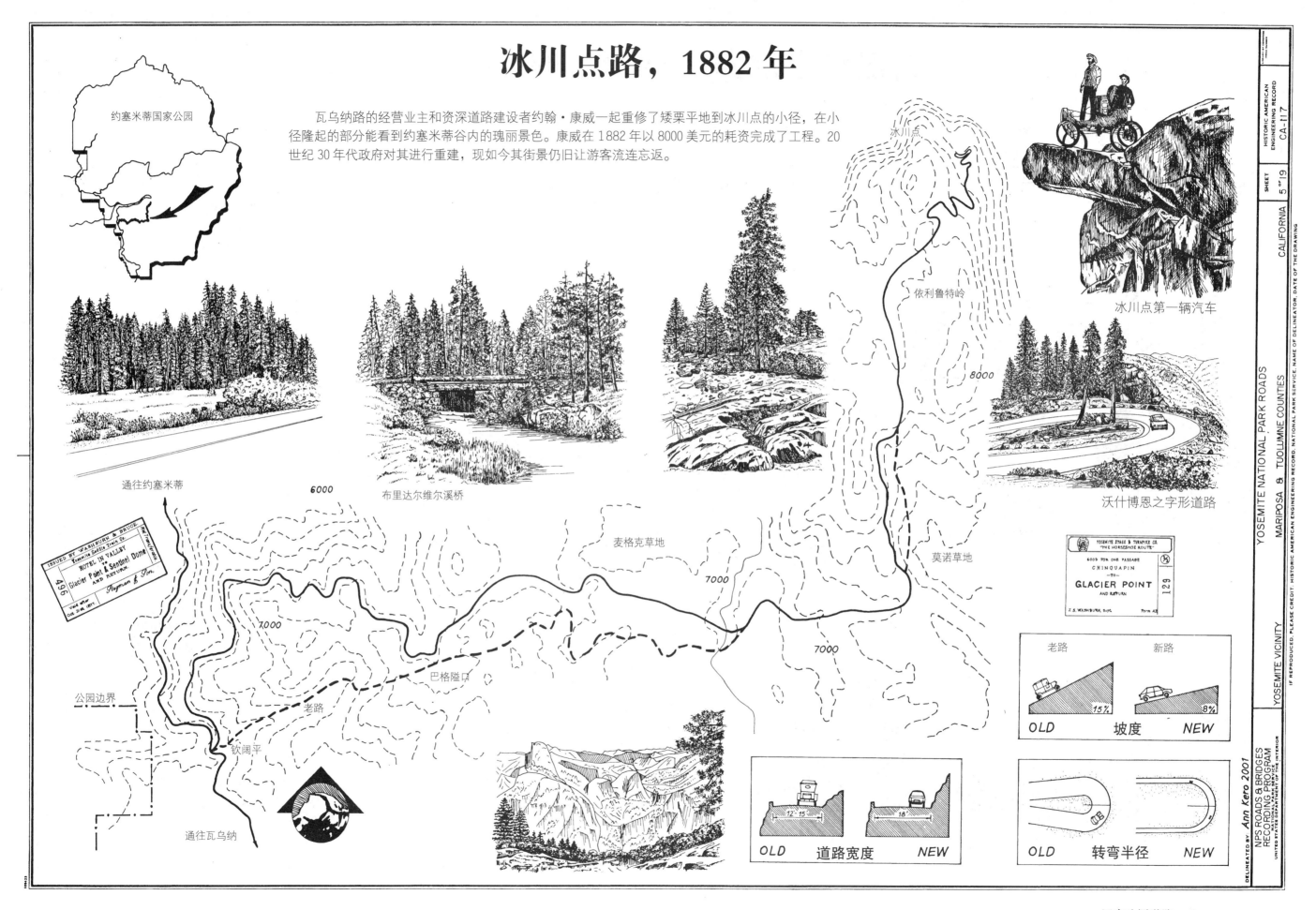

大橡树平地路，1874/1940 年

约塞米蒂国家公园
120
STATE HIGHWAY
大橡树平地路

"中国营和约塞米蒂公路"作为一条从西北地区通往公园的收费线路建于 19 世纪 70 年代早期。展示了彩虹点上的峡谷之后，它使用一系列"之"字形爬坡路线在悬崖下面挖路。为了适应现代驾驶员需求，它在 20 世纪 30 年代就被坡度更缓的新现代高速公路替代。新的大橡树平地路利用全面弧线和三个隧道消除早期对 z 型路线的需要。

为了让旅游者们使用大橡树平地路，在图奥勒米果树林里通过的死亡巨人隧道在 1878 年封闭。

至大橡树平地
图卢姆树林
克兰平地
彩虹点
之字形路
老大橡树平地路
通往埃尔
波特尔
到约塞米蒂谷

老路
新路
14%
8%
坡度

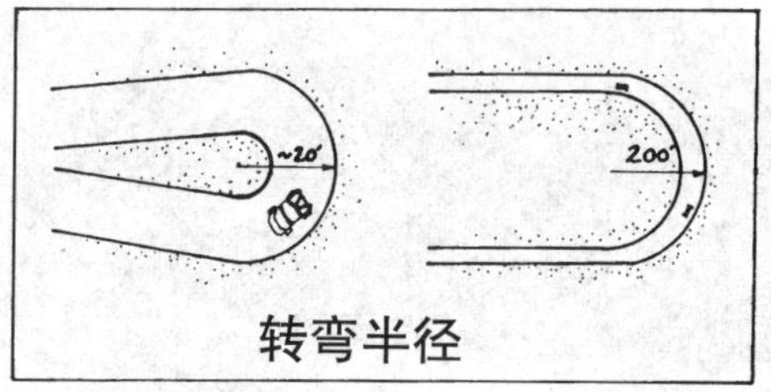

~20'
200'
转弯半径

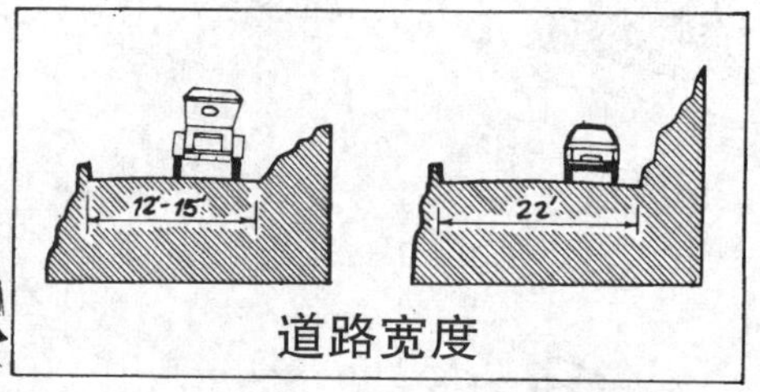

12'-15'
22'
道路宽度

骑马阶段占领老大橡树平地路上的 z 型线路。

一种早期的电动公交车沿着和莫瑟得河交界处上方的老大橡树平地路行驶。

大橡树平地路上的隧道建设允许公园管理局提供稳定的坡度并将伤疤减到最小。

大橡树平地路上的流线型桥减少了旧路上大量的 z 型线路。

HISTORIC AMERICAN ENGINEERING RECORD CA-117

SHEET 6 OF 19

CALIFORNIA

YOSEMITE NATIONAL PARK ROADS

MARIPOSA & TUOLUMNE COUNTIES

YOSEMITE VICINITY

DELINEATED BY: Ann Kero 2001

NPS ROADS & BRIDGES RECORDING PROGRAM

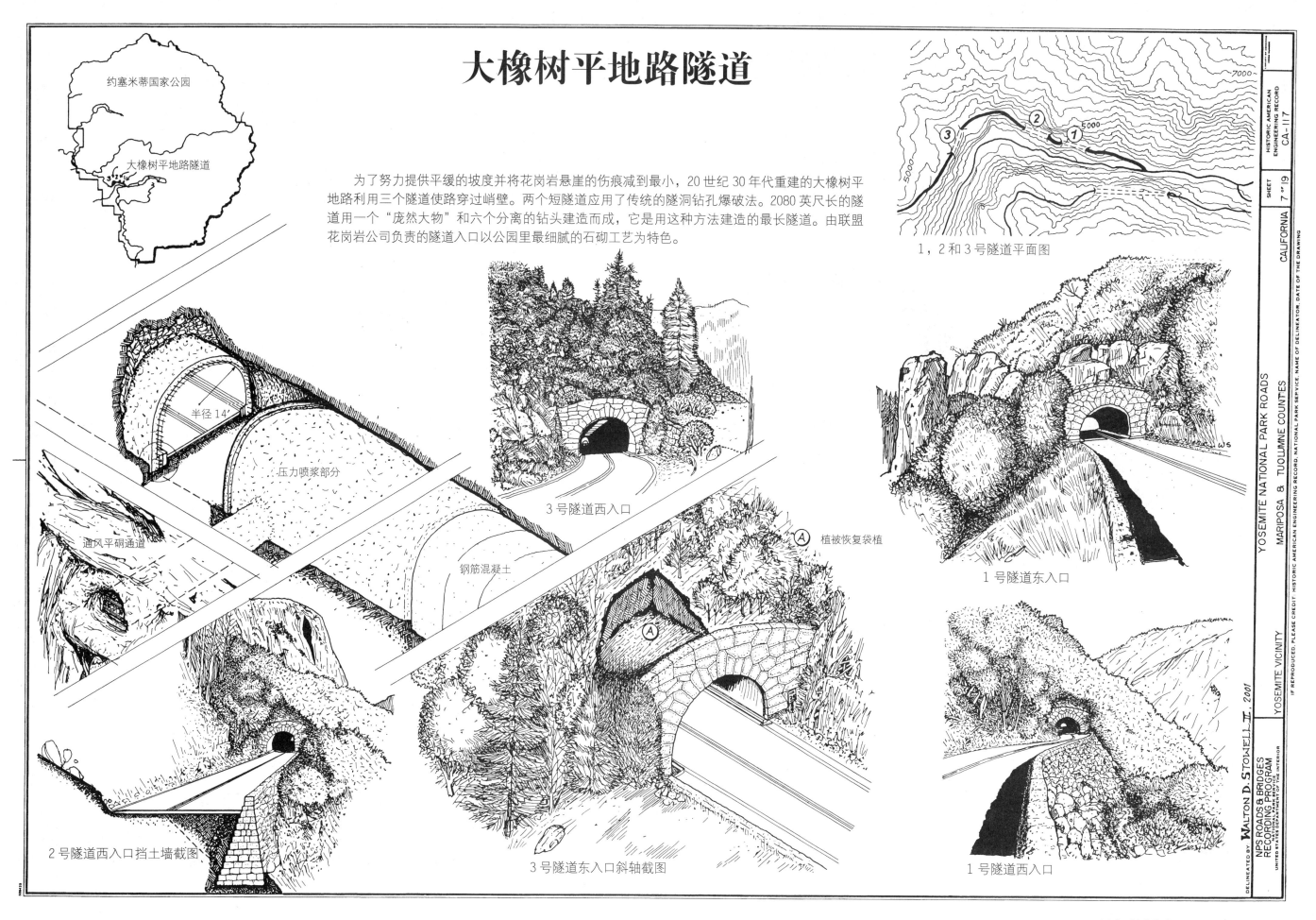

约塞米蒂国家公园
大橡树平地路隧道

大橡树平地路隧道

为了努力提供平缓的坡度并将花岗岩悬崖的伤痕减到最小，20 世纪 30 年代重建的大橡树平地路利用三个隧道使路穿过峭壁。两个短隧道应用了传统的隧洞钻孔爆破法。2080 英尺长的隧道用一个“庞然大物”和六个分离的钻头建造而成，它是用这种方法建造的最长隧道。由联盟花岗岩公司负责的隧道入口以公园里最细腻的石砌工艺为特色。

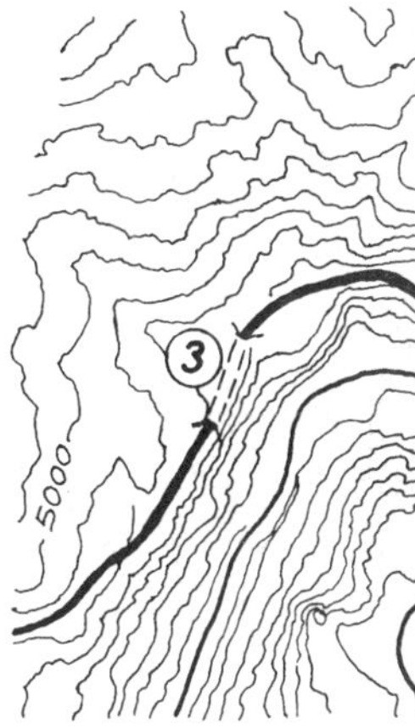
7000
5000
5000
3
2
1

1，2 和 3 号隧道平面图

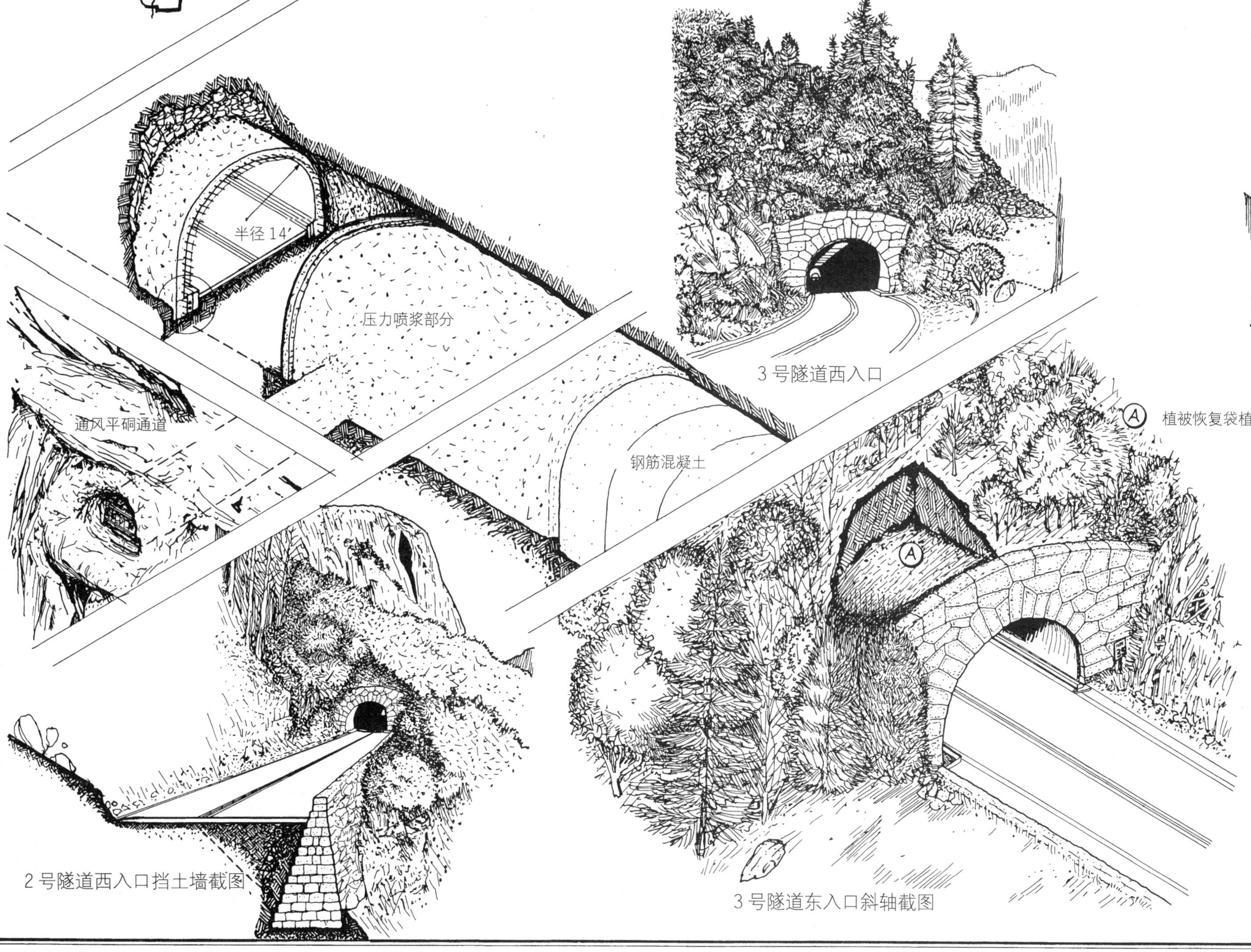
半径 14'
压力喷浆部分
通风平硐通道
钢筋混凝土
A 植被恢复袋植
A

3 号隧道西入口

2 号隧道西入口挡土墙截图

3 号隧道东入口斜轴截图

WS

1 号隧道东入口

1 号隧道西入口

HISTORIC AMERICAN ENGINEERING RECORD
CA-117

SHEET 7 of 19

CALIFORNIA

YOSEMITE NATIONAL PARK ROADS

MARIPOSA & TUOLUMNE COUNTIES

YOSEMITE VICINITY

IF REPRODUCED, PLEASE CREDIT: HISTORIC AMERICAN ENGINEERING RECORD, NATIONAL PARK SERVICE, NAME OF DELINEATOR, DATE OF THE DRAWING

DELINEATED BY: WALTON D. STOWELL II, 2001

NPS ROADS & BRIDGES RECORDING PROGRAM
NATIONAL PARK SERVICE
UNITED STATES DEPARTMENT OF THE INTERIOR

瓦乌纳公路，1875/1933 年

约塞米蒂国家公园
瓦乌纳公路

41
STATE HIGHWAY

早期最成功的收费公路“玛丽婆娑大树和约塞米蒂公路”在 19 世纪 60 年代由约塞米蒂维护者盖尔伦克拉克兴建，却在 19 世纪 70 年代被玛丽婆娑郡的发明家们占领。1875 年到达溪谷地之后，它就成为几十年来最受欢迎的通往公园的线路。20 世纪 30 年代被国家公园管理处重建后，它仍然是从南部去公园的主要通道。通过大部分森林之路后，旅行者们经过瓦乌纳隧道到达约塞米蒂溪谷中最让人兴奋的风景区。

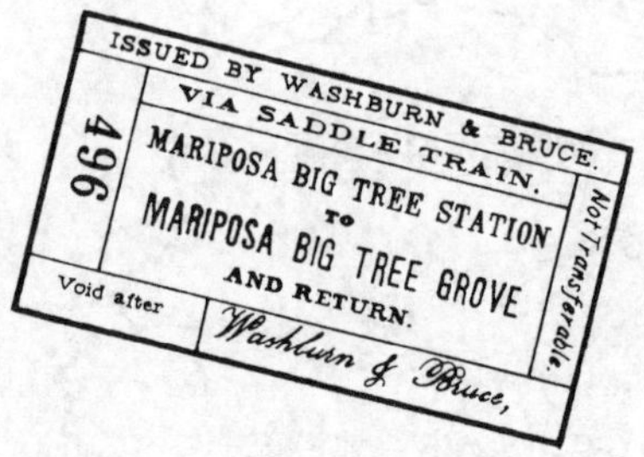
ISSUED BY WASHBURN & BRUCE.
VIA SADDLE TRAIN.
MARIPOSA BIG TREE STATION
TO
MARIPOSA BIG TREE GROVE
AND RETURN.
496
Void after
Not Transferable.
Washburn & Bruce.

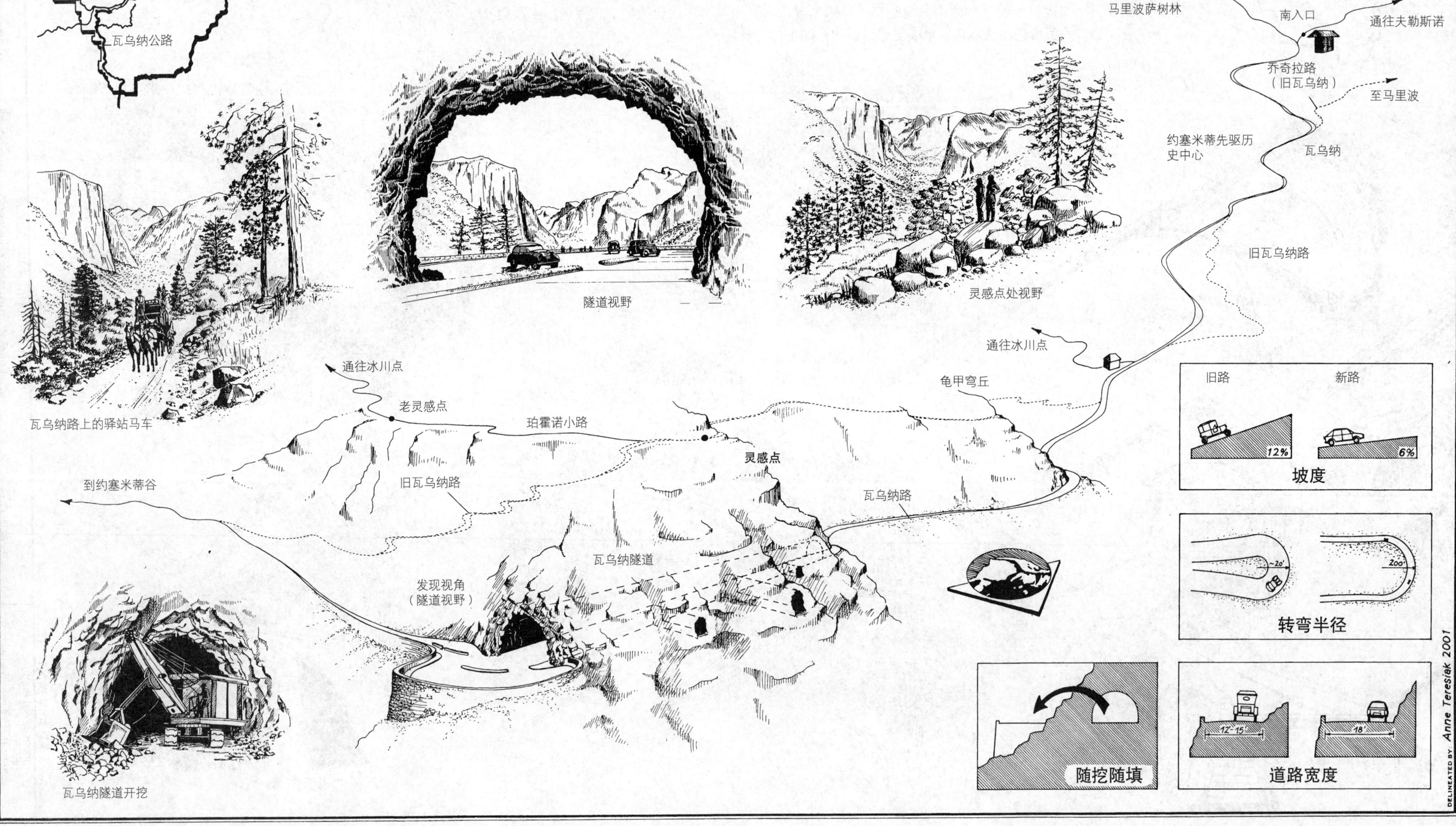
马里波萨树林
南入口
通往夫勒斯诺
乔奇拉路
（旧瓦乌纳）
至马里波
约塞米蒂先驱历史中心
瓦乌纳
旧瓦乌纳路
隧道视野
灵感点处视野
通往冰川点
龟甲穹丘
通往冰川点
老灵感点
珀霍诺小路
灵感点
瓦乌纳路上的驿站马车
到约塞米蒂谷
旧瓦乌纳路
瓦乌纳路
瓦乌纳隧道
发现视角
（隧道视野）
瓦乌纳隧道开挖
旧路
新路
12%
6%
坡度
~20'
200'
转弯半径
随挖随填
12'-15'
18'
道路宽度

HISTORIC AMERICAN ENGINEERING RECORD
CA-117

SHEET 8 of 19

YOSEMITE NATIONAL PARK ROADS & BRIDGES
CALIFORNIA
MARIPOSA & TUOLUMNE COUNTIES
YOSEMITE VICINITY

ADDENDUM TO.

DELINEATED BY Anne Teresiak 2001

NPS ROADS & BRIDGES RECORDING PROGRAM
NATIONAL PARK SERVICE
UNITED STATES DEPARTMENT OF THE INTERIOR

IF REPRODUCED, PLEASE CREDIT: HISTORIC AMERICAN ENGINEERING RECORD, NATIONAL PARK SERVICE, NAME OF DELINEATOR, DATE OF THE DRAWING

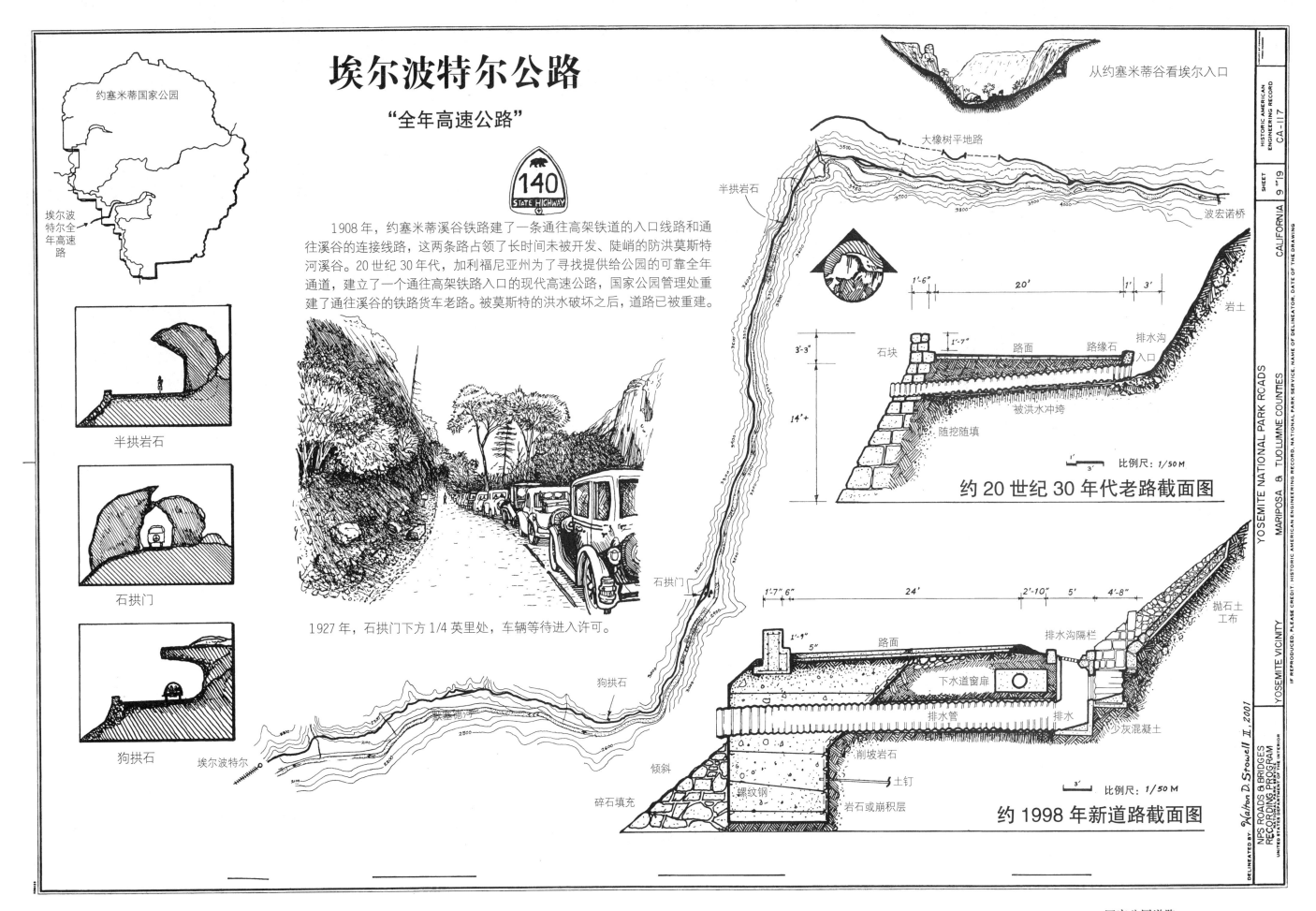

埃尔波特尔公路

"全年高速公路"

140
STATE HIGHWAY

约塞米蒂国家公园
埃尔波特尔全年高速路

1908 年，约塞米蒂溪谷铁路建了一条通往高架铁道的入口线路和通往溪谷的连接线路，这两条路占领了长时间未被开发、陡峭的防洪莫斯特河溪谷。20 世纪 30 年代，加利福尼亚州为了寻找提供给公园的可靠全年通道，建立了一个通往高架铁路入口的现代高速公路，国家公园管理处重建了通往溪谷的铁路货车老路。被莫斯特的洪水破坏之后，道路已被重建。

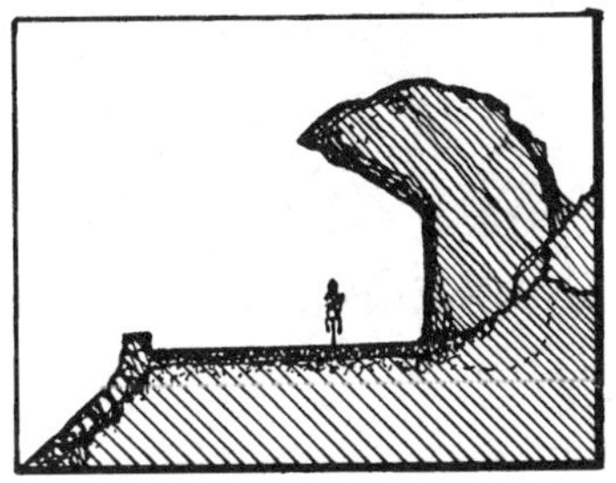

半拱岩石

石拱门

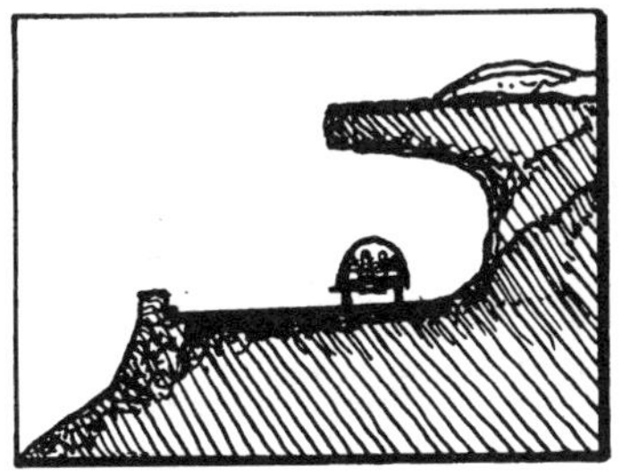

狗拱石

1927 年，石拱门下方 1/4 英里处，车辆等待进入许可。

从约塞米蒂谷看埃尔入口

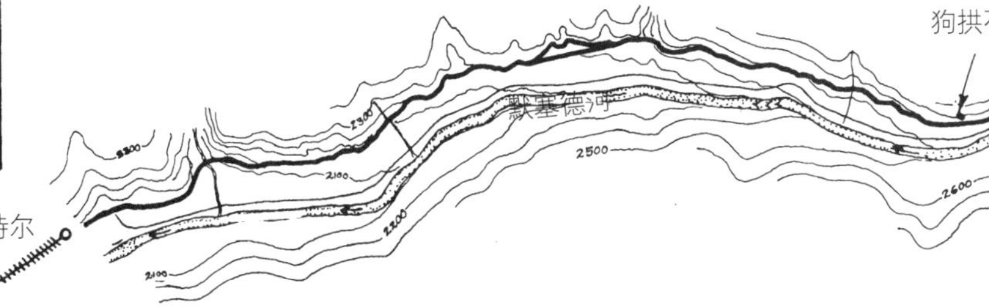
埃尔波特尔

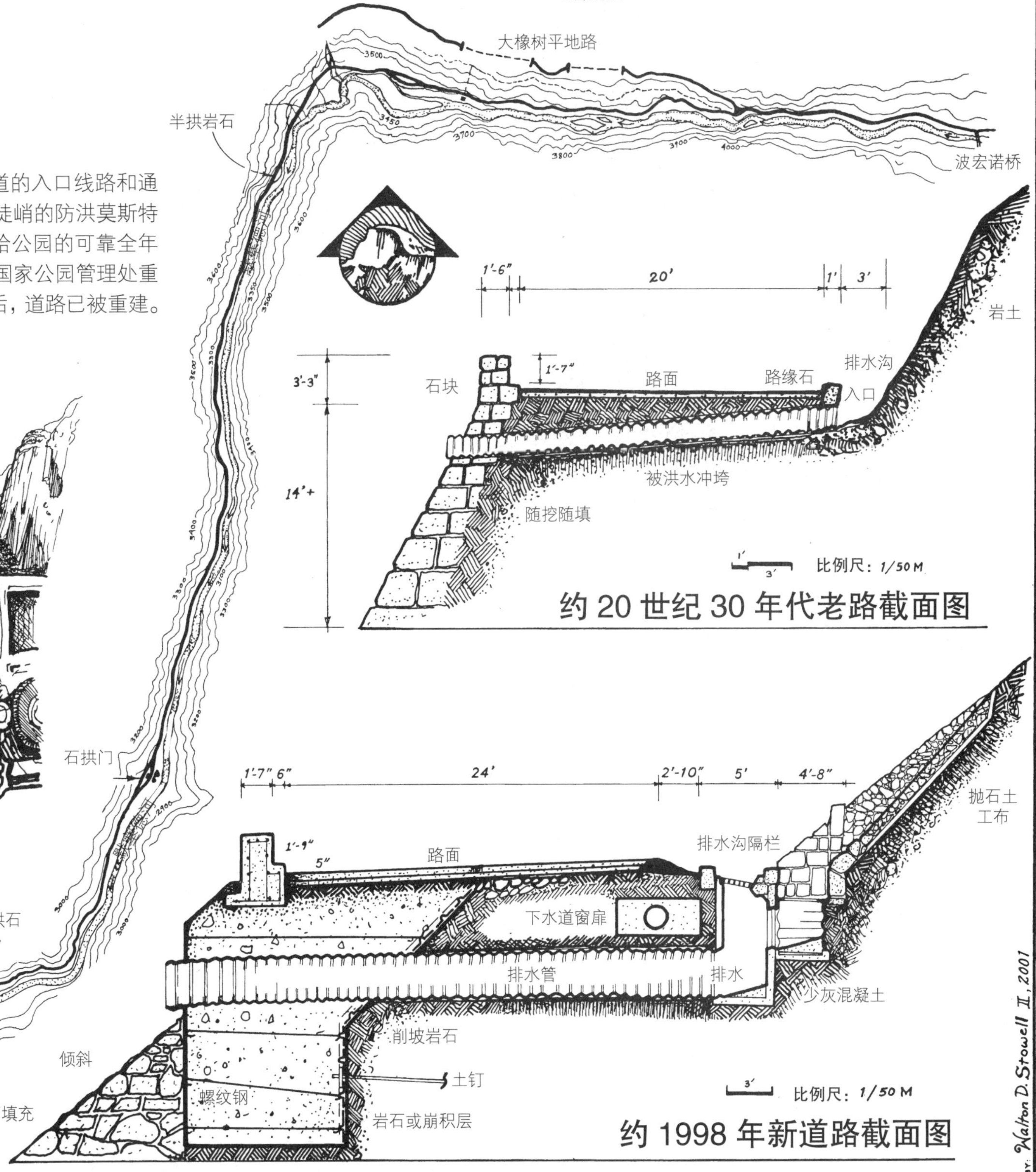
大橡树平地路
半拱岩石
波宏诺桥
石拱门
狗拱石
1'-6"
20'
1'
3'
3'-3"
14'+
1'-7"
石块
路面
路缘石
排水沟入口
岩土
被洪水冲垮
随挖随填
比例尺：1/50 M
约 20 世纪 30 年代老路截面图
1'-7" 6"
24'
2'-10"
5'
4'-8"
1'-9"
5"
路面
排水沟隔栏
抛石土工布
下水道窗扉
排水管
排水
少灰混凝土
削坡岩石
土钉
螺纹钢
岩石或崩积层
倾斜
碎石填充
比例尺：1/50 M
约 1998 年新道路截面图

HISTORIC AMERICAN ENGINEERING RECORD
CA-117
SHEET 9 OF 19
YOSEMITE NATIONAL PARK ROADS
MARIPOSA & TUOLUMNE COUNTIES
CALIFORNIA
YOSEMITE VICINITY
NPS ROADS & BRIDGES RECORDING PROGRAM
DELINEATED BY: Walton D. Stowell II, 2001
IF REPRODUCED, PLEASE CREDIT: HISTORIC AMERICAN ENGINEERING RECORD, NATIONAL PARK SERVICE, NAME OF DELINEATOR, DATE OF THE DRAWING

马里波萨树林路

约塞米蒂国家公园
瓦乌纳马里
波萨树林

1878 年，约塞米蒂县级行政机构授权瓦乌纳路所有者建设一条通往马里波萨的支线路，它要包含公园里最大巨型红杉的大果树林。2 公里长的路在第二年竣工，花费 1620 美元。过去道路在大树中间穿过，如今它中断在停车处，游客可以在那里继续步行或者在电动缆车上欣赏树木。

道路截面图展示了红杉根系，蝙蝠在道路上空飞翔。

马里波萨树林地图

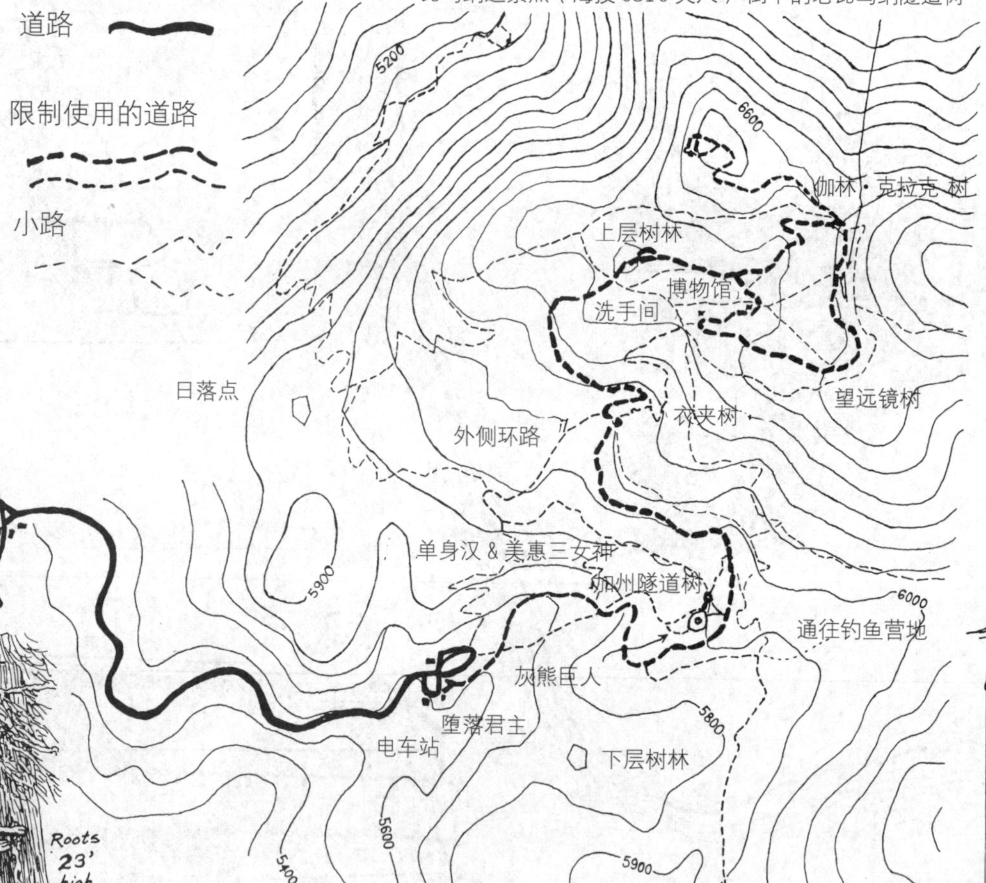
道路
限制使用的道路
小路
瓦乌纳远景点（海拔 6810 英尺）
倒下的老瓦乌纳隧道树
5200
6600
伽林·克拉克 树
上层树林
博物馆
洗手间
日落点
望远镜树
衣夹树
外侧环路
单身汉 & 美惠三女神
加州隧道树
6000
通往钓鱼营地
5900
灰熊巨人
堕落君主
电车站
下层树林
5800
5600
5400
5900

Roots
23'
high

加州的巨树“堕落君主”长 175 英尺，宽 12 英尺，树根高 23 英尺

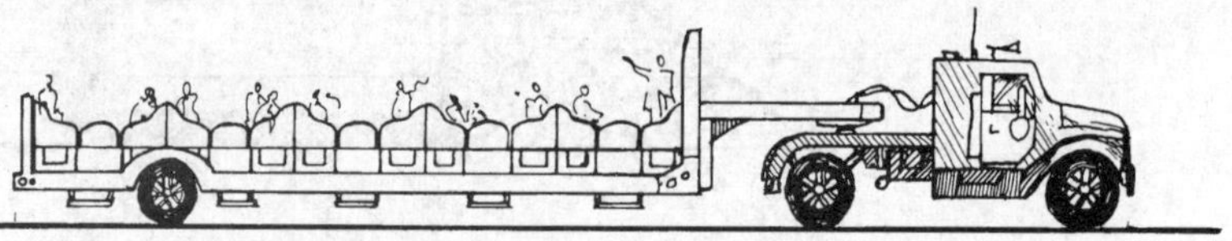

旅客捷运系统　长 45 英尺　　比例尺：1′= 3/16″

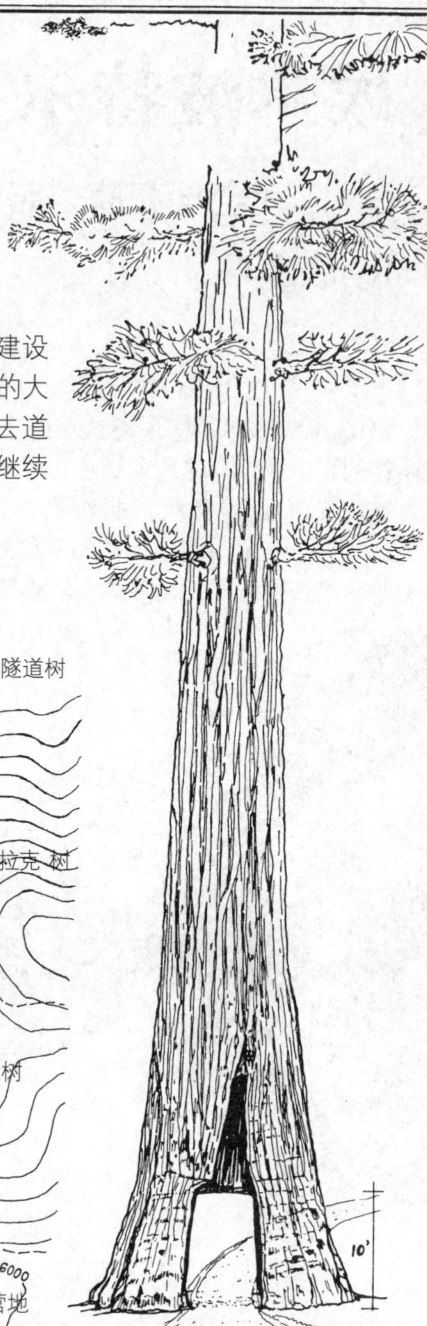
10'

加州隧道树

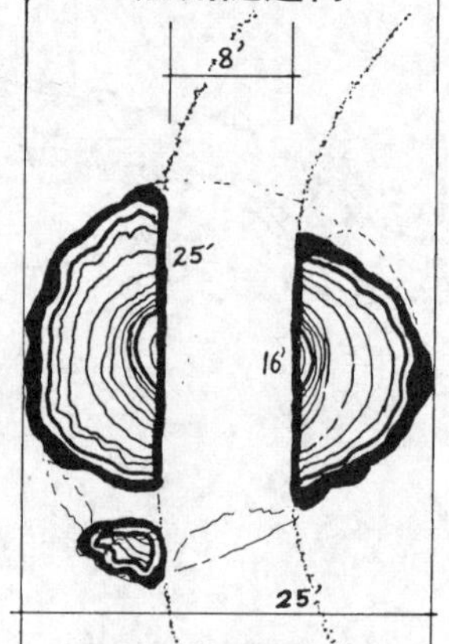
8'
25'
16'
25'

加州隧道树平面图
比例尺：1′= 1/8″

老瓦乌纳树隧道，1881 年开挖，宽 8 英尺，高 9 英尺，长 26 英尺，1969 年倒塌

旧路
新路

坡度

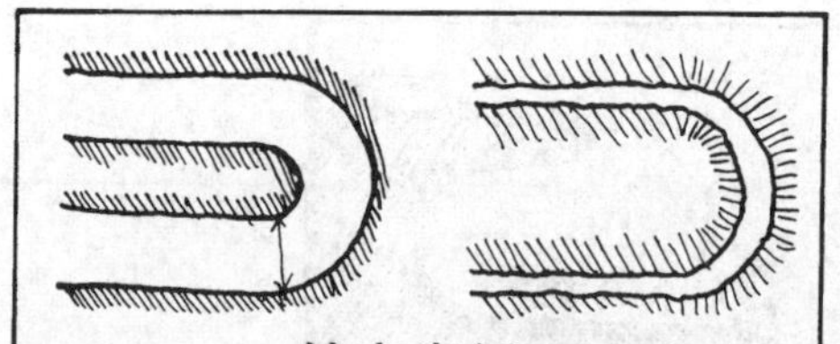

转弯半径

道路宽度

DELINEATED BY: © Walton D. Stowell II, 2001

NPS ROADS & BRIDGES RECORDING PROGRAM
NATIONAL PARK SERVICE
UNITED STATES DEPARTMENT OF THE INTERIOR

YOSEMITE NATIONAL PARK ROADS

YOSEMITE VICINITY　MARIPOSA & TUOLUMNE COUNTIES　CALIFORNIA

SHEET 10 of 19

HISTORIC AMERICAN ENGINEERING RECORD
CA-117

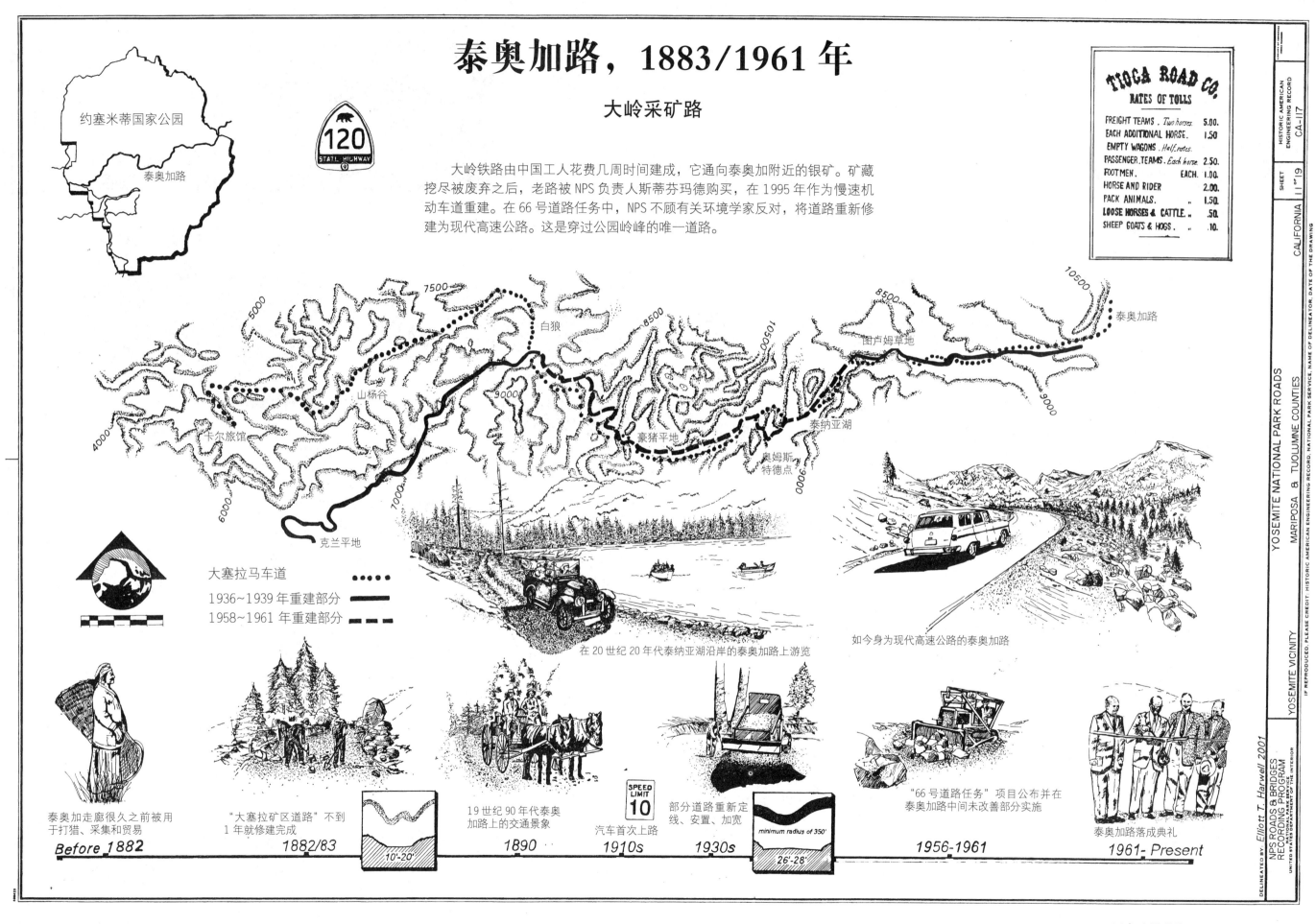

泰奥加路，1883/1961 年

大岭采矿路

约塞米蒂国家公园
泰奥加路

120
STATE HIGHWAY

大岭铁路由中国工人花费几周时间建成，它通向泰奥加附近的银矿。矿藏挖尽被废弃之后，老路被 NPS 负责人斯蒂芬玛德购买，在 1995 年作为慢速机动车道重建。在 66 号道路任务中，NPS 不顾有关环境学家反对，将道路重新修建为现代高速公路。这是穿过公园岭峰的唯一道路。

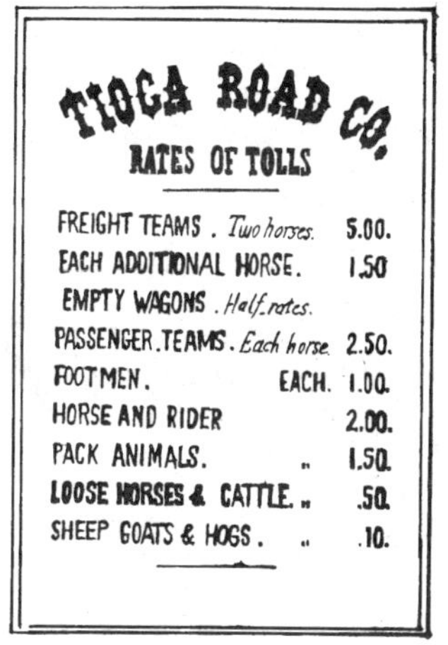
TIOGA ROAD CO.

RATES OF TOLLS

FREIGHT TEAMS. Two horses.	5.00.
EACH ADDITIONAL HORSE.	1.50
EMPTY WAGONS. Half rates.	
PASSENGER TEAMS. Each horse.	2.50.
FOOTMEN. EACH.	1.00.
HORSE AND RIDER	2.00.
PACK ANIMALS. "	1.50.
LOOSE HORSES & CATTLE. "	.50.
SHEEP GOATS & HOGS. "	.10.

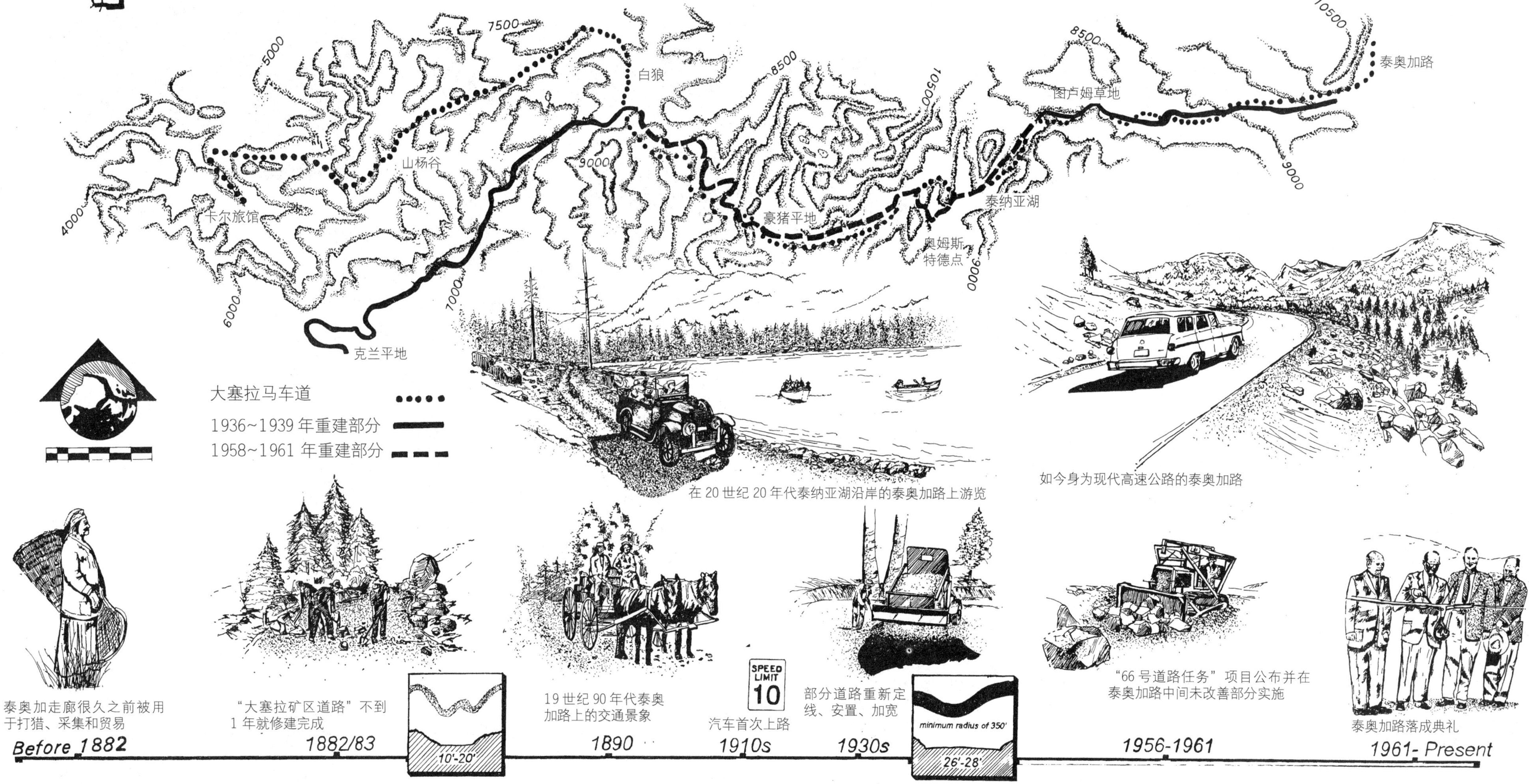
7500
5000
8500
10500
10500
8500
4000
6000
7000
9000
9000
9000
白狼
山杨谷
卡尔旅馆
豪猪平地
泰纳亚湖
图卢姆草地
泰奥加路
奥姆斯特德点
克兰平地
大塞拉马车道
1936~1939 年重建部分
1958~1961 年重建部分
在 20 世纪 20 年代泰纳亚湖沿岸的泰奥加路上游览
如今身为现代高速公路的泰奥加路
泰奥加走廊很久之前被用于打猎、采集和贸易
“大塞拉矿区道路”不到 1 年就修建完成
10'-20'
19 世纪 90 年代泰奥加路上的交通景象
SPEED LIMIT 10
汽车首次上路
部分道路重新定线、安置、加宽
minimum radius of 350'
26'-28'
“66 号道路任务”项目公布并在泰奥加路中间未改善部分实施
泰奥加路落成典礼
Before 1882
1882/83
1890
1910s
1930s
1956-1961
1961- Present

DELINEATED BY: Elliott T. Harwell 2001

NPS ROADS & BRIDGES RECORDING PROGRAM
NATIONAL PARK SERVICE
UNITED STATES DEPARTMENT OF THE INTERIOR

YOSEMITE NATIONAL PARK ROADS
YOSEMITE VICINITY
MARIPOSA & TUOLUMNE COUNTIES
CALIFORNIA

HISTORIC AMERICAN ENGINEERING RECORD
CA-117

SHEET 11 of 19

溪谷路

约塞米蒂国家公园
峡谷路

约塞米蒂的第一批路修建于19世纪60年代，早于连接道路进入公园边界很多年。1871年，负责人盖伦克莱克有一条行驶在鞍形轨道上的满载铁路货车，并提供旅游服务。30年代早期，一个货车道路系统由管理公园的美国军队建设。大多数的系统在这几年当中建设。1970年，溪谷东边的路禁止机动车行驶，使登山者和骑自行车者避免被现在这种拥堵的道路系统所困扰。

20世纪30年代谷内停车状况

约塞米蒂可替代燃料班车项目

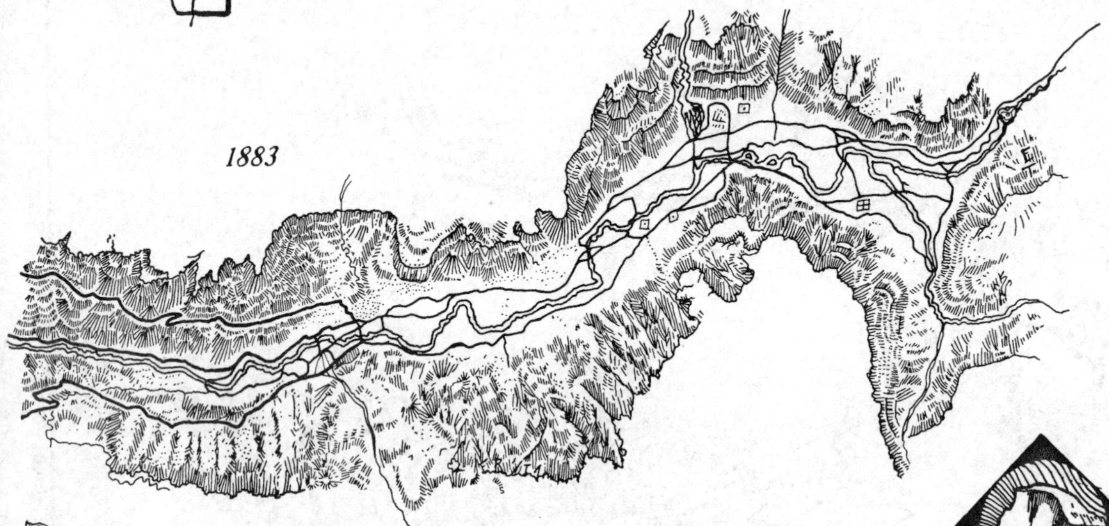
1883

1926年谷内汽车

原机动车禁行路现用于步行、骑车和自行车

ELECTRIC POWERED

21世纪公共交通系统

BRIDAL VEIL FALL.
YOSEMITE VALLEY.

约塞米蒂瀑布
北穹丘
三兄弟
埃尔卡皮坦
老大橡树平地路
半穹丘
默塞德河
维纳尔撞击坑
冰川点
120
140
41
双向接头

道路

限制使用的道路或小路

2001年山谷道路平面图

山谷交通流量

HISTORIC AMERICAN ENGINEERING RECORD
CA-117
SHEET 13 OF 19
CALIFORNIA
MARIPOSA & TUOLUMNE COUNTIES
YOSEMITE VICINITY
IF REPRODUCED, PLEASE CREDIT: HISTORIC AMERICAN ENGINEERING RECORD, NATIONAL PARK SERVICE, NAME OF DELINEATOR, DATE OF THE DRAWING
NPS ROADS & BRIDGES RECORDING PROGRAM
NATIONAL PARK SERVICE
UNITED STATES DEPARTMENT OF THE INTERIOR
DELINEATED BY: Walton D. Stowell II, 2001

入口服务站

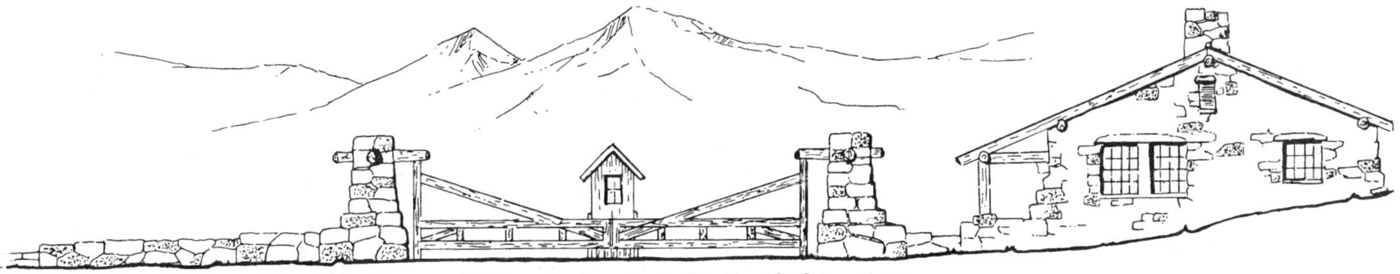

Tioga Pass Entrance Station was constructed in the 1930 s with the "Rustic" style used by the National Park Service

1941 年立在大橡树平地入口的标识

泰奥加山口入口站建于 20 世纪 30 年代，采用国家公园管理处的“乡村风格”。甚至在机动车被允许进入约塞米蒂之前，就已开始收取入口费。随着公园路对机动车的开放，建立了入口服务站来收费并为参观者提供信息。最早的入口服务站由一直盛行的乡村风格木材和卵石建造。之后，收费棚偶尔也使用当地的建筑材料，但是严格意义上说，那都是更简单更便宜的建筑材料。

20 世纪 30 年代的“乡村”风格拱石入口

大橡树平地入口的“66 号任务”标识

建于 20 世纪 50 年代的“66 号任务”南入口站

1913 年的考特维尔入口

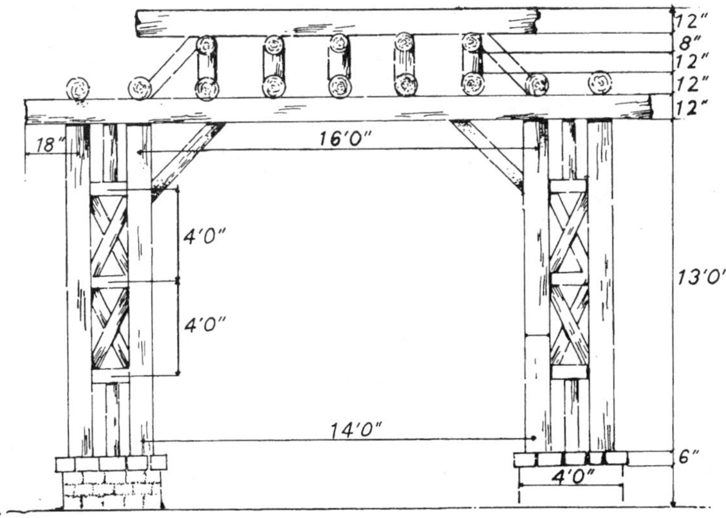

20 世纪 20 年代修建在钦奇利亚山上的瓦乌纳入口

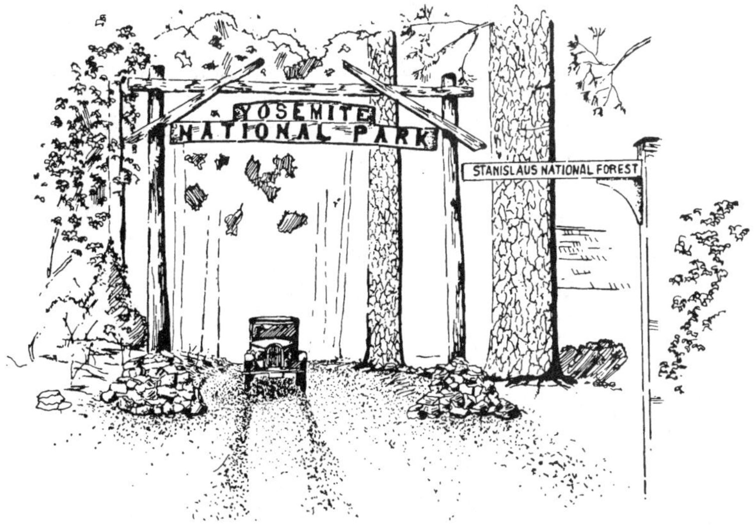

20 世纪 10 年代的山杨谷入口

DELINEATED BY: Elliott T. Harwell 2001

NPS ROADS & BRIDGES RECORDING PROGRAM
NATIONAL PARK SERVICE
UNITED STATES DEPARTMENT OF THE INTERIOR

YOSEMITE NATIONAL PARK ROADS
YOSEMITE VICINITY
MARIPOSA & TUOLUMNE COUNTIES
CALIFORNIA

HISTORIC AMERICAN ENGINEERING RECORD
CA-117

SHEET 14 OF 19

IF REPRODUCED, PLEASE CREDIT: HISTORIC AMERICAN ENGINEERING RECORD, NATIONAL PARK SERVICE, NAME OF DELINEATOR, DATE OF THE DRAWING

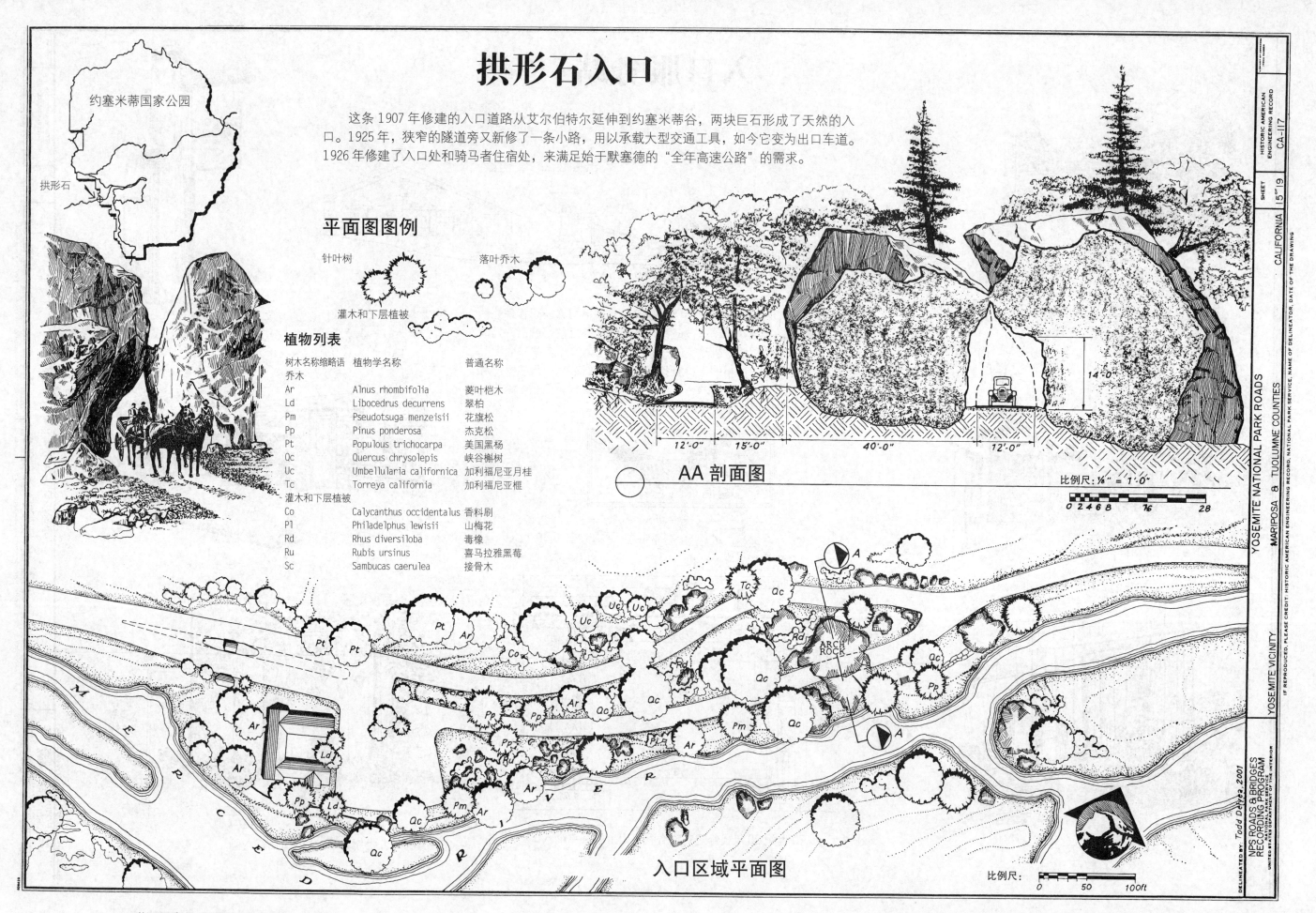

拱形石入口

约塞米蒂国家公园
拱形石

这条 1907 年修建的入口道路从艾尔伯特尔延伸到约塞米蒂谷，两块巨石形成了天然的入口。1925 年，狭窄的隧道旁又新修了一条小路，用以承载大型交通工具，如今它变为出口车道。1926 年修建了入口处和骑马者住宿处，来满足始于默塞德的“全年高速公路”的需求。

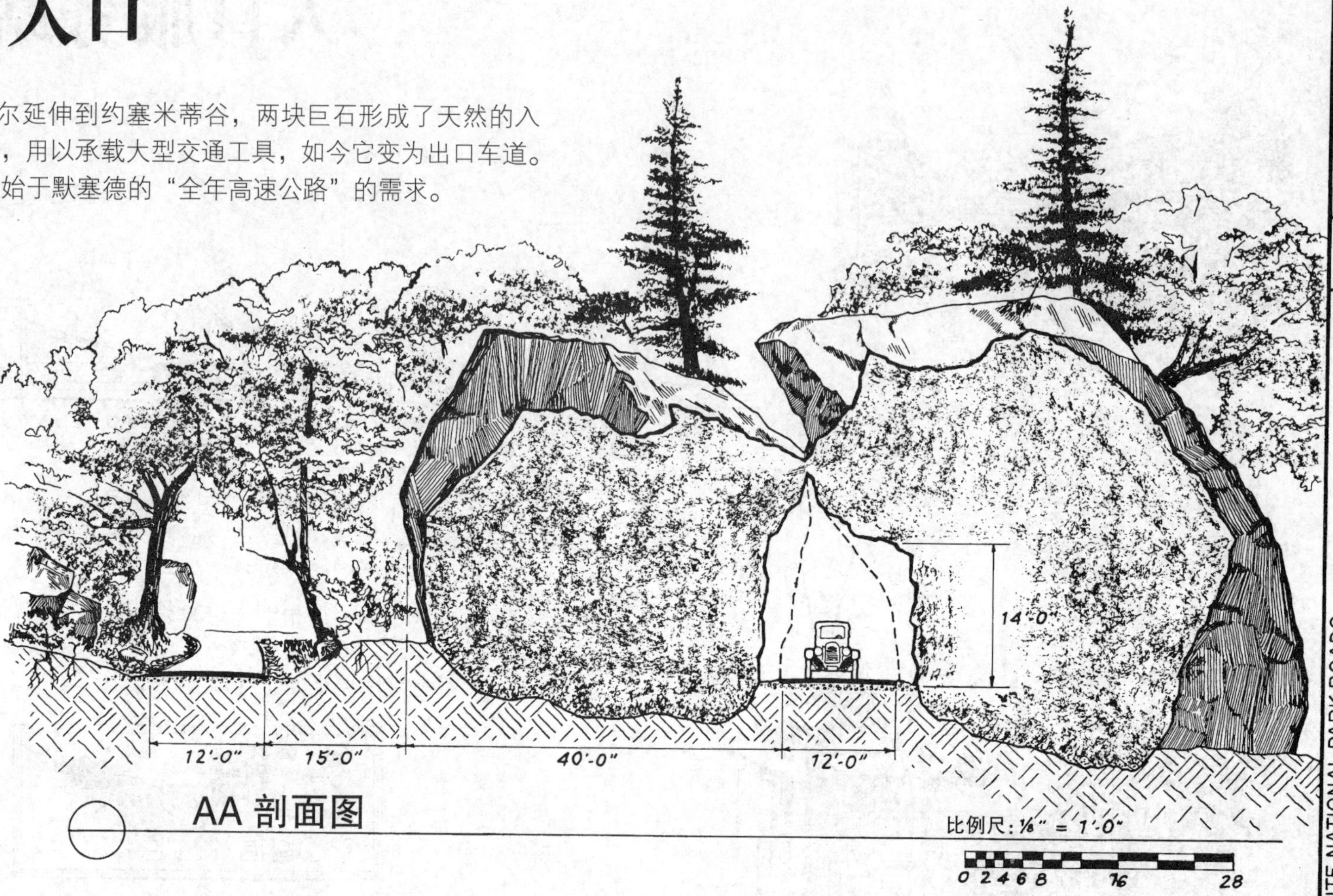
14'-0"
12'-0"
15'-0"
40'-0"
12'-0"
AA 剖面图
比例尺：1/8" = 1'-0"
0 2 4 6 8 16 28

平面图图例

针叶树

落叶乔木

灌木和下层植被

植物列表

树木名称缩略语	植物学名称	普通名称
乔木		
Ar	Alnus rhombifolia	菱叶桤木
Ld	Libocedrus decurrens	翠柏
Pm	Pseudotsuga menzeisii	花旗松
Pp	Pinus ponderosa	杰克松
Pt	Populous trichocarpa	美国黑杨
Qc	Quercus chrysolepis	峡谷槲树
Uc	Umbellularia californica	加利福尼亚月桂
Tc	Torreya california	加利福尼亚榧
灌木和下层植被		
Co	Calycanthus occidentalus	香料刷
Pl	Philadelphus lewisii	山梅花
Rd	Rhus diversiloba	毒橡
Ru	Rubis ursinus	喜马拉雅黑莓
Sc	Sambucas caerulea	接骨木

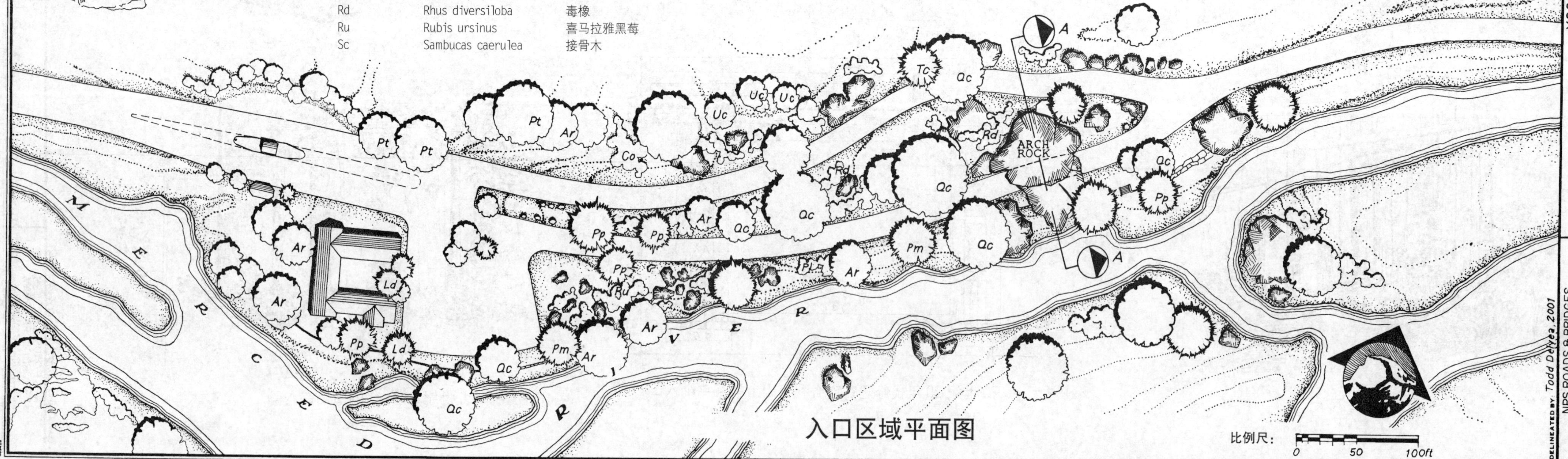
ARCH ROCK
MERCED RIVER
比例尺：
0 50 100ft

入口区域平面图

YOSEMITE NATIONAL PARK ROADS

YOSEMITE VICINITY　MARIPOSA & TUOLUMNE COUNTIES　CALIFORNIA

HISTORIC AMERICAN ENGINEERING RECORD CA-117　SHEET 15 OF 19

DELINEATED BY: Todd Delyea, 2001

NPS ROADS & BRIDGES RECORDING PROGRAM

护墙

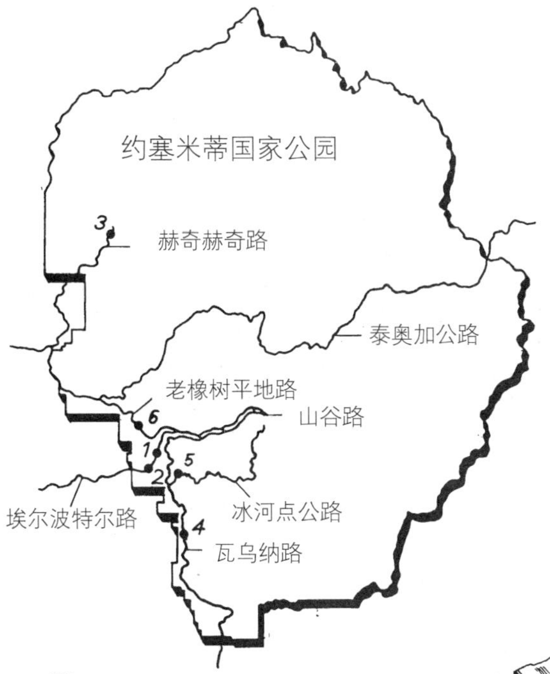

各种各样的护墙和栏杆用于防止车辆从公园道路上脱轨。20世纪30年代的大多数现代汽车公路有其独特的风格。早期的墙是由原生石筑成的，原生石经过凿刻和砂浆粘合后形态各异。一些护墙现在被混凝土心墙代替，以达到愈加严格的安全标准。

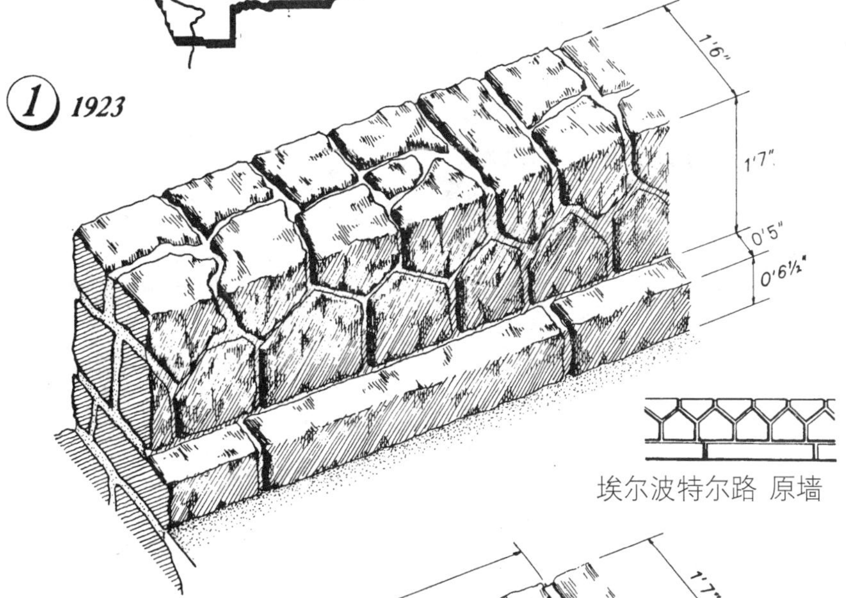

埃尔波特尔路 原墙

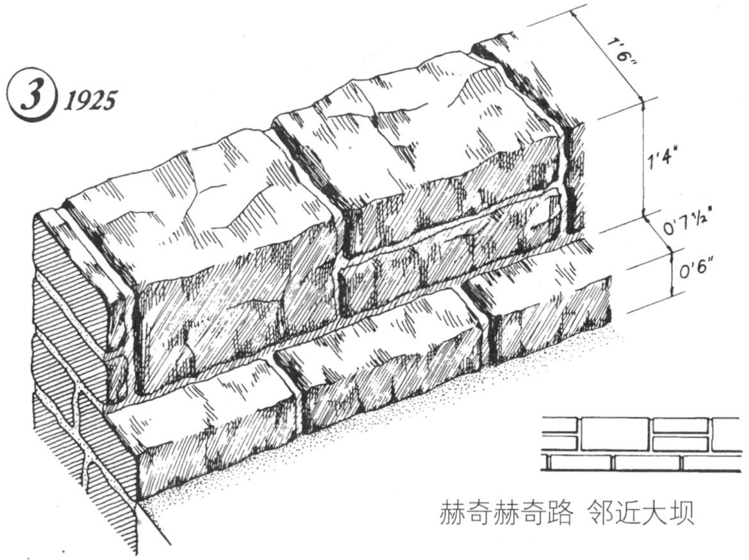

赫奇赫奇路 邻近大坝

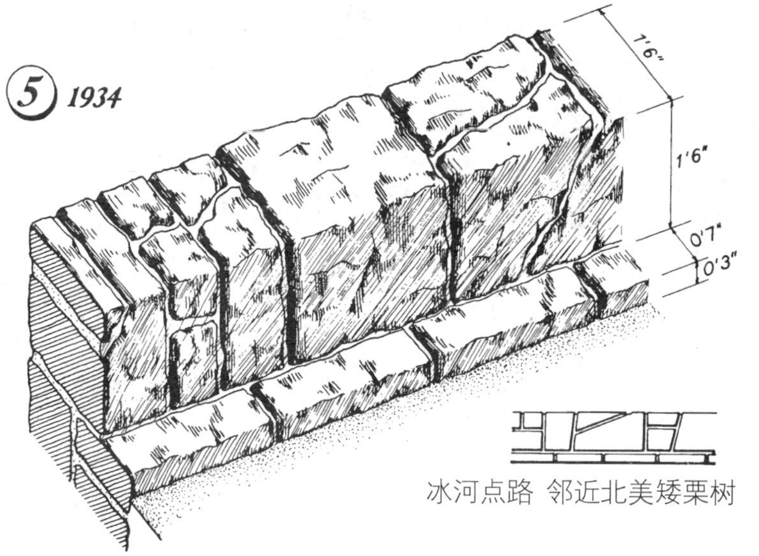

冰河点路 邻近北美矮栗树

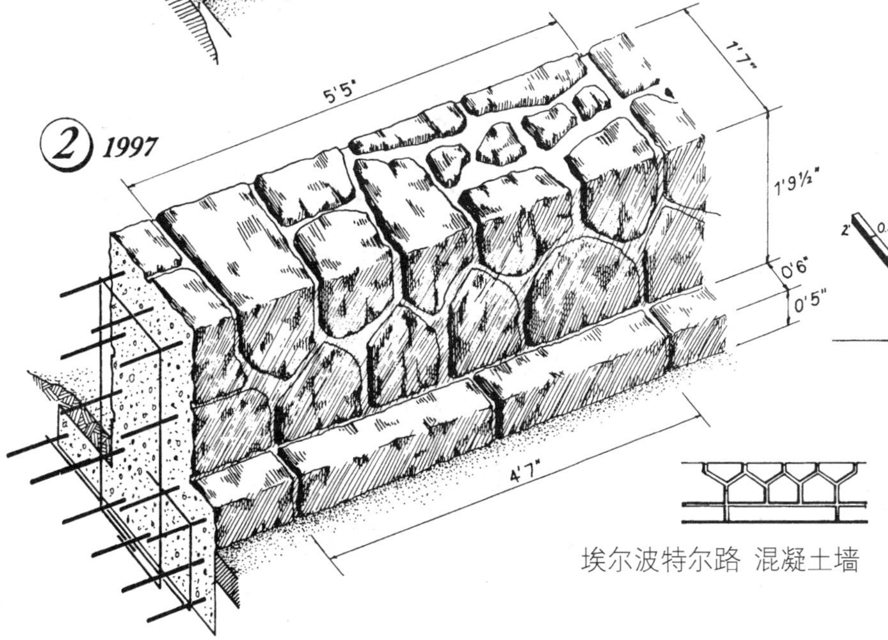

埃尔波特尔路 混凝土墙

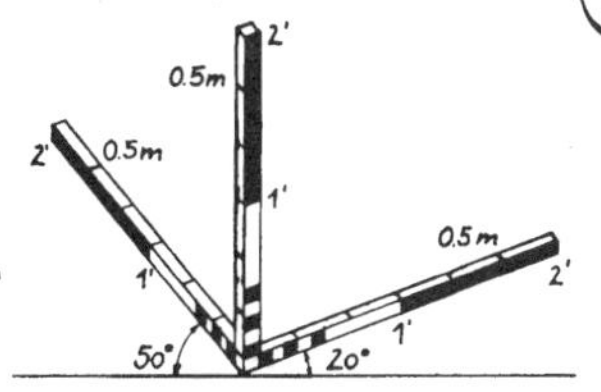

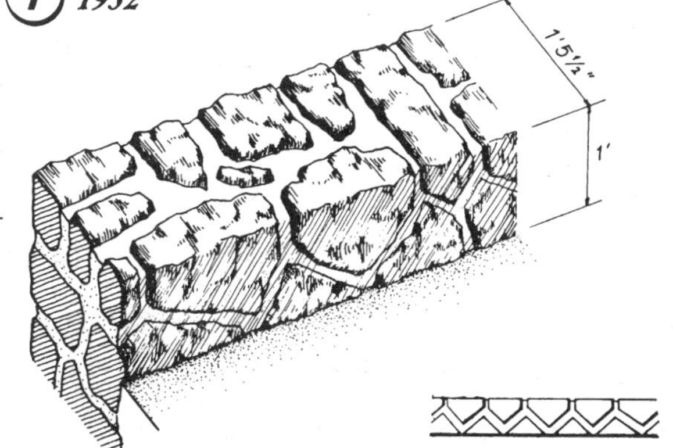

瓦乌纳路 邻近碧君溪

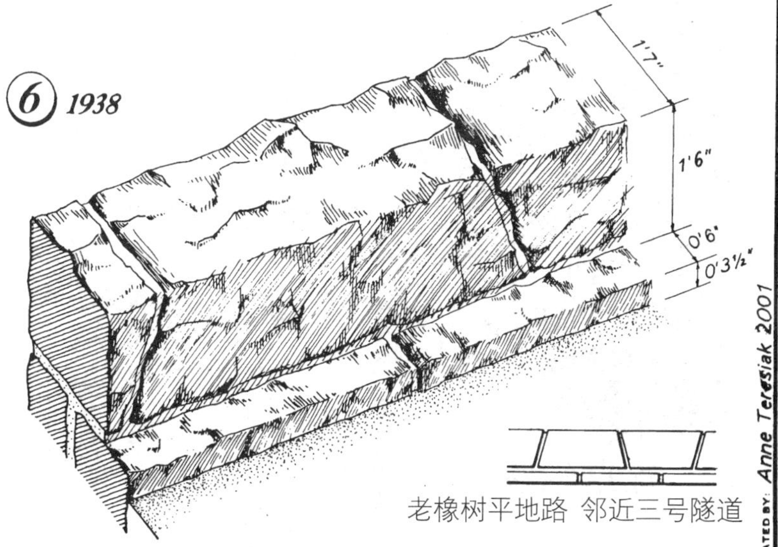

老橡树平地路 邻近三号隧道

DELINEATED BY: Anne Teresiak 2001
NPS ROADS & BRIDGES RECORDING PROGRAM
NATIONAL PARK SERVICE
UNITED STATES DEPARTMENT OF THE INTERIOR
YOSEMITE NATIONAL PARK ROADS
YOSEMITE VICINITY
MARIPOSA & TUOLUMNE COUNTIES
CALIFORNIA
IF REPRODUCED, PLEASE CREDIT: HISTORIC AMERICAN ENGINEERING RECORD, NATIONAL PARK SERVICE, NAME OF DELINEATOR, DATE OF THE DRAWING
SHEET 16 OF 19
HISTORIC AMERICAN ENGINEERING RECORD
CA-117

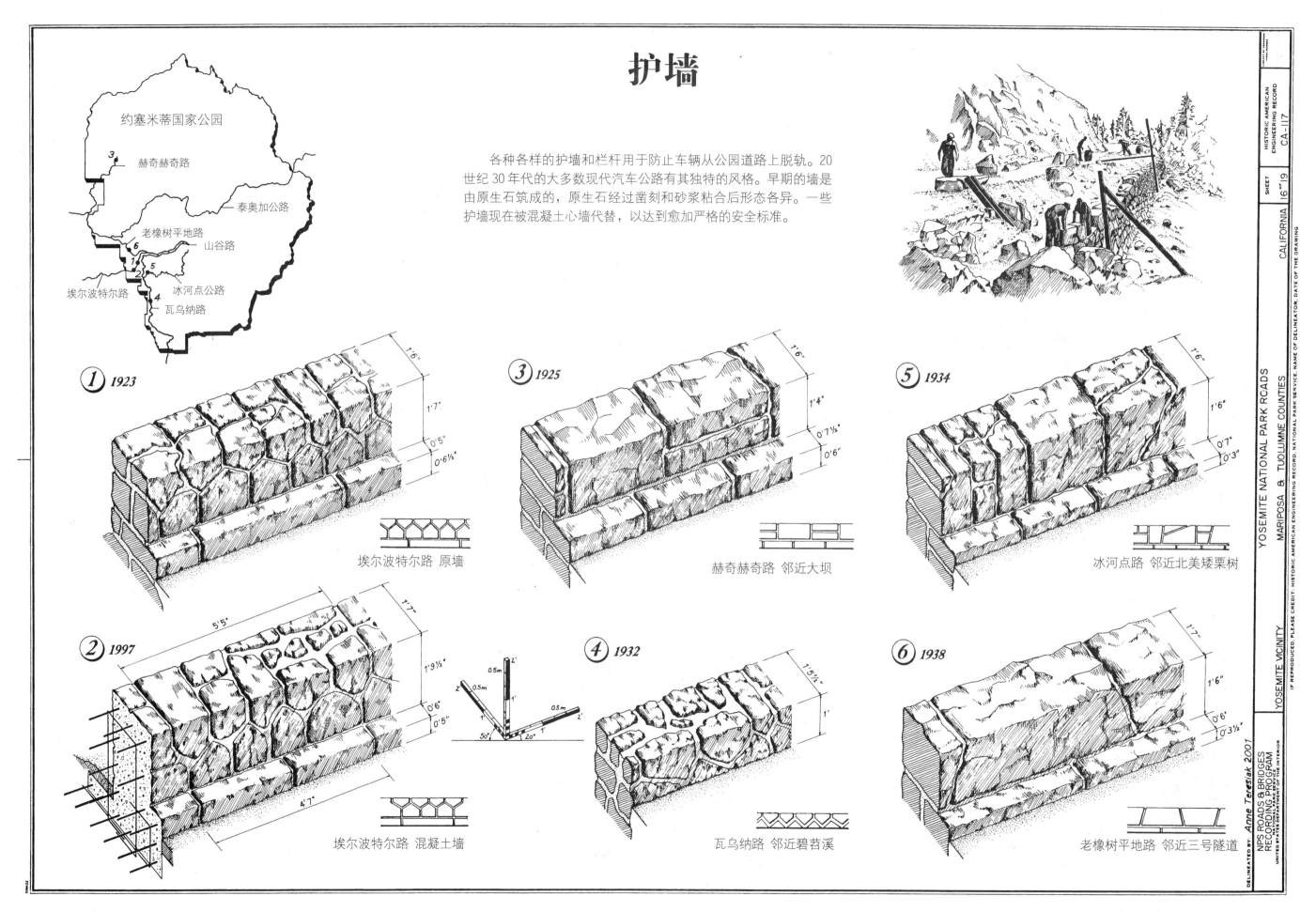

路旁风景

约塞米蒂各地海拔不同，从半干旱的山麓小丘到冰雪覆盖的山顶，不同区域遍布着37种原生树木和成百上千的野生花朵。不同的道路通常有代表着不同植物群落的树木，并且各自都大相径庭。

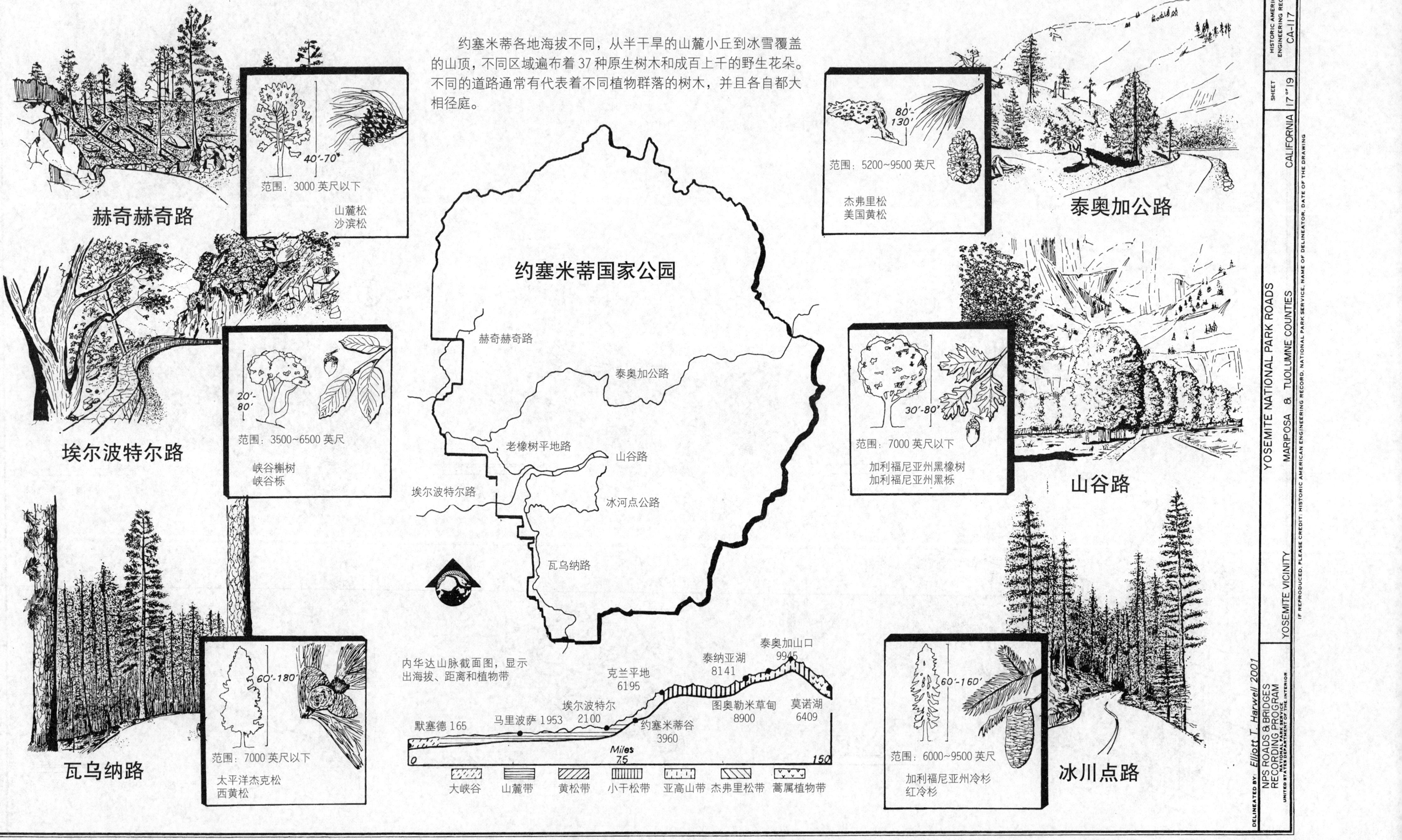

桥梁演变，19 世纪到 20 世纪 20 年代

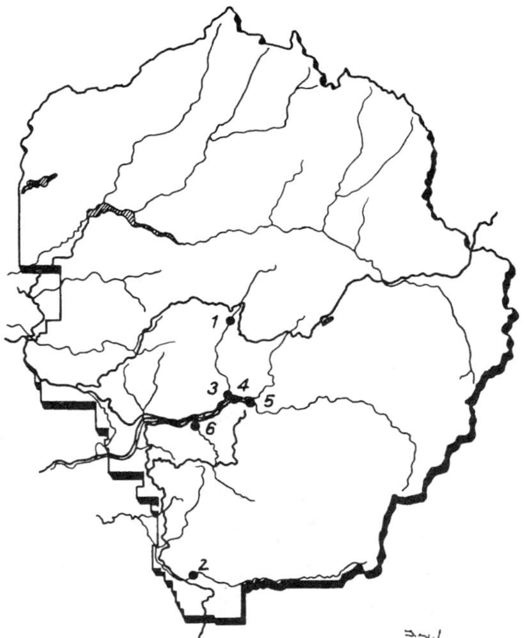

约塞米蒂最早的桥梁为简单的木质结构，建造时仅采用当地可使用的材料。随着时间推移，军队架起了越来越多的桁架桥，随后还有第一批钢筋混凝土桥。1913 年建造了第一批乡村风格桥梁。

1. 圆木桥

最早期的桥由圆木修成，并且主要为人行桥。简单的双柱桁架跨度较短，用来承载稍大的交通量。约塞米蒂溪上的这座三板桥是主柱桁架的改良版，用平弦来加固。

约塞米蒂溪上的早期桥梁

约塞米蒂谷内的简单圆木桥

2. 瓦乌纳棚桥

棚桥能保护内部的木质桁架结构不腐蚀。瓦乌纳这座始建于 1868 年的桥面敞开式桥梁在 1878 年加建，并且仍旧是约塞米蒂唯一一座棚桥。公园外部边界处有另一座棚桥横跨南福克图奥勒米河。

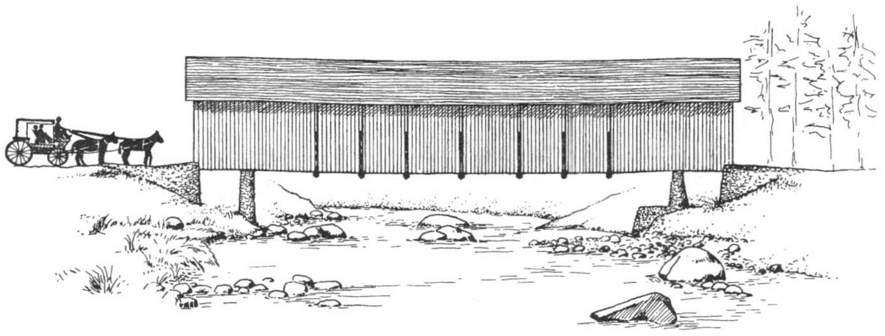

瓦乌纳棚桥，1878 年

3. 木桁架桥

因为跨度越来越长，交通工具重量越来越大，更多复杂的桁架系统被采用。约塞米蒂谷内，这种桥在约塞米蒂溪和默塞德河上随处可见。1907 年建成的老瀑布溪桥也是木桁架结构。

约塞米蒂溪上的老桥，1884 年

老瀑布溪桥，1907 年

4. 钢桁梁桥

钢桁梁桥较木桁架桥而言更昂贵，但也更耐用，并且承载量更大。哨兵桥二期就是此类桥的早期代表，始建于 1879 年，为铁桁梁。落成于 1915 年的老埃尔卡皮坦桥是木材和钢桁梁混合结构。

哨兵桥，1879 年

5. 钢筋混凝土桥

到 1920 年为止，钢筋混凝土桥已经出现在谷底，随着时间推移，其中绝大多数已经被取代，例如老石匠桥和老哨兵桥是快乐群岛上最早一批混凝土桥梁，建于 1921 年。原本的混凝土栏杆被 66 号公路任务所建的栏杆取代。

老快乐群岛桥，1921 年

现状

6. 早期乡村混凝土桥

军队给布里达尔维尔瀑布下三座简单的混凝土桥梁使用石头饰面，为 1913 年乡村式桥梁设计提供了先例。

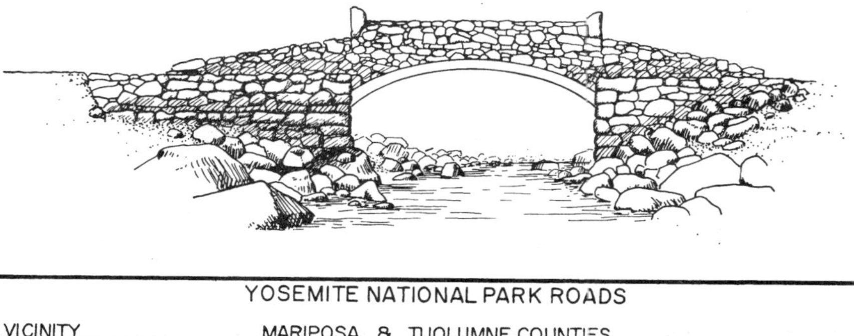

布里达尔维尔 1 号桥，1913 年

DELINEATED BY: *Anne Teresiak 2001*

NPS ROADS & BRIDGES RECORDING PROGRAM NATIONAL PARK SERVICE UNITED STATES DEPARTMENT OF THE INTERIOR	YOSEMITE NATIONAL PARK ROADS YOSEMITE VICINITY — MARIPOSA & TUOLUMNE COUNTIES — CALIFORNIA	SHEET 18 OF 19	HISTORIC AMERICAN ENGINEERING RECORD CA-117

桥梁演变，20 世纪 20 年代至今

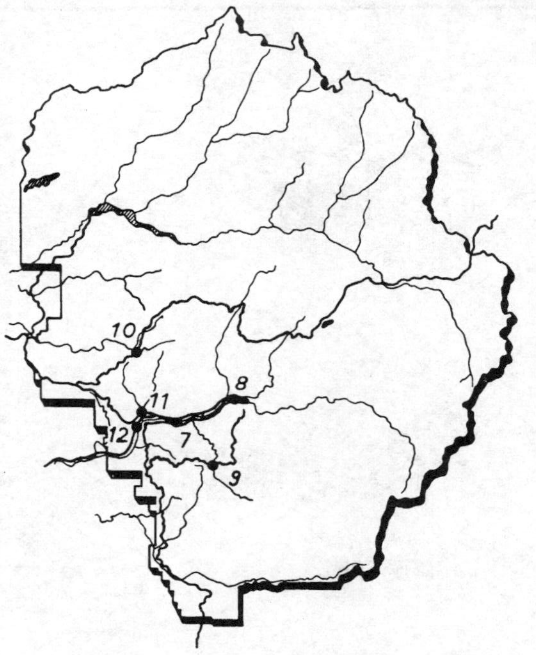

在 20 世纪 20 年代，国家公园管理局推崇乡村风格，其特色为采用原生材料，但会适当采用现代设计。现今的桥梁体现了早期乡村式设计的复兴。

7. 乡村式石拱桥

谷内桥梁多为优美的拱形，以原生石饰面，用大拱面石建造拱形。第一座是 1921 年修建的约塞米蒂溪桥。其后是颇洪诺桥、纳亚溪桥、阿万妮桥和糖松桥，它们涵盖在 1927 年五桥计划的设计中。

颇洪诺桥，1927 年

8. 附带地下通道的乡村式拱桥

谷内一些桥梁修建了隧道和地下通道，以便行人和马穿过。

第一座此风格桥梁为 1928 年修建的克拉克桥，是 1927 年五桥合同中的一座。随后是 1929 年的快乐群岛桥和 1932 年的石匠桥。

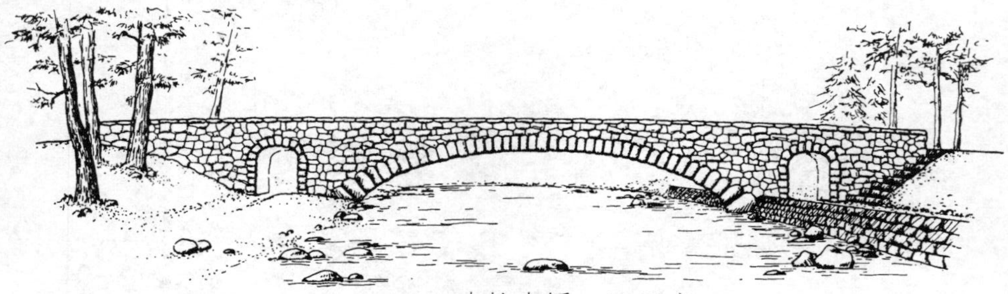

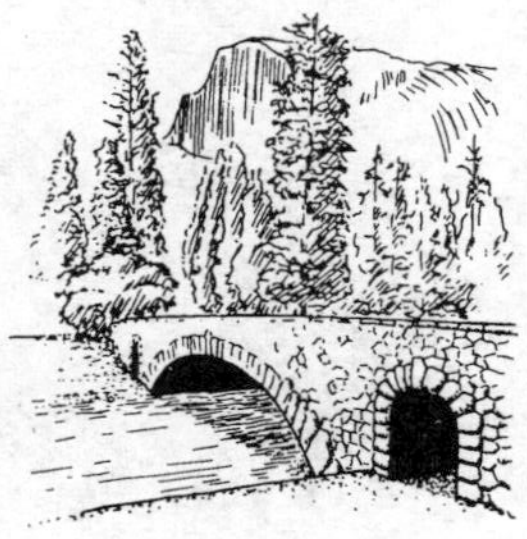

克拉克桥，1928 年

9. 乡村钢桁桥

乡村风格中有一个有趣的现象，大量圆木被拴在桥梁上以掩盖内部的钢梁结构。布里达尔维尔溪上游桥和埃尔卡皮坦桥都仍在使用，然而约塞米蒂溪上游桥和南福克默塞德河桥却被不断指责。不久，这些桥都失去了原有的栏杆。

布里达尔维尔溪上游桥，1933 年

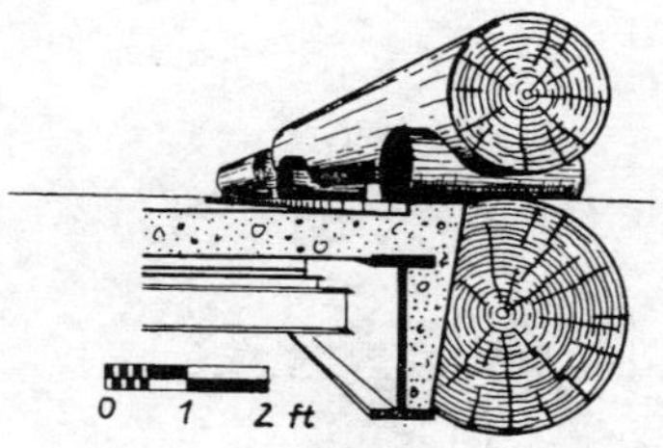

现状栏杆截面图

10. 混凝土梁面板桥

混凝土梁桥仍采用原生石做桥台，比拱桥经济实惠。约塞米蒂仅有两座此风格桥梁，都建在泰奥加路上，分别是 1934 年修建的图奥勒米河桥和 1937 年修建的南福克图奥勒米桥。

南福克图奥勒米桥，1937 年

11. 钢筋混凝土空腹拱桥

这三座老橡树平地路上高耸的空腹桥体现了流线型的现代风格。

它们于 1939 年建在落叶松溪、野猫溪和瀑布溪上。

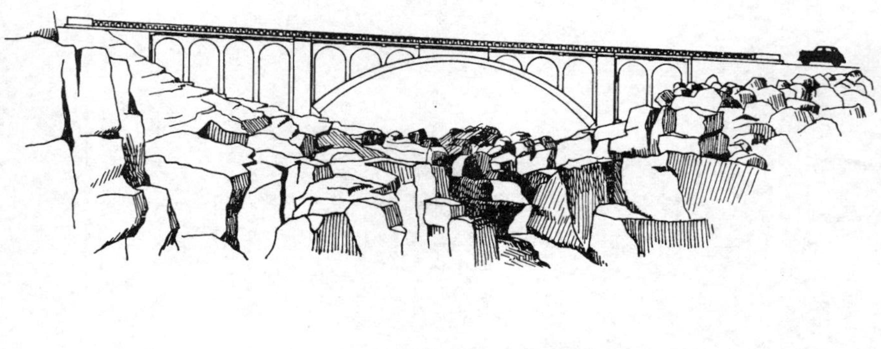

瀑布溪桥，1939 年

12. 当代乡村桥

公园内近期修建的桥梁反映出乡村风格的复兴，桥梁都采用原生石饰面。埃尔波特尔路上于 1985 年修建的瀑布溪桥就是一个代表。截面图展现了内部的混凝土结构。另一个例子是 1994 年约塞米蒂谷内修建的新哨兵桥。

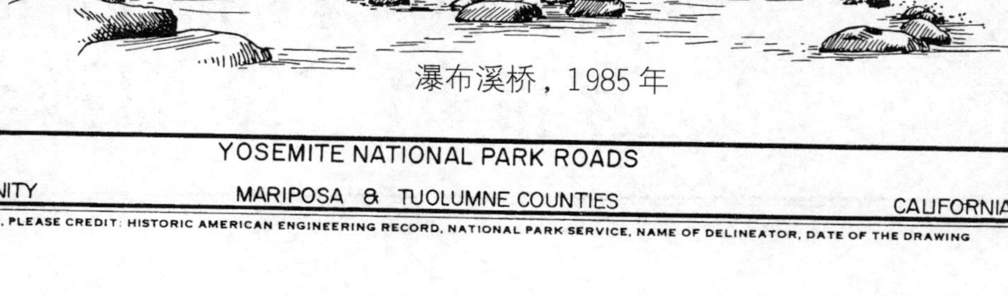

瀑布溪桥，1985 年

栏杆截面图

DELINEATED BY: Anne Teresiak 2001

NPS ROADS & BRIDGES RECORDING PROGRAM NATIONAL PARK SERVICE UNITED STATES DEPARTMENT OF THE INTERIOR	YOSEMITE NATIONAL PARK ROADS YOSEMITE VICINITY MARIPOSA & TUOLUMNE COUNTIES CALIFORNIA	SHEET 19 OF 19	HISTORIC AMERICAN ENGINEERING RECORD CA-117

IF REPRODUCED, PLEASE CREDIT: HISTORIC AMERICAN ENGINEERING RECORD, NATIONAL PARK SERVICE, NAME OF DELINEATOR, DATE OF THE DRAWING

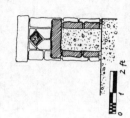

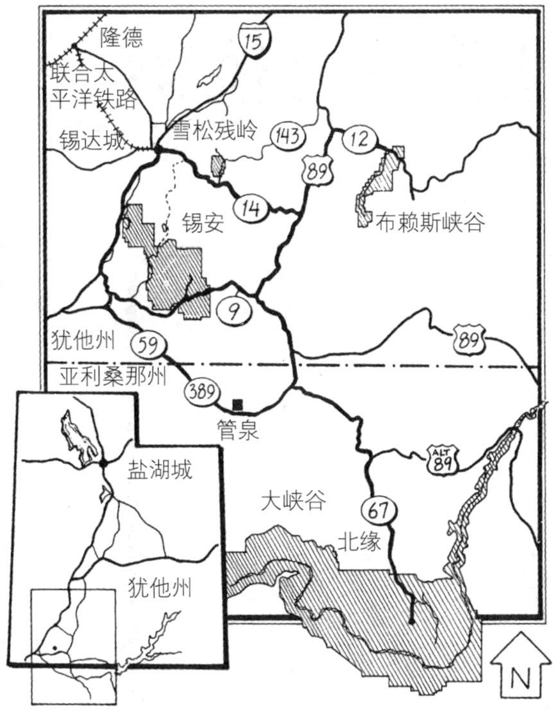

隆德
15
联合太平洋铁路
雪松残岭
143
12
锡达城
89
锡安
14
布赖斯峡谷
9
犹他州
59
89
亚利桑那州
389
管泉
89
盐湖城
大峡谷
67
北缘
犹他州
N

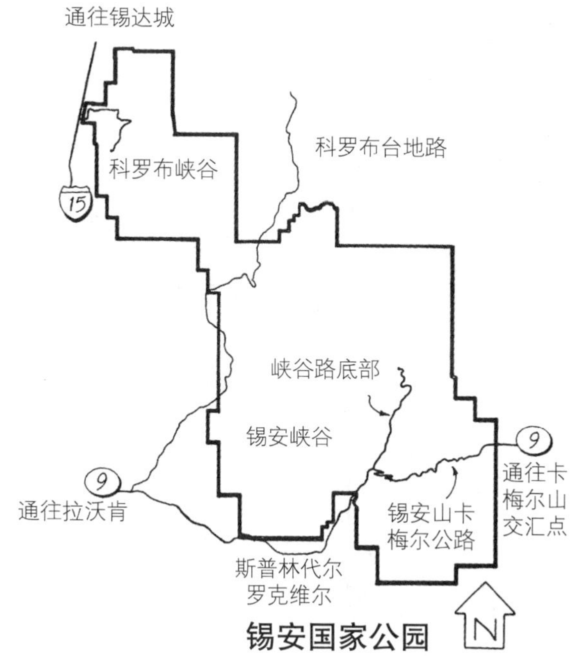

通往锡达城
科罗布台地路
科罗布峡谷
15
峡谷路底部
锡安峡谷
9
9
通往卡梅尔山交汇点
通往拉沃肯
锡安山卡梅尔公路
斯普林代尔
罗克维尔
锡安国家公园
N

锡安山国家公园

道路与桥梁

锡安国家公园，地处犹他州西南部，占野地 229 平方央里，内有诸多仅在该地区的自然奇观。深深的峡谷在腐蚀力的持久作用下形成，在高原之间蜿蜒着。石化森林、河流、瀑布和野生动植物都在各式各样壮观岩层的包围之中，其中有世界上最大的天然石拱——科罗布石拱，跨度为 310 英尺。

1858 年第一批定居者到来前，这片区域相对隔绝，他们在锡安峡谷南部建立了犹他州维金市。摩门先驱在小定居点之间开发出简陋的马车道，通常是在早期美国原住民和西班牙探险者开出的小路基础上建成的。公园地区的珍贵价值很快被承认，1909 年成立了锡安国家保护区（1919 年改名为锡安国家公园）。

第一批汽车从 1917 年建成的公路驶入锡安国家公园内，公路由 15000 美元特殊拨款修建，从南边入口到哭泣之石，共 4 英里。1925 年，另一条更长的“政府路”取代了它。这条 7.5 英里长的高速公路以碎石铺面，从南边入口延伸到西纳瓦瓦神庙，花费 70000 美元。这条道路于 1932 年被“谷底路”取代，每年约有 100 万车辆经此穿越锡安峡谷。

直到 1920 年才陆续对锡安公园内部和周围现存的公路系统进行改造。由联合太平洋铁路、国家公园管理局、犹他州公路委员会和美国联邦公路局牵头，一场浩大的公路修建计划开始了。联合太平洋铁路试图用一系列道路连接锡安山、布赖斯峡谷、雪松残岭和大峡谷北边，形成“环线”或者循环游览路线。游客可以通过铁路进入犹他州锡安城，乘上豪华游览大巴观赏公园，并且可在联合太平洋下属子公司运营的旅馆留宿。全面交通系统的竣工是合作发展长远规则中的重要一环。

ZION NATIONAL PARK
NATIONAL PARK SERVICE

解释图基于一幅约摄于 20 世纪 30 年代的联合太平洋铁路豪华轿车的照片

此项目是 HAER 的一部分。HAER 是一项长期记录美国历史上重要工程与工业成果的项目。HAER 由 HABS/HAER 管理，这是美国内政部国家公园管理局的一个部门。约塞米蒂道路和桥梁项目都由约塞米蒂国家公园赞助。米歇尔·芬利为监督人，凯文·卡恩为维护和工程负责人，约翰·金格斯为国家公园管理局的道路和桥梁项目监督人，罗伯特·J·卡普施为 HABS/HAER 的监督人，负责其总体方向。

实地调查、测量绘图、历史和图片整理均在 HAER 的首席建筑师埃里克·迪劳尼的指导下完成。记录小组成员有：现场主管人和工业设计师托德·A·克罗托，建筑技术员狄俄涅·德玛提拉耳、大卫·R·弗莱明和玛丽—克劳德·利索特尔，项目历史学家理查德·H·奎因，摄影师是布莱恩·C·葛罗根。

在此期间，州工程师霍华德·名斯和美国联邦公路局的工程师 B·J·芬奇和 R·R·米切尔为一条 25 英里长的道路调研并选择地址，该公路将穿越锡安国家公园，与 89 号高速公路附近的卡梅尔山相会。该道路的完成对联合太平洋增加该地区游览人数的总计划至关重要。国家公园管理局拨款 150 万美元修建从维金北支流河到松溪峡谷的岩屑坡上总长 8.5 英里的起始路段，其中经过 7 段之字形曲折路段和 5613 英尺长的隧道，直到公园东部边界。路上修建了两座桥，分别是南福克维金河桥和松溪桥，皆为乡村风格，与各自的自然风景和独特背景相映成趣。

道路剩余部分和隧道东部，以及合作桥和清溪桥（1993 年被取代），由犹他州作为联邦援助项目完成，花费 40 万美元。随着锡安国家公园道路系统的完成，联合太平洋和其他公司的游客能够在循环旅游圈内相互串联的现代高速公路系统中游览公园。虽然联合太平洋的计划获得了成功，但随着越来越多的美国人愿意探索犹他州和亚利桑那州的野外景色，并希望可以自己驱车更加灵活和自由地游玩，这次成功仅仅是昙花一现。如今，每年约有 300 万游客穿越锡安国家公园，欣赏砂岩巨石，漫步在谷内丰富的木杨穹盖下。

DELINEATED BY: Todd A. Croteau, 1993

ZION NATIONAL PARK ROADS AND BRIDGES RECORDING PROJECT
NATIONAL PARK SERVICE
UNITED STATES DEPARTMENT OF THE INTERIOR

ZION NATIONAL PARK ROADS AND BRIDGES
SPRINGDALE VICINITY WASHINGTON COUNTY UTAH

SHEET 1 OF 2

HISTORIC AMERICAN ENGINEERING RECORD
UT-72

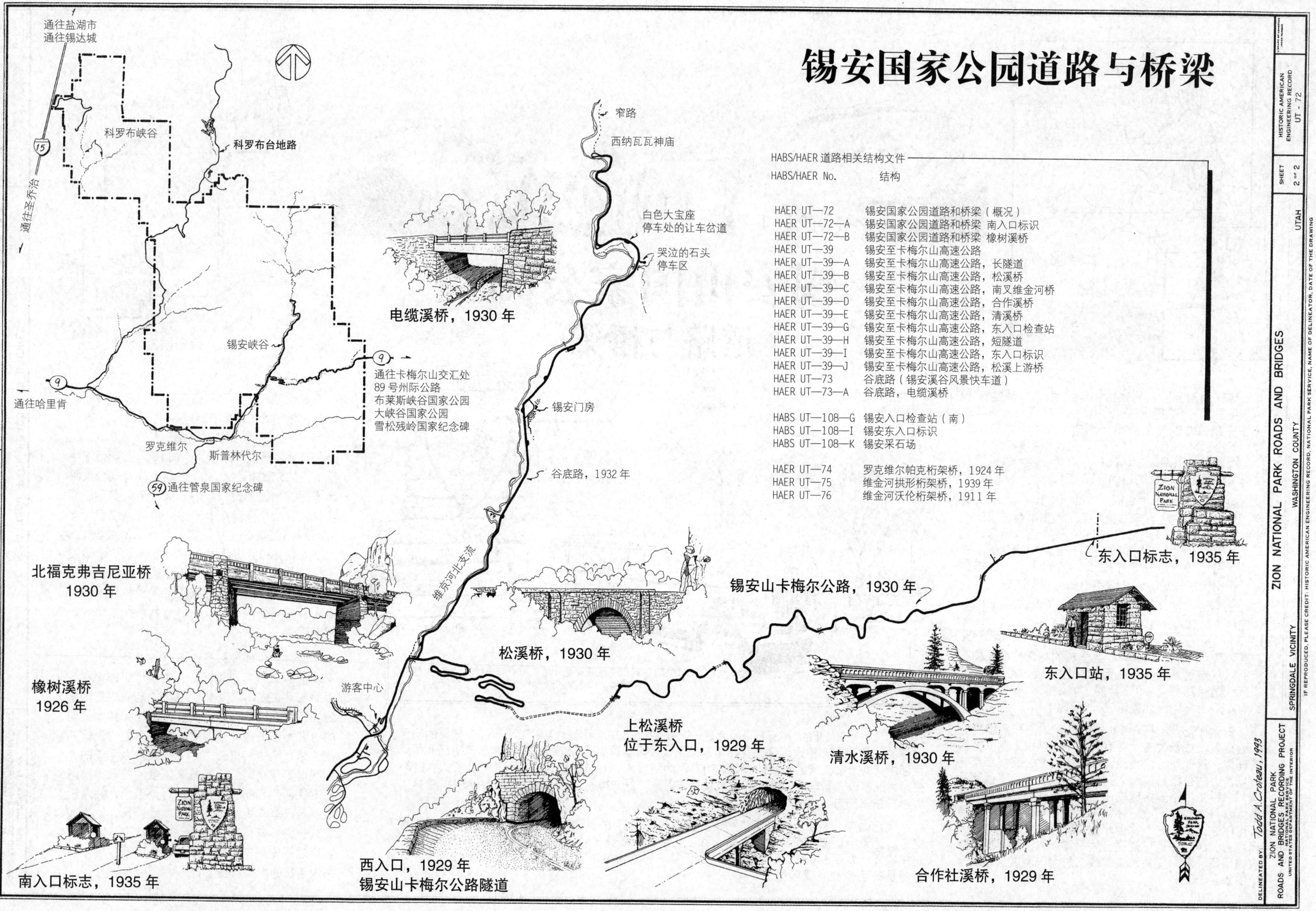
锡安国家公园道路与桥梁
通往盐湖市
通往锡达城
科罗布峡谷
科罗布台地路
通往圣乔治
锡安峡谷
通往哈里肯
罗克维尔
斯普林代尔
通往管泉国家纪念碑
通往卡梅尔山交汇处
89 号州际公路
布莱斯峡谷国家公园
大峡谷国家公园
雪松残岭国家纪念碑
窄路
西纳瓦瓦神庙
白色大宝座
停车处的让车岔道
哭泣的石头
停车区
锡安门房
谷底路，1932 年
维京河北支流
游客中心
电缆溪桥，1930 年
HABS/HAER 道路相关结构文件
HABS/HAER No. 结构
HAER UT—72 锡安国家公园道路和桥梁（概况）
HAER UT—72—A 锡安国家公园道路和桥梁 南入口标识
HAER UT—72—B 锡安国家公园道路和桥梁 橡树溪桥
HAER UT—39 锡安至卡梅尔山高速公路
HAER UT—39—A 锡安至卡梅尔山高速公路，长隧道
HAER UT—39—B 锡安至卡梅尔山高速公路，松溪桥
HAER UT—39—C 锡安至卡梅尔山高速公路，南叉维金河桥
HAER UT—39—D 锡安至卡梅尔山高速公路，合作溪桥
HAER UT—39—E 锡安至卡梅尔山高速公路，清溪桥
HAER UT—39—G 锡安至卡梅尔山高速公路，东入口检查站
HAER UT—39—H 锡安至卡梅尔山高速公路，短隧道
HAER UT—39—I 锡安至卡梅尔山高速公路，东入口标识
HAER UT—39—J 锡安至卡梅尔山高速公路，松溪上游桥
HAER UT—73 谷底路（锡安溪谷风景快车道）
HAER UT—73—A 谷底路，电缆溪桥
HABS UT—108—G 锡安入口检查站（南）
HABS UT—108—I 锡安东入口标识
HABS UT—108—K 锡安采石场
HAER UT—74 罗克维尔帕克桁架桥，1924 年
HAER UT—75 维金河拱形桁架桥，1939 年
HAER UT—76 维金河沃伦桁架桥，1911 年
ZION NATIONAL PARK
东入口标志，1935 年
锡安山卡梅尔公路，1930 年
北福克弗吉尼亚桥
1930 年
松溪桥，1930 年
东入口站，1935 年
橡树溪桥
1926 年
上松溪桥
位于东入口，1929 年
清水溪桥，1930 年
ZION NATIONAL PARK
南入口标志，1935 年
西入口，1929 年
锡安山卡梅尔公路隧道
合作社溪桥，1929 年
HISTORIC AMERICAN ENGINEERING RECORD
UT-72
SHEET 2 of 2
ZION NATIONAL PARK ROADS AND BRIDGES
UTAH
WASHINGTON COUNTY
SPRINGDALE VICINITY
DELINEATED BY: Todd A. Croteau, 1993
ZION NATIONAL PARK ROADS AND BRIDGES RECORDING PROJECT
UNITED STATES DEPARTMENT OF THE INTERIOR

锡安山至卡梅尔山高速公路隧道，1930 年

西入口（砌石饰面）

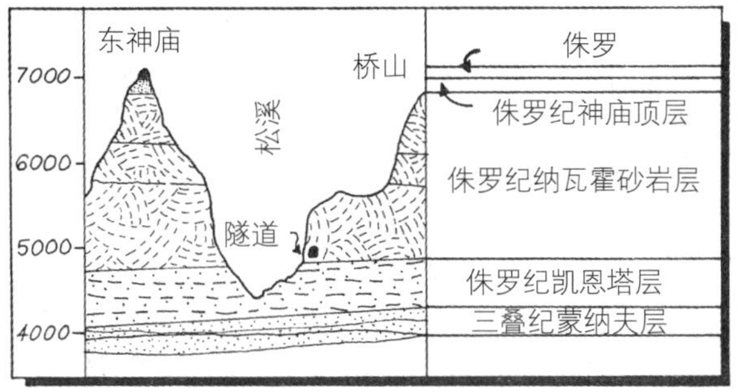

7000
6000
5000
4000
东神庙
桥山
松溪
隧道
侏罗
侏罗纪神庙顶层
侏罗纪纳瓦霍砂岩层
侏罗纪凯恩塔层
三叠纪蒙纳天层

锡安山地质横截面图

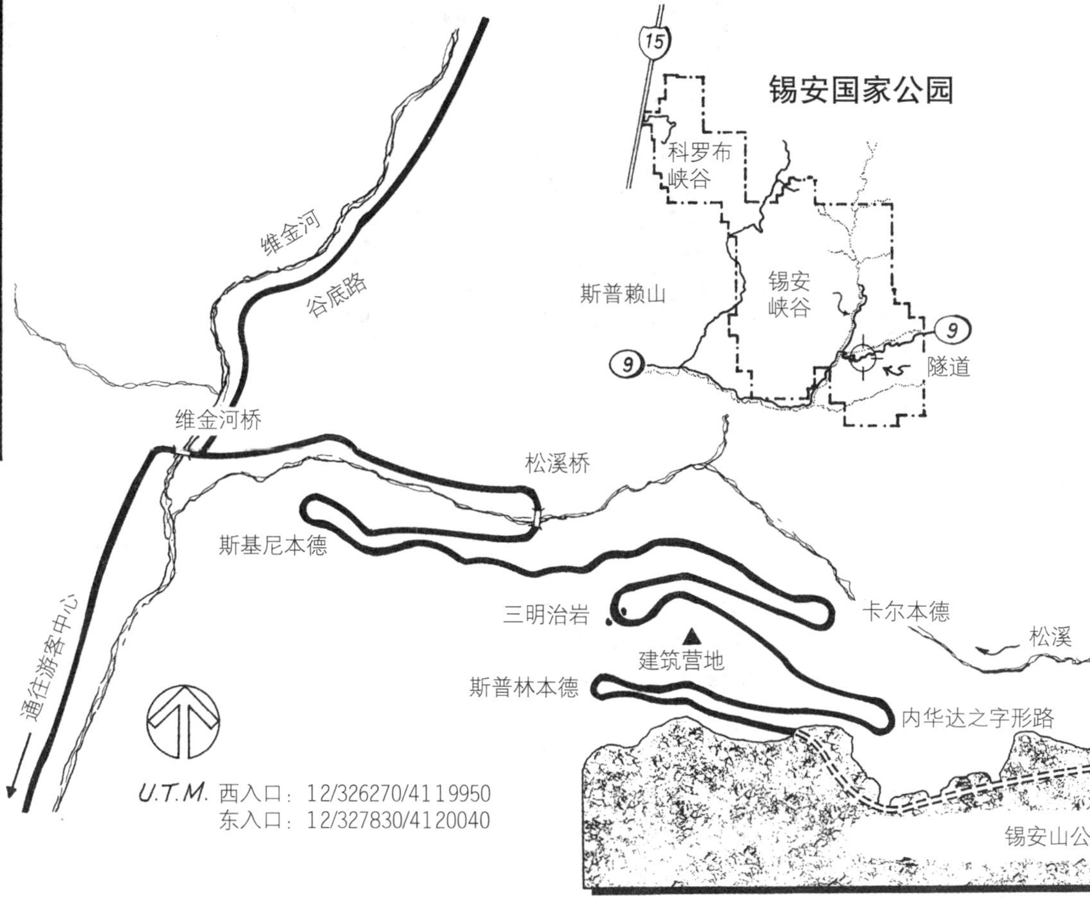

15
锡安国家公园
科罗布峡谷
斯普赖山
锡安峡谷
9
9
隧道
维金河
谷底路
维金河桥
松溪桥
斯基尼本德
三明治岩
建筑营地
卡尔本德
松溪
斯普林本德
内华达之字形路
大拱
通往卡梅尔山
上松溪桥
锡安山公路隧道
通往游客中心
U.T.M. 西入口：12/326270/4119950
东入口：12/327830/4120040

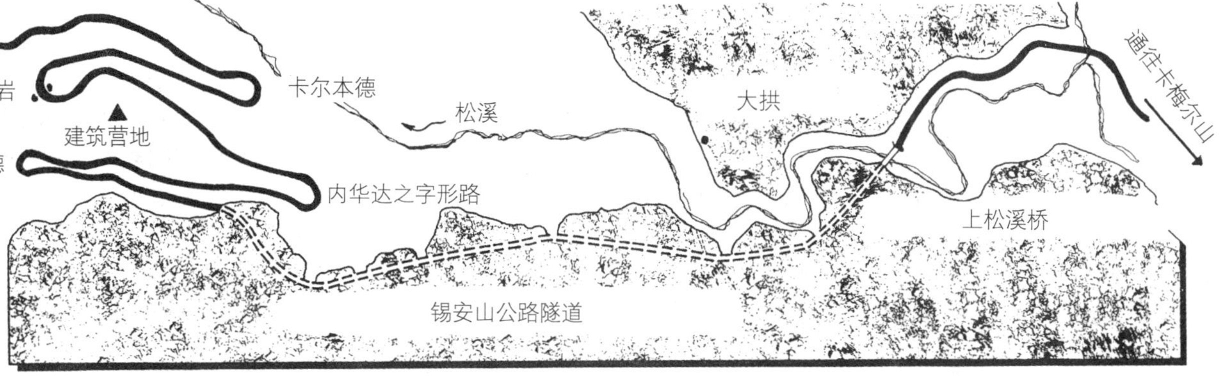

东入口（裸岩）

草图基于现场测量、历史照片和原始设计文件，地图来自美国地质勘探局

长 5613 英尺的锡安山至卡梅尔山高速公路隧道是公园内最长的公路隧道。1927 年由美国联邦公路局和国家公园管理处合作设计，隧道在 1930 年 7 月 4 日完工并举行落成仪式，耗资 763527 美元。

隧道设计符合当时公园管理局的美学设想，做到了尽可能小地影响景观。五个（后变为六个）通风地道安置隧道中，呈切线形连接。地道内最小半径为 225 英寸的弯道穿过岩石，形成了一条平滑并且不相交的小路。隧道的中心线和岩层壁保持着 21 英尺的横距。

隧道的西入口为砌石结构，由 2 英尺厚的砂岩制成的对称拱制成，该拱 1929 年由谢伊 & 谢伊公司落成。因为岩石隧道内各处的情况不同，采用了不同的衬砌方式。砌石衬砌，连续混凝土衬砌，间歇混凝土肋和木材衬砌都被用来保护内部墙体。有道砌石护墙于 20 世纪 50 年代晚期从原本的 36 英寸高加高到 42 英寸高，环绕着每条地道的边缘，现在是游客止步区域。

由于隧道地址的不稳定性和难以进入性等重重困难，建设者——内华达承包公司不得不采用传统矿业操作中的挖掘方法。该公司在外部钻孔回采，或者通过垂直井筒形成道路坡度（在 4 号地道），通过地道（而不是入口）由内而外建设隧道，并使用岩心钻进设备来完成这项具有创造力的项目。

此项目是 HAER 的一部分。HAER 是一项长期记录美国历史上重要工程与工业成果的项目。HAER 由 HABS/HAER 管理，这是美国内政部国家公园管理处的一个部门。约塞米蒂道路和桥梁项目都由约塞米蒂国家公园赞助。米歇尔・芬利为监督人，凯文・卡恩为维护和工程负责人，约翰・金格斯为国家公园管理局的道路和桥梁项目监督人，罗伯特・J・卡普施为 HABS/HAER 的监督人，负责其总体方向。

实地调查、测量绘图、历史和图片整理均在 HAER 的首席建筑师埃里克・迪劳尼的指导下完成。记录小组成员有：现场主管人和工业设计师托德・A・克罗托，建筑技术员狄俄涅・德玛提拉耳、大卫・R・弗莱明和玛丽—克劳德・利索特尔，项目历史学家理查德・H・奎因，现场摄影师布莱恩・C・葛罗根。

DELINEATED BY: Laura J. Culberson 1993, Todd A. Croteau 1994

ZION NATIONAL PARK
ROADS AND BRIDGES RECORDING PROJECT
NATIONAL PARK SERVICE
UNITED STATES DEPARTMENT OF THE INTERIOR

ZION - MT. CARMEL HIGHWAY, ZION - MT. CARMEL HIGHWAY TUNNEL - 1930
BETWEEN MILE POST AND , ZION - MT. CARMEL HIGHWAY (STATE HIGHWAY 9)
SPRINGDALE VICINITY WASHINGTON COUNTY UTAH

SHEET 1 OF 3

HISTORIC AMERICAN ENGINEERING RECORD UT- 39-A

隧道建设过程

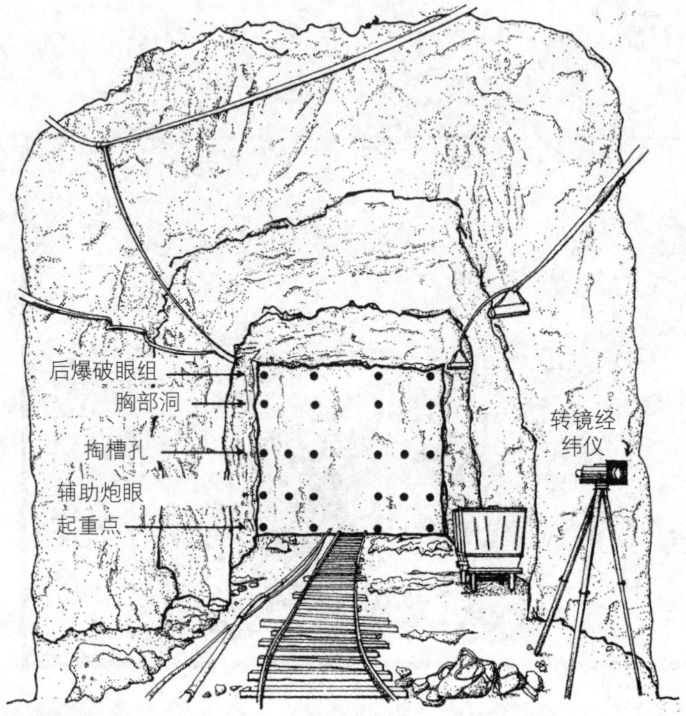

后爆破眼组
胸部洞
掏槽孔
辅助炮眼
起重点
转镜经纬仪

导洞

导洞组成员八小时轮一次岗，将弃土和废石装在矿车上(A)，使用苏利文&巴特勒装岩机，将车驶到最近的地道，用苏利文压缩空气轻便绞车将废料倾倒进松溪峡谷中。当其他工作人员安装钻孔设备（C）时，由调查工程师确定中线和平硐。人们花费三到四个小时在隧道表面钻五排8英尺深的洞。从上往下分别是后爆破眼组、胸部洞、掏槽孔、辅助炮眼和底部的起重点(D)。在爆破后的两分钟间隙里，工作人员会迅速回来，在完成轮班回到营地之前，他们剥落顶上和墙上的松散岩石。导洞工作组成员用这种方法完成1275次八小时轮班，并最终从坚硬的砂岩中爆破出一条超过1英里的8英尺×9英尺的隧道。

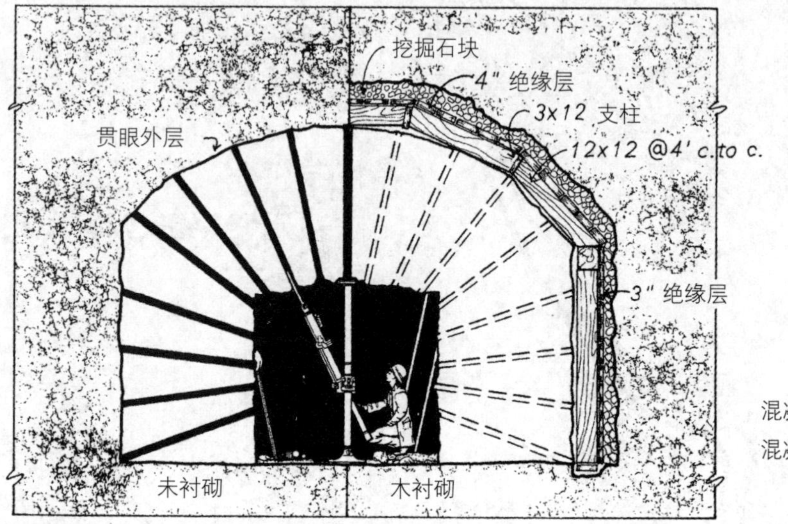

挖掘石块
4" 绝缘层
3x12 支柱
12x12 @4' c. to c.
贯眼外层
3" 绝缘层
未衬砌
木衬砌

贯眼

草图基于实地测量、历史图片和原始设计文件

贯眼组人员在安全距离内跟在导洞组成员后，使用“环孔法”以16英尺×22英尺的大小挖掘隧道。他们利用自辐式反向进给油缸，在导洞3英尺的间隙里停止钻孔，并且在17个孔组成的“圆柱”或者“环”内钻孔(E)。当10到12个环完成时，每个环都装有50磅的炸药并顷刻间爆炸（F）。工作人员随后使用伊利1/2码的压缩空气铲车将废石装入2码的卡车里（G），然后倾倒在松溪谷内。贯眼组成员每八小时轮一次班，每次能向前行进30到36英尺，钻孔及爆破整条一英里的隧道需要8个月时间。

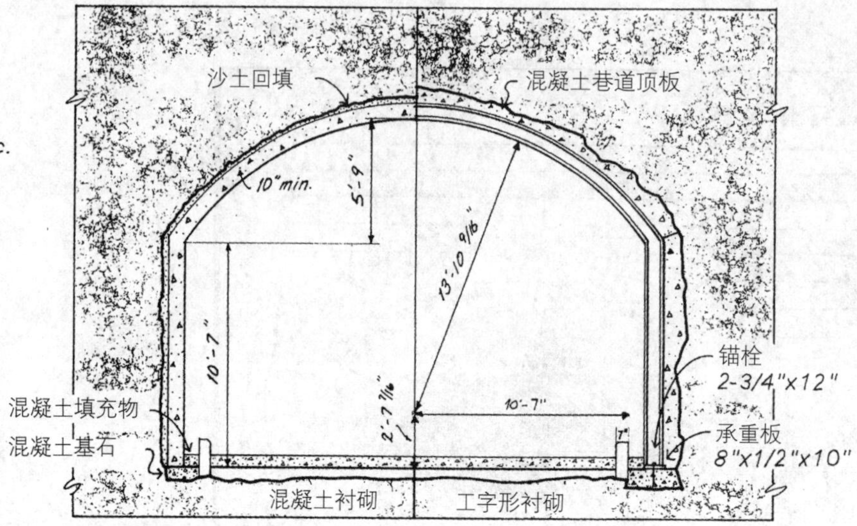

沙土回填
混凝土巷道顶板
10"min.
5'-9"
13'-10 9/16"
10'-7"
10'-7"
2'-7 1/16"
锚栓
2-3/4"x12"
承重板
8"x1/2"x10"
混凝土填充物
混凝土基石
混凝土衬砌
工字形衬砌

衬砌

比例尺：1/4"=1'-0"

0 1 2 3 4 5 10 15 英尺

0 1 2 3 4 米

工程师们起初并未打算给隧道衬砌，但是挖掘过程中发现各处都有不稳固的砂岩层。项目建设之初，隧道的有580英尺用8英尺×8英尺和12英尺×12英尺的砍劈木材衬砌（H）。随后观测到隧道破裂，因而必须得对另外400英尺部分用12英尺×12英尺的木材衬砌，地道6号和2号用混凝土衬砌，整条隧道的顶部和起拱面的拱脚线用一寸厚花岗岩衬砌，这里不适合用木材。后期隧道的不稳定现象让工作组在1932年至1933年间，对164英尺隧道用12英尺×12英尺的木材衬砌，726英尺用连续或间歇混凝土衬砌。1937年，隧道剩余部分也用混凝土衬砌。

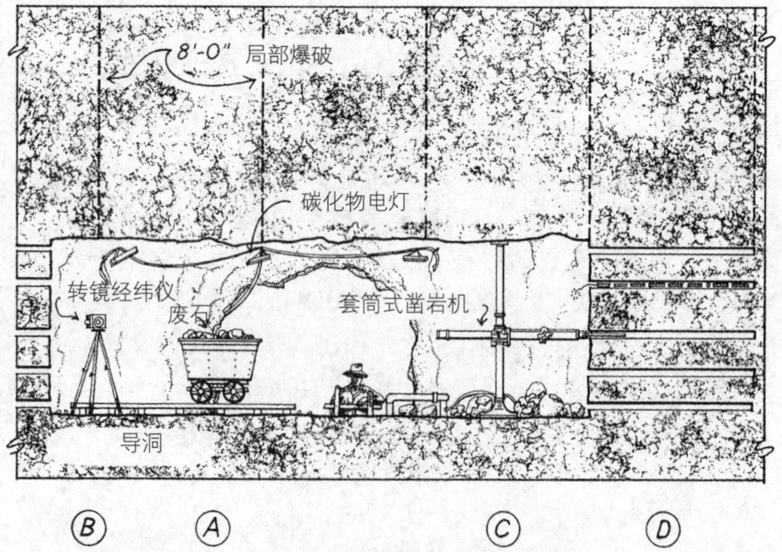

8'-0"
局部爆破
碳化物电灯
转镜经纬仪
废石
套筒式凿岩机
导洞
B
A
C
D

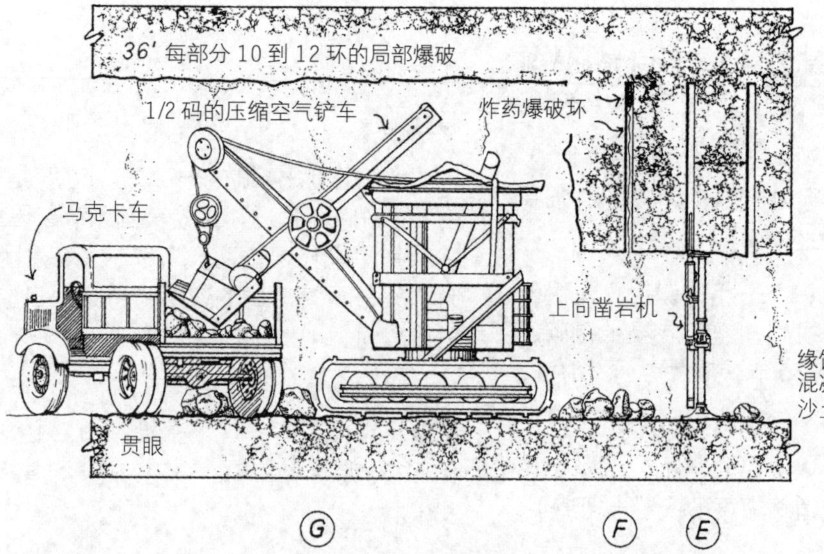

36' 每部分10到12环的局部爆破
1/2码的压缩空气铲车
炸药爆破环
马克卡车
上向凿岩机
贯眼
G
F
E

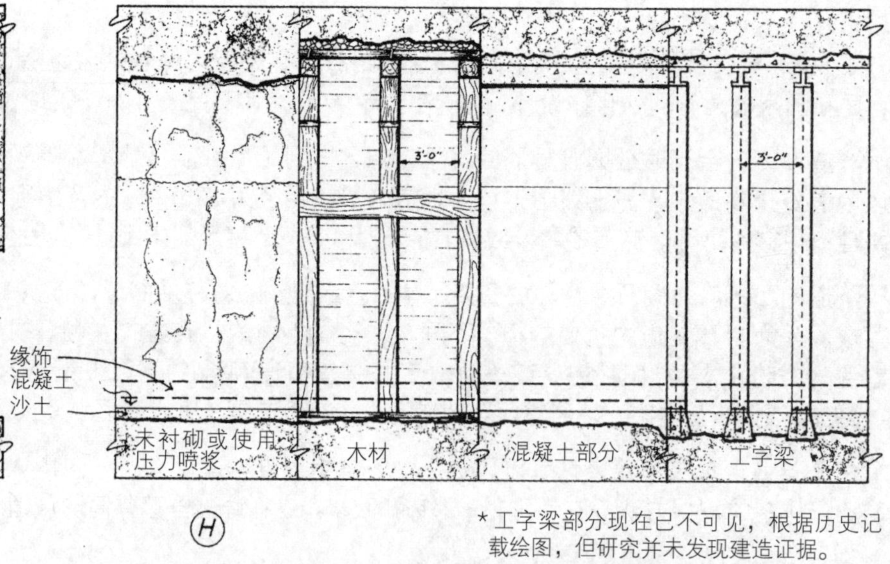

3'-0"
3'-0"
缘饰
混凝土
沙土
未衬砌或使用压力喷浆
木材
混凝土部分
工字梁
H

*工字梁部分现在已不可见，根据历史记载绘图，但研究并未发现建造证据。

DELINEATED BY: Laura J. Culberson, Todd A. Croteau, 1993

ZION NATIONAL PARK
ROADS AND BRIDGES RECORDING PROJECT
NATIONAL PARK SERVICE
UNITED STATES DEPARTMENT OF THE INTERIOR

ZION-MT. CARMEL HIGHWAY TUNNEL - 1930
BETWEEN MILE POST ... AND ... ZION-MT. CARMEL HIGHWAY (STATE HIGHWAY 9)
SPRINGDALE VICINITY WASHINGTON COUNTY UTAH

SHEET 2 OF 3

HISTORIC AMERICAN ENGINEERING RECORD
UT-39-A

IF REPRODUCED, PLEASE CREDIT: HISTORIC AMERICAN ENGINEERING RECORD, NATIONAL PARK SERVICE, NAME OF DELINEATOR, DATE OF THE DRAWING

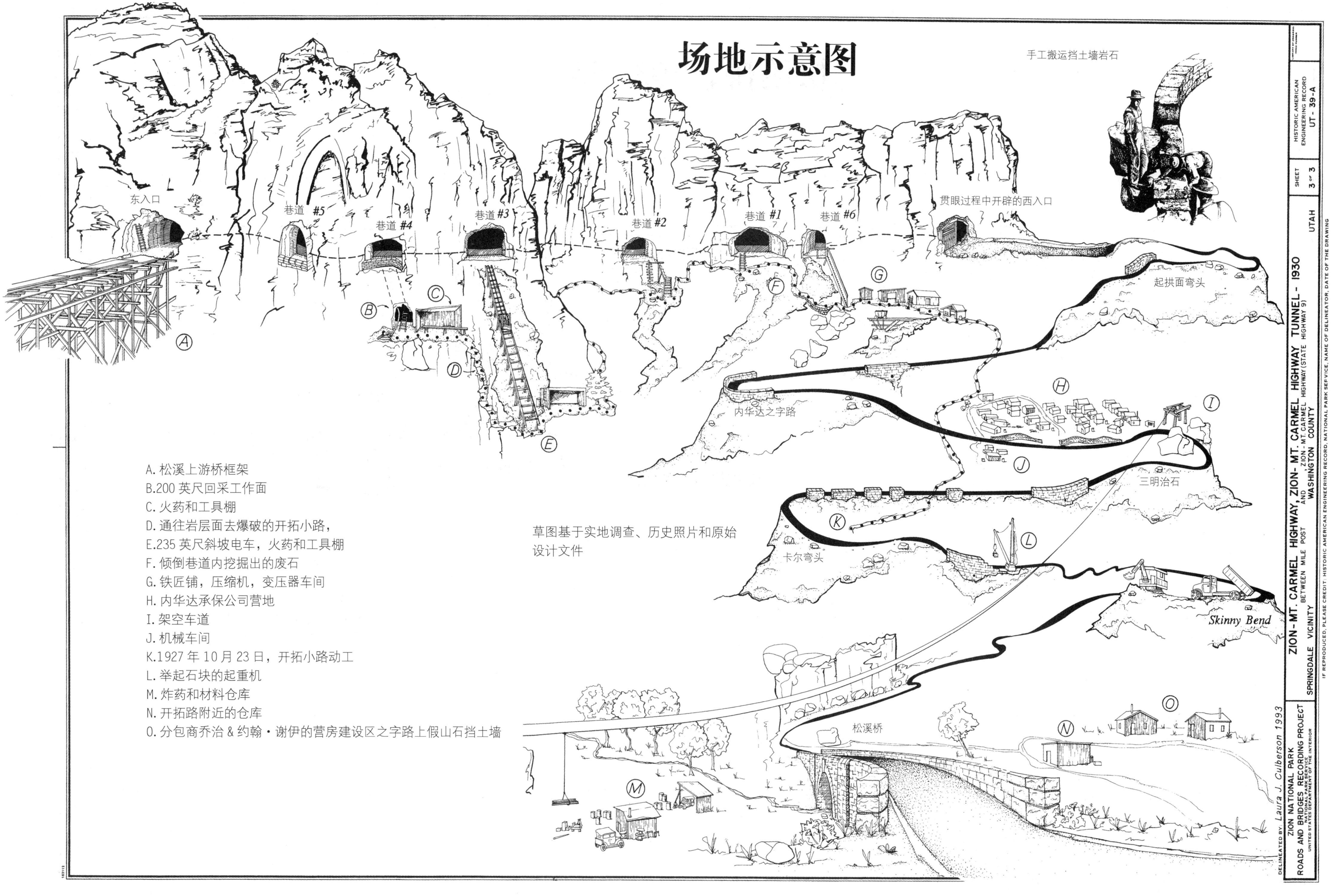
场地示意图
手工搬运挡土墙岩石
东入口
巷道 #5
巷道 #4
巷道 #3
巷道 #2
巷道 #1
巷道 #6
贯眼过程中开辟的西入口
起拱面弯头
内华达之字路
三明治石
卡尔弯头
Skinny Bend
松溪桥
A. 松溪上游桥框架
B.200 英尺回采工作面
C. 火药和工具棚
D. 通往岩层面去爆破的开拓小路，
E.235 英尺斜坡电车，火药和工具棚
F. 倾倒巷道内挖掘出的废石
G. 铁匠铺，压缩机，变压器车间
H. 内华达承保公司营地
I. 架空车道
J. 机械车间
K.1927 年 10 月 23 日，开拓小路动工
L. 举起石块的起重机
M. 炸药和材料仓库
N. 开拓路附近的仓库
O. 分包商乔治 & 约翰・谢伊的营房建设区之字路上假山石挡土墙
草图基于实地调查、历史照片和原始设计文件
DELINEATED BY: Laura J. Culberson 1993
ZION NATIONAL PARK
ROADS AND BRIDGES RECORDING PROJECT
NATIONAL PARK SERVICE
UNITED STATES DEPARTMENT OF THE INTERIOR
ZION-MT. CARMEL HIGHWAY, ZION-MT. CARMEL HIGHWAY TUNNEL - 1930
SPRINGDALE VICINITY BETWEEN MILE POST AND ZION-MT. CARMEL HIGHWAY (STATE HIGHWAY 9) WASHINGTON COUNTY UTAH
SHEET 3 OF 3
HISTORIC AMERICAN ENGINEERING RECORD
UT-39-A
IF REPRODUCED, PLEASE CREDIT: HISTORIC AMERICAN ENGINEERING RECORD, NATIONAL PARK SERVICE, NAME OF DELINEATOR, DATE OF THE DRAWING

松溪桥，1930 年

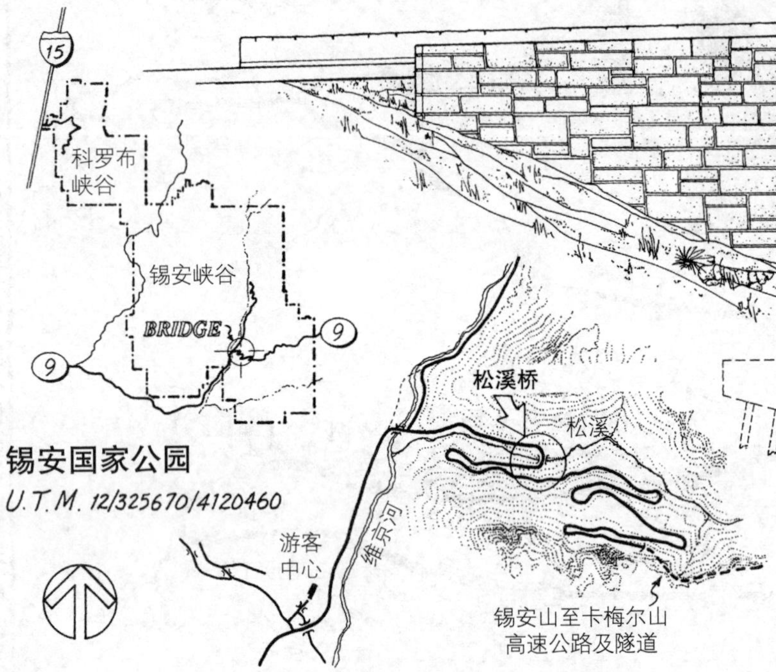

15
科罗布峡谷
锡安峡谷
BRIDGE
9
9
松溪桥
松溪
维京河
游客中心
锡安山至卡梅尔山高速公路及隧道
锡安国家公园
U.T.M. 12/325670/4120460

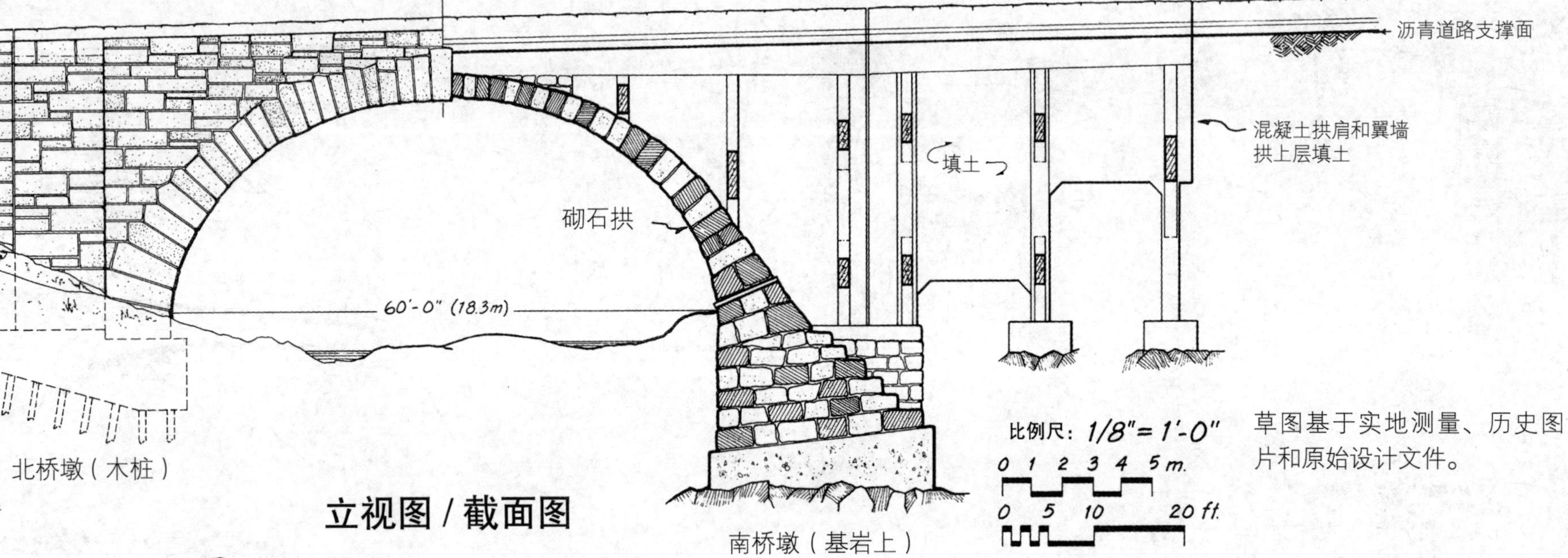

沥青道路支撑面
混凝土拱肩和翼墙
拱上层填土
填土
砌石拱
60'-0" (18.3m)
北桥墩（木桩）
南桥墩（基岩上）
比例尺：1/8"=1'-0"
0 1 2 3 4 5 m.
0 5 10 20 ft.

立视图 / 截面图

草图基于实地测量、历史图片和原始设计文件。

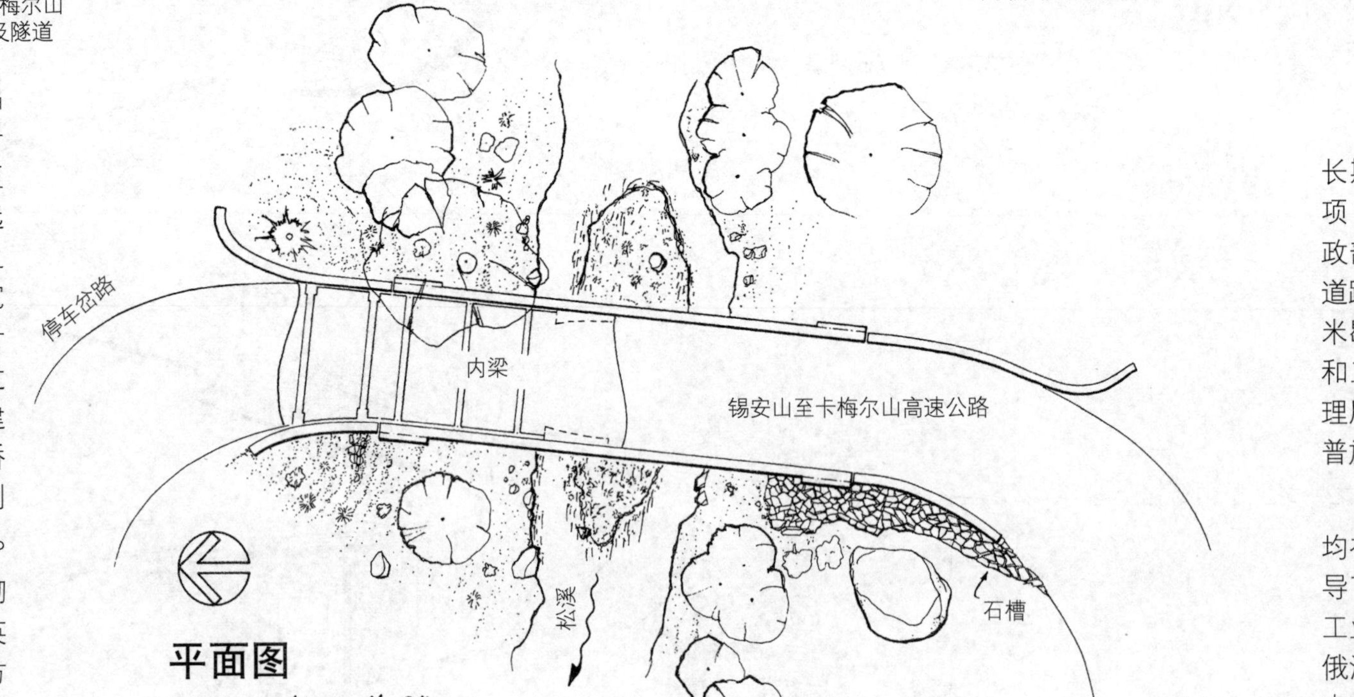

停车岔路
内梁
锡安山至卡梅尔山高速公路
松溪
石槽

平面图

比例尺：1/16"=1'-0"

松溪桥的乡村风格设计与国家公园管理局所倡导的美学构想一致，作为长 25 英里的锡安山至卡梅尔山高速公路一部分，松溪桥始建于 1923 年至 1930 年间。桥与四周景色融为一体，将峡谷上不远处的锡安岩层拱的颜色与形状也表现出来。除此之外，其结构特意满足了汽车交通的需要，这条更宽广更高的桥使弧形转弯更为容易。原本的结构设计为每一个桥墩都有混凝土堆或底脚。然而在建设过程中，原计划却不得不进行修改，转而在基岩上建造多孔混凝土和砌石桥墩，以支撑南端，而北面桥墩则需要其混凝土和木堆底脚比基岩高出 35 英尺到 46 英尺，桥的总花费（包括修缮）为 72947.95 美元。

这座 120 英尺长的桥有着 23 英尺高的坚固砌石楔石拱，材质为多彩的纳瓦霍砂岩，桥跨为 60 英尺。有着混凝土水平拉杆的混凝土拱肩和翼墙是方石砌面。松溪桥被认为是联邦公路局为国家公园管理局设计的为数不多的砌石行车拱桥之一。

此项目是 HAER 的一部分。HAER 是一项长期记录美国历史上重要工程与工业成果的项目。HAER 由 HABS/HAER 管理，这是美国内政部国家公园管理处的一个部门。约塞米蒂道路和桥梁项目都由约塞米蒂国家公园赞助。米歇尔・芬利为监督人，凯文・卡恩为维护和工程负责人，约翰・金格斯为国家公园管理局的道路和桥梁项目监督人，罗伯特・J・卡普施为 HABS/HAER 的监督人，负责其总体方向。

实地调查、测量绘图、历史和图片整理均在 HAER 的首席建筑师埃里克・迪劳尼的指导下完成。记录小组成员有：现场主管人和工业设计师托德・A・克罗托，建筑技术员狄俄涅・德玛提拉耳、大卫・R・弗莱明和玛丽——克劳德・利索特尔，项目历史学家理查德・H・奎因，现场摄影师布莱恩・C・葛罗根。

DELINEATED BY: Todd A. Croteau, 1993

ZION NATIONAL PARK
ROADS AND BRIDGES RECORDING PROJECT
UNITED STATES DEPARTMENT OF THE INTERIOR

ZION - MT. CARMEL HIGHWAY, PINE CREEK BRIDGE - 1930
SPANNING PINE CREEK ON ZION - MT. CARMEL HIGHWAY (STATE HIGHWAY 9)
SPRINGDALE VICINITY WASHINGTON COUNTY UTAH

SHEET 1 of 2

HISTORIC AMERICAN ENGINEERING RECORD UT-39-B

IF REPRODUCED, PLEASE CREDIT: HISTORIC AMERICAN ENGINEERING RECORD, NATIONAL PARK SERVICE, NAME OF DELINEATOR, DATE OF THE DRAWING

松溪桥建设细节

绘图基于实地测量、历史图片和原始设计文件。

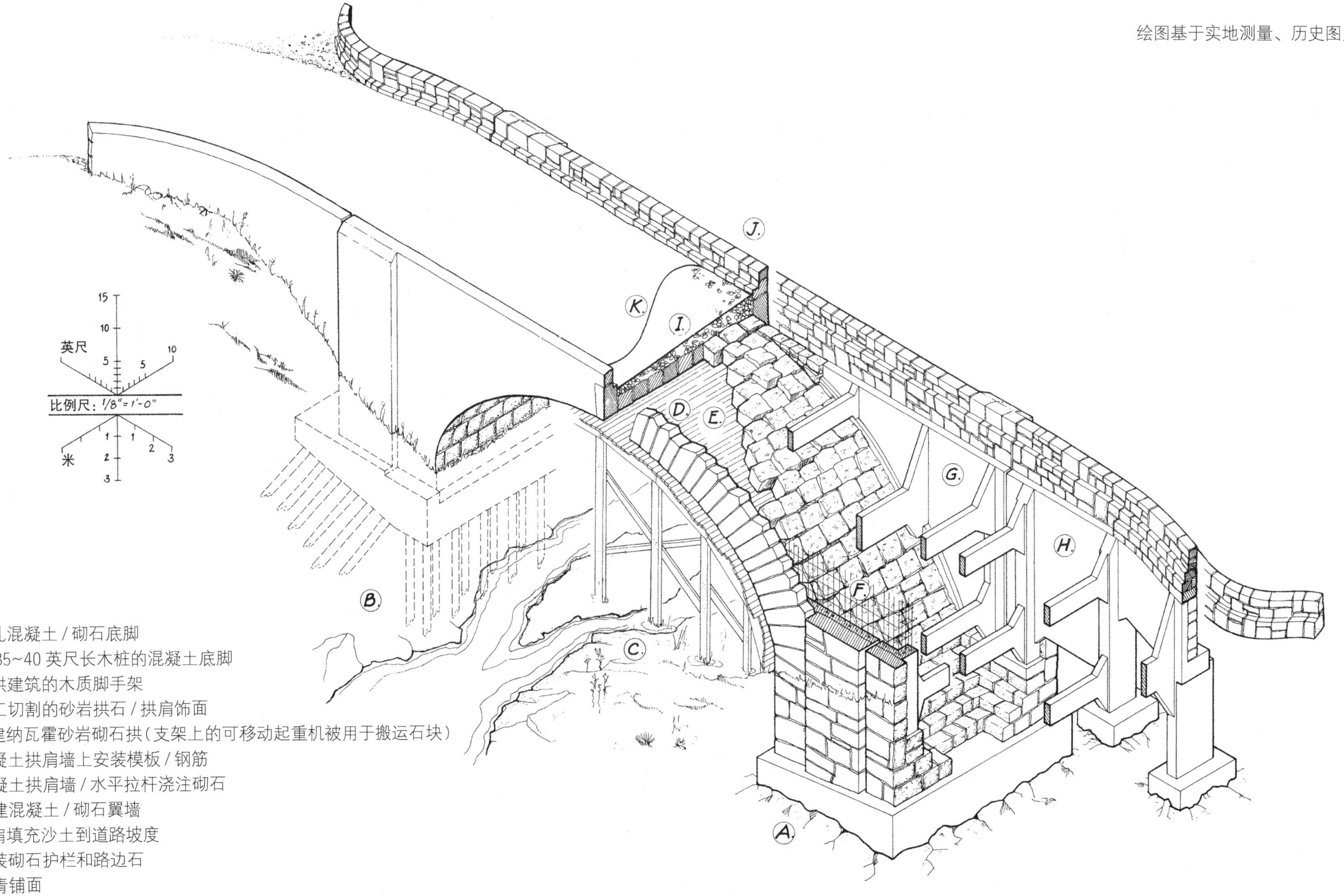

A. 多孔混凝土 / 砌石底脚
B. 有 35~40 英尺长木桩的混凝土底脚
C. 桥拱建筑的木质脚手架
D. 手工切割的砂岩拱石 / 拱肩饰面
E. 修建纳瓦霍砂岩砌石拱（支架上的可移动起重机被用于搬运石块）
F. 混凝土拱肩墙上安装模板 / 钢筋
G. 混凝土拱肩墙 / 水平拉杆浇注砌石
H. 修建混凝土 / 砌石翼墙
I. 拱肩填充沙土到道路坡度
J. 安装砌石护栏和路边石
K. 沥青铺面

DELINEATED BY: Todd A. Croteau, 1993
ZION NATIONAL PARK
ROADS AND BRIDGES RECORDING PROJECT
NATIONAL PARK SERVICE
UNITED STATES DEPARTMENT OF THE INTERIOR

ZION - MT. CARMEL HIGHWAY, PINE CREEK BRIDGE - 1930
SPANNING PINE CREEK ON ZION-MOUNT CARMEL HIGHWAY (STATE HIGHWAY 9)
SPRINGDALE VICINITY WASHINGTON COUNTY UTAH

SHEET 2 OF 2

HISTORIC AMERICAN ENGINEERING RECORD
UT - 39 - B

维金河北支流桥，1930 年

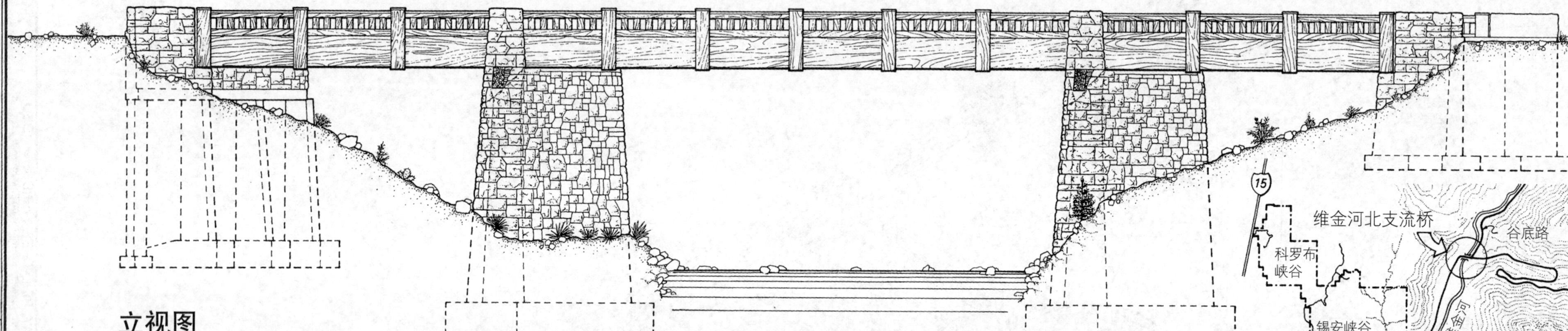

立视图

比例尺：*1/8"=1'-0"*

0 1 2 3 4 5 m.

0 5 10 20 ft.

绘图基于实地测量和原始设计文件，详见联邦公路管理局建筑编号

维金河北支流桥取代了上游的一座拱形大梁桥，此桥由美国联邦公路局和国家公园管理局的风景园林师托马斯·温特合作设计。这座三跨式钢梁桥原本设计为拱桥，与此同时，雷诺兹—伊利建筑公司设计并修建了松溪桥，作为锡安山—卡梅尔高速公路的一部分。两座桥都采用当时国家公园管理处传统的乡村风格。桥梁建设最终花费为 66416.11 美元。

长 185 英尺的南支流桥有两个高 34 英尺的坚固砌石桥墩，能支撑工字梁桥面结构和混凝土道路。54 英寸厚的红木板和护栏嵌在工字结构上，很好地掩饰了桥梁的上层结构，并与周边环境相融洽。一条古代灌溉运河穿过砌石端墙的混凝土涵洞，流经西桥墩下。桥梁结构至今未曾发生重大变化。然而在国家公园管理局的“66 号道路任务”项目中，桥梁道路被加宽，原有护栏也得到了重新修缮。

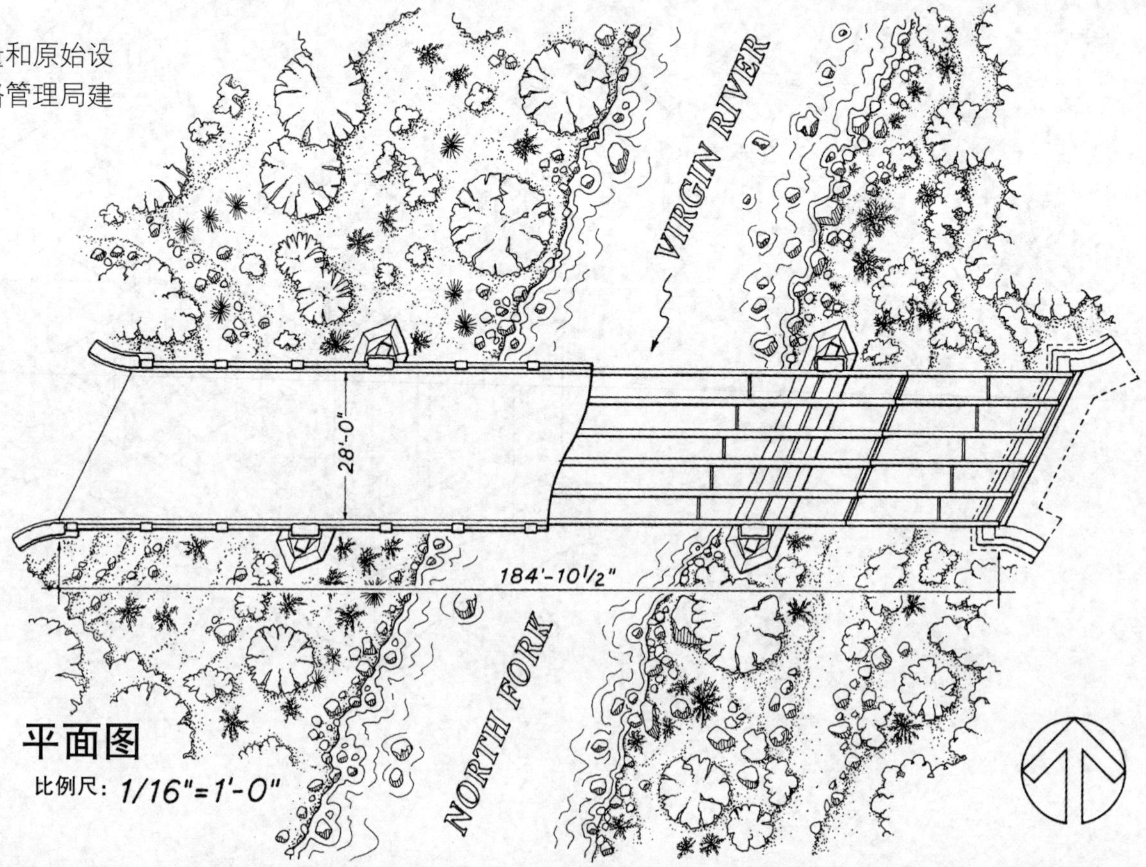
VIRGIN RIVER
28'-0"
184'-10 1/2"
NORTH FORK

平面图

比例尺：*1/16"=1'-0"*

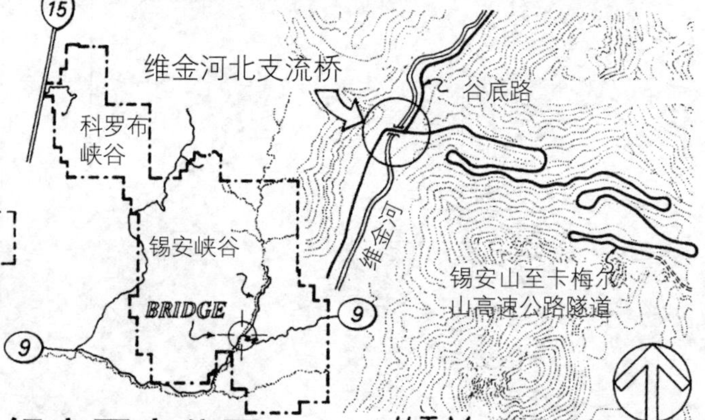
15
维金河北支流桥
谷底路
科罗布峡谷
锡安峡谷
维金河
锡安山至卡梅尔山高速公路隧道
BRIDGE
9
9

锡安国家公园

U.T.M. 12/324830/4120630

此项目是 HAER 的一部分。HAER 是一项长期记录美国历史上重要工程与工业成果的项目。HAER 由 HABS/HAER 管理，这是美国内政部国家公园管理局的一个部门。约塞米蒂道路和桥梁项目都由约塞米蒂国家公园赞助。米歇尔·芬利为监督人，凯文·卡恩为维护和工程负责人，约翰·金格斯为国家公园管理局的道路和桥梁项目监督人，罗伯特·J·卡普施为 HABS/HAER 的监督人，负责其总体方向。

实地调查、测量绘图、历史和图片整理均在 HAER 的首席建筑师埃里克·迪劳尼的指导下完成。记录小组成员有：现场主管人和工业设计师托德·A·克罗托，建筑技术员狄俄涅·德玛提拉耳、大卫·R·弗莱明和玛丽－克劳德·利索特尔，项目历史学家理查德·H·奎因，现场摄影师布莱恩·C·葛罗根。

DELINEATED BY: *Chris Payne 1993*

ZION NATIONAL PARK ROADS AND BRIDGES RECORDING PROJECT
NATIONAL PARK SERVICE
UNITED STATES DEPARTMENT OF THE INTERIOR

ZION-MT. CARMEL HIGHWAY, NORTH FORK VIRGIN RIVER BRIDGE - 1930
SPANNING VIRGIN RIVER ON ZION-MT. CARMEL HIGHWAY (STATE HIGHWAY 9)
SPRINGDALE VICINITY WASHINGTON COUNTY UTAH

SHEET 1 of 2

HISTORIC AMERICAN ENGINEERING RECORD UT-39-C

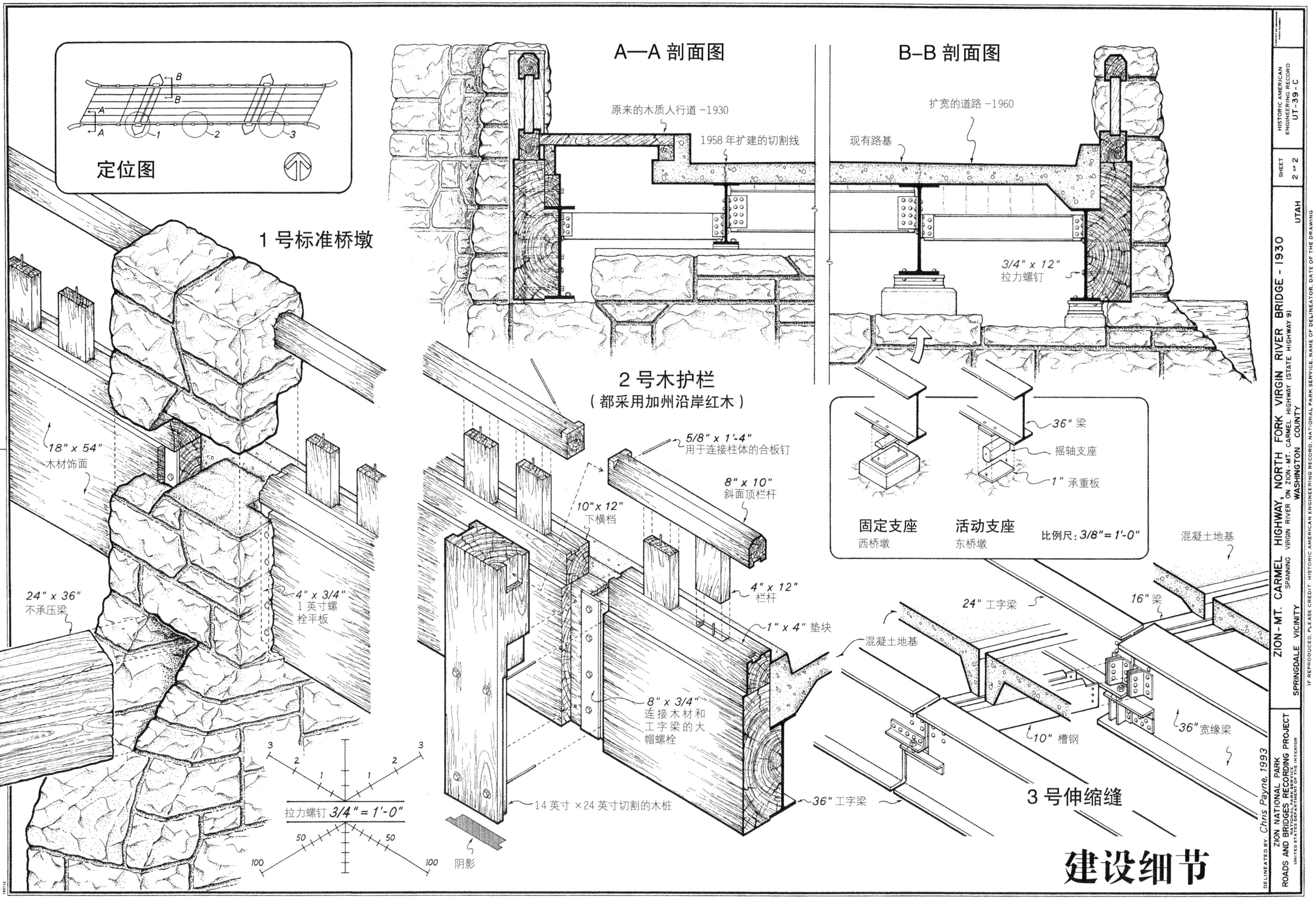
定位图
A
B
1
2
3
1 号标准桥墩
18" x 54"
木材饰面
24" x 36"
不承压梁
4" x 3/4"
1 英寸螺栓平板
A—A 剖面图
原来的木质人行道 -1930
1958 年扩建的切割线
B–B 剖面图
扩宽的道路 -1960
现有路基
3/4" x 12"
拉力螺钉
2 号木护栏
（都采用加州沿岸红木）
5/8" x 1'-4"
用于连接柱体的合板钉
8" x 10"
斜面顶栏杆
10" x 12"
下横档
4" x 12"
栏杆
1" x 4" 垫块
8" x 3/4"
连接木材和工字梁的大帽螺栓
14 英寸 ×24 英寸切割的木桩
36" 工字梁
阴影
拉力螺钉 3/4" = 1'-0"
36" 梁
摇轴支座
1" 承重板
固定支座
西桥墩
活动支座
东桥墩
比例尺：3/8" = 1'-0"
混凝土地基
24" 工字梁
16" 梁
10" 槽钢
36" 宽缘梁
3 号伸缩缝
建设细节
DELINEATED BY: Chris Payne, 1993
ZION NATIONAL PARK
ROADS AND BRIDGES RECORDING PROJECT
NATIONAL PARK SERVICE
UNITED STATES DEPARTMENT OF THE INTERIOR
ZION - MT. CARMEL HIGHWAY, NORTH FORK VIRGIN RIVER BRIDGE - 1930
SPANNING VIRGIN RIVER ON ZION - MT. CARMEL HIGHWAY (STATE HIGHWAY 9)
SPRINGDALE VICINITY WASHINGTON COUNTY UTAH
SHEET 2 of 2
HISTORIC AMERICAN ENGINEERING RECORD
UT-39-C
IF REPRODUCED, PLEASE CREDIT: HISTORIC AMERICAN ENGINEERING RECORD, NATIONAL PARK SERVICE, NAME OF DELINEATOR, DATE OF THE DRAWING

国家风景道

国家公园管理局的风景道凸显出高速公路工程学和风景设计的和谐统一。绵延数公里，穿过风景偏僻地区和田园农场、城市林地和神圣的历史遗迹，国家风景道保留了无价的自然与文化资源，并为游客提供了各种吸引人的驾车体验。

HABS/HAER 风景道文件材料开篇是岩溪和波多马克公园大道详细的地图图示，这片长 2.5 英里的城市绿洲地处首都心脏部分。乔治·华盛顿纪念风景道项目采用了更一目了然的方式进行描绘，既可以全面观赏华盛顿波多马克河沿岸的建筑和重点景观，又展示出设计理念和建设过程。弗吉尼亚殖民地风景道也采用类似风格描绘，但更多强调对风景特色和建筑细节的诠释。

蓝岭山风景道（469 英里）的长度和多样性无可比拟，因而也衍生了相应的门类繁多的分析研究。艺术渲染视图抓住了风景道风景的显著特点。其余的图描绘了游客设施、标识、桥梁和重要管理措施。纳奇兹小道公路和巴尔的摩至华盛顿风景道的文件材料也采用了类似手法，另有图记载了运输道路的进化历程。

贝尔彻弯道，蓝岭山风景道，1997 年
拍摄者：大卫・哈斯，HAER

国家风景道

巴尔的摩—华盛顿风景道

巴尔的摩—华盛顿风景道，1954—1999 年

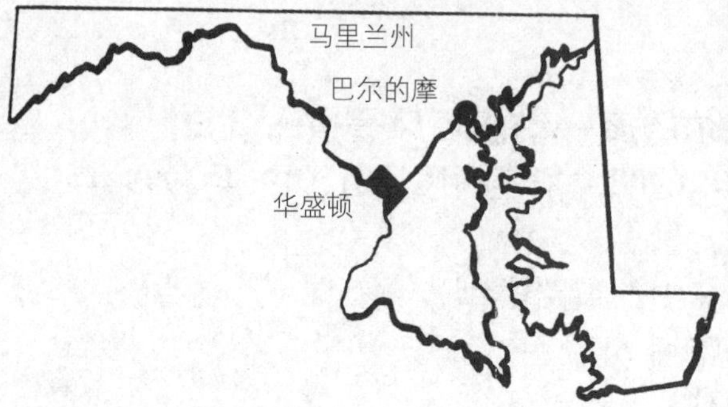

在穿过绿带公园的风景道上北望好运桥
来自一张 NPS 的照片，由阿比・罗拍摄，1954 年

巴尔的摩至华盛顿风景道是一条到达国家首都的安全而吸引人的通道。这条有限制的通路在马里兰分开，给通往危险以及商业化的 1 号线提供了选择。这条驾车专用道路也在连接首都以及多个重要联邦经销处中起着至关重要的作用。这些目的地包括防御装置、研究中心以及像格林贝尔特公园的娱乐区。这条道路在 20 世纪 20 年代计划兴建，但是直到 1954 年都没有完成。

国家公园管理局以及美国公共道路局设计并建造了 19 英里长的道路，它从 50 号线和马里兰线的交叉点延伸到靠近 175 号线的交换处的米德边界贸易站。这条道路是 295 号线道路使用权的一部分，使得沿着安那考斯迪亚河通过华盛顿到达伍德罗威尔逊桥的路向南延伸。从北面起，这条路成为了“巴尔的摩至华盛顿的高速公路”，从国际机场延伸到巴尔的摩城，在马里兰州的管辖权里。

这条风景道的设计正处于道路设计的转型期——从二战前的狭窄弯曲的风景道路转变为更加宽阔、笔直而视觉上不太吸引人的州际公路和高速公路。这条风景道的一些设计策略适应了战后对道路的需求，如允许适度的高速，提高效率以及突出交通安全等。这些特征包括从长曲线和螺旋线之间的流畅连接、可安装的路缘石，分离式道路立交，以及出入口的混合车道。视觉上的特征包括在路边加快植被以此来屏蔽不受欢迎的视线，并提升风景道的风貌；

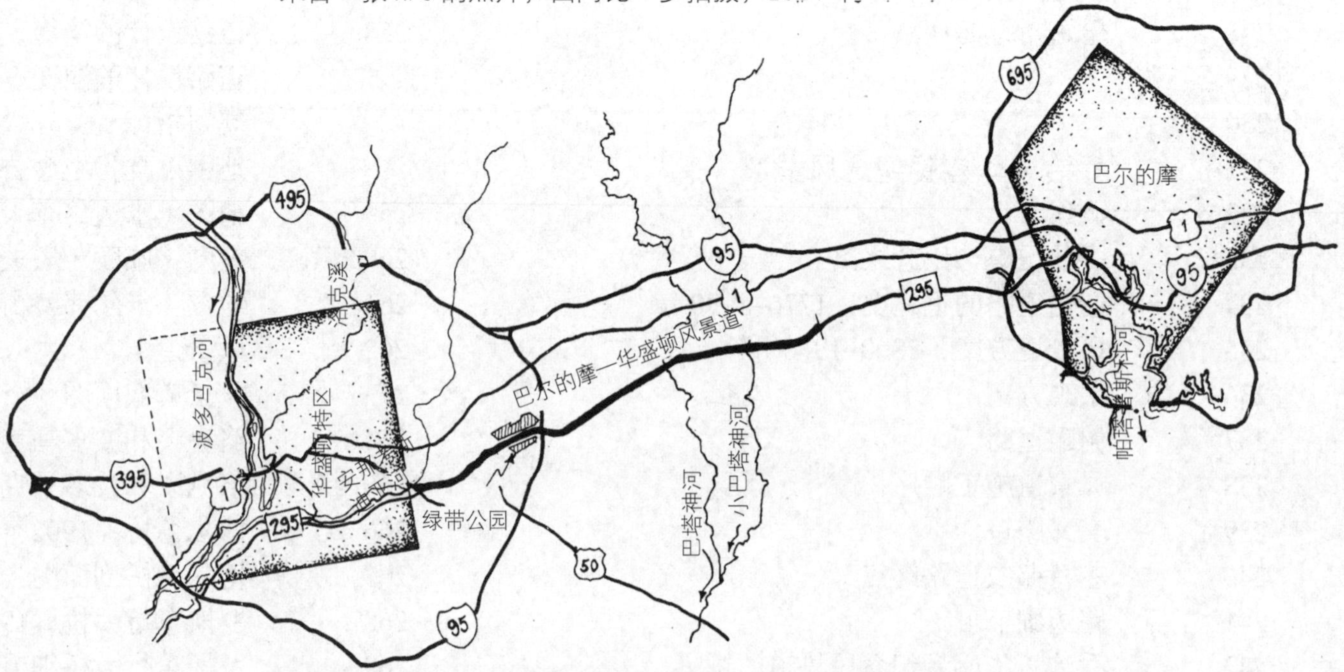

道路两侧的视觉景观丰富多样，从开放的草地到茂密的森林；不断变化且具有吸引力的原生森林，草地和风景如画的园景树。

这条道路继续维持着它总的性质，尽管交通容量加大，郊区发展迅速。一个从 1985 年从事到 2001 年的翻新计划尝试着在保证它能更好地适应现代交通需求的同时不破坏它原有的优美风景。

巴尔的摩至华盛顿风景道项目由 HABS/HAER、NPS 国家首都地区和 NPS—NCR 国家资本分园东于 1999 年共同发起。该项目通过国家公园管理局道路和桥项目由美国联邦土地公路通过项目投资。

实测图、历史报告及照片由以下人员指导编纂：HAER 项目领导克里斯托弗・马斯顿，HAER 史学家蒂姆・戴维斯，HAER 道路与桥梁项目经理托德・克罗托。记录小组由现场监督和景观建筑师弗兰西斯卡・卡萨拉（密歇根大学），建筑技师李阿布里顿（乔治・华盛顿大学）和安娜・卡维萨（美国—国际古迹遗址理事会，委内瑞拉），史学家蒂姆西曼德尔（NPS—NCR 国家首都公园中心）组成。安娜・岱美（美国—国际古迹遗址理事会，波兰）完成了风景部分的图纸。大幅照片由杰特・罗威拍摄。米歇尔・马图拉和卡塔丽娜・费尔南德兹（美国天主大学）编辑了绘图。

DELINEATED BY: Michelle Matulac, 1999

NPS ROADS & BRIDGES RECORDING PROJECT
NATIONAL PARK SERVICE
UNITED STATES DEPARTMENT OF THE INTERIOR

GREENBELT VICINITY

BALTIMORE-WASHINGTON PARKWAY
PRINCE GEORGE'S COUNTY

MARYLAND

SHEET 1 OF 10

HISTORIC AMERICAN ENGINEERING RECORD
MD-129

旅游景点
1. 托马斯高架桥：在帕塔普斯科河流域海拔 62 英尺以上，建于 1835 年的 B&O 铁路线到华盛顿这八个高架拱桥仍承载着每日的货运量。
2. 帕塔普斯科谷州立公园：帕塔普斯科河流经其中，跨越三个县，14000 英亩的公园具有完善的休息设施以及野生和自然区域。
3. 巴尔的摩华盛顿国际机场：马里兰最大的机场，每年有超过 140 万的乘客搭乘巴尔的摩至华盛顿国际航班。
4. 帕塔克森特河州立公园：这个未开发的 6648 英亩的溪流公园主要用于划独木舟、徒步旅行、狩猎和捕鱼。
5. 波尔曼桥梁和粗犷的磨坊厂：波尔曼桥梁是铸铁和锻铁桁架桥幸存的最后典范。相邻的粗犷磨坊厂结构复杂，从 1822 年至 1947 年，它已被改造成仿古购物中心。
6. 劳雷尔：这个郊区从 19 世纪 30 年代开始作为磨坊镇，它突出了 B & O 火车站。位于主要街道上的博物馆内，这是一座 1840 年工厂工人的房子。
7. 蒙彼利埃豪宅：陆军少校托马斯斯诺登在 1783 年用乔治王时代艺术风格建造。它被乔治王子县作为博物馆及文化艺术中心保存下来。
8. 马里兰大学机场和博物馆：这个 1909 年的机场是世界上仍开放的最古老机场，这片土地也是怀特兄弟第一次教陆军军官飞行的地方。
9. 马里兰大学帕克大学：作为赠地学院于 1862 年建造，这个全面的公共研究机构是马里兰州主要的大学。
10. 里佛斯达：1801 年由反世纪铁路郊区里佛斯达公园包围的联邦风格庄园。
11. 海厄茨维尔历史街区：这历史悠久的郊区保留着商业和住宅建筑，可以追溯到 19 世纪 70 年代这里作为铁路郊区及 20 世纪作为有轨电车和汽车郊区时期。
12. 布莱登斯堡：一个殖民滨海区，曾因作为装运港而兴盛。历史建筑遗址包括 1746 年的博斯特威宅，以及 1765 的市场主人住宅。
13. 斯提亚公园：归国家公园管理局所有，这个广阔的绿色空间包括发达的休闲区域和沿着斯提亚滨海区的野生自然区。
14. 乔治堡米德：1917 年开始，作为第一次世界大战入伍者的驻扎地，二战期间 350 万军队在这里受训。如今它仍然作为主要的军事和国家安全机构支持基地。
15. 国家密码博物馆：于 1993 年开业，解读密码破译出的历史及保护国家信息通报。
16. 帕塔克森特研究避难所：这个中心建于 1936 年，富兰克林·D·罗斯福总统用它来支持野外生活研究，现占地 12750 英亩。
17. 贝尔茨维尔农业研究中心：世界上最大也是种类最丰富的农业研究中心。CCC 建造了木屋作为游客中心。
18. 美国国家航空航天局戈达德太空飞行中心：美国国家航空航天局第一个太空飞行中心，1958 年建造。主要贡献包括在美国国家航空航天局的行星地球任务中起领导作用及承担哈勃太空望远镜的任务。
19. 格林贝尔特：这个花园社区作为罗斯福新政的三个模型之一的“绿色城镇”而建造。格林贝尔特中心小学是 20 世纪 30 年代建造如今仍在使用的建筑物之一，并且是装饰艺术和现代艺术风格的范例。
20. 格林贝尔特公园：这个国家公园管理处的自然保护区被巴尔的摩至华盛顿绿化路平分，这里有野餐区，自行车及古马道以及环境教育项目。还设有最接近哥伦比亚的公共露营。
21. 凯尼尔沃思公园和水产品花园：这是国家公园管理处单位唯一致力于传播和展示的水生植物园。这个花园建立于 1882 年，公众可观赏水百合和莲花，它是华盛顿现存的最后一片海涂地。
22. 美国国家植物园：这片 444 英亩的土地包含一组展示花园、植物园，植物园包括伫立在东部落叶乔木旁的历史遗迹。
巴尔的摩
帕塔普斯科河
埃尔克里奇
巴尔的摩国际机场
杰瑟普
萨维奇
美国铁路公司
乔治堡米德
萝瑞尔
巴尔的摩—华盛顿风景道
小巴塔克森特河
帕塔克森特研究所
帕塔克森特河
贝茨维尔农业研究中心
绿带
学院公园
新卡罗尔顿
布莱登斯堡
华盛顿特区
安那考斯蒂亚河
波多马克河
CSX
缩略语
巴尔的摩—华盛顿绿化路 NPS
限制进入的高速公路
美国州际公路
立交桥
铁路
名胜古迹
比例尺：
1 3/8" = 1 英里
英里
公里
DELINEATED BY: Lee Albritton, Christopher Marston, Pete Brooks, 1999
NPS ROADS & BRIDGES RECORDING PROJECT
NATIONAL PARK SERVICE
UNITED STATES DEPARTMENT OF THE INTERIOR
BALTIMORE-WASHINGTON PARKWAY
GREENBELT VICINITY
PRINCE GEORGE'S COUNTY
MARYLAND
SHEET 2 of 10
HISTORIC AMERICAN ENGINEERING RECORD
MD-129
IF REPRODUCED, PLEASE CREDIT: HISTORIC AMERICAN ENGINEERING RECORD, NATIONAL PARK SERVICE, NAME OF DELINEATOR, DATE OF THE DRAWING

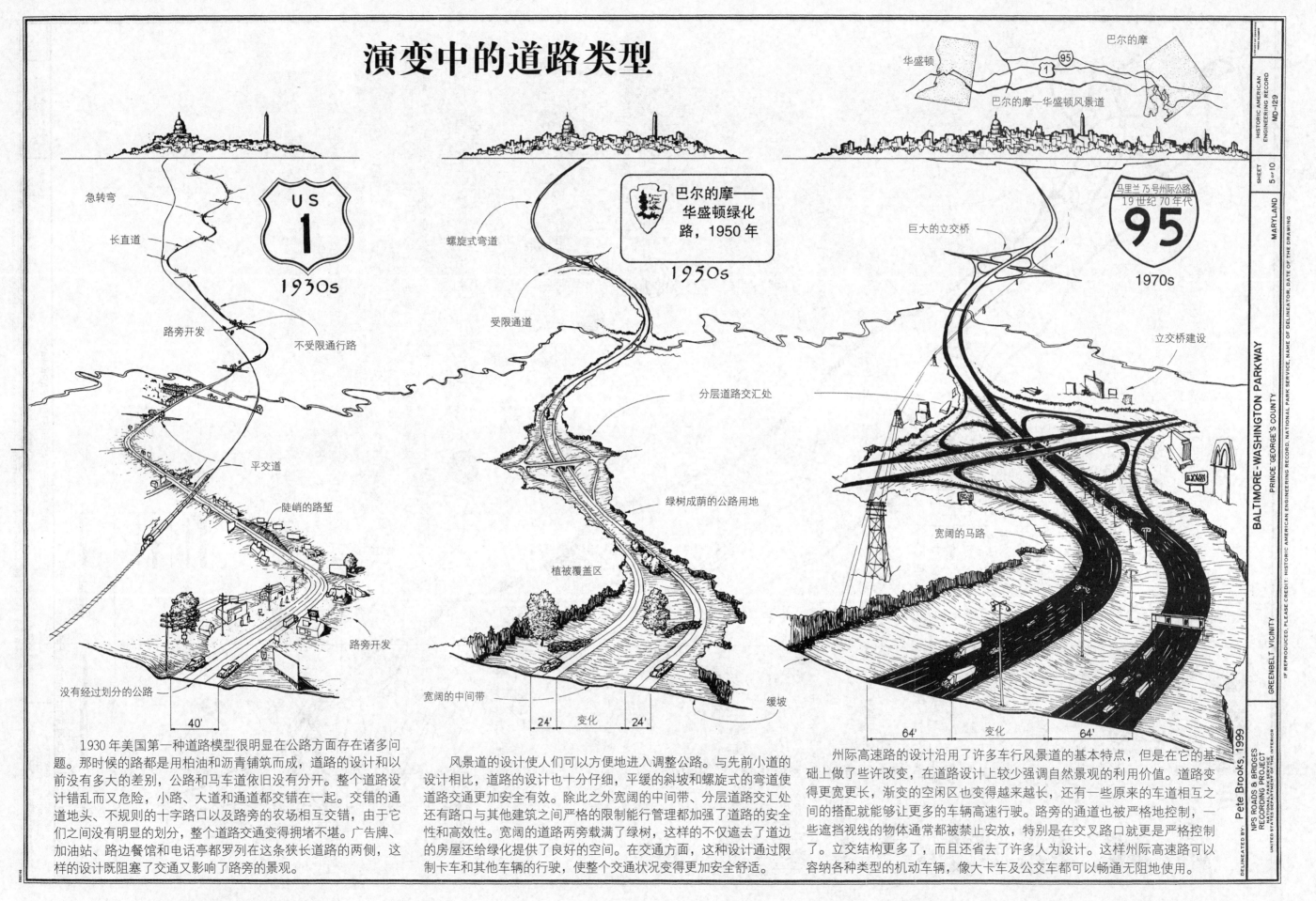

演变中的道路类型

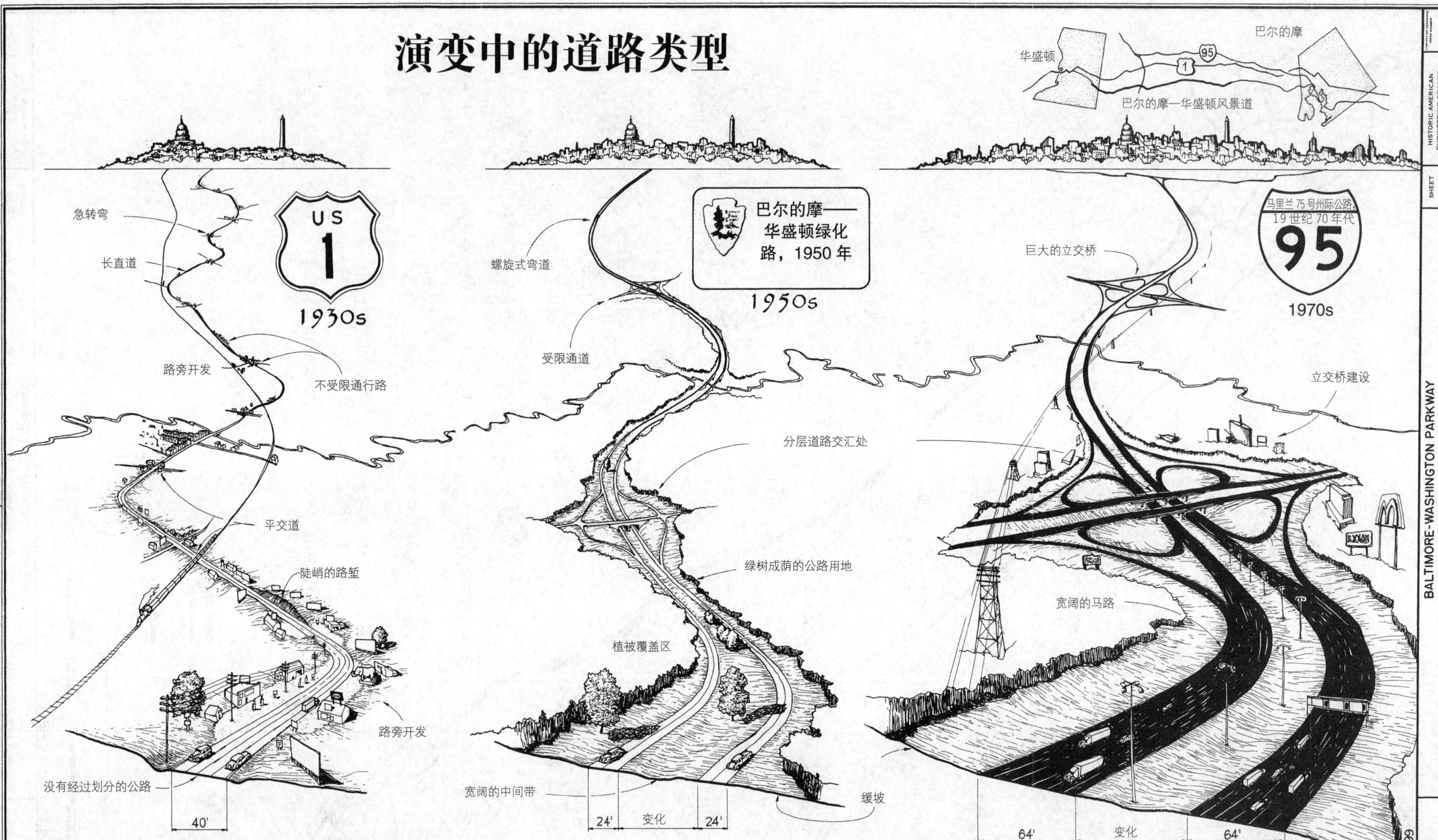

华盛顿
巴尔的摩
1
95
巴尔的摩—华盛顿风景道
急转弯
长直道
US
1
1930s
路旁开发
不受限通行路
平交道
陡峭的路堑
路旁开发
没有经过划分的公路
40'
螺旋式弯道
巴尔的摩——华盛顿绿化路，1950 年
1950s
受限通道
分层道路交汇处
绿树成荫的公路用地
植被覆盖区
宽阔的中间带
缓坡
24'
变化
24'
巨大的立交桥
马里兰 75 号州际公路
19 世纪 70 年代
95
1970s
立交桥建设
宽阔的马路
64'
变化
64'
HISTORIC AMERICAN ENGINEERING RECORD
MD-129
SHEET 5 OF 10
MARYLAND
BALTIMORE-WASHINGTON PARKWAY
PRINCE GEORGE'S COUNTY
GREENBELT VICINITY
NPS ROADS & BRIDGES RECORDING PROJECT
NATIONAL PARK SERVICE
UNITED STATES DEPARTMENT OF THE INTERIOR
DELINEATED BY: Pete Brooks, 1999
IF REPRODUCED, PLEASE CREDIT: HISTORIC AMERICAN ENGINEERING RECORD, NATIONAL PARK SERVICE, NAME OF DELINEATOR, DATE OF THE DRAWING

1930 年美国第一种道路模型很明显在公路方面存在诸多问题。那时候的路都是用柏油和沥青铺筑而成，道路的设计和以前没有多大的差别，公路和马车道依旧没有分开。整个道路设计错乱而又危险，小路、大道和通道都交错在一起。交错的通道地头、不规则的十字路口以及路旁的农场相互交错，由于它们之间没有明显的划分，整个道路交通变得拥堵不堪。广告牌、加油站、路边餐馆和电话亭都罗列在这条狭长道路的两侧，这样的设计既阻塞了交通又影响了路旁的景观。

风景道的设计使人们可以方便地进入调整公路。与先前小道的设计相比，道路的设计也十分仔细，平缓的斜坡和螺旋式的弯道使道路交通更加安全有效。除此之外宽阔的中间带、分层道路交汇处还有路口与其他建筑之间严格的限制能行管理都加强了道路的安全性和高效性。宽阔的道路两旁载满了绿树，这样的不仅遮去了道边的房屋还给绿化提供了良好的空间。在交通方面，这种设计通过限制卡车和其他车辆的行驶，使整个交通状况变得更加安全舒适。

州际高速路的设计沿用了许多车行风景道的基本特点，但是在它的基础上做了些许改变，在道路设计上较少强调自然景观的利用价值。道路变得更宽更长，渐变的空闲区也变得越来越长，还有一些原来的车道相互之间的搭配就能够让更多的车辆高速行驶。路旁的通道也被严格地控制，一些遮挡视线的物体通常都被禁止安放，特别是在交叉路口就更是严格控制了。立交结构更多了，而且还省去了许多人为设计。这样州际高速路可以容纳各种类型的机动车辆，像大卡车及公交车都可以畅通无阻地使用。

道路细节

1954 年建造

在最初清草和除根完成后，路基（B）上约覆盖了 12 英寸的颗粒状覆盖物（A）。虽然仅铺了 4 条车道，公园道路筑平了六条车道，中间侧（C）2 条 12 英尺的车道尚未铺平，留待以后加宽。在筑平道路之后，混凝土铺砌的模板（D）已安装妥当。在模板之中，有约 3 英寸的密实砾石（E）和钢筋网眼（F）。随后浇灌波兰产的 8 英寸水泥混凝土（G）厚板，伸缩缝（H）间隔约 30 英尺。中间的落底式进水口（I）和倾斜的草坪（J）让水能从外侧超高的表面流出。石尾墙（K）使排污管两段更加固定。最后，铺上已播种的表层土（L）并安装上钢铁栏杆（M）。

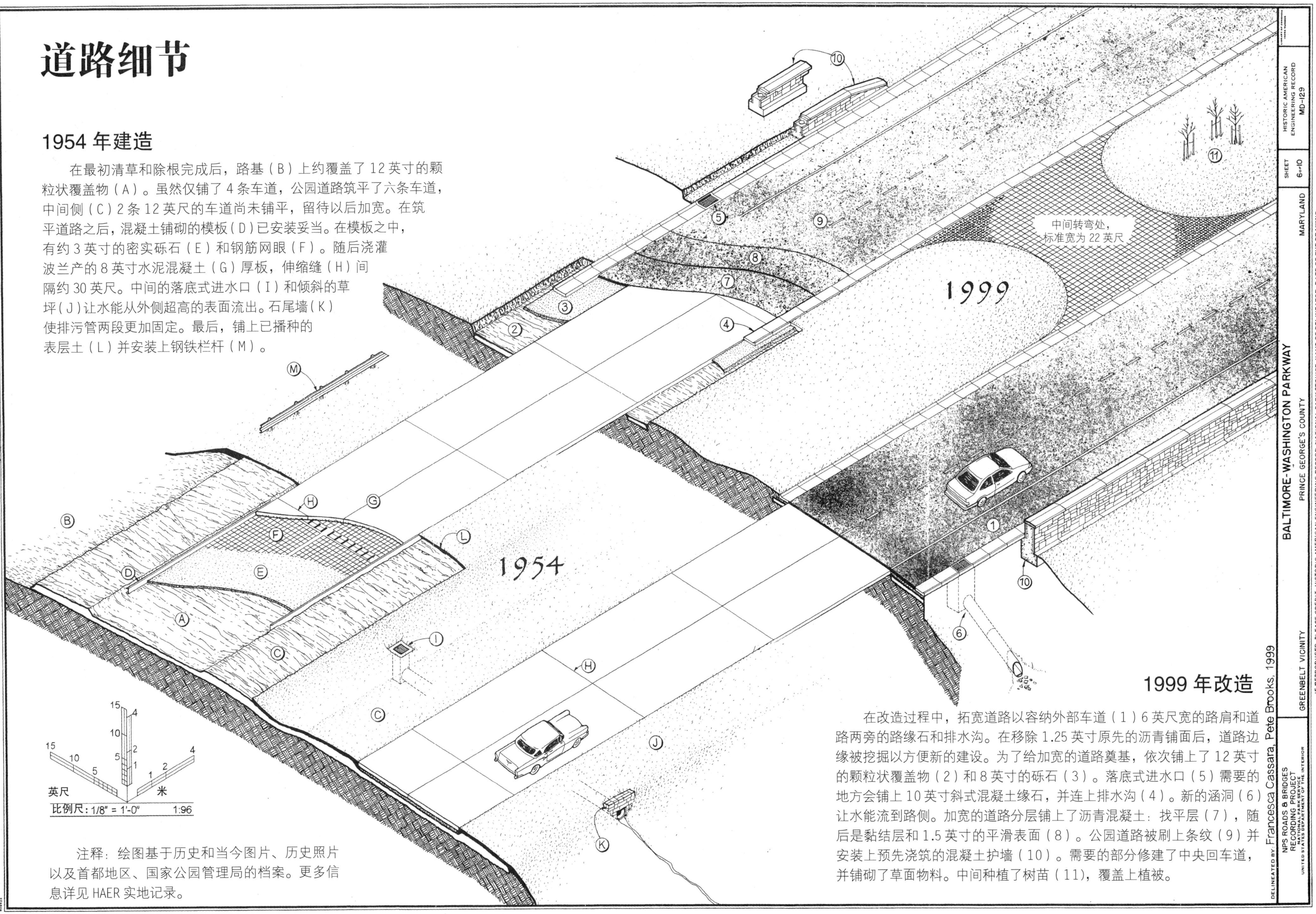

1954
1999
中间转弯处，
标准宽为 22 英尺
英尺
米
比例尺：1/8" = 1'-0"　1:96
HISTORIC AMERICAN ENGINEERING RECORD
MD-129
SHEET 6 of 10
MARYLAND
BALTIMORE-WASHINGTON PARKWAY
PRINCE GEORGE'S COUNTY
GREENBELT VICINITY
NPS ROADS & BRIDGES RECORDING PROJECT
DELINEATED BY: Francesca Cassara, Pete Brooks, 1999

1999 年改造

在改造过程中，拓宽道路以容纳外部车道（1）6 英尺宽的路肩和道路两旁的路缘石和排水沟。在移除 1.25 英寸原先的沥青铺面后，道路边缘被挖掘以方便新的建设。为了给加宽的道路奠基，依次铺上了 12 英寸的颗粒状覆盖物（2）和 8 英寸的砾石（3）。落底式进水口（5）需要的地方会铺上 10 英寸斜式混凝土缘石，并连上排水沟（4）。新的涵洞（6）让水能流到路侧。加宽的道路分层铺上了沥青混凝土：找平层（7），随后是黏结层和 1.5 英寸的平滑表面（8）。公园道路被刷上条纹（9）并安装上预先浇筑的混凝土护墙（10）。需要的部分修建了中央回车道，并铺砌了草面物料。中间种植了树苗（11），覆盖上植被。

注释：绘图基于历史和当今图片、历史照片以及首都地区、国家公园管理局的档案。更多信息详见 HAER 实地记录。

植被

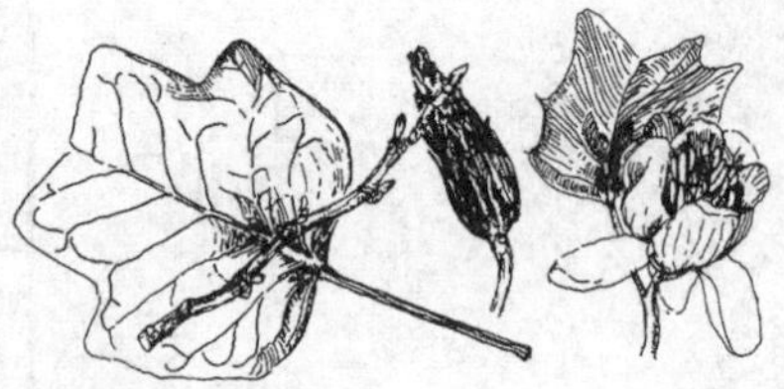

Tulip Tree *Liriodendron tulipifera*
北美鹅掌楸

Virginia Pine *Pinus virginiana* 弗吉尼亚松

Bald cypress *Taxodium distinchum*
落羽杉

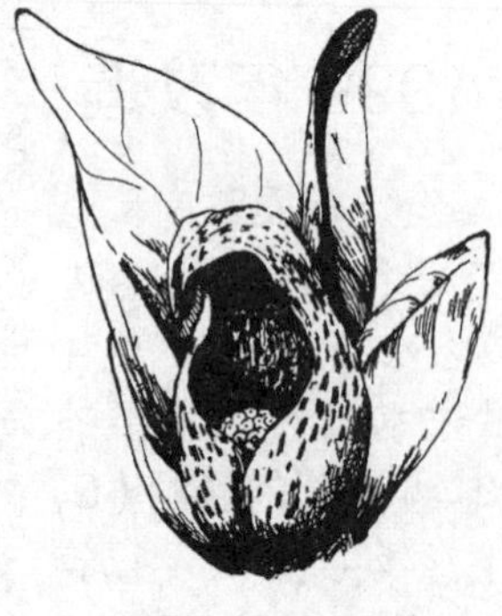

Skunk Cabbage *Symplocarpus foetidus*
臭菘

1. 巴尔的摩至华盛顿风景道上的原生植被大部分由橡树山核桃木和针叶林组成，下层植被多为灌木，例如巴婆树和美国月桂。中间和道路两边的原生草坪和修剪的树雕得到维护。

2. 种植和植被管理是总体风景规划的重要方面。树种栽植在精心挑选的区域，野花则点缀在中间的高高草丛之中，这些不仅为驱车人提供了多彩的风景，也成为了野生栖息地。

3. 自然湿地常分布于低洼地区，不易被驱车者发现。虽然 NPS 自然学者努力在绿化路边界保护这些生态系统，湿地仍旧受到了风景道邻近开发的影响。

4. 立体交叉排水区域模仿自然湿地模式。这些储水盆地不仅能净化水源，还为野生动植物提供了栖息地。

Sweet Gum *Liquidambar styraciflua*
北美枫香

Pin Oak *Querus plaustris*
针叶橡树

Lance-leaved Coreposis *Coreposis lanceolata*
剑叶金鸡菊

Blue Vervain *Vervain hastata*
戟叶马鞭草

Cattail *Typha latifolia*
宽叶香蒲

Sedge *Juncus effusus*
灯心草

HISTORIC AMERICAN ENGINEERING RECORD MD-129

SHEET 7 of 10

BALTIMORE-WASHINGTON PARKWAY
GREENBELT VICINITY PRINCE GEORGE'S COUNTY MARYLAND

DELINEATED BY Anna Dymek, 1999
NPS ROADS & BRIDGES RECORDING PROJECT
NATIONAL PARK SERVICE
UNITED STATES DEPARTMENT OF THE INTERIOR

蓝岭山风景道

蓝岭山风景道，1935—1987 年（弗吉尼亚到北卡罗来纳州）

蓝岭山风景道真正的修建目的是连接谢南多厄和大烟山国家公园，这条道路不仅能让人拥有愉快的驱车旅程，还保护并诠释了南部高地独特的自然和文化资源。这条道路不仅连接着公园，还被视为国家公园的延伸部分，能提供游憩和公园活动。在这条道路上驾驶，会让人体验到“开一会儿，停一会儿”的乐趣，路上还有风景优美的停车区、娱乐区和游客联络站。

长 469 英里的蓝岭山风景道的修建源于罗斯福新政。在大萧条时期，这项工程被视为能降低阿巴拉契亚山脉地区失业率的公共工程。1933 年 11 月，蓝岭山风景道项目通过并获得了 400 万美元资金，立即动工。项目的执行演变为四方合作：弗吉尼亚州和北卡罗莱纳州获得了修建道路的先行权，美国联邦公路局则提供技术支持和经验，第四位伙伴则是国家公园管理局。在国家公园管理局风景园林师的指导下，合作方共同计划、设计并且建设道路。承包项目的公司被要求尽可能多地雇佣当地失业人员，合同中通常有明确规定定额。第一段在 1935 年 9 月签约，但直到老爷山附近道路完工，共花了 52 年。这条风景道如今是谢南多厄和大烟山国家公园之间的必经之路。

此风景道是美国当时计划中最长的道路。根据现存做法，道路在不同区域设计并施工。弗吉尼亚有 20 处，北卡罗来纳有 24 处。不像早期的风景道，它位于群山之中，远离城市。和国家公园其他早期道路相比，它既经过乡村，也经过野外。这条 469 英里长的路的前 355 英里沿着蓝岭山蜿蜒而行。剩下的 115 英里则穿过了最高最陡峭的南阿巴拉契亚山脉，包括布莱克山、大峭壁、毗斯迦山、香脂山和普罗特香脂山脉。

与谢南多厄的天际线公路相比，蓝岭山风景道虽然部分沿着山脊修建，但起初并未设计为沿岭路线。这样一来路线反而具有了多样性，有沿着山、高原、溪流和宽广河谷的多种路线，为游客提供了世界上最多姿多彩的驱车体验。同样，设计者为道路设计出高标准的参考水平面和曲率，以便让驾车旅行的游客能安全无忧地欣赏风景。

道顿公园 里程标志 244

蓝岭山风景道和桥梁记录项目在 1996~1997 年间由 HAER 承担，埃里克·迪劳尼为监管人，此项目是 HAER 的一部分。HAER 是一项长期记录美国历史上重要工程与工业成果的项目。HAER 由 HABS/HAER 管理，这是美国内政部国家公园管理处的一个部门。联邦土地公路办公室为其提供资金，托马斯·艾迪科为国家公园管理局风景道和驾车道路项目的主管。这项纪录项目由 HAER 和蓝色山脊风景道共同资助，盖瑞·伊芙哈特为负责人，盖瑞·约翰逊是资源规划和职业管理处的主管，艾伦·海斯为文化资源专家，威尔·欧尔为风景建筑师。

文件材料在 NPS 历史学家理查德·奎因和 HAER 建筑师克里斯托弗·马斯顿的指导下准备。记录小组成员有实地监督员里阿·迪克格洛珀罗，建筑师纳塔斯查·委内（领班）、马修·斯托蒙摩和卡洛斯·吉姆兹·罗莎（西班牙国际古迹遗址理事会），风景建筑师兰·珊克林、谢利安·约斯特和莉迪亚·克拉普斯（波兰国际古迹遗址理事会），插画家珍妮弗·K·卡斯伯特。历史概况由理查德·奎因准备，桥梁报告则由实地项目历史学家布莱恩·克莱文编写。大幅照片由大卫·海斯提供。

DELINEATED BY *Jennifer K. Cuthbertson, 1997; edited by Elisabeth Dubin, 1997*

NATIONAL PARK SERVICE
ROADS & BRIDGES RECORDING PROJECT
UNITED STATES DEPARTMENT OF THE INTERIOR

BLUE RIDGE PARKWAY
BUNCOMBE COUNTY
ASHEVILLE VICINITY
NORTH CAROLINA

HISTORIC AMERICAN ENGINEERING RECORD
NC-42

SHEET 1 of 28

总图

蓝岭山风景道坐落于谢南多厄国家公园和大烟山国家公园之间——长达 469 英里。1935 年开始建设，是国内最长的联邦计划道路。风景道分部门设计建造：土地由国家购买，道路权经过批准，条款安全通过公共道路局审查。1935 年 9 月庆祝道路开通，因为 2—A 部分的第一项条款规定道路从弗吉尼亚州北部北卡罗来纳线延伸到北卡罗来纳的坎伯兰山长达 12.5 英里。随后从 2—B 部分到 2—E 部分的建设继续开展。1—P 和 1—A 部分于 1936 年 2 月份开始在维基利亚兴建。从岩鱼沟到查曼斯沟的 1—A 部分最终在 1961 年成为天际线公路的一部分。

随着工作的进展，罗阿诺克附近的一个 50 英里的路段在 1939 年 4 月对公众开放。过了一年，风景道对州线和鼓风石之间的交通开放。当建设工作由于第二次世界大战的爆发而终止时，一段 170 英里的风景道和另外的 160 英里还在修建当中，20 世纪 50 年代道路恢复修建。到 1968 年，风景道除了祖父山周围的 7.7 英里，其余都已竣工。包括峡谷拱顶高架桥的部分于 1987 年完工后，469 英里的蓝岭山风景道在工程开始的 52 年后终于全面开放。

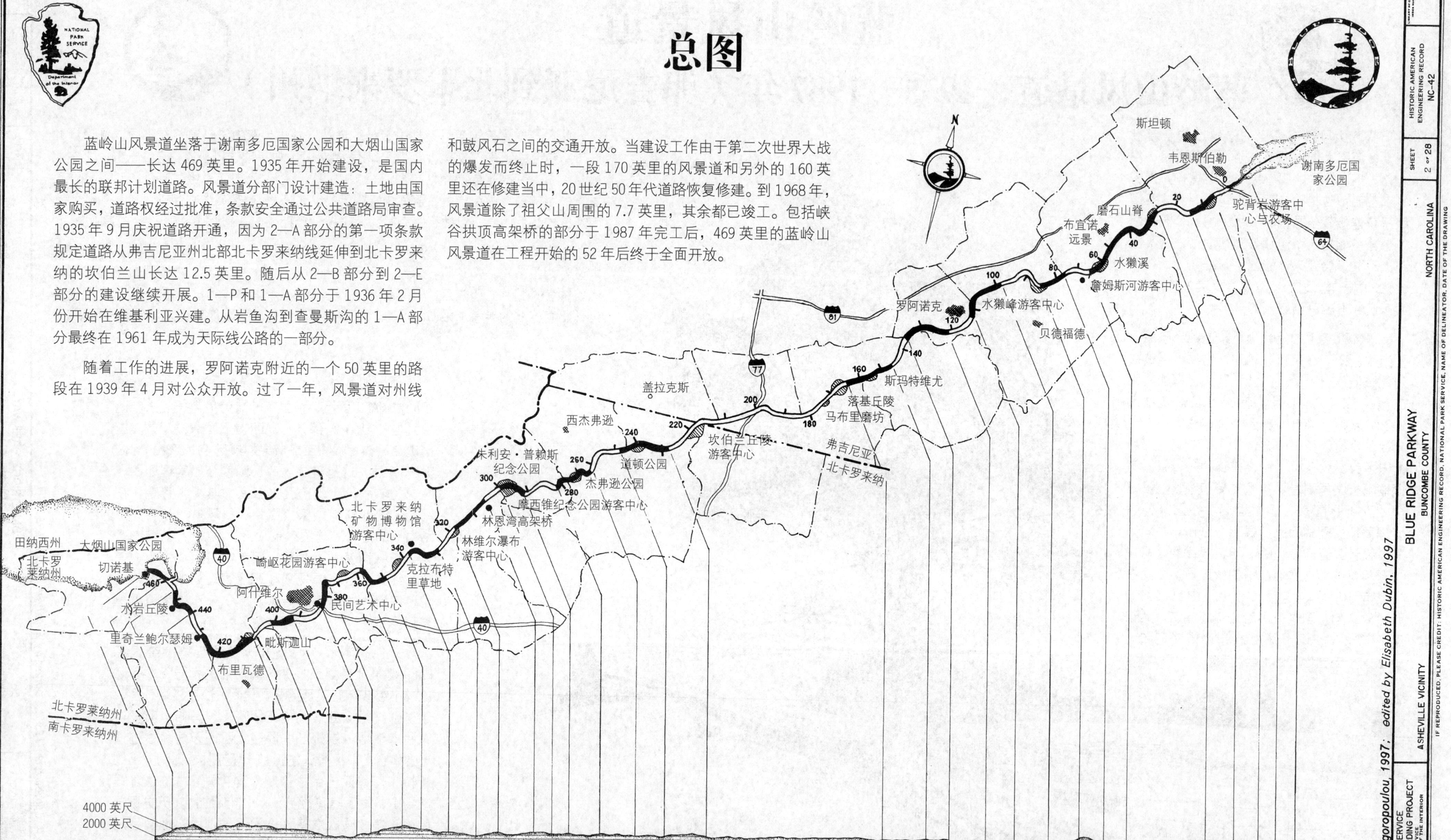

部分	完成年份	页	州
2-Z	'37	香脂山	北卡罗来纳
2-Y	'42		
2-X	1960		
2-W	1962		
2-V	1955		
2-U			
2-T	'65		
2-S	'63		
2-R	1967		
2-Q	'52		
2-P	1950	黑山	
2-N	'41		
2-M	1940		
2-L	1939		
2-K	1941		
2-J	1940		
2-H	'87		
2-G	'60		
2-F	1958	高地	
2-E	1937		
2-D	1938		
2-C	1937		
2-B			
2-A			
1-W	1939	高原	弗吉尼亚
1-V			
1-U			
1-T			
1-S			
1-R	1938		
1-Q			
1-P	1936		
1-N	1960		
1-M	1965		
1-L	1950	山脊	
1-K	1941		
1-J	1940		
1-H	1941		
1-G	1942		
1-F			
1-E			
1-D	1940		
1-C	1941		
1-B	'40		
1-A			

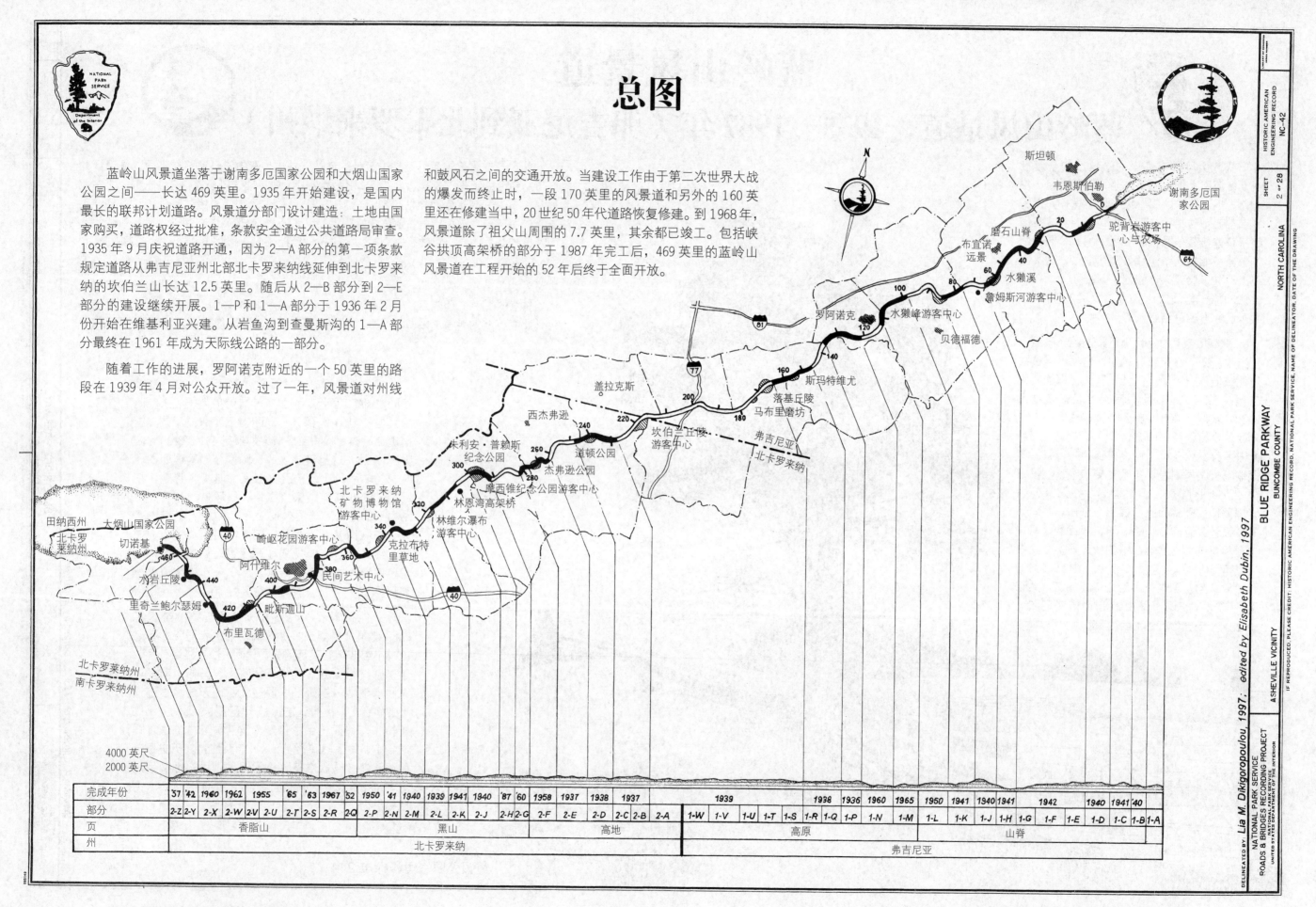

松林全景
里程标志 95.1

阿巴拉契交叉路口
里程标志 96.0

惠茨通岭和工艺店
里程标志 29.0

山岭

这条风景道始于罗克菲什峡谷，位于谢南多厄国家公园南端的蓝色山脊。这条大道沿着罗阿诺克南面的山脊铺设，有些路段穿过詹姆斯河的水峡，詹姆斯河水峡是绿化道路中海拔最低的部分。1B 到 1K 这段路竣工于 1942 年之前，是最古老的路段。唯一的例外是 1950 年完工的 1L 路段。绿化路上诸多的阿巴拉契文化典范都汇聚在这一地区——驼背岩农场、约翰逊农场、霍华德塞维尔付费公路、爱尔兰溪铁路桥、詹姆斯河和卡诺瓦运河水闸。在一个曾经只有农业活动和商贸路线的地区，一个人人都靠土地为生的地区，自然的力量已再次显现。这一路段的绝大部分穿越华盛顿和杰弗逊国家森林，现在已成为森林体验路段，其中最突出的景观特色是蓝色山脊的植物群和动物群。

詹姆斯河与卡诺瓦运河水闸 里程标志 63.6

爱尔兰溪铁路桥 里程标志 34.4

HISTORIC AMERICAN ENGINEERING RECORD NC-42
SHEET 3 of 28
BLUE RIDGE PARKWAY
BUNCOMBE COUNTY
NORTH CAROLINA
ASHEVILLE VICINITY
DELINEATED BY: Natascha V. Wiener and Cheria Yost, 1997
NATIONAL PARK SERVICE
ROADS & BRIDGES RECORDING PROJECT
NATIONAL PARK SERVICE
UNITED STATES DEPARTMENT OF THE INTERIOR

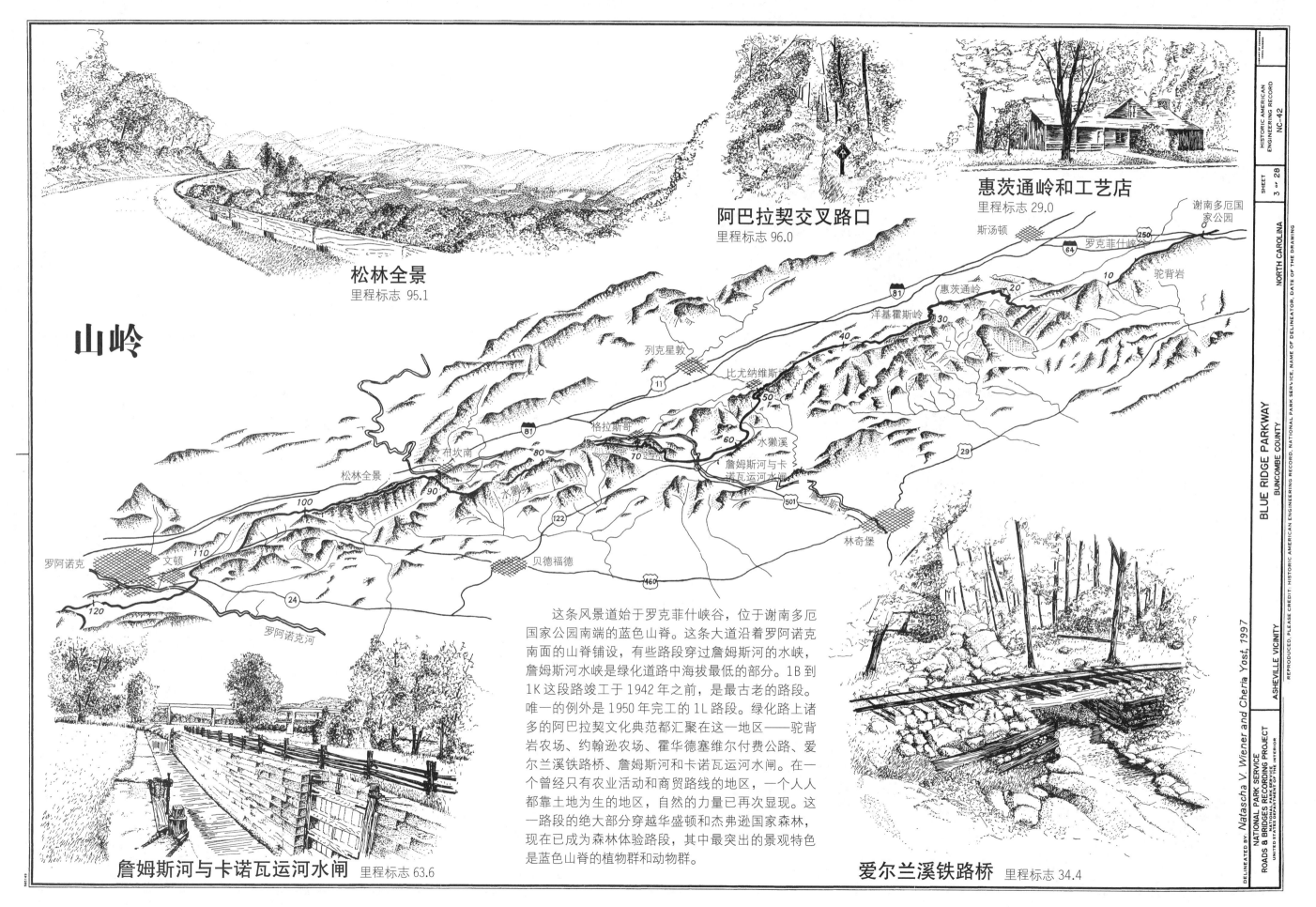

高原

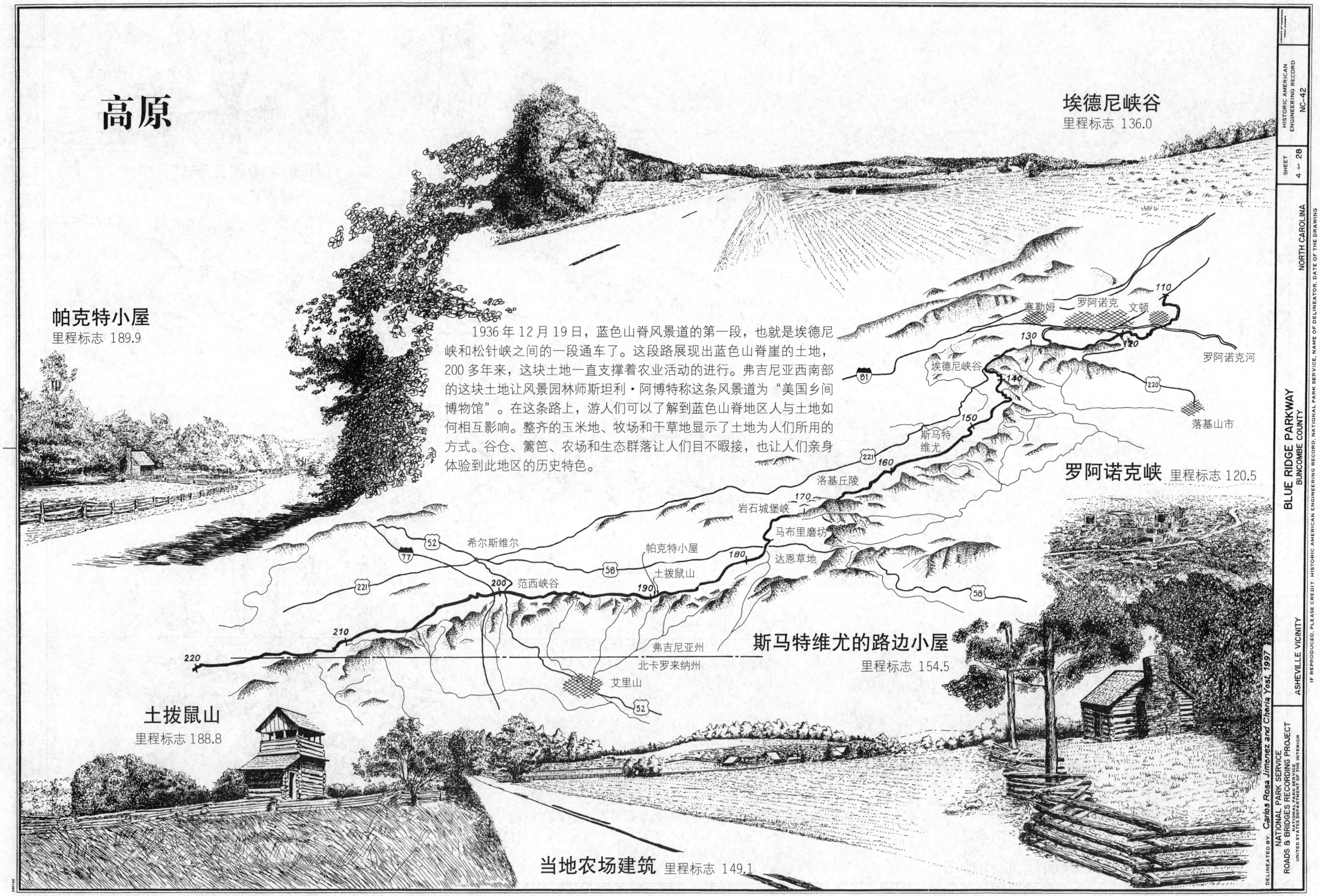

埃德尼峡谷
里程标志 136.0
帕克特小屋
里程标志 189.9
罗阿诺克峡 里程标志 120.5
斯马特维尤的路边小屋
里程标志 154.5
土拨鼠山
里程标志 188.8
当地农场建筑 里程标志 149.1
塞勒姆
罗阿诺克
文顿
罗阿诺克河
埃德尼峡谷
落基山市
斯马特维尤
洛基丘陵
岩石城堡峡
马布里磨坊
达恩草地
希尔斯维尔
帕克特小屋
土拨鼠山
范西峡谷
弗吉尼亚州
北卡罗来纳州
艾里山
110
120
130
140
150
160
170
180
190
200
210
220
81
220
221
52
77
58
HISTORIC AMERICAN ENGINEERING RECORD
NC-42
SHEET 4 of 28
BLUE RIDGE PARKWAY
BUNCOMBE COUNTY
NORTH CAROLINA
ASHEVILLE VICINITY
NATIONAL PARK SERVICE
ROADS & BRIDGES RECORDING PROJECT
DELINEATED BY: Carlos Rosa Jimenez and Cheria Yost, 1997
IF REPRODUCED, PLEASE CREDIT: HISTORIC AMERICAN ENGINEERING RECORD, NATIONAL PARK SERVICE, NAME OF DELINEATOR, DATE OF THE DRAWING

1936年12月19日，蓝色山脊风景道的第一段，也就是埃德尼峡和松针峡之间的一段通车了。这段路展现出蓝色山脊崖的土地，200多年来，这块土地一直支撑着农业活动的进行。弗吉尼亚西南部的这块土地让风景园林师斯坦利·阿博特称这条风景道为"美国乡间博物馆"。在这条路上，游人们可以了解到蓝色山脊地区人与土地如何相互影响。整齐的玉米地、牧场和干草地显示了土地为人们所用的方式。谷仓、篱笆、农场和生态群落让人们目不暇接，也让人们亲身体验到此地区的历史特色。

高原地区

高原地区是蓝色山脊风景道上最多样的部分。这条路远离蓝色山脊悬崖和弗吉尼亚州。从州界开始，这条路沿着布洛英罗克镇南端蓝色山脊起伏的地形延伸。

244 号里程标志处的篱笆

平顶庄园

摩西·H·科恩 纪念公园

里程标志 294.0

弗吉尼亚州
北卡罗来纳
通往罗阿诺克
220
小格莱德磨坊池塘
坎伯兰山
240
230
道顿公园
鳄背山
250
221
18
260
兰普山
通往阿什维尔
321
布恩
221
421
280
270
E.B·杰弗里斯公园
21
祖父山
朱利安普赖斯纪念公园
摩西·H·科恩纪念公园
300
布洛英罗
290
421

E.B·杰弗里斯公园的瀑布

里程标志 271.9

地形的变化使得风景道穿过平坦的农田、河谷、山腰和山脊。这种多样性使风景道设计者利用所有的工具来呈现各种各样的美景——辽阔的远景、无障碍的农业租赁地景色、近距离的灌木湾景色、石墙和木栅栏。从布林加尔小木屋到摩西科恩庄园，你可以看到最简单到最奢侈的生活方式。

小格莱德磨坊池塘 里程标志 230.1

鳄背山 里程标志 242.4

兰普山 里程标志 264.4

DELINEATED BY: Jennifer K. Cuthbertson / Natascha V. Wiener 1997

NATIONAL PARK SERVICE
ROADS & BRIDGES RECORDING PROJECT
NATIONAL PARK SERVICE
UNITED STATES DEPARTMENT OF THE INTERIOR

BLUE RIDGE PARKWAY
ASHEVILLE VICINITY
BUNCOMBE COUNTY
NORTH CAROLINA

SHEET 5 OF 28

HISTORIC AMERICAN ENGINEERING RECORD
NC-42

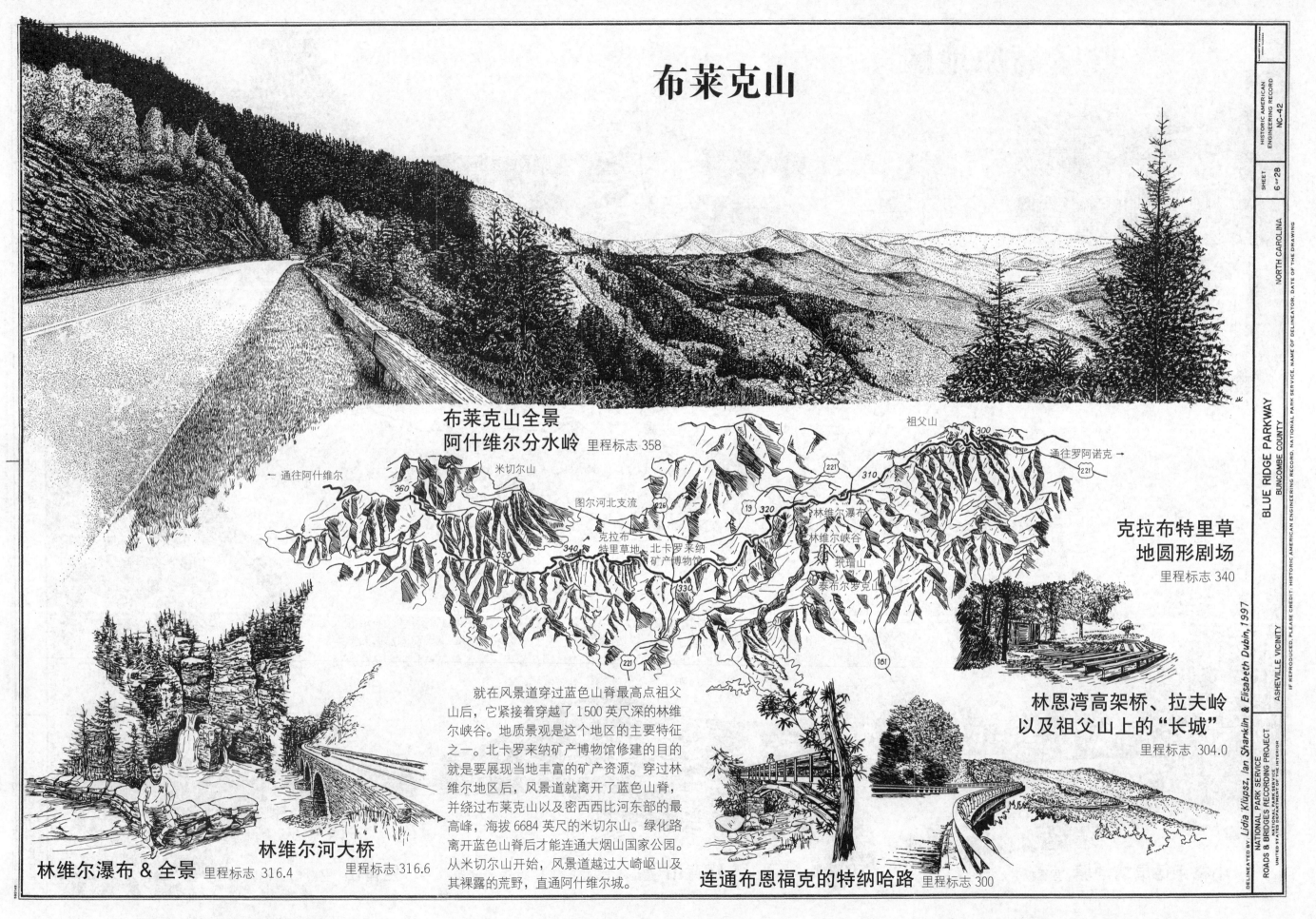

布莱克山

布莱克山全景

阿什维尔分水岭 里程标志 358

祖父山
通往罗阿诺克 →
← 通往阿什维尔
米切尔山
图尔河北支流
林维尔瀑布
林维尔峡谷
克拉布
特里草地
北卡罗来纳
矿产博物馆
玳瑁山
泰布尔罗克山
300
310
320
330
340
350
360
221
226
19
181

克拉布特里草

地圆形剧场

里程标志 340

林维尔河大桥

里程标志 316.6

林维尔瀑布 & 全景 里程标志 316.4

就在风景道穿过蓝色山脊最高点祖父山后，它紧接着穿越了1500英尺深的林维尔峡谷。地质景观是这个地区的主要特征之一。北卡罗来纳矿产博物馆修建的目的就是要展现当地丰富的矿产资源。穿过林维尔地区后，风景道就离开了蓝色山脊，并绕过布莱克山以及密西西比河东部的最高峰，海拔6684英尺的米切尔山。绿化路离开蓝色山脊后才能连通大烟山国家公园。从米切尔山开始，风景道越过大崎岖山及其裸露的荒野，直通阿什维尔城。

林恩湾高架桥、拉夫岭

以及祖父山上的“长城”

里程标志 304.0

连通布恩福克的特纳哈路 里程标志 300

Lidia Klupsz, Ian Shanklin & Elisabeth Dubin, 1997

DELINEATED BY

NATIONAL PARK SERVICE

ROADS & BRIDGES RECORDING PROJECT

BLUE RIDGE PARKWAY

BUNCOMBE COUNTY

ASHEVILLE VICINITY

NORTH CAROLINA

SHEET 6 OF 28

HISTORIC AMERICAN ENGINEERING RECORD

NC-42

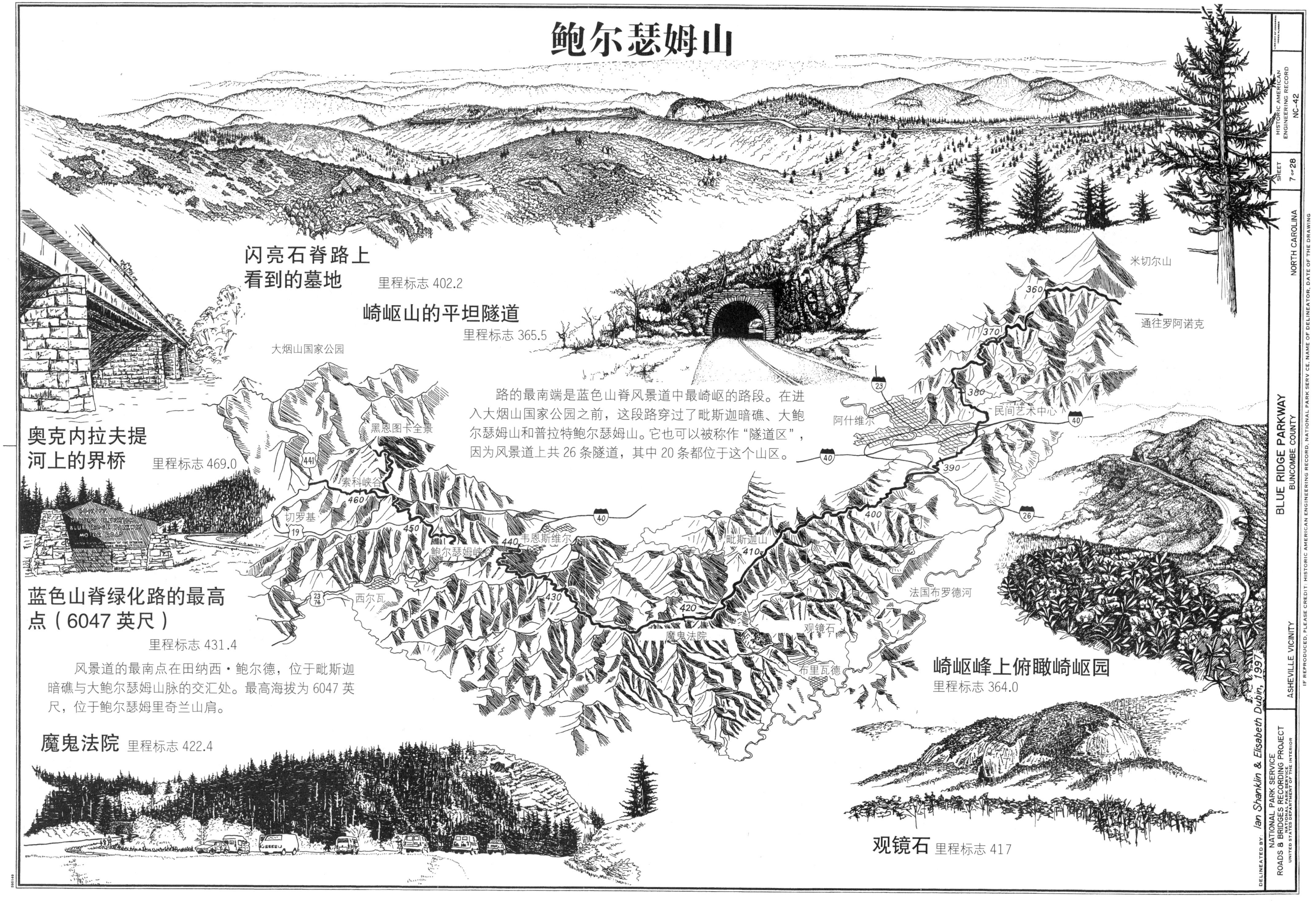
鲍尔瑟姆山
闪亮石脊路上看到的墓地
里程标志 402.2
崎岖山的平坦隧道
里程标志 365.5
大烟山国家公园
路的最南端是蓝色山脊风景道中最崎岖的路段。在进入大烟山国家公园之前，这段路穿过了毗斯迦暗礁、大鲍尔瑟姆山和普拉特鲍尔瑟姆山。它也可以被称作“隧道区”，因为风景道上共 26 条隧道，其中 20 条都位于这个山区。
奥克内拉夫提河上的界桥
里程标志 469.0
蓝色山脊绿化路的最高点（6047 英尺）
里程标志 431.4
风景道的最南点在田纳西・鲍尔德，位于毗斯迦暗礁与大鲍尔瑟姆山脉的交汇处。最高海拔为 6047 英尺，位于鲍尔瑟姆里奇兰山肩。
魔鬼法院 里程标志 422.4
米切尔山
通往罗阿诺克
360
370
380
390
400
410
420
430
440
450
460
23
40
26
19
441
23 74
阿什维尔
民间艺术中心
黑恩图卡全景
索科峡谷
切罗基
韦恩斯维尔
鲍尔瑟姆峡
毗斯迦山
西尔瓦
魔鬼法院
观镜石
法国布罗德河
布里瓦德
崎岖峰上俯瞰崎岖园
里程标志 364.0
观镜石 里程标志 417
HISTORIC AMERICAN ENGINEERING RECORD
NC-42
SHEET 7 OF 28
NORTH CAROLINA
BLUE RIDGE PARKWAY
BUNCOMBE COUNTY
ASHEVILLE VICINITY
NATIONAL PARK SERVICE
ROADS & BRIDGES RECORDING PROJECT
UNITED STATES DEPARTMENT OF THE INTERIOR
DELINEATED BY: Ian Shanklin & Elsabeth Dubin, 1997
IF REPRODUCED, PLEASE CREDIT: HISTORIC AMERICAN ENGINEERING RECORD, NATIONAL PARK SERVICE, NAME OF DELINEATOR, DATE OF THE DRAWING

驼背岩

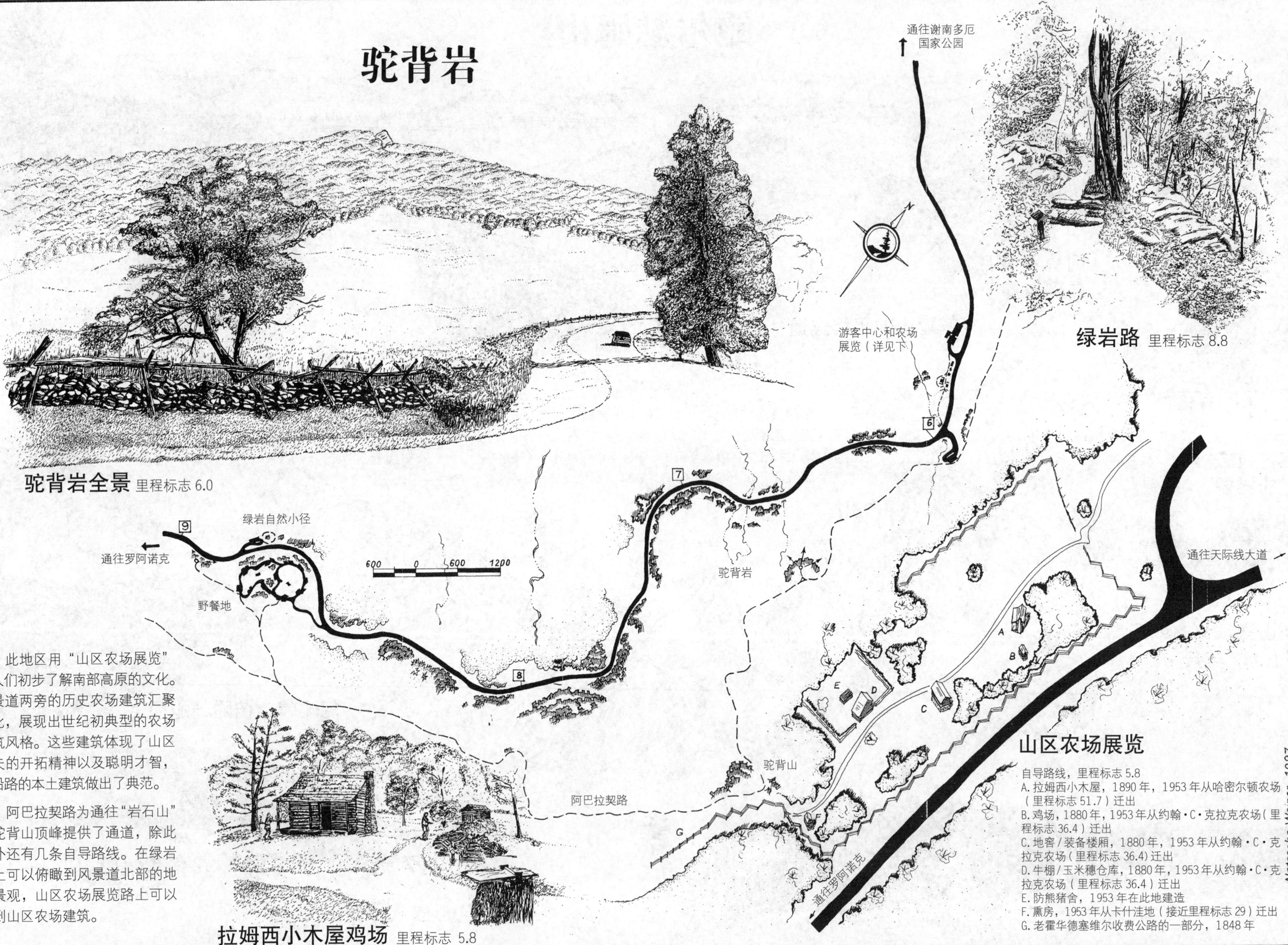

通往谢南多厄
国家公园
游客中心和农场
展览（详见下）
6
7
8
9
绿岩自然小径
通往罗阿诺克
野餐地
600 0 600 1200
驼背岩
驼背山
阿巴拉契路
通往天际线大道
A
B
C
D
E
F
G
通往罗阿诺克

驼背岩全景 里程标志 6.0

绿岩路 里程标志 8.8

此地区用“山区农场展览”使人们初步了解南部高原的文化。风景道两旁的历史农场建筑汇聚在此，展现出世纪初典型的农场建筑风格。这些建筑体现了山区农夫的开拓精神以及聪明才智，为沿路的本土建筑做出了典范。

阿巴拉契路为通往“岩石山”和驼背山顶峰提供了通道，除此之外还有几条自导路线。在绿岩路上可以俯瞰到风景道北部的地质景观，山区农场展览路上可以看到山区农场建筑。

拉姆西小木屋鸡场 里程标志 5.8

山区农场展览

自导路线，里程标志 5.8

A. 拉姆西小木屋，1890 年，1953 年从哈密尔顿农场（里程标志 51.7）迁出

B. 鸡场，1880 年，1953 年从约翰·C·克拉克农场（里程标志 36.4）迁出

C. 地窖 / 装备楼厢，1880 年，1953 年从约翰·C·克拉克农场（里程标志 36.4）迁出

D. 牛棚 / 玉米穗仓库，1880 年，1953 年从约翰·C·克拉克农场（里程标志 36.4）迁出

E. 防熊猪舍，1953 年在此地建造

F. 熏房，1953 年从卡什洼地（接近里程标志 29）迁出

G. 老霍华德塞维尔收费公路的一部分，1848 年

DELINEATED BY Natascha Weiner, 1997

NATIONAL PARK SERVICE
ROADS & BRIDGES RECORDING PROJECT
NATIONAL PARK SERVICE
UNITED STATES DEPARTMENT OF THE INTERIOR

BLUE RIDGE PARKWAY
ASHEVILLE VICINITY
BUNCOMBE COUNTY
NORTH CAROLINA

IF REPRODUCED, PLEASE CREDIT: HISTORIC AMERICAN ENGINEERING RECORD, NATIONAL PARK SERVICE, NAME OF DELINEATOR, DATE OF THE DRAWING

SHEET 8 OF 28
HISTORIC AMERICAN ENGINEERING RECORD
NC-42

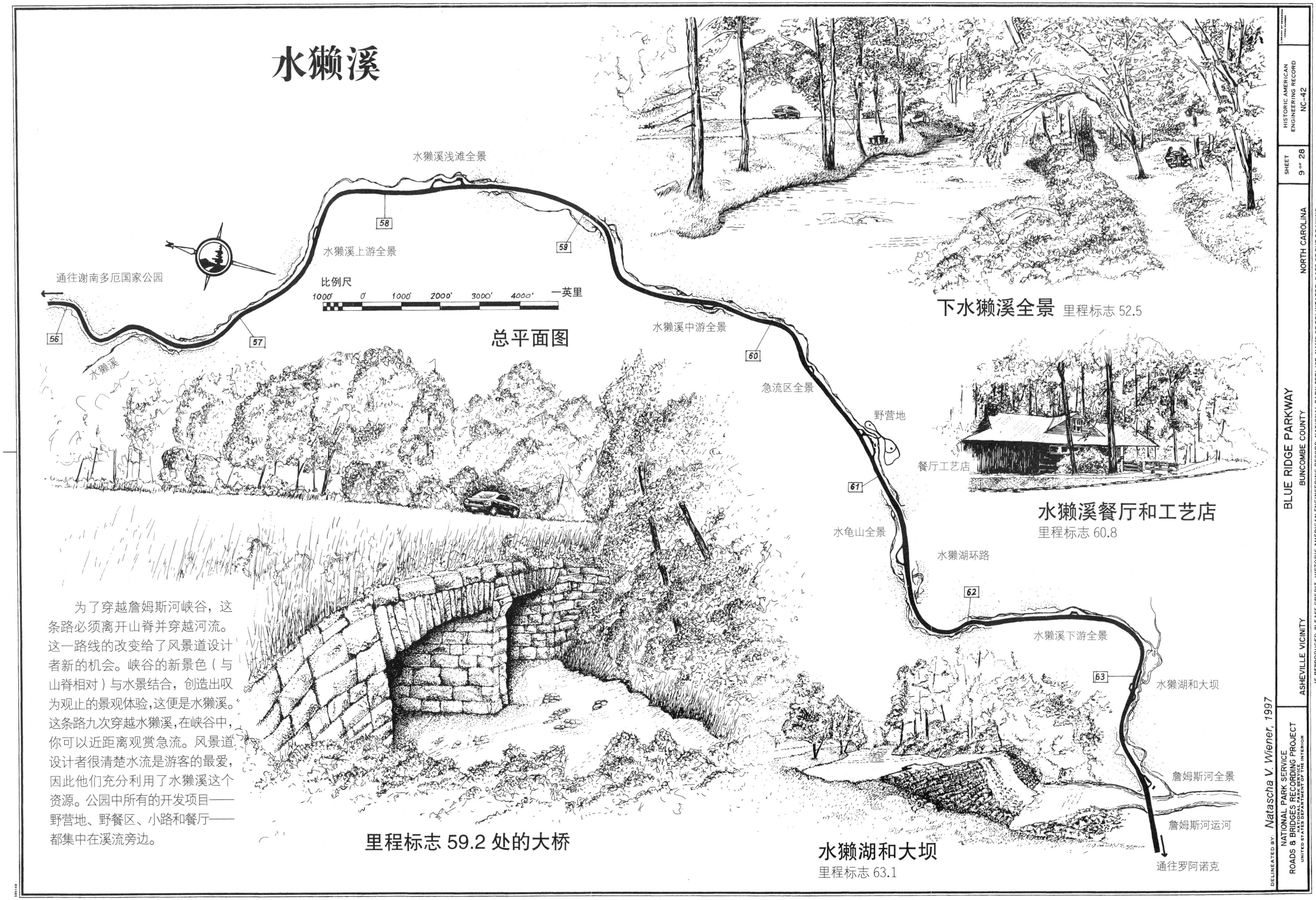
水獭溪
水獭溪浅滩全景
58
59
水獭溪上游全景
通往谢南多厄国家公园
比例尺
1000' 0' 1000' 2000' 3000' 4000' 一英里
56
57
水獭溪
总平面图
水獭溪中游全景
60
急流区全景
野营地
餐厅工艺店
61
水龟山全景
水獭湖环路
62
水獭溪下游全景
63
水獭湖和大坝
詹姆斯河全景
詹姆斯河运河
通往罗阿诺克
下水獭溪全景 里程标志 52.5
水獭溪餐厅和工艺店
里程标志 60.8
里程标志 59.2 处的大桥
水獭湖和大坝
里程标志 63.1
DELINEATED BY: Natascha V. Wiener, 1997
NATIONAL PARK SERVICE
ROADS & BRIDGES RECORDING PROJECT
NATIONAL PARK SERVICE
UNITED STATES DEPARTMENT OF THE INTERIOR
ASHEVILLE VICINITY
BLUE RIDGE PARKWAY
BUNCOMBE COUNTY
NORTH CAROLINA
SHEET 9 OF 28
HISTORIC AMERICAN ENGINEERING RECORD
NC-42
IF REPRODUCED, PLEASE CREDIT: HISTORIC AMERICAN ENGINEERING RECORD, NATIONAL PARK SERVICE, NAME OF DELINEATOR, DATE OF THE DRAWING

为了穿越詹姆斯河峡谷，这条路必须离开山脊并穿越河流。这一路线的改变给了风景道设计者新的机会。峡谷的新景色（与山脊相对）与水景结合，创造出叹为观止的景观体验，这便是水獭溪。这条路九次穿越水獭溪，在峡谷中，你可以近距离观赏急流。风景道设计者很清楚水流是游客的最爱，因此他们充分利用了水獭溪这个资源。公园中所有的开发项目——野营地、野餐区、小路和餐厅——都集中在溪流旁边。

旅馆、阿伯特湖和尖顶山 里程标志 85.6
山顶的公共汽车亭 里程标志 86.0
PEAKS OF OTTER LODGE
水獭峰
早在这一地区成为旅游胜地之前，考古证据就表明美洲印第安人已经在这居住了上千年。1751 年，白人殖民者进入此地，水獭峰开始出现在地图中。到 19 世纪，这个“高峰”已经成为游客的神往之地。这里诸多的建筑之中，只有两座历史建筑遗留下来，这便是约翰逊农场和一家早期酒馆“波利森林酒馆”。建造公园中心阿伯特湖时，挖掘工作在许多建筑的最初位置进行，琼斯小屋很有可能就是这家酒馆，在挖掘过程中被拆毁；罗瑟小屋可能是一家宾馆，后来成为了“波利森林酒馆”。如今，水獭峰旅游业的遗产流传至今，并同餐厅、旅馆、野餐区、野营区和小路一同发展。
1200 0 1200 2400
水獭山野餐区顶峰 里程标志 86.0
野营区
野餐区
尖顶路
罗瑟小屋
波利森林酒馆
阿伯特湖
野营商店
日落山
餐厅和旅馆
游客中心
加油站
麋鹿驰骋小径
约翰逊农场
83
84
85
86
87
88
波利森林酒馆 里程标志 85.6
通往谢南多厄国家公园
约翰逊农场 里程标志 86.0
通往罗阿诺克
DELINEATED BY: Carlos Rosa Jimenez, 1997
NATIONAL PARK SERVICE
ROADS & BRIDGES RECORDING PROJECT
NATIONAL PARK SERVICE
UNITED STATES DEPARTMENT OF THE INTERIOR
ASHEVILLE VICINITY
BLUE RIDGE PARKWAY
BUNCOMBE COUNTY
NORTH CAROLINA
SHEET
10 OF 28
HISTORIC AMERICAN ENGINEERING RECORD
NC-42
IF REPRODUCED, PLEASE CREDIT: HISTORIC AMERICAN ENGINEERING RECORD, NATIONAL PARK SERVICE, NAME OF DELINEATOR, DATE OF THE DRAWING

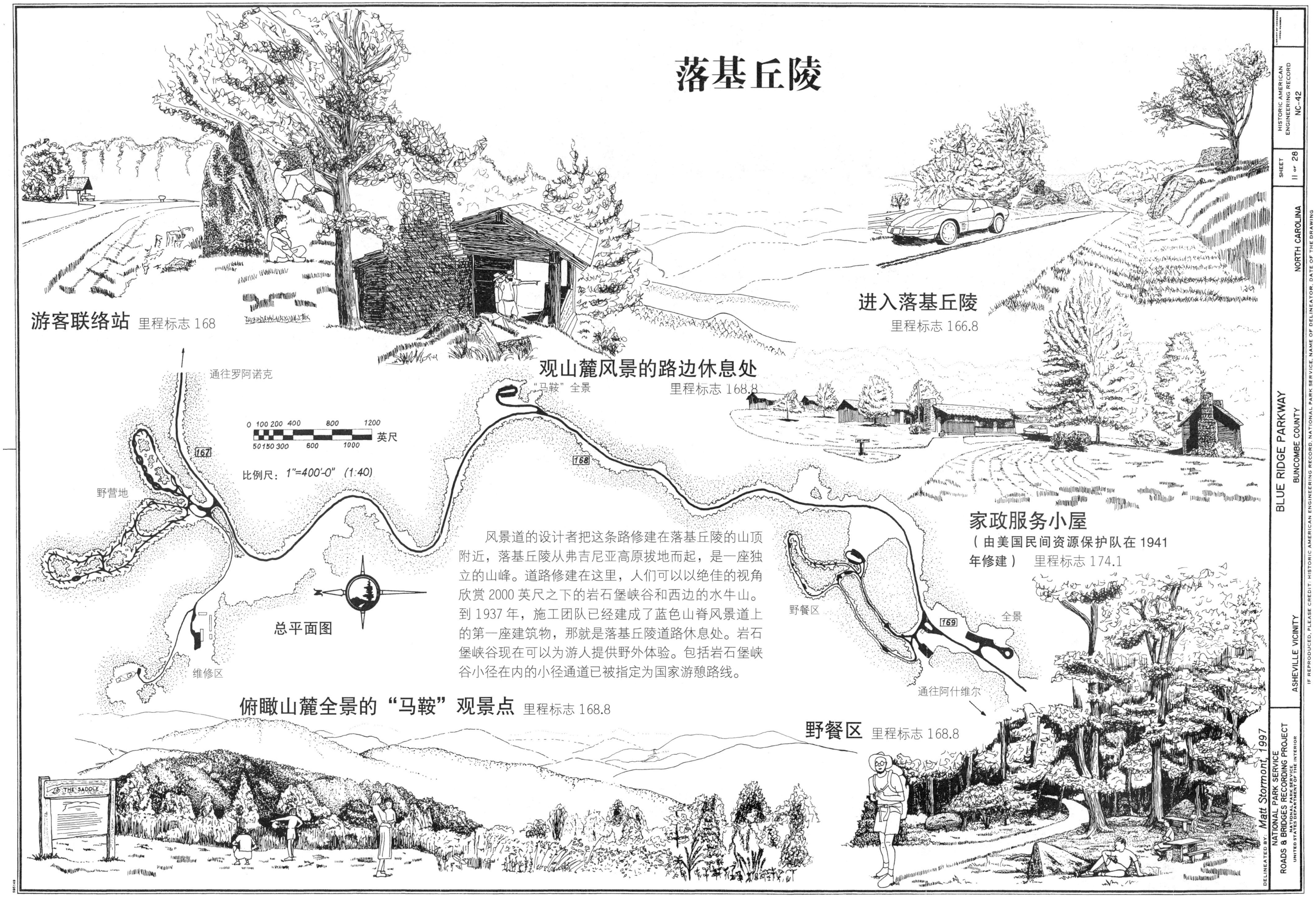

落基丘陵
游客联络站 里程标志 168
观山麓风景的路边休息处
里程标志 168.8
进入落基丘陵
里程标志 166.8
通往罗阿诺克
“马鞍”全景
0 100 200 400 800 1200
50 150 300 600 1000
英尺
比例尺：1"=400'-0" (1:40)
167
168
169
野营地
维修区
总平面图
野餐区
全景
通往阿什维尔
家政服务小屋
（由美国民间资源保护队在1941年修建） 里程标志 174.1
风景道的设计者把这条路修建在落基丘陵的山顶附近，落基丘陵从弗吉尼亚高原拔地而起，是一座独立的山峰。道路修建在这里，人们可以以绝佳的视角欣赏2000英尺之下的岩石堡峡谷和西边的水牛山。到1937年，施工团队已经建成了蓝色山脊风景道上的第一座建筑物，那就是落基丘陵道路休息处。岩石堡峡谷现在可以为游人提供野外体验。包括岩石堡峡谷小径在内的小径通道已被指定为国家游憩路线。
俯瞰山麓全景的“马鞍”观景点 里程标志 168.8
野餐区 里程标志 168.8
THE SADDLE
HISTORIC AMERICAN ENGINEERING RECORD
NC-42
SHEET 11 OF 28
BLUE RIDGE PARKWAY
BUNCOMBE COUNTY
NORTH CAROLINA
ASHEVILLE VICINITY
DELINEATED BY: Matt Stormont, 1997
NATIONAL PARK SERVICE
ROADS & BRIDGES RECORDING PROJECT
NATIONAL PARK SERVICE
UNITED STATES DEPARTMENT OF THE INTERIOR

马布里磨坊

由风景道设计师设计的这处胜景是国家公园管理处最生动的风景之一。尽管这家磨坊不如风景道上其他建筑古老，设计者却发现磨坊的结构和三条分离的屋顶线非常吸引人。一条捷径可以指引游客穿过山上的工业博物馆之景——包括过去的建筑物、展览及复原的磨坊，这条捷径无形中让磨坊更受游客青睐。清淤后的池塘映出生动的倒影，池塘的边界指引着游客去往“完美景色”之地。

溪谷与小径

马布里磨坊和池塘

里程标志 176.2

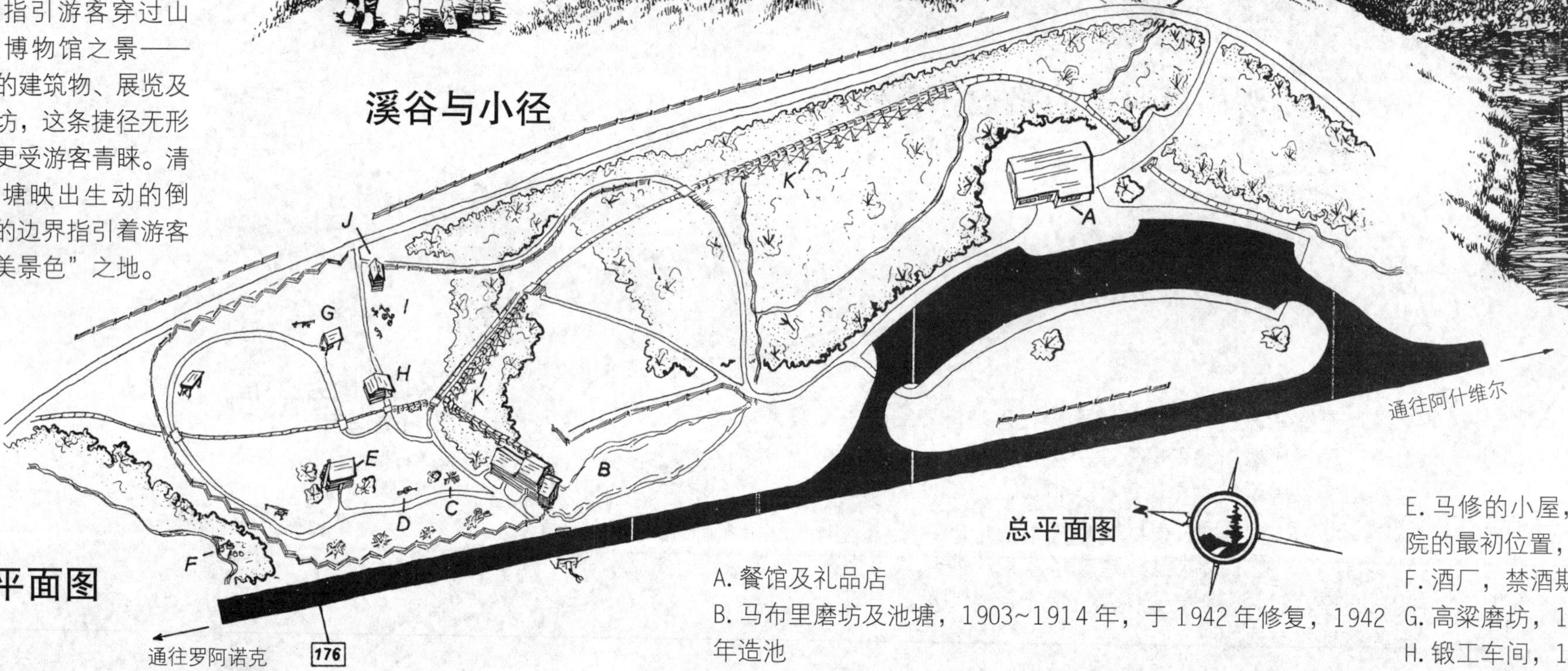

总平面图

总平面图

A. 餐馆及礼品店

B. 马布里磨坊及池塘，1903~1914 年，于 1942 年修复，1942 年造池

C. 木材干燥架，于 1957 年从落基丘陵移入

D. 运木车，来源不明

E. 马修的小屋，1896 年，1956 年从卡罗尔郡移入（1914 年马布里宅院的最初位置，1942 年由于修建蓝色山脊风景道而拆毁）

F. 酒厂，禁酒期之前，1957 年从大烟山国家公园移入

G. 高粱磨坊，1957 年从落基丘陵移入

H. 锻工车间，1898 年，1942 年从风景道旁的马布里磨坊西侧移入

I. 农具

J. 餐具洗涤室，来源不明

K. 溪谷

马布里磨坊路全景

HISTORIC AMERICAN ENGINEERING RECORD NC-42

SHEET 12 OF 28

BLUE RIDGE PARKWAY

NORTH CAROLINA

BUNCOMBE COUNTY

ASHEVILLE VICINITY

IF REPRODUCED, PLEASE CREDIT: HISTORIC AMERICAN ENGINEERING RECORD, NATIONAL PARK SERVICE, NAME OF DELINEATOR, DATE OF THE DRAWING

DELINEATED BY: Jennifer K. Cuthbertson / Natascha V. Wiener, 1997

NATIONAL PARK SERVICE

ROADS & BRIDGES RECORDING PROJECT

UNITED STATES DEPARTMENT OF THE INTERIOR

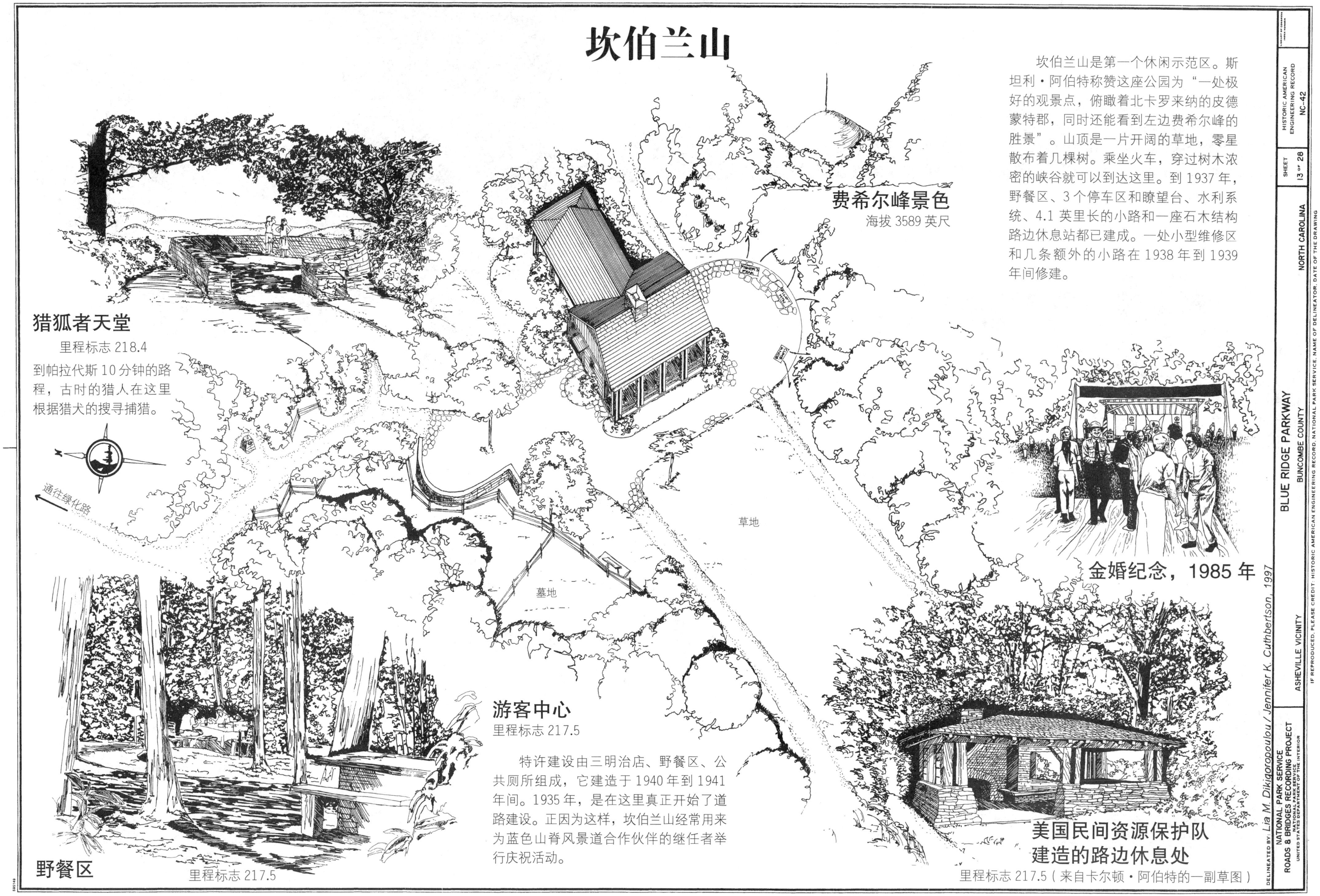

坎伯兰山
坎伯兰山是第一个休闲示范区。斯坦利·阿伯特称赞这座公园为“一处极好的观景点，俯瞰着北卡罗来纳的皮德蒙特郡，同时还能看到左边费希尔峰的胜景”。山顶是一片开阔的草地，零星散布着几棵树。乘坐火车，穿过树木浓密的峡谷就可以到达这里。到 1937 年，野餐区、3 个停车区和瞭望台、水利系统、4.1 英里长的小路和一座石木结构路边休息站都已建成。一处小型维修区和几条额外的小路在 1938 年到 1939 年间修建。
费希尔峰景色
海拔 3589 英尺
猎狐者天堂
里程标志 218.4
到帕拉代斯 10 分钟的路程，古时的猎人在这里根据猎犬的搜寻捕猎。
通往绿化路
草地
墓地
金婚纪念，1985 年
游客中心
里程标志 217.5
特许建设由三明治店、野餐区、公共厕所组成，它建造于 1940 年到 1941 年间。1935 年，是在这里真正开始了道路建设。正因为这样，坎伯兰山经常用来为蓝色山脊风景道合作伙伴的继任者举行庆祝活动。
野餐区
里程标志 217.5
美国民间资源保护队建造的路边休息处
里程标志 217.5（来自卡尔顿·阿伯特的一副草图）
DELINEATED BY: Lia M. Dikigoropoulou / Jennifer K. Cuthbertson, 1997
NATIONAL PARK SERVICE
ROADS & BRIDGES RECORDING PROJECT
ASHEVILLE VICINITY
BLUE RIDGE PARKWAY
BUNCOMBE COUNTY
NORTH CAROLINA
SHEET 13 OF 28
HISTORIC AMERICAN ENGINEERING RECORD
NC-42

道顿公园

鳄背
里程标志 242.4
里程标志 244 处的篱笆
布林加尔小屋 里程标志 238.5
老布林加尔小木屋因为解说的需要而于 1941 年开始进行修复。
蓝色山脊绿化路
通往阿什维尔
246
盆地湾全景
244
243
布拉夫山
瞭望台
242
野餐区
241
旅馆区
野猫岩
240
野营地
239
考迪尔小屋
布林加尔小屋
238
通往罗阿诺克
河湾溪
盆地溪
悬崖旅馆 里程标志 241.4
美国民间资源保护队
建造的路边休息处
里程标志 241.1
HISTORIC AMERICAN ENGINEERING RECORD
NC-42
SHEET
14 OF 28
BLUE RIDGE PARKWAY
BUNCOMBE COUNTY
NORTH CAROLINA
ASHEVILLE VICINITY
NATIONAL PARK SERVICE
ROADS & BRIDGES RECORDING PROJECT
DELINEATED BY: Jennifer K. Cuthbertson / Ian Shanklin, 1997
IF REPRODUCED, PLEASE CREDIT: HISTORIC AMERICAN ENGINEERING RECORD, NATIONAL PARK SERVICE, NAME OF DELINEATOR, DATE OF THE DRAWING

这个高山草地公园以广阔而林木茂盛的原野著称。公园的边界是一个1000英尺深的悬崖，这也正是它最初得名“峭壁公园”的原因。公园大部分土地都被森林覆盖，然而对于风景道上的汽车驾驶员来说，最难忘的是公园广阔的露天草场。美国公共事业振兴署（WPA）的工人们修建了公园内的野餐区、停车区、野营地、篱笆和绿化路上最长的小路系统。而美国民间资源保护队（CCC）的工人们却注重于景观建设。特许设施修建于二战之后。

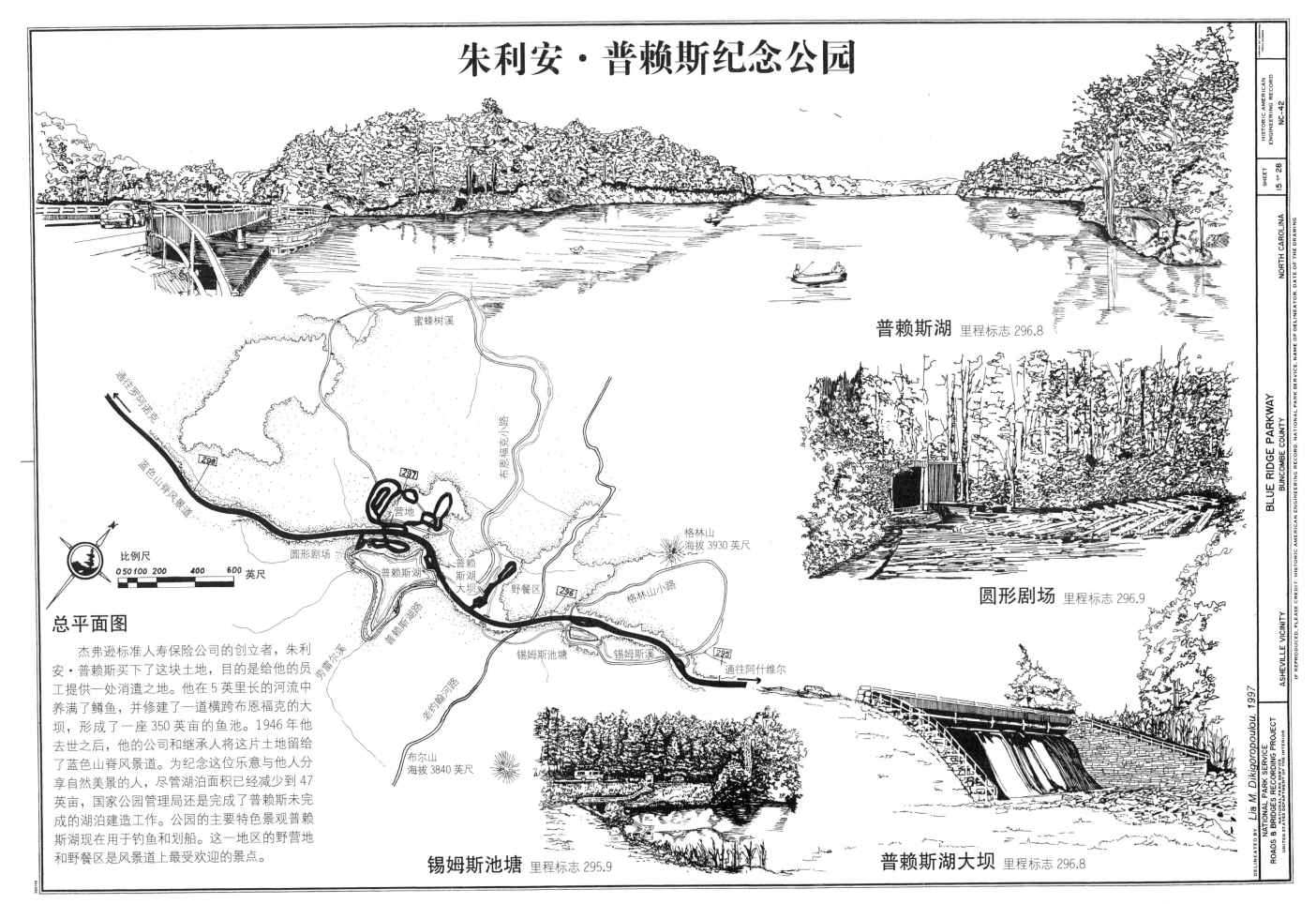

朱利安·普赖斯纪念公园

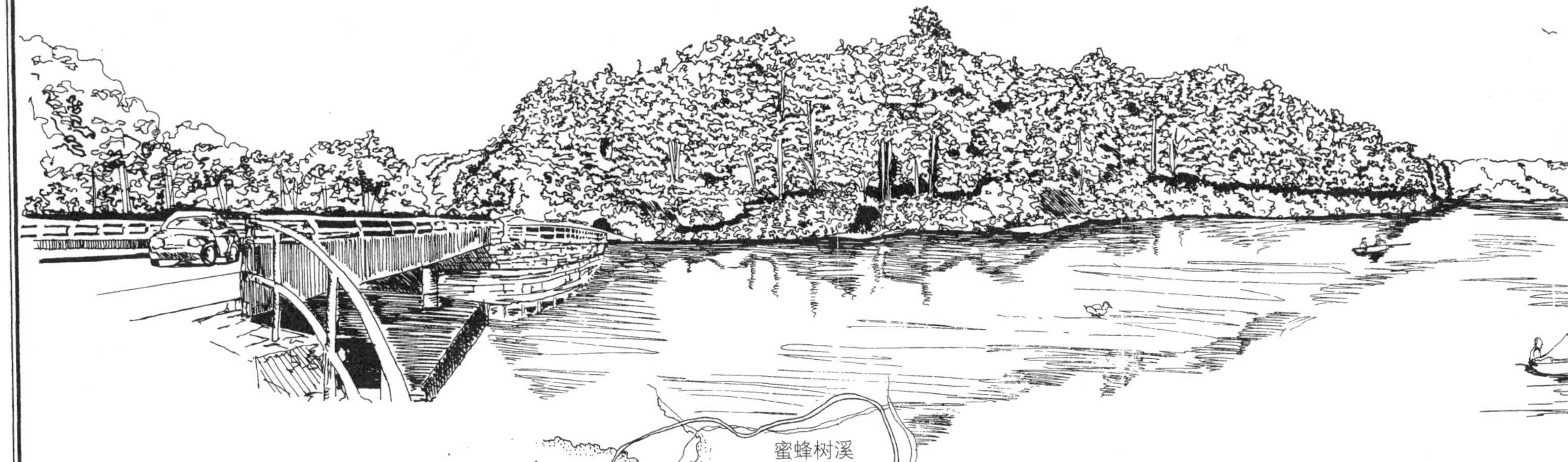

普赖斯湖 里程标志 296.8

圆形剧场 里程标志 296.9

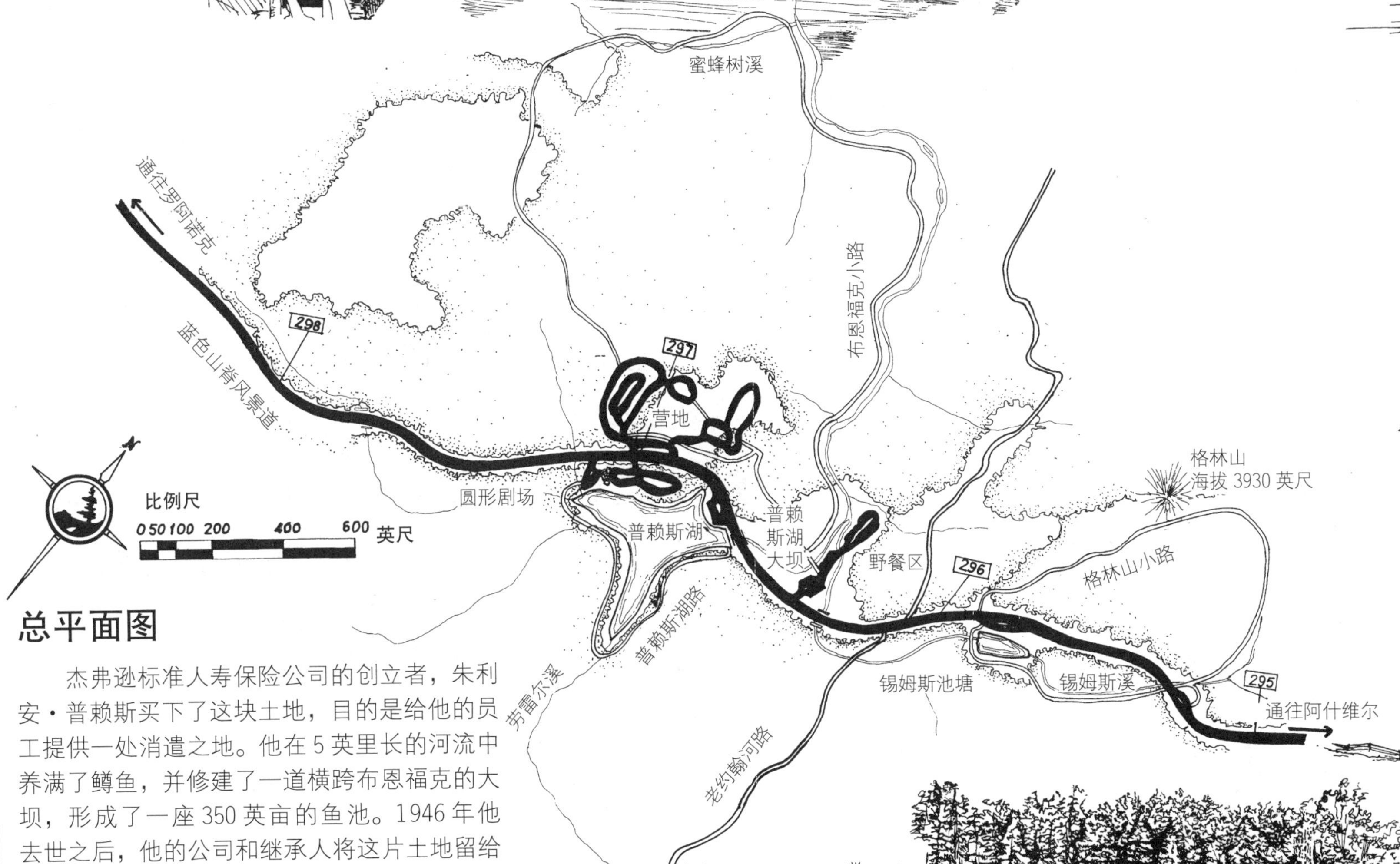

蜜蜂树溪
通往罗阿诺克
298
蓝色山脊风景道
297
营地
布恩福克小路
圆形剧场
普赖斯湖
普赖斯湖大坝
野餐区
296
格林山
海拔 3930 英尺
格林山小路
比例尺
0 50 100 200 400 600 英尺
普赖斯湖路
芳雷尔溪
锡姆斯池塘
锡姆斯溪
295
通往阿什维尔
老约翰河路
布尔山
海拔 3840 英尺

总平面图

杰弗逊标准人寿保险公司的创立者，朱利安·普赖斯买下了这块土地，目的是给他的员工提供一处消遣之地。他在 5 英里长的河流中养满了鳟鱼，并修建了一道横跨布恩福克的大坝，形成了一座 350 英亩的鱼池。1946 年他去世之后，他的公司和继承人将这片土地留给了蓝色山脊风景道。为纪念这位乐意与他人分享自然美景的人，尽管湖泊面积已经减少到 47 英亩，国家公园管理局还是完成了普赖斯未完成的湖泊建造工作。公园的主要特色景观普赖斯湖现在用于钓鱼和划船。这一地区的野营地和野餐区是风景道上最受欢迎的景点。

锡姆斯池塘 里程标志 295.9

普赖斯湖大坝 里程标志 296.8

DELINEATED BY: Lia M. Dikigoropoulou, 1997

NATIONAL PARK SERVICE
ROADS & BRIDGES RECORDING PROJECT
NATIONAL PARK SERVICE
UNITED STATES DEPARTMENT OF THE INTERIOR

ASHEVILLE VICINITY

BLUE RIDGE PARKWAY
BUNCOMBE COUNTY

NORTH CAROLINA

SHEET 15 OF 28

HISTORIC AMERICAN ENGINEERING RECORD
NC-42

林恩湾高架桥

北美第一座使用渐进式安装的分段结构建筑

高架桥下的人行道

由于祖父山的环境敏感性，蓝色山脊风景道最后一段的位置问题造成了持久而激烈的争论，争论双方是个人与国家公园管理局。北卡罗来纳州州长丹·K·摩尔最终决定了一处折中的位置。为了减少大量的通道和路堤，人们同意把道路抬高，或者在路上的某处架桥。菲格和马勒工程公司制定了桥梁设计与建造方案。最终的成果就是这座在当时最复杂精巧的混凝土桥梁。它几乎涵盖了每种用于公路建设的线性几何方法。这座1243英尺的高架桥从上至下而建，以便减少对自然环境的损害。唯一在地面上进行的施工是为七个桥墩钻地基，高架桥要靠这几个桥墩支撑。高架桥本身是施工的唯一通道。153个独特的、50吨重的预先浇注桥拱中，每一个都是由定脚式起重机安放在紧挨前一个桥墩的位置。钢筋连接起所有的桥拱，保证了整个桥面的牢固。桥梁建设1979年开始，1983年完工，耗资近1000万美元。

祖父山上看到的高架桥

里程标志 304

分段施工进程：

运输桥拱

浇注桥拱

承包商使用了一种小型匹配铸造系统，它能保证桥拱的平曲线和竖曲线浇注成本最低，又有高度的精确性。一辆低货架拖拉机把桥拱运到悬臂的顶端。由于通道宽度有限，卡车需要在高架桥已建成的部分路面上倒行驶出。

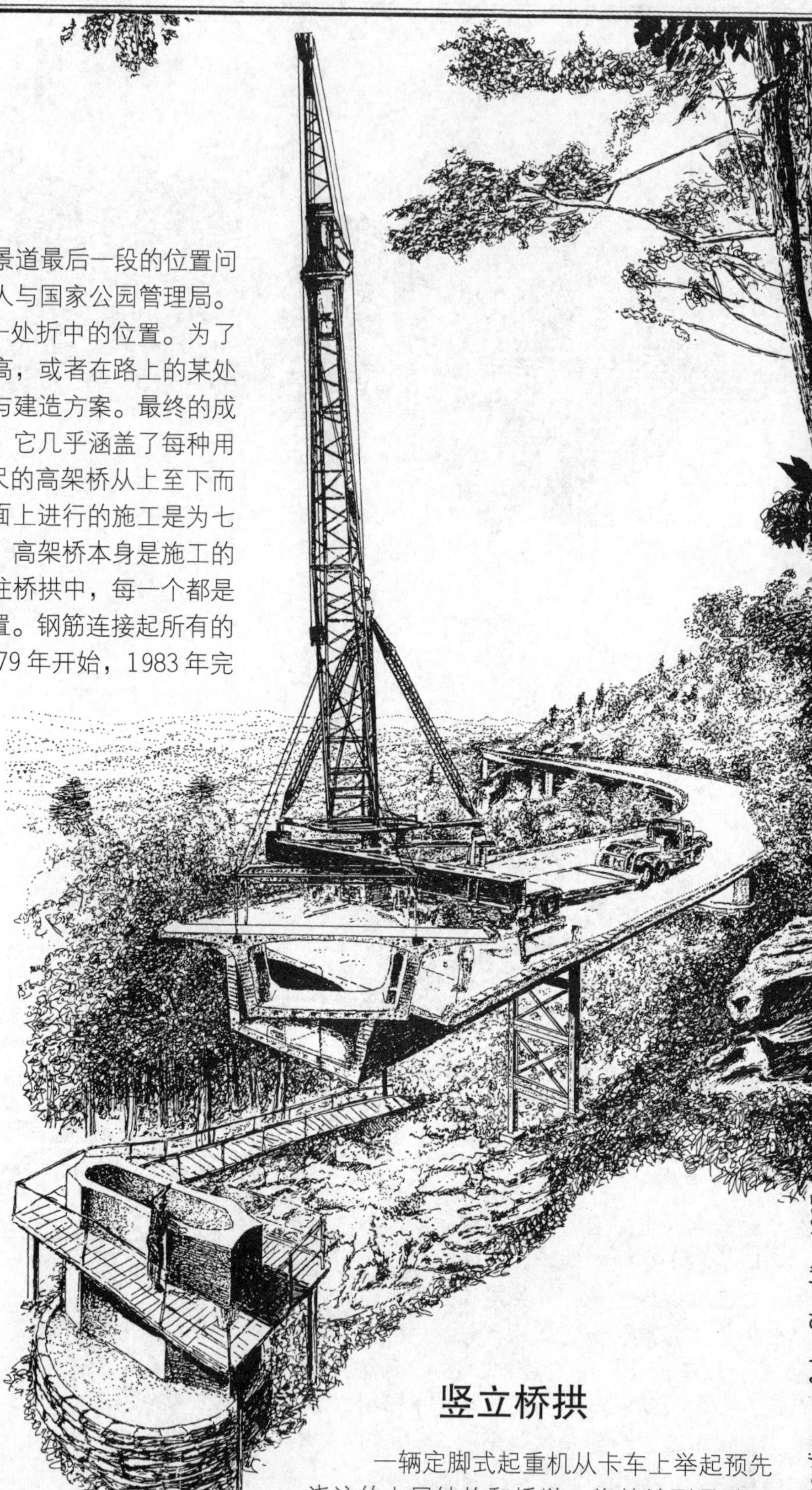

竖立桥拱

一辆定脚式起重机从卡车上举起预先浇注的上层结构和桥墩，将其放到悬臂顶端，再由悬臂把它们放到适当的位置。预制桥墩使得工人们能马上开始作业并迅速完成建造，这也就减少了建造上层结构所花费的时间。在一座临时木桥的帮助下，工人们在上层结构建造之前就能先建桥墩的地基，这样便能在对场地破坏最少的情况下加快建设进度。

DELINEATED BY: *Carlos Rosa Jimenez & Ian Shanklin, 1997*

NATIONAL PARK SERVICE
ROADS & BRIDGES RECORDING PROJECT
NATIONAL PARK SERVICE
UNITED STATES DEPARTMENT OF THE INTERIOR

BLUE RIDGE PARKWAY
ASHEVILLE VICINITY | BUNCOMBE COUNTY | NORTH CAROLINA

SHEET 16 OF 28

HISTORIC AMERICAN ENGINEERING RECORD
NC-42

IF REPRODUCED, PLEASE CREDIT: HISTORIC AMERICAN ENGINEERING RECORD, NATIONAL PARK SERVICE, NAME OF DELINEATOR, DATE OF THE DRAWING

库尔盖花园

1935 年，美国公共资源保护队（CCC）开通了通往常春藤峡谷的“埃尔克山观景公路”，两者间不到 1 英里的距离。道路终点的一条小路通向库尔盖山顶峰，穿过通往库尔盖山口。1938 年，CCC 为林业管理局在库尔盖花园建造了路边休息处。风景路最初的路线被更改，以使它绕过这个地区独特的植物群景观及崎岖的山峦景色。国家公园管理局在 1950 年买下了这块地方，并于 1955 年建造了游客中心。

库尔盖山顶停车场观景点

里程标志 364.1

库尔盖山开阔的荒野是 19 世纪的旅游胜地，尤其是 6 月杜鹃花怒放的时候。壮美的花海成为了天然花园。

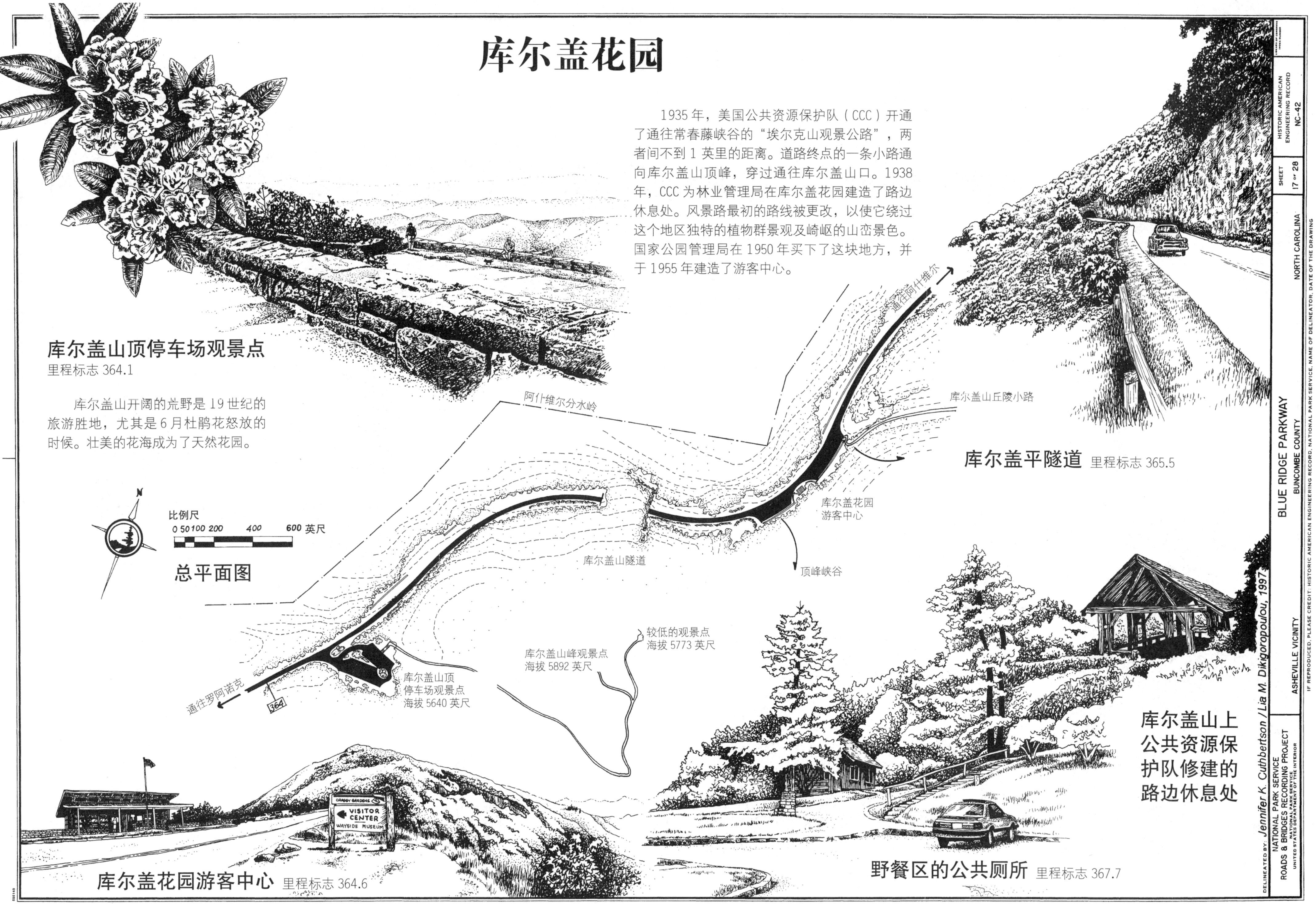

总平面图
比例尺
0 50 100 200 400 600 英尺
N
阿什维尔分水岭
通往阿什维尔
库尔盖山丘陵小路
库尔盖平隧道 里程标志 365.5
库尔盖花园
游客中心
顶峰峡谷
库尔盖山隧道
库尔盖山峰观景点
海拔 5892 英尺
较低的观景点
海拔 5773 英尺
库尔盖山顶
停车场观景点
海拔 5640 英尺
通往罗阿诺克
364
CRAGGY GARDENS
VISITOR CENTER
WAYSIDE MUSEUM
库尔盖花园游客中心 里程标志 364.6
野餐区的公共厕所 里程标志 367.7
库尔盖山上
公共资源保
护队修建的
路边休息处
HISTORIC AMERICAN ENGINEERING RECORD
NC-42
SHEET 17 OF 28
NORTH CAROLINA
BLUE RIDGE PARKWAY
BUNCOMBE COUNTY
ASHEVILLE VICINITY
DELINEATED BY: Jennifer K. Cuthbertson / Lia M. Dikigoropoulou, 1997
NATIONAL PARK SERVICE
ROADS & BRIDGES RECORDING PROJECT
IF REPRODUCED, PLEASE CREDIT: HISTORIC AMERICAN ENGINEERING RECORD, NATIONAL PARK SERVICE, NAME OF DELINEATOR, DATE OF THE DRAWING

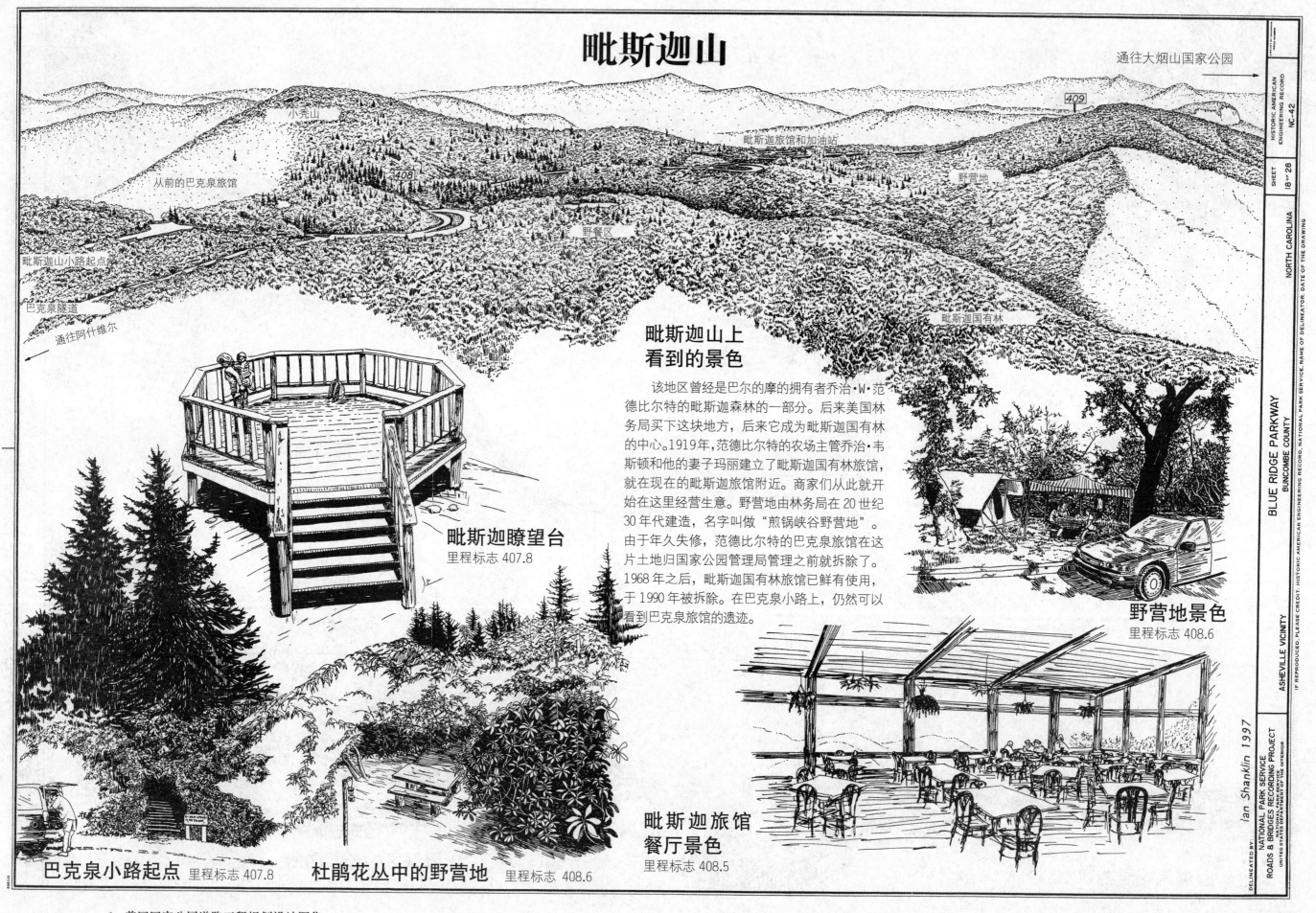

毗斯迦山

通往大烟山国家公园
409
小秃山
毗斯迦旅馆和加油站
408
从前的巴克泉旅馆
野营地
野餐区
毗斯迦山小路起点
巴克泉隧道
通往阿什维尔
毗斯迦国有林

毗斯迦山上看到的景色

该地区曾经是巴尔的摩的拥有者乔治·W·范德比尔特的毗斯迦森林的一部分。后来美国林务局买下这块地方，后来它成为毗斯迦国有林的中心。1919年，范德比尔特的农场主管乔治·韦斯顿和他的妻子玛丽建立了毗斯迦国有林旅馆，就在现在的毗斯迦旅馆附近。商家们从此就开始在这里经营生意。野营地由林务局在20世纪30年代建造，名字叫做“煎锅峡谷野营地”。由于年久失修，范德比尔特的巴克泉旅馆在这片土地归国家公园管理局管理之前就拆除了。1968年之后，毗斯迦国有林旅馆已鲜有使用，于1990年被拆除。在巴克泉小路上，仍然可以看到巴克泉旅馆的遗迹。

毗斯迦瞭望台
里程标志 407.8

野营地景色
里程标志 408.6

毗斯迦旅馆
餐厅景色
里程标志 408.5

巴克泉小路起点 里程标志 407.8

杜鹃花丛中的野营地 里程标志 408.6

HISTORIC AMERICAN ENGINEERING RECORD
NC-42
SHEET 18 of 28

NORTH CAROLINA
BLUE RIDGE PARKWAY
BUNCOMBE COUNTY
ASHEVILLE VICINITY

IF REPRODUCED, PLEASE CREDIT: HISTORIC AMERICAN ENGINEERING RECORD, NATIONAL PARK SERVICE, NAME OF DELINEATOR, DATE OF THE DRAWING

DELINEATED BY: Ian Shanklin 1997

NATIONAL PARK SERVICE
ROADS & BRIDGES RECORDING PROJECT
NATIONAL PARK SERVICE
UNITED STATES DEPARTMENT OF THE INTERIOR

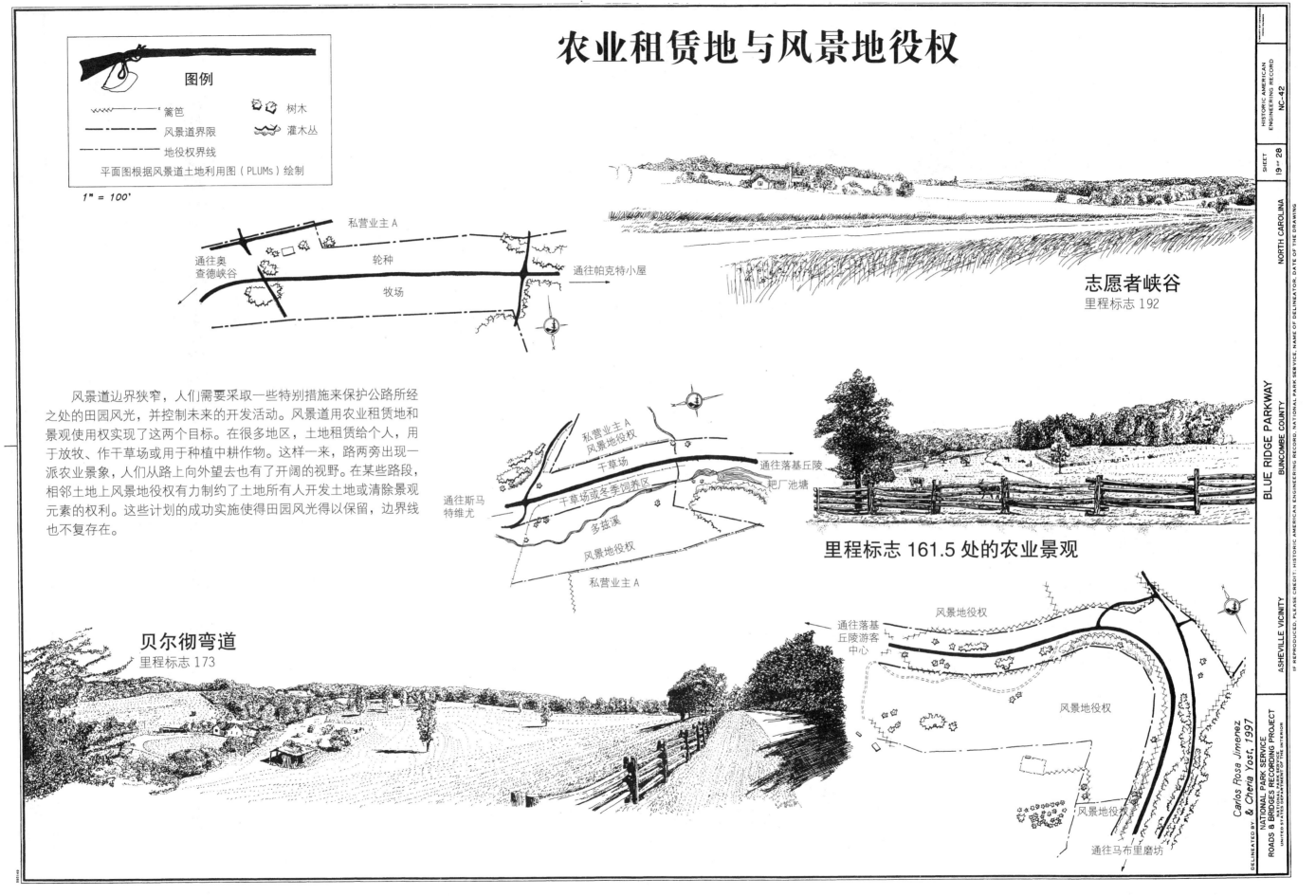

农业租赁地与风景地役权

图例

箣笆　　树木

风景道界限　　灌木丛

地役权界线

平面图根据风景道土地利用图（PLUMs）绘制

1" = 100'

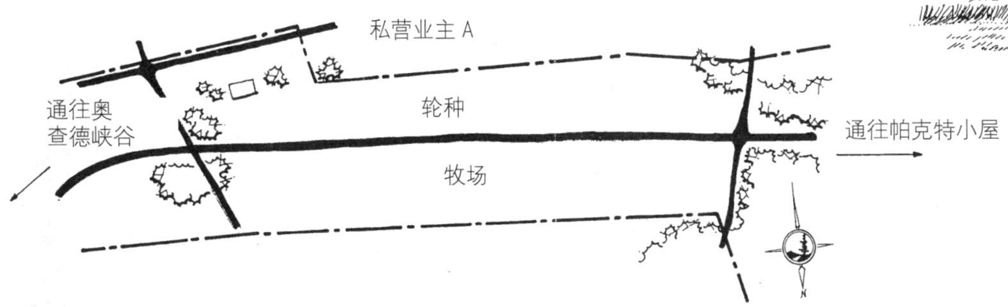

私营业主 A
通往奥查德峡谷
轮种
牧场
通往帕克特小屋

志愿者峡谷

里程标志 192

风景道边界狭窄，人们需要采取一些特别措施来保护公路所经之处的田园风光，并控制未来的开发活动。风景道用农业租赁地和景观使用权实现了这两个目标。在很多地区，土地租赁给个人，用于放牧、作干草场或用于种植中耕作物。这样一来，路两旁出现一派农业景象，人们从路上向外望去也有了开阔的视野。在某些路段，相邻土地上风景地役权有力制约了土地所有人开发土地或清除景观元素的权利。这些计划的成功实施使得田园风光得以保留，边界线也不复存在。

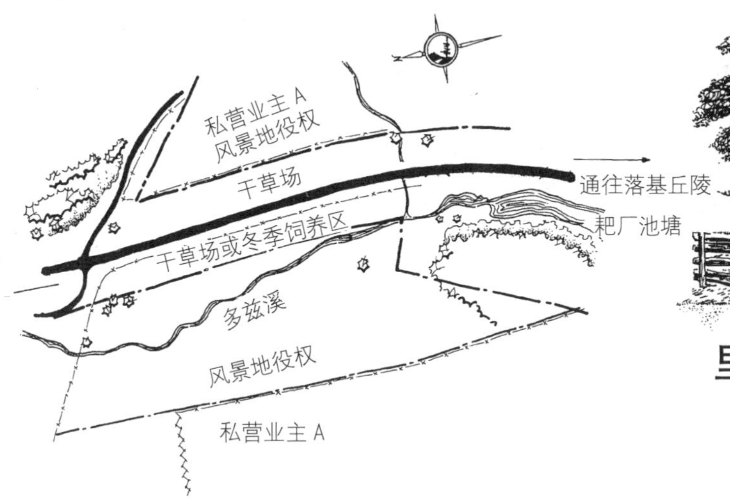

私营业主 A
风景地役权
干草场
通往落基丘陵
耙厂池塘
通往斯马特维尤
干草场或冬季饲养区
多兹溪
风景地役权
私营业主 A

里程标志 161.5 处的农业景观

贝尔御弯道

里程标志 173

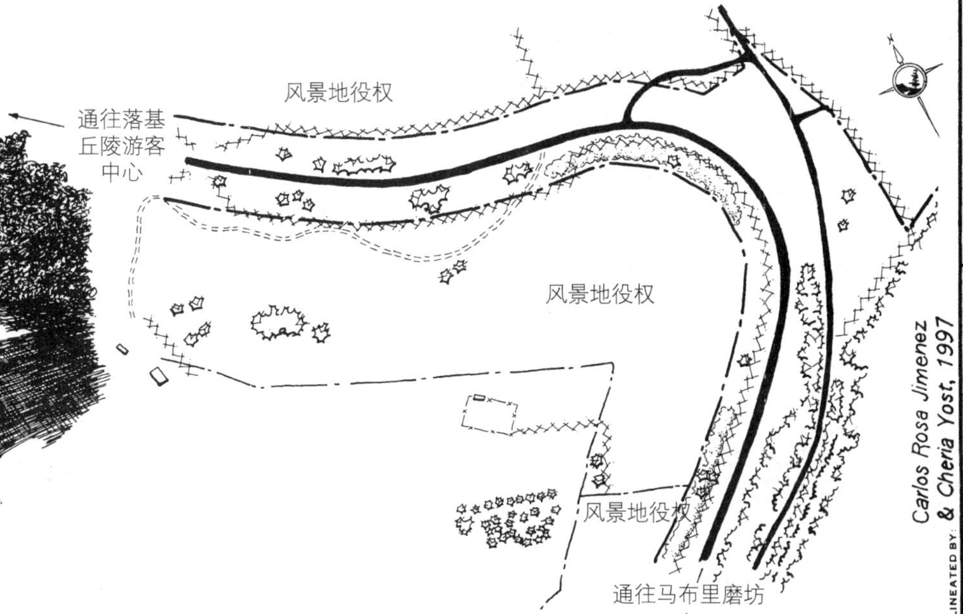

风景地役权
通往落基丘陵游客中心
风景地役权
风景地役权
通往马布里磨坊

HISTORIC AMERICAN ENGINEERING RECORD NC-42

SHEET 19 OF 28

BLUE RIDGE PARKWAY
BUNCOMBE COUNTY
NORTH CAROLINA
ASHEVILLE VICINITY

DELINEATED BY: Carlos Rosa Jimenez & Cheria Yost, 1997

NATIONAL PARK SERVICE
ROADS & BRIDGES RECORDING PROJECT

IF REPRODUCED, PLEASE CREDIT: HISTORIC AMERICAN ENGINEERING RECORD, NATIONAL PARK SERVICE, NAME OF DELINEATOR, DATE OF THE DRAWING

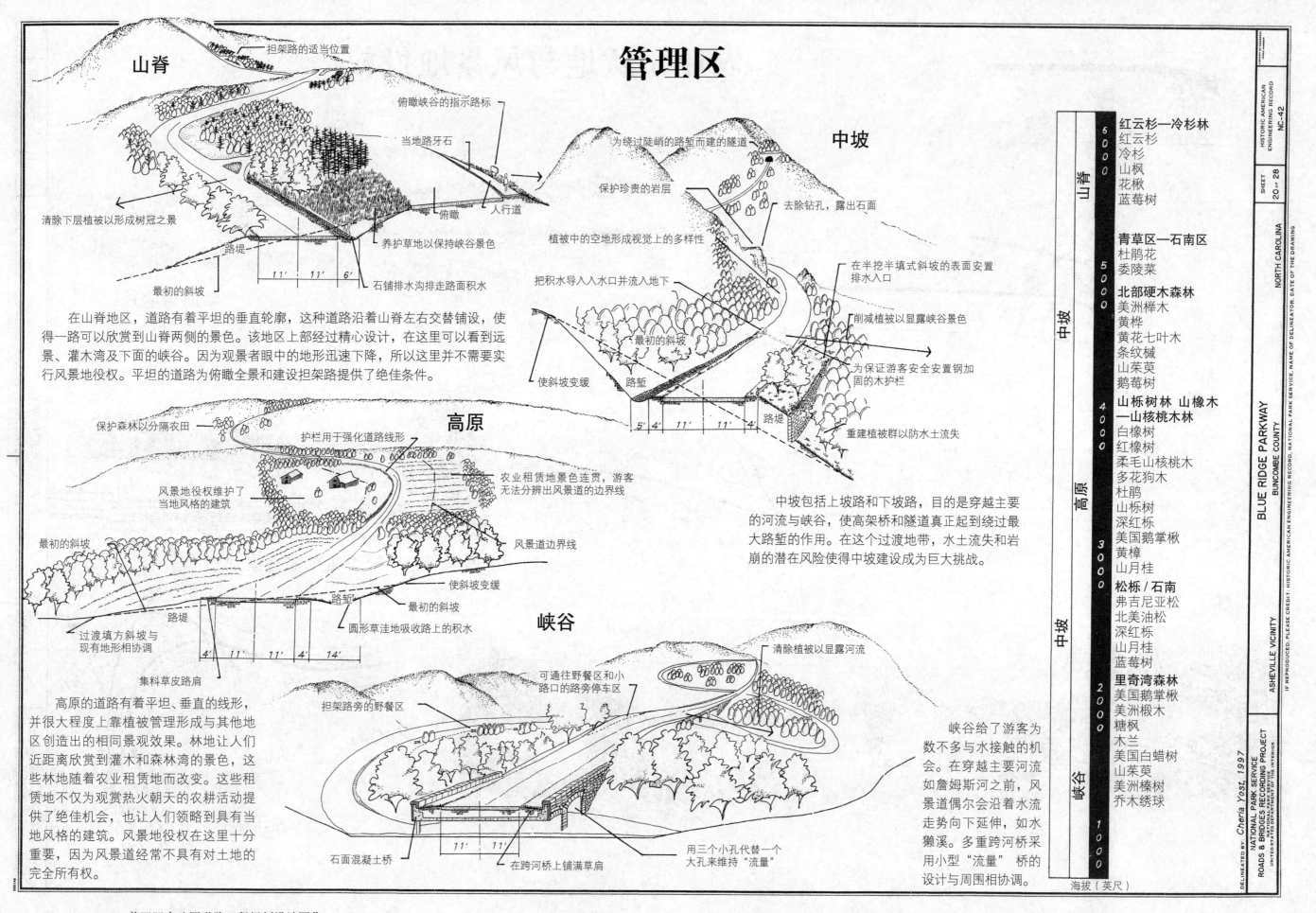

管理区

山脊

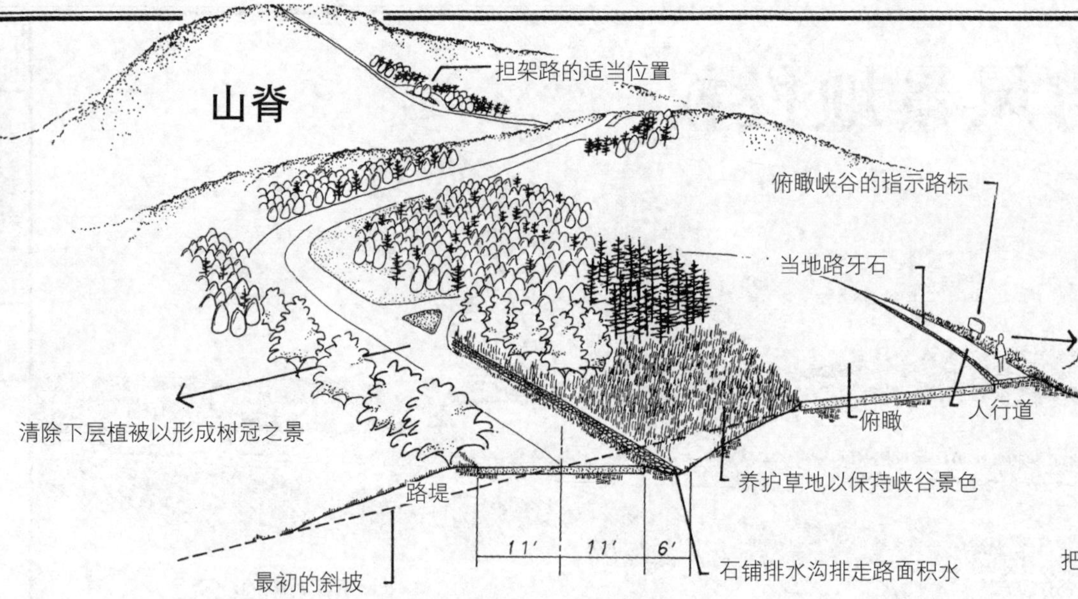
担架路的适当位置
俯瞰峡谷的指示路标
当地路牙石
人行道
俯瞰
清除下层植被以形成树冠之景
养护草地以保持峡谷景色
路堤
11′
11′
6′
石铺排水沟排走路面积水
最初的斜坡

在山脊地区，道路有着平坦的垂直轮廓，这种道路沿着山脊左右交替铺设，使得一路可以欣赏到山脊两侧的景色。该地区上部经过精心设计，在这里可以看到远景、灌木湾及下面的峡谷。因为观景者眼中的地形迅速下降，所以这里并不需要实行风景地役权。平坦的道路为俯瞰全景和建设担架路提供了绝佳条件。

中坡

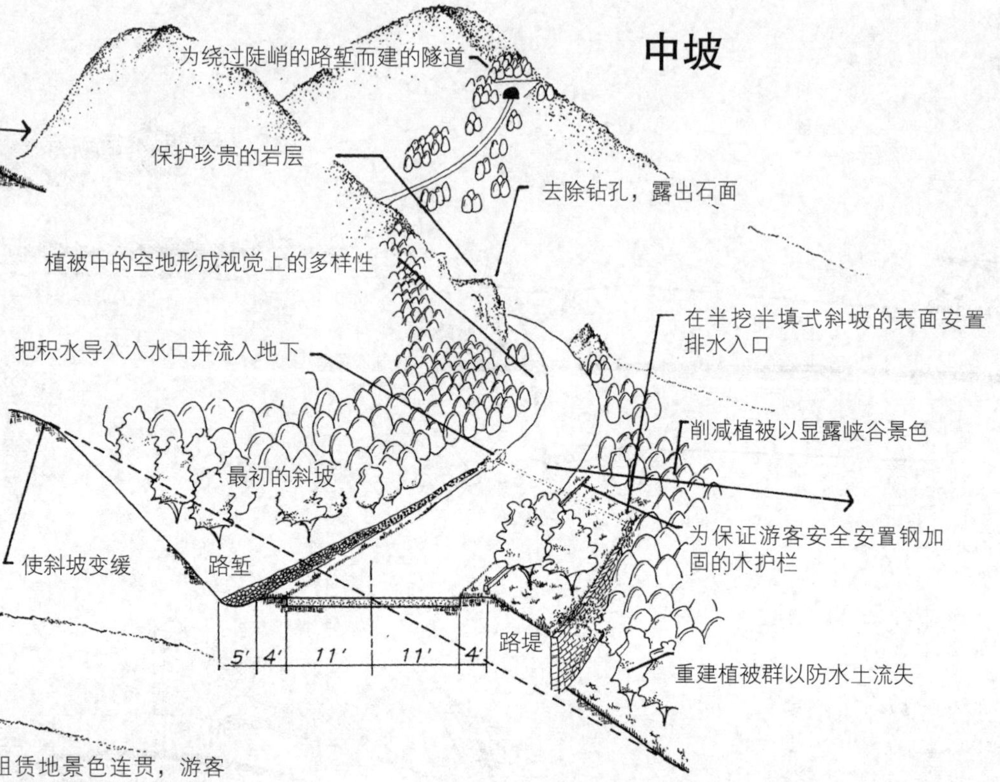
为绕过陡峭的路堑而建的隧道
保护珍贵的岩层
去除钻孔，露出石面
植被中的空地形成视觉上的多样性
在半挖半填式斜坡的表面安置排水入口
把积水导入入水口并流入地下
削减植被以显露峡谷景色
最初的斜坡
为保证游客安全安置钢加固的木护栏
使斜坡变缓
路堑
路堤
5′
4′
11′
11′
4′
重建植被群以防水土流失

中坡包括上坡路和下坡路，目的是穿越主要的河流与峡谷，使高架桥和隧道真正起到绕过最大路堑的作用。在这个过渡地带，水土流失和岩崩的潜在风险使得中坡建设成为巨大挑战。

高原

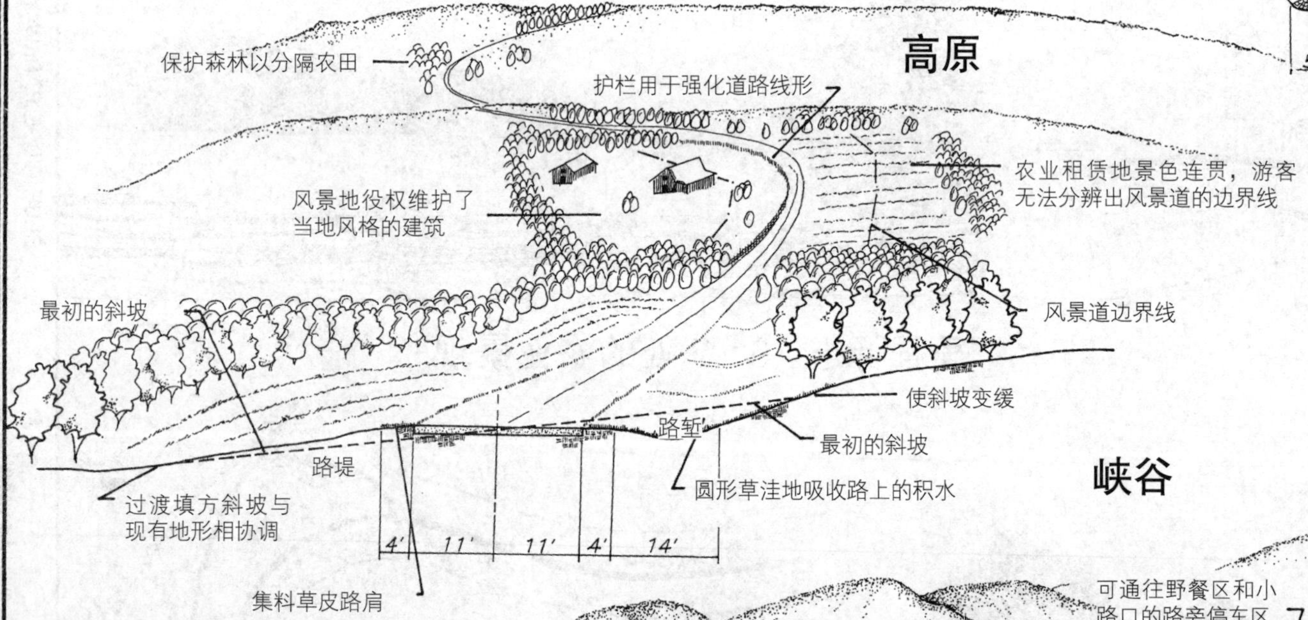
保护森林以分隔农田
护栏用于强化道路线形
农业租赁地景色连贯，游客无法分辨出风景道的边界线
风景地役权维护了当地风格的建筑
最初的斜坡
风景道边界线
使斜坡变缓
路堑
最初的斜坡
路堤
圆形草洼地吸收路上的积水
过渡填方斜坡与现有地形相协调
4′
11′
11′
4′
14′
集料草皮路肩

高原的道路有着平坦、垂直的线形，并很大程度上靠植被管理形成与其他地区创造出的相同景观效果。林地让人们近距离欣赏到灌木和森林湾的景色，这些林地随着农业租赁地而改变。这些租赁地不仅为观赏热火朝天的农耕活动提供了绝佳机会，也让人们领略到具有当地风格的建筑。风景地役权在这里十分重要，因为风景道经常不具有对土地的完全所有权。

峡谷

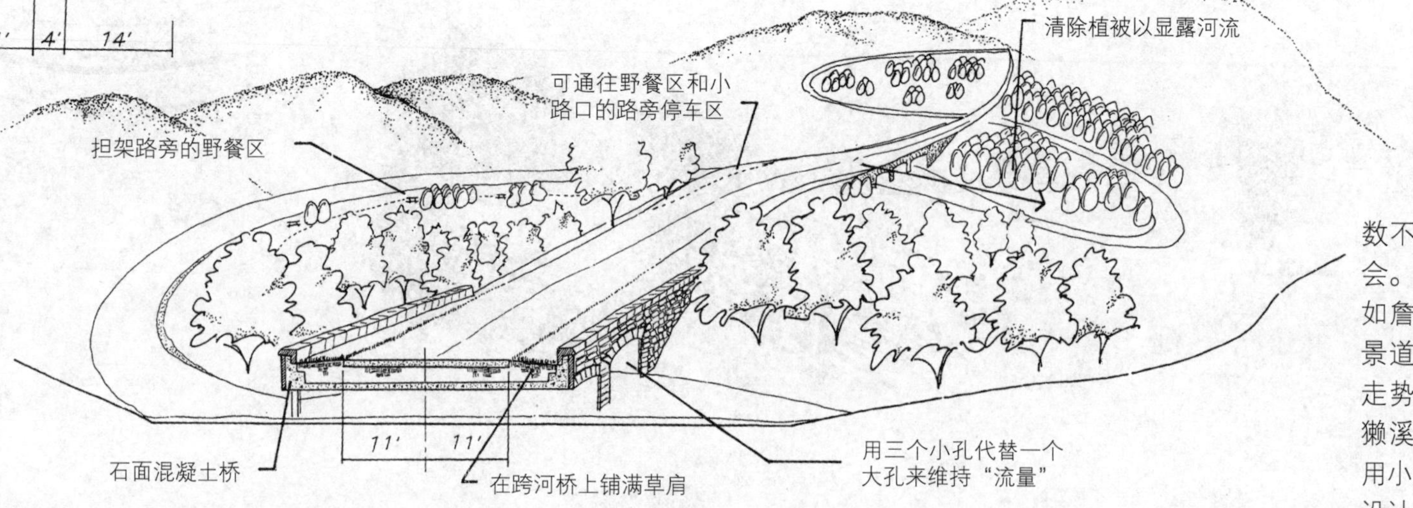
清除植被以显露河流
可通往野餐区和小路口的路旁停车区
担架路旁的野餐区
石面混凝土桥
11′
11′
在跨河桥上铺满草肩
用三个小孔代替一个大孔来维持“流量”

峡谷给了游客为数不多与水接触的机会。在穿越主要河流如詹姆斯河之前，风景道偶尔会沿着水流走势向下延伸，如水獭溪。多重跨河桥采用小型“流量”桥的设计与周围相协调。

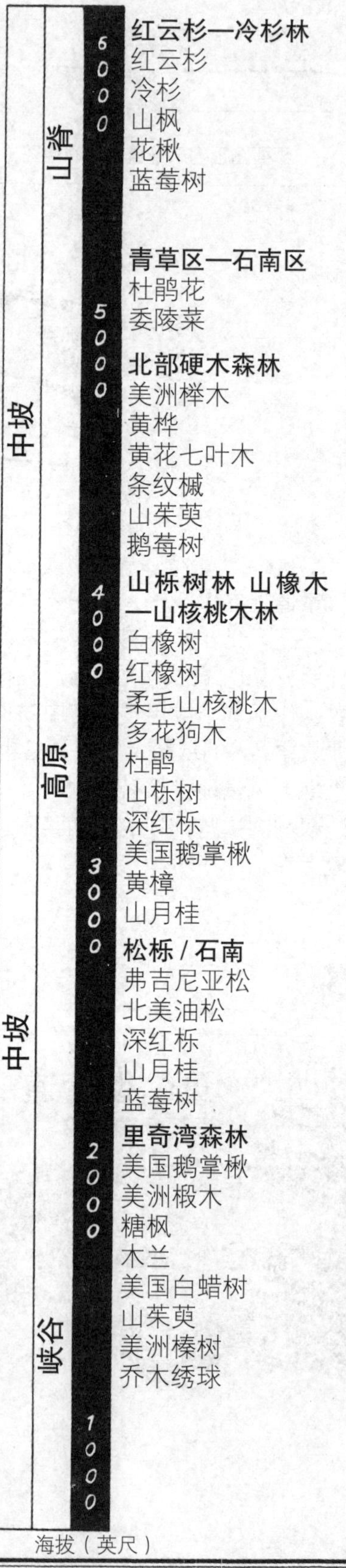
6000
5000
4000
3000
2000
1000
山脊
中坡
高原
中坡
峡谷
海拔（英尺）
红云杉—冷杉林
红云杉
冷杉
山枫
花楸
蓝莓树
青草区—石南区
杜鹃花
委陵菜
北部硬木森林
美洲榉木
黄桦
黄花七叶木
条纹槭
山茱萸
鹅莓树
山栎树林 山橡木—山核桃木林
白橡树
红橡树
柔毛山核桃木
多花狗木
杜鹃
山栎树
深红栎
美国鹅掌楸
黄樟
山月桂
松栎／石南
弗吉尼亚松
北美油松
深红栎
山月桂
蓝莓树
里奇湾森林
美国鹅掌楸
美洲椴木
糖枫
木兰
美国白蜡树
山茱萸
美洲榛树
乔木绣球

HISTORIC AMERICAN ENGINEERING RECORD NC-42

SHEET 20 OF 28

BLUE RIDGE PARKWAY
NORTH CAROLINA
BUNCOMBE COUNTY
ASHEVILLE VICINITY

IF REPRODUCED, PLEASE CREDIT: HISTORIC AMERICAN ENGINEERING RECORD, NATIONAL PARK SERVICE, NAME OF DELINEATOR, DATE OF THE DRAWING

DELINEATED BY: Cheria Yost, 1997

NATIONAL PARK SERVICE
ROADS & BRIDGES RECORDING PROJECT
NATIONAL PARK SERVICE
UNITED STATES DEPARTMENT OF THE INTERIOR

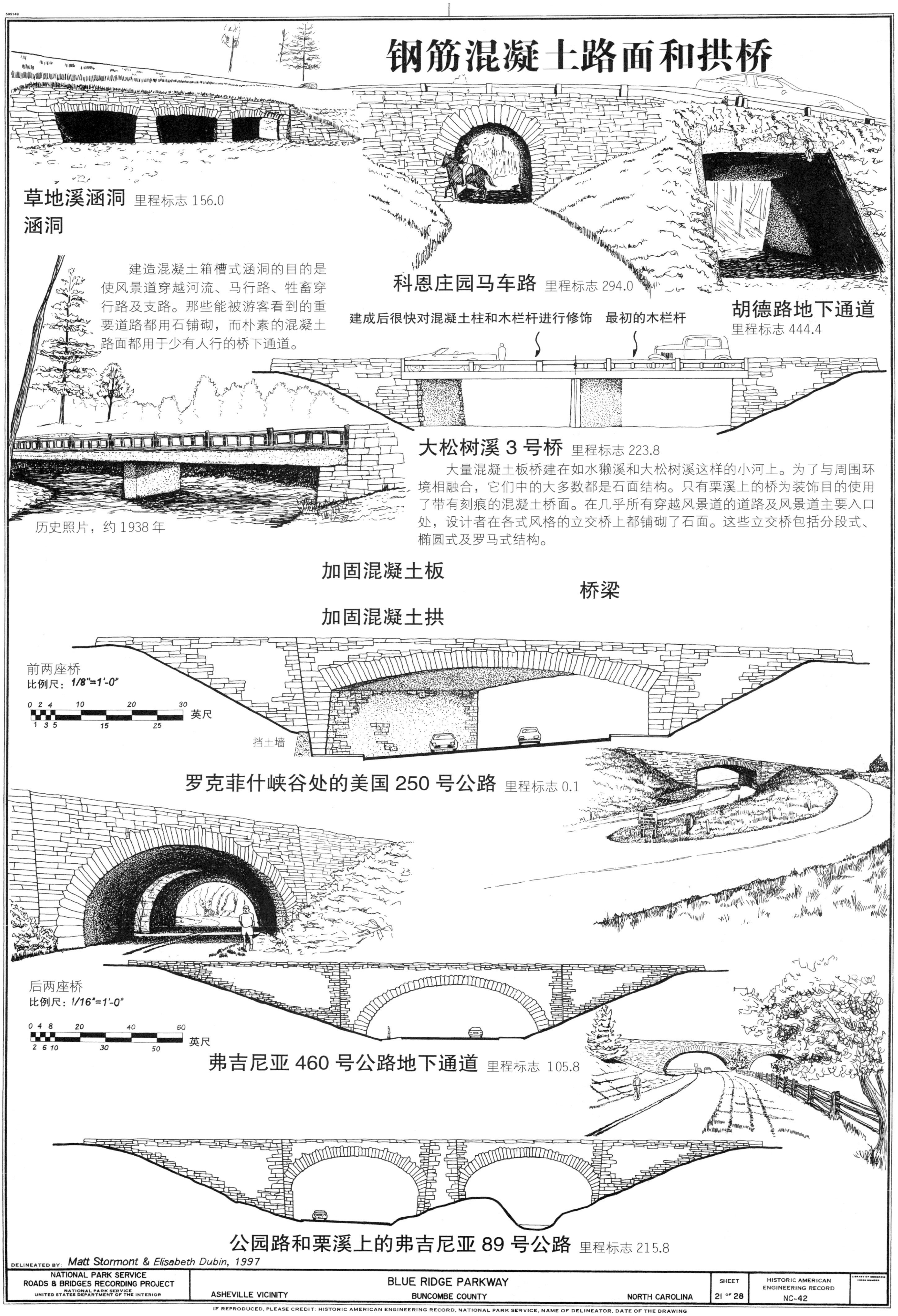

钢筋混凝土路面和拱桥
草地溪涵洞 里程标志 156.0
涵洞
建造混凝土箱槽式涵洞的目的是使风景道穿越河流、马行路、牲畜穿行路及支路。那些能被游客看到的重要道路都用石铺砌，而朴素的混凝土路面都用于少有人行的桥下通道。
科恩庄园马车路 里程标志 294.0
胡德路地下通道
里程标志 444.4
建成后很快对混凝土柱和木栏杆进行修饰
最初的木栏杆
大松树溪 3 号桥 里程标志 223.8
大量混凝土板桥建在如水獭溪和大松树溪这样的小河上。为了与周围环境相融合，它们中的大多数都是石面结构。只有栗溪上的桥为装饰目的使用了带有刻痕的混凝土桥面。在几乎所有穿越风景道的道路及风景道主要入口处，设计者在各式风格的立交桥上都铺砌了石面。这些立交桥包括分段式、椭圆式及罗马式结构。
历史照片，约 1938 年
加固混凝土板
桥梁
加固混凝土拱
前两座桥
比例尺：1/8"=1'-0"
0 2 4 10 20 30
1 3 5 15 25
英尺
挡土墙
罗克菲什峡谷处的美国 250 号公路 里程标志 0.1
后两座桥
比例尺：1/16"=1'-0"
0 4 8 20 40 60
2 6 10 30 50
英尺
弗吉尼亚 460 号公路地下通道 里程标志 105.8
公园路和栗溪上的弗吉尼亚 89 号公路 里程标志 215.8
DELINEATED BY: Matt Stormont & Elisabeth Dubin, 1997
NATIONAL PARK SERVICE
ROADS & BRIDGES RECORDING PROJECT
NATIONAL PARK SERVICE
UNITED STATES DEPARTMENT OF THE INTERIOR
BLUE RIDGE PARKWAY
ASHEVILLE VICINITY
BUNCOMBE COUNTY
NORTH CAROLINA
SHEET
21 OF 28
HISTORIC AMERICAN
ENGINEERING RECORD
NC-42
IF REPRODUCED, PLEASE CREDIT: HISTORIC AMERICAN ENGINEERING RECORD, NATIONAL PARK SERVICE, NAME OF DELINEATOR, DATE OF THE DRAWING

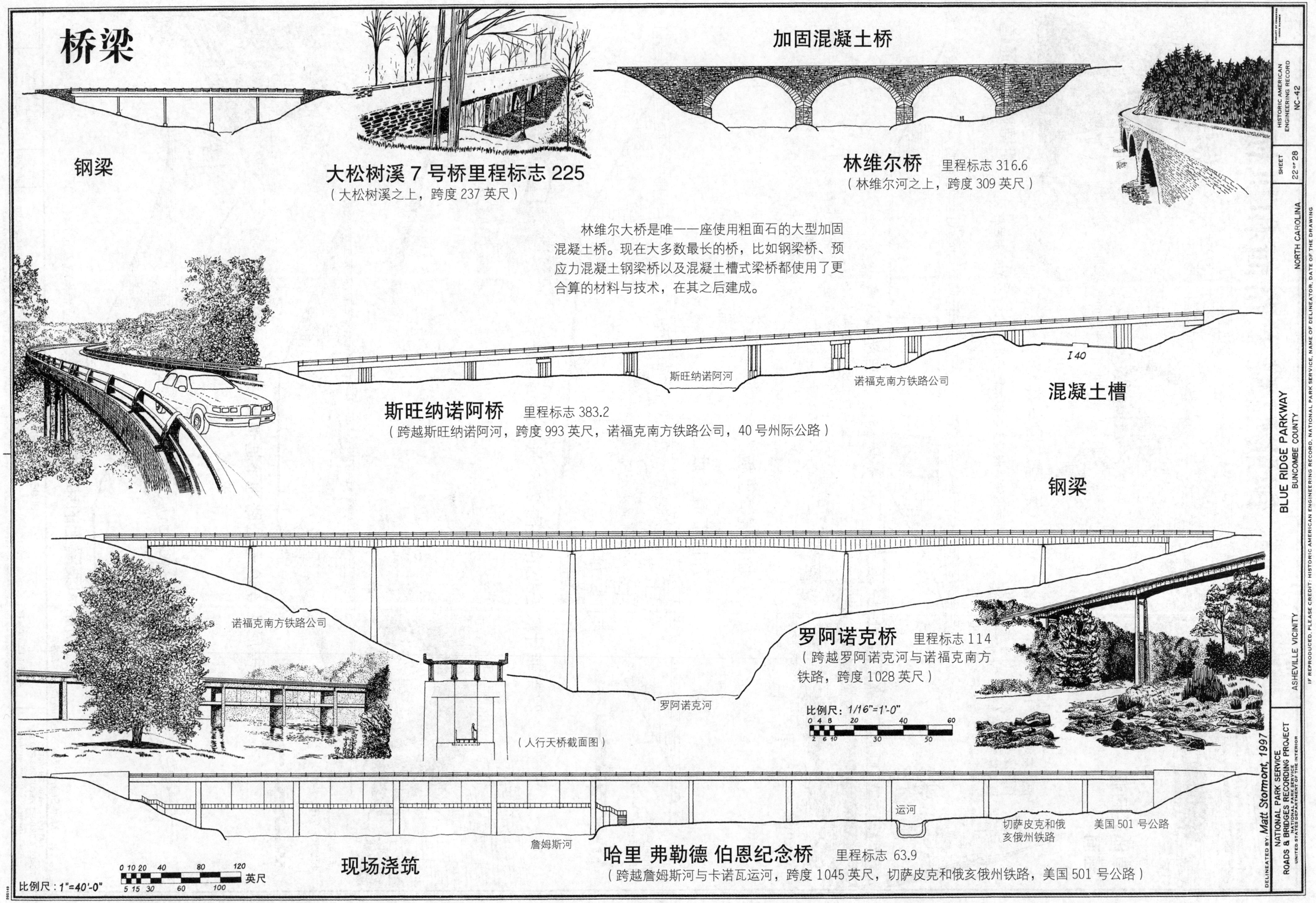

桥梁
钢梁
大松树溪 7 号桥里程标志 225
（大松树溪之上，跨度 237 英尺）
加固混凝土桥
林维尔桥 里程标志 316.6
（林维尔河之上，跨度 309 英尺）
林维尔大桥是唯一一座使用粗面石的大型加固混凝土桥。现在大多数最长的桥，比如钢梁桥、预应力混凝土钢梁桥以及混凝土槽式梁桥都使用了更合算的材料与技术，在其之后建成。
斯旺纳诺阿河
诺福克南方铁路公司
I 40
混凝土槽
斯旺纳诺阿桥 里程标志 383.2
（跨越斯旺纳诺阿河，跨度 993 英尺，诺福克南方铁路公司，40 号州际公路）
钢梁
诺福克南方铁路公司
罗阿诺克桥 里程标志 114
（跨越罗阿诺克河与诺福克南方铁路，跨度 1028 英尺）
罗阿诺克河
比例尺：1/16"=1'-0"
0 4 8 20 40 60
2 6 10 30 50
（人行天桥截面图）
运河
切萨皮克和俄亥俄州铁路
美国 501 号公路
詹姆斯河
现场浇筑
哈里 弗勒德 伯恩纪念桥 里程标志 63.9
（跨越詹姆斯河与卡诺瓦运河，跨度 1045 英尺，切萨皮克和俄亥俄州铁路，美国 501 号公路）
0 10 20 40 80 120
5 15 30 60 100
英尺
比例尺：1"=40'-0"
DELINEATED BY: Matt Stormont, 1997
NATIONAL PARK SERVICE
ROADS & BRIDGES RECORDING PROJECT
BLUE RIDGE PARKWAY
BUNCOMBE COUNTY
ASHEVILLE VICINITY
NORTH CAROLINA
HISTORIC AMERICAN ENGINEERING RECORD
NC-42
SHEET 22 OF 28

高架桥

高架桥是一种跨越少水或无水深谷的桥梁，它也用于消除回转路及陡坡。它们减少了大量在陡坡使用的岩石充填开采作业，有助于保护自然景观。由于施工地点情况不同，也为了在蓝色山脊风景路的其他路段都能看见这座桥，高架桥采用了多种建造形式。

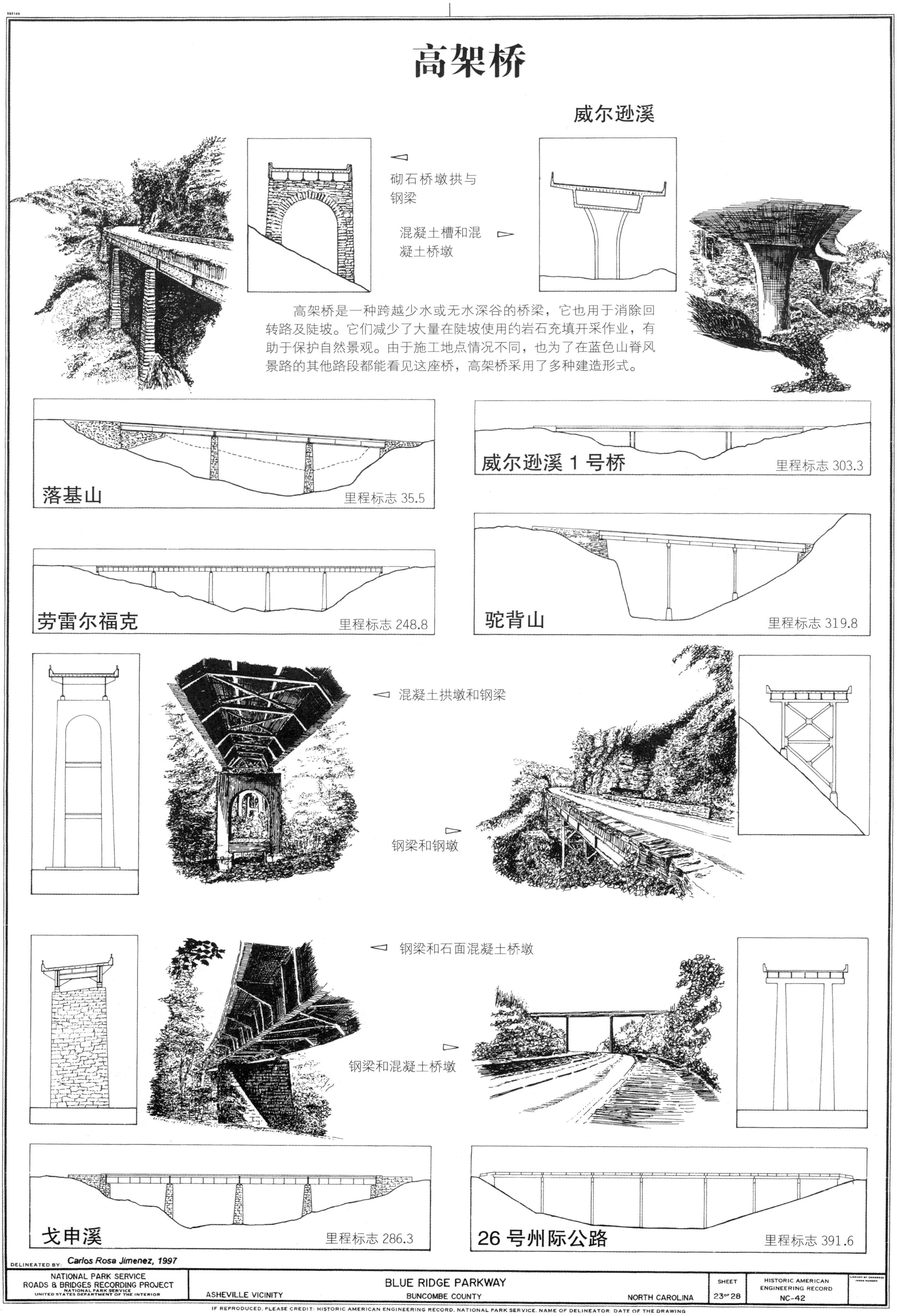
威尔逊溪
砌石桥墩拱与钢梁
混凝土槽和混凝土桥墩
落基山
里程标志 35.5
威尔逊溪 1 号桥
里程标志 303.3
劳雷尔福克
里程标志 248.8
驼背山
里程标志 319.8
混凝土拱墩和钢梁
钢梁和钢墩
钢梁和石面混凝土桥墩
钢梁和混凝土桥墩
戈申溪
里程标志 286.3
26 号州际公路
里程标志 391.6
DELINEATED BY: Carlos Rosa Jimenez, 1997
NATIONAL PARK SERVICE
ROADS & BRIDGES RECORDING PROJECT
BLUE RIDGE PARKWAY
ASHEVILLE VICINITY
BUNCOMBE COUNTY
NORTH CAROLINA
SHEET 23 OF 28
HISTORIC AMERICAN ENGINEERING RECORD
NC-42
IF REPRODUCED, PLEASE CREDIT: HISTORIC AMERICAN ENGINEERING RECORD, NATIONAL PARK SERVICE, NAME OF DELINEATOR, DATE OF THE DRAWING

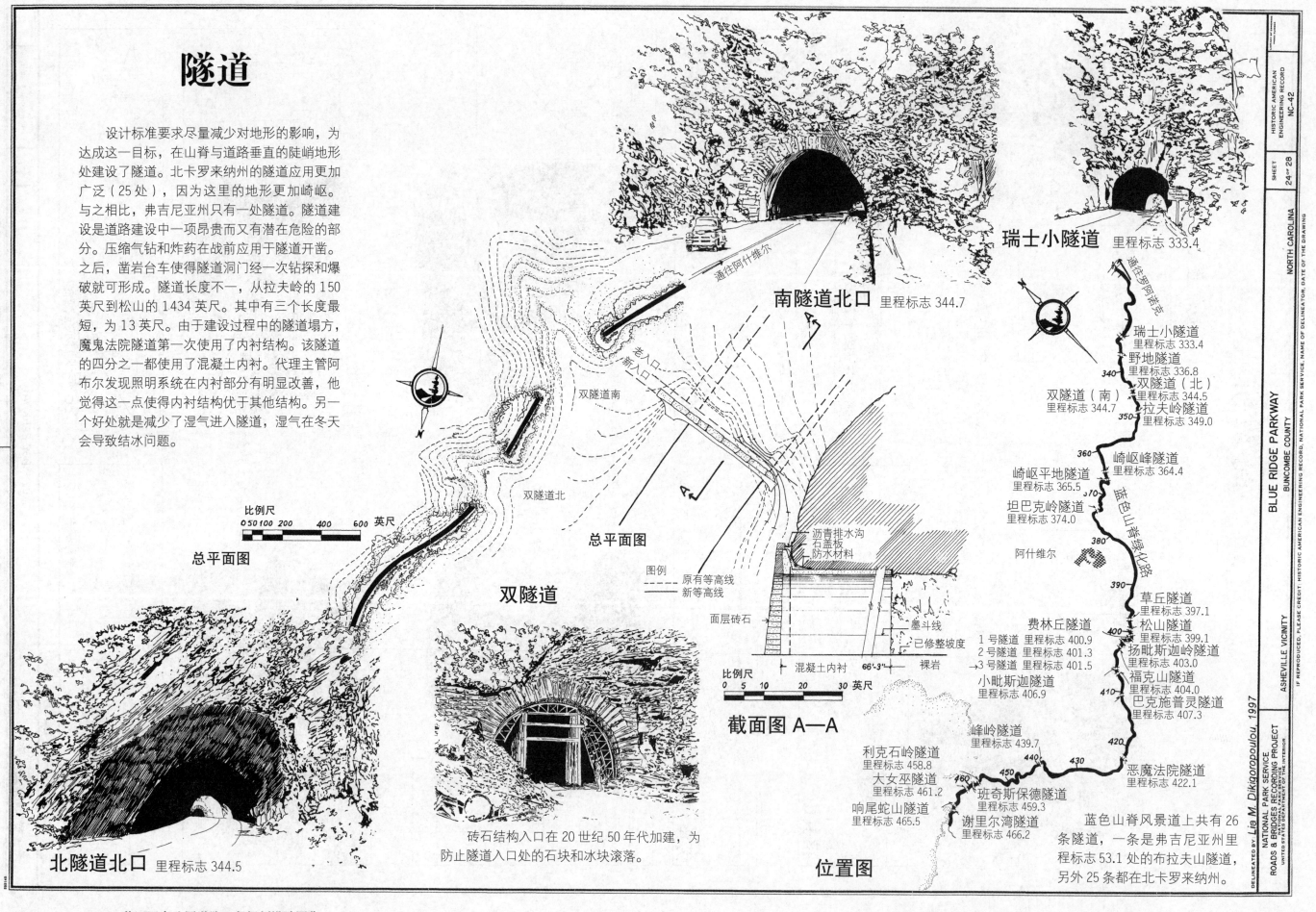

隧道

设计标准要求尽量减少对地形的影响，为达成这一目标，在山脊与道路垂直的陡峭地形处建设了隧道。北卡罗来纳州的隧道应用更加广泛（25 处），因为这里的地形更加崎岖。与之相比，弗吉尼亚州只有一处隧道。隧道建设是道路建设中一项昂贵而又有潜在危险的部分。压缩气钻和炸药在战前应用于隧道开凿。之后，凿岩台车使得隧道洞门经一次钻探和爆破就可形成。隧道长度不一，从拉夫岭的 150 英尺到松山的 1434 英尺。其中有三个长度最短，为 13 英尺。由于建设过程中的隧道塌方，魔鬼法院隧道第一次使用了内衬结构。该隧道的四分之一都使用了混凝土内衬。代理主管阿布尔发现照明系统在内衬部分有明显改善，他觉得这一点使得内衬结构优于其他结构。另一个好处就是减少了湿气进入隧道，湿气在冬天会导致结冰问题。

南隧道北口 里程标志 344.7

瑞士小隧道 里程标志 333.4

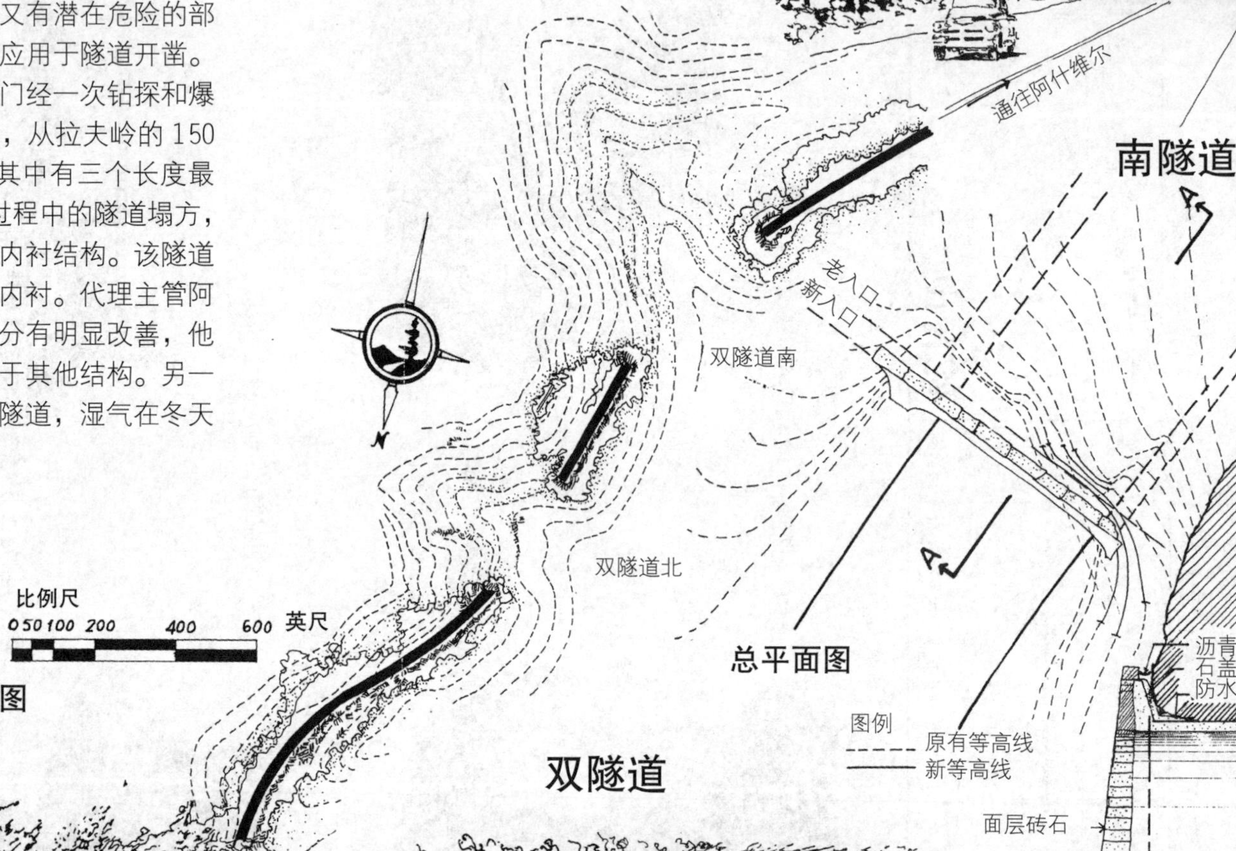

通往阿什维尔
老入口
新入口
双隧道南
双隧道北
A
比例尺
0 50 100 200 400 600 英尺
图例
原有等高线
新等高线

总平面图

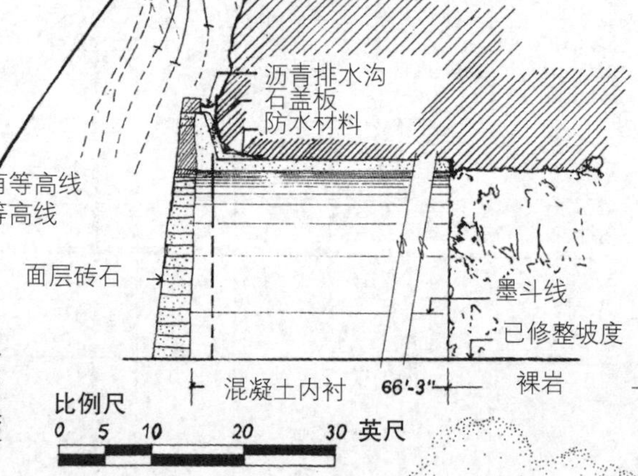

沥青排水沟
石盖板
防水材料
面层砖石
墨斗线
已修整坡度
混凝土内衬
66'-3"
裸岩
比例尺
0 5 10 20 30 英尺

截面图 A—A

通往罗阿诺克
瑞士小隧道
里程标志 333.4
野地隧道
里程标志 336.8
双隧道（北）
里程标志 344.5
双隧道（南）
里程标志 344.7
拉夫岭隧道
里程标志 349.0
崎岖峰隧道
里程标志 364.4
崎岖平地隧道
里程标志 365.5
坦巴克岭隧道
里程标志 374.0
蓝色山脊绿化路
阿什维尔
草丘隧道
里程标志 397.1
松山隧道
里程标志 399.1
费林丘隧道
1 号隧道 里程标志 400.9
2 号隧道 里程标志 401.3
3 号隧道 里程标志 401.5
扬毗斯迦岭隧道
里程标志 403.0
福克山隧道
里程标志 404.0
小毗斯迦隧道
里程标志 406.9
巴克施普灵隧道
里程标志 407.3
峰岭隧道
里程标志 439.7
恶魔法院隧道
里程标志 422.1
利克石岭隧道
里程标志 458.8
大女巫隧道
里程标志 461.2
班奇斯保德隧道
里程标志 459.3
响尾蛇山隧道
里程标志 465.5
谢里尔湾隧道
里程标志 466.2
340
350
360
370
380
390
400
410
420
430
440
450
460

位置图

蓝色山脊风景道上共有 26 条隧道，一条是弗吉尼亚州里程标志 53.1 处的布拉夫山隧道，另外 25 条都在北卡罗来纳州。

北隧道北口 里程标志 344.5

双隧道

砖石结构入口在 20 世纪 50 年代加建，为防止隧道入口处的石块和冰块滚落。

DELINEATED BY: Lia M. Dikigoropoulou, 1997

NATIONAL PARK SERVICE
ROADS & BRIDGES RECORDING PROJECT
NATIONAL PARK SERVICE
UNITED STATES DEPARTMENT OF THE INTERIOR

ASHEVILLE VICINITY

BLUE RIDGE PARKWAY
BUNCOMBE COUNTY

NORTH CAROLINA

SHEET 24 OF 28

HISTORIC AMERICAN ENGINEERING RECORD
NC-42

IF REPRODUCED, PLEASE CREDIT: HISTORIC AMERICAN ENGINEERING RECORD, NATIONAL PARK SERVICE, NAME OF DELINEATOR, DATE OF THE DRAWING

路标

管理性

路标作为蓝色山脊风景道一个不可或缺的设计要素，依照提供的不同信息而被划分为不同层次。一直以来它们都有许多设计上的改动。起初所有路标都是木质材料，现在为了提供必要信息，几种其他的材料也应用于路标中。

管理性路标是最标准的一种，它们的信息涉及安全与道路方向。这种路标符合统一交通管理设备手册上的要求。

信息性路标指示公共设施与各种场所的位置。它们由传统的木质材料发展为喷漆的胶合板，上面所显示的字母和符号符合国家公园管理局标准。然而，路边仍然有很多木质路标，用以保持风景道的最初设计特色。

解释性路标提供“景色背后的故事”。它们为游客讲述眼前之景的来龙去脉，使人们更深入了解风景道的文化资源。解释性路标的种类从传统的木质“枪板”到现代的“调节”嵌板，应有尽有。

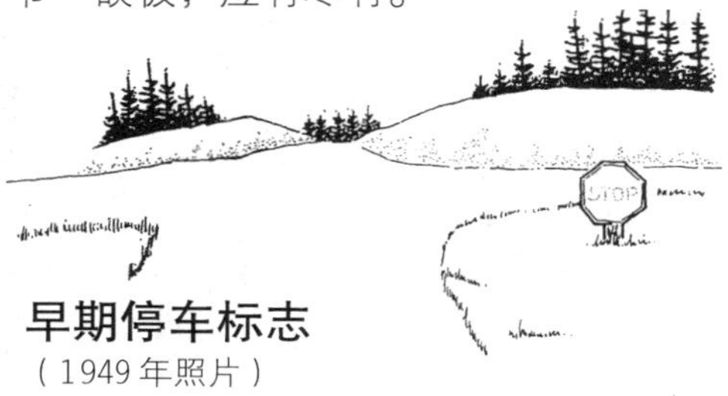

早期停车标志
（1949 年照片）

现代停车标志

早期通行标志
（1953 年照片）

解释性

枪板，1941 年

顶吊画架，20 世纪 50 年代
（未注明日期的蓝色山脊档案照片）

自导路线路标，20 世纪 70 年代

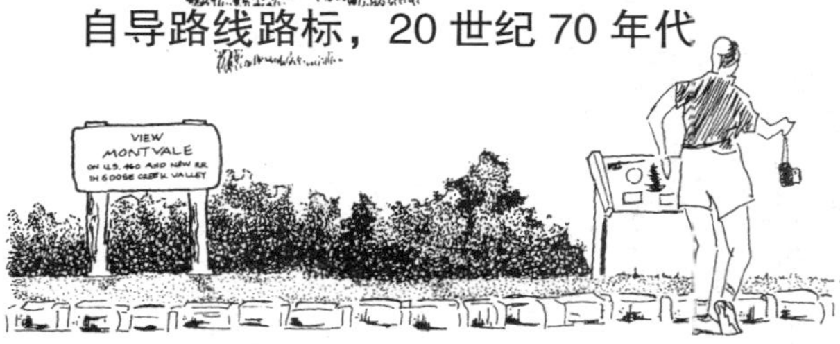

可调节路标，1984 年
在哈伯渡口中心制造

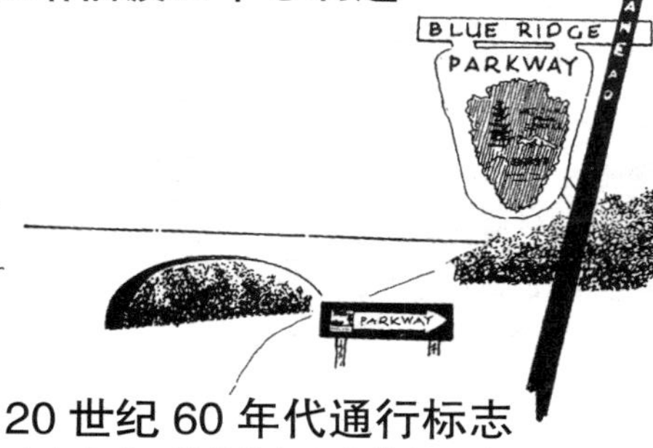

20 世纪 60 年代通行标志
（未注明日期的蓝色山脊档案照片）

信息性

入口标志，1948 年
（未注明日期的蓝色山脊档案照片）

现有入口标志，1949 年至今

小酒馆风格路标，1941 年
（1952 年照片）

里程碑，1947 年
（1953 年照片）

小路路标，20 世纪 40 年代

现代通行标志

DELINEATED BY: *Cheria Yost and Matt Stormont, 1997*

NATIONAL PARK SERVICE ROADS & BRIDGES RECORDING PROJECT NATIONAL PARK SERVICE UNITED STATES DEPARTMENT OF THE INTERIOR	ASHEVILLE VICINITY	BLUE RIDGE PARKWAY BUNCOMBE COUNTY	NORTH CAROLINA	SHEET 25 OF 28	HISTORIC AMERICAN ENGINEERING RECORD NC-42

IF REPRODUCED, PLEASE CREDIT: HISTORIC AMERICAN ENGINEERING RECORD, NATIONAL PARK SERVICE, NAME OF DELINEATOR, DATE OF THE DRAWING

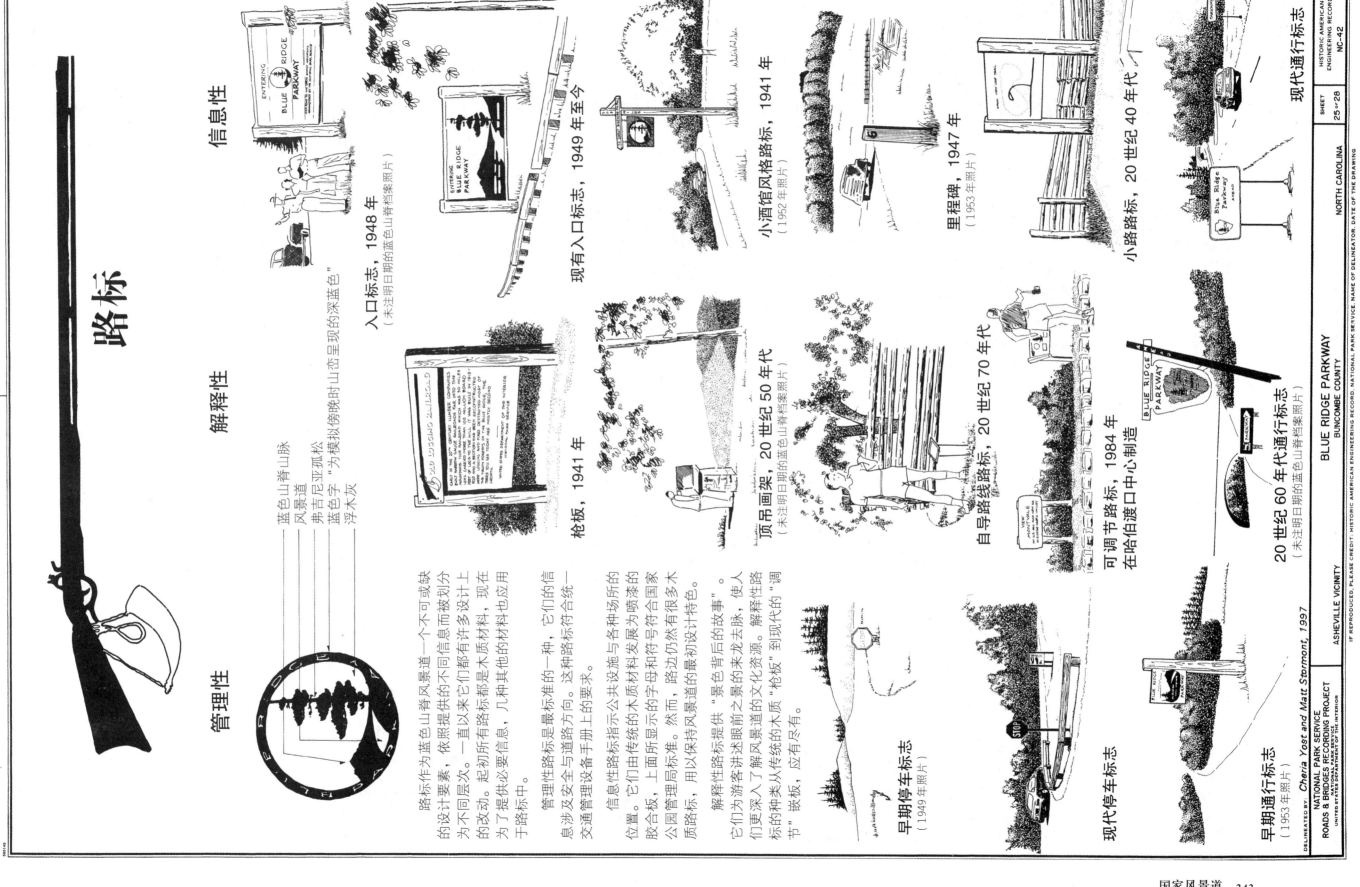

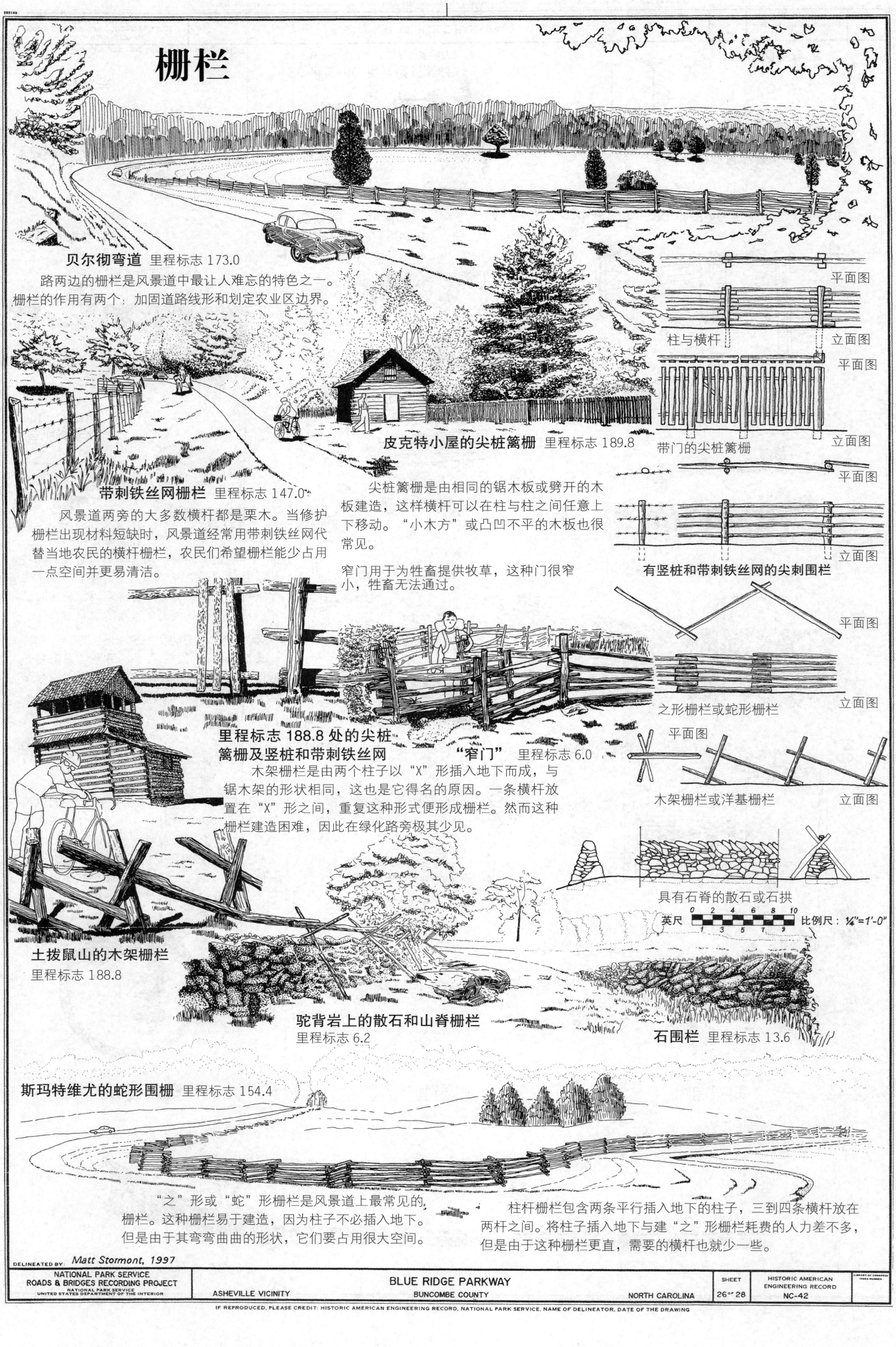
棚栏
贝尔彻弯道 里程标志 173.0
路两边的栅栏是风景道中最让人难忘的特色之一。栅栏的作用有两个：加固道路线形和划定农业区边界。
平面图
柱与横杆
立面图
平面图
皮克特小屋的尖桩篱栅 里程标志 189.8
带门的尖桩篱栅
立面图
平面图
带刺铁丝网栅栏 里程标志 147.0
风景道两旁的大多数横杆都是栗木。当修护栅栏出现材料短缺时，风景道经常用带刺铁丝网代替当地农民的横杆栅栏，农民们希望栅栏能少占用一点空间并更易清洁。
尖桩篱栅是由相同的锯木板或劈开的木板建造，这样横杆可以在柱与柱之间任意上下移动。“小木方”或凸凹不平的木板也很常见。
窄门用于为牲畜提供牧草，这种门很窄小，牲畜无法通过。
立面图
有竖桩和带刺铁丝网的尖刺围栏
平面图
立面图
之形栅栏或蛇形栅栏
里程标志 188.8 处的尖桩篱栅及竖桩和带刺铁丝网
“窄门” 里程标志 6.0
木架栅栏是由两个柱子以“X”形插入地下而成，与锯木架的形状相同，这也是它得名的原因。一条横杆放置在“X”形之间，重复这种形式便形成栅栏。然而这种栅栏建造困难，因此在绿化路旁极其少见。
平面图
木架栅栏或洋基栅栏
立面图
具有石脊的散石或石拱
英尺 0 2 4 6 8 10 1 3 5 7 9 比例尺：¼"=1'-0"
土拨鼠山的木架栅栏
里程标志 188.8
驼背岩上的散石和山脊栅栏
里程标志 6.2
石围栏 里程标志 13.6
斯玛特维尤的蛇形围栅 里程标志 154.4
“之”形或“蛇”形栅栏是风景道上最常见的栅栏。这种栅栏易于建造，因为柱子不必插入地下。但是由于其弯弯曲曲的形状，它们要占用很大空间。
柱杆栅栏包含两条平行插入地下的柱子，三到四条横杆放在两杆之间。将柱子插入地下与建“之”形栅栏耗费的人力差不多，但是由于这种栅栏更直，需要的横杆也就少一些。
DELINEATED BY: Matt Stormont, 1997
NATIONAL PARK SERVICE
ROADS & BRIDGES RECORDING PROJECT
NATIONAL PARK SERVICE
UNITED STATES DEPARTMENT OF THE INTERIOR
BLUE RIDGE PARKWAY
ASHEVILLE VICINITY
BUNCOMBE COUNTY
NORTH CAROLINA
SHEET 26 OF 28
HISTORIC AMERICAN ENGINEERING RECORD
NC-42
IF REPRODUCED, PLEASE CREDIT: HISTORIC AMERICAN ENGINEERING RECORD, NATIONAL PARK SERVICE, NAME OF DELINEATOR, DATE OF THE DRAWING

眺望点

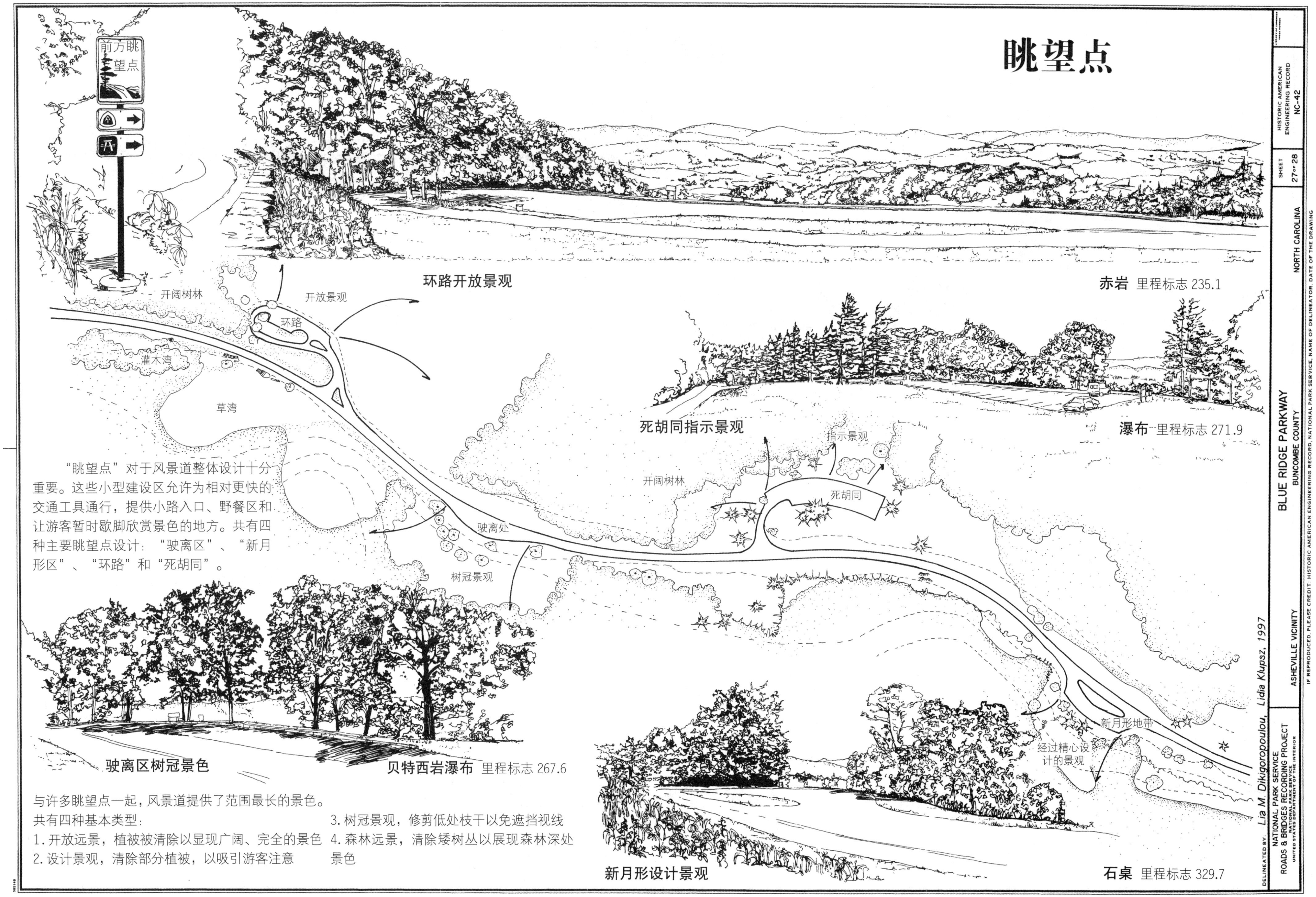
前方眺望点
环路开放景观
赤岩 里程标志 235.1
开阔树林
开放景观
环路
灌木湾
草湾
死胡同指示景观
瀑布 里程标志 271.9
指示景观
开阔树林
死胡同
驶离处
树冠景观
驶离区树冠景色
贝特西岩瀑布 里程标志 267.6
新月形地带
经过精心设计的景观
新月形设计景观
石桌 里程标志 329.7
HISTORIC AMERICAN ENGINEERING RECORD
NC-42
SHEET 27 of 28
NORTH CAROLINA
BLUE RIDGE PARKWAY
BUNCOMBE COUNTY
ASHEVILLE VICINITY
NATIONAL PARK SERVICE
ROADS & BRIDGES RECORDING PROJECT
DELINEATED BY: Lia M. Dikigoropoulou, Lidia Klupsz, 1997

“眺望点”对于风景道整体设计十分重要。这些小型建设区允许为相对更快的交通工具通行，提供小路入口、野餐区和让游客暂时歇脚欣赏景色的地方。共有四种主要眺望点设计：“驶离区”、“新月形区”、“环路”和“死胡同”。

与许多眺望点一起，风景道提供了范围最长的景色。共有四种基本类型：

1. 开放远景，植被被清除以显现广阔、完全的景色
2. 设计景观，清除部分植被，以吸引游客注意
3. 树冠景观，修剪低处枝干以免遮挡视线
4. 森林远景，清除矮树丛以展现森林深处景色

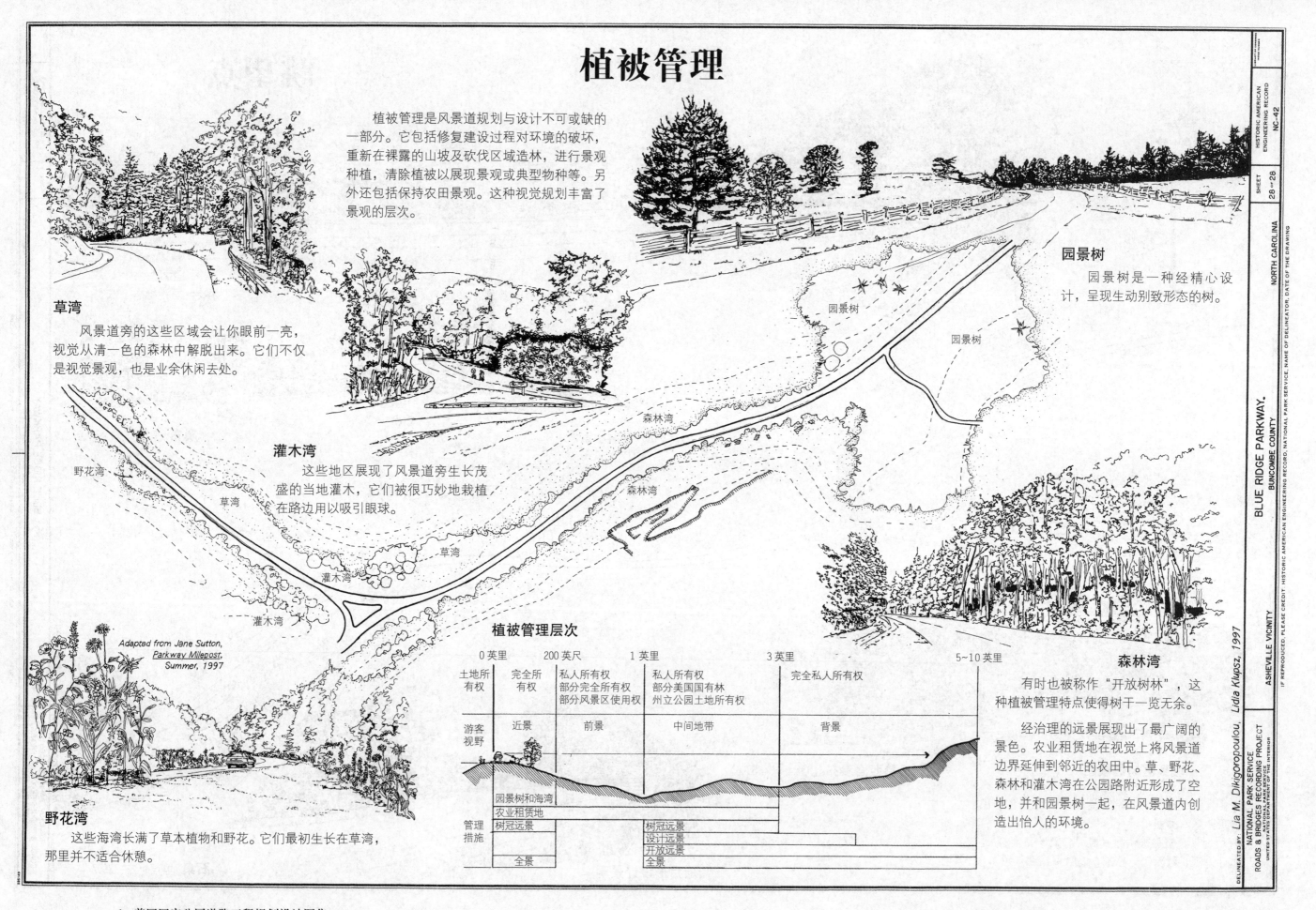

植被管理

植被管理是风景道规划与设计不可或缺的一部分。它包括修复建设过程对环境的破坏，重新在裸露的山坡及砍伐区域造林，进行景观种植，清除植被以展现景观或典型物种等。另外还包括保持农田景观。这种视觉规划丰富了景观的层次。

草湾

风景道旁的这些区域会让你眼前一亮，视觉从清一色的森林中解脱出来。它们不仅是视觉景观，也是业余休闲去处。

园景树

园景树是一种经精心设计，呈现生动别致形态的树。

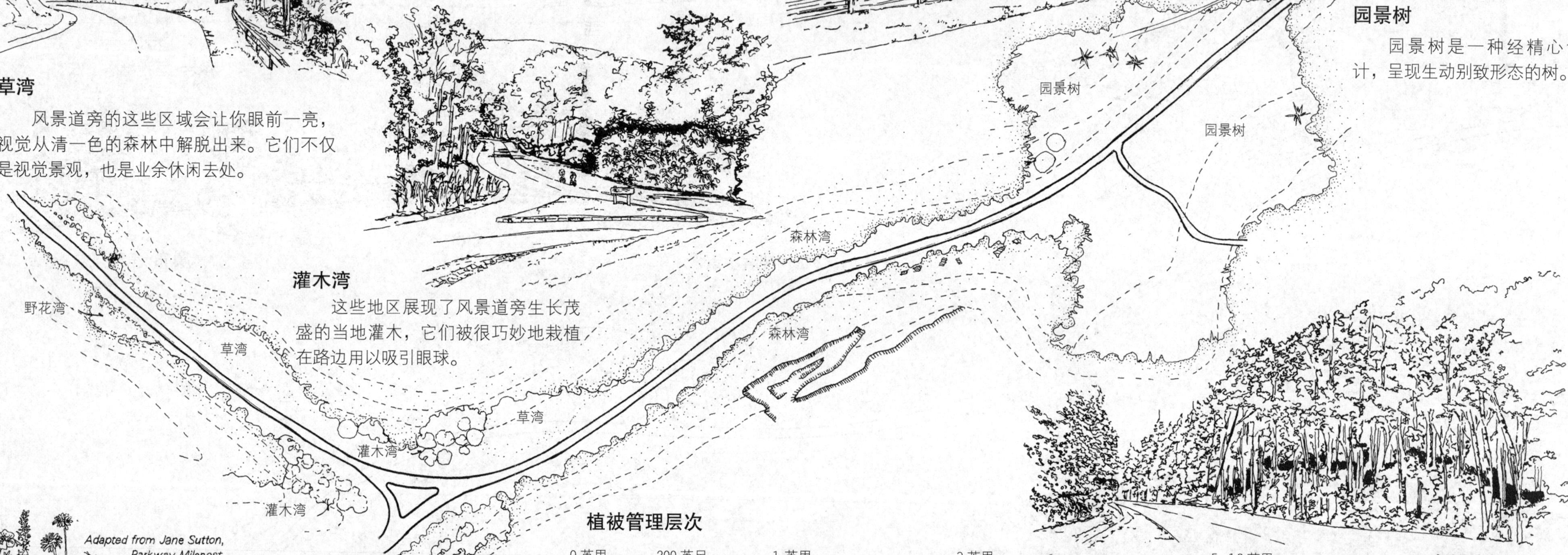
园景树
园景树
森林湾
森林湾
野花湾
草湾
草湾
灌木湾
灌木湾

灌木湾

这些地区展现了风景道旁生长茂盛的当地灌木，它们被很巧妙地栽植在路边用以吸引眼球。

Adapted from Jane Sutton,
Parkway Milepost,
Summer, 1997

野花湾

这些海湾长满了草本植物和野花。它们最初生长在草湾，那里并不适合休憩。

植被管理层次

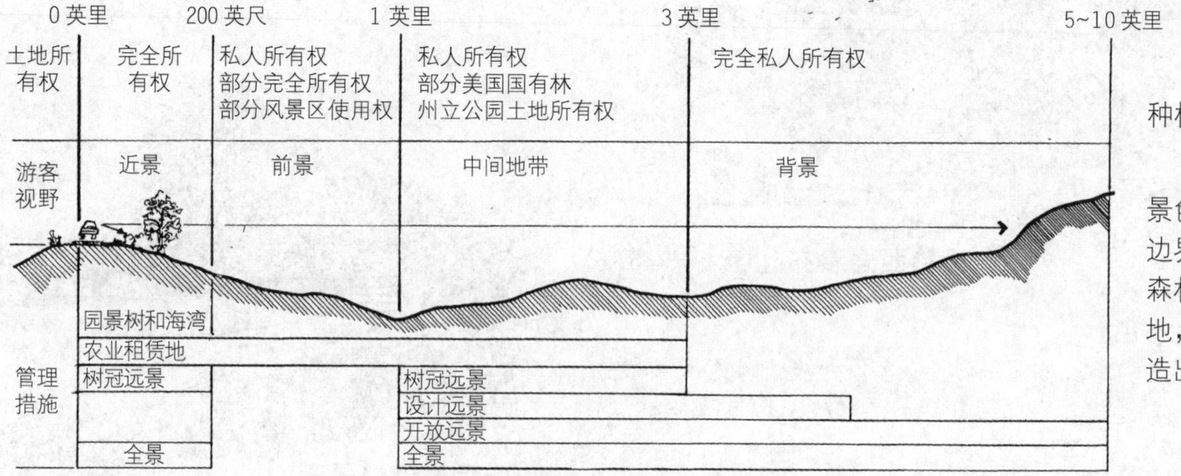
0 英里
200 英尺
1 英里
3 英里
5~10 英里
土地所有权
完全所有权
私人所有权
部分完全所有权
部分风景区使用权
私人所有权
部分美国国有林
州立公园土地所有权
完全私人所有权
游客视野
近景
前景
中间地带
背景
管理措施
园景树和海湾
农业租赁地
树冠远景
全景
树冠远景
设计远景
开放远景
全景

森林湾

有时也被称作“开放树林”，这种植被管理特点使得树干一览无余。

经治理的远景展现出了最广阔的景色。农业租赁地在视觉上将风景道边界延伸到邻近的农田中。草、野花、森林和灌木湾在公园路附近形成了空地，并和园景树一起，在风景道内创造出怡人的环境。

DELINEATED BY Lia M. Dikigoropoulou, Lidia Klupsz, 1997

NATIONAL PARK SERVICE
ROADS & BRIDGES RECORDING PROJECT
UNITED STATES DEPARTMENT OF THE INTERIOR

BLUE RIDGE PARKWAY.
BUNCOMBE COUNTY
ASHEVILLE VICINITY
NORTH CAROLINA

SHEET 28 of 28

HISTORIC AMERICAN ENGINEERING RECORD
NC-42

IF REPRODUCED, PLEASE CREDIT: HISTORIC AMERICAN ENGINEERING RECORD, NATIONAL PARK SERVICE, NAME OF DELINEATOR, DATE OF THE DRAWING

殖民地风景道

殖民地风景道（殖民地国家历史公园，弗吉尼亚，1931 年）

殖民地风景道穿过公园的行车桥

建立于 1930 年，殖民地国家历史公园占地 10221 英亩，是国家公园管理局（NPS）的一部分，位于弗吉尼亚的"下颈部"，在约克镇和詹姆斯河之间。这一地区以海运业和淡水湿地著称。除此之外，这里还有各种各样的松林、硬木林、农田、河流、池塘以及沿海悬崖。自然风光并不是吸引游客到这里的原因，而是这里的历史和弗吉尼亚低洼海岸的文化景观。在大约 20 英里内的区域，游客可以看到詹姆斯敦的遗址，这是北美第一个英国永久殖民地，建立于 1607 年。威廉斯堡是 1699 年到 1780 年间弗吉尼亚的殖民地首府。还有约克镇，重要的殖民地烟草进出港口，也是康沃利斯上将的军队 1781 年投降的地方。

19 世纪末期以来，这块"历史三角区"的历史关系与地理相邻性吸引了历史学家和古文物研究者的注意。在维多利亚时代的美国，詹姆斯敦、威廉斯堡和约克镇是美国的"圣地"。自从 19 世纪 80 年代和 19 世纪 90 年代，像弗吉尼亚文物保护协会（APVA）这样的民间组织积极倡导殖民地景观的保护，以此作为弗吉尼亚传统社会的伟大标志。然而到 20 世纪 20 年代，诸如威廉卡森领导下的弗吉尼亚保护与发展委员会开始把文化遗产提升为一种促进经济增长的方式。

20 世纪 20 年代，史蒂芬・马瑟和霍勒斯・奥尔布赖特领导下的国家公园管理局开始扩张。为了获得更多公众与国会的支持，国家公园管理局的管理者们增加了在东部的活动。1930 年，国会批准了一座历史公园的成立，这座公园把詹姆斯敦岛和约克镇战场纳入其中，并与威廉斯堡有密切联系，威廉斯堡是在约翰・戴・洛克菲勒的资助下修复的。最初这座公园被设计为国家保护区（1936 年成为国家历史公园），它代表了国家公园管理局在史迹维护领域的首次尝试。如今，这一领域中许多项目指导准则都已有长足进步。

由密歇根州国会议员路易斯・克兰顿撰写的最初法案中，包含了一项建造"殖民地风景道"的条款，目的是连通各地，也为越来越多去往美国国家公园的驾车游客提供一条风景走廊。到 20 世纪 20 年代，汽车通行成为公园管理局管理者与风景园林师的首要关心问题。他们必须改进设计方案，以平衡环境的使用与保护。1926 年，NPS 与农业部下属机构美国公用道路局（BPR）签订了一份多局协定，规定为公园提供最现代化的工程实践器材，在其对建筑项目的直接监管过程中都可以使用。从此以后，公园道路和桥梁的发展就成为了 NPS 风景园林师和 BPR 公路工程师通力合作的结果。

和其他建于 20 世纪 30 年代的 NPS 风景道一样，殖民地风景道标志着公园管理局道路建设项目的重大发展。查尔斯・E・彼得森领导下的规划与设计部东区支部与 BPR 的工程师将应用于纽约韦斯特切斯特县的风景道设计准则与 NPS 本身的风景园林传统融合。殖民地风景道是一段连续的混凝土狭长区域，它柔缓的大幅度弯路位于广阔的、绿树成荫的、未经商业开发的公路用地上。最受关注的是风景道两旁的景观，比如远景设计、广泛种植以及斜坡美化。这些景观形式是受当地的建筑材料文化启发，大多数桥梁和排水系统都覆盖着手工"弗吉尼亚风格"砖。铺过的路面宽度都在 30 英尺之内，并经特殊"清扫"以露出集料，从而再现乡间小路的感觉。游客们驾车经过时，这些设计共同为游客提供了一段连续的美国殖民地历史之旅。

作为公园道路系统中不可分割的一部分，殖民地风景道于 1957 年竣工，囊括了詹姆斯敦岛和约克镇战场上的解释性观光路。通过这两条路旁的路边展览和历史地标，游客会对小岛和战场有更加深入与私人的理解。

1995 年夏天，在项目领导人克里斯托弗・H・马斯顿的指导下，殖民地国家历史公园道路与桥梁的文献记录由美国工程学历史记录处（HAER）编纂。HAER 的团队包括现场督导艾奥瓦州立大学的罗伯特・R・哈维，国际纪念碑及遗址委员会风景园林师马格达莱纳・贝莱卡（波兰华沙的历史景观保护中心），弗吉尼亚建筑师凯瑟琳・李・多尔，俄亥俄州辛辛那提市的风景园林师凯文・多尼耶，还有 HAER 的历史学家迈克尔・G・班尼特。大幅照片由 HAER 摄影师杰克・鲍彻拍摄。

古迹标志基自于美国政府印刷厂 1965 年出版的《殖民地风景道》，出版号为 789—013

注释：另见 HAER VA—116 号，詹姆斯敦岛环路。
HAER VA—117 号，约克镇战场观光路。

DELINEATED BY: ROBERT R. HARVEY, 1995

COLONIAL NHP
ROADS & BRIDGES RECORDING PROJECT
NATIONAL PARK SERVICE
UNITED STATES DEPARTMENT OF THE INTERIOR

YORKTOWN VICINITY

COLONIAL PARKWAY
YORKTOWN TO JAMESTOWN ISLAND
YORK COUNTY

VIRGINIA

SHEET 1 of 9

HISTORIC AMERICAN ENGINEERING RECORD
VA-48

IF REPRODUCED, PLEASE CREDIT: HISTORIC AMERICAN ENGINEERING RECORD, NATIONAL PARK SERVICE, NAME OF DELINEATOR, DATE OF THE DRAWING

风景道的发展

建筑名称	日期	HAER 编号
1. 巴拉德溪涵洞	*1931*	*VA-48-E*
2. 布拉肯池塘涵洞	*1931*	*VA-48-F*
3. 海军水雷驱逐天桥	*1931, 1966, 1980*	*VA-48-A*
4. 琼斯磨坊池塘大坝	*1932*	*VA-48-G*
5. 印度原野溪大桥	*1933, 1980*	*VA-48-H*
6. 菲尔盖茨溪大桥	*1933, 1980*	*VA-48-I*
7. 国王溪桥	*1933, 1980*	*VA-48-J*
8. 首都码头地下通道	*1936*	*VA-48-B*
9.C&O 铁路地下通道	*1937*	*VA-48-C*
10. 威廉斯堡隧道	*1942*	*VA-48-D*
11. 半溪桥	*1942*	*VA-48-K*
12. 美国 143 号公路桥	*1948*	*VA-48-L*
13. 学院溪桥	*1956*	*VA-48-M*
14. 米尔溪桥	*1956*	*VA-48-N*
15. 保厄坦溪桥	*1956*	*VA-48-O*
16. 地峡桥	*1956*	*VA-48-P*
17. 约克镇溪桥	*1956*	*VA-48-Q*
18. 美国 17 号公路桥	*1956*	*VA-48-R*
19. 弗吉尼亚 238 号公路桥	*1956*	*VA-48-S*
20. 格力博格特桥	*1956*	*VA-48-T*
21. 新港大道桥	*1957*	*VA-48-U*
22. 北码头桥	*1962*	*VA-48-V*
23. 弗吉尼亚 641 号公路桥	*1964*	*VA-48-W*
24. 哈伯德路桥	*1964*	*VA-48-X*
25.1—64 号桥	*1965*	*VA-48-Y*
26. 弗吉尼亚 199 号公路桥	*1966, 1973*	*VA-48-Z*
27. 绿化大道桥	*1972*	*VA-48-AA*

殖民地风景道入口标志

殖民地风景道的发展包含了 26 年的建设史，其间经历了路线冲突、战争、资金短缺以及土地收购问题。1931 年到 1937 年间，这条从约克镇附近的巴拉德溪到威廉斯堡的道路建设完成。1937 年到 1955 年间仅剩的主要建设任务就是重现旧貌的首都地下一条隧道，以及半溪上的一座桥。风景道是在 1955 到 1957 年这一极其动荡的时期修建完成的，为詹姆斯敦建立 350 周年庆典所用。

美国海军武器站岗亭

基于美国地质勘探局（USGS）1 ：25000 殖民地国家历史公园地形图，弗吉尼亚州。37076—B5—PF—025，1981 年

DELINEATED BY: ROBERT R. HARVEY, 1995

COLONIAL NHP
ROADS & BRIDGES RECORDING PROJECT
NATIONAL PARK SERVICE
UNITED STATES DEPARTMENT OF THE INTERIOR

YORKTOWN VICINITY

COLONIAL PARKWAY
YORKTOWN TO JAMESTOWN ISLAND
YORK COUNTY

VIRGINIA

SHEET
2 of 9

HISTORIC AMERICAN
ENGINEERING RECORD
VA-48

风景道的建设

除草与翻掘

路线确定之后，公用道路局调查队在路旁的斜坡上安放了许多木桩，并清楚了木桩 5 英尺内的所有地被植物。在风景园林师的指导下，监督工程师负责标记要保留下来的树木。所有直径为 6 英寸的最细的洋槐与雪松都经砍伐制成板材留作备用。其他清理出的东西都在指定区域夜晚焚烧。

挖掘与土地平整

公路用地清草与翻掘之后，就要进行排水系统基底的挖掘。道路、观景点、停车区也依照规划的具体要求进行了土地平整。铺路需先清除表土，这些表土留作替代种植斜坡区的表土。之后便是建造与回填排水系统，并修建合适的路基。翻掘出的泥土用于修建路堤，也用于覆盖水力充填材料。

斜坡开发

风景园林师高度重视殖民地风景道两边植被坡的开发，以使道路融入景观之中。斜坡上的树桩仍保留在土地中，它们有助于稳固路堤。坡度从 2 ：1 到 5 ：1 之间不等，但工程师们负责现场监督，确保斜坡坡度适合当地情况。依照景观划分的具体方案，最终形成了合适坡度。施工团队先在斜坡上播种以稳固土壤，之后进行美化设计。

水力充填

沿约克河和詹姆斯河修建风景道，必须广泛应用水力充填，这样才能形成合适的道路坡度，即最低海拔为 11 英尺。木质防水壁用来稳固河床某些区域挖掘出的填方材料。利用水力充填材料的泌水过程，路堤中心线处安放了一条排水管，利用这条水管，疏浚物便可排出并自然沉淀。

铺路

风景道中，大多数人行道下都有两层地基，厚度在 9 英寸到 12 英寸之间。模板和钢筋网应用在混凝土部分，这些部分都是 10 英尺宽，40 英尺到 60 英尺长。混凝土与当地集料（主要成分为泥灰土）混合在一起，首先浇注在中心 10 英尺宽的冠部。包括冲水、清扫和酸洗在内的特殊处理旨在显露集料，形成一种“乡间小路”的感觉。（细节参见图 6）

绿化种植

殖民地风景道最佳种植季节通常是秋天到初冬。道路两旁栽种了像松树、山茱萸和雪松这样的新树种。许多原有树种被移走，以使道路景观形成平衡与多样性。购买树种的资金由紧急保护工程项目组筹集到美国民间资源保护队。建筑方也经常和当地土地拥有者签订协议，后者捐赠树苗，前者为后者平整土地。

HISTORIC AMERICAN ENGINEERING RECORD VA-48

SHEET 3 of 9

COLONIAL PARKWAY
YORKTOWN TO JAMESTOWN ISLAND
YORK COUNTY

VIRGINIA

YORKTOWN VICINITY

DELINEATED BY: Kevin Doniere, 1995

COLONIAL NHP
ROADS & BRIDGES RECORDING PROJECT
NATIONAL PARK SERVICE
UNITED STATES DEPARTMENT OF THE INTERIOR

IF REPRODUCED, PLEASE CREDIT: HISTORIC AMERICAN ENGINEERING RECORD, NATIONAL PARK SERVICE, NAME OF DELINEATOR, DATE OF THE DRAWING

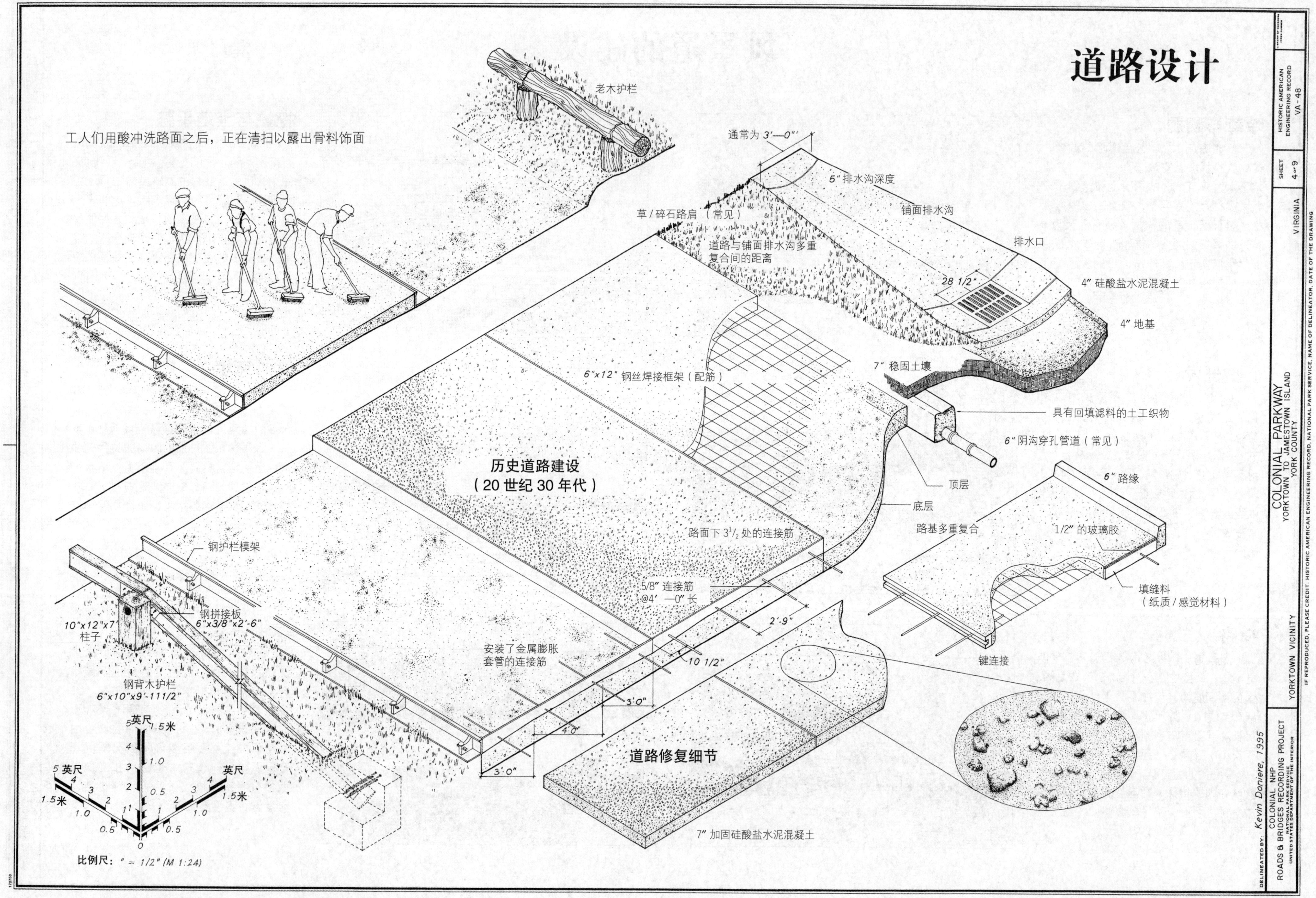

道路设计
老木护栏
工人们用酸冲洗路面之后，正在清扫以露出骨料饰面
通常为 3′—0″
5″ 排水沟深度
草 / 碎石路肩（常见）
铺面排水沟
道路与铺面排水沟多重
复合间的距离
排水口
28 1/2″
4″ 硅酸盐水泥混凝土
4″ 地基
7″ 稳固土壤
6″x12″ 钢丝焊接框架（配筋）
具有回填滤料的土工织物
6″ 阴沟穿孔管道（常见）
历史道路建设
（20 世纪 30 年代）
顶层
底层
6″ 路缘
路基多重复合
1/2″ 的玻璃胶
路面下 3 1/2 处的连接筋
钢护栏模架
5/8″ 连接筋
@4′ —0″ 长
填缝料
（纸质 / 感觉材料）
钢拼接板
6″x3/8″x2′-6″
10″x12″x7′
柱子
2′-9″
安装了金属膨胀
套管的连接筋
10 1/2″
键连接
钢背木护栏
6″x10″x9′-111/2″
3′0″
4′0″
3′0″
道路修复细节
7″ 加固硅酸盐水泥混凝土
英尺
米
比例尺：″ = 1/2″ (M 1:24)
HISTORIC AMERICAN ENGINEERING RECORD
VA-48
SHEET 4 of 9
VIRGINIA
COLONIAL PARKWAY
YORKTOWN TO JAMESTOWN ISLAND
YORK COUNTY
YORKTOWN VICINITY
DELINEATED BY: Kevin Doniere, 1995
COLONIAL NHP
ROADS & BRIDGES RECORDING PROJECT
NATIONAL PARK SERVICE
UNITED STATES DEPARTMENT OF THE INTERIOR
IF REPRODUCED, PLEASE CREDIT: HISTORIC AMERICAN ENGINEERING RECORD, NATIONAL PARK SERVICE, NAME OF DELINEATOR, DATE OF THE DRAWING

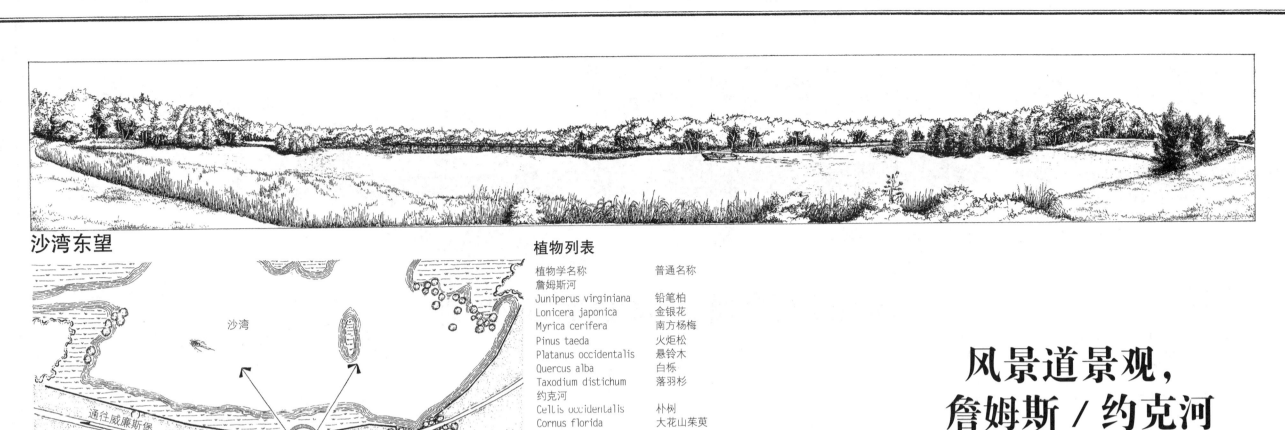

沙湾东望

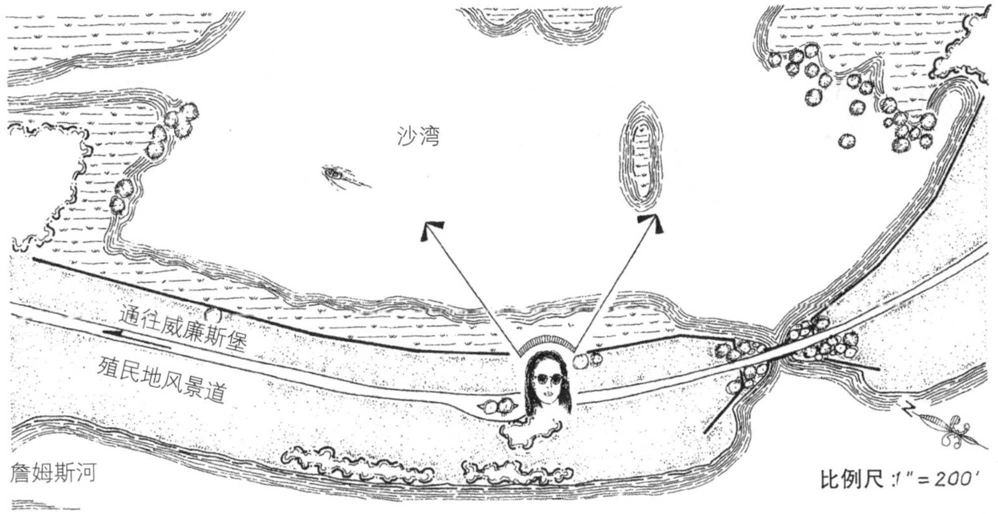
沙湾
通往威廉斯堡
殖民地风景道
詹姆斯河
比例尺 1″= 200′

植物列表

植物学名称	普通名称
詹姆斯河	
Juniperus virginiana	铅笔柏
Lonicera japonica	金银花
Myrica cerifera	南方杨梅
Pinus taeda	火炬松
Platanus occidentalis	悬铃木
Quercus alba	白栎
Taxodium distichum	落羽杉
约克河	
Celtis occidentalis	朴树
Cornus florida	大花山茱萸
Juglans nigra	核桃木
Junip	铅笔柏
Liriodendron tulipifera	美国鹅掌楸
Plata	悬铃木
Robinia pseudoacacia	刺槐
Sassafras albidum	黄樟

风景道景观，詹姆斯 / 约克河

作为弗吉尼亚低洼海岸自然与历史发展中不可或缺的一部分，约克河和詹姆斯河拓展了殖民地风景道的释义性与景观性特色。风景道沿河而建，使得风景园林师开发出引人注目的河流景色。天然的远景或统一的景观成分也经过开发，使游客欣赏到沼泽和池塘的内部景观。按照土地管理方案，维护团队对植被进行了选择性砍伐来拓宽视野，同时突出风景道旁花团锦簇的奇珍树木。然而植被筛选也同样重要，它可以隐藏与风景道整体风格无关的景色，如商业或工业场所。

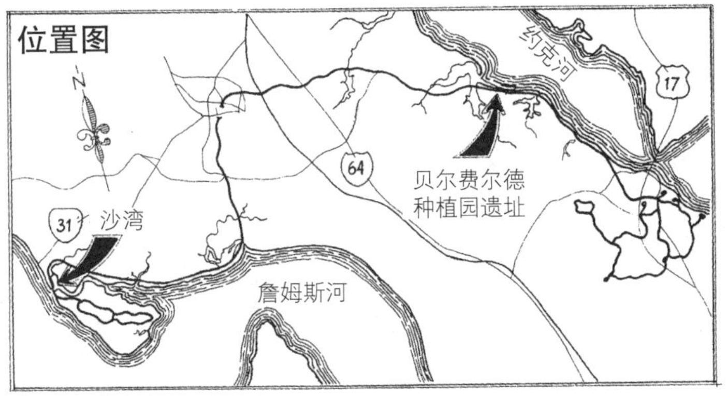
位置图
约克河
17
64
贝尔费尔德
种植园遗址
31
沙湾
詹姆斯河

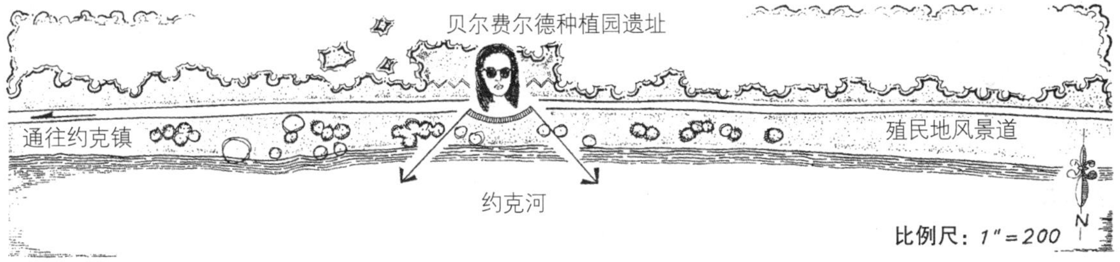
贝尔费尔德种植园遗址
通往约克镇
殖民地风景道
约克河
比例尺：1″= 200

约克河东北方向

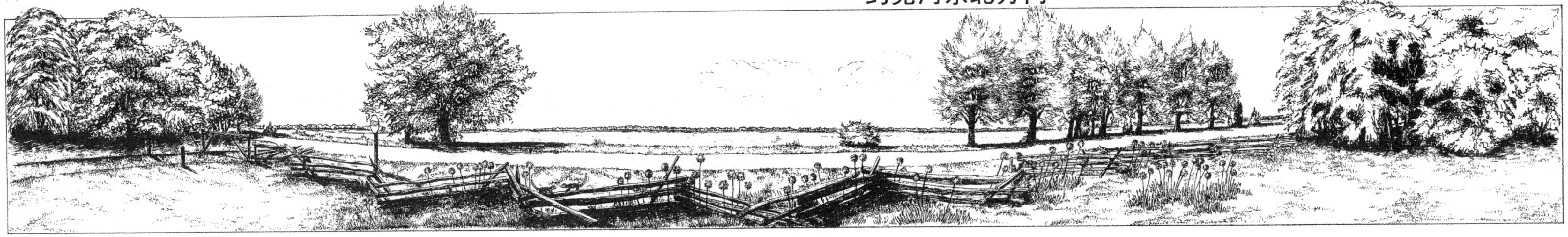

DELINEATED BY: Magdalena Bielecka, 1995

COLONIAL NHP
ROADS & BRIDGES RECORDING PROJECT
NATIONAL PARK SERVICE
UNITED STATES DEPARTMENT OF THE INTERIOR

COLONIAL PARKWAY
YORKTOWN TO JAMESTOWN ISLAND
YORK COUNTY

YORKTOWN VICINITY

VIRGINIA

SHEET 5 of 9

HISTORIC AMERICAN ENGINEERING RECORD
VA-48

IF REPRODUCED, PLEASE CREDIT: HISTORIC AMERICAN ENGINEERING RECORD, NATIONAL PARK SERVICE, NAME OF DELINEATOR, DATE OF THE DRAWING

风景道景观，琼斯磨坊池塘

琼斯磨坊池塘

植物列表
半溪

植物学名	常用名	植物学名	常用名
Carya ovata	山核桃木	Pinus sylvestris	欧洲赤松
Castanea dentate	栗树	Prunus serotine	野黑樱桃
Cornus florida	山茱萸	Quercus sp.	栎树
Juglans nigra	核桃木	Robinia sp.	洋槐
Liriodendron tulipifera	美国鹅掌楸	Sassafras albidum	黄樟

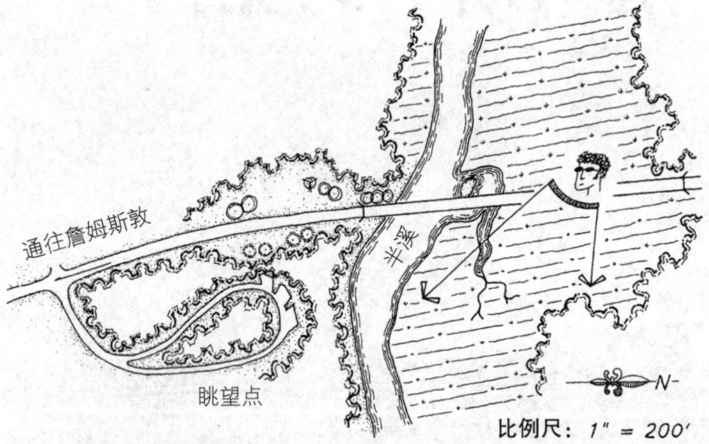

通往詹姆斯敦
半溪
眺望点
N
比例尺：1" = 200'

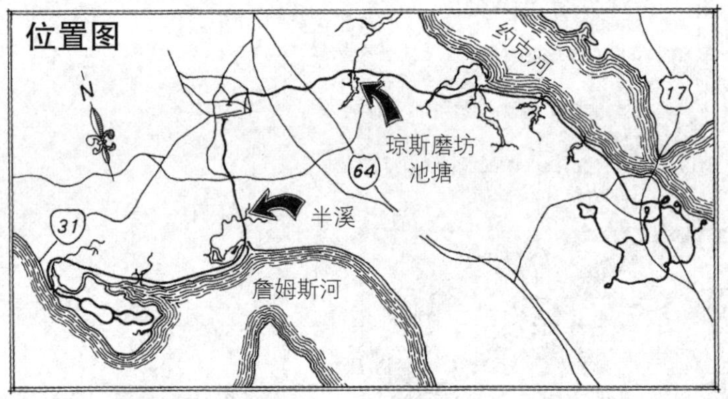

位置图
N
约克河
17
琼斯磨坊
池塘
64
半溪
31
詹姆斯河

半溪

琼斯磨坊池塘西部

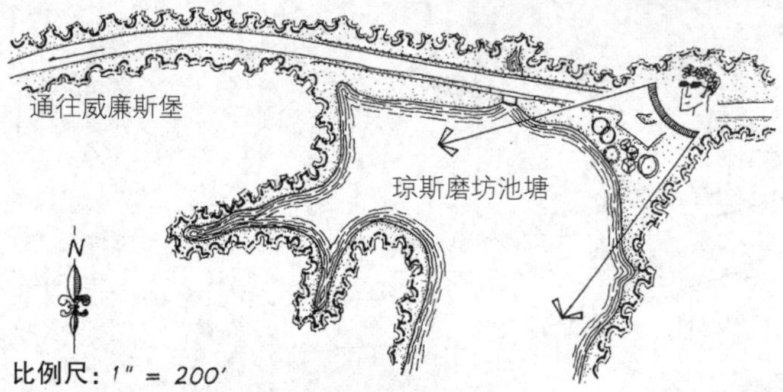

通往威廉斯堡
琼斯磨坊池塘
N
比例尺：1" = 200'

植物列表
琼斯磨坊池塘

植物学名	常用名
Acer saccharum	糖枫
Cercis Canadensis	紫荆
Fagus grandifolia	山毛榉
Juniperus cirginiana	铅笔柏
Kalmia latifolia	山月桂
Liquidambar styraciflua	枫香
Myrica cerifera	蜡果杨梅
Pinus taeda	火炬松
Platanus occidentalis	悬铃木

半溪东望

DELINEATED BY: *Kevin Doniere, 1995*

COLONIAL NHP
ROADS & BRIDGES RECORDING PROJECT
NATIONAL PARK SERVICE
UNITED STATES DEPARTMENT OF THE INTERIOR

YORKTOWN VICINITY

COLONIAL PARKWAY
YORKTOWN TO JAMESTOWN ISLAND
YORK COUNTY

VIRGINIA

SHEET 6 OF 9

HISTORIC AMERICAN ENGINEERING RECORD
VA-48

IF REPRODUCED, PLEASE CREDIT: HISTORIC AMERICAN ENGINEERING RECORD, NATIONAL PARK SERVICE, NAME OF DELINEATOR, DATE OF THE DRAWING

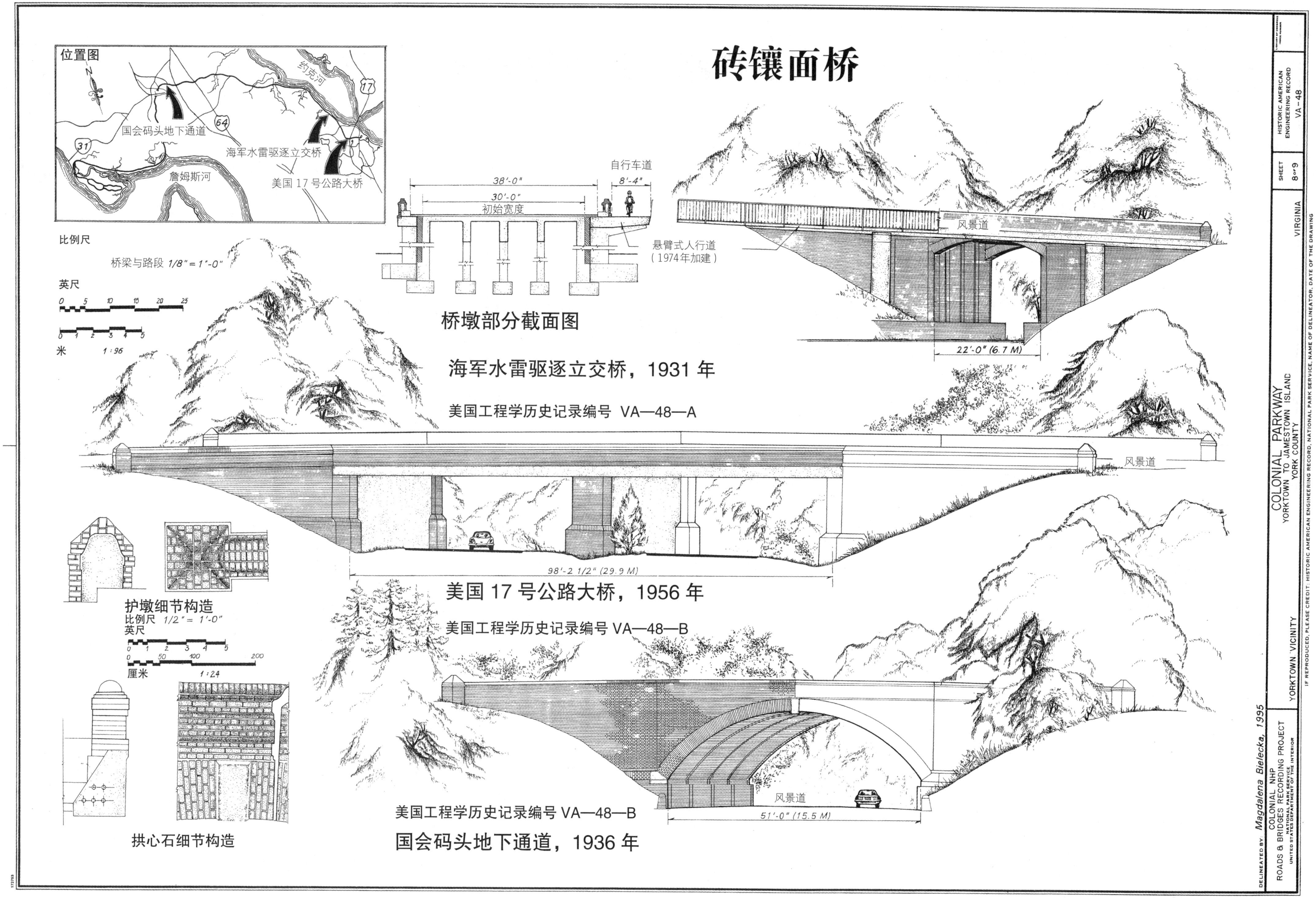
砖镶面桥
位置图
N
约克河
17
64
31
国会码头地下通道
海军水雷驱逐立交桥
美国 17 号公路大桥
詹姆斯河
比例尺
桥梁与路段 1/8" = 1'-0"
英尺
0 5 10 15 20 25
0 1 2 3 4 5
米 1:96
38'-0"
30'-0"
初始宽度
自行车道
8'-4"
悬臂式人行道
（1974年加建）
桥墩部分截面图
风景道
22'-0" (6.7 M)
海军水雷驱逐立交桥，1931 年
美国工程学历史记录编号 VA—48—A
风景道
98'-2 1/2" (29.9 M)
美国 17 号公路大桥，1956 年
美国工程学历史记录编号 VA—48—B
护墩细节构造
比例尺 1/2" = 1'-0"
英尺
0 1 2 3 4 5
0 50 100 200
厘米 1:24
拱心石细节构造
风景道
51'-0" (15.5 M)
美国工程学历史记录编号 VA—48—B
国会码头地下通道，1936 年
HISTORIC AMERICAN ENGINEERING RECORD
VA-48
SHEET
8 of 9
VIRGINIA
COLONIAL PARKWAY
YORKTOWN TO JAMESTOWN ISLAND
YORK COUNTY
YORKTOWN VICINITY
COLONIAL NHP
ROADS & BRIDGES RECORDING PROJECT
NATIONAL PARK SERVICE
UNITED STATES DEPARTMENT OF THE INTERIOR
DELINEATED BY: Magdalena Bielecka, 1995
IF REPRODUCED, PLEASE CREDIT: HISTORIC AMERICAN ENGINEERING RECORD, NATIONAL PARK SERVICE, NAME OF DELINEATOR, DATE OF THE DRAWING

切萨皮克－俄亥俄铁路／拉斐特街桥，1937年

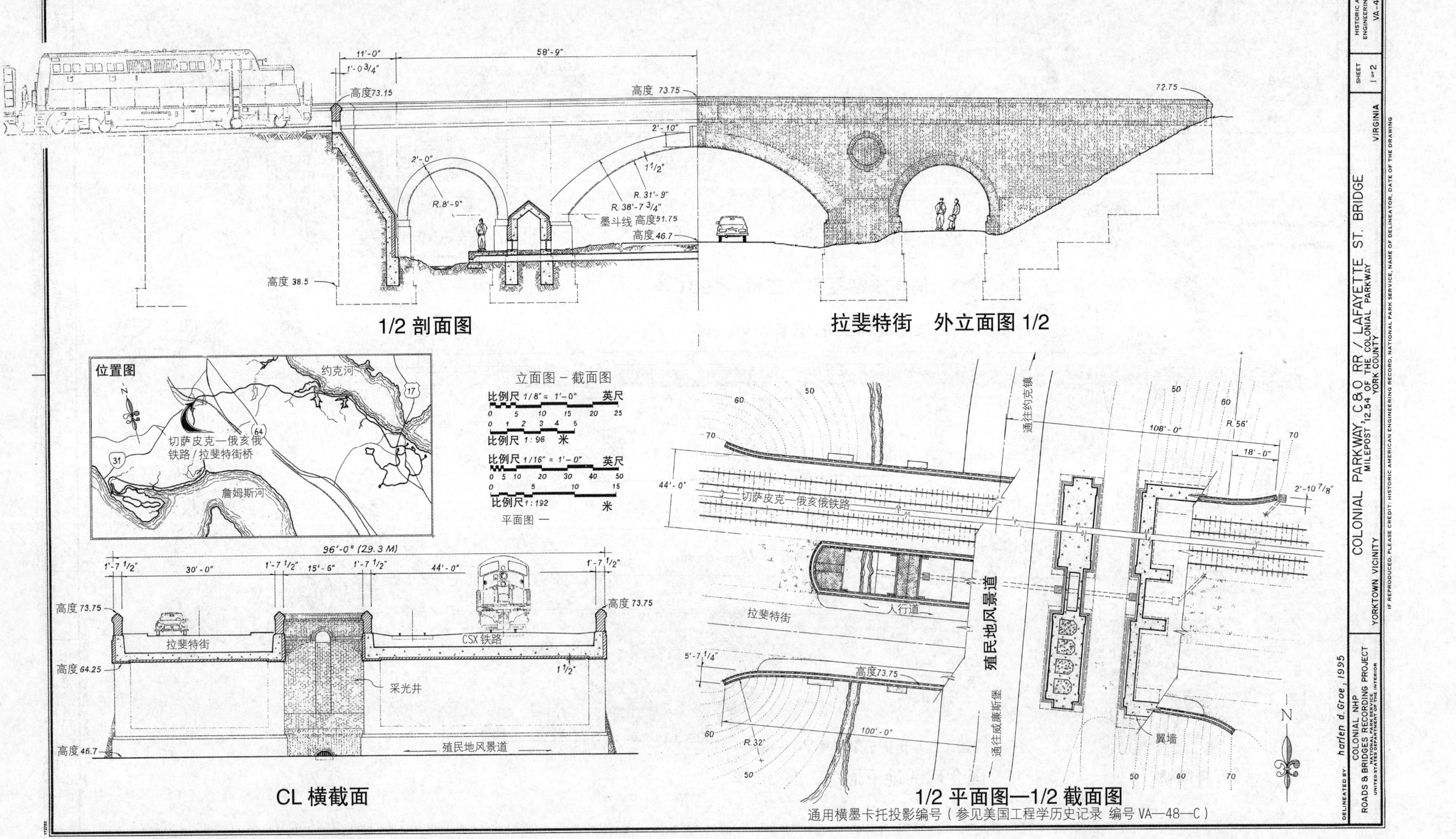

11'-0"
58'-9"
1'-0 3/4"
高度73.15
高度 73.75
72.75
2'-10"
2'-0"
1 1/2"
R. 8'-9"
R. 31'-9"
R. 38'-7 3/4"
墨斗线 高度51.75
高度 46.7
高度 38.5
1/2 剖面图
拉斐特街　外立面图 1/2
位置图
约克河
切萨皮克—俄亥俄铁路／拉斐特街桥
詹姆斯河
立面图－截面图
比例尺 1/8" = 1'-0"　英尺
比例尺 1: 96　米
比例尺 1/16" = 1'-0"　英尺
比例尺 1: 192　米
平面图 一
96'-0" (29.3 M)
1'-7 1/2"
30'-0"
15'-6"
44'-0"
高度 73.75
高度 64.25
高度 46.7
拉斐特街
CSX 铁路
采光井
殖民地风景道
CL 横截面
通往约克镇
108'-0"
R. 56'
18'-0"
2'-10 7/8"
44'-0"
切萨皮克—俄亥俄铁路
人行道
拉斐特街
殖民地风景道
5'-7 1/4"
高度73.75
通往威廉斯堡
100'-0"
R. 32'
翼墙
N
1/2 平面图—1/2 截面图
通用横墨卡托投影编号（参见美国工程学历史记录 编号 VA—48—C）
DELINEATED BY harlen d. Groe, 1995
COLONIAL NHP
ROADS & BRIDGES RECORDING PROJECT
NATIONAL PARK SERVICE
UNITED STATES DEPARTMENT OF THE INTERIOR
COLONIAL PARKWAY C&O RR / LAFAYETTE ST. BRIDGE
MILEPOST 12.54 OF THE COLONIAL PARKWAY
YORKTOWN VICINITY
YORK COUNTY
VIRGINIA
SHEET 1 of 2
HISTORIC AMERICAN ENGINEERING RECORD
VA-48-C

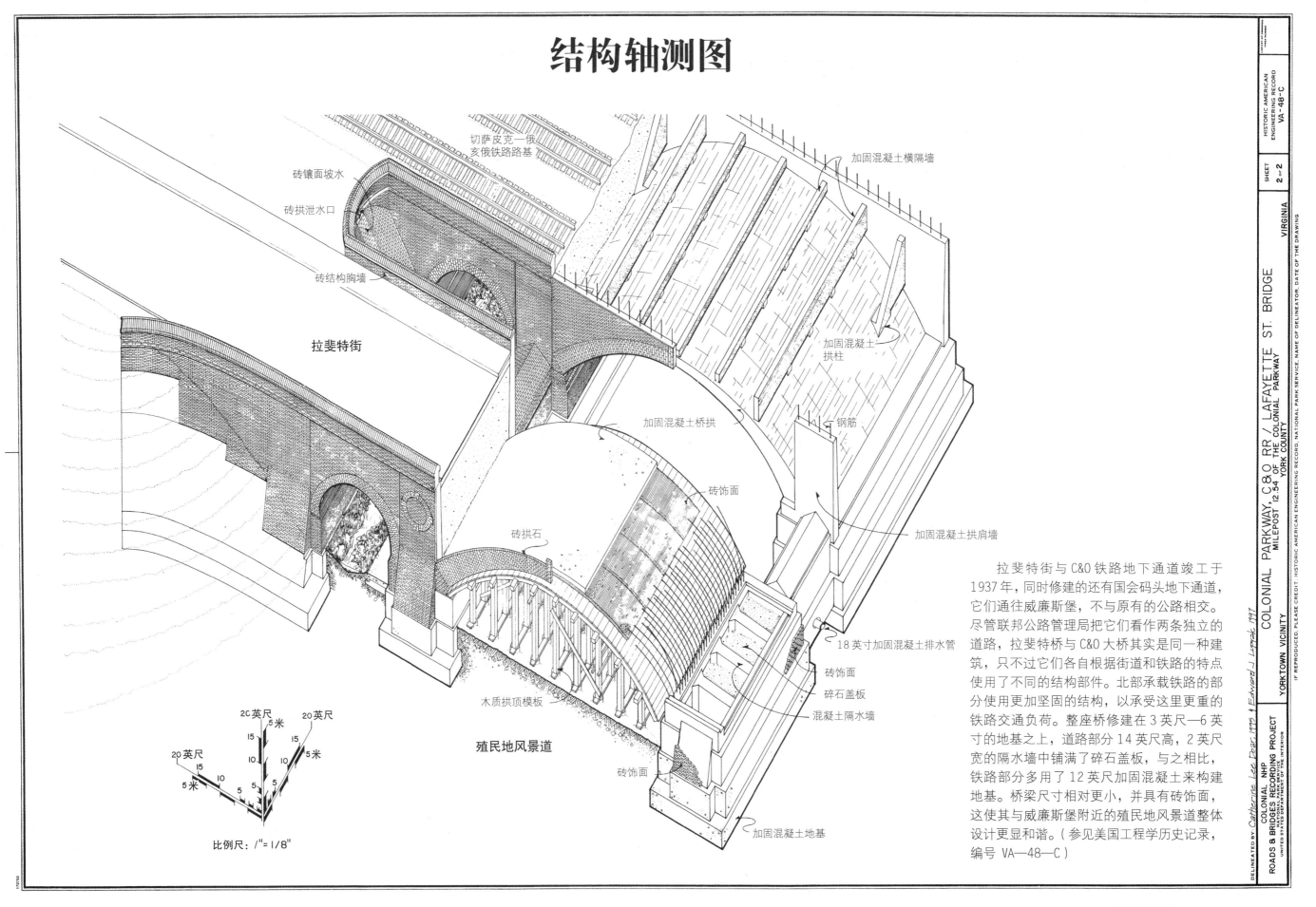

结构轴测图

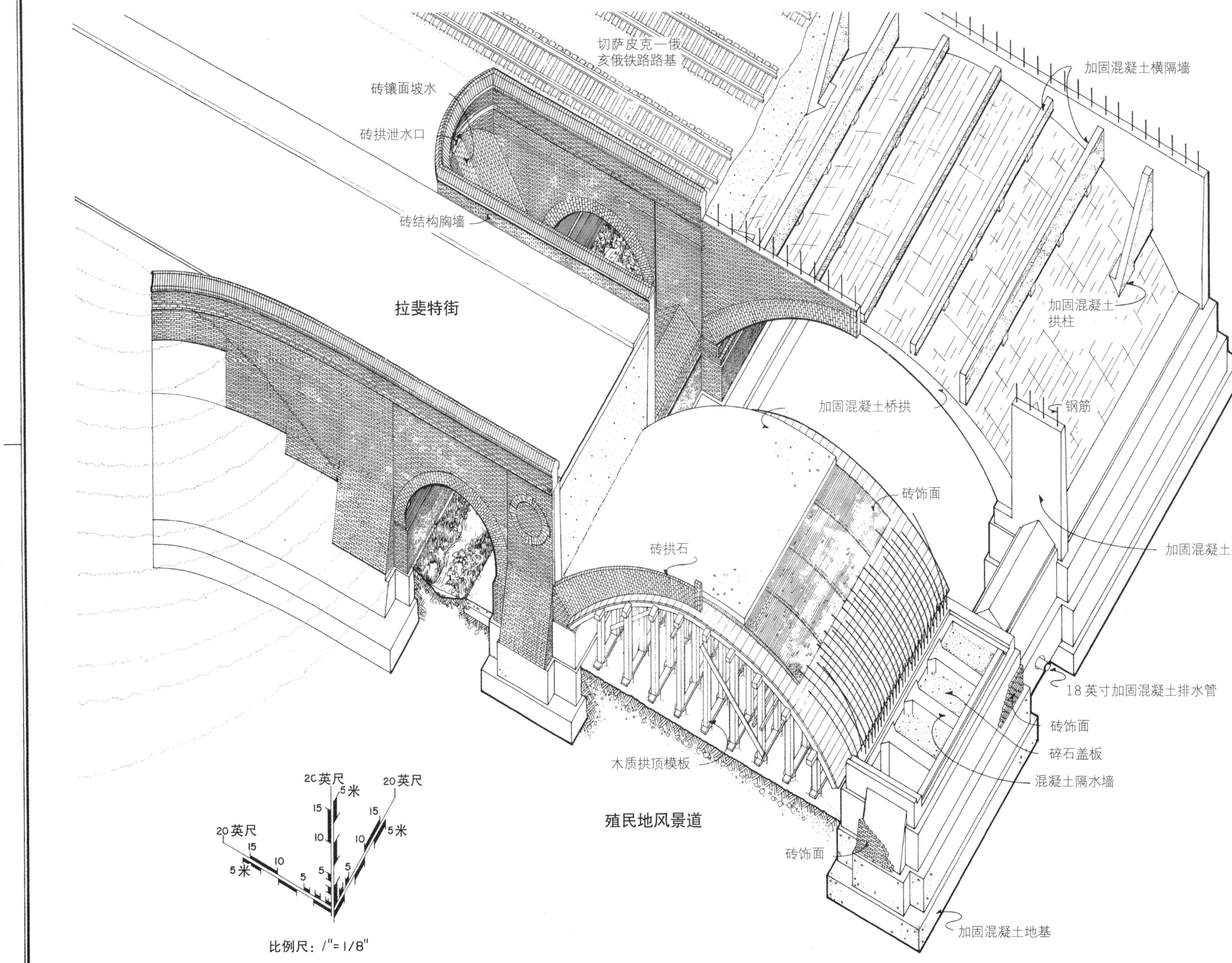
切萨皮克—俄
亥俄铁路路基
砖镶面坡水
砖拱泄水口
砖结构胸墙
加固混凝土横隔墙
拉斐特街
加固混凝土
拱柱
加固混凝土桥拱
钢筋
砖饰面
砖拱石
加固混凝土拱肩墙
18 英寸加固混凝土排水管
砖饰面
碎石盖板
混凝土隔水墙
木质拱顶模板
殖民地风景道
砖饰面
加固混凝土地基
20英尺
5米
20英尺
20英尺
5米
5米
比例尺：/"=1/8"
HISTORIC AMERICAN ENGINEERING RECORD
VA-48-C
SHEET 2 of 2
COLONIAL PARKWAY, C&O RR / LAFAYETTE ST. BRIDGE
MILEPOST 12.54 OF THE COLONIAL PARKWAY
YORKTOWN VICINITY
YORK COUNTY
VIRGINIA
COLONIAL NHP
ROADS & BRIDGES RECORDING PROJECT

拉斐特街与 C&O 铁路地下通道竣工于 1937 年，同时修建的还有国会码头地下通道，它们通往威廉斯堡，不与原有的公路相交。尽管联邦公路管理局把它们看作两条独立的道路，拉斐特桥与 C&O 大桥其实是同一种建筑，只不过它们各自根据街道和铁路的特点使用了不同的结构部件。北部承载铁路的部分使用更加坚固的结构，以承受这里更重的铁路交通负荷。整座桥修建在 3 英尺—6 英寸的地基之上，道路部分 14 英尺高，2 英尺宽的隔水墙中铺满了碎石盖板，与之相比，铁路部分多用了 12 英尺加固混凝土来构建地基。桥梁尺寸相对更小，并具有砖饰面，这使其与威廉斯堡附近的殖民地风景道整体设计更显和谐。（参见美国工程学历史记录，编号 VA—48—C）

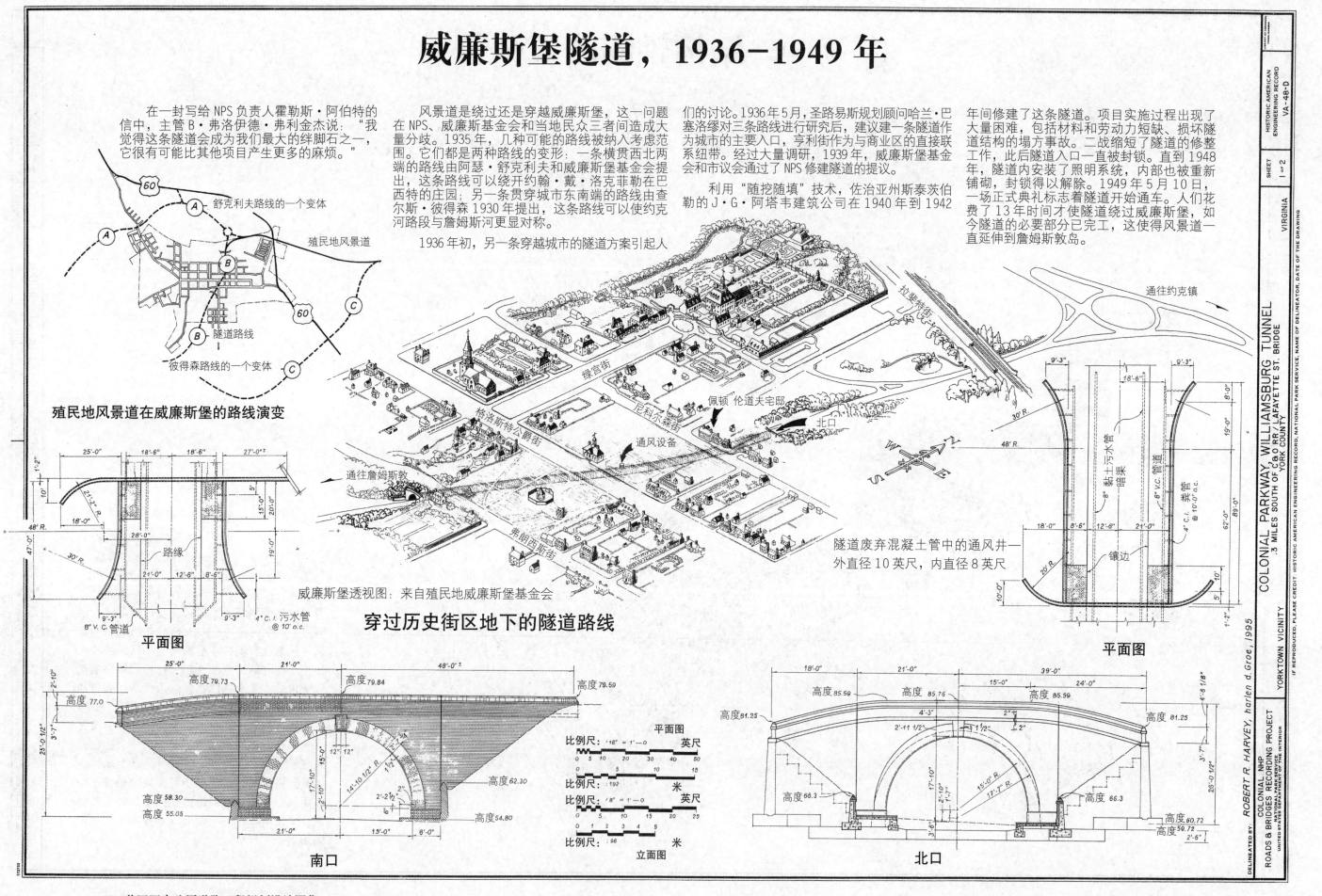

威廉斯堡隧道，1936–1949 年

在一封写给 NPS 负责人霍勒斯·阿伯特的信中，主管 B·弗洛伊德·弗利金杰说："我觉得这条隧道会成为我们最大的绊脚石之一，它很有可能比其他项目产生更多的麻烦。"

风景道是绕过还是穿越威廉斯堡，这一问题在 NPS、威廉斯基金会和当地民众三者间造成大量分歧。1935 年，几种可能的路线被纳入考虑范围。它们都是两种路线的变形：一条横贯西北两端的路线由阿瑟·舒克利夫和威廉斯堡基金会提出，这条路线可以绕开约翰·戴·洛克菲勒在巴西特的庄园；另一条贯穿城市东南端的路线由查尔斯·彼得森 1930 年提出，这条路线可以使约克河路段与詹姆斯河更显对称。

1936 年初，另一条穿越城市的隧道方案引起人们的讨论。1936 年 5 月，圣路易斯规划顾问哈兰·巴塞洛缪对三条路线进行研究后，建议建一条隧道作为城市的主要入口，亨利街作为与商业区的直接联系纽带。经过大量调研，1939 年，威廉斯堡基金会和市议会通过了 NPS 修建隧道的提议。

利用"随挖随填"技术，佐治亚州斯泰茨伯勒的 J·G·阿塔韦建筑公司在 1940 年到 1942 年间修建了这条隧道。项目实施过程出现了大量困难，包括材料和劳动力短缺、损坏隧道结构的塌方事故。二战缩短了隧道的修整工作，此后隧道入口一直被封锁。直到 1948 年，隧道内安装了照明系统，内部也被重新铺砌，封锁得以解除。1949 年 5 月 10 日，一场正式典礼标志着隧道开始通车。人们花费了 13 年时间才使隧道绕过威廉斯堡，如今隧道的必要部分已完工，这使得风景道一直延伸到詹姆斯敦岛。

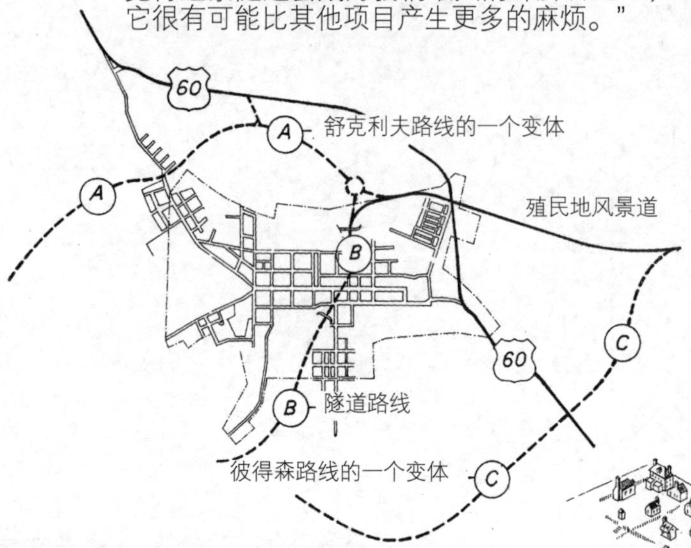

60
A
舒克利夫路线的一个变体
A
殖民地风景道
B
B
60
C
B
隧道路线
彼得森路线的一个变体
C

殖民地风景道在威廉斯堡的路线演变

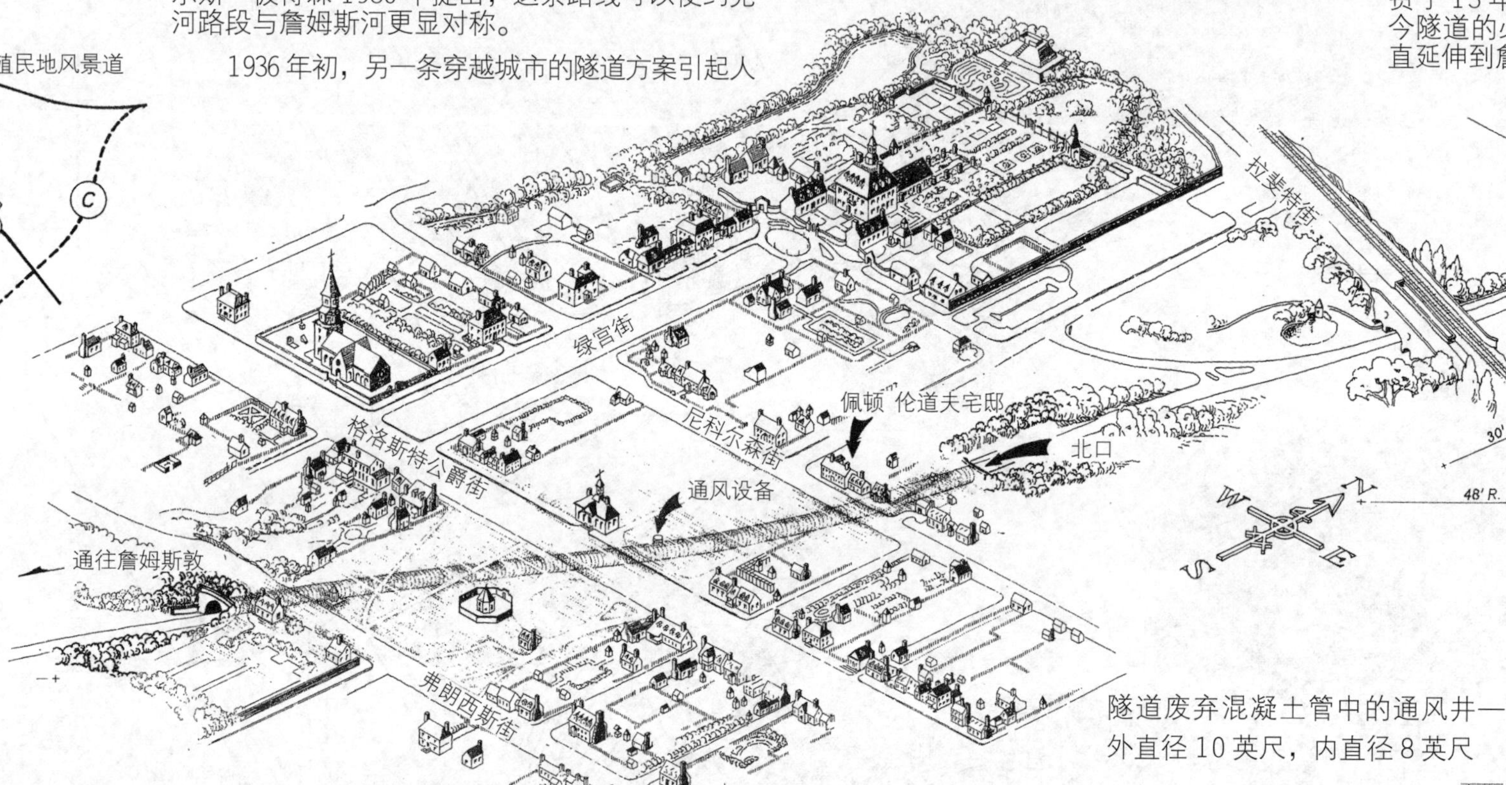

拉斐特街
绿宫街
尼科尔森街
佩顿·伦道夫宅邸
北口
格洛斯特公爵街
通风设备
通往詹姆斯敦
弗朗西斯街
W
N
S
E

威廉斯堡透视图：来自殖民地威廉斯堡基金会

穿过历史街区地下的隧道路线

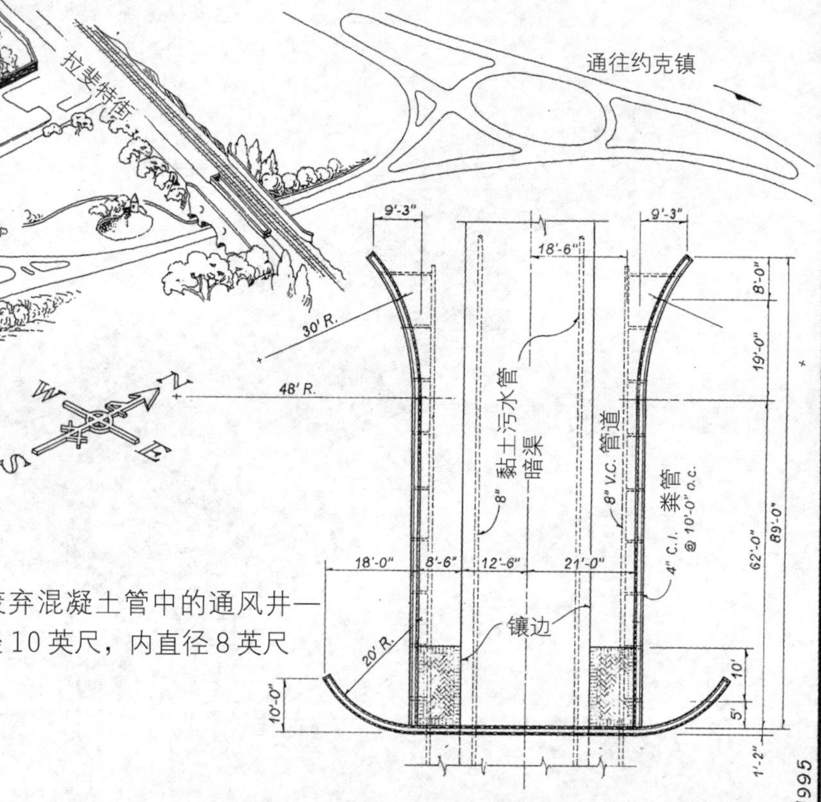

通往约克镇
9'-3"
9'-3"
18'-6"
30' R.
48' R.
黏土污水管
暗渠
8" V.C. 管道
4" C.I. 粪管 @ 10'-0" o.c.
18'-0"
8'-6"
12'-6"
21'-0"
20' R.
镶边
62'-0"
89'-0"
19'-0"
8'-0"
10'-0"
1'-2"

隧道废弃混凝土管中的通风井—外直径 10 英尺，内直径 8 英尺

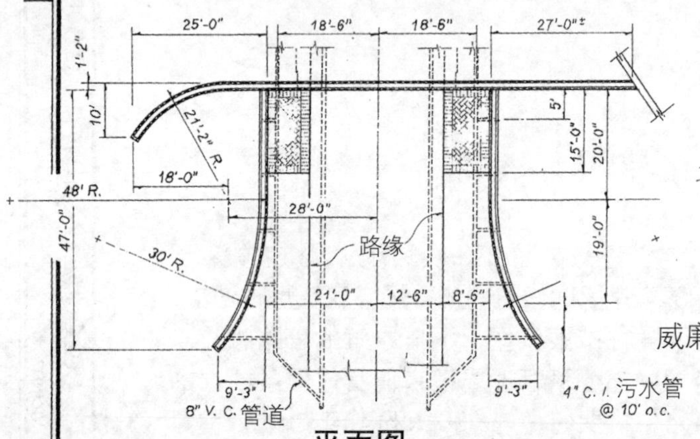

25'-0"
18'-6"
18'-6"
27'-0"
1'-2"
10'
21'-2" R.
18'-0"
48' R.
47'-0"
28'-0"
30' R.
路缘
21'-0"
12'-6"
8'-6"
19'-0"
15'-0"
20'-0"
9'-3"
9'-3"
8" V.C. 管道
4" C.I. 污水管 @ 10' o.c.

平面图

平面图

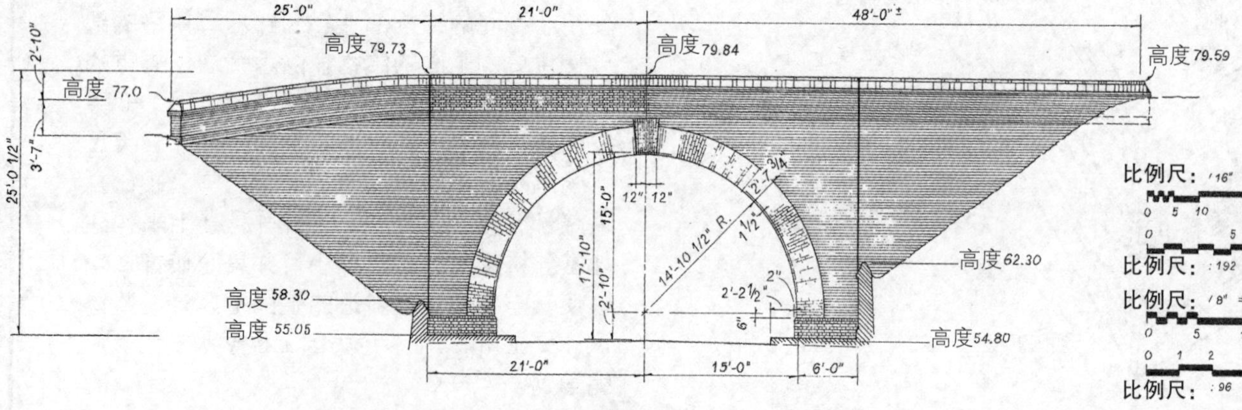

25'-0"
21'-0"
48'-0"
高度 79.73
高度 79.84
高度 79.59
高度 77.0
2'-10"
3'-7"
25'-0 1/2"
12" 12"
15'-0"
17'-10"
14'-10 1/2" R.
2'-10"
高度 62.30
高度 58.30
高度 55.05
高度 54.80
21'-0"
15'-0"
6'-0"

南口

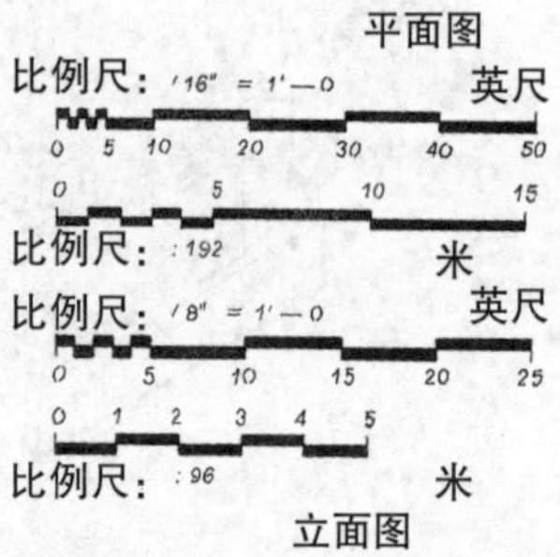

平面图
比例尺：1/16" = 1'-0
英尺
0 5 10 20 30 40 50
0 5 10 15
比例尺：1/192
米
比例尺：1/8" = 1'-0
英尺
0 1 2 3 4 5
0 5 10 15 20 25
比例尺：1/96
米
立面图

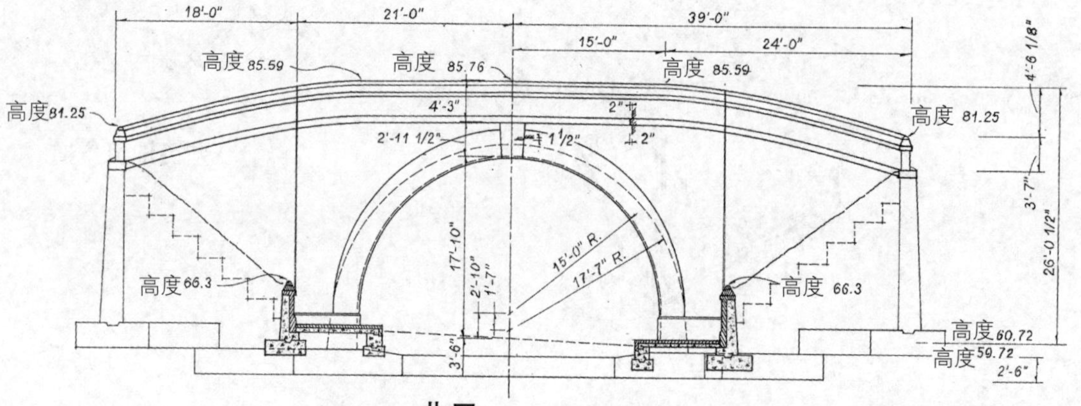

18'-0"
21'-0"
39'-0"
15'-0"
24'-0"
高度 85.59
高度 85.76
高度 85.59
高度 81.25
高度 81.25
4'-3"
2'-11 1/2"
1 1/2"
2"
17'-10"
15'-0" R.
17'-7" R.
高度 66.3
高度 66.3
高度 60.72
高度 59.72
2'-6"
4'-8 1/8"
3'-7"
26'-0 1/2"

北口

HISTORIC AMERICAN ENGINEERING RECORD VA-48-D

SHEET 1 of 2

COLONIAL PARKWAY, WILLIAMSBURG TUNNEL
.3 MILES SOUTH OF C&O RR / LAFAYETTE ST. BRIDGE
YORKTOWN VICINITY YORK COUNTY VIRGINIA

DELINEATED BY: ROBERT R. HARVEY, harlen d. Groe, 1995

COLONIAL NHP
ROADS & BRIDGES RECORDING PROJECT
NATIONAL PARK SERVICE
UNITED STATES DEPARTMENT OF THE INTERIOR

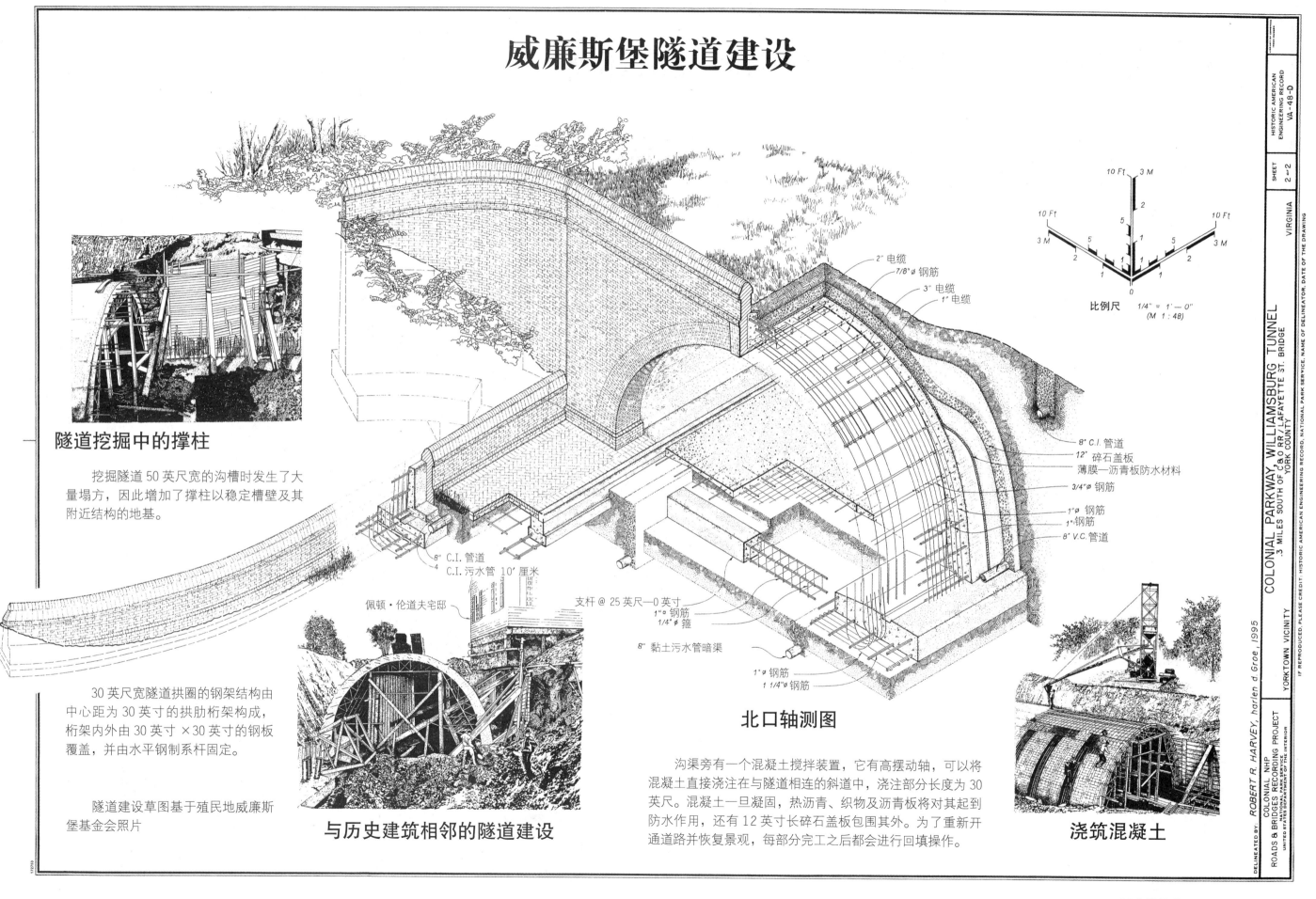

威廉斯堡隧道建设

隧道挖掘中的撑柱

挖掘隧道 50 英尺宽的沟槽时发生了大量塌方，因此增加了撑柱以稳定槽壁及其附近结构的地基。

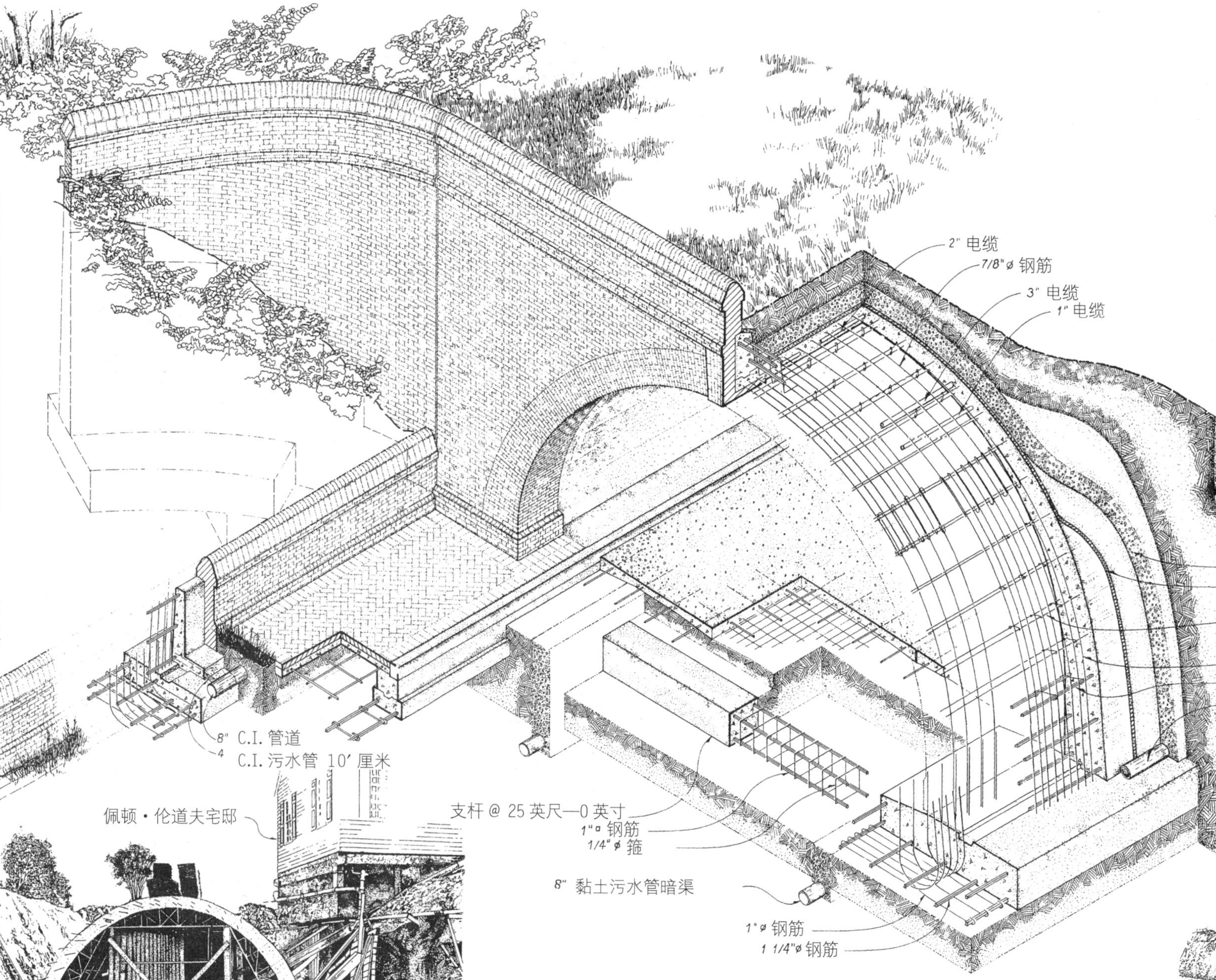

2" 电缆
7/8"ø 钢筋
3" 电缆
1" 电缆
8" C.I. 管道
12" 碎石盖板
薄膜—沥青板防水材料
3/4"ø 钢筋
1"ø 钢筋
1" 钢筋
8" V.C. 管道
8" C.I. 管道
4 C.I. 污水管 10′ 厘米
佩顿 · 伦道夫宅邸
支杆 @ 25 英尺—0 英寸
1"ø 钢筋
1/4"ø 箍
8" 黏土污水管暗渠
1"ø 钢筋
1 1/4"ø 钢筋

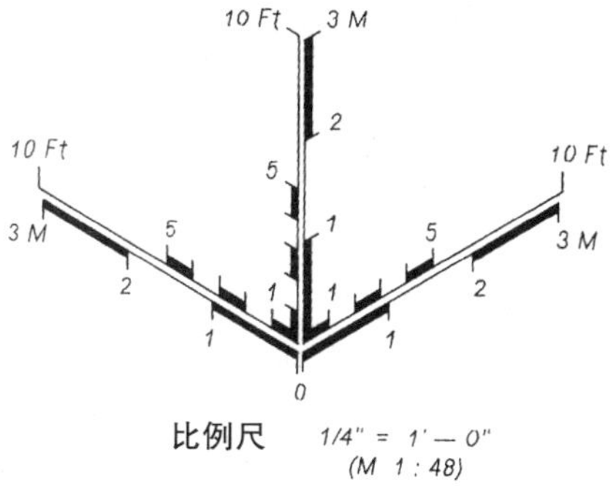

10 Ft
3 M
10 Ft
3 M
10 Ft
3 M
5
2
1
0
比例尺
1/4" = 1′ — 0"
(M 1 : 48)

30 英尺宽隧道拱圈的钢架结构由中心距为 30 英寸的拱肋桁架构成，桁架内外由 30 英寸 ×30 英寸的钢板覆盖，并由水平钢制系杆固定。

隧道建设草图基于殖民地威廉斯堡基金会照片

与历史建筑相邻的隧道建设

北口轴测图

沟渠旁有一个混凝土搅拌装置，它有高摆动轴，可以将混凝土直接浇注在与隧道相连的斜道中，浇注部分长度为 30 英尺。混凝土一旦凝固，热沥青、织物及沥青板将对其起到防水作用，还有 12 英寸长碎石盖板包围其外。为了重新开通道路并恢复景观，每部分完工之后都会进行回填操作。

浇筑混凝土

DELINEATED BY: ROBERT R. HARVEY, harlen d. Groe, 1995

COLONIAL NHP
ROADS & BRIDGES RECORDING PROJECT
NATIONAL PARK SERVICE
UNITED STATES DEPARTMENT OF THE INTERIOR

YORKTOWN VICINITY

COLONIAL PARKWAY, WILLIAMSBURG TUNNEL
.3 MILES SOUTH OF C&O RR / LAFAYETTE ST. BRIDGE
YORK COUNTY

VIRGINIA

SHEET 2 OF 2

HISTORIC AMERICAN ENGINEERING RECORD
VA-48-D

IF REPRODUCED, PLEASE CREDIT: HISTORIC AMERICAN ENGINEERING RECORD, NATIONAL PARK SERVICE, NAME OF DELINEATOR, DATE OF THE DRAWING

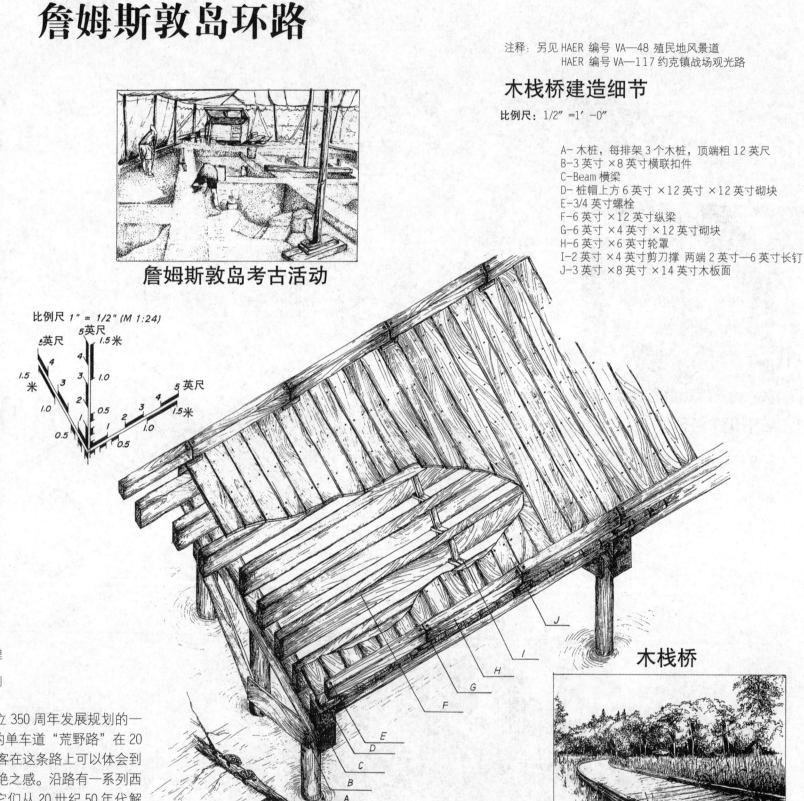

詹姆斯敦岛环路

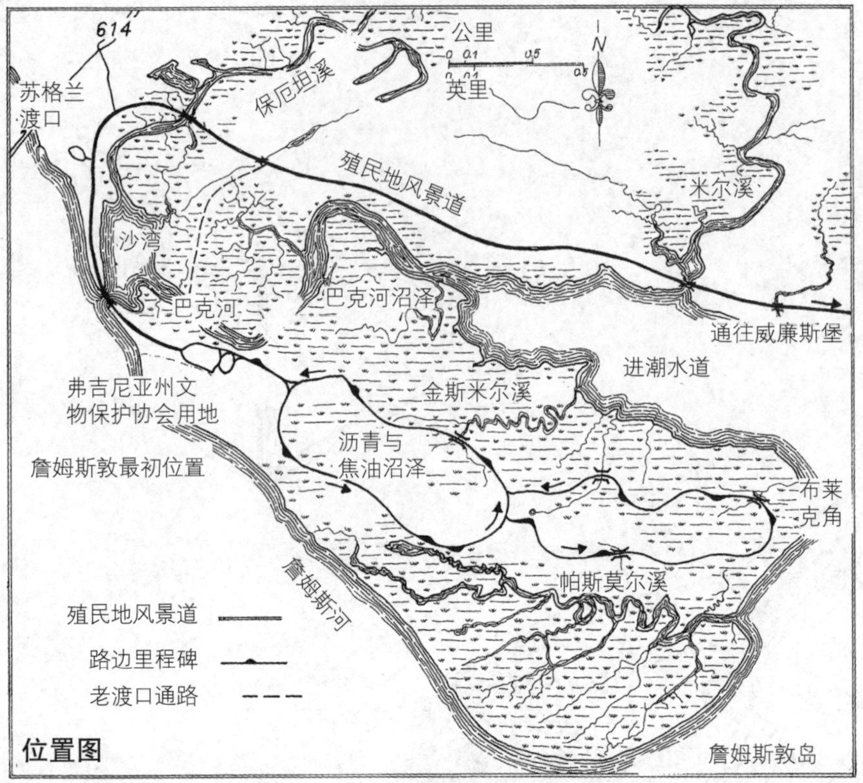

614
苏格兰渡口
公里
0 0.1 0.5
0 0.5
英里
N
保厄田溪
殖民地风景道
米尔溪
沙湾
巴克河
巴克河沼泽
通往威廉斯堡
进潮水道
弗吉尼亚州文物保护协会用地
金斯米尔溪
詹姆斯敦最初位置
沥青与焦油沼泽
布莱克角
帕斯莫尔溪
詹姆斯河
殖民地风景道
路边里程碑
老渡口通路
位置图
詹姆斯敦岛

注释：另见 HAER 编号 VA—48 殖民地风景道
HAER 编号 VA—117 约克镇战场观光路

詹姆斯敦岛考古活动

木栈桥建造细节

比例尺：1/2″ =1′ -0″

A- 木桩，每排架 3 个木桩，顶端粗 12 英尺
B-3 英寸 ×8 英寸横联扣件
C-Beam 横梁
D- 桩帽上方 6 英寸 ×12 英寸 ×12 英寸砌块
E-3/4 英寸螺栓
F-6 英寸 ×12 英寸纵梁
G-6 英寸 ×4 英寸 ×12 英寸砌块
H-6 英寸 ×6 英寸轮罩
I-2 英寸 ×4 英寸剪刀撑 两端 2 英寸—6 英寸长钉
J-3 英寸 ×8 英寸 ×14 英寸木板面

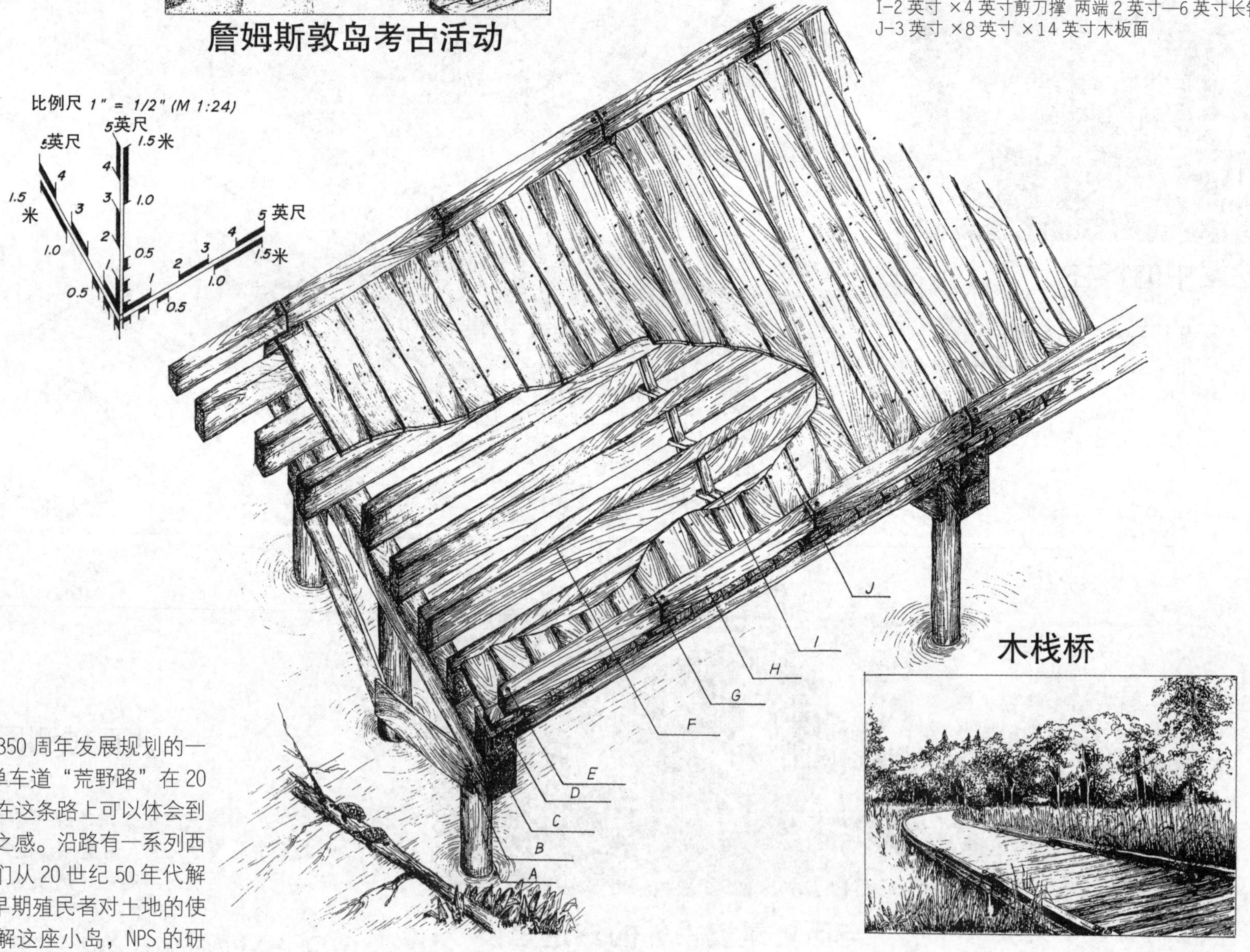

比例尺 1″ = 1/2″ (M 1:24)
5 英尺
1.5 米
1.0
0.5
5 英尺
1.5 米
1.0
0.5
5 英尺
1.5 米
1.0
0.5
A
B
C
D
E
F
G
H
I
J

木栈桥

丛林画廊

“一次历史体验，引领最感兴趣的游客在理解殖民地历史过程中更加深入地思考。”
1961 年总体规划

詹姆斯敦由 1561 英亩的湿地与松—橡树森林组成。詹姆斯敦是英国在北美洲的首个永久殖民地，于 1607 年建立在詹姆斯敦岛沿岸。老教堂塔是唯一从 17 世纪流传下来的地面建筑，它位于弗吉尼亚州文物保护协会的 22 英亩土地上。考古发现使人们更详细地了解了詹姆斯敦的殖民史与发展史。

作为詹姆斯敦建立 350 周年发展规划的一部分，一条通向岛内的单车道“荒野路”在 20 世纪 50 年代修建，游客在这条路上可以体会到 17 世纪边境的荒蛮隔绝之感。沿路有一系列西德尼·金所作油画，它们从 20 世纪 50 年代解释项目的角度，描绘了早期殖民者对土地的使用情况。为更深入地了解这座小岛，NPS 的研究仍在继续，这项研究将开发出新的解释项目。

HISTORIC AMERICAN ENGINEERING RECORD
VA-116
SHEET 1 of 1
VIRGINIA
JAMESTOWN ISLAND LOOP ROAD
JAMESTOWN ISLAND
JAMES CITY COUNTY
JAMESTOWN VICINITY
COLONIAL NHP
ROADS & BRIDGES RECORDING PROJECT
NATIONAL PARK SERVICE
UNITED STATES DEPARTMENT OF THE INTERIOR
DELINEATED BY: Magdalena Bielecka, 1995

乔治·华盛顿纪念风景道

概述

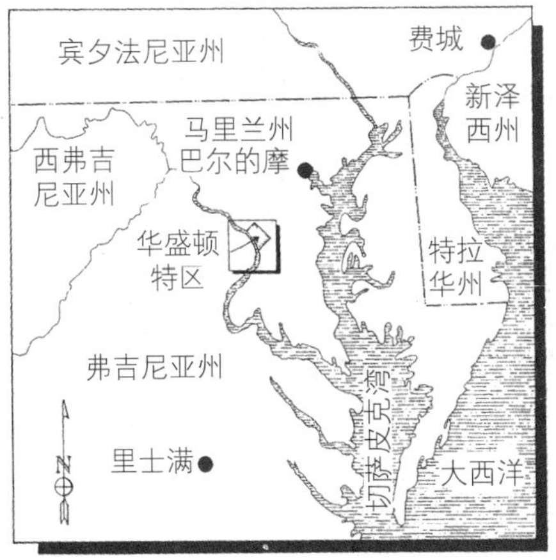

乔治·华盛顿纪念风景道在美国风景园林、公路修建与区域规划史中占有重要地位。这条路修建于1929年到1970年间，是连接国家首都地区交通系统的重要纽带。此路是为纪念美国的首位总统，并为保护波多马克河两岸珍贵的历史、娱乐与自然资源。如同联邦政府修建的第一条现代汽车风景道一样，这条路包含着最先进的设计理念，给整个国家的风景道和公路发展带来了深远影响。

乔治·华盛顿纪念风景道（GWMP）最初的弗农山纪念公路（MVMH）路段由国会于1928年授权，建造于1929年至1932年间。它是一条景色迷人的景观汽车路，连接了华盛顿特区与乔治·华盛顿在弗农山庄的故居，每天都通行着游人和通勤者。MVMH两边有着大量名胜古迹、纪念碑、娱乐休闲区及野生动物栖息地。

1930年《凯普—克雷姆顿法案》要求修建乔治·华盛顿纪念风景道，旨在合并MVMH，并使从弗农山到大瀑布一段的波多马克河两岸发展齐头并进。由于资金问题，许多重要的额外修建项目一直拖到二战结束后。最初的计划都被按比例进行了删减，取消了马里兰州乔治王子城中，位于华盛顿和华盛顿堡之间一段东南路段的修建，还停止了对马里兰州一侧，弗吉尼亚首都环线和麦克阿瑟大道东端的修建。风景道战后修建的路段为更高速的交通工具及增长的交通量量身打造，然而它同样展示出景观建筑师、交通工程师和设计者齐心协力的卓越成果，为人们提供了迷人且高效的交通设施，这些设施同时还起到资源保护及娱乐开发作用。

乔治·华盛顿纪念风景道的历史可以追溯到汽车问世前很久的时间。弗农山作为爱国游客的“美国麦加”的地位，形成于华盛顿在世时期。游客们慕名而来，数量不断增长。他们乘坐的交通工具从过去的马车，到后来的汽艇、电力火车，一直发展到如今的汽车。亚历山大的商人们在19世纪80年代率先提出修建一条连接华盛顿和弗农山的纪念国道。弗农山大道协会成立于1888年，旨在促成这一目标。拟建的大道将会改善此地区臭名昭著的破败道路系统，满足弗农山周边地区游客的需求，并促进当地商业和房地产业的繁荣。协会主张修建一条正式的大道，道路两边修建精美的展示建筑，安放历史上总统和副总统的雕像，并竖立纪念来自各个州的民间和军队英雄纪念碑。

1890年，美国陆军工程兵团经过调查，提出了三条路线方案，不过之后并没有实施，1901年，参议院公园委员会认可了一条通往弗农山的国道方案，并同意在风景道修建过程中，保留华盛顿到大瀑布路段中波多马克河沿岸景观。这些早期方案并没有产生多少即时成效，但却为MVMH和GWMP的最终建成提供了整体构想。

乔治·华盛顿

绘图基于1932年美国汽车杂志封面

乔治·华盛顿纪念风景道记录项目历时两年，由HABS/HAER的华盛顿办公室承担。这是国家公园管理局的一个部门。罗伯特·卡普施是HABS/HAER的主管，保罗·道林斯基是HABS的主管，埃里克·迪劳尼是项目主管，约翰·金格尔斯担任经理。项目监督人是HABS历史学家莎拉·艾米·里奇，HAER的首席建筑师托德·克罗托提供设计支持。大幅照片由HABS摄影师杰克·布奇尔和HAER摄影师杰特·罗威提供。

1993年夏季记录组由建筑技师加里·麦克罗德（天主大学）和彼得·利特克利弗（天主大学）组成。1994年夏季记录组成员有建筑师罗伯特·道森（亚利桑那大学），迈克尔·加拉（天主大学），风景园林师艾德·鲁普亚克（宾夕法尼亚州立大学）和安娜·玛利亚·马可尼—贝卡（ICOMOS/波兰）。1994年项目组长是风景园林师蒂姆·麦奇（哈佛大学）。全部史料由蒂莫西·戴维斯撰写（得克萨斯大学）。桥梁报告由迈克尔·古奇（特拉华大学）和詹妮弗·文森（华盛顿大学）编写。

20世纪20年代，汽车越来越流行，这造成了人们对现有弗农山道路状况广泛的不满情绪。为此，绿化路维护者努力争取国会授权，希望重建一条吸收最先进设计理念的道路。充足的资金使道路雄伟而壮观，并会在1932年乔治·华盛顿200周年诞辰庆典之前如期完工，以容纳彼时激增的游客交通量。这条风景道还被誉为一条历史走廊及美学和工程学杰作，它本身就是纪念乔治·华盛顿的完美途经。

MVMH由美国公用道路局（BPR）修建。由于纽约韦斯特切斯特县公园委员会是经官方承认的汽车风景道设计领导者，BPR便雇佣韦斯特切斯特的资深员工吉尔莫·克拉克和杰伊·唐纳作为设计顾问。卡拉克还设计了最初MVMH上的高架桥。BPR的R.E·汤姆斯是首席公路工程师，他负责整个项目。BPR工程处处长J.W·约翰逊负责建设工作，而在韦斯特切斯特接受过培训的BPR风景园林师威尔伯·西蒙森监督风景道景观的开发工作。BPR工程师J.V·麦克纳里监督桥梁、立交桥及其他工程结构的建设。

MVMH是风景道建造的典范，也是风景园林师、规划者和公路工程师成功合作的范例。流行及专业媒体将其誉为“美国最现代化的高速公路”，并用它来展现广阔的公路用地、限制通道、精益求精的景观设计、连绵的弯曲路形和复杂的交通循环网络。其中许多元素日后都成为了公路设计实践的标准。

GWMP的北段大部分竣工于20世纪50年代和20世纪60年代之间。GWMP的二战后路段在崎岖的波多马克岩壁上迂回而行，仍沿用了先进的风景道设计理念及建设技巧。之后的风景道段更长，急转弯及连续中间带数量更多，并具有独立的北行及南行车道；波多马克河上游，高耸的混凝土桥梁跨越陡峭的峡谷。链桥与哥伦比亚航线之间的最后一段路竣工于1970年。GWMP的北段由BPR与国家公园管理局主管建筑师和风景园林师合作设计并修建。

20世纪30年代，风景道修建被视为将娱乐开发与景观保护结合起来的理想方法。20世纪60年代项目接近尾声时，人们普遍认为高速公路与自然资源保护相互冲突。由于政治和经济考虑都偏向于取消风景道的东南段，保护主义者在阻止GWMP向北扩张方面起到很大作用，GWMP的南端止于大瀑布。马里兰路段在1989年11月被重新命名为克拉克·巴顿绿化路。

克莱尔·巴顿

DRAWN BY Ed Lupyak, 1994

GEORGE WASHINGTON MEMORIAL PARKWAY DOCUMENTATION PROJECT 1994

GEORGE WASHINGTON MEMORIAL PARKWAY
MOUNT VERNON, FAIRFAX COUNTY, VIRGINIA

SHEET 1 OF 21 SHEETS

HISTORIC AMERICAN ENGINEERING RECORD VA-69

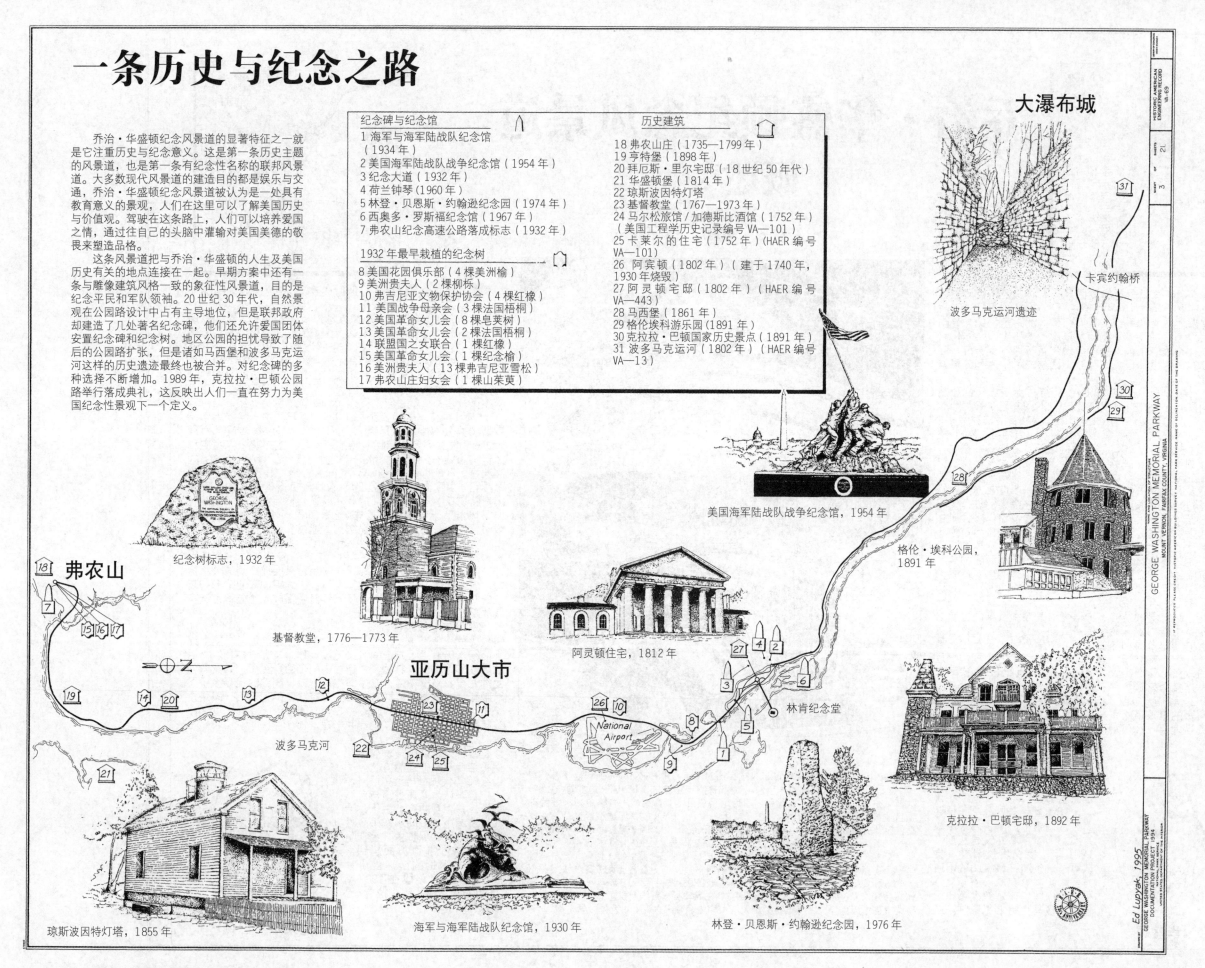

一条历史与纪念之路

乔治·华盛顿纪念风景道的显著特征之一就是它注重历史与纪念意义。这是第一条历史主题的风景道，也是第一条有纪念性名称的联邦风景道。大多数现代风景道的建造目的都是娱乐与交通，乔治·华盛顿纪念风景道被认为是一处具有教育意义的景观，人们在这里可以了解美国历史与价值观。驾驶在这条路上，人们可以培养爱国之情，通过往自己的头脑中灌输对美国美德的敬畏来塑造品格。

这条风景道把与乔治·华盛顿的人生及美国历史有关的地点连接在一起。早期方案中还有一条与雕像建筑风格一致的象征性风景道，目的是纪念平民和军队领袖。20 世纪 30 年代，自然景观在公园路设计中占有主导地位，但是联邦政府却建造了几处著名纪念碑，他们还允许爱国团体安置纪念碑和纪念树。地区公园的担忧导致了随后的公园路扩张，但是诸如马西堡和波多马克运河这样的历史遗迹最终也被合并。对纪念碑的多种选择不断增加。1989 年，克拉拉·巴顿公园路举行落成典礼，这反映出人们一直在努力为美国纪念性景观下一个定义。

纪念碑与纪念馆

1 海军与海军陆战队纪念馆（1934 年）
2 美国海军陆战队战争纪念馆（1954 年）
3 纪念大道（1932 年）
4 荷兰钟琴（1960 年）
5 林登·贝恩斯·约翰逊纪念园（1974 年）
6 西奥多·罗斯福纪念馆（1967 年）
7 弗农山纪念高速公路落成标志（1932 年）

1932 年最早栽植的纪念树

8 美国花园俱乐部（4 棵美洲榆）
9 美洲贵夫人（2 棵柳栎）
10 弗吉尼亚文物保护协会（4 棵红橡）
11 美国战争母亲会（3 棵法国梧桐）
12 美国革命女儿会（8 棵皂荚树）
13 美国革命女儿会（2 棵法国梧桐）
14 联盟国之女联合会（1 棵红橡）
15 美国革命女儿会（1 棵纪念榆）
16 美洲贵夫人（13 棵弗吉尼亚雪松）
17 弗农山庄妇女会（1 棵山茱萸）

历史建筑

18 弗农山庄（1735—1799 年）
19 亨特堡（1898 年）
20 拜厄斯·里尔宅邸（18 世纪 50 年代）
21 华盛顿堡（1814 年）
22 琼斯波因特灯塔
23 基督教堂（1767—1973 年）
24 马尔松旅馆 / 加德斯比酒馆（1752 年）（美国工程学历史记录编号 VA—101）
25 卡莱尔的住宅（1752 年）(HAER 编号 VA—101)
26 阿宾顿（1802 年）（建于 1740 年，1930 年烧毁）
27 阿灵顿宅邸（1802 年）（HAER 编号 VA—443）
28 马西堡（1861 年）
29 格伦埃科游乐园 (1891 年)
30 克拉拉·巴顿国家历史景点（1891 年）
31 波多马克运河（1802 年）（HAER 编号 VA—13）

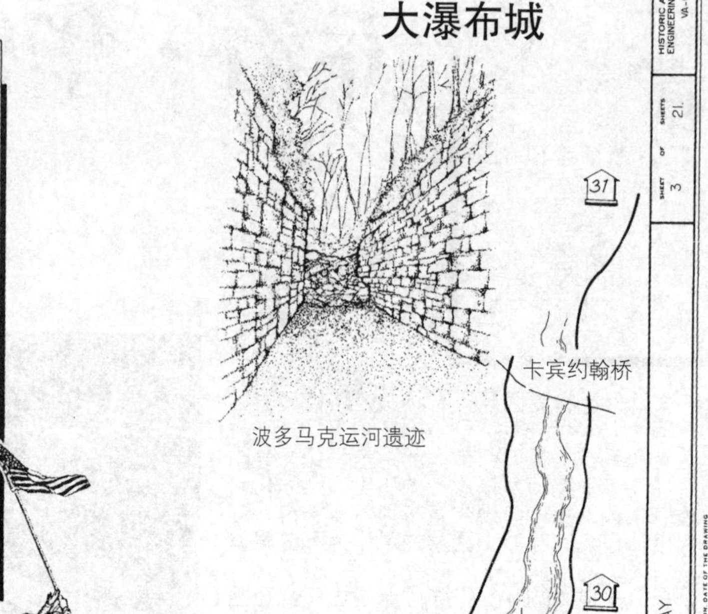

大瀑布城
卡宾约翰桥
波多马克运河遗迹
美国海军陆战队战争纪念馆，1954 年
格伦·埃科公园，1891 年
克拉拉·巴顿宅邸，1892 年

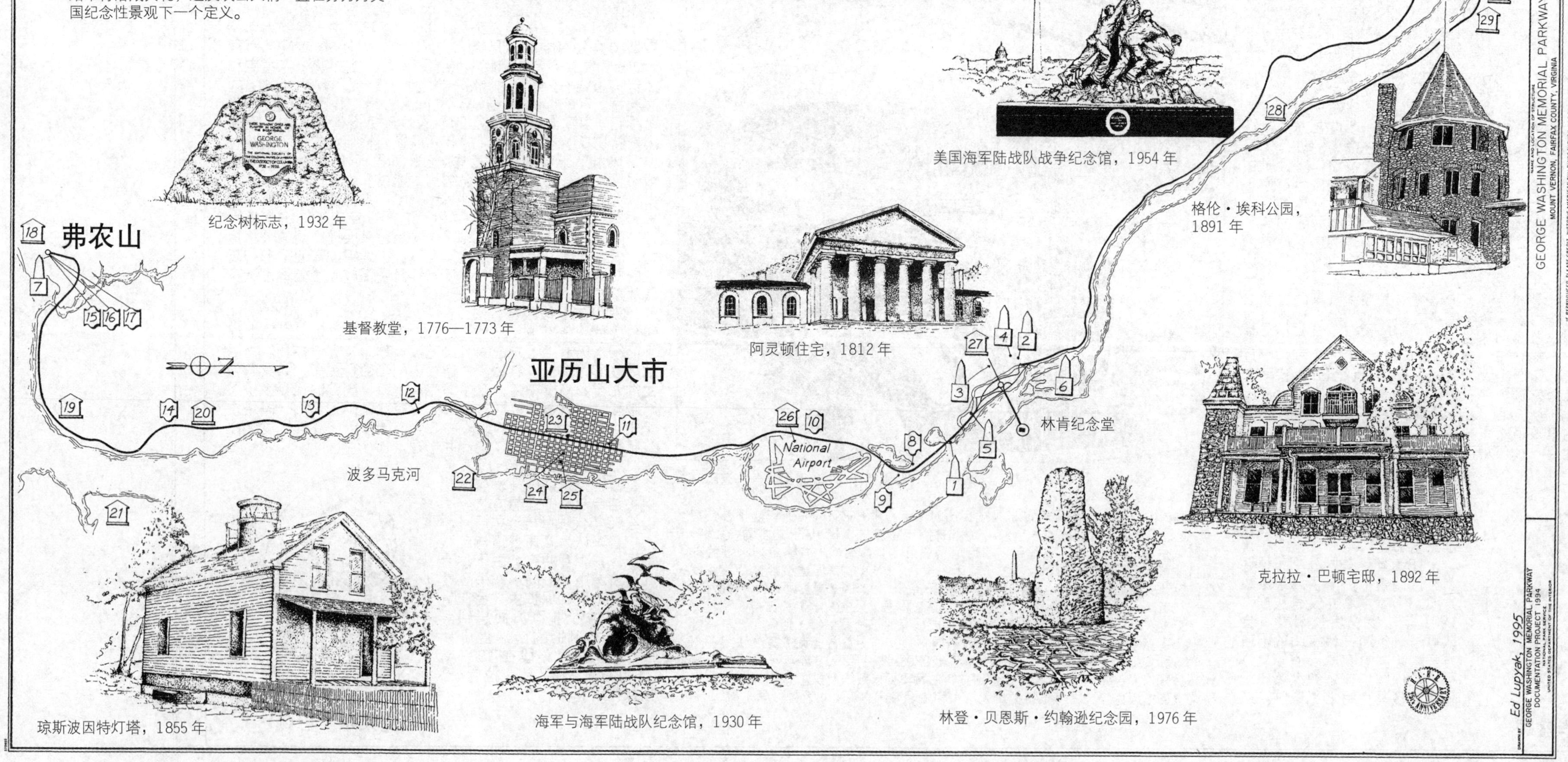

纪念树标志，1932 年
弗农山
基督教堂，1776—1773 年
阿灵顿住宅，1812 年
亚历山大市
林肯纪念堂
National Airport
波多马克河
琼斯波因特灯塔，1855 年
海军与海军陆战队纪念馆，1930 年
林登·贝恩斯·约翰逊纪念园，1976 年
Ed Lupyak, 1995
GEORGE WASHINGTON MEMORIAL PARKWAY
MOUNT VERNON, FAIRFAX COUNTY, VIRGINIA

运输道路的进化史，1776–1970 年

北

殖民时期

在殖民地时期和联邦制早期，波多马克河（Potomac River）提供了最早最便捷的运输方式。其航道布满了小型帆船、驳船及大型远洋船等各式船舶，将货物和从种植园码头装载的烟叶运送到乔治城（Georgetown）、亚历山德里亚（Alexandria）等港口城市。连接弗雷德里克斯堡（Fredericksburg）和亚历山德里亚的国王公路（King's Highway）尽管道路颠簸，年久失修，但其仍是连接内陆地区的交通干线，使人们不必从沼泽和河口地区穿行。1691 年，奥柯昆（Occoquan）港的投入使用使运输道路东移，从而离芒特弗农（Mount Vernon）更近。到 17 世纪末，还有两条土路将亚历山德里亚与谢南多厄河谷（Shenandoah Valley）连接起来。

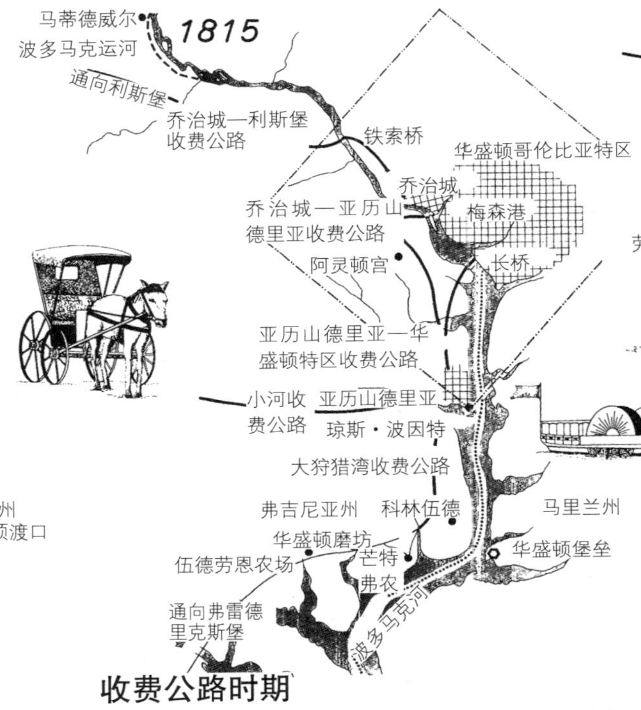

收费公路时期

19 世纪初收费公路的快速出现，为区域性道路网的形成做出巨大贡献。在此期间，第一座横跨波多马克河的桥梁竣工，成为新建收费公路的重要交通要道。到 1815 年，收费公路及新建的长桥已将亚历山德里亚与华盛顿特区、梅森港连接起来。由于横跨大狩猎湾的新桥通车，处于建设中的途径阿克汀（Accotink）的收费公路逐渐替代了国王公路。连接乔治城与亚历山德里亚到谢南多厄河谷的收费公路也已出现，但波多马克河边高低错落的御潮栅栏阻挡了修路的进程。

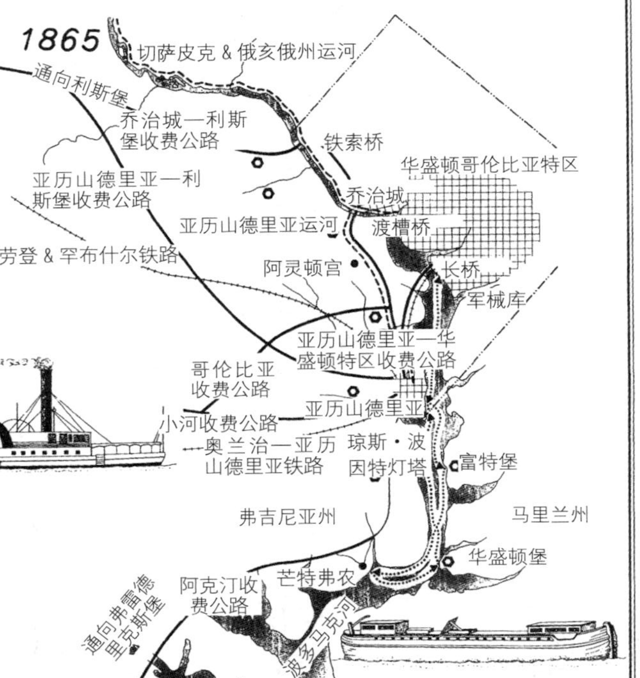

运河及蒸汽机时期

19 世纪中期，波多马克河沿岸建设了密布的运河网，蒸汽机也广泛地应用于货物和旅客的运输中。自 19 世纪 20 年代起，汽船成为长距离运输货物和旅客的首选交通工具。切萨皮克、俄亥俄州运河和亚历山德里亚运河在运送又沉又结实的货物中发挥了重大作用。在内战发生前，多条蒸汽铁路也为向华盛顿特区和亚历山德里亚等地区运送物资发挥了作用。但遗憾的是，这些新交通方式的产生使区域性道路网大幅缩水。

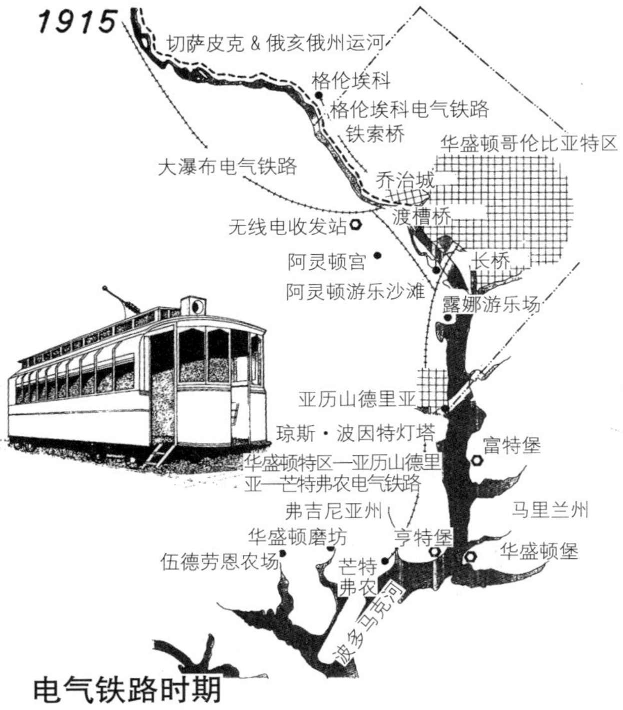

电气铁路时期

1892 年，第一条连接亚历山德里亚和芒特弗农的电气铁路的建成，极大地增加了访客数量并推动了弗吉尼亚州北部成为华盛顿郊区的进程。1896 年，这条有轨电车铁路从亚历山德里亚延伸到了华盛顿特区。电气铁路具有成本低、运量大的特点，这使芒特弗农的"美国公众体验游"更加深入，并变得大众起来。后来，电气铁路修建到了弗吉尼亚北部的大瀑布城和格伦埃科，沿线也建设了一些游乐场。铁路沿线居民开始乘火车上下班，并乘车前去波多马克河畔的野餐场所。

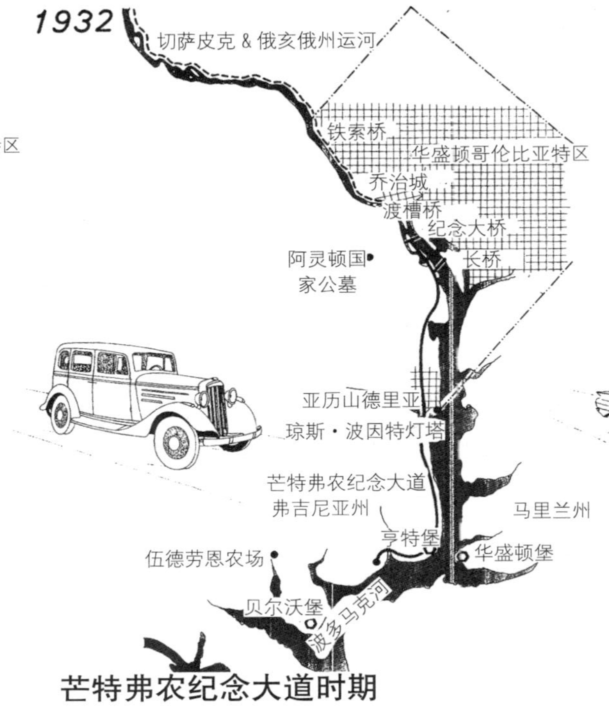

芒特弗农纪念大道时期

到 20 世纪 20 年代，现有的公路数量已无法承载汽车的需要。之前连接华盛顿特区与芒特弗农的道路极度拥堵，疏于管理，布满了各种广告牌和商业建筑。1928 年，公共道路局（the Bureau of Public Roads）受命以现有的技术，沿波多马克河岸建设一条供机动车通行的道路。尽管长期以来，岸边的沼泽和河湾地形阻碍了道路的修建，但雄伟的新建桥梁和坚实的堆填作业已将这一问题攻克。到 1932 年，这条平坦的四车道大路已经建成通车。道路两旁未经雕琢，景色纯美。从华盛顿特区到芒特弗农，只有几个小的路口。

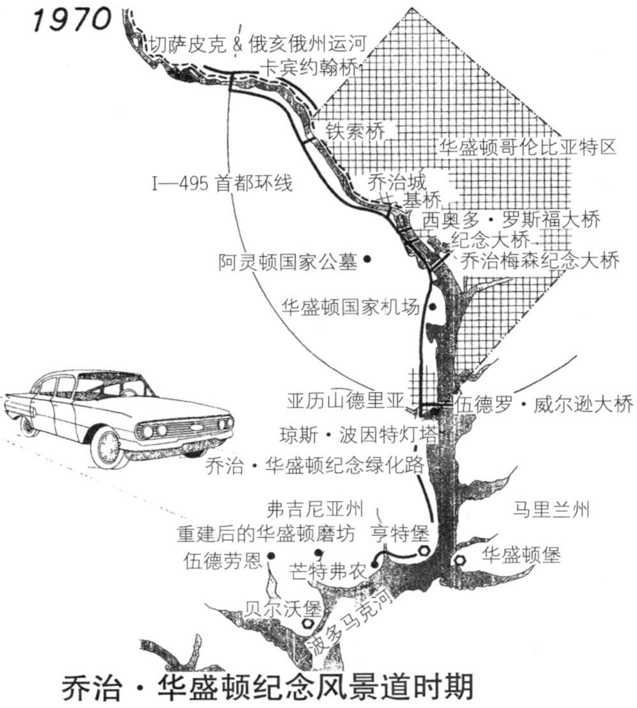

乔治·华盛顿纪念风景道时期

1930 年的《凯普克来姆顿法案》中，授权有关部门沿着波多马克河两岸修建一条从芒特弗农到大瀑布的风景道。同时要求要保留御潮栅栏，并协助弗吉尼亚北部和马里兰州蒙哥马利县的郊区建设工作。然而资金问题和运输的困难延缓工程达数年之久，宏大的施工计划也未能完全实现。1959 年，大道延伸到了中央情报局所在地兰利。之后的 1962 年，其北端（与现在相同）修到了首都环线处。马里兰州段的道路只从铁索桥修到了麦克阿瑟大道，全长 6.6 英里，1970 年建成通车。

DRAWN BY Anna Marconi-Betka, 1994

GEORGE WASHINGTON MEMORIAL PARKWAY DOCUMENTATION PROJECT 1994 NATIONAL PARK SERVICE UNITED STATES DEPARTMENT OF THE INTERIOR	GEORGE WASHINGTON MEMORIAL PARKWAY MOUNT VERNON, FAIRFAX COUNTY, VIRGINIA	SHEET 4 OF SHEETS 21	HISTORIC AMERICAN ENGINEERING RECORD VA-69

风景道方案，1890–1930 年

1890

1890 年，美国陆军工程兵团（USACE）规划了可行的三条国家公路走向，它们都经过渡槽桥，把华盛顿和芒特弗农连接起来。由于中间路线途经大量的历史景点，并能将华盛顿特区和波多马克河谷的美景尽收眼底，芒特弗农道路协会（Mount Vernon Avenue Association）选择了此条路线。1901 年，参议院公园委员会（theSenate Park Commission）批准了这一选择。

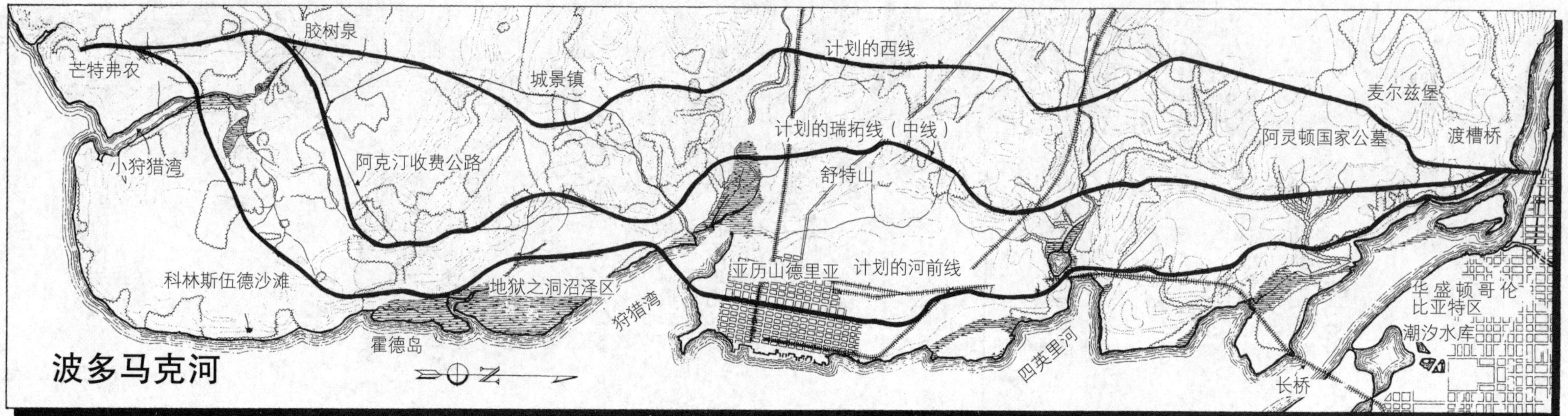

地图基于“渡槽到弗农山的国家道路，弗吉尼亚州”报告，由美国陆军工程兵团上尉 COL 彼得·C·海恩斯编写，1890 年

1930

20 世纪 20 年代再次开始道路修建时，共有两条参考路线。由于河前线方案能够促进公园的建设，并途经多处历史景点，因此采用此路线。修建过程中需要大量的堆填作业，因此成本要比修建内陆公路要高。但其道路通行性要比有很多平交路口的盘山道好很多。

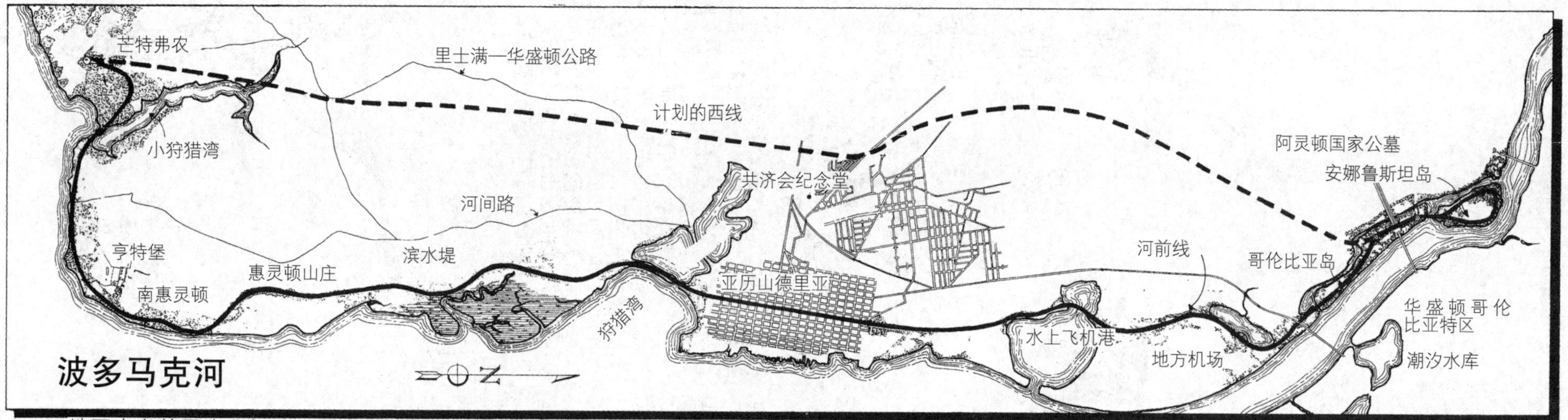

地图来自美国农业部公用道路局弗农山纪念公路开发计划，弗吉尼亚州，1930 年 1 月。

乔治·华盛顿纪念风景道的演变

今日的乔治·华盛顿纪念风景道与 19 世纪末期芒特弗农道路协会批准的格兰纪念大道（Grand Memorial Boulevard）相似之处已寥寥无几。同时与 20 世纪 20 年代至 20 世纪 30 年代提出的宏大的区域公园计划也大为不同。

先前的提议从连接各大历史景点考虑，这样当人们坐在缓慢移动的车辆或马匹上时，就可以享受全方位的美景。原始路线大体沿着现有道路修建，减轻了波多马克河畔湿地和河湾的影响，避免了大量的堆填和桥梁施工，从而降低了成本。尽管之前这里是一条乡间小道，道路建设者们依然想修建一条拥有壮观美景的大道，道路平坦、排水顺畅。道路两侧，雕像、纪念碑不时出现，道边树整齐排列。

20 世纪 20 年代，公共道路局接管了这一工程。他们主张沿河边修建道路，这样能减少大多数路口的数量，同时能够用上闲置的湿地和现有的政府场所（如亨特堡等）。技术的发展和资金的充裕也克服了低洼沼泽地形带来的不利因素。

公共道路局的设计师利用空中摄影技术来协助道路定线，这样可以在提供不断变化的道路景观，遮蔽不雅施工区的同时，保证驾驶者的安全。与之前的理念不同，设计师也注重保留道路周边的自然景观，修建区域性公园供公众休闲。

1930

修建乔治·华盛顿纪念风景道的初衷是为了扩建芒特弗农纪念大道，包括波多马克河两侧芒特弗农到大瀑布间的道路。通过桥梁和码头相衔接，可以驾车行驶一圈。南端公路曾计划延长至伍德劳恩、冈斯顿厅和韦克菲尔德等地，但最终未能开工。由于经济、政治等因素的影响，纪念风景道的南端就此终止施工，北端连接大瀑布的一段也未能修建。

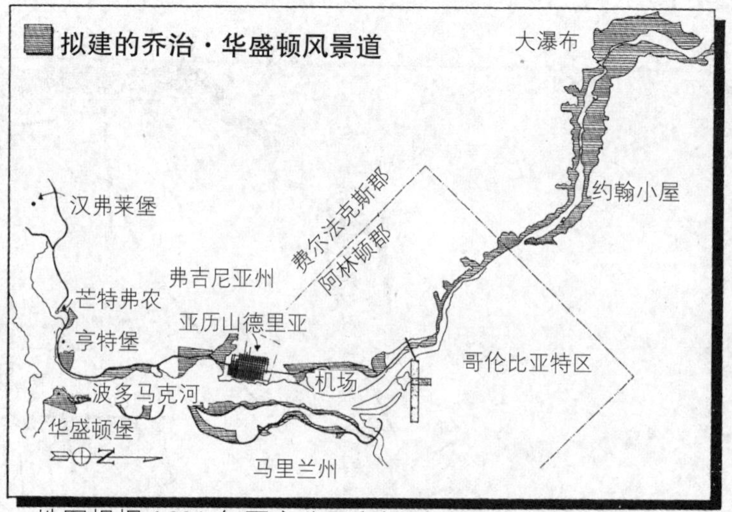

地图根据 1931 年国家公园和规划委员会资料绘制。

GEORGE WASHINGTON MEMORIAL PARKWAY
MOUNT VERNON, FAIRFAX COUNTY, VIRGINIA

Robert Dawson and Ed Lupyak, 1994

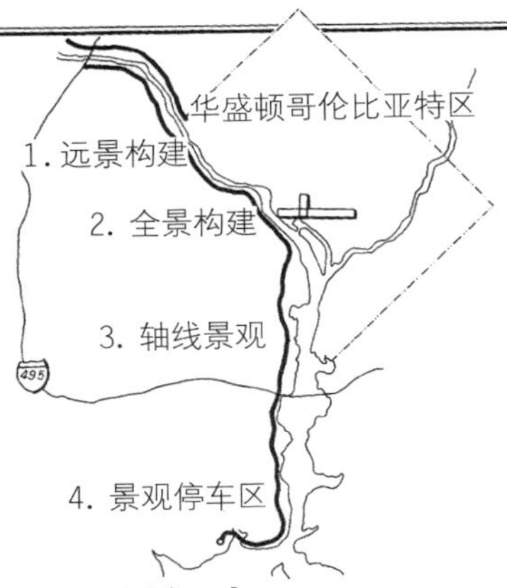

景观方案

早期的汽车风景道设计师面临着一个挑战，就是既要用到传统的景观设计方法，又要适应现今汽车带来的新的速度和数量。尽管来自于浪漫主义风景画和公园如画的设计理念对设计师影响很大，但由于驾车速度的提升，景观构图也精简不少。路途遥远、地势起伏对于机动车来讲算不上什么困难，不过这给公路设计师利用广阔空间来制造迷人的景色造成困难。乔治·华盛顿纪念风景道的设计师就将这些新的特点与传统设计手法良好结合，为道路两侧宜人风景的建立提供了可能。他们关注艺术性视野与标志性远景建设。

汽车的出现使得我们需要更广泛的景观维护。近距离及局促的景观不适合高速交通工具，汽车需要简单开阔的景观。不同的景观不能太过相似。边界林地或灌木林中的空地和远景必须更加宽阔。视角及绿化景观的各种特点都要强化，因为人们高速行驶时，对这些景色只是惊鸿一瞥。

比例尺：1" = 40'，1:480

0 40 80 120 英尺 10 20 40 米

1 远景构建

对徒步或乘马车的人来说，道路两侧的风景可以尽收眼底，但对汽车驾驶员来说，时刻注意着前方的道路才是首要任务。驾驶速度越快，驾驶员就更加关注于正前方的景观。因此风景道设计师常采用道路转弯的做法，同时让道旁植物留出空间，从而使景观摆脱道路中心的限制。同时专门对这些“风景窗口”进行宽度和数量的限制，以防让驾驶员分神时间过长而影响安全。

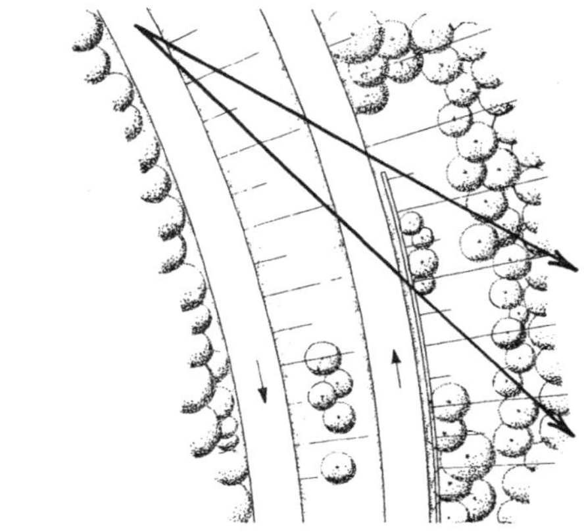

波多马克河畔栅栏

2 全景构建

风景道设计师认为，道路与华盛顿纪念碑核心区之间的关系具有很强的艺术性和极大的象征意义。通往华盛顿的道路设计得简约但又不失庄重，既不随意布景，又不过于宏大，同时借鉴了首都新古典主义纪念性设计理念。

道路靠河岸一侧的植物数量尽可能减少，这样为波多马克河留出了宽阔的视野。哥伦比亚岛的道路循环系统设计在一定程度上也旨在让驾驶员降低速度，从而可以从容地欣赏路边的风景。这条路最初建好之时，在临近现华盛顿国家机场的道路高点可以俯瞰城市全景。但机场建好以后，道路降低了高度。

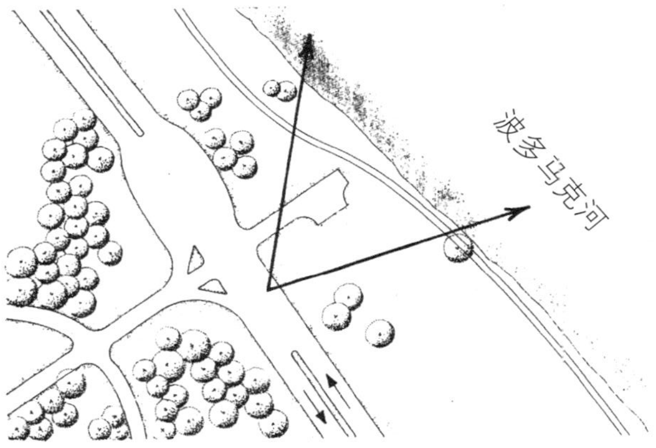

哥伦比亚岛

3 轴线景观

用长直路来引导驾驶员的视线到景物上是风景道设计师的另一种经典设计方式。在风景道出现随意的大弧度转弯和自然的不规则植物种植以前，这种方法一直较少使用。轴线景观最突出的一个例子出现在亚历山德里亚的北部，两条分支的长直路延伸方向正好对着远方的华盛顿纪念碑。当驾驶员观察周边开发状况时，道路两侧高耸的树可以将他们的注意力引导至前方。这种“纪念碑远景”首先给人带来一种华盛顿的正式感觉。在最初的景观方案设计里，这种手法也重点应用。

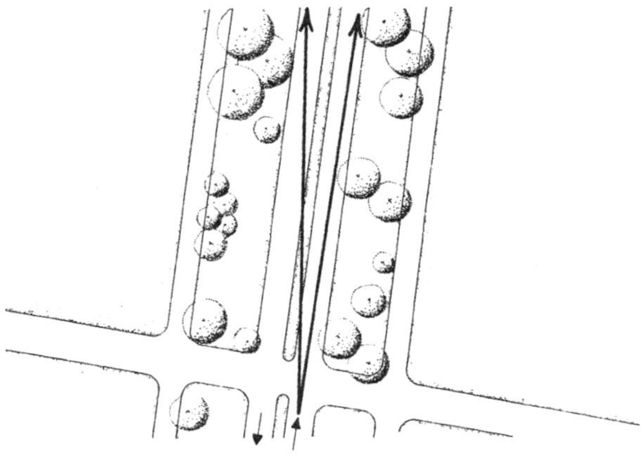

位于亚历山德里亚的华盛顿纪念碑远景

4 景观停车区

在一些风景区会修建小型停车区，这样驾驶员可以安全地停车到路边观赏美景。这些小型停车区大小不等，小的如拓宽的人行道一般，大的经过修建成为野餐区，配有卫生间、桌椅、火炉等设施，以及有关的周边历史和自然景观的宣传板。

从希尔克雷斯眺望美景，可以越过波多马克河看到华盛顿堡。1808~1922年间，宏伟的华盛顿堡抵御了南部的进击。

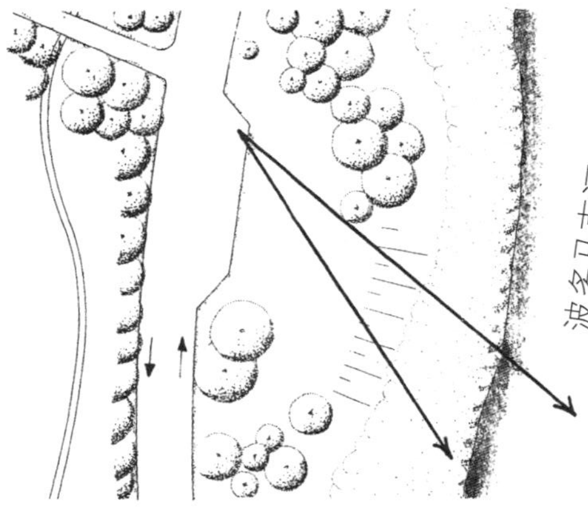

山顶远眺

DRAWN BY Anna Marconi-Betka, 1994

GEORGE WASHINGTON MEMORIAL PARKWAY DOCUMENTATION PROJECT 1994
NATIONAL PARK SERVICE
UNITED STATES DEPARTMENT OF THE INTERIOR

NAME AND LOCATION OF STRUCTURE
GEORGE WASHINGTON MEMORIAL PARKWAY
MOUNT VERNON, FAIRFAX COUNTY, VIRGINIA

SHEET 7 OF 21 SHEETS

HISTORIC AMERICAN ENGINEERING RECORD
VA-69

俯瞰道路

"好的选线是好的设计的基础。在风景设计中，道路的优雅和美丽与工程学中的道路选线和轮廓图是密不可分的。"
——芒特弗农纪念大道风景园林师 Wilbur Simonson（1932 年）

6 由唐纳森河等溪流形成的山涧，由于地势险峻，一直以来都阻碍了沿着波多马克河畔御潮栅栏修建道路。随着现代的道路设计与桥梁施工技术的发展，长弧度公路设计已经得到应用。风由密林深处吹到悬崖边，那里一座桥梁飞跃两端，时而出现的远景窗口令波多马克河谷美景一览无余。

5 位于哥伦比亚岛北部的风景道是双向完全分开的现代道路。两条路采用分别定线的方法，由中间宽度不等的区域分隔。采用这种方法，风景道设计师可以通过最少的地形修整，利用高低不同的天然地势修建道路。道路沿着御潮栅栏爬升的景观在很多道路设计教科书上都用作经典案例。

4 风景道常常避开城市修建，但乔治·华盛顿纪念风景道却从亚历山德里亚旧城穿过。尽管在与亚历山德里亚签订的一项协议中，对华盛顿大街的历史特征进行了保留，开展了大量的保护性工作来应对不当开发建设，但还是有一些现代建筑闯入驾驶员的视线，改变了他们的景观体验。原先生长在本段路旁的榆树部分改种为针栎。这段穿过亚历山德里亚的道路中心为砖砌的绿化带，两旁有新铺设的路缘石、砖砌的人行道以及相应的道路公共设施。

3 黛克沼泽区是一块天然湿地和野生动物栖息地。风景道在此段大幅拓宽，但通过水域的堤道限定在很窄的范围内，以避免对湿地带来的不利影响。路边的景观停车区，为驾驶者停车欣赏美景提供了可能。占地 500 英亩（约 202 公顷）的区域内修建了一些小径和木板路，人们可以步行至沼泽、河滨和森林区游玩。

2 在惠灵顿和科林伍德地区，风景道的景观设计更像开阔的公园，长缓坡上的草坪被自然生长的植物和少量的园景树隔开。在道路转弯和入口处，中间设计留有的草地提供了安全的缓冲区域。

1 小狩猎湾南部的风景道穿越了一片硬木混合老林区。道路两旁的树木伸向空中，将道路从空中包围，形成一种弧形的景致，给人一种亲密的感觉。从而令驾驶员缓缓开行，期盼着驶入芒特弗农。

道路设计师将工程学与美学相结合，设计出这条既美观又实用的道路。他们保留并突出了自然之美，令驾驶员眼前的景色如幻灯片一样不断变换。同时，他们还格外注意道路通过地域的各自景观特点，并加以利用。

道路设计师还利用空中摄影技术在施工区内小心测量，以确定道路线形，同时尽可能不对现有地形造成破坏。遇到不得不进行挖掘作业的，也尽量按照现有自然地势决定坡度，杜绝出现传统道路修建中的大挖大填。

尽管为了营造一些远景效果，有时会"灵活地"对植被进行修剪，但现有的植物尽可能得到了保留。栽培计划通常规定，选用本地植物或已适应本地的植物要遵循简单、随意的原则，以使新栽种的植物慢慢融合到现有群落中。在之前 15 英里的一段道路两侧，就已有超过 25 万树木等植株。

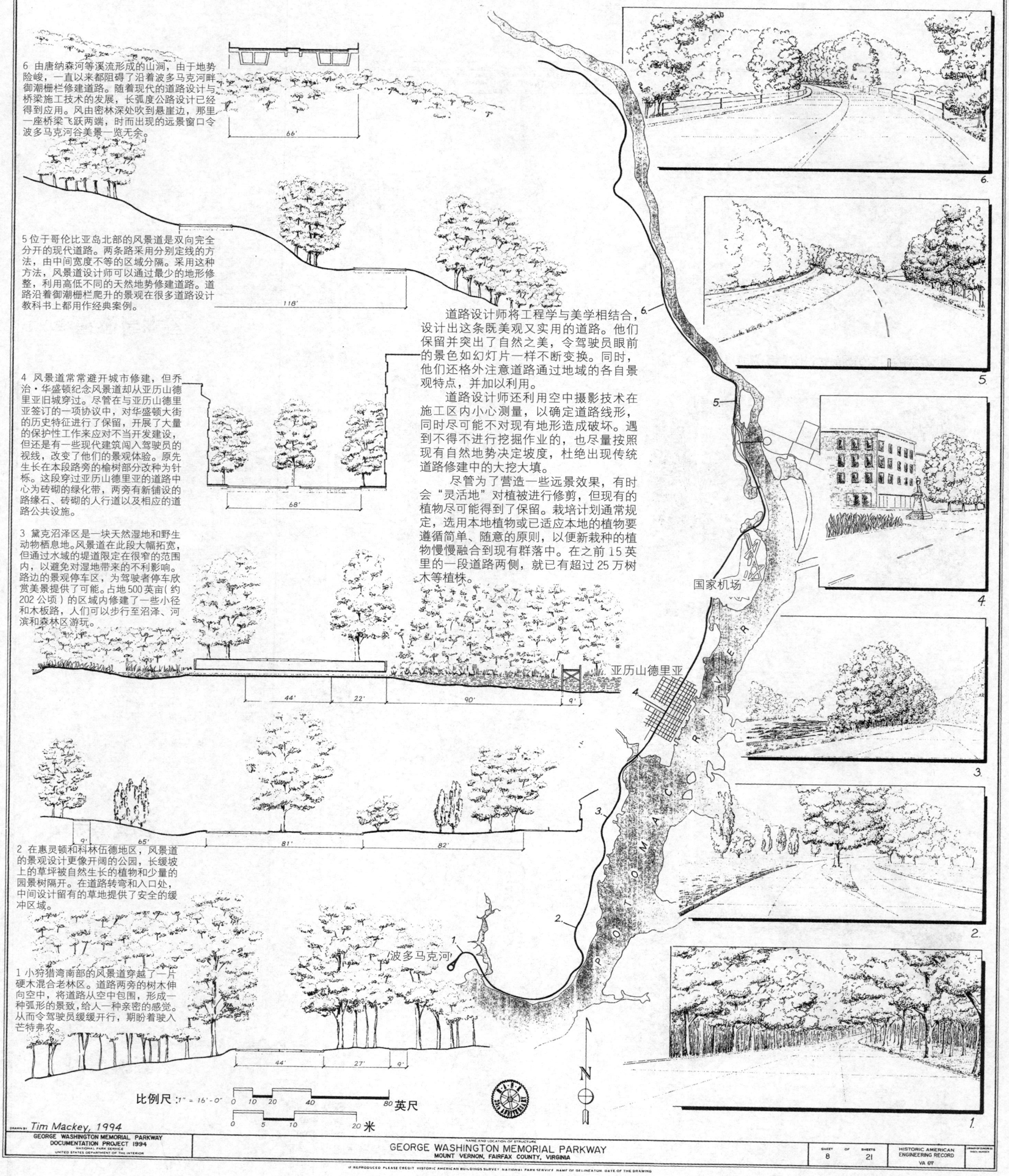

66'
118'
68'
44'
22'
90'
9'
65'
81'
82'
27'
6.
5.
4.
3.
2.
1.
国家机场
亚历山德里亚
波多马克河
POTOMAC RIVER
N
比例尺 1" = 16'-0"
0 10 20 40 80 英尺
0 5 10 20 米
DRAWN BY: Tim Mackey, 1994
GEORGE WASHINGTON MEMORIAL PARKWAY DOCUMENTATION PROJECT 1994
NATIONAL PARK SERVICE
UNITED STATES DEPARTMENT OF THE INTERIOR
GEORGE WASHINGTON MEMORIAL PARKWAY
MOUNT VERNON, FAIRFAX COUNTY, VIRGINIA
SHEET 8 OF 21 SHEETS
HISTORIC AMERICAN ENGINEERING RECORD
VA 69
IF REPRODUCED PLEASE CREDIT HISTORIC AMERICAN BUILDINGS SURVEY NATIONAL PARK SERVICE NAME OF DELINEATOR DATE OF THE DRAWING

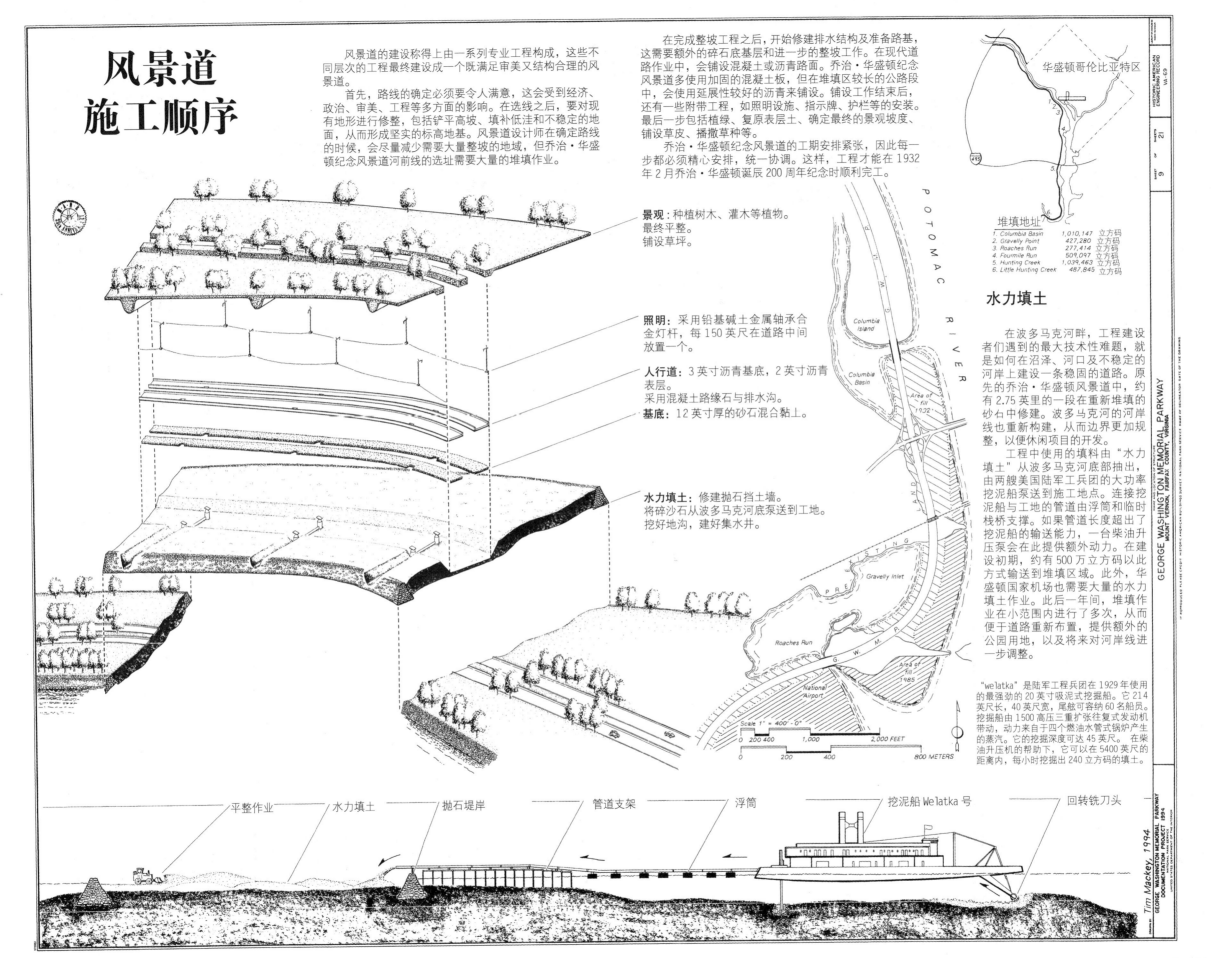

风景道施工顺序

风景道的建设称得上由一系列专业工程构成，这些不同层次的工程最终建设成一个既满足审美又结构合理的风景道。

首先，路线的确定必须要令人满意，这会受到经济、政治、审美、工程等多方面的影响。在选线之后，要对现有地形进行修整，包括铲平高坡、填补低洼和不稳定的地面，从而形成坚实的标高地基。风景道设计师在确定路线的时候，会尽量减少需要大量整坡的地域，但乔治·华盛顿纪念风景道河前线的选址需要大量的堆填作业。

在完成整坡工程之后，开始修建排水结构及准备路基，这需要额外的碎石底基层和进一步的整坡工作。在现代道路作业中，会铺设混凝土或沥青路面。乔治·华盛顿纪念风景道多使用加固的混凝土板，但在堆填区较长的公路段中，会使用延展性较好的沥青来铺设。铺设工作结束后，还有一些附带工程，如照明设施、指示牌、护栏等的安装。最后一步包括植绿、复原表层土、确定最终的景观坡度、铺设草皮、播撒草种等。

乔治·华盛顿纪念风景道的工期安排紧张，因此每一步都必须精心安排，统一协调。这样，工程才能在 1932 年 2 月乔治·华盛顿诞辰 200 周年纪念时顺利完工。

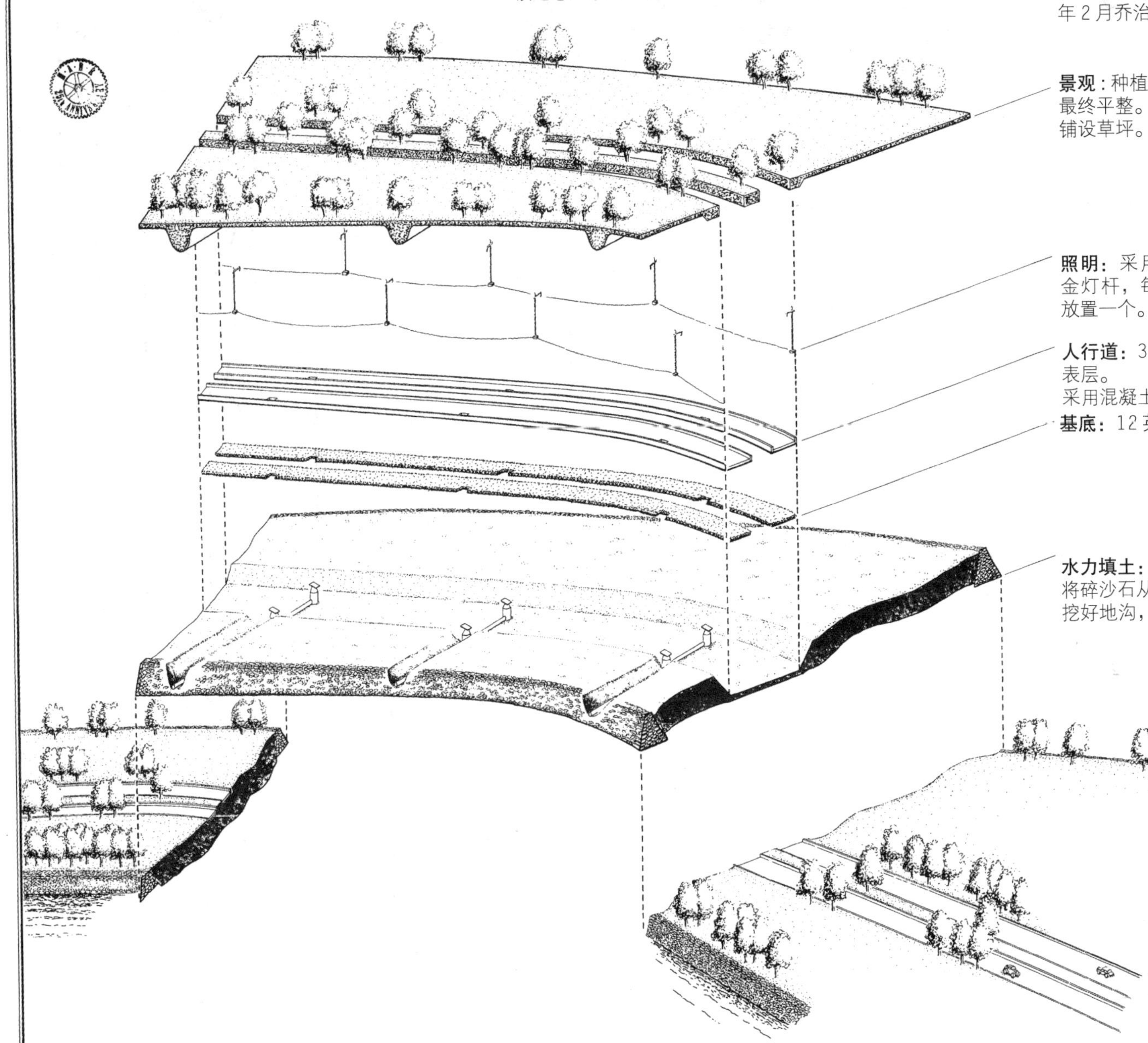

景观：种植树木、灌木等植物。
最终平整。
铺设草坪。
照明：采用铅基碱土金属轴承合金灯杆，每 150 英尺在道路中间放置一个。
人行道：3 英寸沥青基底，2 英寸沥青表层。
采用混凝土路缘石与排水沟。
基底：12 英寸厚的砂石混合黏土。
水力填土：修建抛石挡土墙。
将碎沙石从波多马克河底泵送到工地。
挖好地沟，建好集水井。

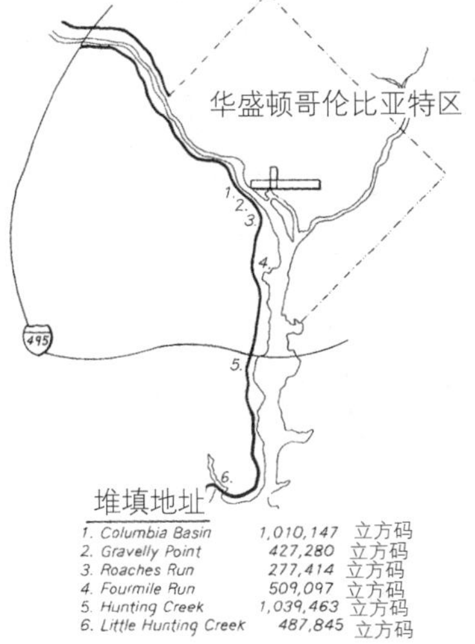

华盛顿哥伦比亚特区
堆填地址
1. Columbia Basin 1,010,147 立方码
2. Gravelly Point 427,280 立方码
3. Roaches Run 277,414 立方码
4. Fourmile Run 509,097 立方码
5. Hunting Creek 1,039,463 立方码
6. Little Hunting Creek 487,845 立方码

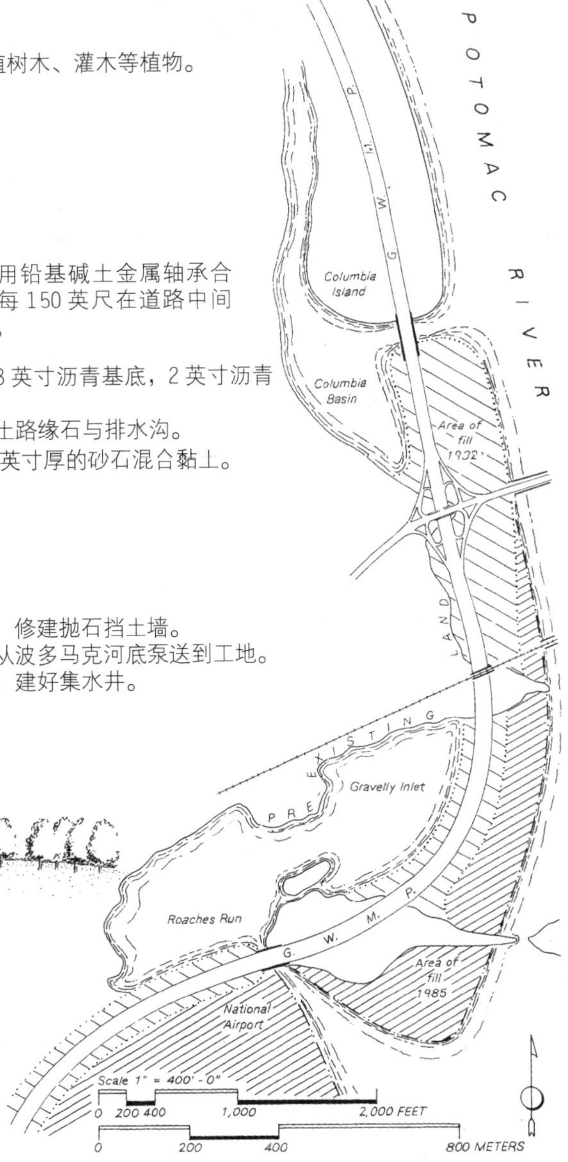

POTOMAC RIVER
Columbia Island
Columbia Basin
Area of fill 1932
Gravelly Inlet
Roaches Run
National Airport
Area of fill 1985
Scale 1" = 400'-0"
0 200 400 1,000 2,000 FEET
0 200 400 800 METERS

水力填土

在波多马克河畔，工程建设者们遇到的最大技术性难题，就是如何在沼泽、河口及不稳定的河岸上建设一条稳固的道路。原先的乔治·华盛顿风景道中，约有 2.75 英里的一段在重新堆填的砂石中修建。波多马克河的河岸线也重新构建，从而边界更加规整，以便休闲项目的开发。

工程中使用的填料由“水力填土”从波多马克河底部抽出，由两艘美国陆军工兵团的大功率挖泥船泵送到施工地点。连接挖泥船与工地的管道由浮筒和临时栈桥支撑。如果管道长度超出了挖泥船的输送能力，一台柴油升压泵会在此提供额外动力。在建设初期，约有 500 万立方码以此方式输送到堆填区域。此外，华盛顿国家机场也需要大量的水力填土作业。此后一年间，堆填作业在小范围内进行了多次，从而便于道路重新布置，提供额外的公园用地，以及将来对河岸线进一步调整。

“welatka”是陆军工程兵团在 1929 年使用的最强劲的 20 英寸吸泥式挖掘船。它 214 英尺长，40 英尺宽，尾舷可容纳 60 名船员。挖掘船由 1500 高压三重扩张往复式发动机带动，动力来自于四个燃油水管式锅炉产生的蒸汽。它的挖掘深度可达 45 英尺。 在柴油升压机的帮助下，它可以在 5400 英尺的距离内，每小时挖掘出 240 立方码的填土。

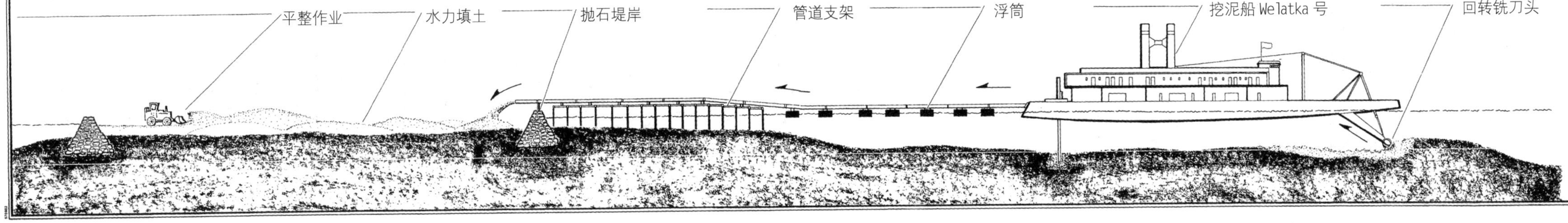

平整作业
水力填土
抛石堤岸
管道支架
浮筒
挖泥船 Welatka 号
回转铣刀头

GEORGE WASHINGTON MEMORIAL PARKWAY
MOUNT VERNON, FAIRFAX COUNTY, VIRGINIA

Tim Mackey, 1994

交叉路口

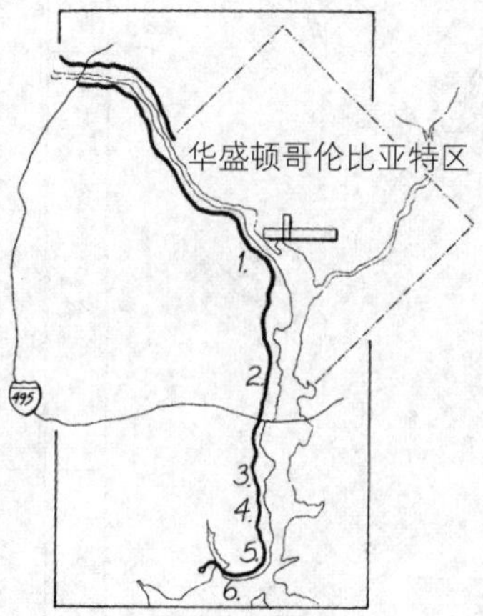

风景道设计促进了高流动性、限制性进入的机动车行车道的产生，同时设计的大量有关交通运行的道路工程已变成现代高速公路设计的基本元素。20世纪20年代至20世纪30年代间，为乔治·华盛顿纪念风景道等个别风景道项目开创的颇具创新的交通流量控制技术，逐渐应用到了普通高速路和州际公路中。

风景道设计师希望控制交叉路口的数量和降低转弯和车流进入带来的危险，以此提升道路的安全性和通过性。由于获得了较大的路权，风景道建设者可以控制通行入口，避免路旁的商业开发，去除分散注意和不合需要的景观。尽管修建宽缓冲区、立体交叉、交通安全岛和大量中间带会大幅提高工程造价，但其可提高交通容量，提升道路安全，为驾驶者提供高速行驶下的愉悦体验。

在乔治·华盛顿纪念风景道中，公共道路局的设计师使用多种方式来提升道路的安全和通过能力。将道路选择在河边建设，这也降低了可能会带来交通压力的路口数量。除了亚历山德里亚城区华盛顿大街的一段路，风景道避免建设传统的交通路口方案，采用多种立体交叉道路结构和安全的十字路口设计。

风景道的北段建成时，其设立的连续的中间带、完全整合的立体式互通交叉参考了风景道和高速路的建设实践。由于北段路交通流量有其独特特点，因此出现了火鸡河的U型立交桥、克拉拉·巴顿风景道的悬臂桥，以及分别与495号州际公路及美国国道1号路线相交的复杂路口。

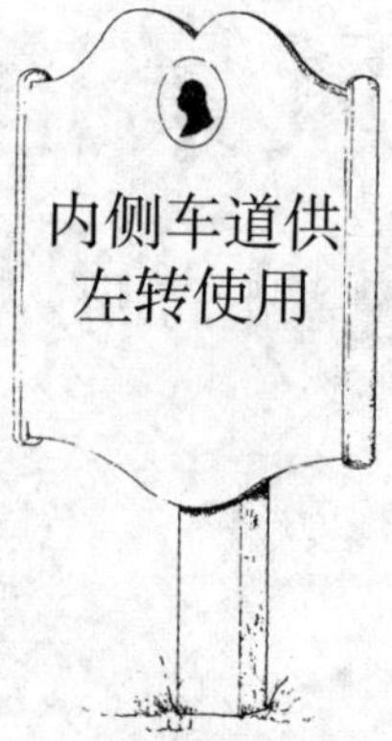

1932年最初的提示牌

2. 纪念环岛（1932年）

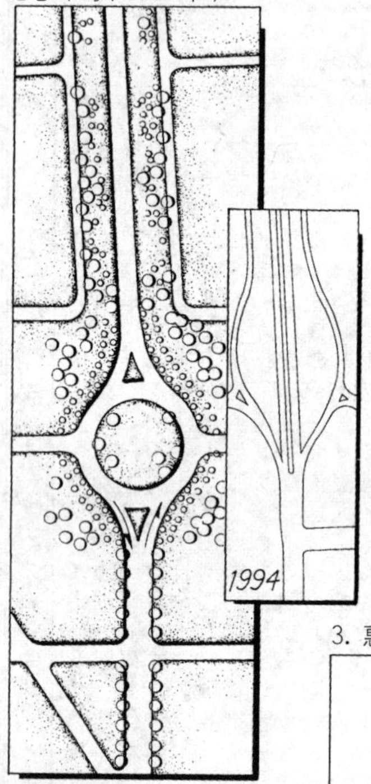

圆形交叉路口/环岛 ▲

这是一种在不同道路空间下汇聚、疏导车流的传统方式。亚历山德里亚北部的纪念环岛设计初衷为汇集旁边辅路的车流，并作为连接畅通的风景大道和亚历山德里亚商务区的标志性环岛。但道路工程师后来发现，环岛对于高速行驶的机动车流并不合适，纪念环岛成为了景观大道中最严重的事故多发区。于是环岛在1957~1962年间得以拆除，并替换为了交通信号灯的平交路口。

地道桥 ▶

采用简单交叉结构的立体道路就可有效地承载中等交通流量带来的压力。惠灵顿地道桥使这片郊区的车流穿越乔治·华盛顿纪念风景道时，不会对主路车流造成干扰。旁边的道路汇聚小路的车流并通过远处分离的路口引入风景道。这座地道桥将又长又直的风景道从视觉上漂亮地分开，在道路轴线上形成了迷人的框景，为双向的驾驶员提供了独特的景象。

3. 惠灵顿地道桥

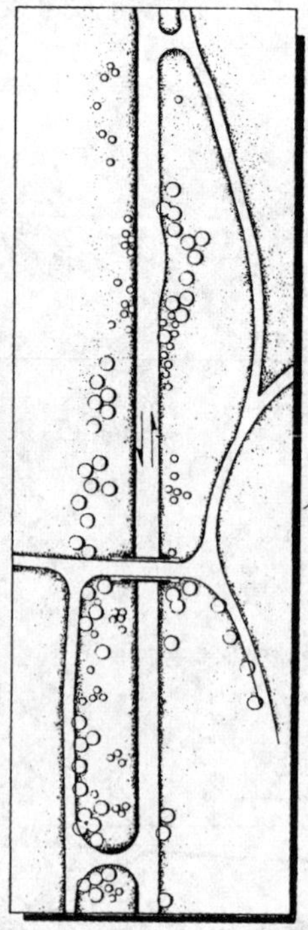

1. 国家第一条四叶式立体交叉桥

第十四大道高速公路立交桥是第一个联邦政府建设的四叶式立体交叉桥。尽管四叶式立体交叉桥需要相当面积的土地和较大的花费，但政府很快视其为高速道路中最安全的路口方式。在立体交叉结构中，来自不同道路的汽车可畅通无阻地行驶，通过螺旋状的坡道就可安全地转换行驶方向，既不用停车也不用危险地在车流中左转。

四叶式立体交叉在1930年算得上是一个新奇的想法，因此公共道路局建设了一个大型模型，用来向公众说明其既安全又美观。华盛顿的报刊媒体为驾驶员刊登了详细的行驶说明。同时道路中间修建了更长的隔离带，并增设了提示牌，这样可以避免驾驶员的迷惑。公共道路局的风景园林师威尔伯·西蒙森称：“完工后，这必将是迄今为止建设的最壮观的立体交叉桥。”

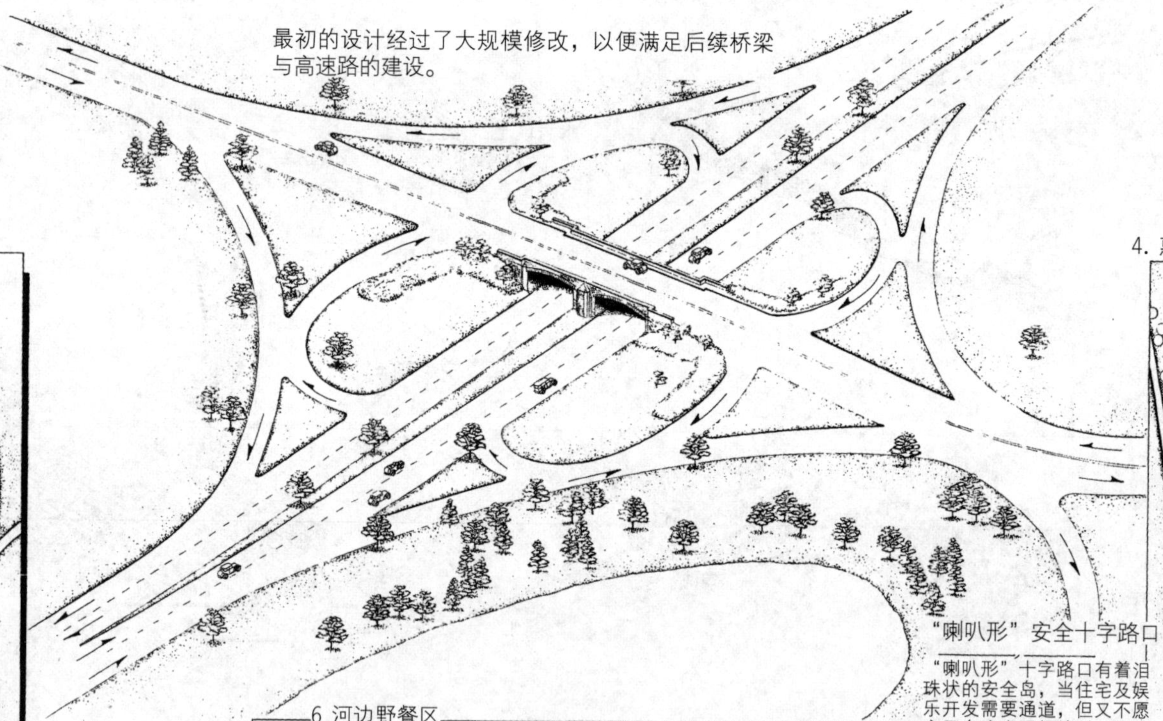

最初的设计经过了大规模修改，以便满足后续桥梁与高速路的建设。

6 河边野餐区

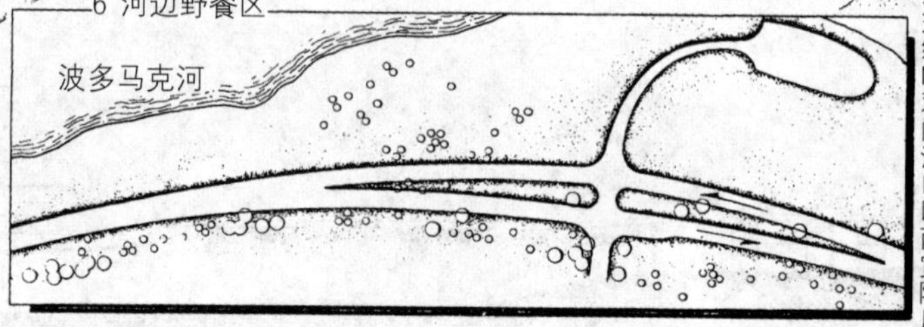

“喇叭形”安全十字路口

“喇叭形”十字路口有着泪珠状的安全岛，当住宅及娱乐开发需要通道，但又不愿交叉车流出现拥堵时，这种结构便应运而生。最初的MVMH大部分都是未经分隔的双向车道，因此建造了短中间带，这些中间带的宽度与汽车宽度一致，位于交叉路口中央。中间带使得车辆可以安全地一次性转入车道。两个方向的车道都进行了拓宽，以便提供额外的安全保障。看起来，这种结构最适用于轻微的弯道，因为弯道的中央岛进行拓宽后，并不影响公路的连续弯道线形。

4. 惠灵顿车道出入口

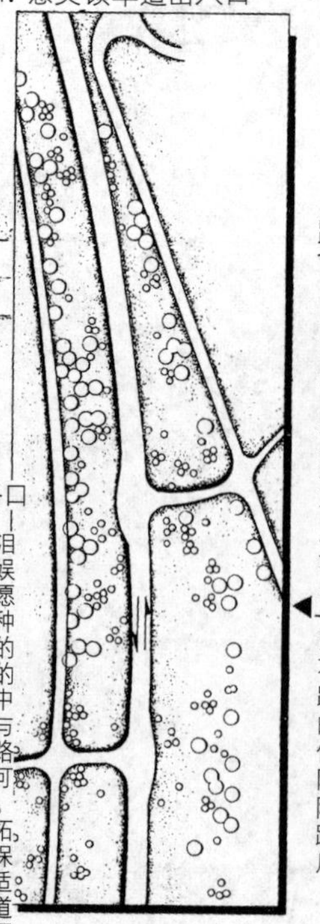

5. 亨特堡跨线桥

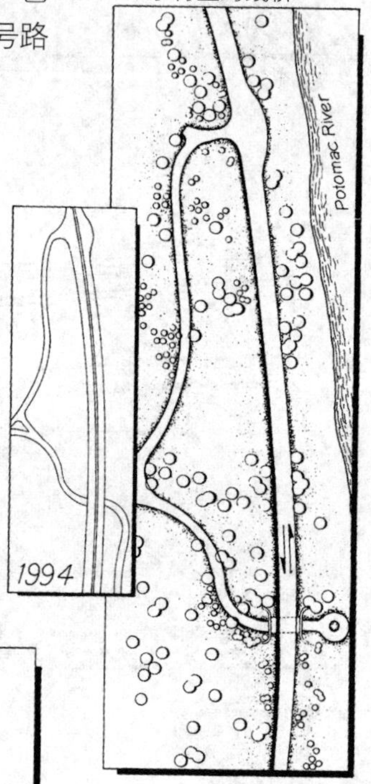

跨线桥 ▲

像地道桥一样，跨线桥可以使本地车流在不干扰主路车流的情况下通过风景道。将主路的车流通过跨线桥连接，可以轻松地将下方的车流一览无余。这也是亨特堡跨线桥修建的一个目的，尽管它的初衷是为了连接亨特堡和波多马克河畔的一座码头。此外，还尝试过将这一方案用于连接华盛顿堡和一个码头路口。在亨特堡改造为公园用地后，该跨线桥为修建立体交叉提供方便，从而使北行车流可以安全地驶入野餐区。

◀ 错位交叉口

当风景道相对垂直或是道路使用权不能满足安全岛修建时，错位交叉路口可以改观这一状况。减少道路的出入口，同时在约400英尺远的位置修建错位交叉路口，这样可以降低驾驶员直接冲进主路带来的危险。需要穿越主路的车辆先开上主路，然后并线至右侧正确车道，最后驶离。

Ed Lupyak, 1994

GEORGE WASHINGTON MEMORIAL PARKWAY
MOUNT VERNON, FAIRFAX COUNTY, VIRGINIA

HISTORIC AMERICAN ENGINEERING RECORD VA-69

SHEET 10 OF 21 SHEETS

GEORGE WASHINGTON MEMORIAL PARKWAY DOCUMENTATION PROJECT 1994
NATIONAL PARK SERVICE
UNITED STATES DEPARTMENT OF THE INTERIOR

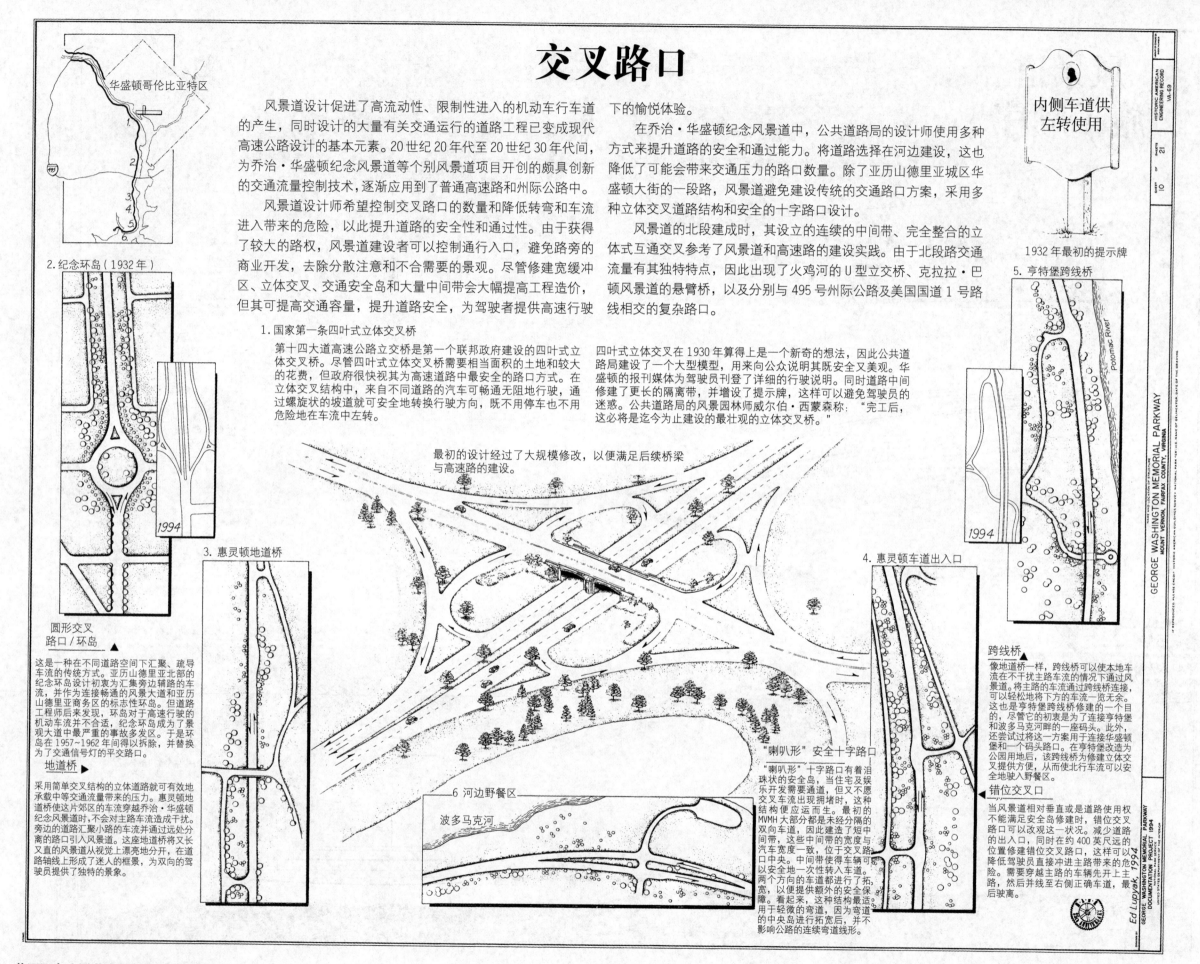

芒特弗农道路终点

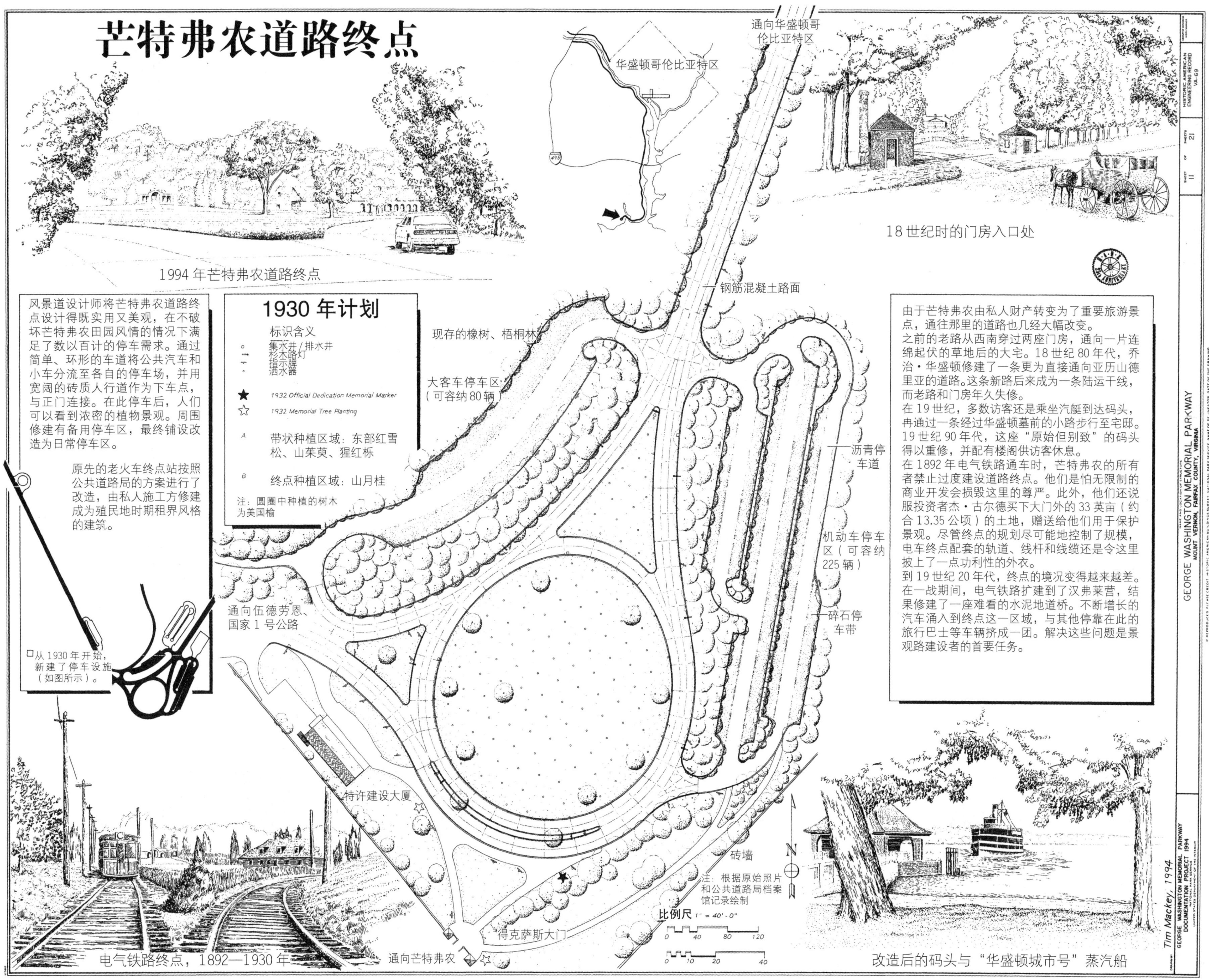

通向华盛顿哥伦比亚特区
华盛顿哥伦比亚特区
495
1994 年芒特弗农道路终点
18 世纪时的门房入口处
钢筋混凝土路面
现存的橡树、梧桐林
大客车停车区（可容纳 80 辆）
沥青停车道
机动车停车区（可容纳 225 辆）
碎石停车带
通向伍德劳恩、国家 1 号公路
特许建设大厦
砖墙
得克萨斯大门
通向芒特弗农
注：根据原始照片和公共道路局档案馆记录绘制
比例尺 1" = 40'-0"
0 40 80 120
0 10 20 40
N
电气铁路终点，1892—1930 年
改造后的码头与“华盛顿城市号”蒸汽船
Tim Mackey, 1994
GEORGE WASHINGTON MEMORIAL PARKWAY
MOUNT VERNON, FAIRFAX COUNTY, VIRGINIA
GEORGE WASHINGTON MEMORIAL PARKWAY DOCUMENTATION PROJECT 1994
HISTORIC AMERICAN ENGINEERING RECORD VA-69
SHEET 11 OF 21 SHEETS

风景道设计师将芒特弗农道路终点设计得既实用又美观，在不破坏芒特弗农田园风情的情况下满足了数以百计的停车需求。通过简单、环形的车道将公共汽车和小车分流至各自的停车场，并用宽阔的砖质人行道作为下车点，与正门连接。在此停车后，人们可以看到浓密的植物景观。周围修建有备用停车区，最终铺设改造为日常停车区。

原先的老火车终点站按照公共道路局的方案进行了改造，由私人施工方修建成为殖民地时期租界风格的建筑。

□从 1930 年开始，新建了停车设施（如图所示）。

1930 年计划

标识含义

- 集水井 / 排水井
- 杉木路灯
- 指示牌
- 洒水器
- ★ *1932 Official Dedication Memorial Marker*
- ☆ *1932 Memorial Tree Planting*
- A 带状种植区域：东部红雪松、山茱萸、猩红栎
- B 终点种植区域：山月桂

注：圆圈中种植的树木为美国榆

由于芒特弗农由私人财产转变为了重要旅游景点，通往那里的道路也几经大幅改变。

之前的老路从西南穿过两座门房，通向一片连绵起伏的草地后的大宅。18 世纪 80 年代，乔治・华盛顿修建了一条更为直接通向亚历山德里亚的道路。这条新路后来成为一条陆运干线，而老路和门房年久失修。

在 19 世纪，多数访客还是乘坐汽艇到达码头，冉通过一条经过华盛顿墓前的小路步行至宅邸。19 世纪 90 年代，这座“原始但别致”的码头得以重修，并配有楼阁供访客休息。

在 1892 年电气铁路通车时，芒特弗农的所有者禁止过度建设道路终点。他们是怕无限制的商业开发会损毁这里的尊严。此外，他们还说服投资者杰・古尔德买下大门外的 33 英亩（约合 13.35 公顷）的土地，赠送给他们用于保护景观。尽管终点的规划尽可能地控制了规模，电车终点配套的轨道、线杆和线缆还是令这里披上了一点功利性的外衣。

到 19 世纪 20 年代，终点的境况变得越来越差。在一战期间，电气铁路扩建到了汉弗莱营，结果修建了一座难看的水泥地道桥。不断增长的汽车涌入到终点这一区域，与其他停靠在此的旅行巴士等车辆挤成一团。解决这些问题是景观路建设者的首要任务。

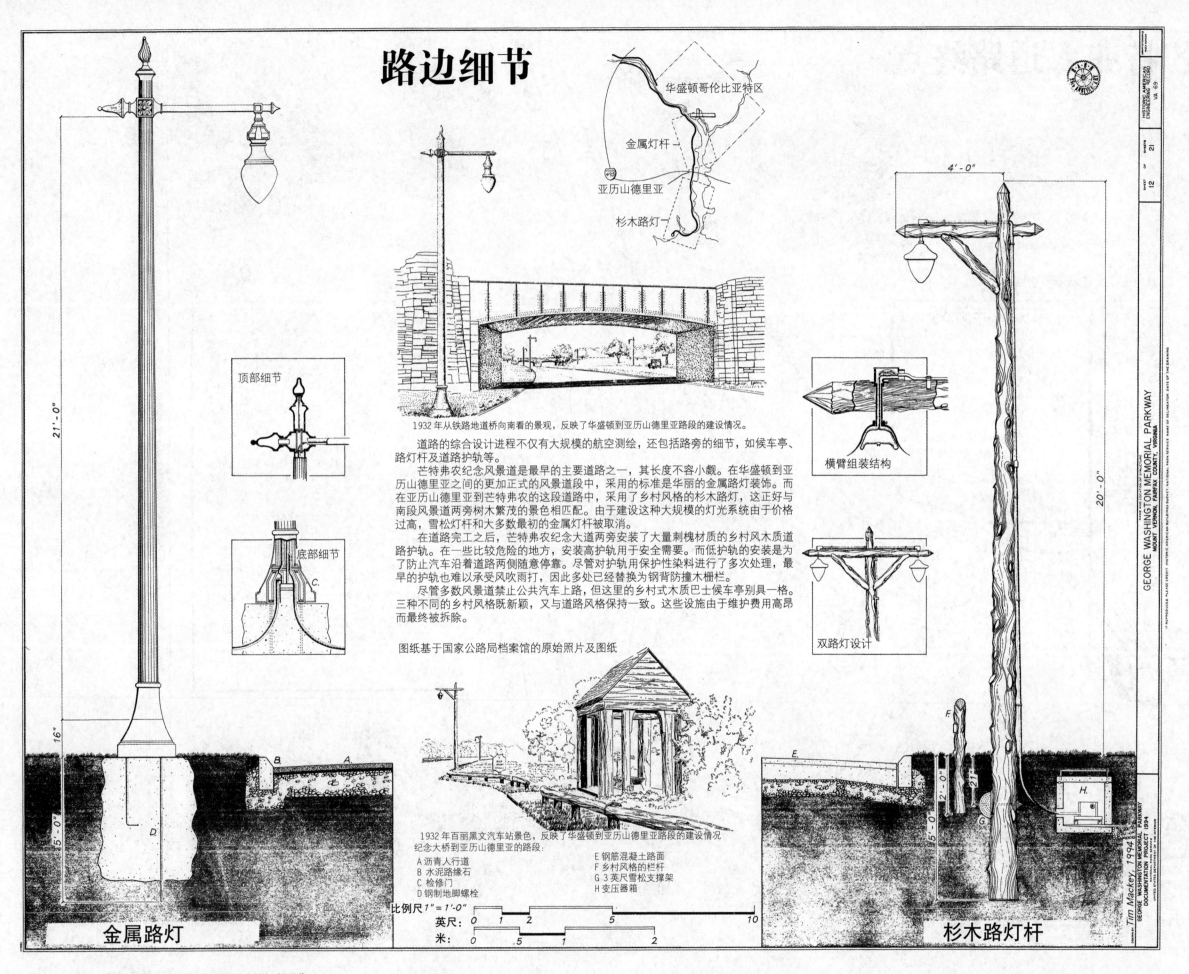

路边细节

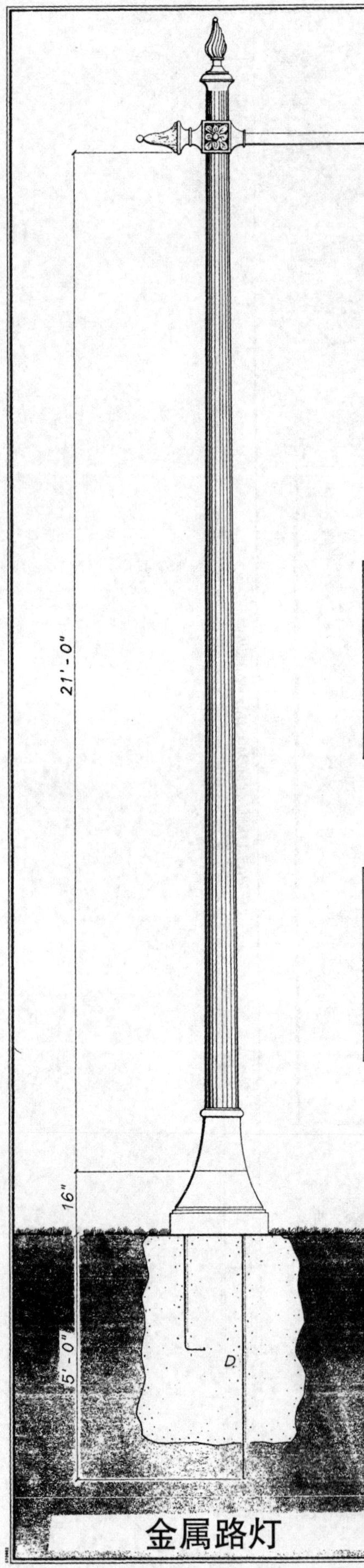
21'-0"
16"
5'-0"
D
B
A
金属路灯

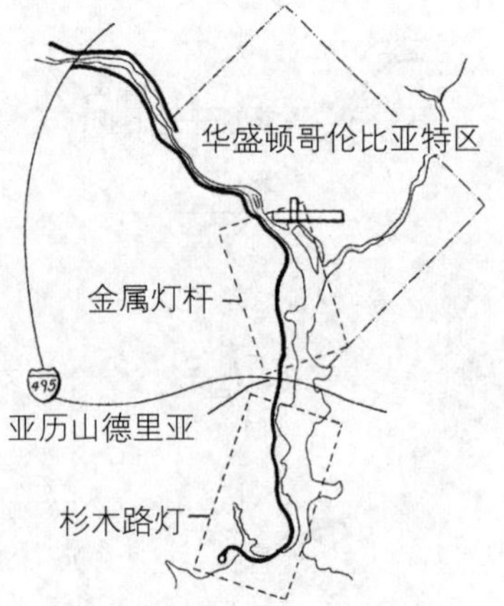
华盛顿哥伦比亚特区
金属灯杆
亚历山德里亚
杉木路灯

1932年从铁路地道桥向南看的景观，反映了华盛顿到亚历山德里亚路段的建设情况。

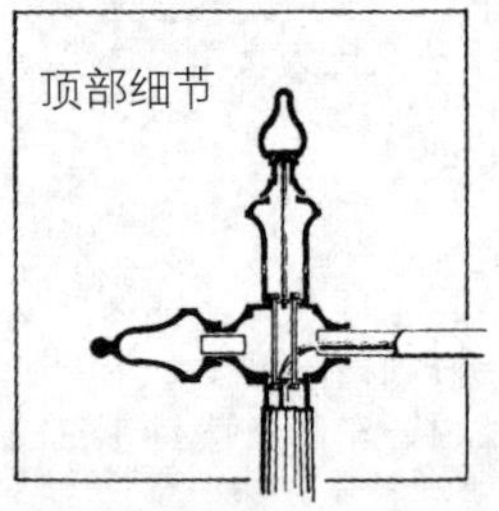
顶部细节

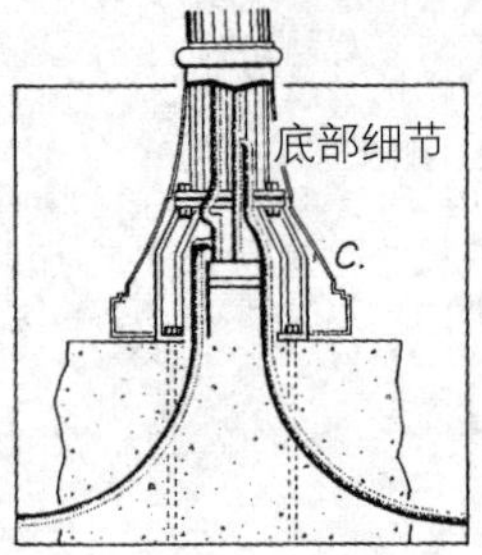
底部细节
C.

道路的综合设计进程不仅有大规模的航空测绘，还包括路旁的细节，如候车亭、路灯杆及道路护轨等。

芒特弗农纪念风景道是最早的主要道路之一，其长度不容小觑。在华盛顿到亚历山德里亚之间的更加正式的风景道段中，采用的标准是华丽的金属路灯装饰。而在亚历山德里亚到芒特弗农的这段道路中，采用了乡村风格的杉木路灯，这正好与南段风景道两旁树木繁茂的景色相匹配。由于建设这种大规模的灯光系统由于价格过高，雪松灯杆和大多数最初的金属灯杆被取消。

在道路完工之后，芒特弗农纪念大道两旁安装了大量刺槐材质的乡村风木质道路护轨。在一些比较危险的地方，安装高护轨用于安全需要。而低护轨的安装是为了防止汽车沿着道路两侧随意停靠。尽管对护轨用保护性染料进行了多次处理，最早的护轨也难以承受风吹雨打，因此多处已经替换为钢背防撞木栅栏。

尽管多数风景道禁止公共汽车上路，但这里的乡村式木质巴士候车亭别具一格。三种不同的乡村风格既新颖，又与道路风格保持一致。这些设施由于维护费用高昂而最终被拆除。

图纸基于国家公路局档案馆的原始照片及图纸

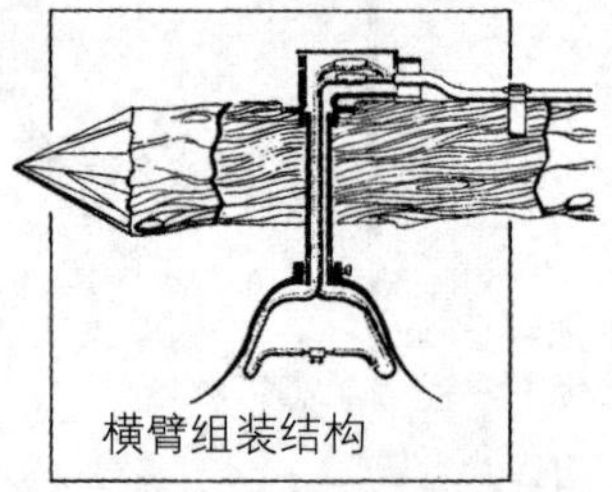
横臂组装结构

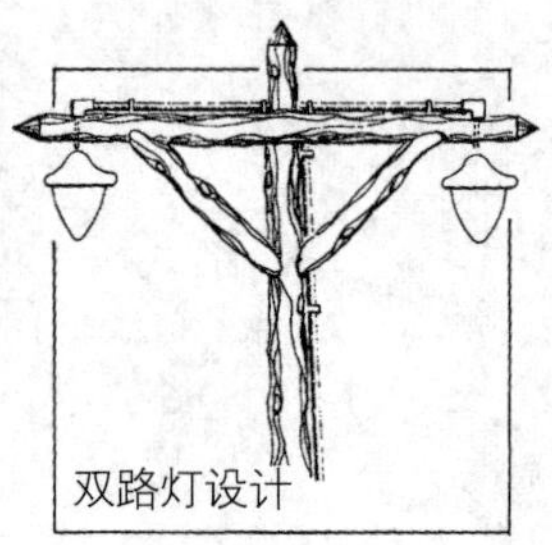
双路灯设计

1932年百丽黑文汽车站景色，反映了华盛顿到亚历山德里亚路段的建设情况

纪念大桥到亚历山德里亚的路段：

A 沥青人行道
B 水泥路缘石
C 检修门
D 钢制地脚螺栓
E 钢筋混凝土路面
F 乡村风格的栏杆
G 3英尺雪松支撑架
H 变压器箱

比例尺 1"=1'-0"
英尺：0 1 2 5 10
米：0 .5 1 2

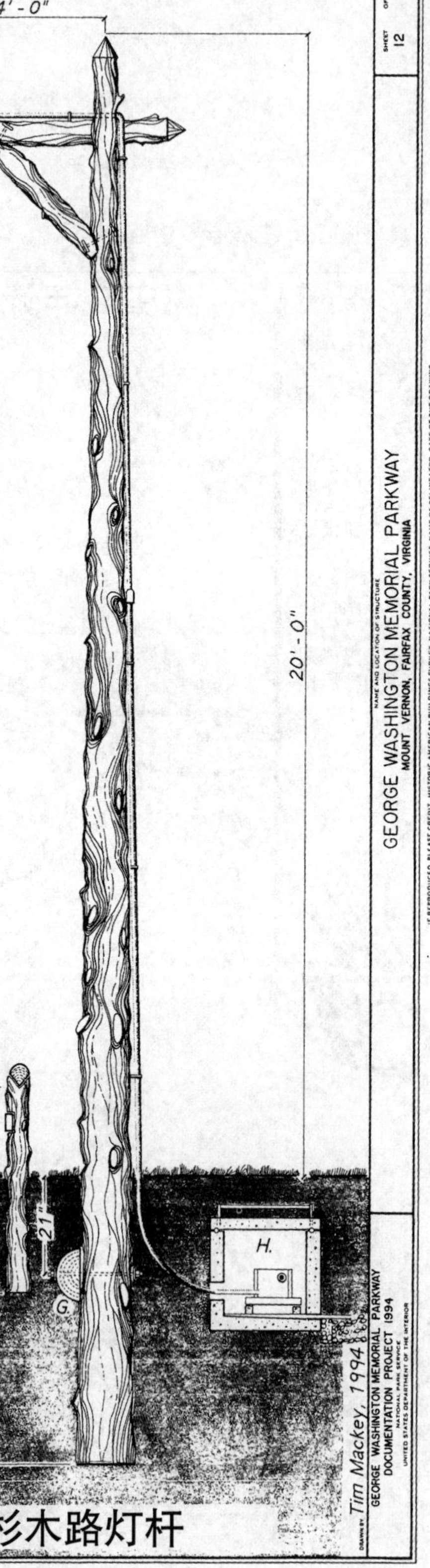
4'-0"
20'-0"
E.
F.
G.
H.
2'-0"
5'-0"
杉木路灯杆
GEORGE WASHINGTON MEMORIAL PARKWAY
MOUNT VERNON, FAIRFAX COUNTY, VIRGINIA

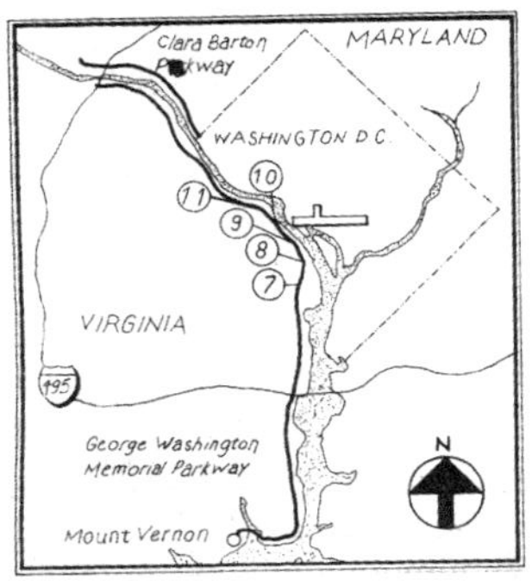

乔治·华盛顿纪念风景道的桥梁

乔治·华盛顿纪念风景道上的桥梁总数超过40座。施工阶段前后由20世纪30年代跨越至20世纪70年代。大多数芒特弗农纪念风景道的桥梁都是乡村风格，采用加固的混凝土框架，表面贴有本地采石场的石料。尽管桥梁似乎近似，但桥梁建设中采用了多种结构。在不稳定的河岸和填埋区修建坚实的地基是最大的技术性困难。风景顾问吉尔摩·克拉克设计了全部的建筑立面图。公共道路局提供工程技术支持，并监督纽约的梅里特·查普曼&斯科特公司进行施工。由于交通状况和道路定线有所变动，导致很多桥梁的结构经过了修正或替换。原先的十二座桥梁只有八座得以保留。

注：按照国家档案馆公共道路记录局的资料绘制。

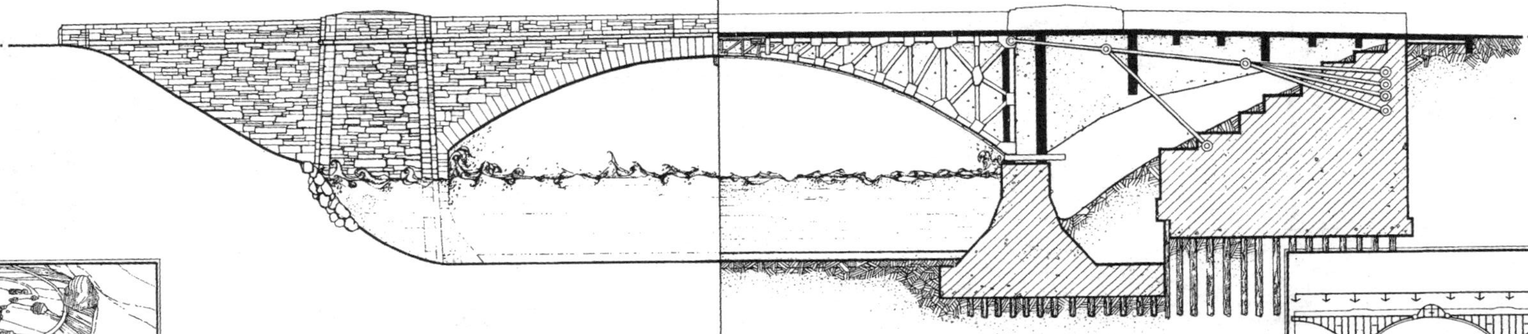

11. 边界通道桥，1931年

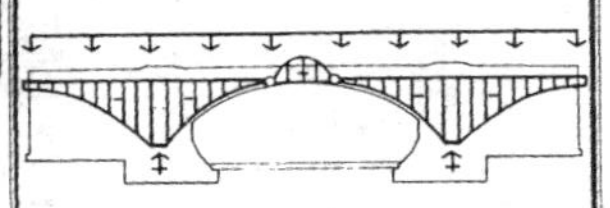

边界通道桥

两个双悬臂桥跨支撑着简易的拱梁

优点——对路堤没有水平推力
缺点——建造成本更高，并有额外反向间隔

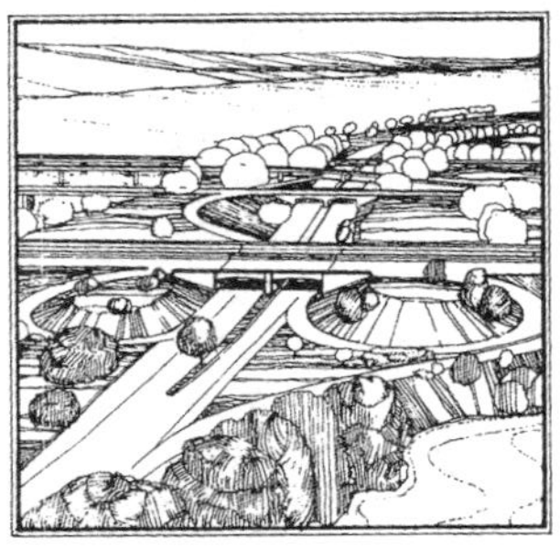

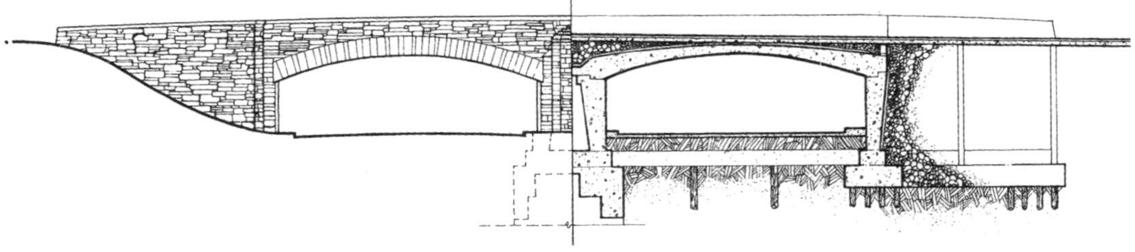

10. 南部终点高速路地道桥，1931年

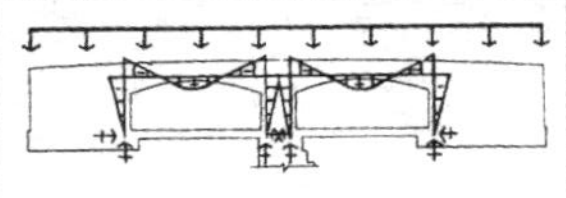

南端公路桥

刚性构架拱类型

优点——比横梁和箱型结构的空间更多
缺点——对底脚有水平推力

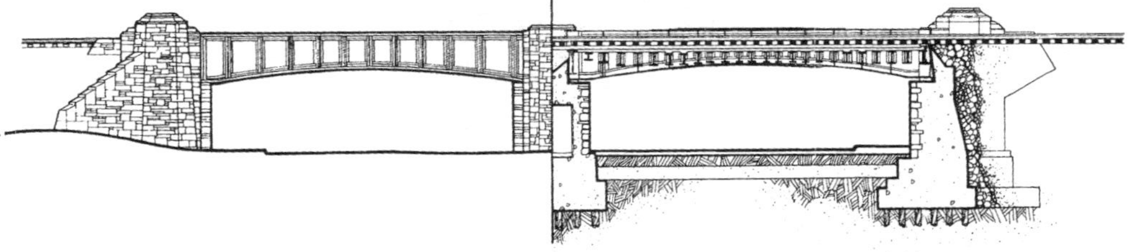

9. 铁路地道桥，1931年

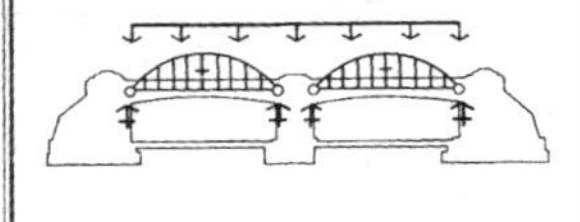

RF&P 铁路地下通道

两条简易梁

优点——没有水平推力
缺点——承载负荷效率不如刚性构架桥

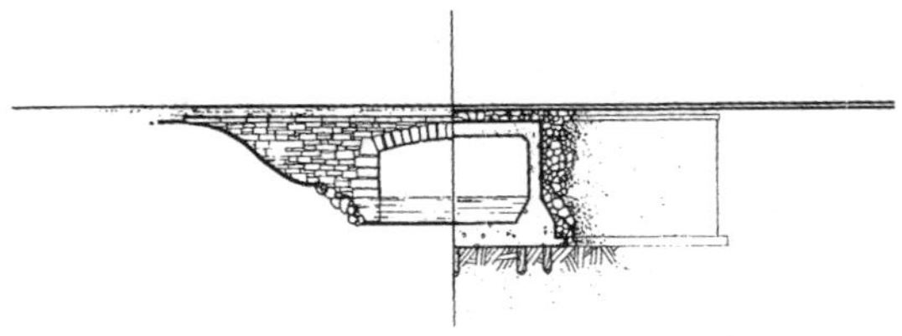

8. 罗切斯溪流桥，1931年（19世纪60年代经历过大幅整修）

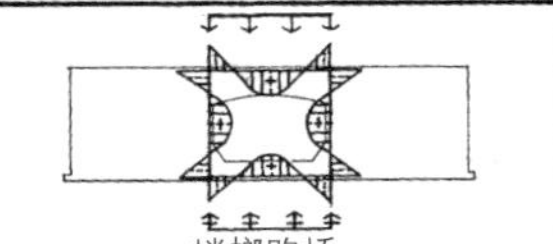

螳螂跑桥

刚性构架箱型结构

优点——对桥拱无水平推力
缺点——建造中需要排水工作区域或预先浇注的箱形框架

1994年拆毁之前的状况

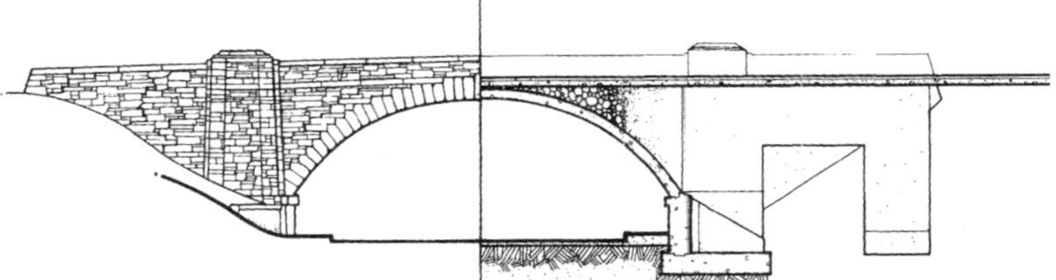

7. 旧机场桥，1931年（1994年拆除）

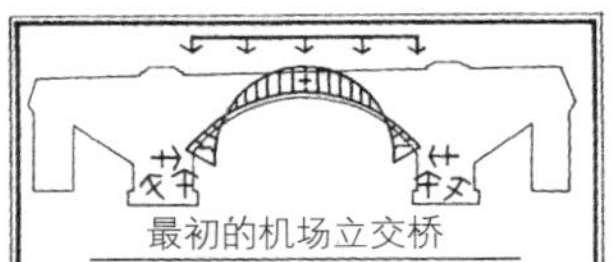

最初的机场立交桥

固定端拱类型

优点——比其他类型的内部弯曲处少
优点——拱形符合现代建筑偏好
缺点——比刚性构架结构的空间小
缺点——对桥拱的水平推力很大

0 5 10 米 1:128

0 5 10 20 30 40 英尺 3/32"=1'-0"

DRAWN BY Michael Gala, 1994

GEORGE WASHINGTON MEMORIAL PARKWAY DOCUMENTATION PROJECT 1994
NATIONAL PARK SERVICE
UNITED STATES DEPARTMENT OF THE INTERIOR

NAME AND LOCATION OF STRUCTURE
GEORGE WASHINGTON MEMORIAL PARKWAY
MOUNT VERNON, FAIRFAX COUNTY, VIRGINIA

SHEET 14 OF SHEETS 21

HISTORIC AMERICAN ENGINEERING RECORD VA 69

IF REPRODUCED, PLEASE CREDIT: HISTORIC AMERICAN BUILDINGS SURVEY, NATIONAL PARK SERVICE, NAME OF DELINEATOR, DATE OF THE DRAWING

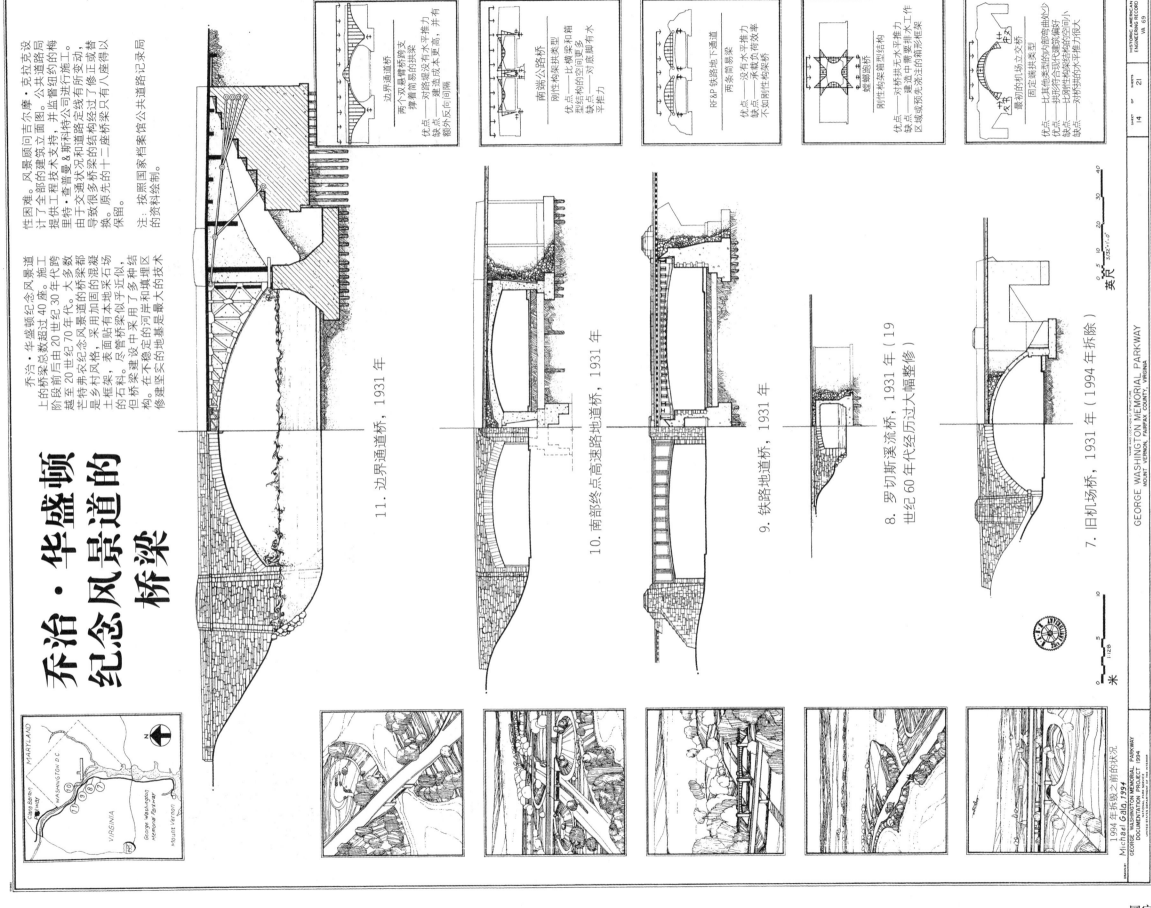

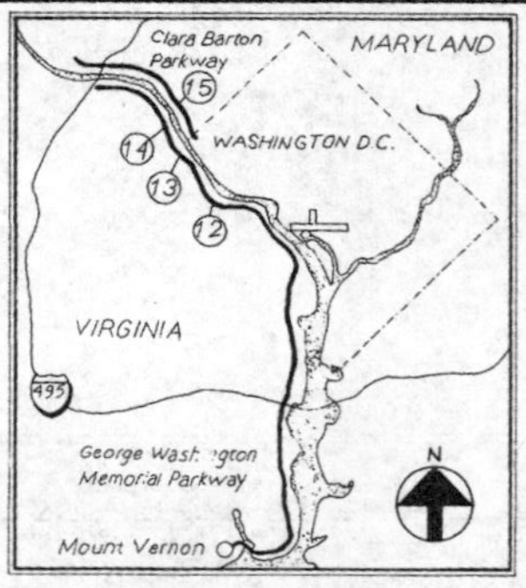

乔治·华盛顿纪念风景道的桥梁

风景道北段的桥梁反映了工程学的新发展、建筑风格的时尚以及地质条件的严峻。南段的桥梁通常是低平、跨度小的结构，表面覆盖的石料体现着其体积与硬度。由于波多马克河地形崎岖，因此大跨度的轻质结构在沟壑与陡崖地形中十分必要。北部路段的桥梁由公共道路局、公共道路管理局与国家公园管理局的建筑人员共同设计。桥梁工程师采用了预应力混凝土梁和下承式钢板梁，修建了轻质的宏伟结构，从而解决了由陡峭的沟壑带来的技术性难题。同时又体现了现代派的设计理念，把材料和结构中的审美表现出来。空腹式拱桥喷流河桥代表了在绿化路现代桥梁设计的第三种方案。

注：按照国家档案馆公共道路局的原始资料绘制。

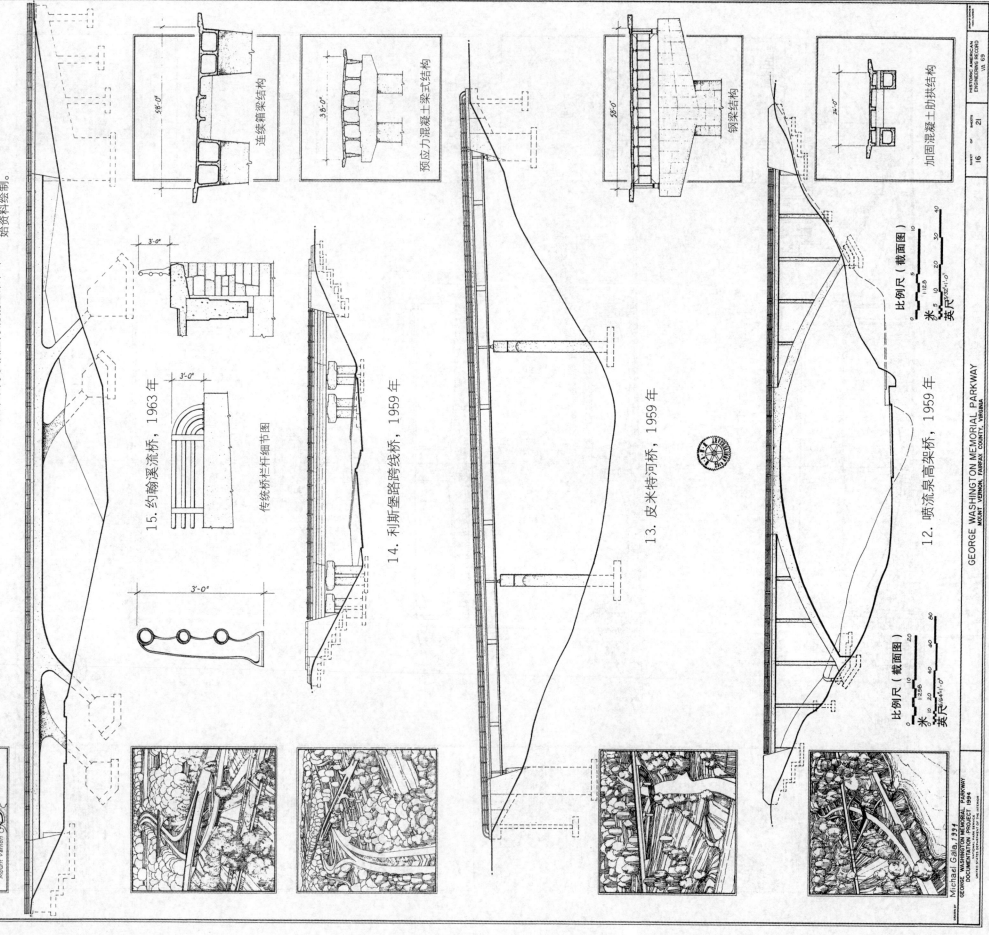

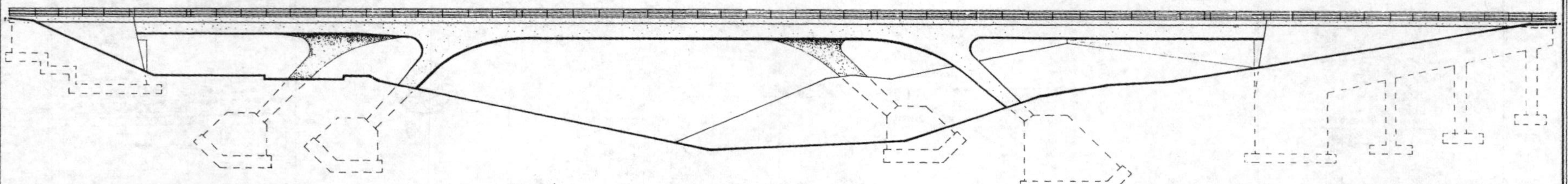

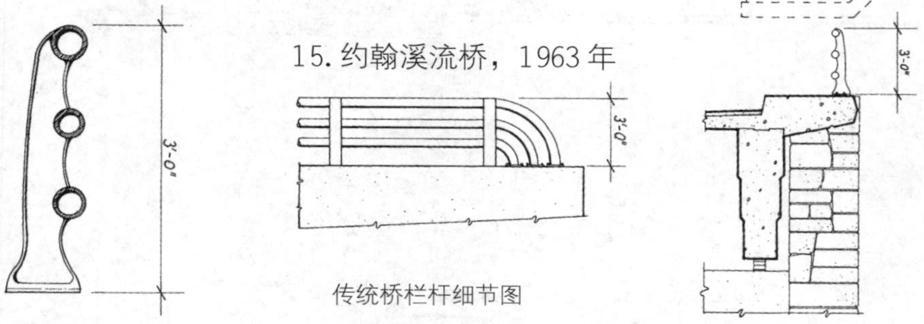

15. 约翰溪流桥，1963 年

传统桥栏杆细节图

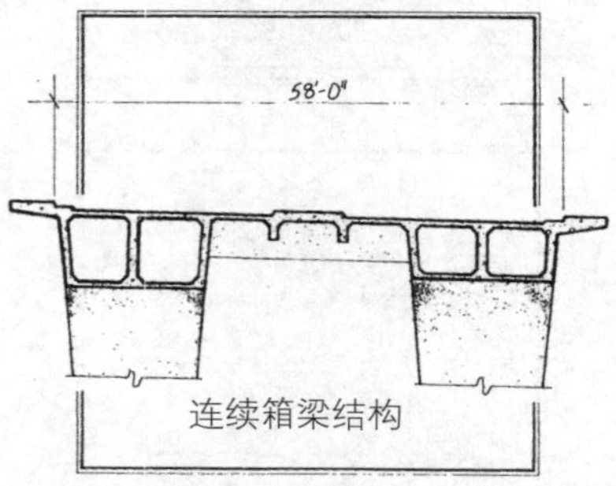

连续箱梁结构

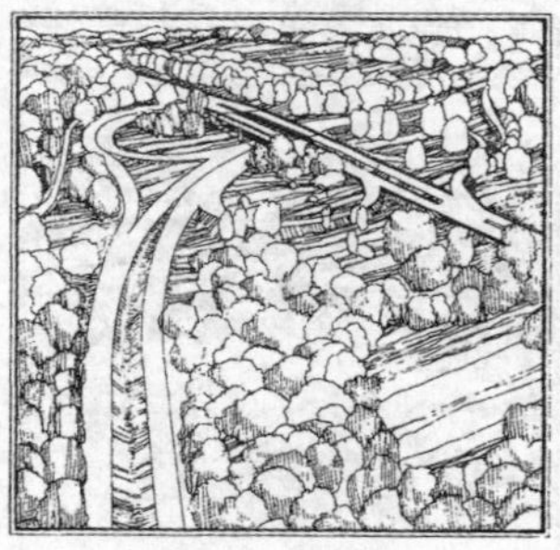

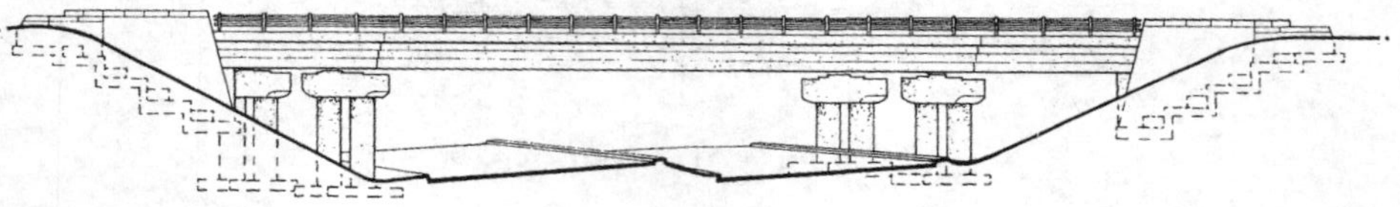

14. 利斯堡路跨线桥，1959 年

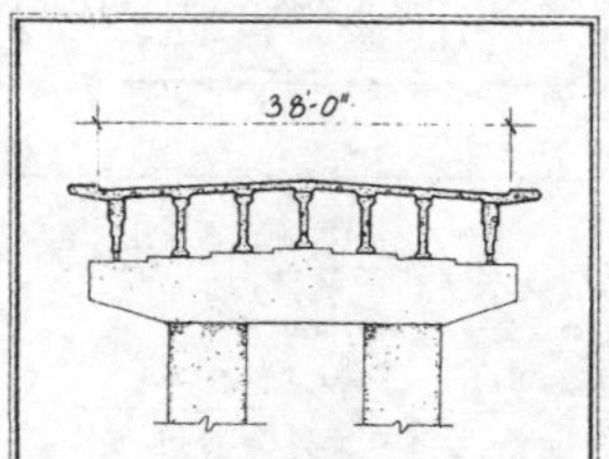

预应力混凝土梁式结构

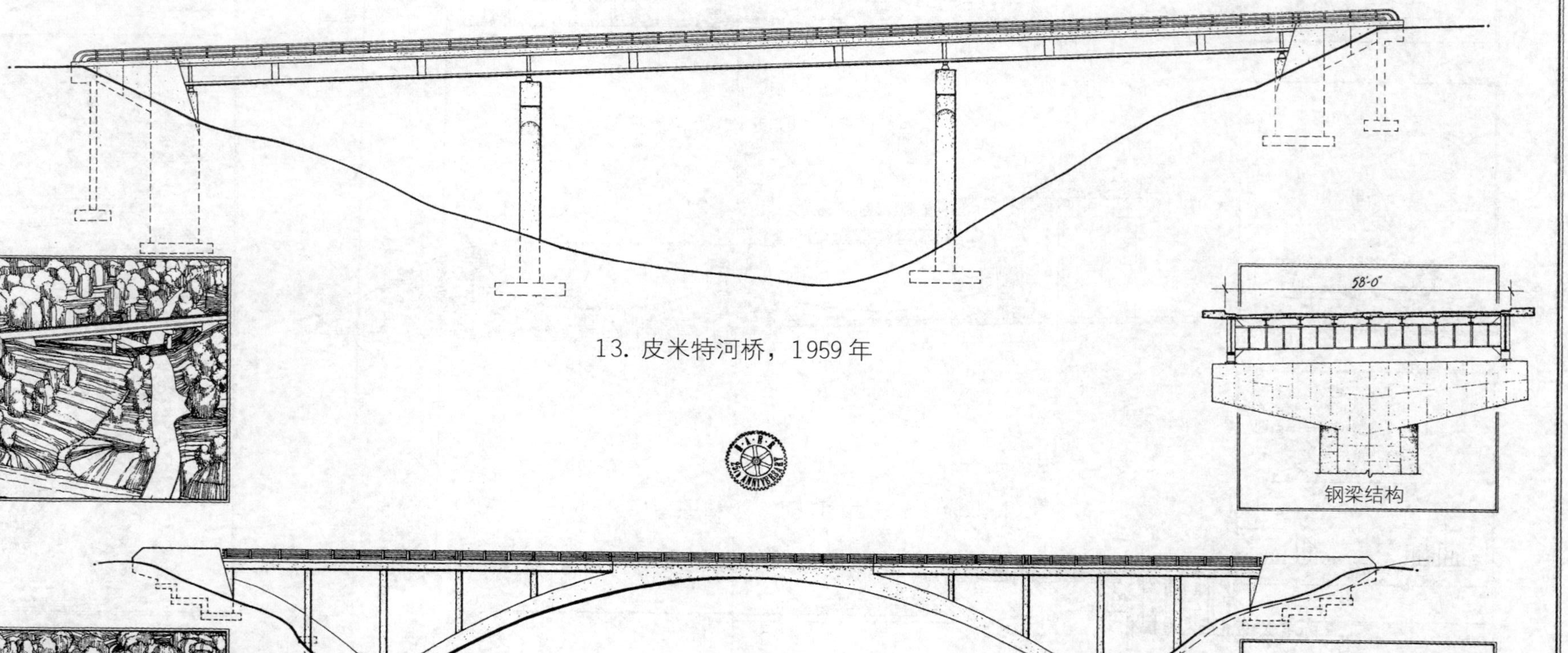

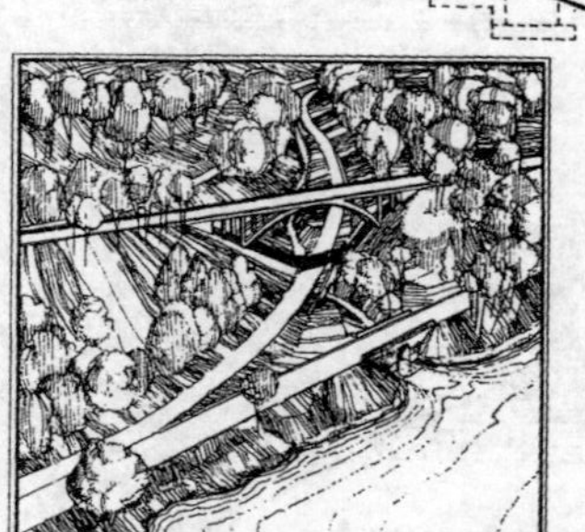

13. 皮米特河桥，1959 年

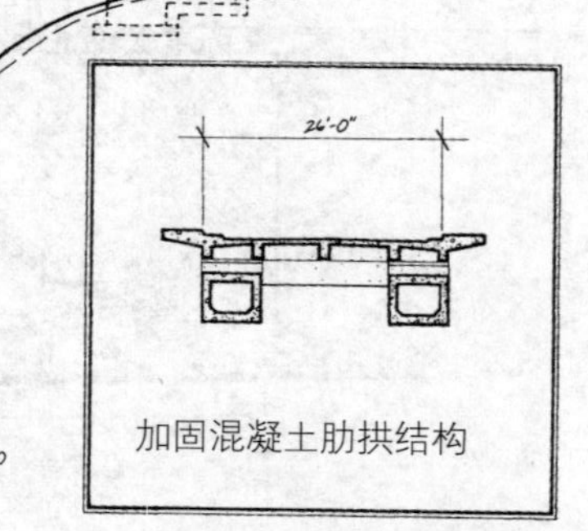

钢梁结构

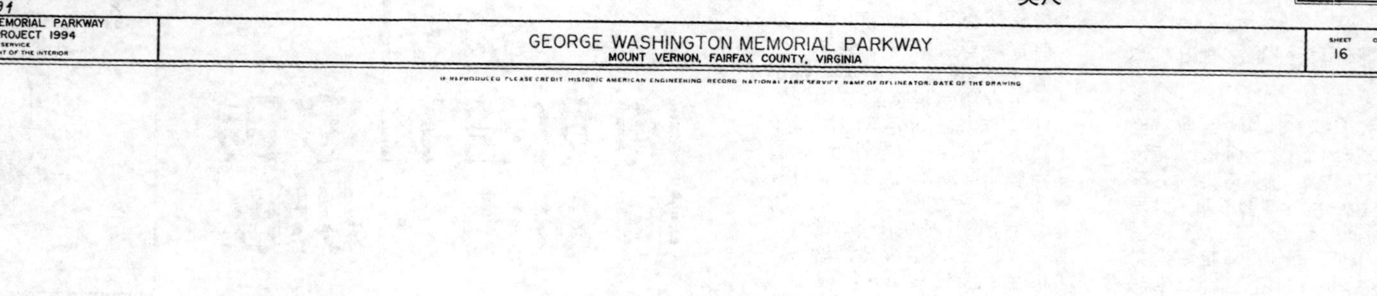

12. 喷流泉高架桥，1959 年

加固混凝土肋拱结构

比例尺（截面图）
米 0 10 20 1:238
英尺 0 10 20 40 60 80 1/64"=1'-0"

比例尺（截面图）
米 0 5 10 1:128
英尺 0 5 10 20 30 40 3/32"=1'-0"

DRAWN BY Michael Gala, 1994

GEORGE WASHINGTON MEMORIAL PARKWAY DOCUMENTATION PROJECT 1994
NATIONAL PARK SERVICE
UNITED STATES DEPARTMENT OF THE INTERIOR

GEORGE WASHINGTON MEMORIAL PARKWAY
MOUNT VERNON, FAIRFAX COUNTY, VIRGINIA

SHEET 16 OF SHEETS 21

HISTORIC AMERICAN ENGINEERING RECORD
VA 69

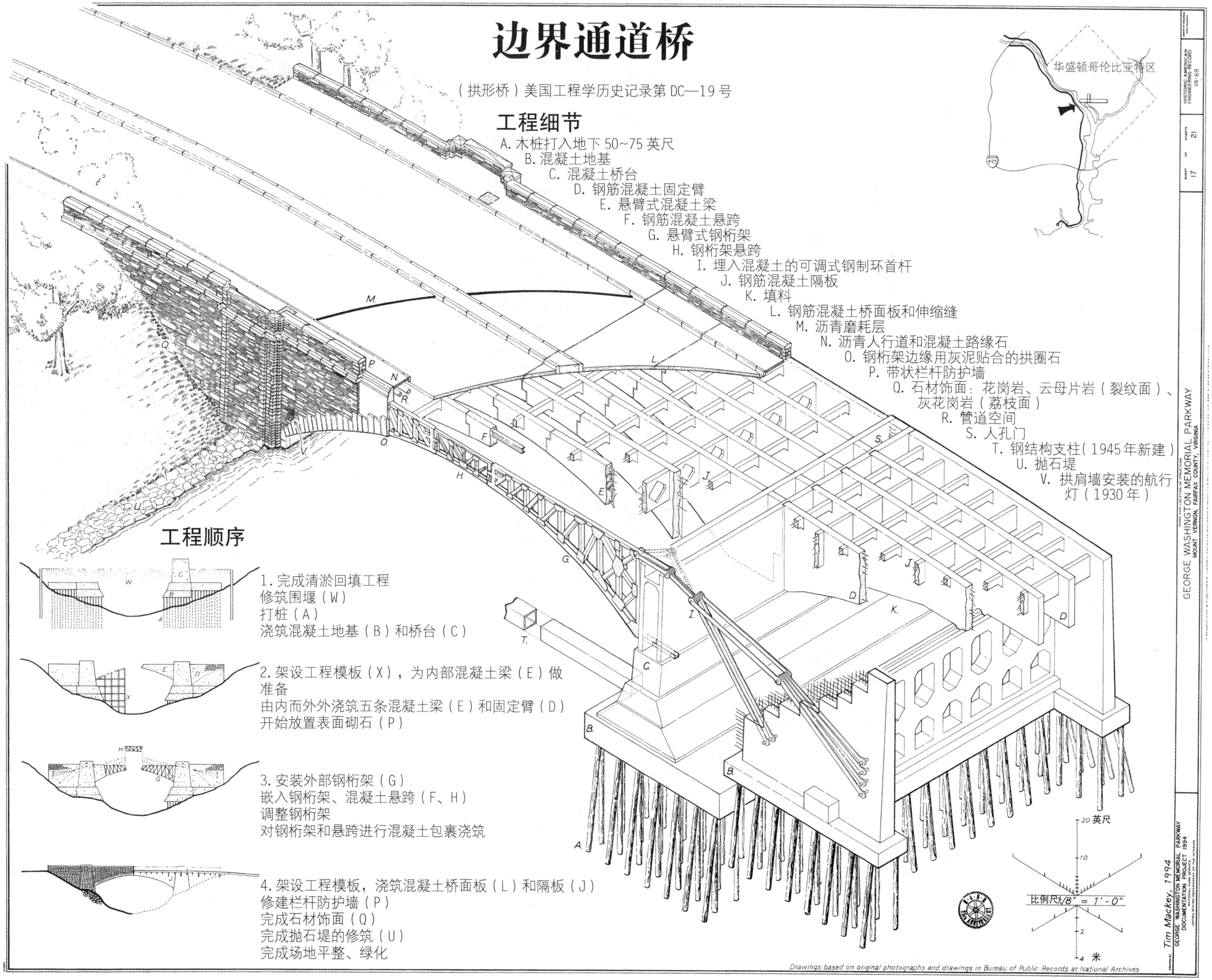
边界通道桥
（拱形桥）美国工程学历史记录第 DC—19 号
工程细节
A. 木桩打入地下 50~75 英尺
B. 混凝土地基
C. 混凝土桥台
D. 钢筋混凝土固定臂
E. 悬臂式混凝土梁
F. 钢筋混凝土悬跨
G. 悬臂式钢桁架
H. 钢桁架悬跨
I. 埋入混凝土的可调式钢制环首杆
J. 钢筋混凝土隔板
K. 填料
L. 钢筋混凝土桥面板和伸缩缝
M. 沥青磨耗层
N. 沥青人行道和混凝土路缘石
O. 钢桁架边缘用灰泥贴合的拱圈石
P. 带状栏杆防护墙
Q. 石材饰面：花岗岩、云母片岩（裂纹面）、灰花岗岩（荔枝面）
R. 管道空间
S. 人孔门
T. 钢结构支柱（1945 年新建）
U. 抛石堤
V. 拱肩墙安装的航行灯（1930 年）
华盛顿哥伦比亚特区
工程顺序
1. 完成清淤回填工程
修筑围堰（W）
打桩（A）
浇筑混凝土地基（B）和桥台（C）
2. 架设工程模板（X），为内部混凝土梁（E）做准备
由内而外外浇筑五条混凝土梁（E）和固定臂（D）
开始放置表面砌石（P）
3. 安装外部钢桁架（G）
嵌入钢桁架、混凝土悬跨（F、H）
调整钢桁架
对钢桁架和悬跨进行混凝土包裹浇筑
4. 架设工程模板，浇筑混凝土桥面板（L）和隔板（J）
修建栏杆防护墙（P）
完成石材饰面（Q）
完成抛石堤的修筑（U）
完成场地平整、绿化
20 英尺
10
比例尺 1/8" = 1'-0"
2
4 米
GEORGE WASHINGTON MEMORIAL PARKWAY
MOUNT VERNON, FAIRFAX COUNTY, VIRGINIA
Tim Mackey, 1994
GEORGE WASHINGTON MEMORIAL PARKWAY DOCUMENTATION PROJECT 1994
Drawings based on original photographs and drawings in Bureau of Public Records at National Archives
VA-69
17
21

纳奇兹遗迹
风景道

横跨密西西比州、亚拉巴马州和田纳西州的纳奇兹遗迹风景道全长450英里，是美国最早的交通道路之一。纳奇兹遗迹风景道修建于1938年，由国家公园管理局管理，是联邦政府与地方为修缮历史上的纳奇兹遗迹而共建合作的优质工程。出于休闲的定位，新的公路紧邻原始的纳奇兹遗迹平行而建，但并非简单复制。这条道路为了连接纳奇兹、杰克逊、图珀洛、纳什维尔等城市而修建，远离普通高速路的尘嚣，带来一种行驶在小路上的愉悦经历。

最初，美国革命女儿会（DAR）为纳奇兹遗迹改造为现代汽车公路而欢呼雀跃，后来这一活动得以延续。1916年，由纳奇兹遗迹军事公路协会支持的区域性的“造好路运动”出现。由于公共道路局和国家公园管理局规划师的努力，“新政”资金得以注入该道路工程。1934年，在对原有的纳奇兹遗迹进行调查的基础上，国家公园管理局和公共道路局开始了艰难的实地勘察，在拟建设的道路中心线设立路桩。他们提出的设计要求和道路定线引起了不少争议。那些支持现代高速路设计的，对其一些特定限制感到疑惑，比如出于休闲考虑而增加的限制入口和道路限速。而在不雅观的用地开发区与道路之间修建宽阔的缓冲区，这一行为也引起了一些周边可能会被征用的土地拥有者的不满。

尽管有一些反对的声音，1937年9月16日，纳奇兹遗迹的狂热支持者还是在最早的开工仪式欢庆了一把。道路建设的进程缓慢，在美国卷入第二次世界大战以后，由于设备、材料和人力的短缺，尽管不是战争需要，各项工程建设也都完全停滞。战后通货剧烈膨胀，朝鲜战争实行定量配给，再加上国内应对冷战军事装备竞赛等诸多因素的存在，纳奇兹遗迹风景道的建设一拖再拖。

期待已久的纳奇兹遗迹风景道工程在国家公园管理局66号项目后重启进程。66号道路项目是1956~1966年十年间的一项巨大成就，包括对经历数年联邦资金支持切断后的风景道、建筑等其他设施的翻修。

今日的纳奇兹遗迹风景道可谓在当时数十年间缺乏联邦政府资金状况下的一项成就。这条公路算得上是惊人的成就，将现代道路与周边自然景观相融合，令老纳奇兹遗迹的自然和文化资源展现在公众之前。正是由于人们对这条路的关心，其中也包括争论，才使驾驶员感到一种与道路相互关联的感觉，从而与眼前的景色融为一体。

此项目是HAER的一部分。HAER是一项长期记录美国历史上重要工程与工业成果的项目。HAER由HABS/HAER管理，这是美国内政部国家公园管理局的一个部门。纳奇兹遗迹风景道记录档案是1998年夏季的美国工程学历史记录项目，由美国历史建筑测绘计划和美国有价值的工程记录项目计划的总工程师布莱恩·克利弗和纳奇兹遗迹风景道总指挥共同记录。

实地测量工作、实测图、记录报告、现场拍照等工作是在埃里克·迪劳尼（美国历史工程档案总工程师）、托德·克罗托（美国历史工程档案建筑工程师）和蒂姆·戴维斯（美国工程学历史记录历史学家）等人的监督指导下完成的。

记录团队包括风景园林师主管蒂姆·哈尔西，景观建筑师凯蒂·达迪（国际古迹遗址理事会）和建筑师尼古拉斯。吉恩·富尔顿撰写了记录报告。HAER摄影师威廉·浮士德三世提供了大幅照片。

DELINEATED BY: ED LUPYAK & TODD CROTEAU, 1999
NPS ROADS AND BRIDGES RECORDING PROGRAM
NATIONAL PARK SERVICE
UNITED STATES DEPARTMENT OF THE INTERIOR

TUPELO VICINITY

NATCHEZ TRACE PARKWAY
NATCHEZ, MISSISSIPPI TO NASHVILLE, TENNESSEE
LEE COUNTY

MISSISSIPPI

SHEET 1 OF 15

HISTORIC AMERICAN ENGINEERING RECORD
MS-15

遗迹的演变

遗迹最早的选线工程师是神奇的森林野牛。经过一系列的自然选择，它们踩踏出这条高垄小道，来避免森林中的天敌。因为它们要季节性地从盐渍地（今纳什维尔）向西南迁徙，直到密西西比河畔湿地相邻的大草原山坡地区。

捕猎纳奇兹野牛图 原稿作者 LePage du Pratz，1758 年

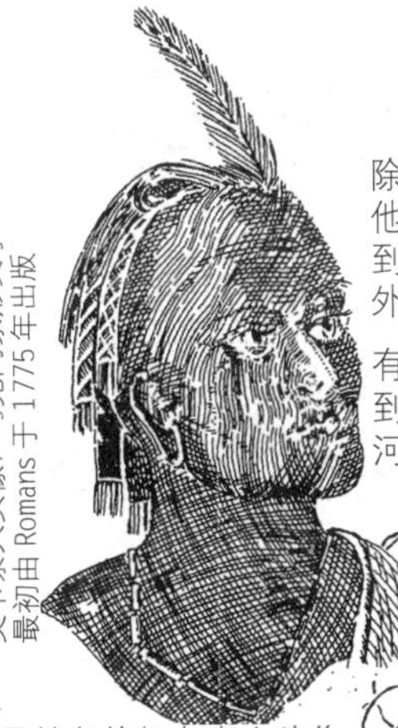

契卡索人头像/巧克陶象形文字最初由 Romans 于 1775 年出版

极具特色的契卡索人头像

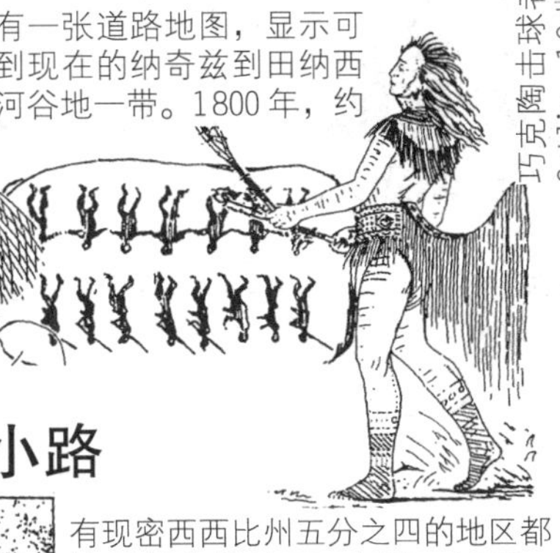

巧克陶击球者原稿作者 G. Catlin，19 世纪 30 年代

1699|1798 美洲原住民小路

除了美洲原住民自己开拓的小路，他们还将动物宽阔结实的小路纳入到自己的道路体系中，从而通向野外各处。早在 1733 年，法国人就有一张道路地图，显示可到现在的纳奇兹到田纳西河谷地一带。1800 年，约有现密西西比州五分之四的地区都处于部族统治下。1820、1830、1832 年的三个条约使这些地区移交美国管辖。一些部族的人经过旧小道向西部终点进发。

Choctaw warrior and children Original by de Batz, 1735

Natchez dwelling

1785|1800 船夫之路

平底船图作者 Samuel A. Drake，1851 年

"西进的人"

到 1785 年，美洲拓荒者已经在俄亥俄河谷建立了农场。为寻求更好的市场，他们通过水运的方式将农作物等产品向下游纳奇兹和新奥尔良运送。返回的路途通常靠步行或骑马，而平底船被当做木料出售。一路上，他们需要面对野外的道路。

1800|1830 道路帝国

1800 年，国会沿着老纳奇兹遗迹道建立了一条邮路，用来加强新开辟的密西西比地区的联系。邮政部长对这条邮路的状况表示担忧。1801 年下半年，他们与巧克陶人和契卡索人签订了条约，允许对这条小路进行改造。美国陆军工程兵团承担了全长 500 英里中 264 英里的桥梁和堤道的建设及灌木的清理。由于新的阶级有想去这条"国道"旅游的想法，因而有了道路施工中"停车处"的产生。1807 年，邮政部签约将道路长度减少至 450 英里，清理的灌木宽度达到 12 英尺。中间的 4 英尺可供邮递员骑马通过。数年间，这条邮路与老纳奇兹遗迹有所偏离。1826 年，从巧克陶邮局到纳奇兹道路的最后一段也停止了使用。

POST OFFICE DEPARTMENT
UNITED STATES OF AMERICA
GENERAL ANDREW

东港
朴次茅斯
波士顿
尼亚加拉
奥尔巴尼
新港
底特律
普雷斯克岛
克利夫兰
纽约
匹兹堡
辛辛那提
文森
圣路易斯
路易斯维尔
列克星敦
新马德里
诺福克
纳什维尔
威明顿
奥古斯塔
查尔斯顿
萨凡纳
纳奇兹
司多德堡
圣玛丽
新奥尔良
主要邮路（1804 年）

Mount Locust Stand

纳奇兹遗迹的历史演变

1812 年 1 月 12 日，第一艘蒸汽船"奥尔良号"从匹兹堡出发，沿着密西西比河到达了新奥尔良。尽管有 3 英里/时的逆流，这条船的发起人明智又迅速地把它用于在新奥尔良到纳奇兹间运送货物。但更迅捷的方式将要来临。当有人花一些钱来保证"甲板仓位"的安全时，船夫的工作有了变化，他们可以装着赚来的钱回家。到 1830 年，纳奇兹遗迹不再繁荣。

内战发生时，只有一小部分军队行进在纳奇兹遗迹。然而战役和占领确实在小道沿线纳奇兹、吉布森港、图珀洛、富兰克林、纳什维尔等地发生着。

Old Postmark, 1860s
Steam

纳奇兹号汽船（重现图）

岩石泉卫理公会教堂，建于 1837 年

1820|1909 被遗忘的小道

老纳奇兹遗迹的部分路段演变成了密西西比州的乡村路。

罗斯福新政与美国革命女儿会

1905 年，《人人杂志》（Everybody's Magazine）上的一篇文章将纳奇兹遗迹的历史介绍给怀旧的大众。文章中讲述了美国革命女儿会密西西比分会捐助道路沿线历史遗迹 30 年的努力。1916 年，纳奇兹遗迹联合会成立，表示出进一步修整道路的想法。由于世界大战和国内经济的不景气，他们的呼吁和高尚的目标转向强调道路建设可以提供更多的工作机会。1933~1934 年，国会和罗斯福总统批准了国家公园管理局的资金，用于调查老纳奇兹遗迹。1938 年 5 月 18 日，纳奇兹遗迹风景道变成国家公园管理局的管辖道路。经历了世事变迁，公路不断发展。

aughters of the
merican
evolution

纳奇兹遗迹联合会主席

罗恩·弗莱明·伯恩斯

1937|1998 The Natchez Trace Parkway

Pharr Mounds Shelter

纳奇兹的美国革命女儿会纪念碑

跨越田纳西州 96 号公路的桥梁

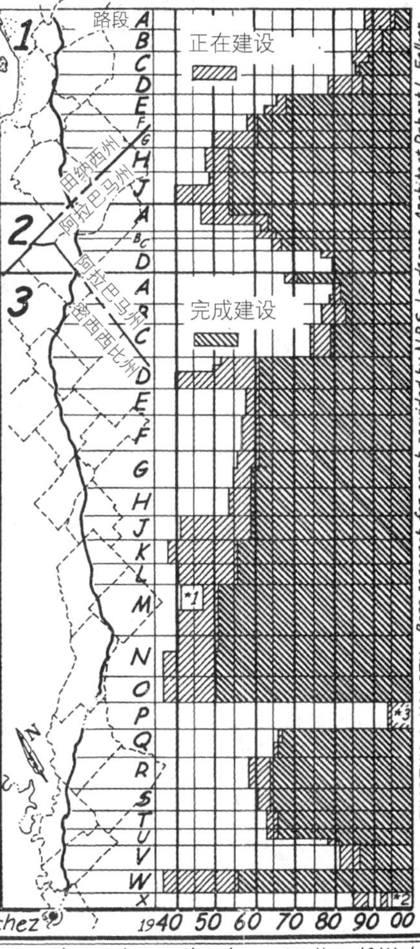
机动车道建设顺序
路段
正在建设
完成建设
田纳西州
阿拉巴马州
密西西比州
Natchez
1940 50 60 70 80 90 00

*1 Project cancelled for WWII *2 Stopped twice with no work presently under construction. *3 Work in progress Work was bridge at U. S. Hwy 61.

DELINEATED BY TIMOTHY J. HALSEY Base research for graph provided by N.P.S. Landscape Architect Robert L. Felker

NATCHEZ TRACE PARKWAY RECORDING PROJECT

UNITED STATES DEPARTMENT OF THE INTERIOR

NATCHEZ TRACE PARKWAY
PARK HEADQUARTERS, 2680 NATCHEZ TRACE PARKWAY

TUPELO LEE MISSISSIPPI

SHEET 2 of 15

HISTORIC AMERICAN ENGINEERING RECORD MS-15

文化资源

由于紧邻原始的纳奇兹遗迹，现在的旅行者可以体验到美国最具历史特色的道路之一。驾驶员会遇见历史景点、战场遗迹、美洲印第安人古坟以及保留下来的老纳奇兹遗迹。国家公园管理局在路旁游人感兴趣的地方都会用木质大信息牌和标识牌上注明景点的介绍性信息。

梅里韦瑟·刘易斯

梅里韦瑟·刘易斯和威廉·克拉克发起了第一次探险，向西北方向太平洋前进（1804—1806 年）。在磨床客栈（Grinders Inn）时，由于遭遇了不可思议的境况，1809 年 10 月 11 日，刘易斯遇难。这座破损的圆柱形纪念碑纪念了他将生命献给了探险年代。（385.9 英里处）

岩石泉

岩石泉（1795 年）在遭受黄热病、干旱跟内战的影响之后，逐渐人迹罕至。现在那里就是一座空城，一块小墓地静静地伫立在山坡上，周围高耸的树木悬挂着铁兰。

戈登宅邸

这是现存为数不多的仍与老纳奇兹遗迹有关联的建筑之一。这座砖砌结构的房子(建于1818年)是乔治·戈登的宅邸。1801 年起，戈登管理着野鸭河上的一座码头，一直到小道上的车流渐渐减少。（407.7 英里处）

洋槐山庄

建于 1778 年的洋槐山庄既作为一家小酒店，又作为一处停车点，它还是一座家庭住宅。这处种植园式的家园是现存最后一座为老纳奇兹小道服务了 50 年的场所。（15.5 英里处）

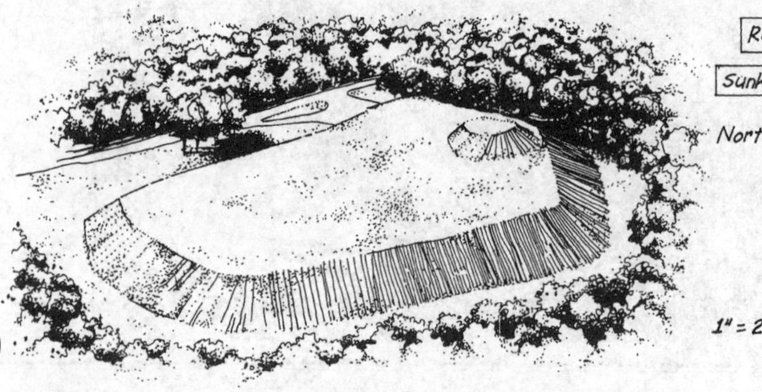

祖母绿高地

这是纳奇兹的印第安人祖先在公元 1400 年前后修建的仪式场所，为全美第二大，共占地近 8 英亩。（10.3 英里处）

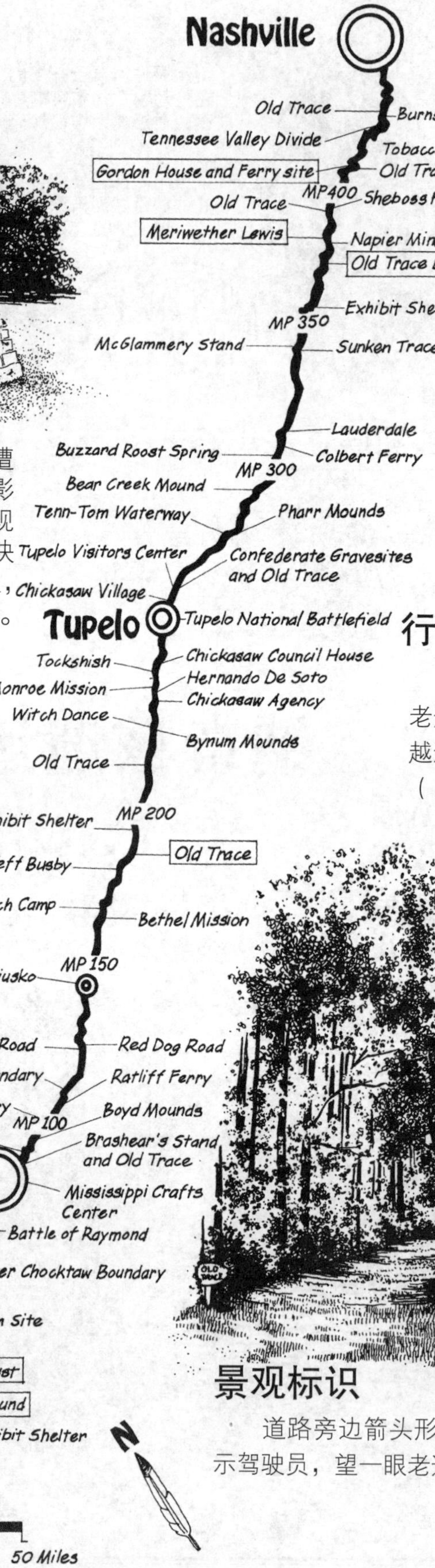
Nashville
Old Trace
Burns Branch
Tennessee Valley Divide
Tobacco Farm / Old Trace Drive
Gordon House and Ferry site
MP400
Old Trace
Sheboss Place
Meriwether Lewis
Napier Mine
Old Trace Drive
Exhibit Shelter
MP 350
McGlammery Stand
Sunken Trace
Lauderdale
Buzzard Roost Spring
Colbert Ferry
MP 300
Bear Creek Mound
Tenn-Tom Waterway
Pharr Mounds
Tupelo Visitors Center
Confederate Gravesites and Old Trace
Chickasaw Village
Tupelo
Tupelo National Battlefield
Tockshish
Chickasaw Council House
Hernando De Soto
Monroe Mission
Chickasaw Agency
Witch Dance
Bynum Mounds
Old Trace
Exhibit Shelter
MP 200
Jeff Busby
Old Trace
French Camp
Bethel Mission
MP 150
Kosciusko
Robinson Road
Red Dog Road
Upper Chocktaw Boundary
Ratliff Ferry
West Florida Boundary
Boyd Mounds
MP 100
Reservoir Overlook
Brashear's Stand and Old Trace
Ridgeland
Jackson
Mississippi Crafts Center
Deans Stand
Battle of Raymond
Lower Chocktaw Boundary
Rocky Springs
Sunken Trace
MP 50
Mangum Site
North Fork
Mount Locust
Emerald Mound
Old Trace Exhibit Shelter
Natchez
N
1" = 20 Miles
0 5 10
50 Miles

老纳奇兹遗迹

这是一条狭窄的单行道，沿着老遗迹重新铺设了一段路。周围看上去像是被乡村景色所包围。（375.8 英里处）

行人探索点

鼓励过往游客徒步探索老遗迹，亲身经历并想象穿越这条危险的小路的困难。（198.6 英里处）

景观标识

道路旁边箭头形状的标识可以提示驾驶员，望一眼老遗迹的一段。

凹陷遗迹

由于源源不断的车流人流通过旧纳奇兹遗迹，在道路形成了一条凹陷的路段。这段路在经历了暴雨过后，积水对道路进一步侵蚀。（41.5 英里处）

DELINEATED BY Katie Dugdill 1998

NATCHEZ TRACE PARKWAY RECORDING PROJECT
NATIONAL PARK SERVICE
UNITED STATES DEPARTMENT OF THE INTERIOR

NATCHEZ TRACE PARKWAY
PARK HEADQUARTERS 2680 NATCHEZ TRACE PARKWAY
LEE TUPELO MISSISSIPPI

HISTORIC AMERICAN ENGINEERING RECORD
MS-15
SHEET 3 of 15

Leaf Identification: 1. 图珀洛落羽杉 *Taxodium distichum* 2. 美国紫树 *Nyssa sylvatica* 3. 风箱树 *Cephalanthus occidentalis* 4. 榛桤木 *Alnus Rugosa* 5. 美洲冬青 *Ilex verticillata* 6. 黑胡桃 *Juglans nigra* 7. 无花果 *Platanus occidentalis* 8. 红枫 *A. Rubrum* 9. 翅榆 *Ulmus alata* 10. 琴叶栎 *Q. lyrata* 11. 沼生栎 *Q. michauxii* 12. 水栎 *Q. nigra* 13. 红榆 *Ulmus fulva* 14. 美洲榆 *U. americana* 15. 黄樟茶 *Sassafras variifolium* 16. 马利兰栎 *Q. marilandica* 17. 星毛栎 *Q. stellata*

自然资源

"当殖民者向南部进发时，他们在森林中开辟出洞穴状通道，形成了小块的土地和种植区。他们在一片广阔的树林中开拓出隧道样的小路：他们不得不使出全身解数，才能将这片森林清理出一块。"——克拉克和柯万（1967 年）

湿地的生态演替

1a. 图珀洛落羽杉湿地群落

分布在水位在地表水平到 3 英尺的地区。
容易辨别，因为落羽杉具有从"膝根"长出来的板状树干。
依据优势物种命名。

Cypress Swamp (M.P. 122.0)

1b. 湿地群落

分布在水位接近或略低于地表水平的地区。
优势物种有榛桤木及其周边灌木，包括悬铃木和美洲冬青。

2. 河边低地森林群落

此群落可能会与其他湿地群落近似。
多样性的群落，包括春季很多野花和初夏的鲜花。
包括黑栎、沼生栗栎、琴叶栎、悬铃木、美洲榆、翅榆、红榆、红枫、黑胡桃木等。

旧田野区生态演替

1. 一年生草——野草群落

荒地的第一层地表植物。
寿命 1~2 年。

2. 多年生草——野草群落

第 3 年得以代替其他草种。
寿命 5~8 年。

3. 灌木群落

通常不再向南部生长。
寿命可达 10~20 年。

Deer, by Joshuah Tolford, 1945

其他群落

密西西比黑带草原和山毛榉——枫树群落
a. 不连续的草原
草原和高地转化为了牧场和农田。
特殊标志是出现在荒地的东部红杉硬木群落。
b. 高低森林
多数物种是星毛栎、马利兰栎和山核桃木。
c. 低地森林
多种洼地森林植物，包括厚石南草、灌木等形成的浓密藤条。

4. 松木群落（次顶级群落）

75~100 年的演替寿命（不受干扰）。
在火的净化作用下，这个群落寿命会不断延续，而不受硬木演替影响。
短叶松木和火炬松占优势地位。

巧克陶族边界（128.4 英里处）

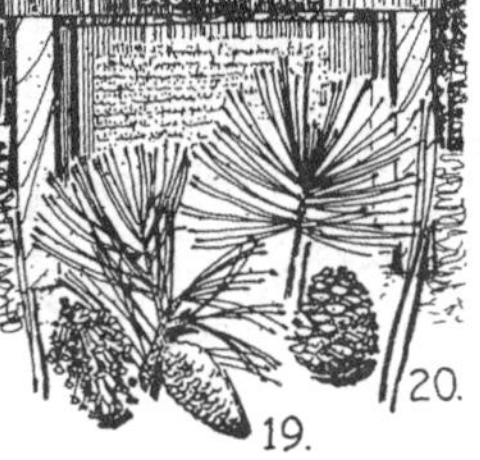

对多个北部州来说，山毛榉、枫树是顶级群落。包括俄亥俄州、印第安纳州、密歇根州南部。
这些树像是一个"孤岛"群落，通常易于发现。与橡树、山胡桃木相比，这些树喜好湿润的土壤。
山毛榉是低地森林和橡树、山胡桃木群落中第二种易辨认的树种。
命名由占支配的树木决定。

5. 橡树、松木群落（过渡阶段）

常生长超百年之久。
在公路的南半段多见。
包括橡树、松木、山核桃木、枫香树、翅榆、美洲榆、鹅掌楸、山毛榉等。

6. 橡树、山核桃树顶级群落

多数地区的最高级群落。
道路两旁没有完全成熟的区域。
南部的顶级群落有：南方赤栎、大红栎、白栎、柔毛山核桃，还可能有糙皮山核桃木。
北部顶级群落有：除栗子橡树和南方赤栎变为北方赤栎外，其他相同。
其他树种：枫香树、黑图珀洛树、酸模树、山茱萸花、鹅掌楸等。

旧小道（403.7 英里处）

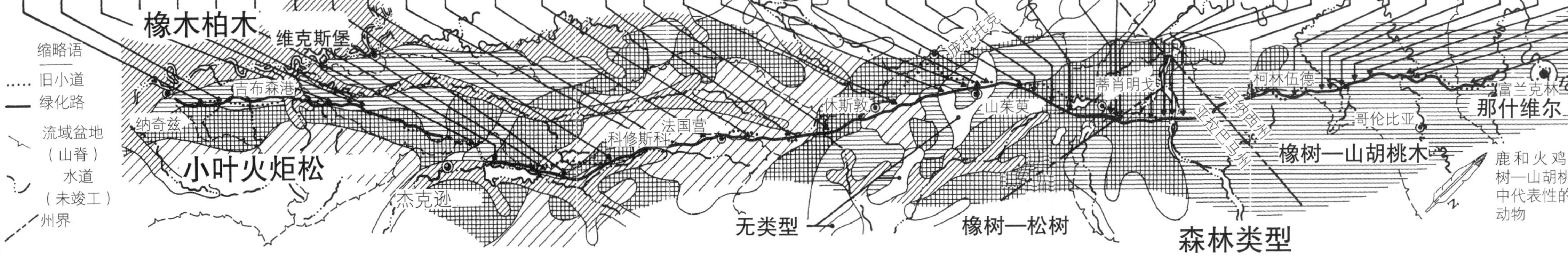

鹿和火鸡是橡树—山胡桃木林中代表性的食草动物

18. 橙桑树 *Maclura pomifera* 19. 短叶松 *Pinus echinata* 20. 火炬松 *Pinus taeda* 21. 山毛榉 *Fagus grandifolia* 22. 黑糖槭 *Acer nigrum* 23. 北美鹅掌楸 *Liriodendron tulipifera* 24. 北美枫香树 *Liquidambar styraciflua* 25. 白橡 *Q. alba* 26. 绒毛山核桃 *Carya alba or tomentosa* 27. 大花四照花 *Cornus florida* 28. 大红栎 *Q. coccinea* 29. 卵果山核桃 *C. ovata* 30. 冬青叶栎 *Quercus prinus* 31. 酸木 *Oxydendrum arboreum* 32. 北美圆柏 *Juniperus virginiana*

HISTORIC AMERICAN ENGINEERING RECORD MS-15
SHEET 4 OF 15
MISSISSIPPI
NATCHEZ TRACE PARKWAY
PARK HEADQUARTERS, 2680 NATCHEZ TRACE PARKWAY
LEE
TUPELO
DELINEATED BY: TIMOTHY J. HALSEY
NATCHEZ TRACE PARKWAY RECORDING PROJECT
NATIONAL PARK SERVICE
UNITED STATES DEPARTMENT OF THE INTERIOR
IF REPRODUCED, PLEASE CREDIT: HISTORIC AMERICAN ENGINEERING RECORD, NATIONAL PARK SERVICE, NAME OF DELINEATOR, DATE OF THE DRAWING

农业景观阐释

精心安排的观景区域

杰克逊瀑布休息站（404.7 英里处）选择性地缩短了落叶性林地的边缘，可以直接望向贝克家庭农场的景色。像杰克逊瀑布这样，在当时常见的景观现在变得越来越少。

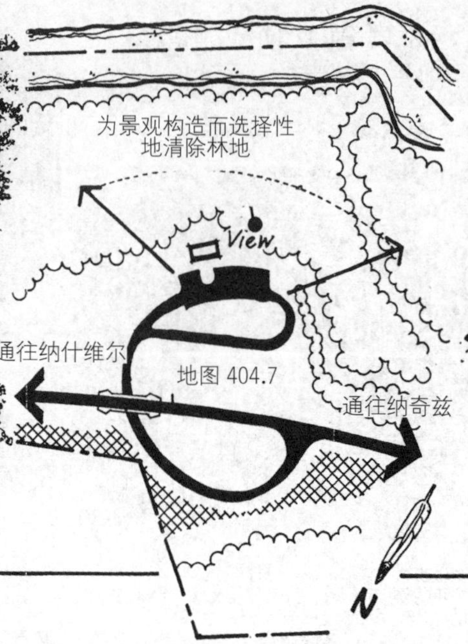

为景观构造而选择性
地清除林地
View
通往纳什维尔
地图 404.7
通往纳奇兹
N

展示性农业

展示性烟草农场（401.4 英里处）是 20 世纪早期烟草种植的一具代表性场所。这里展示了烟草作为南部多年间重要的经济作物的生长、收割、干燥过程。

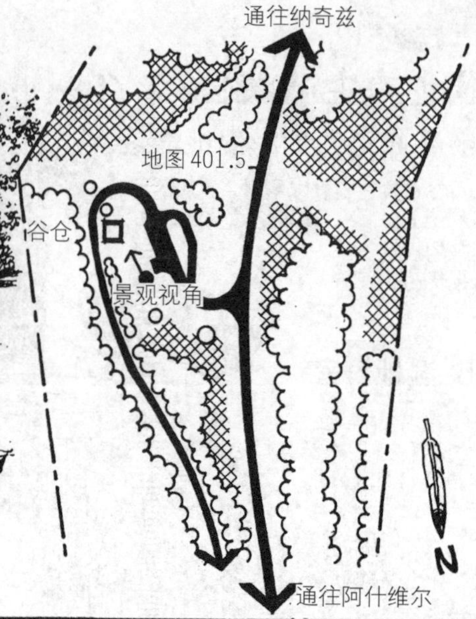

通往纳奇兹
地图 401.5
谷仓
景观视角
N
通往阿什维尔

农业租赁

国家公园管理局风景园林师在风景规划布局中，允许周边的土地所有者以国家公园管理局的名义出租土地。农民租了土地之后，要种植具有南部特色的农作物，如棉花、玉米、大豆、干草牧场，从而保持传统的乡村景观。这种租赁令国家公园管理局可以在最少支出的基础上，给前来的驾驶员带来一种典型的南方乡村风景感受。由于受到 20 世纪 70 年代能源危机的影响，公园管理局拥有的一些未出租的土地被改造为树林。

风景地役权

这是指政府提供一些金钱利益，对私人财产进行限制使用的方式。地役权对很多路段有视觉保护作用。与私人财产拥有者立下契约，保证在其道路毗连的财产范围内，开发仅限于与道路相配的目的，防止出现不雅观的建筑产生。风景地役权使得道路风景设计既能按原有计划，又融入周边乡村景色中。

干草地和牧场地 地图 254.9

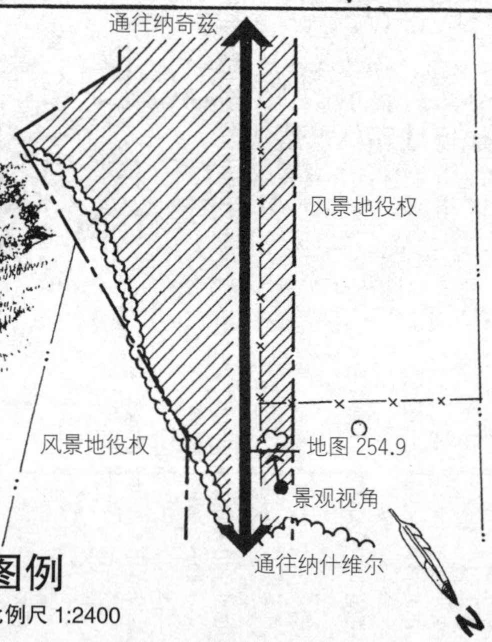

通往纳奇兹
风景地役权
风景地役权
地图 254.9
景观视角
通往纳什维尔
N

大豆田 地图 253

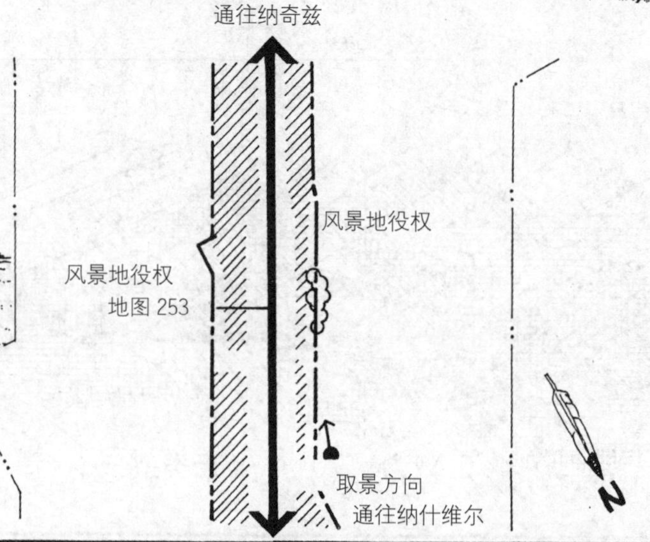

通往纳奇兹
风景地役权
风景地役权
地图 253
取景方向
通往纳什维尔
N

图例

比例尺 1:2400

风景地役权用地边界
风景道用地边界
农田租赁地
自然森林区
篱笆
树木

规划图来自于密西西比州图珀洛纳奇兹小道风景道建设总部的《Land Use and Maintenance Maps》。

DELINEATED BY: Katie Dugdill 1998

NATCHEZ TRACE PARKWAY RECORDING PROJECT
NATIONAL PARK SERVICE
UNITED STATES DEPARTMENT OF THE INTERIOR

NATCHEZ TRACE PARKWAY
PARK HEADQUARTERS 2680 NATCHEZ TRACE PARKWAY
LEE TUPELO MISSISSIPPI

SHEET 6 OF 15

HISTORIC AMERICAN ENGINEERING RECORD MS-15

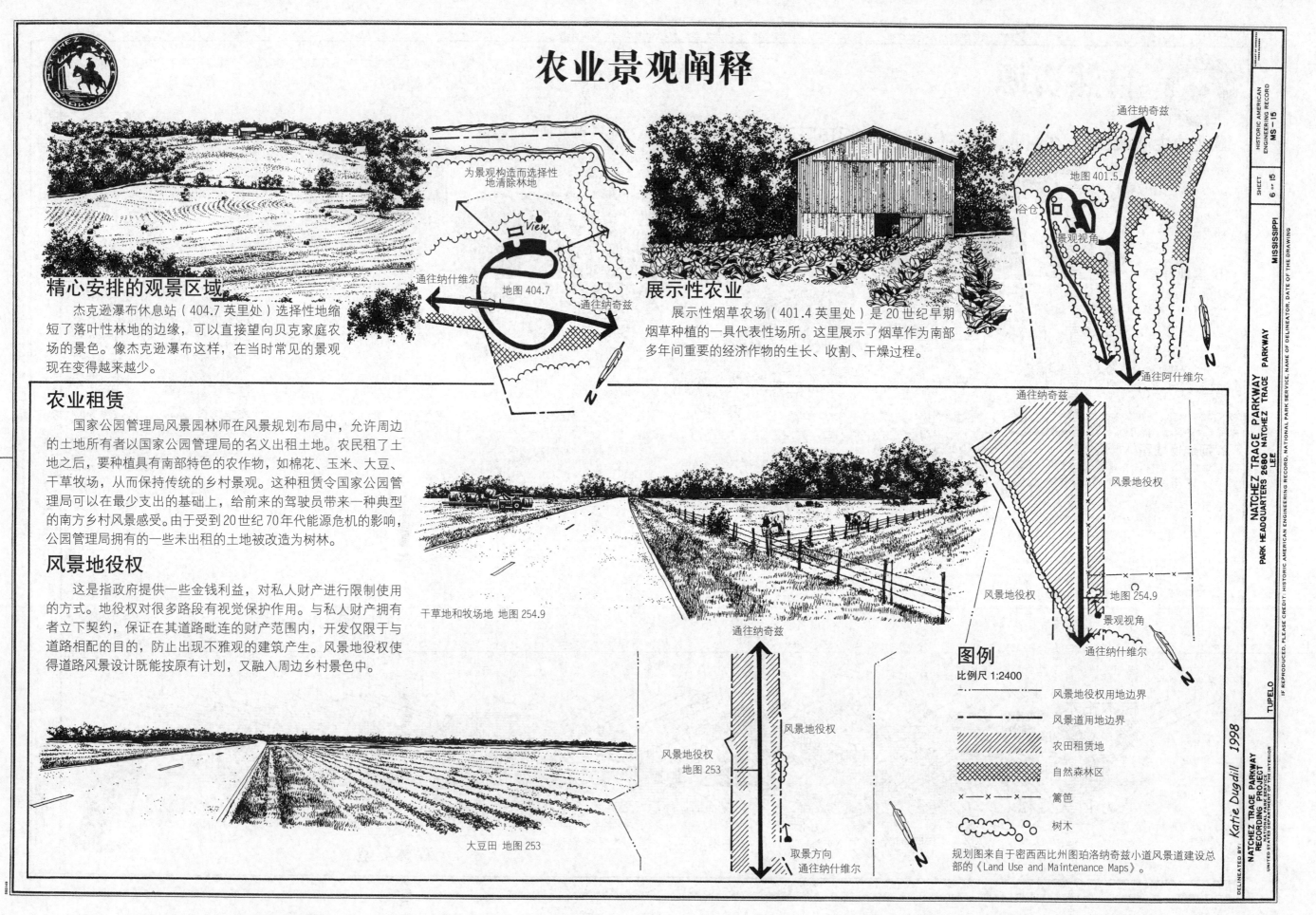

驾驶员体验

纳奇兹小道风景道从乡村景色中穿越而过，为驾驶员提供了多重的感官体验。这条公路基本沿着旧小道修建，在石灰岩山脊中反复穿过原始小道、层层农田、茂密的丛林和积水的低地。

1.

行驶在橡树和山核桃树的落叶林中，拐过一条优美的长弯道，道路两旁紧挨着的石灰岩山脊涌现在眼前。道路与地表紧紧相接，融入到了本地景色中。道路两旁的保护墙，由本地的灰石灰岩制造而成。

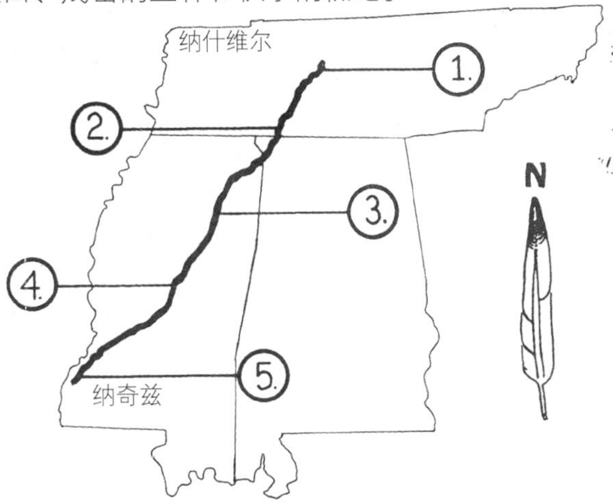

2.

道路沿着开放的农田连绵起伏地前进，两旁是圆形的干草垛，还有牛群安详地吃草。汽车驾驶员驾车行驶，看到不断变换的乡村景色，心中感到闲适。

3.

大片的农田中一排排的棉花、玉米和大豆组成了乡村完整的特点。黑土带，一条广阔的草原，具有极具营养的黑土。这里地表平整，道路修建的又长又直。

4.

机动车道的两侧除了农田种植区，是细细修剪的停车带和草地区。其他的特点还有南方松、木兰花和布满野花的草地。

5.

在道路的南部，是湿地和积水的低地区。道路沿着低凹的路在树荫中穿行。阳光穿过混合林形成的天然屋顶在地面上形成斑纹，仿佛在绿色的“隧道”中前进一样。其他的树都被铁兰遮蔽了。

DELINEATED BY *Katie Dugdill 1998*

NATCHEZ TRACE PARKWAY RECORDING PROJECT
NATIONAL PARK SERVICE
UNITED STATES DEPARTMENT OF THE INTERIOR

TUPELO

NATCHEZ TRACE PARKWAY
PARK HEADQUARTERS 2680 NATCHEZ TRACE PARKWAY
LEE

MISSISSIPPI

SHEET 7 of 15

HISTORIC AMERICAN ENGINEERING RECORD
MS-15

IF REPRODUCED, PLEASE CREDIT: HISTORIC AMERICAN ENGINEERING RECORD, NATIONAL PARK SERVICE, NAME OF DELINEATOR, DATE OF THE DRAWING

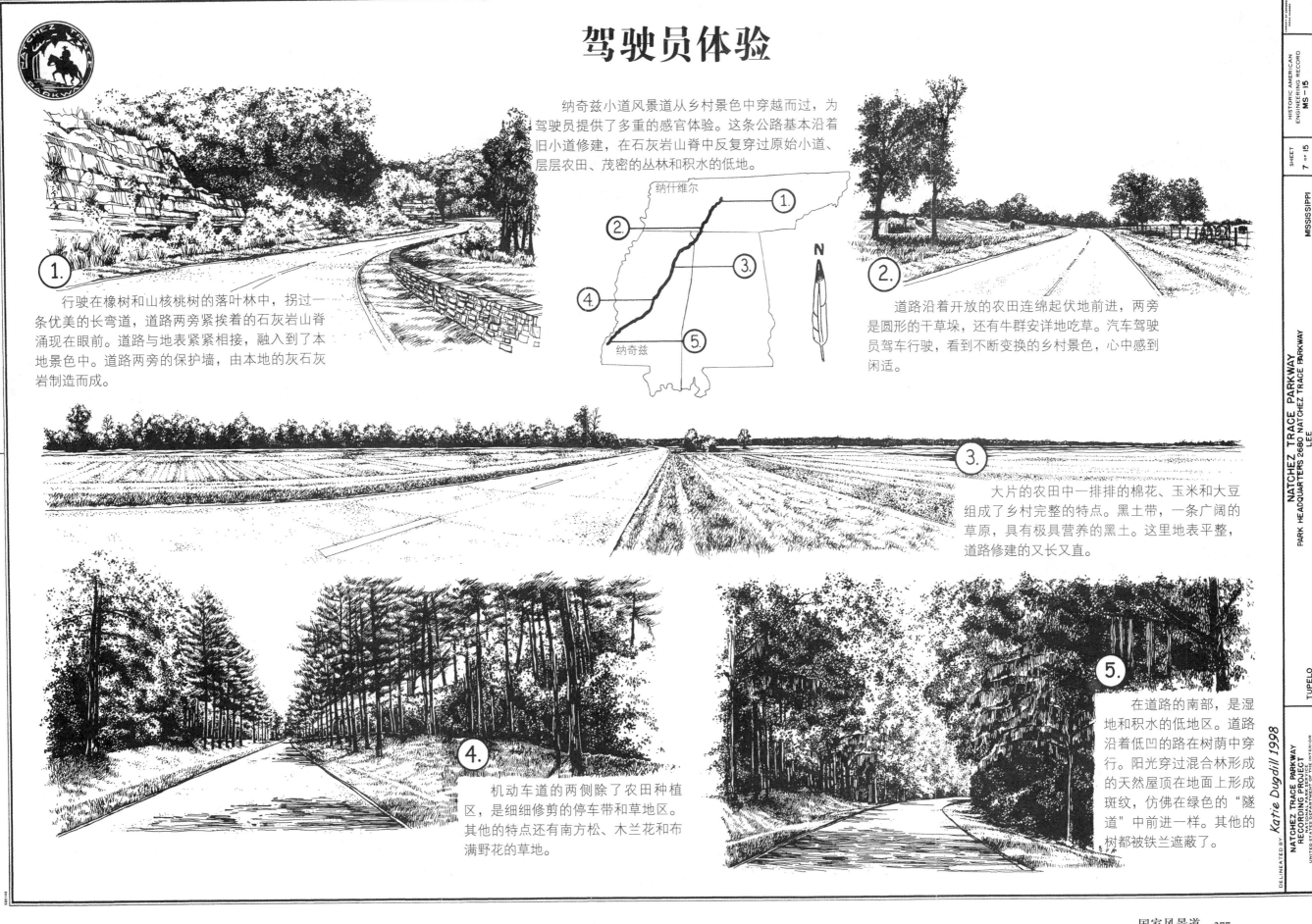

路旁设施

● 纳奇兹小道风景道旁有很多给到来的驾驶员提供的设施和提示牌。

邮政骑手图案

NATCHEZ TRACE
PARKWAY

这个图案是为了纪念早期作为邮路的纳奇兹小道而设计。20世纪50年代，这个图案设计用于给驾驶员指引方向，提示两旁的景点。

DAR Markers

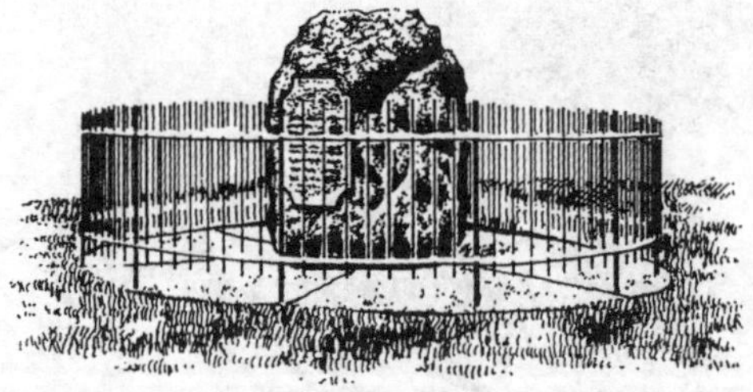

美国革命女儿会通过在道路旁设立雕刻的花岗岩纪念碑来对纳奇兹小道进行装饰。到1909年，密西西比州已经竖立了14座纪念碑，道路穿越的每一个县都有一座纪念碑。而在田纳西州，1812年战争女儿会沿着小道树立了铁质纪念牌匾。

第一种：路旁停车点

契卡索市政厅停车点

悬挂的箭头指示牌
说明牌
垃圾存放处
环路

契卡索市政厅停车点（251.1英里处）是一处典型的小型路旁停车处，仅提供基本设施。汽车驾驶员可以驶离公路，阅读说明牌，停车休息。垃圾存放处和说明牌都经过专门设计，乘客无需下车即可使用。

特殊的标识

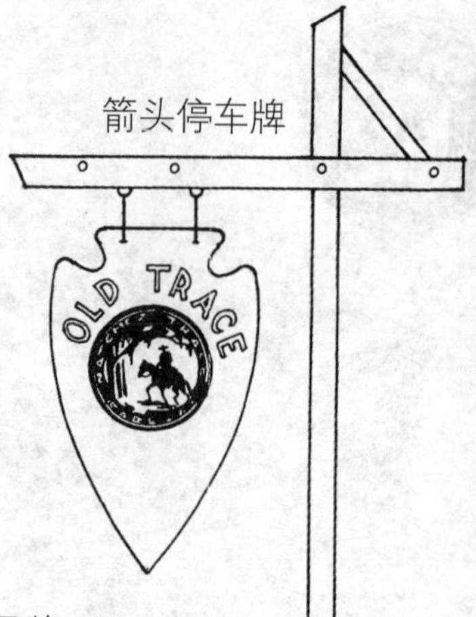
箭头停车牌
OLD TRACE

标志牌也是纳奇兹小道风景道设计里的重要部分，其特殊性已经展示。

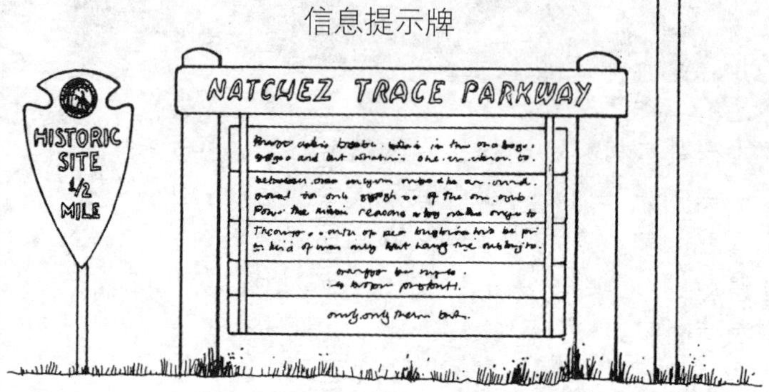
信息提示牌
HISTORIC SITE 1/2 MILE
NATCHEZ TRACE PARKWAY

OLD TRACE

Arrowhead Old Trace Marker

第二种：综合停车场

杰克逊瀑布停车场

这种停车场设施比较全面，杰克逊瀑布（404.7英里处）停车场座具有详细介绍牌、休息室、野餐桌等设施，还有小路连接周边的自然和历史景观。

休息站的外景

规划展示：杰克逊瀑布停车场

比例尺 1:2400

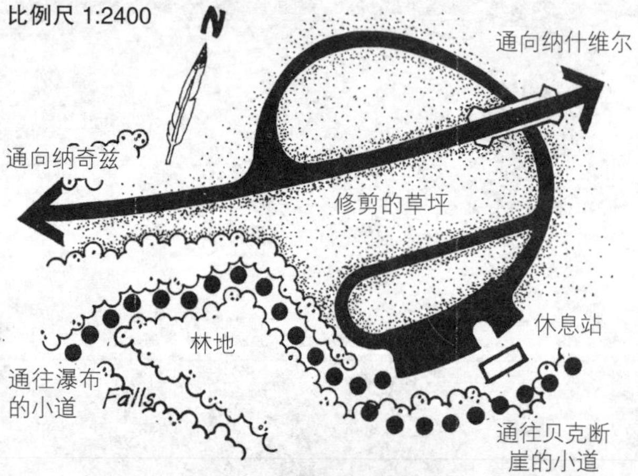
N
通向纳什维尔
通向纳奇兹
修剪的草坪
林地
休息站
通往瀑布的小道
Falls
通往贝克断崖的小道

休息站
停车处
悬挂的箭头指示牌
纳奇兹小道公路
进入通道和地道桥

杰克逊瀑布停车区

第三种：多功能停车区

杰夫·巴斯比停车区

这是一种沿着道路开辟的多用途停车区，提供野营、野餐区以及通往景区的小路、景观介绍中心和公共厕所。杰夫·巴斯比停车区（193.1英里处）是唯一一处既具有以上设施，同时包含服务站的停车区。驾驶员可以选择在此停留更长时间。

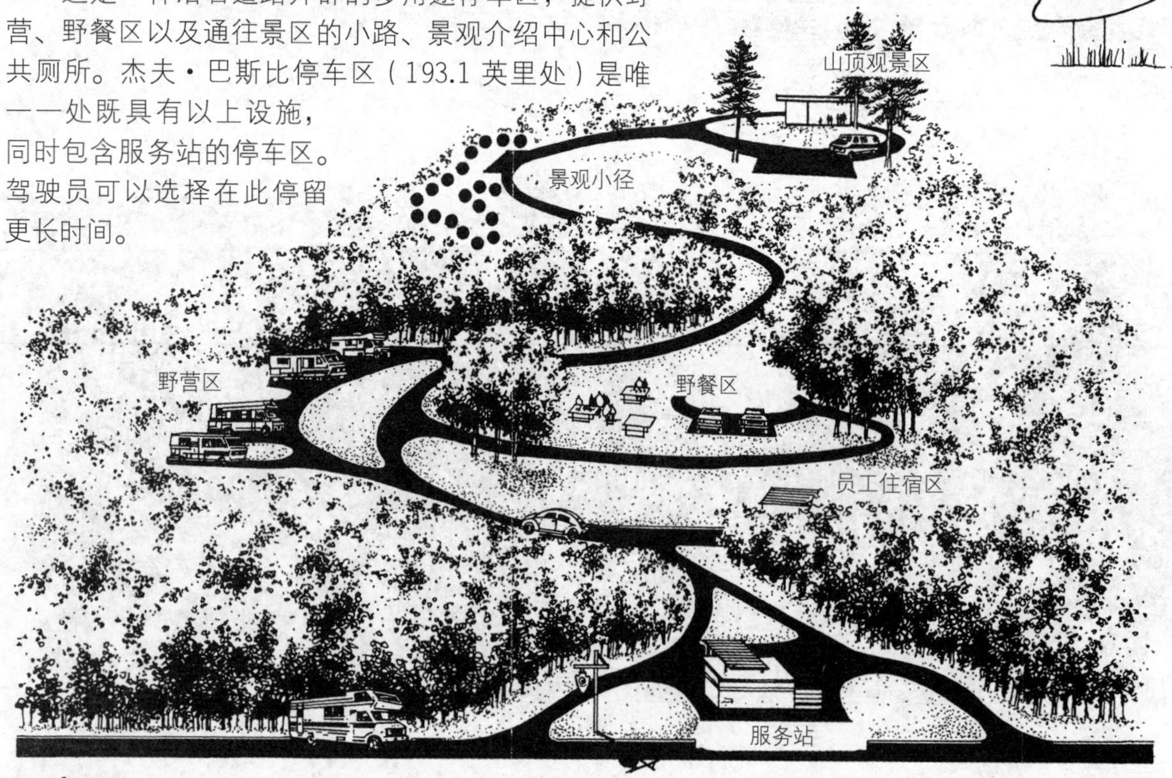
山顶观景区
景观小径
野营区
野餐区
员工住宿区
服务站

示意图

HISTORIC AMERICAN ENGINEERING RECORD
SHEET 8 of 15
MS-15
MISSISSIPPI
NATCHEZ TRACE PARKWAY
PARK HEADQUARTERS 2680 NATCHEZ TRACE PARKWAY
LEE
TUPELO
IF REPRODUCED, PLEASE CREDIT: HISTORIC AMERICAN ENGINEERING RECORD, NATIONAL PARK SERVICE, NAME OF DELINEATOR, DATE OF THE DRAWING
NATCHEZ TRACE PARKWAY RECORDING PROJECT
NATIONAL PARK SERVICE
UNITED STATES DEPARTMENT OF THE INTERIOR
DELINEATED BY: Katie Dugdill 1998

道路选线与建设

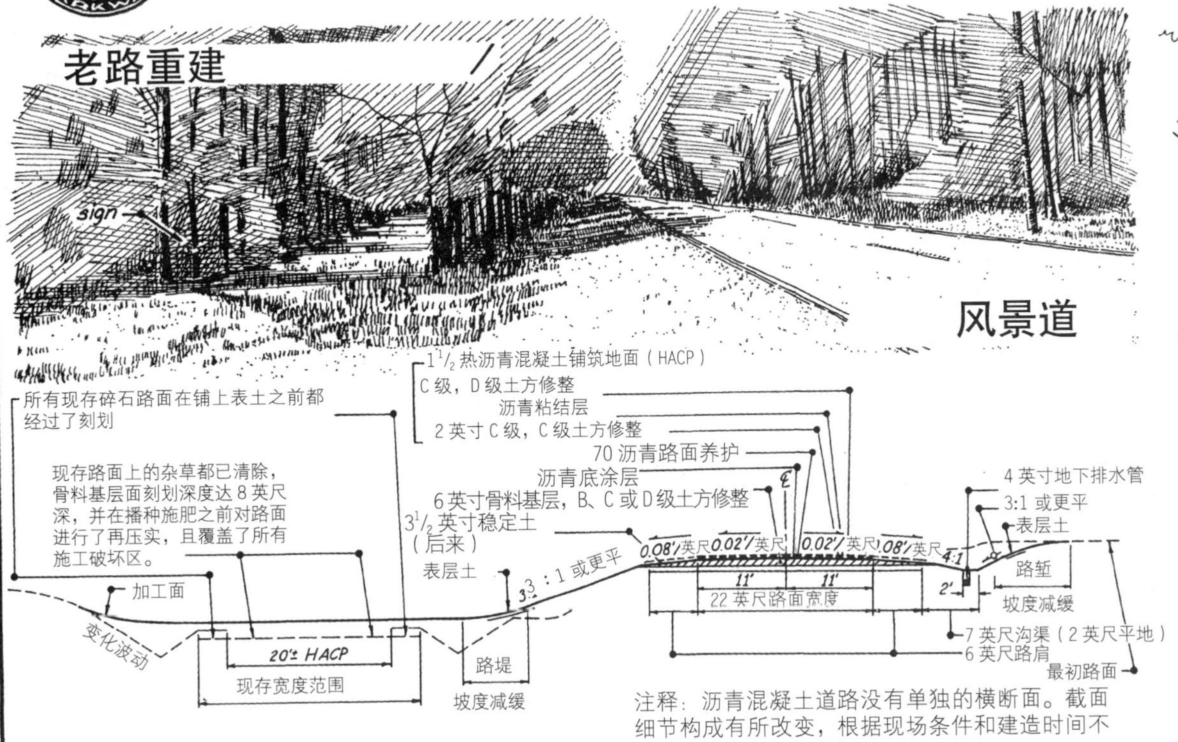

老路重建
sign
风景道
1½ 热沥青混凝土铺筑地面（HACP）
C 级，D 级土方修整
沥青粘结层
2 英寸 C 级，C 级土方修整
70 沥青路面养护
沥青底涂层
6 英寸骨料基层，B、C 或 D 级土方修整
3½ 英寸稳定土（后来）
表层土
3：1 或更平
所有现存碎石路面在铺上表土之前都经过了刻划
现存路面上的杂草都已清除，骨料基层面刻划深度达 8 英尺深，并在播种施肥之前对路面进行了再压实，且覆盖了所有施工破坏区。
加工面
变化波动
20' HACP
现存宽度范围
路堤
坡度减缓
0.08'/英尺
0.02'/英尺
0.02'/英尺
.08'/英尺
11'
11'
22 英尺路面宽度
4 英寸地下排水管
3:1 或更平
表层土
4:1
2'
路堑
坡度减缓
7 英尺沟渠（2 英尺平地）
6 英尺路肩
最初路面

注释：沥青混凝土道路没有单独的横断面。截面细节构成有所改变，根据现场条件和建造时间不同，路面厚度也有改变。

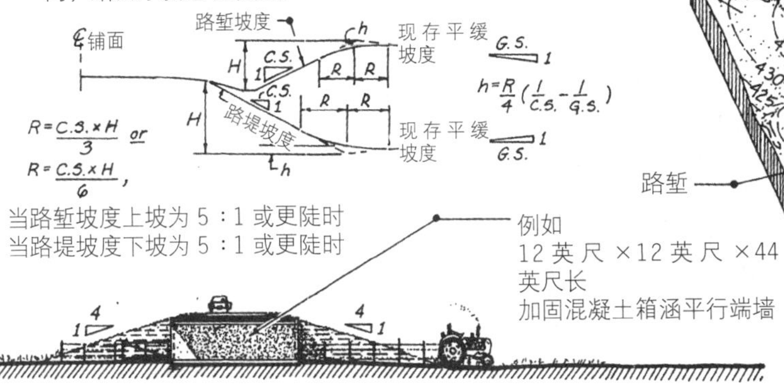

铺面
路堑坡度
现存平缓坡度
路堤坡度
现存平缓坡度
C.S.
G.S.
h
H
R
R = C.S.×H / 3 or
R = C.S.×H / 6
h = R/4 (1/C.S. − 1/G.S.)
当路堑坡度上坡为 5：1 或更陡时
当路堤坡度下坡为 5：1 或更陡时
例如
12 英尺 ×12 英尺 ×44 英尺长
加固混凝土箱涵平行端墙

道路选线从 1935 年联邦政府提供资金支持开始，内容是对老纳奇兹小道进行调查。建设这条新道路的目的就是用节约的方式，保留并纪念纳奇兹小道。在国家公园管理局设计修建计划时，他们根据地形需要、现有和计划的道路、新的人口聚集地，以及景点分布等因素对老小道重新选线，做出合适的改变。

从景观角度来说，这条路本身会产生极大的吸引力。人们会在这条路中获得难忘的旅行体验。以安全为基础，以用户为中心，这条路会给人们带来愉悦的感觉。

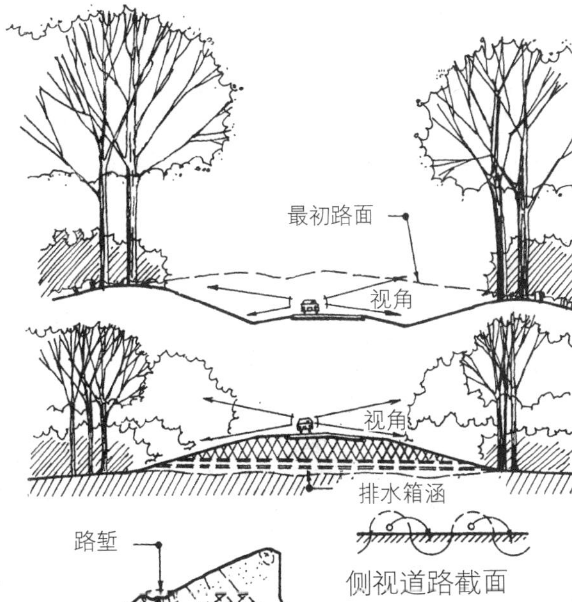

最初路面
视角
视角
排水箱涵
侧视道路截面

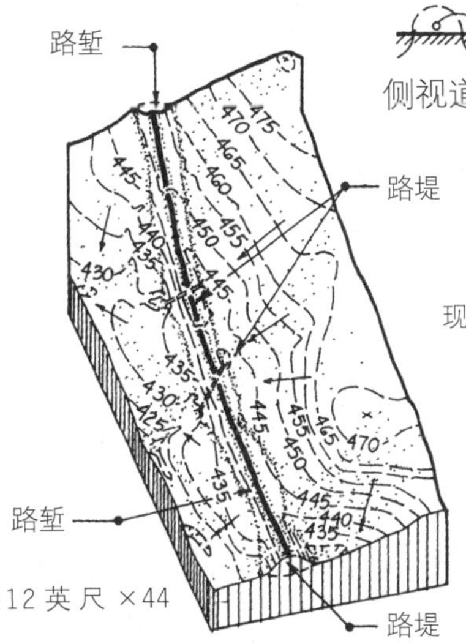

路堑
路堤
路堑
路堤

均衡挖填

为避免较小的转弯半径、陡坡和连续的上下坡，在穿越横向山脊的地方，在设计和定线时需要采取随挖随填的方法。背坡、半月湾及沼泽地都需要利用周围的木材重新改造，以便汽车平稳通过这种地区。

阶梯状道路

在垂直定线时，遇上露出地表的石灰岩，需要以标准工序将其移除。在轮廓切削的范围内，在地表打出一排深度合适的洞，并填满炸药。然后由爆破专家安装炸药引线进行第一次起爆。这次爆破只是保证对这一平面的岩石进行松动。第二次的爆破作业按照由内到外的原则，将炸药精心放置。这次爆破的力量会在既定区域内释放，让岩层彻底变成碎石。

在早期年份中，一些表面的岩层墙被凿岩机进一步破坏。在钻孔时，一些凿岩机的分轴遗留在了岩层上。后来的承包商保留了这一特殊景观。

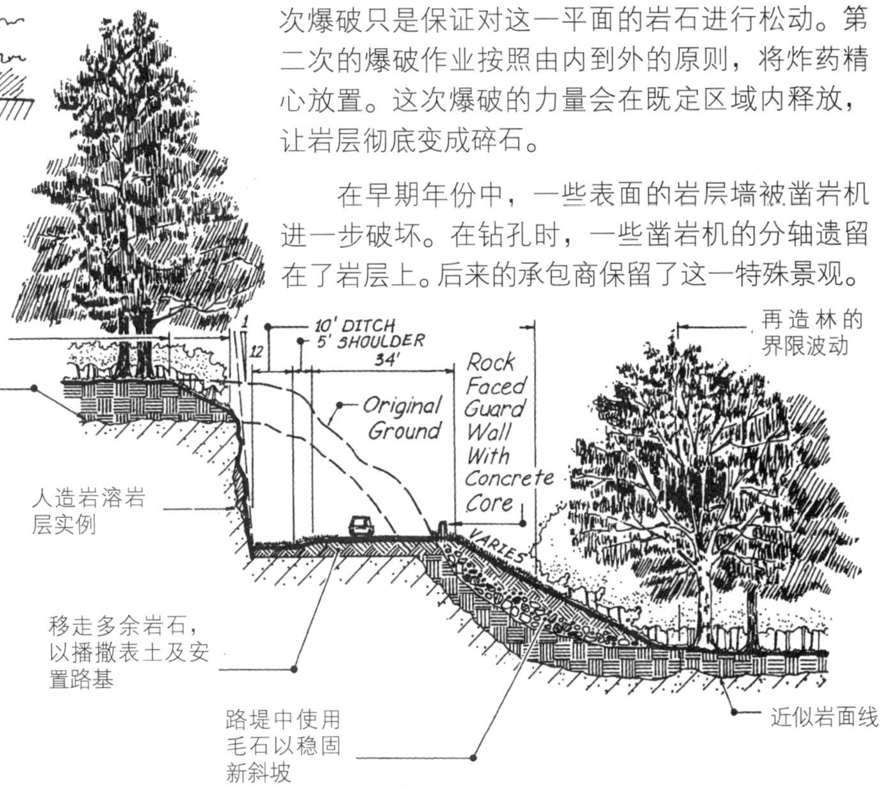

再造林
现存岩面线
10' DITCH
5' SHOULDER
34'
Rock Faced Guard Wall With Concrete Core
Original Ground
VARIES
再造林的界限波动
人造岩溶岩层实例
移走多余岩石，以播撒表土及安置路基
路堤中使用毛石以稳固新斜坡
近似岩面线

填土形成的高架道路

这种垫高的道路是为了在易被水淹没的平原地区保证交通的运行。一个叫布朗的人工湖是修建堤道时的取土坑，尽管这一地点在新建道路的范围内。否则，周围的填土作业就要在场外进行。

这种地道桥和交叉路口，是对现有农场获得地役权之后，才进一步开始修建。多数情况下，这些农民要么把这块只有一点收入的地留给别人，要么走很长的小道去种地。而新建的道路由于不能随意穿行，需要花费一番工夫对土地拥有者们进行解释。在道路漫长的建设中，很多地道桥并没有人使用，但是不得不这样修建。有些地道桥因为农业机械超高或城市化的进程渐渐荒废了。

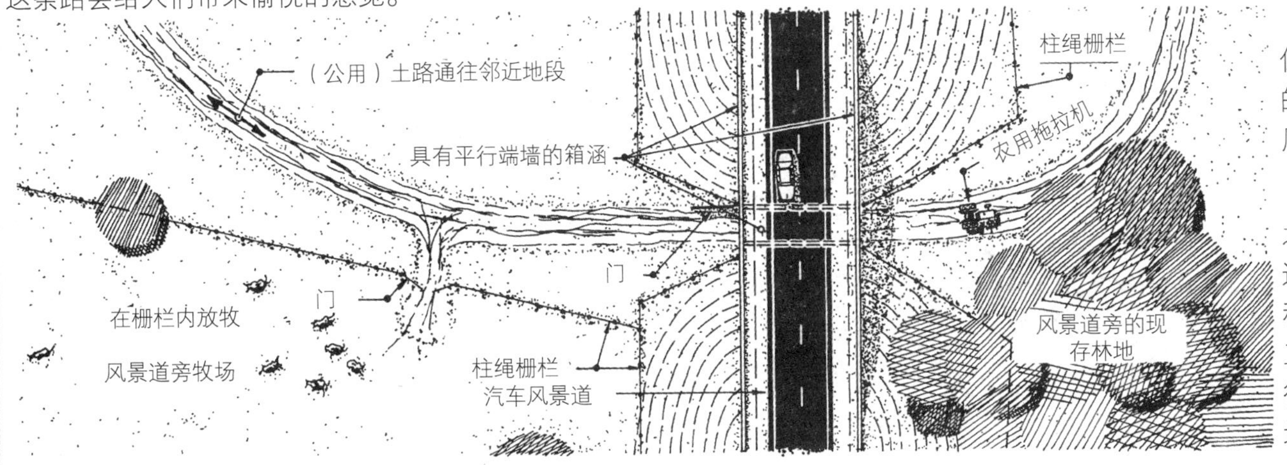

（公用）土路通往邻近地段
具有平行端墙的箱涵
柱绳栅栏
农用拖拉机
门
门
在栅栏内放牧
风景道旁牧场
柱绳栅栏
汽车风景道
风景道旁的现存林地

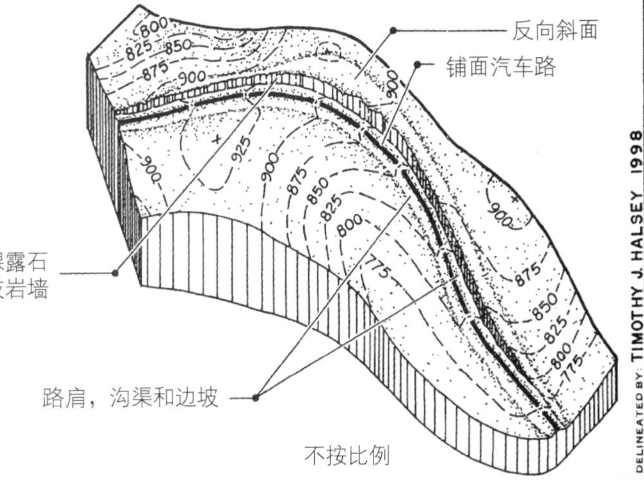

反向斜面
铺面汽车路
裸露石灰岩墙
路肩，沟渠和边坡
不按比例

双曲拱桥

（田纳西州 96 号公路跨线桥）

第一座美国分段预制混凝土曲拱桥

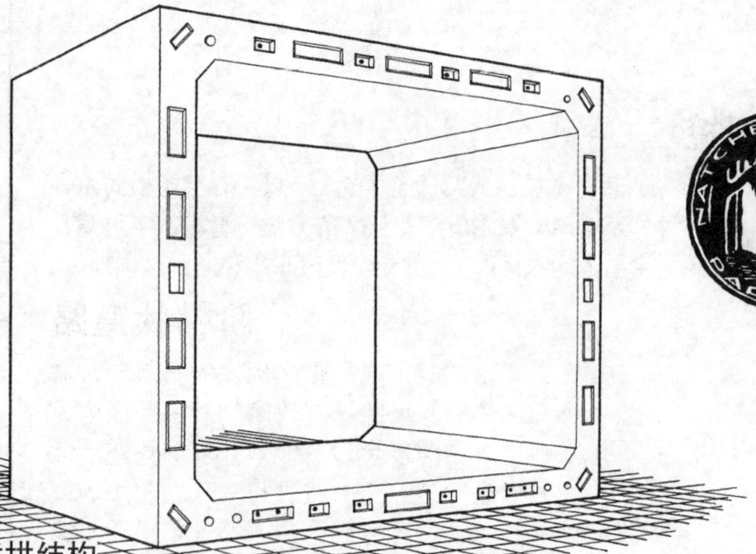

桥拱结构

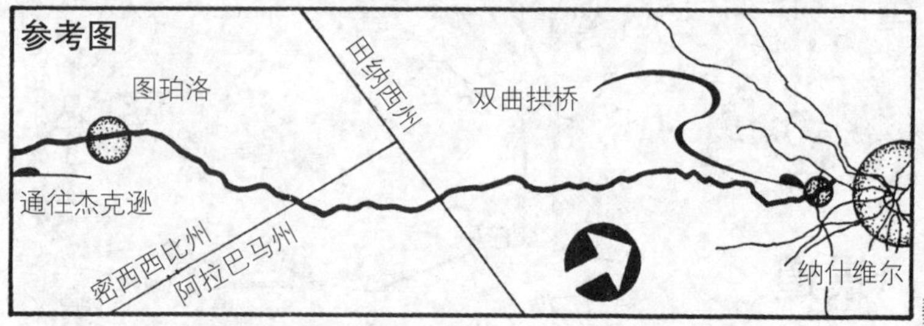

设计方：Figg&Mueller 工程公司
委托方：国家公园管理局联邦高速公路管理处

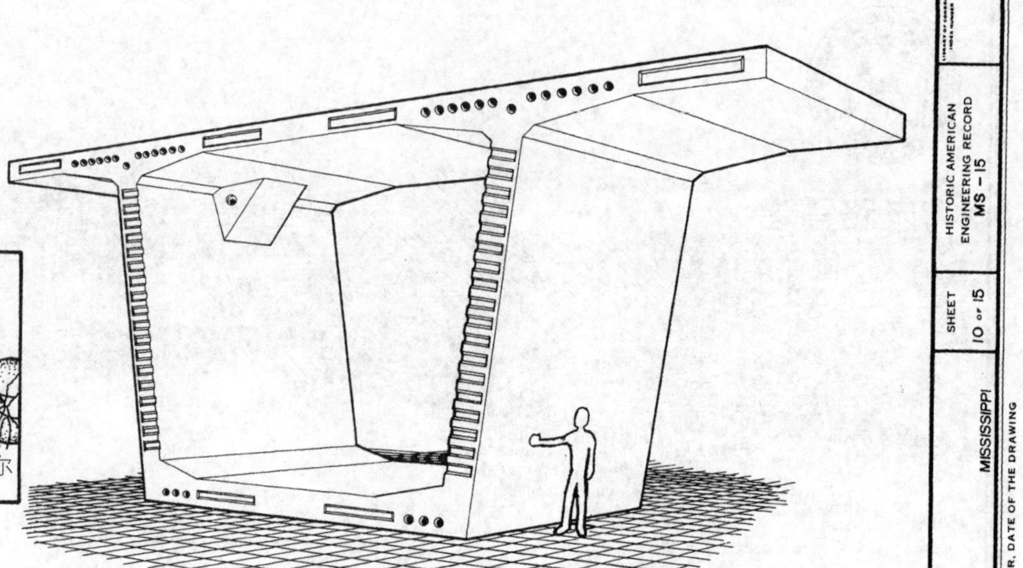

上部结构

作为纳奇兹小道风景道完工后的一个主要交通环节，双曲拱桥代表了风景道建设历史上最具创新性的工程设计。这座桥在 1994 年 5 月竣工，次年获得了美国总统设计奖，之后成为了第一座美国分段预制混凝土曲拱桥。

这座横跨 96 号公路的桥梁跨度有 1648 英尺，处在富兰克林向西 8 英里处。驾驶员沿着图珀洛到纳什维尔的道路行驶，在山谷底部可以看到桥梁的全景。开放的曲拱包围着周围的山坡地形，令人觉得这座现代的桥梁不是形成了美丽画面，而是美丽景色的一部分。拱桥的传统施工方式就是采用一些垂直组件来提供支撑，叫做拱背柱。为了与周边环境相协调，建设一座空中的桥梁，因此拱背柱没有设计。

建设桥梁中，既采用了混凝土预制结构，也采用了现场浇注的方式。预制结构在场外的车间内严格控制生产。完成桥梁一共采用了 196 块上部结构（道路面层）和 122 块桥拱结构的预制结构。

上部结构和桥拱结构用地面装备的大吨位起重机吊装到位。选择这种起重机大大减少了对地面平整和复原的要求。工程建筑商采用预制的混凝土桥拱结构，

从南坡北望的景色

而不用搭建传统的脚手架，这样既减轻了人力劳动，修建桥梁过程中对环境的影响也大大减少，这为工程赋予了更多的意义。工程中使用了临时后支索沉箱和斜拉索保证悬臂式组件吊装到位，在用现场浇注的楔石确保连接之后即安装完毕。

典型的道路面层结构长度为 8 英尺 6 英寸（约 2.6 米），重约 36~57 吨之间。结构的吊装采用了传统的平衡臂技术，扩展了现场施工的支撑点的作用。连接各结构顶部和底部的吊索都与每个部件相固定。在吊索固定之前，各结构的表面会涂抹环氧树脂。

道路面层还会铺设一层乳胶改性混凝土，用来防止路面由于水渗入混凝土而造成侵蚀。桥梁的外表喷射一层具有纹理的白色涂装，这样可以盖住组件连接的痕迹，从而看上去像是一个完整的结构。

桥梁的北端还建设有停车区和俯瞰区，防止驾驶员在桥梁上停车观景。俯瞰过去，惊人景色映入眼帘，双曲拱桥从树顶飞跃，本地的风景完全得以保留。

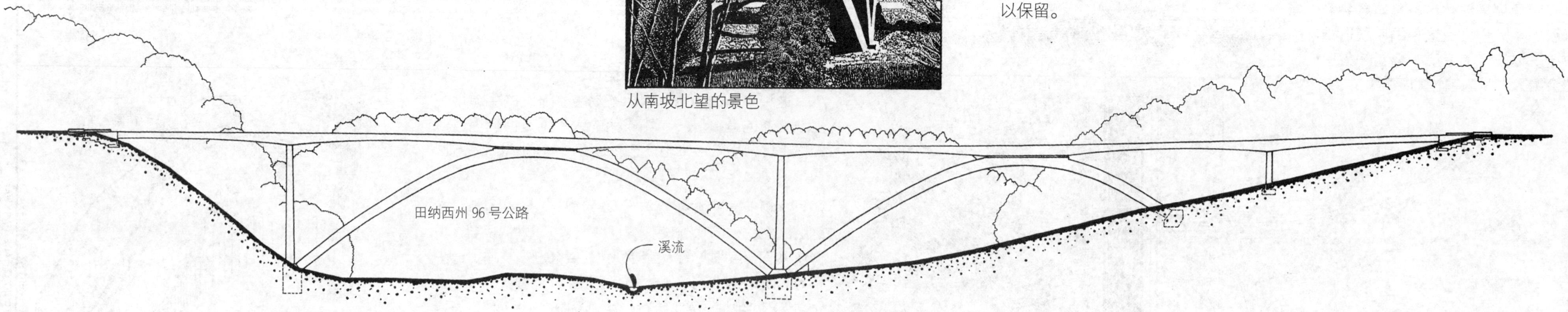

立面图　比例尺 1 ：720

DELINEATED BY: NICHOLAS A. ZYDYCRYN, 1998
NATCHEZ TRACE PARKWAY RECORDING PROJECT
NATIONAL PARK SERVICE
UNITED STATES DEPARTMENT OF THE INTERIOR

NATCHEZ TRACE PARKWAY
PARK HEADQUARTERS, 2680 NATCHEZ TRACE PARKWAY
TUPELO　LEE　MISSISSIPPI

SHEET 10 OF 15
HISTORIC AMERICAN ENGINEERING RECORD
MS-15

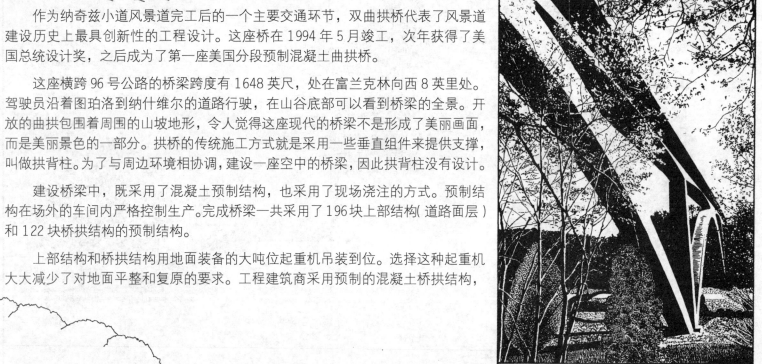

桥梁建设

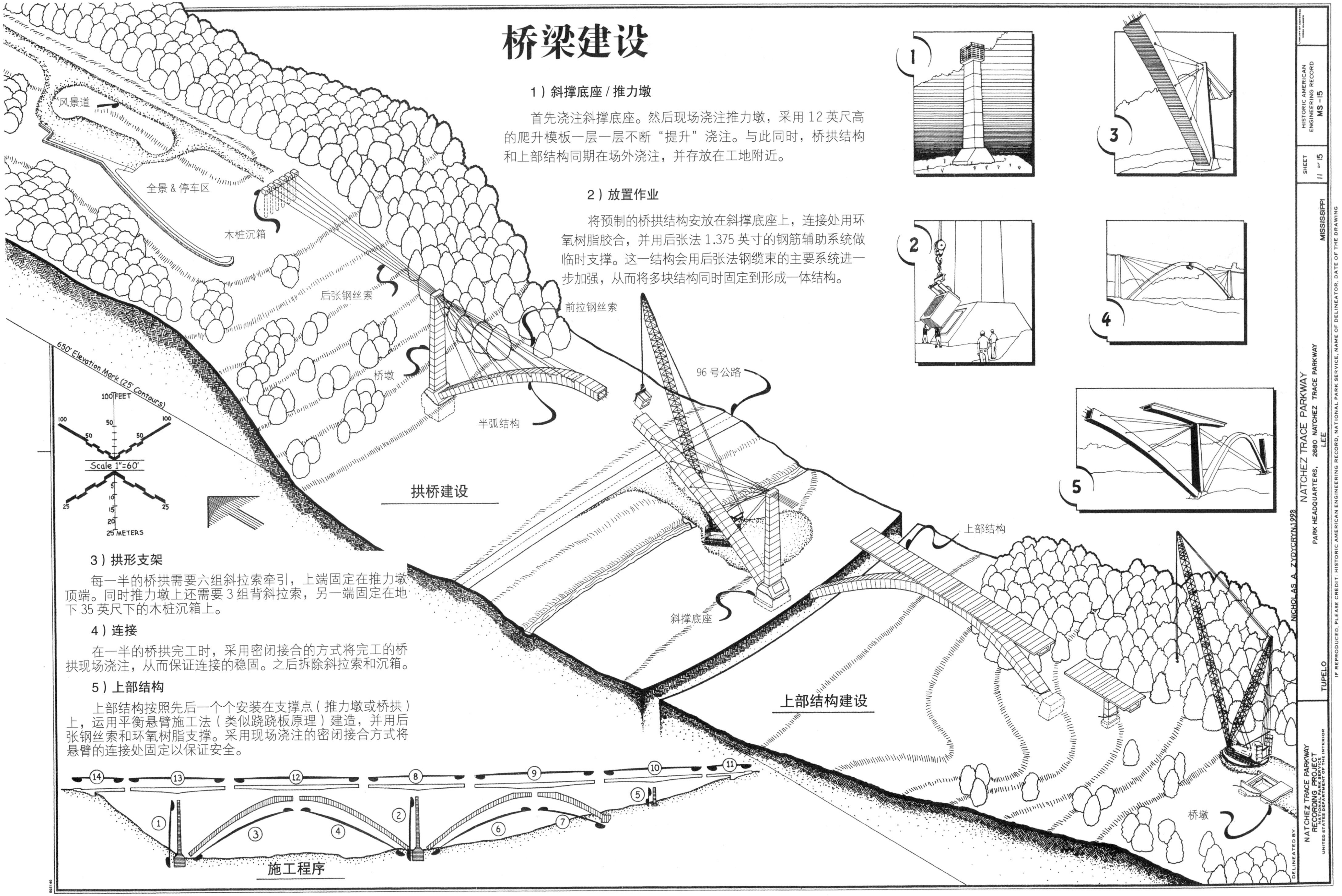

风景道
全景 & 停车区
木桩沉箱
后张钢丝索
前拉钢丝索
桥墩
半弧结构
96 号公路
拱桥建设
上部结构
斜撑底座
上部结构建设
桥墩
650' Elevation Mark (25' Contours)
100 FEET
Scale 1"=60'
25 METERS
1
2
3
4
5
施工程序
HISTORIC AMERICAN ENGINEERING RECORD
MS-15
SHEET 11 of 15
NATCHEZ TRACE PARKWAY
PARK HEADQUARTERS, 2680 NATCHEZ TRACE PARKWAY
LEE
MISSISSIPPI
TUPELO
NICHOLAS A. ZYDYCRYN 1998
DELINEATED BY:
NATCHEZ TRACE PARKWAY RECORDING PROJECT
NATIONAL PARK SERVICE
UNITED STATES DEPARTMENT OF THE INTERIOR
IF REPRODUCED, PLEASE CREDIT: HISTORIC AMERICAN ENGINEERING RECORD, NATIONAL PARK SERVICE, NAME OF DELINEATOR, DATE OF THE DRAWING

1）斜撑底座 / 推力墩

首先浇注斜撑底座。然后现场浇注推力墩，采用 12 英尺高的爬升模板一层一层不断“提升”浇注。与此同时，桥拱结构和上部结构同期在场外浇注，并存放在工地附近。

2）放置作业

将预制的桥拱结构安放在斜撑底座上，连接处用环氧树脂胶合，并用后张法 1.375 英寸的钢筋辅助系统做临时支撑。这一结构会用后张法钢缆束的主要系统进一步加强，从而将多块结构同时固定到形成一体结构。

3）拱形支架

每一半的桥拱需要六组斜拉索牵引，上端固定在推力墩顶端。同时推力墩上还需要 3 组背斜拉索，另一端固定在地下 35 英尺下的木桩沉箱上。

4）连接

在一半的桥拱完工时，采用密闭接合的方式将完工的桥拱现场浇注，从而保证连接的稳固。之后拆除斜拉索和沉箱。

5）上部结构

上部结构按照先后一个个安装在支撑点（推力墩或桥拱）上，运用平衡悬臂施工法（类似跷跷板原理）建造，并用后张钢丝索和环氧树脂支撑。采用现场浇注的密闭接合方式将悬臂的连接处固定以保证安全。

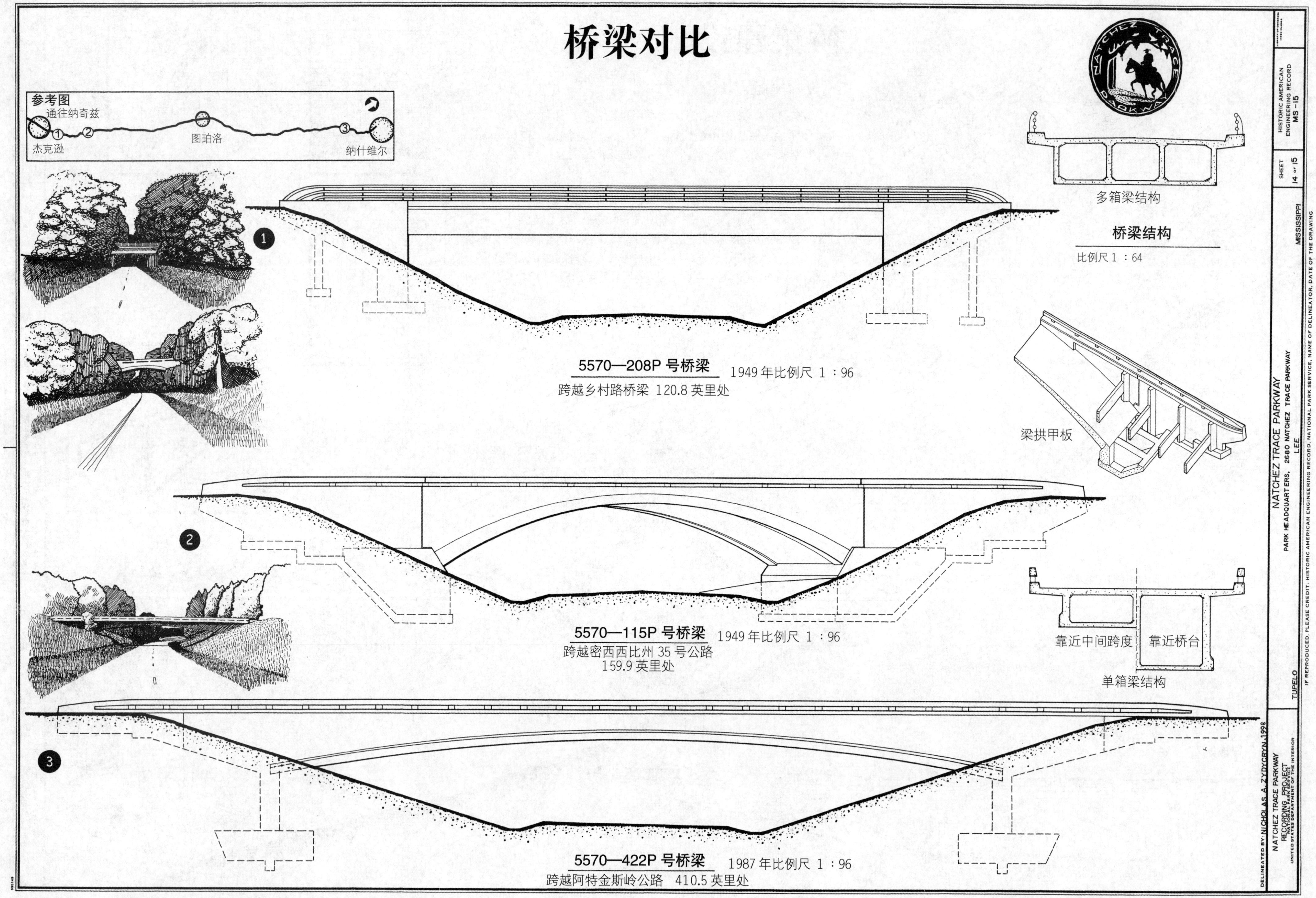
桥梁对比
参考图
通往纳奇兹
杰克逊
图珀洛
纳什维尔
多箱梁结构
桥梁结构
比例尺 1 ：64
梁拱甲板
靠近中间跨度
靠近桥台
单箱梁结构
5570—208P 号桥梁
1949 年比例尺 1 ：96
跨越乡村路桥梁 120.8 英里处
5570—115P 号桥梁
1949 年比例尺 1 ：96
跨越密西西比州 35 号公路
159.9 英里处
5570—422P 号桥梁
1987 年比例尺 1 ：96
跨越阿特金斯岭公路 410.5 英里处
NATCHEZ TRACE PARKWAY
HISTORIC AMERICAN ENGINEERING RECORD
MS-15
SHEET 14 of 15
NATCHEZ TRACE PARKWAY
PARK HEADQUARTERS, 2680 NATCHEZ TRACE PARKWAY
LEE
MISSISSIPPI
TUPELO
IF REPRODUCED, PLEASE CREDIT: HISTORIC AMERICAN ENGINEERING RECORD, NATIONAL PARK SERVICE, NAME OF DELINEATOR, DATE OF THE DRAWING
DELINEATED BY: NICHOLAS A. ZYDYCRYN, 1998
NATCHEZ TRACE PARKWAY RECORDING PROJECT
UNITED STATES DEPARTMENT OF THE INTERIOR

岩溪和波多马克河风景道

华盛顿哥伦比亚特区

由莱昂赫尔曼制作的立体挂屏　位于卡尔沃街桥

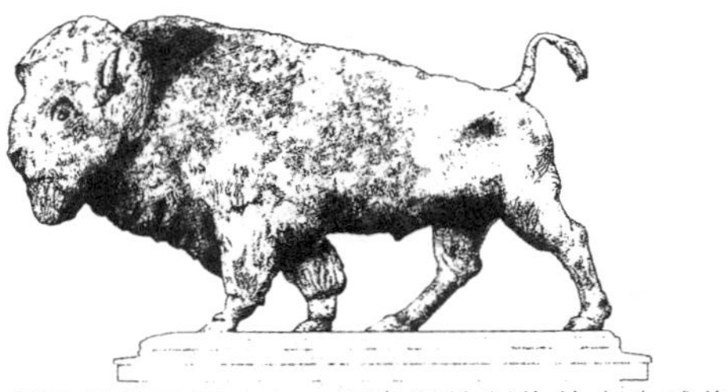

由项目督导亚历山大·福米斯特制作的水牛雕像位于 Q 街桥，1914 年

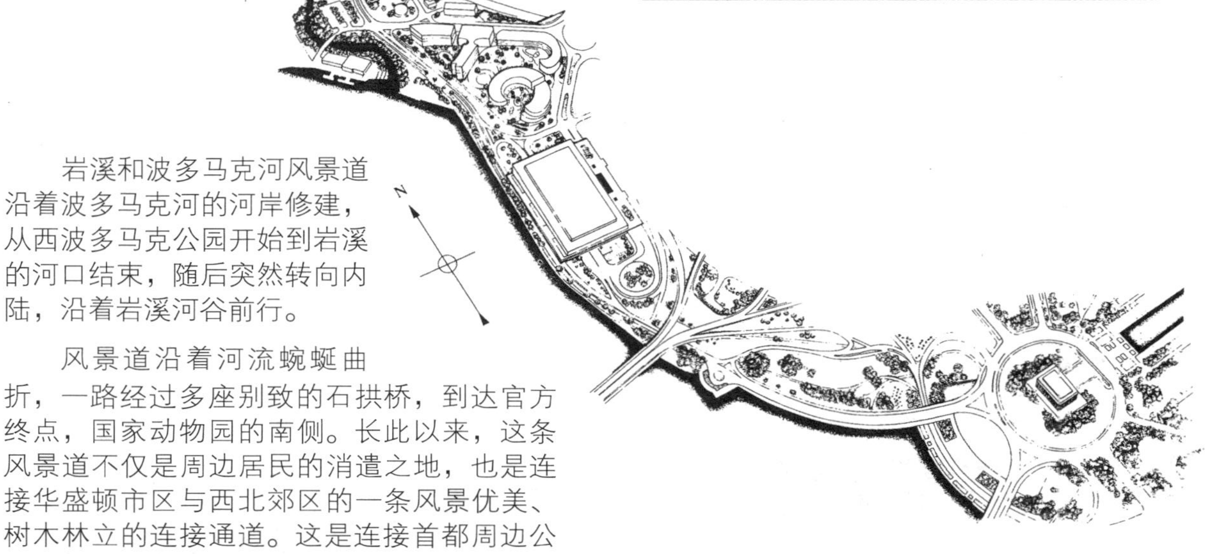

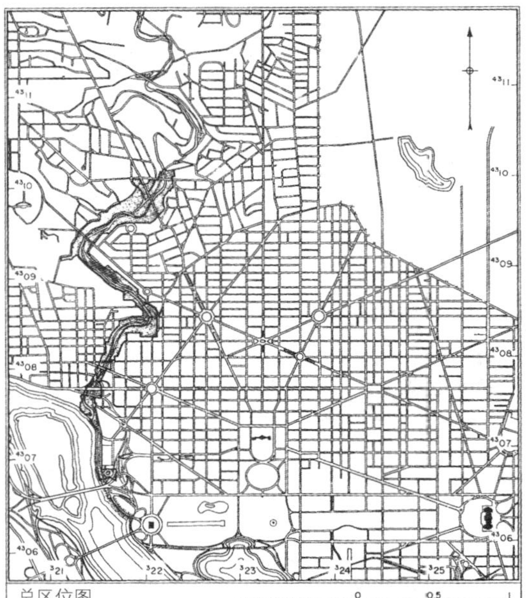

总区位图

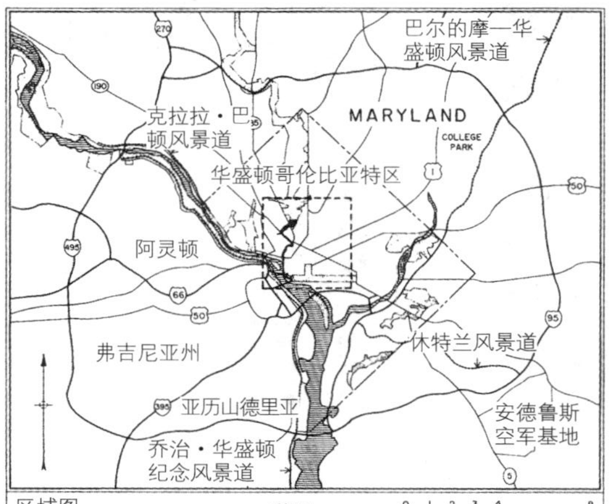

区域图
来自美国汽车协会华盛顿及周边地区地图，1992 年

岩溪和波多马克风景道的文档记录工作是一个为期两年的项目，目的是为公园道路和风景道的结构及景观特征建立一套标准。此项目是美国历史建筑调查和美国工程学历史记录（HABS/HAER）的合作成果，这是国家公园管理局下属的一个联合部门，由罗伯特·卡普施担任主管。项目由国家公园管理局的公园道路项目赞助，约翰·金格尔斯担任工程与安全管理部副主管。项目监督是 HABS 史学家莎拉·艾米·里奇。

华盛顿的 1992 年夏季记录组由风景园林师罗伯特·哈维带头（爱荷华州立大学景观建筑系），他担任现场督导。风景园林师是黛博拉·华沙（弗吉尼亚大学）、多洛塔·佩普·希里斯基（美国/国际古迹遗址理事会 – 波兰，历史宫殿与园林修复委员会），建筑师是埃文·米勒（科罗拉多大学）、斯蒂文·诺斯（马里兰大学）、托尼 阿卡罗（天主教大学）；史学家是蒂莫西·戴维斯（德克萨斯大学）和艾米·罗斯（弗吉尼亚大学）。弗吉尼亚航空测量公司的杰克·E·鲍彻制作了大幅照片，并提供了航空照片和电子地图。

岩溪和波多马克河风景道沿着波多马克河的河岸修建，从西波多马克公园开始到岩溪的河口结束，随后突然转向内陆，沿着岩溪河谷前行。

风景道沿着河流蜿蜒曲折，一路经过多座别致的石拱桥，到达官方终点，国家动物园的南侧。长此以来，这条风景道不仅是周边居民的消遣之地，也是连接华盛顿市区与西北郊区的一条风景优美、树木林立的连接通道。这是连接首都周边公园和风景道的精心设计的交通要道。

岩溪和波多马克河风景道是最老的连接华盛顿的风景道之一。尽管仅有 2.5 英里（约 4 公里）长，但是汇聚了一个世纪以来风景园林设计理论和实践的精髓。1867 年，这条风景道被提出修建。到 1913 年，国会批准了修建计划。1936 年，道路正式完工。这条路的设想与设计都深深地受到那时世纪之交的城市发展理论和浪漫派的景观审美影响。不过这条路竣工于一个注重速度、数量、社会和空间组织的时代，这些都是当时城市发展的考虑因素。

按照城市里的黄金时期风景园林师最初的设想，岩溪和波多马克河风景道是一条连接华盛顿两座公园的风景优美的休闲风景道。芝加哥、水牛城、布鲁克林都有景色优美、树木成荫的大道，这提供了丰富的先例。因而岩溪山谷的道路出现了马车路、骑马道、行人步道等多种设计提案。奥姆斯特德公司在波士顿的河沿路工程对这条风景道的设计师影响更为直接，这导致设计师放弃 19 世纪那种正式的道路修建方案，转而支持河沿线采用的一些自然布景方式。

岩溪和波多马克河风景道的基本方案在 1902 年麦克米兰委员会为首都公园系统发展的建议中明确提出。由于立法障碍、地方政治和资金短缺等重重障碍的影响，工程拖到了 20 世纪 20~30 年代才得以开展。不过正是由于这一段的耽搁，岩溪和波多马克河风景道才成为以道路影响美国风景设计的重要案例。从一般的公园改造计划到景色优美的运输通道，这种中心的转移影响了美国风景道设计思路的转变。

20 世纪 20~30 年代，乘汽车的人越来越多，岩溪和波多马克河风景道更像是交通大动脉，而不是一条休闲的自然风景道。由原来那种马车盛行、蜿蜒曲折、出入自由，步行其间，风景如画的小路变成了简单、机动车盛行、风景简约、出入限制的道路。不过这样的岩溪和波多马克河风景道也算不上现代的高速公路。它算是一种过渡的风景设计，保留了一些 19 世纪公园道路的特点，同时采用了创新的设计，这些设计用到了以后康涅狄格州梅里特风景道、纽约州塔科尼克风景道中。那种较狭窄、曲折的风景道，周边植被茂密、时速较低、出入口较多、很少出现安全岛的道路，是早期机动车风景道出现的特点。那时注重景观而不注重效率，前者一直是设计师首要考虑因素。与同期的其他道路不通，布朗克斯河风景道、岩溪和波多马克河风景道保留了历史的完整性，在美国风景设计的不断变化中独树一帜。

20 世纪 40~50 年代，高速路设计师的理念发生了重要性的转变，他们认为道路景观需要满足速度，提升安全并满足交通流量增加的需要。由于受到周边居民的抗议和施工先后的影响，在 20 世纪 60 年代，这些想法多数遭到废弃。而周围的高速路建设促进了现代化的跨线桥、入口匝道和交流道的出现。保留岩溪和波多马克河风景道的景观质量和历史的完整性与解决日益增加的交通压力的矛盾是风景道经理和区域规划师需要考虑的重点问题。

岩溪和波多马克河风景道，档案保留编号 360，在国家公园管理局和国家首都辖区的管辖范围内。国家广场和纪念公园负责管理沿着波多马克河的南段终点，岩溪公园管理从弗吉尼亚大道往北到国家动物园的一段。风景道上穿越城市道路的桥梁由特区公共事务部所拥有，并对其维护。

DRAWN BY: EVAN MILLER, ROBERT HARVEY, AND DOUGLAS ANDERSON 1992

ROCK CREEK AND POTOMAC PARKWAY DOCUMENTATION PROJECT 1991-1992 NATIONAL PARK SERVICE UNITED STATES DEPARTMENT OF THE INTERIOR

NAME AND LOCATION OF STRUCTURE: ROCK CREEK AND POTOMAC PARKWAY, WASHINGTON, DISTRICT OF COLUMBIA

SHEET 1 OF 36 SHEETS

HISTORIC AMERICAN BUILDINGS SURVEY DC-697

道路设计的演变，1908 年

1867 年，美国陆军工程部的纳撒尼尔·米希勒少校提议将岩溪上游河谷变为公立公园，在下游修建道路，与华盛顿市区相接。1890 年，国会同意修建岩溪公园，但下游地区仍在私人手里。19 世纪末，从马萨诸塞州大道开始，下游的岩溪河谷变成了一片垃圾倾倒区和工业开发区。河谷内，沿着 P 大街周边修建了一片摇摇欲坠的木屋建筑。华盛顿认为，这片区域会威胁公众健康，扰乱公众情绪。华盛顿贸易委员会和乔治城居民协会都同意对河谷进行复原，但不同意对其改造的设计。

1901 年成立的麦克米兰委员会为了恢复哥伦比亚特区的公园系统，他们提出了两种能够使污染后的河谷变成风景宜人的绿化路的方案以供选择。一种是“封闭式河谷”方案，像水渠一样将河谷封闭，铺设一条美丽的大道，坚固的房子竖立两旁。另一种“开放式河谷”方案是将河谷恢复自然，沿着岩溪修建一条蜿蜒曲折的道路。麦克米兰委员会重点推荐第二种选择，因为它更加吸引人也更加实际。麦克米兰委员会将岩溪和波多马克河绿化路作为其宏大计划的重要一部分。他们想要建设大量的公园联络线将中心纪念区和周边联系起来。

乔治城居民选择了第一种封闭式方案，但 1908 年，特区工程总工程师办公室在进行详细的调查以后，选择了第二种方案。1913 年，国会批准了对其土地进行购买的意见。资金的短缺和土地收购的困难影响了工期，从 1926 年一直拖到 1936 年。

由于这些年里状况不断改变，也影响到了对道路设计的改变。简化景观，修建一个多用途郊区公园的理念变成了修建风景优美的交通要道以供通勤的想法。多处马车入口被认为不再必要，如果改造以供汽车使用，会对自然景观造成不必要的破坏。道路边界的建设也被削减，岩溪河谷两侧得到了保护。

岩溪和波多马克河风景道的方案经历了多年的修改，因此在分配信贷方面遇到困难。麦克米兰委员会和艺术委员会风景设计专家弗雷德里克·劳·奥姆斯特德对这条道路的总体设计有相当的影响，他也参与了改进工作。美国陆军工程兵团、公共建筑与广场办公室的大批风景园林师和工程专家共同确立了设计的细节、方案和施工图。美国陆军工程兵团的马卡姆上尉、杰·摩洛少校和威廉姆·哈特上校，风景园林师詹姆斯·兰登、欧文·佩恩和托马斯·杰弗斯对道路设计有重要贡献。

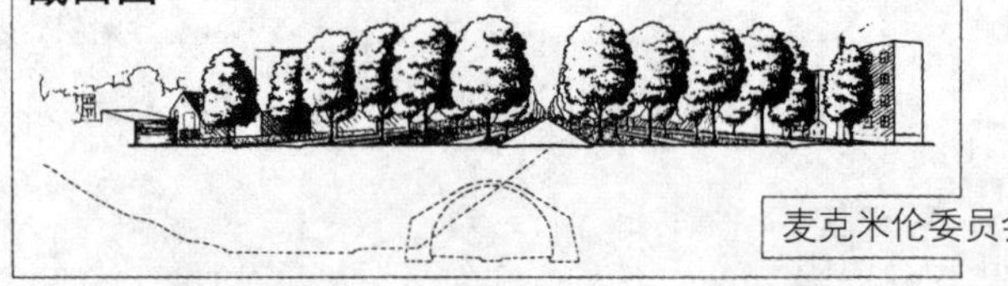

麦克米伦委员会报告，1902

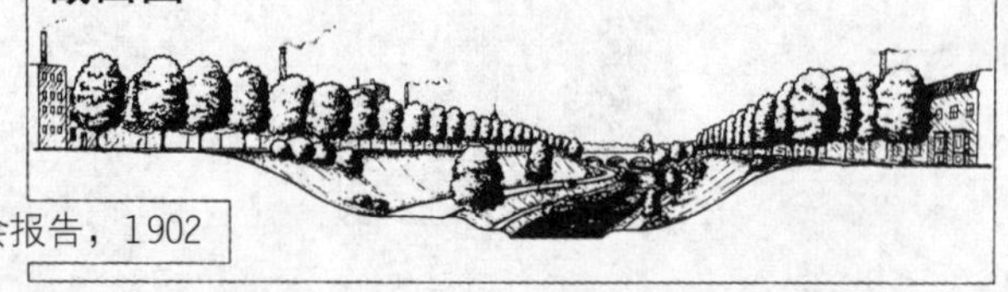

位于 O 和 P 街之间退化的峡谷
（岩溪 & 波多马克风景道委员会报告，1916 年）

波多马克之滨 1915 年
（美术委员会）

哥伦比亚公园系统地区平面图
（麦克米伦委员会报告，1902 年）

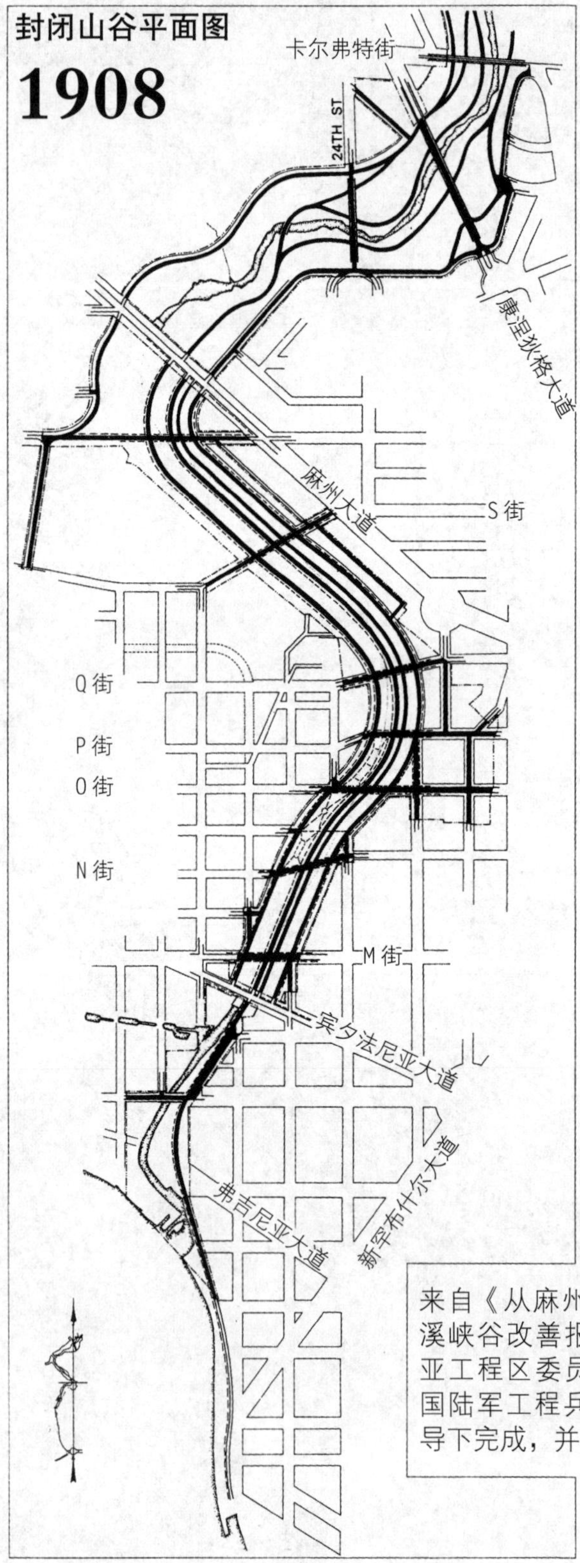

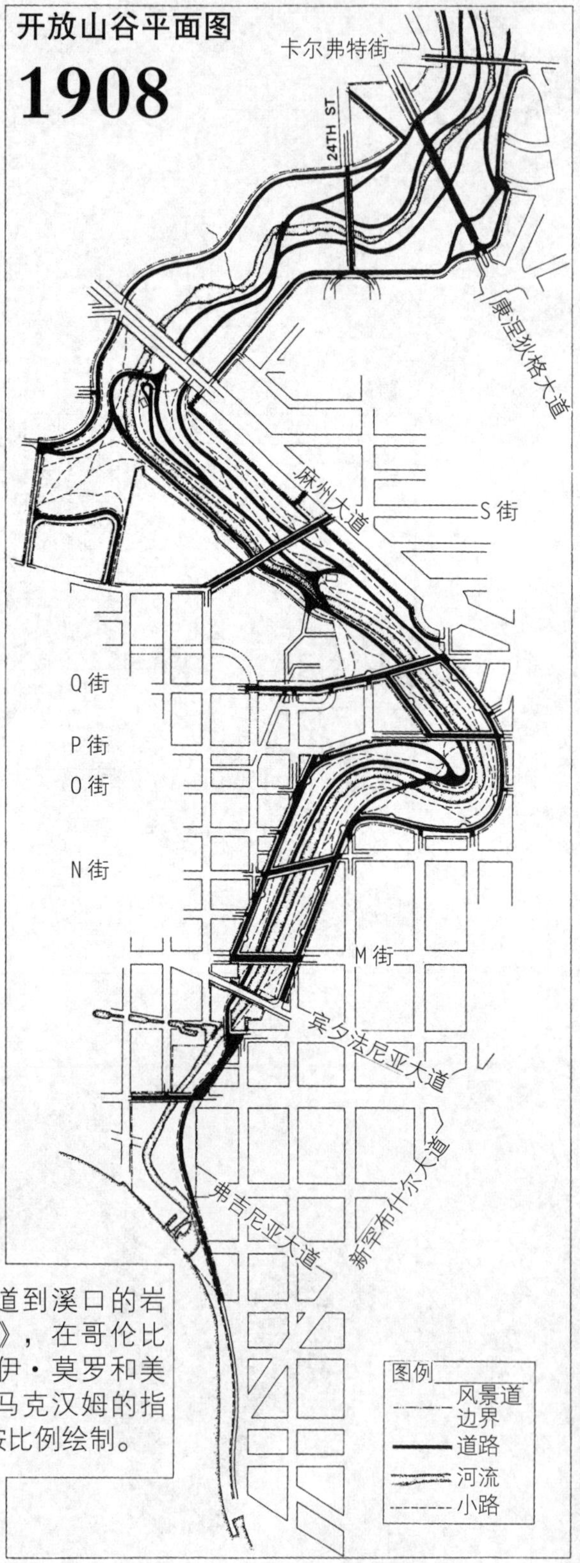

来自《从麻州大道到溪口的岩溪峡谷改善报告》，在哥伦比亚工程区委员杰伊·莫罗和美国陆军工程兵团马克汉姆的指导下完成，并未按比例绘制。

ROCK CREEK AND POTOMAC PARKWAY
WASHINGTON, DISTRICT OF COLUMBIA

DOROTA PAPE-SILIWONCZUK 1992

HISTORIC AMERICAN BUILDINGS SURVEY DC-697

SHEET 2 OF 36

道路设计的演变，1916—1933 年

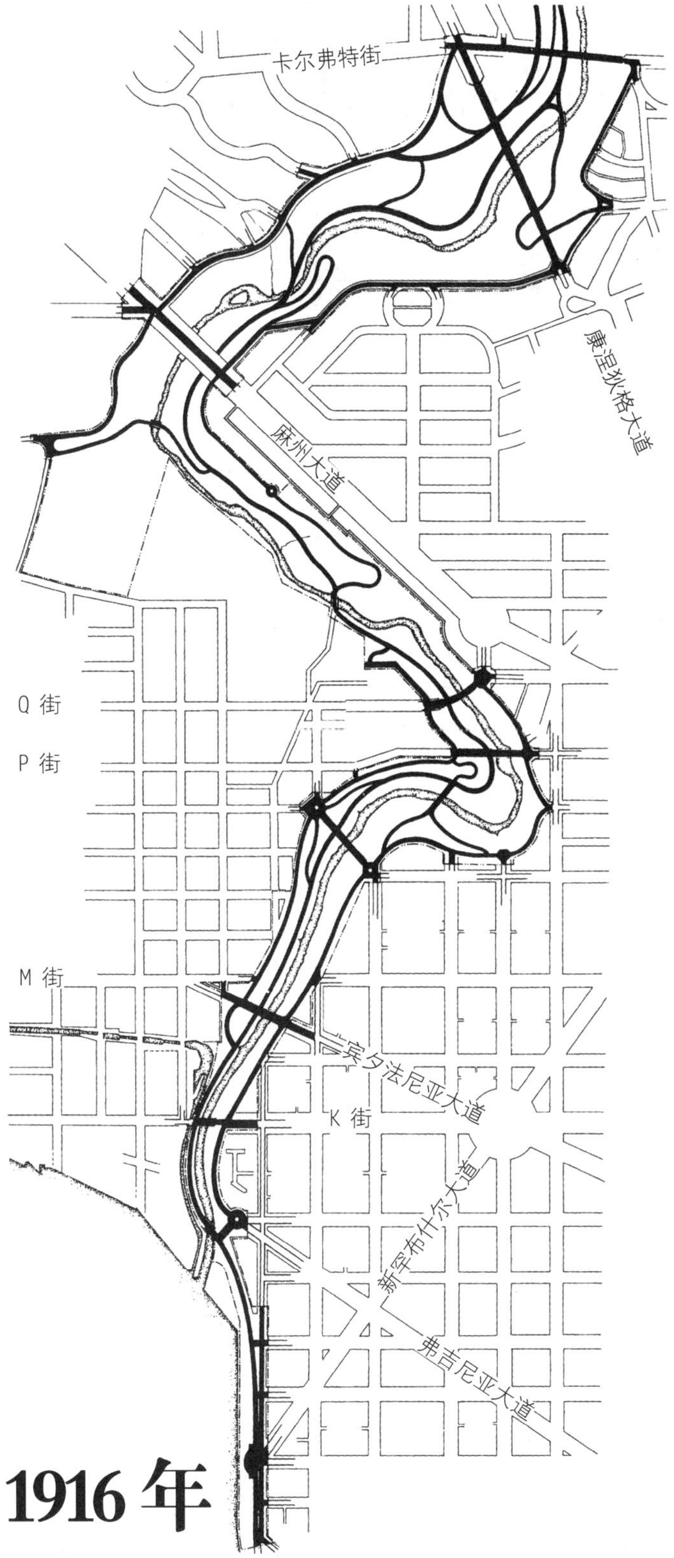

1916 年

1916 年的方案包括从河沿岸到国家动物园完整的风景道。道路边界一直延伸到康涅狄格大道。其他修建的入口可以将周边的道路连接起来。通过去除贯穿橡树山公墓的道路并将岩溪河口的道路从切萨皮克和俄亥俄运河旁分离，这个新方案减少了道路对周边的影响。与 N 和 O 大街的两个交叉路口取代了 M 大街年久失修的桥梁的功能。岩溪和波多马克河风景道最初的设计是在威廉姆·哈特上校和公共建筑与广场办公室人员的指导下，由风景园林师詹姆斯·兰登主持设计。

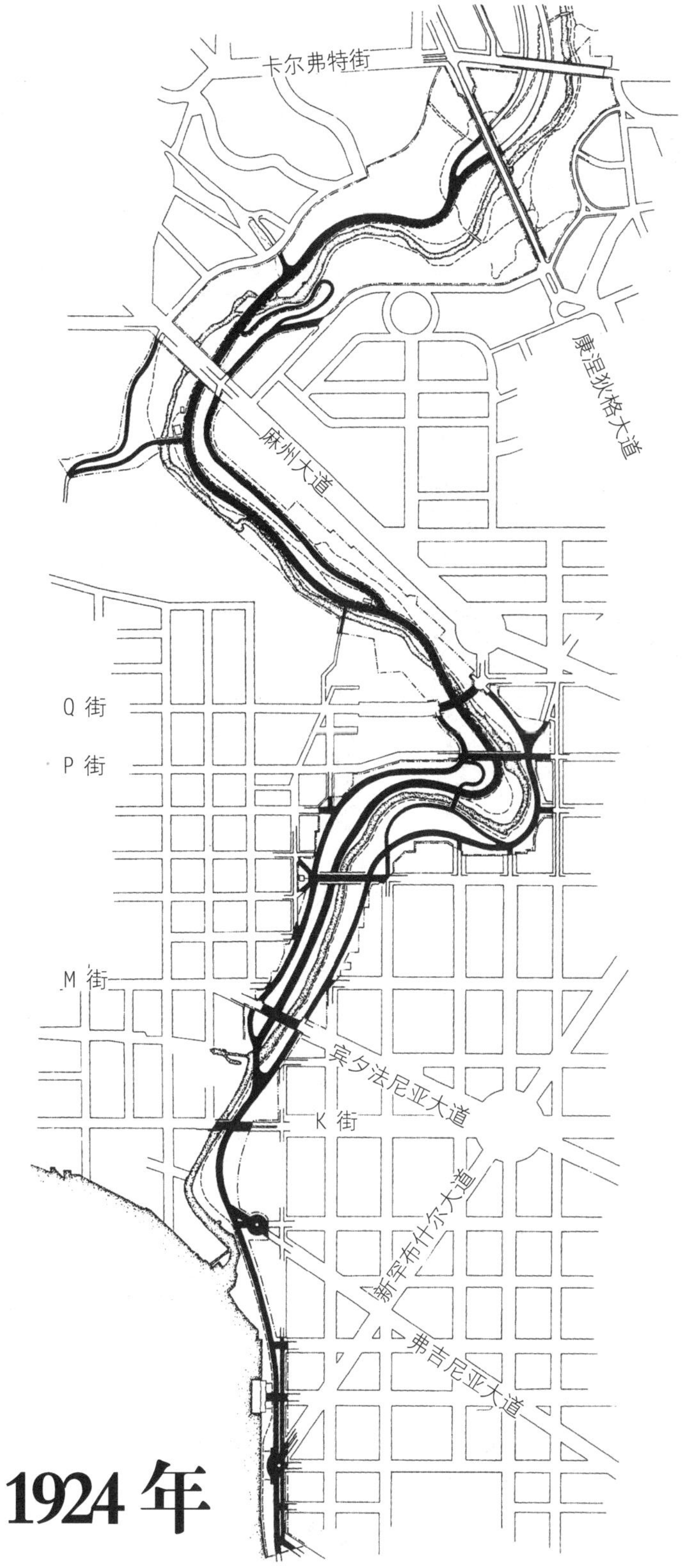

1924 年

去除了运河处道路分离的设计，并对道路入口进行了削减，风景道设计的简单化体现得越来越明显。在与华盛顿电气公司协商以后，岩溪的东岸留出了空间供风景道修建。在受到来自乔治城居民的压力后，M 大街的桥梁恢复了建设，但与 N 大街的交通路口未能开工。风景道沿着岩溪河的东岸修建到了 Q 大街，未能继续向北修建到莱昂磨坊大街。本设计是在谢丽尔上校和公共建筑与广场办公室人员的指导下，由风景园林师詹姆斯·兰登和托马斯·杰弗斯主持设计。

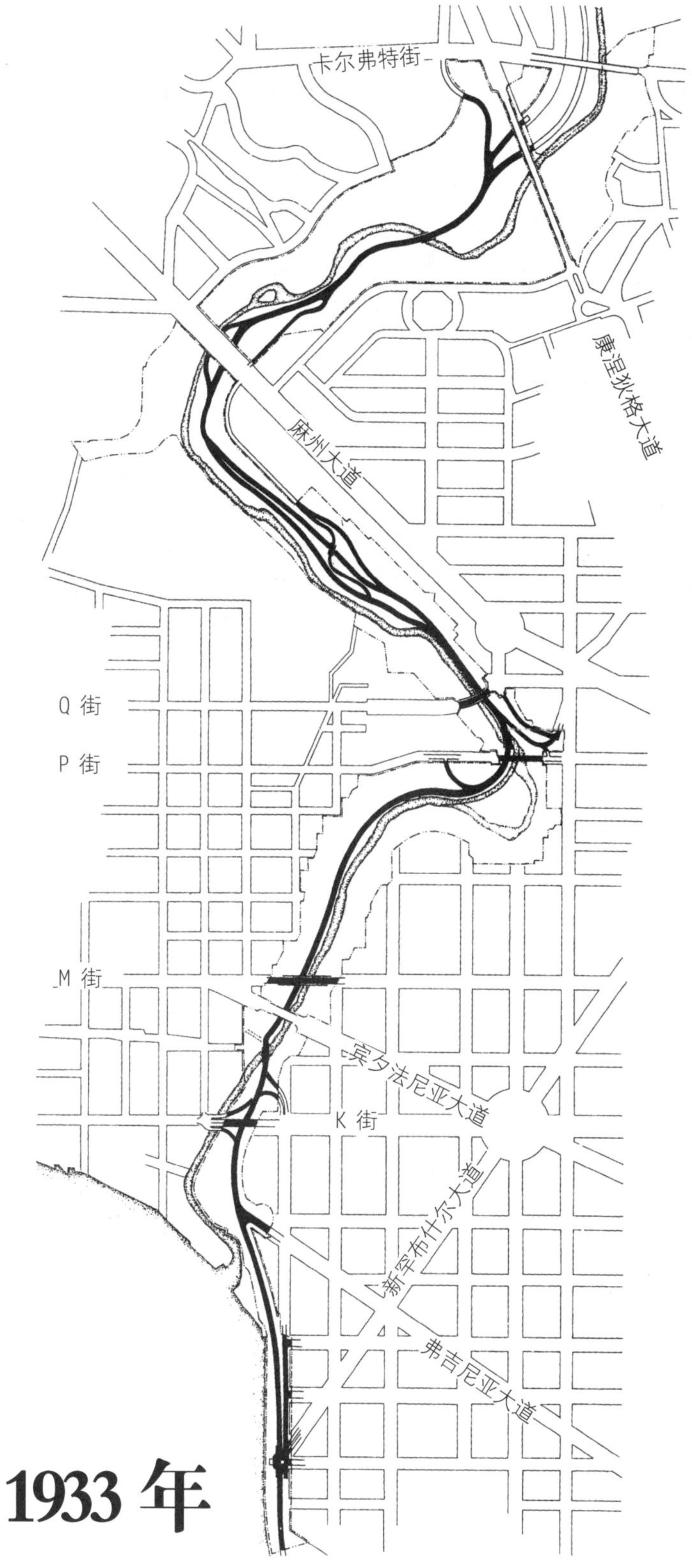

1933 年

随着河谷两侧的发展以及汽车的发展，更宽阔更笔直的道路的需求逐渐显现。为了保留自然景观并隔离周围的城市风貌，也需要对原始方案进行大的改动。其中改动最大的一点就是取消侧边道路，并将马萨诸塞州大街与 Q 大街之间的南北双向道路分开。道路的选址和定线也进行了重新设计。艺术委员会未能成功劝服管理本地高速路的官员将风景道从纪念性的水门区挪开。1933 年的岩溪和波多马克河风景道方案的位置图由公共建筑和公共公园办公室提供。

HISTORIC AMERICAN BUILDINGS SURVEY DC-697
SHEET 3 OF 36
ROCK CREEK AND POTOMAC PARKWAY
WASHINGTON, DISTRICT OF COLUMBIA
DOROTA PAPE-SILWONCZUK 1992

规划指标

平面图索引

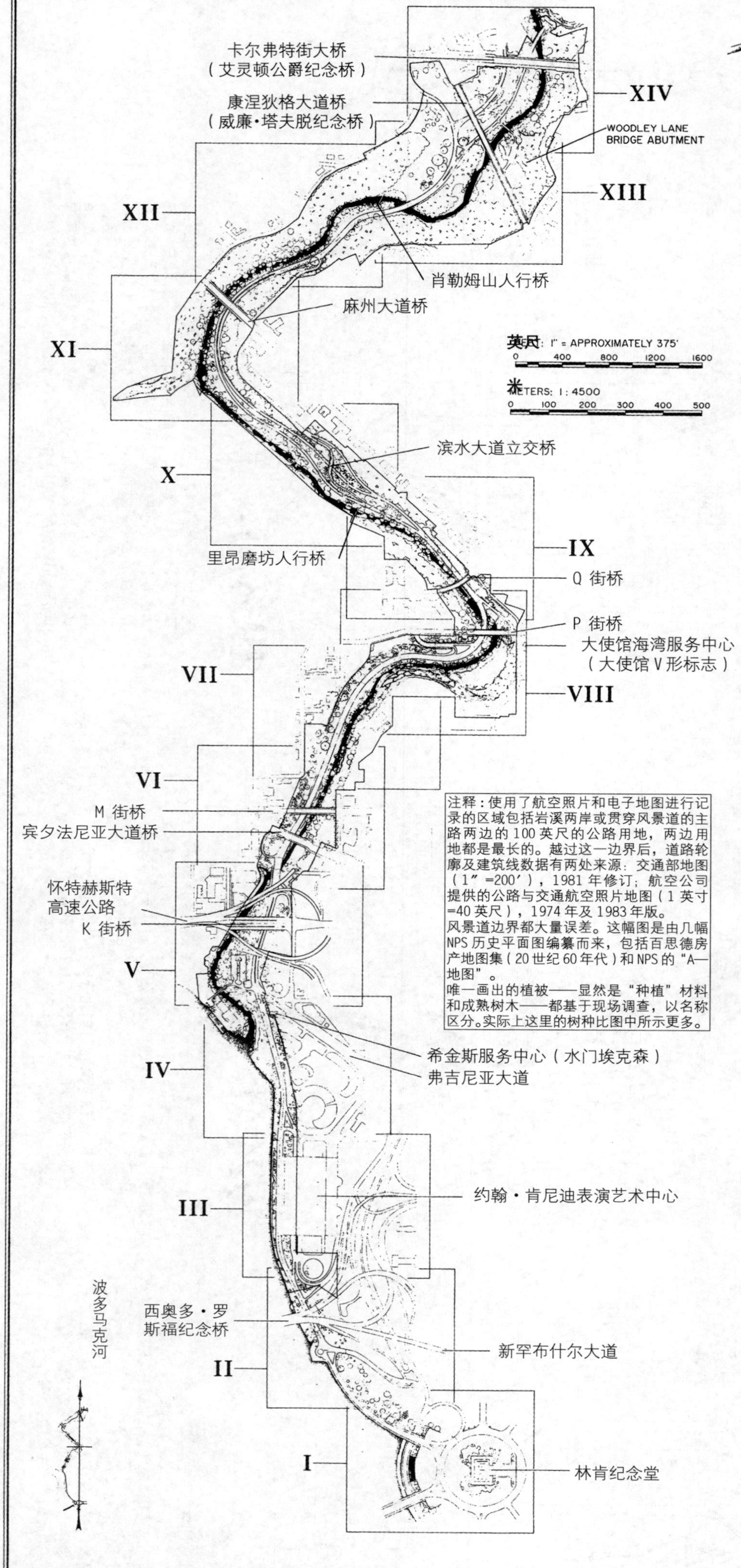

注释：使用了航空照片和电子地图进行记录的区域包括岩溪两岸或贯穿风景道的主路两边的 100 英尺的公路用地，两边用地都是最长的。越过这一边界后，道路轮廓及建筑线数据有两处来源：交通部地图（1″=200′），1981 年修订；航空公司提供的公路与交通航空照片地图（1 英寸=40 英尺），1974 年及 1983 年版。
风景道边界都大量误差。这幅图是由几幅 NPS 历史平面图编纂而来，包括百思德房产地图集（20 世纪 60 年代）和 NPS 的“A—地图”。
唯一画出的植被——显然是“种植”材料和成熟树木——都基于现场调查，以名称区分。实际上这里的树种比图中所示更多。

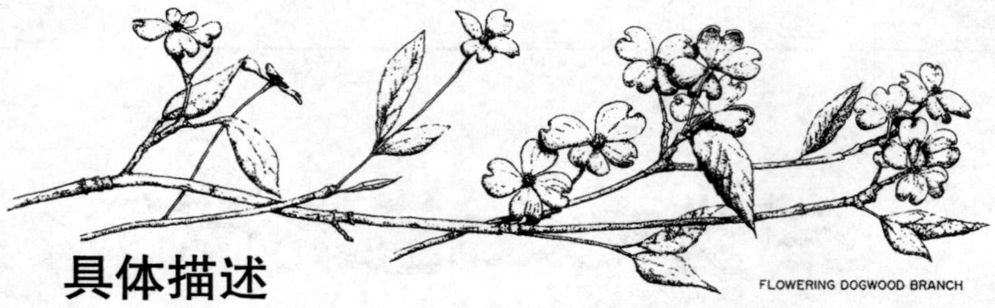

具体描述

岩溪和波多马克河风景道全长约 2.5 英里。两侧的公园用地宽度不一，窄的像肯尼迪表演艺术中心对面河畔的狭长草地那样，而宽的像穿越大部分岩溪河谷的道路那般，宽度可达 500 英尺。像在康乃狄克大街跨线桥和 P 大街的桥下周围，像露天剧场一样，风景道两侧视野极其开阔，两侧的草坪被树木和灌木环绕。岩溪河谷从 K 大街开始，深度迅速增加，达到 50 英尺左右。这么深的河谷一直延续到了 P 大街，那里的深度陡然下滑，到马萨诸塞大街时已达 80 英尺深，到康乃狄克大街时，已深达 120 英尺。

岩溪和波多马克河风景道穿越的河谷两侧具有宽阔的植被，驾驶员可以在一种公园似的美景中直接开到城市中心，而丝毫感受不到城市的喧嚣。向南行驶的驾驶员会体验到一种景观的缓缓变换，从曲折的道路上驾车穿过浓密的树林，随后继续前行，波多马克河畔的美景将一览无余。向北行驶的驾驶员穿过一座座地道桥和怀特赫斯特快速路，很快地驶离城市，进入了岩溪河谷的下游。

河畔的那段风景道，两侧种植着等距的美国梧桐。罗斯福岛弗和吉尼亚沙滩的自然景观与肯尼迪中心、水门建筑群和罗斯福纪念大桥的现代建筑形成鲜明对比。河畔到 P 大街的一段风景道，两侧都是人工修建的景观，因为这一段是在垃圾堆放区和工业用地上修建起来的。M 大街到 P 大街的河西岸的道路两侧，春天会开满水仙，美不胜收。在道路施工完成后，为了形成自然风景，一系列绿化布景工程列入计划。为了与自然融合，大多原有的植物随时间逐渐消失。河漫滩上的一些植物长势浓密，除了在一些植物种群固定的地区，它们逐渐占据优势。在马赛诸塞大街北边，原始森林河谷的景色则完全保留了下来。那里主要分布成熟的硬木树种。在机动车道和多功能小路以及南北终点的开放区域等集中管理的地区，园景树在一些地方再次进行引种。

风景道还包括在碎石基层上铺设的沥青路面，以及弗吉尼亚大街北段的斜砌路缘石和波多马克河畔路段的花岗岩路缘石。在另一些路段，如 Q 大街北侧有挡土墙的路段，道路基层是由混凝土铺设的。风景道主路的宽度通常有 44 英尺宽，在一些大的弯道路段，路面具有弯面加倾度。风景道大部分每个方向都有两个车道，但中间并未修建隔离带分离对向的车辆。在道路中段登巴顿桥与马赛诸塞大街桥之间，风景道南北方向的车道分离成两条 24 英尺的道路。这种设计保留了山谷的原貌，令驾驶体验更加轻松，景色更加赏心悦目。在 K 大街到西波多马克公园的路段中，用比利时式砌石块铺设了一段 4 英尺宽的中间带。

第 360 号保留用地包括 174.23 英亩的土地，范围从南部动物园入口到北部罗斯福纪念大桥北侧 200 英尺。这样的边界不仅反映了之前按照土地使用授权的划线范围，也反映出道路设计师和区域规划师早就考虑了环形交叉的设计，将林肯纪念堂和阿灵顿纪念大桥区域作为南端的终点。数年间，道路的两侧经过了一些小的修改，玫瑰公园到特区公园与休闲部门的联络道路就是其中比较明显的一处。

植物列表

	拉丁名	中文名
Aa	*Ailanthus altissima*	天堂树
Ac	*Amelanchier Canadensis*	花楸树
An	*Acer negundo*	白蜡枫
Ao	*Aesculus octandra*	七叶树
Ar	*Acer rubrum*	红枫
As	*Acer saccharinum*	银枫
Asa	*Acer saccharum*	糖枫
Bj	*Berberis julianae*	冬青伏牛花
Bn	*Betula nigra*	水白桦
Bp	*Broussonetia papyrifera*	构树
Cc	*Carpinus carolinia*	榛树
Cca	*Cercis Canadensis*	紫荆
Ccg	*Cotinus coggygria*	烟树
Cd	*Cedrus deodora*	雪松
Cf	*Cornus florida*	多花狗木
Cl	*Celtis laevigata*	糖莓树
Cm	*Cornus mas*	山茱萸
Cm	*Castanea mollisima*	板栗树
Co	*Celtis occidentalis*	朴树
Csp	*Crataegus species*	山楂树
Fa	*Fraxinus americana*	白蜡树
Fp	*Fraxinus pennsylvanica*	绿蜡树
Fs	*Fagus sylvatica*	榉树
Gb	*Ginkgo biloba*	银杏树
Gt	*Gleditsia tricanthos*	皂荚树
Hv	*Hamamelis virginiana*	金缕梅
Io	*Ilex opaca*	冬青木
Isp	*Ilex species*	冬青树
Jn	*Juglans nigra*	黑胡桃
Jv	*Juniperus virginiana*	铅笔柏
Li	*Lagerstroemia indica*	百日花
Ls	*Liquidambar styraciflua*	香枫
Lsp	*Lonicera species*	忍冬
Lsp	*Ligustrum species*	女贞树
Lt	*Liriodendron tulipifera*	百合树
Masp	*Malus species*	海棠
Mg	*Magnolia grandiflora*	南方大兰花
Mp	*Maclura pomifera*	桑橙树
Msp	*Morus species*	桑树
Ns	*Nyssa sylvatica*	黑紫树
Pa	*Platanus acerifolia*	悬铃木
Pd	*Populous deltoids*	项圈杨
Pn	*Pinus nigra*	黑松
Po	*Platanus occidentalis*	无花果树
Ps	*Pinus strobus*	白松
Pse	*Prunus serotina*	黑樱桃
Psp	*Prunus species*	樱花树
Psy	*Pinus sylvestris*	苏格兰松
Pt	*Paulownia tomentosa*	泡桐
Pv	*Pinus virginiana*	弗吉尼亚松
Qa	*Quercus alba*	白橡
Qb	*Quercus borealis*	北红橡
Qb	*Quercus bicolor*	二色栎
Qc	*Quercus coccinea*	大红栎
Qf	*Quercus falcata*	南红橡
Qn	*Quercus nigra*	水栎
Qp	*Quercus phellos*	柳橡
Qpa	*Quercus palustris*	针叶橡树
Qr	*Quercus rubra*	红橡
Qv	*Quercus velutina*	黑橡木
Rc	*Rhamnus cathartica*	鼠李木
Rp	*Robinia pseudoacacia*	洋槐
Sj	*Sophora japonica*	日本宝塔树
Tc	*Tsuga canadensis*	铁杉
Ua	*Ulmus americana*	榆树
Up	*Ulmus pumila*	榆木
Vd	*Viburnum dilatum*	荚蒾
Vp	*Viburnum prunifolium*	樱叶荚蒾

DRAWN BY: EVAN E. MILLER 1992
ROCK CREEK AND POTOMAC PARKWAY DOCUMENTATION PROJECT 1991-1992
NATIONAL PARK SERVICE
UNITED STATES DEPARTMENT OF THE INTERIOR

ROCK CREEK AND POTOMAC PARKWAY
WASHINGTON, DISTRICT OF COLUMBIA

SHEET 5 OF 36 SHEETS
HISTORIC AMERICAN BUILDINGS SURVEY
DC-697

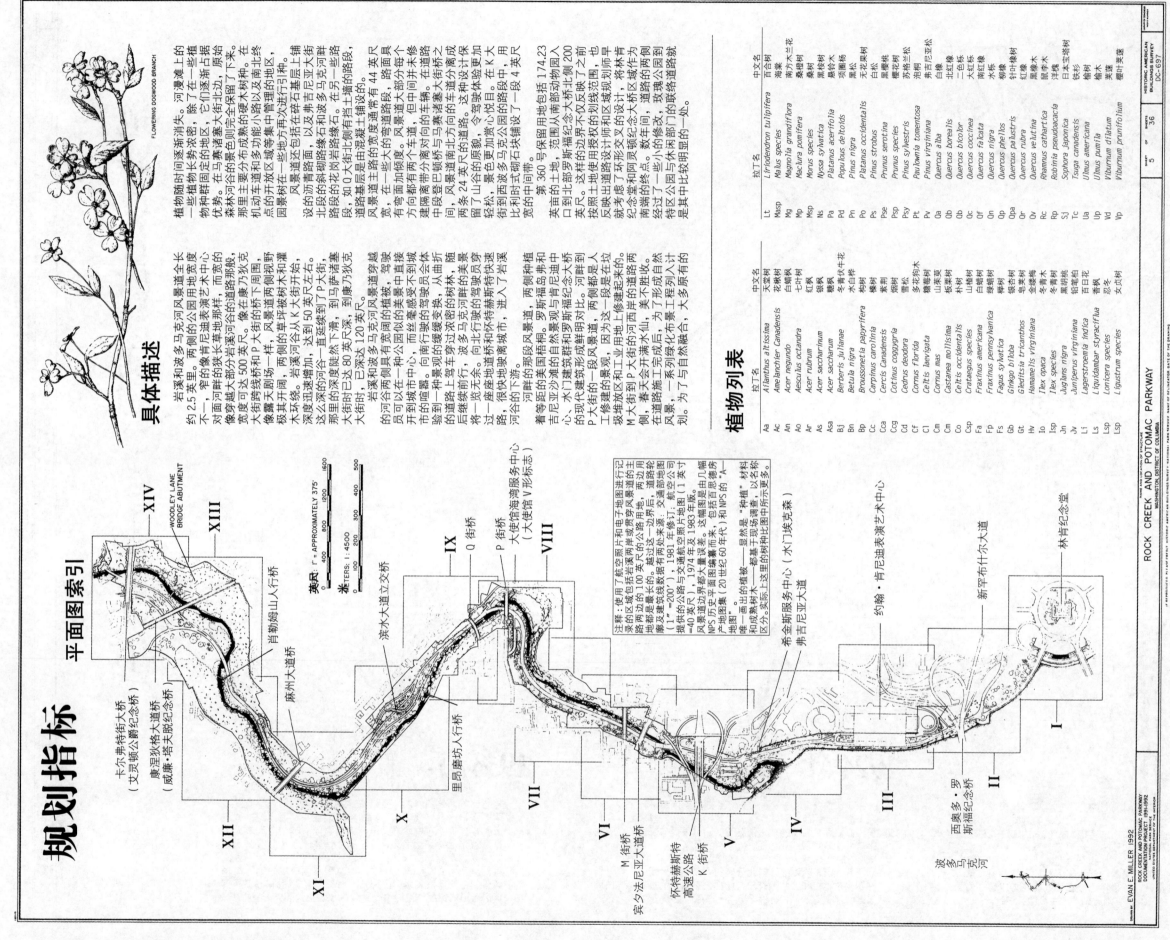

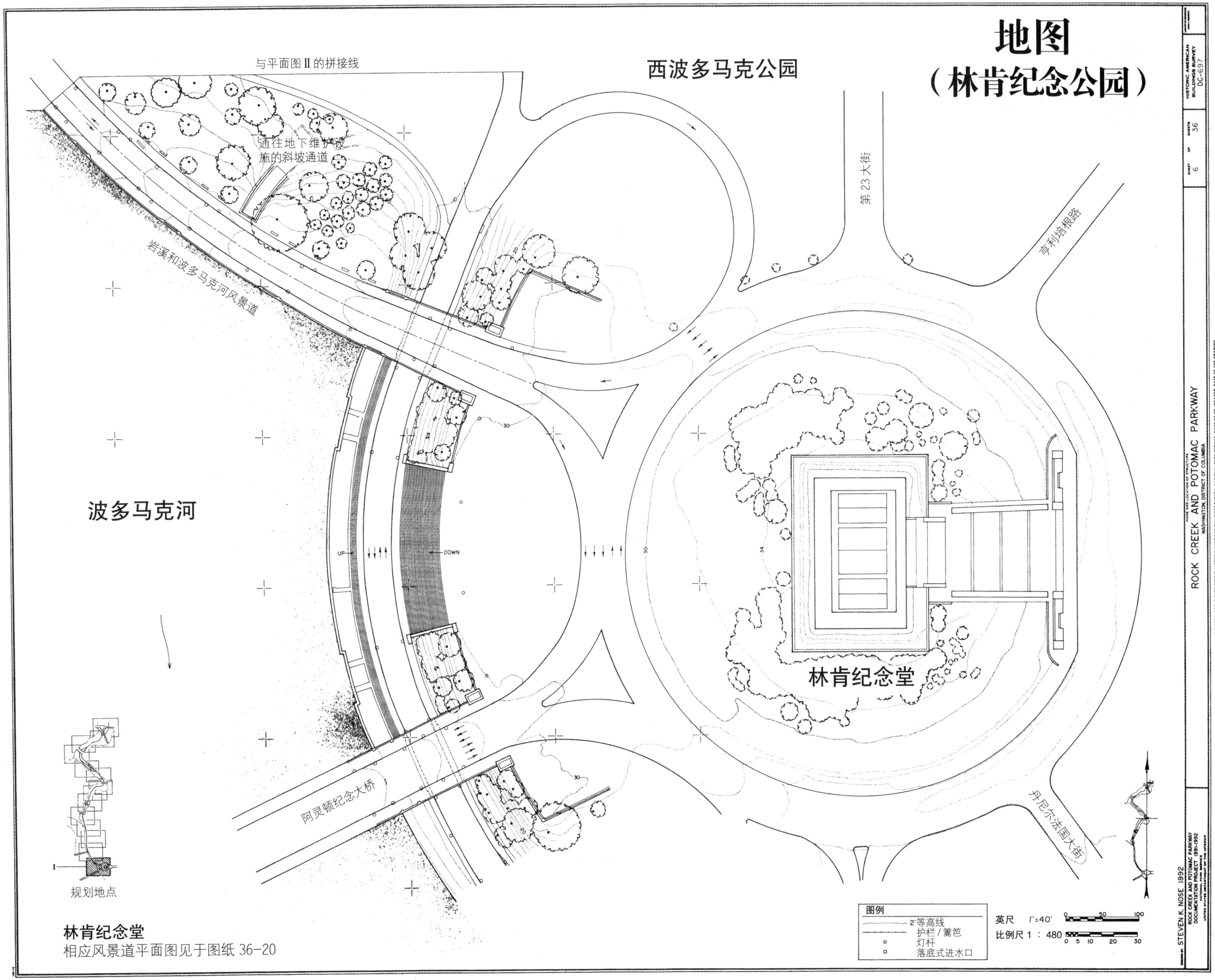

地图
（林肯纪念公园）
与平面图Ⅱ的拼接线
西波多马克公园
通往地下维护设施的斜坡通道
第23大街
亨利培根路
岩溪和波多马克河风景道
波多马克河
林肯纪念堂
阿灵顿纪念大桥
丹尼尔法国大街
规划地点
图例
2'等高线
护栏／篱笆
灯杆
落底式进水口
英尺 1"=40'
比例尺1：480
ROCK CREEK AND POTOMAC PARKWAY
WASHINGTON, DISTRICT OF COLUMBIA
HISTORIC AMERICAN BUILDINGS SURVEY DC-697
SHEET 6 OF 36 SHEETS
STEVEN K. NOSE 1992
ROCK CREEK AND POTOMAC PARKWAY DOCUMENTATION PROJECT 1991-1992
UP
DOWN

林肯纪念堂

相应风景道平面图见于图纸 36-20

地图
（水边驾车天桥）

注：玫瑰公园于1972年移
交特区公园与游憩管理部。

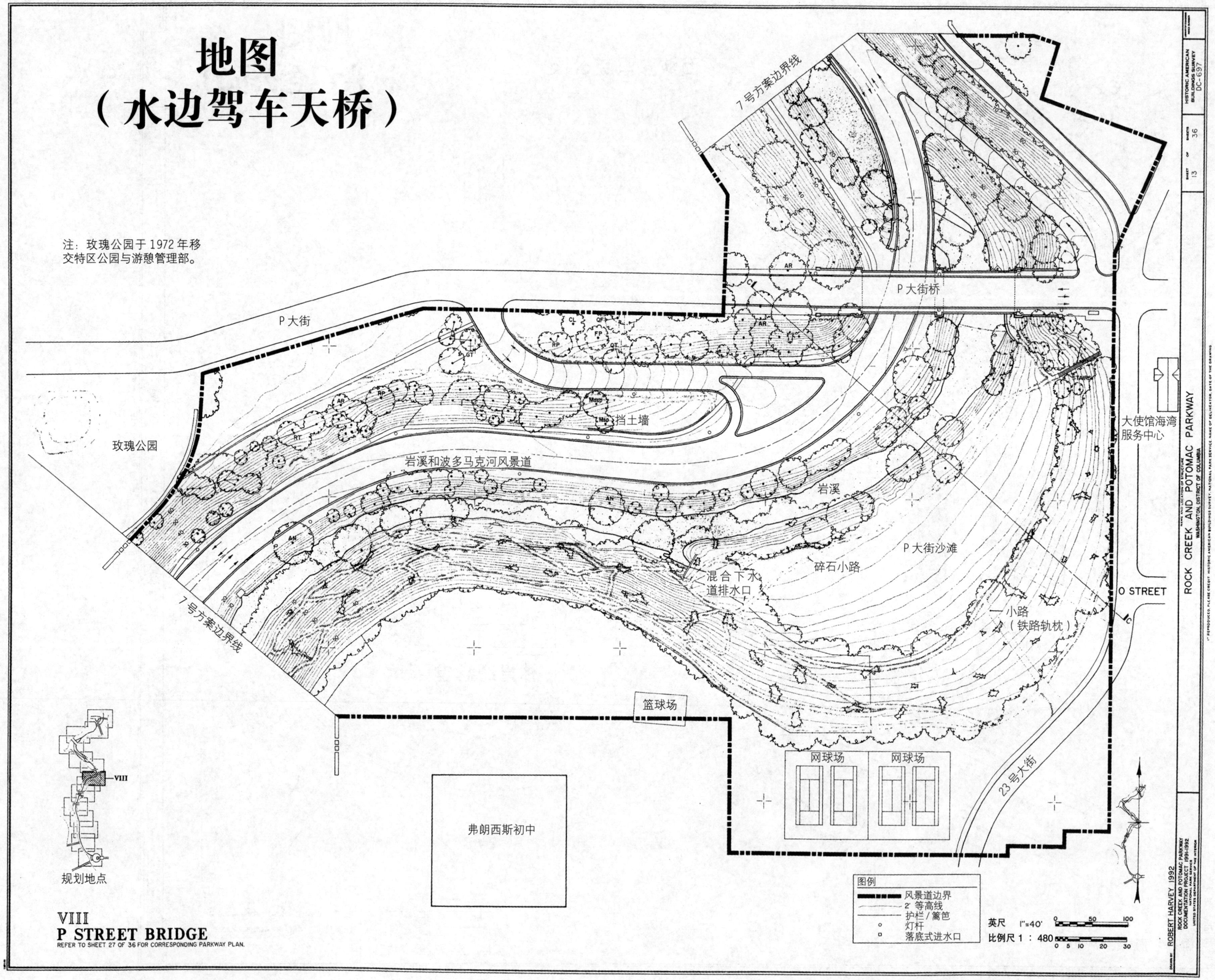
7号方案边界线
P大街
P大街桥
玫瑰公园
挡土墙
岩溪和波多马克河风景道
岩溪
大使馆海湾
服务中心
P大街沙滩
碎石小路
混合下水
道排水口
O STREET
小路
（铁路轨枕）
7号方案边界线
篮球场
网球场
网球场
23号大街
弗朗西斯初中
规划地点
VIII
VIII
P STREET BRIDGE
REFER TO SHEET 27 OF 36 FOR CORRESPONDING PARKWAY PLAN.
图例
风景道边界
2' 等高线
护栏／篱笆
灯杆
落底式进水口
英尺 1"=40'
0 50 100
比例尺 1：480
0 5 10 20 30
ROCK CREEK AND POTOMAC PARKWAY
WASHINGTON, DISTRICT OF COLUMBIA
ROBERT HARVEY 1992
HISTORIC AMERICAN BUILDINGS SURVEY
DC-697
13
36

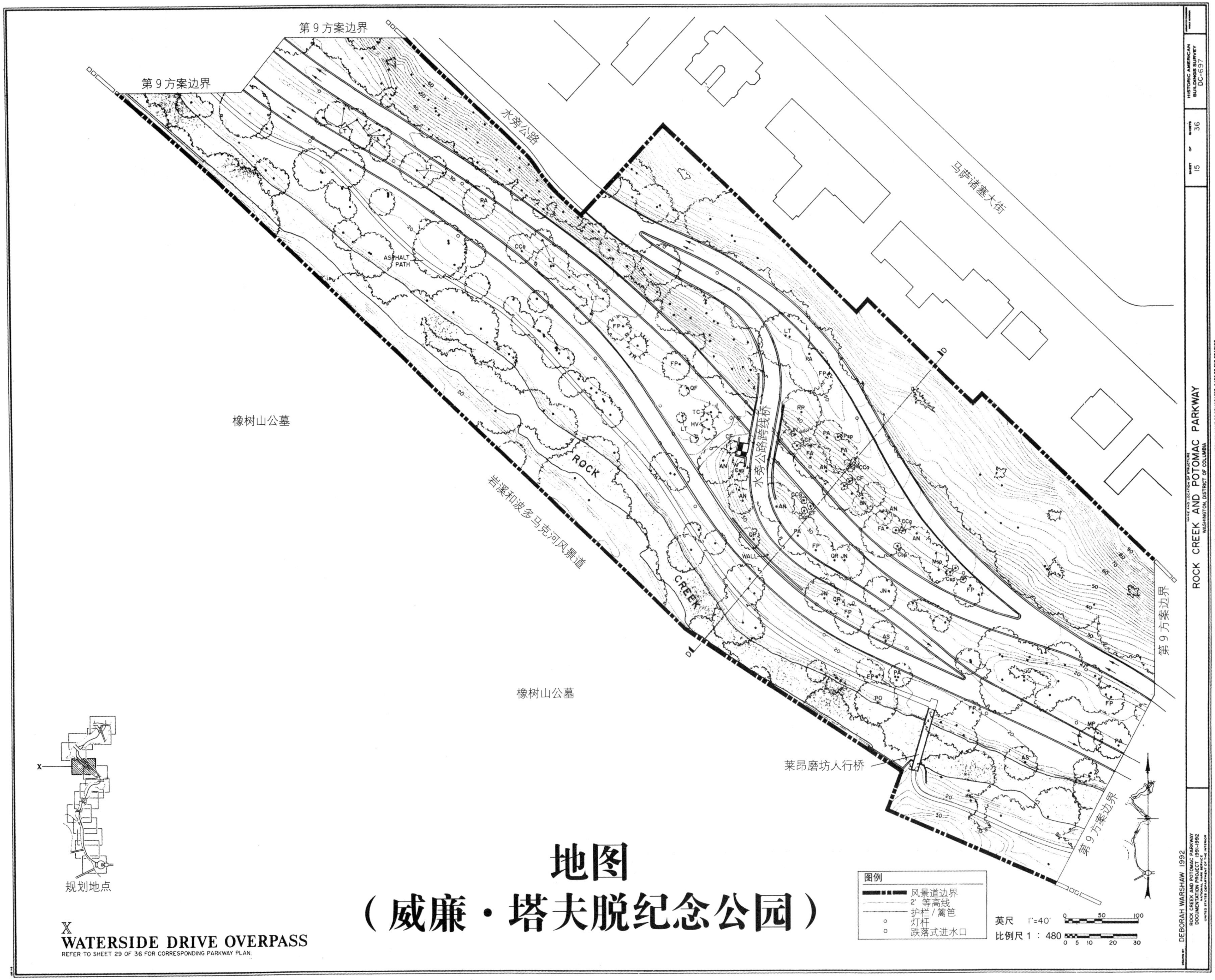
第9方案边界
第9方案边界
水旁公路
马萨诸塞大街
橡树山公墓
橡树山公墓
岩溪和波多马克河风景道
水旁公路跨线桥
莱昂磨坊人行桥
第9方案边界
第9方案边界
ROCK
CREEK
ASPHALT PATH
WALL
规划地点
X
WATERSIDE DRIVE OVERPASS
REFER TO SHEET 29 OF 36 FOR CORRESPONDING PARKWAY PLAN.
图例
风景道边界
2' 等高线
护栏／篱笆
灯杆
跌落式进水口
英尺 1"=40'
比例尺1 : 480
ROCK CREEK AND POTOMAC PARKWAY
WASHINGTON, DISTRICT OF COLUMBIA
HISTORIC AMERICAN BUILDINGS SURVEY
DC-697
15
36
DEBORAH WARSHAW 1992

地图
（威廉·塔夫脱纪念公园）

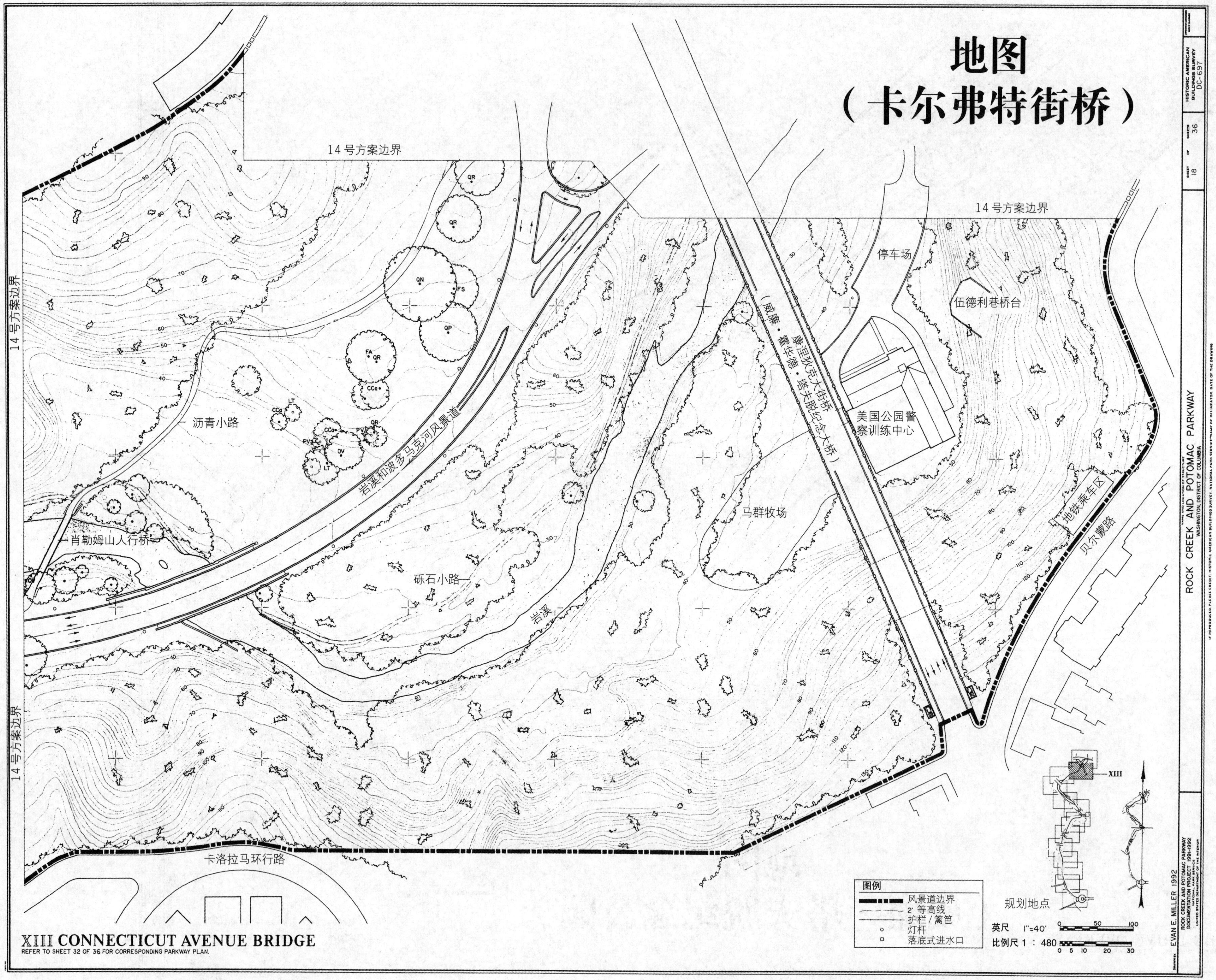
地图
（卡尔弗特街桥）
14号方案边界
14号方案边界
14号方案边界
14号方案边界
停车场
伍德利巷桥台
（威廉·霍华德·塔夫脱纪念大桥）康涅狄克大街桥
美国公园警察训练中心
沥青小路
岩溪和波多马克河风景道
马群牧场
地铁乘车区
贝尔蒙路
肖勒姆山人行桥
砾石小路
岩溪
卡洛拉马环行路
XIII CONNECTICUT AVENUE BRIDGE
REFER TO SHEET 32 OF 36 FOR CORRESPONDING PARKWAY PLAN.
图例
风景道边界
2' 等高线
护栏／篱笆
灯杆
落底式进水口
规划地点
英尺 1"=40'
比例尺 1 ： 480
XIII
ROCK CREEK AND POTOMAC PARKWAY
WASHINGTON, DISTRICT OF COLUMBIA
EVAN E. MILLER 1992
ROCK CREEK AND POTOMAC PARKWAY DOCUMENTATION PROJECT 1991-1992
HISTORIC AMERICAN BUILDINGS SURVEY
DC-697
18
36

风景道

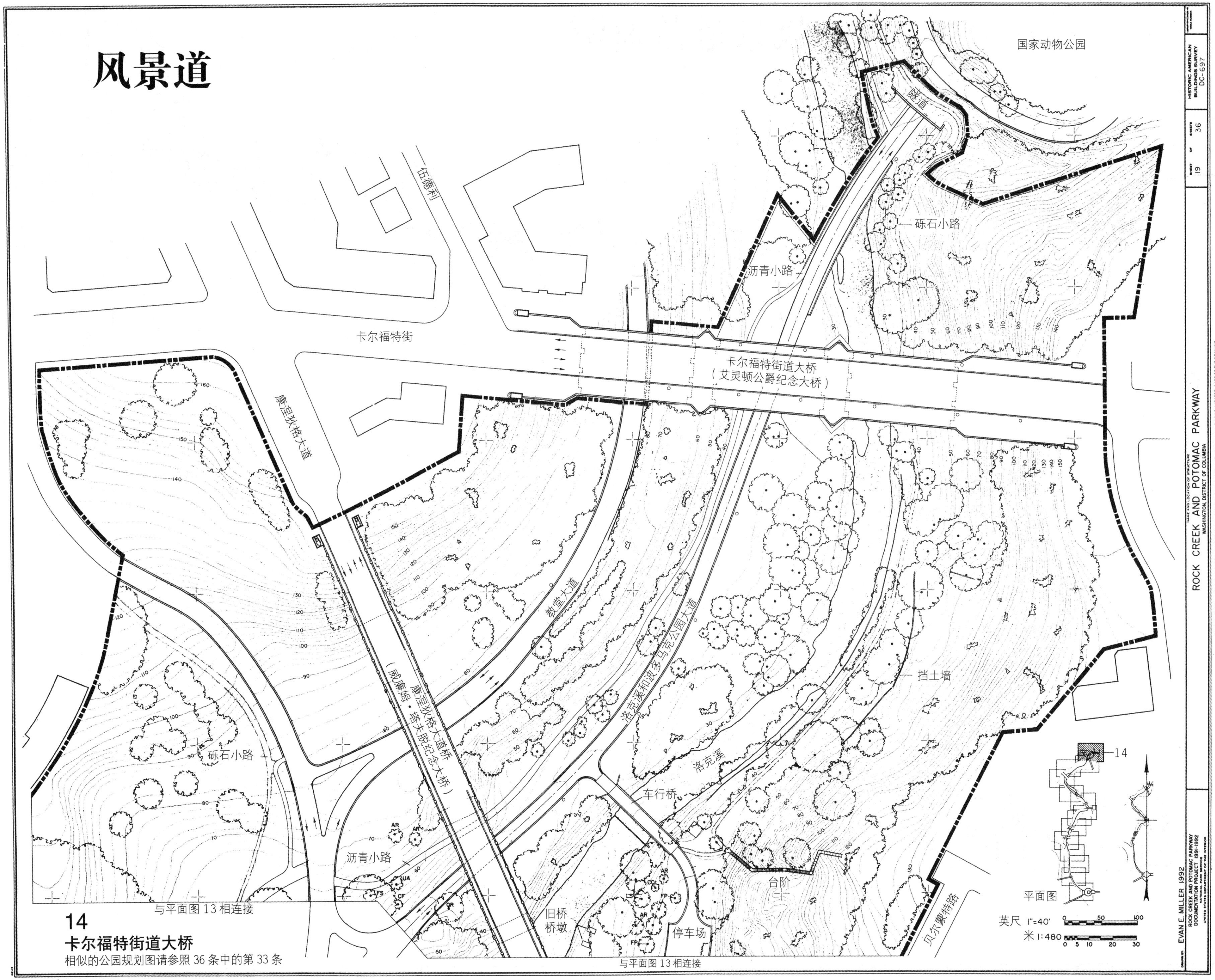

14
卡尔福特街道大桥
相似的公园规划图请参照 36 条中的第 33 条

风景道截面图

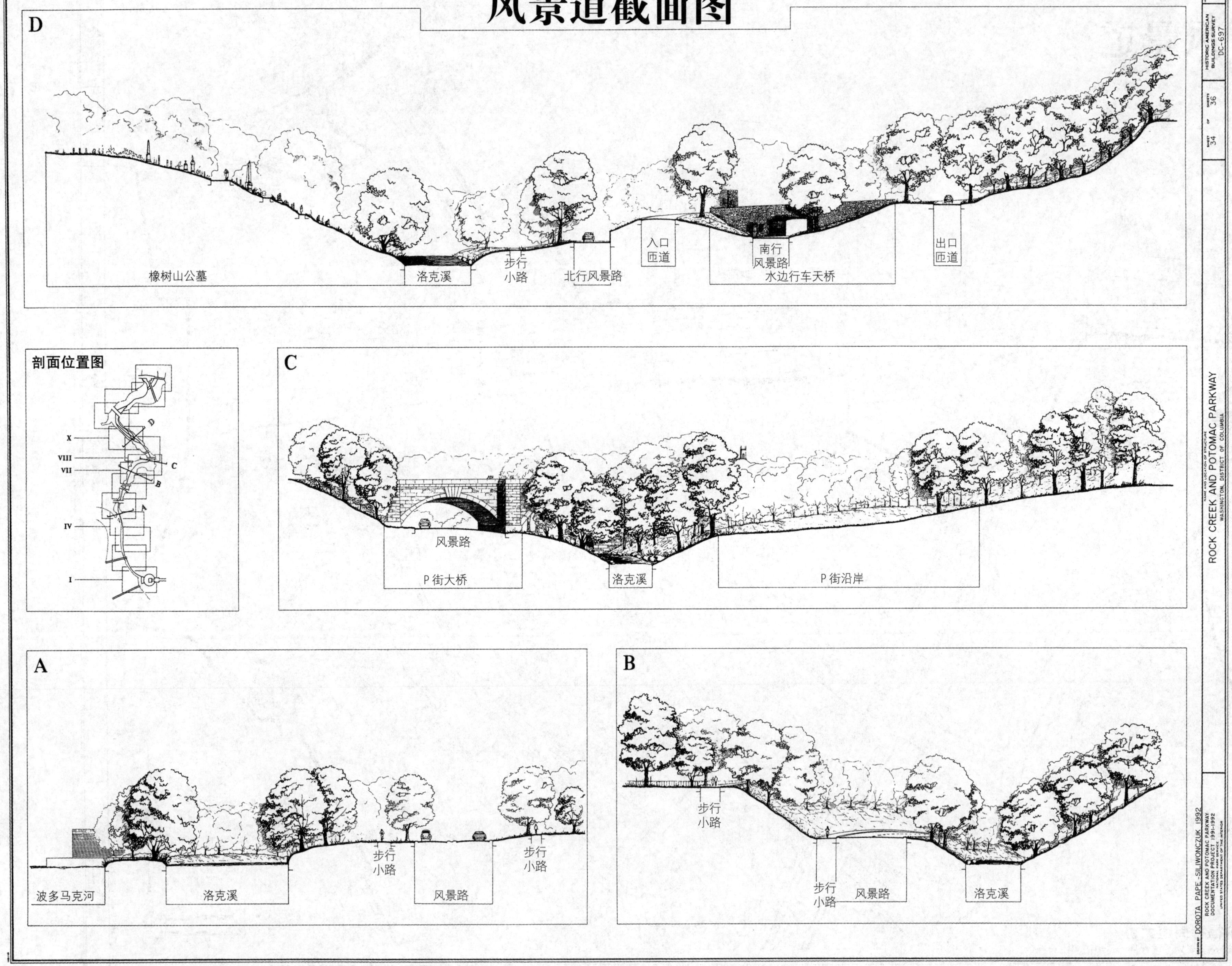
D
橡树山公墓
洛克溪
步行
小路
北行风景路
入口
匝道
南行
风景路
水边行车天桥
出口
匝道
剖面位置图
X
VIII
VII
IV
I
D
C
B
A
C
风景路
P街大桥
洛克溪
P街沿岸
A
波多马克河
洛克溪
步行
小路
风景路
步行
小路
B
步行
小路
步行
小路
风景路
洛克溪
HISTORIC AMERICAN BUILDINGS SURVEY
DC-697
34
36
ROCK CREEK AND POTOMAC PARKWAY
WASHINGTON, DISTRICT OF COLUMBIA
DOROTA PAPE-SILIWONCZUK 1992

洛克溪和波多马克公园桥梁，1897–1964 年

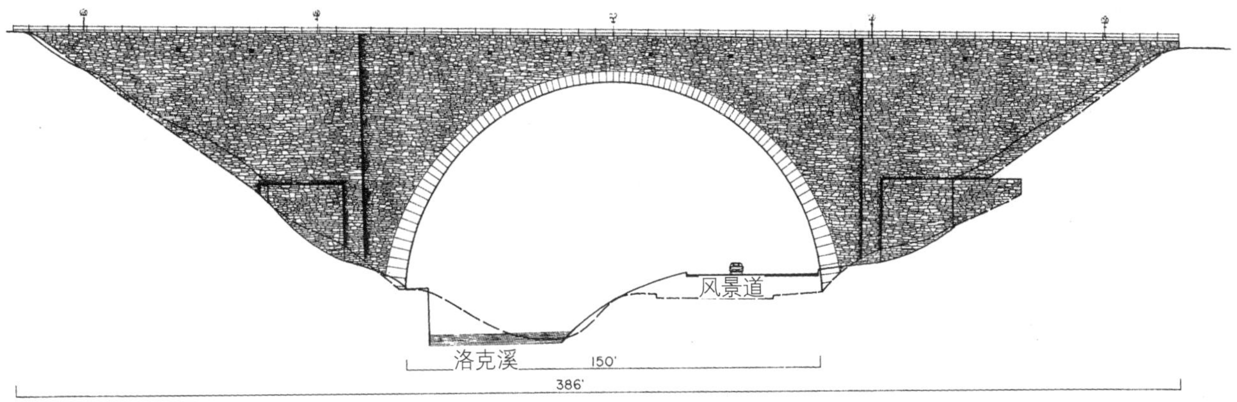
风景道
洛克溪
150'
386'

马萨诸塞州主干道桥梁，1939—1941 年

HARE DC—22 号

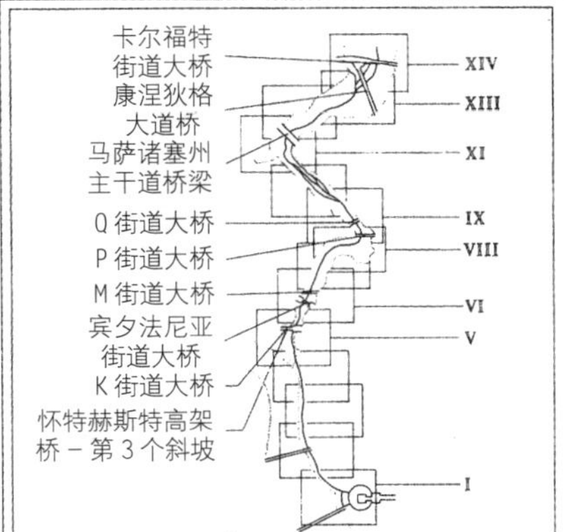
卡尔福特街道大桥
康涅狄格大道桥
马萨诸塞州主干道桥梁
Q 街道大桥
P 街道大桥
M 街道大桥
宾夕法尼亚街道大桥
K 街道大桥
怀特赫斯特高架桥－第 3 个斜坡
XIV
XIII
XI
IX
VIII
VI
V
I

桥梁位置示意图

英尺 1" = 20'

0 50 100

米 1 : 240

0 5 10 20 30

——— 现在地线

- - - - - 之前地线

图例

注意：桥梁的图和尺寸都根据之前的建筑/工程设计图绘制。资料来源：国家档案馆。所有的资料图都是南立面图。

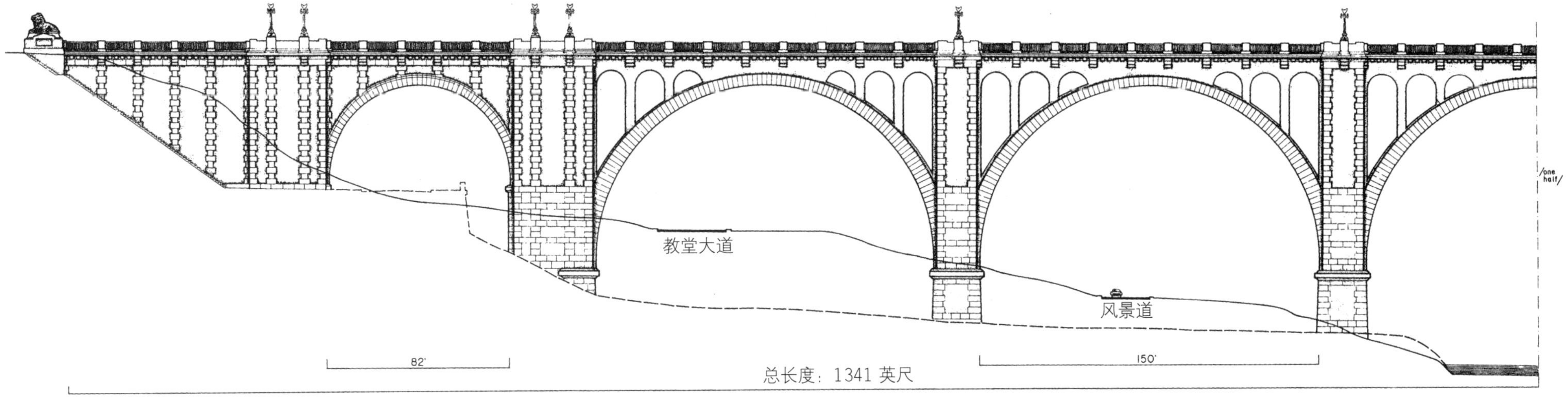
one half
教堂大道
风景道
82'
150'
总长度：1341 英尺

康涅狄格大道桥（威廉姆·塔夫脱纪念大桥），建立于 1897 年到 1907 年

DC—6 号

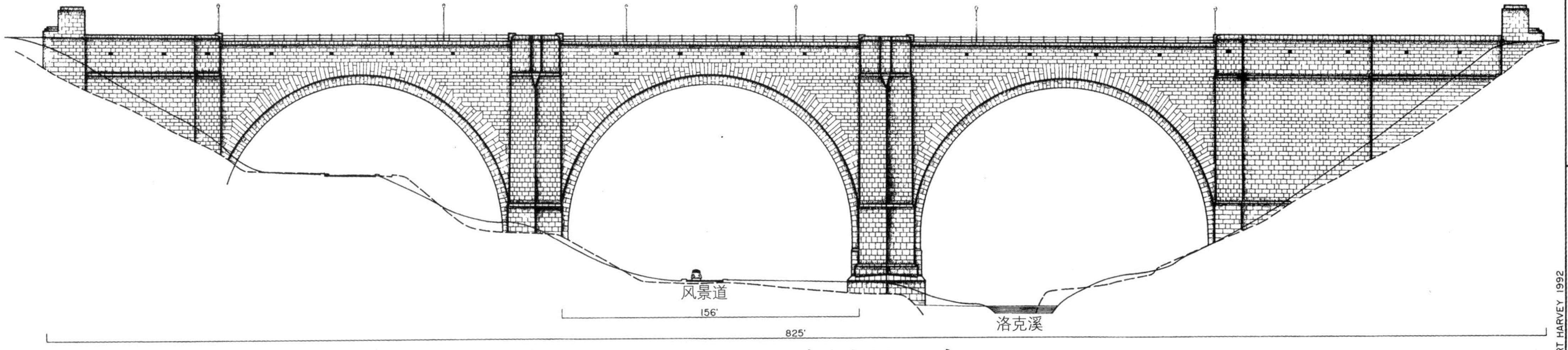
风景道
156'
825'
洛克溪

卡尔福特街道大桥（艾灵顿公爵纪念大桥），建立于 1933 年到 1935 年

DC–23 号

HISTORIC AMERICAN BUILDINGS SURVEY DC-697

SHEET 35 OF 36 SHEETS

ROCK CREEK AND POTOMAC PARKWAY

WASHINGTON, DISTRICT OF COLUMBIA

ROBERT HARVEY 1992

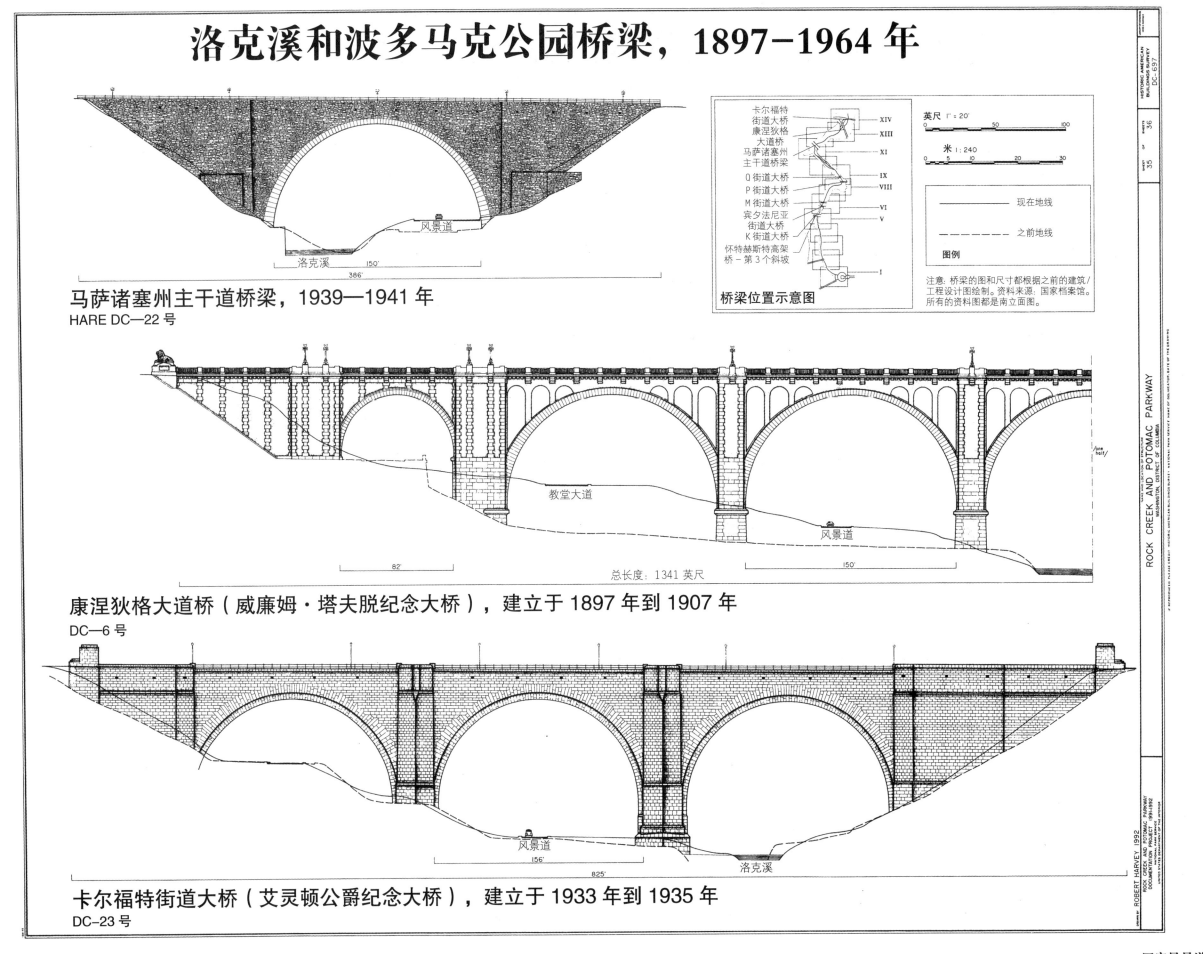

ROCK CREEK AND POTOMAC PARKWAY DOCUMENTATION PROJECT 1991-1992

洛克溪和波多马克风景道大桥，1897–1964 年

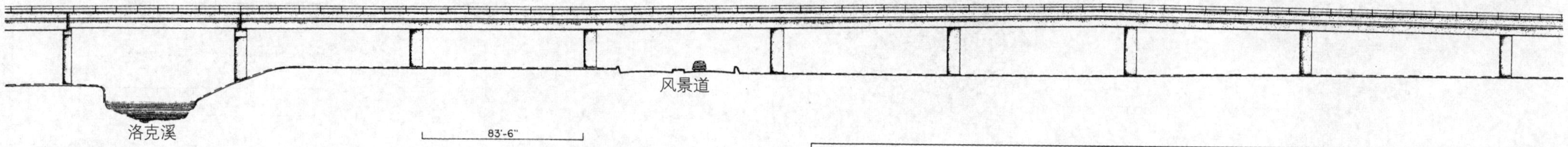

怀特赫斯特高架桥—第 3 个斜坡，1964 年修建

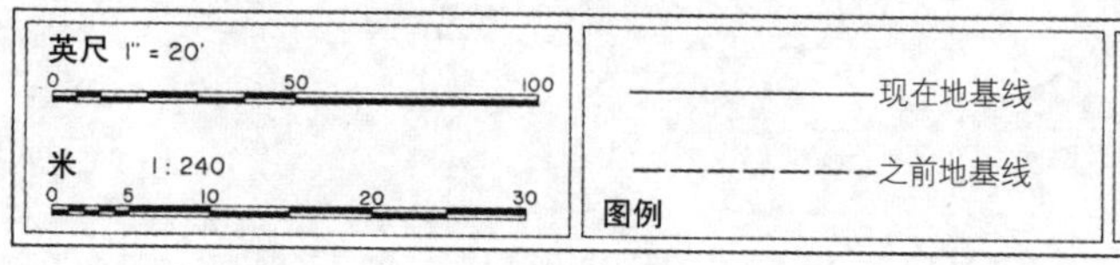

注：桥梁的图和尺寸都根据之前的建筑 / 工程设计图绘制。资料来源：国家档案馆。所有的资料图都是南立面图

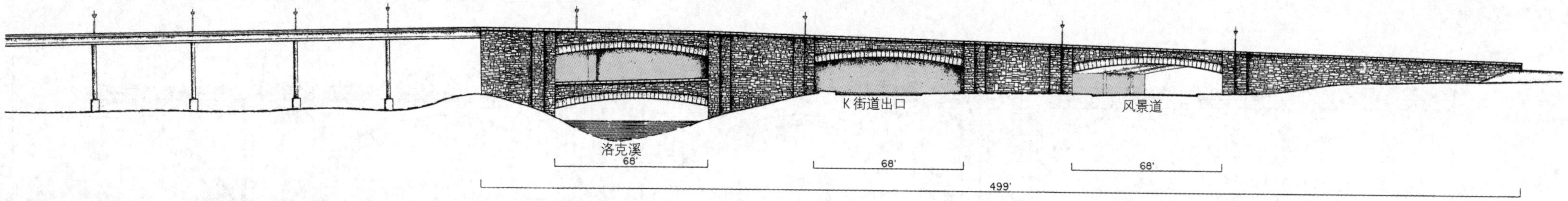

K 街道大桥，1939–1940 年，1947–1949 年

HARE DC—20 号

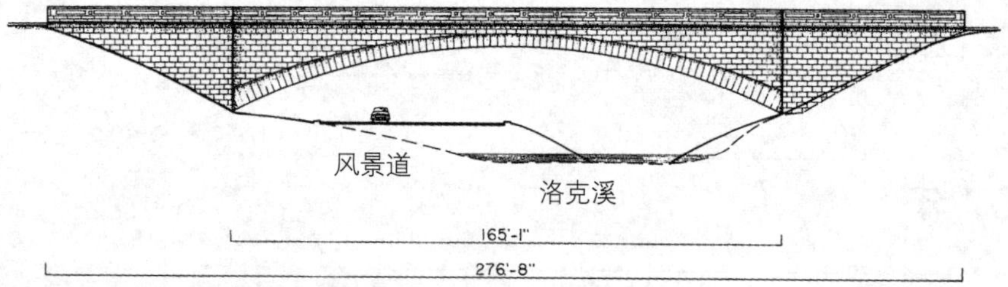

宾夕法尼亚街道大桥，1915–1916 年

HARE DC—21 号

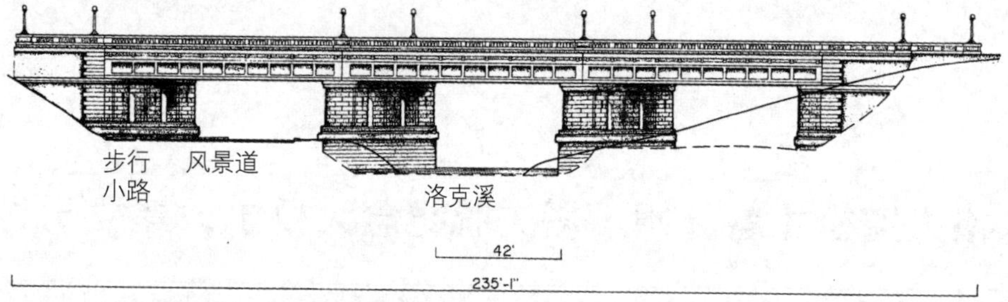

M 街道大桥，1929 年

HARE DC—37 号

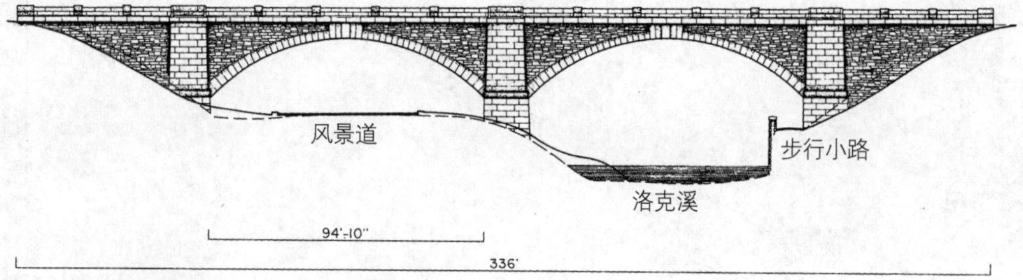

P 街道大桥，1935 年

HARE DC—48 号

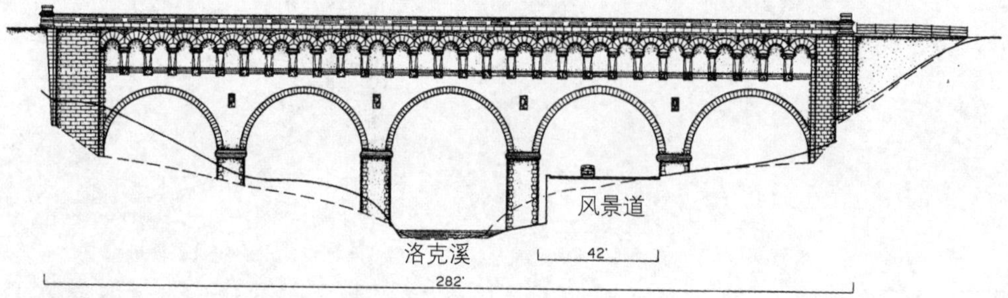

Q 街道大桥 ,1915 年

HARE DC—38 号

ROCK CREEK AND POTOMAC PARKWAY
WASHINGTON, DISTRICT OF COLUMBIA

HISTORIC AMERICAN BUILDINGS SURVEY
DC-697

SHEET 36 OF 36 SHEETS

DRAWN BY: ANTHONY M. ARCARO 1992

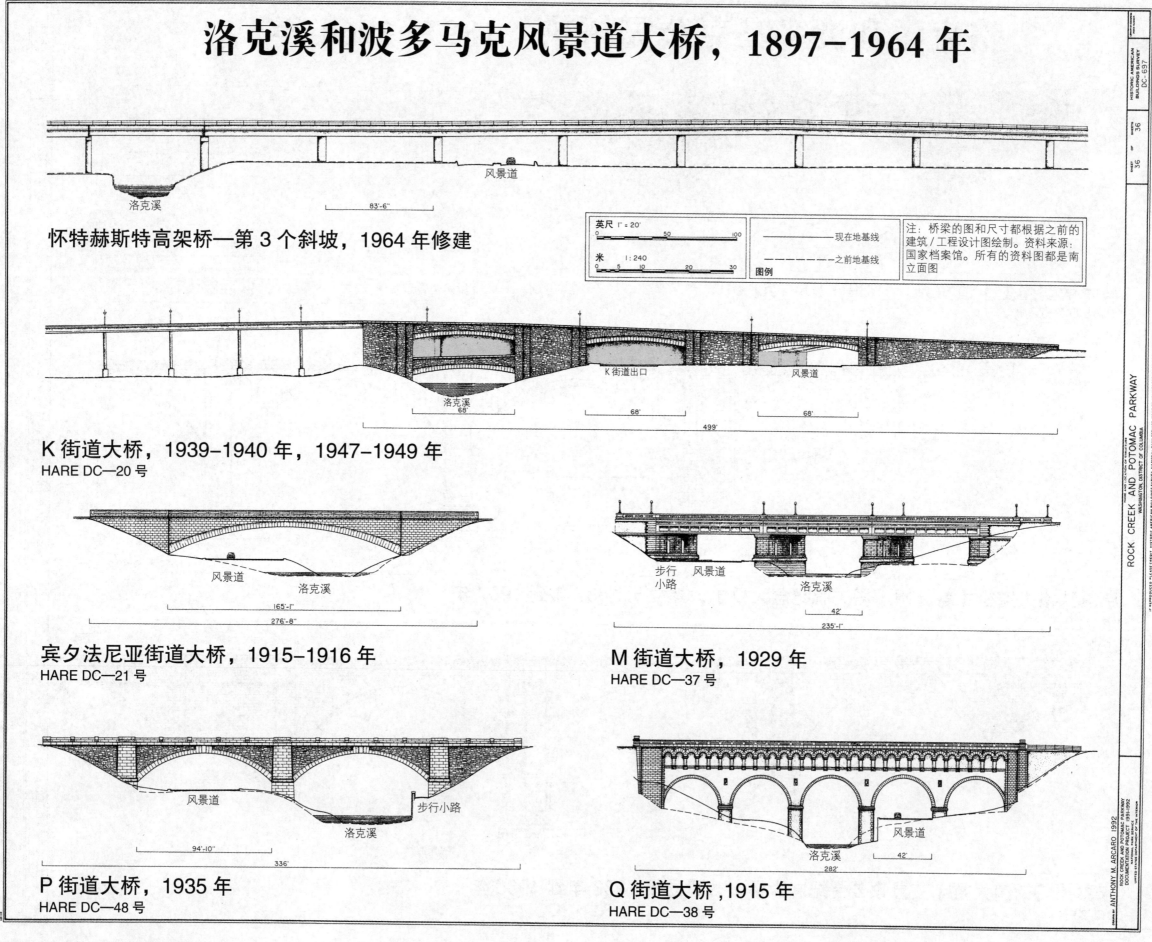

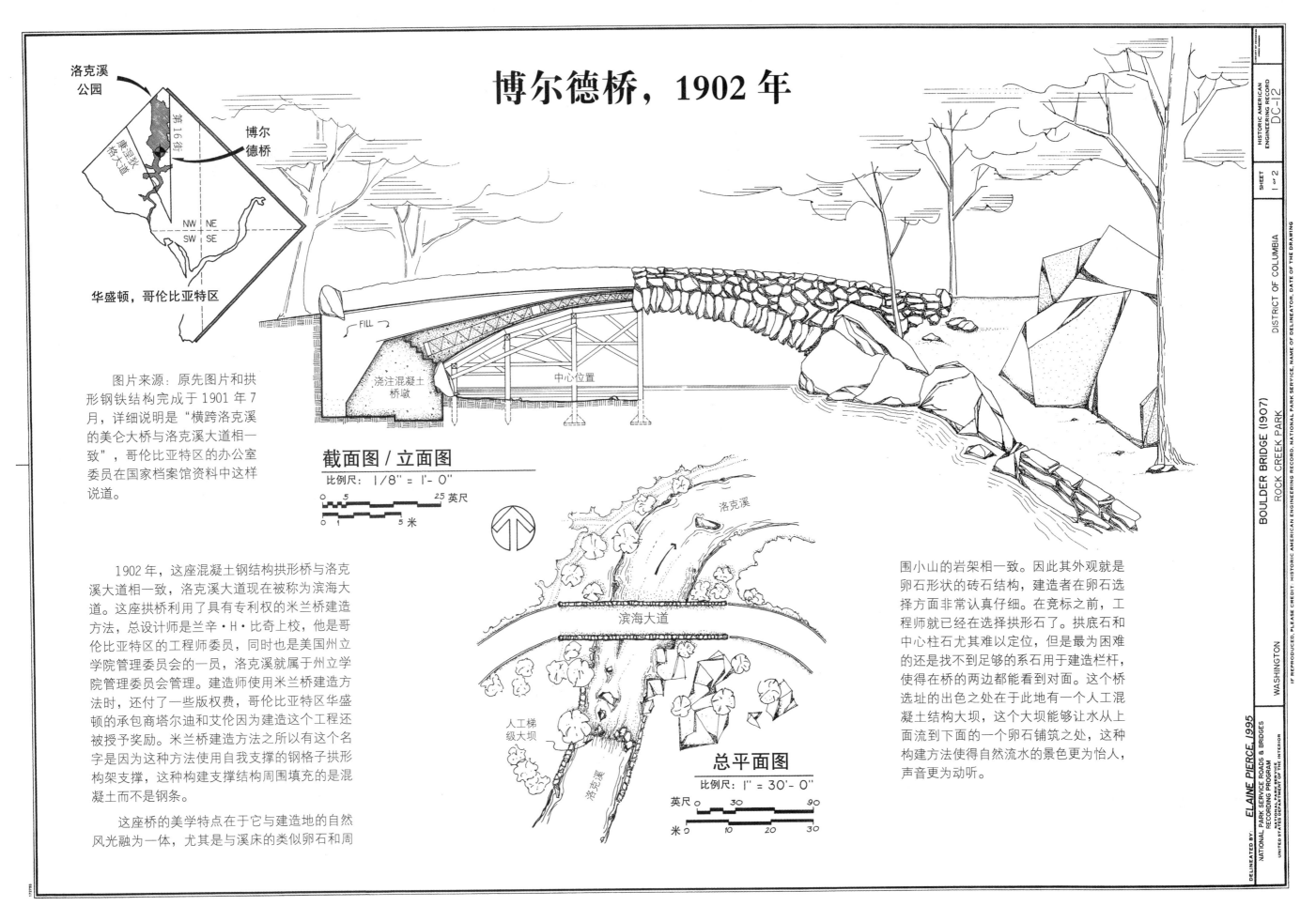

博尔德桥，1902 年

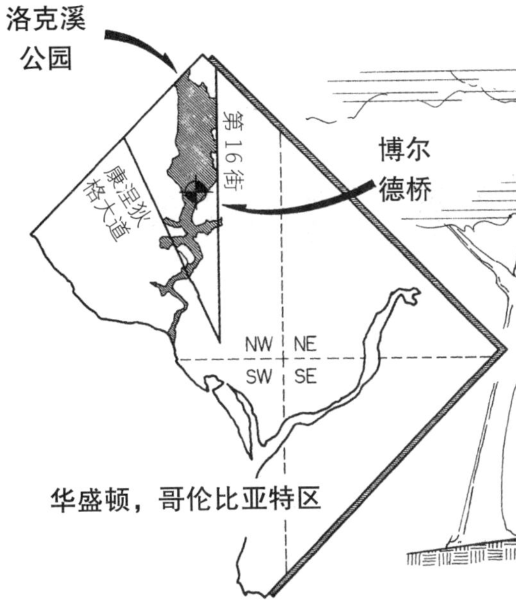

洛克溪
公园
第 16 街
康涅狄格大道
博尔
德桥
NW NE
SW SE
华盛顿，哥伦比亚特区

图片来源：原先图片和拱形钢铁结构完成于 1901 年 7 月，详细说明是“横跨洛克溪的美仑大桥与洛克溪大道相一致”，哥伦比亚特区的办公室委员在国家档案馆资料中这样说道。

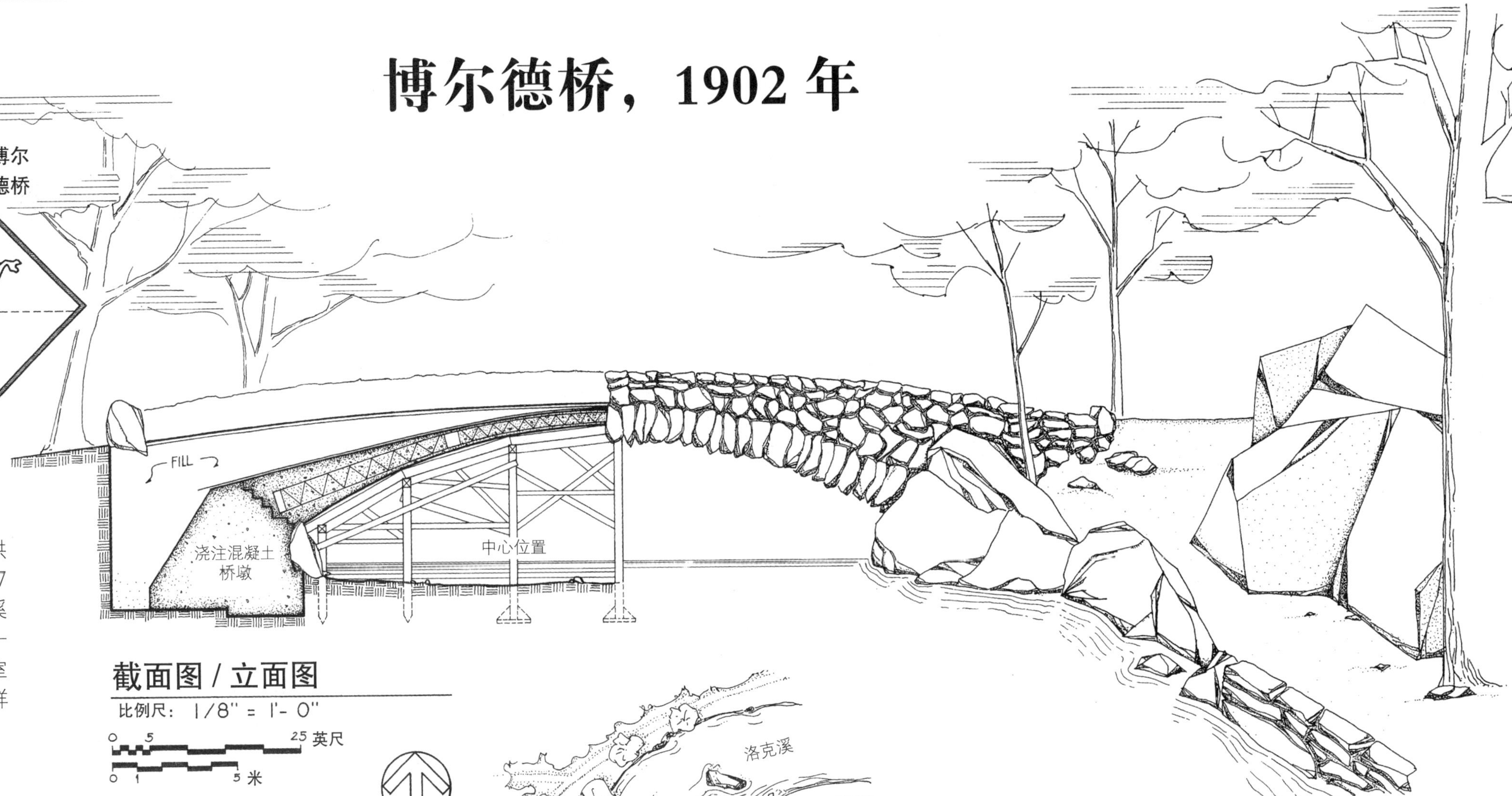

FILL
浇注混凝土桥墩
中心位置
比例尺：1/8" = 1'- 0"
0 5 25 英尺
0 1 5 米

截面图 / 立面图

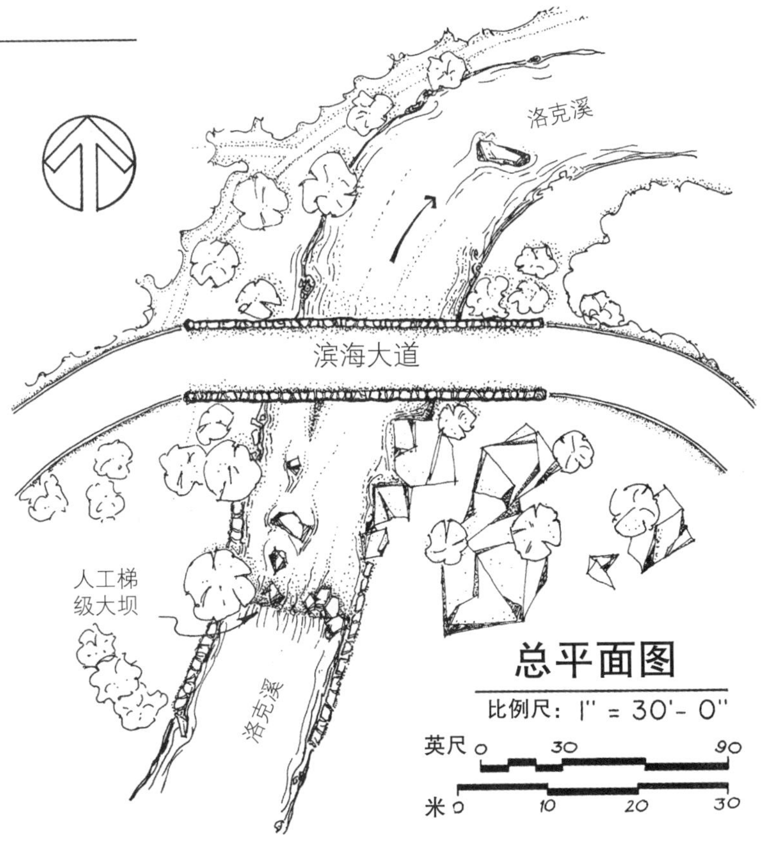

洛克溪
滨海大道
人工梯级大坝
洛克溪
比例尺：1" = 30'- 0"
英尺 0 30 90
米 0 10 20 30

总平面图

1902 年，这座混凝土钢结构拱形桥与洛克溪大道相一致，洛克溪大道现在被称为滨海大道。这座拱桥利用了具有专利权的米兰桥建造方法，总设计师是兰辛・H・比奇上校，他是哥伦比亚特区的工程师委员，同时也是美国州立学院管理委员会的一员，洛克溪就属于州立学院管理委员会管理。建造师使用米兰桥建造方法时，还付了一些版权费，哥伦比亚特区华盛顿的承包商塔尔迪和艾伦因为建造这个工程还被授予奖励。米兰桥建造方法之所以有这个名字是因为这种方法使用自我支撑的钢格子拱形构架支撑，这种构建支撑结构周围填充的是混凝土而不是钢条。

这座桥的美学特点在于它与建造地的自然风光融为一体，尤其是与溪床的类似卵石和周围小山的岩架相一致。因此其外观就是卵石形状的砖石结构，建造者在卵石选择方面非常认真仔细。在竞标之前，工程师就已经在选择拱形石了。拱底石和中心柱石尤其难以定位，但是最为困难的还是找不到足够的系石用于建造栏杆，使得在桥的两边都能看到对面。这个桥选址的出色之处在于此地有一个人工混凝土结构大坝，这个大坝能够让水从上面流到下面的一个卵石铺筑之处，这种构建方法使得自然流水的景色更为怡人，声音更为动听。

DELINEATED BY: ELAINE PIERCE, 1995
NATIONAL PARK SERVICE ROADS & BRIDGES RECORDING PROGRAM
NATIONAL PARK SERVICE
UNITED STATES DEPARTMENT OF THE INTERIOR

BOULDER BRIDGE (1907)
ROCK CREEK PARK
WASHINGTON
DISTRICT OF COLUMBIA

SHEET 1 of 2

HISTORIC AMERICAN ENGINEERING RECORD
DC-12

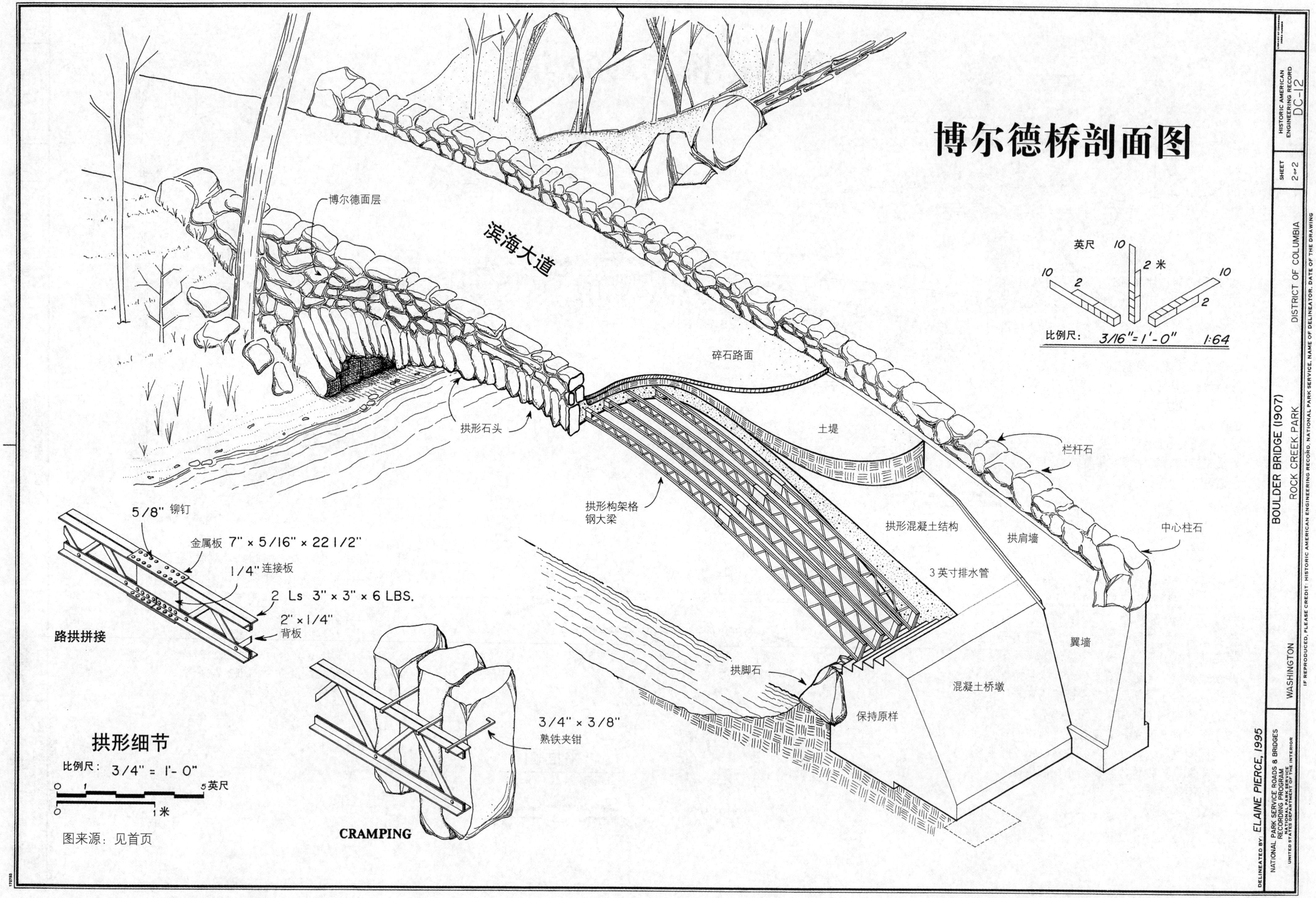
博尔德桥剖面图
博尔德面层
滨海大道
碎石路面
拱形石头
土堤
栏杆石
拱形构架格
钢大梁
拱形混凝土结构
拱肩墙
中心柱石
3 英寸排水管
翼墙
拱脚石
混凝土桥墩
保持原样
英尺 10
2 米
10
2
10
2
比例尺： 3/16"=1'-0" 1:64
5/8" 铆钉
金属板 7" × 5/16" × 22 1/2"
1/4" 连接板
2 Ls 3" × 3" × 6 LBS.
2" × 1/4"
背板
路拱拼接
3/4" × 3/8"
熟铁夹钳
拱形细节
比例尺： 3/4" = 1'- 0"
0 1 5 英尺
0 1 米
图来源：见首页
CRAMPING
DELINEATED BY: ELAINE PIERCE, 1995
NATIONAL PARK SERVICE ROADS & BRIDGES RECORDING PROGRAM
NATIONAL PARK SERVICE
UNITED STATES DEPARTMENT OF THE INTERIOR
BOULDER BRIDGE (1907)
WASHINGTON
ROCK CREEK PARK
DISTRICT OF COLUMBIA
SHEET
2 of 2
HISTORIC AMERICAN ENGINEERING RECORD
DC-12
IF REPRODUCED, PLEASE CREDIT: HISTORIC AMERICAN ENGINEERING RECORD, NATIONAL PARK SERVICE, NAME OF DELINEATOR, DATE OF THE DRAWING

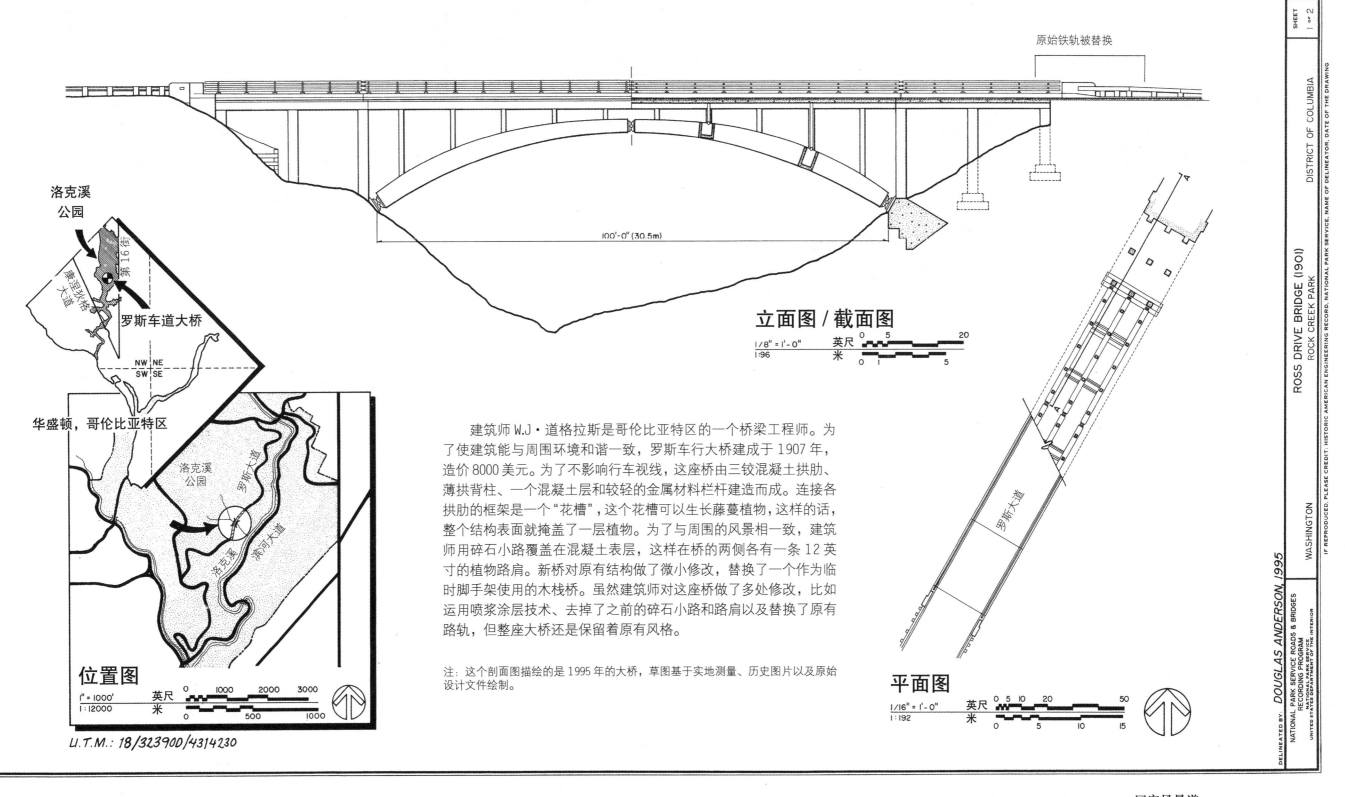

罗斯车行大桥，1907 年

华盛顿，哥伦比亚特区

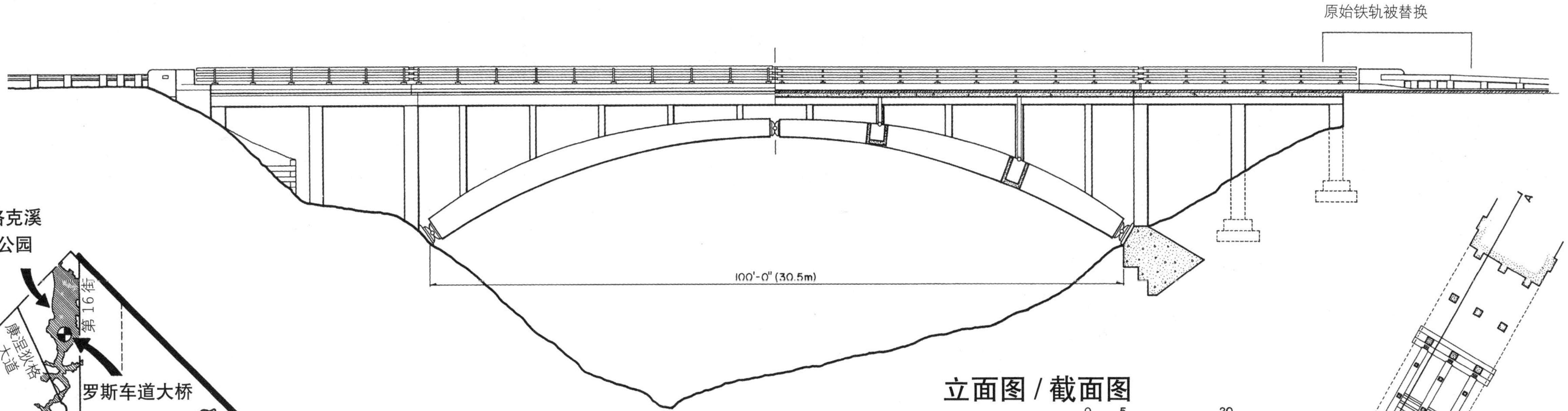
原始铁轨被替换
100'-0" (30.5m)

立面图 / 截面图

1/8" = 1'-0"　英尺 0 5 20
1:96　米 0 1 5

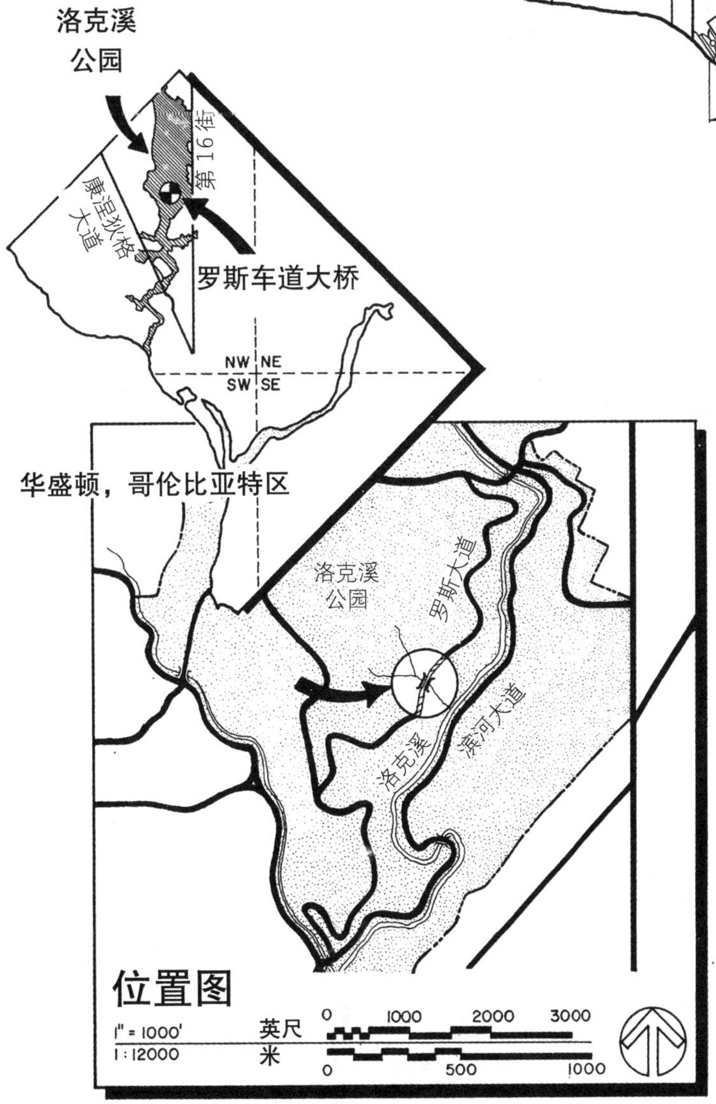
洛克溪
公园
第 16 街
康涅狄格
大道
罗斯车道大桥
NW NE
SW SE
华盛顿，哥伦比亚特区
洛克溪
公园
罗斯大道
洛克溪
滨河大道

位置图

1" = 1000'　英尺 0 1000 2000 3000
1:12000　米 0 500 1000

U.T.M.: 18/323900/4314230

建筑师 W.J・道格拉斯是哥伦比亚特区的一个桥梁工程师。为了使建筑能与周围环境和谐一致，罗斯车行大桥建成于 1907 年，造价 8000 美元。为了不影响行车视线，这座桥由三铰混凝土拱肋、薄拱背柱、一个混凝土层和较轻的金属材料栏杆建造而成。连接各拱肋的框架是一个“花槽”，这个花槽可以生长藤蔓植物，这样的话，整个结构表面就掩盖了一层植物。为了与周围的风景相一致，建筑师用碎石小路覆盖在混凝土表层，这样在桥的两侧各有一条 12 英寸的植物路肩。新桥对原有结构做了微小修改，替换了一个作为临时脚手架使用的木栈桥。虽然建筑师对这座桥做了多处修改，比如运用喷浆涂层技术、去掉了之前的碎石小路和路肩以及替换了原有路轨，但整座大桥还是保留着原有风格。

注：这个剖面图描绘的是 1995 年的大桥，草图基于实地测量、历史图片以及原始设计文件绘制。

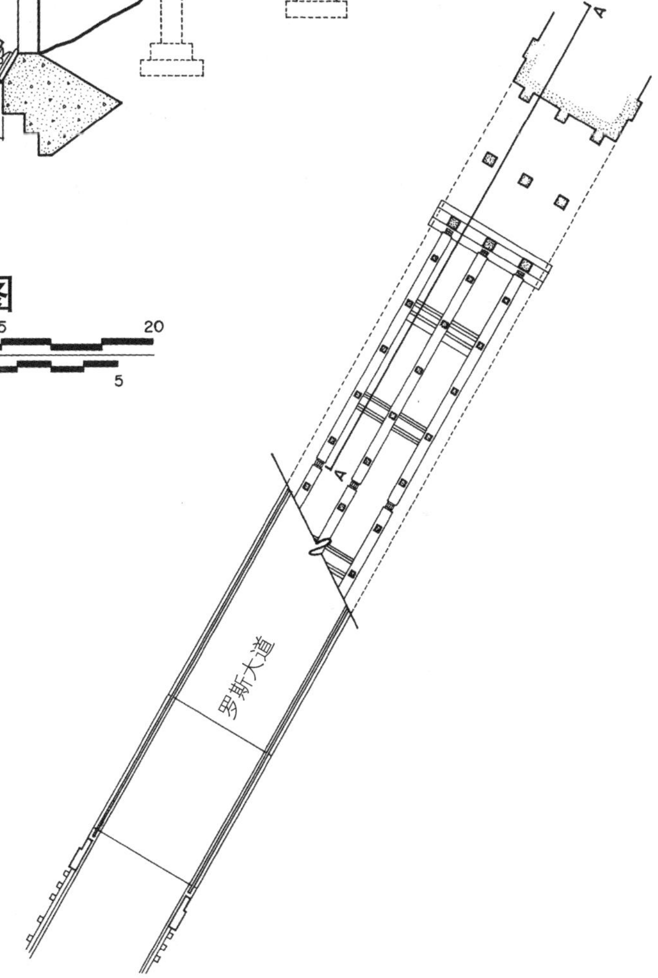
A
A
罗斯大道

平面图

1/16" = 1'-0"　英尺 0 5 10 20 50
1:192　米 0 5 10 15

DELINEATED BY: DOUGLAS ANDERSON, 1995

NATIONAL PARK SERVICE ROADS & BRIDGES RECORDING PROGRAM
NATIONAL PARK SERVICE
UNITED STATES DEPARTMENT OF THE INTERIOR

ROSS DRIVE BRIDGE (1901)
ROCK CREEK PARK
WASHINGTON　DISTRICT OF COLUMBIA

SHEET 1 of 2

HISTORIC AMERICAN ENGINEERING RECORD
DC-13

罗斯车行大桥细节图

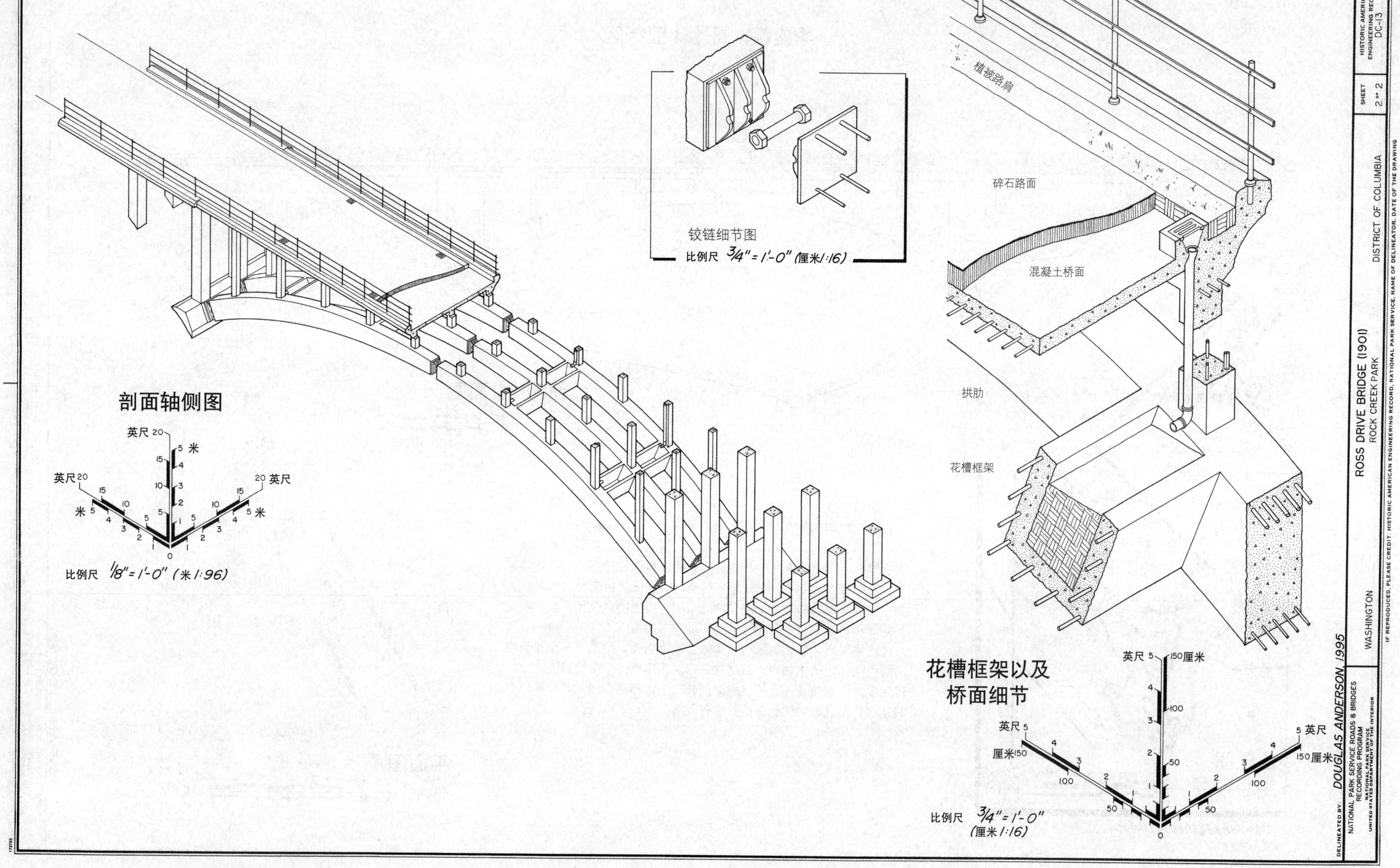
铰链细节图
比例尺 3/4"=1'-0" (厘米1:16)
原来栏杆类型
植被路肩
碎石路面
混凝土桥面
拱肋
花槽框架
剖面轴侧图
英尺
米
比例尺 1/8"=1'-0" (米1:96)
花槽框架以及桥面细节
英尺
厘米
比例尺 3/4"=1'-0" (厘米1:16)
ROSS DRIVE BRIDGE (1901)
ROCK CREEK PARK
WASHINGTON
DISTRICT OF COLUMBIA
DOUGLAS ANDERSON 1995
HISTORIC AMERICAN ENGINEERING RECORD
DC-13
SHEET 2 of 2

国家军事公园

国家军事公园是国家公园一个特殊的类型。国家军事公园旨在保护和纪念一些著名的战场遗址，多数都是由一些老兵团体积极参与，在原有的战争地上建立的。尽管这些公园多数是为了保护这些地方的历史特征，但是还有很大一部分是为了纪念一些已故的战友和记载一些重大事件，因此此类公园都充满了纪念意味，拥有许多富含大量信息的纪念碑和精致的循环系统。

当历史上建造的公路不能满足人们需要时，人们就会建造一些著名的大道、拓展游览路线到达重要的历史遗址地，满足人们的游览需要。桥梁以及其他的建筑结构的建造通常采用最新的技术，使用最贵的材料。葛底斯堡需要大量人工的泰尔福特路面以及维克斯堡技术，先进但充满古典意味的米兰拱桥的建造都能体现出这些神圣遗址的特征，对其富含敬意。

HAER文件详细阐述了这些建筑是怎样将建筑的历史、纪念意义和技术因素融为一体。概念图详细描绘了铺路技巧，仔细分析了排水原理，揭示了一些设计技巧并追溯了一些长期的植被格局变化。传统的记录文件更多的是描述归类大量的桥梁、暗渠、大型标志、护栏以及历史性的标志。专注于历史的图纸则阐述了先前的战场变化格局，并提出一些建议说明公园道路的设计能够使人联想到过去。

维克斯堡国家军事公园，1997 年。

摄影师：威廉·福斯特二世，材料来源于 HAER。

国家军事公园

奇克莫加和查塔努加国家军事公园观光路

概述

Edward E. Betts
First Park Engineer

第一个公园工程师　爱德华・E・贝茨

1888 年，两个联盟退伍老兵在参观奇克莫加时想到要采取一些措施保护和纪念这个内战遗址。葛底斯堡作为一个现代纪念战场，老兵们把它作为一个纪念模范基地，亨利・博因顿和斐迪南・范・得湾这两个老兵用尽他们毕生精力去推动建立一个“美国西部的葛底斯堡”。在他们的努力下，1890 年 5 月，奇克莫加和查塔努加成为第一个国家军事公园。

奇克莫加和查塔努加国家军事公园将公园的纪念意义、历史研究价值和风景保护融为一体。就像其他那些效仿它的公园一样，奇克莫加和查塔努加国家军事公园的参观者有历史学家、退伍老兵、当地居民以及众多的旅游者，所以其需要有一个有效的道路建设系统满足各类旅游者的需要，使他们都能到达他们想去的地方。除了清除道路上的杂乱东西，竖立纪念碑以及设置一些纪念性标识之外，公园委员会的委员们同时也需要建造道路、修筑暗渠和排水沟并按照内战时期的道路系统来重建道路。从 1890 年到 1895 年正式开园之时，300 名工人在这里每天劳动才完成了这个造价 75 万美元的工程。

在这期间，爱德华・E・贝茨，第一个公园工程师同时也是查塔努加本地人，他指导了公园道路的设计、建造以及原有道路的重建工作。他绘制了 1863 年战场的道路和风景，设计出了一些比较漂亮的石沟暗渠从而为公园增加风景。在艾特维尔・汤普森的协助下，贝茨重建了拉斐特路（一条区域性的高速公路以及 1863 年奇克莫加战场路口）还购买了蒸汽压路机（见右图）运送大量的砾石。他们还设计了建立于传教士山脉的山峦路连接一系列的小的纪念遗址使游客能够在路上看到查塔努加的壮观景象。尽管从未真正实现过，但工程师们还制定了一些计划去建造一条伟大的“军事道路”，这条路从查塔努加北部的谢尔曼保护区一直延伸到奇克莫加战场南部的“李和高登工厂”。

公园委员会工作是一个巨大的成功。到 1990 年为止，他们已经建造了超过 50 英里新的道路，重建了一些历史道路，这些道路与当时战场的基本情形相一致。这些道路不仅将一些零散的公园小路连接到一起，开辟了供参观者参观的遗址，而且形成了一个新的道路交通网，增加了其本身价值，不仅促进了本地旅游还推动了整个地区的旅游业发展。1990 年以后，旅游道路建设也在继续，但是这时建造道路的目的是在于维持并改善原有道路系统：工程师替换了几个历史大桥，建造了新的暗渠，拓宽了一些道路并将其铺上碎石以适应日益膨胀的交通状况的需要。

1990 年的蒸汽压路机

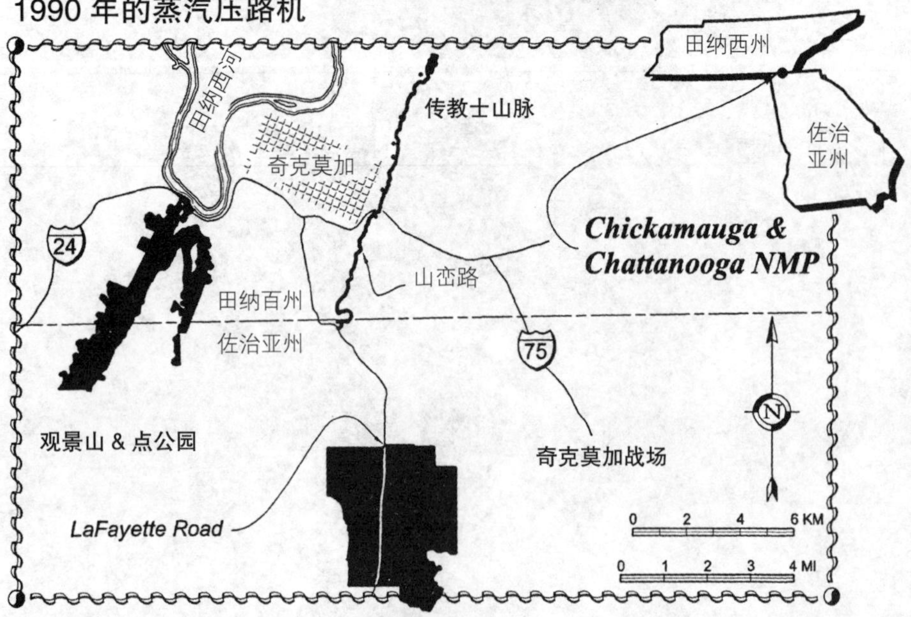

位置图

1993 年，奇克莫加和查塔努加国家军事公园的管理权从美国陆军部转移到国家公园管理局。这时，美国民间资源保护队带来四个营的工人来到公园开始了第一轮的持续十几年的公园修建工作。美国民间资源保护队和国家公园管理局开辟和重建了拉斐特路以及其他的一些道路，在公园管理局的领导下修建了一些新的乡村风格大桥并替换了存在了 40 年的排水系统。美国民间资源保护队的工作不仅局限于修建道路，工人们还修剪藤蔓，开辟新的道路，种树种草形成新的战地风景，同时还加固街道两侧防止侵蚀。

1942 年，最后一批美国民间资源保护队结束了大规模的修缮工作，但是旅游和交通需求日益增加。由于其历史历史因素和交通便利，这个公园在其自身获得众多成功的同时，也遭受了很多坎坷。20 世纪 60 年代早期的拉斐特路是穿过奇克莫加公园的主要通道，这条路上经常聚集了众多的本地和外地游客。在这个时期，第 66 号道路任务，即振兴美国被忽略的公园项目，推动了在奇克莫加和查塔努加国家军事公园建设道路的一个新时期的到来。1964 年，国家开始了变更拉斐特路的各种计划。到 2000 年，开辟了一条绕到公园西边的路线，从而改变了整个公园的线路布局。

奇克莫加和查塔努加国家军事公园观光路记录项目是 HAER 的一部分。HAER 是一项长期记录美国历史上重要工程与工业成果的项目。HAER 由 HABS/HAER 管理，这是美国内政部国家公园管理局的一个部门。这一记录项目在 1998 年夏天通过联邦高速路基金会得到了国家公园管理局公园道路与绿化道路的资助，还包括奇克莫加和查塔努加国家军事公园，负责人是帕特里克・里德以及公园历史学家吉姆・奥格登。

实地测量工作包括测量图画、记载历史记录、绘制图片，这些都是在 HAER 的主管埃里克・迪劳尼以及国家公园管理处道路和桥梁项目经理托德・克罗托的领导下完成的。记录团队由建筑师以及实地测量负责人皮特・布鲁克（来自耶鲁大学）、南希・汉堡哥（来自佐治亚州立大学）、安娜・辛格卡（来自波兰的国际古迹遗址理事会），建筑师琪雅娜・希普瑞阿萨（来自乌克兰的国际古迹遗址理事会），历史学家大卫・伊莎（佐治亚理工大学），大幅照片由摄影师大卫・哈斯完成。

注：图片依据 1999 年国家公园管理局奇克莫加和查塔努加国家军事公园的导游图和爱德华・E・贝茨 1910 年的奇克莫加和查塔努加国家公园和道路图所绘制。图片依据奇克莫加和查塔努加国家军事公园档案管档案绘制。

DELINEATED BY: Pete Brooks, 2000

NPS ROADS & BRIDGES RECORDING PROGRAM
NATIONAL PARK SERVICE
UNITED STATES DEPARTMENT OF THE INTERIOR

CHICKAMAUGA AND CHATTANOOGA NATIONAL MILITARY PARKS
TOUR ROADS
WALKER & CATOOSA
FORT OGLETHORPE VICINITY　GEORGIA

SHEET 1 OF 15

HISTORIC AMERICAN ENGINEERING RECORD
GA-95

IF REPRODUCED, PLEASE CREDIT THE HISTORIC AMERICAN ENGINEERING RECORD, NATIONAL PARK SERVICE, NAME OF DELINEATOR, DATE OF DRAWING

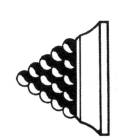

道路系统的演变

1863 年
战争形势

一条泥土路网从最初连接南北的拉斐特路到一些小路，连接了整个地区的田园区域。这个道路系统在战争期间提供运输兵力的功能。

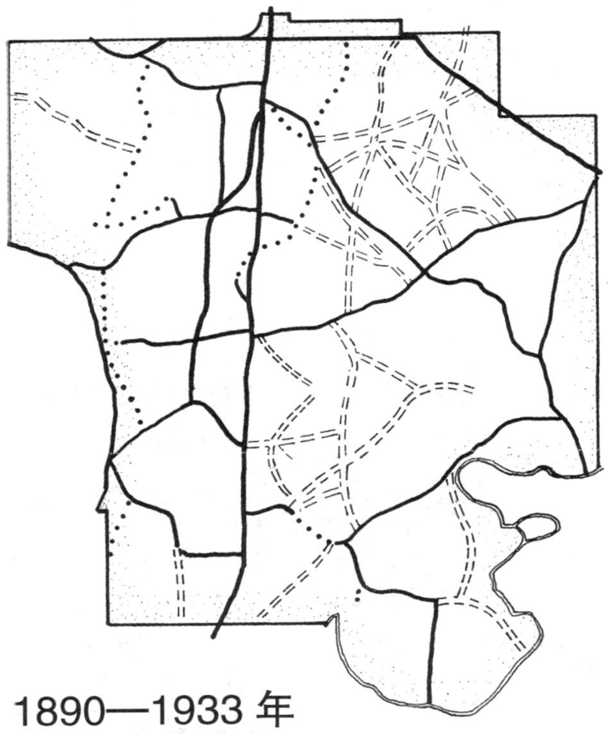

1890—1933 年
公园委员会时代

公园委员会努力致力于重建当时的战场情景。为了达到这个目的，公园内的旧路都得以重新定位和开拓，司时还建造了一些新路通向一些纪念地。在西班牙—美国战争和一战期间，由于军事训练的原因，委员会在不断开辟新路的同时也废弃了一些旧的道路。

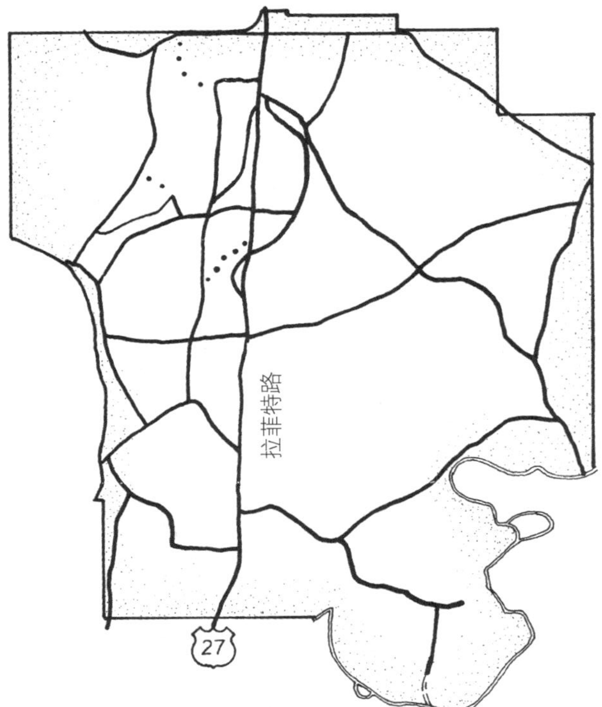

1933—1960 年
早期国家公园管理局时期

早期公园管理局道路建设和重新修整与国家民间资源保护队的努力紧密联系在一起。他们的大多数工作都致力于道路修整和清除杂乱的灌木丛。许多历史上有名的道路就是在这个时期建立的。

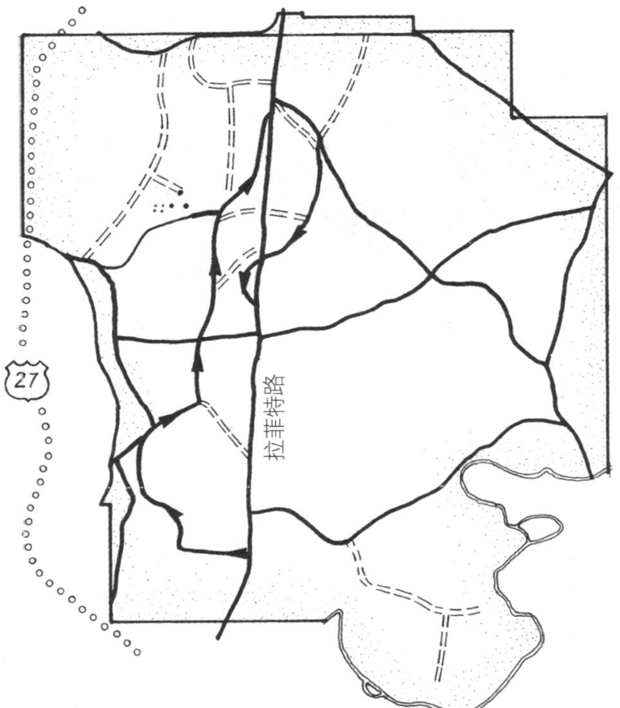

1960 至今

公园建造之初，当地的来往居民、交通运输以及特定参观者已经使用了这条路很久。由于这条路上交通阻塞，公园管理局重新调整 27 号路来解决交通阻塞问题。这条路的调整整体改善了整个公园交通系统。

图例

- 现存路线
- 阻塞路线
- 新增路线
- 拟建路线
- 单行旅游线路

注释：绘制依据：主要工程师爱德华・E・贝茨 1896 年绘制的奇克莫加战场图、1892 年绘制的奇克莫加战场图，艾尔伯特・派克 1934 年绘制的奇克莫加战场纪念图，1995 年的公园小册以及第 27 号路线重置图。

注释：一些历史线路的定线和交叉路口部分有所改动。每张图都要参考以往的图。

DELINEATED BY: Nancy Hamburger, 1998

NPS ROADS & BRIDGES RECORDING PROGRAM
NATIONAL PARK SERVICE
UNITED STATES DEPARTMENT OF THE INTERIOR

CHICKAMAUGA AND CHATTANOOGA NATIONAL MILITARY PARKS
TOUR ROADS
FORT OGLETHORPE, VICINITY OF CATOOSA/WALKER GEORGIA

SHEET 6 OF 15

HISTORIC AMERICAN ENGINEERING RECORD GA-95

纪念景观

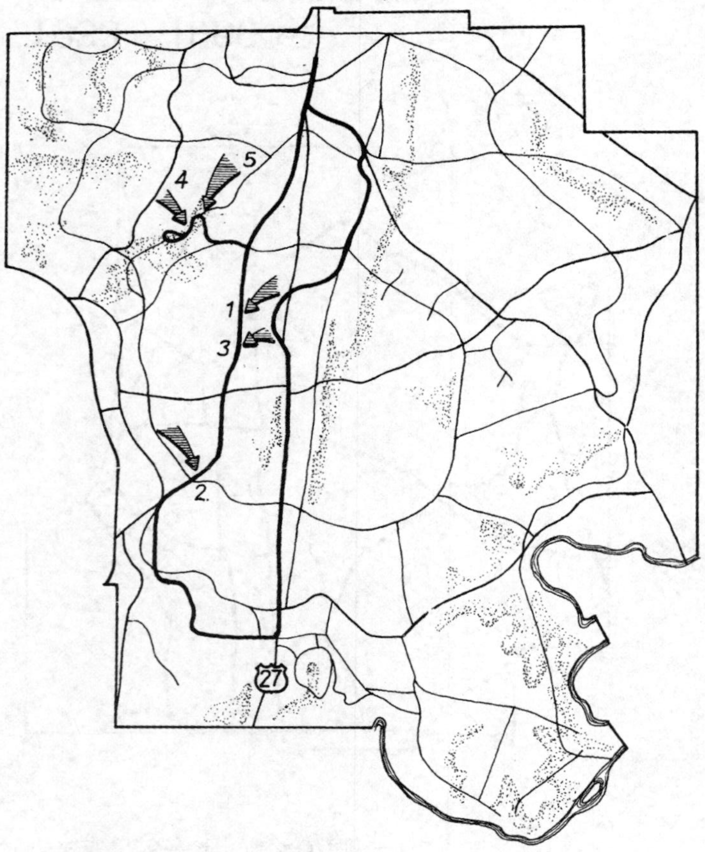

1.

这个金属纪念碑上详细描述了发生在这个地方的历史事件。

2.

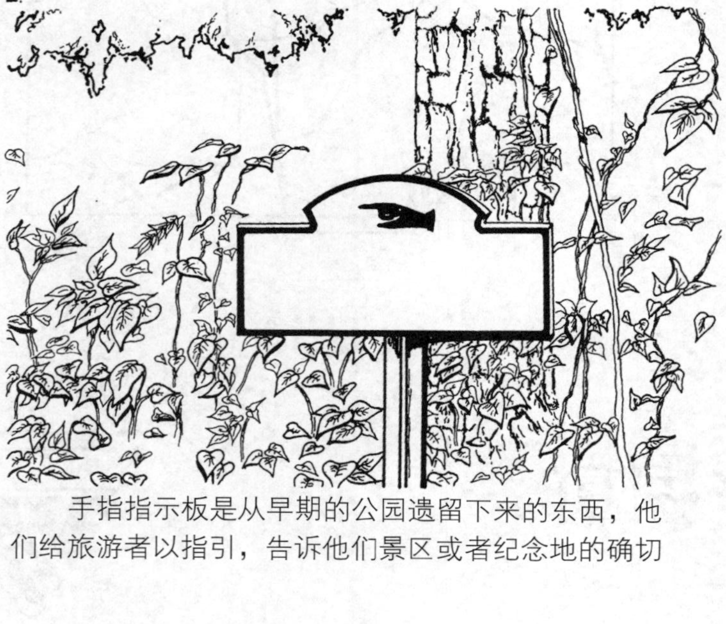

手指指示板是从早期的公园遗留下来的东西，他们给旅游者以指引，告诉他们景区或者纪念地的确切位置。在这个地方有很多各种各样的指示牌帮助旅游者了解奇克莫加战场的纪念性风景。在多个地方，很多历史性的建筑重新得以建立，解释性的纪念碑和标牌解释了此地一些具有重要意义的遗址，纪念性标牌指示出这场战役中一些重要地点，他们都融进了如今的道路系统。

3.

公园内的很多小屋都在原有基础上得以重建。

4.

公园里有好几堆炮弹堆，这是战争时期总部所在地，同时也是部队指挥官牺牲的地方。

5.

纪念碑和指示标志展示出了战场中军队所在地。

DELINEATED BY: Anna Śniegucka, 1998

NPS ROADS & BRIDGES RECORDING PROGRAM
NATIONAL PARK SERVICE
UNITED STATES DEPARTMENT OF THE INTERIOR

CHICKAMAUGA AND CHATTANOOGA NATIONAL MILITARY PARKS
TOUR ROADS
FORT OGLETHORPE, VICINITY OF CATOOSA/WALKER GEORGIA

SHEET 7 of 15

HISTORIC AMERICAN ENGINEERING RECORD GA-95

景观元素

针对国家军事公园

通常来说，军事公园利用一些相似的技术手段来阐释本地景观，然而每个公园都会制造一些特殊的标志和标准的纪念石碑。

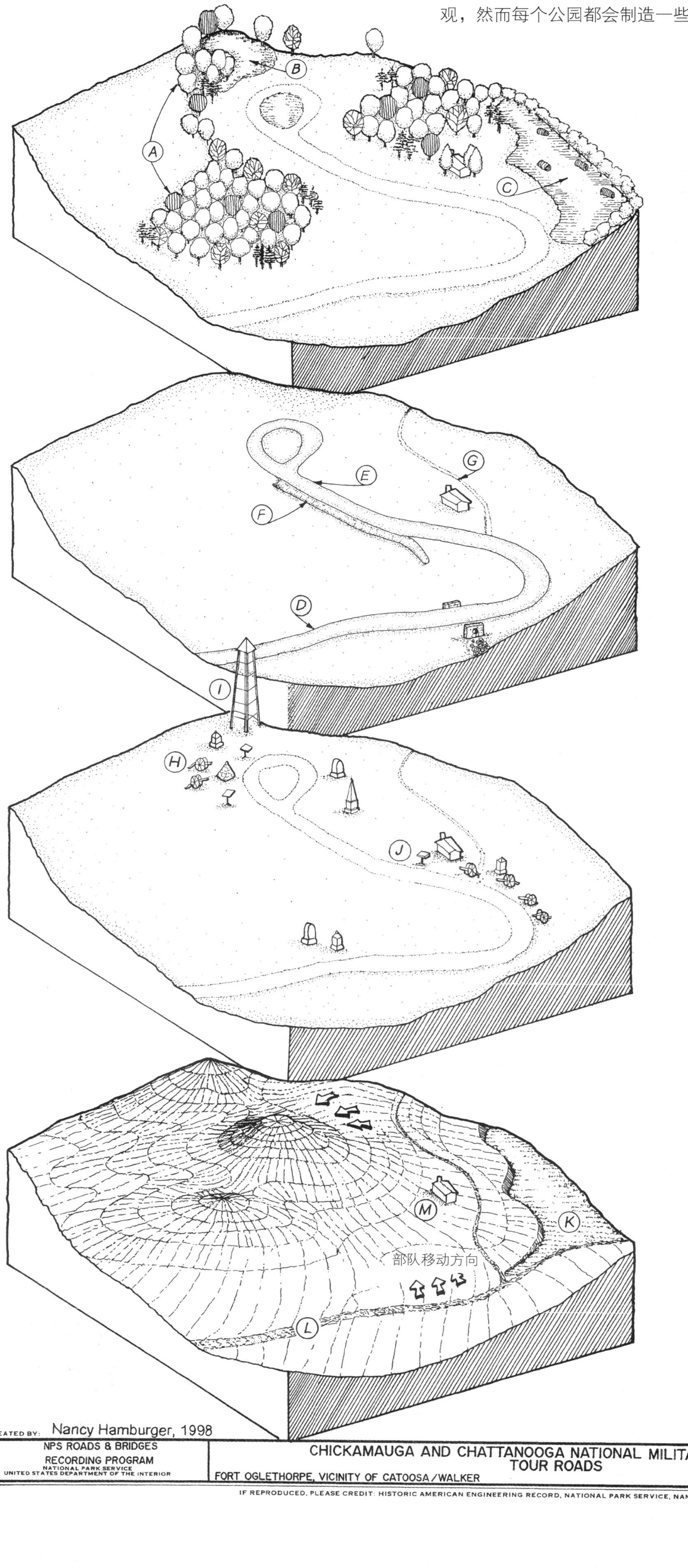

植被

尽管公园大多数地方都有森林覆盖（A处），但还是有一部分用于农业租赁（B处）。农业租赁地是由当地农民维护的一片开阔的干草地。草堆湾形成的一小片弧形地由公园工作人员进行管理，在草堆湾处可形成纪念标志和纪念遗址（C处）。在某些案例中，国家公园管理局所计划的种植地会形成一个特殊的植被区。

观光路

当代观光路通常遵循原有的道路系统（D处），但有时也会增加一些道路或者是道路分支使人们可到达遗址地或者纪念地（E处）。随着时间的推移，公园设计师们对道路系统进行了一些改善，改善之处位于道路、排水沟和暗渠（F处）方面。一些被抛弃的道路现在仍可用于人们步行或作为骑马路（G处）。

纪念碑和解说

道路边的纪念性的纪念碑和标志符号标志出了参与战争的部队和所用武力的数量。这些包括纪念碑、铁铸碑、大炮以及炮弹形成的金字塔堆（H处）。如今已拆除的高塔在当时可以让旅游者在高处也能看到战场的景象（I处）。符号、录音记录以及标志等解释性的设备在车站等地解释了发生在当地的历史事件。

内战时的景观

当地农民开发了这块地，在这里种植、砍伐和放牧。这块地外围围着一圈5米高的雪松树篱笆，人们可以在森林里或是在下层清除的矮丛林里放牧。未开垦的道路和小径将一些零散的房屋和农庄连接起来（L处）。奇克莫加当地起伏缓和的地形有着开阔的视野和大片的森林，为战争提供了很好的场地。奇克莫加的战斗遍及农场和房屋的风景区（M处）。

示意图：本页概念都基于奇克莫加战场图片

DELINEATED BY: Nancy Hamburger, 1998

NPS ROADS & BRIDGES RECORDING PROGRAM
NATIONAL PARK SERVICE
UNITED STATES DEPARTMENT OF THE INTERIOR

CHICKAMAUGA AND CHATTANOOGA NATIONAL MILITARY PARKS
TOUR ROADS
FORT OGLETHORPE, VICINITY OF CATOOSA/WALKER GEORGIA

SHEET 8 of 15

HISTORIC AMERICAN ENGINEERING RECORD GA-95

改变中的景观

1863 年本地的景区是由当地农民根据自身所需要建造的。这片土地外围分布着一些小农场、开阔的野地以及林地。农民将这片土地视为一个很有价值的资源，因为从这里他们可以获得很多重要的资源，比如食物和用于建房子和室外建筑的木材。

这里的石质土壤限制了本地发展农业的规模以及林地密度，所以本地的人口数量相对较低。这里的道路系统极为实用，这点可以从本地的地势和河床走向看出来。本地居民都是通过临街小路或是沿着田地边步行从一处到另一处，因此道路的改变没有受到人为因素的影响。

奇克莫加战役对本地造成了很大的消极影响，失控的大火将整片区域摧毁，烧焦了林地和农民自己的田地。

因此，战争造成的后果直接奠定了如今此地风景景观的基础。

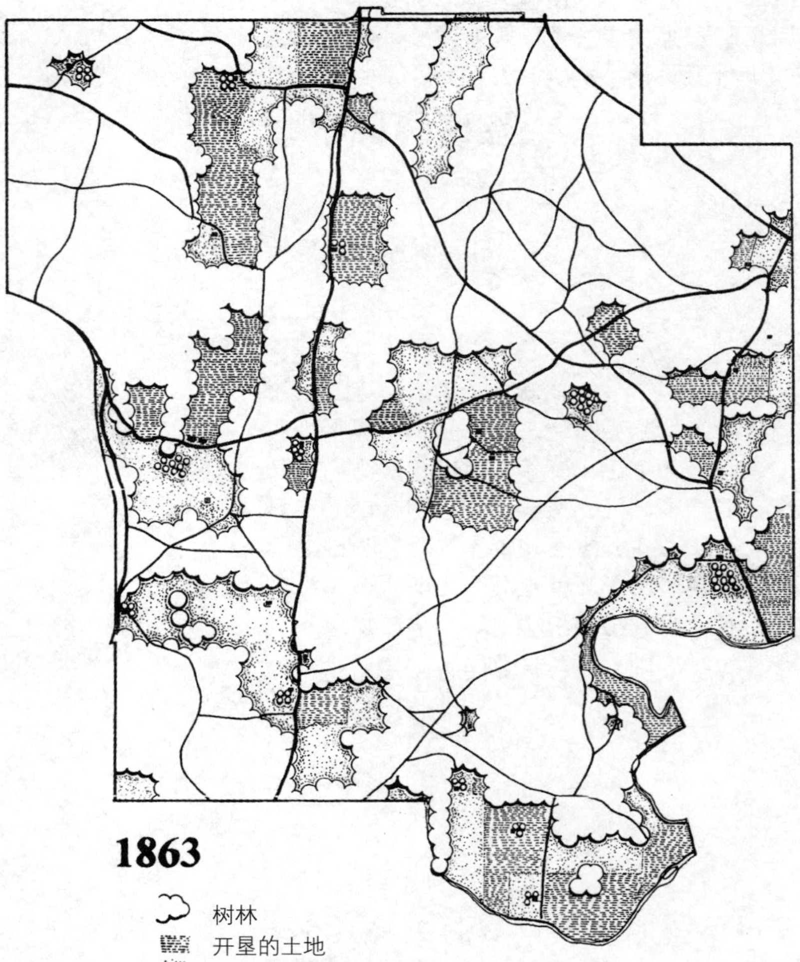
1863
树林
开垦的土地
未开垦土地
建筑物
道路

现在的景观是为了纪念一个世纪以前的战争，这里没有了农田，就像公园的土地也不再允许私人所有。

这种变化对于本地道路的发展造成了一定的影响。人们不再需要将各个农田连接起来，内战之后，奇克莫加地区的好多道路都消失了。由于某些道路消失了，就又出现了一些新的道路。人们要想去这些纪念地参观，道路的存在就是必须的。现存的道路系统是最基本的，满足了游客想要去参观公园主要遗址地的需要。

自从奇克莫加成为公园以来，委员会就向游客们保证此地的道路不会再发生变化。公园有很多可用的观光路线，这样旅游者就能看到之前公园的样子。然而，有一些纪念地还是远离人们通常所走的路线，只有那些真正有兴趣、有精力的人才能够到达。

然而此地还有一个不利因素就是 27 号公路经过公园中心区，这对于游客和某些动物造成一定的影响，但这个问题将会在未来几年内的道路重改中得以解决。

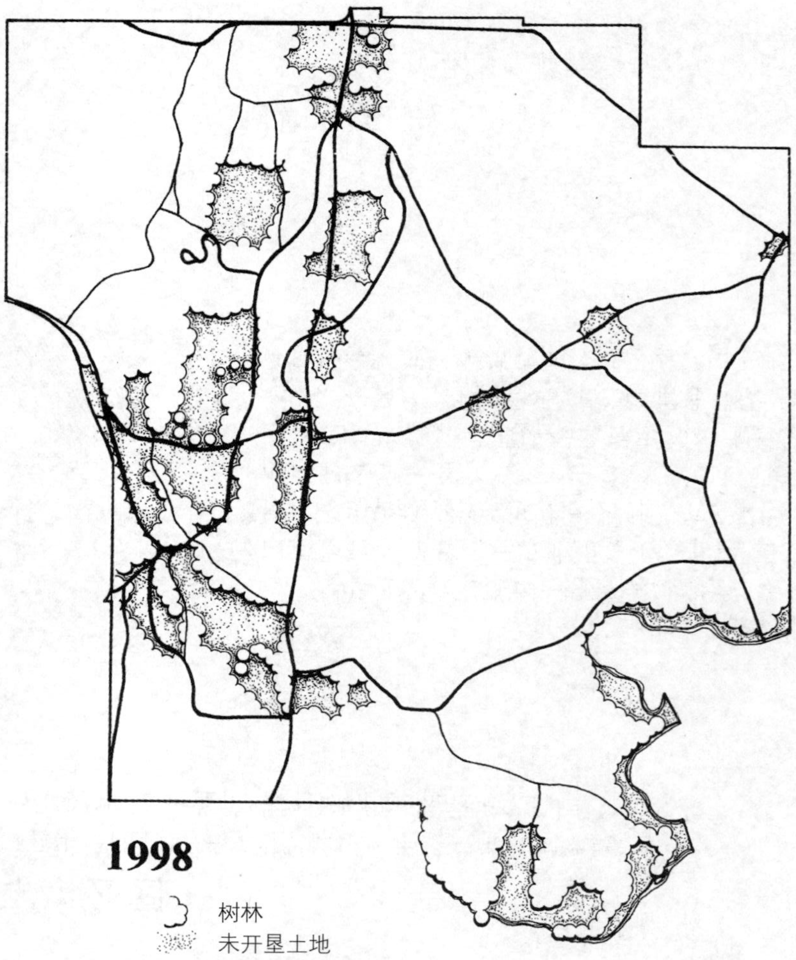
1998
树林
未开垦土地
建筑物
道路

DELINEATED BY: Anna Śniegucka, 1998

NPS ROADS & BRIDGES RECORDING PROGRAM
NATIONAL PARK SERVICE
UNITED STATES DEPARTMENT OF THE INTERIOR

CHICKAMAUGA AND CHATTANOOGA NATIONAL MILITARY PARKS
TOUR ROADS
FORT OGLETHORPE, VICINITY OF CATOOSA/WALKER GEORGIA

SHEET 9 OF 15

HISTORIC AMERICAN ENGINEERING RECORD GA-95

自驾体验
奇克莫加战场

开放的视野

也许奇克莫加战场令人印象最为深刻的就是其有着大片的平地和开阔的视野。尽管令人眼前一亮的平地和阴暗的树林形成鲜明对比，给人一种虚幻感，但是这片土地给人的空间感是人们认真保护这片林地的原因。由于这片土地边缘纪念物的存在，这种虚幻感在格伦平地（见右图）表现得更为明显。

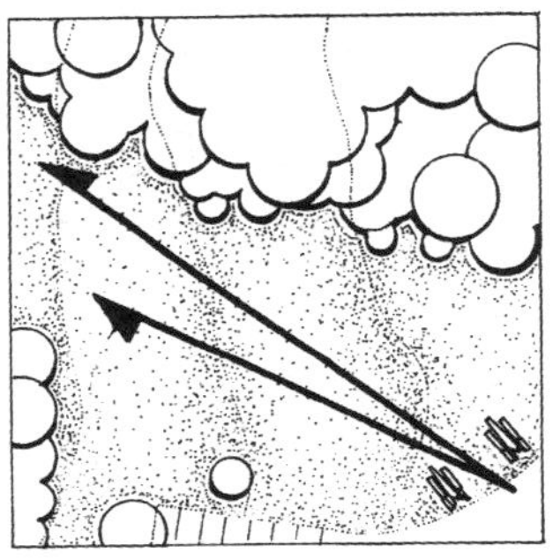

焦点

有时高大的纪念碑为自驾者提供焦点景观。就像南卡罗莱纳的纪念碑一样，这座纪念碑背靠一片树林，自驾者就会把注意力放在公园内稍高的地方，从而引起他们的兴趣，同时与路边的解释性纪念碑形成对比。其他的焦点落在田野的中心位置，因为这里是这片景观中的主要位置。

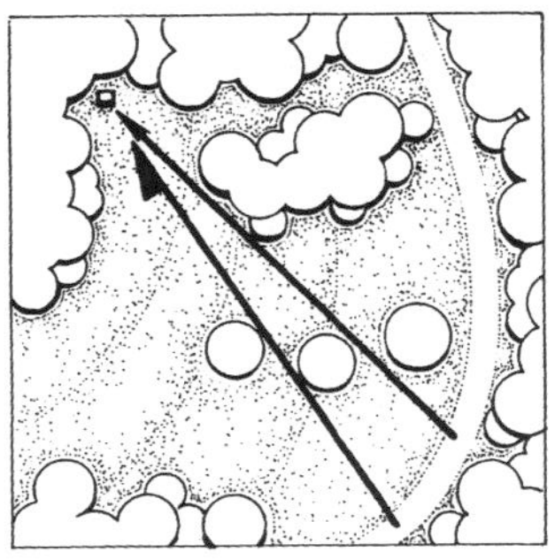

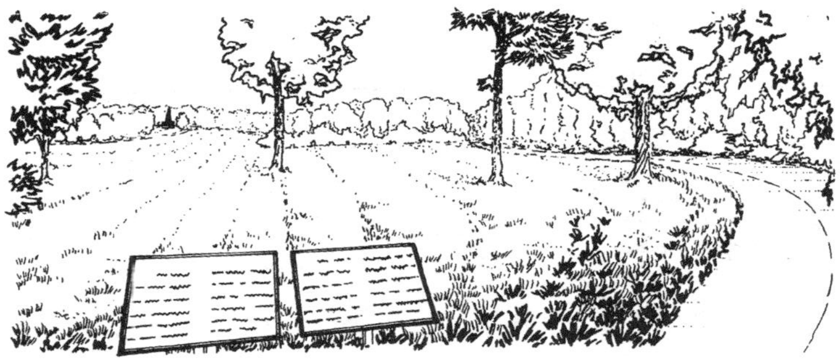

框景

有时候纪念碑或是历史性建筑占据了自驾者的注意力，使得他们对其他景物毫不在意。汽车行驶的速度与驾驶员和道路的亲密感有密切关系，所以把这些元素框起来并将之放置在最显著的位置。布拉泽顿小屋就是一个框景景观，它位于一个小山上，靠近道路沿线（见右图）。

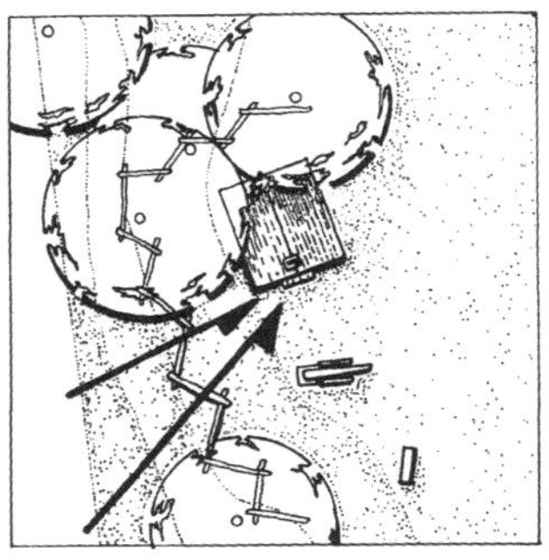

漏景

稍加整理以后，奇克莫加的树林呈现出新的面貌，看起来就像是内战时的场景。这些道路沿线的林地形成了一个漏景景观，他们或突出或掩藏某些纪念景观、大炮或者标识符号。斜坡（见右图）和战线路边环境就是由于树立这么多纪念物而形成了一种很强烈的神秘感。

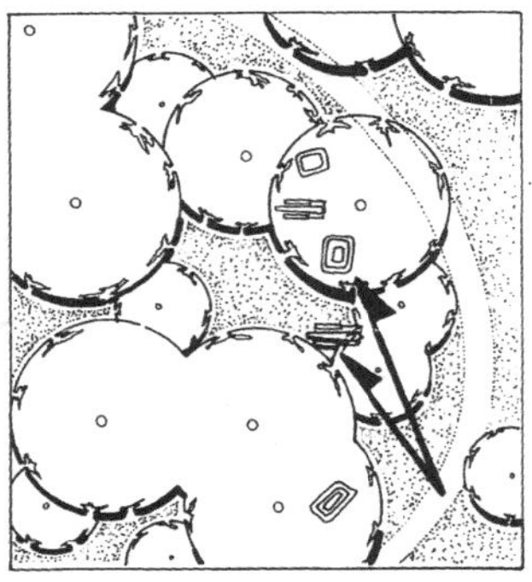

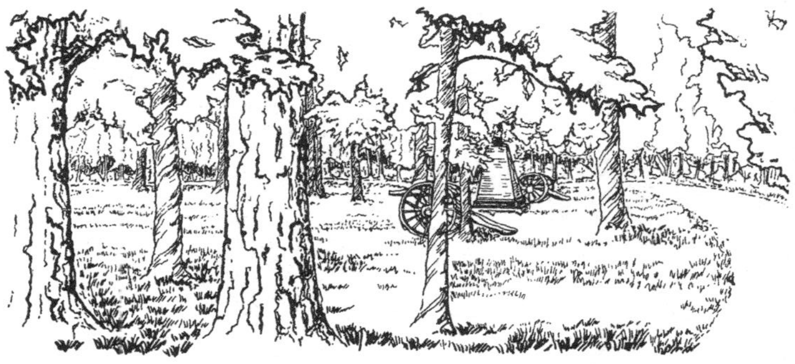

藏景

很多公园道路都是沿着两边浓密的树林所建，这些弯弯曲曲的道路通常经过森林，给游客留下一种狭窄的空间感，这就是藏景。这种藏景法提升了游客对于宽阔的视野和历史遗址之间的期望值。在格伦—薇妮尔德路（见右图）两侧，树林掩盖了整个道路，这种感觉就更为强烈。

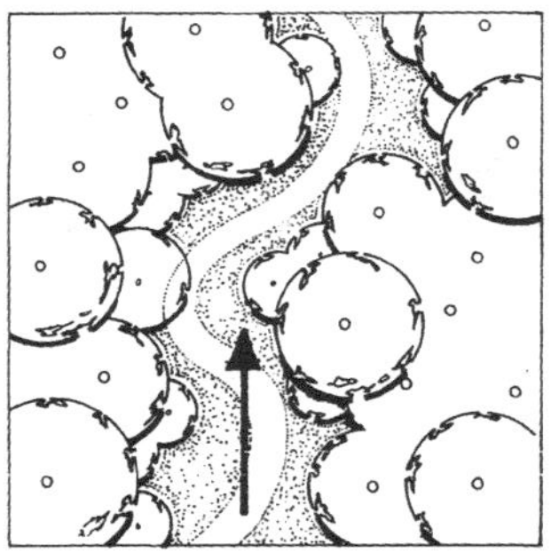

DELINEATED BY: Anna Śniegucka, 1998

NPS ROADS & BRIDGES RECORDING PROGRAM
NATIONAL PARK SERVICE
UNITED STATES DEPARTMENT OF THE INTERIOR

CHICKAMAUGA AND CHATTANOOGA NATIONAL MILITARY PARKS
TOUR ROADS
FORT OGLETHORPE, VICINITY OF CATOOSA/WALKER GEORGIA

SHEET 10 OF 15

HISTORIC AMERICAN ENGINEERING RECORD GA-95

IF REPRODUCED, PLEASE CREDIT: HISTORIC AMERICAN ENGINEERING RECORD, NATIONAL PARK SERVICE, NAME OF DELINEATOR, DATE OF THE DRAWING

道路建设

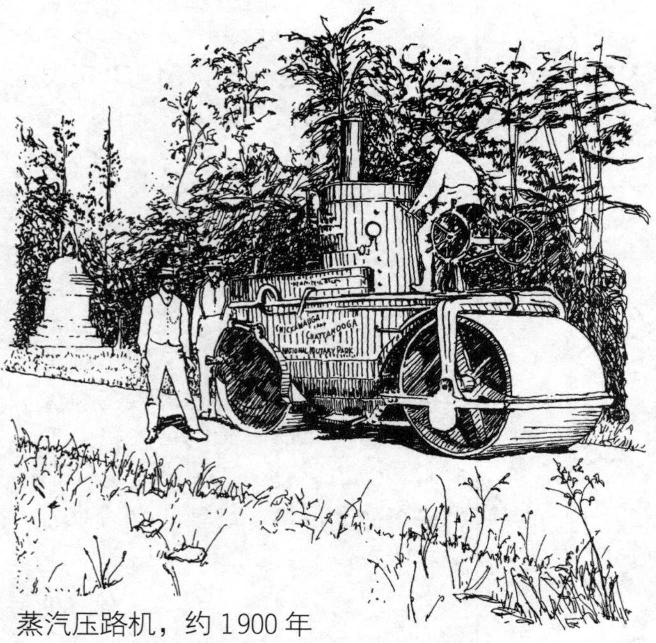

蒸汽压路机，约 1900 年

设备

尽管 1890 年间公园道路建设大多都通过人力完成，早期建造道路的设备还包括用马车运卵石和机车。1890 年后半年，公园购买了一台蒸汽压路机（见左图），这辆车用来使卵石和砾石小路变得更为紧密（见下面铺路阶段）。在这个时期，起重机用来修建暗渠和桥梁（见右图），同时工人们也用起重机将石块从战场遗址的采石场运出。到 1920 年，这种设备才被重型机械所取代。

用起重机建造暗渠，约 1900 年

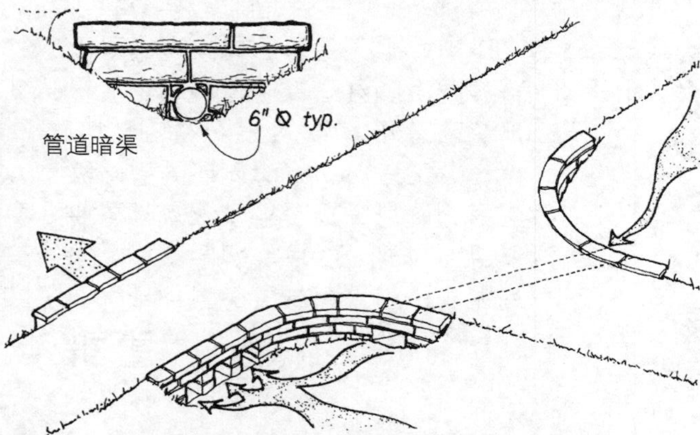

管道暗渠

杰的磨坊和布拉泽顿道路的暗渠

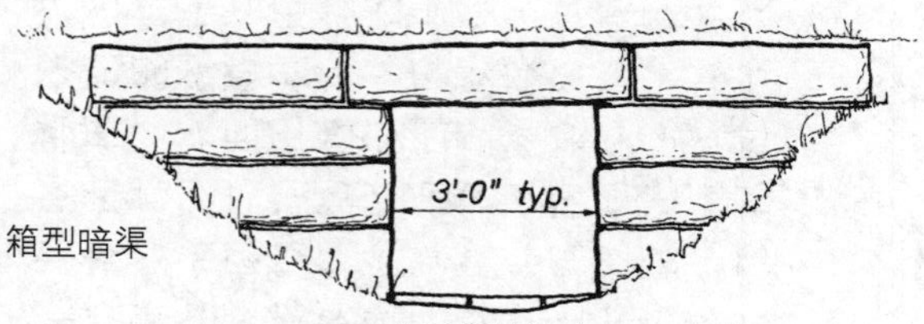

箱型暗渠

（石板构造）

铺砌和排水系统建造

1890 年间，公园工程师更新了当时的污泥道路，使得公园的小路更为干净整洁。为了确保道路能够承受更多的重量，很多道路都是碎石路，而主要道路，像拉斐特路都又经过拓宽并用碎石铺砌（见右图）。许多路面的铺设都是从大面积统一铺路转为人工建造排水沟，水通过路面下的暗渠流走：暗渠最为常见的是石质端墙和陶土管结构，水通过稍微大点的箱型暗渠流动（见左图），工程师有时会在十字路口设计稍复杂的暗渠结构。在地势低的地方，护墙将道路提高至洪水水位以上（见下图）。1934 年以后，国家公园管理局开辟并建造了一些主路。

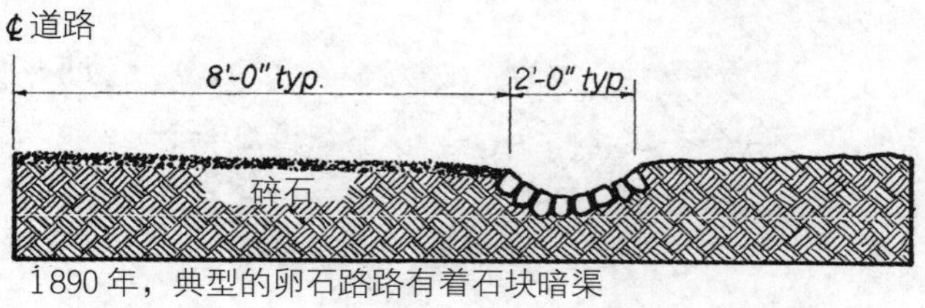

1890 年，典型的卵石路路有着石块暗渠

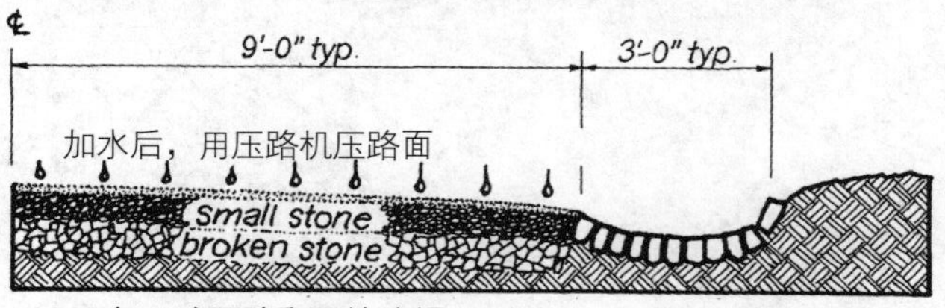

1890 年，碎石路和石块暗渠

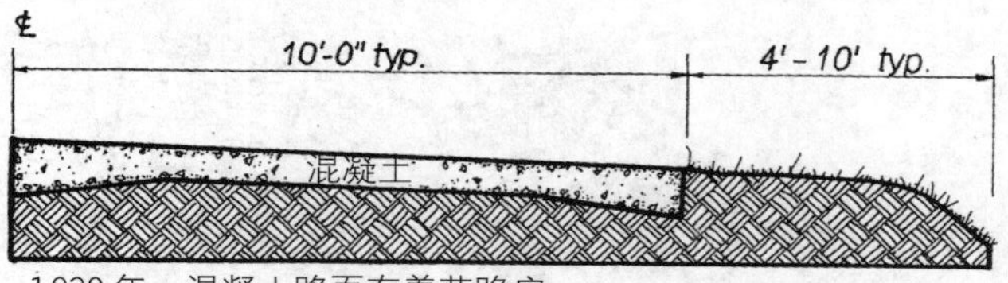

1930 年，混凝土路面有着草路肩

重建

1933 年至今，国家公园管理局时期

主干道都是混凝土建造并经过拓宽（A 处），建造树坑（B 处）来保护路边的绿化树。宽阔的草地路肩（C 处）以及竖井式暗渠（D 处）代替了石块排水沟。在需要的地方，还拓宽了当时的暗渠（E 处）。在 1960 年间，路面由沥青铺砌，并得以拓宽（F 处）。

19 世纪 90 年代，公园委员会管理时期

在历史遗址处，道路得以重建：改善之处在于注油，用卵石或碎石铺路，加宽，修建排水沟和暗渠（见上图）。用石灰岩建造护岸，加高了容易发生洪灾的道路路面。

1863 年，内战时期

在奇克莫加战役中，这里的道路都是简单的污泥小路，很少有排水系统，没有铺砌（I 处）。

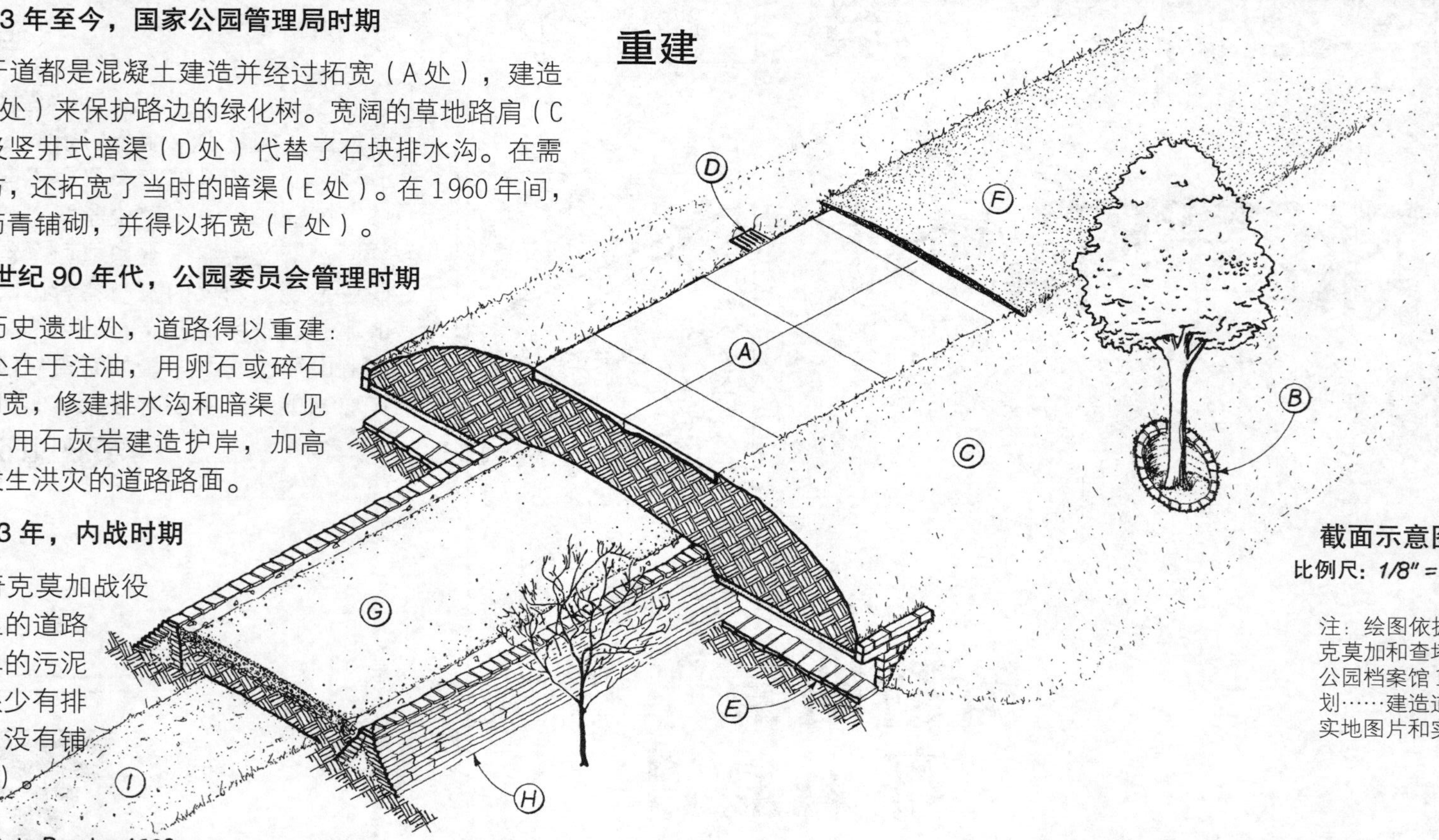

截面示意图比例

比例尺：1/8" = 1'-0"

注：绘图依据历史图片、奇克莫加和查塔努加国家军事公园档案馆 1935 年档案“计划……建造道路的提议”、实地图片和实地测量数据。

DELINEATED BY: Pete Brooks, 1998

NPS ROADS & BRIDGES RECORDING PROGRAM
NATIONAL PARK SERVICE
UNITED STATES DEPARTMENT OF THE INTERIOR

CHICKAMAUGA AND CHATTANOOGA NATIONAL MILITARY PARKS
TOUR ROADS
FORT OGLETHORPE, VICINITY OF CATOOSA/WALKER — GEORGIA

SHEET 11 of 15

HISTORIC AMERICAN ENGINEERING RECORD GA-95

IF REPRODUCED, PLEASE CREDIT: HISTORIC AMERICAN ENGINEERING RECORD, NATIONAL PARK SERVICE, NAME OF DELINEATOR, DATE OF THE DRAWING

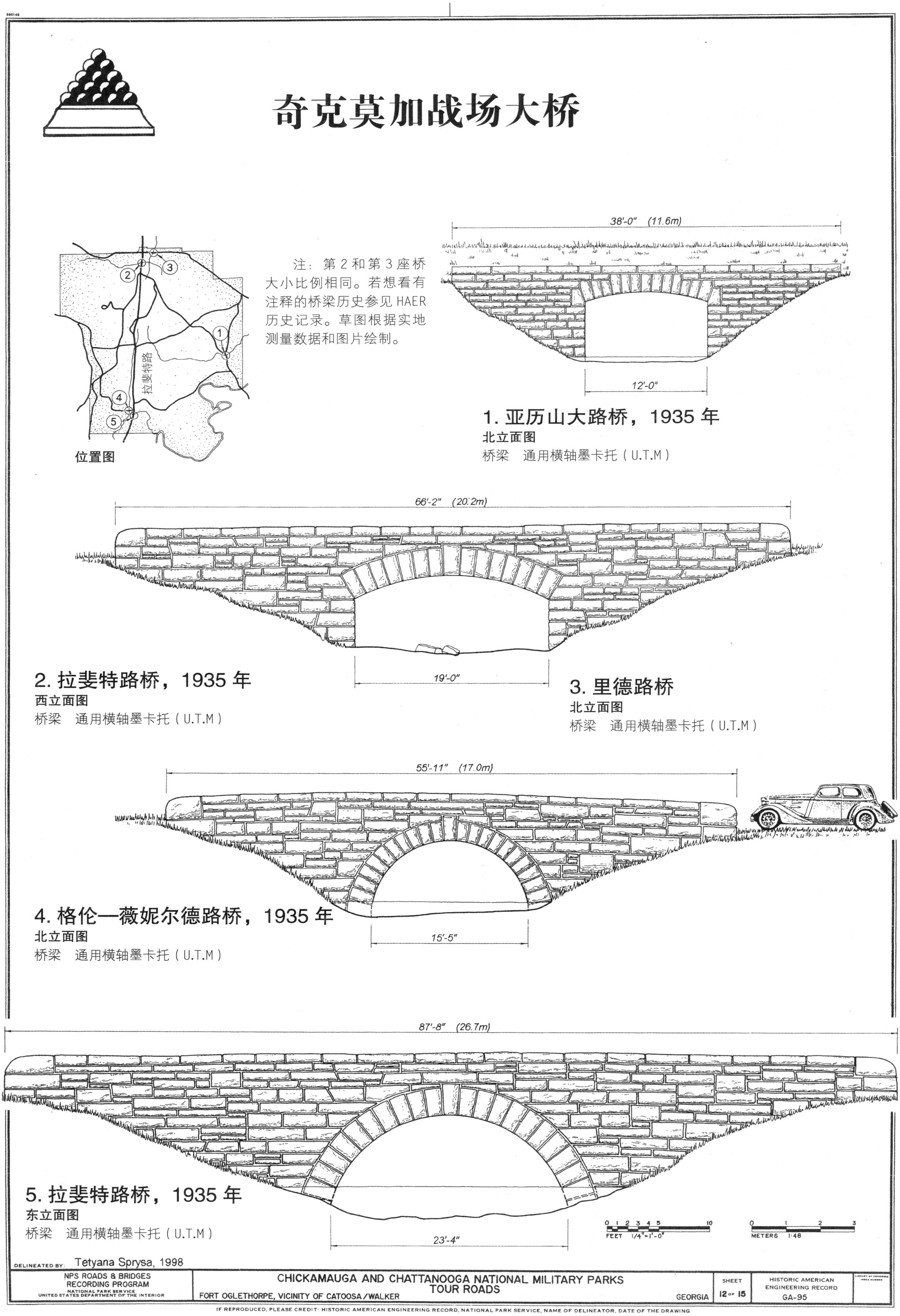
奇克莫加战场大桥
注：第 2 和第 3 座桥大小比例相同。若想看有注释的桥梁历史参见 HAER 历史记录。草图根据实地测量数据和图片绘制。
拉斐特路
位置图
38'-0" (11.6m)
12'-0"
1. 亚历山大路桥，1935 年
北立面图
桥梁 通用横轴墨卡托（U.T.M）
66'-2" (20.2m)
19'-0"
2. 拉斐特路桥，1935 年
西立面图
桥梁 通用横轴墨卡托（U.T.M）
3. 里德路桥
北立面图
桥梁 通用横轴墨卡托（U.T.M）
55'-11" (17.0m)
15'-5"
4. 格伦一薇妮尔德路桥，1935 年
北立面图
桥梁 通用横轴墨卡托（U.T.M）
87'-8" (26.7m)
23'-4"
5. 拉斐特路桥，1935 年
东立面图
桥梁 通用横轴墨卡托（U.T.M）
FEET 1/4"=1'-0"
METERS 1:48
DELINEATED BY: Tetyana Sprysa, 1998
NPS ROADS & BRIDGES RECORDING PROGRAM
NATIONAL PARK SERVICE
UNITED STATES DEPARTMENT OF THE INTERIOR
CHICKAMAUGA AND CHATTANOOGA NATIONAL MILITARY PARKS
TOUR ROADS
FORT OGLETHORPE, VICINITY OF CATOOSA/WALKER
GEORGIA
SHEET 12 OF 15
HISTORIC AMERICAN ENGINEERING RECORD
GA-95
IF REPRODUCED, PLEASE CREDIT: HISTORIC AMERICAN ENGINEERING RECORD, NATIONAL PARK SERVICE, NAME OF DELINEATOR, DATE OF THE DRAWING

葛底斯堡国家军事公园观光路

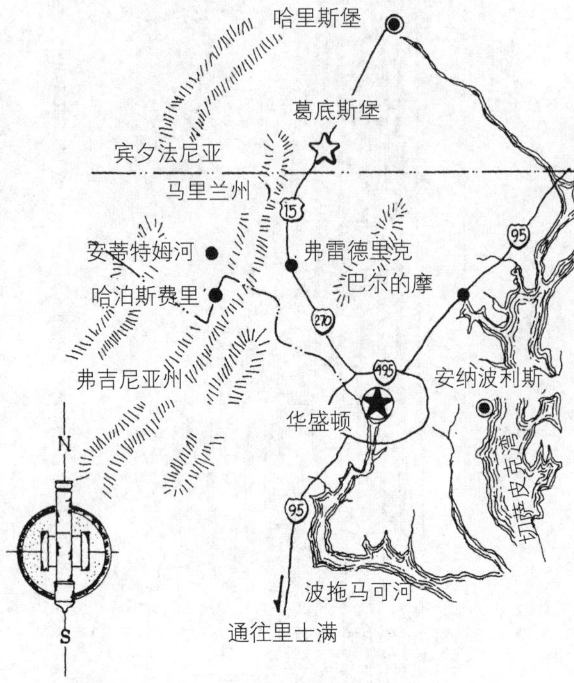

道路和桥梁概述

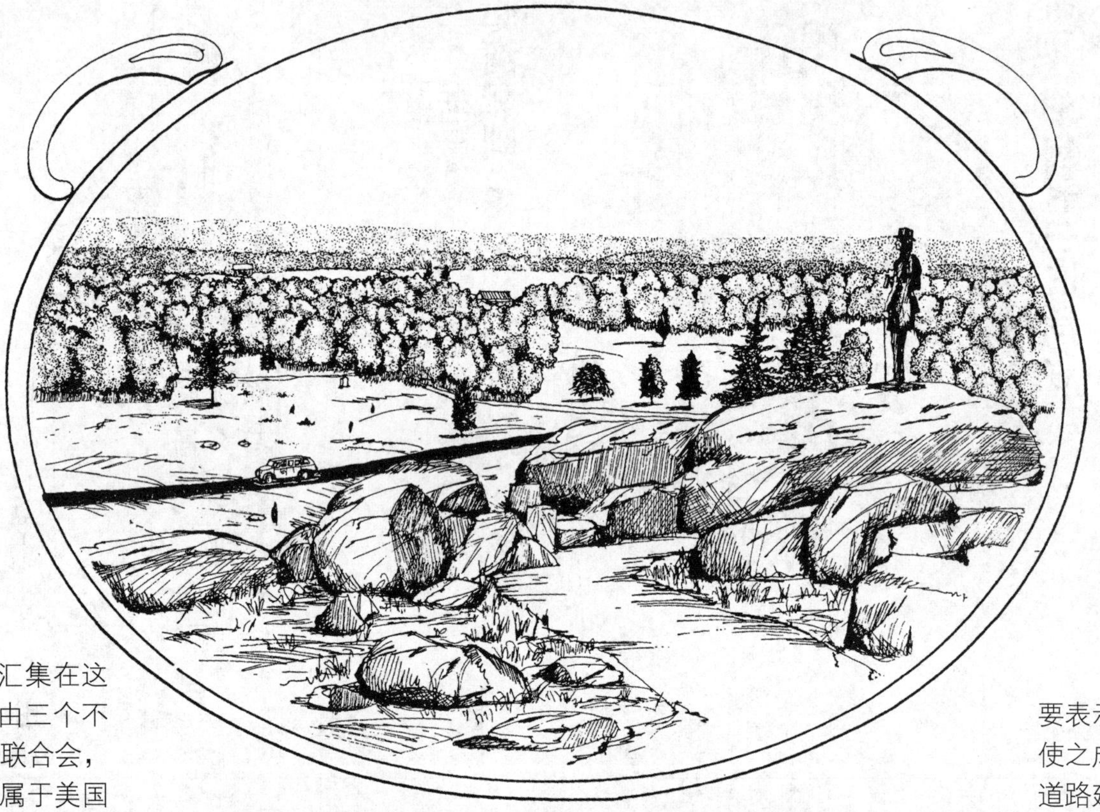

1863 年 7 月 1 日到 3 日，葛底斯堡战役持续了三天，这是美国历史上人们研究最多的时刻。联盟的一个步兵团突然袭击的成功使战争达到高潮，这通常也被称为“联盟全盛期”，北方取得这场战争的胜利之后不久就取得了彻底的胜利。因此对这个战场的保护，从人们开始照顾这场战役的伤者，埋葬牺牲的士兵时候就开始了。

以葛底斯堡为中心的条条大路把军队和士兵从不同方向汇集在这里，同时它现在也是战役纪念地的中心道路。这个战场先后由三个不同的组织来管理：从 1864 年到 1895 年属于葛底斯堡战场纪念联合会，1895 年到 1933 年属于美国陆军部管辖，从 1933 年到现在则属于美国国家公园管理局负责。所有这些组织都对当时的道路系统进行了很多修改，包括开辟新路、整改旧路以及维持原有道路，他们的这些努力形成了现在葛底斯堡的公共道路系统、农业用路以及其他的历史上的道路，同时还有根据当时南方军队行进路线所建的大道。

亚伯拉罕·林肯总统在国家军人公墓所做的著名演讲为纪念这个遗址提供了一种哲学思路。葛底斯堡战场纪念联合会最初由当地一些主要的公民在这场战役之后私下成立，为了纪念那些不管是还活着或者已死去的参与这场伟大战争的战士们。葛底斯堡战场纪念地成为了后来内战纪念公园和纪念遗址的成功范例。到 1880 年，参与这场战役的联盟老兵为保护这个遗址做出了突出的贡献，他们树立了一些纪念碑，开辟了新路，为参观者提供便利。尽管葛底斯堡战场纪念联合会购买了周围的部分土地，开辟了很多新的道路，但是这些努力是远远不够的，因为这些大道后来没有进一步修缮，并且他们只标出了当时联盟的作战路线。

此项目是 HAER 的一部分。HAER 是一项长期记录美国历史上重要工程与工业成果的项目。HAER 由 HABS/HAER 管理，这是美国内政部国家公园管理局的一个部门。葛底斯堡国家军事公园（GETT）旅游道路记录项目是 1998 年夏天由 HAER（负责人埃里克·迪劳尼）和 GETT（监督负责人约翰·兰彻斯特）联合赞助。这个项目由联邦高速路项目（代办人艾伦·博尔顿）通过国家公园管理局公园公路和风景道项目（经理人马克·哈特斯）筹集资金。

实地测量工作、测量图、历史报告以及照片等都是在项目经理托德·克罗托，项目领导人克里斯托弗·马顿和本项目历史学家蒂姆·戴维斯的指导下完成。记录团队由现场负责人爱德华·鲁普科，风景园林师尼克尔·斯蒂尔、尼克·杨以及克里斯丁·韦伯（德国国际古迹遗址理事会）组成。历史报告的准备工作由项目历史学家阿曼达·福尔摩斯完成，大幅照片由大卫·哈斯完成。

1893 年 5 月 31 号，在战役的 30 周年纪念日到来之际，美国陆战部部长成立了一个葛底斯堡公园委员会，目的只是标示出双方的作战路线。委员会制定了一套整合方案，包括树立更多的纪念碑、信息指示牌、瞭望塔、完整的外墙以及沿着战场修建一系列的大道，以便能通向几个主要景点。为了能确保这个战场遗址能传达给后代他们想要表示出来的纪念意义，道路建设采用了最好的泰尔福德系统，使之成为美国当时最好的路面。道路的建设不仅采用了最先进的道路建设技术，同时还建立在辨识度最高的景区。现今的战场遗址公园很大程度上归功于在陆战部支持下的委员会当时所做的努力。

国家公园管理局 1933 年接管了葛底斯堡国家军事公园，接管地区不仅有战争遗址地，还包括葛底斯堡战役老兵建立的纪念景观地，因此它就不得不平衡公共安全和对历史遗留资源造成一定影响这两方面。接手早期，为了汽车安全行驶，国家公园管理局舍弃了一些道路急弯并修建了一些更为自然的公园风景。同时他们还增加了不同种类的解释性路标和道路路线，使得此地不仅仅局限于具有历史意义。如今葛底斯堡每年能接纳 200 万游客，与葛底斯堡战场纪念联合会接手时期相比，规模几乎是之前的十倍。虽然如此，葛底斯堡的道路系统仍然是战争老兵为公园所做努力的证明，并用来纪念他们在战争期间所做出的牺牲，这种意义不仅仅局限于他们的战争经历。

DELINEATED BY: Edward J. Lupyak and Christiane Weber, Nicki Yung, 1998

NATIONAL PARK SERVICE
ROADS & BRIDGES RECORDING PROJECT
NATIONAL PARK SERVICE
UNITED STATES DEPARTMENT OF THE INTERIOR

GETTYSBURG NATIONAL MILITARY PARK TOUR ROADS
GETTYSBURG VICINITY | ADAMS COUNTY | PENNSYLVANIA

SHEET 1 OF 14

HISTORIC AMERICAN ENGINEERING RECORD PA-485

IF REPRODUCED, PLEASE CREDIT: HISTORIC AMERICAN ENGINEERING RECORD, NATIONAL PARK SERVICE, NAME OF DELINEATOR, DATE OF THE DRAWING

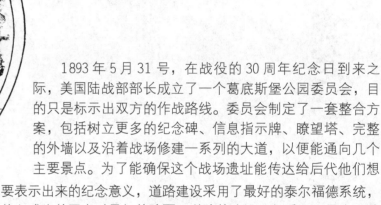

道路的演变，1863—1895 年

葛底斯堡战役，1863 年 7 月 1 日到 3 日

当波多马克和北方弗吉尼亚军队到达宾夕法尼亚南部的葛底斯堡以前，葛底斯堡区已经有了复杂的道路系统，包括普通道路、农业用地和步行小路。有十条螺旋小路通过各个方向将葛底斯堡和其他的地方相联系起来，另一方则利用捷径路线行军，但最终由于这个地区的整体地势才使战役发生在这里。军队上校罗伯特·E·李带领着他的军队沿着钱伯斯堡峰从西部到西北部，而军队上校乔治·G·米德带领军队沿着特妮镇路和贝尔的摩峰从南部到东南部。

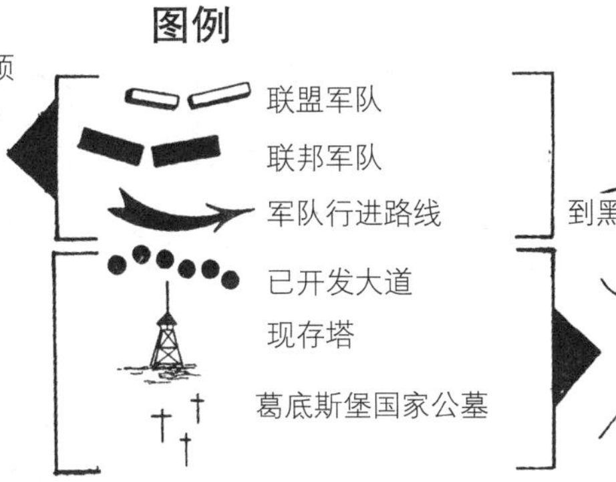

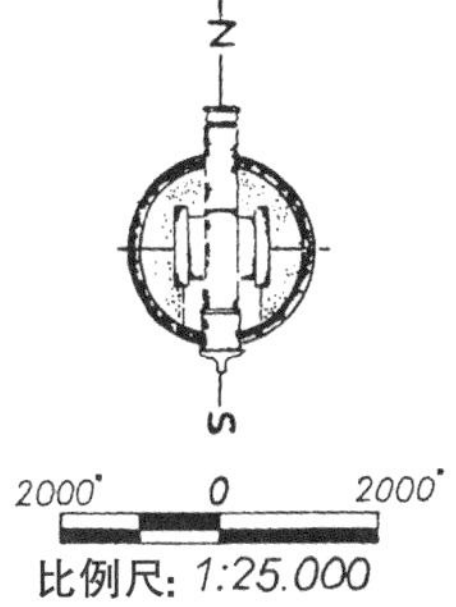

注：地图来源于葛底斯堡国家军事公园的众多资料（1863 年到 1865 年的原始图）

葛底斯堡战场纪念联合会时期，1863 到 1895 年

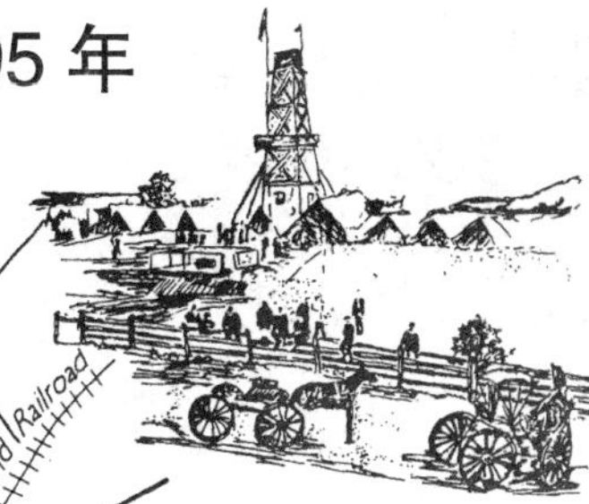

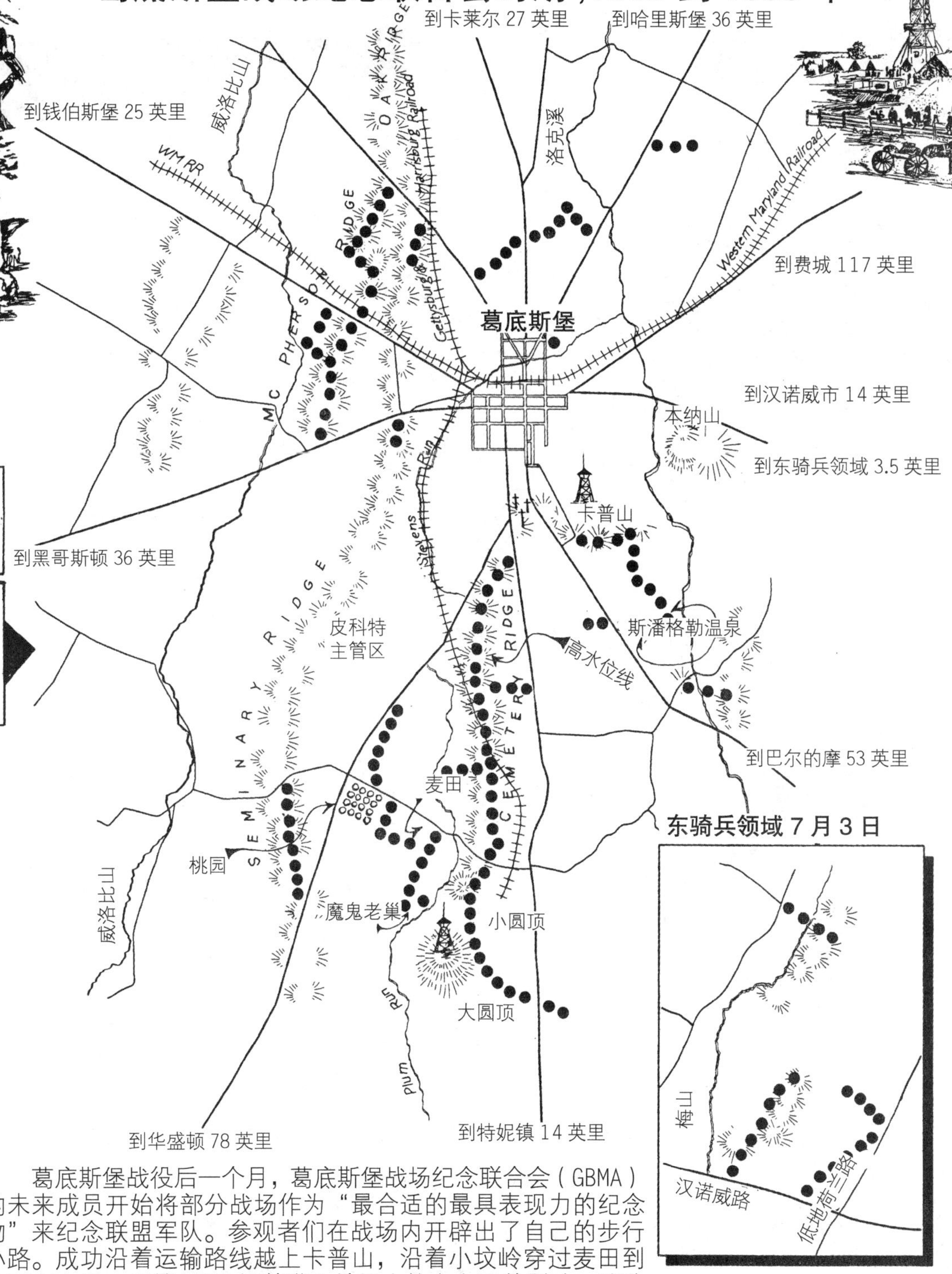

葛底斯堡战役后一个月，葛底斯堡战场纪念联合会（GBMA）的未来成员开始将部分战场作为“最合适的最具表现力的纪念物”来纪念联盟军队。参观者们在战场内开辟出了自己的步行小路。成功沿着运输路线越上卡普山，沿着小坟岭穿过麦田到达圆顶山丘。尽管 GBMA 怀着满心希望去扩大自己的影响，建造更多的道路，但在建立初期也有过很多的困难。然而在 1880 年，内战老兵重新组织建立了 GBMA，战场也大范围建立纪念碑并重建道路，标志并又重新命名了联盟行军路线。

DRAWN BY: *Christiane Weber, 1998*

NATIONAL PARK SERVICE
ROADS & BRIDGES RECORDING PROJECT

GETTYSBURG NATIONAL MILITARY PARK TOUR ROADS

GETTYSBURG VICINITY　ADAMS COUNTY　PENNSYLVANIA

HISTORIC AMERICAN ENGINEERING RECORD　PA-485　SHEET 3 OF 14

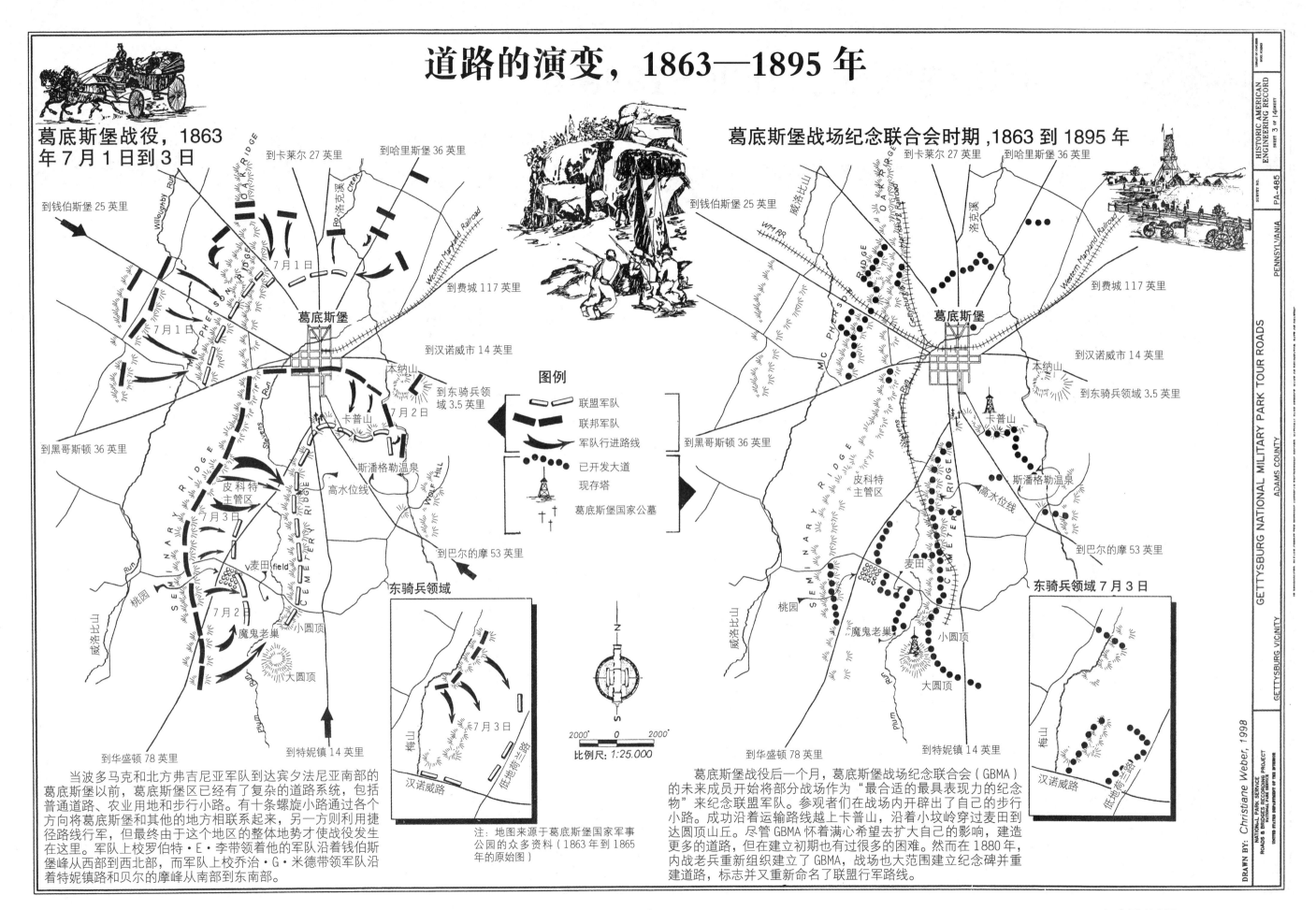

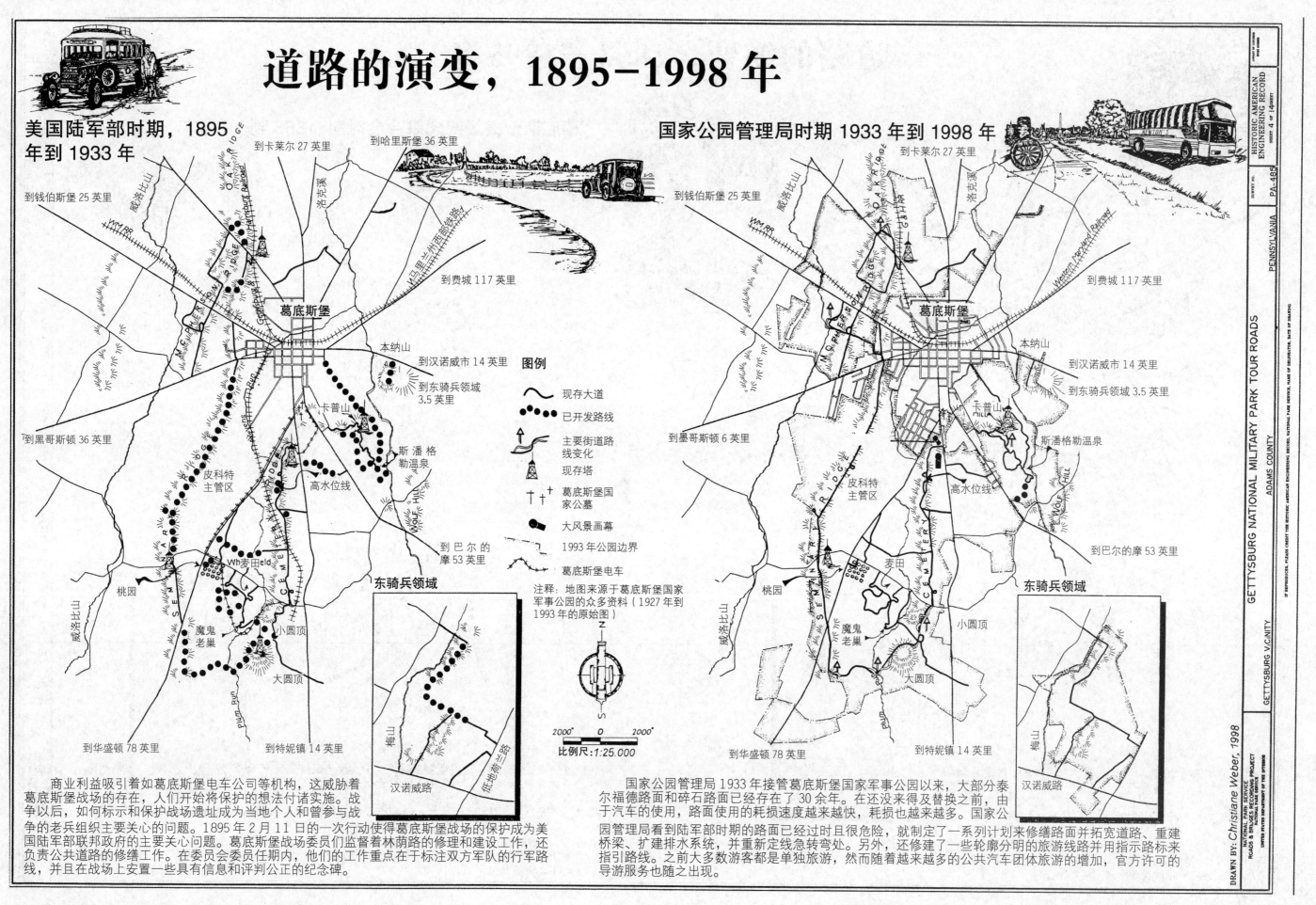

道路的演变，1895–1998 年

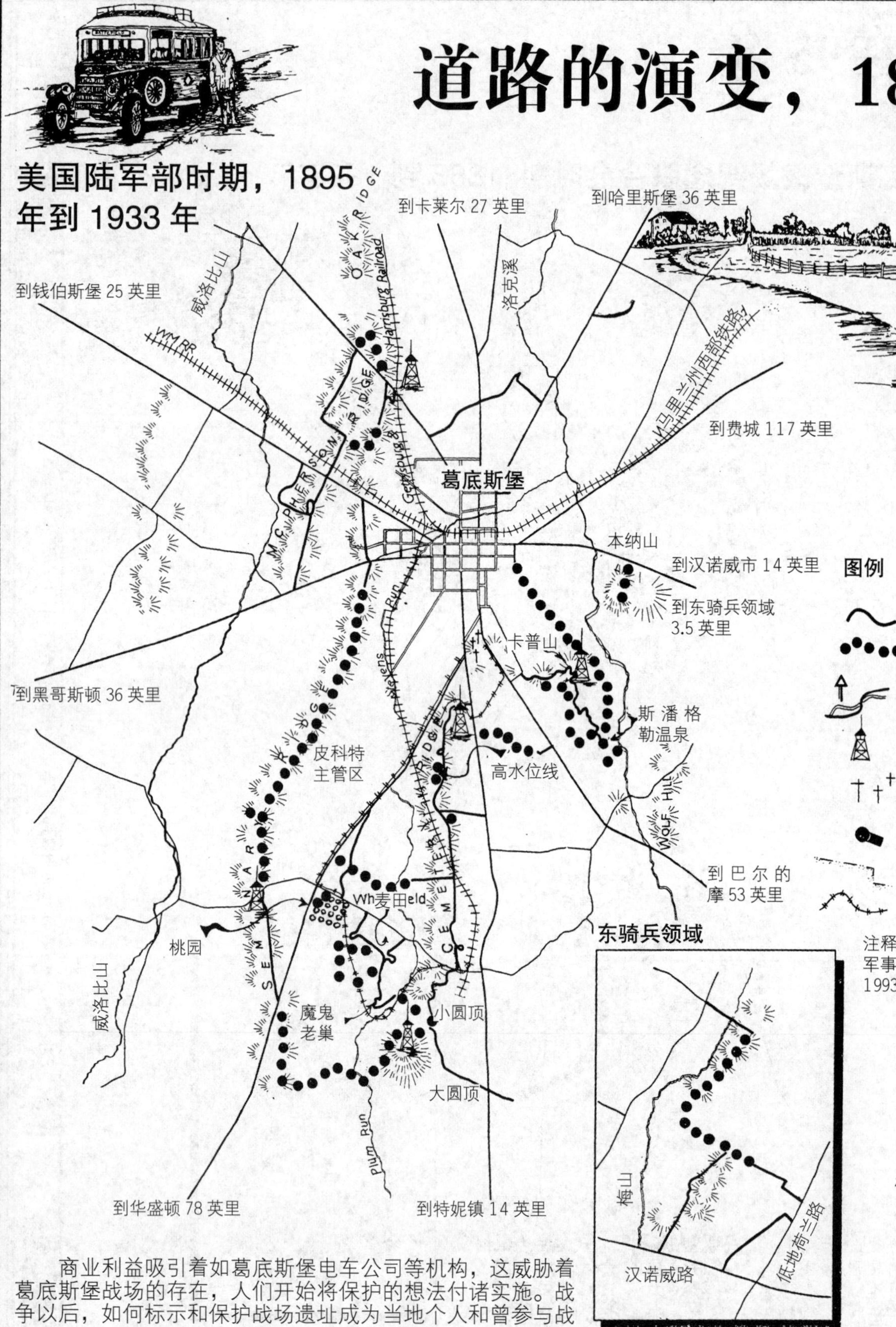

美国陆军部时期，1895
年到 1933 年
到卡莱尔 27 英里
到哈里斯堡 36 英里
到钱伯斯堡 25 英里
威洛比山
洛克溪
到费城 117 英里
葛底斯堡
本纳山
到汉诺威市 14 英里
到东骑兵领域
3.5 英里
卡普山
到黑哥斯顿 36 英里
斯潘格
勒温泉
皮科特
主管区
高水位线
到巴尔的
摩 53 英里
麦田
桃园
威洛比山
魔鬼
老巢
小圆顶
大圆顶
到华盛顿 78 英里
到特妮镇 14 英里
东骑兵领域
梅山
汉诺威路
低地荷兰路

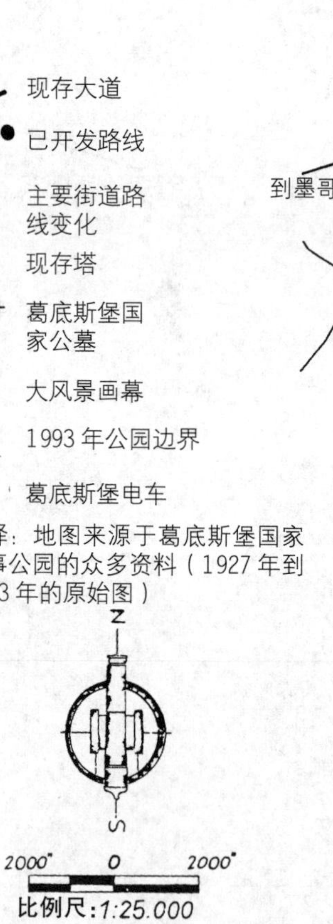

图例
现存大道
已开发路线
主要街道路线变化
现存塔
葛底斯堡国家公墓
大风景画幕
1993 年公园边界
葛底斯堡电车
注释：地图来源于葛底斯堡国家军事公园的众多资料（1927 年到 1993 年的原始图）
比例尺：1:25.000

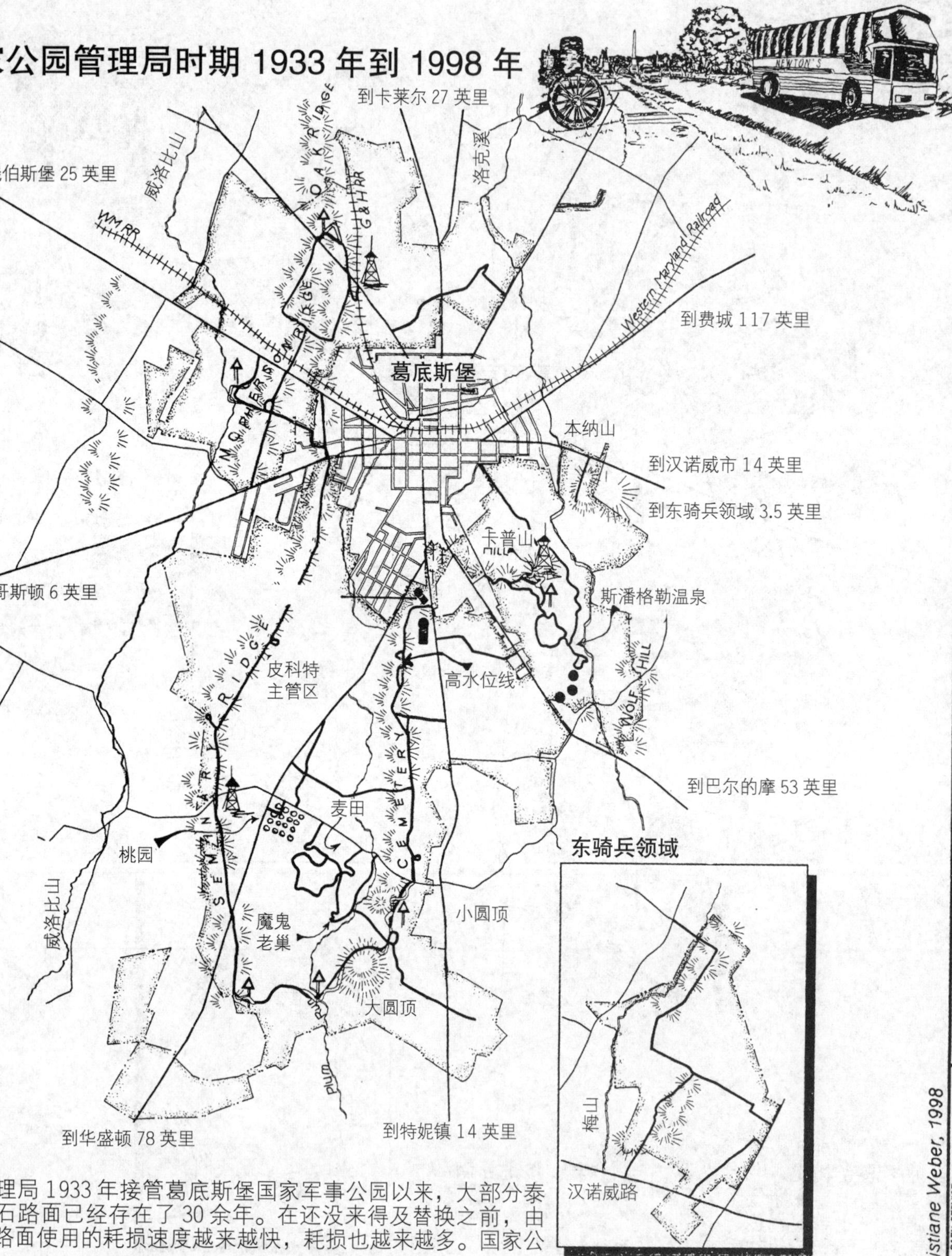

国家公园管理局时期 1933 年到 1998 年
到卡莱尔 27 英里
到钱伯斯堡 25 英里
威洛比山
洛克溪
到费城 117 英里
葛底斯堡
本纳山
到汉诺威市 14 英里
到东骑兵领域 3.5 英里
卡普山
到墨哥斯顿 6 英里
斯潘格勒温泉
皮科特
主管区
高水位线
到巴尔的摩 53 英里
麦田
桃园
威洛比山
魔鬼
老巢
小圆顶
大圆顶
到华盛顿 78 英里
到特妮镇 14 英里
东骑兵领域
梅山
汉诺威路

商业利益吸引着如葛底斯堡电车公司等机构，这威胁着葛底斯堡战场的存在，人们开始将保护的想法付诸实施。战争以后，如何标示和保护战场遗址成为当地个人和曾参与战争的老兵组织主要关心的问题。1895 年 2 月 11 日的一次行动使得葛底斯堡战场的保护成为美国陆军部联邦政府的主要关心问题。葛底斯堡战场委员们监督着林荫路的修理和建设工作，还负责公共道路的修缮工作。在委员会委员任期内，他们的工作重点在于标注双方军队的行军路线，并且在战场上安置一些具有信息和评判公正的纪念碑。

国家公园管理局 1933 年接管葛底斯堡国家军事公园以来，大部分泰尔福德路面和碎石路面已经存在了 30 余年。在还没来得及替换之前，由于汽车的使用，路面使用的耗损速度越来越快，耗损也越来越多。国家公园管理局看到陆军部时期的路面已经过时且很危险，就制定了一系列计划来修缮路面并拓宽道路、重建桥梁、扩建排水系统，并重新定线急转弯处。另外，还修建了一些轮廓分明的旅游线路并用指示路标来指引路线。之前大多数游客都是单独旅游，然而随着越来越多的公共汽车团体旅游的增加，官方许可的导游服务也随之出现。

DRAWN BY: Christiane Weber, 1998

GETTYSBURG NATIONAL MILITARY PARK TOUR ROADS

GETTYSBURG VICINITY　ADAMS COUNTY　PENNSYLVANIA

HISTORIC AMERICAN ENGINEERING RECORD　PA-485

道路建设

因为泰尔福德路面具有坚固性和持久性，葛底斯堡国家军事公园最初修建的时候大部分都是采用此种方法。在对土地进行调查和确定战场线路之后随即确定了道路路线，工人们也对东部的粗糙路面进行了修整。他们在路边放置了大块肩石，并为 8 英寸楔形基石准备了一个牢固的边界，这些石头要人工放置，有些还要分成几小块，这样才能使其更为牢固。下一步，4 英寸的半大石头要放在 8 英寸石块上面，随后再弄一层陶土来使路面更为黏合，上面是 2 英寸的四分之一大的石头筛屑。最后，载重 14 吨的蒸汽压路机将会从路面上碾过，这个步骤既是建造的一部分，也是一个常规的维护过程。

泰尔福德化系统操作方法既要大量的人力，又需大量的财力，但是这种方法建造的道路具有很强的持久力，能建造出最好的道路，因此葛底斯堡战场委员会计划把这条能承载几代人的道路作为葛底斯堡纪念遗址的一部分永久保留。泰尔福德路面如今仍大量存在。

泰尔福德路建造过程，1895 年

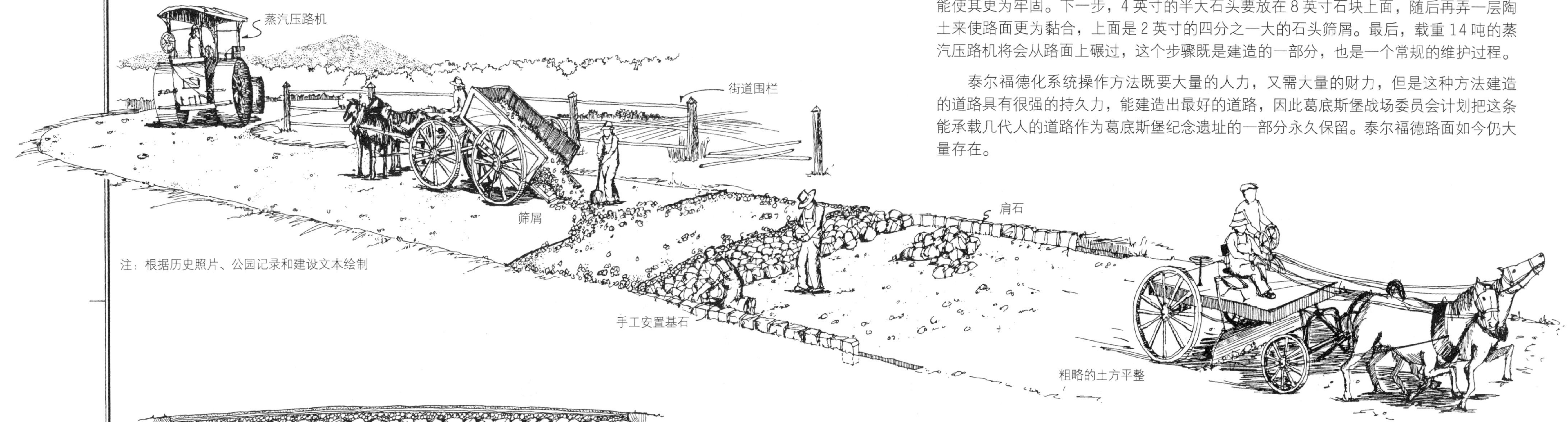

蒸汽压路机
街道围栏
筛屑
肩石
手工安置基石
粗略的土方平整

注：根据历史照片、公园记录和建设文本绘制

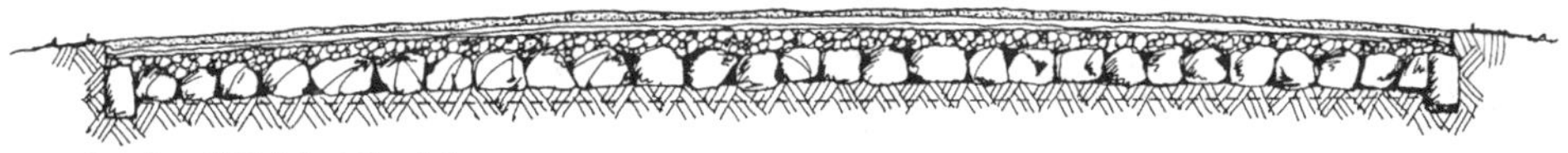

泰尔福德路基

- 极其持久
- 劳动密集型
- 初期高成本
- 适用于各类型土壤

托马斯·泰尔福德在 1824 年发明了泰尔福德路建造方法。1895 年这种方法首次用于葛底斯堡国家军事公园建造，1895 年到 1922 年间，修建了 22 英里的泰尔福德路面。

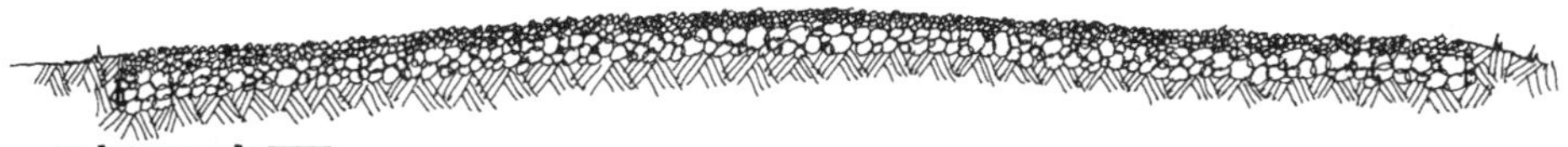

碎石路面

- 中等的持久性
- 建造速度较快
- 初期低成本
- 需要较好的排水系统，否则容易生锈或被侵蚀

1817 年，约翰·劳登·麦克亚当在英格兰的伦敦修建了第一条碎石路面。1895 年到 1922 年间，陆军部修建了 33 英里街道，其中有 22 英里都是碎石路面。

泰尔福德材料

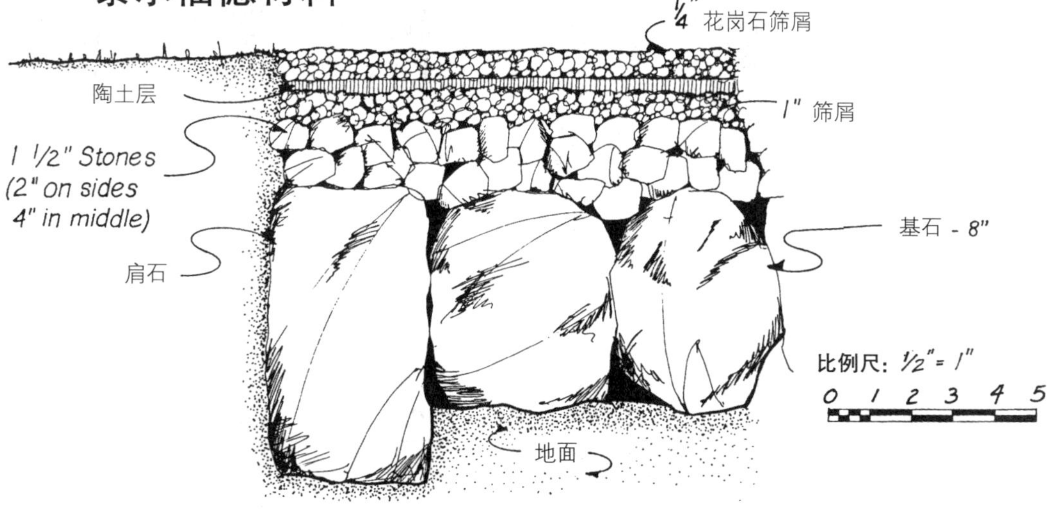

1/4" 花岗石筛屑
陶土层
1" 筛屑
1 1/2" Stones
(2" on sides
4" in middle)
基石 - 8"
肩石
比例尺：1/2" = 1'
0 1 2 3 4 5
地面

注：最终的路面表层要平整路肩

HISTORIC AMERICAN ENGINEERING RECORD PA-485

SHEET 5 of 14

GETTYSBURG NATIONAL MILITARY PARK TOUR ROADS

PENNSYLVANIA ADAMS COUNTY GETTYSBURG VICINITY

NATIONAL PARK SERVICE ROADS & BRIDGES RECORDING PROJECT

DELINEATED BY: Edward J. Lupyak, 1998

IF REPRODUCED, PLEASE CREDIT: HISTORIC AMERICAN ENGINEERING RECORD, NATIONAL PARK SERVICE, NAME OF DELINEATOR, DATE OF THE DRAWING

十字路口部分

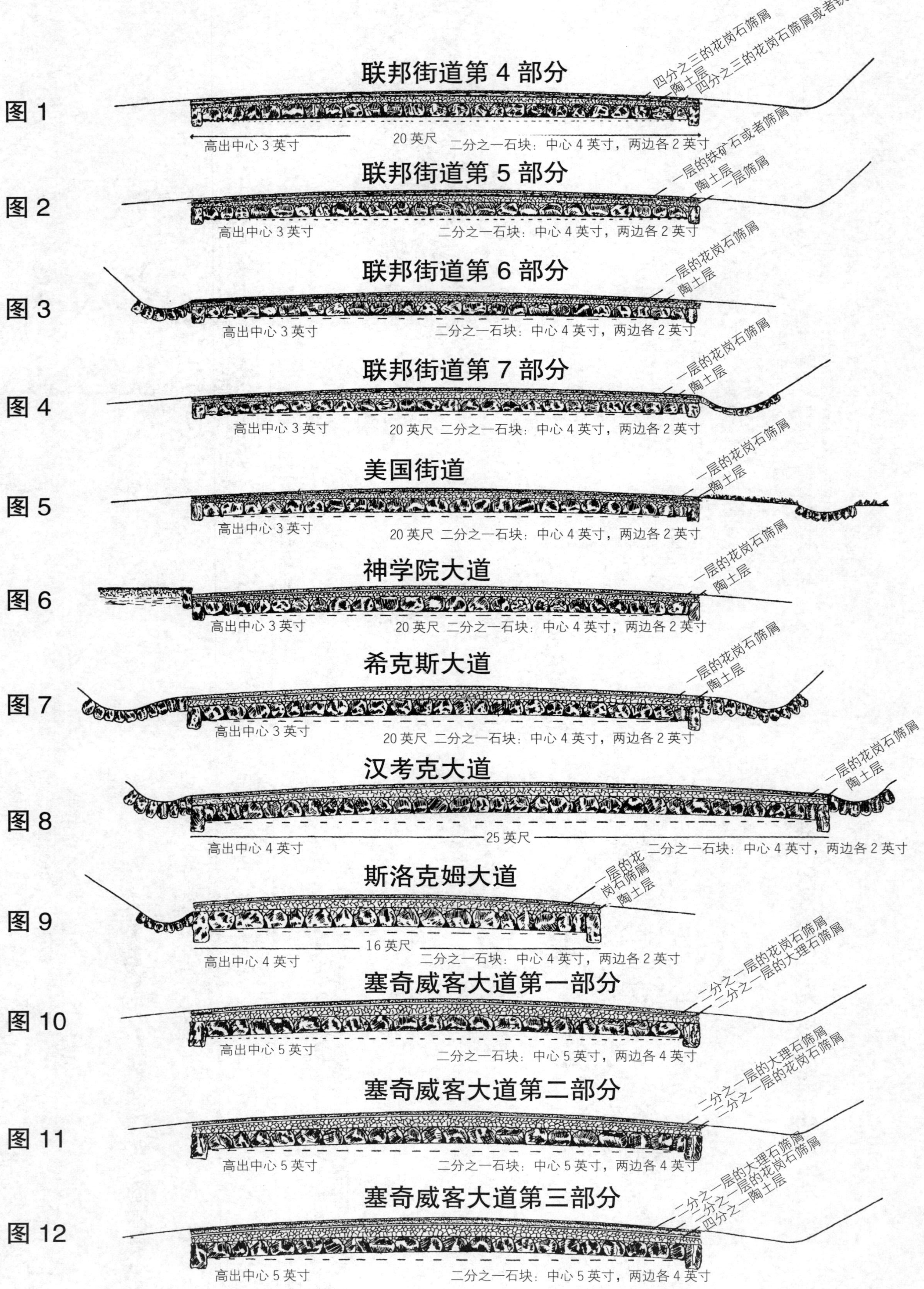

联邦街道第 4 部分
图 1
四分之三的花岗石筛屑
陶土层
四分之三的花岗石筛屑或者铁矿石
高出中心 3 英寸
20 英尺
二分之一石块：中心 4 英寸，两边各 2 英寸
联邦街道第 5 部分
图 2
一层的铁矿石或者筛屑
陶土层
一层筛屑
高出中心 3 英寸
二分之一石块：中心 4 英寸，两边各 2 英寸
联邦街道第 6 部分
图 3
一层的花岗石筛屑
陶土层
高出中心 3 英寸
二分之一石块：中心 4 英寸，两边各 2 英寸
联邦街道第 7 部分
图 4
一层的花岗石筛屑
陶土层
高出中心 3 英寸
20 英尺 二分之一石块：中心 4 英寸，两边各 2 英寸
美国街道
图 5
一层的花岗石筛屑
陶土层
高出中心 3 英寸
20 英尺 二分之一石块：中心 4 英寸，两边各 2 英寸
神学院大道
图 6
一层的花岗石筛屑
陶土层
高出中心 3 英寸
20 英尺 二分之一石块：中心 4 英寸，两边各 2 英寸
希克斯大道
图 7
一层的花岗石筛屑
陶土层
高出中心 3 英寸
20 英尺 二分之一石块：中心 4 英寸，两边各 2 英寸
汉考克大道
图 8
一层的花岗石筛屑
陶土层
25 英尺
高出中心 4 英寸
二分之一石块：中心 4 英寸，两边各 2 英寸
斯洛克姆大道
图 9
一层的花
岗石筛屑
陶土层
16 英尺
高出中心 4 英寸
二分之一石块：中心 4 英寸，两边各 2 英寸
塞奇威客大道第一部分
图 10
二分之一层的花岗石筛屑
二分之一层的大理石筛屑
高出中心 5 英寸
二分之一石块：中心 5 英寸，两边各 4 英寸
塞奇威客大道第二部分
图 11
二分之一层的大理石筛屑
二分之一层的花岗石筛屑
高出中心 5 英寸
二分之一石块：中心 5 英寸，两边各 4 英寸
塞奇威客大道第三部分
图 12
二分之一层的大理石筛屑
二分之一层的花岗石筛屑
四分之一陶土层
高出中心 5 英寸
二分之一石块：中心 5 英寸，两边各 4 英寸

注：路缘石和排水系统细节构造具有多样性，可与不同的路肩宽度结合使用。

注：最初画稿由 E·B·科普画于 1905 年，存于葛底斯堡国家军事公园档案馆。
1998 年 HAER 对原有档案进行扫描编辑。

DRAWN BY:

NATIONAL PARK SERVICE ROADS & BRIDGES RECORDING PROJECT NATIONAL PARK SERVICE UNITED STATES DEPARTMENT OF THE INTERIOR	GETTYSBURG NATIONAL MILITARY PARK TOUR ROADS. GETTYSBURG VICINITY ADAMS COUNTY PENNSYLVANIA	SURVEY NO. PA-485	HISTORIC AMERICAN ENGINEERING RECORD SHEET 6 OF 14 SHEET	LIBRARY OF CONGRESS	

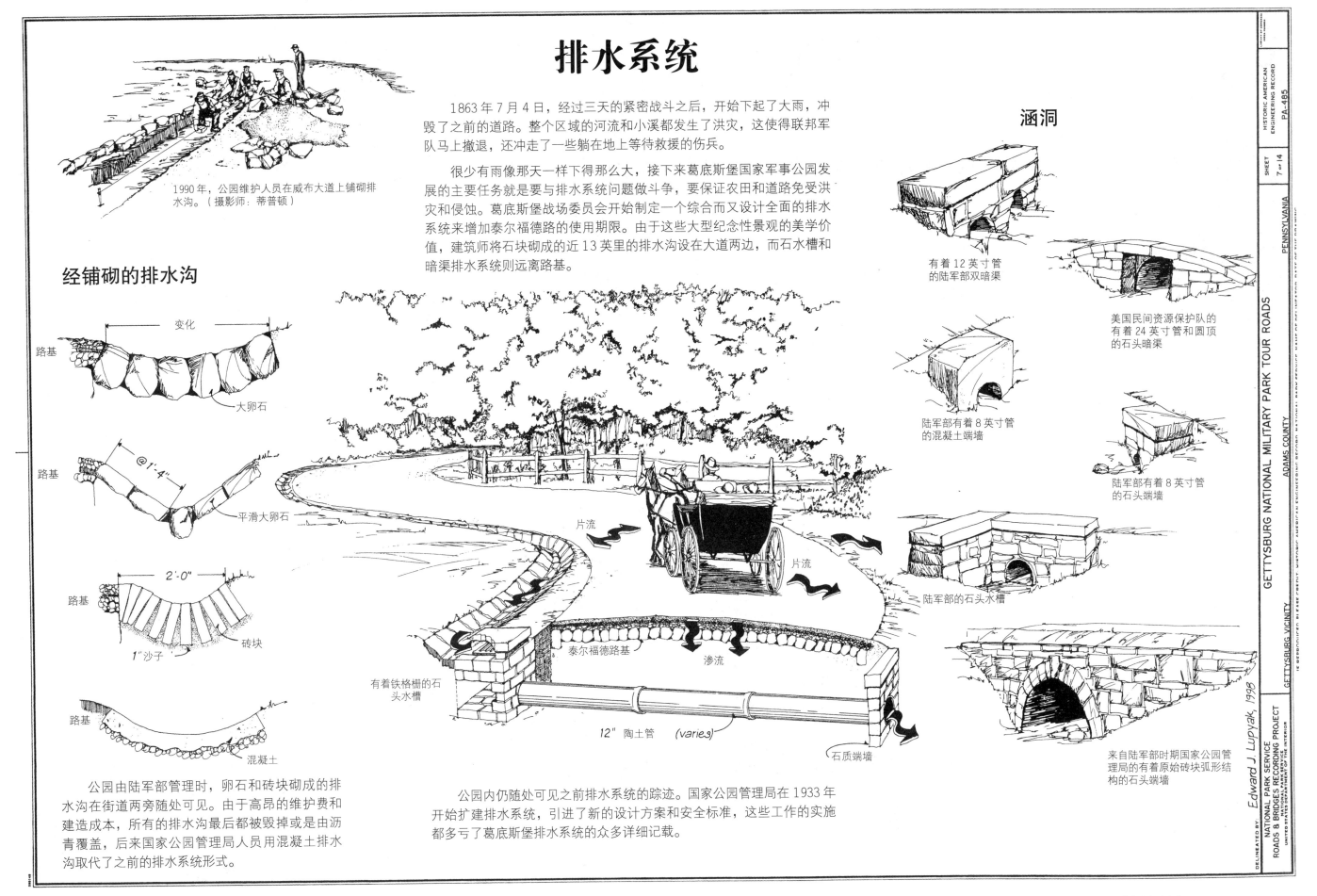

排水系统

1990 年，公园维护人员在威布大道上铺砌排水沟。（摄影师：蒂普顿）

1863 年 7 月 4 日，经过三天的紧密战斗之后，开始下起了大雨，冲毁了之前的道路。整个区域的河流和小溪都发生了洪灾，这使得联邦军队马上撤退，还冲走了一些躺在地上等待救援的伤兵。

很少有雨像那天一样下得那么大，接下来葛底斯堡国家军事公园发展的主要任务就是要与排水系统问题做斗争，要保证农田和道路免受洪灾和侵蚀。葛底斯堡战场委员会开始制定一个综合而又设计全面的排水系统来增加泰尔福德路的使用期限。由于这些大型纪念性景观的美学价值，建筑师将石块砌成的近 13 英里的排水沟设在大道两边，而石水槽和暗渠排水系统则远离路基。

经铺砌的排水沟

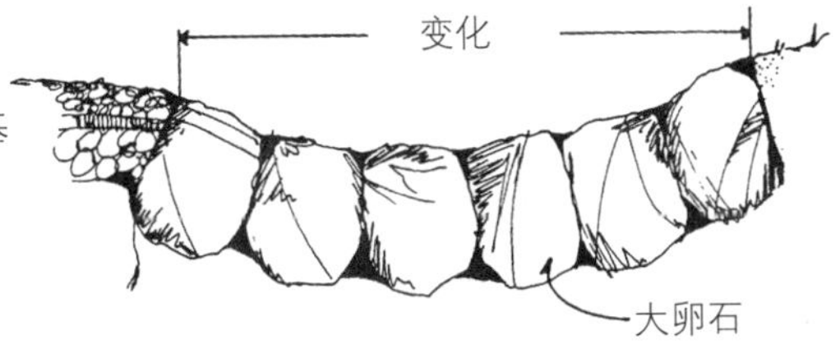

变化
路基
大卵石

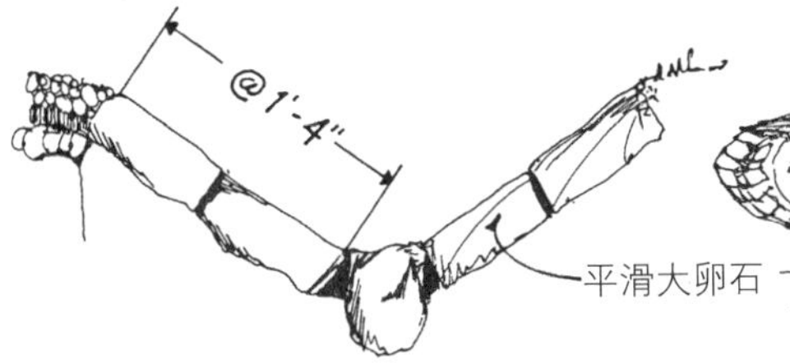

路基
@1'-4"
平滑大卵石

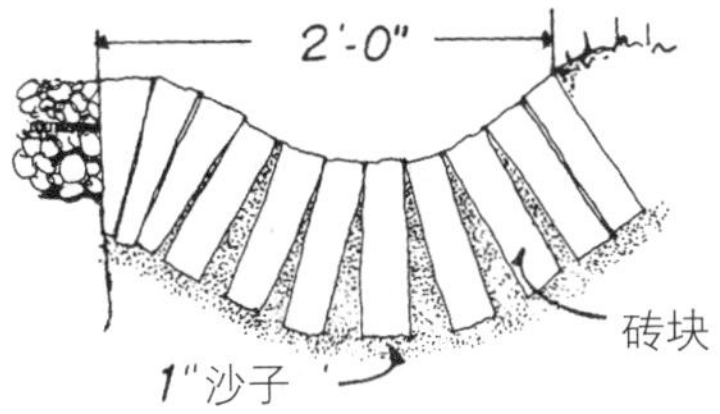

2'-0"
路基
砖块
1"沙子

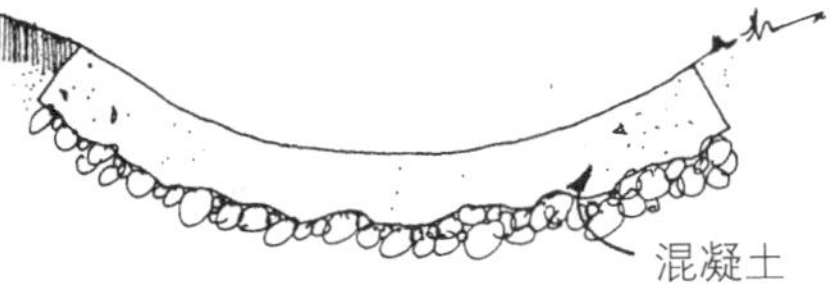

路基
混凝土

公园由陆军部管理时，卵石和砖块砌成的排水沟在街道两旁随处可见。由于高昂的维护费和建造成本，所有的排水沟最后都被毁掉或是由沥青覆盖，后来国家公园管理局人员用混凝土排水沟取代了之前的排水系统形式。

片流
片流
泰尔福德路基
渗流
有着铁格栅的石头水槽
12" 陶土管
(varies)
石质端墙
Edward J. Lupyak, 1998

公园内仍随处可见之前排水系统的踪迹。国家公园管理局在 1933 年开始扩建排水系统，引进了新的设计方案和安全标准，这些工作的实施都多亏了葛底斯堡排水系统的众多详细记载。

涵洞

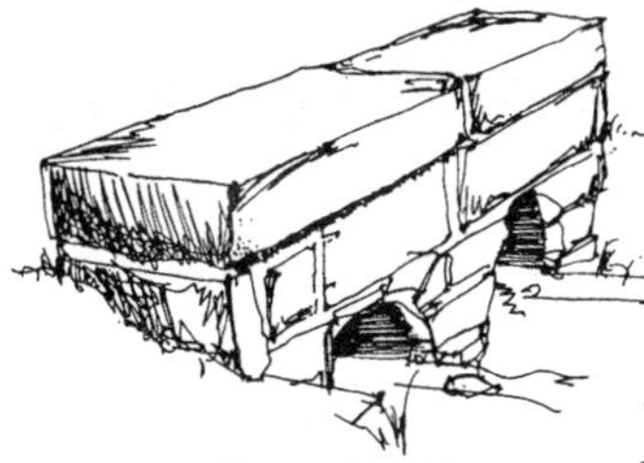

有着 12 英寸管的陆军部双暗渠

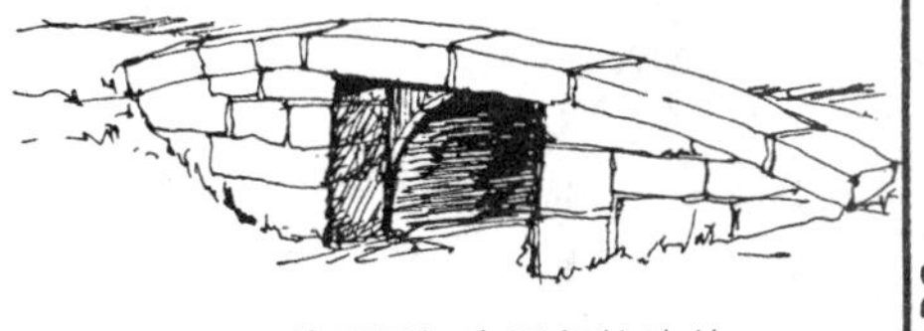

美国民间资源保护队的有着 24 英寸管和圆顶的石头暗渠

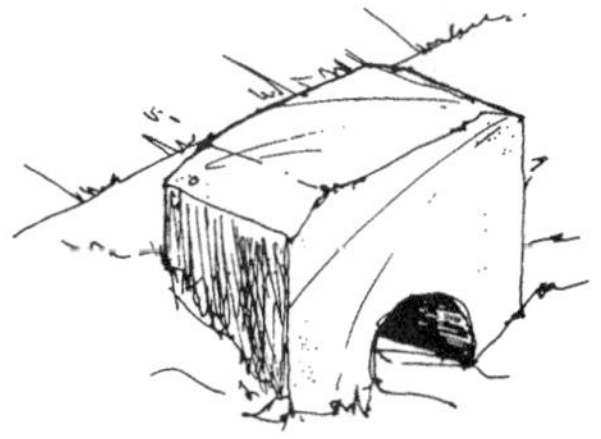

陆军部有着 8 英寸管的混凝土端墙

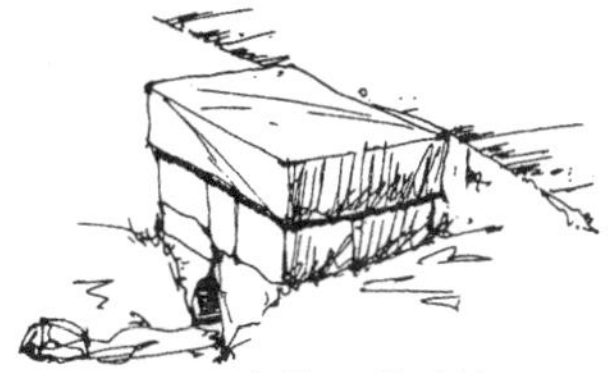

陆军部有着 8 英寸管的石头端墙

陆军部的石头水槽

来自陆军部时期国家公园管理局的有着原始砖块弧形结构的石头端墙

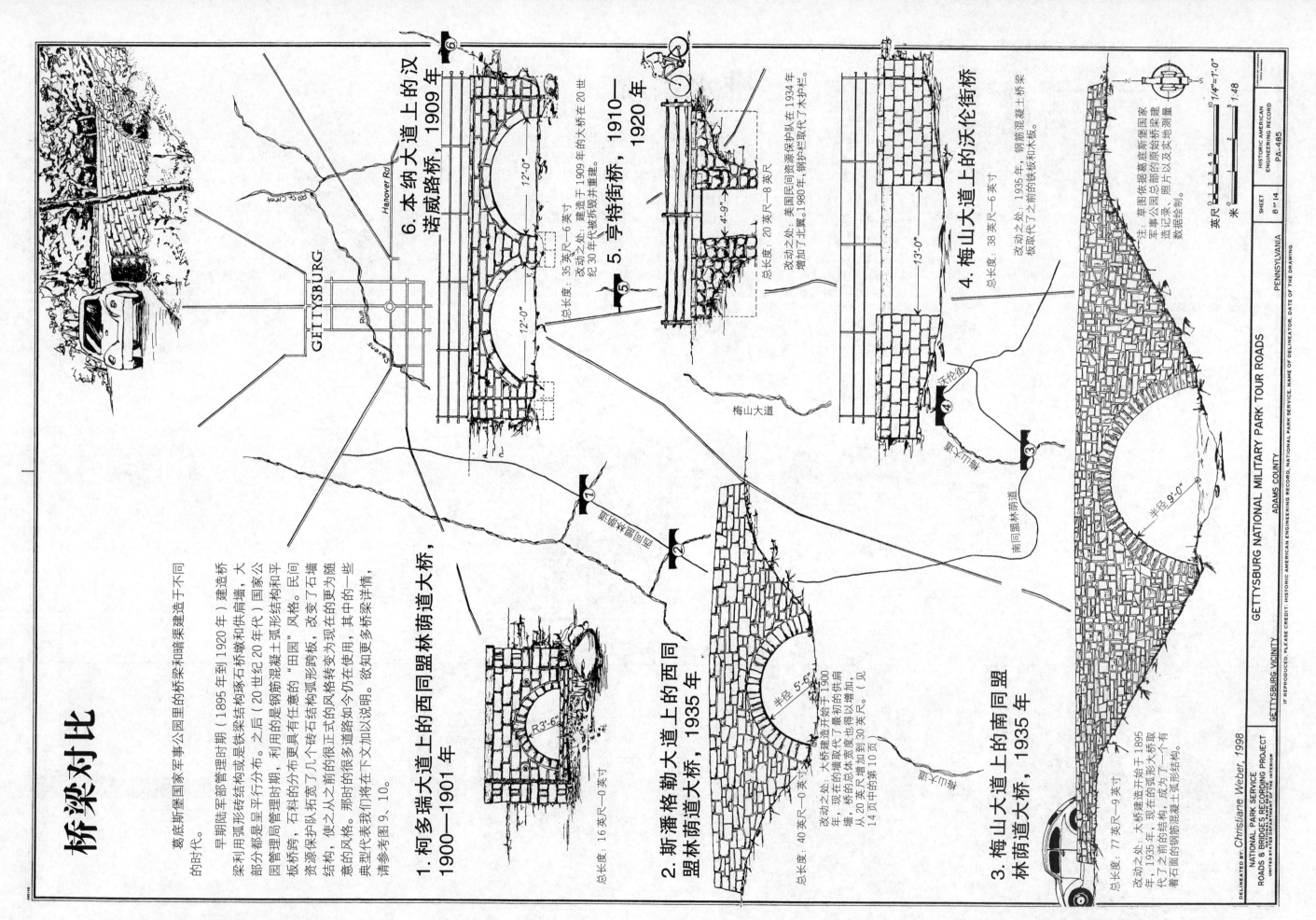

桥梁对比

葛底斯堡国家军事公园里的桥梁和暗渠建造于不同的时代。

早期陆军部管理时期（1895 年到 1920 年）建造桥梁利用弧形砖结构或是铁梁结构琢石桥墩和供肩墙，大部分都是呈平行分布。之后（20 世纪 20 年代）国家公园管理局管理时期，利用的是钢筋混凝土弧形结构和平板桥跨，石料的分布更具有任意的“田园”风格。民间资源保护队拓宽了几个砖石结构弧形跨板，改变了石墙结构，使之从之前的很正式的风格转变为现在的更为随意的风格。那时的很多道路如今仍在使用，其中的一些典型代表我们将在下文加以说明。欲知更多桥梁详情，请参考图 9、10。

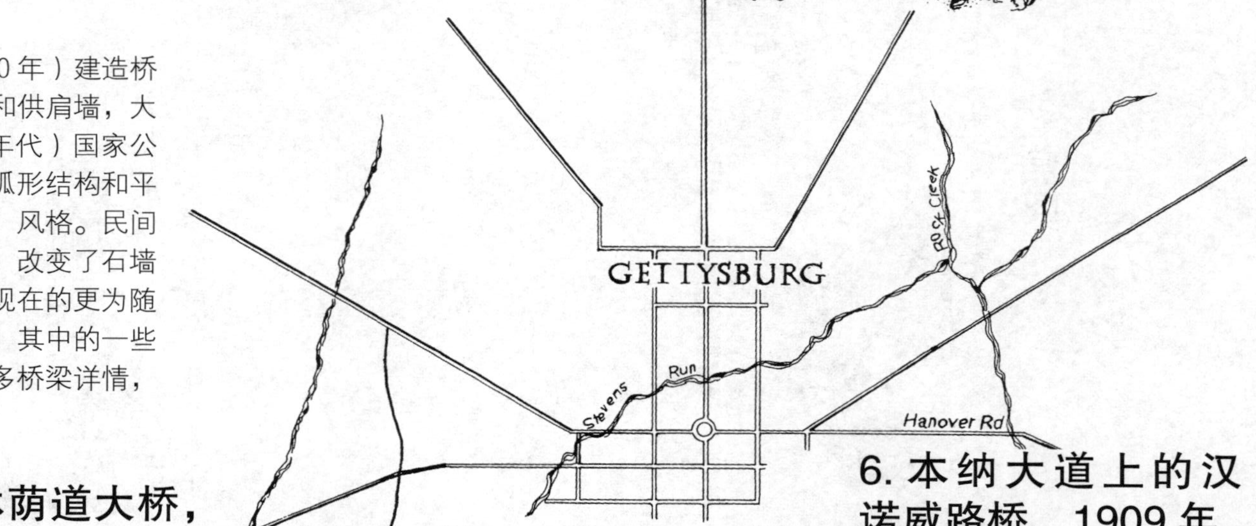

GETTYSBURG
Stevens Run
Hanover Rd
Rock Creek
西同盟林荫道
梅山大道
沃伦街
南同盟林荫道
1
2
3
4
5
6

1. 柯多瑞大道上的西同盟林荫道大桥，1900—1901 年

R3'-6"

总长度：16 英尺—0 英寸

2. 斯潘格勒大道上的西同盟林荫道大桥，1935 年

半径 5'-6"

总长度：40 英尺—0 英寸

改动之处：大桥建造开始于 1900 年，现在的墙取代了最初的供肩墙，桥的总体宽度也得以增加，从 20 英尺增加到 30 英尺。（见 14 页中的第 10 页）

3. 梅山大道上的南同盟林荫道大桥，1935 年

半径 9'-0"

总长度：77 英尺—9 英寸

改动之处：大桥建造开始于 1895 年，1935 年，现在的弧形大桥取代了之前的结构，成为了一个有着石面的钢筋混凝土弧形结构。

4. 梅山大道上的沃伦街桥

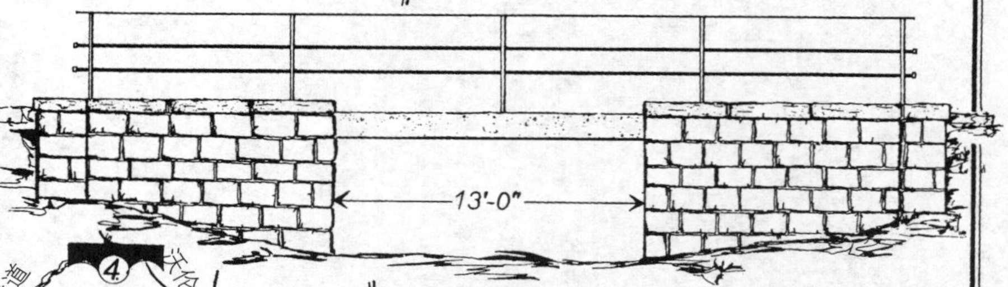

13'-0"

总长度：38 英尺—6 英寸

改动之处：1935 年，钢筋混凝土桥梁板取代了之前的铁板和木板。

5. 亨特街桥，1910—1920 年

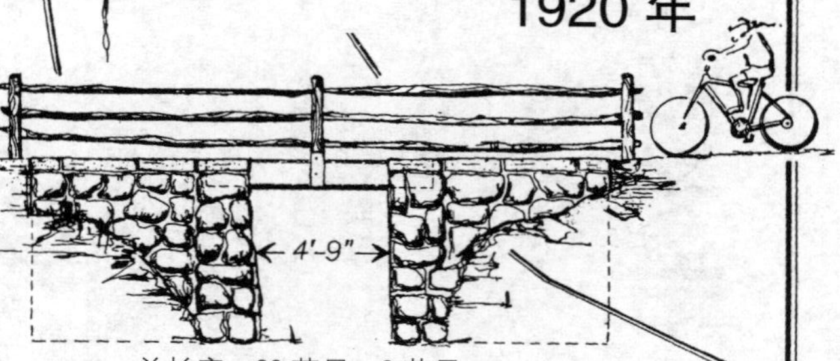

4'-9"

总长度：20 英尺—8 英尺

改动之处：美国民间资源保护队在 1934 年增加了北翼。1980 年，钢护栏取代了木护栏。

6. 本纳大道上的汉诺威路桥，1909 年

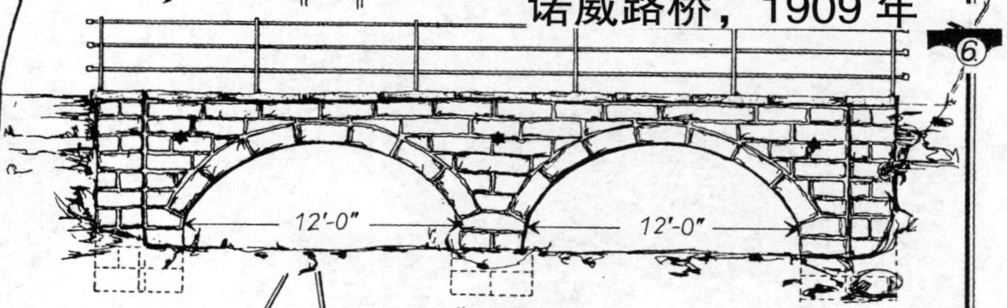

12'-0"
12'-0"

总长度：35 英尺—6 英寸

改动之处：建造于 1909 年的大桥在 20 世纪 30 年代被拆毁并重建。

注：草图依据葛底斯堡国家军事公园总部的原始桥梁建造记录、照片以及实地测量数据绘制。

英尺 0 1 2 3 4 5 10 1/4"=1'-0"

米 0 1 2 3 1:48

DELINEATED BY: Christiane Weber, 1998

NATIONAL PARK SERVICE ROADS & BRIDGES RECORDING PROJECT NATIONAL PARK SERVICE UNITED STATES DEPARTMENT OF THE INTERIOR	GETTYSBURG NATIONAL MILITARY PARK TOUR ROADS GETTYSBURG VICINITY　ADAMS COUNTY　PENNSYLVANIA	SHEET 8 of 14	HISTORIC AMERICAN ENGINEERING RECORD PA-485

IF REPRODUCED, PLEASE CREDIT: HISTORIC AMERICAN ENGINEERING RECORD, NATIONAL PARK SERVICE. NAME OF DELINEATOR. DATE OF THE DRAWING

西同盟林荫路大桥

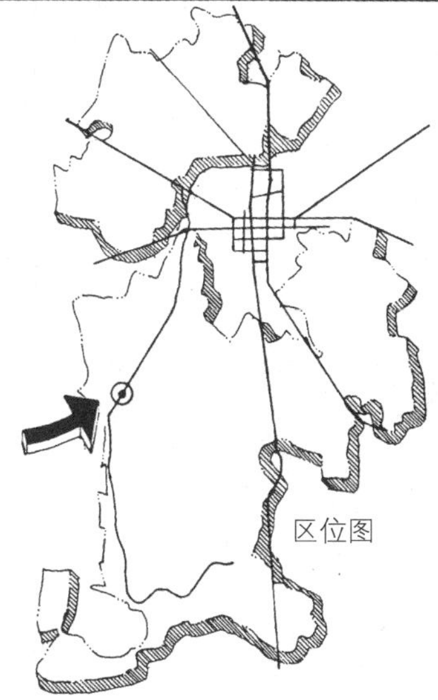

陆军部 1990 年建造的原始桥细节图

公园里的很多大桥都是砖石弧形构造，同时也是葛底斯堡花岗岩式样，并且有条理的平行线路分布使得大桥更为美观。陆军部在 1990 年建造了斯潘格勒管线上的西同盟林荫路大桥，设计的大桥类型为"B 型"，是葛底斯堡众多大桥的典型代表。在国家公园管理局管理时期，由于端墙靠近道路，容易对行驶的车辆构成威胁，工作人员又移动了桥梁和暗渠的端墙。民间资源保护队的人员在 1935 年重建了大桥，新的桥梁保留了原有的弧形结构，但是拓宽了桥梁宽度，将两个端墙之间的空隙从 20 英尺扩展到 30 英尺。国家公园管理局为大桥建造了一个新的田园风格外观，有混凝土基底，石块弧形结构，如右图所示，新的供肩墙呈随意排列。

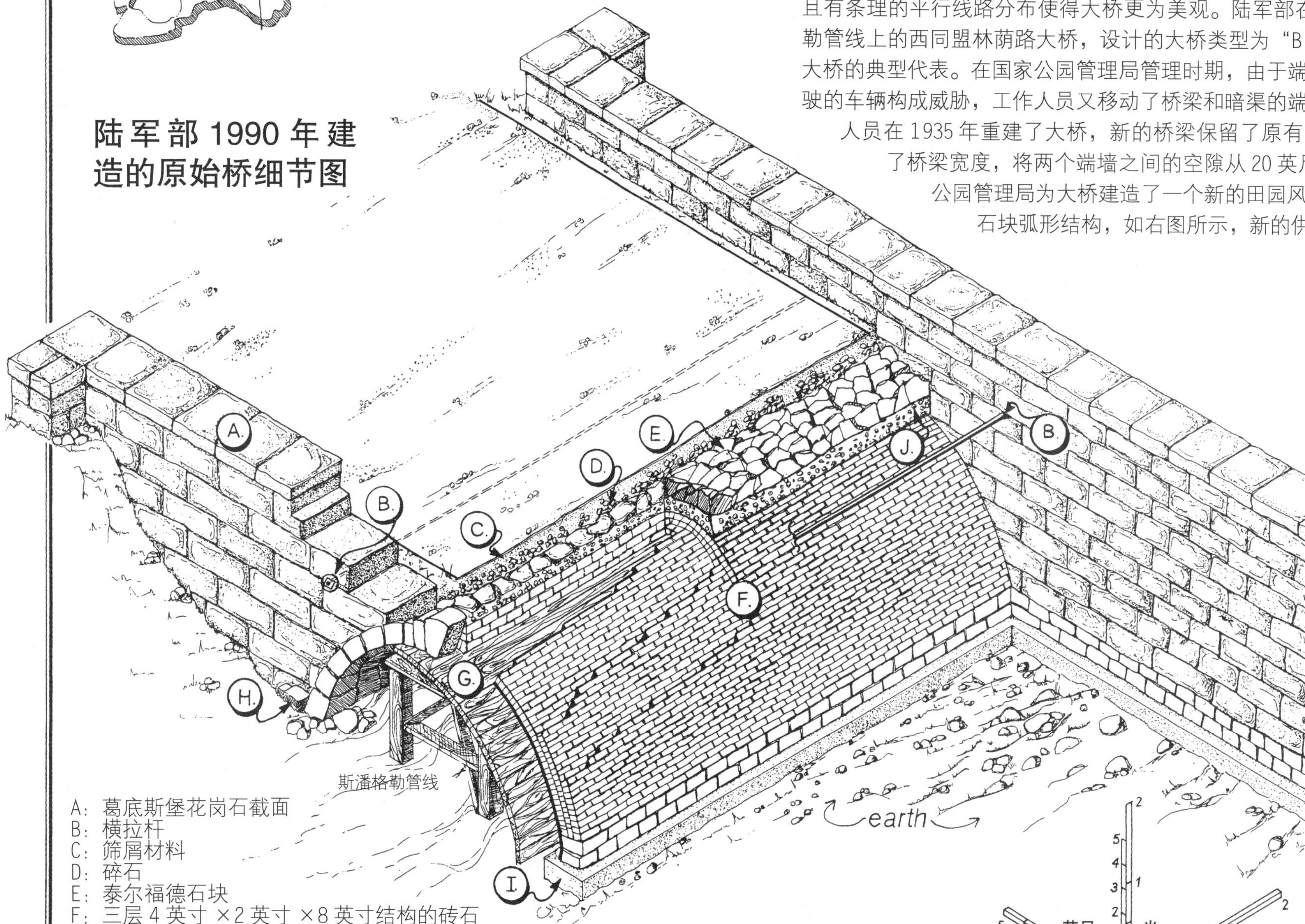

A：葛底斯堡花岗岩截面
B：横拉杆
C：筛屑材料
D：碎石
E：泰尔福德石块
F：三层 4 英寸 ×2 英寸 ×8 英寸结构的砖石
G：木质脚手架
H：石基
I：混凝土基底——没有可供参考的图
J：回填

注：草图依据工程建造文件、结构分类报告（国家公园管理局提供）、实地测量以及历史图片绘制。

比例尺 3/8"=1'-0"

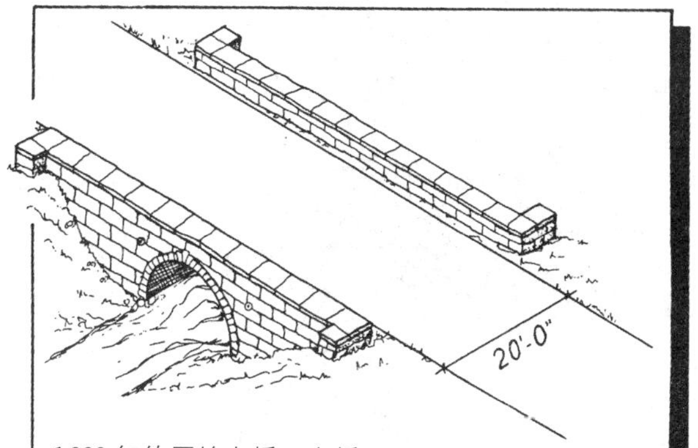

1990 年的原始大桥，大桥太窄，容易造成交通拥挤。

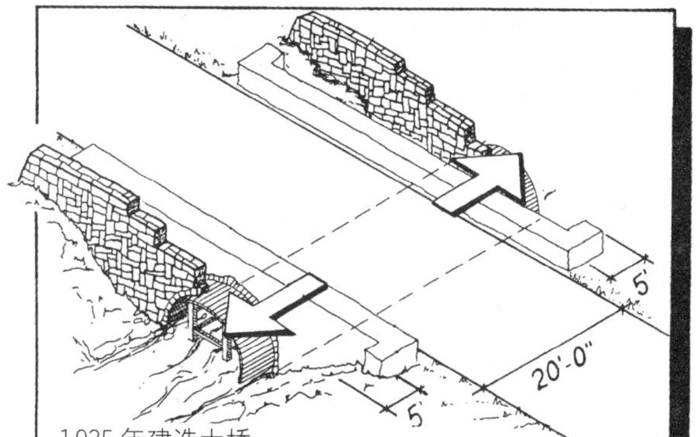

1935 年建造大桥。
1. 拓宽弧形结构　2. 建造新墙
3. 拆掉原始护墙

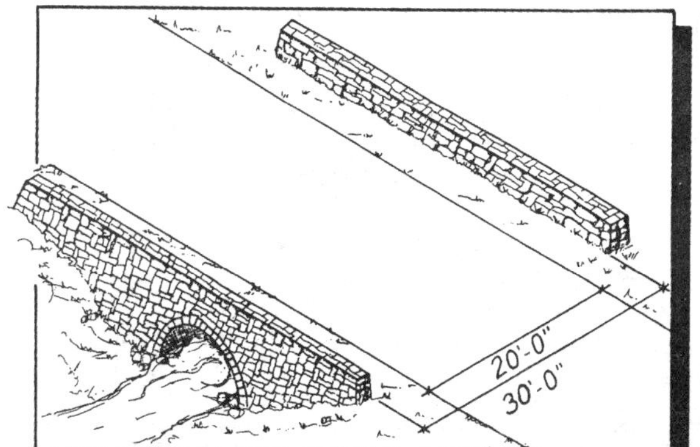

1935 年完成图，更为宽阔的路肩提供了更为安全的行驶条件。

DELINEATED BY: Nicole Steel, 1998
NATIONAL PARK SERVICE
ROADS & BRIDGES RECORDING PROJECT
NATIONAL PARK SERVICE
UNITED STATES DEPARTMENT OF THE INTERIOR
GETTYSBURG NATIONAL MILITARY PARK TOUR ROADS
GETTYSBURG VICINITY　ADAMS COUNTY　PENNSYLVANIA
SHEET 10 OF 14
HISTORIC AMERICAN ENGINEERING RECORD
PA-485

IF REPRODUCED, PLEASE CREDIT: HISTORIC AMERICAN ENGINEERING RECORD, NATIONAL PARK SERVICE, NAME OF DELINEATOR, DATE OF THE DRAWING

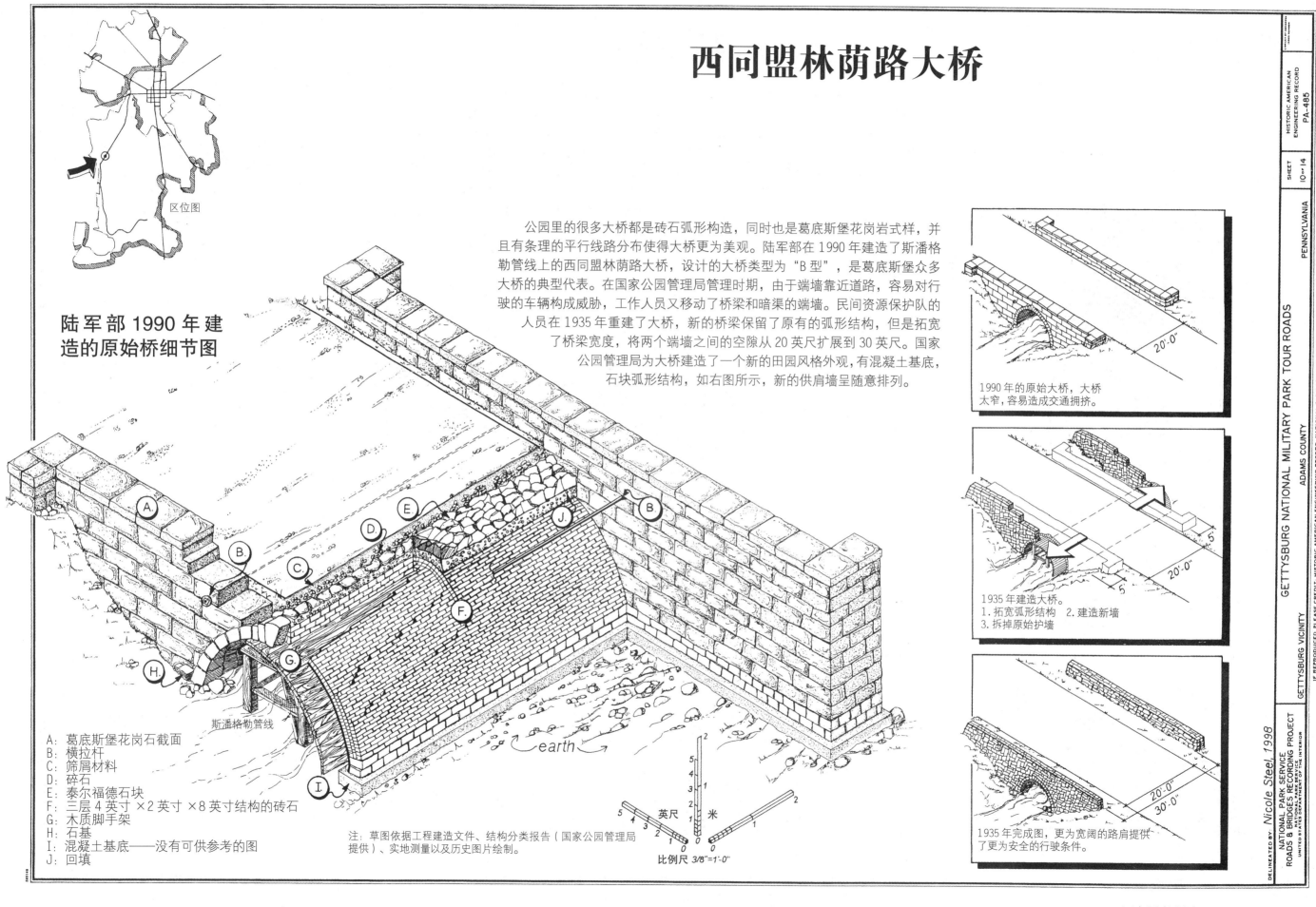

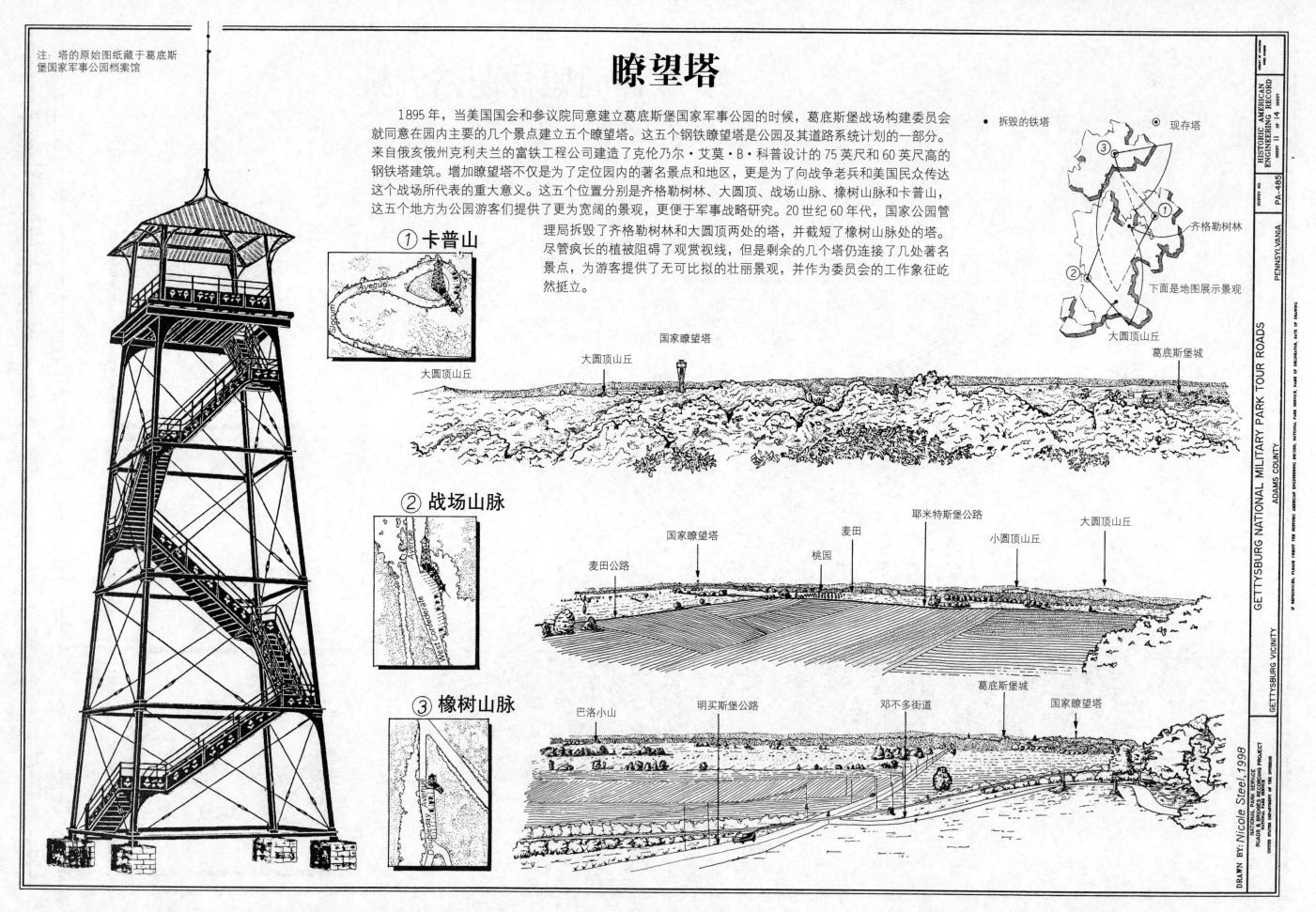

注：塔的原始图纸藏于葛底斯堡国家军事公园档案馆

瞭望塔

1895 年，当美国国会和参议院同意建立葛底斯堡国家军事公园的时候，葛底斯堡战场构建委员会就同意在园内主要的几个景点建立五个瞭望塔。这五个钢铁瞭望塔是公园及其道路系统计划的一部分。来自俄亥俄州克利夫兰的富铁工程公司建造了克伦乃尔・艾莫・B・科普设计的 75 英尺和 60 英尺高的钢铁塔建筑。增加瞭望塔不仅是为了定位园内的著名景点和地区，更是为了向战争老兵和美国民众传达这个战场所代表的重大意义。这五个位置分别是齐格勒树林、大圆顶、战场山脉、橡树山脉和卡普山，这五个地方为公园游客们提供了更为宽阔的景观，更便于军事战略研究。20 世纪 60 年代，国家公园管理局拆毁了齐格勒树林和大圆顶两处的塔，并截短了橡树山脉处的塔。尽管疯长的植被阻碍了观赏视线，但是剩余的几个塔仍连接了几处著名景点，为游客提供了无可比拟的壮丽景观，并作为委员会的工作象征屹然挺立。

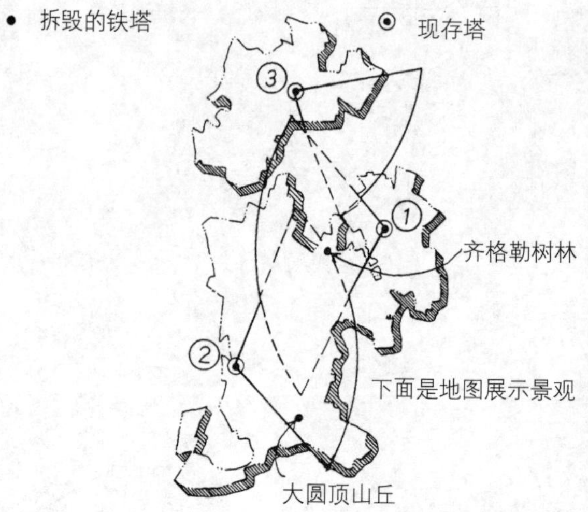

拆毁的铁塔
现存塔
③
①
齐格勒树林
②
下面是地图展示景观
大圆顶山丘

① 卡普山

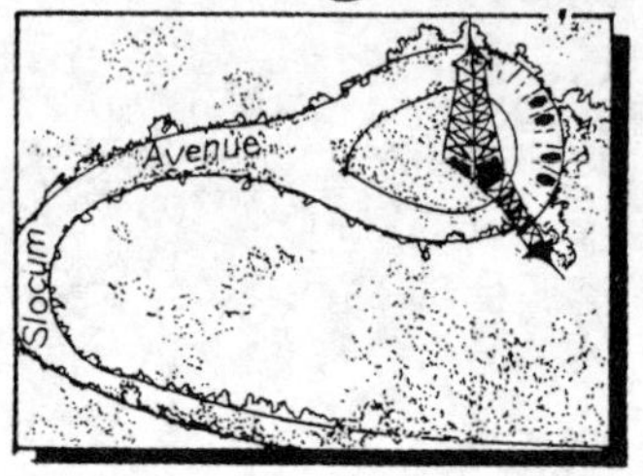

Avenue
Slocum

国家瞭望塔
大圆顶山丘
大圆顶山丘
葛底斯堡城

② 战场山脉

Avenue
West Confederate

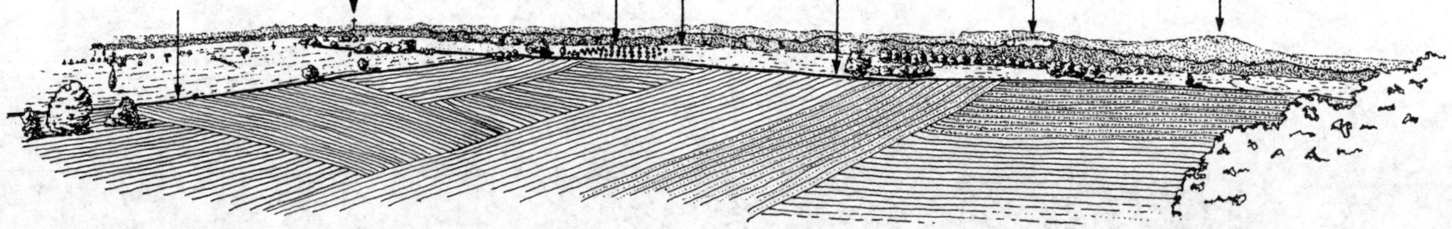

耶米特斯堡公路
麦田
大圆顶山丘
国家瞭望塔
小圆顶山丘
桃园
麦田公路

③ 橡树山脉

Avenue
Doubleday Avenue

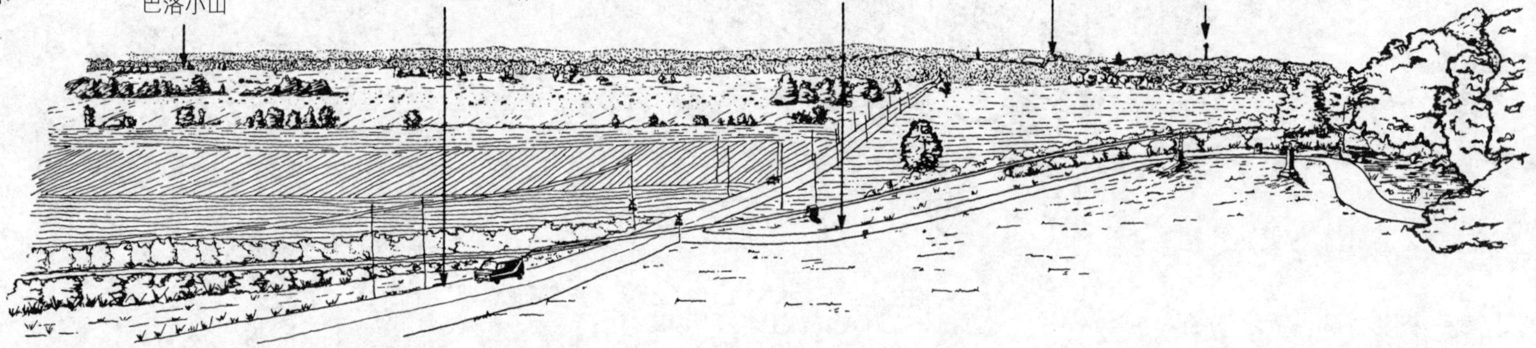

葛底斯堡城
国家瞭望塔
巴洛小山
明买斯堡公路
邓不多街道

HISTORIC AMERICAN ENGINEERING RECORD

PA-485

PENNSYLVANIA

GETTYSBURG NATIONAL MILITARY PARK TOUR ROADS

ADAMS COUNTY

GETTYSBURG VICINITY

DRAWN BY: Nicole Steel, 1998

NATIONAL PARK SERVICE

ROADS & BRIDGES RECORDING PROJECT

标志和符号

注：绘图依据实地照片、注释、历史图片和原始图纸。

最早去葛底斯堡军事公园的那批人是内战老兵、他们的家人以及熟知这场战争的人。非政府战场导游组织为那些想要实地了解这场战争和战场的人提供服务。1890 年，陆军部制定了一套更为综合、更为统一的标志系统。在战场上树立铁碑来定位，标明一些战略性的地势特征、农庄以及街道名称。为了规范游客行为，委员会还竖立了一些标志性的规范标牌，要求游客尊重纪念碑和各个纪念标志。随着老一辈士兵的去世，当代人要求公园提供更多解说性服务。1930 年，国家公园管理局又制定了一些指示性标志和限速标志，之后又增加了一些出口标志和现场的表演项目。在今天的公园街道上，到处可以找到不同时代制定的符号标志。

到 1880 年中期，很多老兵组织机构开始在园内用明显的标志来标注当时他们的小分队所在的具体位置。1895 年，葛底斯堡战场委员会被允许标示出南部联邦军队和北部联盟军队在战场上的具体位置，这导致后来战场上出现了众多的标志、符号以及纪念碑。在很长一段时间里，这些标志就是对于战场的诠释，它们提供了确切的部队行进路线和部队人员数量。内战时期的大炮炮筒用花岗岩竖立起来，标志着当时米德・李的指挥所以及军队指挥官所在地；青铜刻碑树立在粗略切割的花岗岩石上，标志着军队当时的大概位置；熟铁匾树立在有凹槽的位置，炮台石碑标志着当时大炮发射的基本位置。直至今天，大约还存在着 1320 多个陆军部管理时期的标志符号、石碑、纪念碑，这些标志符号继续在这里标志着战场上的每个位置。

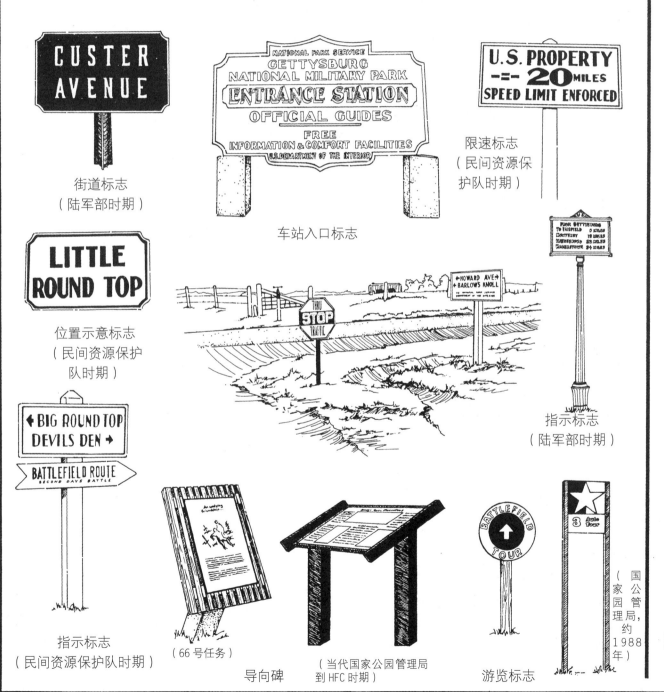

街道标志（陆军部时期）

车站入口标志

限速标志（民间资源保护队时期）

位置示意标志（民间资源保护队时期）

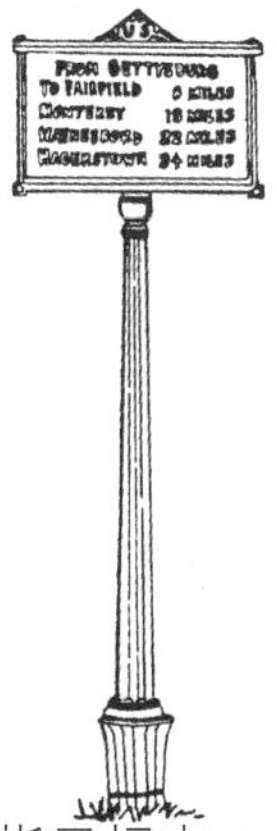
指示标志（陆军部时期）

指示标志（民间资源保护队时期）

（66 号任务）

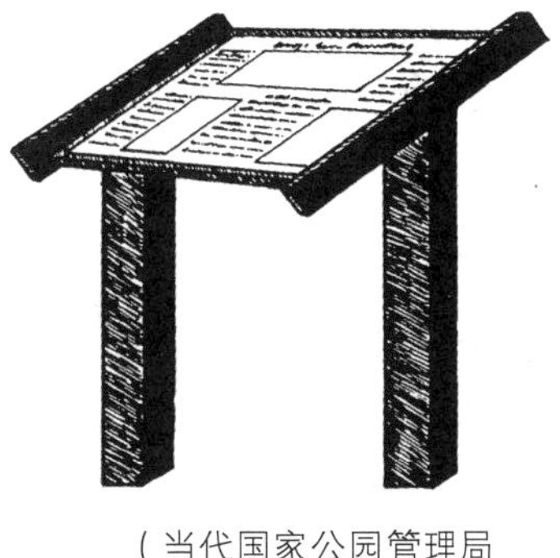
（当代国家公园管理局到 HFC 时期）
导向碑

游览标志

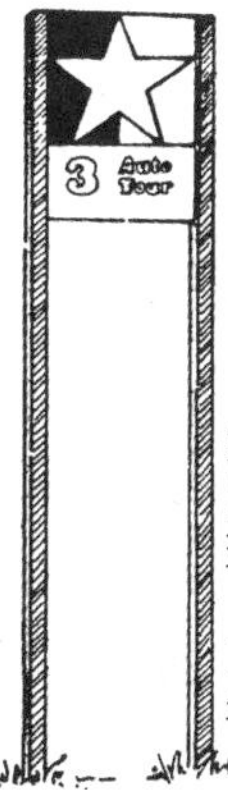
（国家公园管理局，约 1988 年）

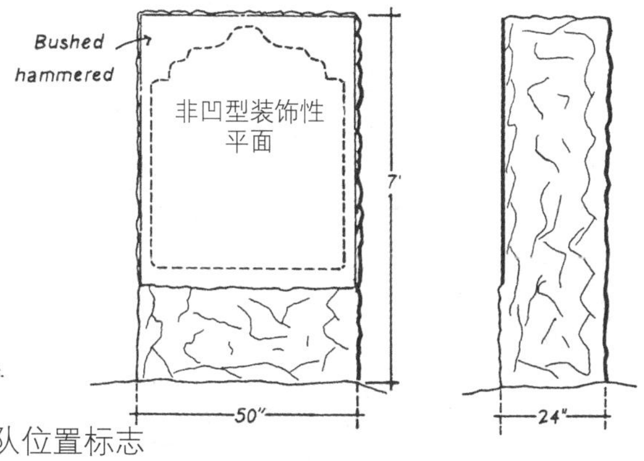

部队和军队位置标志

部队和军队位置标志

指挥所标志

大部队标志
圆形底座

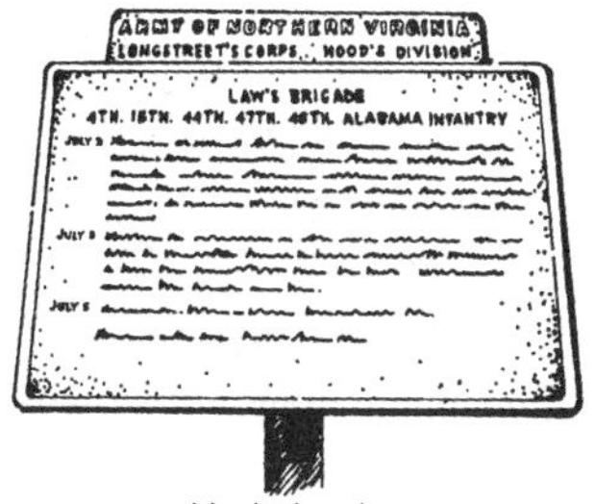

炮台标志

大部队标志
方形底座

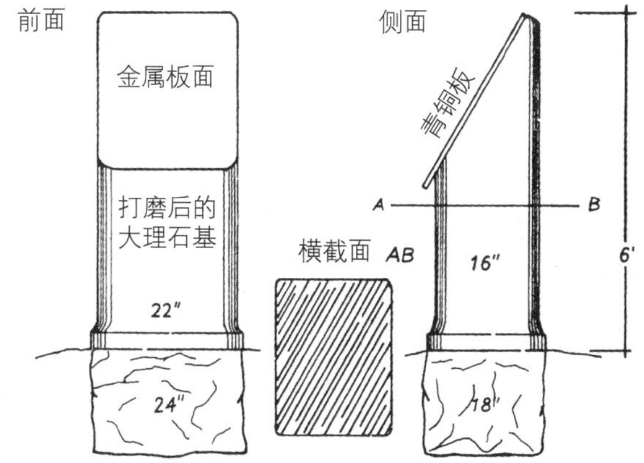

HISTORIC AMERICAN ENGINEERING RECORD
PA-485
SHEET 12 OF 14
GETTYSBURG NATIONAL MILITARY PARK TOUR ROADS
GETTYSBURG VICINITY ADAMS COUNTY PENNSYLVANIA
IF REPRODUCED, PLEASE CREDIT: HISTORIC AMERICAN ENGINEERING RECORD, NATIONAL PARK SERVICE, NAME OF DELINEATOR, DATE OF THE DRAWING
DELINEATED BY: Nicki Yung, 1998
NATIONAL PARK SERVICE
ROADS & BRIDGES RECORDING PROJECT
NATIONAL PARK SERVICE
UNITED STATES DEPARTMENT OF THE INTERIOR

边界划分

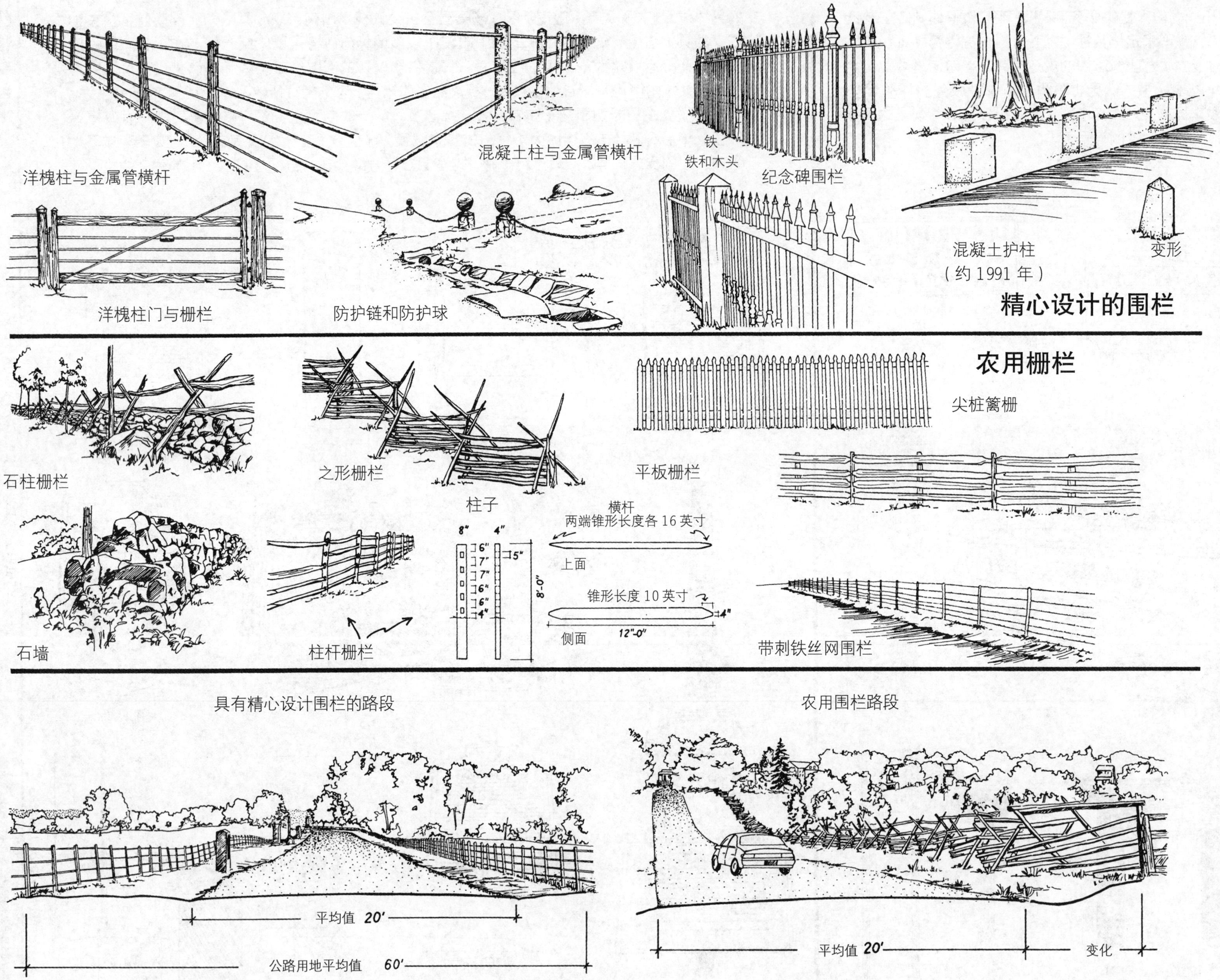

洋槐柱与金属管横杆
混凝土柱与金属管横杆
铁
铁和木头
纪念碑围栏
混凝土护柱
（约1991年）
变形
洋槐柱门与栅栏
防护链和防护球
精心设计的围栏
农用栅栏
尖桩篱栅
石柱栅栏
之形栅栏
平板栅栏
柱子
横杆
两端锥形长度各16英寸
上面
锥形长度10英寸
侧面
12"-0"
8'-0"
石墙
柱杆栅栏
带刺铁丝网围栏
具有精心设计围栏的路段
农用围栏路段
平均值 20'
公路用地平均值 60'
平均值 20'
变化

注释：草图基于现场照片、记录、历史照片及原图

游客在葛底斯堡国家军事公园可以看到许多界标，其中包括各种各样的围栏。一些围栏反映出战争时期的战场景象，而另外一些则更为正式，用于控制车辆与行人的出入。我们如今看到的及已经消失的围栏无外乎有两种类型：一种是精心设计的更为正式的围栏，另一种是农用围栏。如今农用围栏应用更广泛，这体现了如今公园对一处1863年景观的重视。

北方联军和南方联军聚集在葛底斯堡，这是一个农业发达、林木茂盛的岩石地区。战斗期间，栅栏线充当了防御战线。这些栅栏的种类包括尖桩篱栅、柱杆栅栏、弗吉尼亚之形栅栏、石柱栅栏及石墙。一些栅栏划定了地界线，显示出牧场、庭院和花园的界线。而且所有栅栏能看出所用材料。

战后，战场被收购作为纪念用地，新的边界系统也随之产生。GBMA把现存的围栏合并入它们的边界系统中，但加入了绞合线围栏和带刺铁丝网，以衬托新建的林荫路并保护纪念碑。一些精巧的铁围栏也是在这一时期建造的。为了使林荫路更显正式，美国陆军部用洋槐柱、铁帽及四条铁横杆组成的栅栏代替铁丝栅栏，并加入一些小型铁装置来保护弯道及路面边缘脆弱部分。

DELINEATED BY: Nicki Yung, 1998
NATIONAL PARK SERVICE
ROADS & BRIDGES RECORDING PROJECT
NATIONAL PARK SERVICE
UNITED STATES DEPARTMENT OF THE INTERIOR
GETTYSBURG NATIONAL MILITARY PARK TOUR ROADS
GETTYSBURG VICINITY ADAMS COUNTY PENNSYLVANIA.
SHEET 13 OF 14
HISTORIC AMERICAN ENGINEERING RECORD
PA-485

体验战场

塞米纳里岭

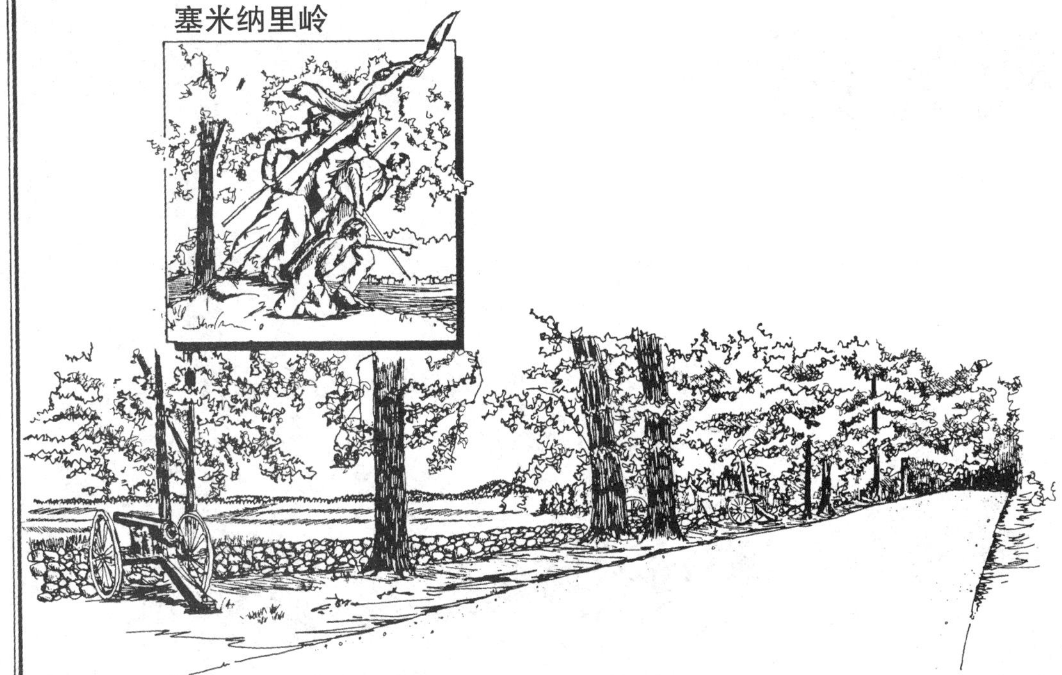

史莱德森林

葛底斯堡战场委员会设计林荫路系统时，主要想表现出每天战斗前的作战队形，保护战场原貌以备日后研究。战斗发生在各种地形之上，正是这种多样性使如今驾车游览战场的人兴致更高，理解更深刻。林荫路环绕着平缓上升的山岭顶峰、岩石山坡、巨石峡谷、遮天蔽日的林地以及开阔起伏的农田。

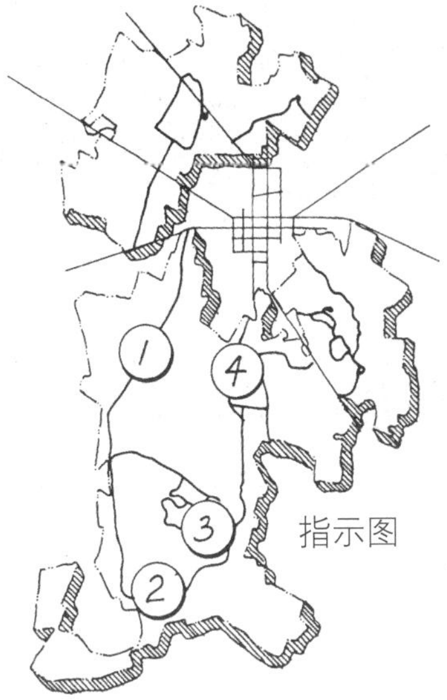

指示图

1. 西部联盟林荫道

西部联盟林荫道沿着塞米纳里岭平缓的斜坡而建，是南方联军第二天和第三天战斗的关键位置。南方联军的步兵与炮兵部队从惠特菲尔德、桃园、小圆顶及发动最后进攻的墓园山脊战场上前进或撤退时，岭中的林木线为其提供了掩护。

魔鬼老巢

高水标

2. 南部联盟林荫道

驾驶在南部联盟林荫道上，汽车驾驶员会穿过布什曼及史莱德森林，这里有精心栽培的林地，南方与北方军队曾在此对峙。如今这里的植被比 1863 年 7 月 2 日那天更加茂盛，不过游客仍然可以感受到地势朝小圆顶方向上升，那里是当天战斗的焦点。

3. 镰刀林荫道

魔鬼老巢遭侵蚀剥落的突兀岩石为南方联军狙击手提供了完美的岩架与保护层组合。镰刀林荫道靠近梅子路，位于魔鬼老巢底部，之后又迂回到魔鬼老巢顶端，汽车驾驶员首先会看到仿佛攻打崎岖岩的景象，之后会看到如当年与南方联军战士一样的小圆顶战略视图。

4. 汉考克林荫道

游客沿汉考克林荫道墓园山脊顶峰北部而行时，经过的路线是北方联军战斗第二、三天的防卫线。在高水标及安格尔可以很明显地看到，军队完全暴露在敌军的炮火之中。山脊与石墙的防御效果极差，然而它们却是至关重要的。

DELINEATED BY: Edward J. Lupyak, 1998

NATIONAL PARK SERVICE
ROADS & BRIDGES RECORDING PROJECT
NATIONAL PARK SERVICE
UNITED STATES DEPARTMENT OF THE INTERIOR

GETTYSBURG NATIONAL MILITARY PARK TOUR ROADS
GETTYSBURG VICINITY ADAMS COUNTY PENNSYLVANIA

IF REPRODUCED, PLEASE CREDIT: HISTORIC AMERICAN ENGINEERING RECORD, NATIONAL PARK SERVICE, NAME OF DELINEATOR, DATE OF THE DRAWING

SHEET 14 of 14

HISTORIC AMERICAN ENGINEERING RECORD
PA-485

夏伊洛国家军事公园观光路

概述

夏伊洛国家军事公园（SNMP）纪念的是美国内战期间最重要的西部战役之一，这场战役发生在1862年4月6日和7日，地点在田纳西州的夏伊洛。夏伊洛之战被认为是美国内战时期规模最大也是最血腥的一场战斗。一些史学家称，夏伊洛之战的大量伤亡人数第一次给美国民众带来了对战争的恐惧。公园道路使得通往战场更加便捷，促进了战争史料编纂及纪念工作。公园道路的历史与发展反映出不同的历史冲突真相、战场保护意识以及对国家公园游览体验不断改变的期望。大多数公园道路都是战争时期和公园路设计之初遗留的历史道路。和其他战争公园一样，一群老兵首先为建设夏伊洛国家军事公园做出努力。他们于1893年4月重聚在夏伊洛，并组建了夏伊洛战场委员会。由于战场地点太偏僻，美国陆军部和大众媒体均反对此计划。尽管如此，1894年12月，在美国陆军部的资助下，战场最终被指定为国家军事公园。这是联邦政府创建的第二个军事公园，用来纪念内战期间重大的军事战斗。

这座3972英亩的公园坐落在田纳西河畔的哈丁郡，用于重现并证明历史冲突发生的地方，也用于纪念其中的参与者。美国陆军部买下了整片战场而不仅仅是一块纪念地，目的是保护未被发现的牺牲士兵遗体并重现历史景观，公园内漫步的游客和军事历史专业学生便可以仔细观察、欣赏，并从战争中得到教育。公园起伏的地形中有一个历史道路网，它迂回穿过广阔的田野及茂密的森林。公园中分布着叙述该战争的纪念牌、纪念馆和标示物。1933年，战场公园由美国陆军部转让给美国内政部的国家公园管理局（NPS）。NPS官员把公园的侧重点从象征与纪念扩大为更富娱乐性的作用。人们更为关注的是公园作为一个自然保护区的形象。美国陆军部建造了相对可靠的战场道路系统，但是NPS的管理者认为这个历史公园交通网络并不尽如人意。

夏伊洛国家军事公园指示图

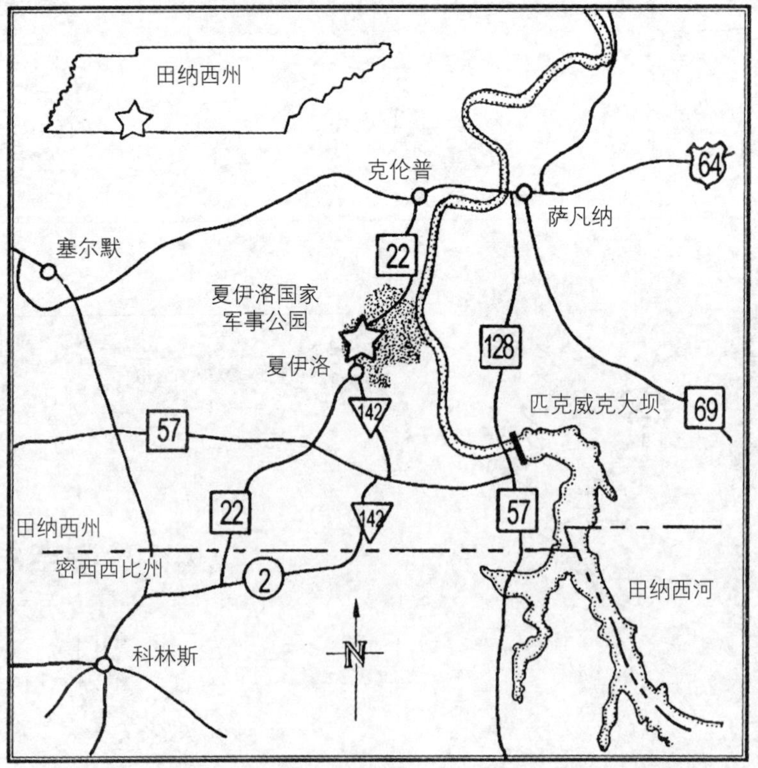

NPS修整了杂乱的历史道路，以达到更大的目标，那就是为游客提供一条“平整、干净的道路，游客可以一边在路上驾驶，一边欣赏公园的美景”。现代化材料和工程特色与自然设计元素相结合，提升了道路及景观结构形态并改变了其美感。道路经过改道以适应速度更快的汽车，路边建筑也进行了修葺。由于道路是为观光而建，所以道路更注重游览过程中的风景格局。公园道路也是当地交通系统的重要组成部分。当地第一条铺面道路就位于公园中。公园没有门，所以人们每天24小时都可以随意出入。公园管理者要将夏伊洛国家军事公园向娱乐与纪念方向发展，这与当地民众的意愿产生冲突，并亟待解决。对夏伊洛国家军事公园内的道路进行挖掘后发现，路面下并不只有旧路基的遗迹。交通网络生动地体现了战役、内战史、日新月异的科技以及国家公园游览体验和美学的理念。徜徉于夏伊洛公园的道路，游客不仅能回到过去，还能接触到代表国家遗产与形象的精妙建筑艺术品。

这个项目是HAER的一部分，这是一个长期记录美国历史上重大工程和工业成果的项目。HAER由HABS/HAER管理。夏伊洛国家军事公园（SNMP）观光路记录项目在1998年夏天由HAER（主管埃里克·迪劳尼）和SNMP(负责人伍迪·哈勒尔）共同实施。该项目由NPS公园公路和风景道项目筹集到来自联邦土地公路项目的资金。实地调查、实测图、历史报告以及照片在NPS公园道路和桥梁记录项目负责人托德·克罗托和项目史学家蒂姆·戴维斯的指导下完成。辛西娅·奥特完成了历史报告及草图。正式大幅照片由杰特·洛拍摄。

Delineated by: CYNTHIA OTT, 1999

NATIONAL PARK SERVICE ROADS AND BRIDGES RECORDING PROGRAM
NATIONAL PARK SERVICE
UNITED STATES DEPARTMENT OF THE INTERIOR

SHILOH VICINITY

SHILOH NATIONAL MILITARY PARK TOUR ROADS
SHILOH NATIONAL MILITARY PARK
HARDIN COUNTY

TENNESSEE

SHEET 1 of 4

HISTORIC AMERICAN ENGINEERING RECORD
TN-37

Library of Congress Index Number

IF REPRODUCED, PLEASE CREDIT HISTORIC AMERICAN ENGINEERING RECORD, NATIONAL PARK SERVICE, NAME OF DELINEATOR, DATE OF THE DRAWING

战场公园道路类型

工作中的马拉压路机，1900 年
（草图基于夏伊洛国家军事公园档案历史照片）

夏伊洛军事公园内的道路对于公园整体设计任务来说至关重要。它们有助于重现战争场景，为通往战场遗址提供主要通道，它们是公园景观的重要美学因素。夏伊洛并没有像葛底斯堡一样加入新的林荫路，而是靠历史道路形成公园中主要的交通循环系统。战后又修建了几条新的公路，但是大多数 1862 年的当地土路在 1894 年公园成立时仍然存在。尽管公园管理者努力重现历史道路模式，他们也经常为实用性而放弃真实性。大多数旧路面不断地使用新材料和工程特征来更新，以满足现代汽车驾驶员的需求。公园有各种各样的道路，它们能提供不同的游览体验。每种道路通过塑造游客的教育性和娱乐性体验，最终形成文化景观中不可或缺的一部分。

公园中的混凝土板高地，20 世纪 30 年代
（草图基于夏伊洛国家军事公园档案的历史照片）

土路

包括著名的凹路在内，公园中有几条道路仍然是土路。交通工具已不在此通行，它们只作为登山路径。凹路并没有进行修缮，因为据说在战斗的第一天它就是一条具有重要战略意义的战线。它仍然保持原貌，以便更加完整地展现出当时的战斗情况。其他历史道路由于观光路线的改变也没有修缮。

公园路

国家公园管理局将许多历史道路改道，以提升游客在公园中的驾驶体验。国家公园管理局沿着地形起伏修建了缓缓曲折的道路，使得这些道路与周围景观显得十分和谐。公园道路宽度为 18~20 英尺，并用混凝土重铺了路面。许多道路有着超高曲线，隐蔽的草皮排水沟，但没有路缘。远远望去，绿草如茵的边界及大片行道树为形成了战场上一道靓丽的风景线。科林斯—匹兹堡路就是这种公园路的一个例子。

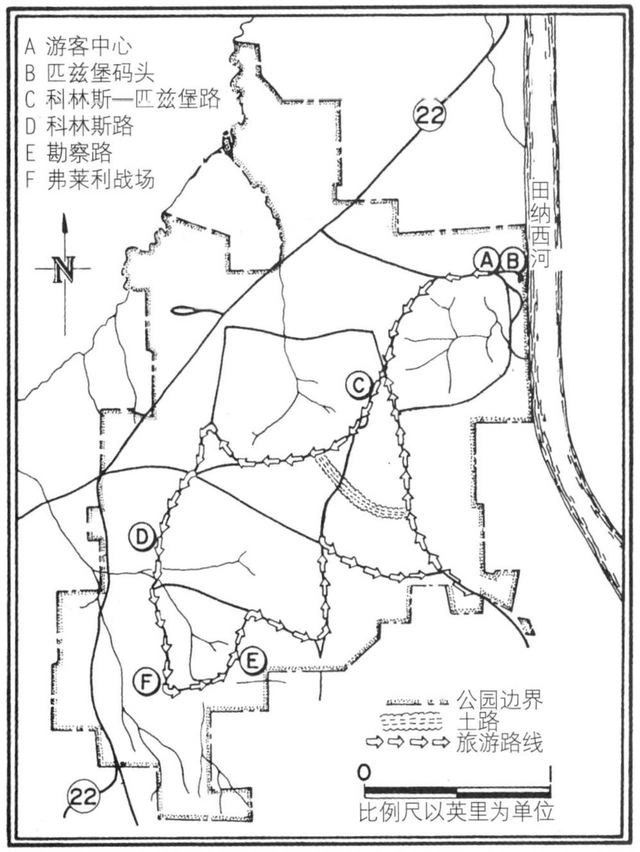

A 游客中心
B 匹兹堡码头
C 科林斯—匹兹堡路
D 科林斯路
E 勘察路
F 弗莱利战场
22
田纳西河
N
公园边界
土路
旅游路线
0
比例尺以英里为单位

旅游路线

最初通往公园的主要交通工具是汽艇，因此公园的循环交通系统始于河边，而不是 1862 年爆发战争的弗莱利战场。公园游览的大致路线是一条循环路线，从游客中心开始沿逆时针方向回到原地。游览顺序并不依照战争发生的年代顺序，而是沿着一条最迂回最完整的路线，游客可以见到每一处名胜古迹。

乡村小道

乡村车道是单行的，13 英尺宽沥青路。它们是公园中最窄的机动车道。与大多数公园路不同，乡村车道有一些现代工程学特色，道边也可以栽种植被。这些因素让这种道路有一种普通乡村路的感觉。侦查路是最显著的乡村车道，它在战前并不存在，战争期间由军队开辟而来。

国道

22 号国道，也叫环形路或外环道，于 1962 年建于公园西侧。这是一条双车道，具有中央隔离带的 40 英尺宽沥青路。它更侧重于高速而非游览。这条公路的建造目的是快速而平稳地使当地机动车及商贸车辆通过公园，不被缓慢的旅游交通干扰。在它之前，坐落在公园历史中心的科林斯路是当地主要的交通走廊。

HISTORIC AMERICAN ENGINEERING RECORD
TN-37

SHEET 2 of 4

SHILOH NATIONAL MILITARY PARK TOUR ROADS
SHILOH NATIONAL MILITARY PARK
HARDIN COUNTY
TENNESSEE
SHILOH VICINITY

DELINEATED BY: Cynthia Ott, 1999
NATIONAL PARK SERVICE ROADS & BRIDGES RECORDING PROGRAM
NATIONAL PARK SERVICE
UNITED STATES DEPARTMENT OF THE INTERIOR

观光路释义建筑

纪念物及纪念碑

大多数纪念建筑都落成于1900年到1910年间，不过不断有新的纪念建筑加入。公园负责标准纪念碑的设计与建造，这些纪念碑都是由火炮零件制作的，包括殓房、总部纪念碑及大炮。大炮以及更少见的金字塔形总部纪念碑也被安放在其他战场公园中。州及团级纪念碑由爱国人士及退伍老兵组织设计并出资建造。美国陆军部要求这些纪念碑要用花岗岩或者青铜铸造，碑文要“完全遵照史实，不能出现褒贬之词”。公园中共有5座墓碑，15座总部纪念碑，200多架大炮和126座州级和团级纪念碑。

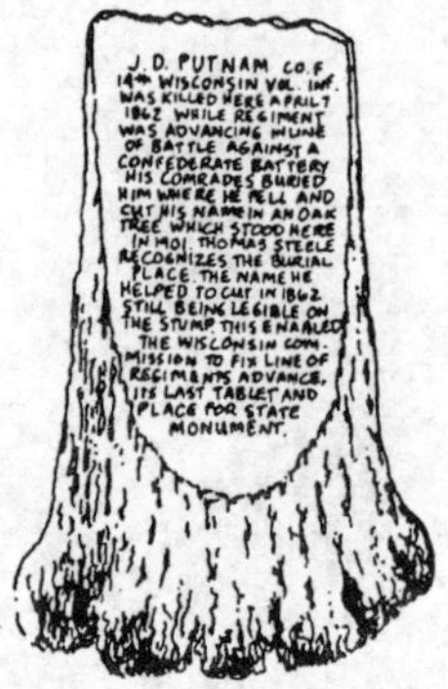

一位牺牲战士的纪念碑，1900年

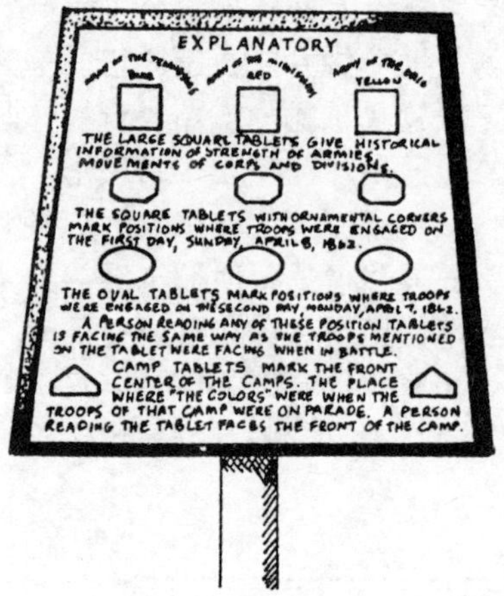

美国陆军部
战争指南的解释性指示牌，1900年

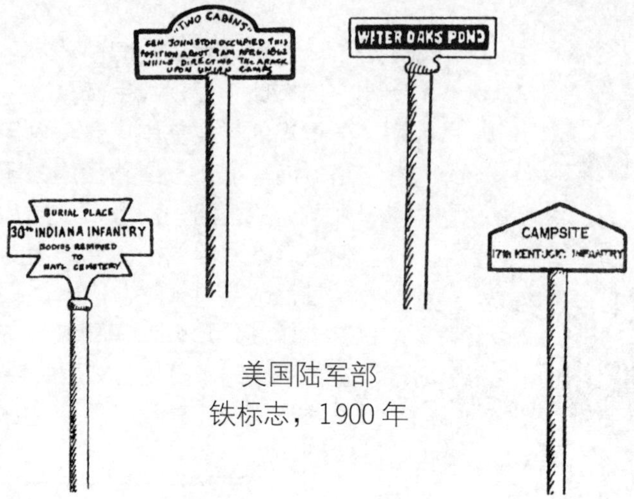

美国陆军部
铁标志，1900年

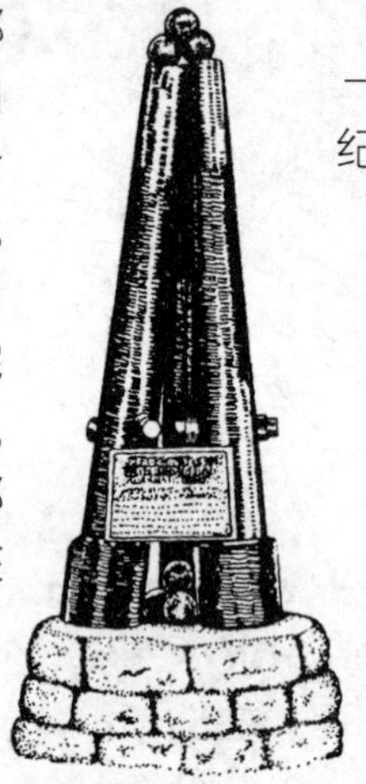
格兰特总部纪念碑，1900年

国家公园管理局
信息站路标，1930年到现在

团级纪念碑，1900年

牺牲军官的墓碑，1900年

标志及匾额

这块土地上有上百座纪念碑、标志及匾额，建造的目的或为教育后人，或为缅怀先烈。尽管它们中的大多数都可以接近，或者至少能从公园路上看到，美国陆军部把它们安放在指定的位置用以铭记历史事件，而不是像其他战场公园一样，把它们放在路边来吸引游客。美国陆军部建造铁质标志及匾额，描述战斗及行军，根据它们的大小、形状和颜色为其编号。标准化设计为描述事件或场景提供了清晰的线索，创造了战场景象的视觉上的统一，也有助于自导游览。20世纪30年代以来，国家公园管理局扩大了宣传规模，如在旅游路线旁增加许多教育基地，还建造了一些质朴的木质路标和游览路线标志。

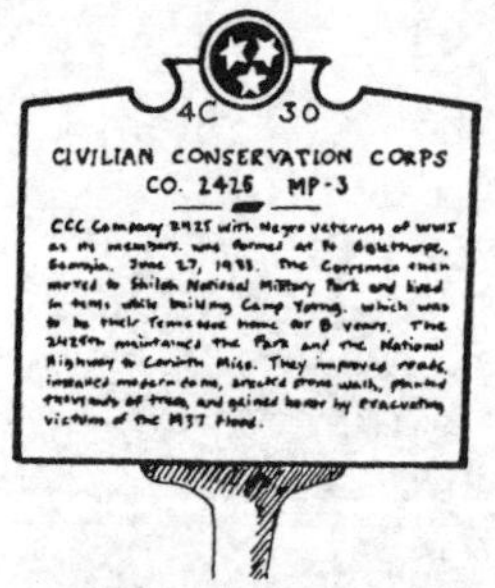

国道历史路标
纪念非洲裔美国民间
资源保护队工人，
1900年

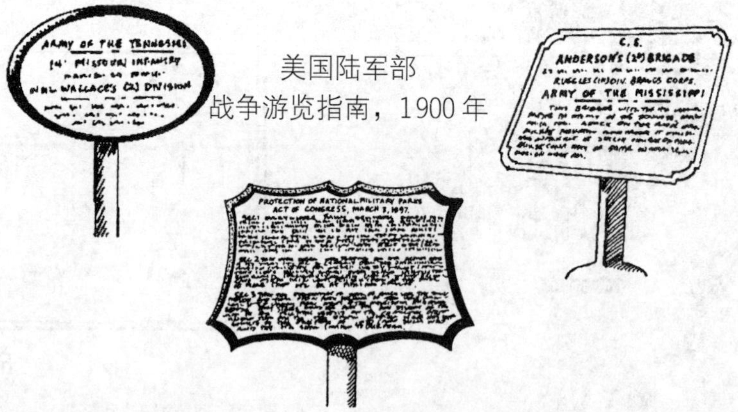

美国陆军部
战争游览指南，1900年

州级纪念碑，1900年

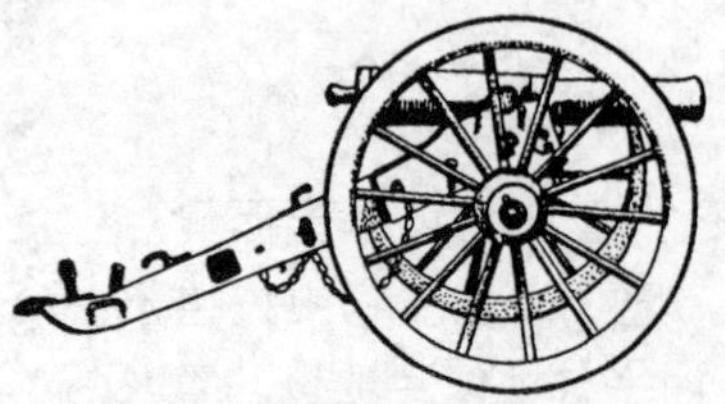
大炮矗立在炮兵阵地上，1900年

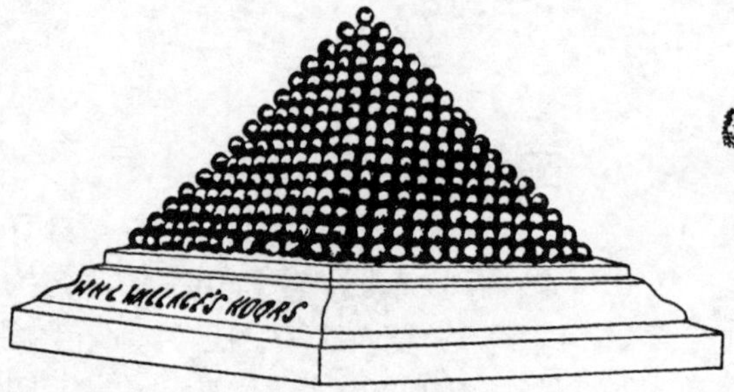
总部纪念碑，1900年

公牛正从汽艇码头拉回一座石碑安置在战场中，1900年（草图基于夏伊洛国家军事公园档案历史照片）

Library of Congress Index Number
HISTORIC AMERICAN ENGINEERING RECORD
TN-37
SHEET 3 of 4
TENNESSEE
SHILOH NATIONAL MILITARY PARK TOUR ROADS
SHILOH NATIONAL MILITARY PARK
HARDIN COUNTY
SHILOH VICINITY
Delineated by: CYNTHIA OTT, 1999
NATIONAL PARK SERVICE ROADS AND BRIDGES RECORDING PROGRAM
NATIONAL PARK SERVICE
UNITED STATES DEPARTMENT OF THE INTERIOR

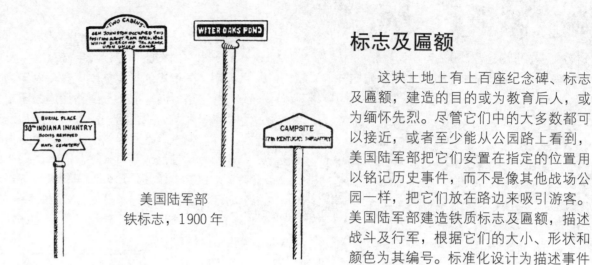

桥梁和涵洞

田纳西河的许多支流穿过夏伊洛国家军事公园。多年以来，为了防止水路阻碍旅游交通，公园建造了许多桥梁和涵洞。1901 年龙卷风袭击公园之后，所有原来的木桥都换成了混凝土和石砌桥及涵洞。美国陆军部建造了一些装饰性建筑来显示对战争的纪念。从 20 世纪 30 年代开始，国家公园管理局建了更多质朴但精巧的石砌或混凝土涵洞，目的是隐藏人工痕迹，使这条路看起来更像是自然景观中的一部分。

美国陆军部时期公园中一条小溪上的装饰性混凝土桥，20 世纪 30 年代它被一座更自然的涵洞取代。相邻的石墙和排水渠有助于控制水流量。

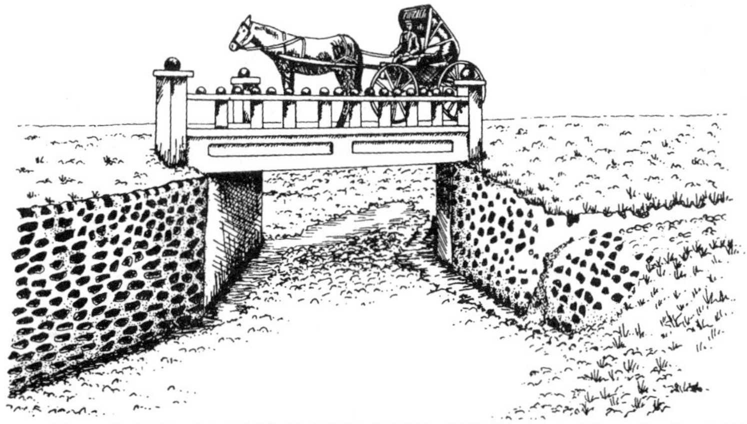

另一座更加精巧的美国陆军部时期混凝土桥，存在时间为 1909 年到 20 世纪 30 年代。

迪尔溪渡口的发展

河边大道上迪尔溪渡口的历史演变显示了公园道路的工程学及美学特征的发展。

一座简单的木桥在公园创建之前或建成后不久建造。

1909 年，美国陆军部用一座华丽的 60 英尺长混凝土桥取代了这座木桥，并用装饰性炮弹纪念这场战争。

1940 年到 1941 年间，美国民间资源保护队在国家公园管理局的支持下，建造了一座隐藏在路面下的大型混凝土涵洞，目的是使道路看起来更自然。

公园中现存的 20 世纪 30 年代石砌涵洞

科林斯—匹兹堡码头路，南面，紧邻鲁格炮台

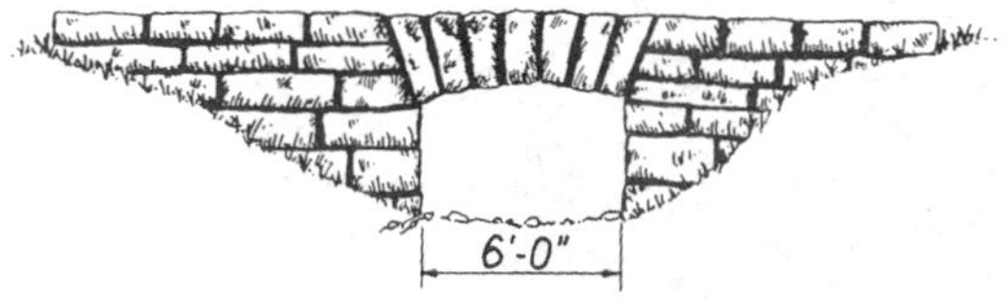

科林斯路，北面，就在联盟国之女联合会纪念碑西侧

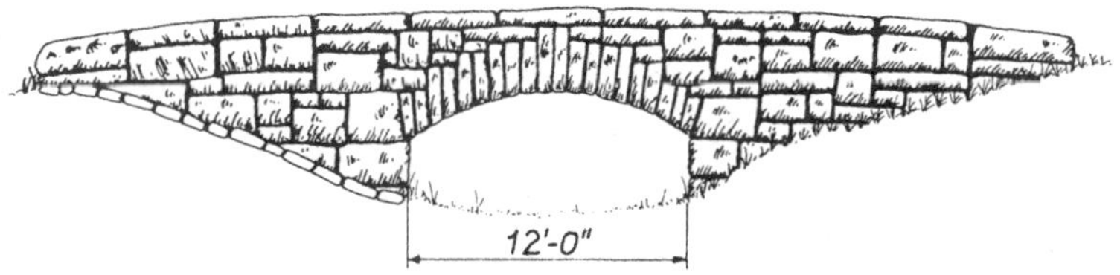

皮博迪路，南面，夏伊洛支路

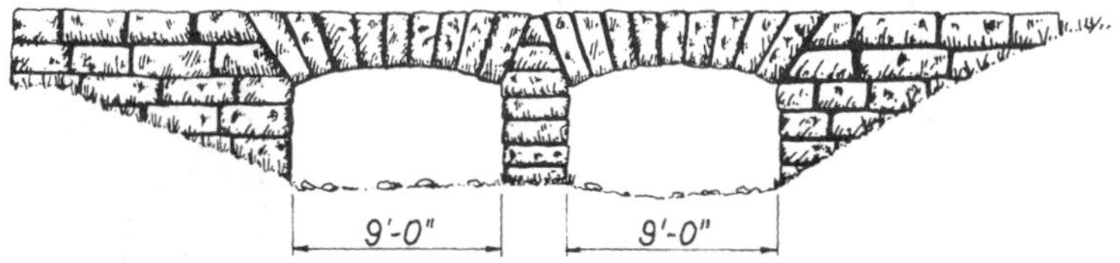

科林斯路，西面，夏伊洛支路，北面涵洞

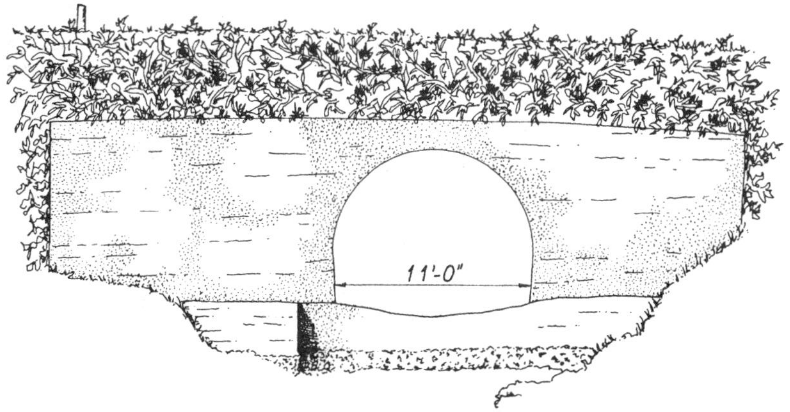

河边大道，西面，迪尔支路

HISTORIC AMERICAN ENGINEERING RECORD
TN-37
SHEET 4 of 4
TENNESSEE
SHILOH NATIONAL MILITARY PARK TOUR ROADS
SHILOH NATIONAL MILITARY PARK
HARDIN COUNTY
SHILOH VICINITY
DELINEATED BY: Cynthia Ott, 1999
NPS ROADS & BRIDGES RECORDING PROGRAM
NATIONAL PARK SERVICE
UNITED STATES DEPARTMENT OF THE INTERIOR
IF REPRODUCED, PLEASE CREDIT: HISTORIC AMERICAN ENGINEERING RECORD, NATIONAL PARK SERVICE, NAME OF DELINEATOR, DATE OF THE DRAWING

维克斯堡国家军事公园观光路

位于密西西比州，维克斯堡

概述

位于密西西比州维克斯堡的维克斯堡国家军事公园于1899年成立。公园由美国战争部修建，目的是为了保留内战时期的一处重要战场遗址。游客在这里可以体验并了解历史景观，感受1863年争夺维克斯堡的战争。当时战争结束后，联邦政府、州政府和很多老兵团体在联邦军和同盟军战线设立了纪念碑、纪念馆和标志物，以此来纪念战斗过的士兵。为了满足游客游览的需要，建设新的道路系统十分必要。这样可以为人们提供便捷的方式到达纪念景点，展现出很多风景名胜。

在属地居民代表威廉姆·里格比的建议下，公园管理者和工程师对道路进行设计，尽可能地为游客提供游览方便。他们的意见是，公园是为了普通公民游览而建，并不是为了历史或军事专家花费许久去研究这个军事包围行动而修建。因此，公园修建成了一座能够沿着路骑着马，坐着马车，到后来能开着车游览的地方。近一个世纪的观光路，已经从碎石路面逐渐演变成复杂道路网中一条重要的通道。这条观光路用混凝土和沥青铺设，为单行道。尽管道路弯道和坡路时而出现，但其穿过多处战壕、营地和包围线周边的重要战场，为游客展现了纪念碑、展示牌、火炮阵地等战场上的历史名胜景点。道路两侧保留下来的景致、被炸平的草地等景观会为游人带来难忘的游览体验。而精心设计的排水系统可以保护道路不受雨水冲刷和侵蚀。

1997年，公园游客中心旁的拱门入口。图像从比尔·浮士德的照片扫描而来。

此项目是HAER的一部分。HAER是一项长期记录美国历史上重要工程与工业成果的项目。HAER由HABS/HAER管理，这是美国内政部国家公园管理局的一个部门。维克斯堡国家军事公园旅游公路和桥梁记录项目由美国工程学历史记录（布莱恩·克利弗首席工程师）和美国历史性建筑调查项目（威廉姆·尼古拉斯主管）共同组织。本记录项目通过国家公园管理局的联邦土地高速公路项目（托马斯·爱迪克总监）资助。现场工作、实测图、历史报告、实地摄影等工作是在项目经理托德·克罗托和项目历史学家理查德·奎因的指导下完成的。记录团队包括现场监理威廉姆·皮特·布鲁克斯，风景园林师德布·詹姆斯和设计师格雷戈里·希尔。历史报告由项目历史学家考特尼·杨格布拟定。正式的大幅照片由威廉姆·浮士德提供。维克斯堡国家军事公园旅游道路的历史学家泰伦斯·温切尔也对团队提供了帮助。

1933年，维克斯堡国家军事公园的管理权交给国家公园管理局，并开始由国家公园管理局管理。尽管观光路基本保留原有特性，但其他的地方还是有一些大的改变。在公园管理的“66号公路任务”期间，很大一部分的公园和道路都从维克斯堡中分离了出来。这包括南部新月状的那片土地。国家军事公园景观仍作为一个城市公园，但其艺术质量已有了显著改变。公共管理线、消防栓、路灯的设计都会影响游客对纪念主题的参观体验。原先国家公园里的设施已不见踪影。

由于装饰细节和施工技术的有特色，公园里的多座桥梁在道路系统中是一座座独特的风景。同盟林荫道跨越杰克逊路的刚架拱桥是密西西比州唯一的一座这种结构的桥梁。1972年，旁边修建了一座新桥，这座桥梁被保留用于行人通过。1903年，联邦大街上建设了九座混凝土拱桥。这些钢筋混凝土桥经受住了长期的使用，但由于受地质力、雨水侵蚀和繁重的交通，它们最终还是不能再使用。由国家公园管理局和公共道路局共同设计的同盟大街砖面混凝土拱桥，跨越了豪斯码头路，是该州唯一一座此类桥梁。

此文档对维克斯堡国家军事公园观光路的特点体现了对有关道路实际的设计演变、纪念性景观的建设与维护的说明。现在，这条观光路仍在大量使用，沿线一些旧的建筑结构正考虑予以重修。此文档将会记载这些细节，记载这些公园的特色。

HISTORIC AMERICAN ENGINEERING RECORD MS-14
SHEET 1 of 7
MISSISSIPPI
VICKSBURG NATIONAL MILITARY PARK TOUR ROADS
VICKSBURG NATIONAL MILITARY PARK
WARREN COUNTY
VICKSBURG VICINITY
NATIONAL PARK SERVICE
PARK ROADS AND PARKWAYS RECORDING PROGRAM

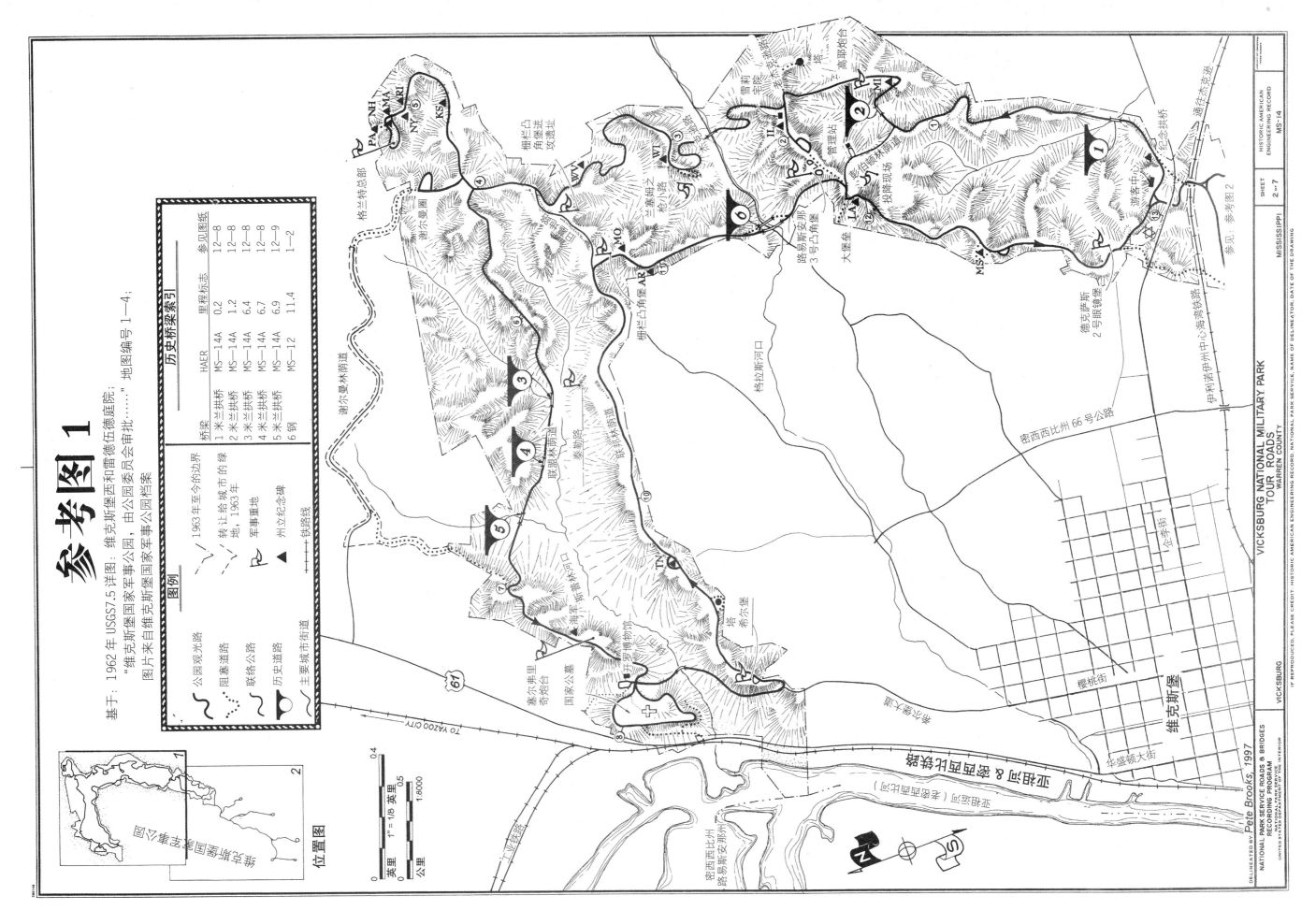

参考图 1

基于：1962 年 USGS7.5 详图：维克斯堡西和雷德伍德庭院；
“维克斯堡国家军事公园，由公园委员会审批……” 地图编号 1—4；
图片来自维克斯堡国家军事公园档案

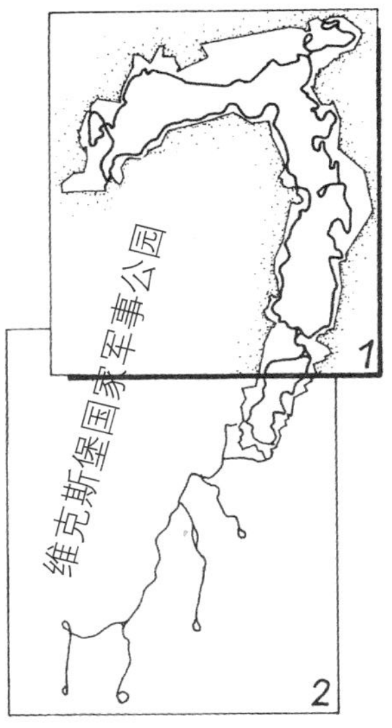

维克斯堡国家军事公园
1
2
位置图

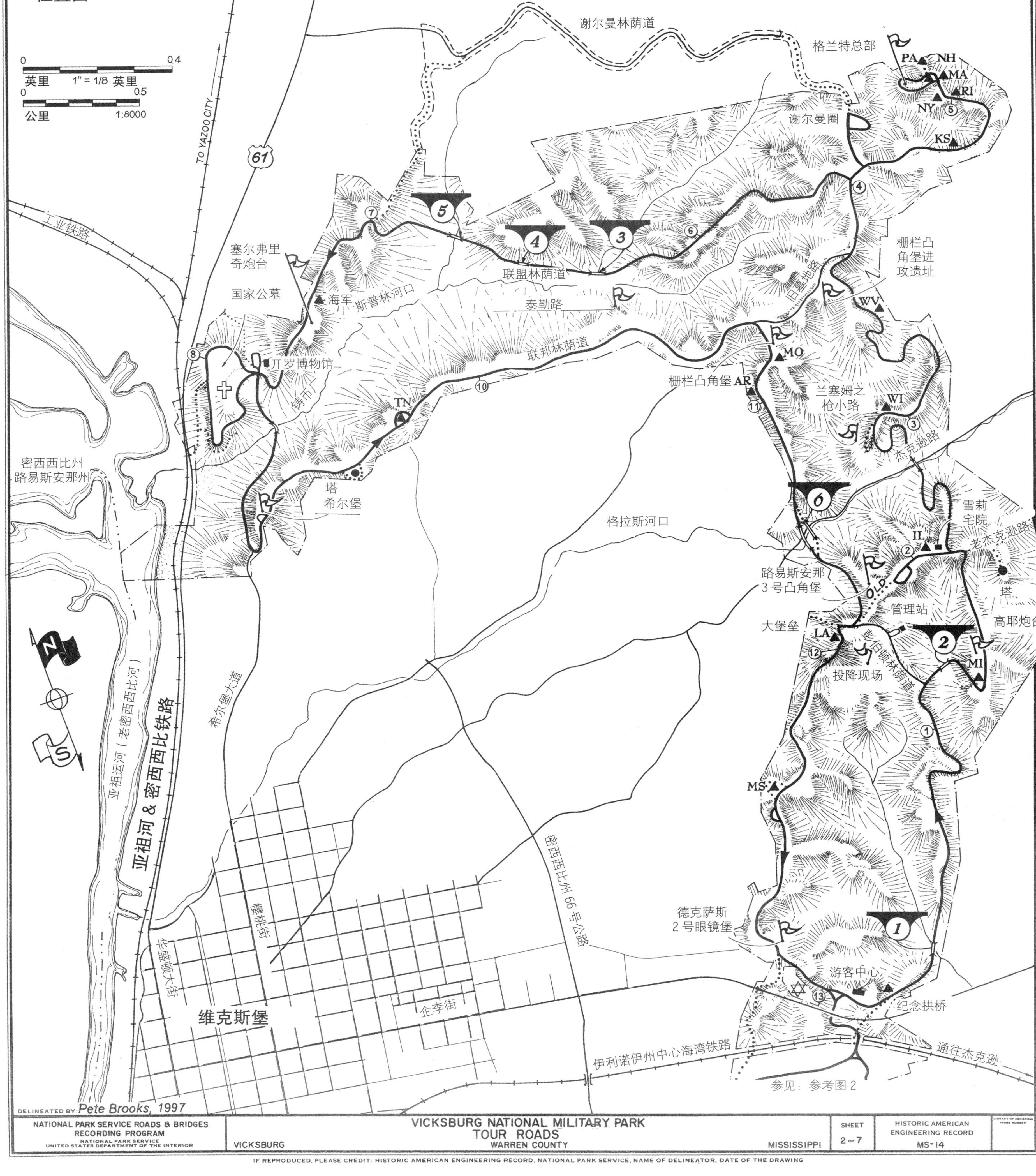

图例
公园观光路
阻塞道路
联络公路
历史道路
主要城市街道
1963 年至今的边界
转让给城市的绿地，1963 年
军事重地
州立纪念碑
铁路线
0 0.4
英里 1" = 1/8 英里
0 0.5
公里 1:8000
TO YAZOO CITY
61
工业铁路
谢尔曼林荫道
格兰特总部
PA NH MA RI NY KS
谢尔曼圈
栅栏凸角堡进攻遗址
WV
MO
栅栏凸角堡 AR
兰塞姆之枪小路
WI
杰克逊路
雪莉宅院
老杰克逊路
塔
高耶炮台
管理站
O.L.D.
II
路易斯安那 3 号凸角堡
大堡垒 LA
投降现场
格兰特林荫道
MI
MS
德克萨斯 2 号眼镜堡
游客中心
纪念拱桥
通往杰克逊
伊利诺伊州中心海湾铁路
参见：参考图 2
格拉斯河口
密西西比州 66 号公路
塞尔弗里奇炮台
国家公墓
海军
斯普林河口
泰勒路
联盟林荫道
联邦林荫道
开罗博物馆
铁币
TN
塔 希尔堡
希尔堡大道
樱桃街
华盛顿大街
企李街
维克斯堡
密西西比州 路易斯安那州
亚祖运河（老密西西比河）
亚祖河 & 密西西比铁路
N S
DELINEATED BY Pete Brooks, 1997
NATIONAL PARK SERVICE ROADS & BRIDGES RECORDING PROGRAM
NATIONAL PARK SERVICE
UNITED STATES DEPARTMENT OF THE INTERIOR
VICKSBURG NATIONAL MILITARY PARK
TOUR ROADS
WARREN COUNTY
VICKSBURG
MISSISSIPPI
SHEET 2 of 7
HISTORIC AMERICAN ENGINEERING RECORD
MS-14
IF REPRODUCED, PLEASE CREDIT: HISTORIC AMERICAN ENGINEERING RECORD, NATIONAL PARK SERVICE, NAME OF DELINEATOR, DATE OF THE DRAWING

历史桥梁索引

桥梁	HAER	里程标志	参见图纸
1 米兰拱桥	MS—14A	0.2	12—8
2 米兰拱桥	MS—14A	1.2	12—8
3 米兰拱桥	MS—14A	6.4	12—8
4 米兰拱桥	MS—14A	6.7	12—8
5 米兰拱桥	MS—14A	6.9	12—9
6 钢	MS—12	11.4	1—2

参考图 2

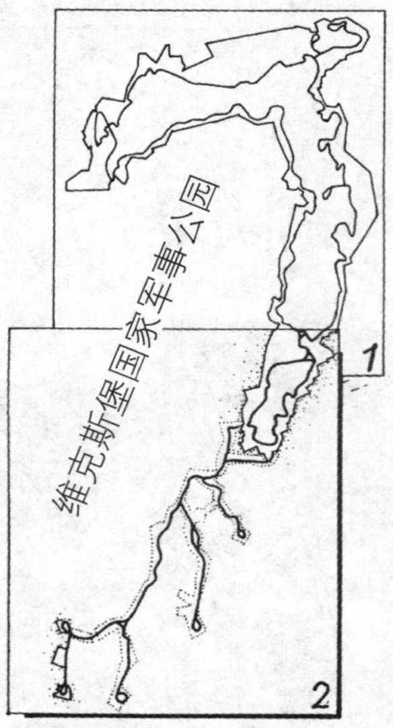

位置图

基于：1962 年美国地质勘探局（USGS）7.5 详图：维克斯堡西和雷德伍德梯形图幅；通用地图中的“维克斯堡密西西比街地图”1997 年；“维克斯堡国家军事公园，由公园委员会审批……”地图编号 1&3—6；图片来自维克斯堡国家军事公园档案

图例

- 公园观光路
- 阻塞道路
- 联络公路
- 历史道路
- 主要城市街道
- 1963 年至今的边界
- 转让给城市的绿地，1963 年
- 军事重地
- 州立纪念碑
- 铁路线

历史桥梁索引

桥梁	HAER	里程标志	参见图纸
7 米兰拱桥	MS—14A	14.4	12—9
8 米兰拱桥	MS—14A	14.5	12—9
9 米兰拱桥	MS—14A	15.0	12—9
10 米兰拱桥	MS—14A	15.1	12—9
11 米兰拱桥	MS—14B	—	12—11
12 霍尔斯渡口	MS—14C	—	12—12

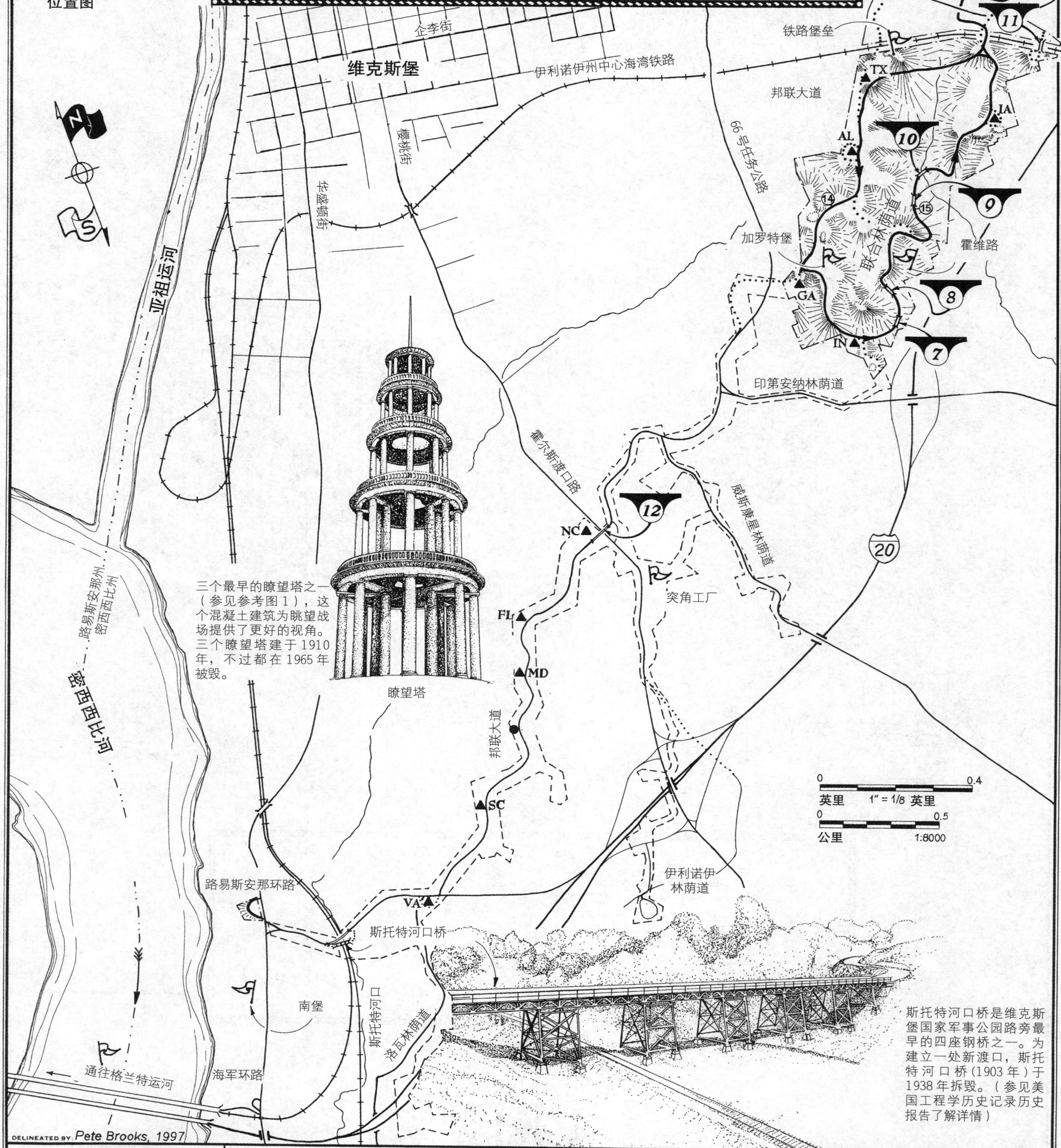

三个最早的瞭望塔之一（参见参考图 1），这个混凝土建筑为眺望战场提供了更好的视角。三个瞭望塔建于 1910 年，不过都在 1965 年被毁。

斯托特河口桥是维克斯堡国家军事公园路旁最早的四座钢桥之一。为建立一处新渡口，斯托特河口桥（1903 年）于 1938 年拆毁。（参见美国工程学历史记录历史报告了解详情）

DELINEATED BY: Pete Brooks, 1997

NATIONAL PARK SERVICE ROADS & BRIDGES RECORDING PROGRAM NATIONAL PARK SERVICE UNITED STATES DEPARTMENT OF THE INTERIOR	VICKSBURG NATIONAL MILITARY PARK TOUR ROADS VICKSBURG — WARREN COUNTY — MISSISSIPPI	SHEET 3 OF 7	HISTORIC AMERICAN ENGINEERING RECORD MS-14

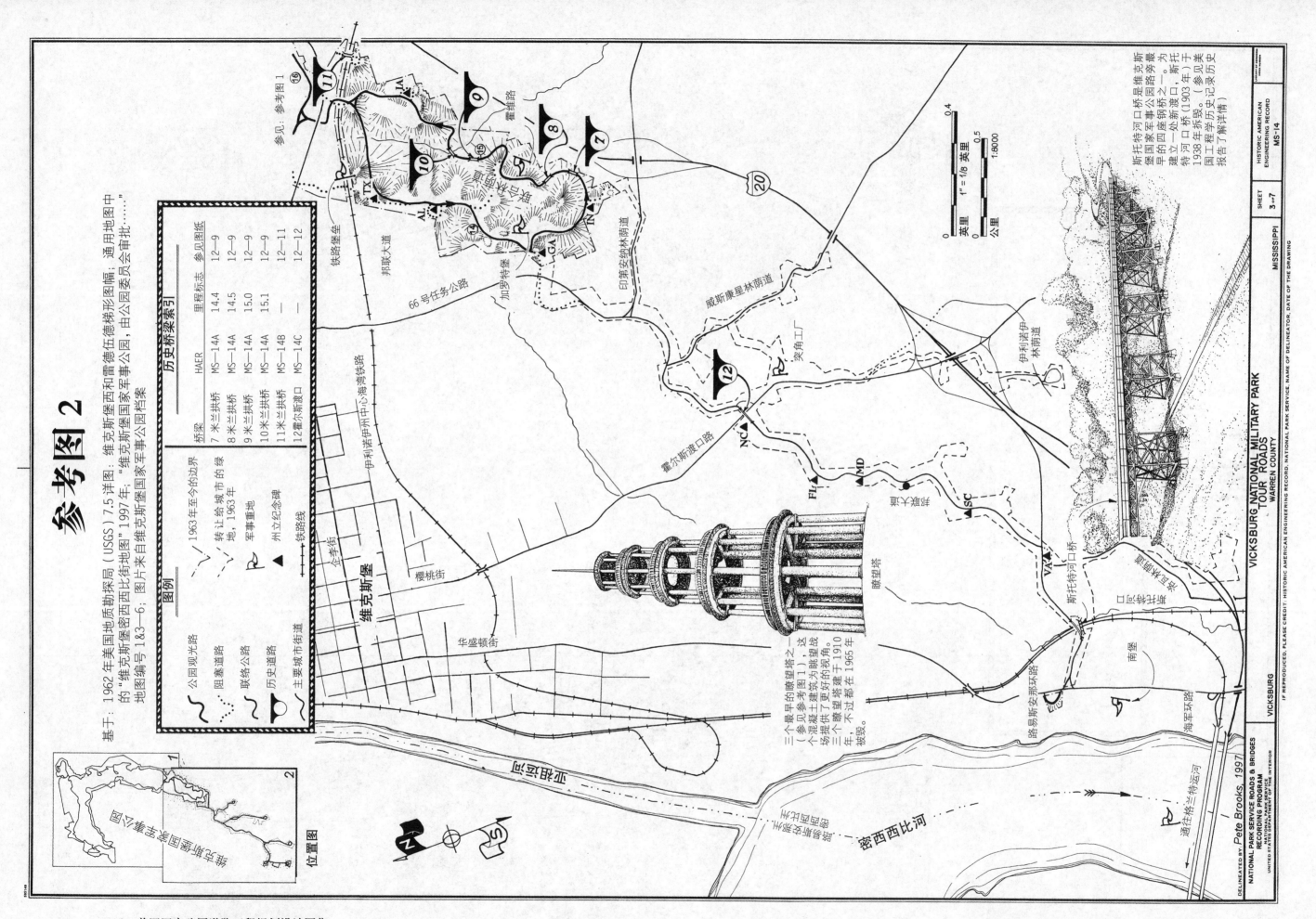

交通演变

维克斯堡之围

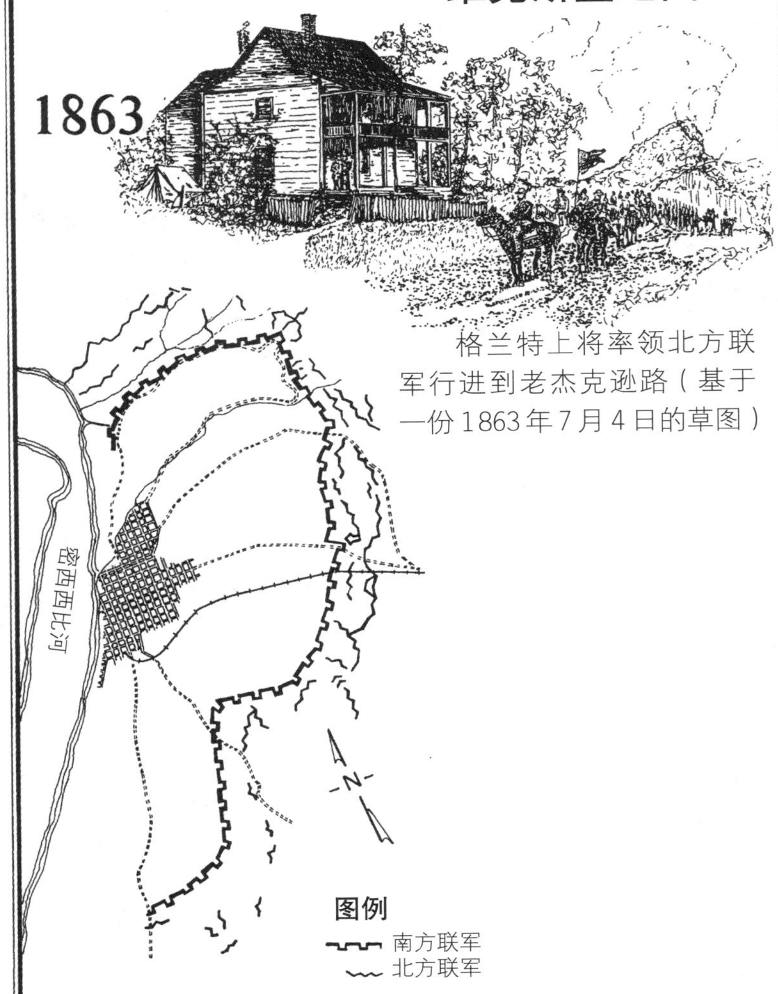
1863
密西西比河
图例
南方联军
北方联军

格兰特上将率领北方联军行进到老杰克逊路（基于一份1863年7月4日的草图）

1864 年
7月4日，经过47天围困后，联邦总司令约翰·C·彭伯顿向U·S·格兰特上将交出城池。

1866 年
成立国家公墓。

1876 年
密西西比河改道。

1899 年
建立国家军事公园。

1901 年
开始道路建设。

1902 年
修建亚祖河引水渠。

1903 年
开始建设桥梁及安置纪念碑。

1935 年
C.C.C（美国民间资源保护队）进行排水系统建造及侵蚀防治。公共工程管理局为联邦大道铺筑混凝土路面。

1956—1966 年
66号米申路的十年项目拉开帷幕：用公园南部及谢尔曼林荫道改为市属内部公园。入口拱门移到了联盟林荫道。

1971 年
新的游客中心开放，联盟林荫道仍在进行沥青铺路。

1977—1980 年
U.S.S. 开罗移到公园中，开罗博物馆开放。

1997 年
米兰5号拱桥由箱涵取代。

0 0.5 1.0 1.5 2.0 英里 1 1/2" = 1英里
0 0.5 1.0 1.5 公里 1:42,240

国家军事公园

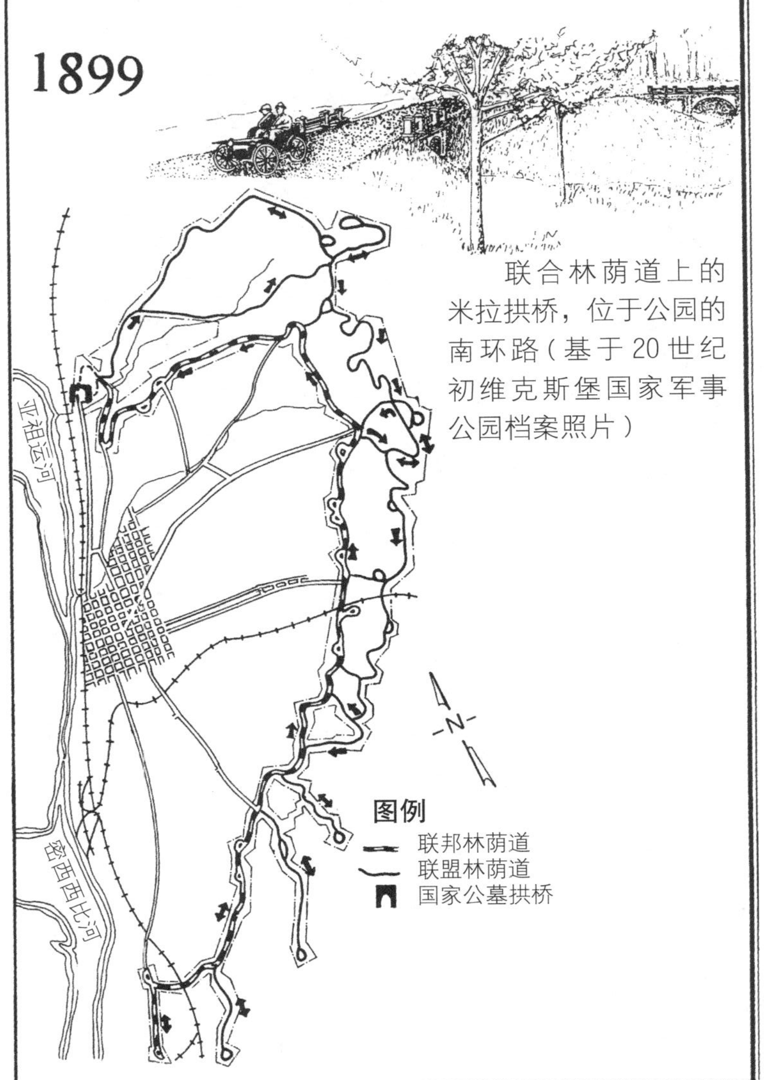
1899
亚祖运河
密西西比河
图例
联邦林荫道
联盟林荫道
国家公墓拱桥

联合林荫道上的米拉拱桥，位于公园的南环路（基于20世纪初维克斯堡国家军事公园档案照片）

公园路铺砌

1935
亚祖运河
密西西比河
图例
联邦林荫道
联盟林荫道
国家公墓拱桥
国家军事公园拱桥

联邦林荫道，始于希尔堡（基于维克斯堡国家军事公园档案照片）

公园边界的变更

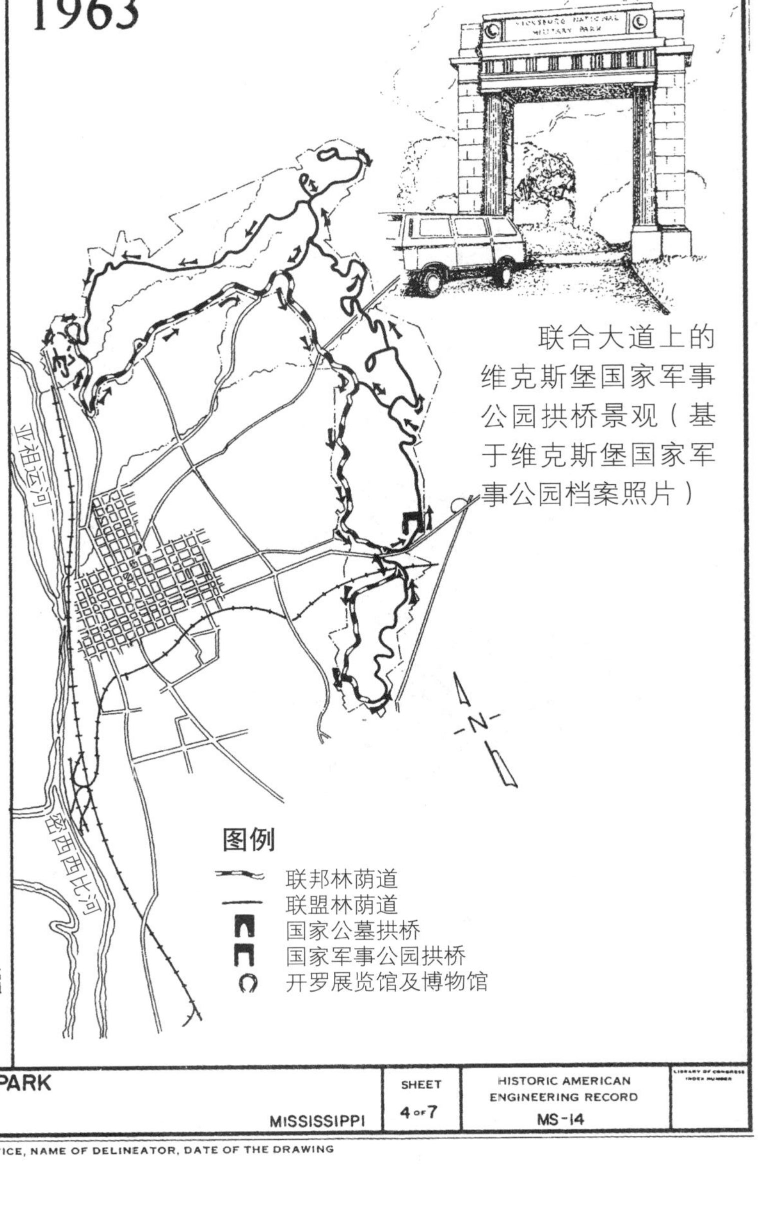
1963
亚祖运河
密西西比河
图例
联邦林荫道
联盟林荫道
国家公墓拱桥
国家军事公园拱桥
开罗展览馆及博物馆

联合大道上的维克斯堡国家军事公园拱桥景观（基于维克斯堡国家军事公园档案照片）

DELINEATED BY: Deborah James, 1997

NATIONAL PARK SERVICE ROADS & BRIDGES RECORDING PROGRAM
NATIONAL PARK SERVICE
UNITED STATES DEPARTMENT OF THE INTERIOR

VICKSBURG NATIONAL MILITARY PARK
TOUR ROADS
VICKSBURG WARREN COUNTY MISSISSIPPI

SHEET 4 of 7
HISTORIC AMERICAN ENGINEERING RECORD MS-14

战场观光路示意图

联邦林荫道和联盟林荫道都面向它们各自的战线，参与设计观光路的公园管理者和工程师希望公园尽可能让游客方便地看到1863年维克斯堡围城之景。观光路在维克斯堡的山间蜿蜒盘旋，有着不少急转弯和陡坡。某些路段被葱翠植被的树荫遮蔽，而另一些路段则刻意保持开阔，这样游客可以欣赏壮丽的战线景色。这些示意图展示了彭伯顿林荫道和老杰克逊路之间的公园景色，同时也展现出雄伟的纪念馆及辉煌战线历史。

南方联军 12 磅拿破仑野战炮

北方联军 12 磅榴弹炮

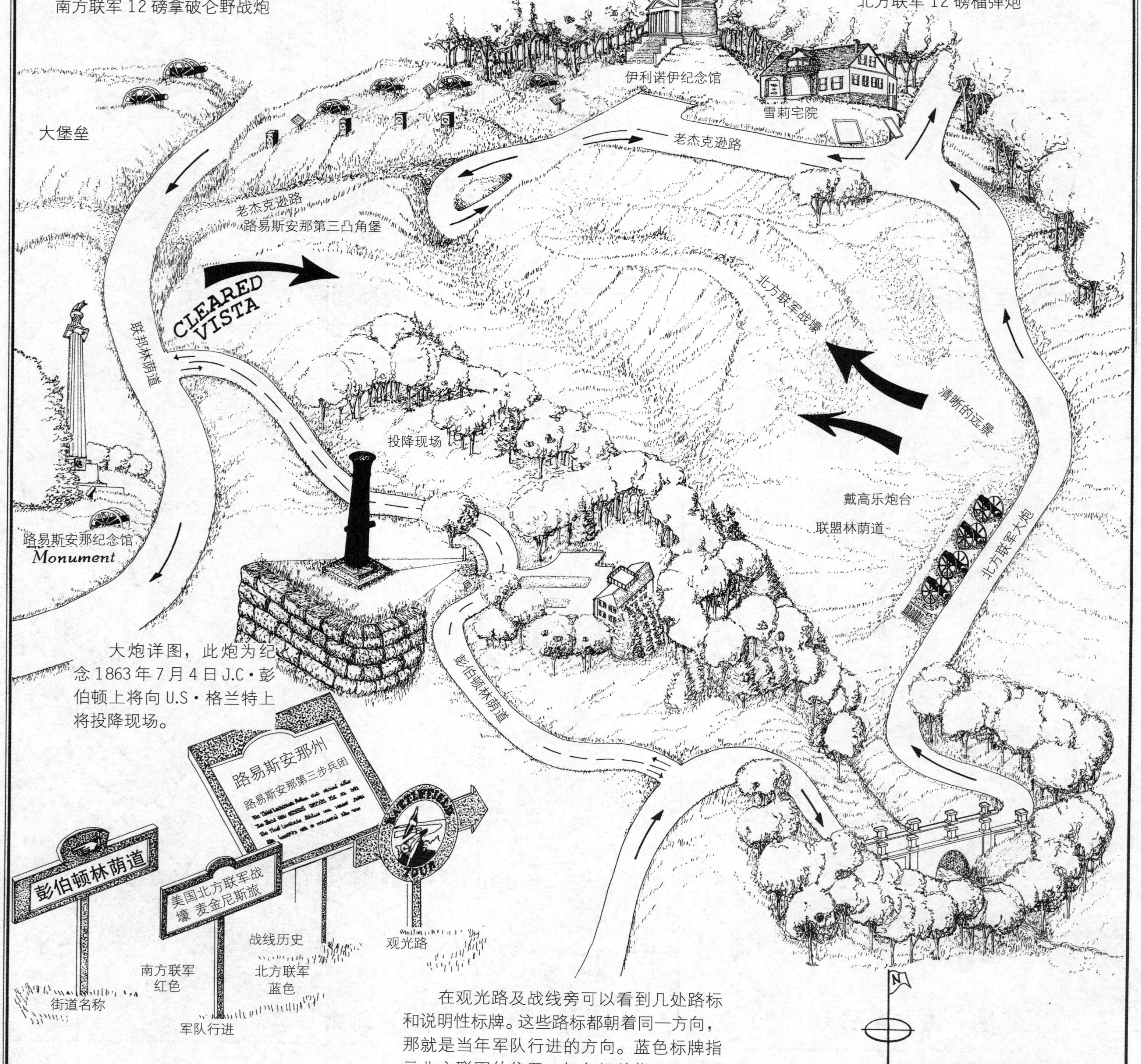

在观光路及战线旁可以看到几处路标和说明性标牌。这些路标都朝着同一方向，那就是当年军队行进的方向。蓝色标牌指示北方联军的位置，红色标牌指示南方联军的位置。观光路标与游客游览图中所画路标一致。

注释：插图基于维克斯堡国家军事公园档案中现场照片及历史照片。

DELINEATED BY: *Deborah James, 1997*

NATIONAL PARK SERVICE ROADS & BRIDGES RECORDING PROGRAM
NATIONAL PARK SERVICE
UNITED STATES DEPARTMENT OF THE INTERIOR

VICKSBURG NATIONAL MILITARY PARK
TOUR ROADS
VICKSBURG WARREN COUNTY MISSISSIPPI

SHEET 5 of 7

HISTORIC AMERICAN ENGINEERING RECORD
MS-14

IF REPRODUCED, PLEASE CREDIT: HISTORIC AMERICAN ENGINEERING RECORD, NATIONAL PARK SERVICE, NAME OF DELINEATOR, DATE OF THE DRAWING

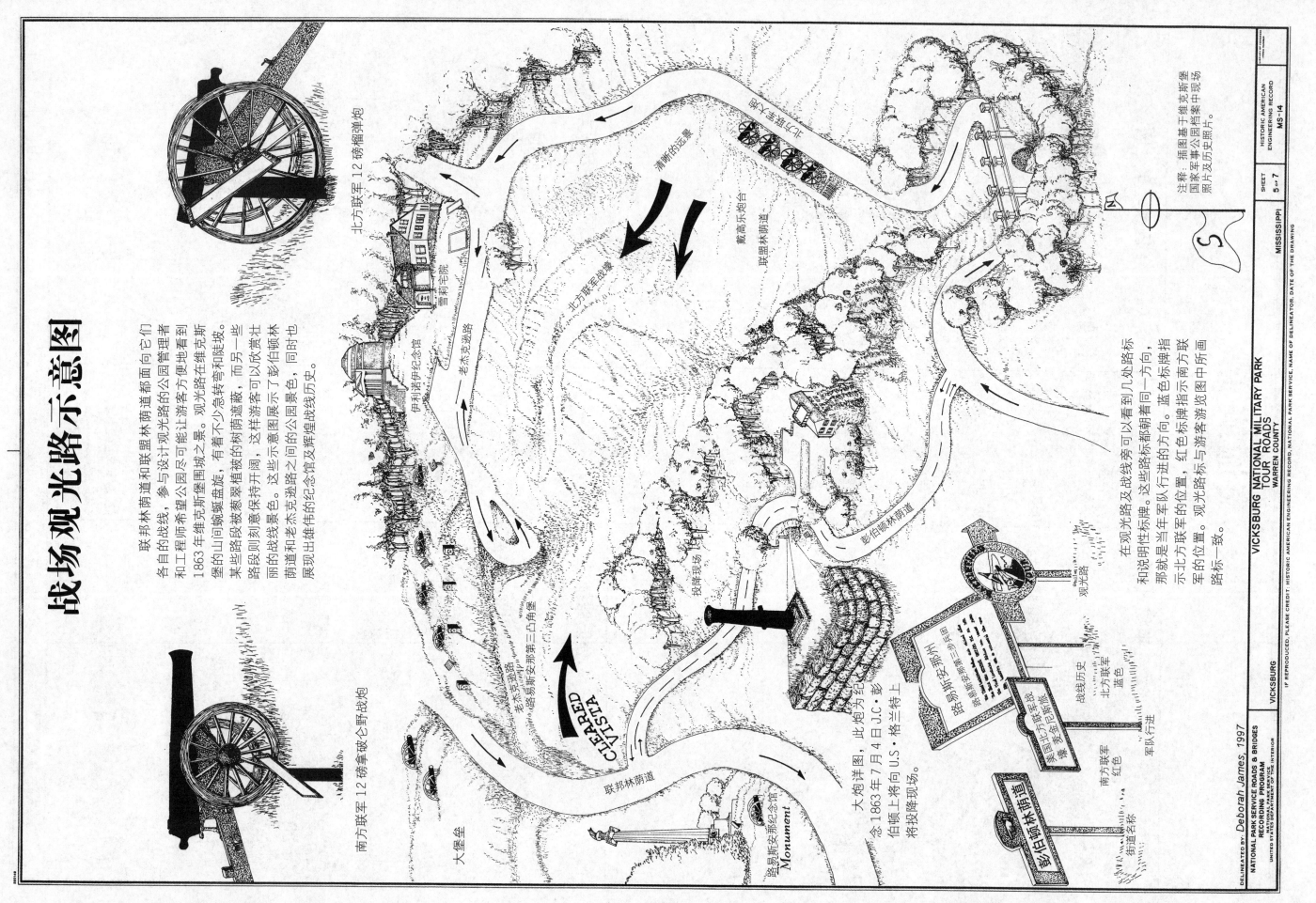

排水系统设计原理

排水系统是维克斯堡国家军事公园基础设施建设中极其重要的一部分。这一地区的大雨及疏松的黄土性土壤导致了严重的水土流失。为了减少对这处纪念性景观的破坏，也为保护观光路，一项包括道路轮廓、路缘、排水沟、涵洞及桥梁的综合建设工程拉开帷幕。这些精巧复杂的基础设施网络旨在清除道路与历史建筑中的积水，不少设施如今仍在发挥作用。

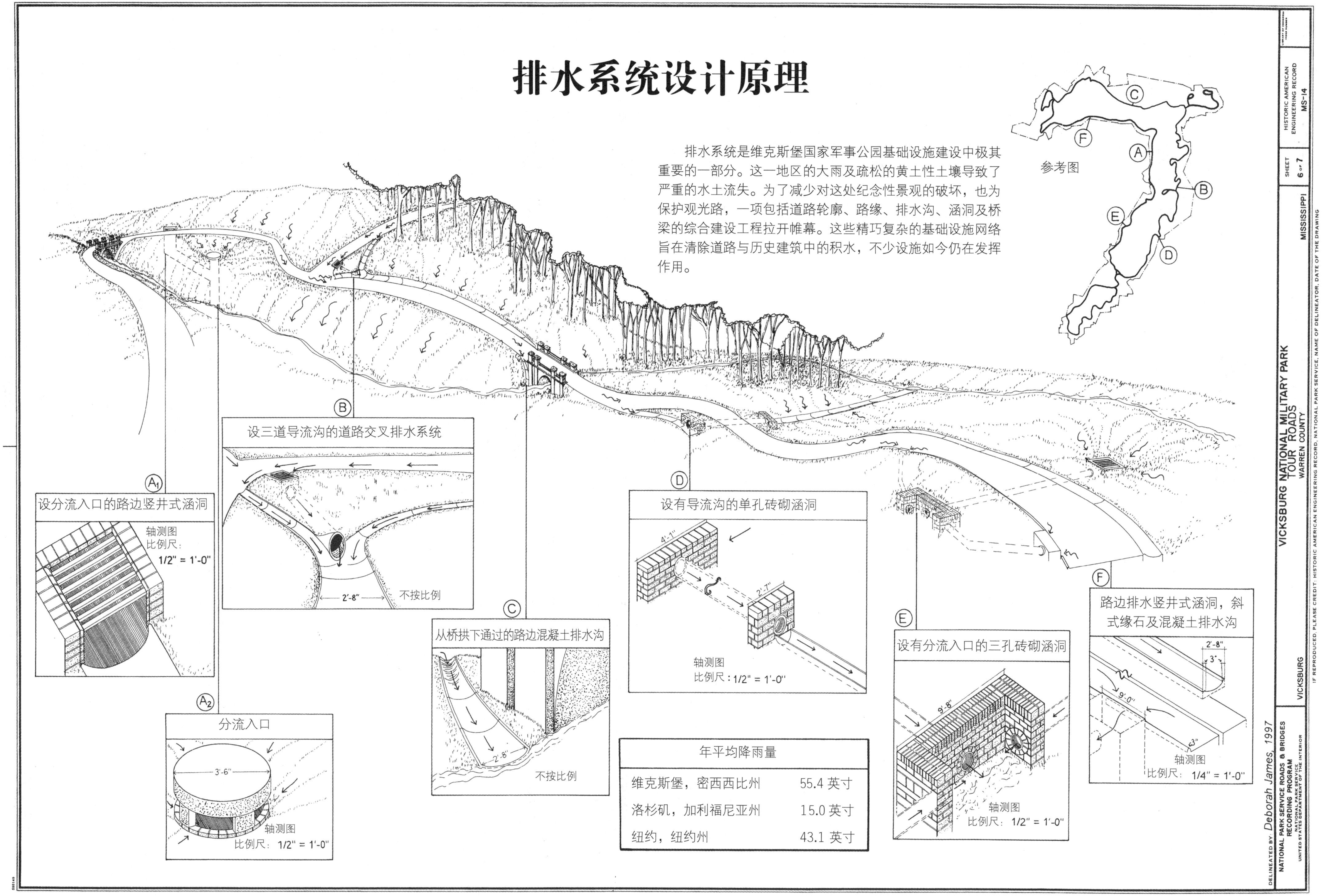

参考图
A
B
C
D
E
F
A1 设分流入口的路边竖井式涵洞
轴测图
比例尺：
1/2" = 1'-0"
A2 分流入口
3'-6"
轴测图
比例尺：1/2" = 1'-0"
B 设三道导流沟的道路交叉排水系统
2'-8"
不按比例
C 从桥拱下通过的路边混凝土排水沟
2'-8"
不按比例
D 设有导流沟的单孔砖砌涵洞
4'-1"
2'-7"
轴测图
比例尺：1/2" = 1'-0"
E 设有分流入口的三孔砖砌涵洞
9'-8"
轴测图
比例尺：1/2" = 1'-0"
F 路边排水竖井式涵洞，斜式缘石及混凝土排水沟
2'-8"
3"
9'-0"
3"
轴测图
比例尺：1/4" = 1'-0"
VICKSBURG NATIONAL MILITARY PARK
TOUR ROADS
WARREN COUNTY
MISSISSIPPI
VICKSBURG
HISTORIC AMERICAN ENGINEERING RECORD
MS-14
SHEET 6 of 7
DELINEATED BY Deborah James, 1997
NATIONAL PARK SERVICE ROADS & BRIDGES RECORDING PROGRAM
NATIONAL PARK SERVICE
UNITED STATES DEPARTMENT OF THE INTERIOR
IF REPRODUCED, PLEASE CREDIT: HISTORIC AMERICAN ENGINEERING RECORD, NATIONAL PARK SERVICE, NAME OF DELINEATOR, DATE OF THE DRAWING

年平均降雨量	
维克斯堡，密西西比州	55.4 英寸
洛杉矶，加利福尼亚州	15.0 英寸
纽约，纽约州	43.1 英寸

道路工程

联邦林荫道

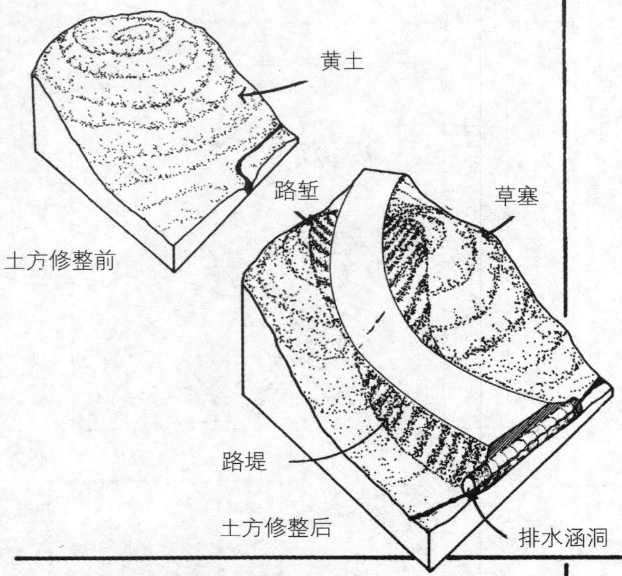

黄土
土方修整前
路堑
草塞
路堤
土方修整后
排水涵洞

土方修整

公园道路的土方修整包括改变现有地形的海拔，以便满足必要的交通循环并顺利排出积水。由于黄土极易冲蚀，分级山坡建造了地下涵洞和路边排水沟来稳固土壤。斜坡上的填塞的草能防止黄土继续流失。

联盟林荫道

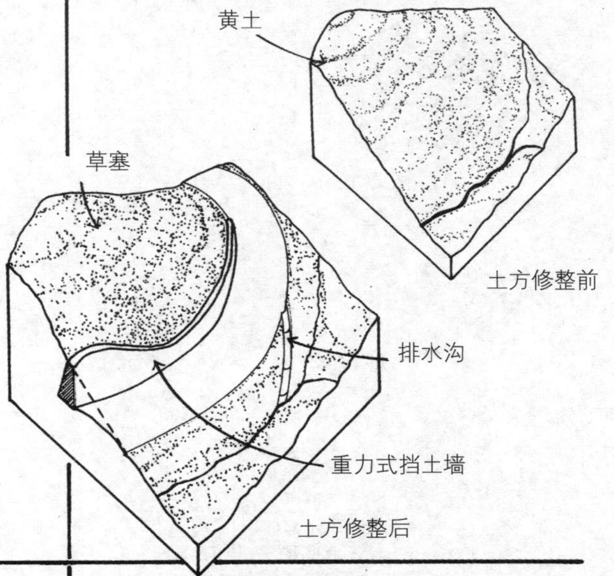

黄土
草塞
土方修整前
排水沟
重力式挡土墙
土方修整后

联邦林荫道 20 世纪 30 年代

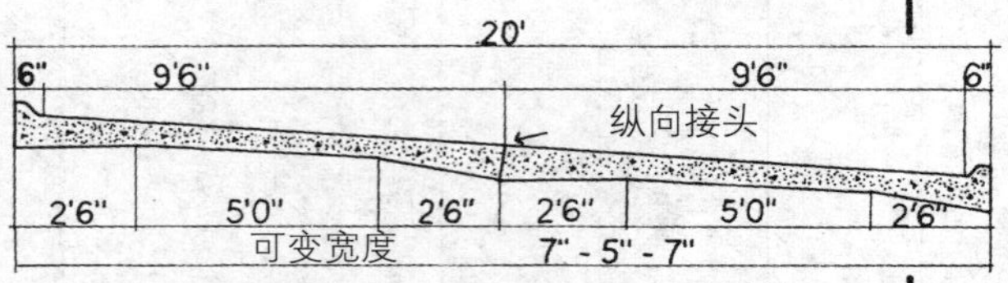

20'
6"
9'6"
9'6"
6"
纵向接头
2'6"
5'0"
2'6"
2'6"
5'0"
2'6"
可变宽度
7" - 5" - 7"

20 世纪 30 年代超高架混凝土分段铺筑

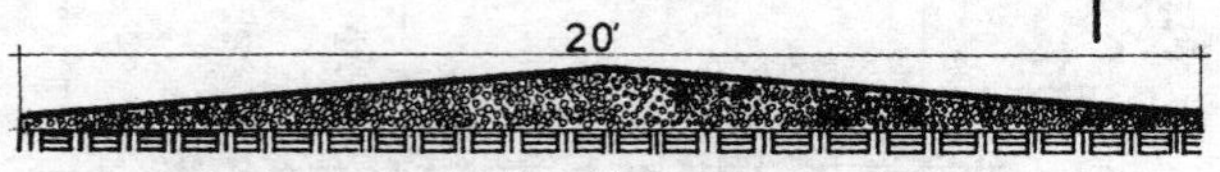

20'

1903 年硬土层路面的燧石砾石

铺路

1901 年，联邦林荫道上最早的一条的土路宽度为 20 英尺，联盟林荫道 1903 年土方修整后宽度为 16 英尺。1903 年 7 月，公园道路使用燧石砾石，将道路覆盖一层金属。20 世纪 30 年代，联邦林荫道用混凝土构件铺筑，并使用铸造路缘来适应不断增长的汽车量。联盟林荫道的混凝土铺筑工程以 66 号道路任务的开发方案开始，于 20 世纪 70 年代竣工。

联盟林荫道 20 世纪 70 年代

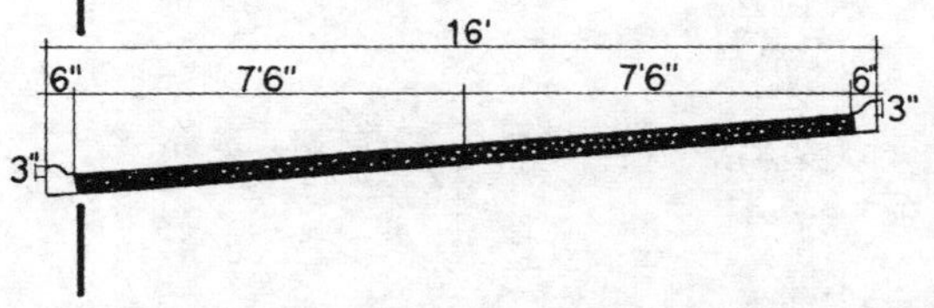

16'
6"
7'6"
7'6"
6"
3"
3"

20 世纪 70 年代超高架 3″ 斜式缘石沥青铺筑

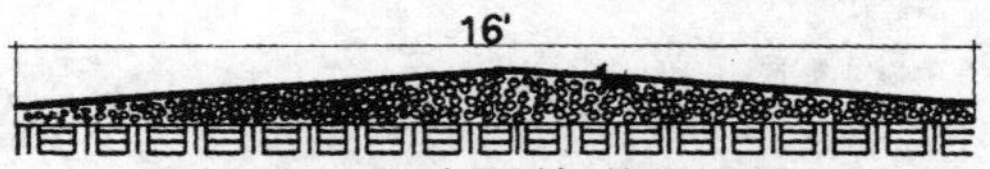

16'

1903 年硬土层路面的燧石砾石

南方联军林荫道

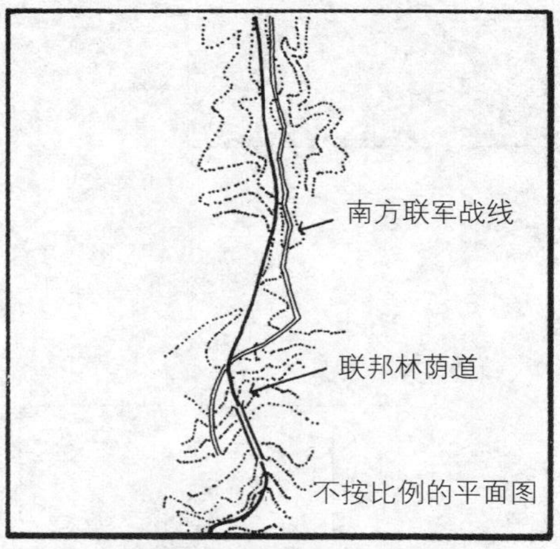

南方联军战线
联邦林荫道
不按比例的平面图

沿山脊线铺设的联邦林荫道

定线

公园路遵循 1863 年维克斯堡围城线来定线，南方军的围城线位于高海拔处，而北方军战线位于四面八方的低海拔处。多山且倾斜的地形创造出密林中曲折联盟林荫道。南方联军沿蜿蜒的道路翻越高地，在路上可以看到联盟林荫道的景色。

联盟林荫道

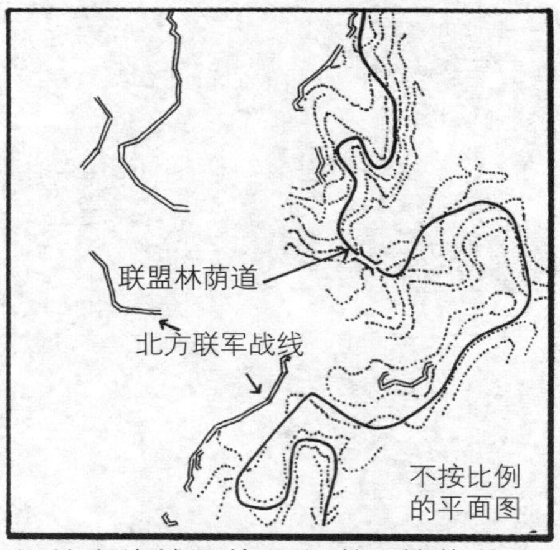

联盟林荫道
北方联军战线
不按比例的平面图

沿等高线铺设的北方联军林荫道

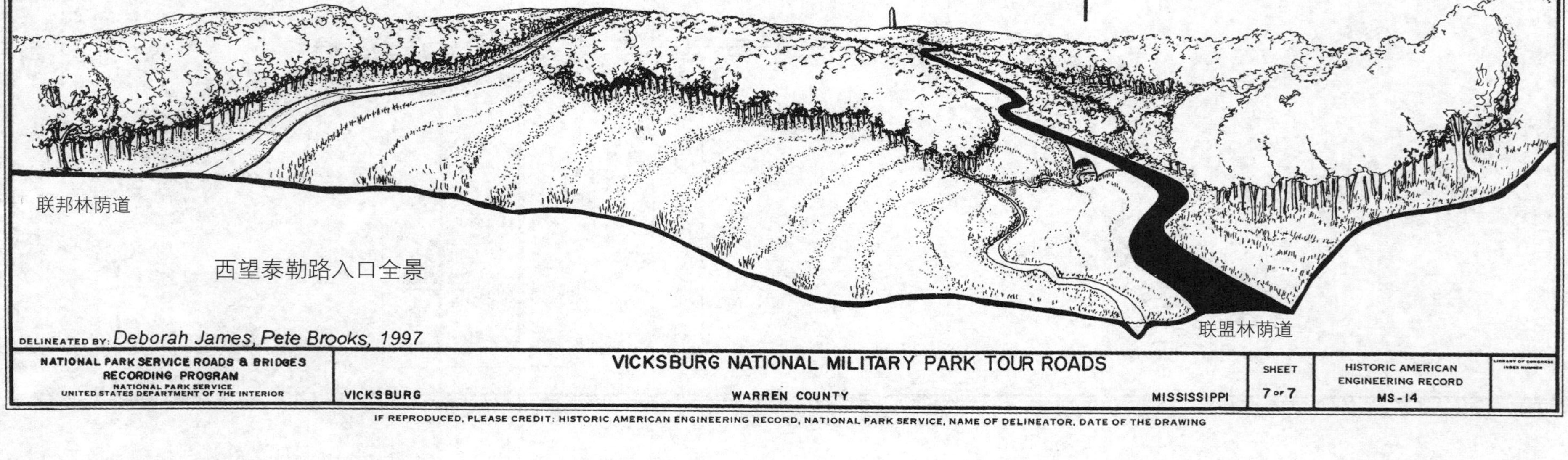

联邦林荫道
联盟林荫道

西望泰勒路入口全景

DELINEATED BY: *Deborah James, Pete Brooks, 1997*

NATIONAL PARK SERVICE ROADS & BRIDGES RECORDING PROGRAM NATIONAL PARK SERVICE UNITED STATES DEPARTMENT OF THE INTERIOR	VICKSBURG NATIONAL MILITARY PARK TOUR ROADS VICKSBURG WARREN COUNTY MISSISSIPPI	SHEET 7 OF 7	HISTORIC AMERICAN ENGINEERING RECORD MS-14

IF REPRODUCED, PLEASE CREDIT: HISTORIC AMERICAN ENGINEERING RECORD, NATIONAL PARK SERVICE, NAME OF DELINEATOR, DATE OF THE DRAWING

米兰拱桥，1903 年

米兰拱桥于 1903 年 7 月开工，同年 12 月竣工。威廉・T・杨桥梁公司赢得维克斯堡国家军事公园九座米兰拱桥的建造权。这些小桥不仅要跨越维克斯堡国家军事公园中的小河和峡谷，也要为公园整体带来美化效果。九座米拉拱桥中的八座今天仍在使用。1997 年，最大的一座桥失去安全通行保证，被一座箱式涵洞取代。

注释：插图基于维克斯堡国家军事公园档案中现场测量、现场照片及历史照片。了解更多信息参见 HAER 野外记录簿。

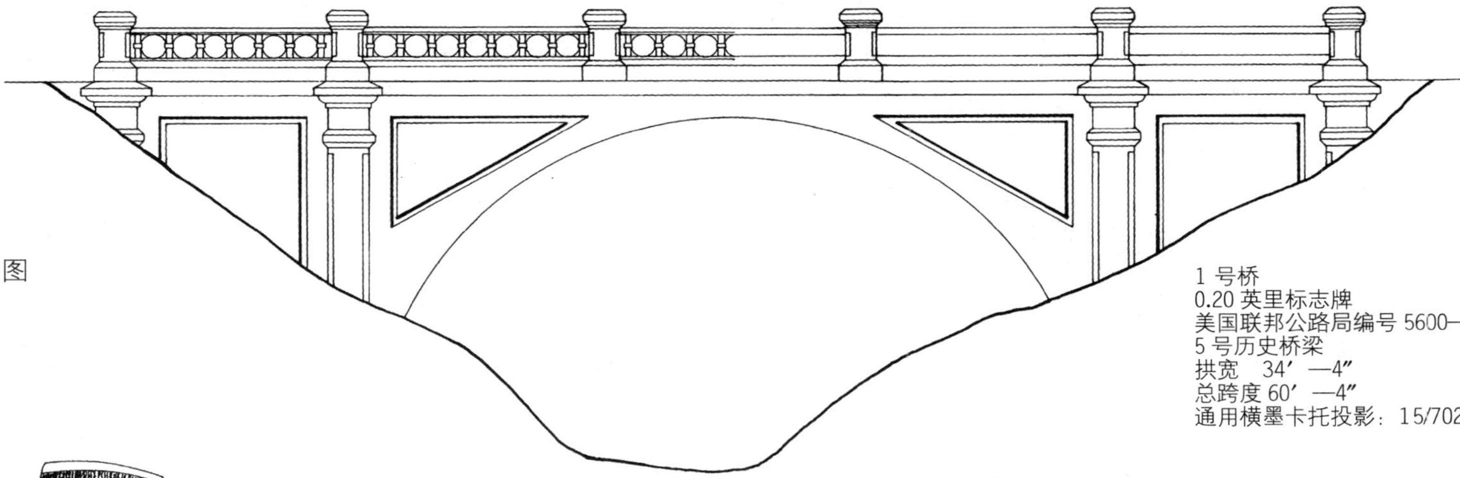

西立面图

1 号桥
0.20 英里标志牌
美国联邦公路局编号 5600—001P
5 号历史桥梁
拱宽 34′—4″
总跨度 60′—4″
通用横墨卡托投影：15/702650/3580590

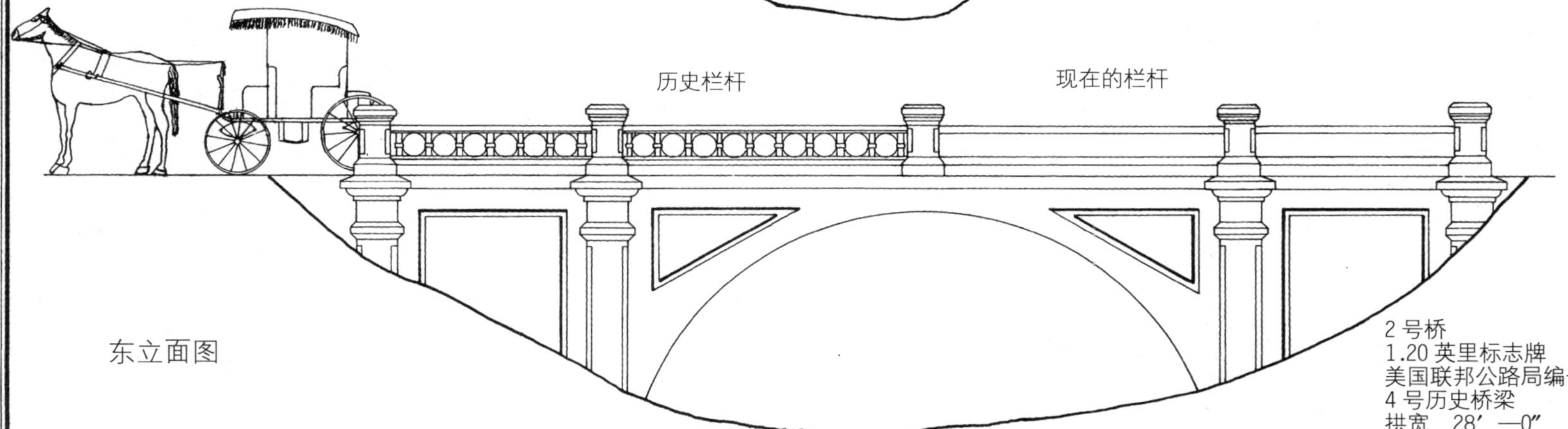

东立面图

2 号桥
1.20 英里标志牌
美国联邦公路局编号 5600—002P
4 号历史桥梁
拱宽 28′—0″
总跨度 54′—0″
通用横墨卡托投影：15/702960/3581610

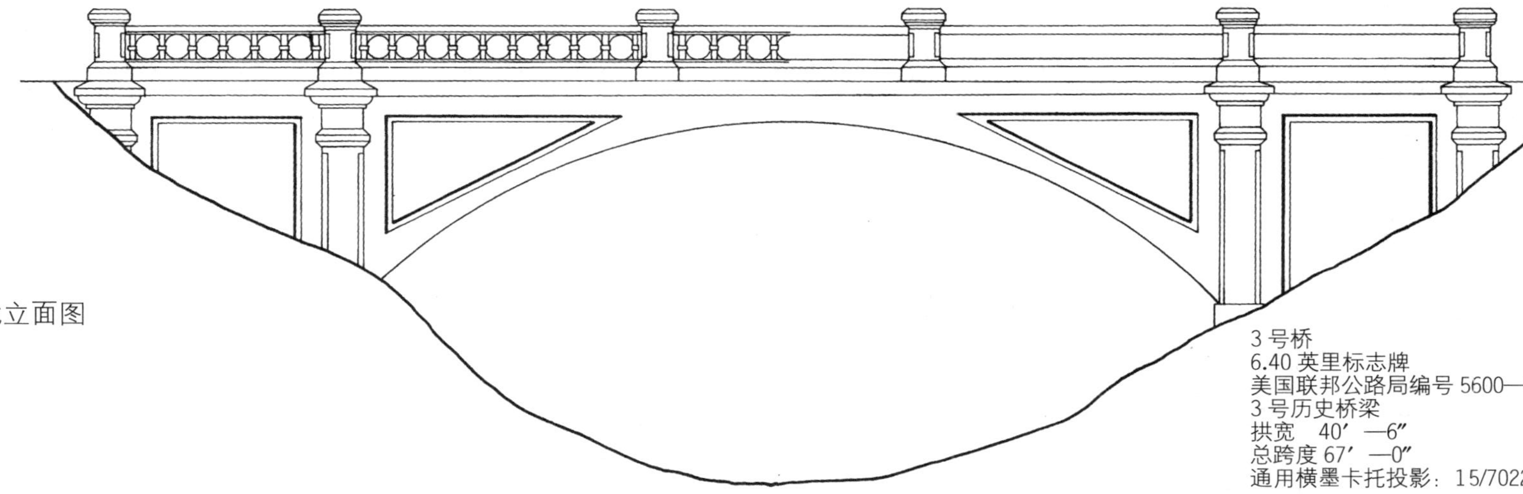

北立面图

3 号桥
6.40 英里标志牌
美国联邦公路局编号 5600—004P
3 号历史桥梁
拱宽 40′—6″
总跨度 67′—0″
通用横墨卡托投影：15/702200/3583710

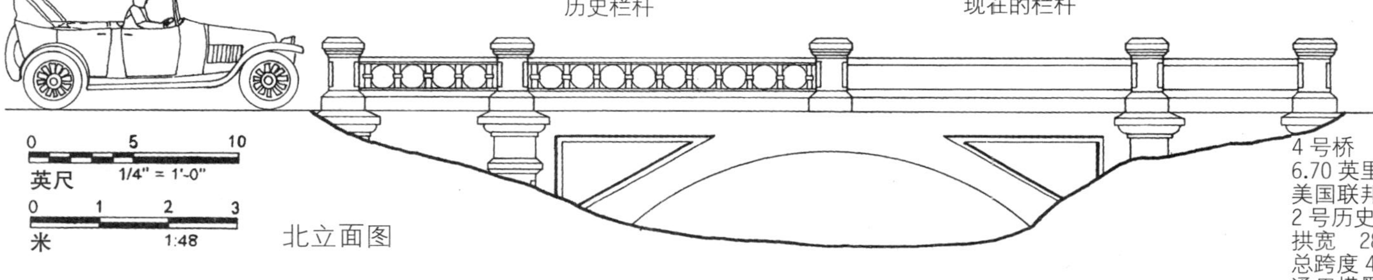

北立面图

4 号桥
6.70 英里标志牌
美国联邦公路局编号 5600—005P
2 号历史桥梁
拱宽 28′—4″
总跨度 48′—0″
通用横墨卡托投影：15/701560/3584090

DELINEATED BY: *Gregory Seale, 1997*

NATIONAL PARK SERVICE ROADS & BRIDGES RECORDING PROGRAM NATIONAL PARK SERVICE UNITED STATES DEPARTMENT OF THE INTERIOR	VICKSBURG NATIONAL MILITARY PARK TOUR ROADS, MELAN ARCH BRIDGES VICKSBURG · WARREN COUNTY · MISSISSIPPI	SHEET 1 OF 3	HISTORIC AMERICAN ENGINEERING RECORD MS-14A

IF REPRODUCED, PLEASE CREDIT: HISTORIC AMERICAN ENGINEERING RECORD, NATIONAL PARK SERVICE, NAME OF DELINEATOR, DATE OF THE DRAWING

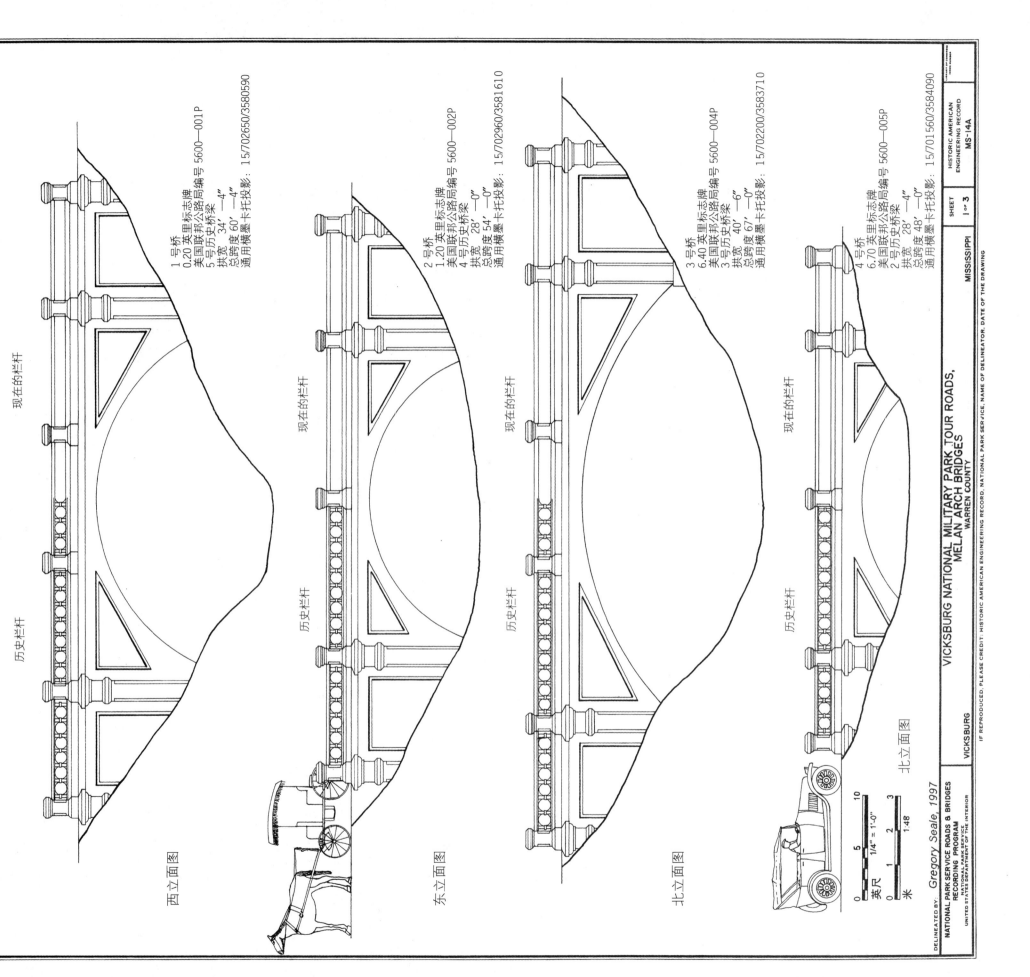

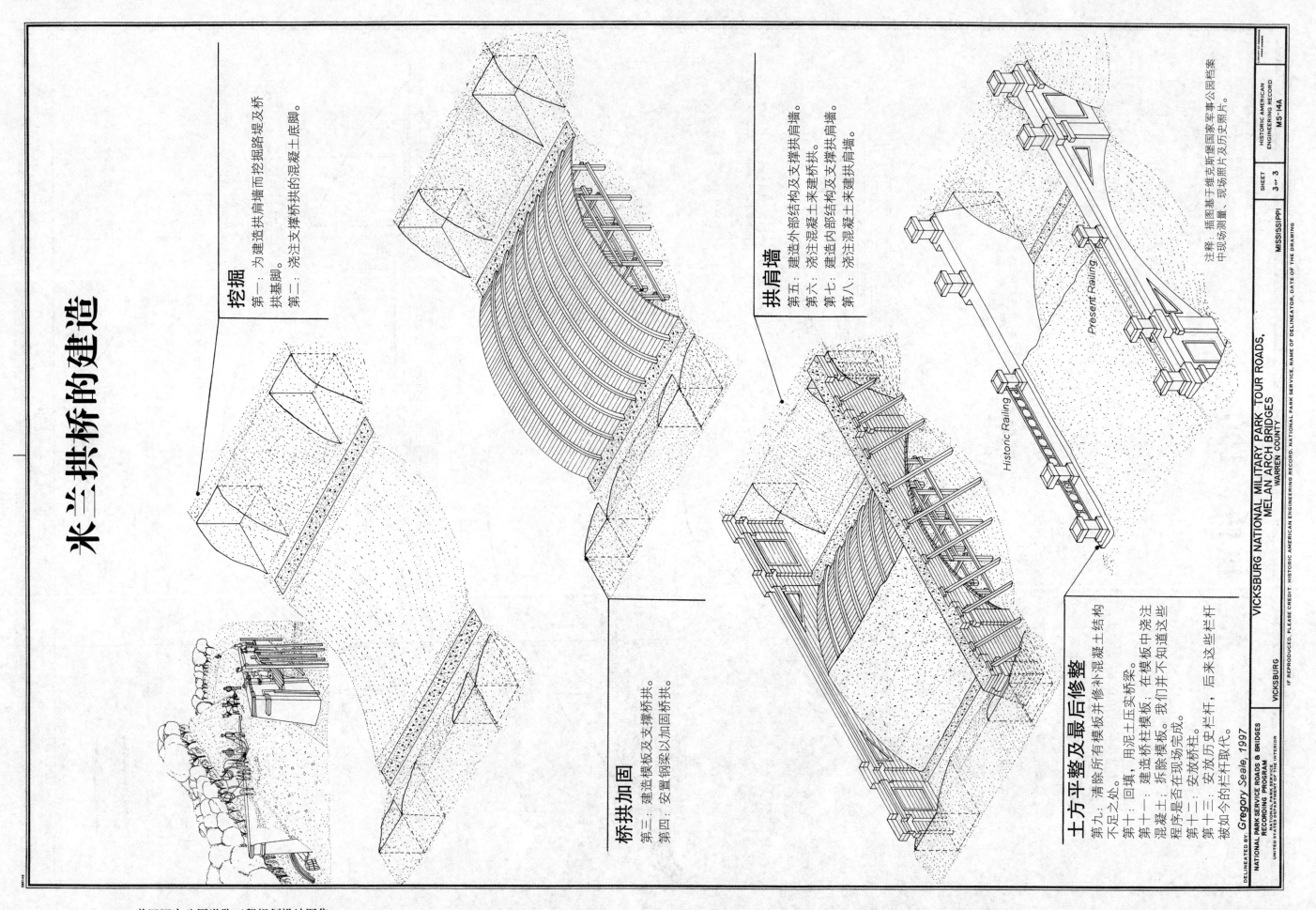

米兰拱桥的建造

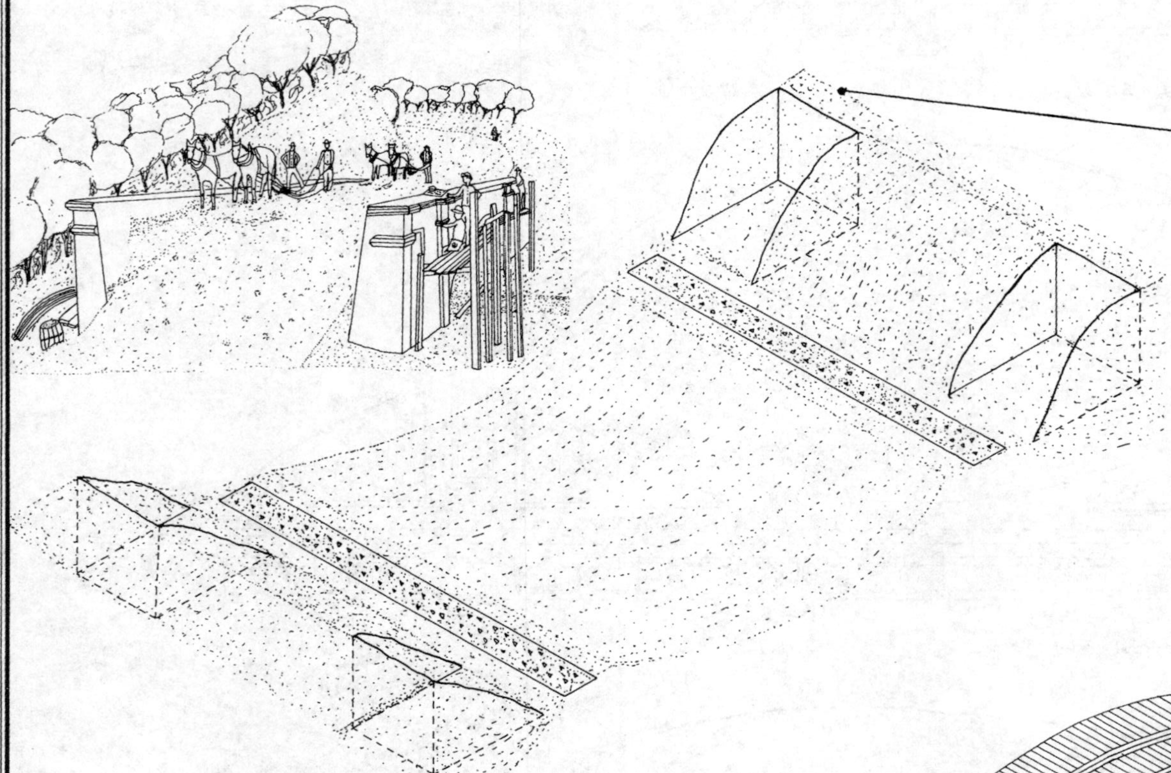

挖掘

第一：为建造拱肩墙而挖掘路堤及桥拱基脚。
第二：浇注支撑桥拱的混凝土底脚。

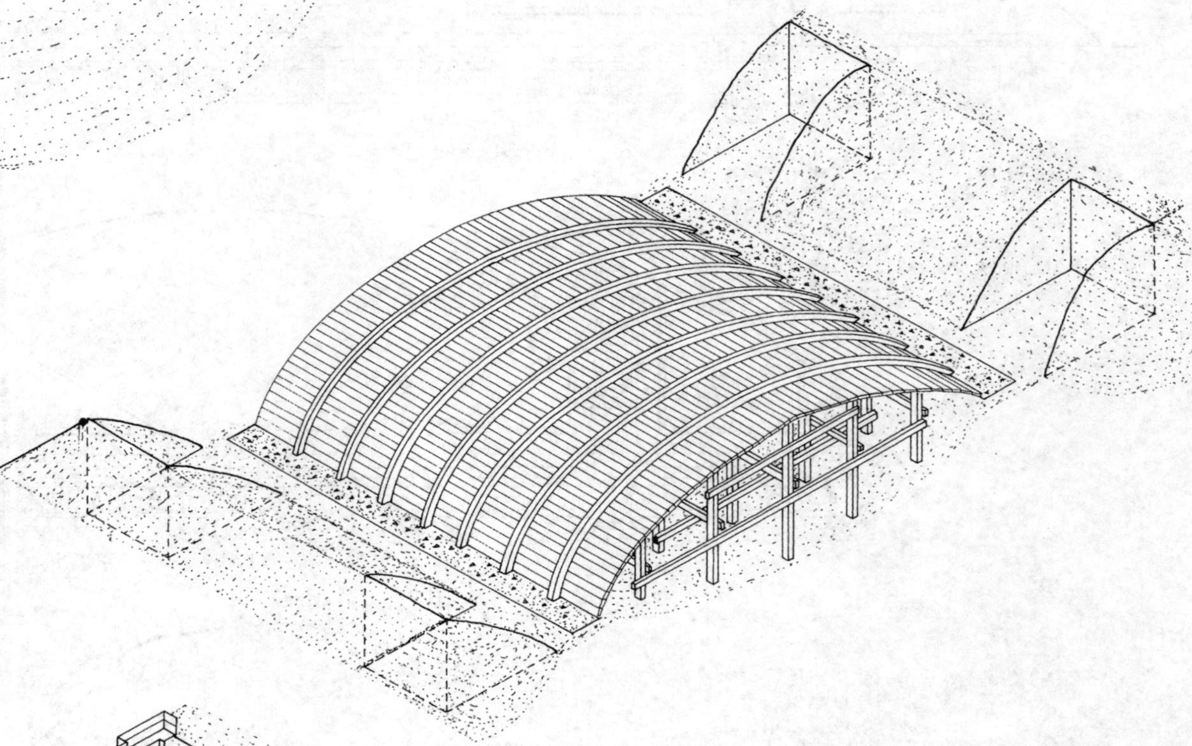

桥拱加固

第三：建造模板及支撑桥拱。
第四：安置钢梁以加固桥拱。

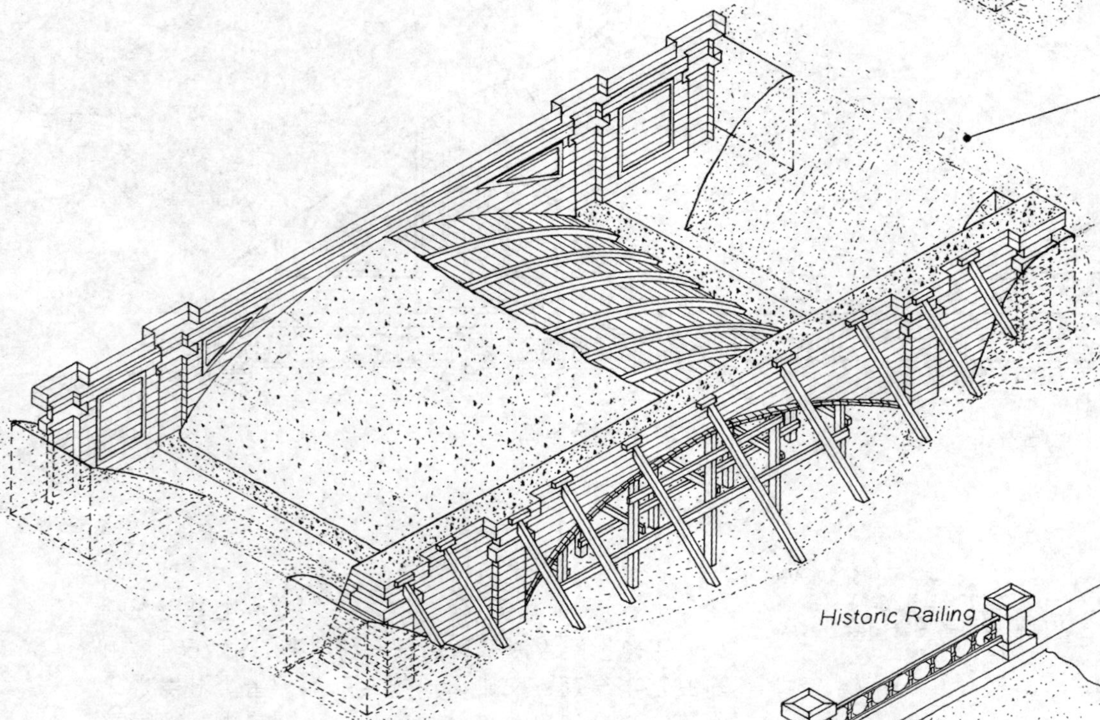

拱肩墙

第五：建造外部结构及支撑拱肩墙。
第六：浇注混凝土来建桥拱。
第七：建造内部结构及支撑拱肩墙。
第八：浇注混凝土来建拱肩墙。

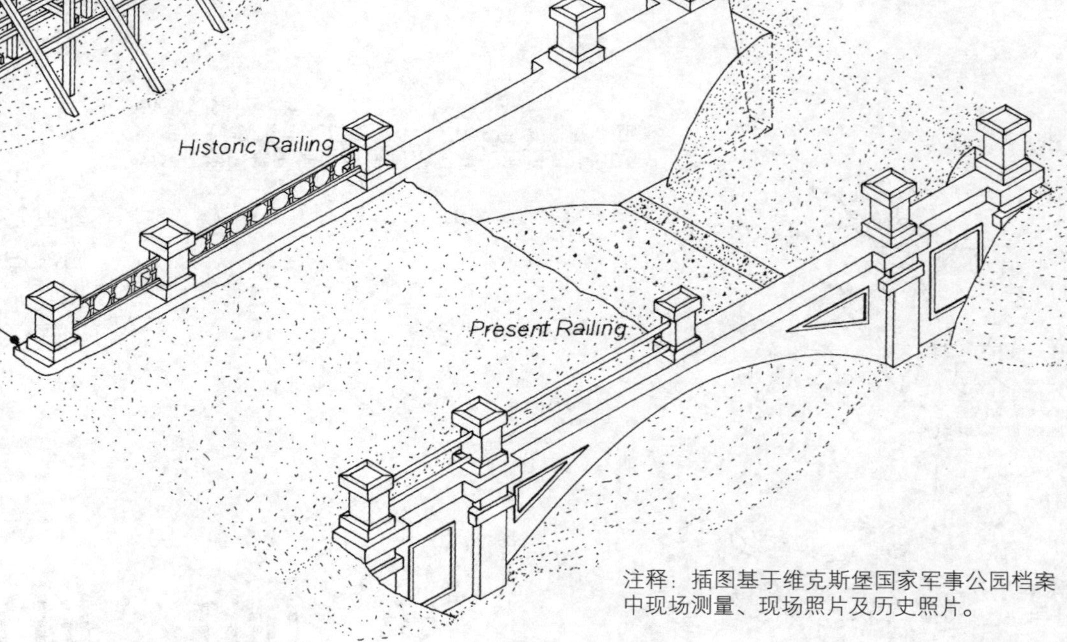
Historic Railing
Present Railing

土方平整及最后修整

第九：清除所有模板并修补混凝土结构不足之处。
第十：回填，用泥土压实桥梁。
第十一：建造桥柱模板；在模板中浇注混凝土；拆除模板。我们并不知道这些程序是否在现场完成。
第十二：安放桥柱。
第十三：安放历史栏杆，后来这些栏杆被如今的栏杆取代。

注释：插图基于维克斯堡国家军事公园档案中现场测量、现场照片及历史照片。

DELINEATED BY: Gregory Seale, 1997

NATIONAL PARK SERVICE ROADS & BRIDGES RECORDING PROGRAM NATIONAL PARK SERVICE UNITED STATES DEPARTMENT OF THE INTERIOR	VICKSBURG NATIONAL MILITARY PARK TOUR ROADS, MELAN ARCH BRIDGES VICKSBURG · WARREN COUNTY	MISSISSIPPI	SHEET 3 of 3	HISTORIC AMERICAN ENGINEERING RECORD MS-14A	

联邦街道钢桥，1903 年

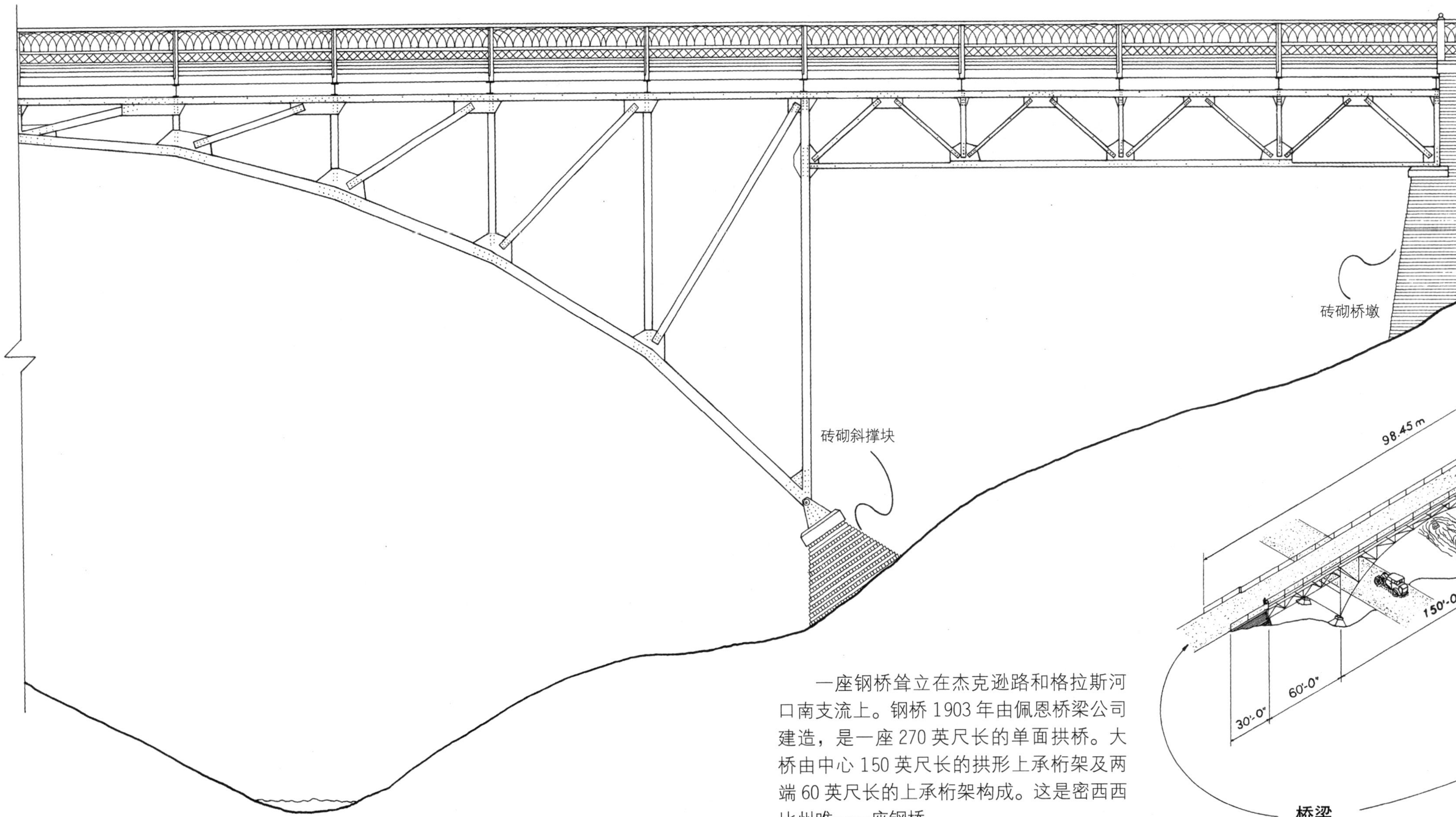

半幅西立面图

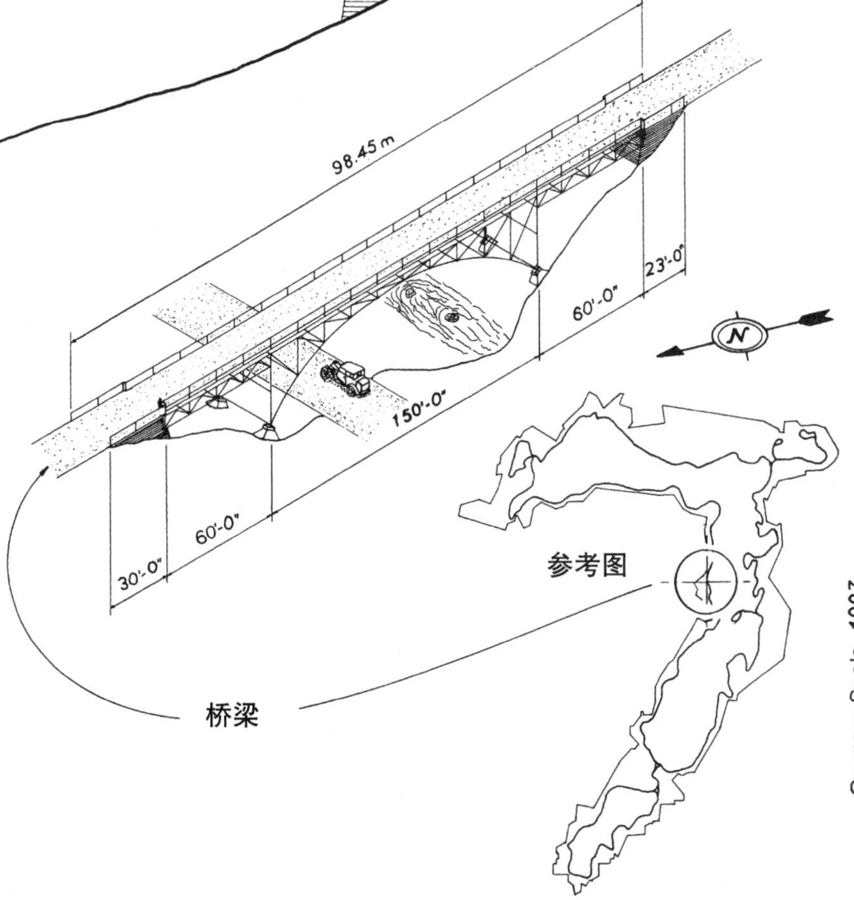

一座钢桥耸立在杰克逊路和格拉斯河口南支流上。钢桥 1903 年由佩恩桥梁公司建造，是一座 270 英尺长的单面拱桥。大桥由中心 150 英尺长的拱形上承桁架及两端 60 英尺长的上承桁架构成。这是密西西比州唯一一座钢桥。

注释：插图基于维克斯堡国家军事公园档案中现场测量、现场照片及历史照片。了解更多信息参见美国工程学历史记录野外记录簿。

0 5 10 15 20
英尺 3/16" = 1'-0"

0 1 2 3 4 5
米 1:64

通用横墨卡托投影 15/702662/3582400

HISTORIC AMERICAN ENGINEERING RECORD MS-12

SHEET 1 OF 2

STEEL BRIDGE - 1903
CONFEDERATE AVENUE OVER JACKSON ROAD AND NORTH FORK GLASS BAYOU
WARREN COUNTY
VICKSBURG MISSISSIPPI

DELINEATED BY: Gregory Seale, 1997

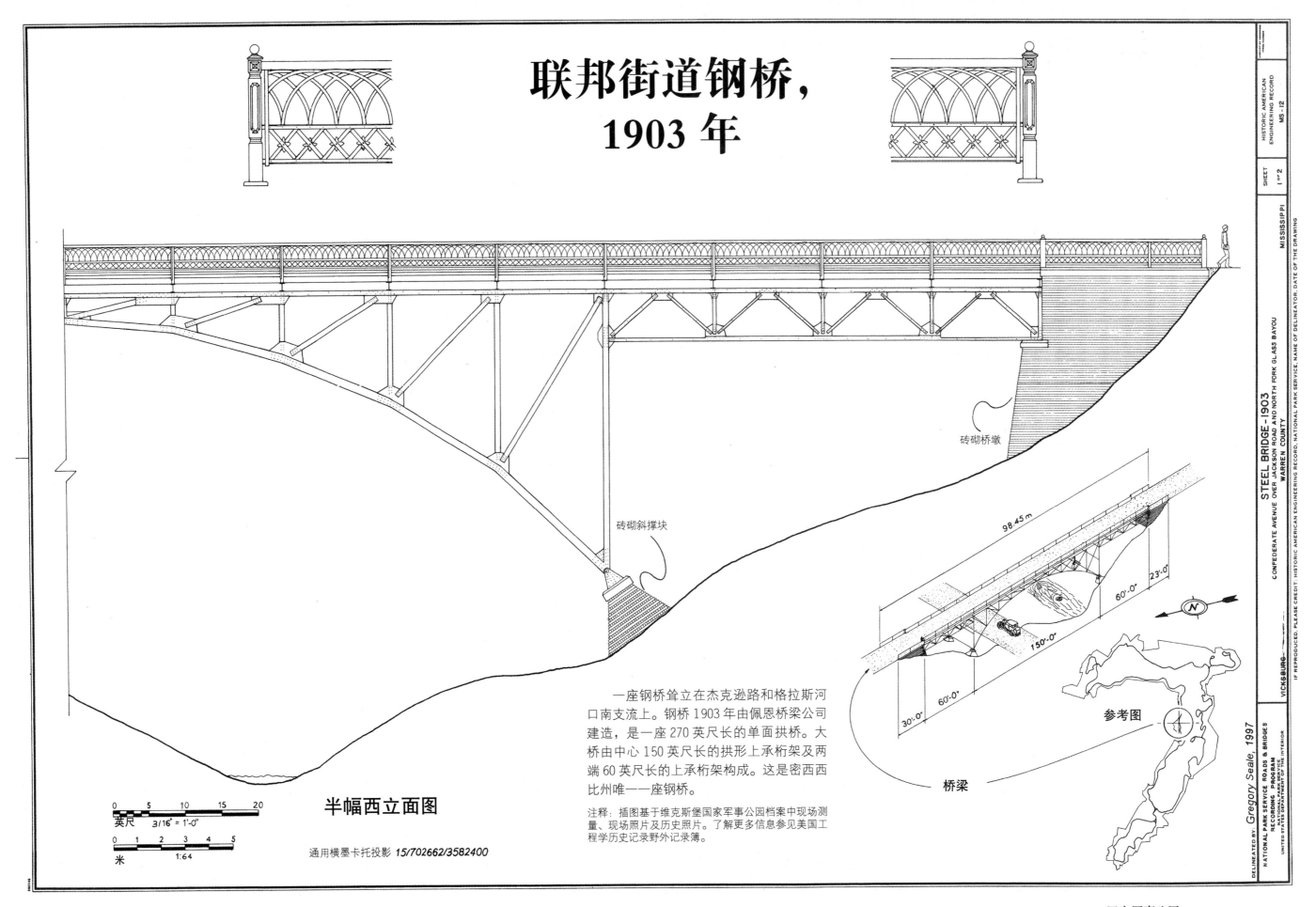

NATIONAL PARK SERVICE ROADS & BRIDGES RECORDING PROGRAM
NATIONAL PARK SERVICE
UNITED STATES DEPARTMENT OF THE INTERIOR

IF REPRODUCED, PLEASE CREDIT: HISTORIC AMERICAN ENGINEERING RECORD, NATIONAL PARK SERVICE, NAME OF DELINEATOR, DATE OF THE DRAWING

铰接细节图

A 侧斜撑 3″ ×3″ ×1/4 角钢
B 侧支柱 4 1 3/4″ ×2 3/4″ 角钢
C 1/2″ 角钢撑板
D 系杆 1/4″ ×2″
E 下弦： 2 3″ ×1′ ×1/4″ 槽
F 斜拉杆：2 3″ ×3″ ×1/4″ 角钢
G 上弦：2 3″ ×5″ ×1/4″ 角钢
H 侧支柱：4 2″ ×3″ ×1/4″ 角钢（只有 J_5）
I 斜构件：4 4″ ×2″ ×1/4″ 角钢

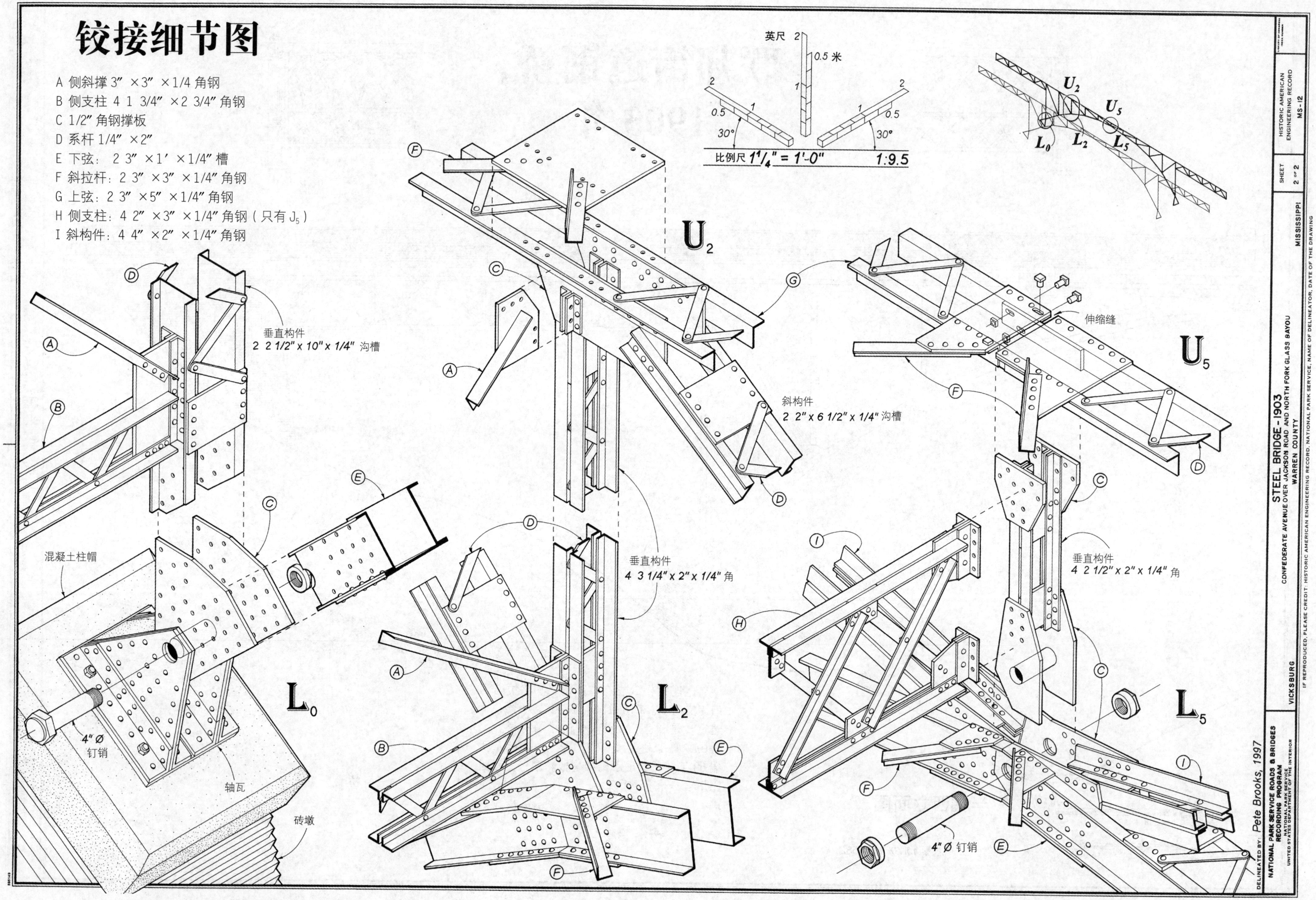

英尺 2
1
0.5 米
2
0.5
1
30°
比例尺 1 1/4″ = 1′-0″
1:9.5
U2
U5
L0
L2
L5
垂直构件
2 2 1/2″ x 10″ x 1/4″ 沟槽
斜构件
2 2″ x 6 1/2″ x 1/4″ 沟槽
伸缩缝
垂直构件
4 3 1/4″ x 2″ x 1/4″ 角
垂直构件
4 2 1/2″ x 2″ x 1/4″ 角
混凝土柱帽
4″ Ø
钉销
轴瓦
砖墩
4″ Ø 钉销
DELINEATED BY: Pete Brooks, 1997
NATIONAL PARK SERVICE ROADS & BRIDGES RECORDING PROGRAM
NATIONAL PARK SERVICE
UNITED STATES DEPARTMENT OF THE INTERIOR
STEEL BRIDGE - 1903
CONFEDERATE AVENUE OVER JACKSON ROAD AND NORTH FORK GLASS BAYOU
VICKSBURG
WARREN COUNTY
MISSISSIPPI
SHEET 2 OF 2
HISTORIC AMERICAN ENGINEERING RECORD
MS-12
IF REPRODUCED, PLEASE CREDIT: HISTORIC AMERICAN ENGINEERING RECORD, NATIONAL PARK SERVICE, NAME OF DELINEATOR, DATE OF THE DRAWING

风景道路早期范例

国家公园内的公路和风景道都影响着国家公园系统外的开发工程，同时也都被其影响着。国家公园管理局沿袭长期的景观道路建设传统，而国家公园道路建设典范将其设计理念传播到地方、州和国家级实用和娱乐性的道路开发中。

游憩性道路建造者在20世纪初面临的首要挑战是如何同时满足汽车交通需求并不损害传统的美学价值。在这方面有重大影响的两个项目是俄勒冈州的哥伦比亚河公路与纽约布朗克斯河风景道。

哥伦比亚河公路是最早的专为汽车修建的长景观路之一。路上的桥梁、游客便利设施及远景之美使这条路受到广泛的赞扬，其先进科技元素也使游客赞不绝口，其中包括适度的斜坡、微曲的路形及获专利的路面，这种路面比传统路面更平坦，寿命也更长。

纽约布朗克斯河风景道被赞为一项更重大的突破。它通过更新传统风景道设计，满足了以休闲为目的的汽车驾驶员需求。该项目引领了20世纪风景道开发手段。公园管理局主要基于布朗克斯河风景道设计的先例，从设计团队中聘请精英来协助指导国家风景道的开发建设。

HAER用NPS公园道路与桥梁项目开发的技术手段记录了哥伦比亚河公路和布朗克斯河风景道的建设过程。其中记录的其他重要的景观路包括塔康州风景道，这条路把布朗克斯河风景道延伸到州北部的纽约；康乃迪克州梅里特风景道，这条路使通勤风景道这一概念深入人心；还有阿罗约萨科风景道，这条路在风景道与高速公路的过渡中起了关键作用。项目资金来自许多州和当地的投资。

布朗克斯河风景道历史景观，1925 年

HAER 和韦斯切斯特县记录与档案中心

风景道路早期范例

布朗克斯河风景道保护区

概述

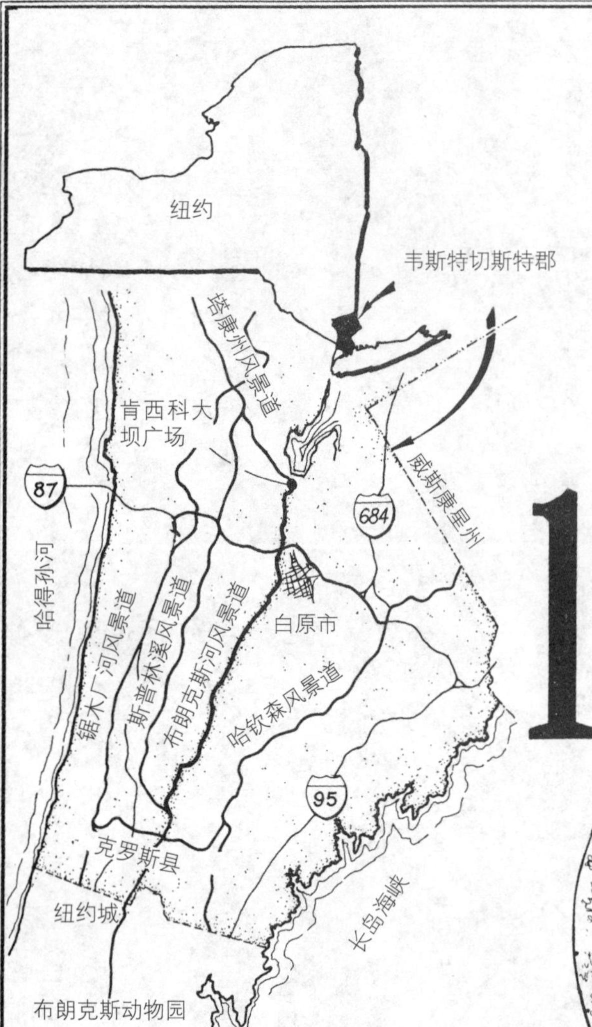

1907

1925

宽街高架桥，约摄于1924年，之后被克罗斯县风景道取代。来自“韦斯特切斯特县公园委员会报告，1925年”

布朗克斯河风景道保护区是第一条明确为汽车设计的公共风景道。然而，项目最开始是一个环境恢复和公园开发的倡议，旨在将污染严重的布朗克斯河转变为迷人的带状公园。1906年，布朗克斯风景道委员会被指派承担这项任务。工程于1925年竣工，这时风景道成为快速发展的韦斯特切斯特县公园系统的一部分。

风景道中元素包括次生林地、开阔的草甸、水景、休闲小径及一条欣赏布朗克斯河主要景观的迷人车行道。设计师们强调自然，这里有精心设计的远景、空地及经艺术化构图设计的栽植树木。风景道成为现代高速公路建设的开拓性典范。道路设计者们减少危险十字路口的数量，限制周围街道和商业区与风景道间的通行，把美丽、安全和效率三者结合，也将汽车驾驶员置于广阔的风景绿带中。

布朗克斯河风景道的设计者是一个由工程师、风景园林师、建筑师和热诚的业余公园支持者组成的经典团队。布朗克斯公园大道委员会由麦迪逊·格兰特、詹姆斯·加农、威廉·奈尔斯和弗兰克·贝塞尔组成，杰伊·唐纳担任总设计师。风景道的整体设计格局出自风景园林师赫尔曼·默克尔之手。吉尔摩·克拉克是景观开发过程的现场督导，工程师莱斯利·霍勒伦和阿瑟·海登也做出了突出贡献。海登的钢架桥设计使高速公路立交结构建设发生了革命性改变。风景道桥梁的建筑处理工作承包给一些独立设计者，包括查尔斯·斯托顿、威廉·德拉诺和托马斯·黑斯廷斯。

近几十年来，风景道被拓宽，许多路段安装了现代安全设施。韦斯特切斯特大部分路段还行使着最初功能，即集游憩、交通和环境保护多功能为一体的开发路段。但是布朗士维尔南部的六车道路段的历史功能已所剩无几。布朗士维尔北部的布朗克斯河风景道保护区1991年被记录在国家史迹名录中。

布朗克斯河风景道保护区记录项目于2001年夏天开始，是HAER的一部分。HAER是一项长期记录美国历史上重要工程与工业成果的项目。HAER（负责人埃里克·迪劳尼）由HABS/HAER管理，这是美国内政部国家公园管理局的一个部门。项目由韦斯特切斯特县（县长安德鲁·J·斯班诺）资助，并由公园游憩与保护部（部长约瑟夫·斯托特，副部长杰克·罗宾斯博士，公园设施主管大卫·德卢西亚）管理。信息技术部（首席新闻官诺曼·杰克尼斯，主管帕蒂·多伦温德，韦斯特切斯特县档案馆）和布朗克斯河绿化路保护区管理委员会（主席洛厄尔·托雷，执行总监贝特西·多兰）提供额外支持。

图纸、历史报告和照片在项目主管克里斯托弗·马斯顿和项目历史学家蒂姆·戴维斯的指导下完成。现场团队成员有现场督导塔尼娅·福尔杰（纽约州立大学环境科学及山林管理学院），建筑师布兰登·安德鲁（罗德岛设计学院）和卡马拉哈桑·拉马斯瓦米（美国/国际古迹遗址理事会，印度），风景园林师卡罗琳娜·布切克（美国/国际古迹遗址理事会，波兰）和历史学家道恩·杜恩森。大幅照片由大卫·哈斯拍摄。

DELINEATED BY: Tanya Folger, Karolina Buczek, Pete Brooks, Christopher Marston, 2001

NATIONAL PARK SERVICE
UNITED STATES DEPARTMENT OF THE INTERIOR

BRONX RIVER PARKWAY RESERVATION
THE BRONX TO KENSICO DAM
WESTCHESTER COUNTY

WHITE PLAINS VICINITY

NEW YORK

HISTORIC AMERICAN ENGINEERING RECORD
NY-327

SHEET 1 of 22

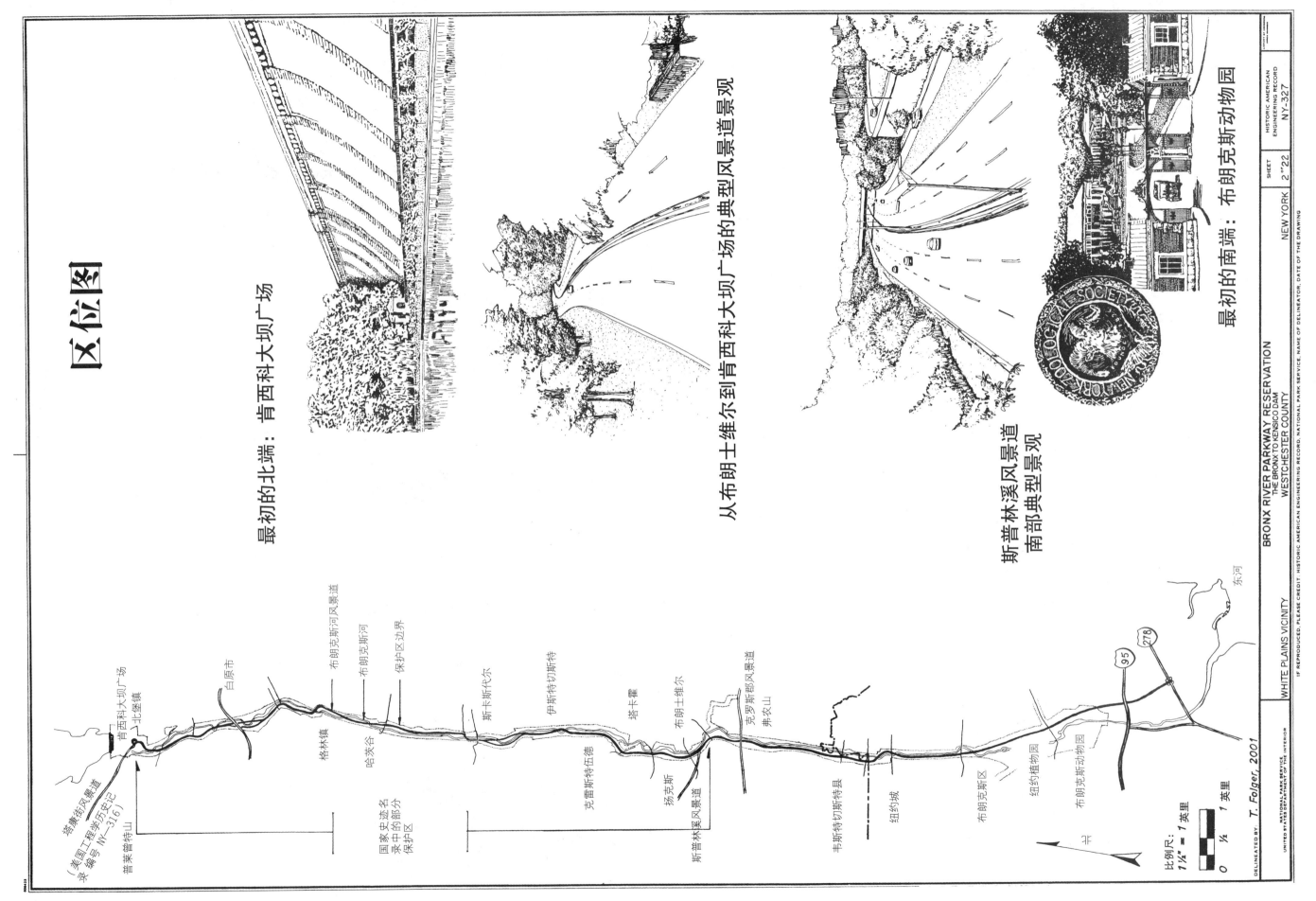

区位图

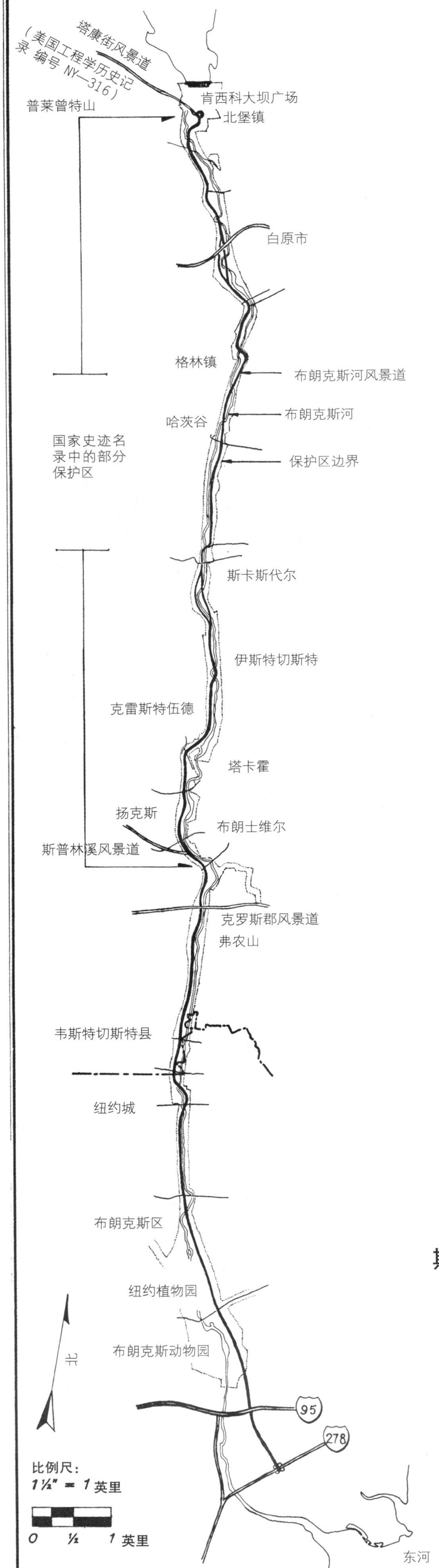

塔康街风景道
（美国工程学历史记录 编号 NY—316）
普莱曾特山
肯西科大坝广场
北堡镇
白原市
格林镇
布朗克斯河风景道
哈茨谷
布朗克斯河
国家史迹名录中的部分保护区
保护区边界
斯卡斯代尔
伊斯特切斯特
克雷斯特伍德
塔卡霍
扬克斯
布朗士维尔
斯普林溪风景道
克罗斯郡风景道
弗农山
韦斯特切斯特县
纽约城
布朗克斯区
纽约植物园
布朗克斯动物园
95
278
东河
北
比例尺：
1½" = 1 英里
0 ½ 1 英里

最初的北端：肯西科大坝广场

从布朗士维尔到肯西科大坝广场的典型风景道景观

斯普林溪风景道
南部典型景观

NEW YORK ZOOLOGICAL SOCIETY

最初的南端：布朗克斯动物园

DELINEATED BY: T. Folger, 2001

NATIONAL PARK SERVICE UNITED STATES DEPARTMENT OF THE INTERIOR	BRONX RIVER PARKWAY RESERVATION THE BRONX TO KENSICO DAM WHITE PLAINS VICINITY WESTCHESTER COUNTY NEW YORK	SHEET 2 of 22	HISTORIC AMERICAN ENGINEERING RECORD NY-327

IF REPRODUCED, PLEASE CREDIT: HISTORIC AMERICAN ENGINEERING RECORD, NATIONAL PARK SERVICE, NAME OF DELINEATOR, DATE OF THE DRAWING

恢复河流

创建布朗克斯河风景路保护区的初衷是将布朗克斯河谷恢复到最初的自然面貌。20世纪初，河谷上游景色还很优美，但是白原南部的大部分河流因无节制开发而破坏严重。布朗克斯风景路委员会创立于1906年，负责找出首要污染源并承担改造河流的艰巨任务。

未处理的污水

就像当时大多数城市河流一样，布朗克斯河被人们当作开放下水道，汇集了周围居民区的垃圾秽物。污水直接排入河中导致水体恶臭，人们再也不能欣赏河流的美景，附近布朗克斯动物园的动物们也受到威胁。1905年左右，为保护河流，这里修建了一条污水干管，但是许多居民和企业并没有停止污染河流，直至后来风景路委员会对他们采取了强制手段。

生活垃圾和农田排水

大量小型农场、畜舍及低收入居民的住宅正好位于河边。农场和畜舍中的粪便直接排入布朗克斯河。厕所中的污染物渗入土壤，对人们的健康造成威胁。风景路委员会认为廉价房屋、畜舍和功利性花园影响美观，应该由迷人的自然美景取代。

倾倒

城市河流经常被当作公共垃圾倾倒区。为创造一条干净清澈的河流，风景路委员会花了几年时间清理布朗克斯河中的垃圾。一份1916年的报告中写道："四轮马车、茶壶、自行车、货车车轮、盒子、弹簧床面、汽车车身、洗涤锅炉、炉子、各种器皿尤其是热水壶，大量出现在清理出的垃圾中。"

广告牌和洪水

广告牌清理是当务之急。1907年，河边超过7英里的区域散布着广告牌，内容都是针对附近铁路上的旅客。春季解冻和大雨期间，平时很浅的布朗克斯河会漫过岸堤，河中污水蔓延到邻近的洼地并形成污浊的水坑，为传播疾病的蚊虫提供了繁殖后代的温床。风景路委员会将河流改道并疏浚，以减少河水泛滥并使河流更畅通。

工厂

各种各样的工业和商业企业直接将污染物排入布朗克斯河中。制革厂、贮煤场、煤气厂和有轨电车车库处于最严重污染源之列，但是许多小型企业也对污染负有责任。工业设施及与河流并行的铁路也是可见污染的重要污染源，这些污染破坏了拟建保护区的自然美景。

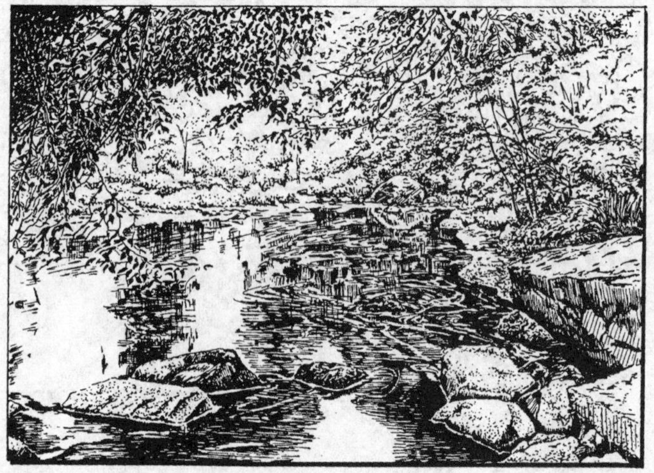

自然美景

布朗克斯河谷保留着诱人的自然美景遗迹，这正是风景路委员会极力保护并改善的东西。巴特勒森林是这一地区遗留下来的最美的森林之一。森林位于斯卡斯代尔北部，里面有小溪、瀑布，其特色是大片铁杉林、山月桂和北方硬木。一位杰出的居民艾米丽·巴特勒1913年将这片地产捐赠给风景路保护区。

DELINEATED BY: *Karolina Buczek 2001*

NATIONAL PARK SERVICE
UNITED STATES DEPARTMENT OF THE INTERIOR

WHITE PLAINS VICINITY

BRONX RIVER PARKWAY RESERVATION
THE BRONX TO KENSICO DAM
WESTCHESTER COUNTY

NEW YORK

SHEET 3 OF 22

HISTORIC AMERICAN ENGINEERING RECORD
NY-327

IF REPRODUCED, PLEASE CREDIT: HISTORIC AMERICAN ENGINEERING RECORD, NATIONAL PARK SERVICE, NAME OF DELINEATOR, DATE OF THE DRAWING

风景道景观演变

开发前

开发后

布朗克斯风景道委员会（BPC）汇编了一系列内容广泛的照片来记录风景道景观的演变。这些照片出现在年度报告、杂志和报纸文章中，见证了布朗克斯河从一条令人目不忍视的污染河流到迷人的休闲宝地这一转变。1925年竣工以来，风景道景观不断发展演变，但并不总是顺应最初设计者的构想而变。

BPC受到各界称赞，因为他们成功治理污染的布朗克斯河，并把一个到处是工厂和廉价房的破败地区转变为热门休闲娱乐区。之后的发展让这里旧貌换新颜，造型别致的河流弯弯曲曲地流过，点缀着乔木和灌木的茂密草甸。

风景道开发之前，布朗克斯大部分河岸都散布着广告牌，它们通常排列在两岸的铁轨边，铁轨上承载着这些广告的目标观众。风景道委员会清理了超过7英里的广告牌，用具有英美风景画传统风格和公园设计理念的如画风景取代了这些浮华的商业广告。许多早期种植的树木生长茂盛，在周围城市和郊区中创造了一处怡人的世外桃源。

布朗克斯河谷下游这处廉价、易受水淹的土地已发展成一个混合体，它由疏于管理的商业和工业企业、住宅和混乱小型住宅街构成。风景道建设工程将这个混乱的城市扩张区转变成综合设计的带状公园。畅通的风景道以缓缓的S形穿过一大片绿地，为通勤者和休闲驾驶者带来迷人闲适的旅途。20世纪50年代到60年代期间，风景道为适应不断增长的拥堵交通状况而发生显著变化。加入新车道，部分路段也明显变直。道路更加高效，但却不太像公园中的道路了。

现在（2001年）

HISTORIC AMERICAN ENGINEERING RECORD NY-327

SHEET 4 OF 22

NEW YORK

BRONX RIVER PARKWAY RESERVATION
THE BRONX TO KENSICO DAM
WESTCHESTER COUNTY

WHITE PLAINS VICINITY

IF REPRODUCED, PLEASE CREDIT: HISTORIC AMERICAN ENGINEERING RECORD, NATIONAL PARK SERVICE, NAME OF DELINEATOR, DATE OF THE DRAWING

DELINEATED BY: Karolina Buczek 2001

NATIONAL PARK SERVICE
UNITED STATES DEPARTMENT OF THE INTERIOR

改造土地

原有社区

为建设风景道移走或拆除了370多座建筑，它们大多数都是棚屋、住宅、畜舍和其他实用性建筑。风景道委员会觉得它们不美观或不受社会欢迎。许多坚固的住宅和商业机构也被收购或拆除。人口最密集的地区之一是White Plains，为了风景道将来的发展，这里大量意大利裔美国人口都转移到别处。

迁移房屋

为建设风景道而收购的建筑要么拆除，要么卖给出价最高的竞标者。许多建筑迁到新位置。房屋被拔起放入原木压路机中，由马队拉走。风景道委员会规定所有建筑物都要移到离风景道边界至少300英尺处，这样它们才不会妨碍预期的自然景色。

清理

一旦建筑物迁走，清理团队便粉碎地基，将其掩埋或运走。他们还清除路缘、人行道、混合垃圾，砍掉多余的树木，挖出树桩，清除灌木、杂草，为新风景道景观开发提供整洁的环境。

修整坡度

风景道土地广泛重整坡度，以消除过去的使用痕迹，形成具有平坦原野和平缓起伏地形的迷人景观。表层土撒在种植区，新路基将成为坚固、排水性能良好的路基。

疏浚与挖掘

疏浚出一条更深的河道可以降低地下水位并存储雨水，有助于防洪。为改善河流状况挖出了大量泥土和碎石，它们填进了周围沼泽地，为风景道提供了坚实基础。表层土被精心保留，在最后修整和种植之前重新撒回地面。筑路过程中有200万吨泥土被移走。一台特殊的低矮电动挖土机使得挖掘可以在原有桥梁和低矮树木下进行。一战剩余的军用装置在挖掘过程中也起到了重要作用。

布朗克斯河风景道看起来是自然景观，但实际上今天人们看到的大多是人造景观。

风景道委员会竭尽全力将这个有着廉价房、农工业混合垃圾和沼泽的地区转变为游憩景观区。将环境修复与精心设计的美学提高结合起来成为改造后的风景，创造出城市开发前的理想状态。这条全面改造过的美丽河流旁是一片茂密的树林，草地和这片树林取代了之前的住宅、工厂和极其破败的河岸。

把垃圾充斥的布朗克斯河变成一条风景优美的河流并填补周围的沼泽实在是一项不朽的壮举。风景道委员会使用强大的疏浚机和拉铲挖掘机创造出一条更为通畅的河道，既诱人又具有生态环境稳定性。委员会至少挖掘了5英里的新河道，使河流绕过铁路，并创造出更加美不胜收的“天然”曲线效果。

DELINEATED BY: Karolina Buczek 2001

NATIONAL PARK SERVICE
UNITED STATES DEPARTMENT OF THE INTERIOR

WHITE PLAINS VICINITY

BRONX RIVER PARKWAY RESERVATION
THE BRONX TO KENSICO DAM
WESTCHESTER COUNTY

NEW YORK

SHEET 5 OF 22

HISTORIC AMERICAN ENGINEERING RECORD
NY-327

景观发展

“人性化的自然景色千变万化，形成林地和各种远景”

赫尔曼·W·默克尔　风景园林师，1918 年

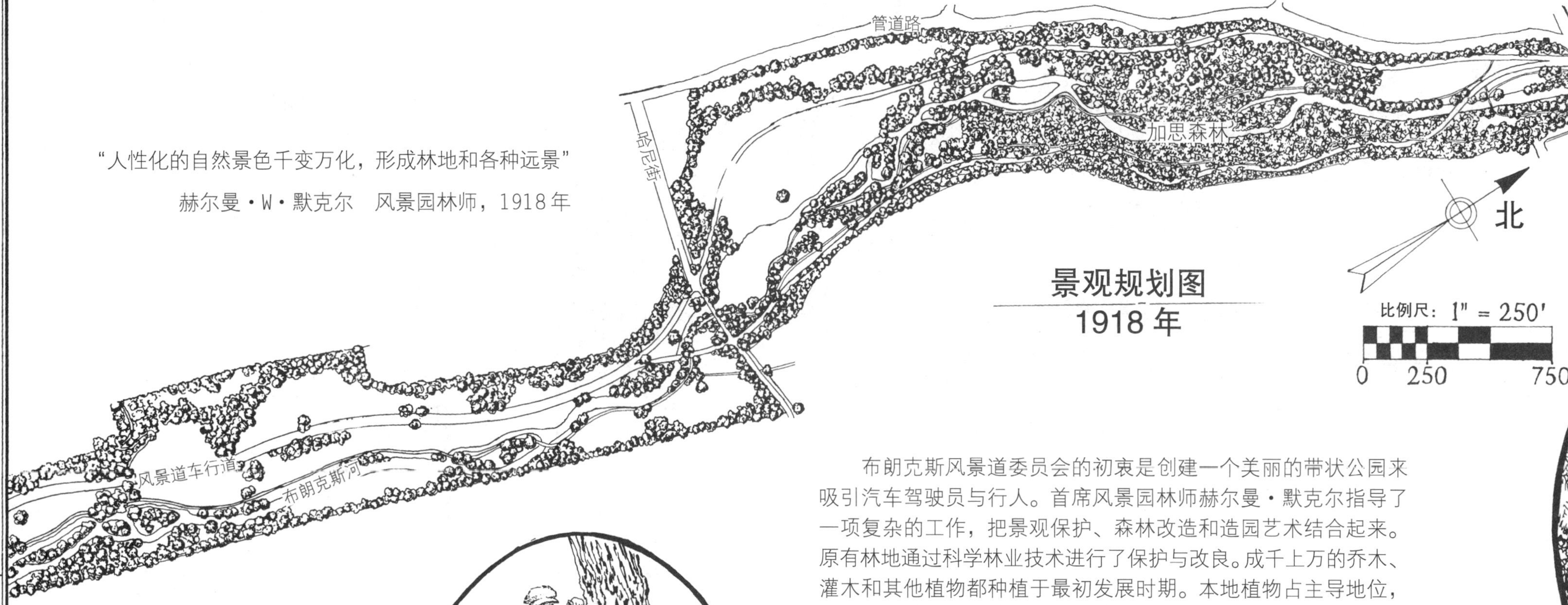
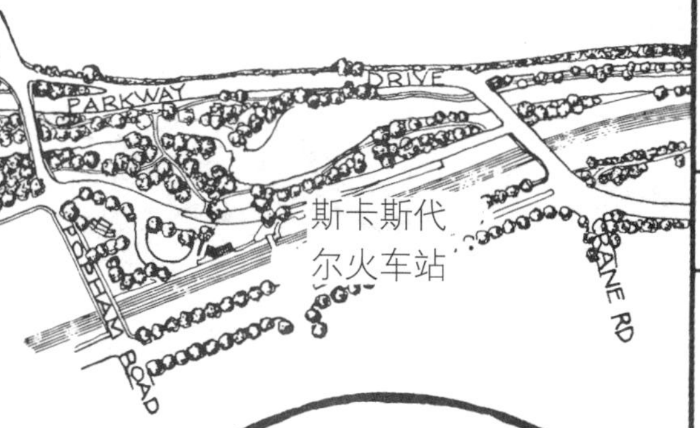

景观规划图

1918 年

布朗克斯风景道委员会的初衷是创建一个美丽的带状公园来吸引汽车驾驶员与行人。首席风景园林师赫尔曼·默克尔指导了一项复杂的工作，把景观保护、森林改造和造园艺术结合起来。原有林地通过科学林业技术进行了保护与改良。成千上万的乔木、灌木和其他植物都种植于最初发展时期。本地植物占主导地位，但是风景道并不打算重造原始森林。这是一处经过艺术化构建的“自然”景观，旨在创造令人愉悦的多种景观效应。草地、湖泊和树木巧妙地点缀其间，形成对比与多样性。道路设计考虑到了行人和汽车驾驶者的不同道路体验，既可以在路上舒适地散步，也可以欣赏广袤的远景。

完整的景观

清除 17000 棵死树
种植 140000 棵灌木
修剪 57000 棵乔木
种植 30000 棵乔木
救治 21000 棵乔木

杀虫剂处理

修剪与修整

延缓腐朽

种植

HISTORIC AMERICAN ENGINEERING RECORD NY-327
SHEET 6 OF 22
NEW YORK
BRONX RIVER PARKWAY RESERVATION
THE BRONX TO KENSICO DAM
WESTCHESTER COUNTY
WHITE PLAINS VICINITY
IF REPRODUCED, PLEASE CREDIT: HISTORIC AMERICAN ENGINEERING RECORD, NATIONAL PARK SERVICE, NAME OF DELINEATOR, DATE OF THE DRAWING
NATIONAL PARK SERVICE
UNITED STATES DEPARTMENT OF THE INTERIOR
DELINEATED BY: T. Folger, 2001

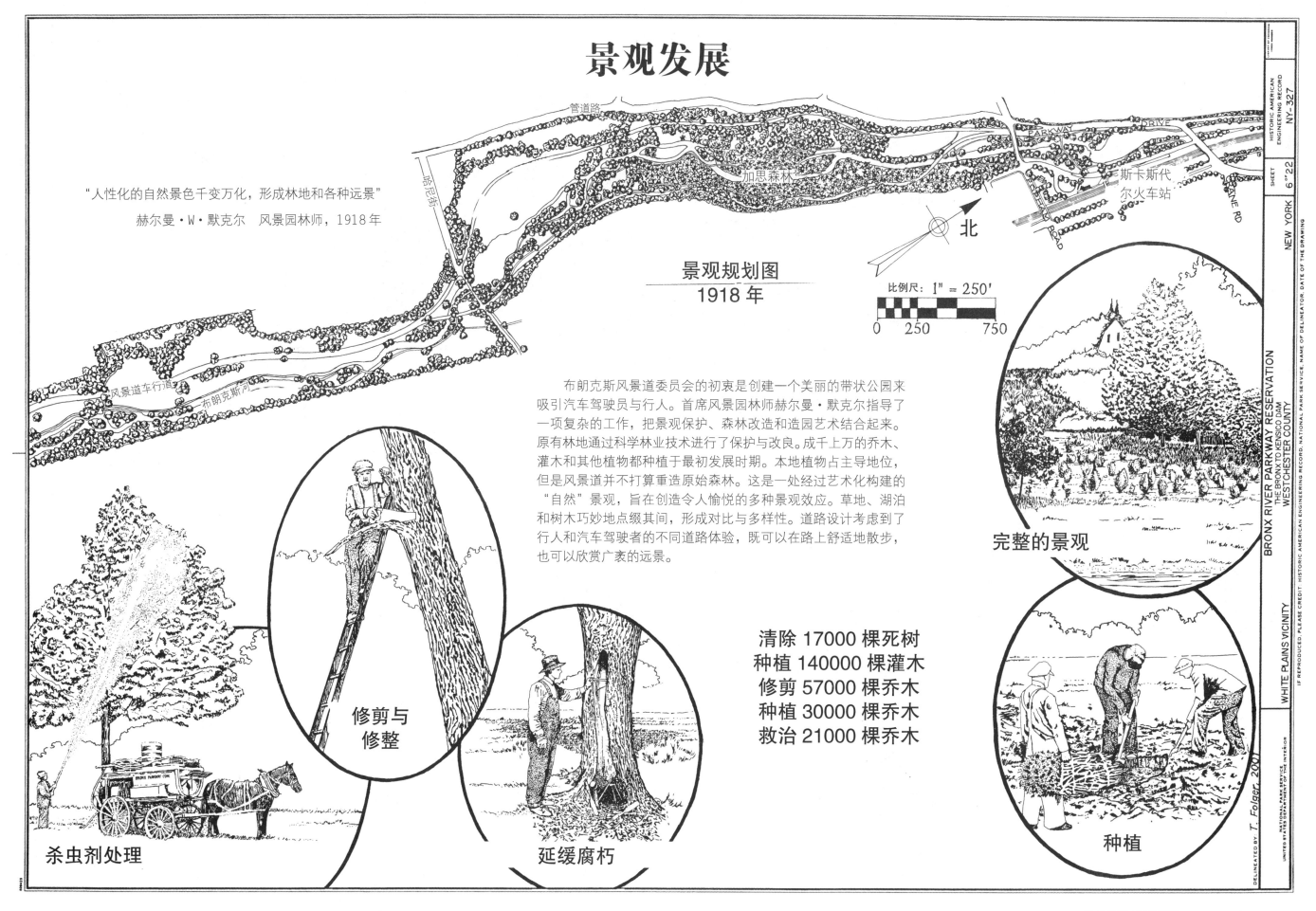

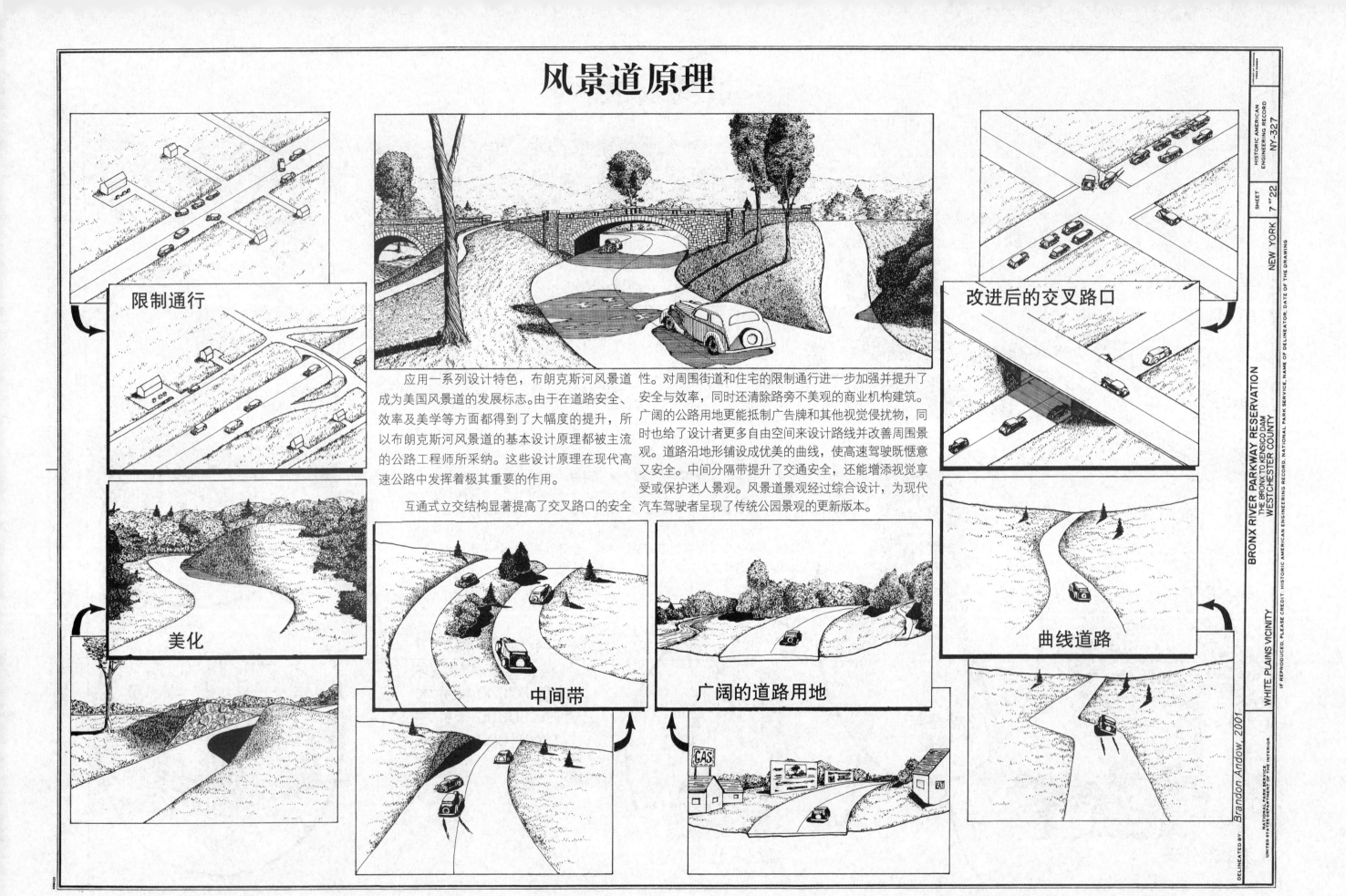

风景道原理

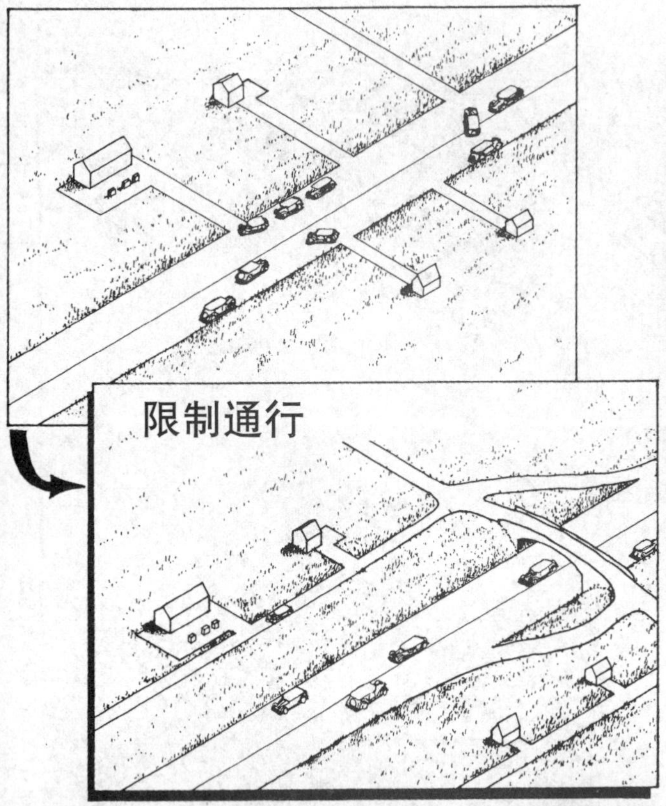
限制通行

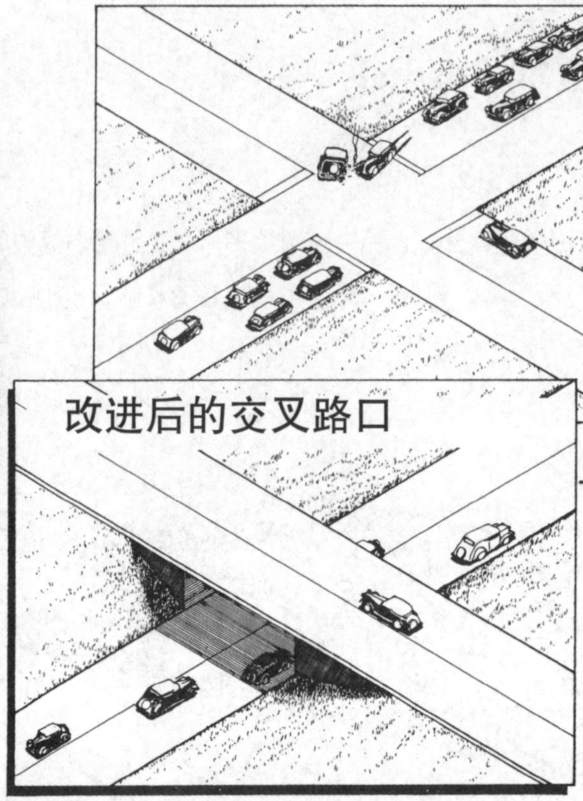
改进后的交叉路口

应用一系列设计特色，布朗克斯河风景道成为美国风景道的发展标志。由于在道路安全、效率及美学等方面都得到了大幅度的提升，所以布朗克斯河风景道的基本设计原理都被主流的公路工程师所采纳。这些设计原理在现代高速公路中发挥着极其重要的作用。

互通式立交结构显著提高了交叉路口的安全性。对周围街道和住宅的限制通行进一步加强并提升了安全与效率，同时还清除路旁不美观的商业机构建筑。广阔的公路用地更能抵制广告牌和其他视觉侵扰物，同时也给了设计者更多自由空间来设计路线并改善周围景观。道路沿地形铺设成优美的曲线，使高速驾驶既惬意又安全。中间分隔带提升了交通安全，还能增添视觉享受或保护迷人景观。风景道景观经过综合设计，为现代汽车驾驶者呈现了传统公园景观的更新版本。

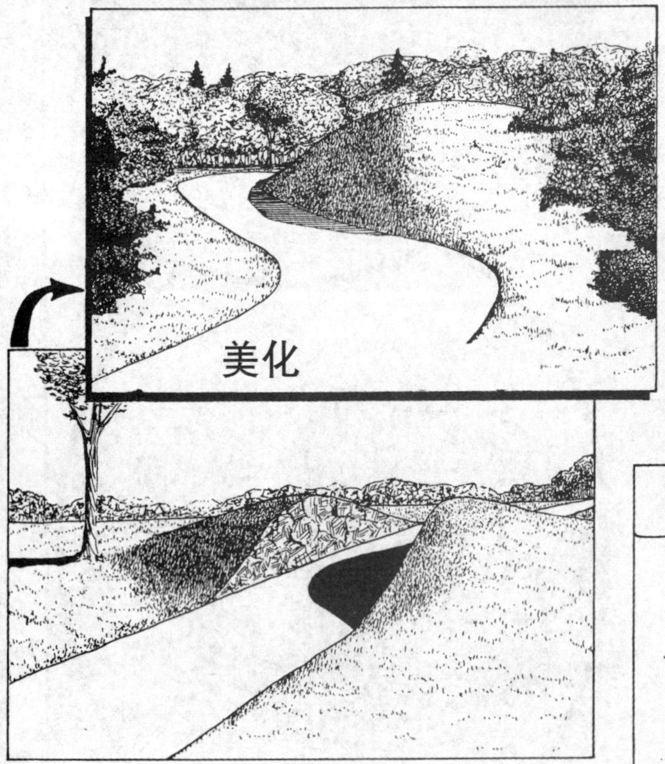
美化

中间带

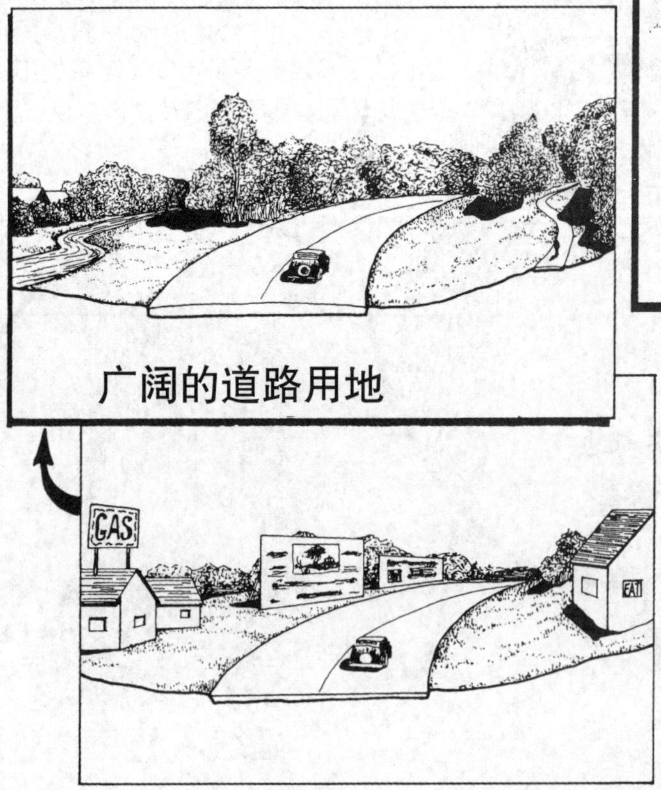
广阔的道路用地
GAS

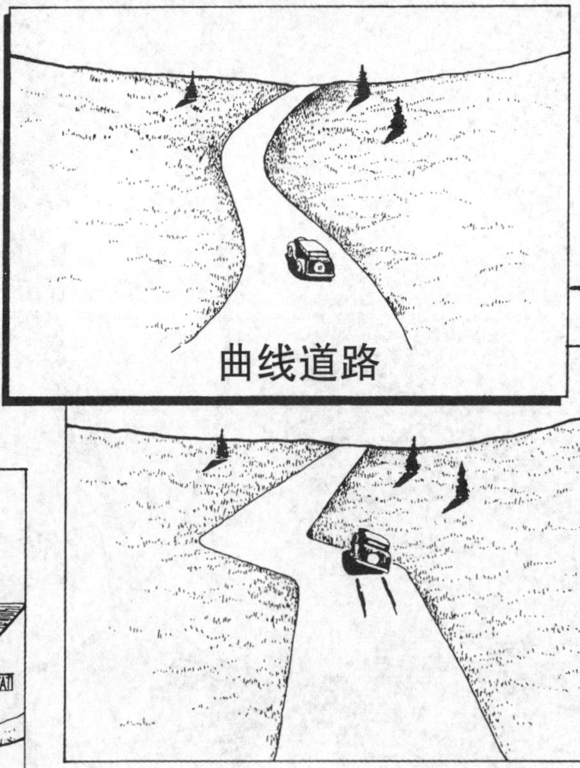
曲线道路

HISTORIC AMERICAN ENGINEERING RECORD NY-327
SHEET 7 OF 22
NEW YORK
BRONX RIVER PARKWAY RESERVATION
THE BRONX TO KENSICO DAM
WESTCHESTER COUNTY
WHITE PLAINS VICINITY
DELINEATED BY Brandon Andow, 2001
NATIONAL PARK SERVICE
UNITED STATES DEPARTMENT OF THE INTERIOR

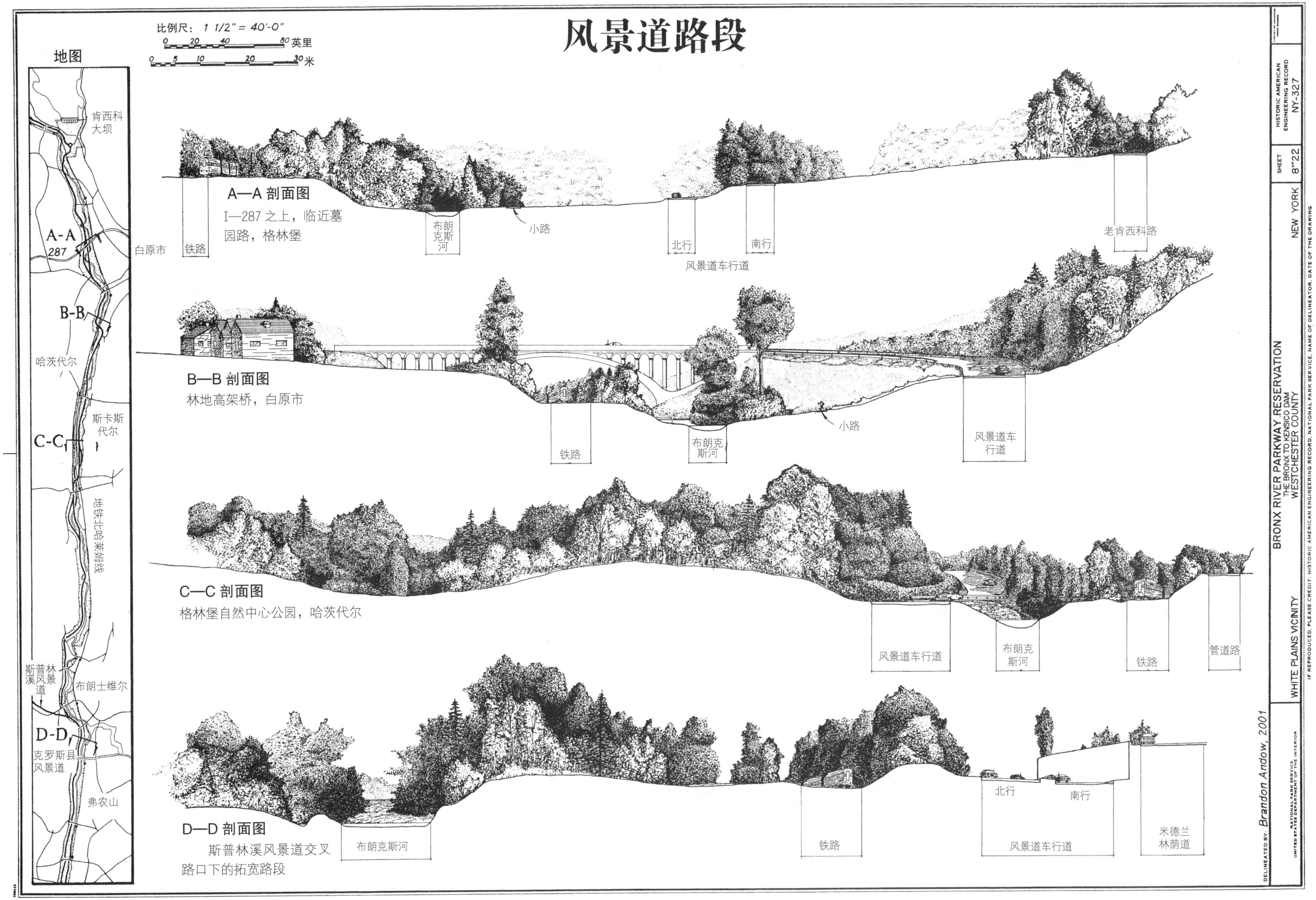
风景道路段
比例尺：1 1/2" = 40'-0"
0 20 40 80 英里
0 5 10 20 30 米
地图
肯西科大坝
A-A
287
B-B
哈茨代尔
斯卡斯代尔
C-C
地铁北哈莱姆线
斯普林溪风景道
布朗士维尔
D-D
克罗斯县风景道
弗农山
A—A 剖面图
I—287 之上，临近墓园路，格林堡
白原市
铁路
布朗克斯河
小路
北行
南行
风景道车行道
老肯西科路
B—B 剖面图
林地高架桥，白原市
铁路
布朗克斯河
小路
风景道车行道
C—C 剖面图
格林堡自然中心公园，哈茨代尔
风景道车行道
布朗克斯河
铁路
管道路
D—D 剖面图
斯普林溪风景道交叉路口下的拓宽路段
布朗克斯河
铁路
北行
南行
风景道车行道
米德兰林荫道
DELINEATED BY: Brandon Andow, 2001
NATIONAL PARK SERVICE
UNITED STATES DEPARTMENT OF THE INTERIOR
WHITE PLAINS VICINITY
BRONX RIVER PARKWAY RESERVATION
THE BRONX TO KENSICO DAM
WESTCHESTER COUNTY
NEW YORK
SHEET
HISTORIC AMERICAN ENGINEERING RECORD
NY-327
IF REPRODUCED, PLEASE CREDIT: HISTORIC AMERICAN ENGINEERING RECORD, NATIONAL PARK SERVICE, NAME OF DELINEATOR, DATE OF THE DRAWING

不仅是高速公路

童子军活动
划独木舟
游泳
骑马
举行国家庆典
棒球
野餐
溜冰

布朗克斯河风景道一直以来就不仅是一条高速公路。在缔造者眼中，风景道的初衷是将污染的河谷改造成一个充满休闲方式与美景的带状公园。布朗克斯风景道委员会开发了各种娱乐设施，旨在满足广泛的品味与社会偏好。

许多活动都以布朗克斯河为中心，而这些活动也是景观设计的灵感来源。委员会在河边建造了大量游泳池，并鼓励人们参与划独木舟、溜冰及相关项目。球场建在刚清理过的地区，人们可在其中进行多种娱乐及观赏性运动。网球场满足了更专业观众的需求。节日庆典也在风景道的露天场地上进行，童子军在这里建一了座乡村小屋以执行任务。各种马行路、人行道和野餐区为寻求宁静或进行家庭活动的人创造了条件。

布朗克斯河风景道一直都是重要的休闲之地。当地居民和游客如今享受着相似的娱乐活动，虽然运动项目随着时间而有所改变。骑马或许已不像过去一样流行，布朗克斯河也不再是游泳和划船的首选去处，但其他活动呈现出流行趋势或正变得更加流行。骑自行车比过去更受欢迎；纵列式滑冰也吸引了诸多爱好者，慢跑和其他户外运动正在蓬勃发展。散步、野餐、观鸟和大自然中的娱乐休闲活动不断吸引运动爱好者来到风景道的壮美景色之中。

1974年，韦斯特切斯特县公园游憩及保护部实行了一项政策，在特定周日封闭部分主要汽车路段。喜悦的自行车爱好者、溜冰者和行人可以尽情享受平坦蜿蜒的道路，他们强调说，提供无限的休闲资源是风景道的根本任务。

骑自行车

过去
现在
Karolina Buczek 2001
DELINEATED BY:
NATIONAL PARK SERVICE
UNITED STATES DEPARTMENT OF THE INTERIOR
BRONX RIVER PARKWAY RESERVATION
THE BRONX TO KENSICO DAM
WESTCHESTER COUNTY
WHITE PLAINS VICINITY
NEW YORK
HISTORIC AMERICAN ENGINEERING RECORD
NY-327
SHEET
9 OF 22
IF REPRODUCED, PLEASE CREDIT: HISTORIC AMERICAN ENGINEERING RECORD, NATIONAL PARK SERVICE, NAME OF DELINEATOR, DATE OF THE DRAWING

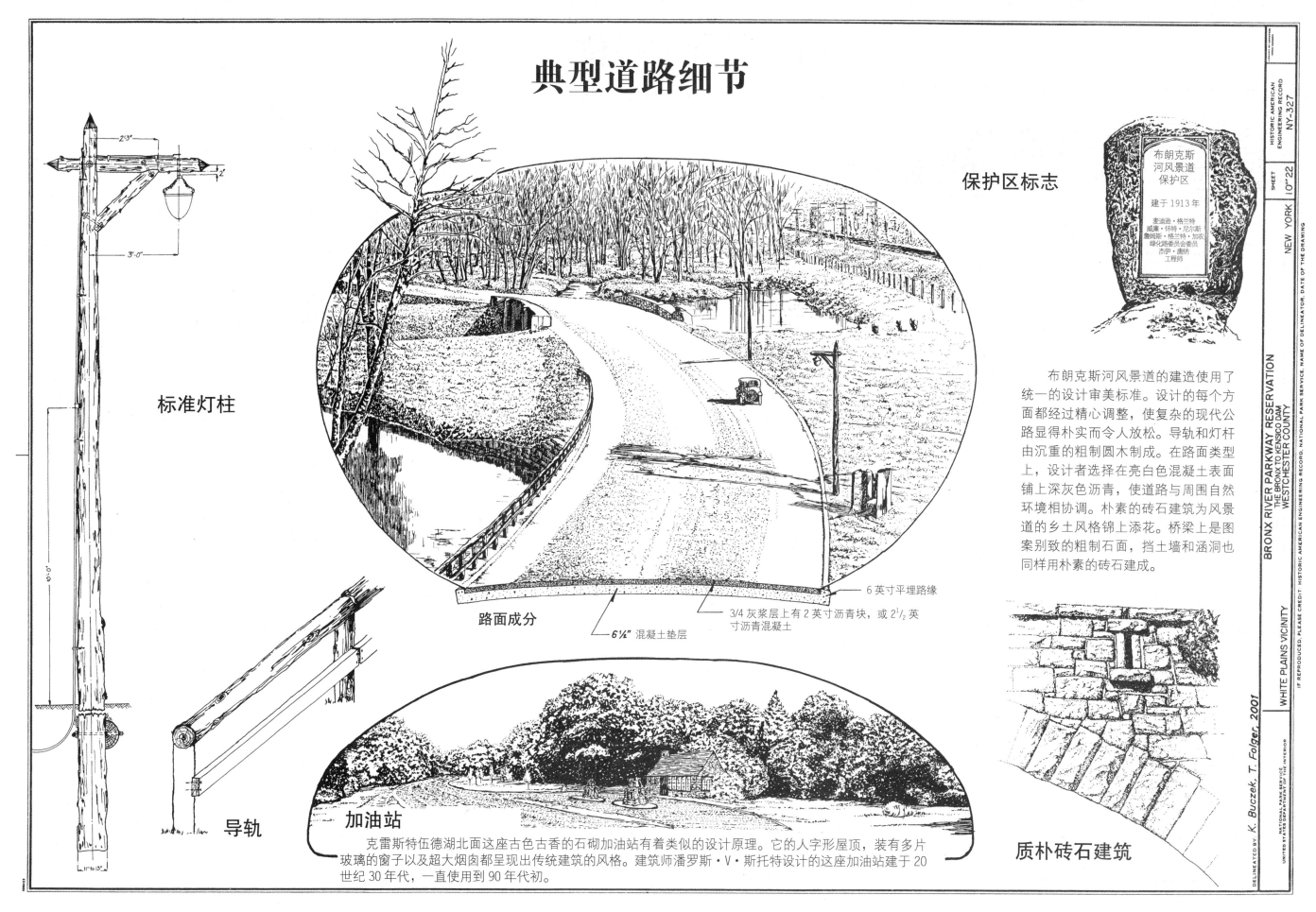

典型道路细节

标准灯柱

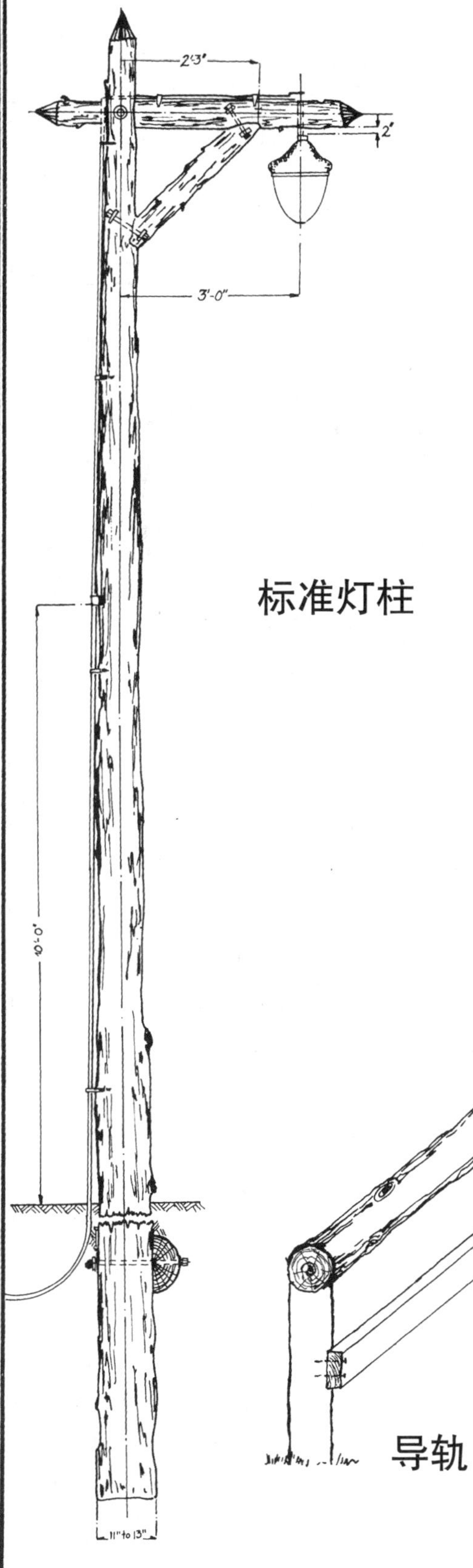

2'3"
2'
3'-0"
10'-0"
11"to 13"

导轨

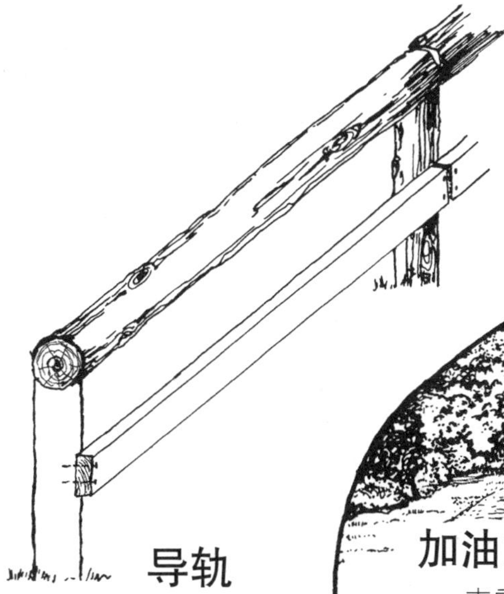

6 英寸平埋路缘
3/4 灰浆层上有 2 英寸沥青块，或 $2^1/_2$ 英寸沥青混凝土
6¼" 混凝土垫层

路面成分

保护区标志

布朗克斯
河风景道
保护区
建于 1913 年
麦迪逊・格兰特
威廉・怀特・尼尔斯
詹姆斯・格兰特・加农
绿化路委员会委员
杰伊・唐纳
工程师

布朗克斯河风景道的建造使用了统一的设计审美标准。设计的每个方面都经过精心调整，使复杂的现代公路显得朴实而令人放松。导轨和灯杆由沉重的粗制圆木制成。在路面类型上，设计者选择在亮白色混凝土表面铺上深灰色沥青，使道路与周围自然环境相协调。朴素的砖石建筑为风景道的乡土风格锦上添花。桥梁上是图案别致的粗制石面，挡土墙和涵洞也同样用朴素的砖石建成。

加油站

克雷斯特伍德湖北面这座古色古香的石砌加油站有着类似的设计原理。它的人字形屋顶，装有多片玻璃的窗子以及超大烟囱都呈现出传统建筑的风格。建筑师潘罗斯・V・斯托特设计的这座加油站建于 20 世纪 30 年代，一直使用到 90 年代初。

质朴砖石建筑

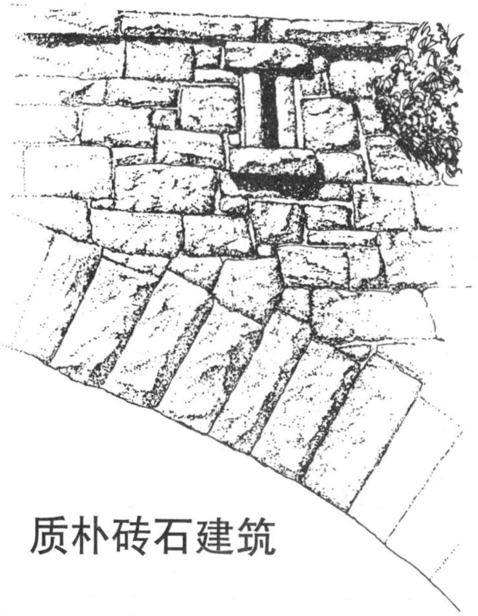

DELINEATED BY: K. Buczek, T. Folger, 2001

NATIONAL PARK SERVICE
UNITED STATES DEPARTMENT OF THE INTERIOR

BRONX RIVER PARKWAY RESERVATION
THE BRONX TO KENSICO DAM
WESTCHESTER COUNTY

WHITE PLAINS VICINITY

NEW YORK

SHEET 10 OF 22

HISTORIC AMERICAN ENGINEERING RECORD
NY-327

刚架混凝土拱桥

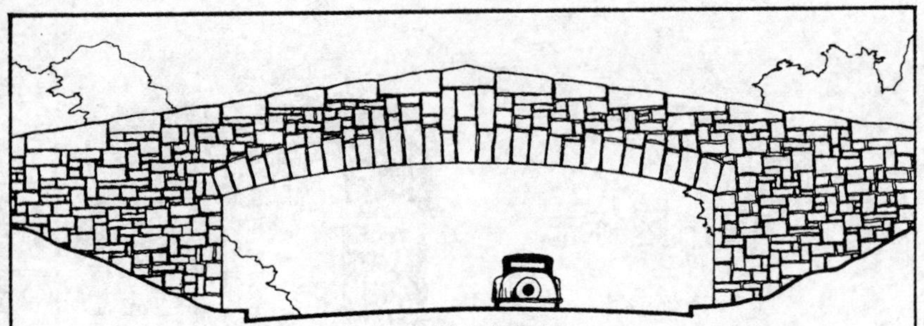

框架桥立视图

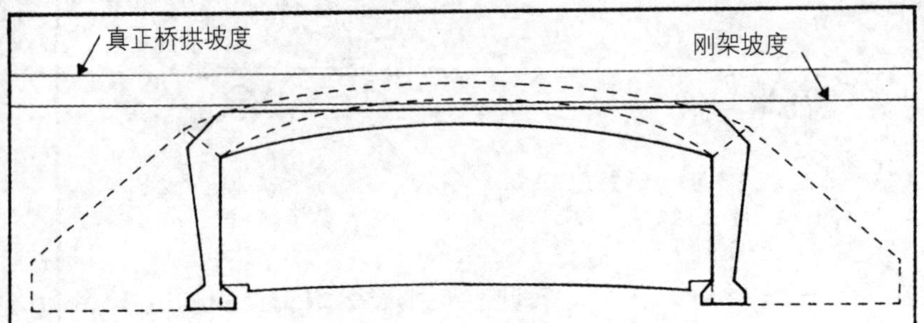

与真正拱桥对比

刚架混凝土拱桥由布朗克斯风景道委员会工程师阿瑟·G·海登于1922年建造。沿布朗克斯河风景道建造大量优美的桥梁和互通式立交的需求促成了这一独创性设计。

在海登的创意之前，大多数立交结构都是传统的拱桥。对于相同的可用垂直间隙，传统拱桥占用空间更大。传统拱桥还使用钢梁或混凝土梁来提供统一的垂直间隙，但这些材料使风景道黯然失色。刚架拱桥保留了真正拱桥优美的弧线，同时还提供最大的垂直间隙。水平构件和垂直构件之间的刚性连接均衡地分担了整座桥的负荷，桥梁因此十分坚固。刚架拱桥建造成本也相对较低，其更大的结构强度允许其横截面更窄，用于稳固桥墩的混凝土需求量也更少。桥体更简洁的外形也为相关建设节省大量成本，因为交叉道路的整体高度差降到了最低值。同时，为每个立交结构建设合适通道需要的填料也随之减少。

刚架桥是风景道的理想选择，它既节约成本又结构简单，同时外形优美，能接受各种各样的建设类型。刚架桥广泛用于美国风景道开发中，并迅速扩大到实用性道路建设，它的实用特征使其适合大规模建造。

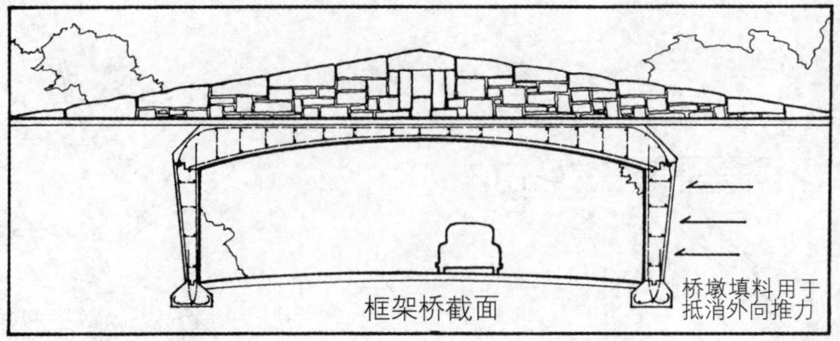

框架桥截面

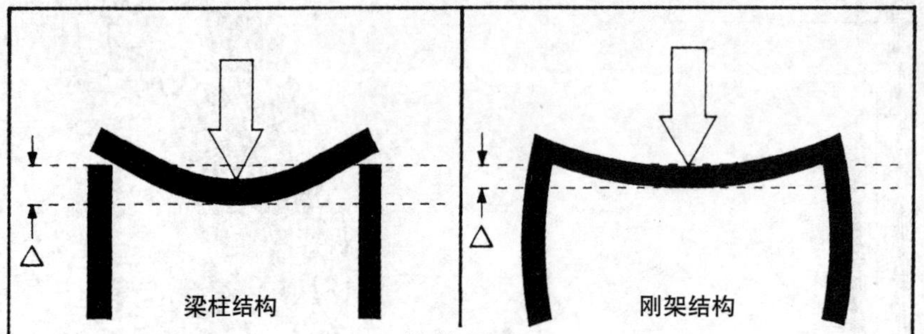

结构原理

建造过程

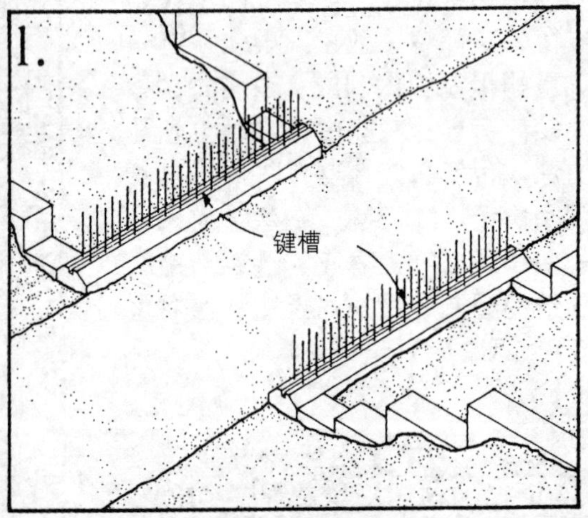

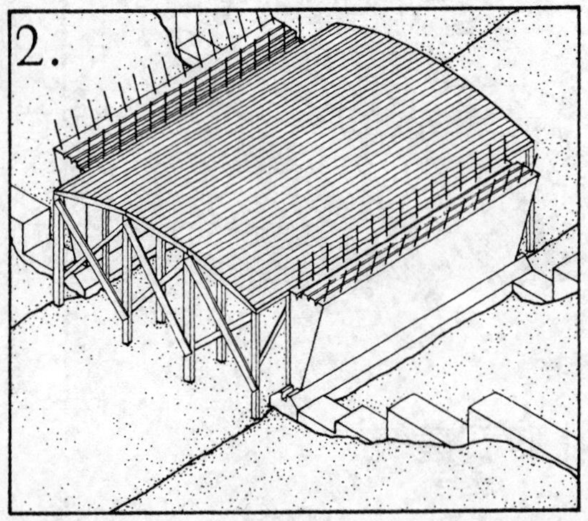

1. 地基

桥体和桥墩翼墙的地基是浇注模板而成。钢筋立在地基之上3英尺~4英尺，这样它们可以拼接到垂直腿的钢筋上。之后清理键槽准备下一次浇注。

2. 脚手架和垂直腿

建造混凝土桥拱和石拱圈需竖立脚手架。浇注模板建造垂直腿。垂直腿内表面的任何细节部位都由模板浇注。

3. 石拱和翼墙

石拱圈和翼墙表面都经过铺砌。石块背面接合点内的钢锚件钩在钻孔内，钢锚件将石头固定在混凝土上。

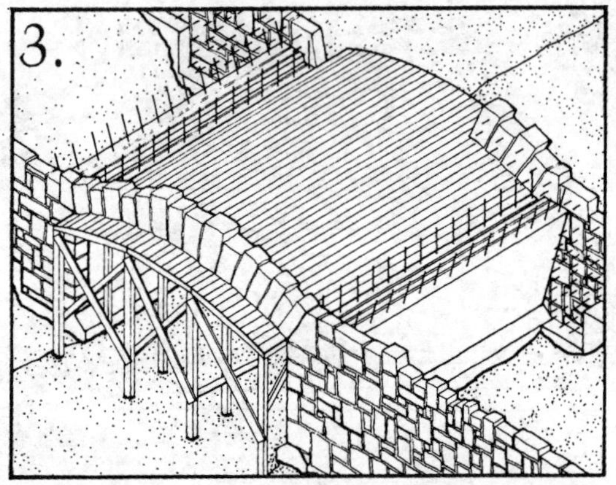

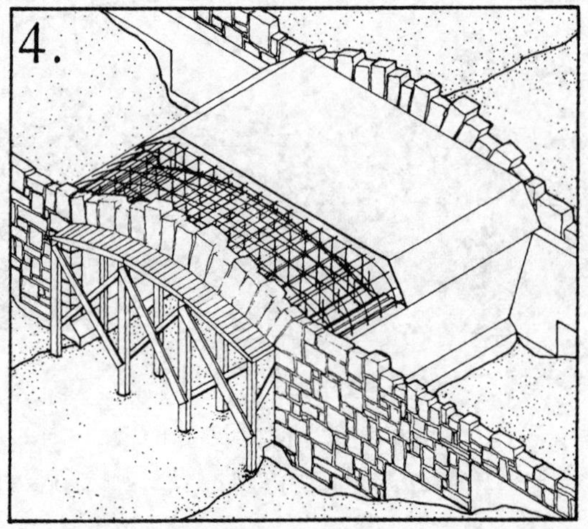

4. 混凝土拱和翼墙

混凝土桥拱和桥墩翼墙靠着石块而建。混凝土桥拱可浇注成单拱或长度不一的多拱。

5. 砖石建筑最终修饰

压顶石使砖石栏杆更显完整并对其起到装饰作用。

6. 土方修整和铺砌

道路被填补到理想坡度时，便进行桥墩回填。之后用沥青磨损面铺筑道路。

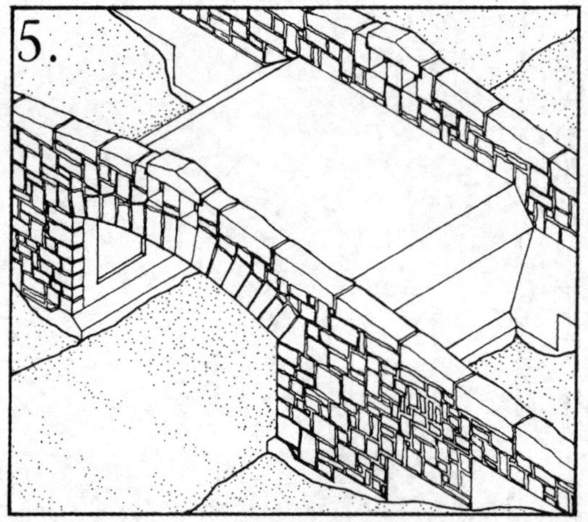

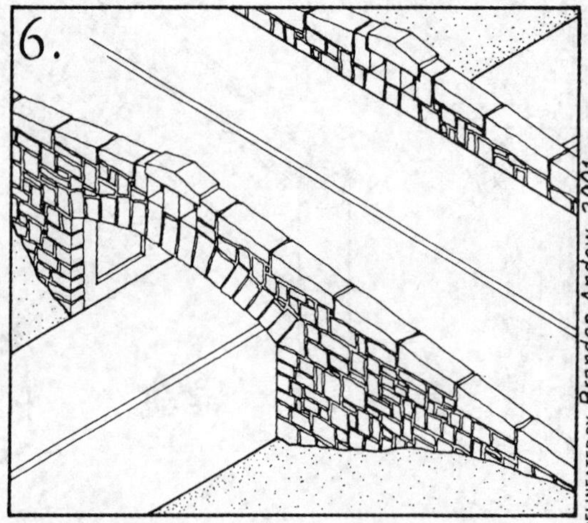

HISTORIC AMERICAN ENGINEERING RECORD NY-327
SHEET 11 OF 22
NEW YORK
BRONX RIVER PARKWAY RESERVATION
THE BRONX TO KENSICO DAM
WESTCHESTER COUNTY
WHITE PLAINS VICINITY
IF REPRODUCED, PLEASE CREDIT: HISTORIC AMERICAN ENGINEERING RECORD, NATIONAL PARK SERVICE, NAME OF DELINEATOR, DATE OF THE DRAWING
DELINEATED BY Brandon Andow, 2001
NATIONAL PARK SERVICE
UNITED STATES DEPARTMENT OF THE INTERIOR

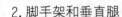

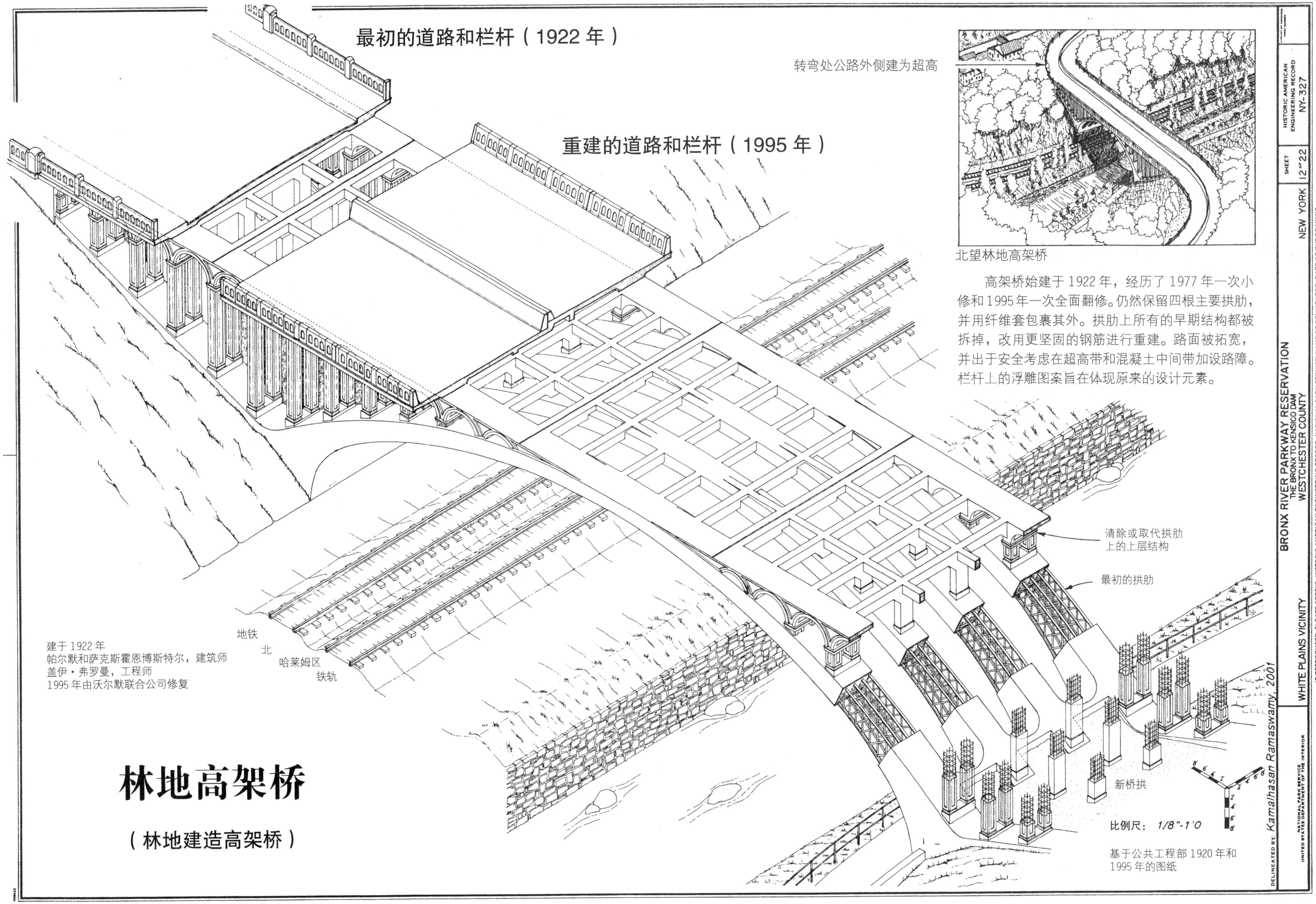
最初的道路和栏杆（1922 年）
重建的道路和栏杆（1995 年）
转弯处公路外侧建为超高
清除或取代拱肋
上的上层结构
最初的拱肋
新桥拱
比例尺：1/8"-1'0
基于公共工程部 1920 年和
1995 年的图纸
地铁
北
哈莱姆区
铁轨
建于 1922 年
帕尔默和萨克斯霍恩博斯特尔，建筑师
盖伊·弗罗曼，工程师
1995 年由沃尔默联合公司修复
HISTORIC AMERICAN ENGINEERING RECORD
NY-327
SHEET
12 OF 22
NEW YORK
BRONX RIVER PARKWAY RESERVATION
THE BRONX TO KENSICO DAM
WESTCHESTER COUNTY
WHITE PLAINS VICINITY
DELINEATED BY: Kamalhasan Ramaswamy, 2001
NATIONAL PARK SERVICE
UNITED STATES DEPARTMENT OF THE INTERIOR
IF REPRODUCED, PLEASE CREDIT: HISTORIC AMERICAN ENGINEERING RECORD, NATIONAL PARK SERVICE, NAME OF DELINEATOR, DATE OF THE DRAWING

北望林地高架桥

高架桥始建于 1922 年，经历了 1977 年一次小修和 1995 年一次全面翻修。仍然保留四根主要拱肋，并用纤维套包裹其外。拱肋上所有的早期结构都被拆掉，改用更坚固的钢筋进行重建。路面被拓宽，并出于安全考虑在超高带和混凝土中间带加设路障。栏杆上的浮雕图案旨在体现原来的设计元素。

林地高架桥

（林地建造高架桥）

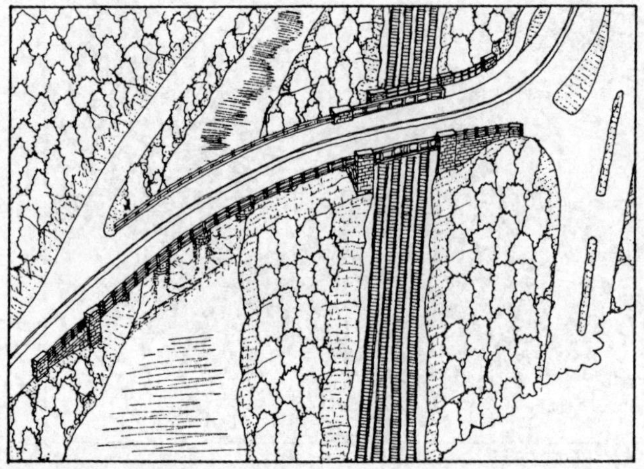

克兰路桥南部

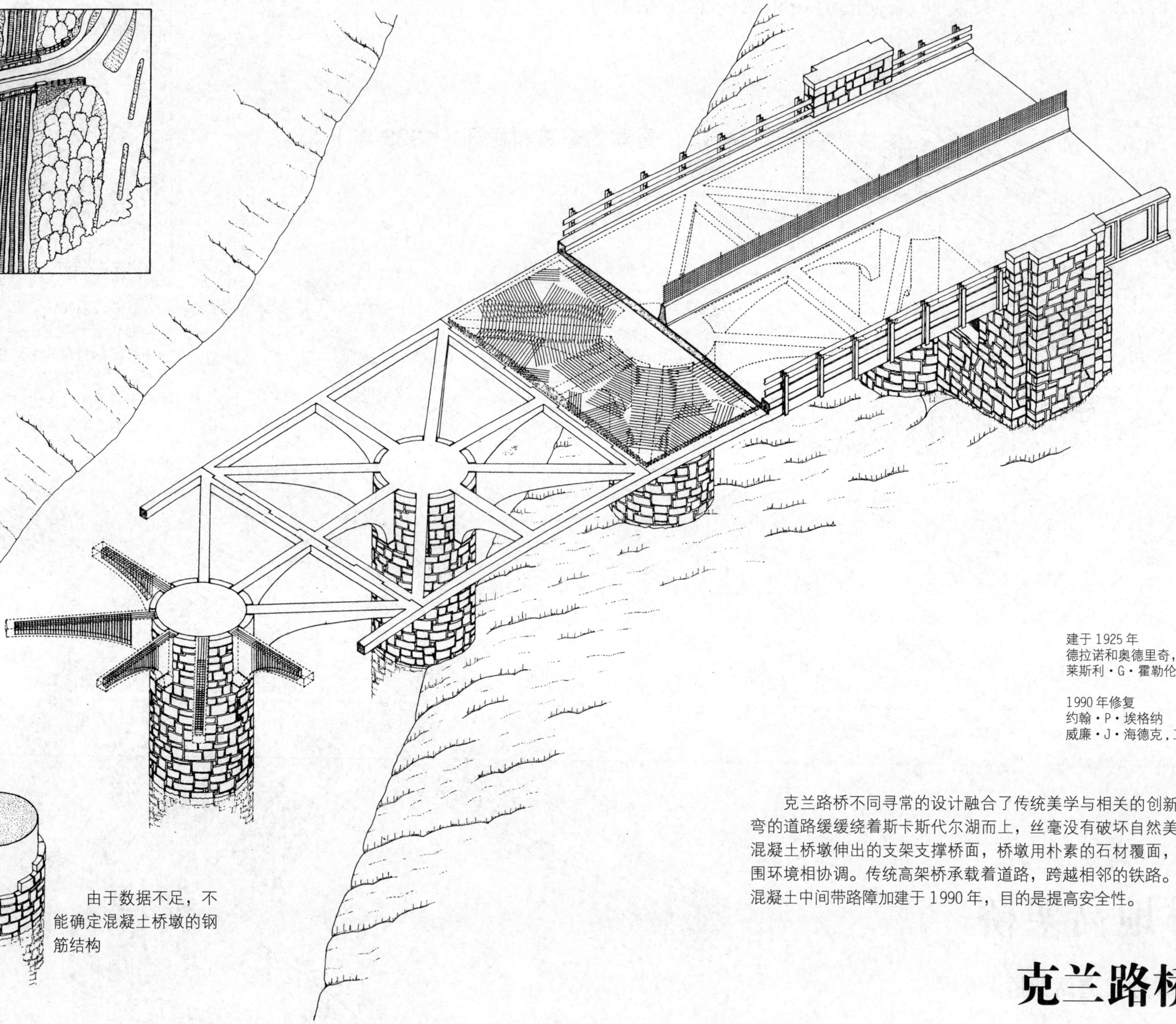

建于 1925 年
德拉诺和奥德里奇，建筑师
莱斯利·G·霍勒伦，工程师

1990 年修复
约翰·P·埃格纳
威廉·J·海德克，工程师

克兰路桥不同寻常的设计融合了传统美学与相关的创新技术。微弯的道路缓缓绕着斯卡斯代尔湖而上，丝毫没有破坏自然美景。圆形混凝土桥墩伸出的支架支撑桥面，桥墩用朴素的石材覆面，以便与周围环境相协调。传统高架桥承载着道路，跨越相邻的铁路。钢护栏和混凝土中间带路障加建于 1990 年，目的是提高安全性。

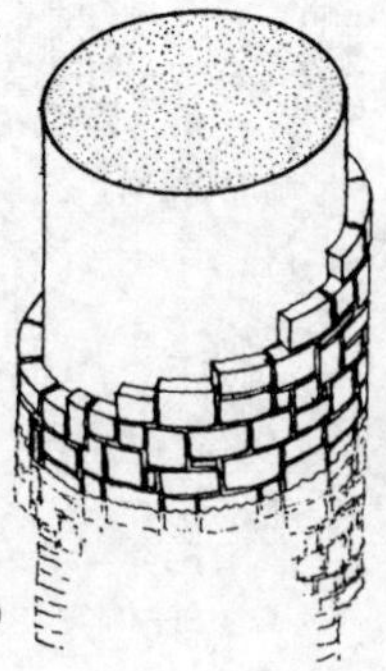

由于数据不足，不能确定混凝土桥墩的钢筋结构

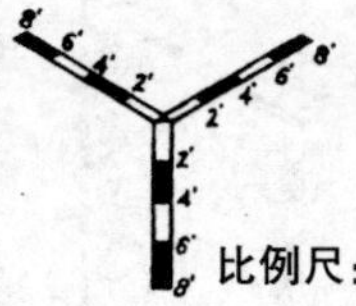

比例尺：1/8"-1'0

基于公共工程部 1920 年、1956 年和 1990 年的图纸

克兰路桥

DELINEATED BY: Kamalhasan Ramaswamy, 2001

NATIONAL PARK SERVICE
UNITED STATES DEPARTMENT OF THE INTERIOR

WHITE PLAINS VICINITY

BRONX RIVER PARKWAY RESERVATION
THE BRONX TO KENSICO DAM
WESTCHESTER COUNTY

NEW YORK

IF REPRODUCED, PLEASE CREDIT: HISTORIC AMERICAN ENGINEERING RECORD, NATIONAL PARK SERVICE, NAME OF DELINEATOR, DATE OF THE DRAWING

SHEET 13"22

HISTORIC AMERICAN ENGINEERING RECORD NY-327

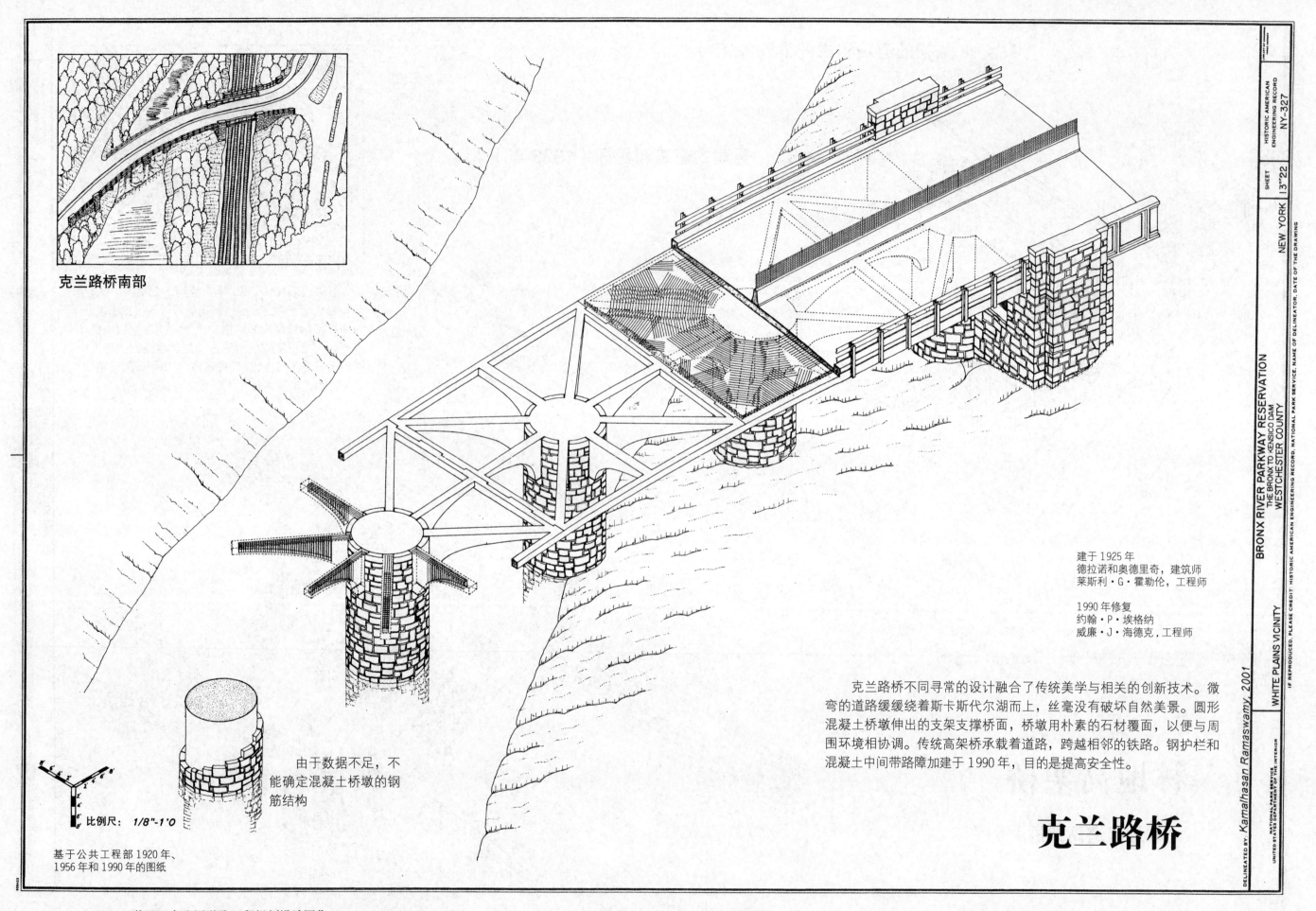

比例尺：3/32" = 1'-0"

0 5 10 15 20 25 30 英尺

0 1 2 3 4 5 6 7 8 9 10 米

风景道桥梁 I

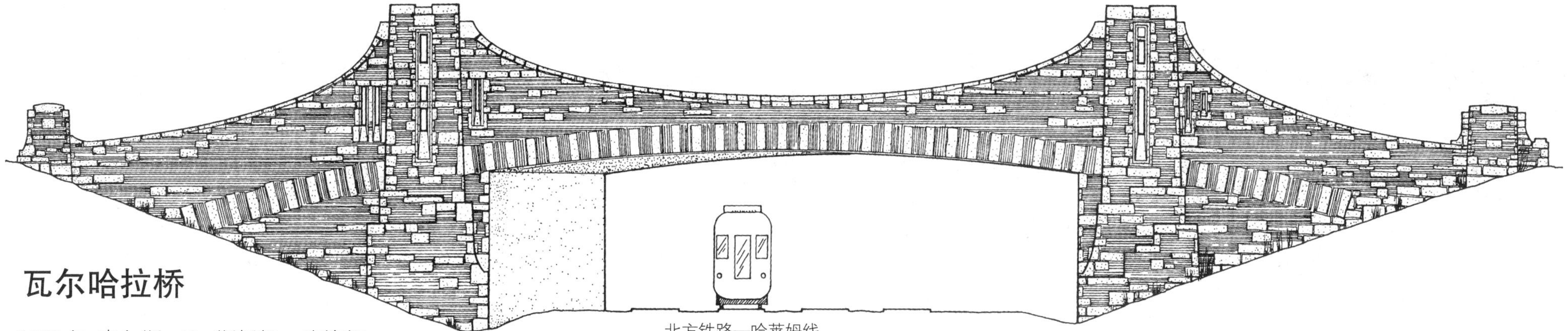
北方铁路—哈莱姆线

瓦尔哈拉桥

1925 年 查尔斯·W·斯托顿，建筑师

阿瑟·G·海登，工程师

1992 年改为只承载北行的交通

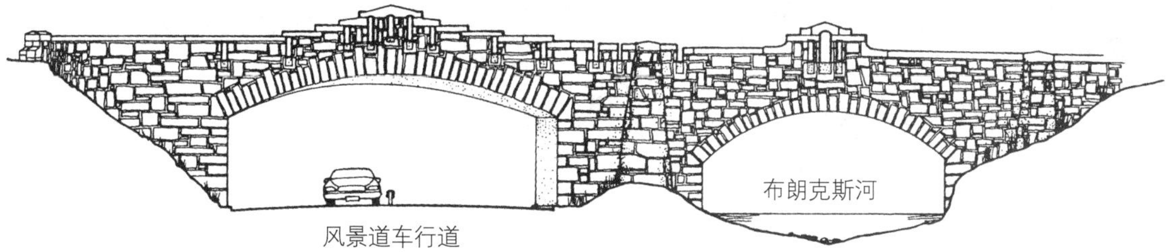
布朗克斯河
风景道车行道

主街桥

1924 年查尔斯·W·斯托顿，建筑师　　阿瑟·G·海登，工程师

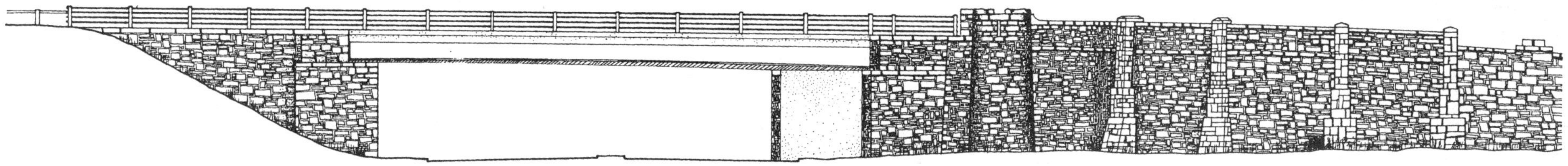
风景道车行道

费尼莫尔路桥

1924 年吉尔摩·克拉克，建筑师　阿瑟·G·海登，工程师

基于原图和现场测量

瓦尔哈拉桥南望

主街桥进入白原市中心

费尼莫尔路桥南望

HISTORIC AMERICAN ENGINEERING RECORD NY-327

SHEET 14 OF 22

NEW YORK

BRONX RIVER PARKWAY RESERVATION

THE BRONX TO KENSICO DAM

WESTCHESTER COUNTY

WHITE PLAINS VICINITY

DELINEATED BY: Brandon Andow, 2001

NATIONAL PARK SERVICE

UNITED STATES DEPARTMENT OF THE INTERIOR

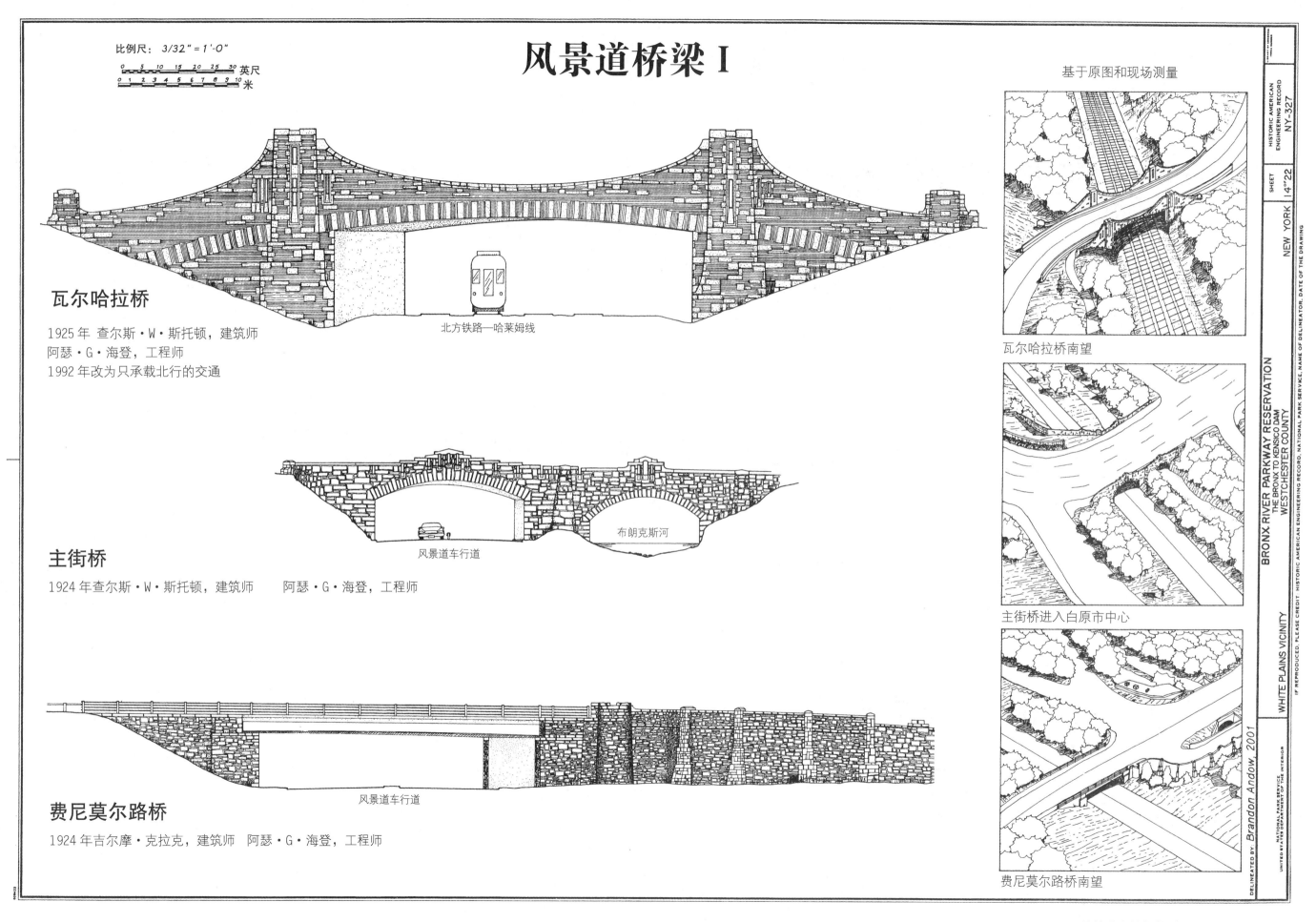

风景道桥梁Ⅱ

比例尺： 3/32"=1'-0"

0 5 10 15 20 25 30 英尺

0 1 2 3 4 5 6 7 8 9 10 米

基于原图和现场测量

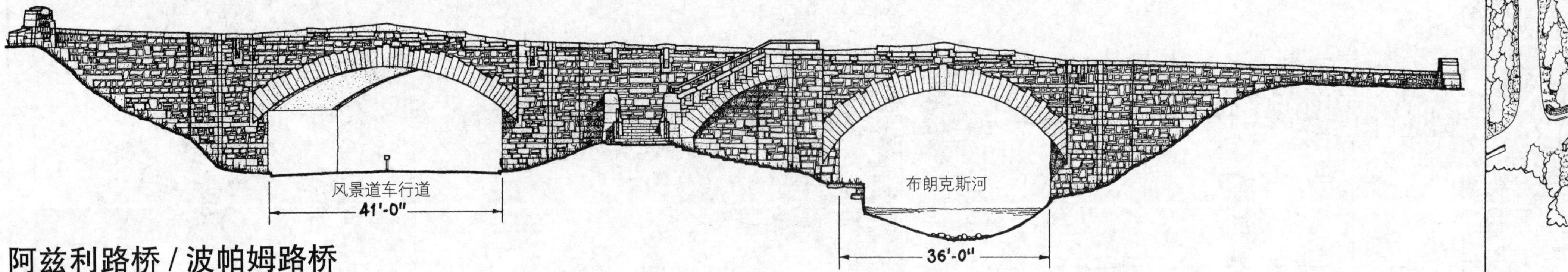

阿兹利路桥 / 波帕姆路桥

1924 查尔斯·W·斯托顿，建筑师

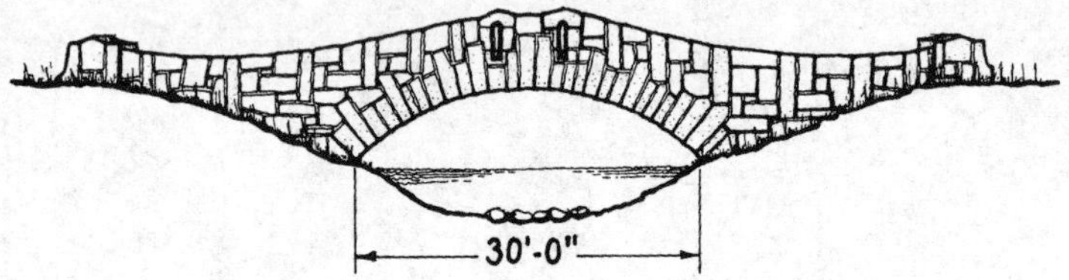

曼哈顿溪桥（北行）

1923 吉尔默·S·克拉克，建筑师

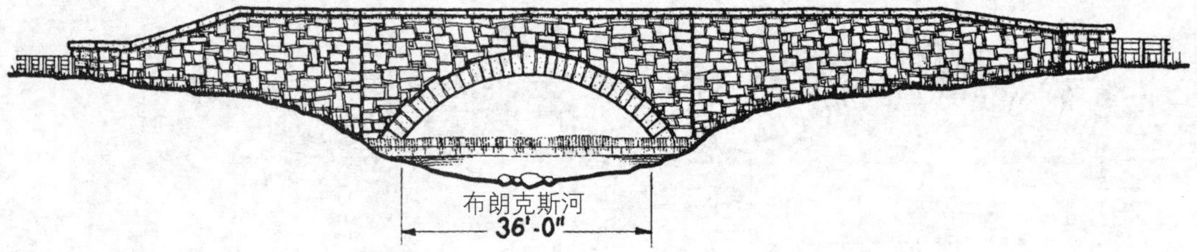

哈尼路桥

1922 查尔斯·W·斯托顿，建筑师

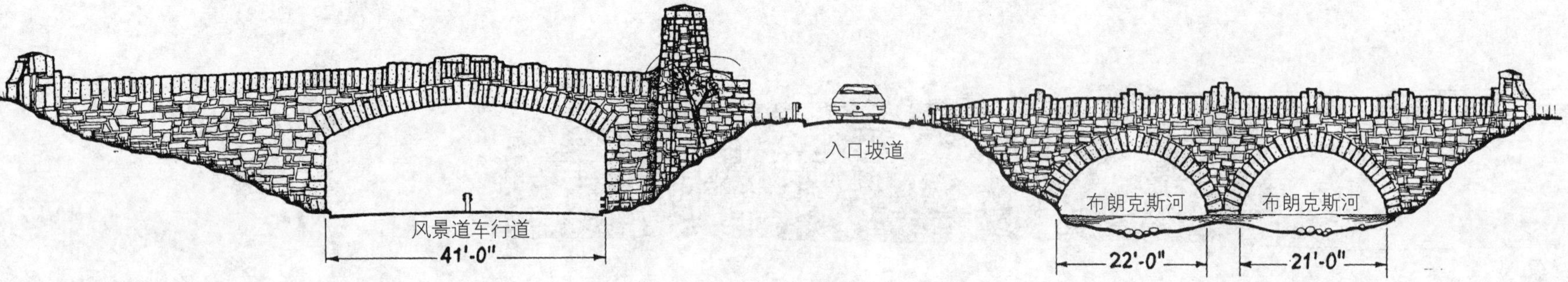

汤姆森街桥

1923 查尔斯·W·斯托顿，建筑师

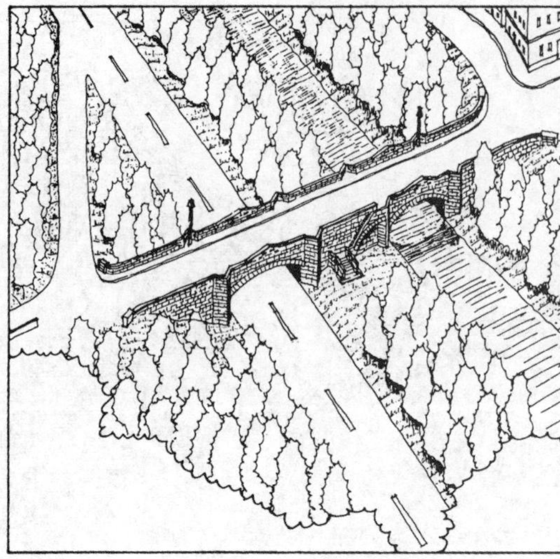

1 阿兹利路桥 / 波帕姆路桥北望

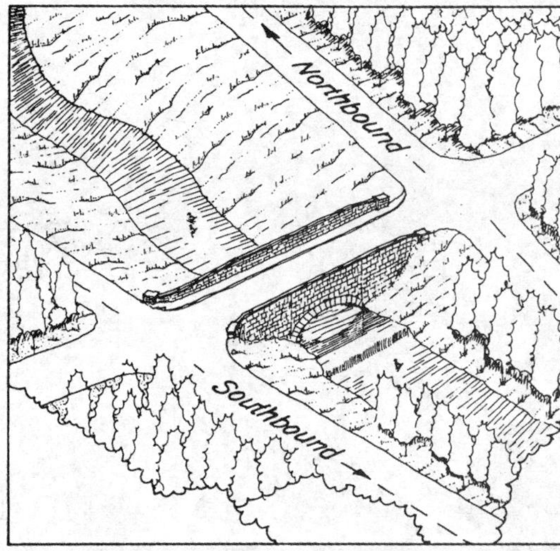

2 哈尼路桥北望

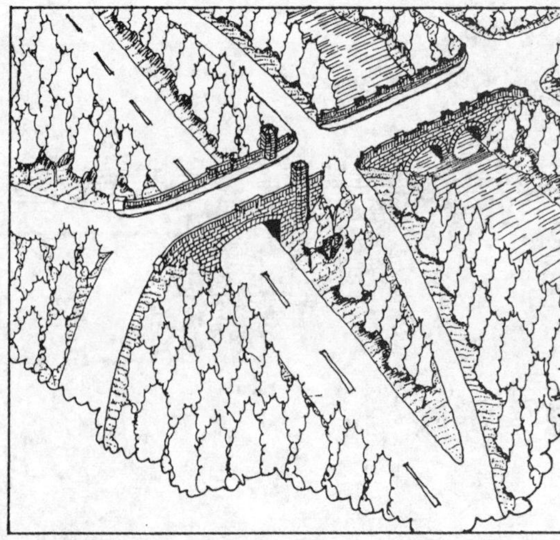

3 汤姆森街桥北望

HISTORIC AMERICAN ENGINEERING RECORD NY-327

SHEET 15 22

NEW YORK

BRONX RIVER PARKWAY RESERVATION
THE BRONX TO KENSICO DAM
WESTCHESTER COUNTY

WHITE PLAINS VICINITY

DELINEATED BY Kamalhasan Ramaswamy, 2001

NATIONAL PARK SERVICE
UNITED STATES DEPARTMENT OF THE INTERIOR

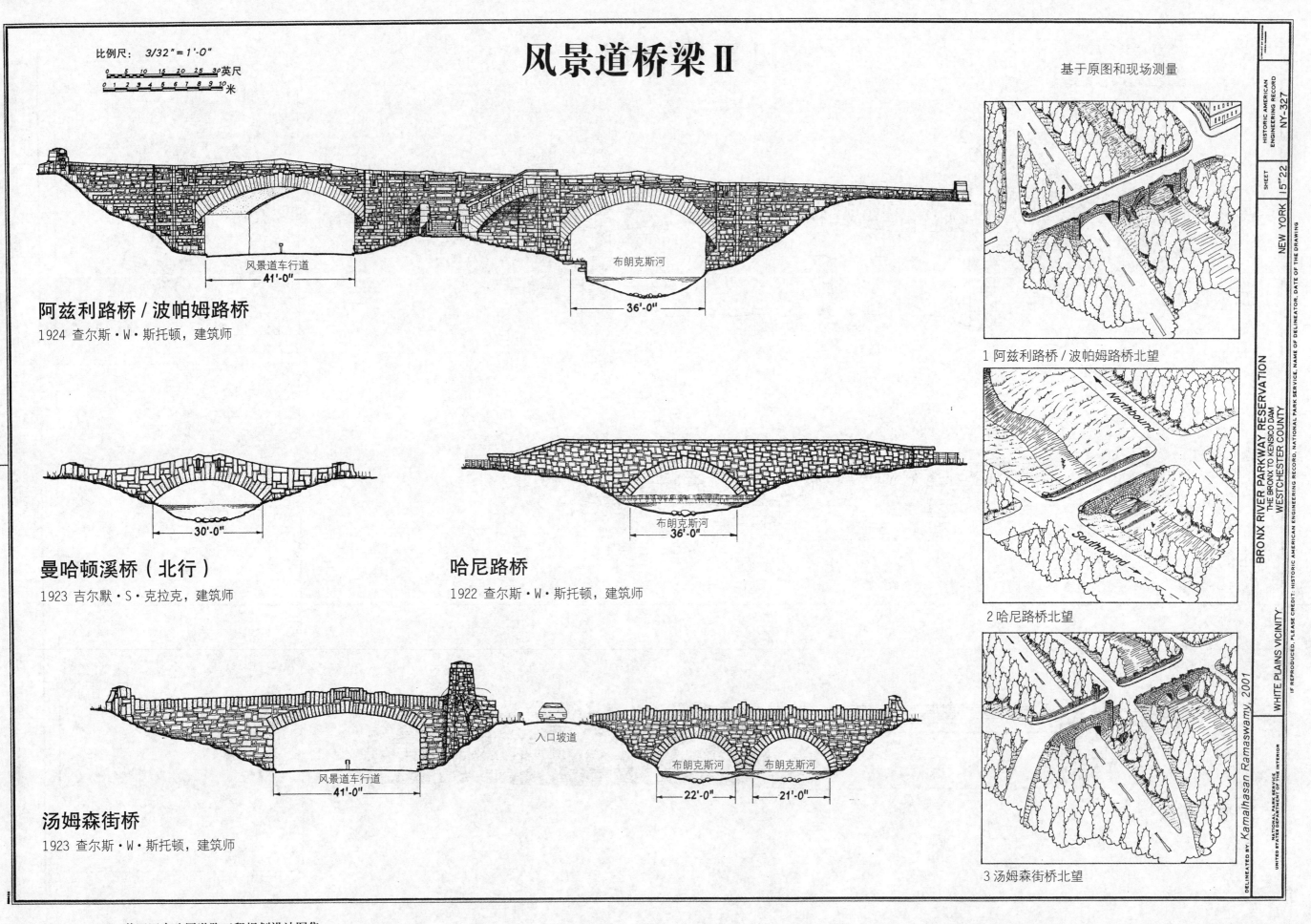

风景道桥梁III

比例尺：3/32"=1'-0"

0 5 10 15 20 25 30 英尺
0 1 2 3 4 5 6 7 8 9 10 米

基于原图和现场测量

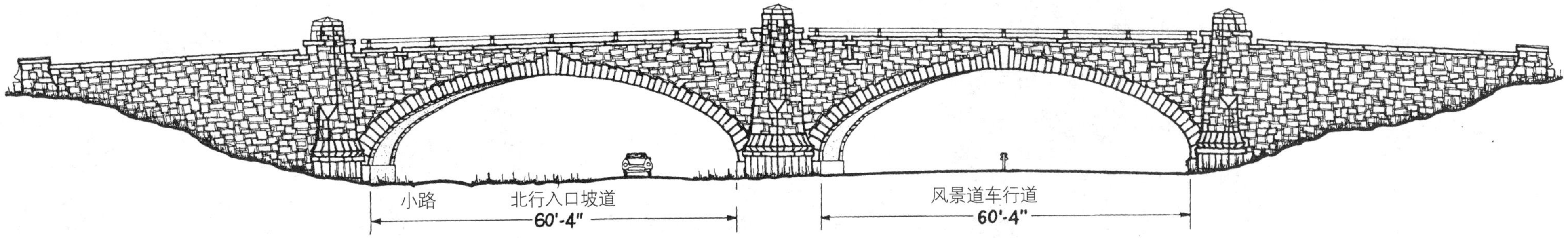

风景道高架桥（公园大道桥）

1923 年鲍登和韦伯斯特，建筑师

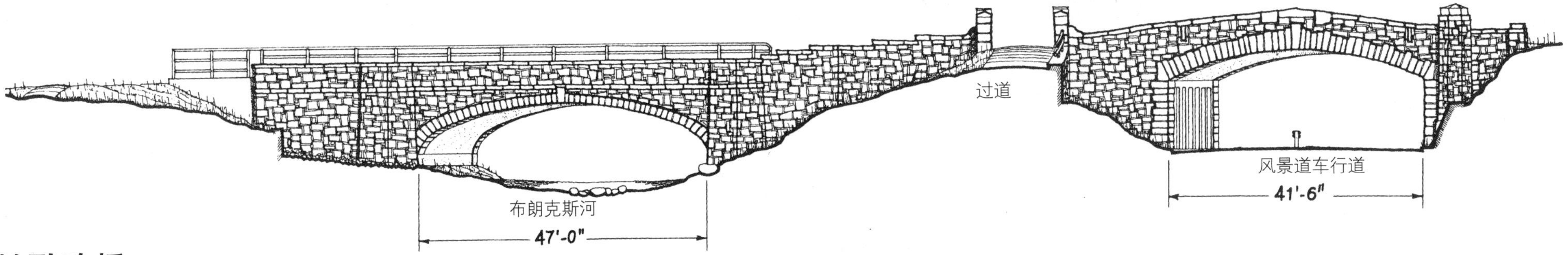

帕默路桥

1922 年查尔斯・W・斯托顿，建筑师　阿瑟・G・海登 ，工程师

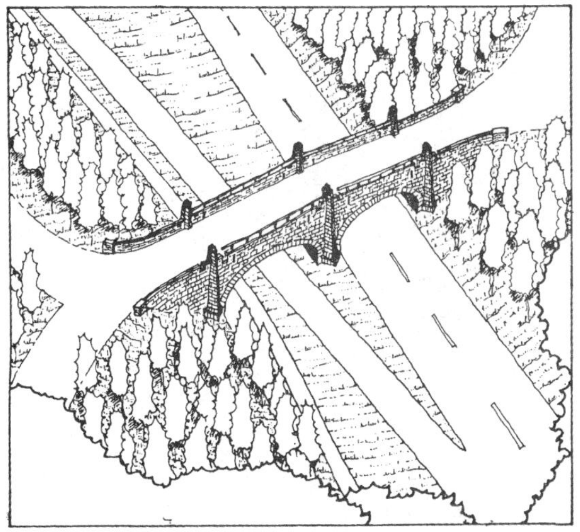

风景道高架桥南望

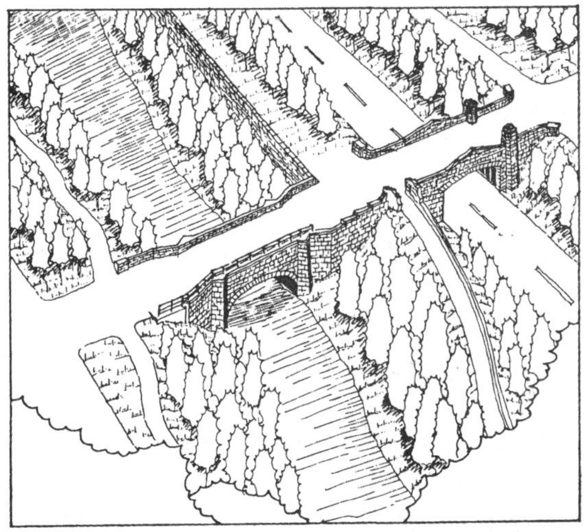

帕默路桥南望

人行桥　木质桥面掩盖了最初的石质地基，哈茨代尔附近。

人行桥　洋槐柱杆结构，1925 年建于巴特勒森林，现已不存在。

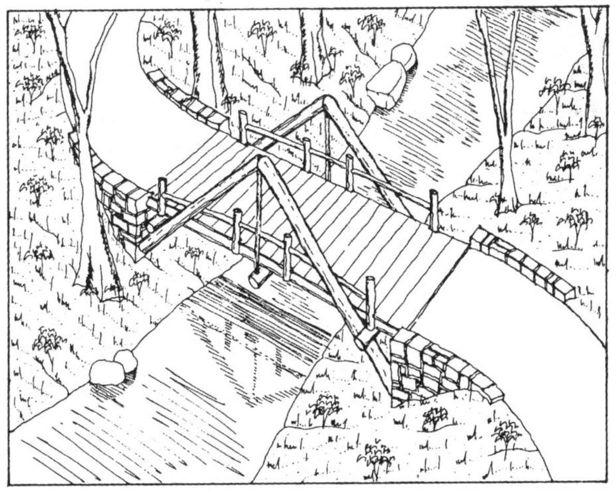

人行桥　1925 年建于加斯森林的 A 形建筑，现仍存在但极其破败。

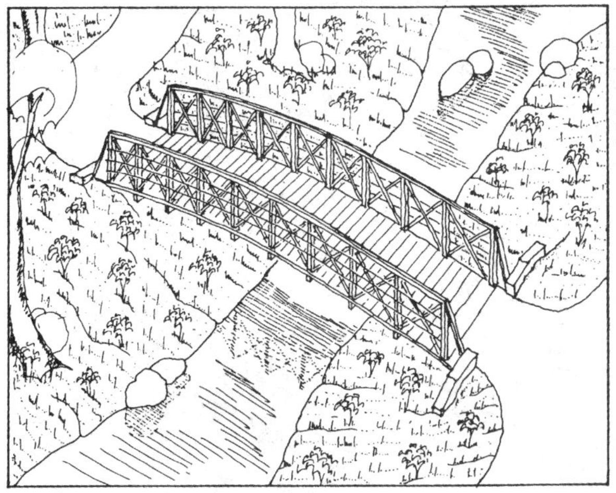

人行桥　预制钢桁架桥，混凝土桥墩；位于哈尼路下。

HISTORIC AMERICAN ENGINEERING RECORD NY-327

SHEET 16 OF 22

NEW YORK

BRONX RIVER PARKWAY RESERVATION
THE BRONX TO KENSICO DAM
WESTCHESTER COUNTY

WHITE PLAINS VICINITY

IF REPRODUCED, PLEASE CREDIT: HISTORIC AMERICAN ENGINEERING RECORD, NATIONAL PARK SERVICE, NAME OF DELINEATOR, DATE OF THE DRAWING

DELINEATED BY: Kamalhasan Ramaswamy, 2001

NATIONAL PARK SERVICE
UNITED STATES DEPARTMENT OF THE INTERIOR

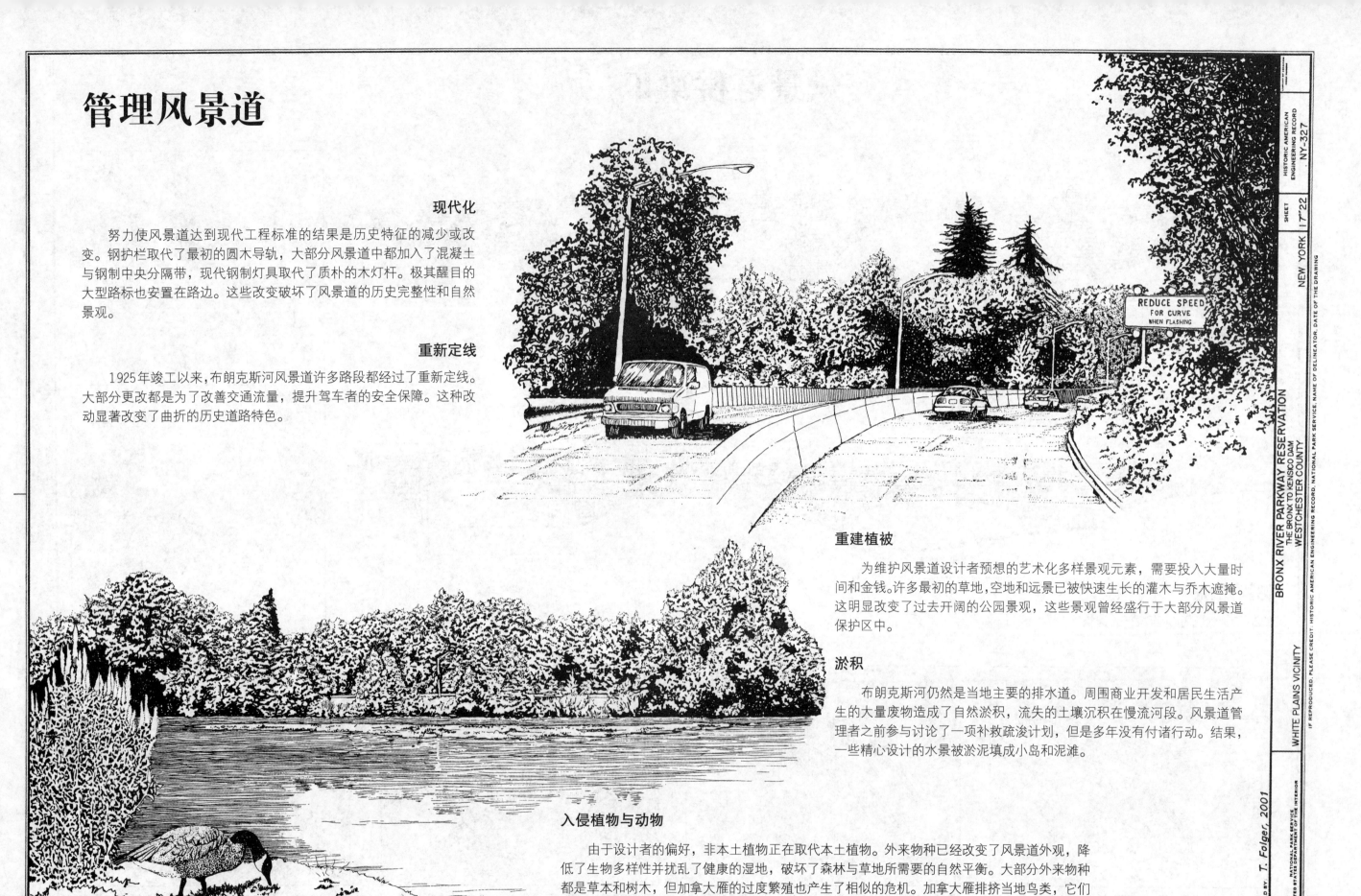

管理风景道

REDUCE SPEED
FOR CURVE
WHEN FLASHING

现代化

努力使风景道达到现代工程标准的结果是历史特征的减少或改变。钢护栏取代了最初的圆木导轨，大部分风景道中都加入了混凝土与钢制中央分隔带，现代钢制灯具取代了质朴的木灯杆。极其醒目的大型路标也安置在路边。这些改变破坏了风景道的历史完整性和自然景观。

重新定线

1925年竣工以来，布朗克斯河风景道许多路段都经过了重新定线。大部分更改都是为了改善交通流量，提升驾车者的安全保障。这种改动显著改变了曲折的历史道路特色。

重建植被

为维护风景道设计者预想的艺术化多样景观元素，需要投入大量时间和金钱。许多最初的草地，空地和远景已被快速生长的灌木与乔木遮掩。这明显改变了过去开阔的公园景观，这些景观曾经盛行于大部分风景道保护区中。

淤积

布朗克斯河仍然是当地主要的排水道。周围商业开发和居民生活产生的大量废物造成了自然淤积，流失的土壤沉积在慢流河段。风景道管理者之前参与讨论了一项补救疏浚计划，但是多年没有付诸行动。结果，一些精心设计的水景被淤泥填成小岛和泥滩。

入侵植物与动物

由于设计者的偏好，非本土植物正在取代本土植物。外来物种已经改变了风景道外观，降低了生物多样性并扰乱了健康的湿地，破坏了森林与草地所需要的自然平衡。大部分外来物种都是草本和树木，但加拿大雁的过度繁殖也产生了相似的危机。加拿大雁排挤当地鸟类，它们的排泄物还污染湖泊和草地。

DELINEATED BY: T. Folger, 2001
NATIONAL PARK SERVICE
UNITED STATES DEPARTMENT OF THE INTERIOR
WHITE PLAINS VICINITY
BRONX RIVER PARKWAY RESERVATION
THE BRONX TO KENSICO DAM
WESTCHESTER COUNTY
NEW YORK
SHEET 17 OF 22
HISTORIC AMERICAN ENGINEERING RECORD
NY-327

总体发展规划（1918年） 图5—1

1918年的发展计划显示出风景道整体设计方案。图纸主要由顾问风景园林师赫尔曼·默克尔负责，不过布朗克斯风景道委员会的每个成员都会为设计出谋划策。建设过程中不断对方案进行改进，对某些地方的处理也有显著变化。

1918年的发展计划最清晰最全面地呈现了布朗克斯风景道委员会对一座带状景观公园的最初设想。

这些1918年布朗克斯河风景道保护区发展规划图的复件由美国工程学历史记录处于2001年绘制，基于韦斯特切斯特县记录与档案中心的原图扫描图片。

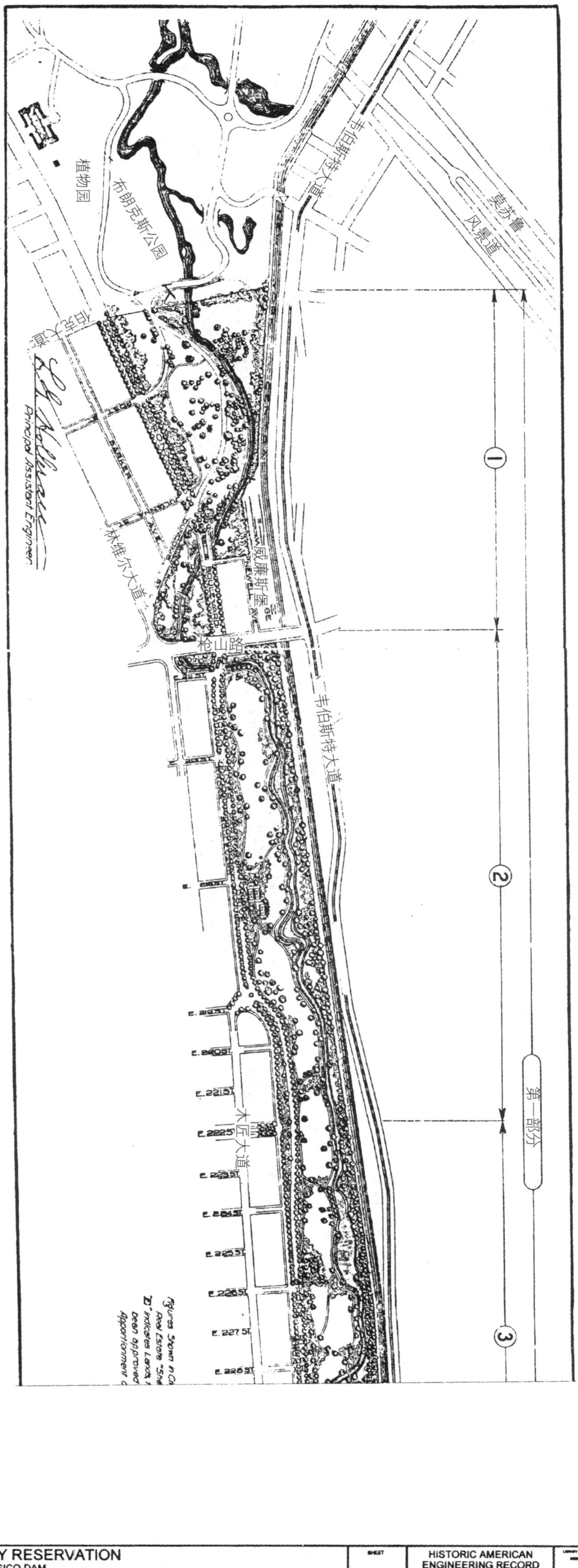

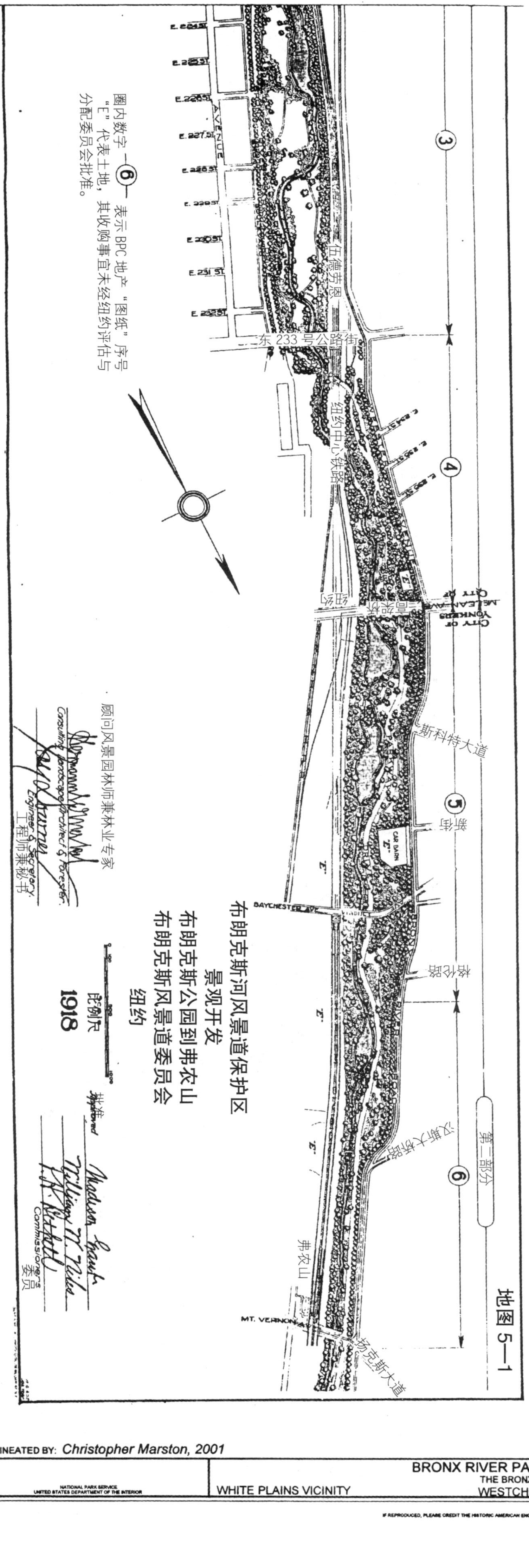

DELINEATED BY: *Christopher Marston, 2001*

NATIONAL PARK SERVICE
UNITED STATES DEPARTMENT OF THE INTERIOR

WHITE PLAINS VICINITY

BRONX RIVER PARKWAY RESERVATION
THE BRONX TO KENSICO DAM
WESTCHESTER COUNTY

NEW YORK

SHEET 18 OF 22

HISTORIC AMERICAN ENGINEERING RECORD
NY-327

IF REPRODUCED, PLEASE CREDIT THE HISTORIC AMERICAN ENGINEERING RECORD, NATIONAL PARK SERVICE, NAME OF DELINEATOR, DATE OF DRAWING

总体发展规划(1918年)　图5-2

1918年的发展计划显示出风景道整体设计方案。图纸主要由顾问风景园林师赫尔曼·默克尔负责，不过布朗克斯风景道委员会的每个成员都会为设计出谋划策。建设过程中不断对方案进行改进，对某些地方的处理也有显著变化。

1918年的发展计划最清晰最全面地呈现了布朗克斯风景道委员会对一座带状景观公园的最初设想。

这些1918年布朗克斯河风景道保护区发展规划图的复件由美国工程学历史记录处于2001年绘制，基于韦斯特切斯特县记录与档案中心的原图扫描图片。

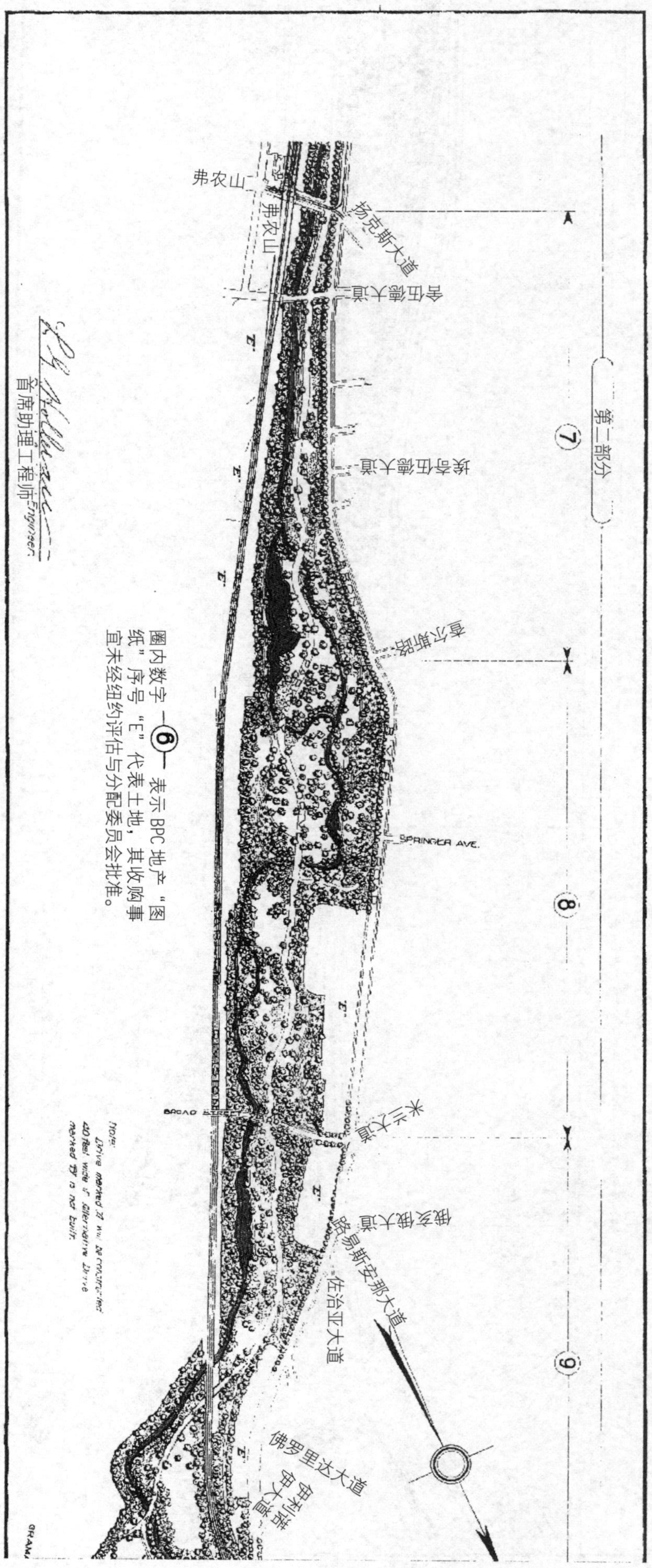

第二部分
7
8
9
弗农山
扬克斯大道
舍伍德大道
埃奇伍德大道
查尔斯路
SPRINGER AVE.
米兰大道
俄亥俄大道
路易斯安那大道
佐治亚大道
佛罗里达大道
伊利诺伊大道
圈内数字 ⑥ 表示BPC地产“图纸”序号“E”代表土地，其收购事宜未经纽约评估与分配委员会批准。
首席助理工程师

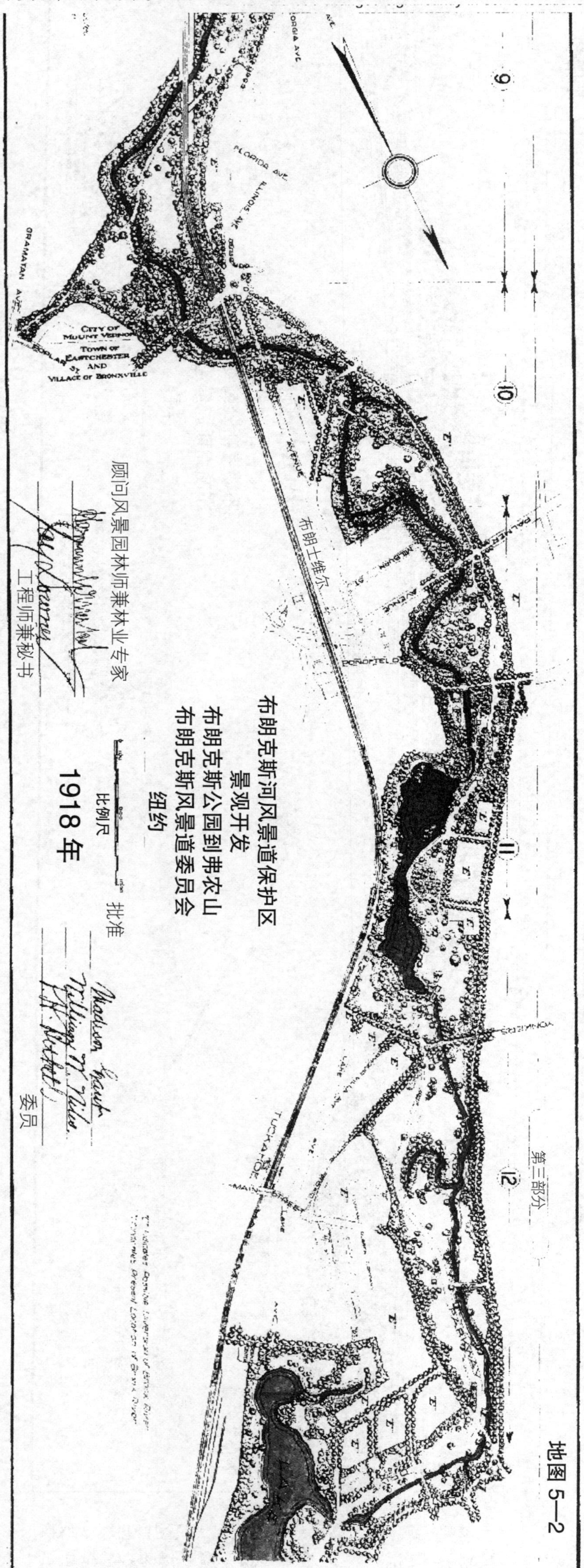

地图5—2
第三部分
9
10
11
12
布朗士维尔
TUCKAHOE
GRAMATAN AVE
FLORIDA AVE
ILLINOIS AVE
CITY OF MOUNT VERNON
TOWN OF EASTCHESTER
AND
VILLAGE OF BRONXVILLE
布朗克斯河风景道保护区
景观开发
布朗克斯公园到弗农山
布朗克斯风景道委员会
纽约
比例尺
1918年
批准
顾问风景园林师兼林业专家
工程师兼秘书
委员

DELINEATED BY: Christopher Marston, 2001

NATIONAL PARK SERVICE
UNITED STATES DEPARTMENT OF THE INTERIOR

WHITE PLAINS VICINITY

BRONX RIVER PARKWAY RESERVATION
THE BRONX TO KENSICO DAM
WESTCHESTER COUNTY

NEW YORK

SHEET 19 OF 22

HISTORIC AMERICAN ENGINEERING RECORD
NY-327

总体发展规划（1918 年）　图 5—3

1918 年的发展计划显示出风景道整体设计方案。图纸主要由顾问风景园林师赫尔曼・默克尔负责，不过布朗克斯风景道委员会的每个成员都会为设计出谋划策。建设过程中不断对方案进行改进，对某些地方的处理也有显著变化。

1918 年的发展计划最清晰最全面地呈现了布朗克斯风景道委员会对一座带状景观公园的最初设想。

这些 1918 年布朗克斯河风景道保护区发展规划图的复件由美国工程学历史记录处于 2001 年绘制，基于韦斯特切斯特县记录与档案中心的原图扫描图片。

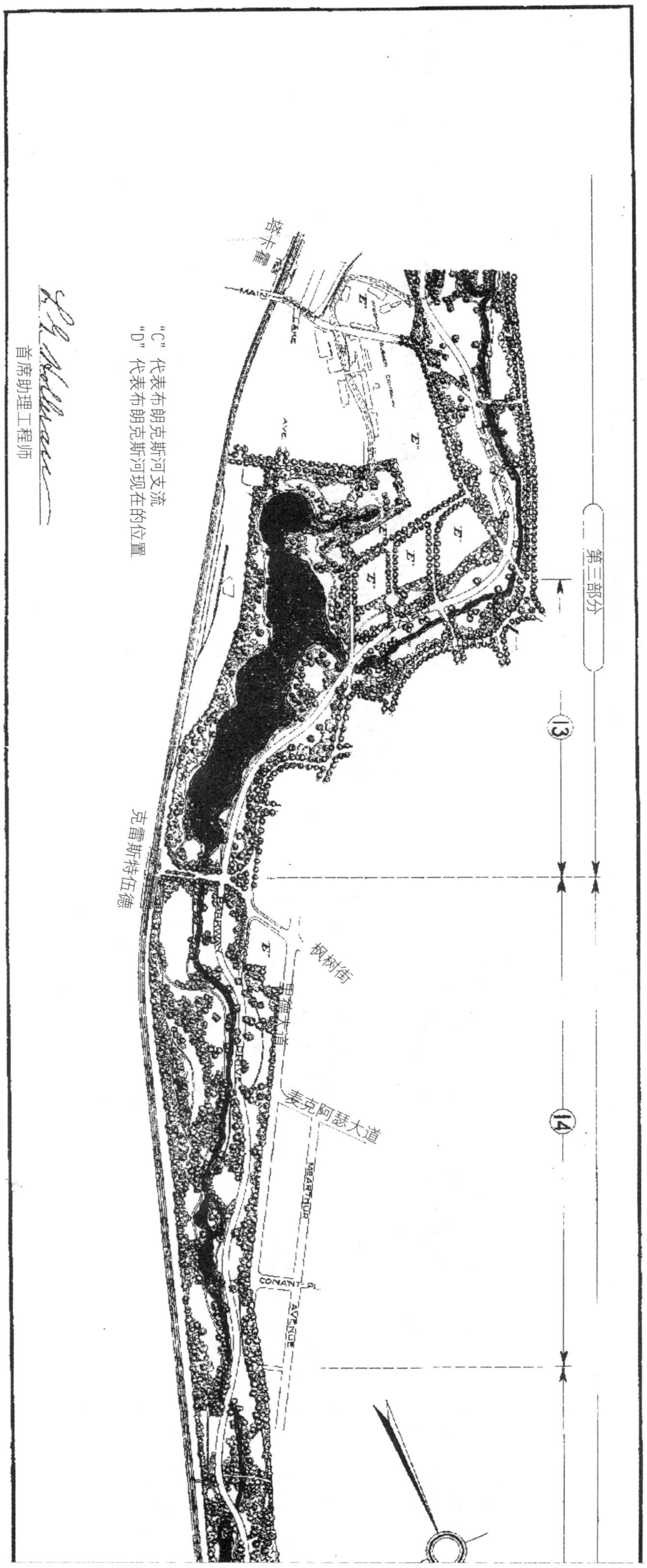

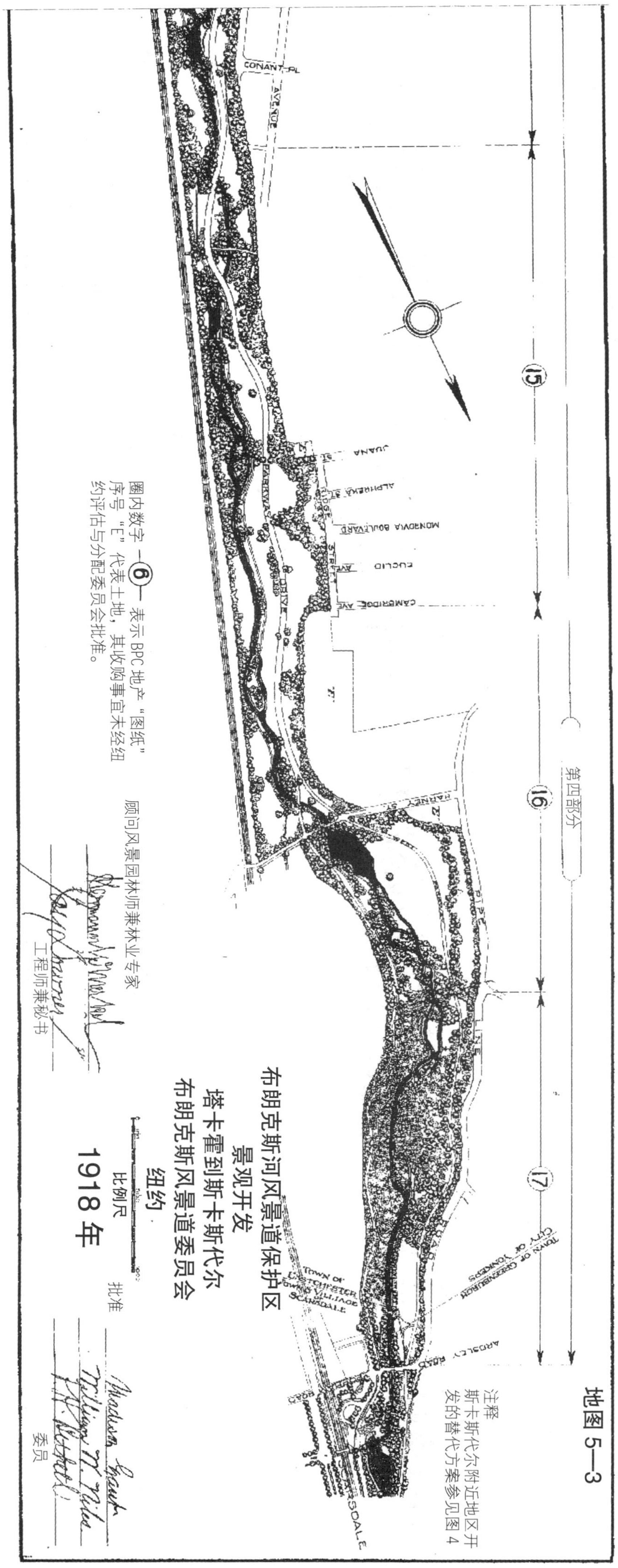

DELINEATED BY: *Christopher Marston, 2001*

NATIONAL PARK SERVICE
UNITED STATES DEPARTMENT OF THE INTERIOR

WHITE PLAINS VICINITY

BRONX RIVER PARKWAY RESERVATION
THE BRONX TO KENSICO DAM
WESTCHESTER COUNTY

NEW YORK

SHEET 20 of 22

HISTORIC AMERICAN ENGINEERING RECORD
NY-327

总体发展规划（1918年） 图 5–4

1918年的发展计划显示出风景道整体设计方案。图纸主要由顾问风景园林师赫尔曼·默克尔负责，不过布朗克斯风景道委员会的每个成员都会为设计出谋划策。建设过程中不断对方案进行改进，对某些地方的处理也有显著变化。

1918年的发展计划最清晰最全面地呈现了布朗克斯风景道委员会对一座带状景观公园的最初设想。

这些1918年布朗克斯河风景道保护区发展规划图的复件由美国工程学历史记录处于2001年绘制，基于韦斯特切斯特县记录与档案中心的原图扫描图片。

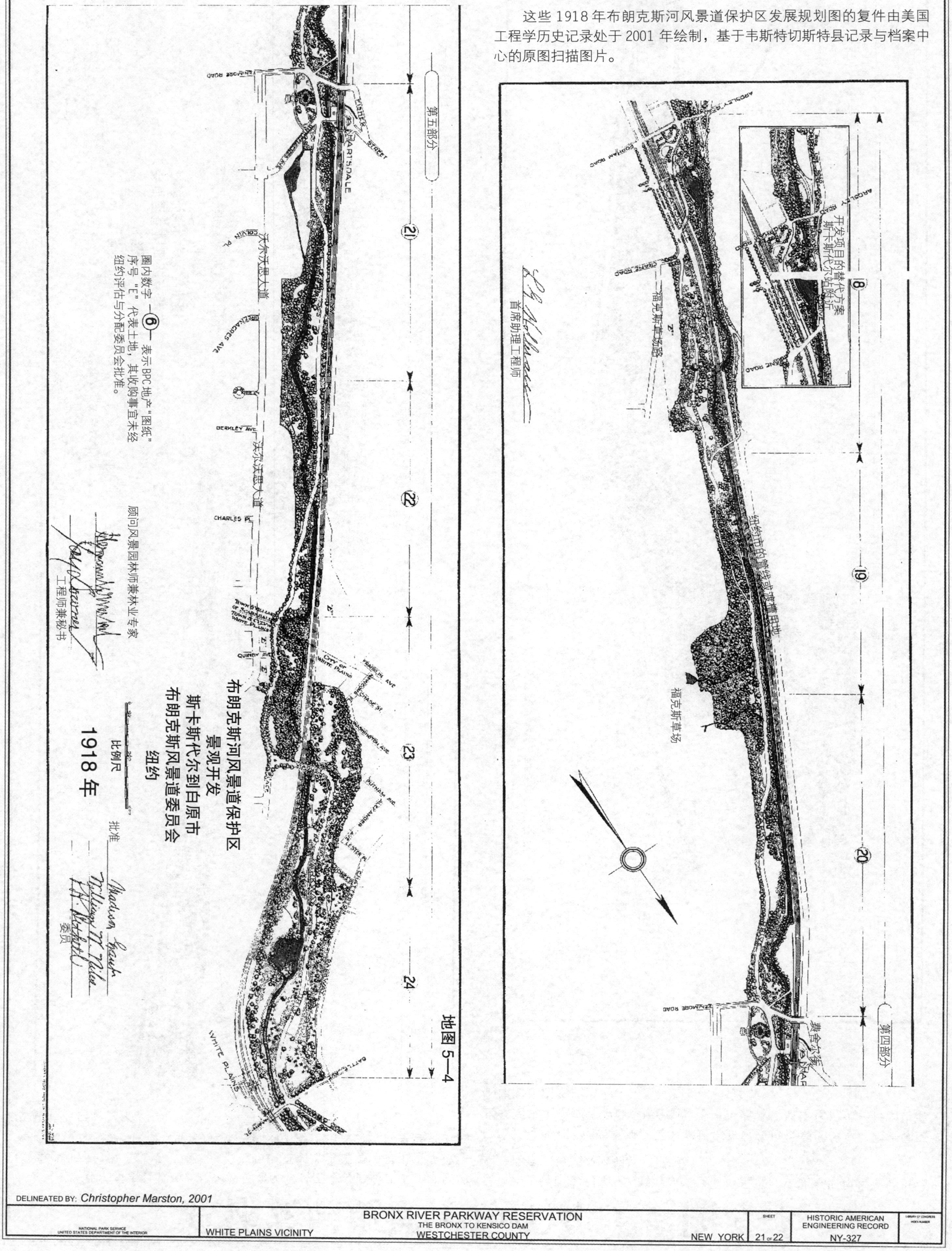

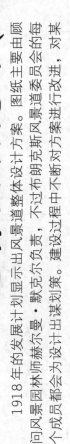

总体发展规划（1918年） 图5—5

1918年的发展计划显示出风景道整体设计方案。图纸主要由顾问风景园林师赫尔曼·默克尔负责，不过布朗克斯风景道委员会的每个成员都会为设计出谋划策。建设过程中不断对方案进行改进，对某些地方的处理也有显著变化。

1918年的发展计划最清晰最全面地呈现了布朗克斯风景道委员会对一座带状景观公园的最初设想。

这些1918年布朗克斯河风景道保护区发展规划图的复件由美国工程学历史记录处于2001年绘制，基于韦斯特切斯特县记录与档案中心的原图扫描图片。

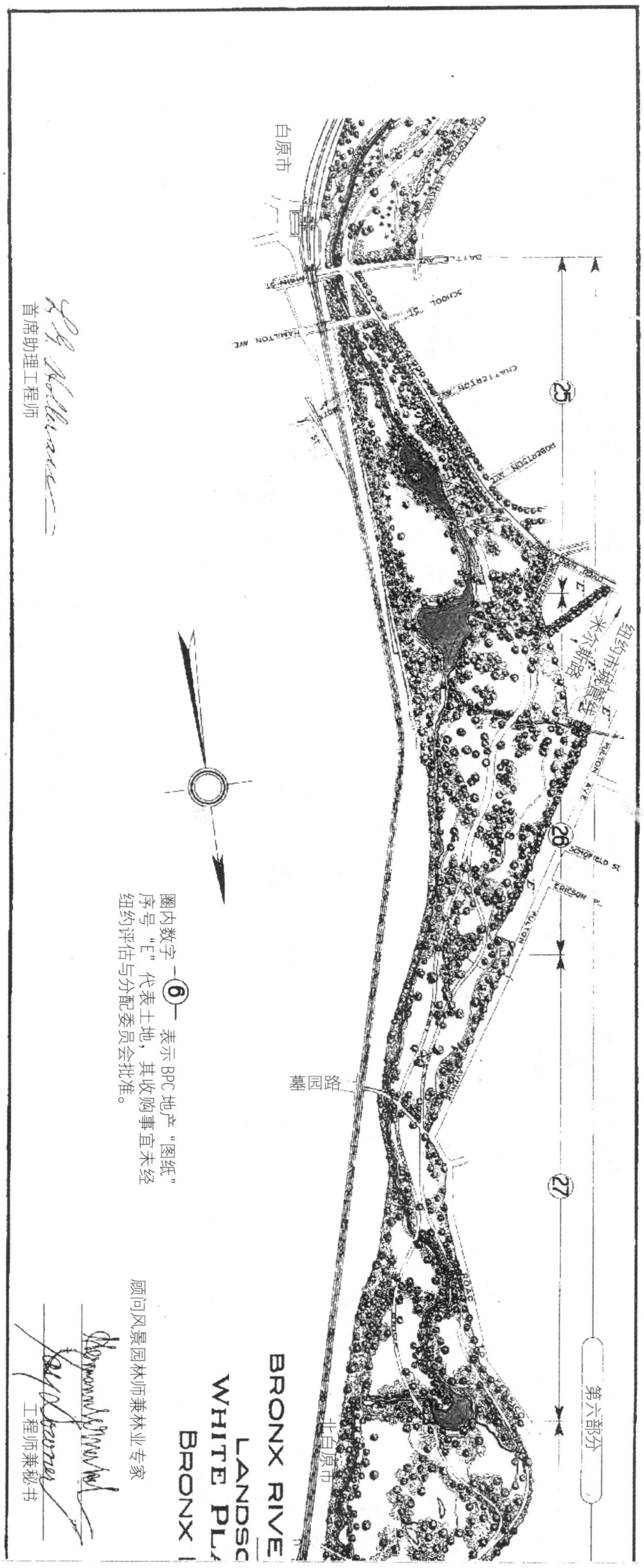

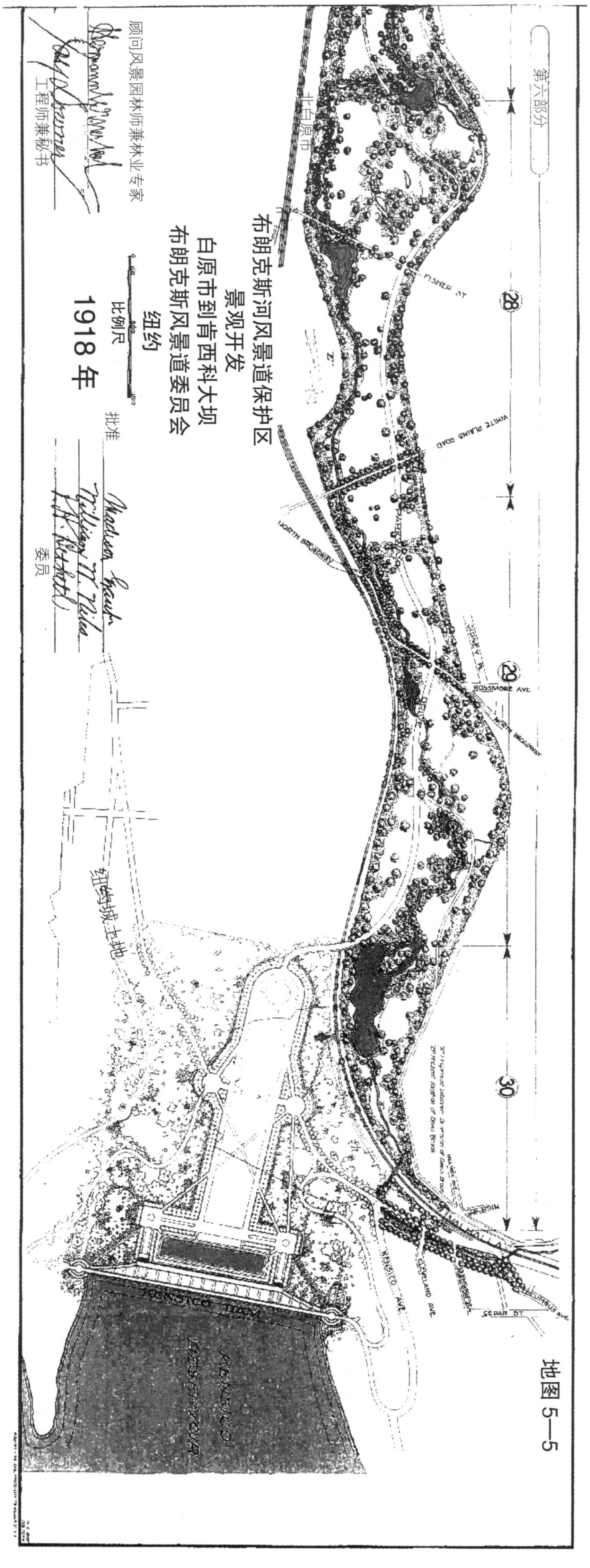

DELINEATED BY: *Christopher Marston, 2001*

NATIONAL PARK SERVICE
UNITED STATES DEPARTMENT OF THE INTERIOR

BRONX RIVER PARKWAY RESERVATION
THE BRONX TO KENSICO DAM
WHITE PLAINS VICINITY WESTCHESTER COUNTY NEW YORK

SHEET 22 OF 22

HISTORIC AMERICAN ENGINEERING RECORD
NY-327

“游客只想要三样东西：一条适合驾驶的公路，值得一看的风景和美食……年复一年，我们会靠这片美景赚钱，同时又不会对其造成破坏。”

Samuel Hill

老哥伦比亚河公路

概述

1913—1922 年

最初的混凝土里程碑

“我在这里做初步调查时，发现自己站在齐腰深的蕨类植物中，我想起了母亲很久之前的告诫：‘哦，塞缪尔，千万小心我的波士顿蕨’。之后我便暗暗起誓，只要有可能，这些美景就一定要被保护起来。”

Samuel C. Lancaster

太平洋西北部的老哥伦比亚河公路于 1913 年到 1922 年间建于俄勒冈州摩特诺玛的胡德里佛县和沃斯科县，它是美国最古老的景观公路之一。其设计与建造出自两位富有远见者之手：律师、企业家兼道路建设发起人塞缪尔·希尔和工程师兼风景园林师塞缪尔·C·兰卡斯特。一批顶尖的道路与桥梁设计师协助他们，许多波兰商人强烈支持建设这条他们眼中的“道路之王”。

老哥伦比亚河公路是 20 世纪初的科技与公共成就，它成功并敏锐地将宏伟工程技术融入壮丽的自然景观之中。此路具有国家性意义，它代表了最早的悬崖道路建设实践之一，这种实践如今已应用于现代公路建设。但是建设这条道路的首要原因是希尔和兰卡斯特希望在哥伦比亚河上建一条可以与欧洲雄伟道路媲美的风景公路。

公路由多种建筑结构组成，包括桥梁和高架桥、隧道、环路、砌石墙、房屋和营地、综合性水井及其周边设施。公路成为连接许多自然美景的纽带——壮丽的瀑布、岩石地表、溪流、山谷及风景河流景观。兰卡斯特及其同事坚信，他们正在完成一个真正有价值的任务，哥伦比亚河公路将无可匹敌，会让世界上其他道路望尘莫及。

从更实际的角度来看，许多旁观者认为这条路将会成为连接波特兰和哥伦比亚河两岸许多商业和农业地区的生命线。一些人认为它是太平洋西北部俄勒冈州、华盛顿州和北爱达荷州相似公路线形网络的一部分，与全国其他的公路连通。

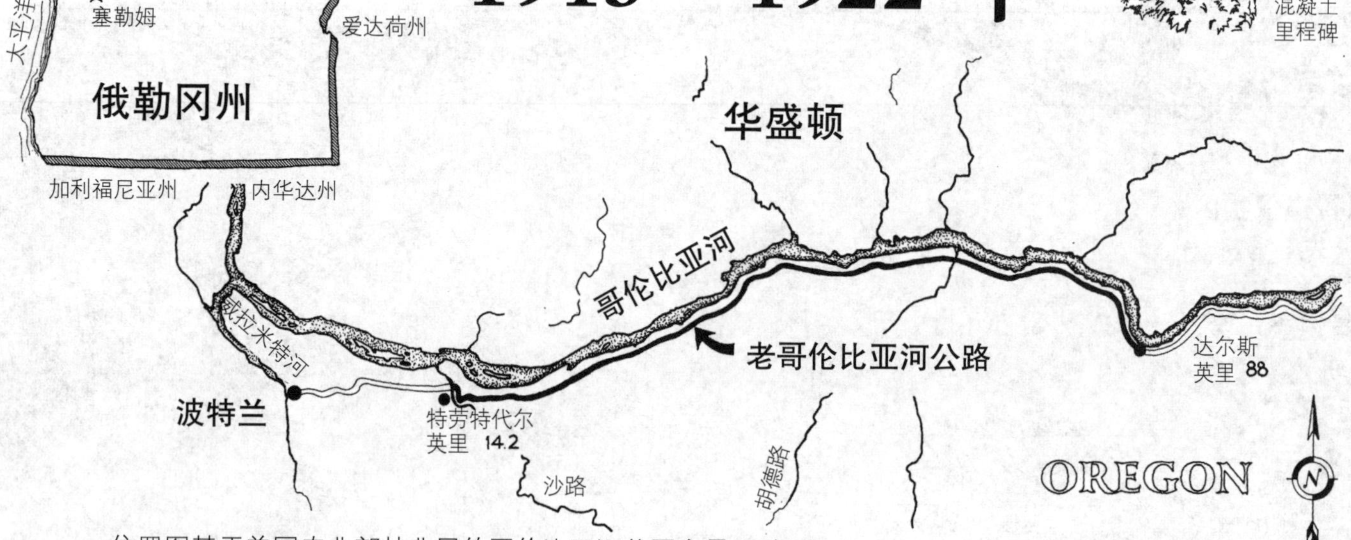

华盛顿州
太平洋
塞勒姆
爱达荷州
俄勒冈州
加利福尼亚州
内华达州
华盛顿
哥伦比亚河
老哥伦比亚河公路
威拉米特河
波特兰
特劳特代尔
英里 14.2
达尔斯
英里 88
沙路
胡德路
OREGON
N
比例尺：1½" = 10 miles

位置图基于美国农业部林业局的哥伦比亚河谷国家景区地图

老哥伦比亚河公路一直是俄勒冈州主要东西干线美国 30 号公路的一部分，20 世纪 50 年代，一条更宽、曲线优美的水平面公路将其取而代之。老哥伦比亚河公路的许多路段保留为景观路线，专门留给那些不太匆忙又想要体验哥伦比河峡谷自然美景的游客。

该记录项目是 HAER 的一部分，这是一个长期记录美国历史上重大工程和工业成果的项目。HAER 由 HABS/HAER 管理。

哥伦比亚河公路记录项目 1995 年由 HABS/HAER 和俄勒冈州交通部（ODOT）联合发起，HABS/HAER 由主编罗伯特·J·卡普施博士指导，ODOT 处的负责人是一区主任布鲁斯·华纳。项目还与美国/国际古迹遗址理事会(ICOMOS)，美国土木工程师协会(ASCE)和老哥伦比亚河公路咨询委员会合作。

实地调查、实测图、历史报告及照片在 HAER 主编埃里克·N·德洛尼，HAER 建筑师托德·A·克罗托和 HAER 史学家迪恩·A·赫林博士的指导下完成。记录团队成员有建筑师兼现场督导伊莱恩·G·皮尔斯（查塔努加市，田纳西州）；建筑师弗拉基米尔·V·西蒙南科（国际古迹遗址理事会/艺术学院，基辅，乌克兰），建筑技师克里斯汀·鲁米（俄勒冈大学）和彼得·布鲁克斯（耶鲁大学），风景园林师海伦·L·塞尔夫(加州州立理工大学，波莫纳市)和乔迪·C·泽勒（伊利诺伊大学分校），史学家罗伯特·W·哈德洛博士（美国土木工程师协会/普尔曼，华盛顿）及 HAER 摄影师杰特·洛(华盛顿特区)。俄勒冈州交通部一区景区协调员珍妮特·B·克鲁斯和俄勒冈州交通部自然资源专家德怀特·A·史密斯担任部门联络员。

DELINEATED BY: V. V. Simonenko & Elaine G. Pierce 1995

HISTORIC COLUMBIA RIVER HIGHWAY RECORDING PROJECT
NATIONAL PARK SERVICE
UNITED STATES DEPARTMENT OF THE INTERIOR

TROUTDALE VIC.

HISTORIC COLUMBIA RIVER HIGHWAY 1913-22
LOCATED BETWEEN TROUTDALE AND THE DALLES ALONG THE COLUMBIA RIVER
MULTNOMAH CO.

OREGON

SHEET 1 of 27

HISTORIC AMERICAN ENGINEERING RECORD
OR - 36

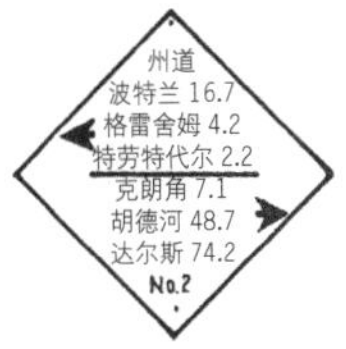

1915 年

1926 年

1957 年

1987 年

交通的发展

（莫菲特溪桥）

哥伦比亚河谷长期以来都是一条交通走廊。古老的河流流淌在火山喷发形成的哥伦比亚玄武岩中。13000 年前毕捷（Bretz）洪水暴发，导致河边土壤流失，植被也消失殆尽。然而，最终峡谷慢慢恢复，河中大量鱼类也将美洲印第安人吸引到这里。

美国海洋商人罗伯特·格雷于 1792 年 5 月进入哥伦比亚河，并以他船的名字为河流命名：哥伦比亚。刘易斯和克拉克于 1805 年来到这条河上。19 世纪 40 年代，西部开拓者可以驾四轮马车一直到达尔斯，但是却要靠木筏载车穿越瀑布，这种旅程极其危险。1845 年，塞缪尔·巴洛和乔尔·帕尔默绕着胡德山建造了巴洛公路，之后首批四轮马车便行进在这条路上。1850 年，汽船已经通行在哥伦比亚河与威拉米特河面上，于 1851 年通向达尔斯。随后，俄勒冈州边一条马车路运输线于 1855 年开通。

1862 年，首辆铁路机车“俄勒冈小马”出现在峡谷中。机车由俄勒冈轮船运输公司建造。铁路迅速延伸，到 19 世纪 80 年代，俄勒冈铁路与运输公司已贯通哥伦比亚河南岸，从波特兰直抵达尔斯东部。马车路被废弃，船只航行量也迅速减少。

哥伦比亚河公路于 1915 年开通，到 1922 年，它已成为第一条连接波特兰和达尔斯的铺面道路。公路绕开了峡谷的南壁，也预示出 30 年铁路时代的尾声。然而不到 20 年，公路已不能承受日益增长的交通量。1949 年，一条与水面相平行的道路开通，该路大部分建于路堤之上，但也利用了一部分原来的道路。1969 年，一条通往达尔斯的四车道公路开始修建。

1915 年修建的道路如今只剩大约 50 英里长的路段还在使用，这使人想到我们生活节奏的改变。今天，喷气式飞机从高空掠过，光缆在地面高速传递信息。在科技发展的历程中，哥伦比亚河谷将一直是传递能量、信息、闲情逸致和交通运输的走廊。

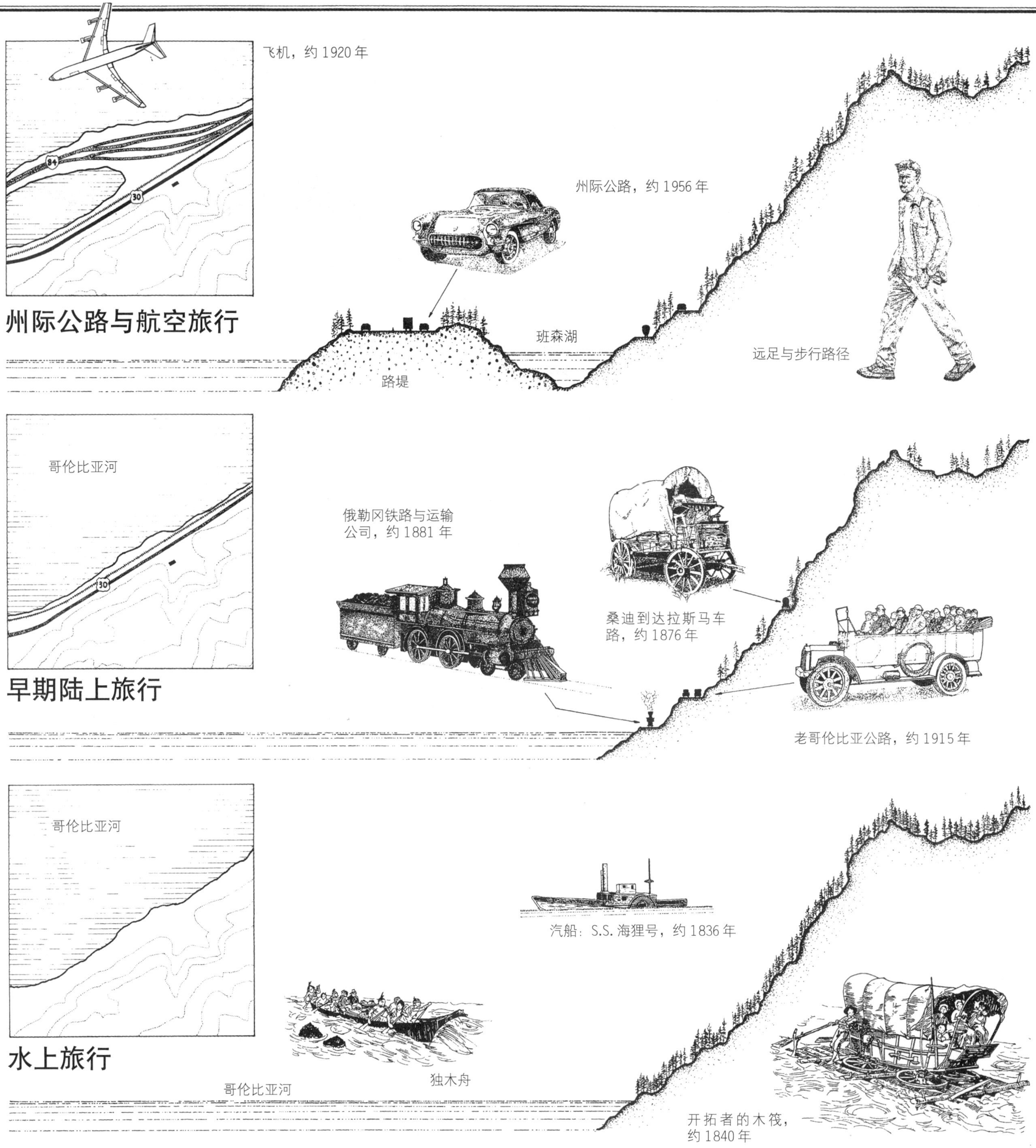

DELINEATED BY: *Christine Rumi 1995*

HISTORIC COLUMBIA RIVER HIGHWAY RECORDING PROJECT
NATIONAL PARK SERVICE
UNITED STATES DEPARTMENT OF THE INTERIOR

TROUTDALE VIC.

HISTORIC COLUMBIA RIVER HIGHWAY 1913-22
LOCATED BETWEEN TROUTDALE AND THE DALLES ALONG THE COLUMBIA RIVER
MULTNOMAH CO.

OREGON

SHEET 5 of 27

HISTORIC AMERICAN ENGINEERING RECORD
OR - 36

老哥伦比亚河公路

景观体验

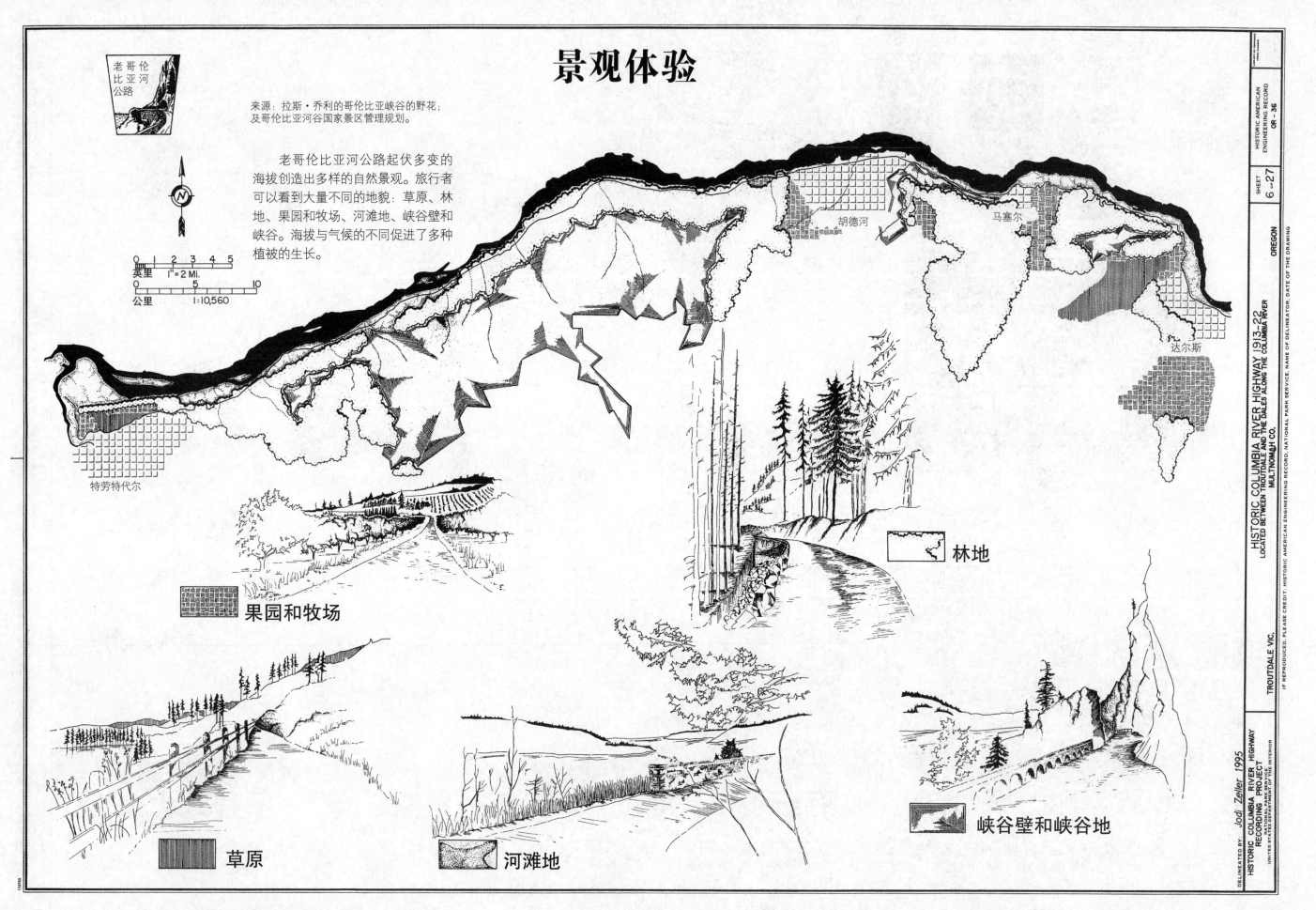

来源：拉斯・乔利的哥伦比亚峡谷的野花；
及哥伦比亚河谷国家景区管理规划。

老哥伦比亚河公路起伏多变的海拔创造出多样的自然景观。旅行者可以看到大量不同的地貌：草原、林地、果园和牧场、河滩地、峡谷壁和峡谷。海拔与气候的不同促进了多种植被的生长。

果园和牧场

林地

草原

河滩地

峡谷壁和峡谷

HISTORIC AMERICAN ENGINEERING RECORD OR-36
SHEET 6 of 27
HISTORIC COLUMBIA RIVER HIGHWAY 1913-22
LOCATED BETWEEN TROUTDALE AND THE DALLES ALONG THE COLUMBIA RIVER
MULTNOMAH CO. OREGON
TROUTDALE VIC.
IF REPRODUCED, PLEASE CREDIT: HISTORIC AMERICAN ENGINEERING RECORD, NATIONAL PARK SERVICE, NAME OF DELINEATOR, DATE OF THE DRAWING
DELINEATED BY: Jodi Zeller 1995
HISTORIC COLUMBIA RIVER HIGHWAY RECORDING PROJECT
NATIONAL PARK SERVICE
UNITED STATES DEPARTMENT OF THE INTERIOR

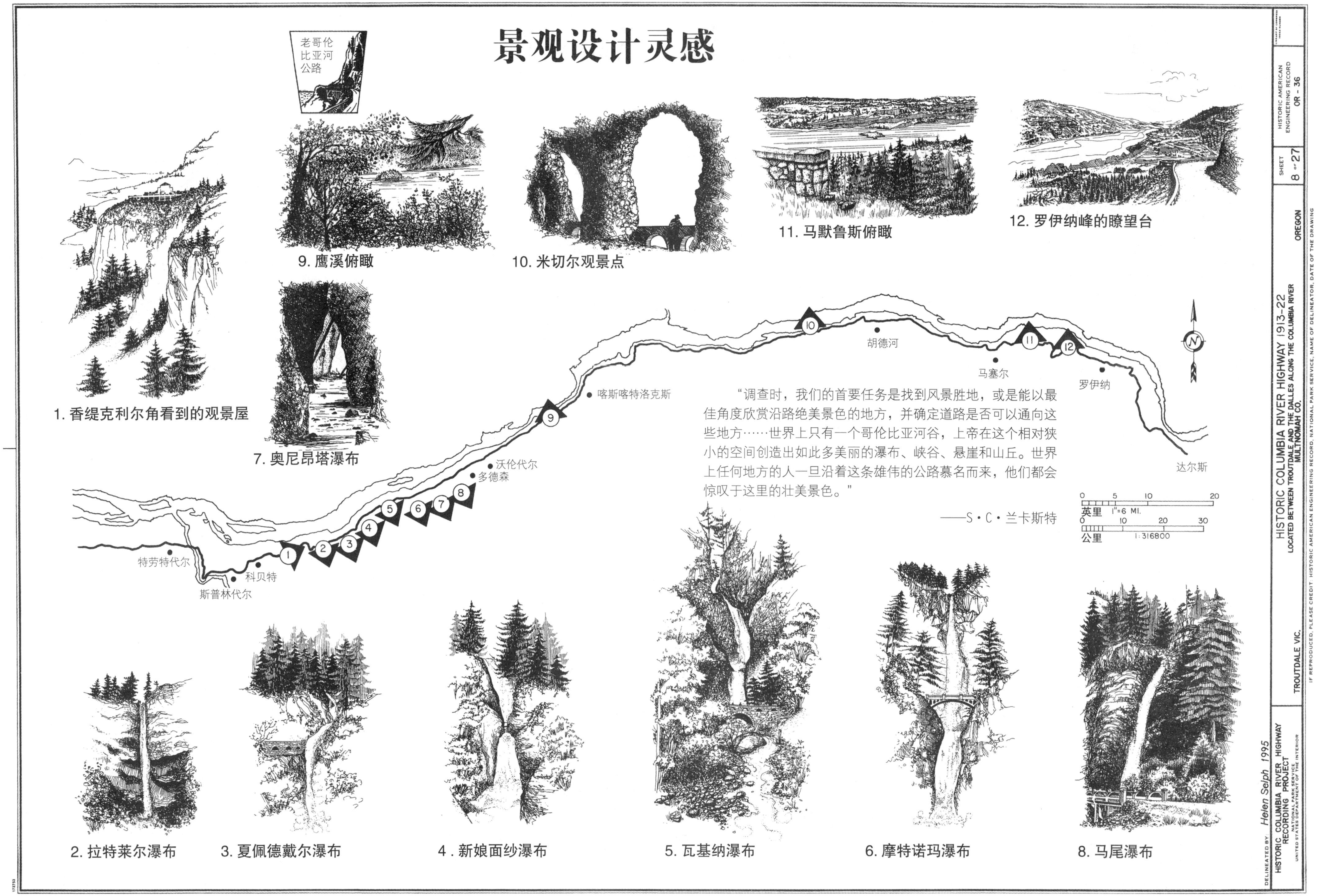
景观设计灵感
老哥伦
比亚河
公路
1. 香缇克利尔角看到的观景屋
9. 鹰溪俯瞰
10. 米切尔观景点
11. 马默鲁斯俯瞰
12. 罗伊纳峰的瞭望台
7. 奥尼昂塔瀑布
胡德河
马塞尔
罗伊纳
喀斯喀特洛克斯
沃伦代尔
多德森
达尔斯
特劳特代尔
科贝特
斯普林代尔
“调查时，我们的首要任务是找到风景胜地，或是能以最佳角度欣赏沿路绝美景色的地方，并确定道路是否可以通向这些地方……世界上只有一个哥伦比亚河谷，上帝在这个相对狭小的空间创造出如此多美丽的瀑布、峡谷、悬崖和山丘。世界上任何地方的人一旦沿着这条雄伟的公路慕名而来，他们都会惊叹于这里的壮美景色。”
——S·C·兰卡斯特
0 5 10 20
英里 1"=6 MI.
0 10 20 30
公里 1:316800
2. 拉特莱尔瀑布
3. 夏佩德戴尔瀑布
4. 新娘面纱瀑布
5. 瓦基纳瀑布
6. 摩特诺玛瀑布
8. 马尾瀑布
DELINEATED BY: Helen Selph 1995
HISTORIC COLUMBIA RIVER HIGHWAY RECORDING PROJECT
NATIONAL PARK SERVICE
UNITED STATES DEPARTMENT OF THE INTERIOR
TROUTDALE VIC.
HISTORIC COLUMBIA RIVER HIGHWAY 1913-22
LOCATED BETWEEN TROUTDALE AND THE DALLES ALONG THE COLUMBIA RIVER
MULTNOMAH CO.
OREGON
SHEET 8 of 27
HISTORIC AMERICAN ENGINEERING RECORD
OR - 36
IF REPRODUCED, PLEASE CREDIT: HISTORIC AMERICAN ENGINEERING RECORD, NATIONAL PARK SERVICE, NAME OF DELINEATOR, DATE OF THE DRAWING

土方修整与道路定线

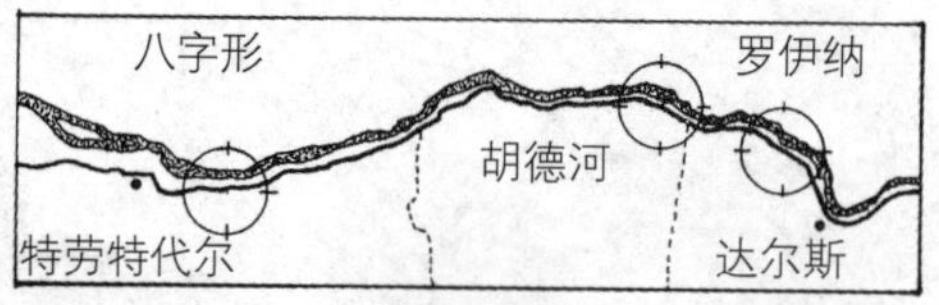

参考图

最大坡度

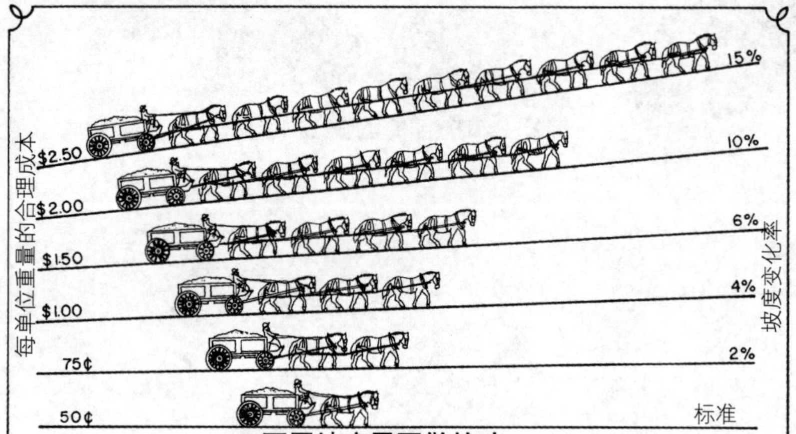

不同坡度需要做的功

每种情况车上都装载货物

为顺利穿过哥伦比亚河谷的崎岖地形，马车路的坡度通常在 10% 到 20% 之间。在玛利山的实验中，萨姆·兰卡斯特发现 5% 的坡度使下坡更加安全，上坡更加舒适。他用以上数据说明，缓坡还能降低货运成本。（插图来自华盛顿戈尔登代尔玛利山博物馆）

最小半径与弯道加宽

设计标准还包括最小为 200 英尺的转弯半径，这是为了避免山路中常见的危险急转弯。尽管有一些例外（参见下图），但它们半径也不会小于 100 英尺。为方便操控汽车，所有弯道都从 2 英尺拓宽到了 6 英尺，拓宽部位位于内侧弯道曲线与切线之间，并由中间到两端逐渐变窄。

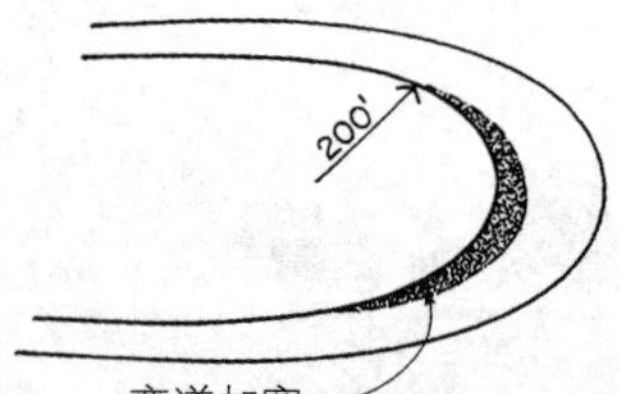

弯道加宽

路拱与超高

建路拱是土方修整的常规步骤。路面修成一定坡度，水会从路中间的高点流走，不会积聚在路面造成危险。然而在弯道中，这些斜坡会与曲线矢量一起使车辆偏离道路。弯道内倾能使道路向弯道内部倾斜，利用的是弯道的离心力。今天，这些道路超高使驾驶员在弯道上也可保持时速，而过去车辆在这些弯路上通常要减速才不至于偏离道路。老哥伦比亚河公园路的设计者说“任何需要建超高的弯路都是危险的，在这样的路段速度必须放慢，对于在时速 25 英里车内的乘客来说，任何情况下车辆速度都要足以避免侧滑；但是一般来说，车辆时速都要接近 15 英里”。最终，道路超高主要用于排水目的。

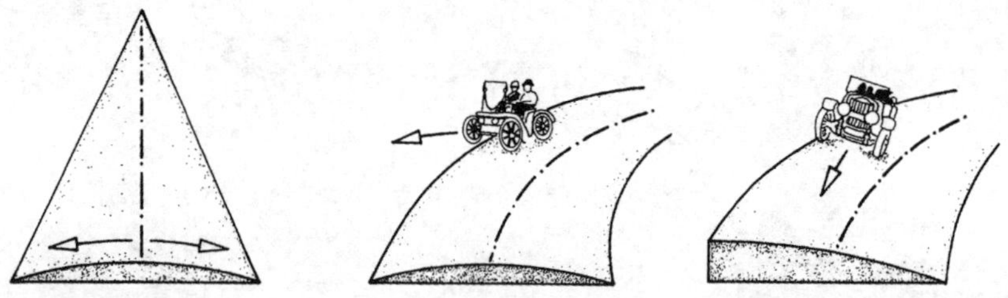

加高的路拱　　筑拱弯道　　倾斜的弯道

连续弯道

老哥伦比亚河公路是一条连续弯道路。除了呈现千变万化的景观，这些反向弯道还有其他几种用途。从长度来说，弯路比直路要长，相同两点间的坡度可以更加随意。连续弯道还比直路更加贴合自然地形，减少了对于大量挖方填方的需求，这些挖方和填方是今天公路与高速路的标志。或许最重要的是，连续弯路减少了两段弯路间潜在的平坦的点，路拱可能会在两段弯路中保持水平。弯路间积水对驾驶员可能是潜在的危险，还会损坏铺筑路面。

设备

在老哥伦比亚河公路中，建筑承包商通常使用人力、马和重型机械挖掘路基。例如，30 个人，配备一台 20 立方码铲斗的蒸汽挖土机、4 个英格索兰气钻、两辆 15 吨的小型电车及 30 个 4 立方码的矿石车，每天工作 8 小时，就可以运送 1600 立方码的表土和岩石。

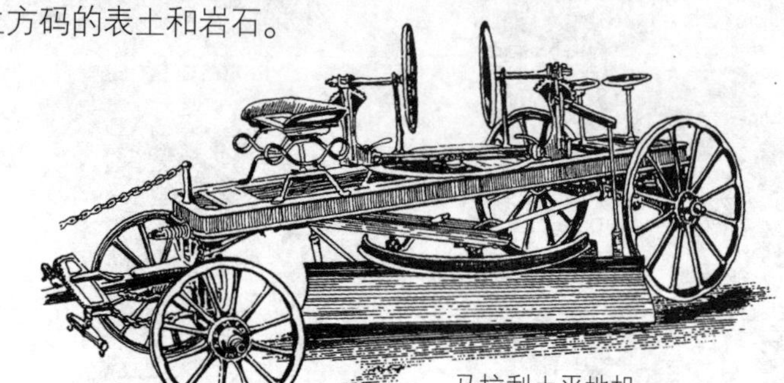

马拉刮土平地机

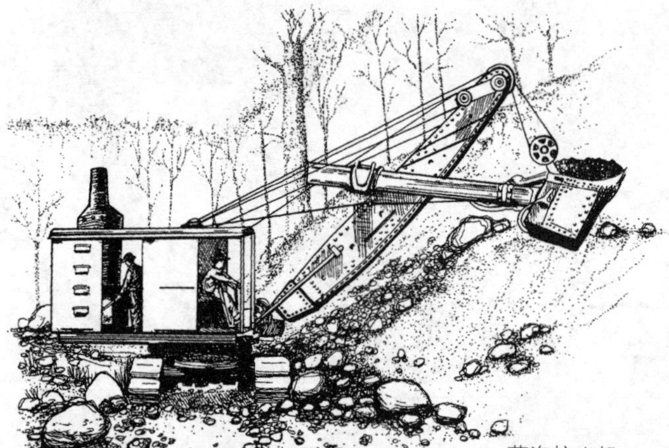

蒸汽挖土机

环路

在某些位置，可用土地的陡峭地形不能满足标准的最小半径或最小坡度。比如，从克朗点开始，道路环绕着悬崖直到拉托莱尔瀑布，道路需要在一块 40 英亩的土地上猛降 600 英尺。为了使这些点间“制造距离”，并将最大坡度保持在 5%，工程师在道路沿山而下时来回修建环路，并修建了几段弯路，每段转弯半径都不小于 100 英尺。为抵消与标准 200 英尺半径间的偏差，每减少 50 英尺转弯半径，工程师就降低 1% 的坡度。

八字形环路

（特劳特代尔历史协会）

胡德河环路

（俄勒冈州交通部）

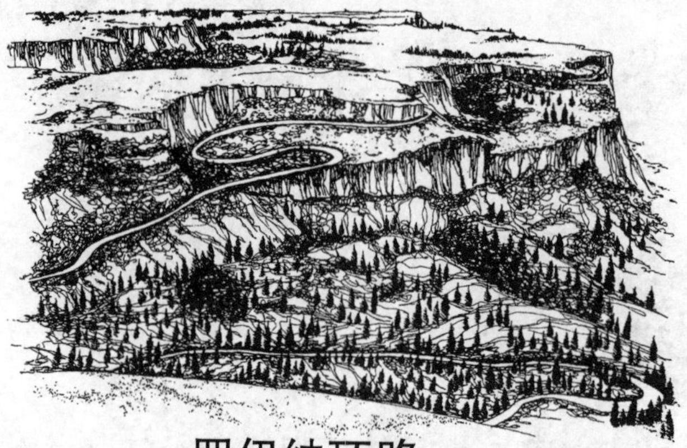

罗伊纳环路

（史蒂夫·莱尔）

HISTORIC AMERICAN ENGINEERING RECORD OR-36

SHEET 9 of 27

OREGON

HISTORIC COLUMBIA RIVER HIGHWAY 1913-22
LOCATED BETWEEN TROUTDALE AND THE DALLES ALONG THE COLUMBIA RIVER
MULTNOMAH CO.

TROUTDALE VIC.

DELINEATED BY: Helen Selph & Elaine G. Pierce 1995

NATIONAL PARK SERVICE
UNITED STATES DEPARTMENT OF THE INTERIOR

老哥伦
比亚河
公路

铺路与排水

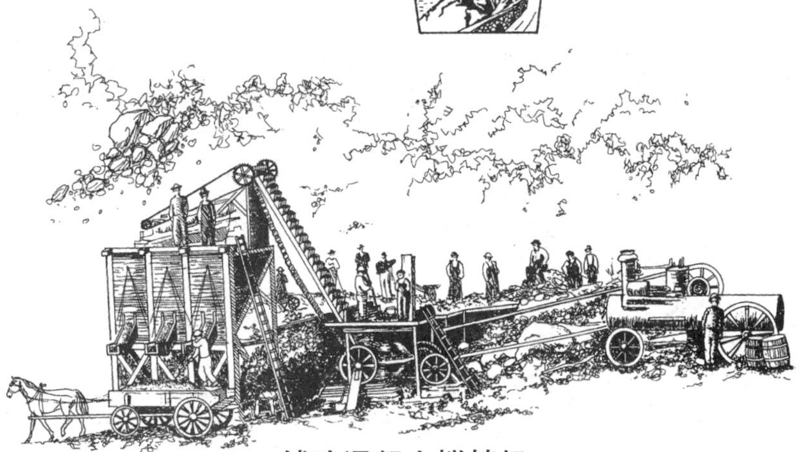

铺路混凝土搅拌机

玛利山路实验

从 1909 年到 1913 年，古德路发起人塞缪尔・希尔在他位于哥伦比亚河旁的华盛顿庄园出资修建了玛利山环路。希尔自掏腰包，耗资超过 10 万美元，就为了向世人证明柏油路将成为未来流行的路面。

在塞缪尔・C・兰卡斯特的指导下，玛利山路的修建成为一项实验，测试七种不同铺砌法的耐久性。在其中三种方法中，一种由分层石块与泥土构成的标准“水结”沥青碎石路面覆盖着各种沥青油脂和筛选石的混合物，这些厚重的混合物不能充分地结合路面。第四种方法中，沥青油脂中没有加入石块，各层中也没有掺入泥土，轻质油脂便能更彻底地渗透石层，然而这种路面却不够坚固。另两种方法中，一种标准碎石路表面希先覆盖油与沙的混合物，随后对这种混合物进行碾压，但是分层路的水结性仍然阻碍着路面处理的内部渗透。最终，兰卡斯特修建了一条普通的土结碎石路，没有进行沥青处理。

最后，希尔和兰卡斯特用石蜡石油铺筑老哥伦比亚河公路，这是一种获专利的沥青混凝土路面，由碎石和沥青组成。工程师把这种路面的耐久性归功于一英寸的石块，尽管 1/2 英寸才是标准尺寸。公路由 2 英寸厚的浓缩沥青混凝土层构成，这些沥青混凝土趁热铺在碎石与老碎石路构成的路基上。碾压后，路面再加铺一层沥青平齐层。

哥伦比亚河
1916年

覆盖 32 平方米的混凝土排水管道

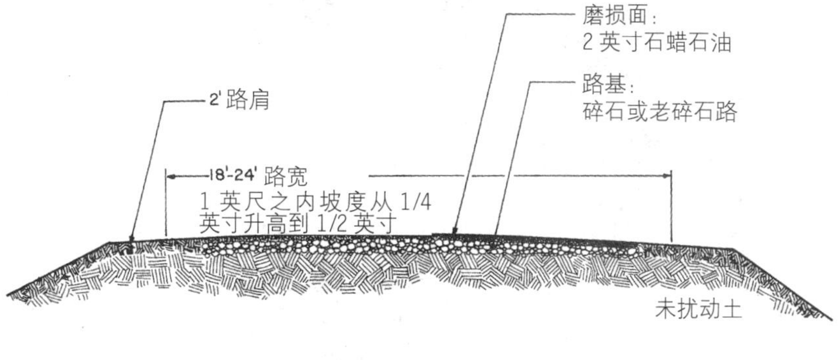
磨损面：
2 英寸石蜡石油
路基：
碎石或老碎石路
2' 路肩
18'-24' 路宽
1 英尺之内坡度从 1/4 英寸升高到 1/2 英寸
未扰动土

典型道路截面图

排水设施

路基的质量决定了道路的质量，而水是路基的大害。老哥伦比亚河公路的设计者们非常熟悉太平洋西北部的惊人雨量，也知道哥伦比亚河谷道路养护的巨大困难。用路拱、下水道、路缘和排水沟将积水从路基排出的方法是乡村地区应用最早的保护措施之一。

French drains 排水沟是公路上最常用的排水设施，它能在积水流进路基前将其截住。在这个系统中，不短于 18 英尺长的沟渠沿路修建，其中填满了碎石或回填碎石。排水瓦管为应对更大雨量。

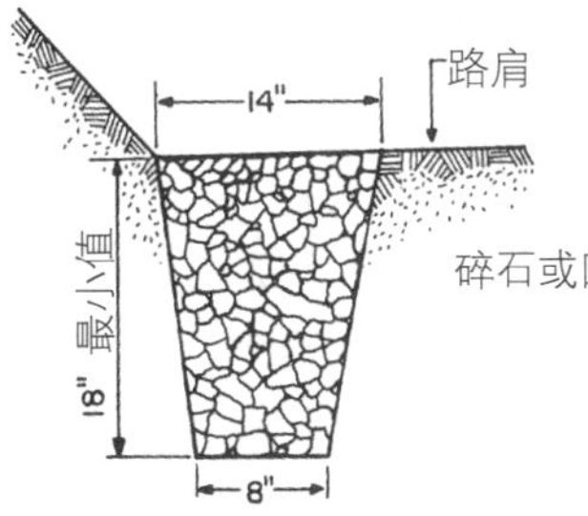
14"
路肩
碎石或回填碎石
18" 最小值
8"

石砌盲沟

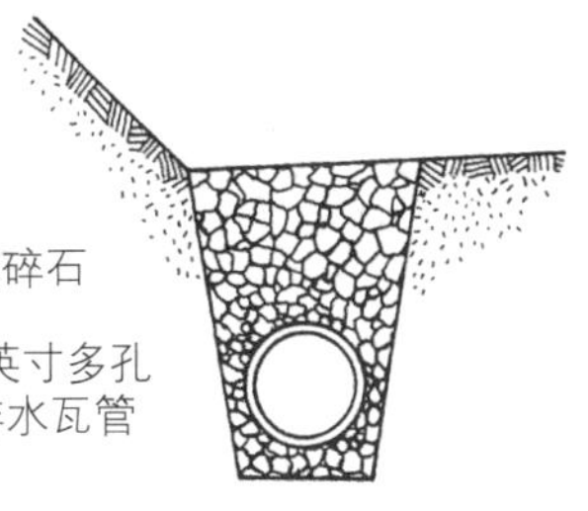
6 英寸多孔
排水瓦管

多孔排水瓦管

Gutters 排水沟应用于几处位置。这些浅铺面排水渠将路面积水运送到远离路基的排水口。侧沟是修建在路缘外侧的排水沟。

Curbs 路缘在老哥伦比亚河公路中发挥以下几种功能。它们防止路面积水流入路基，还能稳固道路边缘，使道路呈现更加完美的外观。另外，当车辆在危险位置偏离道路时，路缘还起到防护作用。

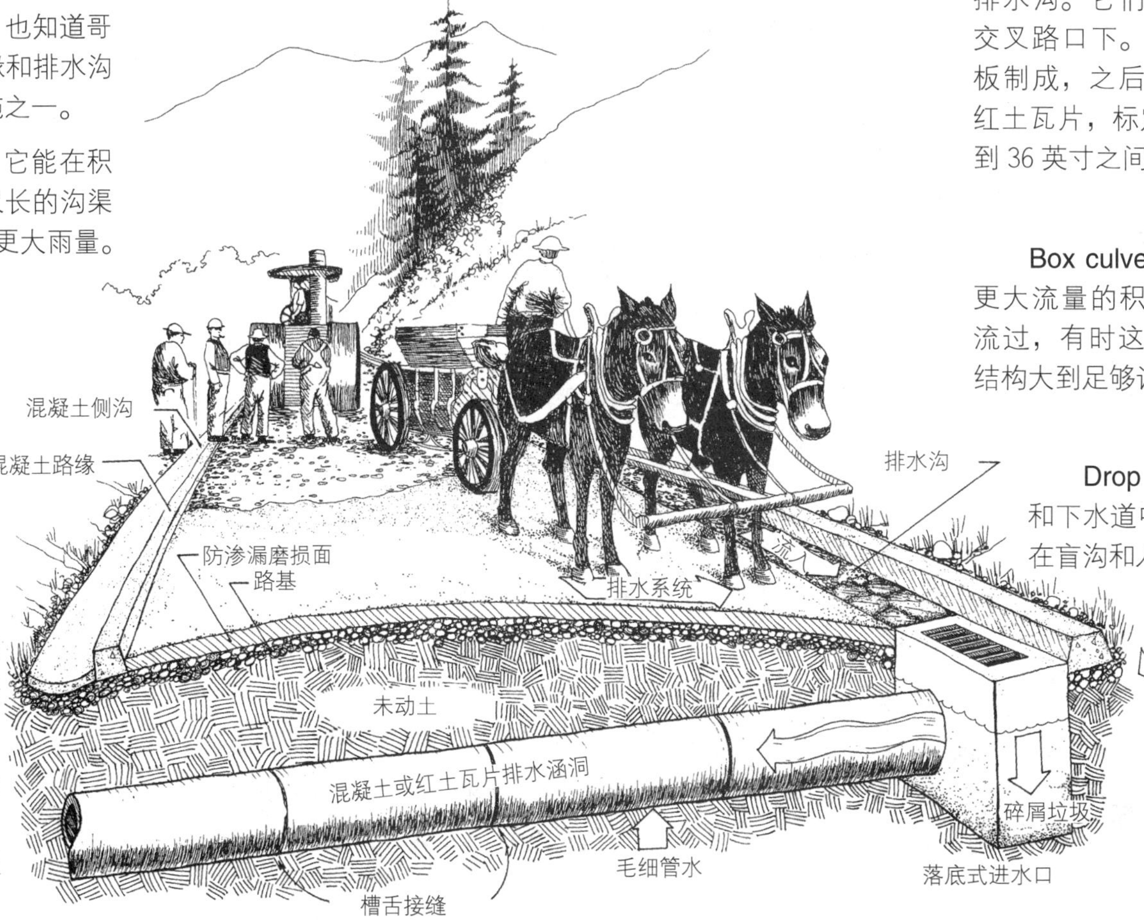
混凝土侧沟
混凝土路缘
防渗漏磨损面
路基
排水系统
排水沟
未动土
混凝土或红土瓦片排水涵洞
碎屑垃圾
毛细管水
落底式进水口
槽舌接缝

Pipe culverts 管涵承载着路基下的横向排水系统和小型排水沟。它们也应用于公路的交叉路口下。最早的管道由木板制成，之后变成了混凝土或红土瓦片，标定直径为 12 英寸到 36 英寸之间。

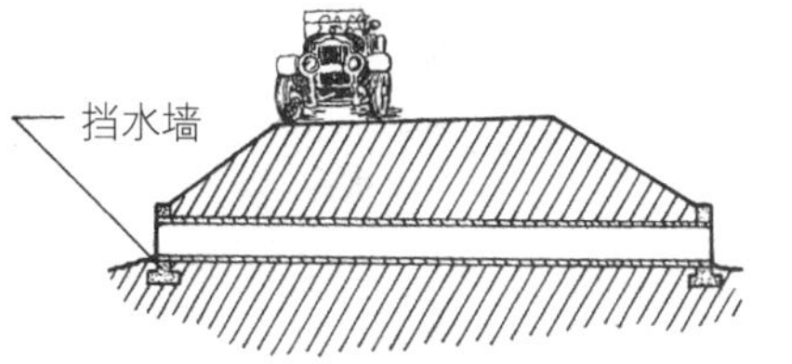
挡水墙

Box culverts 箱式涵洞使得更大流量的积水在路面下安全流过，有时这些大型矩形砖石结构大到足够让牲畜通行。

Drop inlets 落底式进水口是一种小型滤污器，它能将排水沟和下水道中的水导入横向涵洞中。下图中，大型可移动石块安放在盲沟和入水口之间，便于清理积聚的碎屑垃圾。

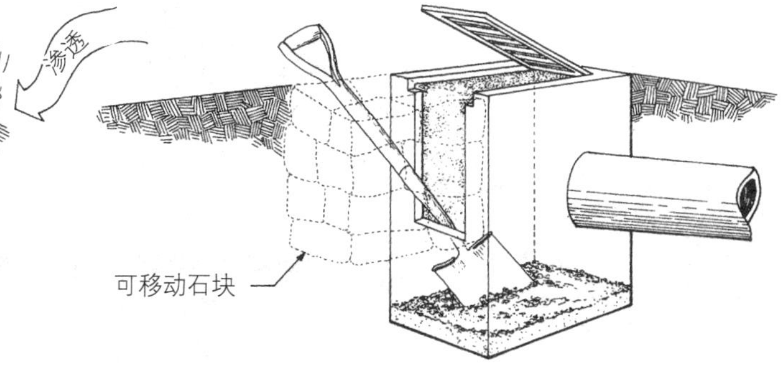
渗透
可移动石块

DELINEATED BY: Helen Selph & Elaine G. Pierce 1995

HISTORIC COLUMBIA RIVER HIGHWAY RECORDING PROJECT
NATIONAL PARK SERVICE
UNITED STATES DEPARTMENT OF THE INTERIOR

HISTORIC COLUMBIA RIVER HIGHWAY 1913-22
LOCATED BETWEEN TROUTDALE AND THE DALLES ALONG THE COLUMBIA RIVER
MULTNOMAH CO. TROUTDALE VIC. OREGON

HISTORIC AMERICAN ENGINEERING RECORD
OR-36

SHEET 10 OF 27

老哥伦比亚河公路

栏杆

护栏或护篱是一种路边安全装置，它能保障引桥、弯道及其他危险地点的交通安全，还能起到警示标志的作用，更能防止车辆偏离道路。护栏有多重类型，通常取决于与地形是否相称，交通需求及建造材料是否易得。至少有七种护篱应用在老哥伦比亚河公路之中。

20 世纪 30 年代，为更适应交通，一条通往沙河（斯塔克街）桥的道路被拓宽。新建的“质朴”砌体护栏取代了过去的碎石路障。砂浆砌合的玄武岩墙设计普及到全国的公园道路建设中，成为美国公用道路局的建设标准。

俄勒冈州公路局在 1910 年之后开始在老哥伦比亚河公路及全州建立“标准护篱”。这种护篱的柱板设计建造成本低廉，形态醒目，而且外形美观。

公路局还在老哥伦比亚河公路应用了一种“标准拱形砌体护栏”。这种设计有多种变体，不过它们都由滑动面砂浆砌合墙构成，墙由乱砌毛石建造，设有拱形排水口和混凝土压顶。砌体护栏比其他类型的护栏建造成本昂贵，但维护成本低廉。

“混凝土拱和混凝土压顶”只出现在老哥伦比亚河公路的两座桥梁和两座高架桥中。它由加固混凝土护栏压顶和立柱以及混凝土灰浆和板条拱构成。其设计延续了整条公路中砌体护栏及桥梁的拱形主题。

“柱绳栏杆”出现在胡德河附近，可以追溯到 20 世纪 30 年代或 20 世纪 40 年代。经验证明单独的轻质木护栏不能阻挡车辆，用绞合线代替上栏杆可以为汽车驾驶者提供额外保护。

20 世纪 90 年代初开始被俄勒冈州交通局应用的“护栏”使人回忆起过去的“标准护栏”。然而，借助钢背和大尺寸设计，它同样达到了如今的撞击标准。

“C”形栏杆遍布整条公路，在 20 世纪 30 年代及 20 世纪 40 年代成为“标准护栏”的普遍替代品，它能更有效地阻挡失控汽车。俄勒冈州交通局翻修公路时，用现代护栏代替了这种护栏。

“W”形栏杆从 20 世纪 40 年代直到 20 世纪 80 年代都是老“标准护栏”或“C”形护栏的普遍替代品。俄勒冈州交通局同样用现代护栏将其取而代之。

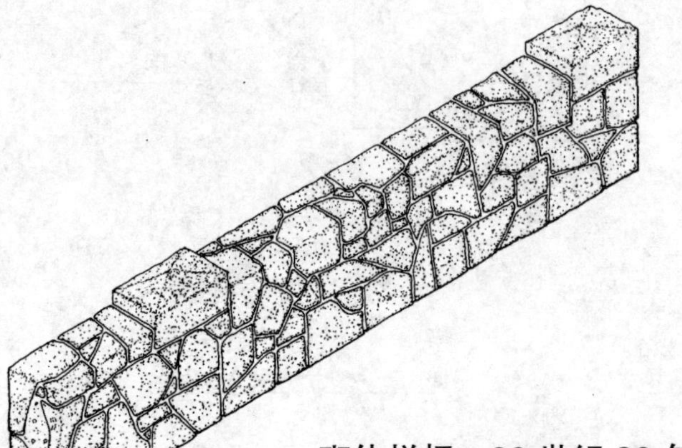

砌体栏杆，20 世纪 30 年代
美国公用道路局
沙河（斯塔克街）桥
（坚固的石块）

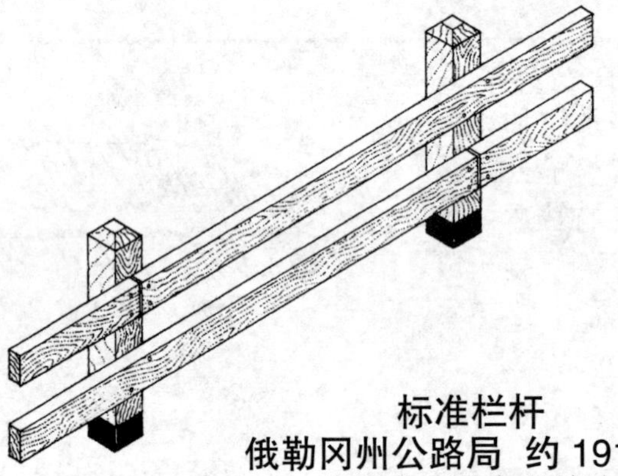

标准栏杆
俄勒冈州公路局 约 1915 年
最初位于整条公路边
现已不存在
（无钢材料）

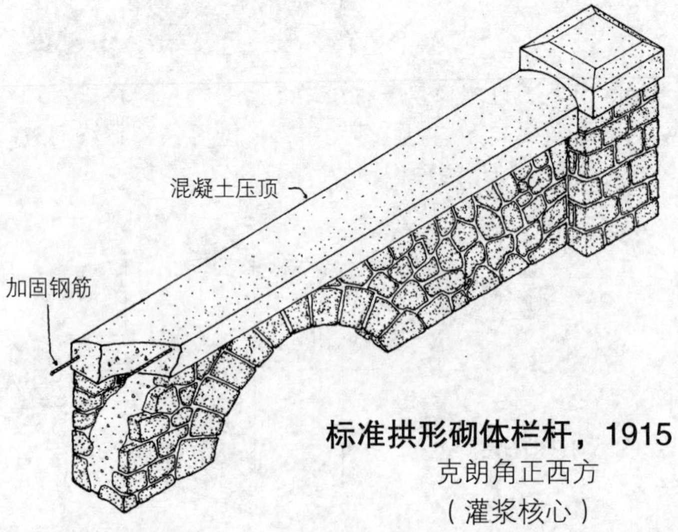

标准拱形砌体栏杆，1915 年
克朗角正西方
（灌浆核心）

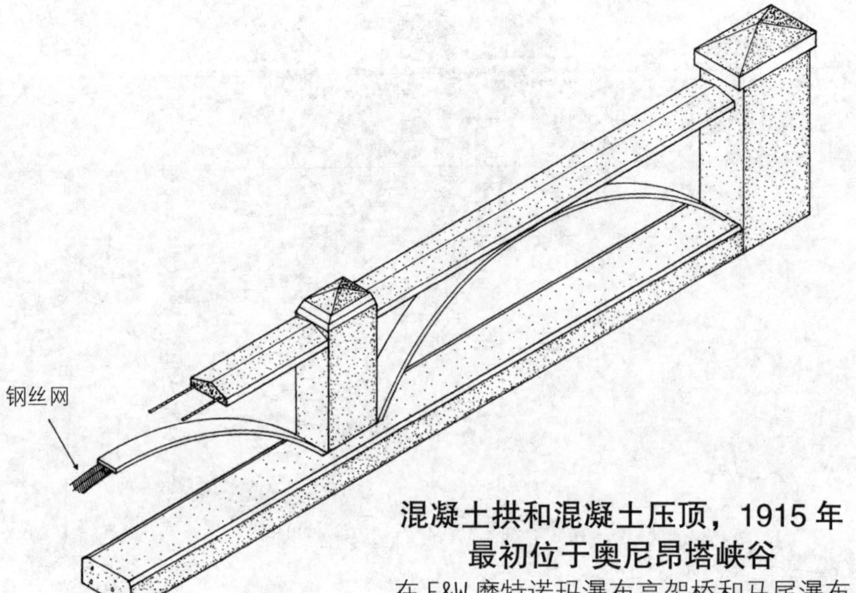

混凝土拱和混凝土压顶，1915 年
最初位于奥尼昂塔峡谷
在 E&W 摩特诺玛瀑布高架桥和马尾瀑布
重新修建

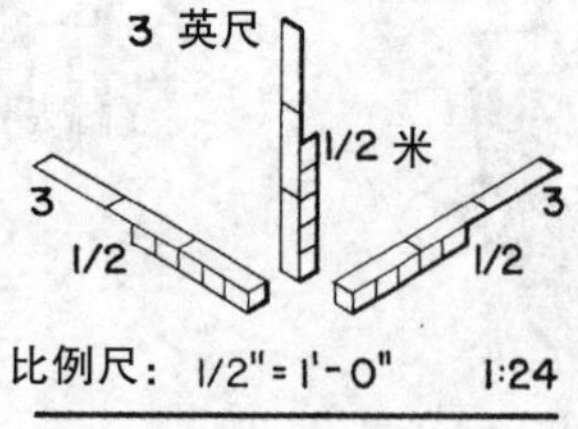

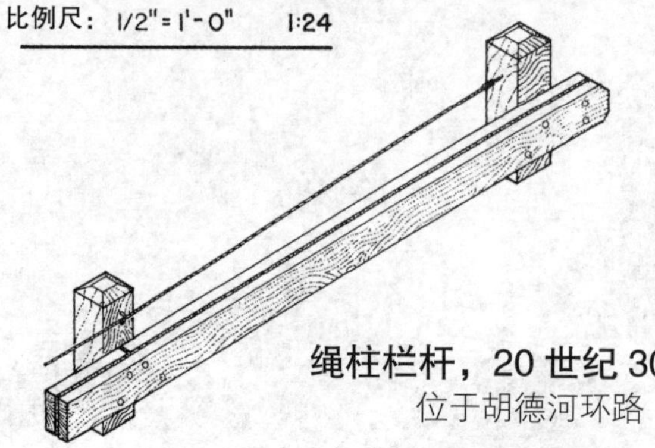

绳柱栏杆，20 世纪 30 年代
位于胡德河环路

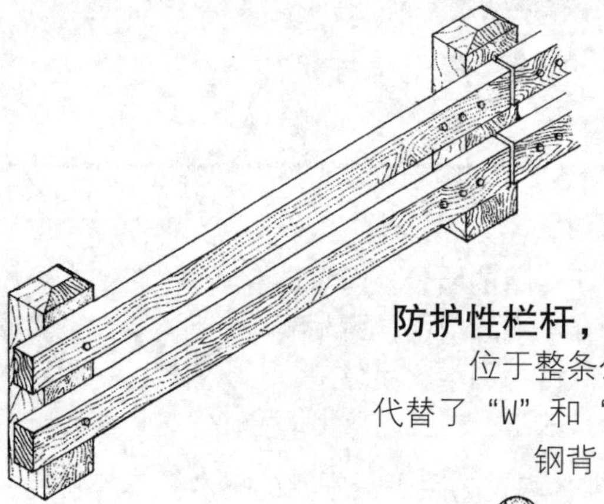

防护性栏杆，1987 年
位于整条公路
代替了“W”和“C”形护栏
钢背

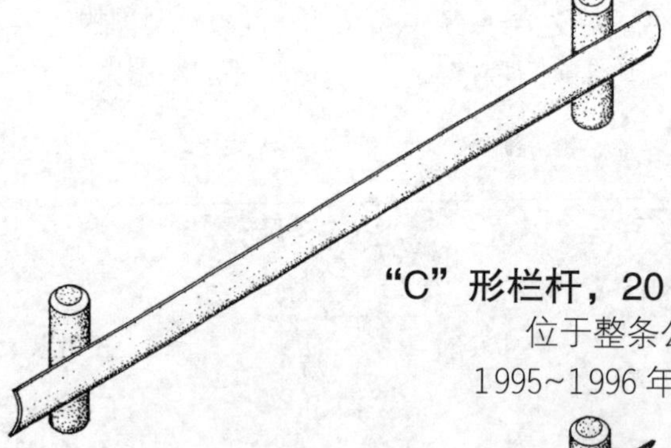

“C”形栏杆，20 世纪 50 年代
位于整条公路
1995~1996 年被取代

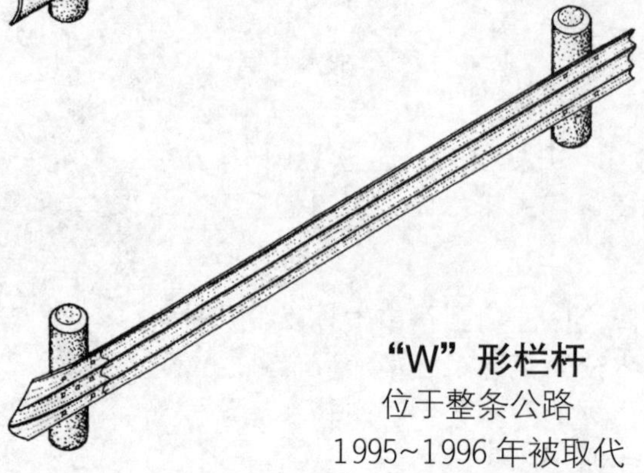

“W”形栏杆
位于整条公路
1995~1996 年被取代

HISTORIC COLUMBIA RIVER HIGHWAY 1913-22
LOCATED BETWEEN TROUTDALE AND THE DALLES ALONG THE COLUMBIA RIVER
MULTNOMAH CO.
OREGON
TROUTDALE VIC.
SHEET 11 of 27
HISTORIC AMERICAN ENGINEERING RECORD
OR-36
DELINEATED BY: Christine Rumi 1995
NATIONAL PARK SERVICE
UNITED STATES DEPARTMENT OF THE INTERIOR

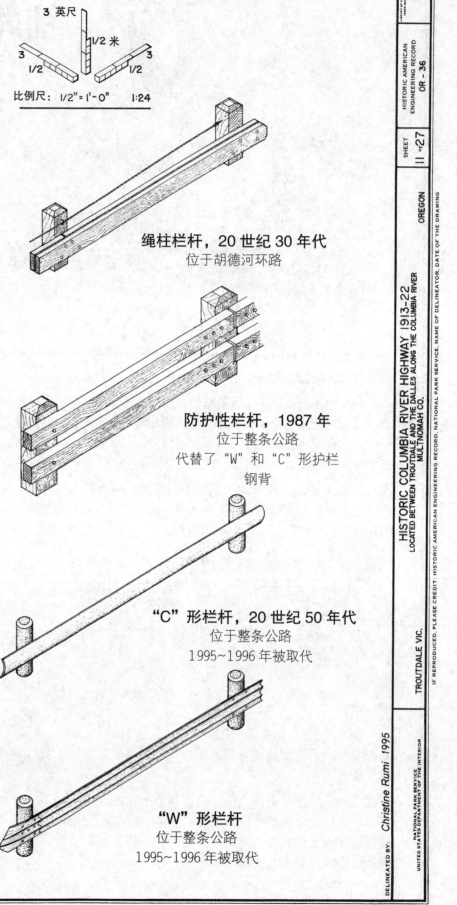

老哥伦比亚河公路

砌体结构

（信息来自 1995 年对石匠大师理查德·菲克斯的采访）

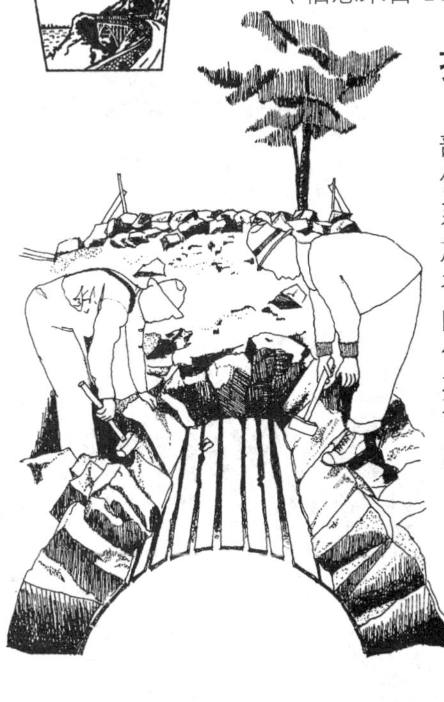

打磨

尽管一些石料最远取自 1 英里之外，大部分石料都来自施工地点。移动大石块需要使用手摇星形钻在石块上钻孔，在孔中插入系索栓。工人们在栓上系绳子，将石块运到施工地点。之后使用榫牙和楔子将石块打碎。在这项技术中，榫牙沿破裂线以 4~6 英寸的间距嵌入钻孔中。为了控制破裂程度，石匠们沿破裂线轻轻敲击楔子。不断重复这一系列操作，直到石块破裂。破裂后的小石块就可以用手锤和凿石锤手工打磨。石料仍新鲜时打磨效果最好，通常在开采后一个月内。

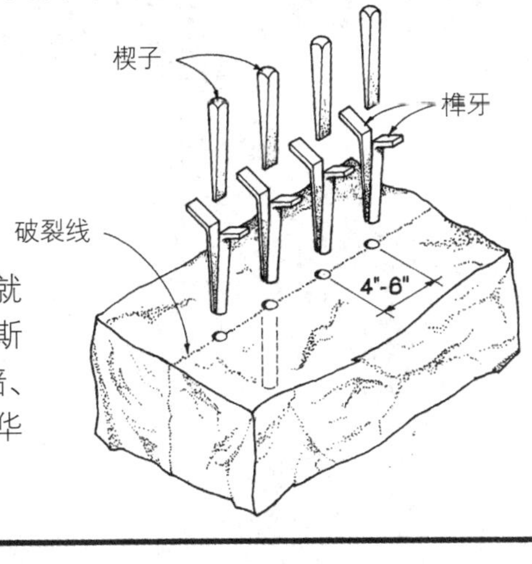

楔子
榫牙
破裂线
4"-6"

老哥伦比亚河公路最大特征之一就是砌体结构。如上图所示，萨姆·兰卡斯特雇佣意大利工匠建造了大量的挡土墙、拱形护墙、止水带和涵洞。（图片由华盛顿戈尔登代尔的玛利山博物馆提供）

图案

乱砌毛石，如下方的步骤 3 所示，是用不规则形状的岩石铺砌成无特殊意义的图案。这种方法显示了每个石匠的个人风格。一些石匠更喜欢小一些的石块，而另一些石匠把时间用在打磨石块或修整石块接缝处。

琢石图案，如右侧的挡土墙所示，是分层铺砌结构，注重每层高度的统一。若一堵墙是琢石镶面，通常背面都是乱砌毛石镶面。

拱形

尽管公路上许多拱形墙洞外形美观，它们却有着更加实用的功能——排水。公路上，一堵坚固的墙背后的积水会损坏路面，也会慢慢侵蚀这堵墙。路边有几处墙洞是半圆形的，但是如下所示的半椭圆拱应用更加广泛，原因有以下几个：对于同样的 30 英寸长护栏，半椭圆拱跨度比半圆形拱更长，而对于一定长度的墙，拱数越少意味着需要的石料越少。更重要的是，修建半椭圆拱不需要太多人力。半圆形拱中，拱石外形大体一致，石匠需要打磨每一块石料使其形状一致。相反，半椭圆拱更加平滑，一旦底部的曲面石料雕刻成型，余下的石料便会更易成直线形，也就更容易打磨。

灰浆接缝

墙壁建好之后，石匠便清理混凝土浆接缝，或勾出凹槽，深度为 1 英寸到 1 1/2 英寸。之后用小水泥浆袋装的圬工砂为原料的装饰砂浆填补凹槽。多余砂浆用于“接合石块”或均匀涂抹在墙上来掩饰不平整之处，形成统一的接缝宽度。在有些位置，石匠使用圆凸勾缝将平滑接缝变成圆凸或凹形接缝。

理想情况下，这种砂灰修饰要在墙壁还未干时进行，这样结合才够紧密。然而在老哥伦比亚河公路中，工人经常在水泥浆涂抹后一天才到达施工地，由此造成的“冷接”导致了今天看到的接缝剥落现象。

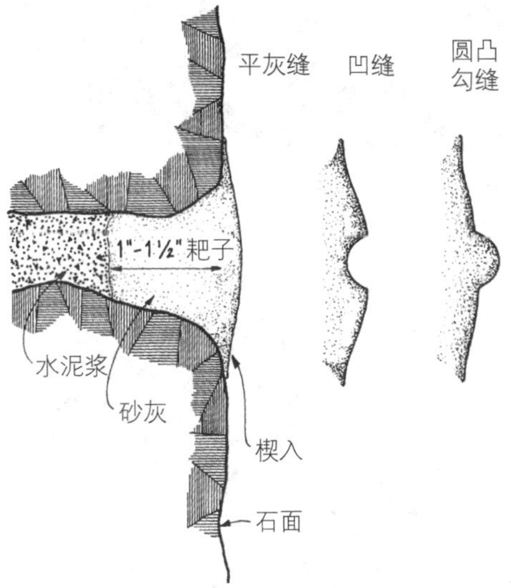

平灰缝
凹缝
圆凸
勾缝
1"-1½" 耙子
水泥浆
砂灰
楔入
石面

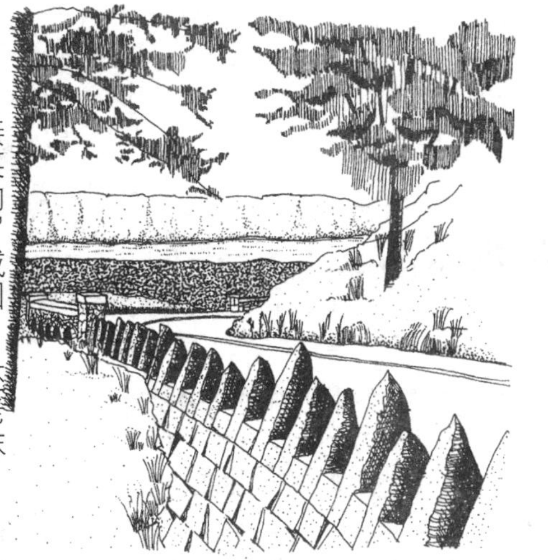

挡土墙和护石

挡土墙沿公路修建了几英里。这些墙是干砌而成，积水可以从路基中排出，不会对其造成损坏。石匠用定位板和千斤绳保证这些墙的坡度一致。修建墙时，工人们站在由墙内木料支撑的木板上。墙建成以后，这些木料就留在原处，并沿墙面处锯断。大量挡土墙顶部都修筑了护石，它们与墙体坡度一致，能防止车辆冲出道路。石匠们用凿石锤雕琢成了它们内表面的半圆形状。（上图由俄勒冈州历史协会提供）

过程：在老哥伦比亚河公路修建滑模灰浆墙

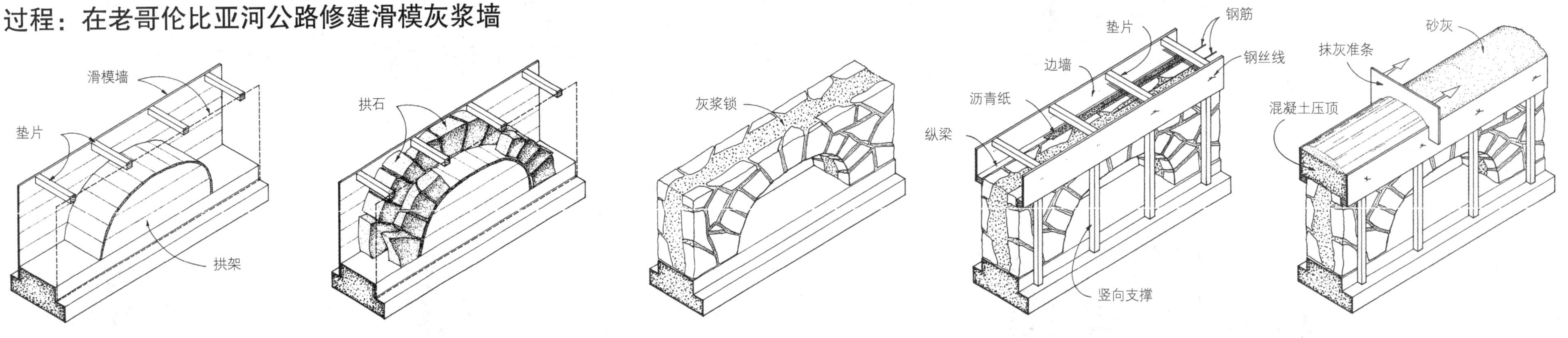

滑模墙
垫片
拱架
拱石
灰浆锁
垫片
钢筋
边墙
钢丝线
沥青纸
纵梁
竖向支撑
砂灰
抹灰准条
混凝土压顶

1. 建立模型

这是在一个稳固的表面上完成的，比如挡土墙或混凝土地基表面。

2. 铺砌石块

首先用灰泥铺砌拱石，剩余的石块边用灰泥涂抹边铺砌，直至“铺砌到指定高度”。

3. 除去模板 & 修饰接缝

（见上方“灰浆接缝”）

4. 修建压顶模型

修建竖向支撑，纵梁，边墙。绑扎铁丝，安放钢筋，插入垫片。将沥青纸垫在底层接缝处。

5. 浇注 & 修饰压顶

灌入混凝土并用匀泥板拌匀。用砂灰和匀泥板使其成型。凝固后剪掉铁丝，清除模板。

HISTORIC COLUMBIA RIVER HIGHWAY 1913-22
LOCATED BETWEEN TROUTDALE AND THE DALLES ALONG THE COLUMBIA RIVER
MULTNOMAH CO. OREGON
TROUTDALE VIC.

SHEET 12 of 27

HISTORIC AMERICAN ENGINEERING RECORD OR-36

DELINEATED BY Elaine G. Pierce 1995

NATIONAL PARK SERVICE
UNITED STATES DEPARTMENT OF THE INTERIOR

高架桥

（照片来源位于每幅插图下）

老哥伦
比亚河
公路

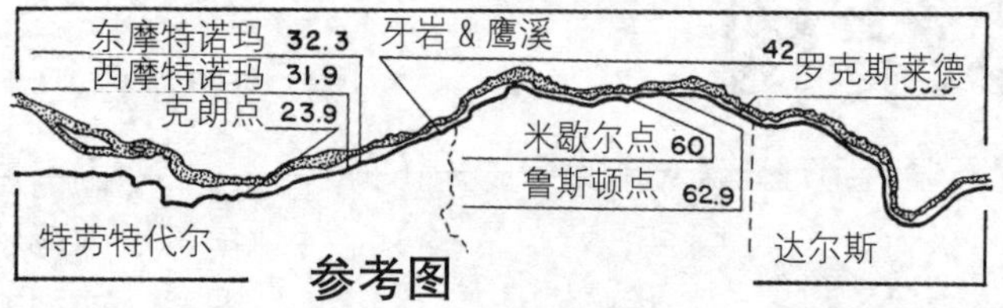
东摩特诺玛 32.3
西摩特诺玛 31.9
克朗点 23.9
牙岩 & 鹰溪
42 罗克斯莱德
米歇尔点 60
鲁斯顿点 62.9
特劳特代尔
达尔斯

参考图

跨越深沟

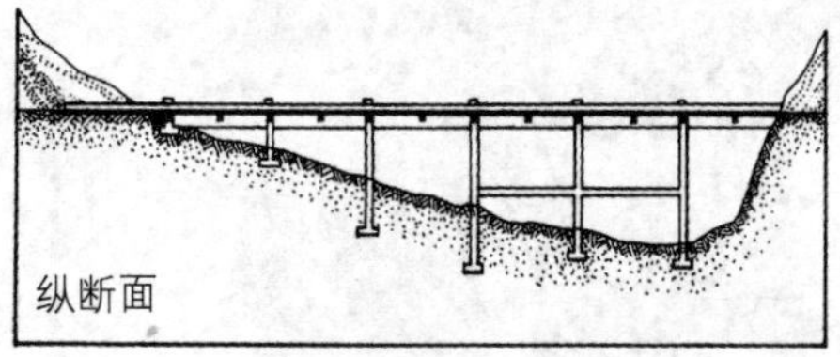
纵断面

对米切尔点隧道的西侧通道来说，很有必要使道路跨越岩屑坡深沟，连通岩架与隧道入口。工程师建造了192英尺的高架桥跨越这个深沟。这座高架桥由一系列小型加固混凝土板桥组成，桥墩位于每座小桥两端。

建路基

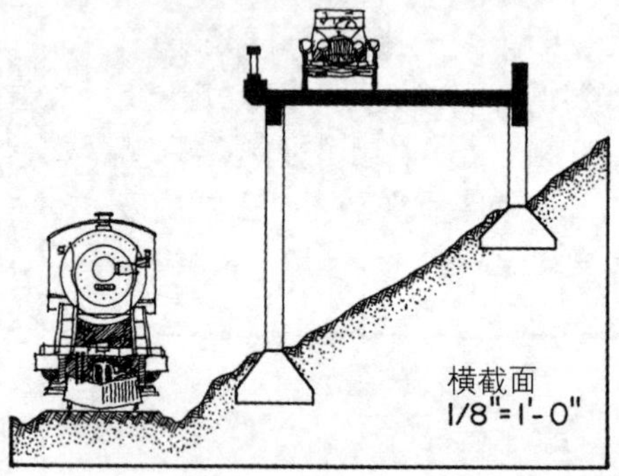
横截面
1/8"=1'-0"

贯通摩特诺玛瀑布东西方向的道路位于一处陡峭的山坡和“俄勒冈—华盛顿铁路及运输公司”铁路干线之间。该铁路现在叫做“联合太平洋铁路”，从河边经过。该地区的地形使建设中出现了典型的挡土墙难题。即使在山坡下进行最轻微的挖填操作，在灌木与乔木的作用下，都会造成岩屑崩落将公路掩埋并阻断铁路。

解决方法就是修建高架桥，高架桥固定在斜坡上，下方支柱高度不一。高架桥依山坡而建，几乎悬挂在山腰。当火车极其危险地逼近铁路干线区时，高架桥的这种结构会保持火车上方一定的垂直净空。1921年风暴袭击之后，东高架桥急需加固，因此每隔一个支柱后面修建了支撑墙。

米切尔点，1915年
（M·谢尔曼，et al，哥伦比亚河谷）

西摩特诺玛，1914年
（俄勒冈州公路工程局首期年度报告，1914年）

东摩特诺玛，1914年
（S·C·兰卡斯特，哥伦比亚河，美国大公路）

绕过山腰

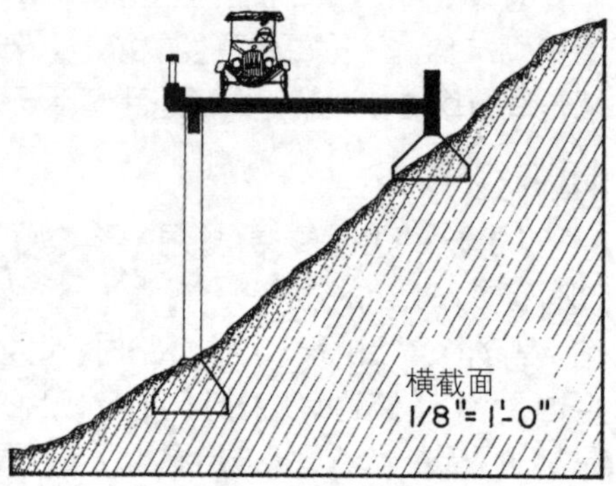
横截面
1/8"=1'-0"

工程师为公路的几处位置设计了半高架桥以绕过山腰。半高架桥更像是支柱高度不等的高架桥，只不过它们的内部排架只由基脚构成，且内部立面被锚定进山坡或砌体墙。由于半高架桥的设计不引人注目，汽车驾驶者经常意识不到他们正在穿越一条精心设计的建筑物，还以为只是普通的地面道路。

为建一条7英尺宽的人行道及路缘，需要进行挖填操作。560英尺长的克朗点高架桥（28 20英尺加固混凝土桥面板）避免了这一不必要的操作。其设计还包括一个4英尺高的外部护栏及混凝土灯杆，灯杆用于夜间照明。

河流之上，牙岩和鹰溪高架桥（224英尺）环绕着牙岩，这是一个高耸的玄武岩悬崖。高架桥下方就是鹰溪。设计只在护栏处理方面存在差异：牙岩高架桥使用混凝土轴和压顶设计，而鹰溪高架桥使用砌体护栏和混凝土压顶设计。

鲁斯顿角高架桥（50英尺）由三个加固混凝土桥面梁跨组成，它临近胡德河西部的一个海角。鲁斯顿角高架桥使用的是简单的标准混凝土护栏板和护栏压顶。

34英尺的罗克斯莱德高架桥位于马塞尔双隧道西侧不远处。高架桥不间断的路面及连续的拱形碎石护栏使你在路上很难辨认出桥跨。

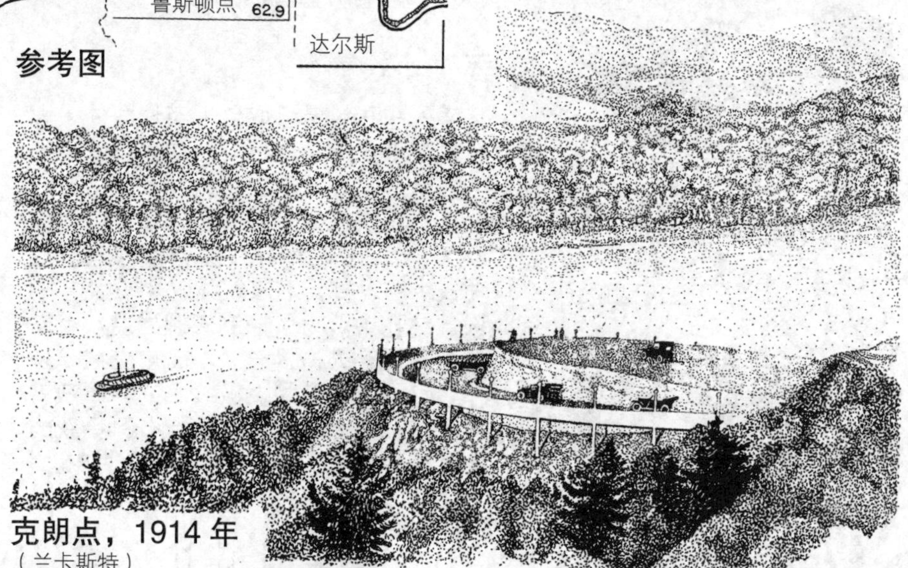

克朗点，1914年
（兰卡斯特）

牙岩，1915年
（兰卡斯特）

鹰溪，1915年
（玛利山艺术博物馆）

鲁斯顿点1918
（D·A·史密斯，et al，俄勒冈州历史公路桥梁）

罗克斯莱德，1920年
（史密斯）

HISTORIC COLUMBIA RIVER HIGHWAY 1913-22
LOCATED BETWEEN TROUTDALE AND THE DALLES ALONG THE COLUMBIA RIVER
MULTNOMAH CO. OREGON
HISTORIC AMERICAN ENGINEERING RECORD OR-36
SHEET 13 of 27
TROUTDALE VIC.
DELINEATED BY: V. V. Simonenko & Elaine G. Pierce 1995
NATIONAL PARK SERVICE
UNITED STATES DEPARTMENT OF THE INTERIOR

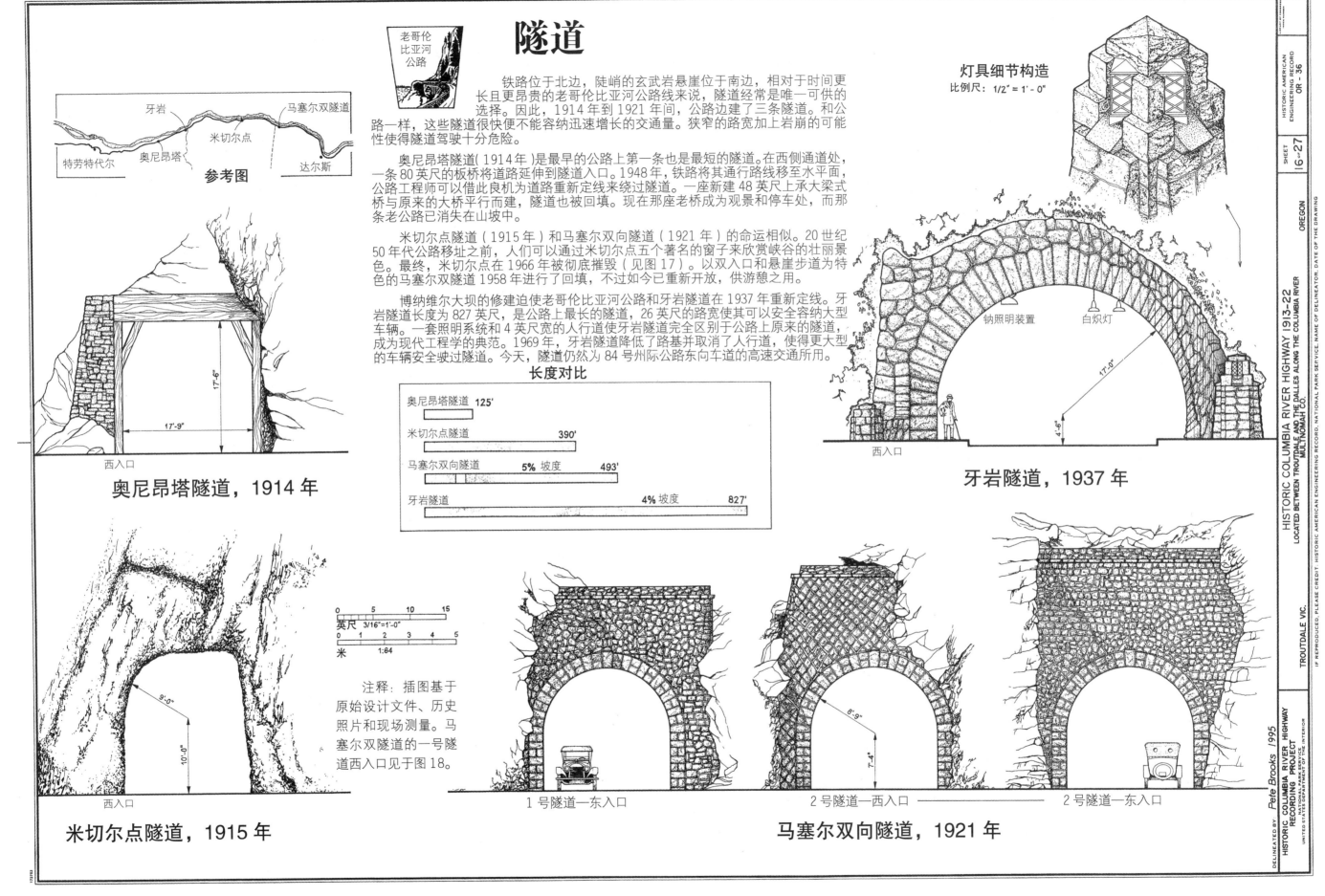

老哥伦比亚河公路

隧道

铁路位于北边，陡峭的玄武岩悬崖位于南边，相对于时间更长且更昂贵的老哥伦比亚河公路线来说，隧道经常是唯一可供的选择。因此，1914 年到 1921 年间，公路边建了三条隧道。和公路一样，这些隧道很快便不能容纳迅速增长的交通量。狭窄的路宽加上岩崩的可能性使得隧道驾驶十分危险。

奥尼昂塔隧道(1914 年)是最早的公路上第一条也是最短的隧道。在西侧通道处，一条 80 英尺的板桥将道路延伸到隧道入口。1948 年，铁路将其通行路线移至水平面，公路工程师可以借此良机为道路重新定线来绕过隧道。一座新建 48 英尺上承大梁式桥与原来的大桥平行而建，隧道也被回填。现在那座老桥成为观景和停车处，而那条老公路已消失在山坡中。

米切尔点隧道（1915 年）和马塞尔双向隧道（1921 年）的命运相似。20 世纪 50 年代公路移址之前，人们可以通过米切尔点五个著名的窗子来欣赏峡谷的壮丽景色。最终，米切尔点在 1966 年被彻底摧毁（见图 17）。以双入口和悬崖步道为特色的马塞尔双隧道 1958 年进行了回填，不过如今已重新开放，供游憩之用。

博纳维尔大坝的修建迫使老哥伦比亚公路和牙岩隧道在 1937 年重新定线。牙岩隧道长度为 827 英尺，是公路上最长的隧道，26 英尺的路宽使其可以安全容纳大型车辆。一套照明系统和 4 英尺宽的人行道使牙岩隧道完全区别于公路上原来的隧道，成为现代工程学的典范。1969 年，牙岩隧道降低了路基并取消了人行道，使得更大型的车辆安全驶过隧道。今天，隧道仍然为 84 号州际公路东向车道的高速交通所用。

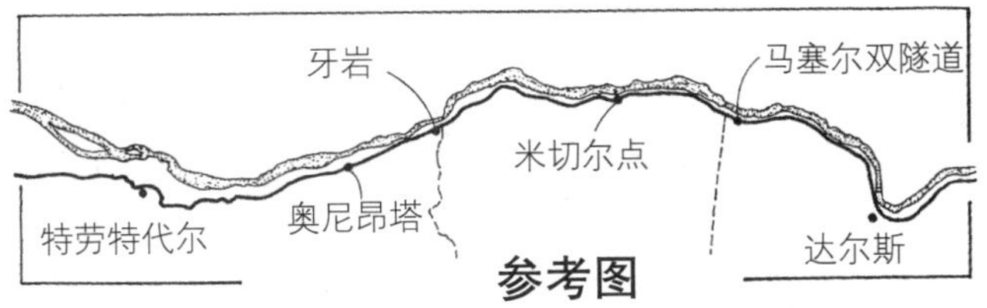

牙岩
马塞尔双隧道
米切尔点
特劳特代尔
奥尼昂塔
达尔斯

参考图

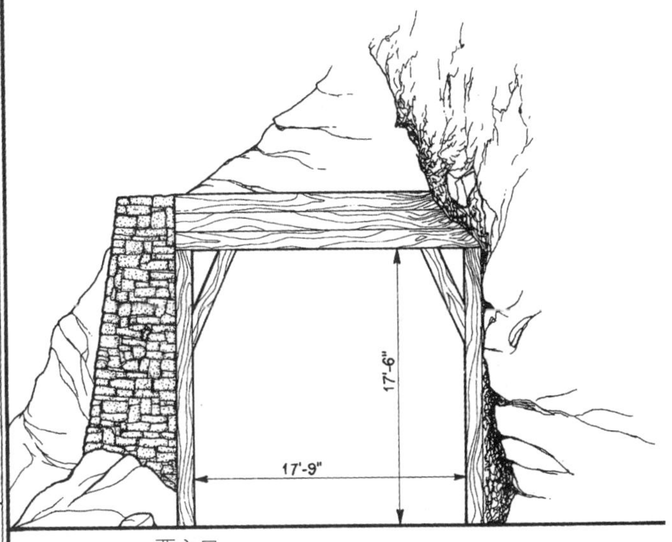

17'-6"
17'-9"
西入口

奥尼昂塔隧道，1914 年

长度对比

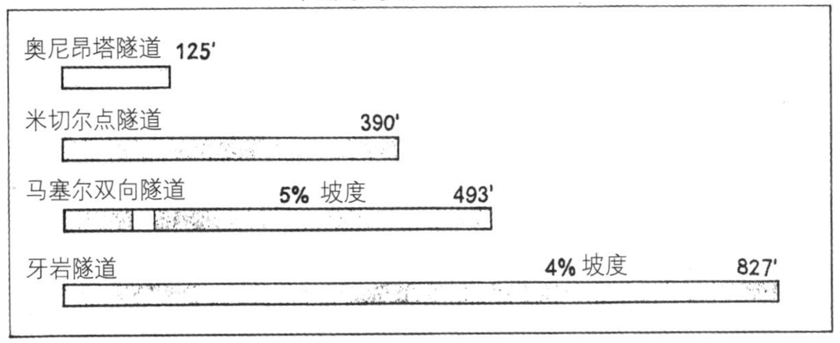

奥尼昂塔隧道 125'
米切尔点隧道 390'
马塞尔双向隧道 5% 坡度 493'
牙岩隧道 4% 坡度 827'

灯具细节构造

比例尺：1/2" = 1'- 0"

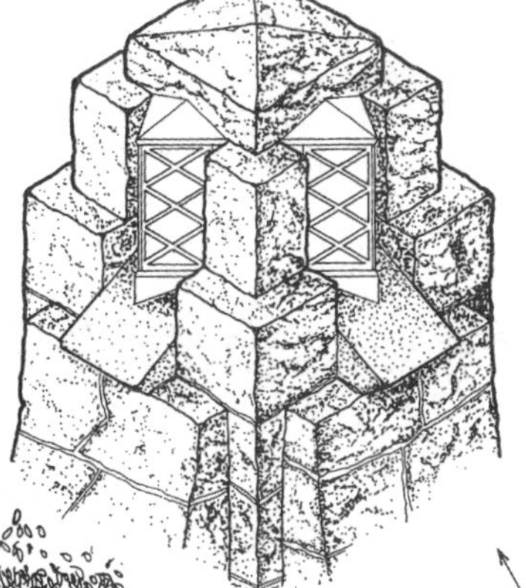

钠照明装置
白炽灯
17'-0"
4'-6"
西入口

牙岩隧道，1937 年

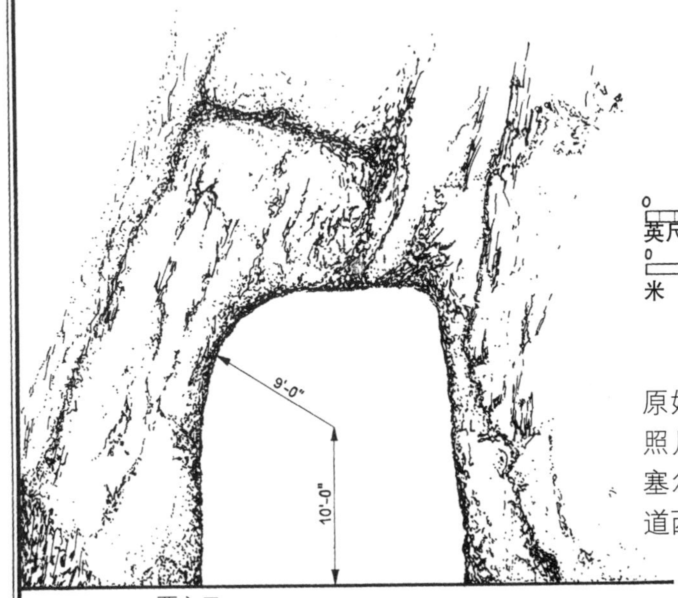

9'-0"
10'-0"
西入口

米切尔点隧道，1915 年

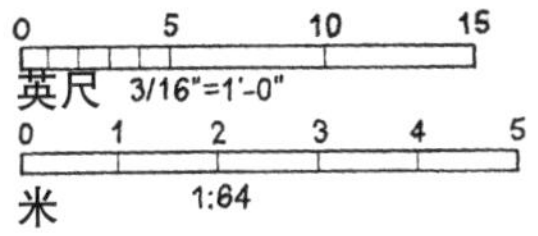

0 5 10 15
英尺 3/16"=1'-0"
0 1 2 3 4 5
米 1:64

注释：插图基于原始设计文件、历史照片和现场测量。马塞尔双隧道的一号隧道西入口见于图 18。

8'-9"
7'-4"
1 号隧道—东入口
2 号隧道—西入口
2 号隧道—东入口

马塞尔双向隧道，1921 年

Pete Brooks 1995

附录

美国有历史价值的工程记录项目——国家公园管理局公园道路与桥梁项目

前面的内容展示了重要而全面的“美国有历史价值的工程记录项目”（HAER）国家公园管理局（NPS）公园道路与桥梁项目组所绘图纸概要。整套图纸与相关史料及大幅照片永久记录于美国有历史价值的建筑调查（HABS）/HAER 作品集中，并保存在国会图书馆印刷与照片部。研究者可以现场查看这些材料，或者登陆国会图书馆网站“美国记忆”板块查看。HABS/HAER NPS 公园道路与桥梁项目完整目录如下。为便于管理，许多公园道路系统都分成独立的部分，这样便可以单独查阅特定道路与桥梁的文献资料。并非所有 HAER NPS 公园道路文献资料在出版同时便可在线查看，不过最终网络用户都能找到整部作品集，只需搜索公园名称或项目名称，甚至是更笼统的词，比如“公园公路”、“公园桥”及“风景道”。以下几个项目由文字史料和大幅照片构成，没有正式的图纸部分。

阿卡迪亚国家公园

- 阿卡迪亚国家公园汽车路
- 阿卡迪亚国家公园公路与桥梁
- 洛克菲勒马车路
- 天堂山公路
- 卡迪拉克山公路
- 复合式桥梁（按名称分别列出）

拱门国家公园
主入口路
莫泊峡谷沃什涵洞
巴尔的摩—华盛顿风景道
巴尔的摩—华盛顿风景道
蓝岭山风景道
蓝岭山脊风景道
林恩湾高架桥
殿礁国家公园
殿礁国家公园道路与桥梁
奇克莫加和查塔努加国家军事公园
奇克莫加国家军事公园观光路
查塔努加国家军事公园观光路
殖民地国家历史公园
殖民地风景道
殖民地国家历史公园道路与桥梁
詹姆斯敦岛环路
约克镇战场观光路
威廉斯堡隧道
复合桥梁按名称分别列出
科罗拉多国家纪念地
撒旦之径
边岩大道
火山口湖国家公园
火山口湖国家公园道路
古德拜溪桥
死谷国家公园
死谷国家公园道路
拉勒米堡国家历史遗址
北普拉特河弓弦桁架桥
乔治·华盛顿纪念风景道
乔治·华盛顿纪念风景道
复合桥梁（按名称分别列出）
葛底斯堡国家军事公园
葛底斯堡观光路
冰川国家公园
向阳大道
西区隧道
东区隧道
复合桥梁按名称分别列出
格伦峡谷国家娱乐区
纳瓦霍桥
大峡谷国家公园
大峡谷国家公园道路
皇家海角公路
乡村环形大道
西缘
北入口路
东缘大道
南入口路
多座桥梁（按名称分别列出）
大烟山国家公园
大烟山国家公园公路与桥梁
钮芳隘口路
克林曼圆顶路
利特尔河路
凯兹湾
富特希尔斯风景道
卡塔卢奇峡谷
咆哮叉汽车观景小径
大溪路
北海岸路
高里公园路
深溪路
绿蔷薇路
黑图加圆底公路和鲍尔瑟姆山区公路
卡塔卢奇小径和收费公路
里奇山公路
埃尔克蒙特公路
复合桥梁（按名称分别列出）
哈雷阿卡拉国家公园道路
哈雷阿卡拉国家公园道路
夏威夷火山国家公园
夏威夷火山国家公园路
火山口环形道
火山口道路链
莫纳罗亚路
哈林娜陡坡路
拉森火山国家公园
拉森公园路
马什—比灵斯—洛克菲勒国家历史公园
马什—比灵斯—洛克菲勒马车路
梅萨维德国家公园
梅萨维德国家公园主入口路
普拉特—墨菲尔德隧道
雷尼尔山国家公园
雷尼尔山国家公园道路与桥梁
尼斯阔利公路
卡本河路
莫维奇湖路
西区公路
史蒂文斯峡谷公路
东区公路
马瑟纪念风景道
亚基马公园路
箱形峡谷隧道
史蒂文斯峡谷隧道
东区公路隧道
复合桥梁（按名称分别列出）
纳奇兹遗迹风景道
纳奇兹遗迹风景道
国家首都区
波托马克河渡槽
阿林顿纪念桥
潮汐水库
边渠桥
匡提科溪桥
石桥

奥林匹克国家公园

奥林匹克国家公园公路系统

石化森林国家公园

长木堆路

吉姆坎普沃什桥

雷德伍德国家与州立公园

雷德伍德国家与州立公园路

岩溪和波托马克风景道

岩溪和波托马克风景道

岩溪公园

岩溪公园道路系统

复合桥梁按名称分别列出

落基山国家公园

落基山国家公园道路与桥梁

山脊路

福尔河路

斯科茨・布拉夫峭壁国家纪念地

斯科茨・布拉夫峭壁顶峰路

红杉国家公园

将军公路

复合桥梁按名称分别列出

谢南多厄国家公园

天际线大道

夏伊洛国家军事公园

夏伊洛观光路

范德比尔特豪宅国家历史遗址

范德比尔特豪宅道路与桥梁

复合桥梁（按名称分别列出）

维克斯堡国家军事公园

维克斯堡观光路

复合桥梁（按名称分别列出）

风洞国家公园

风洞国家公园道路与桥梁

海狸溪桥

猪尾桥

黄石国家公园

黄石国家公园道路与桥梁

大环路

西入口路

加勒廷入口路

北入口路

复合桥梁（按名称分别列出）

约塞米蒂国家公园

约塞米蒂国家公园道路与桥梁

全年公路

冰河点路

科尔特维尔路

大橡树平地路

瓦乌纳路

泰奥加路

赫奇赫奇路

大橡树平地路 1、2 和 3 号隧道

瓦乌纳隧道

复合桥梁按名称分别列出

锡安国家公园

锡安—迦密山公路

锡安国家公园道路与桥梁

谷底路

复合桥梁（按名称分别列出）

相关非国家公园管理局道路记录项目

阿罗约萨科风景道

阿罗约萨科风景道

菲格罗亚街隧道

复合桥梁（按名称分别列出）

布朗克斯河风景道保护区

布朗克斯河风景道保护区

老哥伦比亚河公路

老哥伦比亚河公路

奥尼昂塔隧道

牙岩隧道

米切尔角隧道

马塞尔双隧道

复合桥梁按名称分别列出

梅利特风景道

梅利特风景道

复合桥梁（按名称分别列出）

塔科尼克州风景道

塔科尼克州风景道

参考文献

公园与道路通史

Abbott, Stanley. "Parkways—Past, Present, and Future." *Parks and Recreation* (December 1948): 681–91.

Albright, Horace, and Robert Cahn. *The Birth of the National Park Service: The Founding Years, 1913–1933*. Salt Lake City: Howe Brothers, 1985.

Albright, Horace, and Frank Taylor. *Oh Ranger! A Book about the National Parks*. New York: Dodd & Mead, 1936.

Bayliss, Dudley. "Parkway Development under the National Park Service." *Parks and Recreation* (February 1937): 255–59.

———. "Planning Our National Park Roads and Our National Parkways." *Traffic Quarterly* 11 (July 1957): 417–40.

Belasco, Warren. *Americans on the Road: From Autocamp to Motel, 1910–1945*. Cambridge: MIT Press, 1979. Reprint, Baltimore: Johns Hopkins University Press, 1997.

Birnbaum, Charles, and Robin Karson, eds. *Pioneers of American Landscape Design*. New York: McGraw-Hill, 2000.

Carr, Ethan. *Wilderness by Design: Landscape Architecture and the National Park Service*. Lincoln: University of Nebraska Press, 1998.

Chittenden, Hiram. *The Yellowstone National Park: Historical and Descriptive*. Cincinnati: Robert Clarke Co., 1895.

———. *The Yellowstone National Park: Historical and Descriptive*, "new" edition. Cincinnati: Stewart & Kidd, 1920.

Culpin, Mary Shivers. *The History of the Construction of the Road System in Yellowstone National Park, 1872–1966: Historic Resource Study*, vol. 1. National Park Service, Rocky Mountain Region, Division of Cultural Resources, 1994.

Cutler, Phoebe. *The Public Landscape of the New Deal*. New Haven: Yale University Press, 1985.

Davis, Timothy. "Mount Vernon Memorial Highway and the Evolution of the American Parkway." Ph.D. diss., University of Texas at

Austin, 1997.
———. "Rock Creek and Potomac Parkway, Washington, D.C.: The Evolution of a Contested Urban Landscape," *Studies in the History of Gardens and Designed Landscapes* 19 (April–June 1999): 123–237.
———. "Mount Vernon Memorial Highway: Changing Conceptions of an American Commemorative Landscape." In *Places of Commemoration: Search for Identity and Landscape Design*, ed. Joachim Wolschke-Bulmahn, 123–77. Washington, D.C.: Dumbarton Oaks, 2001.
———. "'A Pleasing Illusion of Unspoiled Countryside': The American Parkway and the Problematics of an Institutional Vernacular." In *Perspectives in Vernacular Architecture*, ed. Kenneth Breisch and Kim Hoagland, 9:228–46. Knoxville: University of Tennessee Press, 2003.
Demars, Stanford E. *The Tourist in Yosemite, 1855–1985*. Salt Lake City: University of Utah Press, 1991.
Foresta, Ronald. *America's National Parks and Their Keepers*. Washington, D.C.: Resources for the Future, 1984.
Good, Albert H. *Park and Recreation Structures*. 3 vols. Washington, D.C.: Government Printing Office, 1938; reprint, New York: Princeton Architectural Press, 1989.
Haynes, Aubrey L. *The Yellowstone Story: A History of Our First National Park*, vol. 2, 2d edition. Niwot: University Press of Colorado, 1996.
Hewes, Laurence. *American Highway Practice*. 2 vols. New York: John Wiley & Sons, 1942.
Huth, Hans. *Nature and the American: Three Centuries of Changing Attitudes*, 2d edition, with introduction by Douglas Strong. Lincoln: University of Nebraska Press, 1990.
Johnston, Hank. *Yosemite's Yesterdays*, 2d edition. Yosemite, Calif.: Flying Spur Press, 1989.
———. *Yosemite Yesterdays*, vol. 2. Yosemite, Calif.: Flying Spur Press, 1989.
Jolley, Harley E. *The Blue Ridge Parkway*. Knoxville: University of Tennessee Press, 1969.
Marriott, Paul Daniel. *Saving Historic Roads: Design and Policy Guidelines*. New York: John Wiley & Sons, 1998.
Mather, Stephen. "Engineering Applied to National Parks." *Transactions of the American Society of Civil Engineers* 94 (1930): 1181–93.
McClelland, Linda. *Presenting Nature: The Historic Landscape Design of the National Park Service, 1916–1942*. U.S. Department of the Interior, National Park Service, Cultural Resources, Interagency Resources Division, National Register of Historic Places, 1993.
———. *Building the National Parks: Historic Landscape Design and Construction*. Baltimore: John Hopkins University Press, 1998.
Newton, Norman T. *Design on the Land: The Development of Landscape Architecture*. Cambridge: Harvard University Press, 1971.
Pomeroy, Earl. *In Search of the Golden West: The Tourist in Western America*. New York: Alfred A. Knopf, 1957.
Roberts, Ann Rockefeller. *Mr. Rockefeller's Roads: The Untold Story of Acadia's Carriage Roads and Their Creator*. Camden, Maine: Down East Books, 1990.
Rose, Albert. *Historic American Roads, from Frontier Trails to Superhighways*. New York: Crown Publishers, 1976.
Runte, Al. *National Parks: The American Experience*, 2d edition. Lincoln: University of Nebraska Press, 1987.
———. *Yosemite: The Embattled Wilderness*. Lincoln: University of Nebraska Press, 1990.
Sears, John. *Sacred Places: American Tourist Attractions in the Nineteenth Century*. New York: Oxford University Press, 1989.
Sellers, Richard. *Preserving Nature in the National Parks: A History*. New Haven: Yale University Press, 1997.
Shankland, Robert. *Steve Mather of the National Parks*, 3rd edition. New York: Alfred A. Knopf, 1970.
Snow, W. Brewster, ed. *The Highway and the Landscape*. New Brunswick, N.J.: Rutgers University Press, 1959.
Sutter, Paul. *Driven Wild: How the Fight against Automobiles Launched the Modern Wilderness Movement*. Seattle: University of Washington Press, 2002.
Tunnard, Christopher, and Boris Pushkarev. *Man-made America: Chaos or Control?* New Haven: Yale University Press, 1963.
U.S. Department of Agriculture. *Roadside Improvement*. U.S. Department of Agriculture Miscellaneous Publication No. 191. Washington, D.C.: Government Printing Office, 1934.
U.S. Department of the Interior. *Proceedings of the National Park Conference Held at Berkeley, California, March 11, 12, and 13, 1915*. Washington: Government Printing Office, 1915.
U.S. Department of the Interior. National Park Service. *Reports of the Director of the National Park Service to the Secretary of the Interior for the Fiscal Year Ended June 30, 1917–1932*. 16 vols. Washington, D.C.: Government Printing Office.
———. *Park Road Standards*. Washington, D.C.: Government Printing Office, 1968, 1984.
U.S. Department of the Interior. National Park Service. Branch of Planning. *Park Structures and Facilities*. Washington, D.C.: Government Printing Office, 1935.
U.S. Department of Transportation. Federal Highway Administration. *America's Highways, 1776–1976: A History of the Federal-Aid Program*. Washington, D.C.: Government Printing Office, 1976.
———. *Federal Lands Highway Program: Activities, Accomplishments, and Trend Analyses for 1991–1996*, 6 vols. Washington, D.C.: Federal Highway Administration, 1991–96.
———. *Flexibility in Highway Design*. Publication No. FHWA-PD-97-062. n.d. [1997].
Wirth, Conrad. *Parks, Politics, and the People*. Norman: University of Oklahoma Press, 1980.

记录历史道路，建筑与文化景观

America Preserved: A Checklist of Historic Buildings, Structures, and Sites Recorded by the Historic American Buildings Survey/Historic American Engineering Record. Washington, D.C.: Library of Congress, 1995.
Appleyard, Donald, Kevin Lynch, and John R. Myer. *The View from the Road*. Cambridge: MIT Press, 1964.
Burns, John A., and the Staff of HABS/HAER, eds. *Recording Historic Structures: Historic American Buildings Survey/Historic American Engineering Record*. Washington, D.C.: American Institute of Architects Press, 1989.
Croteau, Todd. "Recording NPS Roads and Bridges." *CRM* 16, no. 3 (1993): 3–4.
Davis, Timothy. "HAER Documents America's Park Roads and Parkways," *CRM* 23, no. 4 (2000): 12–14.
DeLony, Eric. *Landmark American Bridges*. New York: American Society of Civil Engineers, 1993.
Groth, Paul, and Chris Wilson, eds. *Everyday America: J. B. Jackson and Recent Cultural Landscape Studies*. Berkeley and Los Angeles: University of California Press, 2003.
Hokanson, Drake. *The Lincoln Highway: Main Street across America*. Ames: Iowa University Press, 1988.
Jackson, John Brinckerhoff. *Landscape in Sight: Looking at America*. Edited by Helen Horowitz. New Haven: Yale University Press, 1997.
Leach, Sara Amy. "Documenting Rock Creek and Potomac Parkway." *CRM* 16, no. 3 (1993): 5–7.
Mayall, R. Newton. "Recording Historic American Landscape Architecture." *Landscape Architecture* 26 (October 1935): 1–11.
Page, Robert, Cathy Gilbert, and Susan Dolan. *A Guide to Cultural Landscape Reports: Content, Process, and Techniques*. U.S. Department of the Interior, National Park Service, Park Historic Structures and Cultural Landscape Program, Washington, D.C., 1998.

Peatross, Ford, ed. *Historic America: Buildings, Structures, and Sites.* Washington, D.C.: Library of Congress, 1983.

Raitz, Karl B. *The National Road.* Baltimore: Johns Hopkins University Press, 1996.

———. *Guide to the National Road.* Baltimore: Johns Hopkins University Press, 1996.

Schlereth, Thomas J. *Reading the Road: U.S. 40 and the American Landscape.* Knoxville: University of Tennessee Press, 1997.

U.S. Department of the Interior. National Park Service. *Recording Historic Buildings.* Compiled by Harley J. McKee. Washington, D.C.: Government Printing Office, 1970.

———. *Visual Character of the Blue Ridge Parkway: Virginia and North Carolina.* Washington, D.C.: Government Printing Office, 1997.

U.S. Department of the Interior. National Park Service. Interagency Resources Division. *National Register Bulletin 18: How to Evaluate and Nominate Historic Designed Landscapes.* Washington, D.C.: Government Printing Office, 1994.

U.S. Department of the Interior. National Park Service. National Register, History, and Education. *National Register Bulletin: How to Improve the Quality of Photographs for National Register Nominations,* revised edition. Washington, D.C.: Government Printing Office, 1998.

———. *National Register Bulletin: Researching a Historic Property,* revised edition. Washington, D.C.: Government Printing Office, 1998.

四警卫路，将军公路，红杉国家公园，1993 年
拍摄者：布莱恩・葛罗根 ，HAER

蒂莫西·戴维斯是美国国家公园管理局公园历史建筑与文化景观计划项目的首席历史学家。他参与了几个 HAER 记录组工作，后来成为 NPS 公园道路与桥梁项目的资深史学家。他曾获得得克萨斯大学奥斯汀分校颁发的美国文明博士学位，并在公园道路、风景道及美国景观其他方面有广泛著述。

托德·A·克罗托是 HAER NPS 公园道路与桥梁项目主任。他担任了几个夏季记录组的项目建筑师，指导项目从传统记录方法转变为更富说明性的制图法，其中包含更加广泛的景观设计主题。他拥有罗得岛设计学院的工业设计学位。

克里斯托弗·H·马斯顿从 1989 年就带领 HAER 记录团队考察美国的各种工业与工程场地，担任 HAER NPS 公园道路与桥梁计划的项目负责人长达 7 年。他同时拥有卡内基梅隆大学建筑硕士学位和弗吉尼亚大学建筑学士学位。弗吉尼亚大学离蓝色山脊风景道和天际线大道都只需短暂的车程。

缩略语表

APVA : Association for the Preservation of Virginia Antiquities	弗吉尼亚文物保护协会
ASCE : American Society of Civil Engineers	美国土木工程师协会
BPC : Bronx Parkway Commission	布朗克斯风景道委员会
BPR : U.S. Bureau of Public Roads	美国公用道路局
BRPR : Bronx River Parkway Reservation	布朗克斯河风景道保护区
CAD : computer-assisted drawing	计算机辅助绘图
CCC : Civilian Conservation Corps	美国民间资源保护组织
COE : U.S. Army Corps of Engineers	美国陆军工程兵团
CWA : Civil Works Administration	土木工程署
DAR : Daughters of the American（Daughters of the American Revolution）	美国革命女儿会
ECW : Emergency Conservation Work	紧急保障工作项目组
FHWA : Federal Highway Administration	联邦公路管理局
GBMA : Gettysburg Battlefield Memorial Association	葛底斯堡战场纪念联合会
GWMP : George Washington Memorial Parkway	乔治・华盛顿纪念风景道
HABS : Historic American Buildings Survey	美国有历史价值的建筑调查项目
HAER : Historic American Engineering Record	美国有历史价值的工程记录项目
ICOMOS : International Council Of Monuments and Sites	国际古迹遗址理事会
MVMH : Mount Vernon Memorial Highway	弗农山纪念公路
NPS : National Park Service	国家公园管理局
ODOT : Oregon department of transportation	俄勒冈州交通部
PWA : Public Works Administration	市政工程局
SNMP : Shiloh National Military Park	夏伊洛国家军事公园
USACE : The U.S. Army Corps of Engineers	美国陆军工程兵团
US-ICOMOS	美国——国际古迹遗址理事会
WPA : Works Progress Administration	美国公共事业振兴署

地名及其他专有名词英汉对照表

A

American' s architectural and engineering heritage	美国建筑工程遗产
Acadia National Park	阿卡迪亚国家公园
automobile clubs	机动车辆俱乐部
Appalachian Mountains	阿巴拉契亚山脉
Alaska	阿拉斯加
Arroyo Seco Parkway	阿罗约・塞科风景道
architecturalhistory	建筑史学
architecture	建筑学
archive of American design	美国设计档案库
Atlantic Ocean	大西洋
Aunt Betty Pond Road	贝蒂阿姨池塘路
Abnaki Indians	阿布纳基族印第安人
Annie Springs	安妮泉
Apgar	阿普加
Avalanche Creek Bridge	雪崩溪大桥
American Society of Civil Engineers (ASCE)	美国土木工程师协会 (ASCE)
Arizona State University	亚利桑那州立大学
Ash Mountain Headquarters	苍山总部
Allegheny Plateau	阿列格尼山
Absaroka Ranqe	阿布萨罗卡岭
All Year Highway	全年高速公路
Ahwanee Bridge	阿万妮桥
Arizona	亚利桑那州
AnacostiaRiver	安那考斯迪亚河
AnacostiaPark	安那斯提亚公园
Adney Gap	埃德尼峡
Asheville	阿什维尔城
Appalachian Trail	阿巴拉契路
Abbott Lake	阿伯特湖
Association for the Preservation of Virginia Antiquities (VPVA)	弗吉尼亚文物保护协会（APVA）
Alexandria	亚历山德里亚
Accotink	阿克汀
Aqueduct Bridge	渡槽桥
Alabama	阿拉巴马州
Arlington Memorial Bridge	阿灵顿纪念大桥

B

Big Oak Flat	大橡树平地
Blue Ridge Parkway	蓝岭山风景道
blue-ribbon panel	蓝丝带小组
Bronx River	布朗克斯河
Bubble Pond Carriage Road	泡泡池塘马车路
Brown Mountain Gatelodge	布朗山门房
Baring Creek Bridge	霸菱溪大桥
Bridalveil Fall Bridge	布里达尔维尔瀑布桥
Bridalveil Fall	布里达尔维尔瀑
Bar Harbor	巴尔港
Bureau of Public Roads	美国联邦公路局
Bard Graduate Center	巴德研究中心
Bulgaria	保加利亚
Baring Creek Bridge	霸菱溪大桥
Belton	贝尔顿
Bryson City	布赖森城
Billings Farm	比林斯农场
Box Canyon	箱形峡谷
Ball State University	波尔州立大学
Burlington	伯灵顿
Blue Ridge Mountains	蓝岭山
Big Run Creek	大运形溪
Byrds Nest Cottage	鸟巢小屋
Byrd Visit Center	伯德游客中心
Bureau of Public Roads	公共道路局
Bower Cave	鲍尔洞
Big Oak Flat Road	大橡树平地路
Big Oak Flat Tunnels	大橡树平隧道
BryceCanyon	布赖斯峡谷
Baltimore-Washington Parkway	巴尔的摩至华盛顿风景道
BaltimoreCity	巴尔的摩城
BaltimoreWashington International Airport	巴尔的摩华盛顿国际机场
Bollman Bridge and Savage Mill	波尔曼桥梁和粗犷的磨坊厂
B&O Railroad Station	B&O 火车站
Bladensburg	布莱登斯堡
BeltsvilleAgricultural Research Center	贝尔茨维尔农业研究中心
Black mountains	布莱克山
Blowing Rock	鼓风石
Buffalo Mountain	水牛山
Boone Fork	布恩福克
Buck Spring Lodge	巴克泉旅馆
Buck Spring Trail	巴克泉游径
Big Pine Creek	大松树溪
Ballard Creek	巴拉德溪
Buffalo	水牛城
Brooklyn	布鲁克林
Beach Drive	滨海大道
Boulder Bridge	博尔德桥
Battle OfGettysburg	葛底斯堡战役
Baltimore Pike	贝尔的摩峰从
Big round top	大圆顶山丘
Bushman' s	布什曼
BronxRiver Parkway Reservation(BRPR) (BRPR)	布朗克斯河风景道保护区 (BRPR)
BronxParkway Commission(BPC) (BPC)	布朗克斯风景道委员会 (BPC)
Bronxville	布朗士维尔
BonnevilleDam	博纳维尔大坝

C

Coulterville	科尔特维尔
Civilian Conservation Corps	美国民间资源保护队
Carmel Tunnel	卡梅尔隧道
Christine Falls Bridge	克里斯汀瀑布大桥
Colonial Parkway	殖民地风景道
Civilian Conservation Corps	CCC 美国民间资源保护队
Chittenden Bridge	奇滕登大桥
Cumberland	坎伯兰
Chesapeake	切萨皮克
California	加利福尼亚州
Connecticut	康涅狄格州
computer-assisted drawing	CAD 计算机辅助绘图
Cadillac Mountain Road	卡迪拉克山路
Cades Cove	凯兹山谷
Crawfish Creek	小龙虾溪
Chittenden Memorial Bridge	奇滕登纪念大桥
Cascade Creek Bridge	瀑布溪大桥
Canada	加拿大
Champlain mt	张伯伦山
Cranberry Islands	红莓岛
Congress	国会
Crater Lake	火山口湖
Cascade Range	喀斯喀特山
Cloudcap	云霄
Canopy Cut	"林冠截景"
Cataloochee	卡塔罗奇
Cherokee	切罗基族人
Cades Cove	卡迪斯湾
Cherokee Orchard	切罗基果园路
Carbon River Entrance	卡本河入口

Chinook Pass Entrance	奇努克山口入口
Colorado State	科罗拉多州
Civil Works Administration	CWA 土木工程署
Cheyenne	夏延族
Colony Mill Roads	殖民工厂路
Clover Creek Bridge	三叶草溪桥
Camp Rapidan	拉皮丹营
Crescent Rock Overlook	新月岩俯瞰区
Cub Creek Bridge	幼狐溪桥
Crawfish Bridge	小龙虾溪桥
Canyon Bridge	峡谷桥
Chittenden Memorial Bridge	奇滕登纪念桥
Clarks Bridge	克拉克桥
Cascade Creek Bridge	叠溪桥
China Camp	中国营
California Automobile Association	加利福尼亚汽车协会
Chinquapin Flat	矮栗平地
Cascade Creek	瀑布溪
Cedar Breaks	雪松残岭
Co-Op Bridge	合作桥
Clear Creek Bridge	清溪桥
Catholic University Of America	美国天主大学
College Park Airport And Museum	马里兰大学机场和博物馆
CumberlandKnob	坎伯兰山
Craggy Gardens	库尔盖花园
Chestnut Creek	栗溪
Colonial National Historical Park	殖民地国家历史公园
C&O Railroad	C&O 铁路
Capper-Cramton Act	凯普克雷姆顿法案
Chain Bridge	链桥
Clara Barton Parkway	克拉克巴顿绿化路
Catholic University	天主大学
Columbia Island	哥伦比亚岛
Collingwood	科林伍德
Camp Humphreys	汉弗莱营
ChickasawCouncil House	契卡索市政厅停车点
Chicago	芝加哥
Commission of Fine Arts	艺术委员会
Connecticut Avenue	康涅狄格大道
Chickamaugaand Chattanooga National Military Park	奇克莫加和查塔努加国家军事公园
ChickamaugaBattlefield	奇克莫加战场
Chickamauga Battlefield Bridge	奇克莫加战场大桥
Civil War battlefield parks	内战纪念公园
Culp's Hill	卡普山
Cemetery Ridge	小坟岭
Corinth - Pittsburg	科林斯—匹兹堡路
Confederate Ave.	联邦林荫道
Confederate Avenue Steel Bridge	联邦林荫道钢桥
Columbia River Highway	哥伦比亚河公路
Connecticut's Merritt Parkway	康乃迪克州梅里特风景道
Crestwood Lake	克雷斯特伍德湖
Crane Road Bridge	克兰路桥
Chattanooga	查塔努加市
California State Polytechnic University	加州州立理工大学
Columbia River Gorge	哥伦比亚河谷
Crown Point Viaduct	克朗点高架桥

D

Double Arch Bridge	双曲拱桥
Depression-era road-building project	大萧条时期道路建设工程
Duke Brook Motor Road Bridge	鸭溪汽车路大桥
Deer Creek	鹿溪
Deer Bridge	鹿桥
Dry Mountain	"干山"
Diamond Lake	钻石湖
Dana Farm	德纳农场
Dorst Creek	多斯特溪
Dickey Ridge Visitor Center	迪克尼游客中心
Doughton Park	道顿公园
Devil's Courthouse Tunnel	魔法学院隧道
DonaldsonRun	唐纳森河
Dyke Marsh	黛克沼泽区
Daughters of the American	美国革命女儿会（DAR）
DumbartonBridge	登巴顿桥
Devil's Den	魔鬼老巢

E

Emergency Conservation Work	ECW 紧急保障工作项目组
engineering	工程学
East Side Highway	东区公路
Elkmont Vehicle Bridge	艾克蒙特汽车大桥
El Capitan Bridge	埃尔卡皮坦桥
El Portal Road	艾尔波特公路
El Portal	埃尔波特尔
Eagle Lake	老鹰湖
Elk Park Road (Mount Whitney Power Co. Road)	麋鹿公园路（惠特尼能源公司路）
Everybody's Magazine	人人杂志
Emerald Mound	祖母绿高地
Eagle Creek viaducts	鹰溪高架桥

F

federal funds	联邦基金
Federal Highway Administration	FHWA 联邦公路管理局
Fall River Road	福尔河路（瀑布河路）
Federal Lands Highway Program	联邦属地公路处
Fishing Bridge	垂钓桥
French Cut	"法式琢景"
Flathead River	弗拉特黑德河
Fontana Dam	丰塔纳大坝
Foothills Parkway	山麓大道
Fredrick Billings	弗莱德里克·比林斯
Firehole River Bridge	火洞溪桥
Floor of The Valley Road	"谷底路"
Fort meade	米德边界贸易站
Fort George Meade	乔治堡米德
Fisher's Peak	费希尔峰
Figand Muller Engineers, Ins.	菲格和马勒工程公司
Fort Marcy	马西堡
Fredericksburg	弗雷德里克斯堡
Fort Washington	华盛顿堡
Fort Hunt Overpass	亨特堡跨线桥
Franklin	富兰克林
Fraley Field	弗莱利战场

G

Golden Gate Bridge	金门大桥
Great Smoky Mountains National Park	大烟山国家公园
Glacier National Park	冰川国家公园
Grand Loop Road	大环路
Greater Lake National Park	火山口湖国家公园
Going-to-the-Sun Highway	向阳大道
Golden Age of national park road building	公园道路建设的"黄金时期"
Generals Highway	将军公路
General Grant National Parks	格兰特将军国家公园
GeorgeWashington Memorial Parkway (GWMP)	乔治·华盛顿纪念风景道
Goodbye Creek Bridge	古德拜溪大桥
Gardner River	加德纳河
Gilmore Meadow	吉尔摩草场
Georgia	佐治亚州
Great Northern Railway	大北方铁路公司
Glacier	冰河
Garden Wall	花园墙
Gatlinburg	加特林堡
Grand State	兰德州
Great Depression	大萧条
Grant National Park	格兰特将军国家公园
Giant Forest Village	巨林村
Glacier Point Road	冰川点路
Great Sierra Mining Road	大岭采矿路
Great Sierra Wagon Road	大岭铁路
Government Road	"政府路"
Grand Canyon	大峡谷
Greenbelt Park	格林贝尔特公园
Great Craggies	大峭壁
Great Balsam	香脂山
Grandfather Mountain	祖父山
Great Falls	大瀑布
Georgetown	乔治城
Great Hunting Creek	大狩猎湾
Glen Echo	格伦埃科
Grand Memorial Boulevard	格兰纪念大道
Gunston Hall	冈斯顿厅
Gordon House	戈登宅邸
Grinders Inn	磨床客栈

Gettysburg	葛底斯堡
Georgia state university	乔治亚州立大学
GeorgiaTech	乔治亚理工大学
Glenn–Viniard road	格伦—薇妮尔德路
Gettysburg National Military Park	葛底斯堡国家军事公园
Gettysburg Battlefield Memorial Association (GBMA)	葛底斯堡战场纪念联合会(GBMA)
Gettysburg Park Commission	葛底斯堡公园委员会
Glass Bayou	格拉斯河口
Good Roads	古德路

H

Historic American Engineering Record	HAER 美国工程学历史记录处
Historic American Buildings Survey	HABS 美国历史建筑调查处
Historic American Engineering Recordwww	美国工程学历史记录处
highway engineering	公路工程学
Historic Columbia River Highway	老哥伦比亚河公路
HawaiiVolcanoes National Park	夏威夷火山国家公园
Haleakala National Park	哈雷阿卡拉国家公园
HAER documentation project	HAER 记录项目组
HAER NPS Park Roads and Bridge Program	HAER NPS 国家公园道路与桥梁项目
Hawaiian islands	夏威夷群岛
Hulls Cove	赫尔斯湾
Halls Quarry	赫尔斯采石场
Holland	荷兰
Hungary	匈牙利
Horseshoe Park	马蹄公园
Hospital Rock	医院岩石
Hughes River Gap	休斯河峡谷
Hemlock Spring	铁杉温泉
Hogback Overlook	豚背岭观景台
Harris Hollow	哈里斯山谷
Hazel Mountain	榛子山
Happy Isles	快活岛
Hampden–Sydney College	汉普顿—悉尼学院
Happy Isles Bridge	快乐群岛桥
HyattsvilleHistoric District	海厄茨维尔历史街区
Humpback Rocks Farm	驼背岩农场
Howardsvill Turnpike	霍华德塞维尔付费公路
Halfway Creek	半溪
Henry street	亨利街
Hillcrest	希尔克雷斯
Hardin Country	哈丁郡
Halls Ferry Roads	豪斯码头路
Hood River	胡德里佛县
Hancock Avenue	汉考克林荫道

I

interdisciplinary cultural landscape studies	跨学科文化景观研究
International Council Of Monuments and Sites	ICOMOS 国际古迹遗址理事会
Indian Footpath	印第安人步行小路
Iroquois nation	易洛魁族
Indian Gap Highway	印第安隘口公路
Indian Creek Campground	印第安溪营地
Irish Creek Railway	爱尔兰溪铁路桥
Ivy Gap	常春藤峡谷
Iowa State University	爱荷华州立大学

J

Jamestown	詹姆斯敦(美国殖民地遗址)
Jordan Pond Gatelodge	约旦池塘门房
Jordan Pond Tea House	约旦池塘茶坊
Jay Creek	杰伊溪
Jackson Glacier	杰克逊冰川
Jarmans Gap	查曼斯沟
James River Water Gap	詹姆斯河水峡
JohnsonFarm	约翰逊农场
JulianPrice Memorial Park	朱利安・普赖斯纪念公园
JeffersonStandard Life Insurance Company	杰弗逊标准人寿保险公司
Jamestown Island	詹姆斯敦岛
J.G. Attaway Construction Co.	J G 阿塔韦建筑公司
Jackson Falls	杰克逊瀑布
Jeff Busby	杰夫・巴斯比停车区
JacksonRoad	杰克逊路

K

Kebo Mountain	开博山
Kerr Notch	克尔峡谷
Knoxville Automobile Club	诺克斯维尔汽车俱乐部
Kawuneeche valley	卡乌尼奇峡谷
Kaweah Canyon	卡威亚峡谷
Kaweah River	卡维亚河
Kingman Pass	金曼山口
Kolob Arch	科罗布石拱
Kenilworth Park and Aquatic Gardens	凯尼尔沃思公园和水生植物花园
KanawhaCanal Locks	卡诺瓦运河水闸
King's Highway	国王公路

L

Library of Congress	国会图书馆
Lafayette National Park (later Acadia National Park)	拉斐特国家公园(后为阿卡迪亚国家公园)
landscape architecture	风景园林学
Linn Cove Viaduct	瀑布湾高架桥
Lassen National Park	拉森国家公园
Laughingwater Creek	笑水溪
Ledgelawn Ave	莱奇草场大道
LePuis district	勒路易斯区
Lower Hadlock Pond	下哈德洛克池塘
Logan Creek Bridge	洛根河大桥
Logan Creek Valley	洛根河谷
Little River Lumber Company	小河流木材公司
Little River Road	小河公路
Laurel Creek	劳雷尔溪
Larimer State	拉瑞莫州
Lodgepole Creek Bridge	罗奇波尔溪桥
Lee Highway	李公路
Lewis Mountain	刘易斯山
Lewis River	里维斯河
Laurel	劳雷尔
LinvilleGorge	林维尔峡谷
Linn Cove Viaduct	峡谷拱顶高架桥
Linville River bridge	林维尔大桥
Lafayette Street	拉斐特街
Little Hunting Creek	小狩猎湾
Lyon's Mill Road	莱昂磨坊大街
Lincoln Memorial	林肯纪念堂
Lake McDonald	麦克唐纳湖
LaFayette Road	拉斐特路
Lee and Gordon's Mill	李和高登工厂
Little Round Top	小圆顶
Latourell Falls	拉托莱尔瀑布

M

Marsh–Billing–Rockefeller National Historical Park	马什—比林斯—洛克菲勒国家历史公园
Mariposa	马里波萨
Mount Rainier National Park	雷尼尔山国家公园
Melan arch system	米兰拱桥模式
Mississippi	密西西比州(位于美国南部)
Mount Vernon Memorial Highway	弗农山纪念公路
military custodians	军事托管队
Mission 66	66 号公路项目
Maryland	马里兰州
Merritt Parkway	梅里特风景道
Mylar sheets	聚酯薄膜纸
Maine	缅因州
Muddy Fork River Bridge	泥叉河桥
Marys Rock Tunnel	玛丽岩石隧道
Mariposa Grove	蝴蝶谷
Mount Desert Island	荒岛山
Mountain Road	"山路"
"M&M Construction Company"	"M&M 建筑公司"
"M&M Railroad"	"M&M 铁路"
Mount Mazama	梅扎马火山
Mosaic Waterways	马赛克水道
Montana State University	蒙大拿州立大学
Midvale	米德韦尔
Maryville	马里维尔
Mount Tom	汤姆山
Mount Rainier	雷尼尔山
Mount Adams	亚当山
Many Park	曼尼公园
Mitchell Pass	米切尔线路

Mineral King Roads	矿产王路
Mount Whitney Power Co. Road (Elk Park Road)	惠特尼能源公司路（麋鹿公园路）
Middle Fork Canyon	中央岔峡谷
Massanutten Mountain	马萨那藤山
Mt. Marshall	马歇尔山脉
Mammoth Hot Springs	猛犸温泉
Mariposa Grove	玛莉波莎水杉丛林
Merced River	默塞德河
McGill University	麦吉尔大学
Middle Tennessee State University	中田纳西州立大学
Mariposa County	马里波萨县
Mariposa Big Tree Grove	马里波萨大树果园
Mukuntuweap national monument	锡安国家保护区
Mount Carmel.	卡梅尔山
MontpelierMansion	蒙彼利埃豪府邸
MNCPPC Prince Georges County	乔治王子县
Moses Cone Estate	摩西科恩庄园
Mount Mitchell	米切尔山
Mabry Mill	马布里磨坊
Mount Pisgah	毗斯迦山
Mount Vernon Memorial Highway(MVMH)	弗农山纪念公路（MVMH）
Macarthur Boulevard	麦克阿瑟大道
Mount Vernon' S	弗农山
MontgomeryCounty	蒙哥马利县
Mount Vernon Avenue Association	芒特弗农道路协会
Memorial Circle	纪念环岛
Mount Locust	洋槐山庄
McMillan Commission' s	麦克米兰委员
Massachusetts Avenue	马萨诸塞州大道
Military Road	军事道路
Melan Arch Bridges	米兰拱桥
Multnomah	摩特诺玛
Mt. Hood	胡德山
Maryhill	玛利山
Maryhill Loops	玛利山环路
Mitchell Point Tunnel	米切尔点隧道
Mosier Twin Tunnels	马塞尔双隧道

N

National park roads	国家公园道路
National Park Service	NPS 国家公园管理局
New York' s Bronx River Parkway	纽约布朗克斯河风景道
national military parks	国家军事公园
New Deal Programs	"美国新政"项目组
NisquallyRoad	尼斯阔利大道
Newfound Gap Road	纽芳隘口路
Natchez Trace Parkway	纳齐兹小道风景道
Nashville	纳什维尔（位于田纳西州）
National Mall	国家广场
New Deal funds	新政基金
National Archives	国家档案馆
North Caroline' s Grandfather Mountain	北卡罗莱纳州的老爷山
National Historic Landmark	国家历史标志
National Building Museum in Washington	D.C. 华盛顿特区国家建筑博物馆
Nisqually River	尼斯阔利河
North Fork Virgin River	北福克处女河
New England	新英格兰
New Deal	"新政"
Northeast Harbor	东北港
Native Americans	美洲本地人
NPS Roads and Bridges Program	国家公园管理局道路和桥梁记录项目组
Northshore Road	北岸公路
North Puyallup River	北普亚勒普河
Nickel Creek	镍溪
Nebraska	内布拉斯加州
Nate Lovelace Bridge	内特桥
North Dakota State University	北达科他州立大学
New Sentinel Bridge	新哨兵桥
NevadaContracting Company	内华达承包公司
NPS National Capital Region	NPS 国家首都辖区
NPS-NCR National Capital Parks-East	NPS-NCR 美国首都（华盛顿特区）东部国家公园
National Cryptologic Museum	国家密码博物馆
NASAGoddard Space Flight Center	美国国家航空航天局戈达德太空飞行中心
National Arboretum	美国国家植物园
North Carolina	北卡罗莱纳州
National Recreational Trail	国家游憩路线
Natchez Trace Military Highway Association	纳奇兹小道军事公路协会
New Orleans	新奥尔良
Natchez Trace Association	纳奇兹小道联合会
New York' s Taconic Parkway	纽约州塔科尼克风景道
National Military Park	国家军事公园
Northern Idaho	北爱达荷州

O

Oregon' s Columbia River Highway	俄勒冈州的哥伦比亚河公路
Ohio Canal	俄亥俄运河
Oregon	俄勒冈州
Otter Creek Cove	水獭湾
Obsidian Creek	黑曜石溪
Otter Cliffs	水獭崖
Otter Point	水獭角
Ocean Drive	海洋大道
Otter Cliff Grade Seperation	水獭崖立交系统
Ohanapec Hot Springs	欧哈纳派克什温泉
Oak Grove Bridge	橡树林大桥
Obsidian Creek Bridge	黑曜石溪桥
Oklahoma	俄克拉荷马州
Otter Creek	水獭溪
Occoquan	奥柯昆
Old Town Alexandria	亚历山德里亚旧城
Old Trace Drive	老纳奇兹小道
Olmsted Firm' s	奥姆斯特德公司
Oak Hill Cemetery	橡树山公墓
Oak Ridge	橡树山脉
Old Jackson Road	老杰克逊路
Oregondepartment of transportation(ODOT)	俄勒冈州交通部（ODOT）
OregonPony	"俄勒冈小马"
OregonSteam Navigation Company	俄勒冈轮船运输公司
Oneonta	奥尼昂塔隧道

P

Paradise Valley	天堂谷
Public Works Administration	公共工程管理局
PotomacParkway	波托马克风景道
PotomacRiver	波托马克河
park road community	公园道路社团组织
preserving on paper	"在纸上保护资源"的方式
Park Roads and Bridge Program	公园道路、桥梁项目组
Pine Creek Bridge	松溪大桥
Paradise Hill	天堂山
Penobscot Mountain	佩诺布斯科特山
Portland	波特兰公司
Parson Branch	帕森支路
Poland	波兰
Pogue Stream	波格泉
Pogue Loop	泊格环路
Pacific	太平洋
Public Works Administration	PWA 市政工程局
Pawnee	波尼族
Platte River	普拉特河
Pumpkin Hollow Bridge	南瓜空心大桥
Port Orford	奥福德港口
Pohono Bridge	颇洪诺桥
PatapscoRiver	帕塔普斯科河
Patapsco Valley State Park	帕塔普斯科谷州立公园
Patuxent River State Park	帕塔克森特河州立公园
PatuxentResearch Refuge/Natl Wildlife	帕塔克森特研究避难所
Pisgah Ledge	毗斯迦山
Plott Balsam	普罗特香脂山
Pine Spur Gap	松针峡
Peaks of Otter	水獭峰
Polly Woods Ordinary	波利森林酒馆
Piedmont county	皮德蒙特郡
PisgahNational Forest	毗斯迦国有林
PisgahNational Forest Inn	毗斯迦国有林旅馆
Pine Mountain	松山
PennsylvaniaState University	宾夕法尼亚州立大学
Patowmack Canal	波多马克运河
Port Gibson	吉布森港
Pennsylvania	宾夕法尼亚
Peach Orchard	桃园

Plum Road	梅子路
Pemberton Ave.	彭伯顿林荫道
Penn Bridge Company	佩恩桥梁公司

Q

Quincy	昆西

R

Rocky Mountain National Park	落基山脉国家公园
Rock Creek Parkway	岩溪风景道
Rock Creek Park	岩溪公园
Recording Historic Structures	《历史建筑纪录》
Redwood National Park	红杉国家公园
Rocky Mountains	落基山脉
recreation management	游憩管理学
Roaring Fork Motor Nature Trail	咆哮叉汽车自然路
Rockefeller	洛克菲勒（地名）
Rim Drive	环湖大道
Rose Creek Auto Cabin Camp	罗斯克里克汽车木屋营地
Rich Mountain roads	里奇山公路
Radian River	拉皮丹河
Rhode Island School of Design	罗德岛设计学院
Route 50	50 号线
Riversdale Park	里佛斯达公园
Rockfish Gap	岩鱼沟
Roanoke	罗阿诺克
Richland Mountain	里奇兰山
Rocky Knob	落基丘陵
Rock Castle Gorge	岩石堡峡谷
Rock Castle Gorge Trail	石堡峡谷小径
Rough Ridge	拉夫岭
Rocky Springs	岩石泉
Rock Creek and Potomac Parkway	岩溪和波多马克河风景道
Rose Park	玫瑰公园
Ross Drive Bridge	罗斯车行大桥
Ruthton Point Viaduct	鲁斯顿角高架桥
Rock Slide Viaduct	罗克斯莱德高架桥

S

state of California	加利福尼亚州政府
Sylvan Pass	森林通道
Sequoia National Park	红杉国家公园
ShenandoahNational Park	谢南多厄国家公园
Skyline Drive	天际线公路
scenic easements	风景地役权
Scotts Bluff National Monument	斯科茨布拉夫国家纪念碑
Sieur de Mounts Spring	西厄尔德芒茨泉
Stanley Brook Bridge	斯坦利溪大桥
Saint Andrews Creek	圣安德鲁斯溪
Stevens Creek	史蒂文斯溪
Sentinel Bridge	哨兵桥
Stoneman Bridge	石匠桥
Sand Beach	桑德沙滩
Schoodic Peninsula	斯库迪克半岛
Seal Harbor	海豹港
Stanley Brook	水獭角汽车路
Sargent Mountain Carriage Road	萨金特山马车路
Somes Sound	萨姆斯·桑德峡湾
Somesville	索姆斯维尔
Seaside Path	滨海路
Sutton Party	“萨顿党”
State University	州立大学
ST. Mary River Bridge	圣玛丽大桥
Sunrift Gorge	太阳裂谷大峡谷
Sprague Creek Campground	斯普拉格溪野营地
ST. Mary Lake Campground	圣玛丽湖野营地
Siyeh Bend	西尤弯道
Smokies Mountain	烟囱山
Skyway	高架公路
St. Andrews Creek	圣安德鲁斯溪
Scotts Bluff	斯科特峰
Scotts Bluff National Monument	斯科特国家遗址
Sioux	苏族
Summit Trail	峰顶路
Smith Grade	“史密斯斜坡”
Sierra Nevada	塞拉内华达山
Suwanee Creek Culvert	苏旺涅涵洞
Silliman Creek Culvert	西溪涵洞
Spotswood Trail	斯波伍德铁路
Skyland Park	斯凯兰公园
Stony Man Peak	硬汉峡谷
Sulvan Pass	西尔万山口
South Fork Merced River	南福克默塞德河
Sentinel Hotel Bridge	哨兵旅馆桥
San Francisco	旧金山
Seattle	西雅图市
South fork Tuolumne river	南福克图奥勒米河
Sugar Pine Bridge	糖松桥
Shea and Shea	谢伊 & 谢伊公司
Southern Highlands	南部高地
Southern Appalachians	南阿巴拉契亚山脉
Skyline Drive	天际线公路
Scenic Elk Mountain Highway	埃尔克山观景公路
Shenandoah Valley	谢南多厄河谷
Sunken Trace	凹陷小道
Sherman Reservation	谢尔曼保护区
Seminary Ridge	塞米纳里岭
South Confederate Avenue	南部联盟林荫道
Slyder’s Woods	史莱德森林
Sickles Avenue	镰刀林荫道
ShilohNational Military Park Tour Road	夏伊洛国家军事公园观光路
Shiloh(Tennessee)	夏伊洛（田纳西州）
ShilohNational Military Park (SNMP)	夏伊洛国家军事公园(SNMP)
ShilohBattlefield Association	夏伊洛战场委员会
Scarsdale Lake	斯卡斯代尔湖
Sandy River(Stark Street)Bridge	沙河（斯塔克街）桥

T

Trail Ridge Road	山脊路
Tennessee	田纳西州（位于美国东南部）
Tioga Road	泰奥加公路
Teton Nation Park	提顿国家公园
Taconic Parkway	塔科尼克风景道
The Pogue Loop	波格环路
Triad-day mt bridge	三天山桥
The tarn	冰斗湖
Thunder Hole	雷公洞
The Tumbledown	“危岩路”
Timber Structure company of New York	纽约廷伯木材公司
The Eyrie	“鹰巢”
Triple Arches	三拱门
Tacoma	塔科马县
Tuckaleechee-and-Southeastern Trail	塔卡拉奇－东南地带小路
Tacoma	塔科马港市
Texas A&M University	得克萨斯农业与机械大学
Tulare County	杜瑞县
Turtleback Dome	龟背穹丘
Tamarack creeks	落叶松溪
Tuolumne	图奥勒米郡
The Great Sierra Consolidated Silver Mining Company	大雪乐山统一银矿公司
The Great Sierra Wagon Road	大雪乐山运输公路
Tenaya Creek Bridge	纳亚溪桥
TuolumneRiver Bridge	图奥勒米河桥
The Temple of Sinawava	西纳瓦瓦神庙
The Union Pacific Railroad	联合太平洋铁路
The Reynolds-Ely Construction Company	雷诺兹—伊利建筑公司
the pre- Word War Ⅱ	前二战时期
the National Park Service Park Roads And Bridges Program	国家公园管理局道路和桥项目
the Federal Lands Highway Program	美国联邦土地公路项目
The George Washington University	乔治华盛顿大学
Thomasviaduct	托马斯高架桥
the New Deal	罗斯福新政
the Great Depression	大萧条时期
the Museum Of North Carolina Minerals	北卡罗来纳矿产博物馆
the Mississippi	密西西比河
the Great Craggy Mountains	大崎岖山
the Balsam Mountains	鲍尔瑟姆山
TennesseeBald	纳西．鲍尔德
the Bluffs	峭壁公园
Tidewater Virginia	弗吉尼亚低洼海岸
The U.S. Army Crops of Engineers	美国陆军工程兵团（USACE）
The Senate Park Commission	参议院公园委员会
Turkey Run	火鸡河
Tennessee	田纳西州
Tupelo	图珀洛

Tennessee River	田纳西河谷
the Duck River	野鸭河
Theodore Roosevelt Island	罗斯福岛
Theodore Roosevelt Memorial Bridge	罗斯福纪念大桥
the Telford system	泰尔福德系统
Taneytown Road	特妮镇路
Tooth Rock Tunnel	牙岩隧道

U

U.S. Army Corps of Engineers	美国陆军工程兵团
U.S. Bureau of Public Roads	BPR 美国公用道路局
U.S. War Department	美国陆军部
U.S. Department of Commerce	美国商务部
U.S. Department of The Interior	美国内政部
U.S. Army Corps of Engineers	COE 美国陆军工程兵团
University of Oregon	俄勒冈大学
University of Sarajevo	萨拉热窝大学
University of Hagley Museum	哈格利博物馆大学
University of Delaware	特拉华大学
University of Tennessee	田纳西大学
University of Washington	华盛顿大学
University of Idaho	爱达荷大学
U.S. Cavalry	美国骑兵团
Upper Iron	上层铁桥
Union Granite Company	联盟花岗岩公司
Utah	犹他州
UtahRoad Commission	犹他州公路委员会
University Of Michigan	密歇根大学
US-ICOMOS	美国——国际古迹遗址理事会
University of Maryland at College park	马里兰大学帕克分校
University of Arizona	亚利桑那大学
University of Washington	华盛顿大学
University of Virginia	弗吉尼亚大学
University of Colorado Boulder	科罗拉多大学巨石城（波尔得）分校
Union Ave.	联盟林荫道
Universityof Illinois	伊利诺伊大学分校

V

Virginia	弗吉尼亚（美国）
veterans groups	退伍军人组织
Videa Falls	维代亚瀑布
Virginia Polytechnic Institute	弗吉尼亚理工学院
Vermont	佛蒙特州
Van Trump Creek	范特朗普溪
Valley Road	溪谷路
Virgin City	维金市
Virginia’ s Colonial Parkway	弗吉尼亚殖民地风景道
Vicksburg	维克斯堡
VicksburgNational Military Park Tour Roads	维克斯堡国家军事公园观光路

W

White House	白宫
Washington	华盛顿州
Washington Monument	华盛顿纪念碑
Wawona Tunnel	瓦乌纳隧道
Wawona Covered Bridge	瓦乌纳棚桥
Wawona	瓦乌纳
Wawona Road	瓦乌纳路
Williamsburg	威廉斯堡（位于美国弗吉尼亚州东部）
Washington	华盛顿（美国首都）
World war Ⅱ	二战
wildness advocates	野生资源保护主义者
wildwood stables	怀尔伍德马场
Witch Hole Pond	女巫洞池塘
Wineglass	温格拉斯
West Glacier	西格拉西尔
Wilderness Act	荒野法案
Wilderness Society	荒野协会
Woodstock	伍德斯托克村庄
West Side Road	西区公路
Wyoming	怀俄明州
Wildcat Creek	野猫溪
Weeping rock	哭泣之石
WoodrowWilson Bridge	伍德罗威尔逊桥
Washington and Jefferson national forests	华盛顿和杰弗逊国家森林
Works Progress Administration(WPA)	美国公共事业振兴署（WPA）
WestchesterCounty	韦斯特切斯特县
Wilderness roads	“荒野路”
Woodlawn	伍德劳恩
Wakefield	韦克菲尔德
Wellington	惠灵顿
Wellington Underpass	惠灵顿地道桥
WashingtonBoard of Trade	华盛顿贸易委员会
WashingtonGas Light Company	华盛顿电气公司
Whitehurstexpressway	怀特赫斯特快速路
Watergate Complex	水门建筑群
West Confederate Avenue Bridge	西同盟林荫路大桥
Warfield Ridge	战场山脉
West Confederate Avenue	西部联盟林荫道
Wheatfield	惠特菲尔德
White Plains	白原
Woodland Viaduct	林地高架桥
Wasco county	沃斯科县
WillametteRiver	威拉米特河

X

Y

Yosemite National Park	约塞米蒂国家公园
Yellowstone National Park	黄石国家公园
Yellowstone River	黄石河
Yorktown	约克城（美国弗吉尼亚州东南部城镇）
Yosemite Valley	约塞米蒂山谷
Yakima Valley	达雅吉瓦峡谷
Yale University	耶鲁大学
Yosemite Grant	约塞米蒂授地
Yosemite Creek Bridge	约塞米蒂溪桥
Yosemite Valley	约塞米蒂谷
YosemiteTurnpike	约塞米蒂收费公路
YosemiteValley Rail Road	约塞米蒂溪谷铁路
YosemiteBoard of Commissioners	约塞米蒂管理委员会
York	约克镇

Z

Zion’ s Mount National Park	锡安国家公园
Zig Zag	“之”字形爬坡路
Zion	锡安山
Zion Canyon	锡安峡谷
Ziegler’ s grove	齐格勒树林